Léopold MICHEL

INGÉNIEUR DE L'ÉCOLE NATIONALE SUPÉRIEURE DES MINES

PROFESSEUR HONORAIRE A LA FACULTÉ DES SCIENCES DE PARIS

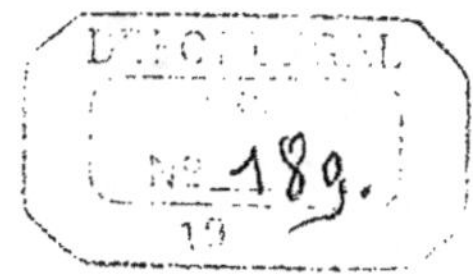

ÉTUDES ET NOTES

DE

GÉOLOGIE APPLIQUÉE

Avec 457 figures dans le texte
et trois planches

PARIS ET LIÉGE

LIBRAIRIE POLYTECHNIQUE CH. BÉRANGER

PARIS, 15, RUE DES SAINTS-PÈRES, 15
LIÉGE, 8, RUE DES DOMINICAINS, 8

1922

Tous droits réservés

NOTICE [1]

SUR

LÉOPOLD MICHEL

1846-1919

———

Notre camarade, le professeur MICHEL, ancien vice-président de notre Association, le grand maître de la géologie et de la minéralogie appliquées, vient de mourir.

Sa famille, connaissant les liens de profonde amitié qui nous unissaient depuis longtemps, a bien voulu me confier la tâche d'écrire, pour notre Bulletin, sa notice nécrologique, honneur dont je lui suis très reconnaissant.

Né en 1846, à Riaucourt (Haute-Marne), MICHEL, après d'excellentes études au Lycée de Chaumont et à Sainte-Barbe, entra à l'École des Mines en 1867.

Sa carrière, qui a été très remplie, peut être divisée en trois parties : partie militaire, partie industrielle et partie scientifique.

A sa sortie de l'École des Mines, la guerre de 1870 éclatait. MICHEL, engagé volontaire, fit toute la campagne à Langres, place qui résista jusqu'au bout à l'envahisseur. Promu successivement lieutenant, puis capitaine dans le génie auxiliaire, il fut versé, sur sa demande, après la paix, dans l'artillerie, et ce fut comme capitaine que, pendant plus de quarante années sans interruption, il fit régulièrement ses périodes d'instruction militaire, se tenant ainsi au courant des progrès de son arme

(1) Extrait du *Bulletin de l'Association des Élèves de l'École Nationale Supérieure des Mines* (4ᵐᵉ trimestre, 1919).

préférée. Resté, malgré son âge, dans la réserve de l'armée territoriale, il fut mobilisé dès le mois d'août 1914 et affecté au Mont-Valérien au commandement d'une batterie qui devait concourir à la défense de Paris. Après la victoire de la Marne, il fut chargé du contrôle de la fabrication des munitions et des armes (fusils, mitrailleuses, canons), ainsi que d'études sur les explosifs et il imagina une cartouche pour tranchées, à faible portée et à grande force de pénétration de la balle, qui a donné des résultats remarquables. Cependant, ces multiples occupations n'empêchèrent pas MICHEL de continuer à diriger les travaux pratiques de son laboratoire à la Sorbonne et de faire son cours comme en temps de paix ; c'est ainsi que pendant toute la durée de la guerre, avec un dévouement inlassable, il fournit un travail colossal.

Cité à l'ordre du jour et proposé pour la croix en 1870, décoré en 1901, au titre militaire (ce dont il était fier), MICHEL venait d'être promu, au même titre, Officier de la Légion d'honneur pour les inoubliables services qu'il avait rendus à la Défense Nationale.

Sa carrière industrielle a été courte, car ce n'est que pendant quelques années, après la guerre de 1870, qu'il s'occupa d'exploitation et de traitement de minerais de fer. C'est alors qu'il acquit cet esprit pratique qui devait donner à sa carrière scientifique un tour particulier et faire de lui un maître incomparable.

Attiré par l'étude de la minéralogie, dont il avait pris le goût à l'École des Mines, il quitta bientôt l'industrie pour travailler à la Sorbonne, dans les laboratoires de Friedel, d'Hautefeuille et de Jannettaz. Nommé préparateur à la Faculté des Sciences en 1880, répétiteur en 1884, il passait en 1889 sa thèse de docteur ès sciences ; mais ce ne fut qu'en 1899, à la mort de Jannettaz, auquel il succéda, qu'il fut nommé maître de conférences. Professeur adjoint en 1900, il était mis à la retraite tout récemment avec le titre de professeur honoraire et l'attribution, à vie, d'un laboratoire qui lui aurait permis de travailler encore ; hélas ! il n'eut même pas le temps de s'y installer.

Sa carrière professorale a duré trente-huit années ; elle atteignit son apogée pendant qu'il fut chargé, de 1900 jusqu'à sa mort, d'un cours qui portait officiellement le titre de cours de minéralogie, mais dont il avait fait en réalité un cours de géologie et de minéralogie appliquées, techniques, comme seul pouvait le faire un savant doublé d'un ingénieur. Les théories les plus subtiles de la physique moléculaire moderne n'avaient pas de secrets pour lui, et c'était plaisir de l'entendre disserter sur la constitution de la matière, les atomes, les ions, les liquides anisotropes ou cristaux liquides et les cristaux mous ; mais il avait une prédilection marquée pour les cristaux solides, surtout lorsqu'ils étaient déformés, méconnaissables. C'était merveille de le voir déterminer les échantillons les plus difficiles à classer, soit au moyen d'un simple coup de marteau ou de ciseau, soit à l'aide d'un rapide essai au chalumeau ou d'un examen à la loupe qui lui permettait de déceler des clivages caractéristiques à peine discernables, parfois aussi en les étudiant en plaques minces, au microscope. Excellent chimiste, au sens que nous donnions à ce terme à l'École des Mines, il analysait avec une maîtrise peu commune les produits minéraux les plus complexes et sa connaissance approfondie des gîtes métallifères, acquise sur le terrain, le mettait souvent à même, après avoir déterminé la nature d'un échantillon, d'en préciser la provenance par un examen attentif de la gangue. Les services qu'il a rendus ainsi au public, à ses élèves et à ses camarades sont innombrables. Lorsque, au retour de missions dans des pays inexplorés, nous rapportions à MICHEL des cailloux qui nous embarrassaient, il était notre Providence. Avec quel dévouement, avec quel amour de savant, il était toujours prêt à faire, pour nous, comme par plaisir, les recherches les plus variées et les plus ardues ! Son laboratoire était la maison du bon Dieu. Combien d'entre nous lui doivent la réputation qu'ils ont acquise !

MICHEL a peu écrit. En dehors de sa thèse de doctorat et de quelques communications éparses dans les comptes rendus de la Société de Minéralogie, dont il fut le président, il réservait ses observations pour son cours qui fourmillait d'aperçus ingénieux. Ses vues sur la symbiose (s'il m'est permis d'employer ici ce terme de biologie) de certaines substances minérales, sur la probabilité de trouver telle ou telle d'entre elles au voisinage de telle autre ont jeté un jour nouveau sur la genèse des gîtes métallifères. Esprit scientifique rigoureux, il n'émettait certaines de ses conceptions que verbalement, à titre d'hypothèses ; on ne les trouverait guère que dans les notes de ses élèves ; elles seront vraisemblablement un jour le point de départ de travaux importants. Quoi qu'il en soit, ses leçons, qu'il a fort heureusement rédigées, au moins dans ce qu'il considérait comme essentiel et qu'il retouchait chaque année, forment un ensemble de la plus grande valeur et leur publication, qui comblerait un vide dans la littérature scientifique française, constituerait pour sa mémoire un monument durable. Il serait à déplorer qu'une œuvre pareille disparût avec son auteur. Tous ses élèves, tous ses amis forment le vœu de les voir paraître en volume.

MICHEL était un homme simple, modeste, affable, le meilleur qu'on puisse imaginer ; pour ses amis, sa perte est irréparable. Sa science était considérable et il sera bien difficile de le remplacer effectivement dans l'enseignement supérieur.

Il a disparu, jouissant complètement de ses facultés physiques et intellectuelles, comme un soldat frappé au front en plein combat ; c'est la fin qu'il eût souhaitée.

Puissent tous les membres de sa famille, sa veuve, ses filles, son fils, le docteur MICHEL qui, à l'exemple de son père, s'est distingué pendant la guerre, trouver dans cette notice, témoignage de notre admiration et de notre profonde affection pour le cher disparu, un adoucissement dans le grand malheur qui vient de les frapper.

J. BABINSKI.

INTRODUCTION

La présente publication répond au désir si affectueusement exprimé par M. Babinski au nom des amis et des élèves de mon père.

Le titre de l'ouvrage en indique exactement la nature. Ce n'est ni un traité ni un cours tels que mon père aurait pu en écrire de son vivant, comme il en avait maintes fois exprimé l'intention. Ce sont des notes prises en vue de son enseignement : elles sont publiées telles qu'il les a laissées : elles contiennent inévitablement des redites et des extraits de travaux divers.

De nombreux concours ont été indispensables pour la réalisation de l'œuvre.

Le patronage de l'Association des Élèves de l'École supérieure des Mines m'a été assuré grâce à la bienveillance de son très distingué président, M. Mahler : son secrétaire général, M. Chapot, m'a fort aimablement mis en rapport avec la Maison d'édition Béranger, dont le directeur, M. Molinié, a consenti à entreprendre à ses risques et périls un travail particulièrement coûteux dans les temps difficiles que nous traversons.

M. Burthe, l'éminent ingénieur, ami intime de mon père, a prodigué ses conseils pour le classement des notes, et M. J. Orcel, ancien élève et préparateur du Cours de la Sorbonne, a bien voulu se charger de la tâche ingrate de la correction des épreuves et de la rédaction de la Table alphabétique, travaux qui nécessitaient une grande compétence.

Je suis heureux de pouvoir leur exprimer ici ma profonde reconnaissance au nom de toute ma famille et en mémoire de mon père.

Dr MICHEL.

ERRATA

Page 104, 20e ligne, *au lieu de* : Diro,   *lire* : Ditro.
Page 106, 6e ligne, *au lieu de* : mélilites,   *lire* : mélilitites.
Page 130, 37e ligne, *au lieu de* : quarzophyllades,   *lire* : quartzophyllades.
Page 205, 21e ligne, *au lieu de* : Roros,   *lire* : Röras.
Page 226, 6e ligne, *au lieu de* : bête,   *lire* : tête.
Page 279, 28e ligne, *au lieu de* : psolimélane,   *lire* : psilomélane.
Page 283, 13e ligne, *au lieu de* : Pitkranta,   *lire* : Pitkäranta.
Page 372, 23e ligne, *au lieu de* : Berezoff,   *lire* : Beresovsk.
Page 374, 29e ligne, *au lieu de* : Semmon,   *lire* : Semnon.
Page 376 (en note), *au lieu de* : Manche,   *lire* : Marche.
Page 431 (en note), *au lieu de* : Bull. Soc. franç. des Mines, *lire* : Bull. Soc. franç. de Minéralogie.

Page 589, 30e ligne, *au lieu de* : Murrag,   *lire* : Murray.

ÉTUDES ET NOTES

GÉOLOGIE APPLIQUÉE

PREMIÈRE PARTIE

CHAPITRE PREMIER

GÉNÉRALITÉS

La GÉOLOGIE est la science qui a pour objet l'étude du globe terrestre, depuis les premières phases de son existence jusqu'à l'état actuel.

Pour atteindre à des fins aussi multiples, la géologie doit s'appuyer sur plusieurs autres sciences et notamment sur :

1º La *Pétrographie*, qui nous fait connaître les roches;

2º La *Minéralogie*, qui nous permet de reconnaître les minéraux entrant dans la constitution des roches;

3º La *Chimie*, qui nous fait comprendre l'origine des roches, la succession du processus de formation et de transformation qu'elles présentent;

4º La *Paléontologie*, qui est la science de la faune et de la flore des mondes anciens et qui doit être considérée comme un des principaux fondements de la géologie;

5º La *Stratigraphie*, qui permet de déterminer les rapports mutuels de position des roches et des ensembles organiques.

Dans les régions montagneuses, l'étude des dislocations, des plissements, des effondrements, des chevauchements, et la détermination des relations mutuelles des masses minérales constituent ce qu'on appelle la *Tectonique* ou *Géologie mécanique*.

La tectonique est une des sciences géologiques les plus jeunes; elle apporte aux sciences géologiques, à la stratigraphie, à la paléogéographie, à la pétro-

ERRATA

Page 104, 20ᵉ ligne, *au lieu de :* Diro, *lire :* Ditro.
Page 106, 6ᵉ ligne, *au lieu de :* mélilites, *lire :* mélilitites.
Page 130, 37ᵉ ligne, *au lieu de :* quarzophyllades, *lire :* quartzophyllades.
Page 205, 21ᵉ ligne, *au lieu de :* Roros, *lire :* Röras.
Page 226, 6ᵉ ligne, *au lieu de :* bête, *lire :* tête.
Page 279, 28ᵉ ligne, *au lieu de :* psolimélane, *lire :* psilomélane.
Page 283, 13ᵉ ligne, *au lieu de :* Pitkranta, *lire :* Pitkäranta.
Page 372, 23ᵉ ligne, *au lieu de :* Berezoff, *lire :* Beresovsk.
Page 374, 29ᵉ ligne, *au lieu de :* Semmon, *lire :* Semnon.
Page 376 (en note), *au lieu de :* Manche, *lire :* Marche.
Page 431 (en note), *au lieu de :* Bull. Soc. franç. des Mines, *lire :* Bull. Soc. franç. de Minéralogie.

Page 589, 30ᵉ ligne, *au lieu de :* Murrag, *lire :* Murray.

ÉTUDES ET NOTES

DE

GÉOLOGIE APPLIQUÉE

PREMIÈRE PARTIE

CHAPITRE PREMIER

GÉNÉRALITÉS

La GÉOLOGIE est la science qui a pour objet l'étude du globe terrestre, depuis les premières phases de son existence jusqu'à l'état actuel.

Pour atteindre à des fins aussi multiples, la géologie doit s'appuyer sur plusieurs autres sciences et notamment sur :

1º La *Pétrographie*, qui nous fait connaître les roches;

2º La *Minéralogie*, qui nous permet de reconnaître les minéraux entrant dans la constitution des roches;

3º La *Chimie*, qui nous fait comprendre l'origine des roches, la succession du processus de formation et de transformation qu'elles présentent;

4º La *Paléontologie*, qui est la science de la faune et de la flore des mondes anciens et qui doit être considérée comme un des principaux fondements de la géologie;

5º La *Stratigraphie*, qui permet de déterminer les rapports mutuels de position des roches et des ensembles organiques.

Dans les régions montagneuses, l'étude des dislocations, des plissements, des effondrements, des chevauchements, et la détermination des relations mutuelles des masses minérales constituent ce qu'on appelle la *Tectonique* ou *Géologie mécanique*.

La tectonique est une des sciences géologiques les plus jeunes; elle apporte aux sciences géologiques, à la stratigraphie, à la paléogéographie, à la pétrographie, à la science des gîtes métallifères, une contribution à peu près indispensable.

L'ensemble de la pétrographie, de la paléontologie, de la stratigraphie et de la tectonique forme la *géologie descriptive*, la géologie proprement dite ou *géognosie*.

Enfin, l'étude des conditions qui ont présidé aux transformations successives de la matière terrestre forme la *géogénie*.

GÉOLOGIE APPLIQUÉE. — La géologie appliquée n'est autre que l'application de la géologie à la recherche des substances minérales utiles, au captage des sources thermominérales, à l'agriculture, etc., etc.

I

NOTIONS SUR LA FORME, LA DENSITÉ ET LA TEMPÉRATURE INTERNE DE LA TERRE. — HYPOTHÈSES SUR LA FORMATION DE L'ÉCORCE PRIMITIVE.

La plupart des géologues admettent que la Terre a été primitivement, tout entière, à l'état de fluidité ignée, formant une masse plus ou moins pâteuse. Cette hypothèse permet d'expliquer :

1º *Sa forme sphéroïdale* un peu aplatie vers les pôles et renflée à l'équateur par suite du mouvement de rotation.

La surface de la Terre ne serait pas, paraît-il, un ellipsoïde de révolution proprement dit, mais bien un ellipsoïde de révolution modifié par la Terre ferme auquel Listing a donné le nom de *géoïde*.

Il est clair que les océans doivent, par le fait de la rotation, prendre également la forme d'un ellipsoïde renflé à l'équateur. Si la Terre solide n'avait pas elle-même une forme semblable, les mers accumulées à l'équateur y formeraient une vaste ceinture, tandis que les pôles seraient asséchés.

Or, nous savons qu'il n'en est pas ainsi pour le pôle arctique.

2º *Sa densité moyenne*, qui a été reconnue par les physiciens comme étant de 5,59.

Cette densité ne peut manquer de nous surprendre si nous la comparons à celle de la partie de la croûte solide accessible à nos observations, qui est de 2,7 environ.

De plus, si l'on tient compte d'un élément qui, dans le voisinage de la surface, joue un rôle prépondérant, c'est-à-dire de l'eau de mer dont le volume est de 1.500 millions de kilomètres cubes, la densité de la croûte terrestre est à peine de 1,6.

Il en résulte que la densité moyenne, à son intérieur, doit être beaucoup plus élevée que 5,59 : ces données viennent donc corroborer l'hypothèse de la fluidité originelle de notre planète : c'est grâce à cette fluidité que les substances lourdes ont pu gagner le centre.

3° L'*augmentation de température*, à mesure qu'on s'enfonce dans le sol, augmentation qui est de un degré par 30 mètres (degré géothermique), et qui persiste jusqu'aux grandes profondeurs.

Quelques objections ont été faites sur ce point, comme nous le verrons bientôt. Malgré cela, les constatations dans les travaux de mines (sondages, puits, tunnels) et l'existence en Sibérie de nappes d'eau situées à 125 mètres, sous une croûte de glace dont la température atteint 10 degrés au-dessous de zéro, prouvent que la Terre est chaude en profondeur et rayonne constamment de la chaleur dans l'atmosphère.

On a discuté sur la loi d'accroissement de cette température qui peut varier suivant les points; car il est évident que la chaleur se propage, dans les masses schisteuses, par exemple, beaucoup plus vite suivant le plan de schistosité que suivant une direction normale à ce plan.

La température d'un filon est supérieure de 1 à 2 degrés à celle de la roche encaissante. Mais, il n'en est pas moins incontestable que, partout, sans exception, la température augmente à mesure qu'on s'enfonce dans le sol. C'est-à-dire que, des couches profondes et chaudes aux couches superficielles plus froides, il y a, nécessairement, flux de chaleur continuel, aboutissant à une déperdition dans l'espace. Nier cette conséquence physique serait admettre que deux corps, à des températures différentes, peuvent se trouver en contact sans que l'équilibre entre eux tende à s'établir.

La Terre perd ainsi, dans chaque seconde, un certain nombre de calories, une certaine quantité de force vive équivalente, qu'on pourrait songer à calculer, et le réchauffement produit par le Soleil ne vient nullement contrebalancer ce résultat. Le refroidissement superficiel par un manteau de glace permanent, dans les régions des hautes cimes, exerce, au contraire, une influence notable et toute naturelle, puisqu'il représente une source de froid constante, dont le flux refrigérant pénètre d'autant plus profondément que sa présence se prolonge davantage.

4° L'*existence des sources thermales* dont la température, au point d'émergence, s'élève parfois jusqu'à 100 degrés. On a calculé que la quantité de chaleur apportée à la surface par les sources thermales françaises, équivalait à une consommation de 100.000 tonnes de houille par an.

5° La *répartition des volcans* dans les régions les plus diverses.

Allant plus loin, on suppose même que cette fluidité ignée existe encore aujourd'hui, et tout porte à croire que nous marchons sur une simple croûte oxydée et silicatée qui s'appuie elle-même sur un noyau porté à une température supérieure à 2.000 degrés. La plupart des géologues supposent que l'épaisseur de cette pellicule solidifiée ne dépasse pas 50 kilomètres; le rayon de la Terre étant de 6.370 kilomètres.

On voit par là qu'il ne faudrait descendre que d'un petit nombre de kilomètres pour trouver une chaleur suffisante à fondre la plupart des corps que nous connaissons.

A   3 *kilomètres*, la température serait de 100⁰
— 30   —   —   — 1.000⁰
— 50   ---   —   — . . . .   1.666⁰ (fusion du fer)
— 66   —   —   — 2.000⁰
— 70   —·   —   --- 2.333⁰

D'ailleurs, la présence actuelle des roches fondues, à l'intérieur de la Terre, est manifestée par les phénomènes volcaniques qui amènent ces roches au jour, dans un état liquide, plus ou moins parfait, et avec une densité moyenne plus grande que celle des roches ignées d'origine plus ancienne et venant probablement d'une profondeur moindre.

En admettant cette hypothèse très vraisemblable confirmée par bien des faits, que la Terre a été primitivement tout entière à l'état de fluidité ignée et qu'elle y est encore aujourd'hui, sauf une croûte excessivement mince, on peut reconstituer l'histoire des phases par lesquelles elle a dû passer.

A l'origine des temps, lorsque la Terre était encore très chaude à la surface, l'eau ne pouvait y exister à l'état liquide; elle était donc entourée d'une atmosphère épaisse qui devait exercer une pression plus de cent fois supérieure à celle de l'atmosphère actuelle. Sous cette énorme pression, les matières de la surface étaient entretenues à l'état fluide, à la fois par la chaleur et par la vapeur d'eau surchauffée qui agissait comme un dissolvant très énergique.

Avec la vapeur d'eau se trouvaient également, à l'état de vapeurs, plusieurs autres substances, et notamment des chlorures et des fluorures alcalins.

La température de la Terre allant en diminuant avec le temps, les matières les plus réfractaires et en même temps les moins denses, telles que la silice, l'alumine, et même les combinaisons de ces deux substances avec la potasse, la soude, la chaux, c'est-à-dire les feldspaths, ont commencé à se solidifier. Ces masses solidifiées se sont peu à peu étendues, soudées les unes aux autres, et ont fini par former une croûte à peu près continue et constituée par des roches massives à structure cristalline. (Exemple : le granite). C'est ce que certains géologues appellent la *croûte primitive*, la *croûte fondamentale*. Mais cette croûte, se contractant par le refroidissement plus rapide à la surface qu'à l'intérieur de la Terre, a exercé une pression de plus en plus forte sur la masse fondue sous-jacente. La croûte s'est alors plissée, puis fissurée sous la réaction de cette masse, et par une sorte de rochage, la masse liquide ou pâteuse est venue remplir les fissures et même s'épancher à la surface.

Les premières inégalités du sol une fois produites, dès que la température de la surface a permis à l'eau d'y exister à l'état liquide, un nouvel ordre de phénomènes qui persiste encore aujourd'hui a commencé à se produire : celui de la *sédimentation*.

Les eaux tombant en pluie à la surface ont commencé à raviner les terrains, à entraîner ces détritus dans leur cours et à les déposer au fond des lacs ou des mers, où elles venaient se verser.

Il faut comprendre seulement que ces effets de ravinement étaient alors incomparablement plus puissants qu'aujourd'hui, puisqu'un refroidissement atmosphérique accidentel de quelques degrés qui produit des pluies dont l'importance se mesure actuellement par des hauteurs d'eau de quelques millimètres, pouvait correspondre, alors, à des différences de plusieurs atmosphères dans la force élastique de la vapeur d'eau.

Sous cette action puissante et probablement à peu près continue, les terrains sédimentaires devaient augmenter rapidement d'épaisseur, et comme l'accroissement de température en s'enfonçant au-dessous du sol était alors beaucoup plus rapide que de nos jours, les couches profondes se trouvaient bientôt dans des conditions de pression et en même temps de température qui expliquent le facies spécial et les nombreux métamorphismes que nous présentent ces premières roches sédimentaires, sur les points où nous pouvons les observer.

Les manifestations éruptives, nombreuses aux périodes anciennes, ont, peu à peu, perdu de leur intensité jusqu'à l'époque tertiaire, durant laquelle elles se sont, à nouveau, énergiquement réveillées.

Actuellement, nous traversons une période de calme, et les manifestations de l'énergie interne ne nous parviennent qu'en échos affaiblis. Peut-être un jour viendra-t-il où un violent cataclysme brisera l'écorce terrestre et amènera une nouvelle recrudescence des actions éruptives. Rien ne s'oppose à un semblable bouleversement.

La Lune est un témoin muet de ces effrayants cataclysmes.

En effet, les chaînes de montagnes ont en partie disparu de son sol tourmenté. Il existe partout des cratères et des volcans auprès desquels nos pauvres éruptions actuelles ne sont que des jouets d'enfants. Avec la moindre lunette on aperçoit, sur notre satellite, des cratères dont le diamètre dépasse 60 et même 100 kilomètres. Aucune région n'a été respectée, tout a été remanié, volcanisé, broyé, rejeté au loin. L'eau a disparu sans même laisser de trace d'érosion, et l'air a été tout entier absorbé dans ce cataclysme final.

Telle est, probablement, l'histoire de ce monde actuellement si différent du nôtre, mais qui a dû, comme la Terre, abriter des plantes, des animaux, des êtres pensants.

REMARQUE I. — Les principaux facteurs de la vie à la surface de la Terre sont l'*eau* et le *soleil*. Or, nous allons essayer de montrer que ces deux facteurs ont une durée limitée. En effet, la quantité d'eau existant sur la Terre ne saurait manquer de se réduire progressivement par le seul fait que l'eau est l'agent principal d'oxydation et que les matériaux nouveaux, sortant des réserves profondes de la Terre, c'est-à-dire du milieu réducteur, absorbent de l'oxygène en approchant de la superficie. Comme phénomène inverse, nous n'avons que l'eau apportée par le volcanisme. Mais, en admettant même que celle-ci ne soit pas un simple retour au jour d'une infiltration préalable, elle est, en tout cas, empruntée à une réserve limitée. ·

La chaleur a, sur la Terre, deux sources principales, l'une extérieure, le Soleil; l'autre interne, provenant du feu central. Ces deux sources calorifiques sont appelées à disparaître, et leur disparition entraînera, comme celle de l'eau, la suppression de la vie sous la forme aujourd'hui connue.

REMARQUE II. — La conservation de l'énergie calorifique du Soleil, constitue un paradoxe mécanique, dont on recherche l'explication dans l'intervention du radium.

REMARQUE III. — De curieuses expériences sur les rayons infra-rouges ont montré que la réflexion lumineuse se faisait sur les roches lunaires comme sur nos laves terrestres.

REMARQUE IV. — Mars est très analogue à la Terre et à la Lune. Il y a autour de Mars une atmosphère avec de la vapeur d'eau. Cette atmosphère contient moins d'oxygène et d'eau que celle de la Terre.

La température moyenne de la Terre est de 16 degrés, et celle de Mars de 9 degrés. Celle de Vénus devait être de 66 degrés, et celle de Mercure de 193 degrés.

Examens de quelques objections relatives à la formation du noyau interne.

Quelques savants, et notamment Lord Kelvin, Darwin, King et Barns, considèrent la solidification de la Terre comme à peu près achevée. Les phénomènes volcaniques démontreraient seulement l'existence de poches liquides, isolées (*laccolites*), insignifiantes par rapport au volume total. Dans ce système, la solidification a commencé par le centre et s'est prolongée jusqu'à la surface.

La plupart des géologues admettent, au contraire, avec Suess, l'existence d'une *lithosphère*, c'est-à-dire d'une écorce relativement mince enveloppant une masse incandescente. Ici la solidification a débuté par la surface et progresse lentement vers le centre, en offrant aux épanchements volcaniques un obstacle de plus en plus efficace, mais non insurmontable.

Mais, si au lieu de partir de l'état actuel, on tente de présenter les faits dans l'ordre historique, les deux écoles sont d'accord pour placer à l'origine un état de fluidité totale, conformément aux idées de Descartes et de Laplace. Le passage à l'état solide se fait par petites portions sous l'influence du refroidissement superficiel.

Que deviennent les scories ainsi formées? Ici la divergence apparaît.

Les partisans du noyau solide font valoir que la plupart des substances minérales se contractent en se solidifiant à l'inverse de ce qui se passe pour l'eau. Elles ne vont donc point flotter comme des glaçons, mais plonger à l'intérieur, où elles repasseront à l'état liquide sous l'influence d'une température plus élevée; ce brassage tend à rendre la température uniforme dans toute la masse. De plus, les fortes pressions qui règnent à l'intérieur arriveront à maintenir à l'état solide les substances qui se dilatent en fondant. La profondeur que les scories peuvent atteindre va donc en croissant avec le temps. Elles finissent par gagner le centre, en prenant la place des matériaux plus légers, qui sont refoulés vers la surface. Leur agglomération forme un noyau solide qui s'étend par degrés jusqu'à comprendre toute la planète, en respectant quelques poches formées de substances plus fusibles (laccolites).

A cela, les partisans de la lithosphère opposent l'existence de matières minérales qui, de même que l'eau, se dilatent en se solidifiant. On a donc au moins une classe de scories dont la destinée est de flotter et s'accroître toujours, en formant une première croûte solide.

Restent les corps de la seconde classe, ceux qui se contractent et plongent en se solidifiant. Mais une partie de ces corps n'a pas de chance de gagner le centre, car ils rencontrent très rapidement des couches plus denses déjà réparties à un niveau inférieur par les exigences de l'équilibre hydrostatique. Cette nouvelle classe de scories ne peut donc se mouvoir que dans une épaisseur restreinte à partir de la surface; elle finit nécessairement par faire corps avec la première. Maintenant, dès que la première croûte ainsi formée est devenue capable de mettre obstacle aux épanchements superficiels, le refroidissement se trouve ralenti dans une énorme proportion. Dès lors, les couches supérieures de la masse pâteuse interne ne se solidifient qu'avec une extrême lenteur. Cette solidification sous l'influence d'un refroidissement lent peut se comparer à celle des alliages en proportions quelconques, et doit se poursuivre de la même manière.

Ces faits sont certainement plus difficiles à interpréter dans la théorie du noyau solide. Il en est de même d'autres phénomènes généraux et bien constatés, par exemple :

1° La présence, jusque près de la surface, de matériaux de densités très diverses, y compris des métaux beaucoup plus lourds que la moyenne du globe terrestre (uranium, or, platine).

Il semble que, si les choses s'étaient passées suivant l'ordre indiqué par l'école de Lord Kelvin, ces métaux auraient été englobés, de bonne heure, dans le magma solide, sans aucune chance de revenir au jour.

2° La grandeur des différences de niveau qui existent à la surface des planètes, en général, et à celle de la Terre en particulier, et dont nous pouvons apprécier le relief.

On comprend facilement que ces différences de niveau aient été produites par la réaction d'un liquide intérieur sur une écorce relativement mince et de densité irrégulière. Il semble, au contraire, que, si la solidification s'était faite à partir du centre, et n'avait porté en dernier lieu que sur une nappe superficielle, nous devrions constater une figure bien plus voisine de l'équilibre relatif.

3° Nous citerons encore les nombreuses traces d'instabilité des massifs montagneux, dans le sens vertical : les effondrements qui circonscrivent les Appennins et le Caucase.

4° La proximité d'une masse pâteuse puissante est encore nécessaire pour rendre compte des plissements, des chevauchements en masse, dans le sens horizontal; ces dislocations occupent de larges positions sur la surface terrestre.

L'argument le plus décisif en faveur de l'hypothèse d'un refroidissement graduel de l'extérieur à l'intérieur, est fourni par les faits suivants constatés sur notre satellite, la Lune.

Une analyse attentive des formations si variées qui accidentent le sol lunaire permet de constater qu'après la constitution d'une première enveloppe mince, le retrait de la masse liquide, s'est opéré progressivement, et il est arrivé fatalement un moment où elle a perdu partiellement son contact avec la partie solidifiée, elle s'est trouvée ainsi séparée d'elle par un faible espace en laissant un intervalle bien suffisant pour l'oscillation des marées.

Lorsque, à une certaine période, pour des raisons inconnues, ainsi que cela s'est présenté pour le globe terrestre, les forces éruptives ont pris une violence particulière, la croûte a cédé sous ces pressions exceptionnelles, dans ses éléments les moins résistants, et s'est trouvée envahie par le liquide intérieur. Ces soulèvements locaux ont ainsi donné naissance aux grands cirques et aux diverses autres formations dans la région polaire, où le refroidissement a été beaucoup plus rapide, et où la croûte a acquis une épaisseur considérable. Mais, dans la zone équatoriale, où les marées et la force centrifuge ont une plus grande ampleur, ces violentes pertubations ont conduit aux grands effondrements qui constituent les mers. Chaque mouvement éruptif a ainsi marqué, par le fond uni des formations, la hauteur du niveau du fluide sousjacent.

Les photographies lunaires mettent en lumière, d'une manière irrécusable, cinq étapes successives dans le retrait des matières en fusion.

A cet ensemble de faits, l'on ne peut guère opposer, en faveur d'un noyau solide, que deux arguments d'ordre plutôt mathématique et dont on peut contester la valeur concrète.

Le premier est emprunté à la théorie des marées : Lord Kelvin trouve, par le calcul, qu'une écorce mince et impénétrable, si rigide qu'on la suppose, devrait participer aux déformations périodiques causées dans le fluide interne par les attractions planétaires. Dès lors, les marées océaniques ne se manifesteraient plus. L'existence de ces marées exclut donc, d'après ce savant, celle du fluide interne.

Une autre objection soulevée par G. H. Darwin se fonde sur l'existence d'inégalités importantes dans le relief terrestre. Le calcul indique qu'une écorce unie et homogène, supposée d'ailleurs moins rigide que l'acier et moins épaisse que le cinquième du rayon, devrait fléchir sous la surcharge additionnelle des massifs montagneux. Et il semble que cette conséquence s'applique *a fortiori* à la Lune, plus accidentée relativement que la Terre.

La raison invoquée par Lord Kelvin vise plus particulièrement le globe terrestre, où les marées océaniques peuvent être observées. Même dans ce cas, elle n'a de valeur que si l'on résout affirmativement ces deux questions préalables :

1º Les marées du fluide interne ont-elles une amplitude comparable à celle des marées océaniques?

2º En supposant que ces marées se produisent, est-il certain qu'elles doivent altérer la figure de la croûte?

La réponse à la première question doit déjà être regardée comme douteuse, parce que le coefficient de viscosité ou de flottement intérieur est un élément essentiel de l'amplitude des marées. L'expérience seule peut dire si la manière dont on a introduit ce coefficient dans les calculs est conforme à la réalité. Tout le monde sait que le flux de la mer subit communément un retard de plusieurs heures sur le passage de la Lune au méridien. Il est clair, d'autre part, que les matériaux internes, soumis à des pressions démesurées, doivent offrir plus de viscosité que l'eau des mers, et obéir plus lentement aux actions planétaires. Comme celles-ci changent de sens en peu d'heures par suite du mouvement diurne, il est fort possible que leurs effets ne s'accumulent pas, et n'arrivent pas à se traduire par des dénivellations appréciables.

La seconde difficulté, celle qui est suggérée par la considération des masses montagneuses, est la conséquence d'une théorie problématique qui repose tout entière sur l'hypothèse inexacte de l'homogénéité; il n'y a donc pas lieu de s'y arrêter. Du moment que la distribution des matériaux, dans les couches profondes, se montre efficace pour atténuer les variations prévues de la pesanteur, elle doit l'être aussi pour répartir les efforts dans un sens favorable à la conservation du relief.

Les excroissances montagneuses contribuent à l'équilibre général, bien loin de le compromettre; elles ne sont pas seulement supportées par la ténacité des parties voisines, mais elles possèdent, très probablement, ainsi qu'Airy l'avait déjà suggéré, des racines qui plongent dans un milieu plus dense et leur permettent de flotter.

On voit, par ce qui précède, que l'hypothèse du refroidissement de l'extérieur à l'intérieur est la plus vraisemblable.

On peut donc admettre que la Terre est constituée par un noyau pâteux, riche en métaux lourds, une *métallosphère,* appelée aussi *barysphère,* qui passe extérieurement à une croûte solide pierreuse la *lithosphère.* La plupart des auteurs admettent l'existence d'une enveloppe plus ou moins gazeuse comprise entre la barysphère et la lithosphère, à laquelle on a donné le nom de *pyrosphère.*

La Terre est incomplètement recouverte par une enveloppe liquide, *l'hydrosphère.* Plus extérieurement encore, flotte sur la Terre et sur les eaux une masse d'air, *l'atmosphère.*

REMARQUE. — On peut supposer qu'à l'origine toute l'énergie de notre système planétaire ait été renfermée dans *une nébuleuse,* c'est-à-dire dans un amas très dilaté de matière vibrante et lumineuse animée d'un double mouvement de solution et de concentration centripète.

Si on admet la conception de la nébuleuse primitive, on est conduit à diviser l'histoire de la terre en deux phases, de durées, sans doute, inégales, une *phase stellaire très courte* pendant laquelle le globe, détaché de la nébuleuse solaire, s'est condensé, puis refroidi jusqu'à ce que sa surface fût recouverte d'une écorce obscure, et une *phase planétaire* qui se poursuit encore et qui est la seule dont la géologie ait à s'occuper.

II

DISTRIBUTION DES ÉLÉMENTS CHIMIQUES
DANS LA TERRE

1. — Relations entre le rôle géologique des éléments chimiques, leur place originelle dans la Terre encore fluide et leur poids atomique.

En partant de certaines considérations géologiques et indépendamment de toute théorie chimique, il est possible de déterminer quel est, en moyenne, l'ordre de superposition général des éléments chimiques dans la Terre; ou plutôt, en admettant l'hypothèse de la fluidité originelle, quelle pouvait être la répartition de ces éléments dans notre planète encore incandescente et directement soumise aux principes de la mécanique, avant que les accidents et dislocations géologiques y aient introduit la complexité et l'apparente confusion actuelles.

L'écorce terrestre se présente à nous avec une structure très compliquée où se manifeste (en dehors de la disposition que nous voudrions reconstituer) l'empreinte de tous les phénomènes géologiques successifs qui l'ont profondement modifiée et altérée depuis sa solidification. Ces phénomènes comportent, en très grand nombre, des déplacements relatifs dans le sens vertical : sédimentations, plissements de terrains, effondrements de voussoirs, montées de roches éruptives et d'eaux métallifères filoniennes.

Pour le but que nous nous proposons, il faut, autant que possible, faire abstraction de tous ces phénomènes qui sont cependant très apparents et que nous étudierons plus loin.

Il faut donc nous replacer, par la pensée, dans les conditions où pouvait se trouver la Terre avant toute sédimentation, ou même un peu plus tôt, c'est-à-dire avant la consolidation de la croûte superficielle et la condensation des vapeurs disséminées au-dessus de celle-ci.

Nous allons montrer qu'en analysant les faits et dégageant un à un les principes secondaires par lesquels ils se relient entre eux, on peut déduire de ces principes, à leur tour, une loi générale, avec une approximation suffisante.

I. — Considérons, tout d'abord, l'*atmosphère actuelle* qui est essentiellement composée d'oxygène, d'azote, avec un peu d'argon et d'acide carbonique, auxquels on peut ajouter des traces d'hydrogène et de carbures d'hydrogène.

Au-dessous de cette atmosphère il existe une masse d'eau considérable, capable de couvrir toute la Terre supposée nivelée, sur près de 3 kilomètres de hauteur. Or, on peut admettre qu'au moment de la solidification terrestre, cette eau était à l'état de vapeur, on peut même supposer qu'elle était dissociée et que ses éléments oxygène et hydrogène se trouvaient répartis dans l'atmosphère. Par conséquent, la proportion d'hydrogène devait être supérieure à la proportion actuelle.

Quant à l'oxygène, on peut considérer qu'il est, dans la constitution de la Terre, un élément d'origine périphérique, et on est disposé à envisager la solidification de la Terre comme ayant été directement reliée à un phénomène d'oxydation, c'est-à-dire de combustion et de scorification, qui a combiné cet oxygène avec des vapeurs métalliques venant de régions plus profondes.

Antérieurement, il devait exister, dans l'enveloppe de la Terre la plus écartée du centre, de l'oxygène, de l'hydrogène, de l'azote, de l'argon, etc. On peut ajouter que l'oxygène était en quantité considérable, puisque, après sa combinaison avec l'hydrogène, avec le carbone et avec tous les éléments scoriacés que nous trouverons tout à l'heure dans l'écorce terrestre, il en est resté ce grand excès qui fait le quart de notre atmosphère actuelle.

Le Soleil est constitué, suivant toute apparence, d'une masse pâteuse interne formant un noyau obscur, dont la température ne dépasse pas 3.500 à 4.000 degrés, et tout autour, il existe une enveloppe lumineuse de vapeurs incandescentes soumises à des mouvements tourbillonnaires avec développement de champs magnétiques : c'est la *photosphère*, où se rencontre l'oxygène, avec le fer, le magnésium, nickel, calcium, aluminium, sodium, hydrogène, hélium et traces de manganèse, cobalt, titane, chrome et étain (1), enfin de quelques corps non identifiés. Au-dessus de la photosphère, se trouve la *chromosphère*, où l'hydrogène est très abondant, surtout dans les parties les plus élevées et les plus volatiles, telles que les *protubérances*. Cet hydrogène caractérise également les étoiles brillantes blanches, bleues.

La comparaison de la Terre avec le Soleil nous conduirait ainsi à placer l'hydrogène originel dans une zone encore plus excentrique que l'oxygène. L'*hélium* qui accompagne l'hydrogène dans le Soleil semble avoir été associé avec lui sur la Terre, car on rencontre ce corps dans un grand nombre de minéraux, et notamment dans la clévéite, et dans beaucoup de sources thermominérales. Il en est de même de l'*europium*.

On retrouve quelque chose d'analogue dans des soleils plus lointains. Ainsi, dans une étoile temporaire de la constellation du Cygne, on a pu expliquer l'état momentané par l'inflammation subite d'un tourbillon d'hydrogène, analogue à ceux qui se produisent à la surface du Soleil, et, à côté de cet hydrogène, on a reconnu l'hélium, le magnésium, le sodium, etc. De même pour les *comètes* :

Le *carbone* est en très faible quantité dans l'air, soit à l'état de CO^2 0,01 %, soit à l'état de carbure d'hydrogène.

Si on ajoute à ce carbone de l'air, celui qui est fixé dans le monde organique et que l'on peut imaginer emprunté originellement à l'air, on ne trouve encore que des chiffres très faibles. D'autre part, la composition moyenne des roches cristallines accuse une teneur en carbone de 0, 2 %, grâce à laquelle ont pu se former, dans la destruction de ces roches et la sédimentation de leurs débris partiellement dissous, les terrains calcaires, et, sans parler des gîtes pétrolifères qui peuvent être d'origine organique, on constate, dans les régions volcaniques, le dégagement de carbone interne à l'état de carbure d'hydrogène plus ou moins brûlé en CO^2. M. A. Gauthier a montré que cette proportion de carbone existe bien dans certaines roches.

On se demande s'il faut placer le carbone primitif dans l'atmosphère, ou si le carbone est, au contraire, un élément originellement profond apporté par des émanations à la surface et recueilli là par les organismes.

---

(1) Rowland a reconnu dans le soleil la présence du carbone et du silicium, dont le rôle paraît être subordonné.

(2) Plus une étoile est brillante, et par conséquent plus chaude, plus, d'après Sir Norman Lockyer, son spectre se simplifie et tend à se réduire à celui de l'hydrogène.

La seconde hypothèse est la plus plausible, vu que les roches cristallines en contiennent au moins 20 fois plus que l'air, et le plus souvent à l'état d'inclusions.

II. — Au-dessous de l'atmosphère viennent les mers essentiellement formées par la combinaison de l'hydrogène et de l'oxygène, mais, de plus, très riches en substances minérales analogues à celles qui se trouvent dans l'écorce terrestre : ces substances comprennent des métaux et des métalloïdes.

Pour les métaux, il est beaucoup plus logique d'admettre qu'ils proviennent de la lixiviation des roches, que de supposer qu'ils existaient à l'état de vapeurs dans l'atmosphère incandescente primitive.

Quant aux métalloïdes (chlore, fluor, bore, phosphore, soufre, etc., etc.), quelques géologues estiment qu'ils se trouvaient originellement au-dessus de l'écorce terrestre, c'est-à-dire dans l'atmosphère. D'autres supposent que ces métalloïdes auraient existé et existeraient encore au-dessous de la zone silicatée superficielle, c'est-à-dire dans la pyrosphère.

Cette dernière hypothèse est certainement la plus admissible. Car elle rend bien compte de la présence de ces métalloïdes sous forme d'inclusions, dans un grand nombre de roches acides.

III. — Au-dessous de l'atmosphère et des mers, vient la *lithosphère* Si nous laissons de côté les terrains sédimentaires, toutes les études géologiques mettent en évidence l'existence de roches plus acides à la surface, plus basiques en profondeur, dans la composition desquelles entrent, à peu près exclusivement, l'oxygène pour une moitié, le silicium pour plus d'un quart, et l'aluminium pour un dixième; puis, secondairement, le fer, le calcium, le magnésium et les alcalis.

Plus la roche est acide et superficielle, plus y abondent l'oxygène, le silicium, l'aluminium et les alcalis.

En laissant de coté l'oxygène, emprunté, comme on sait, à l'atmosphère périphérique dans la grande scorification qui a constitué la première croûte terrestre, ou dans les refusions postérieures, on voit que les métaux de cette écorce doivent être, de haut en bas d'abord, le silicium, l'aluminium, le sodium, le potassium et le magnésium; puis le calcium et le fer. Mais le fer, en raison de son extrême diffusion dans toutes les parties de l'écorce terrestre et de sa prédominance si vraisemblable à une certaine profondeur, doit être considéré ici comme un produit adventif, emprunté à une zone plus profonde.

A cette liste d'éléments essentiels constituant la lithosphère, il conviendrait d'ajouter également quelques éléments plus rares, mais ordinairement associés à des roches acides, tels que le baryum, strontium, lithium, glucinium, zirconium, et peut-être l'étain. Enfin, les roches acides de certaines régions telles que la Norvège, le Brésil, les États-Unis, renferment des métaux rares : thorium, cérium, lanthane, etc., etc.

Si nous franchissions, par la pensée, cette zone de scorie silicatée, la seule directement et partiellement accessible à nos recherches minières, nous arriverions dans les milieux que nous ne connaissons que par certains produits montés accidentellement dans les parties les plus hautes de l'écorce terrestre, à la faveur de quelques dislocations, soit directement à l'état de roches basiques, avec ségrégations métalliques, soit indirectement à l'état filonien.

Quoi qu'il en soit, il ressort clairement des observations faites dans les

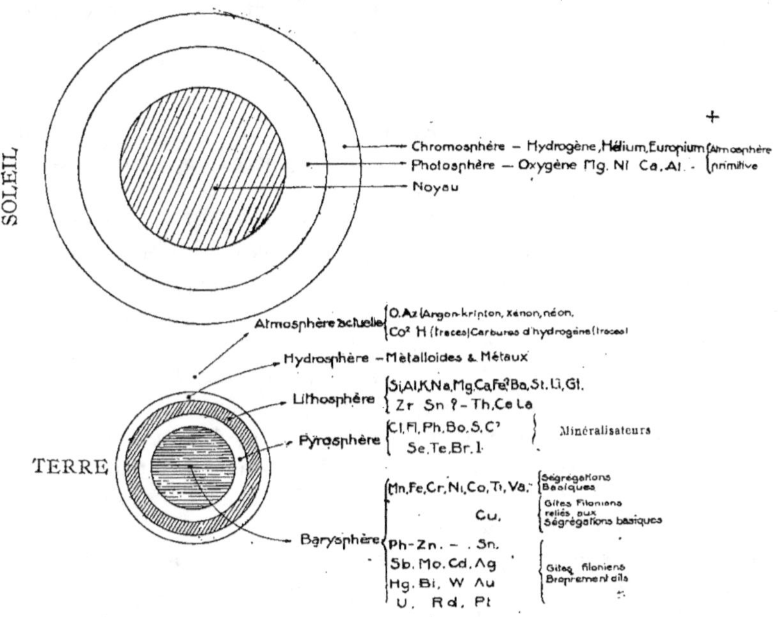

+ Cette association se trouve également dans la Terre, dans la Cleveite, la Fergusonite. On voit par là qu'il existe un lien entre le Soleil et la Terre.

Fig. 1.

gites métallifères, qu'il doit exister, au dessous de la scorie silicatée, au moins trois groupes d'éléments chimiques qui sont :

1º Les métalloïdes (chlore, soufre, etc.), dits minéralisateurs;

2º Les métaux des ségrégations basiques (Fe, Mn, Ni, Co, Cr, etc.);

3º Les métaux filonfens (Pb, Zn, Cu, Ag, Au, Pt, etc.).

On peut aller plus loin et tenter de concevoir l'ordre de superposition de ces trois groupes.

IV. — C'est directement au-dessous des métaux constituant la scorie silicatée, c'est-à-dire dans la *pyrosphère*, qu'on peut placer la série des *métal·*

loïdes minéralisateurs (chlore, fluor, bore, phosphore, soufre, et peut-être le carbone). En effet, il est parfaitement reconnu que ces minéralisateurs ont joué un grand rôle dans la cristallisation des roches silicatées acides, auxquelles ils ont été visiblement mélangés pendant la fusion de ces roches et à la périphérie desquelles ils semblent surtout s'être concentrés par volatilisation. Toutes les fusions et refusions de ces silicates, y compris celles qui alimentent le volcanisme contemporain, ont sans cesse été accompagnées de ces métalloïdes, et il ne semble pas que ce soient toujours les mêmes qui aient passé d'une roche à l'autre, par simple fusion, puisque le résultat de chaque éruption volcanique est, comme nous le savons, d'en répandre des torrents dans l'atmosphère.

Il est donc possible d'admettre qu'il existe une réserve profonde de ces minéralisateurs au-dessous de la lithosphère, c'est-à-dire dans la pyrosphère, Avec le soufre, le chlore et le phosphore, on peut placer leurs homologues plus rares : selenium, tellure, brome et iode.

V. — C'est plus bas encore qu'il faut placer le groupe naturel parfaitement déterminé des *ségrégations basiques* dont les principaux types se trouvent affleurer en Scandinavie et au Canada, ou, plus généralement, dans la zone boréale, la plus curieusement consolidée du globe (zone huronienne) et dans la zone analogue plus voisine de l'Équateur (Brésil, etc.).

Ce genre de roches passant à des minerais proprement dits manifeste un appauvrissement en oxygène, silicium, aluminium, et alcalis, qui montre que ces roches se rattachent à une formation plus profonde que les silicates acides et légers de la surface. De plus, on constate qu'elles se présentent uniquement dans les régions de l'écorce terrestre où l'érosion semble avoir enlevé les terrains superficiels sur la plus grande épaisseur.

D'une façon absolue, ce qui caractérise les métaux de ségrégation basique, c'est-à-dire de sécrétion magmatique, c'est leur oxydation originelle que l'on ne retrouve que dans les métaux filoniens. Mais c'est aussi le caractère incomplet de cette oxydation qui marque immédiatement une différence avec les silicates précédents. Il est visible que, de l'atmosphère à la scorie acide, puis aux ségrégations basiques en question, la quantité d'oxygène diminue peu à peu.

Les minéralisateurs ne sont plus aussi abondants. On ne rencontre guère que le soufre, l'arsenic et le phosphore. C'est pourquoi il est naturel d'attribuer aux métaux des ségrégations basiques une place originellement inférieure à celle des métalloïdes.

Le métal de beaucoup prédominant ici est le fer avec lui viennent les métaux qui s'en rapprochent par les propriétés chimiques : le manganèse le cobalt, le nickel, le chrome; il faut y ajouter le titane et le vanadium qui dans les gisements se trouvent constamment avec le fer : ainsi l'acide titanique TiO^2 forme 14 % de certaines magnétites de Norvège. Le vanadium est toujours, bien entendu, à un degré moindre. On pourrait placer ici le platine, à cause de sa présence dans les pyrrhotines nickelifères de Sudbury (Canada) et de Klefva (Suède), ainsi que dans les péridotites de l'Oural.

On peut également noter, dans les mêmes ségrégations basiques, la présence fréquente de mouches de cuivre à l'état de chalcopyrite.

Tous les caractères des gisements de cuivre concordent cependant pour faire de ce métal un intermédiaire entre ceux qui dominent dans les ségrégations basiques et ceux qui forment les filons. Il semblerait donc logique d'attribuer au cuivre une place spéciale entre les métaux de ségrégations et ceux de filons.

Son départ acide en gangue quartzeuse le fait associer souvent avec l'étain. Le groupement étain-cuivre est tout à fait typique et doit être pris en considération; il en est de même du groupement cuivre-molybdène.

D'autre part, on ne doit pas oublier, l'association ordinaire du cuivre et de l'argent (cuivre gris).

Mais, si dans certains de ses gisements le cuivre a éprouvé ainsi un départ acide, on le voit, par contre — et c'est ce qui lui fait une individualité très marquée — partir également sous forme de sulfures au voisinage immédiat des roches magnésiennes. A cela correspond la possibilité, pour le cuivre, comme pour tous les métaux suivants, d'avoir, non plus seulement une gangue quartzeuse, mais aussi une gangue carbonatée ou barytique, qui accuse une dissolution à bien plus basse température, dans des conditions plus superficielles. Ces possibilités de dissolution plus facile pour le cuivre entraînent sa présence dans des groupements filoniens variés, en association avec tous les métaux sulfurés, tels que le plomb, le zinc, l'antimoine, etc., et son remaniement fréquent par voie de dissolution ultérieure.

VI. — Nous arrivons enfin à cette catégorie de métaux en somme extrêmement rares à la superficie et qui nous sont connus presque exclusivement par leurs *gîtes filoniens*.

Ces métaux comportent, par ordre d'abondance, le plomb, le zinc (assez rare), l'argent, le mercure, le bismuth, le tungstène, le molybdène, l'or, l'uranium, etc., etc. Ils ont presque tous une assez forte densité, et la seule considération de la densité moyenne de la terre, si supérieure à la densité superficielle, conduirait à admettre qu'ils doivent, dans les parties profondes de la terre, jouer un rôle de beaucoup supérieur à celui qui leur est attribué à la superficie.

La cristallisation de ces métaux dans les filons est un phénomène secondaire. Ces métaux ne sont pas, dans les filons, à leur place originelle, ils y ont été apportés, de bas en haut, à la faveur d'une combinaison avec le soufre, l'arsenic, le chlore et autres éléments analogues qui leur ont prêté de la mobilité, et puisque nous ne les trouvons pour ainsi dire pas dans les ségrégations basiques, nous sommes alors conduits à supposer que l'origine première de leur montée filonienne peut être située au-dessous du milieu essentiellement ferrugineux qui a produit les ségrégations basiques.

Le phénomène métallifère filonien présente, lorsqu'on cherche à l'analyser, de singulières difficultés.

Pourquoi, en tel point, sur telle fracture et à tel moment, ces montées de sulfure de plomb, tandis qu'un peu plus loin se produisait, sur la même cassure, du sulfure de fer, et qu'un peu plus tard (comme en témoignent certains filons concrétionnés), on avait successivement, au point considéré, d'autres montées de sulfure de zinc, puis de sulfure de cuivre, puis encore du sulfure de plomb, etc.?

Il faut admettre pour ces montées métallifères, une cause profonde infra-granitique, une communication accidentelle établie, à certaines époques de grandes dislocations, entre cette cause profonde et la portion de l'écorce terrestre qui, aujourd'hui, affleure à la superficie et qui était alors enfoncée sous d'autres roches enlevées par les érosions.

Il faut qu'il ait existé, au moment où ces filons se sont remplis, un milieu métallique interne, mis en contact accidentellement avec les minéralisateurs, milieu dans lequel les métaux n'étaient pas, en moyenne, mélangés tous ensemble, mais où les uns ou les autres dominaient suivant les points, peut-être suivant la profondeur.

Il résulte des observations faites dans les gisements métallifères qu'il est possible de classer ces divers éléments métalliques en un certain nombre de groupes :

1º Plomb, zinc et cuivre (ce dernier plus rare);

2º Antimoine, molybdène, cadmium, argent;

3º Mercure, bismuth, tungstène, platine, or;

4º Uranium et radium.

VII. — Enfin, plus bas encore, nous entrons totalement dans l'inconnu et ne pouvons même soupçonner quels éléments existent. Il est vraisemblable d'admettre qu'il y a là des métaux inconnus, peut-être ceux auxquels appartiennent les raies non identifiées du spectre solaire, peut-être d'autres encore que nous ne connaîtrons jamais.

En résumé, il ressort de cette étude purement géologique que l'ordre de superposition des principaux éléments chimiques qui constituent l'écorce terrestre doit être le suivant :

1º Hydrogène, Atmosphère primitive et protubérances solaires;

2º Oxygène, azote, argon, néon. — Atmosphère;

3º Silicium, aluminium, sodium, potassium, lithium, { écorce
glucinium, magnésium, calcium, baryum, strontium; { silicatée

4º Chlore, soufre, bore, phosphore, fluor, carbone. — Minéralisateurs;

5° Fer, manganèse, nickel, cobalt, chrome, titane ⎱ ségrégations
vanadium;   ⎰ basiques
                                                                                  de profondeur.

6° Cuivre, Gîtes filoniens reliés aux ségrégations basiques;

7° Zinc, plomb, antimoine, argent, mercure, bismuth, ⎱ Gîtes filoniens
tungstène, or, uranium, radium.   ⎰ proprement dits.

Si nous considérons maintenant la liste des éléments chimiques classés d'après l'ordre de leurs poids atomiques, nous avons la série suivante :

1° Hydrogène (1);

2° Azote (14), oxygène (16);

3° Sodium (23), magnésium (24), aluminium (27), silicium (28);

4° Phosphore (31), soufre (32), chlore (35);

5° Titane (48), vanadium (51), chrome (52), manganèse (55), fer (56), nickel et cobalt (59);

6° Cuivre (63);

7° Zinc (65), argent (108), antimoine (129), tungstène (184); or (197), mercure (200), plomb (207), bismuth (208), radium (226), uranium (238).

Nous voyons, par ce qui précède, que la distribution des éléments chimiques dans l'écorce terrestre concorde d'une façon remarquable avec le classement de ces mêmes éléments par ordre de poids atomiques, ce qui permet de conclure la loi suivante :

Dans la Terre incandescente, avant sa solidification, les éléments chimiques déjà constitués se sont écartés du centre *en raison inverse de leur poids atomique*, comme si les atomes dissociés et libres de toute combinaison chimique à de très hautes températures avaient été uniquement et individuellement soumis à l'attraction universelle et à la force centrifuge (1).

Cette loi peut mettre sur la voie de bien des relations minéralogiques et chimiques entre les éléments. .

REMARQUE I. — Nous ne savons absolument rien sur les états chimiques et physiques que peut prendre la matière au centre de la Terre, puisque la pression doit y jouer un rôle essentiel et que, dans toutes nos expériences, nous sommes forcés de rester très loin au-dessous de la pression de 10.000 atmosphères, où l'acier se pulvérise. D'ailleurs, s'il y a unité fondamentale de la matière, un atome très dense n'est peut-être qu'un atome condensé par la pression.

Les phénomènes présentés par les substances radioactives autorisent toutes les hypothèses. Le passage de la matière à la force n'est peut-être pas un rêve. En effet, quelques savants ont émis les hypothèses suivantes :

---

(1) Dans la forme incandescente que présente l'atmosphère solaire, il semble, en effet, ne pas y avoir de composés chimiques.

1º La matière supposée jadis indestructible s'évanouit lentement par la dissociation continuelle des atomes qui la composent.

2º Les produits de la dématérialisation des atomes constituent des substances intermédiaires par leurs propriétés entre les corps pondérables et l'éther impondérable, c'est-à-dire entre deux mondes considérés jusqu'ici comme profondément séparés.

3º La matière, jadis envisagée comme inerte et ne pouvant restituer que l'énergie qu'on lui a d'abord fournie, est, au contraire, un colossal réservoir d'énergie (l'*énergie intra-atomique*) qu'elle peut dépenser sans rien emprunter au dehors.

4º C'est de l'énergie intra-atomique qui se manifeste pendant la dissociation de la matière, que résultent la plupart des forces de l'univers, l'électricité et la chaleur notamment.

Par conséquent, l'adage bien connu :

« Rien ne se crée, rien ne se perd »

peut être remplacé par le suivant :

« Rien ne se crée, tout se perd ».

REMARQUE II. — La présence des métaux que nous trouvons, à la surface de la Terre, dans des points très rares, est due à un dégagement local de vapeurs métalliques vers la surface.

REMARQUE III. — Les phénomènes magnétiques semblent montrer l'existence interne d'un noyau ferrugineux profond, orienté à peu près dans le sens de l'axe terrestre et recouvert d'une couche de scorie plus épaisse à l'équateur qu'aux pôles.

2. — Proportion relative des éléments chimiques dans les parties superficielles de la terre.

Jusqu'ici, nous n'avons fait que signaler la place occupée, dans la structure primitive de la Terre, par les divers éléments chimiques.

Maintenant, nous allons nous occuper de la proportion de ces éléments.

Quelques savants, et notamment Clarke et Hillebrand (1), aux États-Unis, et Johann Vogt, en Norvège, ont tenté d'évaluer en chiffres la composition chimique terrestre.

La zone terrestre qui est accessible à nos investigations directes ou pour laquelle on peut prolonger, sans erreur bien sensible, des résultats constatés ailleurs, comprend trois parties distinctes : l'atmosphère, les mers et la croûte silicatée.

(1) Cf. F. W. CLARKE, The Data of Geochemistry (*Bull. of the U. S. Geol. Surv.*), Washington, 1908.

Ces trois parties interviennent respectivement dans la proportion suivante :

DIVERSES PARTIES DE L'ÉCORCE TERRESTRE	POIDS ABSOLU EN MILLIONS DE MILLIARDS DE TONNES	PROPORTOIN RELATIVE
Croûte terrestre, jusqu'à 16 kilomètres au-dessous du niveau de la mer (limite conventionnelle) = 6.800 millions de kilomètres cubes à une densité moyenne de 2,7	18,360	92,21
Eau de mer (21.500 millions de kilomètres cubes à une densité moyenne de 1,03	1,545	7,76
Atmosphère	5,3	0,03

De ces trois parties, deux sont connues chimiquement avec une approximation très grande : l'eau et l'atmosphère.

La question de l'écorce terrestre est, au contraire, beaucoup plus délicate et même en se bornant à la portion directement accessible, c'est-à-dire à une zone très peu épaisse et comprenant, presque uniquement, les parties surélevées au-dessus du niveau de la mer, M. W. Clarke a néanmoins cru pouvoir admettre que, jusqu'à 16 kilomètres de profondeur au-dessous de la mer, les variations restaient de même ordre que dans cette partie superficielle, c'est-à-dire que l'on pouvait continuer à appliquer la même analyse moyenne.

Les recherches de M. Clarke ont porté, principalement, sur les roches cristallines (granite, syénite, diorite, etc., etc.), et sur les roches cristallophylliennes (gneiss, micaschistes, chloritoschistes, etc., etc.).

Quinze cents analyses ont été faites sur des roches prises à peu près au hasard, et c'est au moyen de ces quinze cents analyses qu'il a calculé son analyse moyenne. Les matériaux des terrains sédimentaires étant à peu près les mêmes que ceux des roches, l'analyse moyenne des uns doit être approximativement la même que celle des autres.

D'après les calculs de M. Clarke, on a pour la composition moyenne des roches :

Silice.	59,80
Alumine	15,40
{ Sesquioxyde de fer.	2,70
{ Protoxyde de fer (correspondant à 3,80 de sesqui-oxyde	3,40
Chaux (correspondant à 8,55 de carbonate)	4,80
Magnésie	4,40
Soude	3,60
Potasse.	2,80
Eau (dont 0,40 persistant au-dessus de 110°)	1,50
Oxyde de titane.	0,50
Acide phosphorique	0,20
	99,10

Ou en éléments chimiques, par ordre d'importance :

Oxygène	47,10	
Silicium	28,23	
Aluminium	7,99	
Fer	4,46	98,64
Calcium	3,43	
Sodium	2,53	
Magnésium	2,46	
Potassium	2,44	
Titane	0,42	
Hydrogène	0,17	
Carbone	0,14	
Phosphore	0,11	
Soufre	0,11	
Baryum	0,089	
Manganèse	0,084	
Chlore	0,07	
Chrome	0,034	
Strontium	0,034	
Zirconium	0,026	
Nickel	0,023	
Fluor	0,02	
Vanadium	0,02	
Lithium	0,01	
	100,00	

Un premier résultat ressort de ces chiffres, c'est que l'oxygène forme environ la moitié de l'écorce terrestre, résultat encore plus exact quand on tient compte de l'atmosphère et des mers; plus d'un autre quart est formé par le silicium; il reste moins d'un quart pour tous les autres corps chimiques, dont environ 8 % d'aluminium et 5 % de fer. L'écorce terrestre est donc un silicate d'aluminium, de fer, de chaux, de magnésie et d'alcalis, où entrent seulement pour environ 1 % de substances étrangères : elle est une espèce de laitier.

REMARQUE. — On arriverait évidemment à une grande approximation en ne considérant que les roches à structure grenue, dont les autres roches éruptives représentent, dans l'ensemble, des dérivés localement modifiés.

La composition des roches principales est en moyenne :

TYPES DE ROCHES	SILICE	ALUMINE	ALCALIS	OXYDE DE FER	CHAUX	MAGNÉSIE
Granite	72	14	9	2	1	0,50
Syénite	65	16	11	4	2	0,50
Diorite	52	17	6	10	7	5,00

En nous bornant d'abord aux éléments essentiels et considérant, non plus l'écorce solide, mais l'ensemble de la superficie, composant cette écorce, avec les mers et l'atmosphère, dans les proportions signalées plus haut, nous trouvons :

ÉLÉMENTS CHIMIQUES	POIDS ATO-MIQUE	ÉCORCE SOLIDE 92,20 %	MERS 7,80 %	ATMO-SPHÈRE 0,03 %	ENSEMBLE DE LA ZONE SUPERFI-CIELLE	APPROXIMA-TION PRO-BABLE D'APRÈS M. CLARKE
Oxygène. {	16	47,10	85,80	23	50,12	= 1/20
Silicium..........	28	27,90	»	»	25,72	= 1/15
Aluminium	27,5	8,10	»	»	7,47	= 1/4
Fer	56	4,70	»	»	4,33	
Calcium	40	3,50	0,05	»	3,23	
Sodium.........	23	2,70	1,14	»	2,58	= 1/3
Magnésium	28	2,60	0,14	»	2,40	
Potassium.......	39	2,40	0,04	ι	2,21	
		99,00	87,17	23	98,07	

Nous voyons que les huit éléments principaux qui, dans le tableau précédent, forment l'écorce silicatée, entrent encore pour 98 % dans le total du dernier tableau.

Avant d'examiner le rôle des éléments secondaires, il nous paraît utile d'essayer une comparaison entre cette zone terrestre superficielle et ce que nous pouvons connaître du Soleil, par l'analyse spectrale. Quand nous envisageons les zones successives apparentes du Soleil en nous écartant du centre, nous avons d'abord un noyau obscur, de composition inconnue, puis une enveloppe métallique incandescente à spectre continu, la photosphère, dont la composition ne nous est révélée que partiellement par la considération des vapeurs qui s'en dégagent au dessus, dans une couche gazeuse plus froide, à la base de la chromosphère, et que nous reconnaissons là au moyen de leurs raies d'absorption.

Dans ces vapeurs, le fer domine de beaucoup, et si, à défaut d'une analyse quantitative encore impossible, nous représentons, par une image tout à fait grossière et même, si l'on veut, fantaisiste, la composition de cette enveloppe gazeuse, simplement pour fixer l'ordre approximatif des grandeurs, nous avons peut-être quelque chose dans ce genre :

Fer	65
Magnésium	8
Nickel	6
Calcium	3,5
Aluminium	1
Sodium.	0,5
Hydrogène	0,5
Hélium. . . ι	0,5
Manganèse, cobalt, titane, chrome, étain	Traces
Corps non identifiés.	15,00
	100,00

De ces éléments, les plus volatils gagnent la partie supérieure et forment les protubérances de la chromosphère. On trouve surtout de l'hydrogène au-dessus des facules brillantes, puis de l'hélium, peut-être de l'argon et des métaux, sodium, calcium, magnésium, au-dessus des taches, avec des variations constantes qui semblent indiquer des changements de température ou de pouvoir absorbant et de nature chimique.

Cette composition appelle aussi deux remarques :

Tout d'abord, un tiers environ des raies spectrales n'a pas été identifié; il existe donc, dans l'enveloppe solaire, une partie importante de métaux, que nous ne connaissons pas sur la Terre.

En revanche, nous n'y trouvons pas, ou à peine, les trois éléments essentiels de l'écorce terrestre : oxygène et silicium (presque absents au spectroscope quand on élimine les raies telluriques), aluminium (très réduit). Le fer, le magnésium et le nickel, relégués généralement sur la Terre dans les ségrégations basiques profondes, sont, au contraire, prédominantes sur le Soleil.

Que faut-il en conclure? Que la composition générale du Soleil est différente de celle de la Terre. C'est, à coup sûr, possible. Mais on peut remarquer que ce que nous connaissons du Soleil, à savoir les vapeurs dégagées de son bain métallique fluide, forme dans sa composition une zone extrêmement restreinte, vraisemblablement très différente comme position de la zone, également très restreinte, qui nous est accessible sur la Terre. Peut-être assistons-nous, sous le Soleil, à la scorification même de la zone métallique, dont la température peut aller à 7.000 degrés, et dans laquelle, en même temps que les métaux se combineraient à l'oxygène et au silicium dans la photosphère sans y être discernables, une portion d'entre eux se volatiliserait plus haut, l'hydrogène et l'hélium formant l'enveloppe tout à fait périphérique?

Envisageons maintenant les éléments secondaires autres que les huit corps chimiques principaux, dont le total forme seulement 2 % de l'écorce terrestre et qui constituent néanmoins le point de départ de toute notre chimie.

Ces éléments, d'après Vogt, se répartissent, par ordre d'importance, de la façon suivante :

4 entre 1 et 0,1 % = titane, hydrogène, chlore et carbone;
6 entre 0,1 et 0,02 % = phosphore, manganèse, baryum, soufre, fluor, azote;
5 à environ 0,01 % = chrome, nickel, zirconium, strontium, lithium;
7 entre 0,005 et 0,0001 % = étain, cobalt, argon, brome, iode, rubidium, arsenic, peut-être cerium, yttrium, lanthane.

En tout, il existe une trentaine d'éléments entrant chacun pour plus de 4 millionièmes dans la composition de la Terre. Les quarante autres restent, pour la plupart, très loin au-dessous de cette proportion déjà si infime.

Le titane est très diffusé dans les roches et même dans les terrains sédimentaires; son point de départ paraît être les ségrégations basiques où il accompagne le fer.

L'hydrogène et le carbone existent également dans les roches, mais en faible quantité.

Le *chlore* entre pour environ 2 % dans l'eau de mer. On estime également que sa proportion moyenne dans les roches est comprise entre 0,02 et 0,04 %.

Le chlore se trouve dans le quartz, en inclusions chlorurées, et dans les roches à l'état de minéraux chlorurés, tels que l'apatite ou les feldpathoïdes, (sodalite, etc., etc.).

Le *fluor* se trouve dans les roches acides (apatite, tourmaline, topaze). Dans les eaux de la mer, la quantité de fluor est presque nulle.

Le *phosphore* est, dans toutes les roches, un élément très constant sous forme d'apatite. La teneur moyenne est de 0,10 % environ.

Le *manganèse et le baryum* se trouvent parfois combinés, par exemple la psilomélane. Le baryum se rencontre dans certains feldspaths. On le rencontre également dans les filons plombifères.

Le *soufre* est très abondant dans les roches à l'état de pyrite, et surtout dans les roches basiques.

L'*azote* ordinaire n'a pas été signalé dans les roches; mais l'*argon* a été découvert, tout récemment, dans la *clévéite*, où il accompagne l'hélium.

Le *chrome* est assez abondant dans les roches basiques, et notamment dans les péridodites et dans les serpentines.

Le *nickel* se présente dans les mêmes roches, c'est-à-dire dans les roches nettement basiques.

Le *zirconium* est un élément habituel des roches acides.

Le *lithium* se rencontre dans les roches acides. On le trouve également dans les eaux thermales avec le sodium.

L'*étain* est également un élément des roches acides (granulite, gneiss).

Le *cobalt* se rencontre généralement, avec le nickel, dans les roches basiques.

Le *brome et l'iode* se trouvent dans l'eau de mer, ces deux corps sont très rares dans l'écorce terrestre.

L'*arsenic* se rencontre assez fréquemment avec le soufre, il entre dans la composition de beaucoup de minéraux : le mispickel, par exemple.

Nous arrivons enfin au groupe des métaux exclusivement concentrés dans les filons et dont la proportion est toujours extrêmement minime, puisqu'aucun d'eux ne forme certainement 1 millionième de l'écorce terrestre.

Pour quelques métaux ordinairement associés dans leurs gisements, M. Vogt s'est efforcé de calculer leur proportion relative, afin d'en tirer des conclusions sur la façon dont ces éléments se sont concentrés dans la métallurgie naturelle.

Il a trouvé ainsi qu'il pouvait y avoir, en moyenne :

1 d'argent pour 1.000 à 5.000 de cuivre et de plomb;
1 d'or pour 25 à 50 ou même 100 d'argent;
1 de cadmium pour 100 à 1.000 de zinc;
1 de cobalt pour 10 de nickel;
1 de platine pour 50.000 de nickel   ⎰ mines de pyrrhotine nickelifère du Ca-
1 d'or pour 250.000 de nickel   ⎱ nada.

NOTES

Production de métaux en 1908.

MÉTAUX	NOMBRE DE TONNES	PRIX DE LA TONNE	POIDS ATOMIQUE
Plomb	1,180000	345	206
Cuivre	775000	2.000	64
Zinc	676000	650	65,4
Étain...............	112000	3.600	118
Nickel	16000	4.000	59
Antimoine	10000	880	120
Argent.............	5885	90.000	108
Mercure...........	3300	6.500	206
Tungstène.........	1500	4.000	184
Bismuth	700	18.000	208
Or	653	3.444.000	197
Molybdène	100	10.000	96
Cadmium	38	10.000	112
Minerais d'uranium..	11	100.000	239
Platine	5	5.000.000	194
Bromure de radium pur	15 grammes	40.000.000.000	225

Production mondiale des Métaux en 1912.

Cuivre : 1.019.800 *tonnes.* — Le principal pays producteur est l'Amérique : 707.900 tonnes en 1912.

Plomb : 1.015.400 *tonnes.* — Le principal pays producteur en Europe est l'Espagne : 186.700 tonnes en 1912.

Zinc : 977.900 *tonnes.* — Le principal pays producteur est les États-Unis : 314.512 tonnes en 1912. L'Allemagne vient ensuite avec 271.064 tonnes.

Étain : 123.000 *tonnes.*

L'étain produit en Allemagne et en Angleterre est extrait en grande partie des minerais venus de Bolivie.

Aluminium : 61.100 *tonnes.*

Ce sont les États-Unis qui enregistrent le maximum de production.

Nickel : 28.500 *tonnes.* — Les deux principaux producteurs sont : le Canada et la Nouvelle-Calédonie.

Tableau de la classification métallogénique des corps simples.

	Rapports de l'oxygène aux métaux.		
Périphérie de l'atmosphère		Hydrogène-hélium.	
Atmosphère		Oxygène, azote.	
Métalloïdes facilitant le départ des métaux...		Fluor, chlore, brome, iode. Soufre, sélénium. Tellure. Carbone. Bore.	Combinaisons avec l'oxygène
Éléments auxiliaires en combinaisons oxydées		Phosphore, vanadium, Arsenic, antimoine.	
Éléments auxiliaires en combinaisons sulfurées		Bismuth et molybdène.	
Scorie silicatée normale. Ségrégations oxydées et filons oxydés de départ immédiat.			
1° Métaux à oxydes acides	4/2	Silicium, titane.	
Métaux à oxydes acides.	5/2	Zirconium, étain.	
— — —	8/3	Niobium, tantale.	
— — —	6/2	Uranium. Tungstène.	
2° Métaux à oxydes basiques	1/2	Potassium, sodium. Lithium. cæsium Rubium.	
Métaux à oxydes basiques	2/2	Calcium, baryum. Strontium, magnésium. Glucinium.	
Métaux à oxydes basiques	3/2	Terres rares, aluminium. Chrome, fer.	
Métaux à oxydes basiques	4/2	Manganèse.	
Métaux de la scorie basique pouvant s'isoler en sulfures...........		Nickel, cobalt.	Combinaisons avec le soufre
Filons sulfurés de cristallisation moyennement profonde à gangue quartzeuse et calcaire...............		Cuivre, zinc. Cadmium, plomb. Argent.	
Filons sulfurés à cristallisation superficielle,.		Mercure.	
Métaux natifs en roches acides		Or.	
En roches basiques ...		Platine.	

CHAPITRE II

TECTONIQUE

La tectonique ou géologie mécanique est une branche de la géologie qui traite de la structure de la Terre.

Elle peut actuellement se baser sur trois lois qui régissent :

1° L'origine des dislocations de l'écorce terrestre;

2° Le tracé de ses plissements;

3° La structure et le mode de formation des plissements.

Les dislocations visibles de l'écorce terrestre sont le produit de mouvements qui résultent probablement de la contraction progressive de l'intérieur du globe; elles sont ordinairement linéaires et affectent les roches sédimentaires aussi bien que les roches éruptives. L'ensemble des dislocations de toute nature est appelé *diastrophisme* par les géologues américains.

On peut diviser les dislocations en deux grandes classes suivant que les mouvements qui leur ont donné naissance ont été, dans l'ensemble, *horizontaux* (tangentiels), ou *verticaux* (radiaux).

Dans le cas des mouvements horizontaux, le déplacement des masses minérales a été effectué tangentiellement à la surface du globe; il y a eu compression ou refoulement latéral. Les couches se sont redressées, plissées et parfois renversées sur elles-mêmes. Les couches plissées correspondent à un raccourcissement de l'écorce terrestre. Ce raccourcissement est encore augmenté par les phénomènes de charriage qui ont été mis en évidence dans ces dernières années.

Dans le cas de mouvements verticaux, une portion plus ou moins étendue de l'écorce terrestre a été soulevée ou abaissée relativement aux parties contiguës, dans le sens du rayon du globe, d'où le nom de mouvements radiaux suivant une ligne de dénivellation souvent très brusque qui a été désignée sous le nom de *faille.*

Ce mouvement a donné naissance à un écartement des portions de l'écorce terrestre situées de part et d'autre de la faille, c'est-à-dire à un allongement de l'écorce terrestre.

Cette division en deux classes n'a rien d'absolu.

En effet, il y a des régions où les dislocations appartiennent à la première classe : ce sont les *régions de plissements ;* d'autres où elles sont toutes de la deuxième classe : ce sont les *régions de fractures;* d'autres, enfin, où l'on trouve les deux types réunis et diversement combinés.

Les efforts dynamiques auxquels est soumise une masse déterminée de roches tendent à la production de plissements et de fractures qui se coupent généralement à angle droit.

On sait que, sous de fortes pressions, les corps solides se conduisent sinon comme des liquides, tout au moins comme des corps très souples; ce qui explique la grande analogie qu'on observe entre les vagues terrestres (tecto niques) et les vagues marines.

La formation et la structure des couches plissées résultent d'abord de leur mouvement dans une direction donnée, ensuite de la position et de la forme des massifs très résistants (môles, horsts, butoirs) contre lesquels les efforts mécaniques les ont appliqués. C'est ce fait d'observation qui a été désigné par le général Jourdy sous le nom de *loi de position.* Cette loi a été énoncée par Marcel Bertrand sous la forme suivante : Le ridement de l'écorce terrestre se fait d'une manière continue et toujours aux mêmes places. De Launay lui a donné le nom de *loi de permanence des plissements.* Quelques années auparavant, Godwin Austin avait énoncé la proposition suivante : Quand une portion de l'écorce terrestre a été plissée ou fracturée, toutes les dislocations postérieures se produisent sur les mêmes lignes parce que ce sont des lignes de moindre résistance.

Avant d'exposer les diverses théories émises sur la genèse des chaînes de montagnes, nous allons examiner successivement :

1º Les dislocations résultant de mouvements tangentiels;

2º Les dislocations résultant de mouvements radiaux;

3º Les déformations intimes des roches sous l'influence des dislocations.

I

DISLOCATIONS RÉSULTANT
DE MOUVEMENTS HORIZONTAUX

Plis.

Le refoulement latéral, qui tend à faire occuper aux couches un espace horizontal moindre qu'auparavant, a pour effet de les plisser. Aussi, cette action est appelée *plissement* ou *ridement.*

La figure 2 est une coupe verticale parallèle au sens du refoulement; elle montre une série de parties saillantes et de parties creuses.

Les parties saillantes *a* portent le nom de plis *convexes,* d'*anticlinaux,* de *selles.* Les couches plongent en sens contraire à partir du sommet.

Les parties creuses sont désignées sous le nom de *plis concaves,* de *syncli-*

Fig. 2. — COUPE VERTICALE PARALLÈLE AU SENS DU REFOULEMENT.

naux, de fonds *de bateau* ou de thalwegs. Les couches plongent de part et d'autre vers le fond.

Dans un même pli, les parties inclinées *ff* (fig. 3) s'appellent les *flancs,* les *pendages,* les *ailes.*

La ligne suivant laquelle deux flancs opposés viennent se réunir porte le nom de *charnière : aa* est la charnière anticlinale, *ss* est la charnière synclinale.

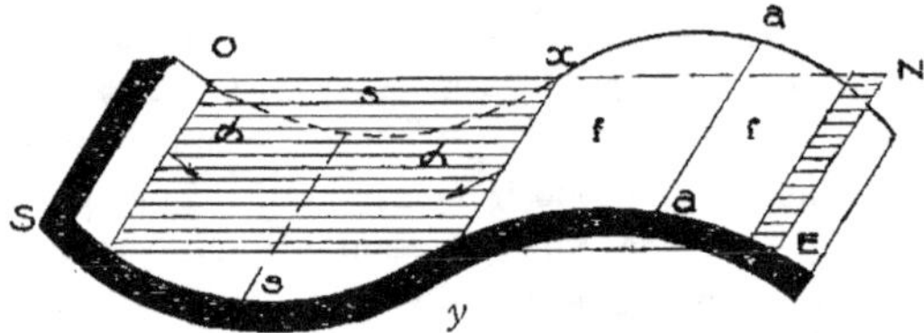

Fig. 3. — SCHÉMA D'UN PLI COMPLET.

Si les charnières sont horizontales, les lignes de direction des flancs sont parallèles; c'est le cas de la figure 3. Si, au contraire, les charnières sont inclinées sur l'horizon, leur inclinaison s'appelle *ennoyage.* Le plissement a été souvent accompagné d'une rupture suivant la crête de l'anticlinal. L'action des eaux

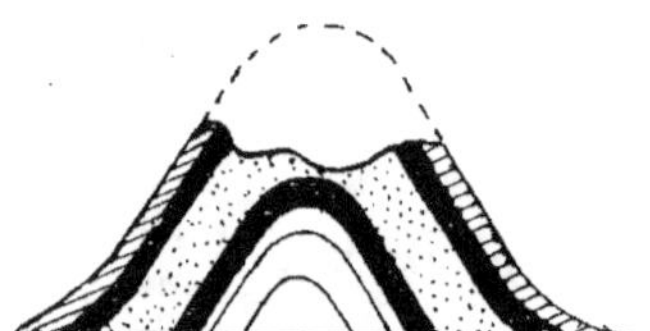

Fig. 4. — VOUTE OUVERTE.

Fig. 4 *bis.* — VOUTE RASÉE.

s'exerçant alors sur les roches fissurées a donné naissance à des *voûtes ouvertes* ou vallées d'érosion longitudinales et anticlinales (fig. 4).

Dans certains cas, la voûte a été complètement rasée, d'où le nom de *voûte rasée* (fig. 4 *bis*).

Les parties intérieures d'une voûte ouverte, formées de couches plus anciennes que celles qui affleurent sur les bords, ont été parfois désignées sous le nom de *dômes*. Lorsque les voûtes ont amené, au niveau de dénudation, les roches cristallines, le noyau cristallin est appelé *massif central*.

Le point p (fig. 5), plan où les affleurements opposés a et b d'une même

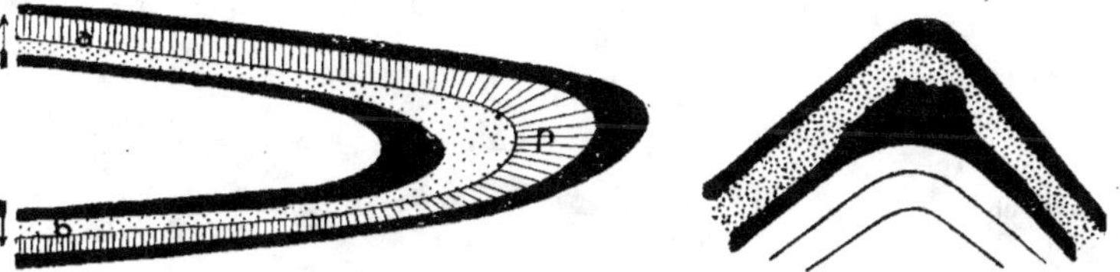

Fig. 5. — Voûte ouverte ou rasée formant contour (plan).   Fig. 6. — Noyau anticlinal.

couche d'une voûte ouverte ou rasée se rejoignent en plan par une courbure continue, s'appelle le *contour*.

Dans chaque pli, les couches sont pour ainsi dire enveloppées les unes dans les autres comme des pelures d'oignon; la partie des couches placée à

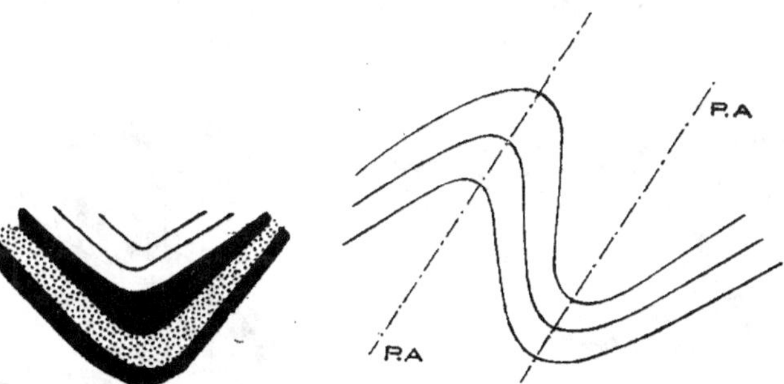

Fig. 7. — Noyau synclinal.   Fig. 7 *bis.* — Plan axial.

l'intérieur d'un pli anticlinal s'appelle *noyau anticlinal* ou noyau de la voûte (fig. 6); tandis que les couches placées en dedans d'un pli synclinal forment un *noyau synclinal* (fig. 7).

On donne le nom de *plan axial* au plan bissecteur du dièdre formé par les deux flancs opposés d'un pli (fig. 7 *bis*). Ce plan passe par les charnières de toutes les couches soumises au plissement.

On appelle *axe du pli* la droite d'intersection du plan axial et d'une surface horizontale prise comme base et non avec la surface du terrain.

Des différents types de plis.

Quand un pli est symétrique par rapport à un plan axial, c'est-à-dire lorsque ses deux flancs sont également inclinés en sens inverse et que son plan axial

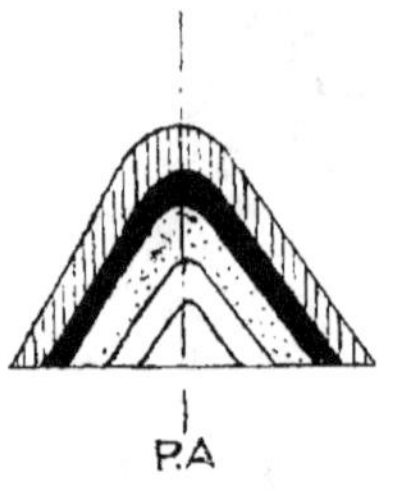

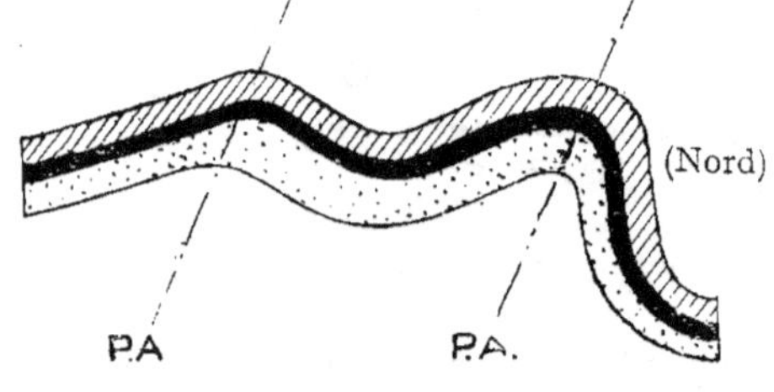

Fig. 8. — PLI DROIT.   Fig. 9. — PLI OBLIQUE OU EN GENOU (DÉJETÉ VERS LE NORD).

est vertical, ce pli est appelé *pli droit* (fig. 8). Si, au contraire, un pli n'est pas symétrique par rapport à son plan axial et que de plus le plan axial soit incliné, on a ce qu'on appelle un *pli oblique,* un *pli déjeté,* un *pli en genou* (fig. 9).

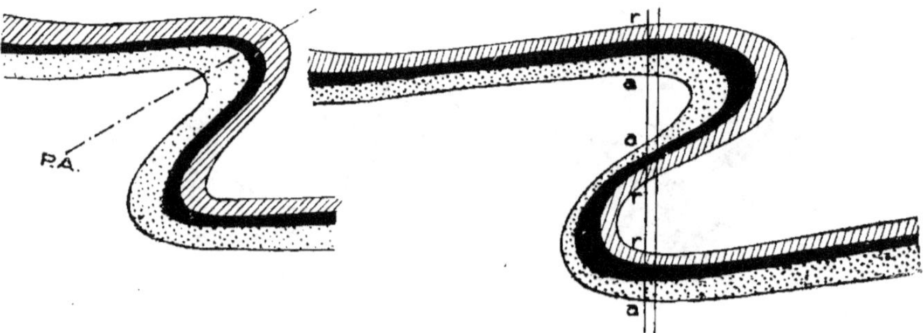

Fig. 10. — PLI RENVERSÉ OU DÉVERSÉ.   Fig. 11 — PLI (OU REPLI) COUCHÉ.
EX. : WINDGÄLLE (ALPES CENTRALES) (HEIM).

On dit qu'un plan anticlinal est déjeté vers le nord quand son flanc le plus incliné est tourné vers le nord (fig. 9).

Si un flanc déjà déjeté continue à s'incliner, se renverse, on a ce qu'on appelle un *pli renversé* ou *déversé* (fig. 10). Enfin, si la pression latérale continue à augmenter, il peut arriver que les deux flancs soient couchés l'un sur l'autre, les couches les plus anciennes se trouvent alors sur les plus récentes, on a un *repli couché* (fig. 11).

Cette structure se trouve assez souvent dans les porphyres des Alpes Centrales.

Maintenant, si on considère comme pli complet l'ensemble d'un pli anticlinal ou d'un pli synclinal, ayant pour axe la droite xy (fig. 3), on voit,

Fig. 11 *bis*. — PLIS COUCHÉS.

d'après ce qui précède, que tout pli dissymétrique, renversé, couché, comprend un pli anticlinal plus ou moins déjeté reposant sur un pli synclinal (fig. 12).

On donne le nom de *flanc normal supérieur* ou de *flanc normal de l'anti-*

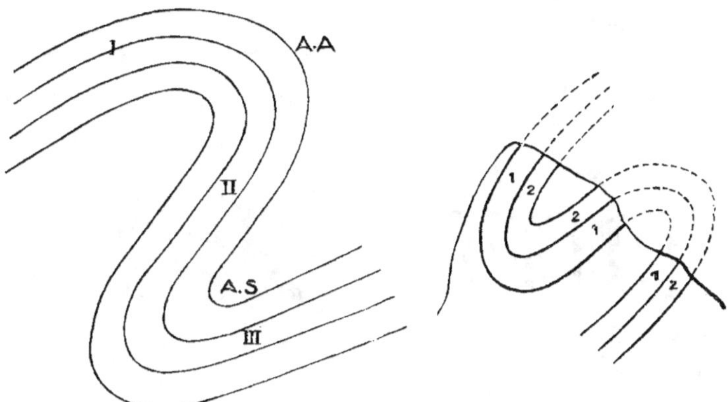

Fig. 12.
I. — FLANC NORMAL SUPÉRIEUR.
II. — FLANC MÉDIAN.
III. — FLANC NORMAL INFÉRIEUR.

Fig. 12 *bis*. — PLI RETOURNÉ
(FAUX ANTICLINAL) (FAUX SYNCLINAL).

clinal au flanc supérieur du pli anticlinal (fig. 12), formé par les couches en superposition régulière.

On donne le nom de *flanc médian* ou de *flanc renversé* au flanc compris entre l'axe anticlinal AA et l'axe synclinal AS.

Enfin, on désigne sous le nom de *flanc normal inférieur* ou de *flanc normal du synclinal* le flanc inférieur du pli synclinal qui est composé de couches en superposition régulière et qui supporte tout le reste.

Lorsque les couches superposées présentent une série de plis placés côte à côte et disposés de la même façon (fig. 11 *bis*), il est clair que le flanc inférieur d'un pli complet passe graduellement du côté opposé à son flanc médian, au flanc supérieur du pli complet qui le suit immédiatement.

Quand les plis sont couchés, on peut désigner la charnière anticlinale par *charnière supérieure* et la charnière synclinale par *charnière inférieure*.

Quand les parties voisines de la charnière anticlinale d'un pli renversé ou couché ont disparu par érosion, ce qui reste du pli présente la forme d'un C, c'est pour cela que ces couches sont appelées souvent couches en C (fig. 12 *bis*).

Lorsque les plis sont très aigus, les noyaux anticlinaux et synclinaux ont l'apparence d'un coin qu'on aurait introduit au milieu des couches adjacentes.

FORMES RÉSULTANT DU RESSERREMENT CROISSANT DES PLIS

Les flancs des plis peuvent présenter, au point de vue de l'*écart angulaire*, trois positions différentes :

Considérons les plis anticlinaux :

1° Les flancs peuvent former un *angle ouvert vers le bas ;* c'est le cas qui se présente le plus souvent.

2° Les flancs peuvent être *parallèles*. Dans ce cas, les plis sont dits *isocli-*

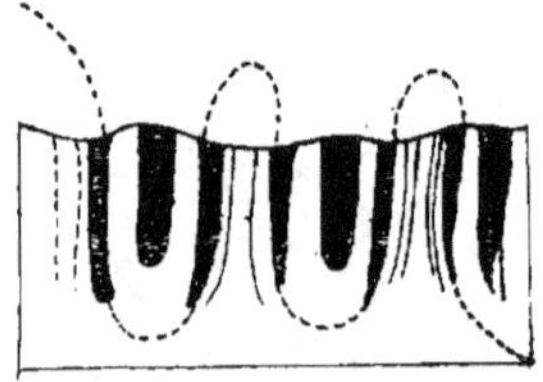

Fig. 13. — PLI ISOCLINAL DROIT
VAL CAMADRA (TESSIN, SUISSE).

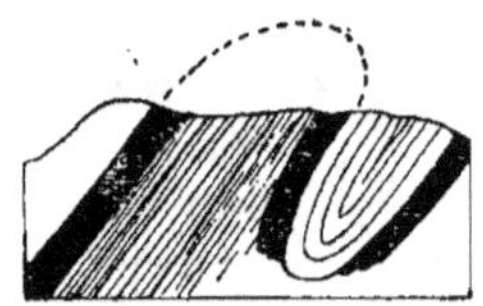

Fig. 14. — PLI ISOCLINAL RENVERSÉ.

naux. Les plis isoclinaux peuvent être à leur tour : *droits* (fig. 13), *renversés* (fig. 14) ou *couchés* (fig. 15).

Fig. 15. — PLI OU REPLI ISOCLINAL COUCHÉ.
(ALPES CENTRALES).

3° Les flancs peuvent faire un angle ouvert par le haut, les plis sont dits en *éventail*.

Quand les plis sont synclinaux, l'inverse a lieu.

Les plis en éventail sont ceux dont la voûte dilatée a été enlevée, en général, par les érosions. Cette structure peut être produite par un effet de laminage analogue à l'épanouissement d'une gerbe serrée en son milieu. Cette structure est celle qui se rencontre quelquefois dans la constitution des montagnes.

La structure en éventail qui caractérise les parties anciennes A des terrains laminés peut se répéter en sens inverse pour les couches récentes R qui s'ouvrent

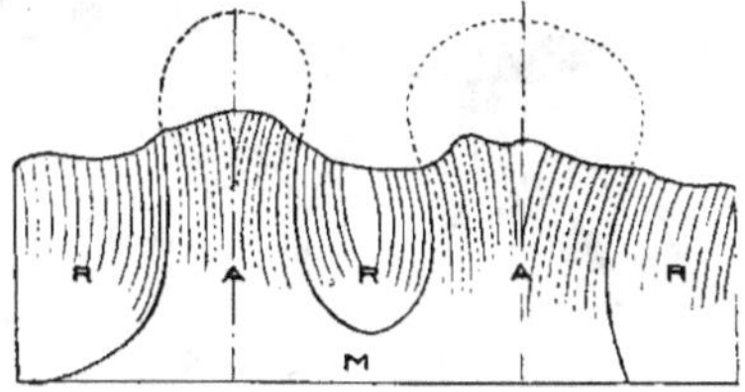

Fig. 16. — PLIS EN ÉVENTAIL.

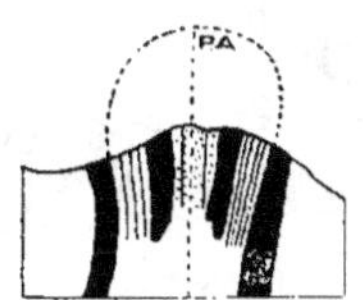

Fig. 17. — PLI EN ÉVENTAIL DROIT.

vers le bas et présentent alors la disposition d'un éventail renversé. La figure 16 montre cette disposition.

Le pli en éventail peut être défini :

Un pli à double renversement (anticlinal ou synclinal).

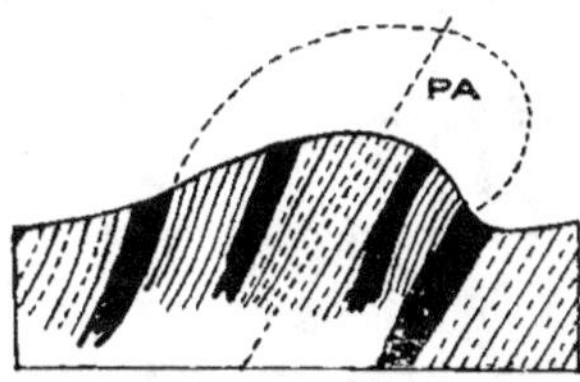

Fig. 18. — PLI EN ÉVENTAIL OBLIQUE.

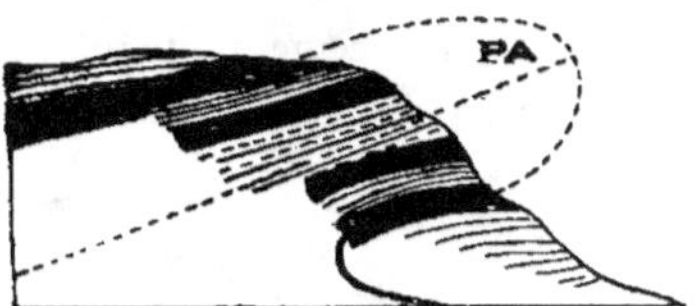

Fig. 19. — PLI EN ÉVENTAIL COUCHÉ.

Les plis en éventail peuvent, d'après l'inclinaison de leur plan axial (PA), offrir les combinaisons suivantes :

1º Pli en éventail droit (fig. 17).
2º Pli en éventail oblique (fig. 18).
3º Pli en éventail couché (fig. 19).

Lorsque la compression de la base de l'éventail A augmente, il peut se faire que l'épaisseur du noyau soit réduite, en ce point, à zéro. Il y a alors séparation de la partie supérieure A d'avec la masse principale de M de la roche correspondante.

Une partie de la roche ancienne A est alors enveloppée par les roches récentes R. On a ce qu'on appelle un *noyau anticlinal détaché par étranglement* (fig. 20).

Il peut se faire que le noyau synclinal d'un éventail renversé soit également détaché par étranglement. Dans ce cas, une partie de la roche récente R est enveloppée par les roches anciennes A (fig. 21).

Remarque. — La structure des plis dépend de l'angle de la poussée avec l'horizontale. Quand il est négatif, la structure est en éventail. S'il est nul, elle

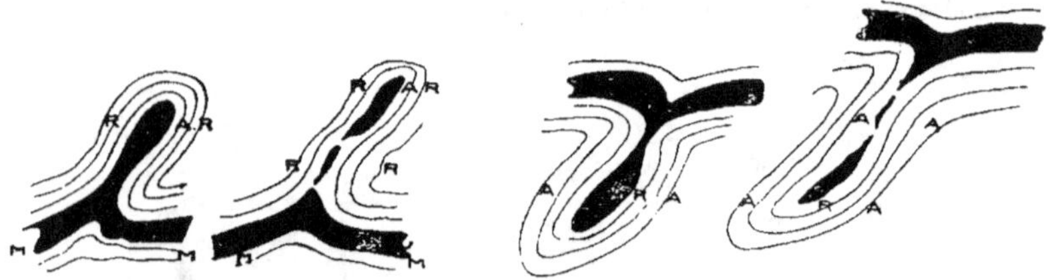

Fig. 20. — Noyau anticlinal détaché par
étranglement.

Fig. 21. — Noyau synclinal détaché par
étranglement.

est normale; s'il est positif, les plis sont couchés. Si la compression augmente, il y a, dans le premier cas, renversement, dans le second, aplatissement, et dans le troisième, charriage.

Plis repliés. — Il y a également lieu de citer le cas où un pli peut être lui-même replié soit dans une nouvelle période de plissement, soit directement dans la même période.

On a donné à ce genre de plis le nom de *plis repliés.*

On distingue quatre cas.

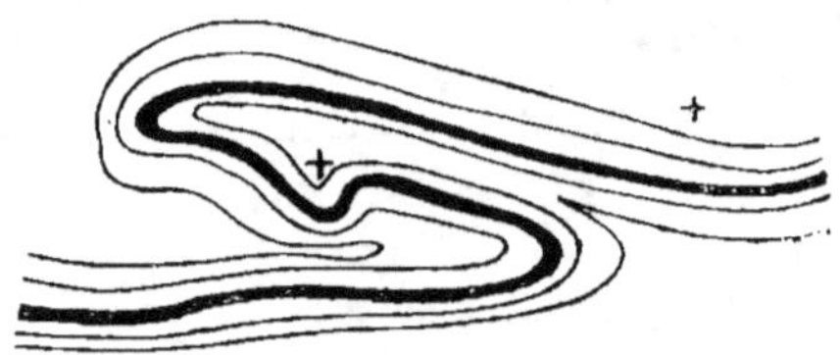

Fig. 22. — Flanc médian replié.

1er Cas. — Un des flancs est replié; si c'est le *flanc médian,* il en résulte une forme tout à fait caractéristique représentée par la figure 22.

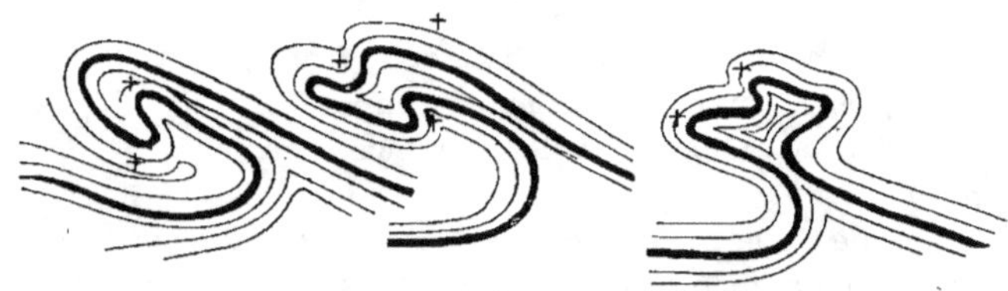

Fig. 23. — Flanc normal supérieur et flanc médian repliés.

2e Cas. — Deux des flancs d'un pli sont repliés; si c'est le *flanc normal supérieur* et le *flanc médian,* l'anticlinal est alors replié (fig. 23).

3ᵉ Cas. — Si, au contraire, c'est le *flanc normal inférieur* et le *flanc médian*, le synclinal est replié (fig. 24).

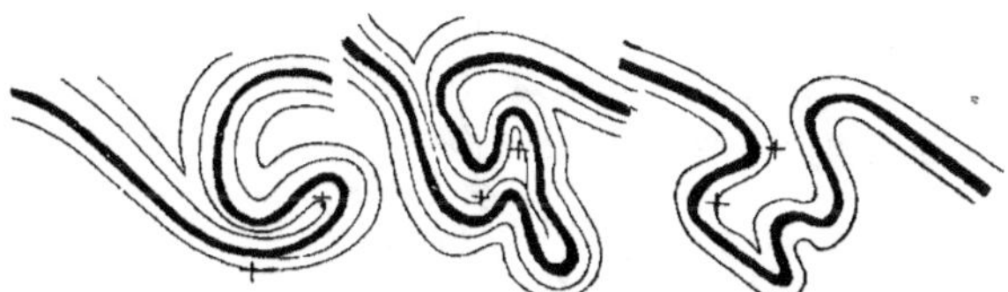

Fig. 24. — Flanc normal inférieur et flanc médian repliés.

Fig. 25. — Les trois flancs repliés.

4ᵉ Cas. — Enfin, si les *trois flancs* sont à la fois repliés. on a alors la disposition représentée par la figure 25.

Plis failles. — Dans les différentes dislocations que nous avons étudiées jusqu'ici (à l'exception des plis en éventail), nous avons supposé que l'épaisseur des couches est égale à ce qu'elle était avant le plissement. Mais il arrive souvent que l'effet des dislocations se fait sentir jusque dans la structure des roches, de telle sorte que les différentes couches et même les différentes parties d'une seule et même couche subissent des déplacements relatifs.

Ces phénomènes ne peuvent évidemment se produire que si les masses minérales sont douées d'une certaine plasticité. Il en résulte que ces déplacements auront pour conséquence soit l'épaississement soit l'amincissement des couches et parfois même leur suppression complète sur une certaine longueur.

Les variations dans l'épaisseur des couches sont subordonnées à la forme des plis. Le déplacement des matières minérales commence à se faire, dans chaque pli, par un amincissement des flancs, un écoulement de la matière vers les charnières anticlinales et synclinales, ce qui a pour conséquence un épaississement de celles-ci.

Considérons un pli oblique ou renversé continuant à être soumis à l'action d'un refoulement latéral. La partie anticlinale de ce pli, flanc et noyau s'avancera évidemment vers le haut et la partie synclinale tendra au contraire à s'enfoncer vers le bas, en sens inverse de la première. Par conséquent, le flanc médian, étant comprimé entre deux masses dont le mouvement est opposé, est forcé de s'étirer. Il en résulte un amincissement de ses couches, c'est-à-dire un étranglement qui passe à la limite à une rupture complète.

Fig. 26.　　　　　Fig. 27.　　　　　Fig. 28.

PLIS OU REPLIS A FLANCS D'ÉPAISSEUR ÉGALE (PLI NORMAL).

Les phases que présente ce pli sont les suivantes :

1º Pli ou repli à flancs d'épaisseur égale, qui est souvent appelé *pli normal* (fig. 26, 27, 28).

Fig. 29. — PLI A FLANC MÉDIAN ÉTIRÉ.

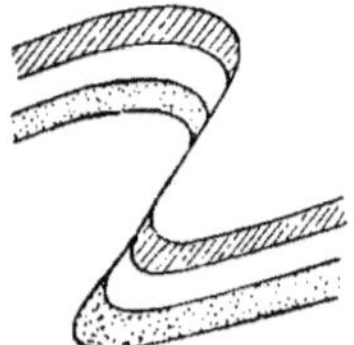

Fig. 30. — PLI A FLANC RENVERSÉ RÉDUIT EN LAMBEAUX.

2º Pli à flanc médian étiré ou pli étiré (fig. 29).

3º Un pli dont les couches renversées sont étirées jusqu'à se déchirer en

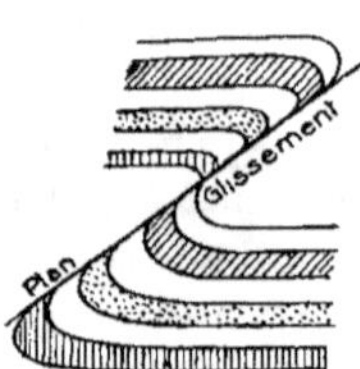

Fig. 31. — PLI FAILLE, PLI FAILLE INVERSE,
FAILLE DE PLISSEMENT.

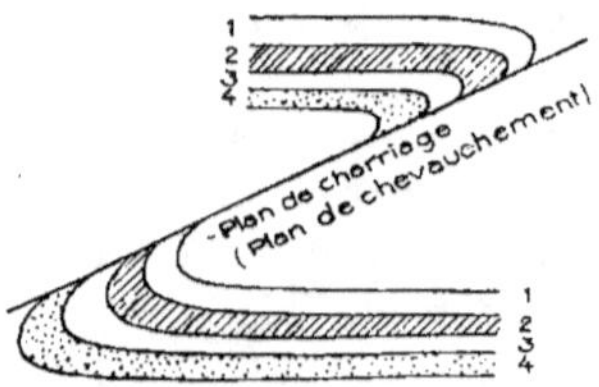

Fig. 32. — FAILLE CHEVAUCHÉE.

lambeaux séparés par des surfaces de glissement s'appelle un *pli renversé réduit en lambeaux* (fig. 30). (Lambeaux de poussée.)

4º Lorsque, dans un pli, le flanc médian n'est plus représenté que par un plan de glissement, on donne à ce pli le nom de *pli-faille, pli-faille inverse, faille de plissement* (fig. 31).

5° Maintenant, si la limite d'élasticité des terrains est dépassée, il y a évidemment rupture de ces terrains, les masses minérales situées au-dessus du plan de glissement qu'on appelle alors *plan de charriage, plan de poussée* (Thrust plane), chevauchent sur la partie inférieure jusqu'à des distances assez grandes. Il y a alors recouvrement des terrains récents par des terrains anciens (fig. 32).

On a donné à ce genre de dislocations le nom de *chevauchement*, de *charriage*. Les exemples de charriages ayant emporté des masses de terrains à

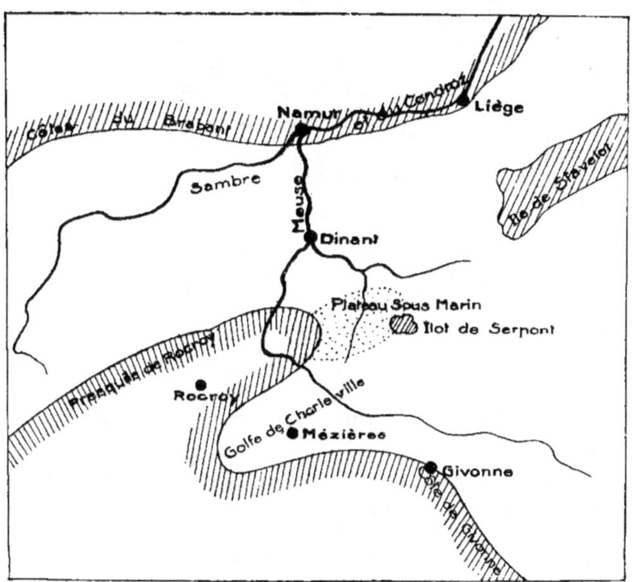

Fig. 33. — DISPOSITION DE LA MER AU COMMENCEMENT DE L'ÉPOQUE DÉVONIENNE.

plus de 30 kilomètres sont aujourd'hui connus dans une foule de régions : dans les Alpes, les Pyrénées, l'Himalaya, le bassin houiller du Nord, et l'on arrive même à parler d'un transport opéré à 150 kilomètres de son origine. C'est sous cette dernière forme surtout que les phénomènes tectoniques prennent un intérêt géologique considérable.

Voici, d'après MM. Gosselet, Marcel Bertrand, Ch. Barrois, Briart, qui les ont spécialement étudiés, comment on peut concevoir ces manifestations extraordinaires sur un de leurs types les plus classiques, c'est-à-dire sur le *bassin houiller franco-belge.*

Il existe depuis Boulogne jusqu'à Aix-la-Chapelle un grand chevauchement de terrains anciens vers le nord. Par suite de ce chevauchement, le terrain houiller productif se trouve en plusieurs endroits, et notamment dans le Pas-de-Calais et dans les environs de Liége, sous les couches dévoniennes, et dans les

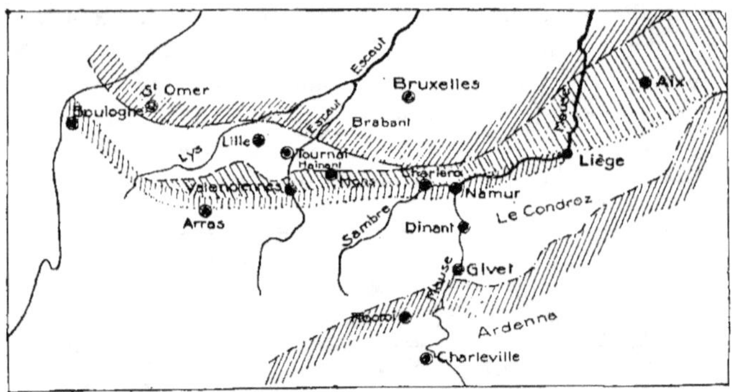

Fig. 34. — CARTE DU DÉTROIT FRANCO-WESTPHALIEN A L'ÉPOQUE CARBONIFÈRE.

▨ Parties continentales.

▧ Bande des dépôts houillers.

▥ Ligne de hauts fonds.

– – – – – Limites de la mer du calcaire carbonifère.

environs de Namur, les couches siluriennes et dévoniennes reposent sur le assises carbonifériennes.

M. Gosselet a montré que le ridement de l'Ardenne semble dater du silurien. A cette époque, les couches cambriennes redressées (crête du Condroz)

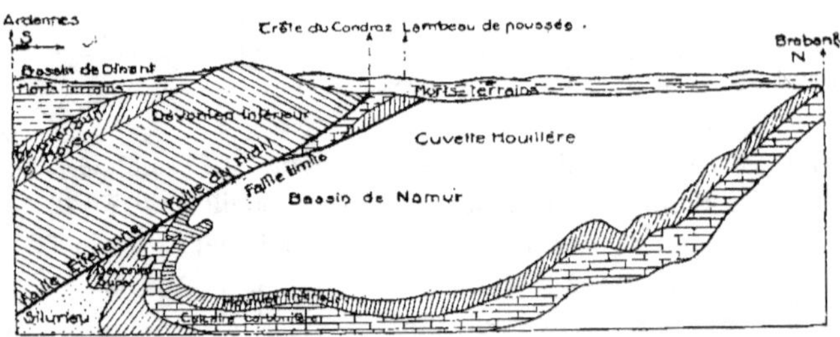

Fig. 35. — COUPE VERTICALE DES BASSINS HOUILLERS DE DINANT ET DE NAMUR.

formèrent deux bassins dans lesquels s'est déposée la formation carbonifé-rienne : celui de Namur et celui de Dinant (fig. 33, 34, 35). Dans le bassin de Dinant seul, se trouvent les étages inférieurs du dévonien (gédinnien, coblentzien et eifélien). Le bassin de Namur au nord n'en renferme que les assises supérieures (givetiennes, frasniennes, fameniennes).

Les deux bassins sont nettement séparés, comme nous venons de le dire, par la crête du Condroz. Pendant l'époque carboniférienne, la cuvette du bassin de Namur, que le mouvement général de plissement avait dessinée dès le dévonien moyen, se creusa profondément et reçut des sédiments calcaires, puis les schistes et grès houillers que tout indique comme provenant du Nord, c'est-à-

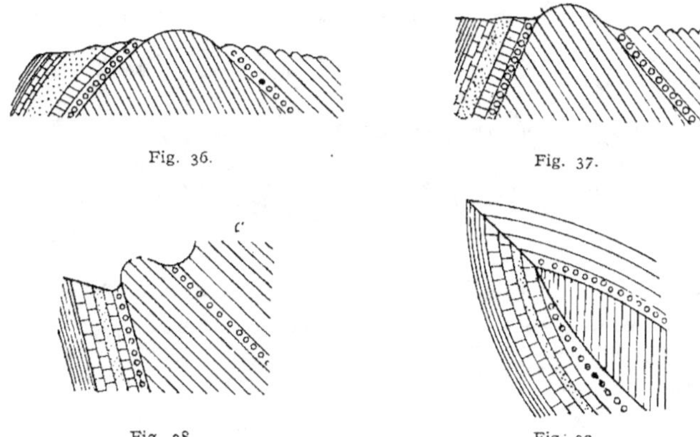

Fig. 36.

Fig. 37.

Fig. 38.

Fig. 39.

Fig. 36. — La crête du Condroz au commencement du ridement du Hainaut.
Fig. 37. — Deuxième phase du ridement du Hainaut.
Fig. 38. — Troisième phase du ridement du Hainaut.
Fig. 39. — Quatrième phase du ridement du Hainaut.

dire du plateau silurien du Brabant, qui est la continuation de la crête du Condroz belge.

Vraisemblablement, le remplissage du bassin de Dinant a été beaucoup moins important et s'est terminé beaucoup plus tôt.

Après le dépôt des couches carbonifériennes, mais avant l'époque triasique, s'est produit un vaste ridement, le ridement du Hainaut (*ridement hercynien*), dont l'effet fut de refouler le bord nord du bassin de Dinant sur le flanc sud du bassin de Namur. Ce dernier se replia sur lui-même (voir fig. 36, 37, 38, 39). Ses assises septentrionales, appuyées contre le plateau silurien du Brabant et moins directement soumises à sa pression, ne furent que simplement déplacées ou se contractèrent en larges ondulations; tandis que les couches méridionales moins libres, chargées des formations que le plissement général faisait peser sur elles, se redressèrent puis se renversèrent sur elles-mêmes. Le bassin prit alors la forme d'un U incliné, à branches très inégales et plongeant au sud.

Puis, sous l'effet persistant de la poussée, une ligne de déchirement se déclara, en donnant naissance à une faille importante que l'on suit depuis Liége jusque dans le Boulonnais, et à laquelle on a donné le nom de *faille eifélienne* ou *faille du Midi*.

Cette faille a rompu le bord méridional du bassin houiller, l'a coupé en biseau et y a formé une grande surface de charriage suivant laquelle ont été refoulés vers le nord, en chevauchant au-dessus de la cuvette houillère, les dépôts du silurien ou du dévonien inférieur qui constituaient la crête même du Condroz ou s'y adossaient (Voir coupe de Ch. Barrois) (fig. 40).

En même temps se greffaient sur l'accident principal des failles secondaires analogues. De plus, des paquets de terrains, soit en allure normale, soit

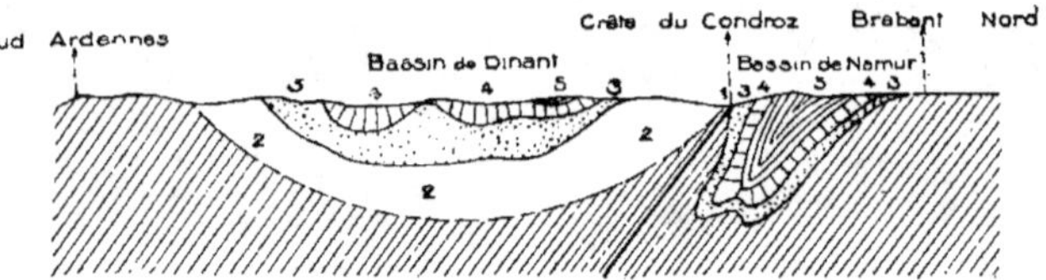

Fig. 40. — COUPE DES BASSINS DÉVONIENS DE DINANT ET DE NAMUR (CH. BARROIS).

1. Phyllades cambriens et schistes du silurien moyen et supérieur.
2. Étages supérieurs du dévonien.
3. Éatges supérieurs du dévonien.
4. Calcaire carbonifère.
5. Houille.
F. Faille.

en allure renversée, glissaient et remontaient les uns sur les autres, donnant ainsi au bassin son allure si caractérisée par des bandes que séparent des accidents grossièrement parallèles à la direction générale des terrains.

La figure 35 purement schématique est la représentation graphique élémentaire de cette conception géologique.

Les schistes et grès gédinniens du bassin de Dinant surmontent les assises siluriennes de la crête du Condroz, ainsi que le dévonien supérieur, le calcaire carbonifère et le houiller inférieur du versant sud du bassin de Namur. Ils se sont avancés sur ces terrains redressés et ont chevauché sur le houiller en plissant fortement ses assises et entraînant avec eux un paquet de houiller inférieur et de calcaire carbonifère arraché au flanc sud du bassin de Namur. Ce paquet, désigné sous le nom de « lambeau de poussée » est pincé, entre la faille eifélienne et la faille limite, cette dernière le séparant du *houiller productif*.

Une coupe très intéressante, observée à Landelies par M. Briart (fig. 41), est venue jeter quelque lumière sur cette allure. Cette coupe montre clairement que la faille du Midi F se recourbe et devient une surface limite définissant le contact entre le houiller en place et un paquet charrié par-dessus ce terrain, lequel paquet est constitué par du dévonien et du carboniférien et morcelé par des failles secondaires.

M. Marcel Bertrand, partant des observations précédentes, et de l'étude complète qu'il fit du gisement du Boussu dans le bassin de Mons, donna une explication très supérieure de la structure du bassin franco-belge.

Un synclinal dit cuvette houillère s'est d'abord formé. L'Ardenne a été

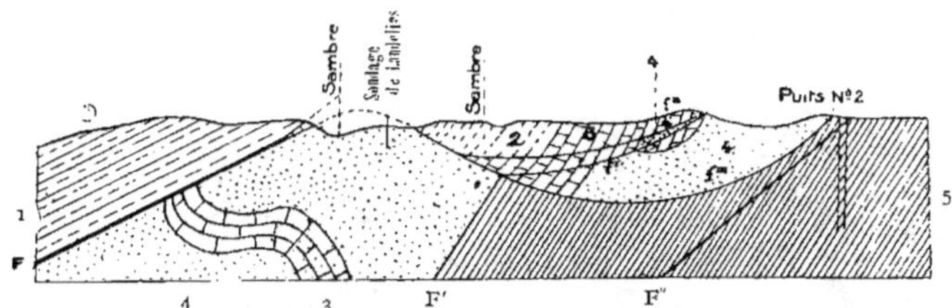

Fig. 41. — COUPE VERTICALE DANS LE BASSIN DE CHARLEROI A LANDELIES (BRIART).

1. Dévonien inférieur.
2. Dévonien supérieur.
3. Calcaire carbonifère.
4. Terrain houiller inférieur.
5. Terrain houiller productif.

F. Faille du Midi.
F'. Faille du Carabinier.
F'. Faille d'Ormont.
f, f', f", f'" Failles secondaires.

poussée sur cette cuvette houillère. Un pli surplombant (crête du Condroz) s'est formé sur le bord sud de cette cuvette, englobant dans son noyau des assises dévoniennes ou siluriennes. Puis les efforts de la poussée continuant et s'exagérant dans la partie supérieure de l'écorce, le haut du bourrelet ainsi formé a glissé lentement vers le nord. Le bas que l'on peut comparer à une

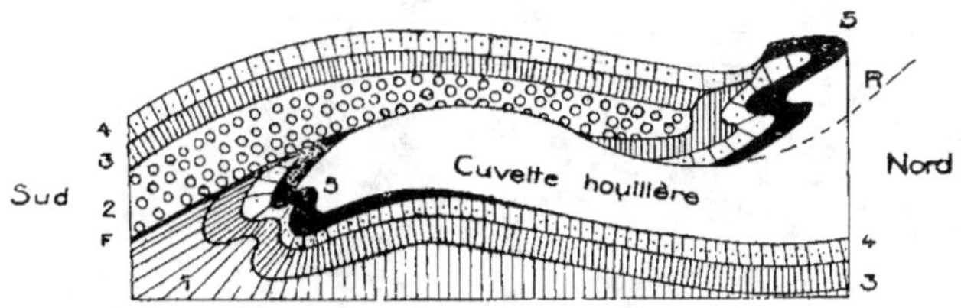

Fig. 42. — SCHÉMA DES DISLOCATIONS DU BASSIN HOUILLER DU NORD (MARCEL BERTRAND).

1. Silurien.
2. Dévonien inférieur.
3. Dévonien supérieur.
4. Calcaire carbonifère.

5. Schistes houillers.
F. Faille du Midi.
R. Cran de retour.

membrane élastique, a dû s'allonger, s'amincir par conséquent et comme se laminer (fig. 42).

Il est possible d'admettre que le paquet du Boussu est la continuation de la masse de recouvrement du sud.

Au nord de la faille eifélienne, dans le terrain houiller lui-même, se trouve un accident, dit « cran de retour » ou faille d'Anzin, qui a donné naissance à l'affaissement d'un massif très vaste. Il y a eu formation de *pli à rebours*.

Les grandes lignes de la théorie de M. Marcel Bertrand permettent d'expliquer les allures les plus compliquées observées tant en Belgique qu'en France. Cette théorie rend parfaitement compte de retournement des terrains anciens (siluriens, dévoniens) sur le terrain houiller. Cette théorie est-elle vraie dans tous ses détails? On peut en douter.

On est forcé, dans les hypothèses de tectonique, de supposer un parallélisme

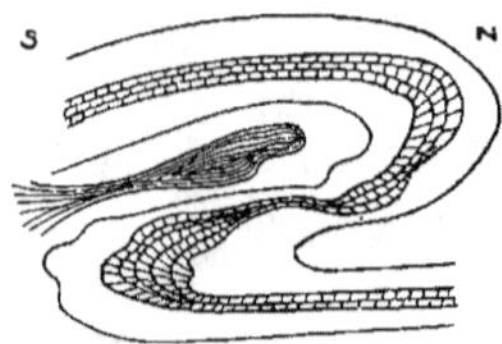

Fig. 43. — COUPE VERTICALE D'UN PLI EN S, ANALOGUE A CELUI INVOQUÉ PAR DIVERS AUTEURS BELGES DANS L'EXPLICATION DE L'ACCIDENT DU BOUSSU.

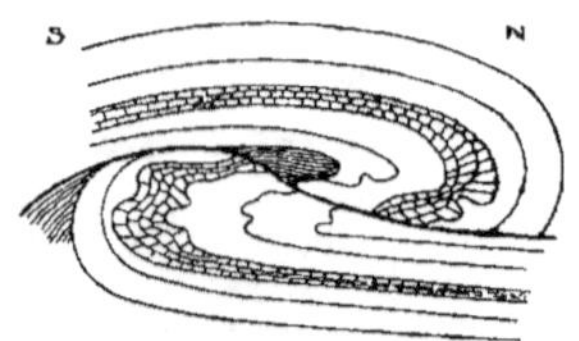

Fig. 44. — ACCENTUATION DE LA POUSSÉE SUR LE PLI DE LA FIGURE I. ÉTRANGLEMENT ET DÉTACHEMENT D'UN NOYAU ANTICLINAL; PRODUCTION DE FAILLE ET DE CHARRIAGE.

entre les allures superficielles et les allures profondes. Or, rien n'est vraisemblablement plus inexact.

L'allure en zigzag, pour ainsi dire caractéristique, des terrains houillers

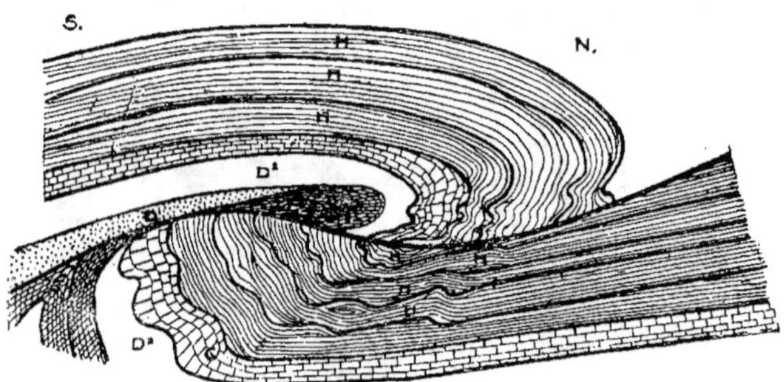

Fig. 45. — APPLICATION DE LA FIGURE THÉORIQUE 44 A L'EXPLICATION DE L'ALLURE DU TERRAIN HOUILLER BELGE, DEPUIS BOUSSU, A L'OUEST, JUSQU'A LIÈGE, A L'EST.

H. Houiller.
C. Calcaire carbonifère.
D². Dévonien supérieur et moyen.
D¹. Dévonien inférieur.
S. Silurien.

ne se retrouve pas avec sa complication dans les calcaires et grès dévoniens et dans les calcaires carboniféiens. Ces derniers sont quelquefois très plissés dans leurs assises supérieures et très régulièrement stratifiés dans l'assise inférieure d'une même coupe : c'est le cas habituel dans le Condroz.

Les couches molles comprimées entre des masses résistantes donnent naissance à des failles venant mourir en profondeur : telles sont les *queuvées* des couches de houille, dues à la plasticité relative de la houille. On pourrait donc considérer la faille eifélienne comme une immense queuvée des terrains siluriens comprimés entre des roches dures qui les contiennent : les quartzites cambriens à la base et les grès dévoniens au sommet.

Quelquefois l'érosion ne laisse subsister de la masse de recouvrement

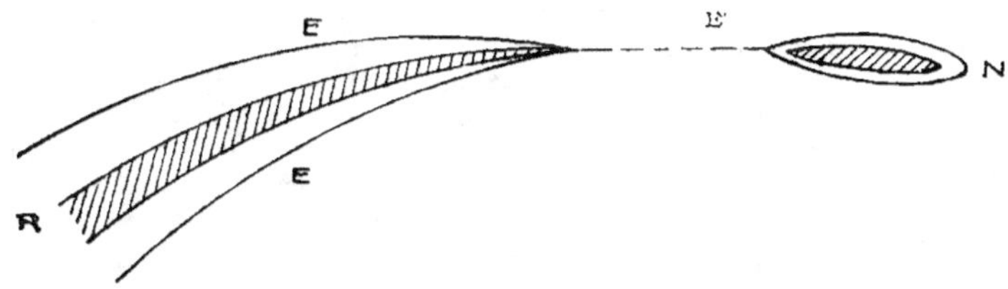

Fig. 46. — PLI COUCHÉ ET CHARRIÉ DANS LA ROCHE ENCAISSANTE E DE MANIÈRE A FORMER UNE NAPPE ISOLÉE DE SA RACINE R.

Cette masse N est désignée sous le nom de *lambeau*, l'espace E' est une *fenêtre*.

située au-dessus du plan de charriage que des fragments tout à fait isolés de la masse à laquelle ils se reliaient à l'origine, ces lambeaux de recouvrement apparaissent alors comme des îlots. On a comparé les ouvertures pratiquées ainsi

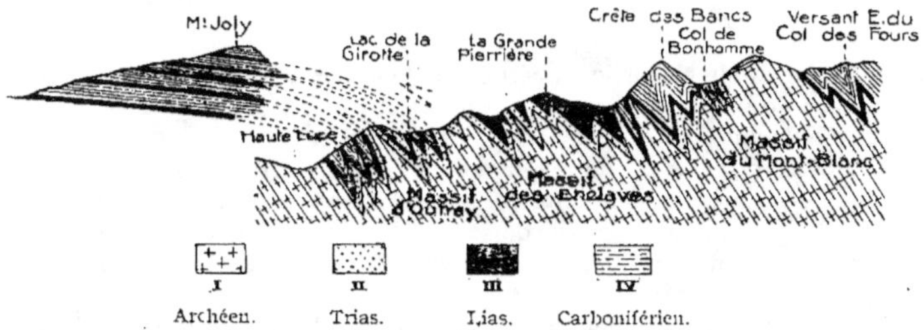

Fig. 46 *bis*. — COUPE DU MONT JOLY A L'EXTRÉMITÉ SUD DU MONT-BLANC (MARCEL BERTRAND).

par les érosions à des *fenêtres* permettant d'apercevoir le substratum de couches plus récentes. Dans les Alpes, on a été conduit à admettre des fenêtres de 100 kilomètres pour relier hypothétiquement un ensemble de terrains considéré comme une nappe charriée, aux terrains en place que l'on suppose représenter son origine (fig. 46 et 46 *bis*).

NOTE

L'aplatissement des failles inverses en profondeur, se rencontre non seulement dans le bassin du Hainaut, mais aussi dans d'autres bassins. On observe que toutes ces failles se relèvent vers leurs affleurements nord et prennent une position voisine de l'horizontale en profondeur. Or, on sait que les failles inverses sont dues à des poussées, et il est possible d'admettre que ces failles restent, dans tout leur parcours, parallèles à la direction des poussées.

Mais, dans les poussées, il y a lieu de distinguer deux forces d'origine différente : d'une part, la poussée proprement dite; et, d'autre part, l'effort dû au poids considérable de sa masse mise en mouvement lors de la production de la faille.

Si on détermine ces deux forces, on pourra alors avoir la résultante de la poussée totale à laquelle la faille doit rester parallèle.

Poussée proprement dite. — Les tensions résultant de la contraction du globe terrestre sont perpendiculaires aux rayons, c'est-à-dire horizontales.

Pendant tout le temps où les terrains ont une malléabilité suffisante, l'effet de ces tensions est de déterminer dans l'écorce terrestre des plissements.

Considérons une partie de l'écorce terrestre. La partie soulevée va exercer vers l'extérieur et éventuellement sur les terrains avoisinants, des poussées dont la direction est

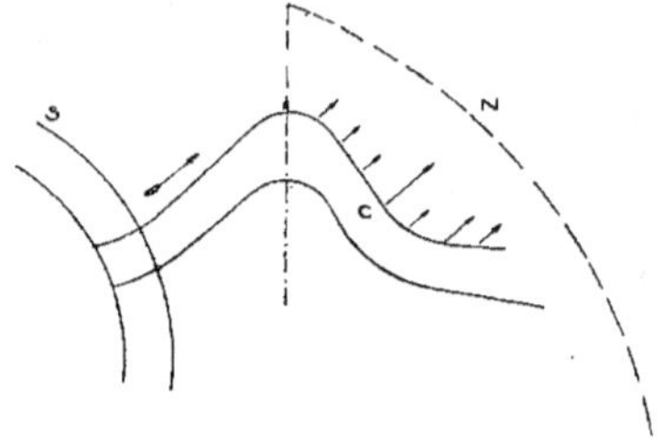

Fig. 47.

sur tout le contour du pli, normale au périmètre de ce dernier. Considérons un de ces versants, le versant nord, par exemple. La résultante totale des poussées de ce côté s'est appliquée vers un point C, et dirigée vers le haut. A l'extrême limite, quand le plissement primitif aura atteint son accentuation maximum, c'est-à-dire quand les deux versants seront devenus verticaux, la résultante des poussées sera tout au plus horizontale, mais jamais, elle ne sera dirigée vers le bas, de sorte que, si nous n'avions à considérer que ce genre d'effort il serait impossible d'expliquer que les failles puissent être dirigées vers le bas, dans le sens du transport.

Si, pour une cause quelconque, le pli s'incline vers le nord, au-delà de la verticale, la partie renversée cesse d'exercer par elle-même la poussée proprement dite, due à la contraction de l'écorce; elle est encore capable d'agir par son poids, mais elle ne pourra plus que transmettre les poussées venues de loin. La cause qui peut déterminer le renversement du pli vers le nord, c'est l'existence du côté nord, d'un massif plus élevé et plus résistant. Le plus souvent, il se produira, entre la partie renversée qui pourra se fracturer et le massif résistant, une série de plissements successifs dont les poussées vont d'abord annuler celles du versant sud du premier pli et ensuite exercer de nouvelles poussées vers le nord.

Mais, même quand les failles se produiront, l'origine de la poussée sera toujours un plissement, qu'il faudra peut-être aller chercher assez loin en arrière, et la poussée transmise de proche en proche sera toujours dirigée vers le haut ou, à l'extrême limite, horizontale.

Action de la pesanteur. — Les terrains plissés ou refoulés par les poussées successives ont formé une masse de plus en plus élevée vers le sud, que vers le nord, dans le cas du croquis précédent. Le poids propre des masses mises en mouvement va jouer un rôle, dans les plissements d'abord, dans les fractures ensuite. La direction de la pesanteur est, bien entendu, invariable quant à sa grandeur; elle variera suivant l'épaisseur du massif, à l'endroit où on la considère. On peut dire que la pesanteur ira en diminuant du sud vers le nord.

Considérons maintenant un massif plissé par suite de refoulements venant de la

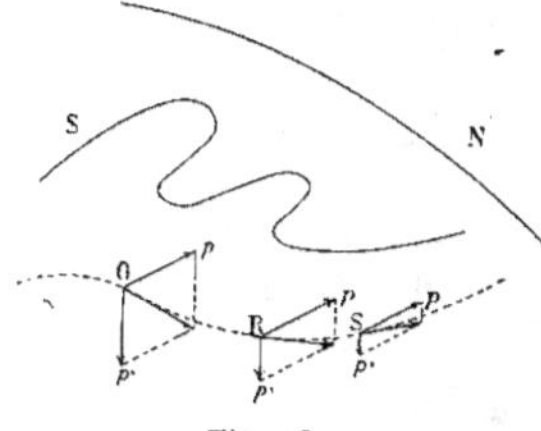

Fig. 48.

même direction, et dont la forme extérieure est celle d'un talus; admettons qu'il s'y produise une *faille* que nous considérerons à partir d'un point O correspondant à peu près à la crête du talus.

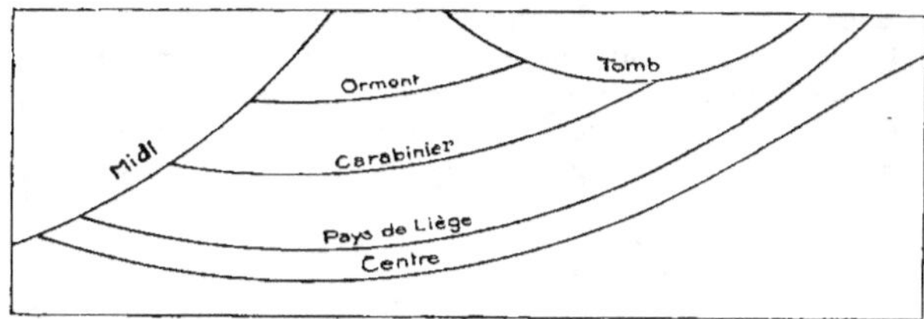

Fig. 49. — Coupe d'ensemble donnée par Fourmarier.

En *O*, la poussée proprement dite p est dirigée vers le haut; sa grandeur et sa direction restent à peu près uniformes. Le poids p' est maximum là où le talus est le plus élevé. Les deux forces p et p' donnent une résultante P dirigée vers le bas, de même que la

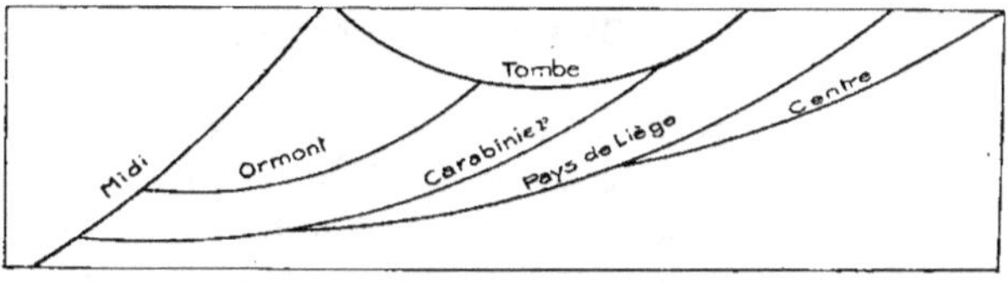

Fig. 50.

faille. En un point *R*, p reste la même, mais p' diminue, la résultante se relève jusqu'à devenir horizontale.

En *S*, vers l'extrémité du massif, p' devient très petit par rapport à p. Là, la résultante est dirigée vers le haut. Si nous menons une ligne tangente aux trois directions de P, nous obtenons une courbe d'abord *plongeante*, puis *horizontale*, et enfin dirigée vers le haut.

Ainsi s'expliquerait non seulement le redressement des failles de refoulement vers leurs affleurements, mais leur horizontalité en profondeur et leur relèvement vers leur origine.

Il est clair que ces conclusions ne se vérifieront pas toujours. Si on applique cette hypothèse aux bassins houillers de Charleroi et du Centre, on voit qu'elle se vérifie bien pour ce qui concerne le redressement des failles vers le nord. Leur horizontalité semble certaine en profondeur, et pour ce qui est du relèvement vers le sud.

On pourrait également admettre que les failles du nord convergent toutes vers le sud, en une seule, et que la faille d'Ormont reste séparée de celle du Carabinier.

Relations des fractures avec les zones de plissement.

Les failles ont des allures spéciales et offrent avec les plissements des relations définies.

Les fractures transversales sont celles qui coupent à angle droit ou sous un angle ouvert, la direction des zônes de plissement, elles rappellent par leur fonction les décrochements mais elles ne correspondent pas à un déplacement horizontal de l'axe des plis; elles ne donnent pas lieu, en général, à des *horsts* ou à des *fossés*.

Exemple : La faille qui se dirige de Vienne vers le sud coupe les alpes calcaires septentrionales. La grande faille du Forez coupe obliquement presque tous les plis du plateau Central. Les fractures longitudinales, suivent, par contre, la direction générale des plissements, par conséquent, on peut les confondre avec les plis failles. La faille de Rouen, est la dislocation la plus importante du bassin de Paris. On peut la suivre depuis Maromme jusqu'à Versailles sur 120 kilomètres.

Les angles de rebroussement sont des zones de faiblesse dans les régions plissées.

Quand les plis d'une région ne sont plus droits, on observe que le plus grand nombre d'entre eux sont déjetés dans le même sens. Quand un grand nombre de plis sont renversés les uns derrière les autres, la région où ils se trouvent présente en grand une structure isoclinale.

II

DISLOCATIONS RÉSULTANT DE MOUVEMENTS VERTICAUX

I. — Failles proprement dites.

·Suess a opéré, dans la Tectonique, la distinction capitale entre les plissements d'origine tangentielle et les affaissements de nature radiale. Il est évident que, si les forces tangentielles qui entraînent l'idée de compression cessent d'agir, il se produit naturellement une décompression qui amène la chute de grands massifs de l'écorce terrestre, sous l'action de la pesanteur. On a ainsi des *cassures*, des *fractures*, des *failles*. Les failles cont ordinairement *linéaires*. On connaît quelques exemples de failles courbes.

Les failles sont toujours accompagnées d'un déplacement relatif de ses deux parois; ce déplacement entraîne souvent un frottement d'une paroi contre l'autre, et par suite la formation de surfaces polies appelées *miroirs de failles*. Les failles peuvent être fermées ou ouvertes. Dans les failles fermées, les deux parois ne laissent pas de vide entre elles; on les rencontre dans les gîtes sédimentaires; tandis que, dans les failles ouvertes, les deux parois laissent entre

elles un espace béant; ce sont les fractures filoniennes proprement dites, on les
rencontre généralement dans les roches éruptives.

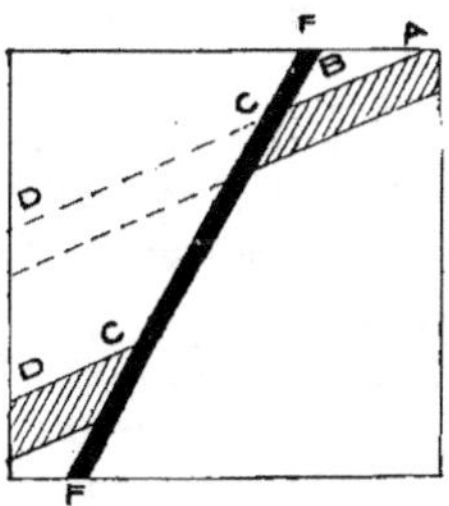

Fig. 51. — FAILLE OUVERTE.

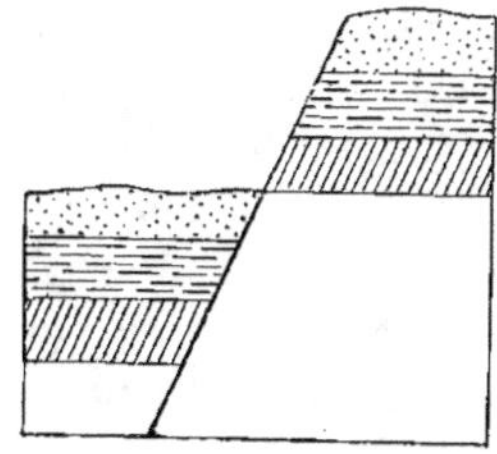

Fig. 52. — ESCARPEMENT OU RESSAUT DE FAILLE.

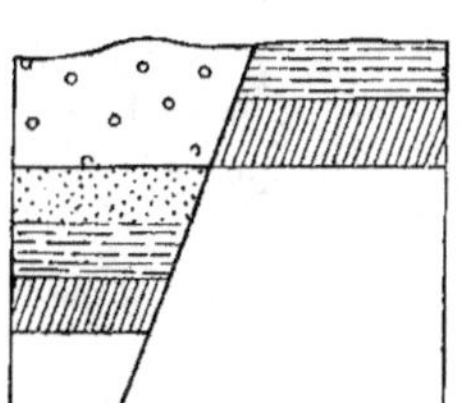

Fig. 53. — FAILLE RASÉE OU SANS RELIEF.

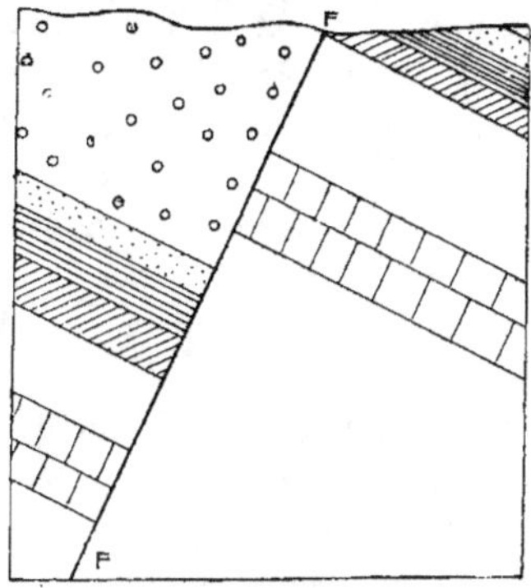

Fig. 54. — FAILLE RASÉE.

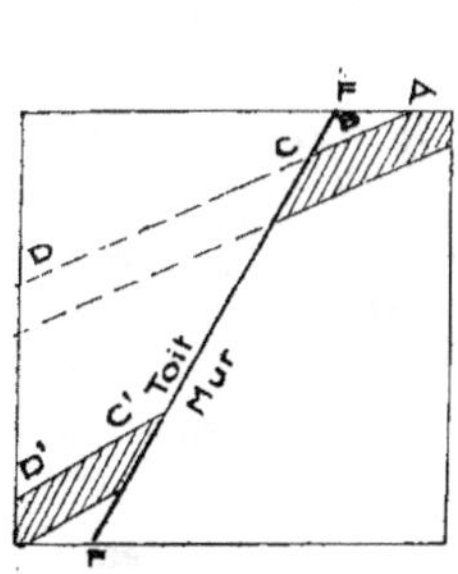

Fig. 55. — FAILLE DIRECTE
OU NORMALE.

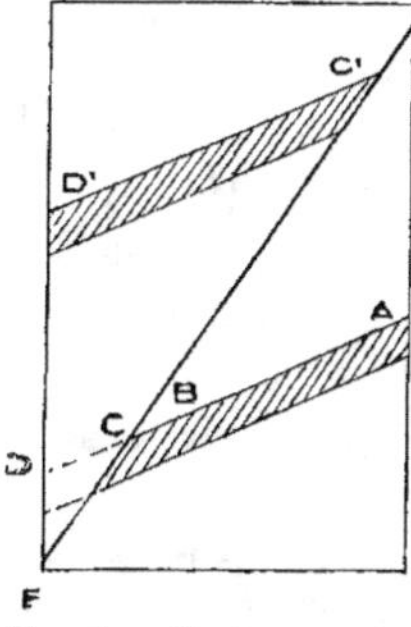

Fig. 56. — FAILLE INVERSE
OU ANORMALE.

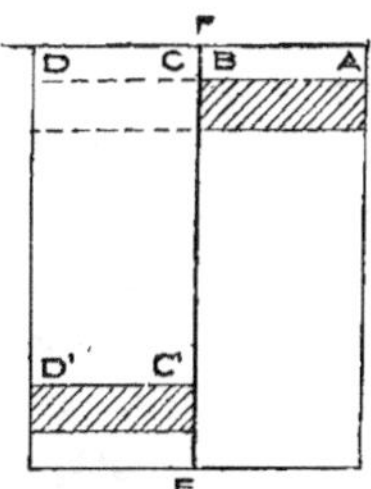

Fig. 57. — FAILLE VERTICALE.

Quand aucune modification superficielle ne vient affecter les terrains
postérieurement à la production de la faille, on voit un escarpement ou *ressaut*

de faille (fig. 52). Mais la plupart des escarpements de failles anciennes ont disparu, ou ont été profondément modifiées par les érosions. On donne à ce genre de failles le nom de *failles rasées* (fig. 53), par opposition à celles qui sont restées intactes ou *failles orographiques*. Les lignes de faille en se combinant ainsi avec l'érosion de la surface ont pour effet de ramener au jour des couches inférieures. Quand les couches sont inclinées, cet affleurement a lieu sous la forme d'une percée plus ou moins étroite (fig. 54).

Quand le plan de la faille est incliné, la partie supérieure porte le nom de *toit*, et la partie située au dessous, le nom de *mur*.

Quand le toit glisse sur le mur, la faille est dite *directe ou normale* (fig. 55). Si, au contraire, le toit est remonté sur le mur, la faille est dite *inverse* ou *anormale* (fig. 56).

Enfin, quand le plan de la faille est droit, il ne peut plus être question de toit et de mur, et l'effet reste le même, quelle que soit celle des deux parois qui s'abaisse relativement à l'autre; la faille est dite verticale (fig. 57).

On donne le nom de *rejet* au déplacement d'une paroi par rapport à l'autre.

REJETS. — Considérons une faille F affectant des couches disposées d'une façon quelconque (fig. 58). La longueur AB comptée suivant la verticale s'appelle le *rejet vertical*, la dénivelation, la hauteur de chute verticale. La longueur AD, comptée suivant le plan même de la faille, porte le nom de *rejet incliné*, de glissement, de hauteur de chute inclinée. Enfin, la longueur CD comptée perpendiculairement aux couches s'appelle le *rejet perpendiculaire*, ou rejet stratigraphique.

Ces trois rejets ne se confondent que lorsque les couches sont horizontales et la faille verticale (fig. 59).

Si les couches sont horizontales et le plan de la faille incliné, le rejet vertical et le rejet perpendiculaire sont égaux (fig. 60).

Si les couches sont inclinées et le plan de faille vertical, le rejet vertical et le rejet incliné se confondent (fig. 61).

Si les couches sont inclinées et le plan de faille perpendiculaire aux couches, le rejet perpendiculaire et le rejet incliné se confondent (fig. 62).

Enfin, quand les couches sont inclinées et le plan de la faille également (sans être, bien entendu, perpendiculaire aux couches), les trois rejets sont distincts (fig. 58).

Aux trois rejets que nous venons de considérer en sont liés deux autres :

1º Le *rejet horizontal transversal*, ce rejet est représenté par la longueur BD qui est la distance des deux tranches (d'une même couche) mesurée en plan, ou, ce qui revient au même, la projection du rejet incliné sur un plan horizontal : ce rejet est nul si le plan de la faille est vertical (fig. 59-61).

2º Le *rejet parallèle aux couches*, ce rejet est indiqué par la longueur AC.

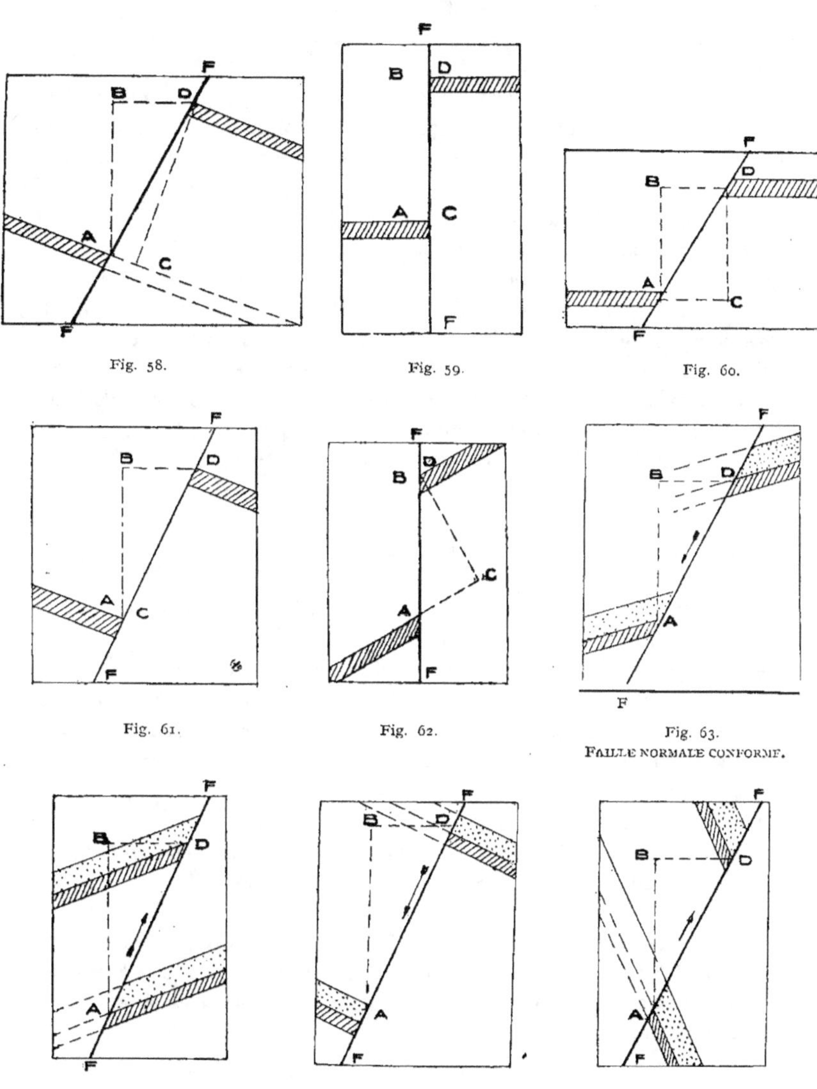

RAPPORTS D'INCLINAISON DU PLAN DE LA FAILLE ET DU PLAN DES COUCHES.

Ce rejet est nul si le plan de la faille est perpendiculaire aux couches (fig. 59-62). Il est égal au rejet horizontal transversal lorsque les couches sont horizontales (fig. 60).

REMARQUE. — Tous ces éléments sont surtout importants à connaître au point de vue technique, par exemple, dans l'exploitation des couches de houille. Mais quand la faille et les couches ont la même direction, il suffit d'exprimer :

1º L'inclinaison des couches;

2º L'inclinaison de la faille;

3º Le rejet vertical de la faille.

La valeur des autres éléments définis ci-dessus se déduit aisément de ces trois données fondamentales. Quand, au contraire, la faille et les couches n'ont pas la même direction, il y a encore à considérer le *rejet horizontal latéral des couches*, c'est-à-dire le déplacement de leurs affleurements (ou plus générale-ment de leur intersection avec un plan horizontal quelconque), dans le sens de la direction de la faille (voir, plus loin, les décrochements).

DIFFÉRENTS TYPES DE FAILLES

1º *Rapports de direction du plan de la faille et du plan des couches.* — Il y a deux cas à examiner. Les failles peuvent affecter des couches horizontales ou des couches inclinées. La direction des failles qui affectent des couches horizontales est indifférente, c'est-à-dire qu'elle peut être quelconque sans que leur effet change; cela est évident, puisque les couches horizontales peuvent être consi-dérées comme n'ayant pas de direction ou plutôt comme ayant, à la fois, toutes les directions possibles.

Dans les failles affectant des couches inclinées, on peut distinguer les failles perpendiculaires, obliques ou parallèles à la direction des couches.

Les failles perpendiculaires sont dites *failles orthogonales.*

Les failles obliques sont appelées *failles diagonales.*

Les failles parallèles sont dites *failles longitudinales ou isogonales.*

2º *Rapports d'inclinaison du plan de la faille et du plan des couches.* — Les failles inclinées affectant des couches inclinées peuvent être *conformes,* c'est-à-dire inclinées dans la même sens que les couches :

1º Faille normale conforme (fig. 63).
2º Faille anormale conforme (fig. 64).

ou bien *contraires,* c'est-à-dire inclinées en sens contraire des couches :

1º Faille normale contraire (fig. 65).
2º Faille anormale contraire (fig. 66).

Une faille normale conforme tend à exagérer les différences de niveau produites dans les couches par leur seule inclinaison propre (fig. 67).

Tandis que si la faille est normale contraire elle tend à remonter les couches en diminuant ces différences de niveau (fig. 68).

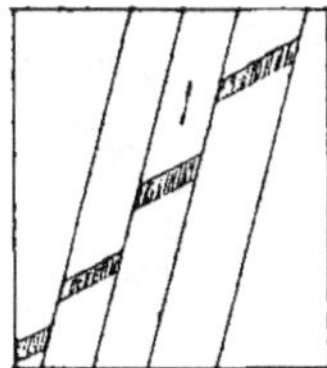

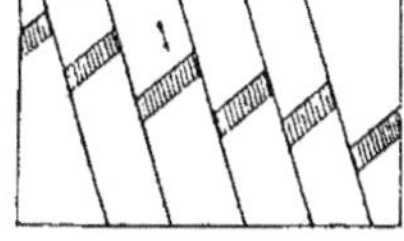

Fig. 67. — FAILLES NORMALES CONFORMES.   Fig. 68. — FAILLES NORMALES CONTRAIRES.

Dans le cas des failles anormales, c'est le contraire qui a lieu, c'est-à-dire que, si la faille est anormale conforme il y a diminution des différences de niveau (fig. 69).

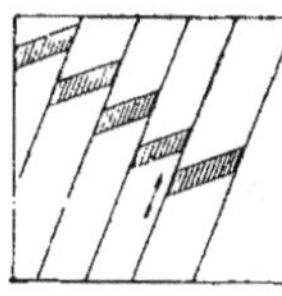

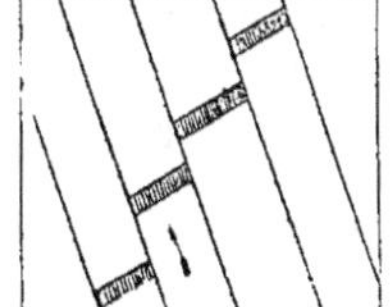

Fig. 69. — FAILLES ANORMALES CONFORMES.   Fig. 70. — FAILLES ANORMALES CONTRAIRES.

Si la faille est anormale contraire il y a exagération des différences de niveau (fig. 70).

Pour les failles verticales, il y a exagération quand l'angle que fait, « au

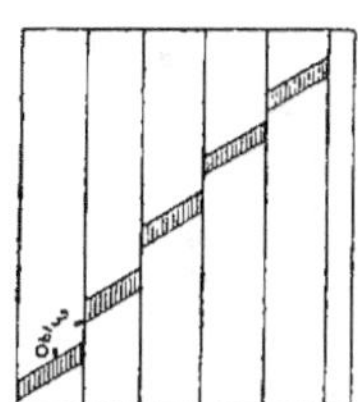

Fig. 71 et 72. — FAILLES VERTICALES.

toit des couches et sur la paroi abaissée », le plan des couches avec le plan de la faille (angle vide), est obtus (fig. 71).

Il y a diminution lorsque cet angle est aigu (fig. 72).

2. — Flexures.

On donne le nom de *flexure* ou de pli monoclinal à des couches inclinées se raccordant de part et d'autre avec des couches horizontales.

Dans une flexure on distingue le *coude supérieur a*, le *coude inférieur b*, et le *flanc de raccordement c* (fig. 73).

Dans une flexure ordinaire l'inclinaison du flanc de raccordement résulte

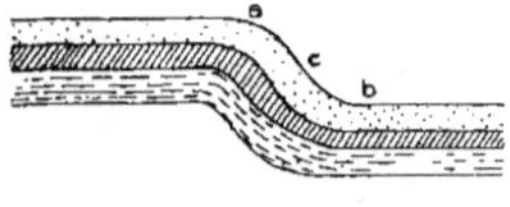

Fig. 73. — Flexure normale.

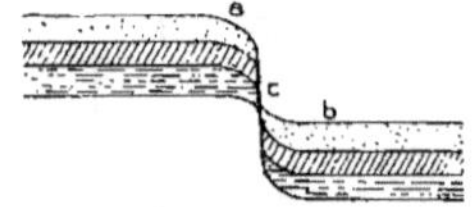

Fig. 74. — Flexure rompue.

d'un allongement et d'un étirement sur place opéré exclusivement dans le sens vertical au lieu de provenir d'une compression latérale comme dans le cas des vrais plis (fig. 73).

Si le flanc de raccordement s'amincit au point de disparaître, dans ce cas,

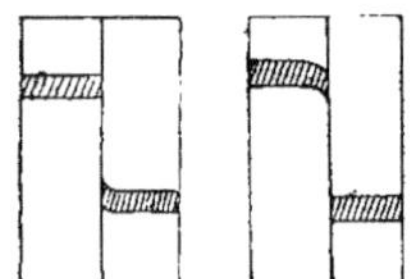

Fig. 75.   Fig. 76.

RETROUSSEMENT NORMAL D'UNE PAROI.

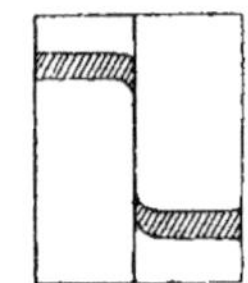

Fig. 77.

RETROUSSEMENT NORMAL
DES DEUX PAROIS.

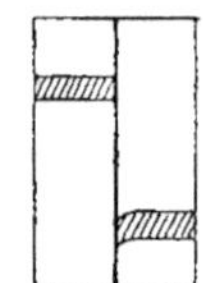

Fig. 78.

RETROUSSEMENT INVERSE
D'UNE PAROI.

les deux coudes se séparent l'un de l'autre. On a alors ce qu'on appelle une *flexure rompue* (fig. 74).

La flexure rompue est une véritable faille où les couches situées dans le voisinage des deux parois sont infléchies vers le plan de fracture ou retroussées.

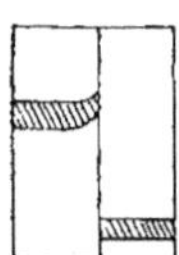

Fig. 79.

RETROUSSEMENT INVERSE
D'UNE PAROI.

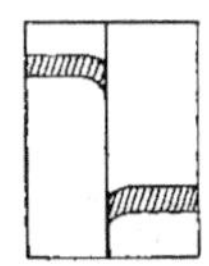

Fig. 80.   Fig. 81.

RETROUSSEMENT NORMAL D'UNE PAROI
ET INVERSE DE L'AUTRE.

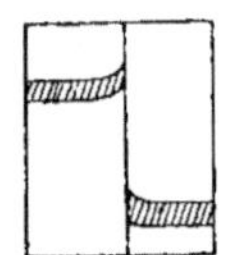

Fig. 82.

RETROUSSEMENT INVERSE DES
DEUX PAROIS.

On donne à cette flexure passant à la faille le nom de *faille avec retroussement ou rebroussement des couches.*

Le retroussement est normal quand les couches se relèvent de bas en haut sur la paroi affaissée et s'infléchissent de haut en bas sur l'autre paroi.

Dans le cas contraire, le retroussement est dit inverse.

Les figures 75 à 82 montrent toutes les combinaisons possibles.

Le retroussement inverse des deux parois peut s'expliquer par la production successive, suivant la même ligne, de dénivellations en sens opposé dont la plus ancienne avait la forme d'une flexure normale.

Enfin, quand toute trace de retroussement a disparu, on a une simple faille.

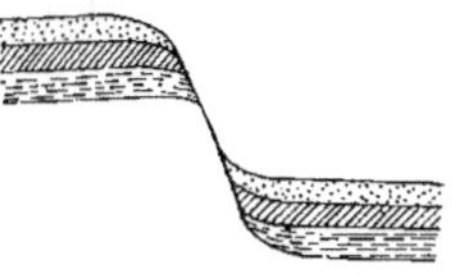

Fig. 83. — FLEXURE ROMPUE SUIVIE D'UN PLI-FAILLE.

Il est quelquefois impossible de reconnaître si les dislocations sont bien réellement des flexures ou, au contraire, si ces dislocations sont dues à des mouvements horizontaux. La figure 83 montre une flexure rompue suivie d'un pli faille.

3. — Modes de groupement des failles et des flexures.

1º *Distinction des failles de crevassements et des failles de plissement.* — Il est intéressant de connaître la distribution géographique des différentes failles. Les géologues ont constaté que les failles normales et les failles verticales affectent seules les pays à couches horizontales ou peu inclinées (plateaux), tandis que les failles inverses ne se rencontrent que dans les régions fortement disloquées (montagnes).

Cette différence de distribution est évidemment la conséquence de leur genèse : En effet, les failles normales et les failles verticales résultent de mouvements verticaux, tandis que la plupart des failles inverses résultent de mouvements horizontaux.

Nous ne nous occuperons, pour le moment, que de failles de crevassement, c'est-à-dire des failles normales et des failles verticales.

2º *Failles simples et failles composées.* — Il arrive parfois qu'une faille, au lieu d'être simple, est composée. On a alors une zone de failles, c'est-à-dire que la dénivellation ne se produit pas sur une seule fracture, mais se trouve, au contraire, répartie entre une série de petites failles parallèles dont les rejets de même sens s'additionnent et qui déterminent une série de gradins étagés les uns au-dessus des autres, et on leur donne, pour cette raison, le nom de *failles à gradins ou en escaliers* (fig. 84).

Mais le rejet de ces petites failles n'est pas toujours de même sens pour toutes. Il y en a parfois dont le rejet, en sens inverse de celui des voisines, compense, au moins en partie, l'effet de ces dernières : ce sont les *failles à rejet compensateur* (fig. 85).

Dans les failles composées, l'une des fractures peut avoir une importance plus considérable que les autres, on lui donne, pour cette raison, le nom de

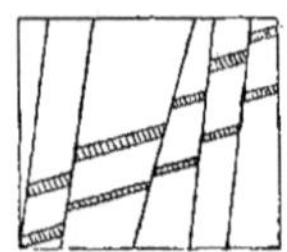

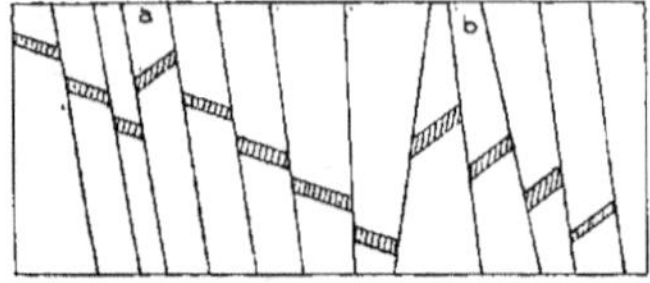

Fig. 84. — FAILLES A GRADINS OU EN ESCALIER.   Fig. 85. — FAILLES A REJET COMPENSATEUR.

faille principale, et les autres sont désignées sous le nom de failles secondaires ou latérales. Ce cas se présente aussi bien en direction qu'en profondeur (fig. 86) (plan). On a alors *une faille ramifiée*.

3° *Des massifs et de leur disposition principale.* — Les failles ne sont pas généralement isolées, mais se présentent, au contraire, réunies en groupes ou systèmes, occupant des régions appelées *champs de failles, champs de fracture,* dont l'étendue est plus ou moins considérable.

La partie de l'écorce terrestre comprise entre deux failles voisines est appelée (quel que soit le sens du mouvement qu'elle a subi relativement aux

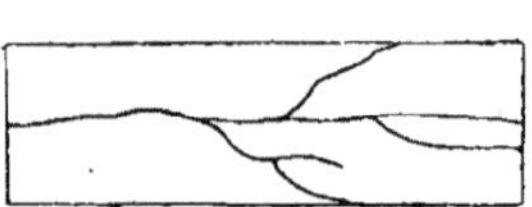

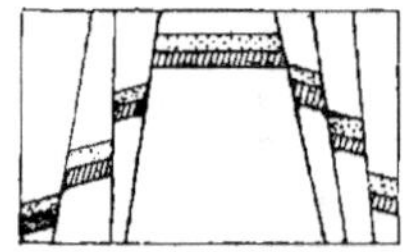

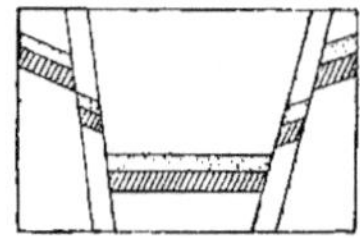

Fig. 86. — FAILLE RAMIFIÉE (PLAN).   Fig. 87. — MASSIF SURÉLEVÉ (BUTOIR HORST), avec affaissement en gradins de chaque côté du horst.   Fig. 88 — MASSIF EFFONDRÉ (FOSSÉ), avec surélévation en gradins de chaque côté.

parties adjacentes) : *massif, bande* ou *zone* (quand le massif présente une forme allongée et est compris entre deux failles à peu près parallèles) et est appelé *paquet* quand l'écartement des deux failles limitant le massif est peu considérable.

Considéré dans ses rapports avec les massifs voisins, un massif peut être en saillie, on le désigne alors sous le nom de *massif surélevé*, de *butoir*, de *horst*, de *môle* (fig 87). Le Morvan est un exemple de horst compris entre la Limagne à l'ouest et la vallée du Rhône à l'est.

Si, au contraire, la massif est en creux, on dit que c'est un *massif affaissé ou effondré,* un *fossé* (fig. 88). Exemple : la vallée du Rhin entre les Vosges et la Forêt Noire.

Quand un massif affaissé a une étendue restreinte et qu'il présente des contours circulaires, on a un *effondrement circulaire.* Quand le même phénomène affecte une étendue plus vaste, on a un *bassin d'affaissement.*

Un massif peut encore être relativement surélevé d'un côté et affaissé de l'autre, on a alors un *gradin.*

Les massifs surélevés ou affaissés sont parfois limités par des flexures qui

Fig. 89. — FLEXURHORST.

Fig. 90. — FLEXUR GRABEN.

peuvent, comme nous l'avons vu précédemment, remplacer les vraies failles : on a alors des *flexurhorst* (fig. 89) et des *flexurgraben,* (fig. 90).

Dans ce cas, deux flexures de sens opposé, en se combinant dos à dos, peuvent simuler un véritable pli.

Le plateau de Kaibab, dans l'Arizona, nous montre un bel exemple de massif surélevé (flexurhorst), et le plateau du Colorado nous fournit également un exemple de massif affaissé entre deux flexures (flexurgraben).

Les massifs peuvent être d'une importance fort inégale sous le rapport

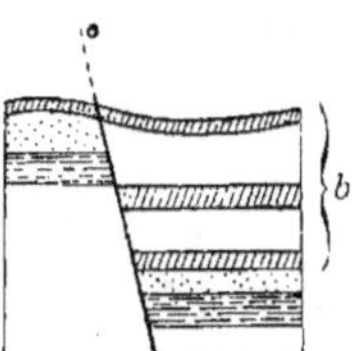

Fig. 91. — FAILLE LIMITE.

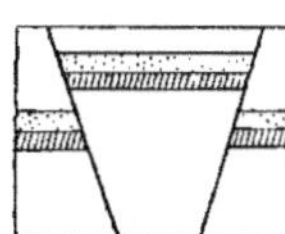

Fig. 92. — COIN SURÉLEVÉ PAR REFOULEMENT LATÉRAL.

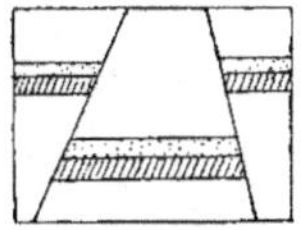

Fig. 93. — COIN AFFAISSÉ PAR REFOULEMENT LATÉRAL.

de leur étendue et de leur situation. Les massifs surélevés principaux ou de premier ordre sont ceux qui se trouvent en saillie entre deux régions affaissées de chaque côté jusqu'à une grande distance.

Il arrive souvent que les failles bordant ces massifs ont été plus ou moins complètement rasées de manière que les couches formant leur paroi abaissée s'arrêtent à la ligne de faille et ne se retrouvent plus de l'autre côté où affleurent seulement des couches plus anciennes. La faille prend, pour cette raison, le nom de *faille limite* (fig. 91). Ainsi *a* est une faille limite pour les couches *b.*

Les massifs surélevés ou affaissés, de petite dimension, peuvent quelquefois résulter du recoupement d'une faille inclinée par une autre inclinée en sens contraire et dont le rejet est du côté opposé à celui de la première. On peut donner à ces massifs le nom de *coins surélevés ou affaissés par recoupement*.

Une disposition analogue pourrait d'ailleurs résulter indirectement d'un refoulement latéral quand deux fentes dirigées parallèlement convergent ou divergent dans le plan vertical. Mais alors les failles seraient inverses.

On pourrait désigner les massifs correspondants : coins surélevés ou affaissés par refoulement (ou inverses) (fig. 92, 93).

4° *Structure intérieure des massifs.* — Comme les couches affectées par les

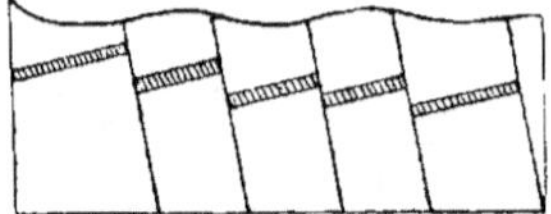

Fig. 94. — FAILLES A RÉPÉTITION.

failles peuvent être horizontales ou inclinées, la surface des massifs correspon-, dants (abstraction faite des dénudations) peut être horizontale : c'est un *massif tabulaire*, ou bien incliné : c'est un *massif penché*.

Lorsque plusieurs paquets adjacents sont inclinés dans le même sens et séparés les uns des autres par des failles parallèles, un plan horizontal coupant les divers paquets y rencontre plusieurs fois de suite la même série de couches.

Cette disposition peut faire croire à une superposition de couches régulièrement disposées. On a ce qu'on appelle une *série de failles à répétition* (fig. 94).

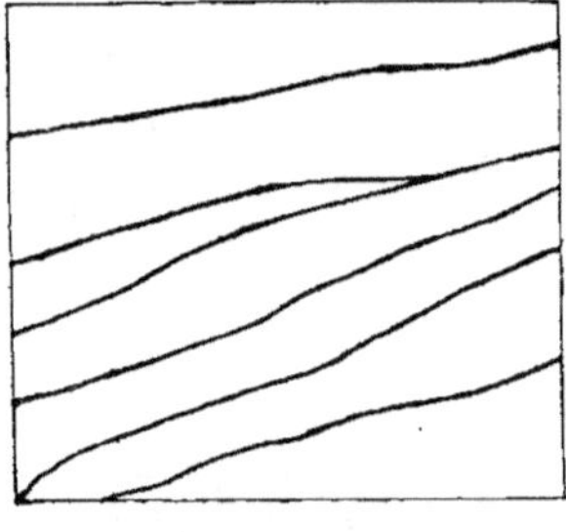

Fig. 95. — PLAN.

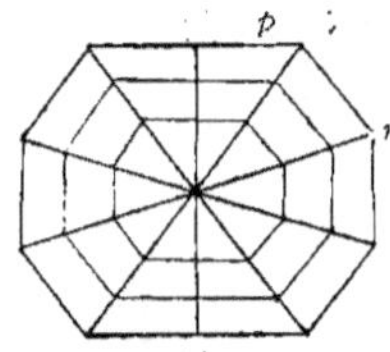

Fig. 96. — PLAN.

5° *Systèmes de failles.* — Les systèmes de failles actuellement connus semblent se grouper autour de deux types principaux.

Le *premier type* correspond aux failles linéaires, plus ou moins espacées et passant quelquefois à des flexures; elles atteignent de grandes dimensions en largeur et en rejet vertical et déterminent des plateaux étagés à des hauteurs différentes. Il n'y a pas de croisement par les failles transversales de quelque importance.

Le second type est celui des failles en réseaux dont les mailles sont formées de fractures de directions différentes qui s'entrecroisent d'une manière plus ou moins compliquée et se coupent suivant des angles variables.

Les principaux éléments de ces réseaux sont les *failles périphériques p* (fig. 95); ces failles périphériques sont courbes ou polygonales, approximativement parallèles aux bords de la région faillée et concentriques entre elles.

Les *failles radiales r* coupent transversalement les premières.

Ces failles périphériques et ces failles radiales se rencontrent dans les régions où des massifs de roches éruptives ont recoupé des schistes anciens.

4. — Décrochements horizontaux.

Dans les régions plissées, on observe assez souvent un mode particulier de déplacement des deux parois de certaines fractures. Ce genre de fractures diffère essentiellement des failles proprement dites; le plan de la faille est à peu près le même dans les deux cas.

Mais, tandis que dans les failles proprement dites le mouvement relatif s'effectue dans le sens vertical, ici, il a lieu dans le sens horizontal, comme le prouve la présence de stries qui sont approximativement horizontales, et surtout le déplacement souvent très notable de l'une des parties par rapport à l'autre.

La direction de ces dislocations est habituellement perpendiculaire à celle des plis qu'elles traversent (1). Ces plis sont alors découpés en tronçons, dont la

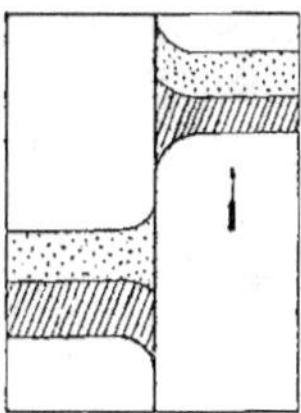

Fig. 97. — Décrochement horizontal ou transversal.

séparation est quelquefois si complète, qu'on aperçoit une chaîne cesser brusquement et reparaître plus loin à une distance assez grande.

On donne à ces déplacements horizontaux le nom de *décrochements horizontaux ou transversaux* (fig. 97).

Le déplacement horizontal inégal de deux parties de l'écorce terrestre ne se manifeste pas forcément par une fracture brusque; il peut y avoir, au con-

(1) Exemple : La faille du Forez recoupe tous les plis du Plateau Central.

traire, une inflexion plus ou moins graduelle, partiellement accompagnée de rupture ou même entièrement continue. Ces modifications conduisent à l'établissement des types suivants.

La figure 98 montre un *décrochement brusque* par fracture ou décrochement proprement dit.

La figure 99 montre un *décrochement par fracture imparfaite*, c'est-à-dire

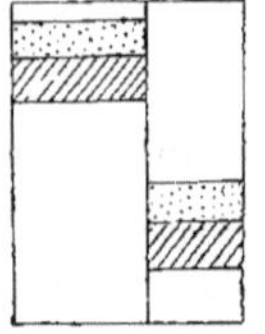

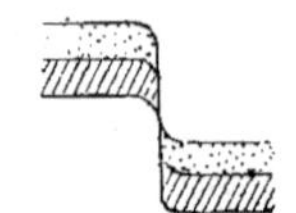

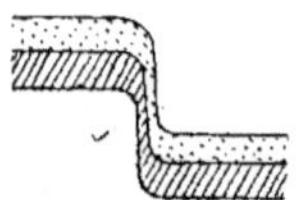

Fig. 98. — Décrochement brusque. Fig. 99. — Décrochement par fracture imparfaite. Fig. 100. — Décrochement sans fracture.

un décrochement avec retroussement horizontal ou décrochement avec déviation partielle des parois.

Enfin, la figure 100 indique un *décrochement sans fracture*, c'est-à-dire un décrochement par inflexion.

Les décrochements peuvent être simples ou composés.

Remarque. — On a observé, dans les environs de Raibl, dans le massif même de Königsberg (Palatinat) toute une série de décrochements formant plusieurs faisceaux successifs qui sont minéralisés par de la galène et de la blende.

5. — Dimensions et rapports mutuels des plis et des plis-failles.

1º *Dimensions relatives des plis.* — Les dimensions des différents plis et plis failles ou leur amplitude (grandeur) sont extrêmement variables. Il y en a qui ne sont visibles que sous le microscope, tandis que d'autres atteignent des proportions telles que les plus hautes montagnes actuelles n'en représentent que des restes sculptés par l'érosion.

2º *Distribution horizontale des plis et des plis-failles.* — Lorsqu'on longe les arêtes anticlinales et synclinales d'une région plissée, on observe que les plis peuvent se serrer en faisceau, ou s'écarter; converger ou diverger; continuer en ligne droite ou se courber; augmenter ou diminuer d'amplitude et disparaître; se bifurquer ou se confondre. Si des plis dirigés d'une manière différente viennent à se rencontrer, ils peuvent devenir graduellement parallèles, ou changer brusquement de direction, ou bien l'un peut disparaître à la rencontre de l'autre et recommencer de l'autre côté; mais les plis ne paraissent jamais se croiser directement.

Les plis se groupent en systèmes régionaux, caractérisés par une certaine unité dans leurs allures, leur âge relatif et leur direction. Les systèmes régionaux de plis, tels que le Jura, les Alpes, les Apennins, ne sont souvent eux-mêmes que des membres de systèmes de dislocations d'un ordre plus élevé, comme, par exemple, le grand système qui traverse de l'est à l'ouest l'Europe et l'Asie.

3° *Sens relatif du déjettement des plis.* — Le sens du déjettement des plis ne dépend pas directement du sens dans lequel a lieu le déplacement de la partie de l'écorce terrestre considérée relativement à ses coordonnées géographiques antérieures sur la sphère. Il dépend des différentes circonstances locales. Aussi, si les deux bases opposées sont à une hauteur inégale, il y a naturellement tendance au déjettement du pli du côté le plus bas.

DÉJETTEMENT DANS LE MÊME SENS. — Quand les plis d'une région ne sont

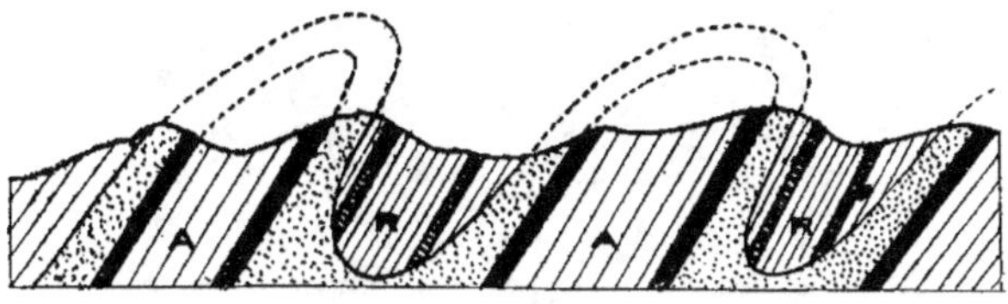

Fig. 101. — STRUCTURE ISOCLINALE.

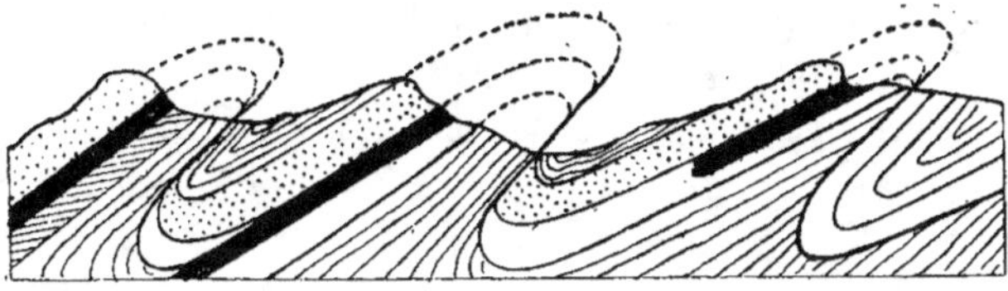

Fig. 102. — STRUCTURE IMBRIQUÉE OU EN ÉCAILLES.

plus droits, on observe que le plus grand nombre d'entre eux sont déjetés dans le même sens.

Quand un grand nombre de plis sont renversés du même côté de l'horizon les uns derrière les autres, la région où ils se trouvent présente en grand une structure isoclinale. Les couches les plus récentes R représentent les noyaux synclinaux, les couches plus anciennes A correspondent aux noyaux anticlinaux (fig. 101).

Cette *structure isoclinale* passe à la *structure imbriquée* ou en *écailles* (fig. 102) lorsque les différents plis déjetés dans le même sens deviennent des plis failles : les couches ont dû chevaucher sans se rompre.

DÉJETTEMENT EN SENS INVERSE. — La plupart des chaînes de montagnes sont dissymétriques. On rencontre quelquefois des chaînes symétriques qui sont constituées par des plis déjetés de chaque côté vers l'extérieur : leur ensemble présente la disposition d'un *éventail* ouvert vers le haut; dans ce cas, ce ne sont plus les couches individuelles, mais les plis entiers qui forment les branches de l'éventail, et c'est pour cela qu'on a donné à cette disposition le nom de *structure en éventail composé* (fig. 103).

Inversement, lorsque deux chaînes de montagnes sont assez rapprochées

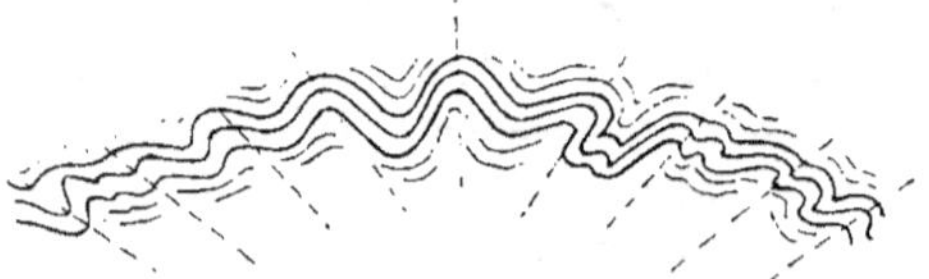

Fig. 103. — STRUCTURE EN ÉVENTAIL COMPOSÉ.

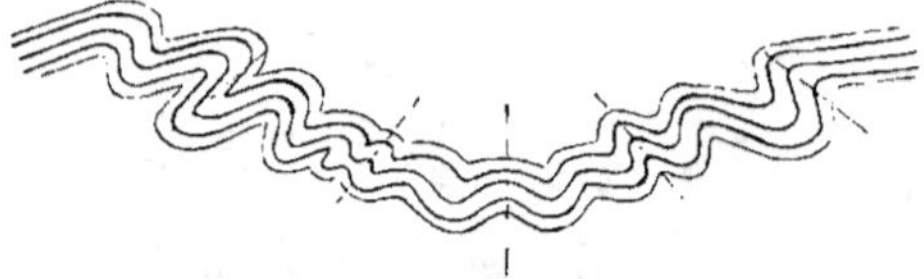

Fig. 104. — STRUCTURE EN ÉVENTAIL COMPOSÉ RENVERSÉ.

pour que les dislocations soient continues dans l'intervalle, l'ensemble des plis, « considéré par rapport à la dépression intermédiaire comme axe de symétrie », présente la disposition d'un *éventail renversé*.

On désigne cette disposition sous le nom de *structure en éventail composé renversé* (fig. 104).

6. — Combinaison d'un mouvement tangentiel d'ensemble avec un mouvement vertical localisé.

1º *Combinaison d'un plissement avec un affaissement localisé produit en même temps*. — Il est évident que, si un affaissement vient à se produire dans une région limitée, concurremment avec un plissement affectant une étendue plus vaste, il y aura un appel général des couches vers la partie affaissée, et par suite tendance au renversement des plis et au recouvrement complet de la partie affaissée par les masses périphériques, et cela quel que soit le sens général du mouvement tangentiel. On appelle les plis ainsi formés : *plis d'appel* ou *plis déversés*. Les plis déversés dans le sens du mouvement tangentiel, c'est-à-dire ceux qui se trouvent en arrière de la partie affaissée sont appelés *plis déversés en avant* (fig. 105) (*a*).

Quant aux plis qui se trouvent en avant de la partie affaissée, on les désigne sous le nom de plis *déversés en arrière* (*b*) ou encore de *plis à rebours, plis de retour*.

La structure de ces plis est dite *structure imbriquée*.

Il existe dans le bassin d'Anzin, au nord de la faille eifélienne, dans le terrain houiller lui-même, des plis à rebours auxquels on a donné le nom de *cran de retour* ou faille d'Anzin.

Si l'affaissement se trouve au bord extérieur d'une région plissée, relati-

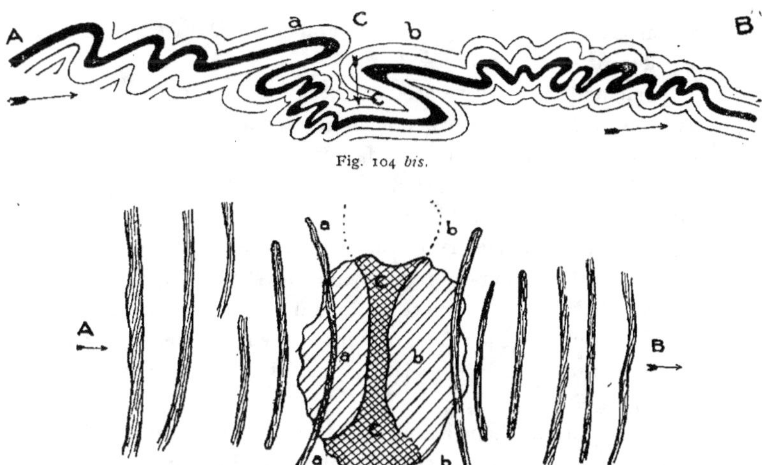

Fig. 104 *bis.*

Fig. 105. — PLIS D'APPEL OU PLIS DÉVERSÉS.
a Plis déversés en avant.
b Plis déversés en arrière, plis de retour ou plis à rebours.

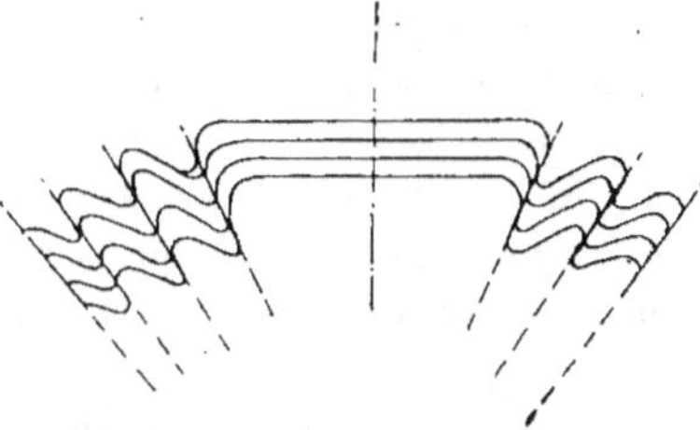

Fig. 106. — DOUBLE RENVERSEMENT ANTICLINAL (ZONE ANTICLINALE A BORDS RENVERSÉS).

vement au sens général du déjettement des plis, il y aura seulement production des plis déversés en avant.

Si l'effondrement affecte un massif situé à l'intérieur de la région plissée, les deux phénomènes se produiront à la fois, et détermineront le recouvrement de la partie effondrée par deux plis renversés l'un sur l'autre et en sens inverse; c'est ce qu'on peut appeler un double renversement synclinal, ou zone synclinale à bords renversés.

2º *Combinaison d'un plissement avec un exhaussement localisé produit en même temps.* — Il peut se faire que le mouvement vertical localisé, au lieu d'être dirigé de haut en bas, soit au contraire dirigé de bas en haut, il y aura alors tendance à la production d'effets inverses des précédents. On aura ce qu'on appelle : un double renversement anticlinal, ou zone anticlinale à bords renversés (fig. 106).

En résumé les mouvements verticaux donnent naissance aux failles normales, aux failles anormales, aux flexures.

Les mouvements horizontaux déterminent la production, dans l'écorce terrestre, de surfaces de discontinuité se ramenant à deux types différents.

Le *premier type* correspond aux plis failles inverses, aux chevauchements dont la répétition donne lieu à la structure imbriquée.

Le *second type* correspond aux décrochements.

La direction des chevauchements correspond à celle des plis, et subit les mêmes déviations. La direction des décrochements est plus ou moins perpendiculaire à celle des chaînons, mais pas toujours d'une façon rigoureuse ; elle n'est pas, comme celle des chevauchements, soumise à des inflexions et se rapproche probablement davantage de la direction vraie des mouvements subis par l'ensemble des masses minérales.

Les surfaces des chevauchements plongent toujours dans un sens déterminé qui ne change pas en profondeur ; tandis que l'inclinaison des surfaces de décrochement est, en général, très forte, mais elle peut changer plusieurs fois suivant une même verticale.

Les décrochements se prêtent beaucoup mieux à la formation de fractures largement ouvertes que les chevauchements ; ils sont parfois minéralisés.

Remarque I. — En principe, les cassures produites par des déplacements dans le sens vertical paraissent avoir joué un rôle essentiel en pétrographie et dans la production des gîtes métallifères ; elles ont pu, en effet, s'ouvrir largement quand le sens relatif du mouvement le comportait et donner aussi passage à des épanchements volcaniques, à des roches intrusives ou à des eaux métallisantes.

Au contraire, les cassures dues à des mouvements horizontaux se sont produites sous l'action d'une force comprimante qui a écrasé les terrains en contact et n'a pas permis le baillement nécessaire pour le passage des roches éruptives ou pour la circulation des eaux métallisantes. Les décrochements seuls qui sont de véritables failles et qui ont souvent donné lieu à un déplacement vertical en même temps qu'à un déplacement horizontal, c'est-à-dire à un déplacement oblique, se sont parfois trouvés minéralisés.

Remarque II. — Il est quelquefois assez difficile de distinguer une *faille* anormale d'un pli faille inverse.

Voici les remarques qu'on peut faire à ce sujet :

1° Les plis failles inverses se trouvent dans les régions disloquées accompagnées d'autres phénomènes indiquant une compression horizontale très énergique, tandis que les failles anormales n'ont pas de rapport avec les plissements.

2° Les plis failles inverses sont bien plus fréquents que les failles anormales, qui ne sont que de petits accidents locaux assez restreints.

3° Dans les plis failles inverses, les couches de l'une des parois apparaissent souvent recourbées au voisinage immédiat de la fracture vers les couches correspondantes de l'autre paroi.

4° Enfin, dans un pli faille inverse, le plan de fracture plonge toujours dans le même sens que les couches situées de part et d'autre de ce plan, mais avec une inclinaison plus forte, relation qui n'est pas nécessaire dans le cas d'une faille anormale.

7. — Dislocations diverses.

Indépendamment des dislocations que nous venons de signaler, il en existe quelques autres qui résultent de divers phénomènes mécaniques dont l'action reste essentiellement localisée à des surfaces ou à des épaisseurs fort restreintes.

Nous citerons, par exemple : l'écroulement de certains massifs déterminé par des érosions souterraines.

Le glissement de roches argileuses sur le flanc des vallées sous l'influence des eaux d'infiltration.

La fissuration des roches produite par une rupture de l'équilibre moléculaire.

Ainsi, les travaux d'exploitation des carrières, des mines, et le creusement des tunnels permettent de constater, dans certaines régions, la production de phénomènes particuliers se traduisant par des mouvements spontanés des roches, accompagnés de ruptures et détonations; ces phénomènes sont très connus dans les marbrières de Carrare.

On rencontre dans les terrains disloqués de nombreuses fissures auxquelles on donne le nom de *joints*. Il est nécessaire de bien distinguer les joints d'origine dynamique de ceux qui sont dus au retrait ou à la dessication des roches. Ainsi, les joints qu'on observe en grand nombre dans la craie sont dus à la dessication de cette roche; tandis que les joints qui limitent les blocs de basalte sont dus au retrait.

Daubrée a proposé de désigner toutes les cassures ou fractures de l'écorce terrestre sous le nom de *lithoclases*, réservant celui de *paraclases* aux failles, c'est-à-dire aux cassures avec rejet, et appliquant celui de *diaclases* aux cassures non accompagnées de rejets.

Il a donné le nom de *leptoclases* aux cassures sans rejet et peu importantes divisées en *synclases* si elles sont dues à des phénomènes de retrait, et en *piézoclases* si elles résultent des efforts de compression.

$$\text{Lithoclases} \begin{cases} \text{Paraclases} \\ \text{Diaclases} \quad \text{Leptoclases} \begin{cases} \text{synclases} \\ \text{piézoclases.} \end{cases} \end{cases}$$

NOTE

Sur les causes des phénomènes d'autoclase (1).

Les autoclases sont dues à la résolution de tensions qui existent en gisement vierge et qui se manifestent par une extension ou rupture dès que la masse est mise à l'air par l'enlèvement de son voisinage.

Quant aux causes, on les voit généralement dans des compressions dont les roches ont été l'objet de la part des forces tangentielles (forces orogéniques) ou radiales (poids des masses surincombantes). Les roches ainsi comprimées auraient eu tendance à se décomprimer.

On a constaté des exemples d'autoclases dans des couches horizontales et au voisinage de la surface du sol. On est ainsi amené à se demander si, à côté des effets des compressions tangentielles ou radiales, effets dont on ne peut nier l'existence, il ne peut se développer dans les roches mêmes, indépendamment des forces mécaniques extérieures, des tendances à l'expansion qui se manifesteraient, à l'occasion, par des mouvements qui ne différeraient pas de ceux qui sont dus aux compressions, mais qui mériteraient bien, par leurs causes, la qualification de spontanés et le nom d'autoclases.

La cause de ces tendances à l'expansion, propre aux masses rocheuses et indépendantes des compressions, par des forces extérieures, doit être cherchée dans certains phénomènes d'altération qui se passent dans la zone de cémentation située entre le niveau hydrostatique (limite inférieure de la zone d'altération météorique) et la frontière de la région d'anamorphisme ou de métamorphisme (*sensu stricto*), frontière qui se place, d'après Van Hise, vers la profondeur de 10.000 mètres.

Examinons les roches silicatées massives ou feuilletées. On sait que dans ces roches, quelle que soit leur apparence extérieure d'intégrité, quelle que soit la profondeur d'où elles proviennent; la plupart des éléments silicatés sont plus ou moins altérés. On peut donner à ces altérations le nom d'altérations pétrographiques, par opposition aux altérations météoriques qui sont accompagnées de désagrégation. L'altération pétrographique, loin de désagréger les roches, en augmente souvent la résistance; les minéraux nouveaux constituant la roche se forment aux dépens des minéraux primitifs avec augmentation de volume pour la plupart.

Voici, d'après Van Hise, quelques exemples :

Les plagioclases, en se transformant en zéolites, s'accroissent de 20 à 46 % en volume.

L'augite, en se décomposant en chlorite, épidote, quartz, hématite et magnétite, s'accroît de 15,43 %; en s'ouralitisant, elle augmente de 4,30 %.

La hornblende se transforme en chlorite, épidote, calcite, sidérose, quartz et hématite; elle s'accroît de 25,39 %.

La biotite, en se chloritisant, augmente de 22,92 %.

L'olivine se transforme en serpentine et augmente de 37,13 %.

Ces altérations pétrographiques sont généralement attribuées à l'influence des eaux d'imbibition provenant soit de la surface, soit de la profondeur. On les considère le plus

(1) J. CORNET. — *Ann. de la Soc. Géologique de Belgique* (19 juin 1908), T. XXXV, p. 277.

souvent comme étant de même nature, quant à leur cause, que les altérations superficielles.

Weinschenk et quelques pétrographes y voient des effets pneumatolytiques ou hydrothermaux dus à des émanations des magmas et les rangent dans la catégorie des phénomènes post-volcaniques.

Quoi qu'il en soit, il est clair que, dans l'ensemble formé par la zone d'altération météorique et la zone de cémentation, les minéraux subissent, sous l'influence de l'eau, de l'acide carbonique et de l'oxygène, des modifications qui ont pour effet de les hydrater, de les suroxyder et de les carbonater, et de les transformer en minéraux occupant un plus grand volume et moins denses.

Dans la région d'anamorphisme et de métamorphisme, les minéraux subissent des réactions en sens inverse.

Dans la zone d'altération météorique, les phénomènes de dissolution acquièrent une importance prédominante et ont pour conséquence une diminution du volume des roches attaquées.

Dans la zone de cémentation, l'enlèvement de matière est négligeable ou nul, et les phénomènes d'hydratation, etc., etc., amènent une augmentation de volume des éléments des roches.

D'après Van Hise, si l'on suppose que tous les produits des réactions qui se passent dans la zone de cémentation restent en place à l'état solide, l'augmentation moyenne de volume qui en résulte est de 15 à 50 %.

Pour les roches qui pénètrent dans la zone de cémentation en venant de la zone d'altération (par suite d'un affaissement du sol) et pour les roches sédimentaires fraîchement formées, l'augmentation de volume est employée à remplir les vides.

Il y a cependant un excédent, comme, par exemple, dans la transformation de l'anhydrite en gypse 60 %, et de l'aragonite en calcite 8,35 %.

Pour les roches qui entrent dans la zone de cémentation en venant de la zone d'anamorphisme (métamorphisme), c'est-à-dire avec un volume minimum; tout l'accroissement de volume qu'elles subissent est en excès.

Dans le premier cas, comme dans le second, l'excédent de volume doit mettre les roches dans un état de tension d'où résulte une tendance à l'expansion. Si la roche est enclavée dans des masses à faible résistance, les tensions peuvent se résoudre graduellement et donnent naissance à des intumescences. Mais si la roche est enclavée dans une masse inaltérable ou encore intacte, l'expansion individuelle des éléments altérés n'amènera pas d'intumescence en masse, mais donnera naissance à des tensions internes irrégulièrement réparties et qui pourront dans des conditions favorables, vaincre l'adhérence de la roche pour elle-même et amener la séparation brusque des parties mises à nu, dont l'équilibre a été dérangé.

L'intensité des phénomènes d'altération pétrographique dans la zone de cémentation doit être à priori en raison directe de leur proximité de la surface. Les tensions que l'on constate dans les roches y existent depuis des périodes très reculées; il n'en est pas moins vrai qu'elles continuent de s'y développer à l'époque actuelle dans la limite des profondeurs atteintes par les travaux humains.

En ce qui concerne les roches argileuses, leur surhydratation graduelle se fait avec accroissement de volume. Un schiste argileux houiller qui a acquis une teneur en eau et une densité données à une certaine profondeur tend à se surhydrater lorsque les dénudations lui font occuper une position plus superficielle dans la zone de cémentation. Il s'y développe une tension qui peut suffire à expliquer les phénomènes d'autoclase observés dans les travaux des mines de houille.

III

DÉFORMATIONS INTIMES DES ROCHES

Les phénomènes de dislocation peuvent aussi faire sentir leurs effets jusque dans la structure même de masses minérales et modifier d'une manière plus ou moins profonde l'agencement intime de leurs éléments en les contraignant à s'accommoder à une forme nouvelle.

Les modes principaux de déformations intimes des roches sont les suivants :

1° *Torsion*. — La torsion, dont nous avons parlé précédemment, peut donner aux couches la forme de surfaces gauches. Mais tandis que le plissement peut avoir lieu sans ruptures, la torsion entraînera généralement la formation de cassures dans les couches tordues.

Quelquefois, ces cassures sont accompagnées de déplacements verticaux de part et d'autre du plan suivant lequel la rupture s'est produite. Il se forme alors des f_illes analogues à celles dont nous avons parlé plus haut, c'est-à-dire des *paraclases*.

Mais, il arrive parfois que ces cassures sont de simples fissures, des joints, non accompagnés d'un déplacement relatif des couches : c'est-à-dire des *diaclases*.

Les joints qu'on rencontre dans les masses granitiques sont tout à fait caractéristiques. Certaines roches, comme les diorites, les diabases offrent quelquefois une disjonction sphérique et rayonnante.

Ces joints sont bien d'origine dynamique.

2° *Pression*. — Les diaclases se rencontrent généralement dans des couches peu disloquées. Dans les régions où les strates sont très plissées, on observe l'existence de plans de séparation assez rapprochés et coupant les plans de stratification, c'est-à-dire le plan des couches.

La direction de ces plans coïncide avec la direction générale des couches. On appelle *schistosité* cette division des roches en feuillets minces suivant des plans dits *plans de schistosité* qui souvent ne coïncident pas avec les plans des couches; ce n'est qu'accidentellement que la statification des couches et la schistosité se confondent. Quelquefois la schistosité est plus marquée que la stratification.

On voit par la figure 107 que la force tangentielle qui donne naissance au déversement des plis dans un sens opposé à la poussée, peut être décomposée en deux, dont l'une (β) fait naître perpendiculairement à sa direction des plans de schistosité, tandis que l'autre (γ) agit parallèlement aux flancs des plis, en y provoquant souvent des glissements. On comprend aussi pourquoi l'horizontale des plans de schistosité a la même orientation que l'axe des plis.

La schistosité se développe sous l'action de la pression dans des roches à grain très fin telles que les *argiles*, les *grès argileux*, etc.

Les *calcaires compacts* se fendillent d'une manière plus ou moins régulière. Les vides sont alors remplis par de la calcite cristallisée provenant des eaux d'infiltration; c'est ce qu'on observe dans les marbres dits bréchiformes.

Dans les *conglomérats*, les galets sont fendus et les fragments se déplacent parfois les uns par rapport aux autres.

Il arrive parfois que deux ou plusieurs directions de schistosité coexistent

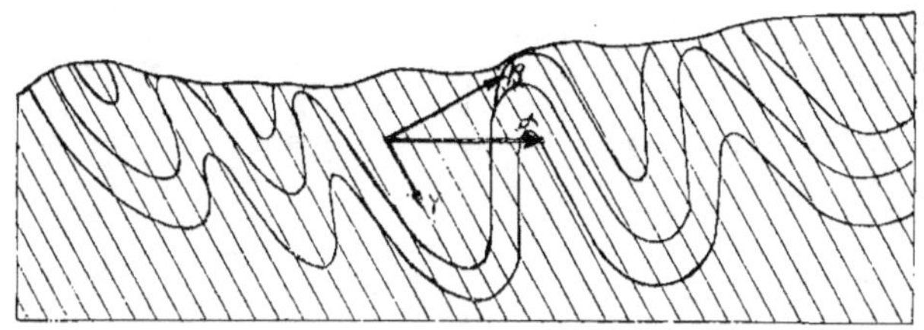

Fig. 107. — Formation des plans de schistosité uniformément inclinés dans une série plissée.

dans une même masse et y déterminent un mode de division prismatique régulière.

La *foliation* est caractérisée par l'arrangement des minéraux en feuillets parallèles de composition souvent différente et où les cristaux individuels sont également orientés parallèlement entre eux. Exemples : micas, séricite, damourite.

3° *Trituration*. — Dans le phénomène de *trituration*, les fragments, avant d'être cimentés, roulent sur eux-mêmes et s'écrasent les uns contre les autres, il se produit alors des *brèches de friction;* les roches de cette nature se rencontrent souvent à la base d'une nappe de charriage, ou le long des failles ordinaires.

Les roches granitoïdes ou volcaniques ainsi triturées présentent une structure que l'on appelle *cataclastique :* les cristaux sont broyés, brisés, déchiquetés, puis recimentés : le ciment est formé de quartz, de calcite, ou de minéraux altérés.

NOTES

Groupement des plis.

Les plis d'un même massif montagneux restent quelquefois parallèles entre eux sur de grandes longueurs; mais, assez souvent, on les voit se réunir deux à deux, soit brusquement (fig. 108), soit sous un angle aigu fixe (fig. 109), ou encore opérer leur jonction par une courbe insensible, largement ouverte (fig. 110), le raccordement de ces deux plis est appelé, par Suess, une *jonction;* mais on peut le considérer comme un *rebroussement* dans la courbe décrite par un seul et même pli (fig. 111). Les plissements de l'Asie méridionale, depuis l'Asie Mineure jusqu'en Indochine, décrivent des arcs successifs, à con-

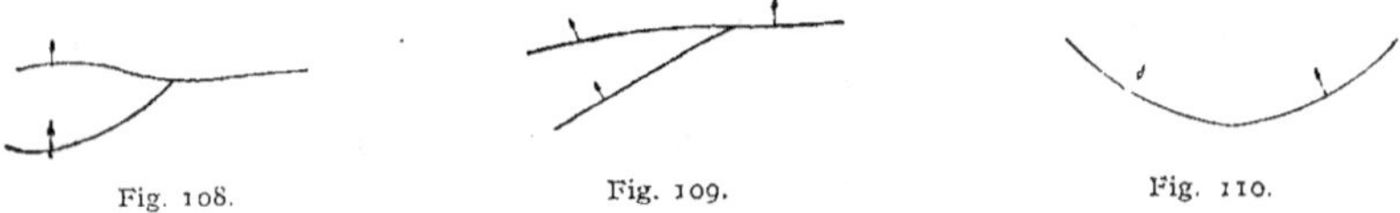

Fig. 108.   Fig. 109.   Fig. 110.

cavité dirigée vers le nord, qui se raccordent par des angles de rebroussement très aigus ouverts vers le sud.

Plusieurs plis peuvent se grouper de manière à former un *faisceau* ou *zone tectonique.* Lorsque le faisceau s'épanouit comme une gerbe, les divers plis s'écartant et se perdant dans la plaine voisine, on dit qu'il y a *virgation* (fig. 112).

Si les plis du faisceau se réunissent de nouveau, après s'être momentanément écartés,

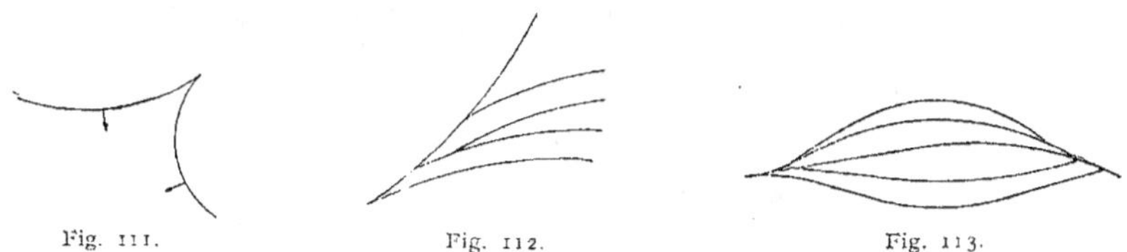

Fig. 111.   Fig. 112.   Fig. 113.

le faisceau est dit *amygdaloïde;* ces dispositions se rencontrent dans les Alpes occidentales.

Origine des failles.

Sens absolu des mouvements verticaux. — On ne connaît pas suffisamment la profondeur jusqu'à laquelle pénètrent les failles, pour savoir si elles sont un phénomène profond ou exclusivement superficiel. Il semble cependant se dégager de l'ensemble des observations faites dans les pays disloqués, qu'elles affectent de préférence les parties de l'écorce terrestre les plus voisines de la surface.

Les causes auxquelles est due la production des failles sont encore assez obscures.

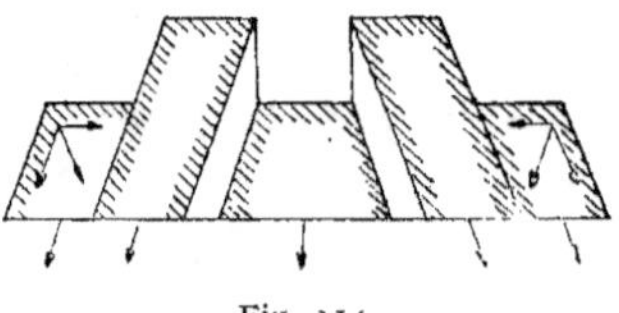

Fig. 114.

Le plus grand nombre paraissent provenir d'un affaissement inégal des différentes parties de l'écorce terrestre.

Les réseaux de failles ramifiées paraissent provenir, non de l'affaissement direct, mais bien du fendillement général d'une région de l'écorce terreste sous l'influence d'un mouvement de torsion. Les expériences de Daubrée que nous décrirons bientôt le montrent assez clairement.

Nous avons supposé, jusqu'ici, que les failles sont dues à un affaissement d'une des parois, la paroi opposée conservant son altitude primitive; mais il est évident que, dans la plupart des cas, on peut affirmer qu'il s'est produit un mouvement relatif des deux parois, l'une d'elles s'étant rapprochée davantage du centre de la Terre que l'autre. Il s'est produit parfois un mouvement de surélévation après rupture d'un côté de la faille, tandis que l'autre côté restait en place.

On peut attribuer la formation du fossé de la vallée du Rhin (fig. 114) à une série de failles normales à plongements opposés qui se seraient produites d'abord sur les bords de la voûte, pour gagner ensuite les parties médianes. Le voussoir axial n'étant plus soutenu latéralement se serait effondré entre deux failles inverses.

La formation du fossé est donc précédée d'un soulèvement en dôme.

CHAPITRE III

PÉTROGRAPHIE

Divisions fondamentales des roches.

Les matériaux qui constituent la lithosphère sont désignés sous le nom de *roches*.

Les roches sont quelquefois simples, c'est-à-dire formées par un seul minéral. Exemple : gypse, sel gemme, apatite, etc., etc. Mais le plus souvent elles sont formées d'un certain nombre de minéraux. Exemple : granite, syénite, diorite, etc., etc.

Les roches proprement dites peuvent être divisées en trois catégories bien distinctes :

1º Les roches éruptives; — 2º les roches métamorphiques; — 3º les roches sédimentaires.

I. — Les roches éruptives se présentent sous forme de *massifs* (granite), de *dykes* (porphyres), de *nappes ou coulées* (basaltes).

Les roches éruptives sont cristallines ou vitreuses.

Au point de vue de leur gisement, certaines roches, comme les basaltes se montrent identiques aux laves des volcans actuels, c'est-à-dire qu'elles sont d'*origine éruptive*. D'autres, comme les granites, n'ont pas fait éruption, c'est-à-dire qu'elles ont rempli des fractures existant dans la croûte terrestre, mais ne sont pas venues au jour.

Ces roches granitiques ne sont pas, à proprement parler, des roches éruptives. Il est donc préférable de désigner l'ensemble des roches d'origine interne sous le nom de *roches endogènes*. On donne alors le nom de *roches intrusives* ou *plutoniques* à celles qui n'existent qu'en massifs puissants et profonds (granites) et le nom de *roches volcaniques* à celles qui sont venues au jour et qui se montrent en coulées (basaltes).

II. — Les roches métamorphiques (gneiss, micaschistes, chloritoschistes, etc.) sont également des *roches endogènes,* quoique formées, assez souvent, aux dépens des roches sédimentaires.

Les roches métamorphiques présentent des caractères mixtes, c'est-à-dire qu'elles se rencontrent en couches parallèles comme les roches sédimentaires et qu'elles sont cristallisées à la façon des roches éruptives. La coexistence de ces deux caractères a fait donner à ces roches le nom de *roches cristallophylliennes* ou de schistes cristallins.

III. — Les roches sédimentaires (calcaires, grès, argiles) se présentent en couches stratifiées plus ou moins puissantes et superposées par rang d'âge : elles renferment des fossiles. Ces roches proviennent évidemment de la trituration des roches précédentes. On les désigne sous le nom de *roches exogènes*.

I

ROCHES ENDOGÈNES

I. — Minéraux des roches endogènes.

Les roches endogènes contiennent des minéraux essentiels et des minéraux accessoires.

1º LES MINÉRAUX ESSENTIELS comprennent des éléments blancs et et des éléments colorés ou ferro-magnésiens.

α) *Les éléments blancs* sont le quartz, la tridymite, la calcédoine, l'opale, les feldspaths, les feldspathides et quelques micas.

Les feldspaths se divisent en deux catégories : les *feldspaths sodico-potassiques* ou feldspaths alcalins, et les *feldspaths calco-sodiques*.

FELDSPATHS SODICO POTASSIQUES	Orthose. Sanidine. Microcline. Anorthose.
FELDSPATHS CALCOSODIQUES	Albite. Oligoclase. Labrador. Bytownite. Anorthite.
FELDSPATHIDES.	Amphigène. Néphéline. Sodalite. Haüyne. Noséane. Mélilite.
MICAS NON MAGNÉSIENS	Muscovite.

β) *Les éléments colorés ou ferro-magnésiens sont :*

MICAS MAGNÉSIENS	Biotite. Méroxène. Lépidomélane.
AMPHIBOLES MONOCLINIQUES	Actinote. Amphibole commune. Amphibole basaltique Ouralite.

AMPHIBOLES SODIFÈRES (MONOCLINIQUES) . . . . { Arfvedsonite. / Riebeckite. / Crocidolite. / Glaucophane.

AMPHIBOLES ORTHORHOMBIQUES. . . . . | Anthophyllite, Gédrite.

PYROXÈNES MONOCLINIQUES . . . . { Diopside. / Hédenbergite. / Augite. / Diallage. / Œgyrine. / Jadéite. / Pyroxènes sodifères.

PYROXÈNES ORTHORHOMBIQUES. . . . . { Enstatite. / Bronzite. / Hypersthène.

PÉRIDOTS . . . . | Péridot-Olivine.

2º MINÉRAUX ACCESSOIRES. — . — Les minéraux essentiels donnent à chaque roche son individualité propre.. Il en existe d'autres qui n'entrent dans leur composition qu'accidentellement, mais dont il faut tenir compte en raison des lumières qu'ils nous apportent sur la nature des minéralisateurs qui ont dû présider à la cristallisation de certaines roches telles que les granulites, les porphyres quartzifères, etc., etc.

Ces minéraux sont dits accessoires. Les principaux sont :

Le mica lépidolite, la tourmaline, la topaze, l'axinite, l'émeraude, le sphène, l'apatite, le rutile, le cordiérite, le zircon, la magnétite, l'oligiste, l'ilménite, corindon, graphite et les silicates boréens qui contiennent une certaine quantité d'éléments rares, tels que thorium, cérium, lanthane, didyme (néodyme, praséodyme, samarium).

Minéraux des géodes. — Certaines roches, telles que les basaltes altérés, sont très souvent parsemées de géodes qui sont remplies de minéraux bien cristallisés appelés *zéolites :* ce sont des silicates d'alumine hydratés pouvant contenir de la chaux, de la soude, de la baryte, de la strontiane, etc., etc. Les principaux sont : l'analcime, la mésotype, la stilbite, la heulandite, la chabasie, l'harmotome, le prehnite.

Minéraux de métamorphisme. — Les roches endogènes ont souvent exercé sur les terrains encaissants une action de contact (métamorphisme) qui a modifié l'arrangement des particules des terrains. De plus, l'action prolongée des eaux météoriques a souvent modifié les espèces. De là sont nés des éléments nouveaux, des minéraux particuliers qu'on a désignés sous le nom de minéraux de métamorphisme, tels que l'opale, les silicates d'alumine anhydres (andalousite, sillimanite, disthène, staurotide, etc., etc.); les silicates d'alumine hydratés (kaolin, argiles); les silicates de magnésie hydratés (talc, serpentine, magnésite); les silicates d'alumine avec oxyde de fer et magnésie (grenats, idocrase, wernérites, épidote, chlorites).

Tableau des principaux éléments des roches endogènes.

Minéraux essentiels.

ÉLÉMENTS BLANCS

		Minéral	Formule / Description
SILICE		Quartz, Tridymite, Cristobalite,	SiO^2
FELDSPATHS	Feldspaths Alcalins ou sodico-potassiques	Orthose,	$K^2O, Al^2O^3, 6 SiO^2$.
		Sanidine,	variété d'orthose.
		Microcline,	variété triclinique d'orthose.
		Anorthose,	orthose sodique.
	Feldspaths Calco-sodiques	Albite,	$Na^2O, Al^2O^3, 6SiO^2$
		Oligoclase, Andésine, Labrador, Bytownite,	mélanges isomorphes d'albite et d'anorthite.
		Anorthite,	$CaO, Al^2O^3, 2SiO^2$.
FELDSPATHIDES		Amphigène	$K^2O, Al^2O^3, 4SiO^2$.
		Néphéline,	$Na^2O, Al^2O^3, 2SiO^2$.
		Éléolite,	variété de néphéline.
		Haüyne,	silico sulfate d'alumine, chaux et soude.
		Sodalite,	silico-chlorure d'alumine et soude.
		Noséane,	variété non calcique d'haüyne.
		Mélilite,	silicate d'alumine et de chaux.
MICAS NON MAGNÉSIENS		Muscovite,	$(H, K)^2O, Al^2O^3, 2SiO^2$.

ÉLÉMENTS COLORÉS OU FERRO MAGNÉSIENS

	Minéral	Formule / Description
MICAS MAGNÉSIENS	Biotite,	silicate d'alumine, fer, magnésie.
	Méroxène,	— —
	Lépidomélane,	— —
AMPHIBOLES	Trémolite, Actinote, Amphibole commune, Amphibole basaltique, Ouralite,	Silicates anhydres de magnésie, chaux et protoxyde de fer.
	Amphiboles sodifères, — (Arfvedsonite, crocidolite, riebeckite, glaucophane).	
	Amphiboles rhombiques, — Anthophyllite, — Gédrite.	
PYROXÈNES	Diopside, Hédenbergite, Augite, Diallage, Œgyrine,	Silicates anhydres de chaux, magnésie et protoxyde de fer.
	Pyroxènes rhombiques (Enstatite, bronzite, hypersthène).	
PÉRIDOTS	Péridot-olivine,	Silicate de magnésie et de protoxyde de fer.

Minéraux accessoires.

Mica lépidolite,	silicate d'alumine, manganèse, lithine, fluor.
Tourmaline,	— avec bore et fluor.
Topaze,	— avec fluor.
Axinite,	silico-borate d'alumine et de chaux.
Émeraude,	silicate d'alumine et de glucine.
Sphène,	silico-titanate de chaux.
Apatite,	chlorofluophosphate de chaux.
Corindon,	Al^2O^3
Rutile,	TiO^2
Cordiérite,	silicate d'alumine, fer, magnésie.
Zircon,	silicate de zircone.
Magnétite,	Fe^3O^4 — Oligiste Fe^2O^3 — Graphite.
Ilménite,	Fe^2O^3, avec TiO^2.
Silicates boréens,	silicates contenant : thorium, cérium, lanthane, didyme.

Minéraux des géodes (Silicates des amygdales).

ZÉOLITES — Analcime, Mésotype, Stilbite, Heulandite, Chabasie, Harmotome. Prehnite. — Silicates d'alumine hydratés pouvant contenir des alcalis et des terres alcalines.

Minéraux des roches métamorphiques.

Opale, — Silice hydratée.

Andalousite, Disthène, Sillimanite, Staurotide, — Silicates d'alumine anhydres.

Kaolin, Argiles, — Silicates d'alumine hydratés.

Grenats, Idocrase, Wernérites, Épidote, Chlorites, — Silicates d'alumine avec oxyde de fer magnésie et chaux.

Talc, Serpentine, Magnésite. — Silicates de magnésie hydratés.

II. — Constitution physique des roches endogènes.

Le microscope polarisant a permis de constater qu'un grand nombre de roches endogènes contiennent des éléments amorphes ou vitreux. La proportion et la répartition de ces éléments varient avec les diverses roches.

On a pu, en outre, constater l'existence, dans ces parties vitreuses, de

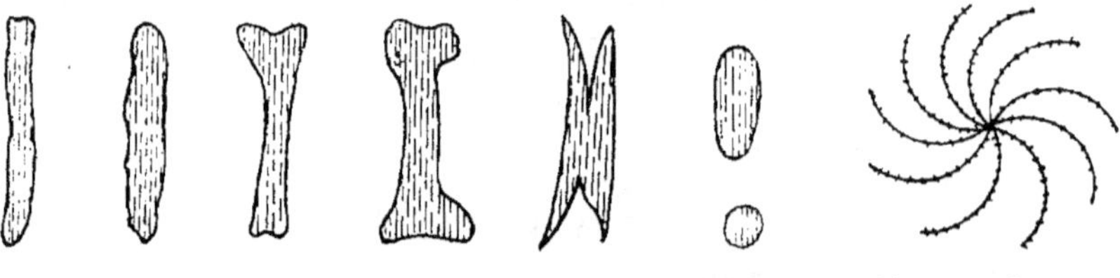

Fig. 115. — LONGULITES. Fig. 116. GLOBULITES. Fig. 117. — TRICHITES.

formes très élémentaires et fort curieuses parce qu'elles constituent quelque chose d'intermédiaire entre l'état amorphe et l'état cristallisé. On désigne ces formes sous le nom de *cristallites*. Lorsque les cristallites ont l'apparence de bâtonnets droits à extrémités plus ou moins renflées ou bifurquées, on les appelle plus particulièrement *longulites* (fig. 115); tandis que, s'ils ressemblent à des sphères, à des ellipsoïdes, à des amandes, on les nomme *globulites* (fig. 116);

s'ils ressemblent à des colliers de perles : *margarites*. Enfin, on donne le nom de *trichites* (fig. 117) aux cristallites qui ressemblent à des paquets de

Fig. 118. — TRICHITES COMPOSÉES DE GLOBULITES, DANS L'OBSIDIENNE, D'APRÈS ZIRKEL.

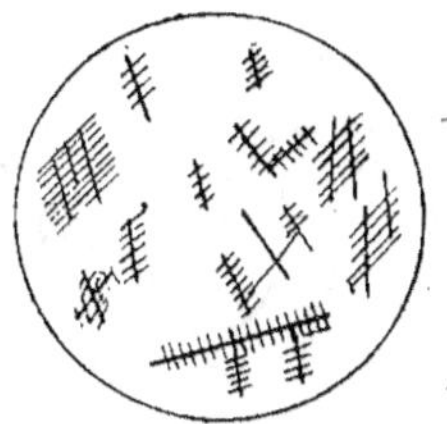

Fig. 119. — DÉVITRIFICATION. FORMATION DES CRISTALLITES, D'APRÈS ZIRKEL.

cheveux entremêlés : ces trichites peuvent être constitués par des files de globulites (fig. 118).

Les principaux exemples de cristallites se rencontrent dans les silicates : ces corps sont intermédiaires entre les cristalloïdes et les colloïdes.

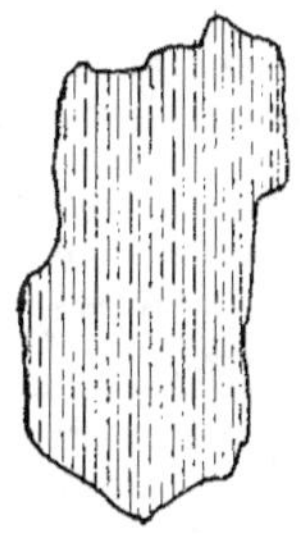

Fig. 120. — CRISTAL DE HORNBLENDE FORMÉ DE MICROLITES.

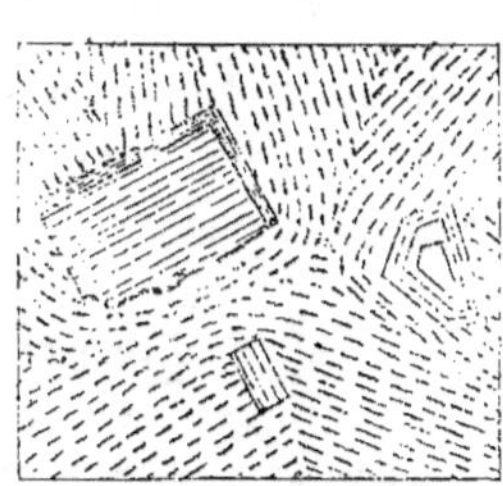

Fig. 121. — FLUCTUATION DE STRUCTURE MICROSCOPIQUE DANS LE PECHSTEIN.

Fig. 122. INCLUSIONS VITREUSES.

Fig. 123. INCLUSIONS VITREUSES PARTIELLEMENT INDIVIDUALISÉES (ZIRKEL).

La production de ces cristallites est due à la dévitrification partielle des masses vitreuses (fig. 119).

Outre les cristallites qui ne sont que des essais de cristaux, le microscope montre, dans les roches, de nombreux *microlites*, c'est-à-dire des cristaux microscopiques qu'on peut déterminer, assez souvent, d'après leur forme et leurs caractères optiques.

Quelquefois, certains cristaux assez volumineux se montrent constitués par un agrégat de microlites. Exemple : les cristaux d'amphibole hornblende (fig. 120).

D'autres fois les microlites sont isolés dans la pâte, mais ils y prennent un alignement sous forme de traînées, ce qui montre que la roche a subi des mouvements intérieurs après un commencement de consolidation (fig. 121).

Les minéraux qui entrent dans la constitution des roches contiennent

 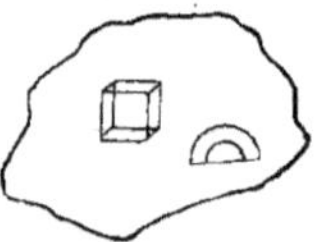

Fig. 124. — INCLUSIONS LIQUIDES AVEC LIBELLES. Fig. 125. — INCLUSION LIQUIDE AVEC CRISTAL CUBIQUE (ZIRKEL).

souvent des *inclusions,* c'est-à-dire des parcelles de matières étrangères qui sont enclavées dans des cristaux bien définis et qui indiquent souvent les conditions au milieu desquelles la cristallisation s'est faite.

Ces inclusions sont *vitreuses, gazeuses* ou *liquides.*

Les *inclusions vitreuses* représentent les restes de la matière amorphe au milieu de laquelle les cristaux ont pris naissance : elles sont généralement à formes arrondies (fig. 122), et n'agissent pas, bien entendu, sur la lumière polarisée. Leur coloration est généralement brune, violacée ou rougeâtre; elle est plus vive dans les roches récentes que dans les roches anciennes. Comme il y a une très grande différence entre l'indice de réfraction du cristal et celui de l'inclusion, les contours de cette inclusion sont nets et sans pénombre. De plus, si cette inclusion renferme des bulles de gaz, ces bulles sont immobiles à contours fortement ombrés. Quelquefois, les inclusions vitreuses, au lieu d'être arrondies, occupent une cavité à contours polyédriques. Sous cet état, elles pourraient être prises pour des microlites, mais leur coloration brunâtre et leurs propriétés optiques permettent de les distinguer. De plus, dans l'inclusion vitreuse, la forme polyédrique est celle qui appartient au corps enveloppant, au sein duquel elle forme ce qu'on appelle un *cristal négatif ;* tandis que dans les microlites, le contour polyédrique appartient à la substance elle-même : ces cristaux négatifs se rencontrent dans le quartz, le gypse, etc., etc.

Les *inclusions gazeuses* sont également à formes arrondies; elles peuvent aussi occuper un cristal négatif; leur contour est limité par un anneau obscur relativement large; cet effet est dû à la grande différence de réfrangibilité qui existe entre le gaz de l'inclusion et la matière minérale qui l'environne, et aux réflexions totales qui en sont la conséquence. Dans un même cristal, les inclusions gazeuses sont quelquefois en très grand nombre; tantôt leur distribution est irrégulière, tantôt, au contraire, elles sont rangées parallèlement à certaines faces et surtout parallèlement aux zones d'accroissement. Le gaz s'y trouve généralement sous une faible pression, de telle sorte que, quand on ouvre l'inclusion sous l'eau, ce liquide s'y précipite. Le gaz renfermé est, en général, de l'azote avec traces d'oxygène et d'acide carbonique, surtout dans celles de ces inclusions où la pression est faible. Quand la pression est supérieure à la pression atmosphérique, on trouve, le plus souvent, qu'il est constitué par de l'acide carbonique, de l'hydrogène et des carbures d'hydrogène et de l'hydrogène sulfuré.

Les *inclusions liquides* peuvent avoir des formes irrégulières ou polyédriques, elles peuvent être en quantité innombrable ou en petit nombre; leur distribution peut être régulière ou irrégulière. Dans le quartz qui, de tous les minéraux, est, sans contredit, le plus riche en inclusions liquides elles affectent ordinairement la forme de traînées tortueuses; la plupart d'entre elles contiennent une bulle de gaz (fig. 124).

Les plus grandes inclusions liquides du quartz ont $0,06\frac{m}{m}$. Les plus petites ne sont visibles qu'avec un grossissement de 800 diamètres. On compte parfois, dans le quartz, plus de cent vingt inclusions sur un centième de millimètre carré. M. Sorby admet qu'un centimètre cube de quartz de granite en peut contenir plus de soixante millions. M. Zirkel en a observé dont le diamètre est inférieur à 3 millionièmes de millimètre. Les contours des inclusions liquides sont marqués par une ligne d'ombre moins accentuée que celle des inclusions gazeuses parce qu'il y a moins de différence entre l'indice de réfraction du cristal et celui du liquide enveloppé. Mais la bulle de gaz contenue dans le liquide présente, au contraire, une bande fortement ombrée à son contact avec celui-ci.

Dans une inclusion liquide, il ne peut y avoir naturellement qu'une seule bulle gazeuse, car, s'il en existait plusieurs, elles se réuniraient. Cette bulle a nécessairement des contours arrondis, mais elle peut être ellipsoïdale et même affecter une forme cylindrique terminée par calottes convexes selon les proportions relatives du gaz et la forme de l'espace occupé par ce dernier.

Enfin, une bulle de gaz logée dans un liquide est susceptible de déplacements Ce dernier caractère est celui qui permet de reconnaître le plus sûrement les inclusions liquides. On donne à cette bulle mobile le nom de *libelle*.

Dans les inclusions très petites, lorsque la dimension des bulles est inférieure à 2 millièmes de millimètre, on remarque que ces bulles sont sujettes à une trépidation constante tout à fait comparable aux mouvements des corpuscules dits *mouvements browniens,* du nom du botaniste anglais qui les a découverts. On a attribué ces mouvements à diverses causes. L'explication la plus vraisemblable est celle qui a été proposée par Carbonnelle et Thirion, et basée sur ce fait que la surface de contact d'un liquide et de la vapeur qui le baigne est le siège d'un échange continu entre les molécules qui reprennent l'état liquide et celles qui se résolvent en vapeur; de là, résulte dans les deux portions de l'inclusion une variation continuelle de leurs dimensions relatives. On peut observer le mouvement brownien avec un grossissement de quinze cents diamètres; avec un bon objectif on peut l'observer par un grossissement de trois cents diamètres.

Dans les inclusions à bulle mobile, on trouve assez souvent au sein du liquide des cristaux généralement incolores de forme cubique et sans action sur la lumière polarisée. Ces cristaux sont constitués par du chlorure de sodium (fig. 125).

On y rencontre également des sulfates et des carbonates alcalins des cristaux de fluorine et du sulfate de baryte.

Les liquides des inclusions peuvent être divisés en deux classes : les uns possèdent la transparence, la dilatabilité et la réfraction de l'eau, et sont, en effet, de l'eau pure ou des dissolutions salines aqueuses. Les autres sont souvent teintées légèrement en jaune, moins réfringents que l'eau, beaucoup plus dilatables et très volatils.

Quand on chauffe une inclusion liquide dans laquelle flotte une bulle de gaz, deux cas peuvent se présenter ·

1º Si le liquide est abondant et la bulle petite, le liquide se dilate et remplit tout l'espace occupé par la bulle qui se dissout et disparaît, puis le liquide peut, lui-même, à une température plus élevée, passer brusquement à l'état de vapeur, ce qu'on reconnaît à ce que son contour extérieur devient subitement bordé d'une bande plus large et plus foncée.

2º Si le liquide est peu abondant et la bulle volumineuse, le liquide se résout peu à peu en vapeur et l'espace occupé par le gaz augmente successivement jusqu'à ce que le liquide ait complètement disparu.

Un grand nombre d'inclusions renferment de l'acide carbonique liquide. Dans ce cas, l'acide carbonique liquide forme une gouttelette mobile au sein du gaz dans une cavité dont il ne mouille pas les parois. Les gaz qui sont contenus sous forme de bulles dans les inclusions liquides y sont en trop petite quantité pour qu'on ait songé à déceler leur nature; il est probable que ces gaz sont constitués par de l'acide carbonique, du chlore, du fluor.

Il est évident que les inclusions peuvent fournir de précieuses indications sur les conditions qui ont présidé à la formation de la roche.

Les inclusions liquides peuvent quelquefois se développer, postérieurement à la consolidation des roches, par suite d'un phénomène d'altération. Ainsi, on a remarqué que, dans la décomposition du gneiss de la Bretagne, le feldspath plagioclase apparaît d'abord au microscope comme rempli d'aiguilles cristallines qui, sous un fort grossissement, se résolvent en files alignées d'inclusions liquides.

Dans les parties très altérées, ces files d'inclusions sont remplacées par de véritables aiguilles d'une substance solide qui est de la wollastonite (métasilicate de chaux).

Dans quelques roches, on trouve, à côté de cristaux de quartz d'ancienne consolidation, d'autres masses de quartz provenant de la décomposition de minéraux silicatés voisins, ce dernier quartz est appelé *quartz de corrosion*, il contient également de petites inclusions. Il est certain que le liquide de ces petites inclusions peut donner des indications sur les circonstances de l'altération de la roche, mais non sur celles de sa formation.

III. — Classification des roches endogènes.

Les premières classifications des roches endogènes étaient basées sur la composition chimique et sur l'âge.

Quelques géologues français, et notamment Élie de Beaumont, Daubrée et de Lapparent, ont divisé ces roches en trois catégories, d'après leur teneur en silice :

1° *Roches acides ou légères ;* 2° *roches neutres ;* 3° *roches basiques ou lourdes.*

Une roche est dite acide lorsqu'elle contient, dans sa pâte fondamentale, de la silice en excès, c'est-à-dire du quartz. La proportion de silice de cette pâte doit donc dépasser la quantité qui est nécessaire à la formation des feldspaths les plus acides, tels que orthose (65 à 66 %) albite (68-69 %). La silice en excès est donc obligée de s'individualiser.

Dans les roches neutres, il n'y a pas de silice individualisée, la teneur en silice de la pâte varie entre 55 à 60 %.

Dans les roches basiques, la teneur en silice de la pâte varie de 40 à 45 %.

Lœwisson-Lessing a trouvé empiriquement que, si on désigne par Σ le tant pour cent de la composition chimique totale, la vraie formule d'une roche neutre serait :

$$\Sigma \, SiO^2 = \Sigma \, [2 \, (R^2O + RO) + R^2O^3]$$

Ce qui donnerait, en pratique, de 56 à 58 % de silice.

Au-dessus de 60 % toutes les roches seraient acides, et la quantité de silice libre serait exprimée par la différence des deux termes de l'équation ci-dessus.

A 50 % les roches seraient basiques, répondant à la formule :

$$\Sigma \, SiO^2 = \Sigma \, (R^2O + RO + R^2O^3)$$

Enfin, il y aurait lieu de distinguer, sous le nom d'ultra-basiques, les roches renfermant moins de 40 à 42 % de silice.

Le péridot rentre dans cette catégorie.

Les roches acides ont une teinte claire; elles ont été appelées pour cette raison roches *leucocrates ;* elles contiennent de l'oligiste, qui colore en rouge les feldspaths, et du rutile. Les roches basiques ont, au contraire, une teinte noirâtre ou verdâtre et sont appelées *mélanocrates ;* elles contiennent de la magnétite, de la pyrite de fer, du fer natif, du chrome. Les roches à teinte grisâtre sont appelées *mésocrates*.

Il est possible de conclure que les roches basiques se sont formées dans un milieu éminemment réducteur tandis que la formation des roches acides s'opérait dans un milieu oxydant.

Les membres du congrès international de pétrographie de 1900, ont émis le vœu suivant sur la classification des roches :

La caractéristique des grands groupes (par exemple : des familles) doit se baser sur la composition minéralogique appuyée sur la composition chimique et la structure.

Malgré ce vœu, on n'est malheureusement pas encore tombé d'accord, entre les pétrographes de diverses écoles, pour l'unification de la nomenclature et de la classification.

Ainsi le pétrographe allemand *Rosenbuch* a basé sa classification sur des principes tout à fait différents. Il fait entrer en première ligne la notion du gisement. Il divise les roches endogènes en trois séries :

1º Roches de profondeur (ou massives), abyssales, batholites (plutoniques);
2º Roches d'épanchement (ou effusives), roches de surface (roches volcaniques).
3º Roches de filons (ou filoniennes).

Puis il fait intervenir la composition minéralogique et la structure pour établir des familles dans chacune des trois séries.

La première série correspond, à peu près, aux roches granitoïdes.

La seconde aux roches porphyriques.

Enfin la troisième n'est pas représentée dans la classification française.

La plupart des pétrographes français estiment que la classification des roches endogènes doit être basée, avant tout, sur la structure et la composition minéralogique; secondairement, sur la composition chimique.

Tout récemment, les géologues américains ont adopté une classification quantitative basée sur la composition chimique et secondairement sur la composition minéralogique et la structure.

Importance de la structure. — Un magma fluide de composition chimique donnée, en passant à l'état solide, peut, suivant les conditions qui président à sa solidification donner naissance à des roches très différentes d'aspect.

La rapidité du refroidissement, la pression, les agents minéralisateurs doivent influer d'une façon notable sur le résultat final.

Les expériences de MM. Fouqué et Michel Lévy sur la reproduction des roches ont très clairement montré que les magmas basiques cristallisent plus facilement que les magmas acides, et qu'en faisant varier les conditions de refroidissement, on obtenait des variations correspondantes dans la structure.

Remarque. — Il est bon de faire remarquer que, si les variations de structure des roches basiques se sont produites sous l'action du refroidissement, c'est-à-dire sans l'intervention des minéralisateurs, ces derniers, au contraire, ont joué un grand rôle dans la formation des roches acides.

Modes fondamentaux de consolidation.

Toute matière minérale peut prendre deux états : *l'état cristallin* et l'*état amorphe*. Il y a pour les roches deux manières d'être fondamentales, l'état entièrement cristallin ou *holocristallin,* et l'état amorphe ou *vitreux*. La première dénomination s'applique à une roche totalement formée de minéraux cristallisés; tandis que la seconde convient à une roche amorphe pouvant contenir des cristallites et même quelques microlites.

Entre ces deux types extrêmes, se place un type mixte ou *hypocristallin* (semi-cristallin) qui comprend les roches où une proportion plus ou moins grande d'éléments amorphes est associée à des cristaux bien formés.

Les *roches semi-cristallines,* dans lesquelles la matière amorphe domine, peuvent être rattachées aux roches à structure vitreuse.

L'observation a montré qu'on peut distinguer quatre grands types de structure :

1º La *structure grenue;* 2º la *structure microgrenue;* 3º la *structure ophitique;* 4º la *structure microlitique*.

Une roche holocristalline peut présenter, au point de vue de la structure, deux modes différents :

1º STRUCTURE GRENUE. — Dans le premier mode, tous les minéraux constituants, quelle qu'en soit la dimension, ont reçu, chacun selon leur espèce, un développement équivalent; ils sont reconnaissables à l'œil nu : ce mode de structure est réalisé dans le *granite,* la *syénite,* le *diorite,* etc., etc. Les cristaux ne se sont pas formés ensemble, mais la série des opérations a été continue.

On donne à ce mode de structure le nom de *structure grenue*.

Pour les roches quartzifères (granites et roches voisines), on distingue trois structures secondaires (granitique, granulitique, pegmatitique).

En résumé, la structure grenue est une structure holocristalline sans discontinuité apparente dans la cristallisation.

2º STRUCTURE MICROGRENUE. — Dans le second mode, un certain nombre de cristaux bien formés et très distincts sont disséminés dans *une pâte* constituée elle-même par des cristaux moins gros que les premiers et même dans quelques cas, invisibles à l'œil nu.

De plus, les cristaux de la pâte appartiennent, au moins en partie, aux mêmes espèces que les grands cristaux disséminés.

Il y a donc eu, pour la plupart des minéraux, deux ou plusieurs phases distinctes de formation. Les grands cristaux disséminés (phéno-cristaux) correspondent à un premier stade de consolidation pendant lequel une partie seulement du magma a pris l'état solide, et si cette phase ne s'est pas poursuivie de manière à donner à la roche une structure grenue, c'est qu'il a dû survenir dans les conditions de refroidissement une modification brusque; par conséquent la fin de la solidification représentée par la pâte correspond à un nouveau stade. Les éléments formés dans le second stade sont beaucoup plus petits que ceux du premier stade. Cette structure est réalisée dans les microgranites (porphyres quartifères). On a donné à cette structure le nom de structure microgrenue.

En résumé, la structure microgrenue est une structure holocristalline avec discontinuité dans la cristallisation.

3° STRUCTURE MICROLITIQUE. — Si on recueille de la lave en fusion sortant d'un volcan et qu'on la soumette à un refroidissement brusque, on constate que le verre formé contient, malgré cela, une infinité d'éléments cristallins (cristallites).

Si, au contraire, on laisse cette lave se refroidir lentement, on peut constater qu'elle renferme beaucoup de petits cristaux (microlites) disséminés dans un verre amorphe, et enfin, quand le refroidissement a été extrêmement lent, la matière amorphe n'existe plus. Le développement de ces petits cristaux (microlites) est donc subordonné aux conditions de refroidissement.

On observe également, dans la lave, la présence de grands cristaux (phéno-cristaux) qui sont arrivés tout formés dans la lave. Ces cristaux se sont formés au sein du magma fondu avant son ascension, c'est-à-dire en profondeur. On constate même que ces cristaux de formation intra-tellurique ou de premier stade ont subi, pendant l'ascension, un commencement de fusion, de corrosion, de la part du magma. Les cristaux du second stade produits par le refroidissement à l'air libre se sont formés dans des conditions tout à fait autres.

La structure des roches qui ont pris naissance dans les conditions précitées est désignée sous le nom de *structure microlitique*. Cette structure est réalisée dans les *rhyolites*, les *trachytes*, les *andésites*, les *phonolites*.

Ces roches prennent la structure vitreuse dans les points où le refroidissement a été très brusque (rétinite, perlite, obsidienne, ponce).

En résumé, la structure microlitique est une structure semi-cristalline ou vitreuse, à discontinuité tranchée dans la cristallisation. Le dernier stade contient généralement des cristaux plus ou moins *automorphes* (1), d'ordinaire aplatis ou allongés et pouvant admettre un résidu vitreux.

(1) Ce terme s'applique aux éléments des roches pourvus de formes géométriques. *Idiomorphe* est synonyme d'*automorphe*. — Le nom de *xénomorphe* est donné aux minéraux qui ne présentent pas dans les roches des contours extérieurs cristallins ; son synonyme est *allotriomorphe*.

4° STRUCTURE OPHITIQUE. — Certaines roches basiques, et notamment les ophites, présentent une structure intermédiaire entre la structure grenue et la structure microlitique, et qu'on a désignée sous le nom de *structure ophitique*. Dans toutes les roches à structure ophitique, les grands cristaux de feldspaths bien définis ou automorphes sont enveloppés d'une pâte constituée par de petits cristaux de pyroxène ou d'amphibole et parfois par du verre (structure intersertale). Les cristaux de la pâte sont plus volumineux que les microlites : cette structure est caractéristique des *diabases,* des *dolérites* et des *ophites.*

Remarque. — Ce qui montre bien que la structure ophitique marque un état de transition, au point de vue du refroidissement, c'est la constitution des dykes de diabases dont le centre est entièrement à structure grenue, tandis que les bords sont à structure microlitique et qu'entre les deux existe la structure ophitique.

Les éléments des roches se présentent assez fréquemment sous forme de globules ou de *sphérolites.* Ces sphérolites sont constitués soit par une matière colloïde soit par une matière cristallisée, soit par un mélange des deux.

Les matières colloïdes sont évidemment sans action sur la lumière polarisée. Cependant, on remarque que le globule est traversé par une croix noire, entre nicols croisés. Il y a donc lieu de supposer qu'il existe dans ces sphérolites des tensions internes; ils seraient constitués par des couches concentriques de densité régulièrement constante. Quand les sphérolites contiennent de la matière colloïde et de la matière cristallisée, ils offrent une croix noire très nette.

Enfin, quand les sphérolites sont constitués par de la matière cristallisée, les petits cristaux sont souvent disposés radialement et allongés suivant un de leurs axes d'élasticité optique.

Les *axiolites* sont des formations analogues aux sphérolites, mais qui sont allongés au lieu d'être sphériques. Exemple : pechstein d'Arras.

Les *lithophyses* sont de petites sphères constituées par des écailles superposées. Cette structure se rencontre dans les roches vitreuses (rhyolites).

STRUCTURE MIAROLITIQUE. — Elle se rencontre dans les roches éruptives (trachytes) qui présentent çà et là des interstices entre les éléments.

STRUCTURE PŒCILITIQUE. — Elle ressemble à la structure pegmatitique.

Signification des stades de consolidation.

Les expériences de MM. Fouqué et Michel Lévy, sur la reproduction des roches basiques, montrent qu'il y a eu, dans certaines roches, deux temps de consolidation. Ce qui conduit à supposer qu'il y a eu une très grande différence entre la venue des différentes roches.

Les roches à structure grenue et microgrenue n'ont pas vu le jour, elles sont, dit Rosenbuch, le produit d'une cristallisation intratellurique.

Quant aux autres, ou bien elles se sont épanchées à la surface, ou du moins leur éruption a embrassé deux phases distinctes, l'une profonde pendant laquelle les cristaux du premier stade se sont formés; l'autre superficielle ou plus influencée par le milieu encaissant. C'est la phase effusive de Rosenbuch.

Cette différence s'accroît encore quand on fait entrer en ligne de compte l'ordre de séparation des minéraux dans les magmas granitoïdes. Rosenbuch a montré que, dans les roches granitoïdes acides, l'ordre de séparation des minéraux était exactement inverse de ce que ferait prévoir leur ordre de fusibilité. Ce sont les lois de l'équilibre chimique, et non les seules conditions de la température, qui ont déterminé cette séparation. On sait que l'équilibre chimique est fonction, à la fois, de la nature des dissolutions, de leur température, de leur pression, sans doute aussi de l'énergie des dissolvants volatils.

ORDRE DE CONSOLIDATION DES ÉLÉMENTS. — On a observé que les cristaux anciens sont souvent brisés et que les fragments ont été ensuite ressoudés, par la prise du magma.

Rosenbuch pense que les éléments les moins abondants ont cristallisé en premier lieu, puis les éléments basiques et finalement les éléments acides.

Exemples : 1° magnétite, pyrite, fer titané; 2° silicates ferro-magnésiens; 3° silicates alcalino-terreux et silicates alcalins; 4° silice pure.

Il y a des cas où l'ordre de consolidation est facile à constater. On voit dans la rétinite une pâte vitreuse qui change de direction quand elle vient buter contre des phénocristaux.

Mais l'interprétation des faits est souvent discutable.

Un cristal qui semble corrodé par un autre peut s'être moulé autour de ce dernier; un petit cristal enclavé dans un plus gros peut être le résultat d'une formation tardive au sein d'un premier individu d'abord réduit à son enveloppe.

De plus, pendant la consolidation d'une pâte, surtout si elle a eu lieu en plusieurs temps, l'équilibre chimique a pu varier; chacune de ces variations a pu faire disparaître des minéraux antérieurement formés. C'est le phénomène qualifié de résorption magmatique.

Les éléments automorphes sont souvent transformés de cette façon; cela arrive dans les roches éruptives. Ainsi, dans les porphyres pétrosiliceux, les anciens cristaux de quartz ont été redissous par le magma, il en est de même de l'olivine et du pyroxène dans les basaltes. Quand les individus ne sont pas complètement dissous, ils offrent des contours déchiquetés; quelquefois, la matière dissoute, mélangée avec ce qui reste du magma, a recristallisé au bord de l'élément corrodé. On explique ainsi les liserés d'augite et de magnétite autour des amphiboles et des biotites.

Enfin, le métamorphisme et le dynométamorphisme ont pu donner naissance à des minéraux qui se sont formés après la consolidation définitive de la roche.

En résumé, on voit que le phénomène de la cristallisation d'une roche est complexe, puisqu'il faut faire intervenir, outre la composition chimique initiale, la présence des agents minéralisateurs, la différenciation des magmas, la pression, et, dans quelques cas, les phénomènes de résorption magmatique et de métamorphisme.

REMARQUE I. — Dans les silicates, la surfusion a exercé une assez grande influence sur le résultat de la cristallisation. Il peut en résulter un dépassement du *point eutectique,* et d'autres conditions anormales qui compliquent les phénomènes.

REMARQUE II. — Un grand nombre de géologues admettent qu'il n'y a aucune relation entre la composition ou la structure des roches éruptives et l'âge de ces roches, et, par suite, que le mode de formation a été le même dans tous les temps. Cependant on constate que les roches éruptives récentes sont plus basiques et plus vitreuses que les roches éruptives anciennes.

Ainsi, le feldspath orthose, qui entre dans la constitution des roches anciennes, n'est plus représenté dans les roches récentes que par la variété vitreuse fendillée, la sanidite, et le quartz est remplacé par le tridymite.

On constate également que les inclusions liquides qui existent dans les roches anciennes font défaut dans les roches récentes et que les éléments vitreux qui existent dans ces dernières ne se rencontrent pas dans les roches anciennes.

On peut en conclure que les roches anciennes se sont formées à une température relativement faible, en présence de l'eau et de puissants agents minéralisateurs sous une pression considérable; tandis que les roches récentes ont pris naissance à une température relativement élevée, en présence de minéralisateurs moins puissants que les premiers sous une pression moindre.

Il est bon de faire remarquer que les roches éruptives anciennes ont été soumises à de nombreuses érosions qui ont pu enlever plusieurs milliers de mètres, de sorte que nous ne voyons plus aujourd'hui que les parties profondes qui se sont consolidées sous une forte pression. Au contraire, la plupart des roches récentes appartiennent à des massifs relativement superficiels. Par conséquent, il pourrait très bien se faire que les parties profondes des roches éruptives récentes présentassent les plus grandes analogies, sous le rapport de la composition et de la structure, avec les roches éruptives anciennes.

Classification des roches

Correspondance des deux séries volcaniques et de la série plutonique.

ROCHES PLUTONIQUES	ROCHES VOLCANIQUES CORRESPONDANTES	
	récentes	*anciennes*
Granite, Granulite, Pegmatite, Greisen, Protogyne.	Rhyolite.	Porphyre quartzifère (pro parte).
Syénite, Minette.	Trachyte.	Orthophyre.
Syénite néphélinique.	Phonolite.	Porphyre néphélinique.
Diorite quartzifère.	Dacite.	Porphyrite quartzifère.
Diorite, Kersantite.	Andésite.	Porphyrite.
Gabbro, Euphotide.	Labradorite.	Mélaphyre. — Diabase.
Norite, Hypérite.		
Dolérites. Ophites (roches à structure ophitique.		
Gabbro à olivine.	Basalte.	
Gabbro néphélinique.	Téphrite et basanite.	
Gabbro leucitique.	Leucotéphrite.	
Ijolite.	Néphélinite et basalte néphélinique.	
Missourite.	Leucitite et basalte à leucite.	
Péridotite.	Limburgite.	
	Augitite.	
	Lherzolite.	
	Picrite.	
	Kimberlite.	
	Dunite	

ÉLÉMENTS COLORÉS CARACTÉRISTIQUES	STRUCTURE	ROCHES A FELDSPATHS						
		SANS FELDSPATHIDES				AVEC FELDSP[ATHIDES]		
		avec feldspaths alcalins		avec feldspaths calcosodiques *Famille des gabbros*		avec feldspaths alcalins *Famille des syénites néphéliniques*		
		avec quartz *Famille des granites*	sans quartz *Famille des syénites*	avec quartz	sans quartz	Néphéline	Leucite	Sodalit[e]
Micas			Minettes (Ortholites)	Kersantites quartzifères	Kersantites			
Amphiboles	Structure Grenue	Granites (Granulite Aplite Pegmatite Greisen Protogyne)	Syénites	Diorites quartzifères	Diorites	Syénites néphéliniques / Syénite zirconienne Foyaïte	Syénites leucitiques	Syénites sodalitiques (Ditroïte[s])
PYROXÈNES — Augite	Structure Grenue		Syénites augitiques	Diabases quartzifères	Diabase (variolite) Spilite Trapp			
PYROXÈNES — Diallage et Hypersthène.				Gabbros et Norites quartzifères	Gabbros (Euphotides, Norites Hypérites).			
avec en outre Olivine					Diabases Norites Gabbros à olivine			
Micas, Amphiboles ou Pyroxènes	Structure Microgrenue	Microgranites (Porphyres quartzifères, Microgranulites, Elvan) Micropegmatites	Microsyénites (Orthophyres)	Micro-diorites	Microdiabases Microgabbros Micronorites	Néphéliniques	Microsyénites — Leucitiques	Sodalitiques
	Structure Ophitique				Diabases, Andésites et Labradorites ophitiques Dolérites, Ophites			
Micas Amphiboles ou Pyroxènes	Structure Microlitique	Rhyolites (Pétrosilex) Porphyre globulaire, Pyroméride Porphyre pétrosiliceux, Trachytes quartzifères, Rétinite, Perlite, Obsidienne, Ponce.	Trachytes (Domite)	Andésites et Labradorites quartzifères (Dacites)	Andésites et Labradorites (Porphyrites)	Phonolites	Leucophonolites	
Avec en outre Olivine			Trachytes à olivine		Andésites et Labradorites à Olivine *Mélaphyres* *Basaltes*			

		ROCHES SANS FELDSPATHS						
		AVEC FELDSPATHIDES OU VERRE ALCALIN				SANS FELDSPATHIDES, SANS ÉLÉMENTS BLANCS.		
rec feldspaths calcosodiques. …ille des gabbros à feldspathides		Néphéline	Leucite	Sodalite	Mélilite	Amphibole	Pyroxène	Olivine
…line	Leucite							
…ros …éli…es	Gabbros leucitiques							
…nites lites								
		Ijolite	Missourite	Tawite		Amphibolites (contiennent du feldspath calcosodique)	Pyroxéno-lites Diopsidites Diallagites Bronzitites	
…ros éli- : à ue								Péridotites Lherzolite Dunite Wehrlite Hartzbur-gite
Microgabbros								
…éli-…es	Leucitiques							
								Picrite Kimberlite
…ites	Leucoté-phrites	Néphéli-nites	Leucitites		Mélilitites	Hornblendites	Augitites	
…ites ue	Leucoté-phrites à olivine	Néphéli-nites à olivine	Leucitites à olivine		Mélilitites à olivine		Limburgite	

ROCHES A FELDSPATHS

1. — Roches à feldspaths sans feldspathides.

A) ROCHES A FELDSPATHS ALCALINS AVEC QUARTZ LIBRE
Famille des granites.

GRANITES. — On donne le nom de granites aux roches holocristallines à structure grenue composées de quartz, feldspaths alcalins, de micas, d'amphibole ou de pyroxène avec ou sans feldspaths calcosodiques.

Le granite proprement dit est un agrégat constitué par trois minéraux : le *quartz,* le *feldspath orthose* et le *mica brun.*

Le *quartz* se présente, à l'œil nu, en grains vitreux, d'un gris noirâtre. Lorsqu'on examine, au microscope, une lame mince de granite, on constate que le quartz est en larges plages, à contours irréguliers, et moulées sur tous les autres éléments, ce qui montre qu'il s'est consolidé en dernier lieu.

L'*orthose* est toujours dominant; il est blanc ou rosé quand il contient des inclusions d'oligiste; il présente assez souvent la macle de Carlsbad; il est fréquemment associé à un feldspath plagioclase et notamment à l'*oligoclase.*

L'*oligloclase* est blanchâtre, reconnaissable *à ses nombreuses stries* constituées par des lamelles maclées suivant la loi de l'*albite* et du *péricline.*

Le *mica* se présente en lamelles d'un brun noirâtre : il s'est consolidé en premier lieu;

Par altération : L'*orthose* donne naissance à du *kaolin,* de la *séricite.*

    —   L'*oligoclase* donne naissance à de l'*épidote* et à de la *calcite.*

    —   Le *mica* donne naissance à de la *chlorite.*

Les inclusions vitreuses n'existent pas dans les éléments essentiels du granite. Par contre, les inclusions liquides, à bulles mobiles abondent dans le quartz; ces inclusions liquides excluent pour le granite, une origine nettement ignée.

Les minéraux accessoires du granite sont :

Le zircon, la magnétite, le sphène, la pyrite de fer, le fer titané.

Le type du granite commun est le granite de Vire (Calvados).

Les Allemands donnent à ce granite commun le nom de *granitite.*

On a découvert, il y a quelques années, en Finlande, un granite caractérisé par des amas arrondis, auquel on a donné le nom de *granite orbiculaire.* Ce granite prend un très beau poli; il est recherché comme pierre d'ornementation; il ressemble beaucoup à la *diorite orbiculaire* de Corse.

L'orthose bordée de petites baguettes de quartz à disposition radiale est une structure *vermiculée.* On a donné le nom de *myrmékite* à une association analogue s'appliquant à un plagioclase.

On rencontre en Finlande un granite auquel on a donné le nom de *rappakiwi*. Ce granite a l'aspect globulaire. Les cristaux d'orthose sont souvent accompagnés d'oligoclase.

On désigne quelquefois sous le nom de *granite porphyroïde* le granite dans lequel se trouvent de grands cristaux d'orthose qui présentent assez souvent le macle de Carlsbad. Il arrive parfois que, dans certains granites, le mica est partiellement remplacé par l'amphibole hornblende, on a alors le granite à amphibole. Dans ce granite, l'oligoclase prédomine et le sphène est abondant, il est très répandu dans les Vosges; il forme le ballon d'Alsace et le ballon de Servance. Quelquefois l'amphibole est sodifère et appartient à la variété arfvedsonite. On connaît aussi des *granites à ægyrine* et à riebeckite.

On peut supposer que les granites basiques, notamment ceux à hornblende résultent de l'absorption de couches calcaires par un magma granitique normal.

On rencontre, dans les environs de Lyon, un granite à amphibole auquel MM. Michel Lévy et A. Lacroix ont donné le nom de *vaugnérite*.

La densité du granite ordinaire oscille entre 2,59 et 2,73 : sa résistance à l'écrasement varie de 500 à 1.500 kilos par centimètre carré. La teneur en silice est de 68 %.

Le granite représente la roche de consolidation la plus ancienne.

PRINCIPALES VARIÉTÉS DE GRANITE. — 1º *Granulite*. — La granulite est une variété de granite caractérisée par la présence du mica blanc (muscovite), et surtout par son quartz qui, au lieu de former, comme dans le granite proprement dit, des plages très étendues à contours sinueux, se concentre, au contraire, au milieu du feldspath et prend des formes extérieurement géométriques.

Le feldspath dominant est l'*orthose* ou le *microcline ;* ce dernier apparaît, au microscope, avec la structure quadrillée caractéristique, due à l'association intime des macles de l'albite et du péricline.

L'oligoclase y est moins abondant que dans le granite proprement dit. Il existe des granulites contenant du mica blanc seulement. La plupart contiennent les deux micas.

Les minéraux accessoires qui accompagnent cette roche sont riches en minéralisateurs (acides fluorhydrique, chlorhydrique, phosphorique, titanique, etc.).

Les principaux sont : la *topaze*, la *tourmaline*, l'*apatite*, l'*émeraude*.

On appelle quelquefois cette roche granite à deux micas, granite à mica blanc, granite à étain, parce qu'elle est la roche mère de l'étain.

La granulite est plus acide que le granite, sa teneur en silice est de 70 à 76 %.

Rosenbuch a donné le nom d'*aplites* à des granulites de couleur claire, à grain très fin.

2º *Pegmatite*. — Le pegmatite est une granulite à grandes parties, c'est-à-dire formée de minéraux bien développés.

Le quartz et le feldspath sont de couleur claire et semblent engagés l'un dans l'autre. Le mica blanc se montre quelquefois concentré par places.

Le microcline y est presque aussi abondant que l'orthose.

On donne le nom de *pegmatite graphique* à une pegmatique dépourvue de mica blanc et dans laquelle les cristaux de quartz apparaissent sur les feldspaths sous forme de coins alignés, simulant des caractères cunéiformes. On observe que le quartz est souvent en cristaux assez nets et allongés suivant l'axe ternaire. Il a cristallisé en même temps que le feldspath, c'est un *mélange eutectique*. Cette roche se présente généralement en *dykes*. Les minéraux accessoires qui l'accompagnent sont exactement ceux qu'on rencontre dans la granulite.

On remarque que les éléments essentiels ainsi que les éléments accessoires sont beaucoup plus développés que dans la granulite, ce qui conduit à supposer que la puissance des minéralisateurs qui ont présidé à sa formation était très énergique.

Les *minerais d'uranium* et de *thorium* fortement radioactifs se trouvent surtout dans la granulite et la pegmatite.

Greisen (hyalomicte). — Le greisen ou hyalomicte est une roche uniquement composée de *quartz et de mica blanc ;* c'est la roche encaissante de la plupart des filons stannifères.

Tourmalinite (hyalotourmaline). — La tourmalinite ou hyalotourmaline est une roche accidentelle formée de *quartz* et de *tourmaline*.

Luxulianite. — La luxulianite est constituée par de fines aiguilles de *tourmaline* associées à des éléments feldspathiques et quartzeux très réduits. On la rencontre à Luxullion (Cornouailles) et dans les mines d'étain de Nozay (Loire-Inférieure), à Bleka (Norvège).

Protogyne. — La protogyne est constituée par du *quartz*, du *feldspath* et de la *chlorite :* le feldspath est de l'*orthose* ou du *microcline*. La chlorite provient de la décomposition du mica brun. Cette roche est stratiforme.

La protogyne se rencontre dans les Alpes et notamment au Mont Blanc; elle forme à Sakéo (Siam) le bedrock des gisements aurifères de cette région.

Voici quelques exemples de composition chimique de granites :

	Granite à mica noir (Forêt Noire)	Granite à amphibole (Vosges)	Granulite (Forêt de Bavière)
SiO_2	67,70	63,80	72,50
TiO_2	0,50	»	0,66
Al_2O_3	16,08	14,25	12,16
Fe_2O_3	5,26	0,79	4,13
FeO	»	3,61	0,03
CaO	1,65	3,10	0,93
MgO	0,95	4,68	Traces
K_2O	5,78	5,97	6,46
Na_2O	3,22	2,14	2,19
H_2O	»	1,15	0,70

GENÈSE, AGE, GISEMENT ET EMPLOI DES GRANITES. — Les granites sont des roches de profondeur. Ils constituent de vastes massifs (bosses, dômes, *ballons*) qui ne sont devenus visibles que grâce à l'érosion. Les granulites et les pegmatites forment fréquemment des dykes. M. Michel Lévy pense que les culots de granite s'élargissent en profondeur : leur base doit se relier aux masses profondes encore fluides. Les granites se sont formés à une température relativement basse. On a même pu préciser la température de formation. En effet, l'orthose des granites *n'est pas déformé,* ce qui montre que la température n'a pas dépassé 600-800 degrés. Une partie de la cristallisation s'est même effectuée à une température plus basse, car la topaze, assez commune dans les granulites, s'altère à la température de 400 degrés.

Les granites sont d'âge assez variable, mais surtout paléozoïque.

Les conglomérats archéens du Cotentin renferment des galets d'un granite semblable à celui des îles Chausey; ils sont donc antérieurs à l'archéen.

Le *granite de Vire* a métamorphisé les phyllades de Saint-Lô. Le granite de Flamanville envoie des apophyses dans le dévonien inférieur. A Rostrenen, en Bretagne, le granite porphyroïde a traversé les sédiments jusqu'aux schistes de Châteaulin, et il est, sans doute, du début du carbonifère. Dans les Pyrénées, le granite a traversé le carbonifère, et on en trouve des galets dans les sédiments permo-triasiques.

Les granulites de l'île d'Elbe ont traversé le lias et l'éocène; celles de l'Algérie sont postéocènes.

Le granite est une des roches les plus répandues; en France, le granite proprement dit forme en partie le socle du Plateau Central, d'où il se poursuit dans les Cévennes. Il est très répandu dans les Pyrénées, les Alpes, les Vosges (ballons). On le rencontre en abondance en Bretagne (Rostrenen, Flamanville, Vire Chausey).

La granulite est également très répandue (Massif Central, Limousin, Bretagne, Finistère, Morbihan, Vosges, Alpes).

On emploie le granite, comme pierre ornementale, pierre d'appareil, pierre de fondations, pour trottoirs, empierrement, etc., etc.

Les variétés bien colorées, comme le granite de Jersey, de Ploumanach (Côtes-du-Nord), sont très appréciées, mais elles résistent mal aux agents atmosphériques.

Comme résistance à l'écrasement, on peut admettre, en moyenne, 1.200 kilos par centimètre carré; elle peut atteindre 3.000 kilos. Elle est généralement plus faible dans les variétés à gros grains que dans les variétés à grain moyen ou faible. La résistance au choc varie aussi d'une façon notable, elle est, en moyenne, de 30 kilos. La granulite est moins résistante que le granite franc, à cause de la kaolinisation du feldspath et de la plus grande abondance du mica. La résistance aux intempéries est accrue notablement par le polissage.

La biotite et la pyrite de fer peuvent produire des taches jaunes de limonite.

MICROGRANITES. — On donne le nom de microgranites aux roches holo-cristallines à structure microgrenue ayant la composition minéralogique des granites, mais présentant une *discontinuité* dans la cristallisation.

Les microgranites comprennent une partie des porphyres quartzifères des anciens auteurs. Ces roches sont caractérisées par la cassure vitreuse des grains de quartz qui ressortent sur une pâte rougeâtre ou grisâtre. M. Michel Lévy a donné à cet ensemble de roches le nom de *microgranulites*. M. de Lapparent les désigne sous le nom de *granophyres*.

Le plus important des microgranites est celui qu'on rencontre dans les gîtes stannifères du Cornouailles et auquel on a donné le nom d'*elvan*. On le rencontre également dans les gîtes stannifères du Limousin (Vaulry-Cieux).

Le quartz des microgranites contient des inclusions liquides à bulles mobiles.

La composition chimique est la suivante :

SiO^2	H^2O	Fe^2O^3	FeO	MnO	MgO	CaO	Na^2O	K^2O
75,35	8,73	5,84	1,00	0,22	0,07	0,45	4,51	3,96

Les microgranites se présentent en *dykes* ou bien en nappes simulant de véritables coulées. Ils ont recoupé les roches granitiques (granites, granulites).

Les émissions ont commencé au début de la période carbonifère et se sont poursuivies pendant toute la durée du carbonifère moyen.

Les microgranites comprennent les *micropegmatites :* ces roches sont formées des mêmes éléments que les pegmatites.

Les *aplites* de M. Rosenbusch présentent souvent une texture microgranulitique.

Les microgranites fournissent de belles pierres ornementales, on les taille en colonnes, en plaques, en vases, etc., etc.

Le *porphyre bleu de l'Estérel* a été exploité par les Romains pour la décoration des monuments d'Arles, d'Orange et même de Rome.

Presque toutes les variétés fournissent de bons matériaux de pavage et d'empierrement.

3° RHYOLITES. — Les rhyolites sont des roches semi-cristallines à structure microlitique et ayant la composition de granites; mais il existe aussi des rhyolites à structure vitreuse.

Dans les rhyolites à structure microlitique, la matière amorphe commence à y coexister avec une proportion dominante d'éléments cristallins. On observe au milieu de la pâte des *sphérolites à croix noire* présentant la double structure rayonnée et concentrique : leur composition est semblable à celle des roches compactes désignées sous le nom de *pétrosilex* (*felstone, felsite* des auteurs étrangers). Le quartz des rhyolites contient quelques inclusions vitreuses, mais moins d'inclusions liquides que celui des microgranites : il présente des échancrures dans lesquelles pénètre la pâte.

Cette destruction partielle des cristaux de quartz est désignée par Rosenbusch sous le nom de *résorption magmatique*. Elle témoigne d'une rupture de l'équilibre chimique qui, dans le premier temps de consolidation, avait permis la séparation du quartz en gros cristaux.

Remarque. — Roth avait proposé le nom de *liparite* pour désigner ces roches. Les rhyolites ont pour équivalent ancien une partie des porphyres quartzifères. Une bonne partie de l'ancien groupe des porphyres vient donc se ranger ici.

Les rhyolites comprennent *trois types distincts* qui peuvent coexister dans un même épanchement, ce sont :

Les *rhyolites globulaires* (porphyres globulaires ou sphérophyres); la *pyroméride;* les *rhyolites pétrosiliceuses* (porphyres pétrosiliceux).

1° *Rhyolite globulaire.* — Dans la rhyolite globulaire, les sphérolites sont à grains suffisamment fins pour avoir reçu le nom d'*eurites*. Ces sphérolites paraissent constitués par du quartz, de la calcédoine, et le noyau contient un peu de peroxyde de fer. La pâte de cette roche contient, outre les sphérolites, une assez forte proportion de matière vitreuse. On la rencontre à la Selle près d'Autun et à Bourganeuf (Creuse).

2° *Pyroméride.* — Ce que les rhyolites globulaires réalisent en petit, les pyromérides le réalisent en grand, mais avec une prédominance plus marquée de l'élément amorphe qui les rapproche du type vitreux. La *pyroméride* présente de gros sphérolites (jusqu'à 0^m,25 de diamètre) de couleur généralement violacée. Leur composition est celle d'un feldspath sursaturé de silice. On la rencontre dans le Var, en *Corse*, à *Jersey.*

3° *Rhyolite pétrosiliceuse* (porphyre pétrosiliceux). — Les rhyolites pétrosiliceuses sont caractérisées par une prédominance marquée de l'élément vitreux : leur couleur varie du brun au violet; elles contiennent du quartz à angles vifs et quelquefois en cristaux bipyramidés, qui se détachent franchement sur la pâte, de l'orthose, du mica noir, de la chlorite, de l'amphibole; la pâte est en grande partie amorphe.

Un grand nombre de rhyolites pétrosiliceuses sont rudes au toucher, leur structure se rapproche de celle des trachytes. On rencontre ces roches au val d'Aiol dans les Vosges, dans le Morvan.

TRACHYTES QUARTZIFÈRES. — Les trachytes quartzifères se distinguent des rhyolites proprement dites, par une tendance plus prononcée vers le développement des sphérolites, par leur feldspath vitreux (sanidine), et enfin par les inclusions vitreuses de leur quartz. Ces roches sont caractérisées par une pâte toujours très dure au toucher : ce sont les rhyolites néo-volcaniques; c'est précisément à ces roches que M. de Richtofen avait donné le nom de rhyolites.

Les roches connues sous le nom de *porphyre molaire de Hongrie* rentrent dans cette catégorie; ces roches sont remplies de cavités dont les parois sont tapissées de quartz améthyste, de calcédoine, d'opale. Le quartz contient des inclusions vitreuses, mais pas d'inclusions liquides. On rapporte également aux trachytes quartzifères la *névadite*, qu'on rencontre au Colorado et qui est formée de grains cristallins laissant entre eux un peu de matière vitreuse; la *lithoïdite* qui ressemble à la porcelaine.

Remarque. — Les *porphyroïdes* intercalés dans les schistes cambriens de l'Ardenne ont été souvent considérés comme des tufs de porphyres quartzifères. Il semble plus probable que ce soient des porphyres quartzifères mêmes, ayant acquis par dynamométamorphisme une structure schisteuse, et remplis de séricite à l'état de néoformation.

Composition. — Les rhyolites sont plus chargées en silice que les microgranites et a fortiori que les granites.

	Granite	Microgranite	Rhyolite	Trachyte quart-zifère.
SiO^2	72	74	75 à 77	76
Al^2O^3	16	13	12,5	12
Fe^2O^3	} 1,5	} 2	} 1,5 à 2	} Traces
FeO				
CaO	1,5	1,5	1,4	»
MgO	0,5	0,5	0,3—0,5	»
K^2O	6,5	} 7 à 9	} 7 à 9	} 8,00
Na^2O	2,5			

Les rhyolites se présentent en *dykes* ou en *coulées ;* elles sont parfois accompagnées de produits de projection.

Les rhyolites suivent de très près les émissions des microgranites et se poursuivent dans toute l'étendue du carbonifère moyen et supérieur; elles prennent fin à la base du permien. Les rhyolites récentes ont duré de l'éocène au pliocène. On connaît des rhyolites actuelles aux îles Lipari et en Irlande.

RHYOLITES VITREUSES. — Les rhyolites vitreuses comprennent une certaine catégorie de roches parmi lesquelles se trouvent les roches désignées sous le nom de *pechstein* ou *rétinite*, de perlite, d'obsidienne, de ponce, etc., etc. Le pechstein ou rétinite est un *verre naturel* contenant de 63 à 75 % de SiO^2, 4 à 9 % d'eau, 9 à 13 % d'alumine, 2 à 8 % d'alcalis.

Les minéraux qui entrent dans sa constitution sont : la sanidine, l'oligoclase, le quartz, le mica, la magnétite; la pâte est riche en cristallites. La cassure de la rétinite est nettement *conchoïdale*, leur éclat est résineux. On rencontre cette roche dans les Maures et l'Estérel, la Saxe (Meissen).

On a désigné sous le nom de *pechstein porphyre* ou de *vitrophyre* une roche dans laquelle on trouve de gros cristaux de sanidine disséminés dans une pâte vitreuse. Les pechsteins d'origine néo-volcanique sont nommés par les Allemands *pechsteins trachytiques*.

PERLITE. — Les perlites sont des pechsteins constitués par de petits sphérolites formés d'écailles concentriques; ce sont des roches très acides; la teneur en silice est de 72 %. On les rencontre au Mont Dore, aux monts Euganéens (Vénétie).

OBSIDIENNES. — PONCES. — Les obsidiennes sont des verres naturels, *anhydres*. Les ponces sont des obsidiennes dans lesquelles les pores se sont développés sous l'action des gaz; la ponce est l'écume de l'obsidienne.

Toutes les roches que nous venons de décrire sont des roches nettement acides.

B) ROCHES A FELDSPATHS ALCALINS SANS QUARTZ
Familles des Syénites.

SYÉNITES. — Les syénites sont des roches holocristallines, à structure grenue, composées de feldspaths, d'amphibole, de pyroxène, de mica. On les divise, d'après la nature du feldspath, en *syénites normales* et *syénites alcalines*.

a) SYÉNITES NORMALES. — Les syénites normales sont formées de feldspaths alcalins et de feldspaths calcosodiques; l'orthose, qui domine, est généralement accompagnée de microcine et quelquefois d'anorthose et d'oligoclase; elles se différencient par la nature de l'élément ferro-magnésien. On distingue :

1º Les *syénites à hornblende* formées, avant tout, par de l'*orthose* et de l'*amphibole hornblende ;* c'est le type des syénites proprement dites. On rencontre ce type à Plauen (Saxe), au ballon de Servance (Vosges) et à Biella (Piémont).

2º Les *syénites à augite* se rencontrent en Saxe et en Norvège.

3º Les *syénites à mica noir.* — La syénite à mica noir est appelée *minette* ou *ortholite*. Le type de cette syénite se trouve dans les Vosges. Elle forme le terme le plus acide de la classe des *lamprophyres* des pétrographes allemands.

b) *Syénites alcalines.* — Dans les syénites alcalines, le feldspath est uniquement alcalin et les amphiboles ou pyroxènes sont représentés par les variétés sodifères.

Un bon type de syénite à alcalis est le *laurvikite* de Norvège, remarquable par les reflets chatoyants de son feldspath qui est une *cryptoperthite*, association submicroscopique d'orthose et d'albite; il s'y mêle un peu de pyroxène avec biotite et magnétite.

On rencontre à Monzoni (Tyrol) des syénites à pyroxène avec orthose et plagioclase, qui sont appelées *monzonites*.

Les syénites paraissent être toutes de l'âge paléozoïque. L'utilisation est la même que le granite; elles se polissent mieux que le granite, grâce à l'absence de mica. La résistance à l'écrasement est de 1.500 kilos.

MICROSYÉNITES (ORTHOPHYRES). — On donne le nom de microsyénites à des roches holocristallines, à *structure microgrenue*, ayant la composition des syénites.

L. MICHEL. — *Géologie appliquée.*   7

Les *orthophyres* ont une pâte micro-cristalline qui peut contenir des grains de quartz; c'est ce qu'on observe dans les orthophyres quartzifères ou porphyres noirs de la Loire et du Morvan. La teneur en silice peut dépasser 67 %. Les porphyres de Châteauneuf et de Bromont (Puy-de-Dôme) peuvent être cités comme des types de cette classe; on peut encore citer les prophyres bruns des Vosges, qu'on rencontre à Giromagny, à Lure, et caractérisés par des cristaux d'orthose et de hornblende, ainsi que par les inclusions liquides de leur quartz. Les éléments ferro-magnésiens sont en petit nombre dans les orthophyres.

Les orthophyres peuvent être divisés en trois espèces suivant que le mica l'amphibole et le pyroxène dominent. M. Rosenbusch place à côté des orthophyres une roche rencontrée en Norvège et désignée sous le nom de *rhombenporphyr ;* cette roche est constituée par une pâte très compacte et brune sur laquelle se détachent des cristaux clairs d'anorthose et quelques cristaux de pyroxène et de mica.

Les *cératophyres* sont des roches à pâte compacte, d'apparence cornée, d'orthose et de plagioclase, avec taches de quartz, et grains de magnétite; elles sont sodifères.

Les orthophyres se sont développés dans le carboniférien.

TRACHYTES. — Les trachytes sont des roches à *structure microlitique* ayant la composition des syénites et pouvant renfermer une substance vitreuse. Elles sont constituées par une pâte rude au toucher et caverneuse dans laquelle sont disséminés de gros cristaux de *sanidine* et des cristaux plus petits de feldspath plagioclase et assez fréquemment de tridymite.

On y rencontre également de l'amphibole, du pyroxène et du mica noir. Les cristaux de sanidine se sont formés après les autres; ils sont riches en inclusions vitreuses et les inclusions liquides y sont rares; ils présentent fréquemment la macle de Carlsbad. Les trachytes sont généralement d'un gris clair.

Domite. — La domite, que l'on rencontre au Puy-de-Dôme, n'est autre qu'un trachyte poreux rempli de lamelles de tridymite; dans la domite la matière vitreuse est abondante.

Hyalotrachytes. — Les roches de la famille trachytique où l'élément amorphe domine sont désignées sous le nom d'*hyalotrachytes ;* elles comprennent les *rétinites trachytiques,* les *obsidiennes et les ponces trachytiques.*

Il existe des trachytes à olivine.

Exemples de composition chimique :

SiO^2	Al^2O^3	Fe^2O^3	FeO	MnO	CaO	MgO	K^2O	Na^2O	H^2O	
68,78	16,12	3,54	0,34	0,26	1,94	1,15	3,64	4,00	0,58	Trachyte du Puy-de-Dôme.
60,77	19,83	4,14	2,43	»	1,63	0,34	6,27	4,90	0,24	Trachyte (obsidienne) d'Ischia.

Les trachytes se sont épanchés au miocène, au pliocène et au pléistocène.

Les trachytes sont employés comme moellon; la résistance aux intempéries laisse à désirer, surtout quand des grands cristaux de sanidine y sont disséminés. La résistance à l'écrasement est de 700 kilos. Les tufs trachytiques (trass, pouzzolanes) sont souvent employés comme *ciment hydraulique*.

C) ROCHES A FELDSPATHS CALCOSODIQUES
Familles des Gabbros.

KERSANTITES. — Les kersantites sont des roches holocristallines, à structure grenue, composées de feldspaths calcosodiques et de mica. La kersantite proprement dite est composée d'oligoclase et de mica noir, sa couleur est d'un vert très foncé. Le type de cette roche se trouve à Kersanton, près de Brest. La kersantite est d'âge carbonifère. La kersantite comme la minette font partie de roches désignées par Rosenbusch sous le nom de *lamprophyres*. Ce sont, d'après ce savant, des roches de filons.

DIORITES. — Les diorites sont des roches holocristallines, à structure grenue, composées de feldspaths calcosodiques, d'amphibole ou de biotite, avec ou sans quartz.

La diorite proprement dite est une association de *feldspath plagioclase* et d'*amphibole hornblende*. Les éléments qui entrent dans la composition de la diorite sont assez souvent altérés; les produits de cette altération sont l'épidote, la calcite et la chlorite; cette altération donne à la roche un aspect verdâtre, et c'est pour cela qu'on lui donne souvent le nom de *grünstein* ou de *greenstone*.

Les diorites à amphiboles comprennent trois variétés principales suivant la nature du feldspath plagioclase :

1º La diorite à oligoclase ou diorite andésitique;

2º La diorite à labrador;

3º La diorite à anorthite ou diorite orbiculaire.

1º *Diorite andésitique*. — La diorite andésitique est essentiellement composée d'oligoclase et d'amphibole hornblende; les minéraux accessoires sont : le zircon, le sphène, la magnétite. On la rencontre à Tremeven (Bretagne).

2º *Diorite à labrador*. — La diorite à labrador est composée de labrador et d'amphibole hornblende; les minéraux accessoires sont les mêmes que ceux contenus dans la diorite andésitique. On la rencontre à Kermovan (Bretagne).

3º *Diorite à anorthite*. — La diorite à anorthite ou *diorite orbiculaire*, qui est également connue sous le nom de *corsite*, de *napoléonite*, est une roche très remarquable par sa disposition sphéroïdale; les parties radiées sont composées par les feldspaths (labrador, bytownite et anorthite) en aiguilles très fines; les zones radiées sont séparées les unes des autres par des lamelles d'amphibole d'un vert foncé : cette amphibole est de l'*ouralite*. Cette roche rentre dans la catégorie des *épidiorites*. La diorite orbiculaire contient 40 % de feldspath et 60 % d'amphibole.

Quelques diorites sont riches en mica biotite; on les nomme *diorites micacées*. D'autres contiennent du pyroxène : *diorites pyroxéniques*. Il existe des *diorites quartzifères*. La plupart des diorites sont d'âge primaire; celles de Corse seraient permiennes ou triasiques. Elles se présentent le plus souvent en dykes. Les emplois sont les mêmes que ceux du granite.

COMPOSITION CHIMIQUE

Diorite hornblendique quartzifère du Birkenauer Thal Odenwald.

SiO_2	Al_2O_3	Fe_2O_3	FeO	CaO	MgO	K_2O	Na_2O	H_2O
52,97	22,56	5,47	4,03	3,73	2,35	0,44	2,31	2,44

DIABASES. — Les diabases sont des roches holocristallines, à structure grenue, à grains ordinairement plus fins que ceux de la diorite, de plagioclase et de pyroxène augite. Leur couleur est d'un vert foncé; elle est due à la transformation du pyroxène en chlorite (viridite). On les désignait autrefois sous le nom de grünstein (Allemagne), de greenstone (Angleterre). De même que dans les diorites, on distingue trois variétés, c'est-à-dire des *diabases à oligoclase*, des *diabases à labrador* et des *diabases à anorthite*. Il existe des *diabases quartzifères*.

ÉPIDIORITE. — L'épidiorite est une roche filonienne constituée par de l'amphibole fibreuse verte et de l'augite brune ou verte; elle représente un stade de transformation, par ouralitisation, des diabases aux amphiboles. Cette roche est également appelée *épidiabase*.

Remarques. — D'après certains auteurs, les *schistes diabasiques* et les *chloritoschistes* résulteraient de la transformation des diabases sous l'action du dynamométamorphisme.

Les diabases sont des roches assez répandues; elles se rencontrent assez souvent en masses intrusives, en dykes : ce sont elles qui ont édifié les volcans paléozoïques (siluriens) du Menez-Hom (Bretagne).

Les diabases sont exploitées pour l'empierrement des routes; la résistance à l'écrasement atteint 2.500 kilos.

VARIOLITE. — La variolite est une roche compacte, constituée par des globules de la grosseur d'un petit pois réunis en grand nombre dans une pâte d'un vert foncé, et composée de fibres d'oligoclase, de granules de pyroxène et de lamelles d'actinote. On rencontre cette roche dans les Alpes du Dauphiné et dans les alluvions de la Durance d'où lui vient son nom de *variolite de la Durance*. Cette roche doit être rattachée aux labradorites.

SPILITES. — Les spilites sont des roches compactes amygdaloïdes qu'on peut rattacher aux diabases, mais qui peuvent également faire partie des andésites. Ces roches sont dépourvues de phénocristaux; leurs cavités sont remplies de calcite, de chlorite et de zéolites.

TRAPPS. — Les *diabases vitreuses compactes* étaient autrefois désignées sous le nom de *trapps ;* mais c'est encore aux andésites et aux labradorites qu'il faut rattacher les trapps.

GABBROS. — Les gabbros sont des roches holocristallines, à structure grenue, composées de feldspaths calcosodiques, de pyroxène clinorhombique, avec ou sans olivine ou biotite. Le gabbro est une roche verdâtre dépourvue de matière amorphe et qui est constituée par un feldspath plagioclase et du diallage, le plagioclase est généralement du *labrador* ou de l'*anorthite*.

EUPHOTIDES. — On donne le nom d'euphotide à un gabbro à grains particulièrement gros, formé de labrador et de diallage. Le labrador est souvent transformé en *saussurite* (mélange de zoïzite, d'épidote et d'albite avec kaolin et muscovite). Le diallage est transformé soit en chlorite, en serpentine, soit en amphibole, soit en *smaragdite* (ouralisation). Cette roche porte également le nom de *verde di Corsica*. On la rencontre en Corse, au Mont-Genèvre; elle est employée comme pierre ornementale.

Il existe des gabbros quartzifères. Les gabbros se montrent en massifs, en dykes; ils datent du permien, du trias et même du lias.

Certains gabbros italiens sont certainement d'âge éocène, et post-éocène.

COMPOSITION CHIMIQUE

Gabbro du Hartz.

SiO^2	Al^2O^3	Fe^2O^3	FeO	MnO	CaO	MgO	K^2O	Na^2O	P^2O^5
48,99	15,19	5,88	9,49	0,05	10,50	6,64	0,28	2,26	0,81

L'emploi des gabbros est le même que celui des granites.

NORITES. — Les norites sont des roches holocristallines à structure grenue, composées de feldspaths calcosodiques et de pyroxène rhombique, avec ou sans quartz, biotite, hornblende ou olivine.

La norite résulte de la combinaison d'un feldspath plagioclase (labrador ou anorthite) avec un pyroxène rhombique (enstatite, bronzite ou hypersthène).

Les norites de Norvège sont en relation avec les fers titanés. Il existe des norites quartzifères.

HYPÉRITES. — On donne le nom d'hypérite à une roche formée d'un feldspath plagioclase (labrador ou anorthite) et d'hypersthène avec magnétite.

TROCTOLITES. — Les troctolites appartiennent à la famille des gabbros; elles sont formées par un agrégat à gros grains de feldspaths calcosodiques, d'olivine et d'un peu de diallage.

On connaît des diabases, des gabbros, des norites qui renferment de l'olivine : le péridot (olivine) est le premier élément de consolidation.

MICRODIORITES — MICRODIABASES — MICROGABBROS — MICRONORITES

Ces roches sont à *structure microgrenue ;* elles ont la composition des diorites, diabases, gabbros, norites.

DOLÉRITES. — Les dolérites sont des roches holocristallines, à structure ophitique, constituées par des feldspaths calcosodiques et du pyroxène, avec ou sans amphibole et olivine.

Le terme de dolérite est destiné à remplacer celui de diabase, qui est actuellement employé avec des significations trop différentes.

Quant aux passages si fréquents des dolérites holocristallines aux types microlitiques correspondants, passages effectués par l'intermédiaire de roches à structure intersertale, plus ou moins riches en résidu vitreux, ils seront suivant la nature de leur feldspath dominant désignés sous le nom d'*andésites* ou de *basaltes doléritiques.*

La dolérite est considérée comme l'équivalent moderne des diabases; elle est constituée par un mélange de plagioclase (oligoclase ou labrador) et d'augite. On y rencontre du fer titané et quelquefois du péridot.

Le type de la dolérite se trouve à Löwenburg, dans le Siebengebirge.

On rencontre la dolérite à labrador, à Ovifak (Groenland); elle renferme de nombreux granules de fer natif considéré pendant longtemps comme du fer météorique.

OPHITES. — Quand la texture granitique fait place à la texture ophitique, le gabbro devient de l'*ophite.* Cette roche est très répandue dans les Pyrénées et qualifiée par quelques auteurs de microgabbro.

Ce qui caractérise cette roche, c'est l'association constante du diallage, ou d'un pyroxène voisin de cette espèce, à des cristaux d'un plagioclase (oligoclase ou labrador). Les ophites sont d'âge jurassique ou crétacé, elles fournissent quand elles ne sont pas altérées de bons matériaux d'empierrement.

ANDÉSITES. — Les andésites sont des roches à *structure microlitique* composées de feldspaths calcosodiques oscillant autour de l'andésine, avec ou sans mica, amphiboles, pyroxènes ou olivine.

D'après la nature des phénocristaux (éléments ferro-magnésiens), on distingue les andésites : 1º à biotite; 2º à hornblende; 3º à pyroxène rhombique; 4º à augite. La lave de Volvic est une andésite augitique. La lave de la montagne Pelée est une andésite à hypersthène.

LABRADORITES. — Les labradorites sont des roches, à *structure microlitique,* composées de feldspaths calcosodiques oscillant autour du labrador, de pyroxène, avec ou sans amphibole ou mica.

Remarques. — Il y a des andésites et des labradorites à *structure vitreuse* (rétinites, perlites, obsidiennes, ponces).

Les andésites et les labradorites, à structure microlitique, ne sont autres que les roches désignées, autrefois, sous le nom de *porphyrites*, de *porphyres*.

Les porphyres rouge antique et vert antique appartiennent à cette catégorie de roches.

Les andésites et labradorites quartzifères sont désignées sous le nom de dacites.

DACITES. — Les dacites sont des roches, *à structure microlitique*, composées de feldspaths calcosodiques, de quartz, avec mica, amphiboles ou pyroxènes. On les rencontre tout particulièrement dans le Siebenbürgen (Hongrie), et notamment à Nagyag et Offenbanya où elles forment la roche encaissante des filons de tellurures d'or.

ANDÉSITES ET LABRADORITES A OLIVINE

Les andésites et labradorites contiennent quelquefois du *péridot-olivine*. Les principales variétés sont les *mélaphyres* et les *basaltes*.

MÉLAPHYRES. — Les mélaphyres sont caractérisés par leur couleur noire ou d'un gris très foncé. Leur composition comprend des cristaux de plagioclase, du péridot, de la magnétite et de l'apatite. Le péridot, élément essentiel, est rarement visible à l'œil nu, et ne forme jamais de nodules comme dans le basalte. Les mélaphyres sont des basaltes anciens.

BASALTES. — Les basaltes sont plus basiques que les mélaphyres; ce sont des roches compactes, d'apparence homogène et de couleur noire.

Les basaltes sont constituées par un feldspath plagioclase (labrador ou anorthite), par de l'augite, du péridot, de la magnétite.

Les basaltes sont caractérisés par des nodules de péridots et par la tendance qu'ils ont à se diviser en prismes; cette séparation est un phénomène de retrait.

Les éruptions basaltiques ont été très fréquentes pendant toute la période tertiaire. A l'époque actuelle, l'Etna déverse de temps à autre du basalte, mais le plus souvent ses laves sont dépourvues de péridot (ce sont des labradorites).

Le basalte est employé comme bornes, pavés, macadam.

L'exploitation est favorisée par les nombreuses fissures de retrait.

La résistance à l'écrasement varie de 1.100 à 3.500 kilos, s'élevant même à 5.000 kilos.

WACKE. — On donne le nom de wacke à une argile compacte et terreuse, impure, d'un gris verdâtre, brune ou noire, résultant de l'altération des basaltes, dont elle contient des débris reconnaissables.

2. — Roches à feldspaths avec feldspathides.

A) ROCHES A FELDSPATHS ALCALINS
(Famille des Syénites néphéliniques.)

SYÉNITES NÉPHÉLINIQUES OU ÉLÉOLITIQUES. — Les syénites néphéliniques ou éléolitiques se rattachent aux syénites alcalines; ce sont des roches holocristallines, à structure grenue, composées de feldspaths alcalins, avec mica, amphibole ou pyroxène et feldspath calcosodique. La syénite néphélinique est essentiellement constituée par de l'orthose mélangé de microcline, et par une variété de néphéline à éclat gras dite *éléolite*. Cette roche est particulièrement intéressante à cause du grand nombre de minéraux rares qu'elle contient.

Quand la syénite néphélinique est très chargée de zircons, on lui donne le nom de *syénite zirconnienne* (Brevig, Norvège).

On donne le nom de *foyaïte* à une roche formée d'orthose, de néphéline et d'amphibole (Portugal).

On désigne sous le nom de *syénite leucitique* une roche formée d'orthose et de leucite. La *borolanite* est une variété. Les syénites leucitiques sont rares.

On appelle *syénite sodalitique* une roche constituée par de l'orthose et de la sodalite.

Nous citerons également :

La ditroïte à sodalite bleue de Diro (Transylvanie).

La miascite formée d'orthose, de néphéline et de mica (Oural).

MICROSYÉNITES NÉPHÉLINIQUES, LEUCITIQUES, SODALITIQUES. — Les microsyénites néphéliniques, leucitiques, sodalitiques, sont des roches à structure microgrenue ayant la composition des syénites correspondantes.

PHONOLITES. — Les phonolites sont des roches, *à structure microlitique,* composées de feldspaths alcalins, de néphéline, de pyroxène, avec ou sans minéraux du groupe haüyne-sodalite. La phonolite proprement dite est constituée par de la sanidine et de la néphéline.

Les *leucophonolites* sont des roches, à structure microlitique, composées de feldspaths alcalins et de pyroxène, avec ou sans néphéline et minéraux du groupe haüyne-sodalite ; la leucophonolite est essentiellement constituée par de la sanidine et de la leucite.

On donne le nom d'*hyalophonolites* aux phonolites vitreuses. On les rencontre dans l'Erzgebirge.

B) ROCHES A FELDSPATHS CALCOSODIQUES ET FELDSPATHIDES
(Famille des gabbros à feldspathides.)

GABBROS NÉPHÉLINIQUES. — Les gabbros néphéliniques sont des roches holocristallines à structure grenue, à feldspaths calcosodiques, néphéline, pyroxène, amphibole, mica avec ou sans minéraux du groupe haüyne-sodalite. Ces roches étaient désignées sous le nom de *teschénites et théralites*. Il n'y a pas lieu de garder ces noms, car la teschénite de Teschen ne contient pas de néphéline et la théralite n'a pas de feldspath calcosodique au moins en proportion notable.

Il existe également des *gabbros leucitiques* et des *gabbros néphéliniques à olivine*.

MICROGABBROS NÉPHÉLINIQUES ET MICROGABBROS LEUCITIQUES. — Les microgabbros néphéliniques et les microgabbros leucitiques sont des roches, à structure microgrenue ayant la composition des gabbros néphéliniques et des gabbros leucitiques.

TÉPHRITES. — Les téphrites sont des roches, à *structure microlitique*, composées de feldspaths calcosodiques, de néphéline, de pyroxène, avec ou sans amphibole, mica ou olivine.

LEUCOTÉPHRITES. — Les leucotéphrites sont des roches, à *structure microlitique*, composées de feldspaths calcosodiques, de *leucite*, de pyroxène, avec ou sans amphibole, mica ou olivine. Ces dernières roches comprennent presque toutes les laves modernes du Vésuve.

On connaît des téphrites à olivine et des leucotéphrites à olivine.

II. — ROCHES SANS FELDSPATHS

1. Roches sans feldspaths, mais contenant des feldspathides.

A) ROCHES A NÉPHÉLINE

IJOLITES. — On donne le nom d'ijolites à des roches holocristallines, à *structure grenue*, composées de *néphéline et de pyroxène*. On rencontre ces roches à Iwaara (Finlande).

NÉPHÉLINITES. — Les néphélinites sont des roches, à structure microlitique, composées de néphéline et de pyroxène.

Il existe des néphélinites à olivine.

B) ROCHES A LEUCITE

MISSOURITES. — On donne le nom de missourites à des roches holocristallines, à structure grenue, composées de leucite et de pyroxène.

LEUCITITES. — Les leucitites sont des roches, à *structure microlitique*, composées de leucite et de pyroxène.

Il existe des leucitites à olivine.

C) ROCHES A SODALITE

TAWITE. — On donne le nom de tawite à une roche holocristalline, à *structure grenue,* composée de sodalite et de pyroxène.

On la rencontre dans la presqu'île de Kola.

D) ROCHES A MÉLILITE

MÉLILITES. — On donne le nom de mélilites à des roches à *structure microlitique* composées de mélilite et de pyroxène.

Il existe des mélilites à olivine.

2. Roches sans feldspaths et sans feldspathides sans éléments blancs.
(Famille des Péridotites.)

AMPHIBOLITES. — Les amphibolites sont des roches holocristallines, à *structure grenue,* constituées par de la hornblende avec ou sans mica ou olivine, associée à du feldspath calcosodique.

PYROXÉNOLITES. — Les pyroxénolites sont des roches holocristallines, à *structure grenue,* constituées essentiellement par des pyroxènes.

PÉRIDOTITES. — Les péridotites sont des roches holocristallines, à *structure grenue,* composées d'olivine et d'un spinellide avec ou sans pyroxène, amphibole et mica.

Les péridotites se distinguent entre elles par la nature des pyroxènes qui accompagnent l'olivine :

1º *Picrites.* — Les picrites sont des roches *holocristallines* ou *semi-cristallines,* à *structure ophitique,* composées d'olivine automorphe, de pyroxène ou d'amphibole, avec ou sans mica. La structure des picrites est, dans les roches dépourvues de feldspaths, l'homologue de celle des dolérites.

Les picrites anciennes ou paléopicrites sont toujours plus ou moins serpentinisées. On les rencontre dans le Fichtelgebirge et dans l'Erzgebirge.

Les picrites modernes ou néopicrites contiennent une certaine quantité de pâte vitreuse; elles percent le néocomien, dans les Carpathes.

Les picrites à amphibole se rencontrent en Australie, en Écosse.

2º *Kimberlites.* — La kimberlite est une roche que l'on rencontre dans les gisements diamantifères du Cap : c'est une picrite à magma serpentineux; elle est accompagnée de grenat pyrope, de diopside, d'enstatite, de mica, de néphéline.

3º *Harzburgites.* — Les harzburgites sont constituées par de l'olivine avec un pyroxène rhombique (enstatite, bronzite).

4º *Wherlites.* — Les werhrlites sont des associations granitoïdes d'olivine et de diallage. On rencontre cette roche à Szarvasko (Hongrie).

5° *Lherzolites*. — La variété la plus importante des péridotites est la lherzolite qui est constituée par de l'olivine (qui forme les trois quarts de la roche) à laquelle s'associent la bronzite, le diopside chromifère et le spinelle noir (picotite).

C'est une roche très dure et très dense (4,08), d'un jaune verdâtre; elle est fréquemment traversée par des fissures remplies de serpentine. La serpentinisation commence par l'olivine.

On rencontre cette roche à l'étang de Lherz (Ariège), où elle forme des dykes traversant le lias et le jurassique moyen.

On rencontre dans les lherzolites des dykes formés par une roche appelée *ariégite*, constituée par un agrégat grenu de divers pyroxènes (diopside, diallage, bronzite) et d'un spinelle d'un vert noirâtre, avec ou sans grenat pyrope et hornblende ferrifère.

6° *Dunites*. — La dunite est uniquement formée d'olivine et de fer chromé; elle se trouve associée aux serpentines. On la rencontre en Australie et en Syrie.

7° *Serpentine*. — La serpentine est une roche secondaire formée aux dépens des péridotites, des pyroxénolites, etc., etc. C'est dans la serpentine que se trouvent les principaux gisements de fer chromé, de magnétite, de fer titané. La serpentine est considérée comme un minéral; elle est la roche mère du platine.

Augitite. — l'augitite est une roche, à structure microlitique, composée de pyroxène et de verre sodique avec ou sans amphibole et mica.

Limburgite. — La limburgite est une augitite à olivine.

Hornblendite. — La hornblendite est une amphibolite à structure microlitique, c'est une diorite exempte de feldspath et qui devient schisteuse par l'alignement de l'amphibole.

FORMATION DES ROCHES ÉRUPTIVES
PROPREMENT DITES

Après avoir établi quels sont les éléments chimiques des roches éruptives proprement dites, on peut chercher comment ces éléments se sont unis pour former les roches.

Le problème de la genèse des roches éruptives, et de la différenciation des magmas, est un de ceux qui ont le plus préoccupé les pétrographes pendant les quarante dernières années. Depuis longtemps déjà, plusieurs auteurs avaient pensé que toutes les roches éruptives, malgré leur diversité actuelle, dérivent d'un magma unique et homogène. Cette diversité actuelle serait due à des liquations, des brassages et des différenciations qui se seraient faites dans le magma originel, sous l'influence des inégalités de température et de pression, et sous l'action de la vapeur d'eau et de minéralisateurs puissants.

Quelques savants et notamment M. Fouqué rejettent l'hypothèse d'un magma primitif unique et homogène, l'homogénéité primordiale étant, d'après eux, inconciliable avec les données que nous fournit l'analyse spectrale sur la composition des astres.

Nous avons montré plus haut qu'il est possible d'admettre que la matière terrestre se soit divisée d'après le poids atomique des éléments alors que ceux-ci étaient à l'état de dissociation.

Mais ce n'est là qu'un premier stade, et ce phénomène de séparation des masses minérales a dû se poursuivre aussi bien dans le temps que dans l'espace. Les études récentes ont montré, en effet, que les roches d'une région présentaient souvent un ensemble de traits communs, un air de famille ou, comme dit Iddings, une *consanguinité*. Ainsi les études détaillées de Brögger ont établi que toutes les roches de la région de Christiania, très variées au point de vue de la structure ou même de la teneur en silice, présentent toutes un caractère commun : l'analyse en bloc indique toujours une forte teneur en soude, tandis que les coulées du Vésuve sont riches en potasse. M. Judd a établi alors des *provinces pétrographiques*. Il est curieux de constater que des provinces ayant le même caractère sont souvent très distantes les unes des autres, tandis que les provinces adjacentes ont alors des caractères complètement différents.

Maintenant, si on étudie les régions où les éruptions se sont répétées plusieurs fois à des intervalles plus ou moins lointains, on a constaté une succession régulière dans les produits d'émission. Assez souvent, le magma éjecté, d'abord de composition intermédiaire, est devenu ensuite plus acide, et enfin plus basique.

Comment expliquer la différence entre ces diverses masses éruptives?

L'évolution interne des magmas a été comparée, par Durocher, au phénomène de liquation souvent réalisée dans la fusion des alliages métalliques. Dans ces dernières années, la théorie a pris, sous le nom de différenciation des magmas, une importance de plus en plus grande.

Ainsi, en 1888, Teal chercha à appliquer aux magmas le principe de Soret, qui est le suivant : « Dans une dissolution homogène, dont les diverses parties sont maintenues à des températures différentes, les éléments voisins du point de saturation tendent à se concentrer contre les parois les plus froides. » Teal considérait le magma comme une solution de silicates basiques dans les silicates acides; il pensait que la partie basique devait se concentrer sur les parois des dykes (laccolite). La différenciation se serait poursuivie ensuite par diffusion et osmose. Malheureusement, l'expérience et l'observation ne corroborent pas cette manière de voir.

M. Michel Lévy a montré que le porphyre bleu de l'Estérel, véritable type de laccolite, ne présente aucune différence chimique entre les salbandes et le cœur de la masse.

En 1889, Rosenbusch a admis l'existence d'un magma fondamental unique, qui, par segmentation, aurait donné naissance, en profondeur, à un certain nombre de magmas partiels.

Il a essayé de définir, par des formules atomiques, les différents noyaux susceptibles de s'individualiser : il distingue six types principaux : le magma foyalitique, le magma granitique, le magma granito-dioritique, le magma des gabbros, le magma péridotique et le magma théralitique. Les deux extrêmes insolubles l'un dans l'autre seraient les noyaux alcalins d'une part, les noyaux ferro-magnésiens de l'autre; et leur association avec un noyau alumino-calcareux établirait entre eux un trait d'union.

En 1890, Brögger émit l'hypothèse d'un réservoir intérieur principal qu'il appelle magma-bassin, où la différenciation s'effectuerait suivant le principe de Soret : le magma initial s'élève par des fractures et pénètre latéralement par intrusion dans les roches sédimentaires en y formant des laccolites. Comme le magma initial est déjà différencié, certains laccolites sont acides, d'autres sont basiques, mais un air de famille les réunit : c'est la prédominance, dans chaque centre, d'un alcali déterminé.

Iddings pense que la série des éruptions aurait débuté par un type moyen, puis le magma initial en se différenciant aurait produit des roches acides (rhyolites) et enfin des roches basiques (basaltes). Les variations de la température lui paraissent être la principale cause de différenciation.

De plus, la roche encore chaude, semi-fluide, est parcourue par des gaz et des solutions aqueuses qui attaquent la partie en voie de consolidation; il se produit alors une série de modifications pneumatolytiques (1).

Par exemple, la granulite pourra être partiellement transformée en pegmatite sous l'action des fumerolles qui se dégagent de cette roche. C'est précisément ce que l'on observe dans un grand nombre de fractures filoniennes minéralisées par du quartz aurifère. Les épontes du filon (toit et mur) sont constituées par de la pegmatite, la masse de la roche encaissante de ces filons étant de la granulite.

M. Michel Lévy pense que toutes ces théories ne suffisent pas à rendre compte des phénomènes connus. Ce savant a été conduit, à la suite d'une récente étude des magmas éruptifs, à distinguer deux magmas fondamentaux, susceptibles d'une définition vraiment précise et doués d'une individualité vivante. L'un est le magma ferro-magnésien (qui correspond au magma péridotique de Rosenbusch et à une partie de son magma des gabbros); l'autre le magma purement alcalin (magma foyalitique ÷ magma granitique de Rosenbusch).

---

(1) La pneumatolyse est le phénomène qui consiste dans la formation des minéraux sous l'action des agents minéralisateurs.

Les roches éruptives, qui correspondent au magma ferro-magnésien, ont pu être reproduites par fusion ignée (Fouqué et Michel Lévy) : ce sont les péridotites, qui passent aux diabases, également de fusion ignée. A ces types granitoïdes correspondent les basaltes, seules roches terrestres à fer natif. Ce magma ferro-magnésien doit servir partout de scorie au noyau de fer impur, constituant, suivant toute probabilité, la masse interne du globe. La comparaison de ces roches avec les météorites a suggéré à Daubrée son hypothèse sur la scorie universelle en grande profondeur.

A l'autre extrémité, on trouve le magma purement alcalin, composé de quantités variables d'alcali, d'alumine et de silice ; ce magma donne naissance aux syénites leucitiques et éléolitiques, aux granites pegmatoïdes, aux granulites, aux aplites, d'une part, et aux rhyolites ,aux trachytes, aux phonolites, aux domites, d'autre part.

Aucun type de fusion purement ignée n'y apparaît, tandis que l'action des dissolvants minéralisateurs (fumerolles) y est évidente, car on trouve des granulites, des pegmatites associées à la cassitérite, à la topaze, à la tourmaline et à l'apatite, et remplissant des filons d'apparence concrétionnée à zones symétriques de chaque côté des épontes; certaines granulites s'injectent lit par lit dans les couches sédimentaires et se ramifient à l'infini. Souvent elles deviennent de plus en plus quartzeuses et se terminent en hauteur par des filonnets de quartz pur. C'est donc à l'élaboration, dans les réservoirs profonds, de mélanges variés de ces deux magmas si dissemblables qu'il faut chercher un mode de différenciation tel, qu'il explique la formation de roches semblables dans des centres éloignés, et de roches différentes dans des centres voisins.

Les modifications du magma par métamorphisme endomorphe expliqueraient, en partie, les différences locales. En outre, l'accumulation dans les géosynclinaux d'immenses épaisseurs de sédiments, destinées à devenir des chaînes de montagnes (où apparaîtront des roches éruptives), entraînera le relèvement des isothermes, et sans doute la fusion des sédiments et des magmas consolidés, dont la composition sera ainsi modifiée; d'où une nouvelle source de variation.

Dans les réservoirs où s'effectue la différenciation, les agents minéralisateurs, négligés dans toutes les autres théories, doivent jouer un rôle prédominant; non seulement ils brasseront la matière fondue, mais aussi ils seront le véhicule de certains éléments, et sépareront de plus en plus du magma profond ferro-magnésien, les substances alcalines, alumineuses et siliceuses. Ils conduiront ces substances dans les fractures de l'écorce terrestre, où ils seront les principaux agents du métamorphisme général auquel sont dues les roches cristallophylliennes. En outre, ils favoriseront la fusion et la recristallisation de ces divers éléments. Les produits d'éruption les plus acides, épanchés les premiers, pourront être suivis par des produits plus basiques; mais l'élaboration du magma sous l'influence des agents minéralisateurs pourra également donner de nouveaux produits plus ou moins acides; enfin des produits basiques viendront souvent terminer l'ère des éruptions.

Reste à savoir si ces deux magmas fondamentaux sont irréductibles? Ils semblent pouvoir dériver l'un et l'autre d'un magma primitif; les parties légères alcalines et acides s'étant séparées des parties lourdes basiques par simple rochage.

Les agents minéralisateurs n'ont pas seulement joué un rôle important dans cette élaboration des masses fondues; leur action s'est continuée longtemps après que les roches étaient consolidées, ainsi que nous le verrons dans la suite.

Quand on considère la répartition souvent très régulière des éléments des roches, lesquels ont cependant des densités très différentes, on est conduit à admettre que dans un magma se consolidant par excrétion de cristaux, l'état physique s'oppose à une séparation des éléments d'après leur densité. Les courants du magma doivent agir dans ce sens. Or, l'existence de ces courants se constate immédiatement par l'examen des roches offrant la structure fluidale. D'autre part, on peut très bien admettre que pendant sa cristallisation, l'état de la matière fondue était l'état visqueux, ce qui ne permettait pas une séparation rapide des minéraux suivant leur densité. On est ainsi amené à penser que la durée de la cristallisation n'a pas embrassé un grand espace de temps: car les éléments denses auraient dû s'enfoncer si le reste de la matière fondue était demeuré quelque temps mobile; mais cela n'implique pas l'idée d'un refroidissement brusque.

ORDRE DE CONSOLIDATION DES ÉLÉMENTS. — Les éléments d'une roche n'ont pas cristallisé simultanément, sauf dans quelques cas très rares comme pour le quartz et le feldspath des pegmatites graphiques. En général, ils se sont développés successivement dans un ordre assez constant. On avait d'abord pensé que les éléments les moins fusibles avaient cristallisé les premiers; mais, il a été facile de reconnaître que dans les granites le quartz, élément peu fusible, a cristallisé en dernier lieu. M. Rosenbusch a posé en principe que l'ordre de cristallisation est celui de la basicité décroissante, ce qui se vérifie assez bien pour les roches acides et neutres. L'ordre habituel de cristallisation serait le suivant :

1º Métaux et minéraux métalliques (magnétite, pyrite, ilménite) et minéraux accessoires (apatite, zircon, sphène).

2º Silicates ferro-magnésiens (olivine, pyroxènes, amphiboles, mica noir).

3º Silicates alcalins et alcalino-terreux (plagioclases, orthose, muscovite).

4º Silice pure (quartz).

Il y a des cas où l'ordre de consolidation n'est nullement douteux. On voit clairement, dans la figure 121 (page 76), une pâte vitreuse de pechstein porphyroïde dont les microlites accusent la texture fluidale; on observe, en outre, que les traînées de microlites changent de direction à la rencontre des gros cristaux (phéno-cristaux) dont elles épousent en quelque sorte le contour, comme fait un liquide visqueux quand il s'épanche autour d'un obstacle solide.

Mais souvent l'interprétation des faits peut être malaisée. Tel cristal qui semble corrodé par un autre, peut s'être moulé autour de ce dernier. Un petit cristal complètement enclavé dans un gros, et semblant par suite antérieur à celui-ci, peut être le résultat d'une consolidation tardive au sein du premier individu d'abord réduit à son enveloppe. Ce qui aggrave cette difficulté, c'est que, pendant la consolidation d'une pâte éruptive, surtout si elle a eu lieu en plusieurs temps, l'équilibre chimique a pu varier, chacune des variations étant capable d'entraîner la disparition, partielle ou totale, de minéraux antérieurement formés. Ce sont de tels phénomènes que M. Rosenbusch a plus d'une fois décrits en les attribuant à une résorption magmatique. Quand cette résorption respecte le centre d'un individu minéral, elle en fait du moins disparaître les contours, en lui substituant une espèce nouvelle, sur lequel le reste de la première a l'air de s'être moulé, comme s'il lui était postérieur.

C'est évidemment par une résorption de ce genre que, dans les porphyres pétrosiliceux, les anciens cristaux de quartz ont été si souvent corrodés. Souvent aussi, dans les magmas basiques les cristaux de mica et d'amphibole sont attaqués par la pâte et s'entourent, par épigénie, de microlites de magnétite et d'augite.

Enfin, il est un autre élément dont l'appréciation n'est pas moins délicate, il s'agit des minéraux dont on peut attribuer la production à des actions secondaires, c'est-à-dire survenues après la consolidation définitive de la roche et pouvant être rangées sous la rubrique générale du métamorphisme. Il faut également faire une très large part au dynamo-métamorphisme, c'est-à-dire à l'ensemble des changements que les mouvements orogéniques ont occasionnés soit en comprimant et disloquant les minéraux, soit en facilitant, dans les roches, la circulation d'eaux thermales, capables de réagir sur les espèces existantes.

En résumé, cet exposé montre combien le phénomène de la cristallisation d'une roche est complexe, puisqu'il y a lieu de faire intervenir, outre la composition chimique initiale, l'abondance des agents minéralisateurs, la différenciation des magmas, la pression et, dans quelques cas, les phénomènes de résorption, les actions secondaires (métamorphisme, dynamo-métamorphisme).

PARAMÈTRES MAGMATIQUES

Nomenclature américaine.

Les chefs de l'École américaine W. Cross, Iddings, Pirsson, Washington ont élaboré une classification quantitative de roches basée avant tout sur la composition chimique, et secondairement sur la composition minéralogique et la structure. Les roches sont alors divisées en classes d'après le rapport (en poids pour cent) des éléments blancs (silice, alumine, alcalis) aux éléments noirs ferro-magnésiens.

$$\frac{\text{Éléments blancs}}{\text{Éléments ferro-magnésiens}} = \frac{sal}{fem}$$

Suivant que ce rapport est égal à 7, à 1,66, à 0,60, à 0,14, à zéro, on a cinq classes différentes. La cinquième classe ne comprend que la dunite. La lherzolite et les wehrlites composent la quatrième. Les plus importantes sont les trois premières qui débutent par une classe exclusivement composée d'éléments blancs, pour finir par celle qui comprend les limburgites, néphélinites, téphrites et teschénites.

Dans chaque classe, il y a des *ordres* qui s'établissent par la considération du rapport entre le quartz et le feldspath $\frac{\text{quartz}}{\text{feldspaths}}$ depuis $\frac{Q}{F} > 7$ jusqu'à $Q = 0$ puis par le rapport $\frac{\text{feldspath'ide}}{\text{feldspath}} = \frac{L}{F}$. Ce rapport varie entre deux limites données par $L = 0$ et $F = 0$. Ces rapports sont caractéristiques de l'acidité et de la couleur.

Après viennent les *rangs* exprimés par les rapports $\frac{\text{potasse} + \text{soude}}{\text{chaux feldspathisable}}$ $\frac{K^2O + Na^2O}{CaO}$ et enfin les *sub-rangs* d'après $\frac{\text{potasse}}{\text{soude}} = \frac{K^2O}{Na^2O}$

Ces deux derniers rapports sont caractéristiques du magma. Le premier définit le plagioclase.

Classification de M. Michel Lévy.

La classification de M. Michel Lévy est basée sur la considération, dans un magma, des fumerolles (siliceuses, alumineuses et alcalines) d'une part, et de la scorie ferro-magnésienne d'autre part.

Chacune de ces deux parties comprend deux paramètres magmatiques.

Le premier paramètre de la fumerolle sera fourni par le rapport du pourcentage de la silice des éléments blancs, désignée par S (sal), à la somme des poids moléculaires des alcalis. Ce paramètre représente en quelque sorte l'acidité latente d'une roche.

Le pourcentage de la silice des éléments blancs s'obtient en déduisant du pourcentage total de la silice celui qui est nécessaire pour saturer les éléments ferro-magnésiens de la roche.

Si K et N représentent les pourcentages respectifs des deux alcalis fournis par l'analyse globale, qui peuvent être attribués aux feldspaths, les poids moléculaires de la potasse étant 94 et celui de la soude 62, ou en chiffres ronds 90 et 60, la somme des poids moléculaires sera $\dfrac{K}{90} + \dfrac{N}{60}$ ou $\dfrac{1}{30}\left(\dfrac{2K+3N}{6}\right)$. Par conséquent le poids moléculaire global des alcalis est proportionnel à $2K + 3N$; et si on désigne le paramètre fondamental par Φ, on a : $\Phi = \dfrac{S\,sal.}{2K+3N}$.

Considérons, par exemple, l'orthose (K^2O, Al^2O^3, $6SiO^2$) qui contient 6 molécules de silice pour une molécule d'alcali, le poids moléculaire de SiO^2 étant 60, la silice des éléments blancs sera entièrement saturée par les alcalis, si on a :

$$\dfrac{S\,sal}{60} = 6\left(\dfrac{K}{94} + \dfrac{N}{62}\right),$$ ce qui donne $\Phi = 1,93$. — Au-dessous de cette valeur il y a production de feldspathides.

M. Michel Lévy a été ainsi amené à diviser les roches alcalines en six groupes caractérisés par les valeurs croissantes de Φ.

Valeur de Φ	Groupes	Exemples
0 à 1,9	Éléolitique ou leucitique.	Syénites éléolitiques — Théralites.
1,9 à 2,2	Alcalino syénitique	Nordmarkite — Pulaskite, Laurvikite.
2,3 à 2,9	Syénitique	Plauénite — Monzonite.
3,0 à 3,4	Alcalino-granitique	Granites alcalins — Gabbros
3,5 à 4,4	Granito-dioritique	Granites, diorites, gabbros, norites.
4,5 à 6,6 et au-dessus	Tonalitique	Granulite passant au quartz, diorites quartzifères.

Le second paramètre $r = \dfrac{K}{N}$ est le rapport des pourcentages de potasse et de soude contenus dans la roche; il est identique à celui des Américains.

Il donne des roches persodiques de 0 à 0,19 ; mégasodiques (Santorin) de 0,20 à 0,35 ; mésosodiques (Etna, Puys) de 0,36 à 0,55 ; mésopotassiques (Monzoni, Madagascar) de 0,56 à 0,89 ; mégapotassiques (Mont-Dore) de 0,90 à 2,5 ; perpotassiques (Vésuve) pour des valeurs supérieures à 2,6.

Les paramètres de la scorie ferro-magnésienne correspondent aux rapports existant entre les pourcentages de la magnésie m, d'oxyde ferreux f, de chaux non feldspathisable c' et celui x des éléments ferro-magnésiens. Donc $M = \dfrac{m}{x}$, $F = \dfrac{i}{x}$ et enfin $C' = \dfrac{c'}{x}$. Ce dernier rapport permet de diviser les roches riches en éléments ferro-magnésiens en roches microcalciques (Santorin, Mont-Dore) de 0,0 à 0,05 ; mégacalciques 0,11 et au-dessus (Vésuve, Madagascar) ; œgyriniques (Pantellaria) (avec soude non feldspathisable).

Ces groupes sont aussi respectivement : ou mésoalumineux ou microalumineux ou analumineux, car ce sont des roches pauvres en alumine qui renferment le plus de chaux non feldspathisable et vice-versa.

Le quatrième paramètre est le rapport $\dfrac{M}{F} = \dfrac{i}{m}$, c'est-à-dire le rapport de l'oxyde de fer à la magnésie. Il est désigné par $\psi = \dfrac{i}{m}$.

Lorsque la valeur de ψ est inférieure à 3, le magma est magnésien (Mont-Dore) ; de 3 à 4 il est ferro-magnésien (Etna, Cantal). Lorsqu'elle est supérieure à 4, le magma est ferrique (Santorin, Vésuve) et la roche est riche en magnétite, fer titané.

Les six valeurs de Φ et les six de r donnent pour la fumerolle 36 combinaisons : les quatre valeurs de C' et les trois de ψ en donnent 12 ; cela fait en tout $36 \times 12 = 432$ variétés admissibles de magmas.

Dans une note récente, Michel Lévy préconise l'adjonction aux paramètres qui caractérisent la scorie, du paramètre U qui représente le rapport des oxydes de fer à la chaux totale

$$U = \frac{i}{c + c'},$$ c étant le poids de chaux feldspathisable.

Il signale, en outre, l'utilité des nombres $2K + 3N$ pour 100 et An pour 100 $\left(\text{égal à } \dfrac{An}{Ab + An}\right)$ qui est la teneur en anorthite du plagioclase total.

Michel Lévy estime que, dans une même série de roches éruptives, tout se passe comme si deux magmas à propriétés très différentes (scorie, fumerolle) se mélangeaient en diverses quantités, en conservant chacun, d'une façon stable, la proportion relative de ses divers éléments.

REPRÉSENTATION GRAPHIQUE DES ROCHES ÉRUPTIVES

Procédé de Michel Lévy. — Le procédé employé par Michel Lévy consiste à figurer l'analyse quantitative d'une roche par deux diagrammes triangulaires dont la forme représente, pour l'un, ce qu'il a appelé la scorie ferro-magnésienne, c'est-à-dire la proportion relative des éléments colorés (fer, magnésie, chaux) et de l'alumine en excès, non feldspathisée ; pour l'autre, les éléments blancs ou éléments de fumerolles (potasse, soude) et chaux feldspathisée : la silice est inscrite à côté des triangles juxtaposés.

On sait que l'affinité de l'alumine est plus grande pour les alcalis que pour la chaux, et enfin plus forte pour la potasse que pour la soude. On peut donc penser que si l'analyse donne un tant pour cent de potasse égal à K, toute cette potasse passera dans les feldspaths; on lui attribuera, tout d'abord, l'alumine qu'elle comporte, à raison de molécule pour molécule. Quant à la soude l'expérience montre qu'une partie notable de ce corps peut se trouver dans les éléments noirs. Dans ce cas, la soude totale % ou N pourra se partager en soude feldspathisable n, entraînant avec elle son alumine, et en soude libre n' destinée à passer dans les silicates basiques (amphiboles et pyroxènes sodifères). Il en sera de même de la chaux, qui pourra se diviser en chaux feldspathisable C et en chaux libre C' (1) devant passer dans les silicates ferro-magnésiens. D'autre part, si après avoir donné aux quantités existantes de potasse, de soude et de

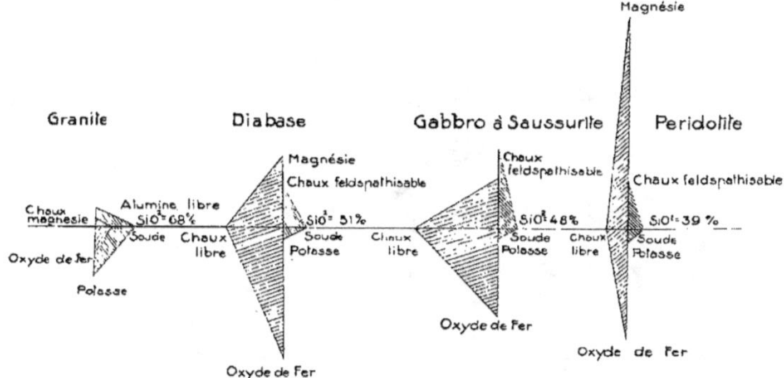

Fig. 126. — DIAGRAMMES REPRÉSENTATIFS DE DIVERSES ROCHES, D'APRÈS M. MICHEL LÉVY.

chaux, la proportion d'alumine qui leur convient pour la formation des feldspaths, il reste encore de l'alumine, celle-ci se trouvera libre, et pourra former des feldspathides (néphéline) dans lesquels la proportion d'alumine est notablement plus grande que pour les autres silicates, ou bien encore former un mica puisque la proportion d'alumine n'est pas moindre dans la muscovite que dans la néphéline.

Quant aux éléments accessoires, tels que le zircon, le rutile, le sphène, l'oligiste, etc., etc., la faible quantité de ces éléments fait que leur intervention ne changerait pas sensiblement les résultats.

Les croquis (fig. 126) montrent, pour les quatre types de roches : granite, diabase, gabbro à saussurite et péridotite (picrite), combien les diagrammes

(1) Quand il y a de l'acide phosphorique, on met à part la quantité de chaux nécessaire à la formation de l'apatite.

représentatifs diffèrent et à quel point il fait ressortir le proportion relative des éléments principaux.

L'étude chimique des roches endogènes, facilitée par l'emploi de ces diagrammes, a permis à M. Michel Lévy d'énoncer un certain nombre de lois générales qui peuvent aider à retrouver l'origine des roches.

1º La proportion de magnésie est éminemment caractéristique de la quantité de magma ferro-magnésien entrant dans la composition définitive de la roche, c'est-à-dire sa basicité. La magnésie tend régulièrement vers zéro quand la silice augmente, c'est-à-dire quand l'acidité s'accroît.

2º Quand on considère une famille de roches homogènes, tout se passe comme si, à un magma ferro-magnésien, venait s'ajouter, par apports successifs, une quantité rapidement croissante d'alcalis, d'alumine et de silice. Puis, une fois que la saturation de la potasse, de la soude et de l'alumine est atteinte, la silice croît et semble remplacer le magma ferro-magnésien.

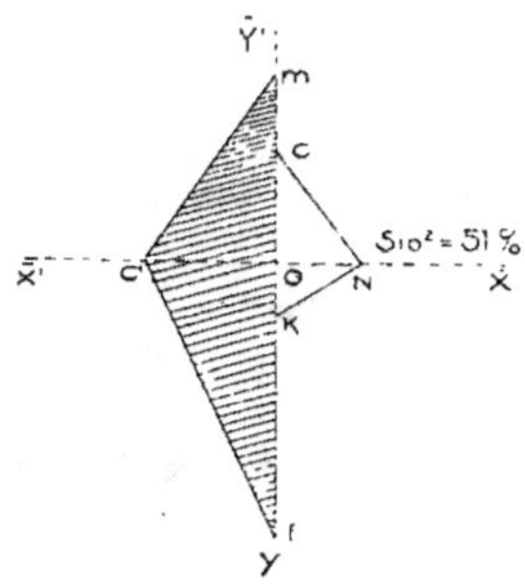

Fig. 127.

Exemple de représentation graphique. — Considérons une diabase (fig. 127). On trace deux axes à angle droit OX et OY. La soude Na^2O feldspathisable N est portée sur la partie positive de l'axe OX en ON.

La potasse K sur OX en OK.

La chaux feldspathisable *c*, en OC sur la partie négative de OY.

Le triangle KCN représente les éléments blancs. De même, on porte sur OY le fer *of* et sur OY', *om* qui est la magnésie, et s'il existe de la chaux libre on la porte sur OX' en *c'*.

Le triangle *mfc'* représente les éléments ferro-magnésiens.

La silice est inscrite à côté des deux triangles juxtaposés.

L'alumine a été complètement saturée par K^2O, Na^2O et CaO; il n'y a donc pas d'alumine libre.

Il est facile d'établir les diagrammes qui correspondent aux diverses variétés de feldspaths, de micas et de silicates basiques.

Ainsi, dans la figure 128, le premier rectangle correspond à l'orthose; les triangles suivants caractérisent le microcline, l'anorthose, tandis que l'albite donne un rectangle collé à l'axe des abscisses, le diagramme demeurant tout entier au-dessous de *ox*. Dans la partie droite de la figure, au contraire; où tous les polygones sont entre *ox* et *oy*, les triangles représentent respectivement

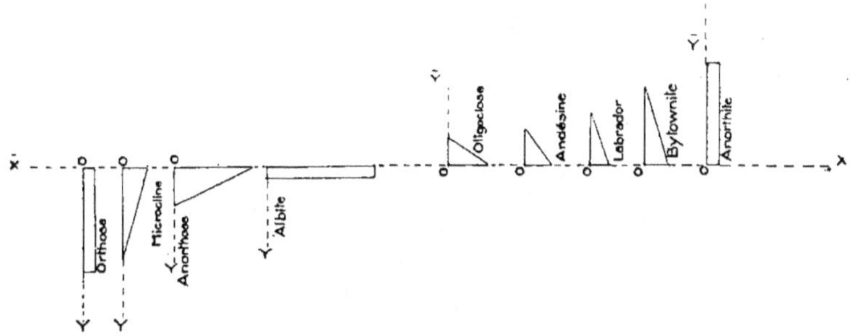

Fig. 128. — Diagrammes des feldspaths.

les divers feldspaths basiques, le rectangle allongé perpendiculairement à l'axe *ox* représentant l'anorthite.

La figure 129 donne les diagrammes des micas, et la figure 130 celle des pyroxènes et des amphiboles. Grâce à ces indications et à des tableaux numériques qui font connaître d'avance, avec les rapports moléculaires, la quantité

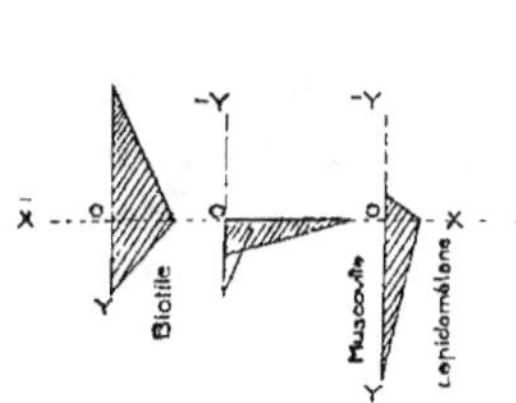

Fig. 129. — Diagrammes des micas.

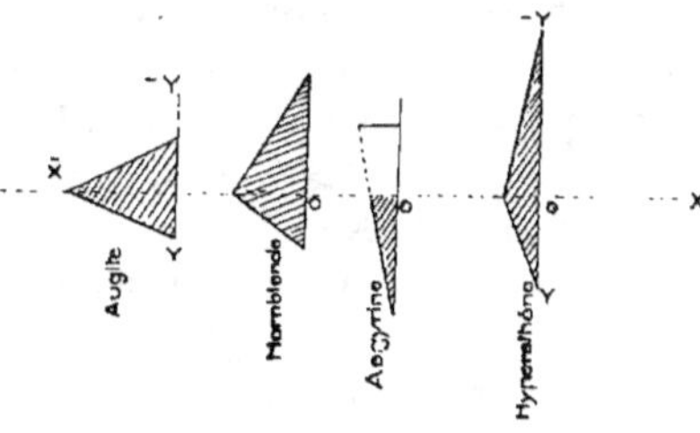

Fig. 130. — Diagrammes des pyroxènes
et des amphiboles.

des divers éléments susceptibles de se saturer réciproquement, on construit facilement le diagramme propre à chaque roche, en même temps qu'on y lit la nature des silicates les plus aptes à se produire.

Procédé de Becke. — Le procédé de Becke, pour la représentation graphique des éléments d'une roche éruptive, consiste à mettre en évidence les rapports qui existent entre les trois métaux : potassium, sodium, calcium. On prend deux axes rectangulaires *ox* et *oy*, puis on choisit sur *ox* une longueur arbitraire OB qui représentera l'unité, et, sur *oy*, une longueur OC égale à OB. On joint BC, puis on prend sur les prolongements de *ox* et de *oy*, OG = OF = 1/2 OB; on forme avec BG et CF prolongés un triangle isocèle BCA

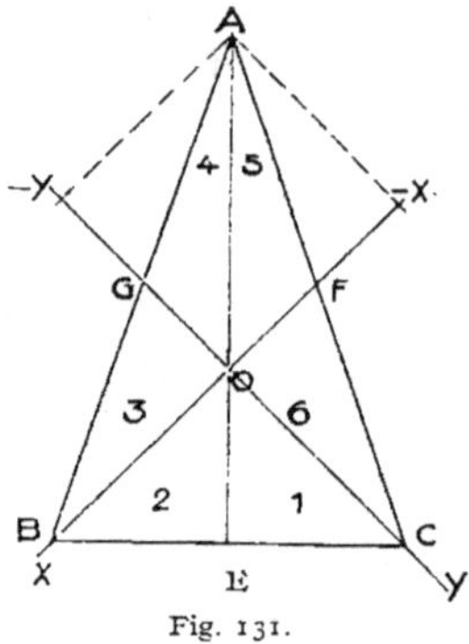

Fig. 131.

dans lequel on peut voir que la hauteur AE est égale à une fois et demie BC. Ce triangle est divisé par ses médianes en trois parties. Cela posé, les coordonnées de *x* et *y* d'un point sont définies par :

$$x = \frac{Na - Ca}{Ca + Na + K} \qquad y = \frac{K - Ca}{Ca + Na + K}$$

Ca, Na, K étant les proportions moléculaires respectives des métaux correspondant à la chaux, à la potasse et à la soude. Il suit de là que le point B correspond à Na = 1, Ca = 0, K = 0; que pour C, K = 1, Ca = 0, Na = 0. Enfin pour le point A, Ca = 1, Na = 0, K = 0. Pour que *x* et *y* soient positifs, il faut que l'on ait Na > Ca et K > Ca; d'autre part, pour tous les points de OE, on a évidemment K = Na.

On déduit de là que les six triangles représentent les combinaisons suivantes :

Triangle (1) K > Na > Ca.
— (2) Na > K > Ca..
— (3) Na > Ca > K.
— (4) Ca > Na > K.
— (5) Ca > K > Na.
— (6) K > Ca > Na.

Si, pour chaque roche connue, on détermine le point qui correspond aux chiffres fournis par l'analyse, suivant que les points tomberont de préférence dans certaines parties de la figure, et s'y grouperont en essaims, on reconnaîtra de suite les rapports de parenté des roches représentées, au moins pour ce qui concerne les alcalis et la chaux.

Diagrammes de la composition globale.

Méthode de Brögger. — La méthode des diagrammes figurant les résultats de l'analyse globale est due à Brögger. Cette méthode unit à une grande simplicité d'application l'avantage de fournir des figures tout à fait comparables.

On détermine, d'après l'analyse globale, et à l'aide des chiffres indiqués (page 121), le nombre des molécules ou quotient moléculaire de chaque élément (cette désignation signifie que le nombre obtenu est le quotient du tant pour cent par le poids moléculaire). Telle est la quantité à représenter graphiquement.

Cela posé, sur une ligne horizontale, on prend, à l'échelle adoptée, une longueur égale au quotient moléculaire de la silice; puis, sur le milieu de cette ligne, on élève une perpendiculaire dont la partie supérieure servira à représenter la chaux, la partie inférieure étant affectée à l'alumine. Enfin, en menant les bissectrices des angles droits ainsi formés, on obtient quatre diagonales. Celle du secteur de droite est réservée à la magnésie, tandis que, sur celle de gauche

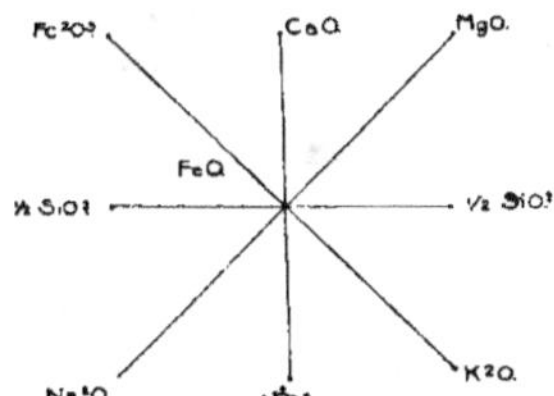

Fig. 132. — Représentation des quotients moléculaires.

en haut, on porte, à la suite l'un de l'autre, les quotients moléculaires de l'oxyde ferreux et de l'oxyde ferrique. Enfin les deux diagonales inférieures servent à représenter, celle de gauche, la soude, et celle de droite, la potasse.

On voit de suite que, pour toutes les roches acides, les diagrammes seront fortement étalés suivant l'horizontale, et que la majeure partie du polygone étoilé, qui correspond au groupe alumine et alcalis, se trouvera au-dessous de cette horizontale. Au contraire, le diagramme des roches basiques sera court de droite à gauche, très aplati en bas et très dilaté en haut, se développant d'autant plus vers le haut que la chaux sera plus abondante, et vers la diagonale de droite qu'il y aura plus de magnésie.

Supposons que l'analyse globale d'un trachyte ait donné :

SiO²	CaO	MgO	K²O	Al²O³	Na²O	FeO	Fe²O³
63,97	2,32	0,90	5,59	17,62	4,62	1,6	2,01

Il n'est pas tenu compte de la perte par calcination.

Les quotients moléculaires sont :

SiO^2	CaO	MgO	K^2O	Al^2O^3	Na^2O	FeO	Fe^2O^3
1,066	0,041	0,023	0,059	0,172	0,074	0,022	0,012

ou en multipliant tout par cent :

SiO^2	CaO	MgO	K^2O	Al^2O^3	Na^2O	FeO	Fe^2O^3
106,6	4,1	2,3	5,9	17,2	7,4	2,2	1,2

(soit en tout 146,9).

La moitié de 106,6, soit 53,3, sera portée sur l'horizontale de part et d'autre du point de croisement des vecteurs.

Adoptons l'échelle de 1,2 millimètre par unité.

Les longueurs des vecteurs, en partant de celui qui est vertical et correspond à la chaux, seront, en tournant dans le sens des aiguilles d'une montre :

4,1 ; 2,3 ; 53,3 ; 5,9 ; 17,2 ; 7,4 ; 53,3 ; 3,4 (égal à la somme de 2,2 et de 1,2).

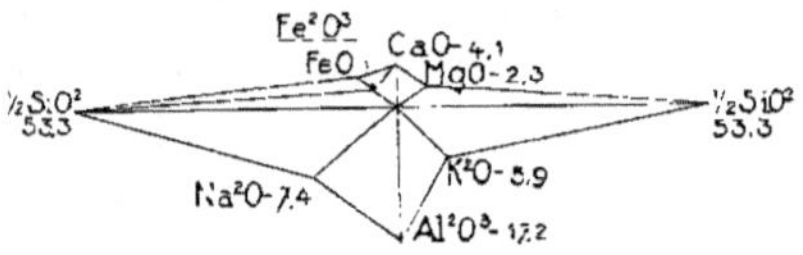

Fig. 133. — DIAGRAMME DU TRACHYTE.

Pour rendre le diagramme plus parlant, on joindra deux à deux les extrémités des vecteurs, ce qui donnera la figure 133.

Avec un granite très acide et riche en alcalis, contenant :

SiO^2	CaO	MgO	K^2O	Al^2O^3	Na^2O	FeO	Fe^2O^3
74,07	0,76	0,16	4,35	13,48	4,24	1,29	1,86

les vecteurs, énumérés dans le même ordre, deviendraient : 1,3 ; 0,4 ; 61,2 ; 4,6 ; 13,2 ; 6,7 ; 61,2 ; (1,8 — 1,2) = 3,0, et on aurait le diagramme de la figure 134.

Fig. 134. — DIAGRAMME D'UN GRANITE ACIDE (GRANULITE, PEGMATITE).

Les figures 135 et 136, empruntées à M. Hobbs, représentent, d'après les moyennes de nombreuses analyses, un certain nombre de roches, à texture surtout granitoïde, depuis les plus acides jusqu'aux plus basiques. Dans tous ces diagrammes, 1,2 millimètre représente une unité du quotient moléculaire préalablement multiplié par 100.

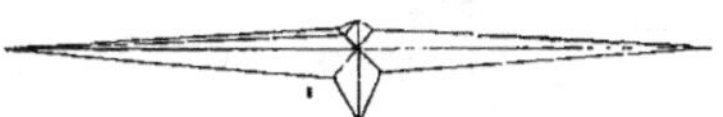

Moyenne des granites.

Granite à muscovite et biotite.

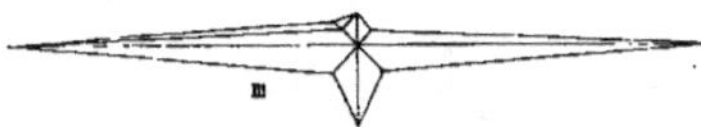

Granite à biotite.

Granite à hornblende.

Granite à augite.

Syénite à néphéline.

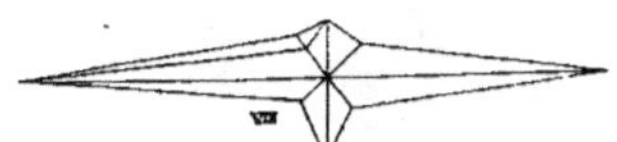

Syénite normale.

Fig. 135. — Diagrammes de roches granitoïdes.

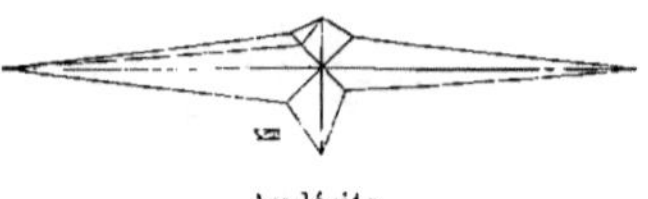

Andésite.

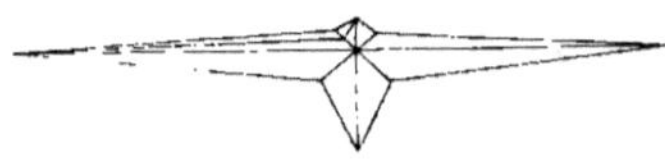

Diorite acide.

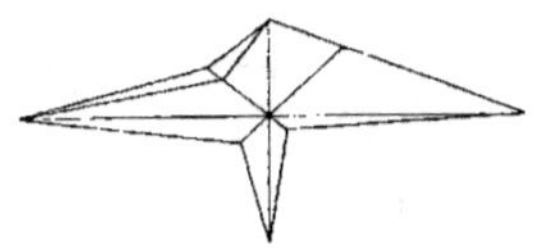

Gabbro.

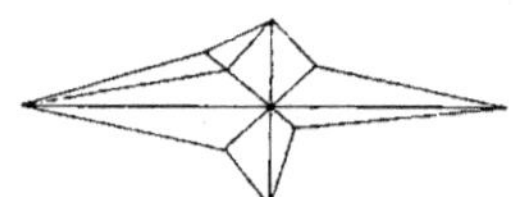

Essexite.

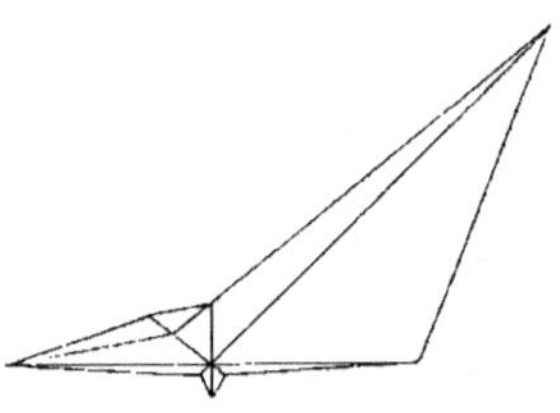

Péridotite.

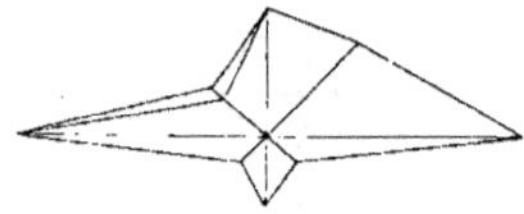

Shonkinite.

Fig. 136. — Diagrammes de roches granitoïdes.

PROCÉDÉS D'EXAMEN DES ROCHES

EXAMEN MACROSCOPIQUE. — La première épreuve à laquelle une roche doive être soumise est l'examen macroscopique à l'œil nu ou simplement armé d'une loupe. Lorsque le grain est suffisamment gros, cet examen permet de reconnaître les différents minéraux qui entrent dans sa composition. On peut même les isoler en cassant la roche et s'assurer de l'identité de chacun d'eux, par le clivage, la dureté, la fusibilité, ou par l'action de quelques réactifs chimiques très simples.

Remarque. — Pour reconnaître une roche, il faut toujours la casser d'un coup de marteau pour examiner la cassure fraîche.

EXAMEN MICROSCOPIQUE. — Quand les roches sont à grain très fin, on a recours au microscope. Pour cela on taille des plaques très minces et on examine ces plaques, au microscope polarisant, en lumière parallèle et en lumière convergente.

La préparation d'une section mince d'une roche est très simple : un éclat grand comme une pièce de 1 franc, plat autant que possible, est détaché de l'échantillon avec le marteau ou scié à la machine. On use cet éclat sur un disque de fonte recouvert d'émeri et d'eau, animé d'un mouvement de rotation rapide. On dresse ainsi une face plane qui est ensuite polie par frottement sur un disque de verre à l'aide d'émeri très fin ou de carborandum et finalement par de la potée d'étain.

On colle alors l'objet par sa face plane sur un porte-objet en verre au moyen de baume du Canada chaud, qui a été durci par un chauffage antérieur, en ayant soin d'éviter les bulles d'air.

On use ensuite la préparation, de plus en plus, sur le disque de fonte, puis sur celui de verre ou de laiton, jusqu'à ce qu'il ne reste plus qu'une pellicule extrêmement délicate, épaisse de 0,01 à 0,03 millimètre environ (étude en lumière parallèle). Cette lame est alors transparente, même avec les roches foncées. Pour protéger la préparation et en même temps la rendre plus transparente, on la recouvre de baume du Canada, puis d'un couvre-objet bien appliqué. On enlève l'excès de baume, au moyen d'une aiguille à tricoter aplatie à une extrémité et en lavant avec un chiffon trempé dans la benzine.

Pour les minéraux pulvérulents, le plus simple est de les fixer sur une lamelle au moyen de baume et de les protéger avec un couvre-objet.

Pour l'étude des minéraux, en lumière convergente, on prend des plaques ayant 1 à 2 millimètres d'épaisseur.

I. — Séparation mécanique des éléments des roches.

Il est possible de séparer mécaniquement les éléments. Plusieurs méthodes peuvent conduire à ce résultat. Lorsque les minéraux contiennent une assez forte proportion de fer, on peut, après avoir pulvérisé la roche, extraire ces minéraux soit par un simple barreau aimanté (la magnétite), soit au moyen d'un électro-aimant (Méthode de M. Fouqué). Un faible courant permet de séparer la magnétite; un courant de 2 ou 3 éléments Bunsen donnera la hornblende, l'augite, le péridot, enfin avec 8 éléments on aura les minéraux pauvres en fer.

Ce procédé de séparation a reçu des applications dans l'industrie des mines. Ainsi, la sidérose et la blende préalablement grillées peuvent être séparées au moyen de la trieuse Vavin; cette trieuse comprend deux cylindres tournants étagés l'un au-dessus de l'autre; leur surface est formée d'anneaux de fer doux et de cuivre alternativement. Les anneaux de fer sont en contact avec des barreaux aimantés disposés suivant les rayons, les anneaux de cuivre et de fer du second cylindre correspondent inversement à ceux du premier. Les parties attirables adhèrent au fer en glissant sur le cuivre,.

On a réussi à séparer la cassitérite du wolfram et du m'spickel par ce procédé; les résultats sont très satisfaisants.

M. Thoulet est parvenu à séparer les éléments des roches en soumettant la roche finement pulvérisée et placée dans un tube en verre à l'action d'un courant d'eau ascendant de vitesse déterminée. On obtient ainsi une série de couches superposées.

EMPLOI DES LIQUEURS TITRÉES. — Lorsque les minerais qu'on veut séparer ont des densités différentes mais assez voisines, la séparation mécanique ne peut s'appliquer, on a alors recours aux liqueurs titrées.

M. Thoulet emploie à cet effet la solution d'iodure de mercure dans l'iodure de potassium, dont la densité peut atteindre 3,196.

M. Duboin emploie la solution d'iodure de mercure dans l'iodure de sodium dont la densité peut atteindre 3,46.

En ajoutant de l'eau en proportion déterminée à ces solutions, on a des liqueurs de densités décroissantes qui sont des liqueurs types. On prend ensuite un grain homogène de chacun des minéraux constituants d'une roche préalablement concassée et on le place successivement dans les diverses liqueurs types pour connaître celle dans laquelle il reste en suspension. Par conséquent si on introduit la poudre de roche à étudier dans un appareil rempli de cette liqueur, tous les minéraux plus lourds tomberont au fond et pourront être éliminés. Ce procédé permet de séparer très facilement le quartz du feldspath.

Lorsque les minéraux ont une densité supérieure à 3, on peut employer la liqueur de Klein; cette liqueur est une dissolution de borotungstate de cadmium ayant pour densité maxima 3,5. Le péridot reste en suspension dans cette liqueur.

On emploie également l'iodure de méthylène dont la densité est de 3,332 ; il se dilue dans le benzol, l'éther ou le xylol.

Dans ces derniers temps, on a proposé l'emploi du tétrabromure d'acétylène ($C^2 H^2 Br^4$), qui a une densité de 2,93 et qui coûte beaucoup moins cher que les réactifs précédents.

Enfin, pour les minéraux très lourds, M. Bréon s'est servi de chlorure de plomb soit seul, soit mélangé au chlorure de zinc ; mais, dans ce cas, il faut opérer à la température de 400°.

M. Retgers prend un mélange de nitrate d'argent et de thallium qui fond à 75°, en donnant un liquide transparent très mobile qui se dilue dans l'eau ; mais il ne peut s'employer dans le cas de sulfure. On peut alors prendre le nitrate de mercure et de thallium ; ces deux bains sont coûteux (100 centimètres cubes coûtent 125 francs).

II. — Séparation des éléments par réactifs chimiques.

L'acide fluorhydrique est un agent précieux pour obtenir certains éléments et particulièrement les minéraux ferro-magnésiens. Ce procédé a été imaginé par Fouqué. On pulvérise la roche, puis on verse la poudre dans une capsule de platine contenant de l'acide fluorhydrique concentré et très pur. On remue le mélange avec une spatule en platine. Quand l'acide a terminé son action, les différents minéraux sont transformés en fluorures et fluosilicates, sauf les minéraux ferro-magnésiens qui sont généralement inattaqués. L'acide fluorhydrique attaque d'abord les matières amorphes, puis les feldspaths, puis le quartz cristallisé et enfin les silicates ferrugineux et le fer oxydulé. Les différents temps de l'attaque sont assez marqués pour qu'on puisse, dans beaucoup de cas, séparer ainsi les divers éléments d'une roche. On peut donc s'en servir utilement pour extraire le feldspath d'une roche riche en matière vitreuse ; il suffit pour cela d'arrêter brusquement l'action de l'acide, en étendant d'eau avant que les feldspaths aient été attaqués. Si, par exemple, on traite une ponce, mélange de matière amorphe et de minéraux cristallins, on attaque successivement la matière amorphe, les feldspaths, puis l'olivine, le fer oxydulé, l'amphibole, le pyroxène.

Si on arrête l'opération après l'attaque des feldspaths, on peut séparer le fer oxydulé au moyen d'un barreau aimanté, puis dissoudre le péridot dans l'acide azotique étendu, et finalement il ne reste que du pyroxène ; s'il y avait, en outre, de l'amphibole, il faudrait séparer ces deux derniers minéraux par le triage même.

III. — Essais chimiques restreints.

PROCÉDÉ BORICKY. — L'analyse qualitative restreinte des silicates qui entrent dans la constitution d'une roche peut être faite par le procédé Boricky, procédé basé sur l'emploi de l'acide hydrofluosilicique. Ce réactif attaque à la longue la plupart des silicates. Pour cela, on recouvre une lame de verre d'une couche uniforme de baume du Canada, et on y place l'essai, gros comme une tête d'épingle; on le recouvre d'une goutte bien bombée d'acide hydrofluosilicique, puis on place la lame sous une cloche, à côté d'un vase contenant de l'eau pour saturer l'air d'humidité. Quand l'attaque est terminée, on porte la lame sous une cloche à air sec pour déterminer l'évaporation de l'excès d'acide, puis on recouvre la préparation d'une couche de baume en dissolution dans l'essence de girofle et enfin on la recouvre d'une lame de verre.

Les hydrofluosilicates sont examinés au microscope :

L'hydrofluosilicate de potasse est cubique.

    —   —   de soude est hexagonal.

    —   —   de chaux cristallise en fuseaux étroits et allongés.

Les hydrofluosilicates de magnésie, fer, manganèse sont rhomboédriques. Pour distinguer ces trois derniers, on fait agir soit le chlore gazeux, soit le sulfhydrate d'ammonium : le sel de magnésie ne subit aucune modification, le sel de fer devient d'un jaune citron avec le chlore et noir avec le sulfhydrate. Le sel de manganèse est d'un brun rougeâtre avec le chlore et couleur chair avec le sulfhydrate.

PROCÉDÉ BEHRENS. — M. Behrens attaque la substance minérale par l'acide fluorhydrique, puis transforme les fluorures en sulfates ou en chlorures. On opère sur 0gr. 5 de matière qu'on attaque par 3 centigrammes d'acide fluorhydrique et on évapore jusqu'à siccité. Puis on reprend par l'acide sulfurique ou par l'acide chlorhydrique. On évapore de nouveau à siccité; le dépôt que l'on obtient doit toujours contenir un petit excès du dissolvant qui facilitera la cristallisation. On reprend par l'eau chaude et on évapore de manière à avoir un gramme de liquide, c'est-à-dire deux gouttes pour un milligramme de substance dissoute.

Ainsi, si la solution est sulfurique, il suffit, pour reconnaître la présence du *calcium*, d'en porter une goutte sur le porte-objet d'un microscope et de l'abandonner à l'évaporation, on voit bientôt se former des cristaux de gypse.

Pour le *potassium*, à la goutte de chlorure on ajoute une gouttelette de chlorure de platine; il se forme alors des cristaux octaédriques très nets de chloroplatinate de potassium.

Pour le *sodium*, on ajoute une gouttelette d'acétate d'urane, il se forme des tétraèdres très nets.

Pour le *magnésium*, on ajoute une gouttelette de phosphate d'ammoniaque, il se forme des cristaux orthorhombiques, de phosphate ammoniaco-magnésien.

PROCÉDÉ DE M. SZÀBO. — M. Szàbo a imaginé une méthode basée sur la coloration que communiquent à la flamme d'un bec Bunsen les alcalis (potasse, soude, lithine) contenus dans un petit fragment du minéral à essayer.

On observe cette coloration dans deux parties de la flamme. La première, moins chaude, est située à la base de la flamme à environ $0^m,005$ du bec, dans l'enveloppe oxydante. La seconde donnant le maximum de chaleur est située plus au centre, à peu près en face de la pointe de la partie interne bleue réductrice de la flamme, le bec une fois coiffé de sa cheminée, et à environ $0^m,01$ au-dessus de celui-ci. Une troisième observation a lieu dans cette même partie chaude, après avoir enduit le fragment du minéral de sulfate de chaux pulvérisé. Pour juger de l'intensité de la coloration communiquée à la flamme par la potasse, il faut éliminer l'influence due à la soude. On se sert à cet effet de verres colorés en bleu par le cobalt. Ce procédé donne de très bons résultats. Il permet surtout de séparer les espèces : orthose, microcline, albite, oligoclase, labrador, anorthite, et même d'apprécier des mélanges de labrador et d'oligoclase, ou de labrador et d'anorthite.

IV. — Analyse quantitative d'une roche.

Les principaux éléments qui entrent dans la constitution d'une roche endogène sont :

SiO^2, Al^2O^3, Fe^2O^3, CaO, MgO, FeO, K^2O, Na^2O,

L'analyse d'une roche comprend trois opérations :

1° Calcination pour déterminer l'eau.

2° Fusion au carbonate de sodium ou mieux au mélange de carbonate de potassium et de carbonate de sodium : puis traitement par l'acide azotique ou l'acide chlorhydrique, évaporation à sec, reprise par un acide, dosage de la silice et de tous les oxydes à l'exception des alcalis.

3° Fusion à la chaux ou au carbonate de calcium, traitement par l'acide azotique, évaporation à sec, reprise par l'acide azotique. On dose une seconde fois la silice, et on fait la détermination des alcalis (1).

---

(1) Cette méthode n'est plus employée. On dose aujourd'hui les alcalis par la méthode de Smith. (Cf. HILLEBRAND : *The Analysis of silicate and carbonate roks*, Bull. of the Geol. Surwey, n° 700, Washington, 1919 ; et L. DUPARC, *Contribution à l'analyse des silicates naturels*, Bull. Soc. franç. de Min., t. XLIII, p. 138.)

V. — Tableau des températures de fusion de silicates.

1	2	3	4	5
SILICATES	POURCENTAGE MOYEN DE LA SILICE	TEMPÉRATURE DE FUSION APRÈS OBSERVATION RAPIDE	TEMPÉRATURE DE FUSION APRÈS OBSERVATION DE 4 HEURES	DIFFÉRENCES EN DEGRÉS DES POINTS DE FUSION
Almandin	35	1265°	1200° ⊕	
Sodalite (Vésuve)	37	1130	1050	80
Olivine (Vésuve)	40	1363	1150	213
Eléolite (Norvège).	44	1070	1030	40
Néphéline	44	1070	1030	40
Hornblende syénitique (Laurwig)	45 ?	1270	1200 ⊕	90
Hornblende.	45 ?	1187	1100 ⊕	87
Hornblende (Friederickvaal). ...	45 ?	?	1010 ⊕	
Augite	50	1199	1140	59
Diallage.	50	1300	1210	90
Labrador (Groënland).	53	1230	1040	190
Leucite (Vésuve).	55	1298	1030	268
Actinote.	57	1296	1140	156
Trémolite.	58	1220	1070	150
Oligoclase (Ytterby).	62	1220	1070	150
Spodumène (Killiney)	65	1173	1070	103
Adulaire.	65	1175	1030	145
Albite.	69	1175	1050	125
Quartz.	100	1425	1100	325

⊕ Montre des signes de décomposition.

II

ROCHES MÉTAMORPHIQUES

Les roches métamorphiques comprennent les roches cristallines et stratiformes, désignées sous le nom de roches cristallophylliennes ou de schistes cristallins. Ces roches ont été, longtemps, considérées comme le produit de la consolidation des couches superficielles du noyau igné : on les désignait sous le nom de roches primordiales.

Les roches cristallophylliennes sont actuellement considérées comme provenant, soit de roches éruptives massives, soit de roches sédimentaires. Les roches éruptives massives (granite, etc.) ont donné naissance à des roches ayant la même composition que les roches primitives, mais à structure feuilletée, par suite des influences dynamométamorphiques auxquelles elles ont été soumises (orthogneiss, etc.).

Quant aux roches cristallophylliennes provenant des roches sédimentaires, il est évident que leur formation est due à la collaboration de l'eau et des minéralisateurs, ainsi qu'à la température et à la pression (paragneiss, etc.).

Les principales roches cristallophylliennes sont : les gneiss, les micaschistes, les quartzites et les phyllades.

GNEISS. — La composition des gneiss est la même que celle des granites. Le gneiss se distingue du granite par sa structure; les minéraux constituants sont alignés suivant des surfaces planes ou légèrement ondulées qui déterminent la schistosité de cette roche.

On distingue le gneiss rouge ou gneiss à deux micas (biotite, muscovite) appelé également gneiss granulitique, et le gneiss gris, gneiss normal, gneiss commun, qui contient seulement de la biotite.

Les gneiss sont également divisés, par suite de la présence de minéraux accessoires, en gneiss amphiboliques, pyroxéniques, protoginiques, graphitiques.

D'après la structure, on distingue, en outre, les gneiss feuilletés, fibreux, glanduleux ou œillés, granitoïdes, rubanés.

On donne le nom d'*orthogneiss* aux gneiss provenant de roches éruptives, et de *paragneiss*, aux gneiss provenant de roches sédimentaires.

Les gneiss sont très répandus dans la nature. On les rencontre en France, en Bretagne, dans le Limousin, le Plateau Central, les Alpes, où ils jouent un rôle important.

MICASCHISTES. — Les micaschistes sont essentiellement formés de quartz et de mica, disposés en zones. On rencontre assez souvent au voisinage des gneiss des micaschistes feldspathisés assez difficiles à distinguer des gneiss.

On distingue les micaschistes à muscovite, les micaschistes à biotite et les micaschistes à deux micas (micaschistes granulitiques), les micaschistes à paragonite, à séricite, à damourite, et les micaschistes oligistifères ou *itabirites*.

Les itabirites sont très répandues dans la province des Minas Geräes (Brésil); elles contiennent de l'or.

Les micaschistes contiennent des grenats, de la tourmaline, de l'épidote, du graphite.

Par disparition du mica, les micaschistes passent aux quartzo-phyllades et aux quartzites. Ils peuvent également passer aux chloritoschistes.

Les quarzo-phyllades et les quartzites sont très fréquents dans les régions des gneiss et des micaschistes.

LEPTYNITE. — La leptynite est constituée par un mélange à grain fin d'orthose, de quartz et assez souvent de petits grenats. Elle est schisteuse et rubanée, de couleur claire. Elle est commune dans le Limousin.

HÄLLEFLINTA. — L'Halleflinta, appelé également pétrosilex, est une roche compacte, à grains très fins, à cassure conchoïdale; elle est formée de quartz et de feldspath. C'est une leptynite très compacte.

On rattache au pétrosilex les *cornes* et les *adinoles* qui sont des pétrosilex très compacts. Dans le Plateau Central, les leptynites passent à l'hälleflinta.

QUARTZITE. — Le quartzite est constitué par un agrégat cristallin de quartz en grains irréguliers. Quelques-uns présentent une structure schisteuse due à la présence de paillettes de mica.

L'*itacolumite* ou grès flexible où se trouve le diamant au Brésil est une variété de quartzite. En Bretagne, les quartzites dérivent du grès armoricain métamorphisé par le granite.

AMPHIBOLOSCHISTE. — L'amphiboloschiste est une roche analogue au micaschiste avec remplacement du mica par de l'amphibole.

On connaît des schistes à actinote (Mont Rose, Loire-Inférieure).

CHLORITOSCHISTES. — Les chloritoschistes sont formés par une accumulation de lamelles de chlorite. Les lits sont souvent séparés par des grains de quartz. Ils renferment fréquemment de la magnétite et des cristaux volumineux de grenat (Alaska).

Aux chloritoschistes se rattachent les schistes ottrélitifères (l'ottrélite est un silicate hydraté d'alumine et de fer).

TALCSCHISTES. — Les talcschistes sont des roches schisteuses, blanches ou légèrement verdâtres, douces au toucher, facilement rayées par l'ongle, formées essentiellement de lamelles de talc. Ils ont reçu leur nom à une époque où l'on croyait que leur principal élément était du talc. On sait maintenant que le minéral blanc jaunâtre qu'on y observe en grande quantité est en réalité de la séricite, associée à la damourite et parfois à la chlorite.

Les talcschistes sont donc, en réalité, des séricitoschistes. Ils sont souvent luisants, satinés et très fissiles. Les schistes lustrés des Alpes appartiennent à cette catégorie.

Quand la paragonite remplace la séricite, on a alors des *schistes paragonitiques*.

Les chloritoschistes et les séricitoschistes forment des intercalations au milieu des gneiss et des micaschistes.

PHYLLADES. — Les phyllades se relient aux schistes argileux des terrains primaires, dont ils se distinguent par une structure cristalline parfois assez nette pour être visible à l'œil nu. Sur les plans de schistosité, ils montrent un éclat soyeux ou micacé. Ils sont constitués par du quartz ou du mica et du silicate d'aluminium (argile). Le quartz, en fines veinules, parcourt la roche en tous sens.

Les phyllades offrent des couleurs variables : gris, verdâtre, bleuâtre, etc.

Parmi les variétés on peut citer :

Les phyllades de Saint-Lô (précambrien, briovérien);

Les phyllades sériciteux;

Les phyllades à staurotide;

Les phyllades à chiastolite (schistes maclifères);

Les phyllades graphitiques (schistes du Taunus contenant de la pyrite aurifère);

La blaviérite de la Mayenne qui est constituée par du quartz, du silicate d'alumine et de la séricite.

Les porphyroïdes de l'Ardenne, de la Vendée, du Taunus sont formées de quartz, de feldspath et de lamelles de mica blanc orientées. Le mica qui constitue la pâte des porphyroïdes est une muscovite verdâtre, c'est-à-dire une séricite.

On vient de montrer que la séricite est un produit d'altération de feldspaths sodiques ou calco-sodiques. Il semble paradoxal, au premier abord, que la séricite qui est un mica potassique se produise dans des feldspaths non potassiques. Il y a donc tout lieu de penser que la séricite provient de la réaction des sels de potasse issus d'un feldspath potassique sur des sels de soude d'un feldspath sodique; l'alumine nécessaire à la formation de la séricite provient également du feldspath potassique. Cette séricite n'est pas un minéral de formation dynamométamorphique, elle est due à la circulation lente des eaux; elle provient dans certains cas de la transformation des verres alcalins.

La transformation des plagioclases en séricite et la résistance des feldspaths potassiques à cette transformation font que les roches massives comprenant ces deux espèces de feldspaths peuvent devenir porphyriques.

Si une roche massive a subi des actions mécaniques, la circulation des eaux se faisant suivant les fissures produites dans cette roche par cette action mécanique, la séricite s'orientera en se développant et la roche aura, de cette façon, une structure schisteuse qui est celle d'une porphyroïde. Si la structure de la roche est déjà porphyrique (microgranites), cette roche sera particulièrement apte à prendre la structure des porphyroïdes. Si les actions mécaniques manquent, il peut arriver qu'une roche volcanique épanchée prenne la structure porphyroïde, par suite de la circulation des eaux dans le sens de la stratification de la couche de roche.

La séricite se produit également dans les fissures des cristaux de quartz et dans tous les vides de la roche.

Les microclines ont cristallisé en totalité dans le magma avant tout autre élément. Ces microclines ont pu se transformer en albite. Il s'est produit à leur dépens de l'albite de substitution à côté de l'albite libre qui parfois se produit, en outre, à l'état de phénocristaux isolés. Dans certains cas, l'albitisation des microclines est connexe des transports de soude et de potasse dans le magma en voie de cristallisation.

CIPOLINS. — Les cipolins sont des calcaires anciens rendus schisteux par des lamelles de mica, de chlorite et même de graphite. On y observe quelques minéraux tels que amphibole, pyroxène, grenat; ils forment des lentilles puissantes au milieu des gneiss et des micaschistes.

GRENATITE. — La grenatite est formée de grenat et d'amphibole hornblende.

ÉPIDOTITE. — L'épidotite est formée d'épidote et de fer chromé.

ÉCLOGITE. — L'éclogite est une roche à gros grains; elle se compose de grenat rouge (pyrope), d'omphazite (variété de pyroxène vert). La smaragdite peut remplacer l'omphazite. On la rencontre à Grand-Lieu (Loire-Inférieure).

Classification des roches cristallophylliennes.

Gneiss	Gneiss gris, gneiss rouges.
Micaschiste	Itabirite (Micaschiste oligistofère).
Leptynite	Hälleflinta, pétrosilex, cornes, adincles.
Quartzite	Quartzophyllade, itacolumite.
Amphiboloschiste	Actinoloschiste.
Chloritoschiste	Schiste ottrélitifère.
Talcschiste	Séricitoschiste, paragonitoschiste.
Phyllades	de Saint-Lô, sériciteux, à staurotide, à chiastolite, graphitique.
Blaviérite	
Porphyroïde	
Cipolin	
Grenatite	
Épidotite	
Éclogite	

III

ROCHES SÉDIMENTAIRES OU ÉXOGÈNES

Les roches sédimentaires peuvent être groupées d'après leur mode de formation, en sédiments d'origine primaire ou *protogènes*, et sédiments d'origine secondaire ou *deutogènes* qu'on appelle également *détritiques* ou *clastiques*. Ces derniers sédiments résultent du remaniement de ceux de la première catégorie ou du remaniement de roches éruptives ou métamorphiques, ou encore du remaniement des roches elles-mêmes déjà détritiques.

I. — Roches protogènes.

Les roches protogènes sont ou bien d'origine chimique ou bien d'origine organique.

α) *Les roches protogènes d'origine chimique* sont le résultat de la précipitation des éléments contenus en dissolution dans les eaux : la silice, les carbonates, sulfates, chlorures des métaux alcalins et alcalino-terreux.

Exemple : meulière, geysérite, calcaires, aragonite, gypse, anhydrite, sel gemme; sels potassiques, sodiques, calciques et magnésiens des mines de Stassfurt, près Hambourg (Allemagne). Les sédiments marins qui comprennent les dépôts de minerais de fer, de phosphate de calcium d·nt la formation est : intercotidale (très faible profondeur), bathyale (80 à 900 mètres) ou abyssale (au delà de 900 mètres).

β) *Les roches protogènes d'origine organique* résultent de l'accumulation de squelettes formés par des organismes qui fixent les substances minérales empruntées par eux à l'eau de mer ou aux eaux douces. Les substances minérales ainsi fixées par des animaux ou par des végétaux sont : la silice (tripoli), le calcaire, le phosphate de calcium, la limonite.

Les combustibles minéraux : anthracite, houille, lignite, tourbe, font partie de ce groupe.

II. — Roches deutogènes ou détritiques.

Les roches deutogènes ont été divisées d'après la grosseur des éléments, en roches *pséphitiques* (ψῆφος, caillou), à gros éléments (conglomérats), roches *psammitiques* (ψάμμος, sable) à éléments moyens (arkoses, grès), roches *pélitiques* (πηλός, argile) à éléments fins (argiles, marnes).

α) *Roches pséphitiques.* — *Conglomérats.* — On donne le nom de conglomérat à toute roche formée de fragments réunis par un ciment quelconque (calcaire, siliceux, ferrugineux, argileux). Ils se divisent en deux catégories :

Les *brèches* qui sont formées de blocs anguleux;

Les *poudingues* qui sont constitués par des éléments roulés.

Le béton est un conglomérat artificiel.

β) *Roches psammitiques.* — *Grès.* — Les grès (sandstein des Allemands — sandstone des Anglais) sont constitués par un sable siliceux, à grains arrondis, réunis par un ciment; on connaît les grès quartzeux, les grès calcaires, les grès ferrugineux, les grès *psammites* ou grès schisteux micacés dans lesquels les grains de quartz sont réunis par un ciment argileux micacé.

Les *grauwackes* sont des grès argileux dans lesquels les grains de quartz et de schiste argileux sont soudés par un ciment siliceux, silico-argileux ou même calcaire. Leur couleur est généralement grise. On les rencontre dans le Culm, au Hartz et dans l'Ardenne, sous forme de bancs assez épais.

La *lydite* ou *phtanite* qui est un schiste siliceux noir; elle se compose essentiellement de quartz et de calcédoine. La variété compacte est employée comme pierre de touche : elle est colorée en noir par des matières charbonneuses.

Les *grès verts* à ciment calcaire, marneux ou argileux et dont la couleur est due à des grains de glauconie (hydrosilicate d'aluminium, fer et potassium).

Les sables siliceux et les sables calcaires.

Le passage des conglomérats au grès se fait par les *arkoses*.

Ces roches sont formées par des grains de quartz, de feldspath et de mica simulant les granites. On leur donne le nom de granites recomposés; elles passent aux arènes granitiques.

γ) Les *roches pélitiques* comprennent :

Les argiles, les marnes, les boues argileuses ou calcaires.

Classification des roches sédimentaires ou exogènes.

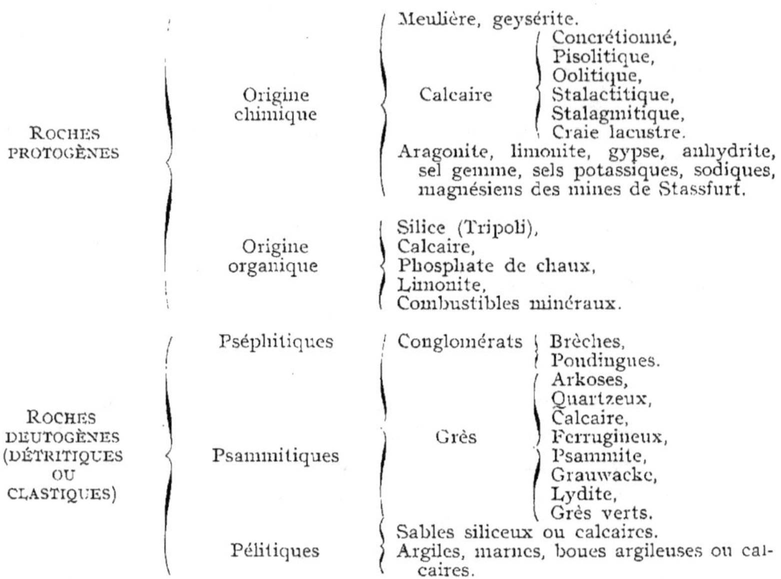

Généralités sur les formations sédimentaires.

La plupart des roches sédimentaires résultent des actions lentes exercées par les agents extérieurs sur les parties émergées de l'écorce terrestre.

Les principaux agents sont : l'eau, la glace, l'air en mouvement, le rayonnement solaire, les plantes, les animaux.

Leur composition et leur structure permettent de reconnaître la nature des eaux dans lesquelles elles se sont formées.

Ainsi, les masses argileuses, les calcaires compacts, les marnes feuilletées par la finesse de leur grain, indiquent des sédiments effectués dans les eaux calmes, à l'abri de tout courant, tandis que les bancs de sable, les grès et les cailloux roulés témoignent d'eaux courantes ou mouvementées.

Les roches sédimentaires couvrent la plus grande partie de la surface du globe; elles sont étalées par couches successives et généralement parallèles, par conséquent, toute couche recouverte est nécessairement plus ancienne que celle qu'elle supporte.

Si donc il existait, sur le globe, un point où, depuis l'origine, la sédimentation se soit faite sans interruption, un simple puits vertical suffirait pour établir la succession; et la détermination de l'âge relatif de chacune d'elles en découlerait naturellement.

Or, on sait qu'il n'en est rien, que jamais cette série des couches stratifiées n'est complète. Loin de constituer autour du globe des enveloppes successives exactement concentriques, elles présentent, au contraire, dans leur allure, de grandes irrégularités, des interruptions attestant que la sédimentation ne s'est pas faite partout d'une façon continue.

Il suffit pour s'en convaincre d'examiner les conditions dans lesquelles se présentent leurs affleurements à la surface du sol sur une certaine étendue.

Dans les pays de plaines, les couches stratifiées restent horizontales; elles sont là dans les conditions originelles de leur dépôt : c'est-à-dire dans l'ordre de leur superposition réciproque; seules de petites vallées interrompent leur continuité; on voit nettement, à flanc de coteau, les différentes couches s'étendre horizontalement; les buttes du Mont-Valérien et de Montmartre présentent un remarquable exemple de cette disposition : ces vallées qui sont maintenant occupées par des rivières ont été creusées par elles, à une époque ancienne où elles étaient plus violentes, ainsi qu'en témoignent les dépôts de limons, de sables et de graviers résultant de cette dénudation.

Quand on passe des pays de plaines aux régions des collines qui les encaissent, on remarque que ces couches horizontales viennent s'adosser contre un système de couches encore stratifiées mais de nature différente et surtout disposées tout autrement. Ces nouvelles roches sont, en effet, inclinées. Maintenant, si le relief s'accentue et qu'on aborde les régions montagneuses, les différences deviennent souvent considérables. Là, des roches qui, d'après leur nature stratifiée, ont dû être primitivement continues et horizontales apparaissent disloquées et redressées souvent jusqu'à la verticale; elles sont devenues schisteuses : le sol qui les composait paraît avoir éprouvé de violentes dislocations.

Telle est, dans ses traits généraux, l'allure des formations sédimentaires. On voit par là que, loin d'être distribuées dans un ordre régulier, elles viennent se ranger en un certain nombre de groupes distincts séparés par de grands phénomènes de dislocations, amenant dans la stratification des *discordances* qui deviennent le signe caractéristique du trouble apporté dans la sédimentation. La discordance de stratification se trouvera, d'ailleurs, en général, accentuée par un changement profond dans la nature des dépôts, et, notamment, il arrivera souvent qu'au mouvement de dislocation ait succédé une phase troublée résultant d'une incursion des eaux sur une côte auparavant émergée : c'est ce qu'on appelle une *transgression ;* ce phénomène est généralement marqué par des dépôts de grès et de conglomérats. Une coupe de terrains telle que celle de la figure ci-contre accusera deux grands mouvements de terrains : l'un entre les couches 1 et 2, l'autre entre les couches 2 et 3.

Un autre indice qui peut éclairer sur l'existence d'un mouvement ancien du sol, c'est une lacune dans la série des dépôts marins, lacune montrant que, pendant une période correspondante, le territoire en question a cessé d'être

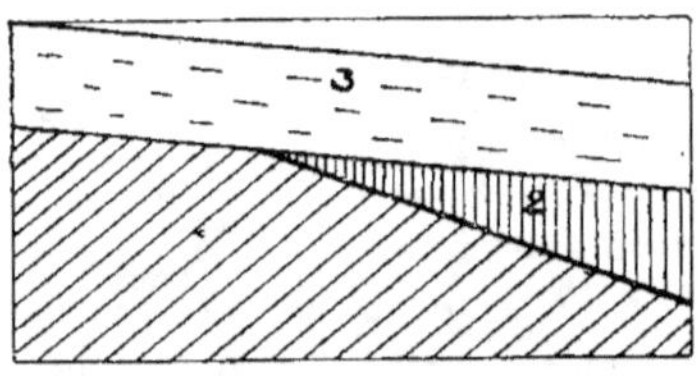

Fig. 137.

submergé par les eaux, s'est transformé en continent pour s'enfoncer de nouveau à l'époque qui a vu se former au même point de nouvelles strates marines. On constate facilement que, pendant la période d'émersion, les roches calcaires ont été corrodées, usées par les agents atmosphériques, tandis que, pendant la période de submersion, les roches calcaires ont été corrodées, mais surtout perforées par les mollusques (pholades, lithophages). De plus, pendant l'émersion les roches ont pu être enlevées partiellement sinon totalement par les érosions.

En résumé, chaque série sédimentaire peut présenter des lacunes et n'offrir, bien souvent, qu'un tableau incomplet des phénomènes survenus dans la région.

Il en résulte que les seules ressources de la stratigraphie sont insuffisantes pour l'établissement des grandes divisions de la géologie. Il faut avoir recours à un autre argument; cet argument peut se trouver dans la considération des faunes et flores fossiles.

On distingue, dans les formations stratifiées, cinq grandes ères :

ÈRE QUATERNAIRE	Période actuelle.	
	Période glacière, *pléistocène*.	
ÈRE TERTIAIRE OU NÉOZOÏQUE	Période méditerranéenne ou *néogène*	*Pliocène, miocène.*
	Période nummulitique ou *paléogène*	*Oligocène, éocène.*
ÈRE SECONDAIRE OU MÉSOZOÏQUE	Période *crétacée* (crétacique).	
	Période *jurassique*	sous période *oolitique.* sous période *liasique.*
	Période *triasique* (trias)	
ÈRE PRIMAIRE OU PALÉOZOÏQUE	Période *permienne* (dyas).	
	Période *carbonifère.*	
	Période *dévonienne.*	
	Période *silurienne.*	sous période *gothlandienne.* sous période *ordovicienne.*
	Période *cambrienne.*	
ÈRE AZOÏQUE	Période *algonkienne* (*précambrien*) ou *briovérien*, grès, quartzites, conglomérats.	
	Période *archéenne* (laurentien ou ontarien) (gneiss, micaschistes, amphibolites).	

NOTES

1. Action des agents atmosphériques sur les .schistes.

(*Géologie chimique* de Bischof et Roth.)

Les schistes sont principalement formés de séricite, de mica, de silicate d'alumine plus ou moins hydraté, de quartz, de pyrite, de magnétite, de matières charbonneuses. Les analyses des schistes montrent que ces substances perdent, par altération, leurs alcalis, les matières charbonneuses, le soufre, l'alumine, le fer, etc.

La principale cause de la transformation des schistes houillers en argile est la présence plus ou moins grande du sulfure de fer.

La pyrite se transforme, sous l'action combinée de l'eau et de l'oxygène et des produits oxydants de l'atmosphère (ozone ou composés suroxygénés de l'azote).

$$4\ FeS^2 + 30\ O + 2H^2O = 2\ (SO^4)^3Fe^2 + 2\ SO^4H^2.$$

C'est au contact direct des agents atmosphériques que l'altération est la plus profonde : certains schistes houillers se transforment sur place en argile plastique. Mais l'altération s'arrête généralement entre 20 et 100 mètres de profondeur. A l'abri des oxydants spéciaux à l'atmosphère, la sulfatisation de la pyrite n'a pas lieu.

Le sulfate ferrique ainsi formé est un *oxydant énergique,* il brûle les matières charbonneuses du terrain houiller avec formation du CO^2 qui, en présence de l'eau, dissout le calcaire sous forme de bicarbonate de chaux. Puis, le sulfate ferrique se décompose, au contact du bicarbonate de chaux, en limonite, sulfate de chaux et acide carbonique.

$$3\ (CO^2)^2\ CaO + (SO^4)^3\ Fe^2 = 3\ SO^4Ca + Fe^2O^3 + 6\ CO^2.$$

On peut expliquer ainsi les pseudomorphoses de pyrite en limonite dans les schistes, avec mise en liberté de SO^4H^2 et CO^2. L'acide sulfurique attaque le silicate d'alumine avec formation d'alunite, d'alun, etc., etc. C'est probablement de cette façon que l'ampélite se transforme en alun.

On a observé que la pyrite se dissout dans le sulfate ferrique et transforme ce dernier en sulfate ferreux. Or, le sulfate ferreux absorbe l'oxygène libre pour redevenir sulfate ferrique qui dissout alors une nouvelle quantité de pyrite. Les matières charbonneuses et la pyrite ne peuvent absorber l'oxygène de l'air, mais elles fixent celui-ci par l'intermédiaire du sulfate ferrique qui se régénère constamment.

2. Altération des calcaires.

L'eau peut contenir en dissolution :

1º De l'acide carbonique, des carbonates de fer, de magnésie, des bicarbonates alcalins, etc., etc.

a) L'eau chargée d'acide carbonique dissout une certaine quantité de carbonate de chaux proportionnelle à la pression.

En présence de calcaire magnésien, le carbonate de chaux est surtout dissous, tandis que le carbonate de magnésie forme, avec le carbonate de chaux restant, de la *dolomie*.

b) Le carbonate de fer se décompose au contact du carbonate de chaux, il y a formation de limonite et l'acide carbonique libre dissout le carbonate de chaux.

c) Le bicarbonate de magnésie, au contact des deux molécules de carbonate de chaux, dissout une molécule de CO^3Ca et forme, avec l'autre molécule de carbonate de chaux, une molécule de dolomite :

$$(CO^2)^2 \ MgO + 2 \ CO^3 \ Ca = (CO^3 \ Mg, \ CO^3Ca) + (CO^2)^2 \ CaO.$$

d) Les bicarbonates alcalins se transforment en carbonate au contact du carbonate de chaux qui se solubilise :

$$(CO^2)^2 \ Na^2O + CO^3Ca = CO^3Na^2 + (CO^2)^2 \ CaO.$$

Le carbonate ainsi formé peut dissoudre la silice hydratée (opale).

2º Des sulfates de fer, de magnésie, de chaux, d'alumine, des sulfates alcalins.

a) Le sulfate ferrique en présence d'oxygène brûlera les matières charbonneuses du calcaire avec formation de CO^2, d'où une première attaque de CO^3Ca; d'autre part le sulfate de fer se décomposera en présence de calcaire en donnant de l'hydrate de fer, du sulfate de chaux soluble et CO^2 :

$$3 \ (SO^4)^3 \ Fe^2 + 9 \ CO^3 \ Ca = 9 \ SO^4Ca + 9 \ CO^2 + 2 \ Fe^3O^4 + O$$

b) Le sulfate de magnésie peut dolomitiser le calcaire avec formation de sulfate de chaux.

$$SO^4Mg + 2 \ CO^3 \ Ca = (CO^3Ca + CO^3Mg) + SO^4Ca.$$

Cette réaction explique la présence de la dolomie dans beaucoup de formations au contact du schiste houiller.

c) Le sulfate de chaux forme avec le carbonate de magnésie non dolomitique du sulfate de magnésie soluble et de la dolomie

$$SO^4Ca + 2 \ CO^3Mg = (CO^3Ca, \ CO^3Mg) + SO^4Mg.$$

Le sulfate de magnésie ainsi formé peut dolomitiser encore une nouvelle quantité de calcaire.

d) Le sulfate d'alumine attaque vivement le calcaire :

$$(SO^4)^3\ Al^2\ +\ 3\ CO^3Ca\ =\ 3\ SO^4Ca\ +\ 3\ CO^2\ +\ Al^2O^3.$$

Le sulfate de chaux formé est décomposé par certaines bactéries qui le réduisent en sulfure. Ceux-ci, au contact des hydrates ferriques, donnent de la pyrite ou de la marcasite, qui, au contact de l'oxygène, donnent le série des réactions oxydantes exposées plus haut. L'acide carbonique ainsi formé peut dissoudre une nouvelle quantité de calcaire.

e) Les sulfates alcalins, en solution très étendue, dissolvent également le calcaire en formant du sulfate de chaux et des carbonates alcalins.

3° Des chlorure alcalins, de magnésie et divers.

a) Le chlorure de magnésium, que l'on rencontre dans les eaux du terrain houiller, peut aussi dolomitiser le calcaire :

$$Mg\ Cl^2\ +\ 2\ CO^3\ Ca\ =\ (CO^3Ca,CO^3Mg)\ +\ CaCl^2$$

en dissolvant une partie sous forme de chlorure.

b) Les chlorures alcalins attaquent le calcaire en formant du chlorure de calcium, du carbonate alcalin qui dissout la silice hydratée. Cette réaction est surtout sensible en présence de CO^2.

$$Na^2\ Cl^2\ +\ CO^3Ca\ +\ CO^2\ =\ CaCl^2\ +\ (CO^2)^2O\ Na^2.$$

En présence du carbonate de chaux et des sels alcalins, l'opale et la calcédoine sont attaquées en formant des silicates alcalins solubles et des silicates de chaux insolubles. C'est par ce processus que les silex des formations calcaires s'altèrent et se transforment d'abord en silicate de chaux qui conserve par le moulage la forme du silex disparu. Une altération ultérieure enlève la chaux de silicate et il ne reste plus qu'un squelette très léger de silice.

CHAPITRE IV

NOTIONS DE MORPHOLOGIE TERRESTRE

Répartition des Continents et des Océans. — La surface terrestre présente une grande inégalité dans la répartition de l'élément solide et de l'élément liquide.

Le rayon moyen de la terre supposée sphérique est de 6.371 kilomètres ou 6.371.000 mètres. La surface est de 510 millions de kilomètres carrés, dont 365 millions appartiennent aux océans et 145 millions aux continents. Par conséquent, l'Océan couvre un peu plus des sept dixièmes de la surface terrestre.

Cette inégalité est encore plus accentuée quand on étudie la répartition de l'eau et de la terre dans les deux hémisphères. La terre ferme est concentrée d'une façon remarquable dans l'hémisphère boréal. Dans l'hémisphère austral, la superficie occupée par les continents diminue constamment à partir de l'Équateur et la limite moyenne de la terre ferme (en faisant abstraction du continent antarctique) est le parallèle de 45 degrés, c'est-à-dire qu'à une latitude sud égale à la latitude nord de Bordeaux, il n'y a plus d'autre continent que les terres australes et la Patagonie.

L'Amérique du Sud qui se prolonge plus loin que les autres continents n'atteint au Cap Horn que 56 degrés de latitude, c'est-à-dire la latitude d'Édimbourg.

L'Afrique se termine à 34°51'. Enfin la Tasmanie ne dépasse pas 13°30'.

En résumé, sur 145.000.000 de kilomètres carrés de superficie continentale 100.800.000 appartiennent à l'hémisphère boréal et 44.200.000 à l'hémisphère austral : le rapport est donc de 2,25, c'est peu différent du rapport qui existe entre la superficie des océans et celle des continents.

Forme des continents. — La disposition générale des continents et des mers est symétrique. Ainsi, à partir des régions antarctiques, les eaux envoient vers le nord trois massifs terminés en pointe, savoir : l'Océan Atlantique, le Pacifique et l'Océan Indien. Par contre trois saillies continentales se détachent du nord finissant en pointe vers le sud : ce sont l'Amérique, l'Europe avec l'Afrique et l'Asie dont l'Australasie peut être considérée comme le prolongement.

Cette forme des continents, en massifs terminés en pointe vers le sud, se retrouve à peu près dans toutes les presqu'îles : Kamtchatka, Corée, Hindoustan, Arabie, Floride, Scandinavie; il n'y a guère que le Jutland et l'Écosse qui n'obéissent pas à cette loi.

On peut donc tirer, d'une telle disposition, une conclusion d'une haute importance et qu'on peut formuler ainsi qu'il suit :

Les masses continentales se comportent, dans l'ensemble, comme si elles étaient groupées autour de trois arêtes saillantes, tendant à se rapprocher de l'axe des pôles à mesure qu'on descend de l'Équateur vers les latitudes australes. Les pointes de la Terre de Feu, du Cap de Bonne-Espérance et de la Tasmanie marquent les endroits où ces arêtes plongent sous les flots de l'Océan en attendant que, réunies toutes les trois en une commune saillie, elles viennent émerger près du pôle sous la forme du continent antarctique.

La division des continents en trois massifs peut sembler arbitraire, car la liaison de l'Europe et de l'Asie (Eurasie) paraît intime; mais cette liaison géographique perd de son importance quand on tient compte de la dépression qui, longeant le pied oriental de l'Oural, unit en quelque sorte l'Océan glacial avec la bassin Aralo-Caspien, constituant, entre les deux continents, un canal dont la formation est relativement récente.

Dépression méditerranéenne. — Les trois masses continentales sont divisées en deux parties par une zone transversale de dépression qui fait tout le tour du globe. Ainsi, entre les deux Amériques, il y a une solution de continuité, interrompue seulement par l'isthme de Panama.

La Méditerranée sépare l'Europe de l'Afrique. Enfin la mer Rouge et la mer des Indes séparent l'Asie d'une part de l'Afrique, de l'autre de l'Australie et de la Polynésie.

Cette séparation des masses continentales est encore plus saisissante quand on fait entrer en ligne de compte la dépression aralo-caspienne qui relie la mer Noire à la plaine fort basse du désert de Gobi.

On voit par là qu'il existe, au voisinage de l'Équateur, une ceinture maritime qui suggère immédiatement l'idée d'un affaissement transversal, tout à fait indépendant en direction de ceux qui ont pu donner naissance aux trois grandes zones océaniques.

On peut observer que la partie australe des trois masses continentales est sensiblement déviée vers l'est.

Relief terrestre. — 1º *Relief des continents.* — Les points les plus élevés de la surface terrestre ne dépassent le niveau de la mer que d'une très petite fraction du rayon de notre globe. La plus haute cime est le Gauri-sankar (dans l'Himalaya), 8.840 mètres, c'est-à-dire 1/720 du rayon de la terre; le mont Blanc a 4.810 mètres. Par conséquent, sur un globe de 1 mètre de rayon, la plus haute cime serait figurée par un peu moins de 1 millimètre et demi.

On rapporte habituellement toutes les altitudes à ce que l'on appelle le niveau moyen de la mer.

L'altitude moyenne des terres émergées (continents) est de 700 mètres.

Le volume des terres émergées serait, d'après cela, de 100 millions de kilomètres cubes.

2° *Relief du fond des océans.* — Bien que le volume des mers dépasse de beaucoup celui de la partie émergée de l'écorce, les plus grandes profondeurs océaniques sont exactement du même ordre que les plus hautes montagnes. Les derniers sondages de Penguin, au voisinage des îles Tonga, ont révélé dans le Pacifique des abîmes très voisins de 9.500 mètres : se sont, bien entendu, les plus grandes profondeurs connues jusqu'à ce jour.

La profondeur moyenne des mers est de 4.000 mètres.

Le volume des mers serait, d'après cette hypothèse, de 1.500 millions de kilomètres cubes, soit quinze fois celui des continents.

Il suppose que le fond des mers est presque toujours convexe.

RAPPORT DES AIRES CONTINENTALES AVEC LES BASSINS OCÉANIQUES. — Le relief de l'écorce terrestre ne présente aucune symétrie, comme on pourrait

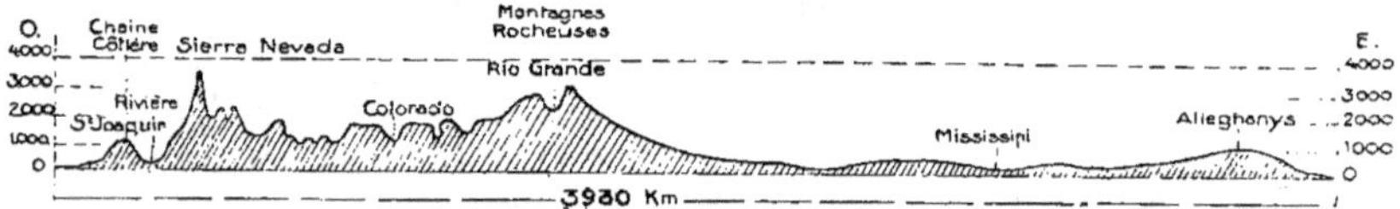

Fig. 138. — COUPE TRANSVERSALE DE L'AMÉRIQUE DU NORD SUIVANT LE 37° PARALLÈLE (HAUTEURS EXAGÉRÉES 75 FOIS ENVIRON).

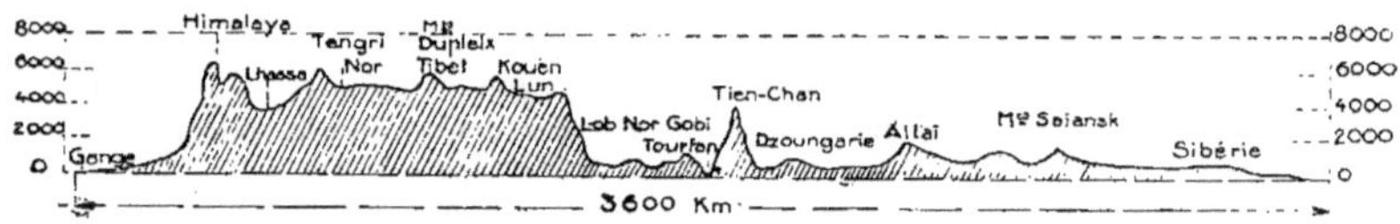

Fig. 139. — COUPE DE L'ASIE SUIVANT LE MÉRIDIEN DU LOB NOR ET DE TOURFAN (HAUTEURS EXAGÉRÉES 50 FOIS).

le supposer. Les coupes 138 et 139 menées à travers les continents, montrent fort bien leur relief.

La coupe 139 montre que tout le relief du continent asiatique est concentré vers son extrémité méridionale, et qu'il existe au centre une dépression, celle de Tourfan qui tombe au-dessous du niveau de la mer. Dans la coupe 138, on observe la grande dépression du Mississipi encadrée entre la chaîne côtière des Alleghanys et le relief des montagnes Rocheuses.

On voit par là que les grandes lignes de relief n'occupent presque jamais une position centrale, ensuite qu'elles bordent toujours un océan ou les surfaces relativement déprimées, s'abaissant parfois au-dessous du niveau de la mer; ces dépressions peuvent être considérées comme d'anciennes mers intérieures. Mais il est des cas où cette hypothèse semble devoir être écartée, et alors, comme sur un continent le niveau de base de l'érosion ne peut s'abaisser au-dessous de la surface de la mer, de telles fosses continentales ne peuvent

Fig. 140. — Profil de la dépression de la mer Morte.

Fig. 141. — Coupe dirigée du N.-O. au S.-E. a travers le pacifique des iles Rouvilles au groupe des iles Sandwich.

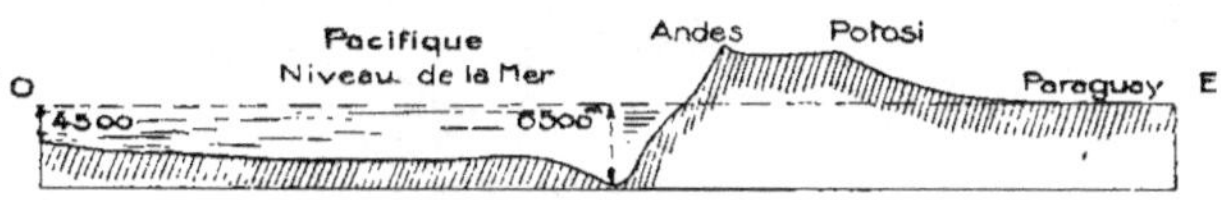

Fig. 142. — Coupe de l'est a l'ouest a travers la chaine des Andes suivant le parallèle de 20° sud.

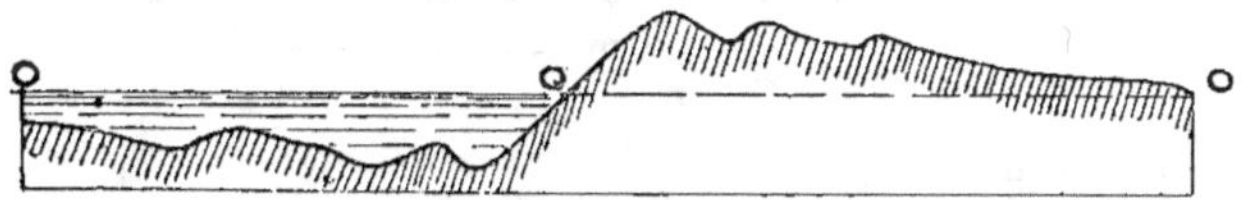

Fig. 143. — Diagramme représentant la disposition réciproque des rides continentales et des dépressions océaniques.

résulter que d'un effondrement, faisant naître ce qu'on appelle un *ombilic*, destiné à être occupé par un lac.

La mer Morte ou Ghor (Palestine) est un exemple de ce genre : son niveau est à 395 mètres au-dessous de celui de la Méditerranée; elle a par place une profondeur de 300 à 400 mètres; elle occupe le centre d'un sillon rectiligne où coule le Jourdain (fig. 140).

La même hypothèse peut s'appliquer aux lacs africains qui forment entre le Zambèze et l'Abyssinie une série linéaire comprenant le Nyassa, le Tanganika, le lac Victoria, le lac Rodolphe, le lac Tana, etc.; il est vrai que leur niveau est supérieur à celui de la mer; mais plusieurs d'entre eux sont totalement dépourvus d'écoulement et marquent une suite d'ombilics, alignés sur une même fente.

Les formes actuelles du relief terrestre ne peuvent être bien comprises qu'à

la condition de faire intervenir les dislocations, la formation des montagnes,
les érosions, etc., etc.

Quoiqu'il en soit on peut poser la loi suivante (de Lapparent) :

*Au moment où une grande ligne de relief se constitue sur le globe, elle forme
le rivage d'une dépression océanique ou lacustre, sous laquelle elle s'enfonce par
son flanc le plus abrupt et, en général, l'importance de la chaîne à laquelle elle
donne naissance est en rapport avec celle de la dépression qu'elle côtoie.*

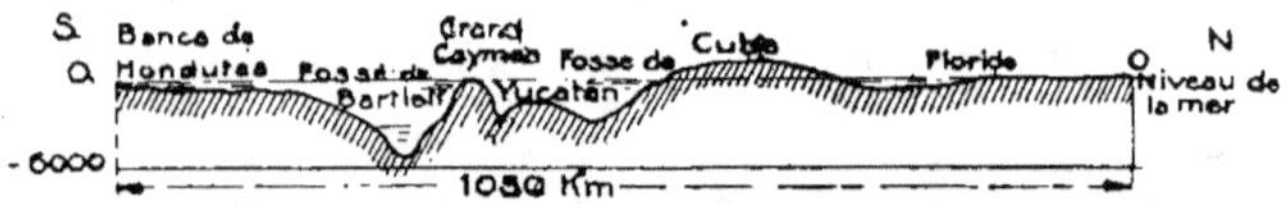

Fig. 144. — COUPE DE LA MER DES ANTILLES ENTRE LES BANCS DU HONDURAS ET LA FLORIDE.

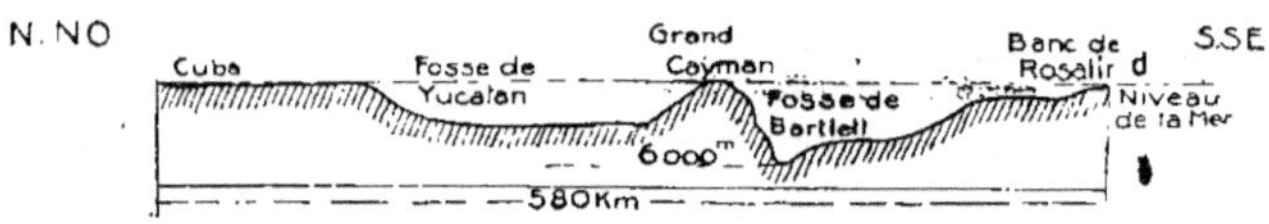

Fig. 145. — COUPE DE LA MER DES ANTILLES ENTRE CUBA ET LE BANC DE ROSALIND.

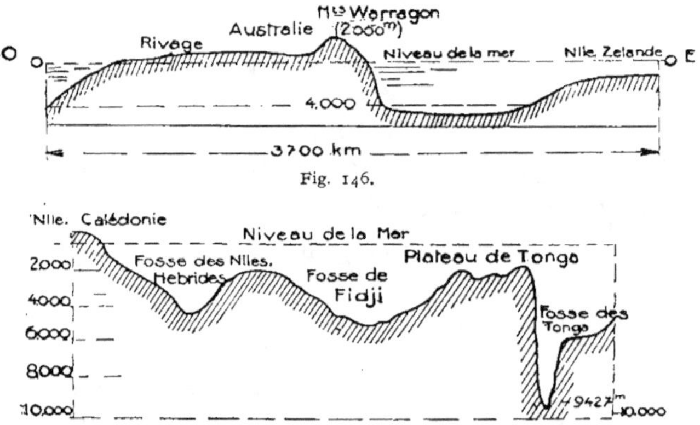

Fig. 146.

Fig. 147. — COUPE DU PACIFIQUE MÉRIDIONAL ENTRE LA NOUVELLE-CALÉDONIE
ET LE PLATEAU DES ÎLES TONGA.

Cette loi est vérifiée par la chaîne des Andes qui est essentiellement moderne. Il est possible, qu'à une époque plus ou moins reculée une nouvelle
chaîne surgisse du Pacifique, en avant de la première, comme la chaîne côtière
de l'Orégon a surgi en avant des montagnes Rocheuses; et alors dans l'intervalle pourra s'étendre un bassin plus ou moins déprimé semblable au grand lac
Salé.

PROFIL DES RIDES OCÉANIQUES. — De même que les hautes chaînes de montagnes n'occupent jamais, dans les continents, une position centrale, de même les plus grandes profondeurs de l'Océan, au lieu d'être situées au large, dans la partie médiane des dépressions maritimes, sont presque toujours concentrées auprès des côtes ou des chaînes d'îles.

Les coupes 141 à 147 en témoignent suffisamment. Cela posé, on peut donc donner du relief terrestre une formule générale et dire :

Toute grande ligne de hauteurs émergées ou non est une arête saillante, formée par l'intersection de deux versants inégalement inclinés. Le plus abrupt plonge vers une grande dépression habituellement occupée par la mer ; le moins raide s'abaisse doucement, sous la forme d'ondulations successives, vers une dépression moins marquée, qui, le plus souvent, peut rester continentale. Le pied du versant abrupt est l'arête en creux d'une intersection inverse de la première et dont le talus, à pente modérée, remonte peu à peu jusqu'aux régions de profondeur moyenne des océans. (La figure 143 montre cette forme.)

CHAPITRE V

MÉTAMORPHISME

On désigne sous le nom de métamorphisme l'ensemble des phénomènes qui ont donné lieu à la transformation d'une roche en une autre.

On a constaté que le métamorphisme affecte les roches massives, les roches volcaniques, et les roches sédimentaires d'une très grande profondeur; c'est-à-dire qu'il est lié à la présence des géosynclinaux. On rencontre parfois des roches sédimentaires voisines de la surface, peu épaisses, qui sont métamorphisées au contact de roches volcaniques.

Les trois principaux modes de métamorphisme sont : le *métamorphisme de contact*, le *métamorphisme régional* ou général et le *dynamométamorphisme*.

I

MÉTAMORPHISME DE CONTACT

Le métamorphisme de contact comprend l'exomorphisme et l'endomorphisme.

a) L'*exomorphisme* consiste dans l'altération physique ou chimique de terrains traversés par une roche éruptive.

L'altération physique s'étend sur une faible épaisseur et cet effet se produit généralement avec les roches volcaniques (trachytes, basaltes) : cette altération physique peut être due à la chaleur seule.

L'altération chimique est, au contraire, à peu près nulle avec les roches volcaniques, mais elle est très intense avec les roches intrusives (granites, granulites, etc., etc.). Il y a formation de nouveaux minéraux silicatés dont les éléments sont fournis à la fois par la roche intrusive et par le terrain encaissant.

On a constaté que, dans certains cas, les terrains encaissants ne présentent aucune trace de métamorphisme au contact du granite, ou d'une roche éruptive analogue. Ce fait conduit à supposer que cette roche éruptive se trouvait à l'état pâteux à une température relativement faible et enfin qu'elle a été poussée par des actions mécaniques dans les fissures des terrains encaissants; mais ces cas sont tout à fait exceptionnels (voir fig. 148 et 149).

La cause de ces modifications chimiques doit être cherchée dans l'action

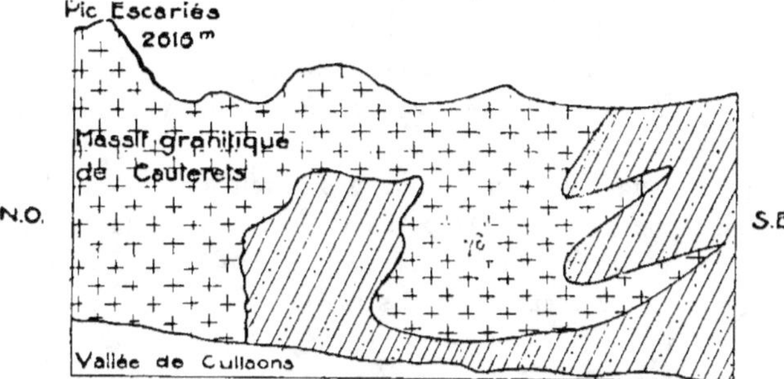

Fig. 148. — APOPHYSE DE GRANITE AMPHIBOLIQUE (γ δ) DE CAUTERETS DANS LES SCHISTES ET CALCAIRES DU CARBONIFÈRE INFÉRIEUR (A. BRESSON).

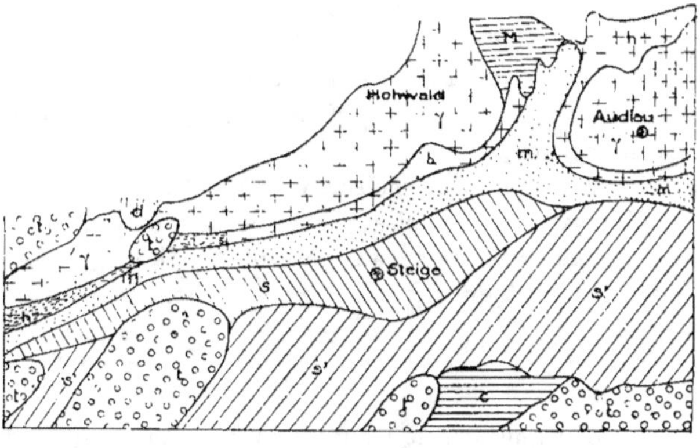

Fig. 149. — COUPE SCHÉMATIQUE DE LA RÉGION DES CONTACTS DU GRANITE DE HOHWALD AVEC LES SCHISTES DE STEIGE (ROSENBUSCH).

γ granite, *h* cornéennes à andalousite, *m* micaschistes noduleux et schistes argileux, *s* schistes de Steige, *s"* schistes de Villé, *d* dévoniens, *c* carbonifère, *t* trias, μ microgranite.

directe des liquides et des gaz (fumerolles) qui se dégagent de la roche éruptive (phénomènes pneumatolytiques).

Ainsi, au voisinage des granites, les calcaires ont été transformés en cornéennes calcaires (calcaire siliceux se rapprochant du silex), les schistes argileux en schistes noduleux.

M. Termier a constaté que le granite du pic de la Haya, près Handaye

(Basses-Pyrénées), qui a recoupé les schistes dévoniens, a envoyé des apophyses au travers de ces schistes. Il a également constaté que les schistes ont été transformés, au contact des apophyses, en cornéennes micacées.

Les granulites ont transformé les quartzites en schistes séricitiques, les grès siluriens en leptynites, etc., etc. On rencontre souvent, au contact des granulites, un grand développement de cristaux de tourmaline, de topaze, de muscovite; ces minéraux montrent que la granulite renfermait des fumerolles constituées par de l'acide fluorhydrique, de l'acide borique, substances qualifiées de minéralisateurs.

On rencontre quelquefois, au contact des granites et des roches encaissantes schisteuses, une zone de feldspaths Ces feldspaths sont dus, évidemment, à un apport d'alcalis, potasse ou soude; on trouve dans cette zone, qui souvent n'a que quelques mètres d'épaisseur, des roches cristallophylliennes (gneiss, micaschistes, amphibolites, leptynolites).

Le développement des feldspaths se fait tantôt par imbibition, sans que la structure de la roche encaissante se trouve changée : c'est un *métamorphisme d'imbibition ;* tantôt par le granite lui-même qui a été injecté dans les roches encaissantes : c'est le *métamorphisme d'injection.* M. Barrois a constaté, en Bretagne, que les micaschistes de cette région ont été injectés, feuillets à feuillets, par la granulite et transformés en gneiss granulitiques.

Le métamorphisme de contact se confond, peu à peu, en profondeur, avec le métamorphisme général.

On peut rattacher au métamorphisme de contact les actions qu'exercent les solutions et les vapeurs métallisantes sur la roche encaissante, parfois jusqu'à une assez grande distance de la roche éruptive : il y a, dans ce cas, formation de gîtes métallifères que l'on désigne sous le nom de gîtes d'imprégnation.

Exemple : les gîtes cuprifères de La Prugne (Allier), d'Aljustrel (Portugal).

Remarque. — L'exomorphisme peut transformer la pyrite ordinaire en pyrite magnétique.

b) L'*endomorphisme* consiste dans l'action exercée par le terrain encaissant sur la roche éruptive; cette action se traduit généralement par la diminution du grain de la roche éruptive. Par exemple, la granulite se transforme en aplite.

La transformation en aplite a lieu lorsque le contact est perpendiculaire aux strates du terrain encaissant; tandis que s'il est parallèle, il se forme une granulite porphyroïde, c'est-à-dire à gros éléments.

Michel Lévy a montré que les granites deviennent basiques au contact des calcaires ; ils se chargent de hornblende et perdent du quartz.

M. A. Lacroix a signalé de nombreux exemples de ces actions métamorphiques endomorphes. Ainsi, au contact des calcaires paléozoïques de la Haute-Ariège, le granite présente de remarquables transformations de composition minéralogique. Il est transformé en granite à hornblende, en diorite avec ou

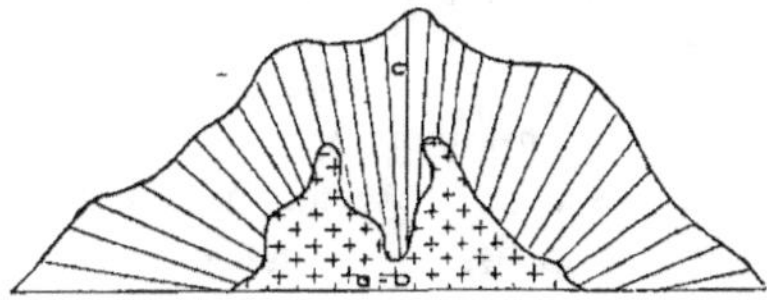

Fig. 150. — GRANITE A HORNBLENDE PASSANT A LA DIORITE (G-D), PAR ASSIMILATION DE COUCHES CAL-CAIRES (C) QUI ALTERNENT AVEC DES LITS MINCES DE CORNÉENNES ET DE GRENATITES. (HAUTE VALLÉE DE LAURENTI.)

sans quartz. On trouve des roches plus basiques encore, des norites avec ou sans olivine, des hornblendites (hornblende et biotite), enfin des péridotites à hornblende.

II

MÉTAMORPHISME RÉGIONAL

Le métamorphisme régional, que l'on désigne quelquefois sous le nom de métamorphisme général, consiste dans la transformation des roches éruptives et des roches sédimentaires en roches cristallophylliennes (gneiss, micaschistes, amphibolites, etc., etc.). Cette transformation s'est faite sous l'action combinée de trois agents principaux : la pression, la température et les eaux alcalines.

La transformation du granite en gneiss (orthogneiss) a pu s'effectuer sous l'action de l'eau surchauffée seule.

Les roches sédimentaires et notamment les schistes paléozoïques, accumulés dans les géosynclinaux où se trouvent réunis les trois agents principaux, se sont transformés en gneiss (paragneiss), en micaschistes ou en amphibolites. La plupart des roches cristallophylliennes ont pris naissance dans ces conditions.

Les roches éruptives traversant des gisements métallifères ne produisent, en général, aucune transformation des minerais. Quelques minerais de fer font exception. En effet, on rencontre, dans les minerais scandinaves, de l'oligiste qui est transformée en magnétite, le long de granulites transversales.

III

DYNAMOMÉTAMORPHISME

Quelques géologues, et notamment Rosenbusch pensent que les actions dynamiques seules (dynamométamorphisme) peuvent transformer les roches éruptives et les roches sédimentaires en roches cristallophylliennes.

Il est évident que les nombreuses dislocations de l'écorce terrestre, qui consistent en plissements et en effondrements, ont amené de profondes modifications dans les roches, mais ces modifications sont, en général, d'ordre simplement mécanique, et par conséquent n'ont pas changé la composition minéralogique de ces roches.

M. Termier a parfaitement montré que des couches sédimentaires laminées par pression et charriées n'ont subi aucune transformation, tandis que des roches cristallophylliennes se rencontrent dans des régions relativement tranquilles. Le dynamométamorphisme déforme, mais ne transforme pas.

On peut évidemment rattacher au dynamométamorphisme la transformation du calcaire en marbre, des argiles en schistes, des charbons en graphite.

M. Termier a tout récemment montré que dans les nappes les plus écrasées, les plus laminées, les terrains qui, avant leur mise en nappe, n'étaient pas métamorphiques, ne le sont pas devenus; toutes leurs roches sont demeurées reconnaissables. Les nappes à terrains métamorphiques sont issues d'un pays où, avant le plissement, le métamorphisme régional avait fait son œuvre.

Certains phénomènes chimiques (développement de la séricite, cristallisation du quartz) sont, sans doute, facilités par l'écrasement; mais ils sont loin d'aller jusqu'au vrai métamorphisme, qui est une transformation complète de la roche en une autre définie.

Quelques géologues donnent à tort le nom de dynamométamorphisme à des déformations de roches, laminées, écrasées. Ces roches doivent être désignées sous le nom de *mylonites*.

Dans les pays de nappes, le rôle géologique des mylonites est très important. Maintenant, on les trouve partout. Il y a non seulement les mylonites de roches, mais aussi les mylonites de nappes.

Il est possible d'admettre que la pression seule a pu, dans quelques cas, donner naissance à des réactions chimiques. Ainsi, Spring a montré qu'en comprimant du soufre et du plomb, on obtient de la galène. Ce phénomène peut être qualifié de métamorphisme statique.

Enclaves.

Les granites renferment assez souvent des enclaves de roches de composition différente de celle de la masse. Il ne faut pas les confondre avec des ségrégations acides ou basiques que présentent les roches granitoïdes, et qui sont constituées des mêmes minéraux que la masse de la roche. Les enclaves proprement dites sont des fragments de roches étrangères à la masse : on les qualifie d'*énallogènes* par opposition aux enclaves *homœogènes* qui présentent une composition analogue à celle de la roche englobante.

Ainsi, les granites de Vire contiennent des enclaves de schistes. Il y a quelquefois absorption partielle des enclaves sur leurs bords et passage insensible à la roche granitique. Les enclaves sont des fragments non assimilés ou incomplètement digérés de la roche qui se trouvait primitivement sur l'emplacement du granite.

REMARQUE. — On constate que les eaux qui circulent dans les couches superficielles de l'écorce terrestre donnent lieu à de nombreuses modifications chimiques dans les roches qu'elles traversent. Mais ces modifications ne donnent jamais naissance à des silicates cristallisés; ce sont des phénomènes d'hydratation (anhydrite en gypse), d'oxydation (sulfures en carbonates, oxydes, sulfates), de cémentation (grès de Fontainebleau, conglomérats aurifères du Transvaal); de décalcification (calcaires dolomitiques transformés en dolomie pure).

Ces phénomènes n'ont rien à voir avec le métamorphisme; on les désigne sous le nom de phénomènes de *métasomatose*.

Sur le dynamométamorphisme et la piézocristallisation.
(Extrait d'une note de M. WEINSCHENK.)

Les pétrographes ont cherché à expliquer les phénomènes que nous offrent les roches cristallophylliennes qui doivent être considérées comme résultant, très probablement, de transformations dont la cause la plus importante est liée aux actions orogéniques.

Dans les travaux pétrographiques actuels, la théorie du dynamométamorphisme est presque la seule en honneur : elle a soulevé seulement de timides objections.

Elle a été émise, tout d'abord, par Lossen sous le nom de métamorphisme de dislocation, puis elle a été très développée par M. Rosenbusch et son école; ce savant considère l'action de la pression comme l'agent principal de la cristallinité et de la schistosité des roches cristallophylliennes; l'action des agents chimiques est quelquefois, également, prise en considération.

M. Rosenbusch a montré, par une série de déterminations pétrographiques et chimiques, que les formations appelées roches cristallophylliennes comprennent deux groupes qui, en général, sont assez distincts.

Le premier groupe montre, par tous ses caractères chimiques, une analogie complète avec les types les mieux caractérisés des roches de consolidation; le deuxième groupe rappelle, au contraire, par ces mêmes caractères, les propriétés des roches sédimentaires.

Ainsi, d'après M. Rosenbusch, les roches cristallophylliennes sont formées par une alternance de roches de consolidation et de sédiments clastiques qui ont pris sous l'action du dynamométamorphisme leurs caractères actuels. Les deux types dérivent donc, d'après ce savant, de matériaux primordiaux très différents.

Le caractère primitif des roches cristallophylliennes qui dérivent des roches de consolidation est l'état cristallin et grenu. Sous l'influence des actions orogéniques, ces roches ont d'abord subi une orientation de leurs éléments constituants. A cette action, pouvait s'ajouter encore des actions chimiques.

Les roches du second type étaient des roches détritiques à structure schisteuse; et le rôle des forces orogéniques a été de déterminer la cristallisation de la roche sans effacer sa structure.

Des gneiss, de composition granitique, des amphibolites, des éclogites, des schistes verts de composition dioritique, gabbroïque et diabasique se trouvent, en de nombreux gisements, en relation directe avec les roches éruptives correspondantes et liées à ces dernières par toutes les formes de passage, à tel point qu'il est impossible de fixer une ligne de démarcation entre les facies éruptifs et les facies schisteux. Les roches cristallines du second groupe sont aussi étroitement liées aux roches clastiques, schistes argileux, marnes, calcaires, grès, etc., dont elles dérivent, et il est également impossible d'en marquer la séparation.

Enfin, les roches cristallines du premier groupe passent par des facies intermédiaires aux roches du second groupe; ce phénomène se présente dans les gisements où une roche éruptive a pénétré entre les couches d'une roche détritique éminemment schisteuse et forme avec cette dernière un tout d'apparence homogène et de composition chimique intermédiaire entre la roche éruptive et la roche clastique, laquelle, aussi, est géologiquement intermédiaire entre les deux sortes de formation. On voit par là que les roches cristallophylliennes sont des roches métamorphiques, dans le sens strict du mot.

Les roches cristallophylliennes se trouvent, en général, dans des régions très disloquées et forment souvent le noyau des montagnes plissées par les actions orogéniques.

On trouve assez fréquemment dans les amphibolites ayant la composition du gabbro des pseudomorphoses d'augite en hornblende, de plagioclase en zoïzite. On trouve encore dans les roches du second groupe de nombreux cristaux intacts non altérés mécaniquement et développés dans les schistes sans déformation des strates, fait qui prouve que ces minéraux se sont formés postérieurement à la schistosité. On rencontre encore, dans ces roches, des cailloux qui sont bien conservés et qui indiquent leur origine clastique primitive. Enfin, la présence des fossiles, quoique très rare, démontre d'ailleurs que ces formations dérivent de couches sédimentaires et que, dans tous les cas, elles n'étaient pas, au début, des roches cristallines.

En résumé, d'après Rosenbusch, les terrains primitifs sont constitués par des roches qui dérivent partie des roches de consolidation, partie des roches clastiques.

Les études pétrographiques montrent clairement la relation irréfutable entre les plissements montagneux et l'apparition des masses granitiques. Par la pression exercée pendant les plissements, le magma fluide s'est élevé de la profondeur et s'est injecté entre les couches des différents horizons géologiques. Tandis que des mouvements et dislocations colossales accompagnaient le phénomène de l'intrusion, la tension n'était pas supprimée par l'injection du magma liquide et ce magma s'est consolidé sous la pression des montagnes qui se plissaient encore.

Les caractères que nous offrent les gneiss granitiques des Alpes centrales peuvent s'expliquer plus simplement et sans difficulté si on les considère comme des propriétés primordiales de ces roches éruptives. M. Weinschenk a désigné sous le nom de piézocristallisation l'ensemble des phénomènes qui se sont passés pendant la consolidation du granite central des Alpes.

Au lieu des nombreux agents hypothétiques qui ont été invoqués dans la théorie du dynamométamorphisme, agents qui ne sont pas susceptibles de contrôle, tout s'explique clairement si l'on admet que la solidification du granite s'est faite sous une grande pression.

Du fait qu'on rencontre dans les roches éruptives de la biotite et de la hornblende resorbées il faut déduire que, dans un magma qui renferme de l'eau, peuvent se séparer, sous une pression énorme, des minéraux hydratés qui ne peuvent plus subsister à la même température sous une pression normale.

On doit donc s'attendre, dans les conditions de la piézocristallisation, à trouver dans la roche des minéraux constituants, qui n'existeraient pas primordialement si le magma s'était normalement consolidé. Ces minéraux peuvent être hydratés mais doivent présenter, surtout, la propriété du moindre volume moléculaire. Ainsi se sont formés l'épidote, le grenat, la chlorite et les autres minéraux accessoires du groupe alpin central.

La consolidation de la roche a commencé par la séparation des éléments noirs (biotite, hornblende). Le mica s'est formé d'abord dans la masse liquide. A ce moment, les pressions orogéniques ont agi sur la zone périphérique du magma en orientant ce minéral normalement à la pression. Au sein de la masse visqueuse, cette faculté d'orientation a été remplacée par une tension intérieure dirigée dans tous les sens.

Pendant ce temps, les minéralisateurs à haute température se sont infiltrés dans les sédiments, déjà fortement plissés et disloqués, et ont commencé, sous l'influence de la pression élevée, leur action métamorphique.

Cette action diffère du métamorphisme de contact normal par la tendance de la roche à prendre le plus petit volume possible : les roches de contact piézo-métamorphiques contiennent toujours, de deux minéraux dimorphes, celui qui a la plus grande densité. Ces associations minérales montrent un volume extra-ordinairement réduit.

On peut donc expliquer ainsi et d'une manière très simple, par la piézocris-tallisation, les nombreux caractères des roches des Alpes centrales.

Genèse des terrains cristallophylliens.

Un terrain cristallophyllien est un terrain quelconque, originairement formé de sédiments, ou de roches volcaniques, ou de roches massives, ou d'un mélange de tout cela, qui a pris, (sous l'action d'une cause mal connue que nous appelons le métamorphisme), le double caractère de l'holocristallinité de la structure zonée à zones parallèles. Tout terrain sédimentaire peut devenir un terrain cristallophyllien.

Ce n'est pas aux seules actions dynamiques que l'on peut demander une telle transformation. Les actions dynamiques déforment; elles ne transforment pas. Il n'y a pas de métamorphisme purement dynamique, il n'y a pas de dyna-mométamorphisme. Plusieurs géologues appliquent le nom de dynamométa-morphisme à des déformations de roches par écrasement ou laminage, ou à des phénomènes locaux de recristallisation dans les roches ainsi déformées; ils disent granites dynamométamorphisés, au lieu de dire granites écrasés et laminés. Dans les phénomènes de charriage, nous constatons l'existence de ces roches écrasées et laminées, c'est-à-dire des mylonites, faites aux dépens de toute espèce de roches. Il peut arriver qu'elles ressemblent à un gneiss ou à un micaschiste.

Il est évident que, malgré cette impuissance des efforts dynamiques à pro-duire un véritable métamorphisme, il y a néanmoins une liaison entre le méta-morphisme régional (transformation dans une vaste région et sur une grande épaisseur d'un terrain quelconque en une série cristallophyllienne) et la nais-sance des chaînes de montagnes. Les chaînes de montagnes sont évidemment liées à des géosynclinaux, et il n'y a pas de métamorphisme un peu intime là où n'existe pas la condition géosynclinale.

Le métamorphisme régional est autre chose qu'un métamorphisme de contact. Certaines séries cristallophylliennes ne renferment pas de roches massives. Dans celles qui en renferment et qui sont les plus nombreuses, le métamorphisme et les amas de roches massives sont liés entre eux, non pas comme un effet à sa cause, mais comme deux effets d'une même cause.

La même cause a produit et la série cristallophyllienne et les amas de roches massives qu'elle contient. La cause qui a produit le métamorphisme régional, a agi de la même façon dans tous les temps et dans toutes les chaînes de montagnes. L'action métamorphisante s'est étendue inégalement aux divers étages de la série qui, dans son ensemble, devenait cristallophyllienne. Le métamorphisme s'est comporté comme une tache d'huile.

Ceci posé, il s'agit de savoir si, dans la transformation dite métamorphisme, il y a eu, ou non, apport de matériaux nouveaux. On sait que, dans toute série cristallophyllienne, on voit s'affaiblir le métamorphisme, qu'on s'éloigne soit verticalement, soit latéralement d'une certaine région où il est complet. On constate fort bien, par l'analyse chimique, que les roches métamorphisées ont une composition différente de celles qui ne le sont pas. Quant aux séries cristallophylliennes qui sont formées de gneiss, de micaschistes et d'amphibolites, on ne peut pas douter d'un apport nouveau. La présence, dans la plupart des micaschistes, de nombreux cristaux de tourmaline, même très loin de toute venue granitique, est un précieux argument en faveur de cette hypothèse.

Maintenant, on peut se demander quel était le degré maximum de fluidité atteint par les roches, lorsqu'elles se transformaient en des roches cristallophylliennes.

Il est certain que certains gneiss ont dû passer, avant l'achèvement de leur cristallisation, par un état visqueux ou semi-fluide, car ils contiennent des enclaves de substance étrangère. On trouve des enclaves de micaschistes et d'amphibolites dans les gneiss du Plateau Central. Quand le gneiss est plissoté, contourné, les enclaves participent à tous ses mouvements. Il est possible d'admettre que ces enclaves sont des ségrégations basiques effectuées, *in situ*, dans un milieu semi-fluide. Il est évident que cette fluidité a été très incomplète, dans les milieux où les gneiss ont cristallisé. Sans cela, on ne comprendrait pas la structure zonée qui caractérise toute roche cristallophyllienne.

Dans un milieu complètement fluide, la pression n'a plus de direction, par conséquent, la cristallisation ne peut pas être zonée; elle se fait sans aucune orientation privilégiée; c'est le cas de la cristallisation des roches massives. Au contraire, dans un milieu peu fluide, où les grains solides sont séparés par des vésicules liquides, la pression prend une direction qui est le plus souvent la verticale, et la structure zonée, dans la cristallisation, devient nécessaire. Chaque minéral tend à placer, perpendiculairement à cette pression orientée, un de ses plans de solubilité ou de fusibilité maxima, c'est-à-dire un de ses plans de plus grande densité réticulaire, et si ce minéral, comme le mica, possède

un plan réticulaire dont la densité soit très supérieure à celle de tous les autres
plans de son réseau, c'est ce plan là qui se mettra perpendiculaire à la pression,
réglera l'orientation de tous les autres cristaux et déterminera le zonage de la
roche.

Le métamorphisme régional complet, celui qui va jusqu'à la formation
des gneiss, exige la profondeur; il ne se réalise complètement que dans les terrains qui sont en condition synclinale.

Mais la profondeur ne suffit pas, il faut admettre l'arrivée de vapeurs juvéniles montant de l'intérieur, véritable *colonne filtrante* apportant des éléments
alcalins. Sur le parcours de ces colonnes chaudes, la température des roches
sédimentaires ou autres s'exagère rapidement, des échanges chimiques s'établissent favorisés par la température. Il se formera des mélanges à point de
fusion minimum, c'est-à-dire des mélanges eutectiques qui fondront avant
tout le reste. Les anciens éléments en excès qui gênent la production des eutectiques s'en vont ailleurs et finissent par se fixer, laissant leur place aux éléments
juvéniles.

Puis, dans la masse surchauffée, des mélanges homogènes à point de fusion
minimum fondent. Des amas liquides, véritables magmas, s'isolent au milieu
d'un édifice qui est en grande partie solide. Plus on descend dans l'édifice, plus
ils sont gigantesques, et tout en bas, c'est sur un immense batholite fondu que
l'édifice repose. Quand l'afflux des vapeurs chaudes cessera, le refroidissement
commencera, et, longtemps après, amas et batholites cristalliseront en roches
massives, en granites, gabbros, diorites, péridotites. Chaque grande famille
correspond à un eutectique idéal.

Quant à l'édifice traversé et surchauffé par la colonne filtrante qui, à l'exception des amas fondus, est encore à peu près solide ou tout au plus semi-fluide,
lui aussi va cristalliser quand la température diminuera, et même sa cristallisation précédera celle des amas fondus. Il cristallisera en roches zonées, c'est-
à-dire en roches cristallophylliennes; dans cet édifice, les échanges chimiques
sont demeurés incomplets, il restera donc hétérogène, il constituera une alternance de strates de composition différente : gneiss, micaschistes, amphibolites,
pyroxénites.

Plus on monte dans l'édifice, plus l'action de la colonne filtrante s'affaiblit.
Dans les régions de semi-métamorphisme, les roches sont restées solides; elles
ont seulement été imprégnées par des solutions chaudes. Cela a suffi pour les
faire recristalliser. On n'a plus de gneiss, mais seulement des phyllades, des
quartzites micacés, des marbres phylliteux. Plus haut encore, ce ne sont plus
que des phyllades, des quartzites ordinaires.

Maintenant, la cristallisation s'achève. L'ensemble des terrains soumis au
métamorphisme régional est devenu une série cristallophyllienne. Ici des gneiss,
là des micaschistes, plus loin des amphibolites, plus haut des phyllades.

Mais les amas liquides, qui sont des mélanges à point de fusion minimum, ne sont pas encore consolidés. Beaucoup vont cristalliser. D'autres vont se différencier. Plusieurs se videront vers le haut par des fractures et serviront ainsi de source à des roches intrusives ou à des roches volcaniques.

On voit donc que les roches massives et les roches cristallophylliennes se sont formées par le même procédé général.

Si un granite, par exemple, n'a autour de lui qu'une très petite auréole de phénomènes de contact et de phénomènes peu intenses, on est sûr que le magma de ce granite ne s'est pas élaboré *in situ*, qu'il est venu d'ailleurs tout formé. Mais s'il est entouré d'une vaste auréole de terrains très métamorphiques, et surtout s'il est enclavé dans une série cristallophyllienne à laquelle il paraisse réellement lié, on est certain qu'il s'est formé sur place par la fusion complète d'un eutectique, alors que les terrains voisins étaient seulement semi-fluides ou même à peine ramollis.

Géochimie.

Daubrée a émis l'hypothèse que les métaux ont pu se trouver, à l'origine, combinés au carbone sous forme de carbures, dans l'intérieur de la Terre.

Mendeleeff et Moissan ont supposé que les carbures d'origine interne avaient donné naissance aux pétroles, aux bitumes.

On suppose même qu'un grand nombre de dépôts de houille ont une origine chimique.

MM. Hillebrand et Clarke ont montré que les roches, en outre des éléments essentiels, possèdent des éléments accessoires et même des éléments rares, en quantité assez considérable.

Après avoir comparé les analyses de plus de mille échantillons de roches éruptives, M. Clarke est arrivé à cette conclusion que la lithosphère, sur une épaisseur de 16 kilomètres, présente la composition moyenne suivante :

	Oxygène	50 %
	Silicium	25 %
	Aluminium	»
ÉLÉMENTS PRINCIPAUX	Fer	»
	Calcium	»
	Magnésium, sodium, potassium	»
	Titane	0,4 %

Puis en quantités moins importantes :

	Manganèse, phosphore, soufre, chlore, fluor, carbone,
	Et en seconde ligne :
ÉLÉMENTS ACCESSOIRES	Baryum, strontium, zirconium,
	Et en petites proportions :
	Vanadium, chrôme et nickel.

et les éléments rares qui avec l'azote donnent en totalité une proportion moindre que 1 %.

Le titane est très répandu dans la nature (fers titanés, rutile, titanates) : c'est le neuvième des éléments principaux.

M. Clarke a établi qu'il suffirait d'une couche de 600 mètres de roches éruptives ayant la composition précédente, — c'est à peu près celle d'une andésite, — et enveloppant la Terre, pour fournir aux mers tout le sodium qu'elles renferment. Une couche de 900 mètres peut fournir, par décomposition, tout le sel des mers et les dépôts de sels alcalins sédimentaires.

Cette estimation montre combien faible a été l'érosion du globe aux époques géologiques.

Clarke a constaté que les roches sédimentaires n'entrent que pour 5 % dans la composition du premier noyau terrestre de 16 kilomètres. Celui-ci comprendrait :

ROCHES ÉRUPTIVES		95
ROCHES SÉDIMENTAIRES	Schistes, 4	
	Grès, 0,75	5
	Calcaires, 0,25	

c'est-à-dire qu'il suffit d'une épaisseur de 900 mètres de roches éruptives pour fournir tous les terrains sédimentaires.

L'analyse de plus de quatre cents échantillons de roches sédimentaires a montré que celles-ci se composent des mêmes éléments accessoires reconnus dans les roches éruptives et en particulier dans l'ordre décroissant :

Titane, baryum, strontium, nickel, chrome, vanadium, cuivre, plomb, zinc, arsenic.

Les analyses de plus de six mille échantillons de minerais, charbon et eaux ont amené des constatations importantes. Ainsi, l'étude des eaux, sur échantillons recueillis journellement pendant un an, montre que le sol des États-Unis perd dans l'Océan, tous les ans, par mille carré de surface, 87 tonnes de matières solides dissoutes et 166 tonnes de matières entraînées, ce qui correspondrait à une érosion totale et uniforme de plus de 25 millimètres en 760 ans.

Il résulte de tous ces travaux, que la géochimie peut acquérir une base scientifique par la reconnaissance de tous les éléments principaux, accessoires et rares des roches : c'est en partant d'une base aussi sûre, qu'il devient possible d'étudier la formation des roches et de remonter à leur origine.

CHAPITRE VI

OROGÉNIE

Les premières théories émises sur la formation des chaînes de montagnes datent du commencement du siècle dernier. Playfair et de Buch considéraient les chaînes de montagnes comme provenant d'une poussée de bas en haut, c'est-à-dire comme la conséquence des phénomènes volcaniques. Constant Prévost opposa à cette théorie des soulèvements celle des affaissements. Puis, vers 1830, Élie de Beaumont montra que les principales chaînes de montagnes, si elles étaient prolongées, se couperaient entre elles suivant certains angles de manière à prendre une disposition géométrique à laquelle il donna le nom de *réseau pentagonal*.

Toutes ces théories ne présentent aujourd'hui qu'un intérêt historique.

Suess a posé en 1875 le principe d'une doctrine orogénique nouvelle. Cet illustre géologue a montré que les grands accidents du relief terrestre sont dus à deux catégories de phénomènes.

En premier lieu, des poussées tangentielles qui donnent naissance à des plis tendant, en général, à se déverser dans le sens de la poussée.

En second lieu, des tassements lors desquels de grands massifs de l'écorce terrestre limités par des cassures descendent en masse sous l'action de la pesanteur.

Exemple : Les Alpes, les Pyrénées, l'Himalaya appartiennent à la première catégorie.

La vallée du Rhin, la plaine du Pô, celle de la Hongrie, le désert de Gobi sont des exemples de la seconde.

Enfin, Marcel Bertrand est arrivé progressivement à démêler les phénomènes les plus compliqués de la tectonique et a fait voir qu'une chaîne de montagnes n'est autre que la continuité d'une zone de plissements. Ainsi, si on considère les Alpes, depuis la Suisse jusqu'à la plaine hongroise, on constate que l'unité géographique est la même et que la structure géologique est également la même.

LOIS GÉNÉRALES DES DÉFORMATIONS TERRESTRES

L'origine des déformations terrestres semble pouvoir s'expliquer synthétiquement par un mouvement relatif de quelques grands massifs de la lithosphère, mouvement dû à la contraction du noyau interne. Il s'est alors formé de grandes dépressions auxquelles on a donné le nom de *géosynclinaux*.

Puis ces géosynclinaux se sont remplis de sédiments provenant de la désagrégation des roches éruptives environnantes.

Le déplacement de ces grands massifs solides a déterminé tantôt une compression, tantôt une décompression des substances sédimentaires. Par suite de ces alternatives de compression et de décompression, les sédiments se sont transformés en une masse fortement plissée.

Suess a donné aux deux grands massifs dont le rapprochement détermine

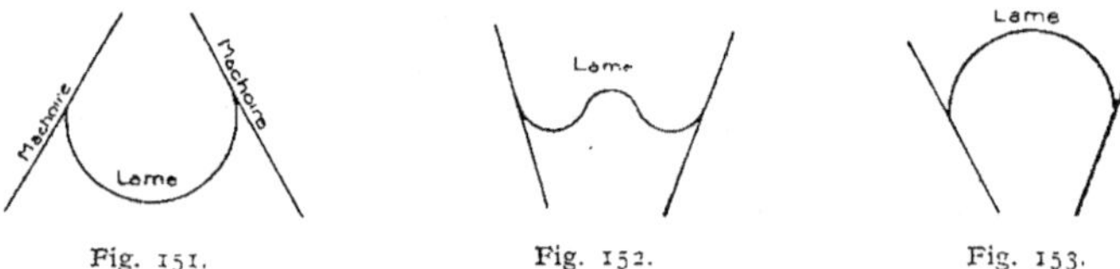

Fig. 151.   Fig. 152.   Fig. 153.

un plissement dans la zone intermédiaire, les noms d'avant-pays (vorland) et d'arrière-pays (hinterland).

En un mot, la formation d'une chaîne de montagnes débute, en principe, par le creusement d'un géosynclinal dont la chaîne doit prendre la place.

En partant de cette hypothèse, la formation des géosynclinaux, puis des massifs montagneux peut être comparée aux différentes formes que peut prendre une lame un peu élastique placée entre les deux mâchoires d'un étau.

En effet, si on rapproche la partie supérieure des mâchoires, la lame s'infléchira de plus en plus vers le bas et prendra la forme représentée par la figure 151.

C'est précisément ce qu'on observe dans le géosynclinal qui se creuse de plus en plus sous l'action de la compression latérale. Quelques géologues américains ont cru devoir ajouter « et sous le poids des sédiments qui s'y accumulent », cela n'est pas nécessaire comme nous le verrons plus loin.

Maintenant, si on desserre un peu les mâchoires, la lame pourra prendre la forme représentée par la figure 152. On observe une forme analogue dans plusieurs géosynclinaux : le géosynclinal qui a commencé par s'enfoncer, s'arrête ensuite, comme s'il butait contre un obstacle résistant, enfin il se subdivise en une série de plis secondaires dont les anticlinaux s'élèvent progressivement et finissent par constituer plusieurs rides montagneuses.

Si les mâchoires sont desserrées vers le haut, et par suite resserrées vers le bas, la lame prend la forme représentée par la figure 153, c'est-à-dire la structure en éventail, structure caractéristique de quelques chaînes de montagnes.

Dans le géosynclinal, les rides montagneuses se transforment, de la même façon, en une seule grande chaîne plissée en éventail.

Il est évident que les sédiments accumulés, dès le début, dans le géosynclinal qui peut avoir plusieurs centaines de mètres de profondeur, sont portés à une température relativement élevée et deviennent plastiques. Ainsi, les Alpes qui ont plus de 4.000 mètres, proviennent d'un géosynclinal qui a dû être de plus de 3.000 mètres. Les plissements se sont formés à la partie inférieure du géosynclinal grâce à la plasticité des éléments, et ne sont devenus visibles qu'à la suite des érosions. Nous voyons par là qu'il n'est pas utile de faire intervenir le poids des éléments.

Cette théorie est désignée sous le nom de *théorie de la compression bilatérale*.

Mais si l'on suppose que l'une des mâchoires reste fixe et que la deuxième s'en rapproche, les sédiments sont également comprimés; il y aura formation de plis, comme dans le premier cas : c'est la théorie de la *compression unilatérale*.

Enfin, supposons que les deux mâchoires soient fixes et que la matière ne soit soumise à aucune compression; il est alors possible d'admettre que cette matière augmentera de volume par suite de modifications physiques ou chimiques; elle se dilatera et, comme elle ne peut s'étendre latéralement, elle se plissera, comme dans les deux premiers cas. C'est la théorie de l'*expansion*.

En résumé, les plissements peuvent être attribués, soit à des poussées bilatérales, soit à des poussées unilatérales, soit à l'expansion. Ces trois théories sont basées sur le principe de la contraction du noyau interne.

La plupart des géologues se sont ralliés à la conception de la pression unilatérale.

Remarque I. — Les poussées tangentielles se sont produites soit dans le sens des méridiens, soit dans le sens des parallèles. Ainsi les plissements des couches sédimentaires de l'Europe et de la partie septentrionale de l'Asie, dont les axes ont une direction E.-O., rappellent l'idée d'ondulations sinueuses, comparables à celles des vagues de la mer, engendrées par une action tangentielle originaire du sud, et en marche progressive vers le nord. Les plis sont nettement déversés vers le nord. Cette poussée vers le nord ne peut se comprendre que par l'attraction au vide de la grande fosse du pôle boréal qui est la plus profonde des dépressions du globe.

Ces vagues terrestres sont venues se heurter contre des massifs déjà consolidés qui ne sont autres que les débris des montagnes antérieures. Quelques-unes se sont repliées et déversées en sens inverse des autres

Remarque II. — Les plis tectoniques déversés vers le nord n'ont pas exactement une direction E.-O.; ils se composent généralement de deux branches, l'une d'orientation N.-E. et l'autre d'orientation N.-O. Ces deux branches se raccordent approximativement à angle droit. On peut considérer ces plissements comme les produits de la décomposition d'efforts mécaniques agissant simultanément dans le sens des méridiens et dans celui des parallèles.

Quelques géologues, et à leur tête Dutton, considèrent la théorie de la contraction interne du globe comme insuffisante et même inapplicable. Car, si les mouvements tangentiels sont dus à la contraction, les plissements devraient alors se produire dans toutes les directions et non pas dans une direction unique, comme cela a lieu. Dutton estime qu'on peut expliquer la formation des chaînes de montagnes sans faire la moindre hypothèse sur le refroidissement de la Terre. Il est clair, dit-il, que si la Terre était homogène, sa figure d'équilibre serait un ellipsoïde de révolution dû à la rotation seule. Mais comme elle est hétérogène, il doit se produire un exhaussement dans les parties où s'accumule la matière la plus légère, et un affaissement dans les parties où s'accumule la matière la plus dense. Dutton a proposé le nom d'*isostasie* pour la condition d'équilibre de la figure de la Terre. La figure ne sera isostatique que si la Terre est suffisamment plastique.

Les conditions d'équilibre de la surface sont très souvent détruites par les érosions qui désagrègent les masses continentales et transportent les éléments dans les océans; les continents sont donc déchargés et les rivages surchargés. L'équilibre isostatique ne pourra se rétablir que si la matière qui se trouve en excès sur les bords des océans, se déplace vers les continents; il se produira alors un afflux de matière de l'Océan vers le continent; cet afflux déterminerait alors un mouvement tangentiel qui donnerait naissance à des zones de plissement à déversement d'un seul côté : cette zone de plissements formerait une chaîne de montagnes. Cette théorie conduirait à supposer que les chaînes de montagnes se sont formées sur le bord des océans; ce mode de formation pourrait s'appliquer aux quelques chaînes de montagnes qui bordent le Pacifique. Mais la plupart des géologues admettent que les géosynclinaux sur l'emplacement desquels ont pris naissance les montagnes, sont situés entre deux masses continentales.

Exemple : les Pyrénées, qui sont écrasées entre le Massif Central et la Méséta ibérique (plateforme espagnole).

Quelques auteurs pensent que la théorie de la contraction et celle de l'isostasie expliquent assez bien la formation des zones de plissement, le déversement des plis d'un seul côté, et le resserrement graduel des géosynclinaux.

Baily Willis estime que deux forces de nature différente agissant dans le même sens ne sont pas de trop pour rendre compte des grandes dislocations de l'écorce terrestre. C'est peut-être dans la combinaison de ces deux théories que réside la vérité. La contraction aurait, d'après cet auteur, fourni la force, et l'isostasie le sens d'une poussée de la région axiale du géosynclinal sur l'aire continentale.

Enfin, les études récentes de la chaîne des Carpathes et des Apennins conduisent à supposer que les phénomènes de charriages sont l'une des causes les plus importantes de la formation des chaînes de montagnes.

Remarque III. — La plupart des géologues estiment que les masses continentales ont été soumises à des oscillations aussi bien positives que négatives, auxquelles on a donné le nom de mouvements *épirogéniques*. Ces mouvements épirogéniques ont pris naissance après les formations des zones de plissements et ont segmenté ces zones normalement à leur direction.

ZONES DE PLISSEMENTS

On peut distinguer facilement, à la surface de la Terre, quatre grandes zones de plissements, c'est-à-dire quatre chaînes de montagnes.

Ce sont : 1º la zone précambrienne appelée zone *huronienne* (1).

2º La zone silurienne appelée zone *calédonienne*.

3º Le zone carbonifériene appelée zone *hercynienne*.

4º La zone tertiaire appelée zone *alp-himalayenne*.

1º Dans la zone précambrienne, les terrains archéens antérieurs au précambrien lui-même sont plissés, arasés par l'érosion et forment une plate-forme solide sur laquelle tous les sédiments postérieurs amenés par une transgression marine sont restés horizontaux, tout en ayant pu subir les uns par rapport aux autres des mouvements relatifs de haut en bas (radiaux). Ces massifs primordiaux ont, par suite, joué un rôle essentiel dans la tectonique ultérieure; ils ont imprimé leur direction à tous les plissements postérieurs (loi de position).

2º Dans la zone calédonienne, qui est encore mal connue, on trouve les terrains précédents et le silurien plissés et recouverts, après arasement, par du dévonien horizontal.

3º Puis vient la zone hercynienne, la plus importante de toutes, dans laquelle le carbonifériten et le permien sont fortement plissés ainsi que les terrains antérieurs, tandis que les terrains postérieurs sont demeurés dans l'ensemble horizontaux. On donne aussi à cette zone le nom d'armoricano-varisque (tiré de l'ancienne tribu des Varisques (Saxe, Bohême).

4º Enfin, la zone alp-himalayenne où les terrains tertiaires eux-mêmes

---

(1) Huronien vient du lac Huron (Canada), où cette zone est développée. Calédonien vient de Calédonie, ancien nom de l'Écosse. Hercynien vient des Monts Hercyniens (aujourd'hui Erzgebirge).

peuvent apparaître plissés et où les mouvements peuvent se continuer aujourd'hui même encore?

Cette zone comprend les principales chaînes de montagnes actuelles (Alpes, Pyrénées, Caucase, Himalaya), c'est-à-dire celles produites par les mouvements les plus récents et que l'érosion n'a pas encore eu le temps de détruire.

Massifs primitifs. — Chaîne huronienne.

A l'origine, nous voyons autour du pôle Nord quatre grands massifs, quatre noyaux archéens, disposés symétriquement. Ces massifs polaires affectent une certaine disposition d'ensemble en triangle sphérique, que les ondes concentriques hercynienne et alp-himalayenne accusent encore mieux. Ces quatre grands massifs de terrains archéens (micaschistes, gneiss, etc.) plissés et cristallisés, représentent l'ossature primitive du globe.

1º Le principal de ces massifs est le bouclier canadien qui occupe la plus grande partie du Canada, autour d'une cuvette en pente formée par la baie d'Hudson (voir planche I à la fin du volume).

2º Le massif du Groënland qui est limité à l'est et à l'ouest par des effondrements tertiaires que jalonnent des roches éruptives récentes (basaltes, phonolites, etc, etc.).

3º Le bouclier scandinave ou baltique, finno-scandinave, au milieu duquel la mer Baltique forme le pendant de la baie d'Hudson, au centre du bouclier canadien. Le Spitzberg semble être le prolongement direct du bouclier scandinave.

4º Le môle sibérien qui forme exactement l'homologue du môle indou, de l'autre côté de la grande mer intérieure mésozoïque qu'on a appelée la Thétis.

Remarque. — Le Plateau Central français, le massif armoricain, le massif de la Bohême, etc., etc., seraient des apophyses ou chaînons isolés à rattacher à la chaîne huronienne.

Chaîne calédonienne.

La chaîne calédonienne se présente avec une direction méridienne. Elle comprend l'Irlande, une partie de l'Angleterre, l'Écosse, une partie de la Norvège (V. Pl. II). Elle passe par le cap Nord et va peut-être au Spitzberg. Nous la connaissons au Sahara. Elle forme en Amérique les Montagnes Vertes.

Chaîne hercynienne.

La chaîne hercynienne d'Europe (Altaïdes européennes) est une chaîne antérieure aux Alpes et par suite plus septentrionale, qui, pendant le carboniférien et le permien, s'est dressée de Séville à Clermont, Rennes, Nancy, Prague, Breslau, Odessa, l'Oural jusqu'à l'Océan glacial.

Si nous prenons la description de cette chaîne par le sud-ouest, nous trouvons l'Espagne qui a été entièrement recouverte par des plissements hercyniens et qui comprend deux bassins houillers : celui de l'Andalousie et celui des Asturies (V. Pl. II).

L'Espagne est divisée en deux parties par une coupure qui suit la vallée du Guadalquivir.

D'un côté, se trouve le plateau hercynien de la Meseta, au sud duquel, on rencontre les gîtes métallifères de la province de Huelva (Rio Tinto, Tharsis, etc., etc.) et Algustrel (Portugal).

De l'autre côté, la Cordillère bétique, replissée à l'époque tertiaire où les plis hercyniens ont disparu sous les plis alpins.

Entre les deux, se trouve un ancien détroit qui a fait communiquer longtemps la Méditerranée avec l'Atlantique, avant l'ouverture (pliocène) du détroit de Gibraltar. Il est probable qu'un anticlinal a relié la Sierra-Nevada aux îles Baléares.

On observe depuis Grenade jusqu'à Carthagène et à Minorque la trace d'une même formation métallifère littorale : Linarès, la Caroline. Vers le sud, la bande de terrains cristallins qui reparaît sur les côtes du Maroc et de l'Algérie et qu'on peut rattacher au système sardo-corse, représente un alignement hercynien, sur lequel il serait assez naturel de trouver un groupe de gisements plombo-zincifères, analogue à celui de Monte Poni (Sardaigne).

Le Pelvoux, le Mont-Blanc sont aussi d'anciens faisceaux de plis hercyniens lentement surélevés pendant le tertiaire.

La grande masse de cette chaîne hercynienne passe par le Plateau Central français, où l'on rencontre des terrains carbonifériens et où les plis se coupent à angle aigu, et par le massif armoricain qui est la suite naturelle du Plateau Central. Ces deux massifs contiennent également de nombreux gîtes métallifères.

Vers l'est, les plis du Plateau Central se prolongent par ceux des Vosges et de la Forêt Noire. Ceux du massif armoricain vont à travers le bassin de Paris rejoindre le Hundsrück (bassin houiller de Sarrebrück). Ceux du Cornwall semblent aboutir à l'Ardenne, l'Eifel et le Sauerland, où les plis se raccordent par une courbe largement ouverte vers le nord.

La limite nord de ces derniers plissements est marquée par un long géosynclinal qui, du sud de l'Irlande à la Russie, est suivi par une très importante traînée de dépôts houillers. On y trouve les bassins houillers du Pays de Galles, de Londres, de la France, de la Belgique, de la Westphalie, de la Silésie, de Dombrowa, du Donetz, de Moscou (entre Nigni-Novgorod et la région de l'Arkhangelsk), et enfin celui de l'Oural (entre Perm et Ekaterinenbourg).

Le massif schisteux rhénan est disposé en plis renversés vers le nord et recouvre, en partie, le bassin houiller franco-belge, notamment dans la Campine.

A la traversée du Rhin, les plis hercyniens subissent un décrochement, vers le nord, puis vont se raccorder à ceux de la Westphalie.

Au sud, le Rhin présente une vallée d'effondrement tertiaire qui amène une dénivellation de 2.500 mètres.

Les plis hercyniens sont interrompus entre la Westphalie et le Hartz, à la vallée du Weser; et, en ce point, la bande houillère disparaît également.

Les plis hercyniens se retrouvent au Hartz et au Thuringerwald : les plis du Hartz sont renversés contre le massif granitique du Brocken; mais ils ont, en outre, subi sous une action de torsion une multitude de cassures en étoilement qui sont minéralisées et qui forment les célèbres filons d'Andreasberg, de Clausthal, etc., etc. La destruction de quelques-uns a dû fournir les couches cuprifères du Mansfeld.

Au sud du Hartz, le Thuringerwald et le Frankenwald représentent ainsi la direction des plis hercyniens. Une grande faille d'effondrement tertiaire, longe le bord S.-O. de ces massifs de Eisennach à Ratisbonne où elle rejoint une seconde faille dirigée suivant les bords du Danube.

Puis vient le massif hercynien de la Saxe et de la Bohême, au nord duquel les plis ont éprouvé une torsion analogue à celle du Plateau Central, mais en sens inverse, et accompagnée de même par l'ouverture de gîtes métallifères (Freiberg, Annaberg, Joachimsthal, etc.).

En quittant la vallée de l'Elbe, les plis se recourbent à angle droit et viennent se rattacher aux monts Sudètes, puis disparaissent sous les plis tertiaires des Carpathes.

Après la vallée de l'Oder et celle de la Vistule, nous trouvons les monts Métalliques de Hongrie (Schemnitz), les monts Tatra (on a découvert, récemment, dans les environs de Zakopane, en Galicie, des gisements uranifères), les Carpathes, les Alpes de Transylvanie, le Banat, et les Balkans qui font suite aux Préalpes calcaires d'Autriche; et plus au sud, les Dinarides (Alpes Illyriennes) qui sont le prolongement des Alpes Carniques. Toutes ces chaînes ont été replissées à l'époque tertiaire.

Remarque. — On s'explique aisément l'extraordinaire torsion des Carpathes et des Balkans, par le rapprochement exceptionnel de deux môles primitifs : la plate-forme russe et le massif du Rhodope qui avant l'effondrement égéen devait se prolonger en Asie Mineure.

L'inflexion des Dinarides, suivie plus tard de celle des Apennins, est également motivée par le mont Rhodope et un continent probable, la Tyrrhénide. La Corse, la Sardaigne et la Calabre représentent aujourd'hui les tronçons disjoints de l'effondrement tyrrhénien (fig. 154).

On trouve la chaîne hercynienne dans le bassin houiller du Donetz, puis elle se perd, sous un manteau de terrains sédimentaires, dans la vallée de la Volga, et se recourbe très probablement autour de la plate-forme russe pour aller rejoindre l'Oural, entre la plate-forme russe et le môle sibérien (V. Pl. II).

Plus au sud, un plissement tertiaire, sous lequel on ne peut que soupçonner un pli hercynien, raccorde les Balkans, par la Crimée, avec le Caucase, l'Afghanistan et l'Himalaya.

Enfin, en Asie Mineure, on trouve le bassin houiller d'Héraclée qui est évidemment le prolongement des plis hercyniens de Styrie.

On rencontre dans le Taurus une chaîne hercynienne où le dévonien plissé contient les gîtes métallifères de Boulghas-Dagh.

L'Oural, les monts Timan, la Nouvelle-Zemble représentent des plis hercyniens.

On retrouve en Asie l'indice des plissements carbonifériens dans toute la zone qui va de l'Altaï à l'Himalaya, et du Nan-Chan à la Birmanie; ces plissements sont très bien caractérisés dans le Tian-Chan (fig. 155).

Dans le rameau qui passe par la presqu'île de Malacca, les petites îles de Bangka, Billiton, par Java, etc., etc., on retrouve la chaîne hercynienne avec ses gîtes aurifères et ses gîtes stannifères; puis elle disparaît vers le sud et reprend la direction de la côte du Pacifique, comme l'ont fait plus tard les plis tertiaires. Telle est la disposition des plis hercyniens au nord de l'Équateur.

En passant dans l'hémisphère austral, on trouve des indices de cette chaîne, dans chacun des trois grands môles primitifs également terminés en pointe vers le sud et qui forment l'Afrique, l'Inde et l'Australie.

1° Dans l'Afrique du Sud, les terrains primaires du Transvaal ont été plissés avant le dévonien.

2° Dans le môle indou, la chaîne des Gathes (S.-E.) représente un tronçon de la chaîne calédonienne et hercynienne.

3° En Australie, la chaîne plissée de la côte est, allant de la Tasmanie au détroit de Torrès, de direction N.-S., appartient à un mouvement hercynien. Cette chaîne renferme des gîtes aurifères très riches, ceux de Bendigo et Ballarat, dans la province de Victoria.

Remarque. — Il est probable que, comme dans l'hémisphère boréal, des plissements ont dû s'élever sur la région occupée particulièrement par les mers entre un môle primitif antarctique dont les explorateurs retrouveront peut-être la trace et les môles de la zone équatoriale qui formaient, d'autre part, l'arrière-pays des Européens.

On peut admettre aussi l'existence de grandes masses continentales ayant relié, par une chaîne plus ou moins continue, le Brésil à l'Afrique, à l'Inde et à l'Australie.

Il est probable qu'il existe dans la Chaîne des Andes, à l'ouest du Brésil,

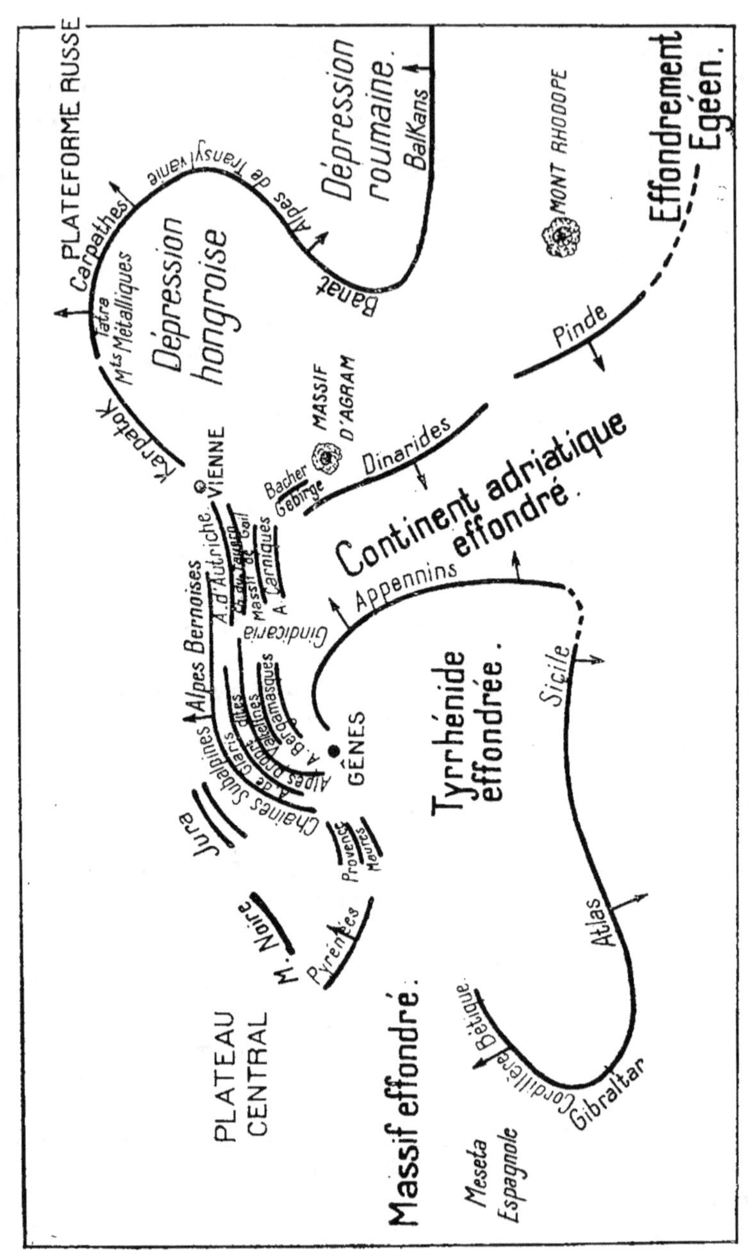

Fig. 154. — Schéma des Plissements Alpins.

sous les derniers plis tertiaires, une chaîne hercynienne comprise entre le môle brésilien et un massif actuellement effondré qui aurait occupé le Pacifique.

Enfin, dans l'Amérique du Nord, on voit les plis hercyniens qui contournent le bouclier canadien; ils se courbent entre ce bouclier, au nord, et le môle brésilien au sud, dans la zone qui, devenue plus étroite avec le temps, a provoqué l'incurvation des Antilles analogue à celle des Carpathes.

Au sud-est du bouclier canadien, les plissements hercyniens sont très bien caractérisés dans les monts Alleghanis où l'on rencontre de riches gisements houillers.

A l'ouest, dans les Montagnes Rocheuses, un grand système de failles et d'effondrements tertiaires avec plissements connexes ont découpé un massif qui porte la trace des plis carbonifériens.

Chaîne alp-himalayenne.

La chaîne alp-himalayenne comprend toutes les saillies élevées des montagnes récentes de l'écorce terrestre.

Cette chaîne présente, en Europe, trois plissements qui se sont produits successivement :

1º Les Pyrénées, les chaînes subalpines, les Carpathes.

2º La Cordillère bétique, les Alpes proprement dites, le Jura.

3º Les Apennins, les Alpes de Bergamasques, les Dinarides, et nous ajouterons l'Atlas (V. Pl. II).

I. — La cordillère bétique, par laquelle nous commencerons l'étude des plissements tertiaires, n'est que le prolongement direct des plis de l'Atlas qui se raccordent à travers la coupure récente (pliocène) du détroit de Gibraltar. Elle est séparée aujourd'hui de la Meseta par la dépression du Guadalquivir.

II. — Les Pyrénées avaient déjà leur axe esquissé à l'époque hercynienne. Cette chaîne serait donc intermédiaire, par son âge, entre la chaîne hercynienne et la chaîne alp-himalayenne.

III. — Les Alpes de Provence ont bien des chances pour prolonger les Pyrénées, dont le Golfe du Lion les sépare aujourd'hui.

Cette chaîne est plus ancienne que celle des Alpes proprement dites; elle a été soumise à de fortes érosions, et a probablement pris part à l'effondrement général du bassin du Rhône; elle présente des plis couchés, des étirements, des renversements et des phénomènes de charriage.

Les chaînes subalpines offrent la même structure. Il est probable que les plis de ces deux chaînes sont venus s'écraser contre la Montagne Noire jouant le rôle de môle.

IV. — La chaîne des Alpes proprement dites présente, d'après Suess, une dissymétrie tectonique, aussi bien que topographique, tenant à ce que le versant est de la chaîne, nécessité par la symétrie, aurait disparu dans un effondrement postérieur au plissement lui-même. Ce versant est actuellement tout à fait abrupt (il domine la Lombardie).

On rencontre dans cette chaîne, vers le Mont-Rose, une zone archéenne où entrent des sédiments permo-carbonifériens transformés en gneiss par un métamorphisme profond avant le relèvement tertiaire qui a fait reparaître au jour ces terrains de profondeur.

On trouve dans cette zone des gîtes métallifères extrêmement importants (Grand-Paradis, Val d'Aoste, Haut-Valais, Mont-Rose, Pestarena, Simplon, etc., etc.).

Le Jura peut être considéré comme un rameau des Alpes. Le Jura et les Alpes ne sont que des parties d'un même arc plissé.

Les Alpes de Bergamasques, situées au sud des Alpes Suisses, sont également un rameau des Alpes. On peut y rattacher les Apennins et les Dinarides.

La séparation tectonique entre les Alpes Occidentales et les Alpes Orientales se fait à la vallée de la Giudicaria (fig. 154).

Les Alpes Orientales se divisent en cinq bandes parallèles à la direction E.-O. : les Alpes Carniques, le massif du Gail, la chaîne de Tauern, les Préalpes calcaires d'Autriche et une chaîne continuée, par le Flysch (sédiments gréseux et argileux plus ou moins schisteux).

Le raccordement avec les Carpathes se fait par la petite chaîne de Kis Karpatok au nord de Presbourg.

Au sud des Carpathes, se trouve la grande dépression hongroise puis le massif d'Agram, contre le flanc sud duquel sont venues buter les Dinarides.

Les Dinarides se prolongent à travers la Bosnie et le Monténégro et vont passer au sud du massif de Rhodope.

A la suite des Carpathes se trouvent les Alpes de Transylvanie, le Banat et les Balkans, qui entourent la plaine de Roumanie et forment une courbe analogue à celle du détroit de Gibraltar et en sens inverse de celle des Carpathes.

Les Alpes de Transylvanie contiennent des gîtes aurifères (tellurures d'or et d'argent), dissséminés dans les trachytes, rhyolites, dacites.

Le Banat contient également de nombreux gîtes métallifères.

Les Balkans renferment une longue traînée carbonifère.

Enfin, la chaîne des Balkans se raccorde au Caucase par la Crimée.

Le Caucase renferme des gîtes métallifères importants (Cu, Mn, etc.).

Les Apennins forment un arc divergent des Alpes; ils vont de la Sicile rejoindre l'Atlas, la Cordillère bétique et les Maures, décrivant ainsi autour de la Méditerranée, une boucle fermée remarquablement dessinée (comme cercle d'effondrement) par une traînée éruptive tertiaire sur laquelle se trouvent quelques volcans en activité : Vésuve, Etna, Stromboli.

Plis tertiaires à travers l'Asie.

A partir du Caucase, le sens des mouvements est dirigé vers le sud. Les plis asiatiques semblent se prolonger à partir du môle sibérien, dans la direction du sud et de l'est, d'une part jusqu'au môle indou, et d'autre part jusqu'au

Fig. 155. — Schema des Plissements Asiatiques.

littoral du Pacifique, en se déviant, à leur extrémité, le long de quelques môles, comme le môle sinien et le môle du Cambodge.

Les plis des Dinarides se continuent par le Taurus, les Monts Elbourz, et viennent se confondre avec ceux du Caucase, de l'Afghanistan, à la suite desquels se trouvent les plis gigantesques de l'Himalaya. La poussée s'est effectuée ici, du nord au sud, contre le massif Indou.

L'inflexion des plissements orientaux est intéressante; car elle se traduit dans le sud et l'est de la Chine par une sorte de remous tourbillonnaire, à cause de la présence des môles. Le môle du Cambodge sépare les plis de l'Annam de ceux du Siam et de la Birmanie. On voit là dans les derniers promontoires du S.-E. de l'Asie, la fin d'une chaîne plissée. Les anticlinaux se réduisent à un seul par suite d'un étirement progressif. Les derniers anticlinaux sont ceux de l'Annam, de la presqu'île de Malacca et ceux de la chaîne Birmane; ils se traduisent alors par des arcs que jalonnent des chaînes d'îles volcaniques, c'est-à-dire marquées par des fractures tout à fait récentes. On peut suivre les arcs volcaniques de la Birmanie, des îles Andaman, Sumatra, Java, Florès, Timor Ceram, la Nouvelle-Guinée. Ici, la chaîne se bifurque, l'une des branches se dirige vers le nord et comprend les Célèbes, les Moluques, les Philippines, Luçon, Formose, le Japon, les Kourilles, les îles Aléoutiennes. L'autre branche va de la Guinée à la Nouvelle-Zélande en passant par la Nouvelle-Calédonie. Il y a également une autre zone plissée qui s'étend sur le Tonkin, l'Annam, passe par Bornéo, Luçon et se confond avec la première à l'île Formose.

Plis tertiaires de l'Amérique.

Les plis tertiaires du continent américain sont également mis en relief par la structure orographique. On les voit sur une traînée générale qui longe tout le Pacifique, dans la Sierra-Nevada, puis dans les Andes, et qui ici, comme sur le rivage asiatique, est jalonnée de volcans.

On peut admettre que certaines parties du Pacifique ont dû jouer le rôle de butoirs solides pour les chaînes plissées de l'époque tertiaire, c'est-à-dire que ce grand océan aurait représenté un compartiment solide et récemment affaissé, et, contre ces butoirs, seraient venus s'arrêter les derniers plis de l'Asie et de l'Amérique, refoulés d'autre part par les môles primitifs de la Sibérie, de l'Inde, de l'Australie, du Brésil, du Canada (V. Pl. I).

Dans le continent nord-américain, on trouve les chaînes plissées des Coast-Ranges et de la Sierra-Nevada, puis la zone d'abord plissée et ensuite effondrée des Bassin-Ranges, enfin les Montagnes Rocheuses, où dans le sud, vers le Colorado, les effondrements tertiaires dominent sur les plissements; tandis que, dans le nord, c'est-à-dire dans le Montana et le Canada, les plissements deviennent presque exclusifs et arrivent à des chevauchements extraordinaires du cambrien sur le crétacé.

Dans l'Amérique du Sud, la chaîne plissée est également le long du Pacifique contre lequel elle semble s'être écrasée. Elle forme la Sierra de la Côte et la grande chaîne des Andes, avec plis couchés à l'ouest. Puis on soupçonne des tronçons d'une chaîne plissée, sans doute hercynienne, qui partirait de la Guyane française pour aboutir au Cap Corrientès au sud du Brésil; et, à l'intérieur de cette très problématique chaîne hercynienne, on arrive au môle brésilien, coupé à l'est par l'effondrement tertiaire de l'Atlantique.

Enfin, entre le môle brésilien et le bouclier canadien, le zone de la mer des Antilles et du golfe du Mexique s'est trouvée resserrée dans le sens du nord-sud par ces deux grands massifs; il en résulte une incurvation des plis qui se sont écrasés.

Remarque. — L'arc des Antilles et celui de Gibraltar se font face des deux côtés de l'Atlantique; il est possible de supposer que ces deux arcs étaient reliés par une chaîne qui leur était tangente.

On peut se demander où se trouve la continuation de la chaîne des Andes. On observe que l'extrémité méridionale de l'Amérique du Sud s'infléchit vers l'est; il pourrait se faire que la continuation eût lieu vers la Terre de Feu, l'île des États, la Géorgie du Sud et les Sandwich du Sud.

On a reconnu que la zone de plissements passant par les Orcades du Sud, les Shetland du Sud ,la terre Louis-Philippe, la terre de Graham

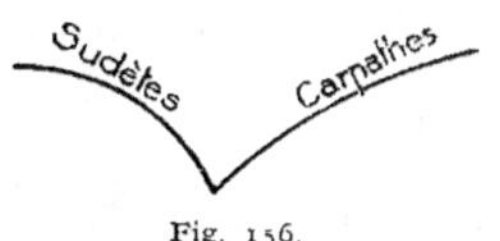

Fig. 156.

et probablement aussi par la terre Alexandre-Ier ainsi que par l'île Wandel où la première mission Charcot a abordé, a une direction E.-O., tandis que la précédente a une direction O.-E.

Remarque. — Dans la succession des phénomènes orogéniques, les périodes de plissement sont, en général, suivies de périodes de tassement, d'effondrement, marquées par la production de fractures le long desquelles s'effondrent des massifs de l'écorce terrestre. Les fractures sont, dans la plupart des cas, parallèles à la direction des plissements.

MM. Suess et Marcel Bertrand ont montré que, dans les chaînes de montagnes, les plis décrivent assez souvent de grands arcs de cercle qui se racraccordent suivant des angles aigus, de sorte que la courbe décrite par les plissements présente des points de rebroussement. Ces rebroussements constituent souvent des points faibles suivant lesquels il se produira des fractures qui seront minéralisées postérieurement. Exemple : Monts Sudètes et Carpathes.

RÉSUMÉ.

La formation des continents semble résulter, malgré leur complexité apparente, d'une série de mouvements réguliers et relativement simples. Les quatre grandes chaînes de montagnes présentent quatre grands plissements formés successivement chacun en retrait sur le précédent, et chacun ayant son mouvement de refoulement à partir du sud où se trouvait la haute mer, vers le nord où se trouvait déjà la chaîne antérieure (le Vorland).

Il ne reste des chaînes huronienne, calédonienne, hercynienne que des lambeaux isolés, des môles, des horsts. Les parties fortement érodées ont été recouvertes postérieurement par des terrains sédimentaires.

NOTE I

Théorie orogénique.
(A. COCHAIN, *Ingénieur des Mines.*)

Cochain sépare, dans l'écorce terrestre, deux zones de cohésion très différente, une zone supérieure, dite écorce passive, et une zone profonde dite écorce résistante. Il a tiré de cette hypothèse une explication très satisfaisante des fossés d'effondrement; des diverses particularités que l'on observe, le plus souvent, le long de ces fossés ou dans leur intérieur; de la liaison manifeste entre les fossés et les volcans; de quelques-uns des phénomènes qui accompagnent le volcanisme.

Ayant longuement considéré le dessin des plissements alpins, il a remarqué, ce dont personne ne s'était avisé jusqu'ici, que ce dessin possède un centre de symétrie approché, centre qui est situé vers le milieu de l'Apennin. Une telle symétrie ne peut être l'effet du hasard. Pour l'expliquer, Cochain fait appel à l'hypothèse de deux bandes de flexion, sensiblement rectangulaires affectant l'écorce résistante. Cela suffit, pour que, dans l'écorce passive, des arcs plissés se produisent, et pour que, le long de ces arcs, des charriages, c'est-à-dire des déplacements relatifs de l'écorce passive et de l'écorce résistante, prennent naissance, charriages dirigés vers l'extérieur.

Si tout, dans les deux bandes de flexion, avait été rigoureusement symétrique, le dessin des Alpes eût ressemblé à un trèfle à quatre feuilles ayant pour axes de symétrie les axes des deux bandes.

Mais l'inégalité de ces bandes; le fait que le long de chacune d'elles, la flexion, ou, si l'on veut, l'intumescence, se propage au lieu d'être instantanée et simultanée; enfin, le défaut de synchronisme dans la propagation de deux intumescences, ont eu nécessairement pour conséquences les défauts de symétrie observés dans le système alpin. La concordance entre la théorie et une partie des faits est vraiment impressionnante; mais il est tout un côté de la tectonique alpine que Cochain laisse dans l'ombre. Cette théorie ne rend pas compte de l'extraordinaire ampleur des phénomènes de charriage. Elle ne nous apprend pas pourquoi le déplacement horizontal a pu atteindre, dans certaines régions, une dimension qui s'exprime en centaines de kilomètres. Elle est donc, somme toute, insuffisante et demande à être complétée. On ne pense pas que de simples flexions, de simples intumescences de l'écorce résistante suffisent à produire des chaînes de montagnes, telles que les Alpes, l'Apennin, l'Atlas, l'Himalaya. Si l'on pouvait descendre jusqu'à l'écorce résistante, on verrait, sans doute, sous ces chaînes et dans cette écorce résistante, les déversements et les charriages se dessiner moins amples et moins compliqués que dans l'écorce passive, mais analogues à ceux que nous observons au voisinage de la surface actuelle.

De la tentative de théorie orogénique ébauchée par Cochain, on peut garder l'idée de faire se rencontrer, sous la région méditerranéenne, et sensiblement sous l'Apennin, deux vagues soulevant les zones profondes de l'écorce : l'une, la vague alpine, dirigée à peu près est-ouest et couchée vers le nord; l'autre, de direction à peu près perpendiculaire, et qui serait la réplique, en Europe, de la vague andine dont l'empreinte sur le continent américain est si marquée. Cette deuxième vague serait couchée, elle aussi.

NOTE II

Chaînes de montagnes du Canada et de l'Amérique du Nord.

Les Cordillères canadiennes ont 800 kilomètres de largeur, le long de la voie ferrée du Canadian Pacific. Les chaînes sont semblablement parallèles et à peu près du même âge; ce sont des chaînes jeunes où les mouvements principaux sont plus récents que le crétacé inférieur et qui ont bougé longtemps après, dans les temps éocènes ou oligocènes. Ces cordillères ne sont qu'un fragment de cette gigantesque Cordillère d'âge crétacé ou tertiaire qui court tout le long du littoral des deux Amériques, dressant ses hautes montagnes du côté du Pacifique.

L'ensemble des chaînes de l'ouest est divisé par les géologues en bandes longitudinales. On peut réduire le nombre de ces bandes longitudinales à trois.

A l'est, il existe, sous le nom de Montagnes Rocheuses, une cordillère très spéciale, la plus haute des trois. On la suit depuis les rives du Mackensie, au nord, jusqu'à l'angle N.-E. du plateau du Colorado, au sud.

Au milieu s'allonge une cordillère centrale, caractérisée par des terrains aurifères; elle est moins haute que la Chaîne des Rocheuses. On la suit au Canada depuis Kootenay au sud jusqu'au Yukon dans le nord.

Enfin, vient la cordillère occidentale, qui comprend le pays plissé qui se cache sous les laves et les dépôts tertiaires du Plateau Intérieur; la chaîne côtière ou Coast Ranges souvent fort élevée; les nombreuses îles, très montagneuses, voisines de la côte du Pacifique; les Monts Olympiques, simple chaînon extérieur, parallèle à la côte S.-O. de l'île de Vancouver; la chaîne de Saint-Élie plus extérieure encore, si haute sur le rivage de l'Alaska, effondrée et cachée sous les flots du Pacifique au sud du 56e parallèle.

Il est très difficile de suivre en direction ces trois cordillères : il n'y a ni routes, ni maisons; la forêt est presque continue.

La cordillère centrale, séparée des Rocheuses par une grande dépression, ne comprend que de très vieux terrains cambriens et même précambriens, et apparaissant sous eux, des terrains métamorphiques avec granite. Les terrains métamorphiques sont des gneiss, des micaschistes, des phyllades; il y a, à diverses hauteurs, d'innombrables lits granitiques interstratifiés.

Les phyllades souvent charbonneux, toujours pyritifères, sont, à cause de leur pyrite, relativement riches en or. La bande où ils affleurent constitue les Goldranges, et ces montagnes aurifères se suivent depuis Kootenay jusqu'au Yukon, par le Cariboo et la vallée de la Finlay. Autour du Klondyke, les alluvions aurifères sont exploitables.

REMARQUE. — Il est possible que les terrains métamorphiques des Columbia Ranges, des Gold Ranges, des Cariboo Ranges, du lac Schuswap, du Yukon et de la Finlay ne soient pas tous très anciens.

La géologie de la cordillère occidentale est encore mal connue. On y observe beaucoup de phénomènes d'écrasement, phénomènes assez rares dans les Rocheuses et dans la cordillère centrale. La plus grande partie de la ville de Victoria, capitale de la Colombie britannique, est bâtie sur des granites et des diorites écrasés.

CHAPITRE VII

TECTONIQUE DU SOL DE LA FRANCE

La tectonique d'une région doit être étudiée avec le plus grand soin par tout ingénieur qui se propose de faire des recherches sur les gîtes métallifères de cette région. C'est pourquoi nous allons essayer d'indiquer les réseaux de plissements et de fractures qui se sont formés depuis l'écroulement de la chaîne hercynienne, la plus intéressante de toutes sur le sol de la France.

Quand on examine l'agencement et la forme des témoins, des môles de la chaîne hercynienne, on voit qu'ils obéissent à la grande loi géographique du tracé en pointe, terminée vers le sud.

Exemple : Groënland, Espagne, Italie, Grèce, Arabie, Inde, Australie.

En France, il existe trois lignes directrices de cette chaîne, une au midi, une autre au centre et la troisième au nord. Chacune de ces lignes se compose de deux parties se raccordant à peu près à angle droit (1).

I. — La *pointe méridionale* du témoin hercynien de la France est celle du Massif Central dont les deux bords se rejoignent au sud, dans les environs de Lodève; elle est entourée au midi par des dépôts de mers secondaires au travers desquelles surgissent des îlots primaires et archéens. Cette forme angulaire de continent archéen est en partie effondrée sous le Causse de Larzac, en laissant subsister en dehors d'elle l'île primaire de la Montagne Noire, absolument comme la pointe sud de l'Australie, qui s'est effondrée, laissant subsister comme témoin méridional l'île de Tasmanie.

α) La *lisière orientale* de la pointe du Massif Central longe le bord des Cévennes; elle est tracée par de nombreuses failles de direction N.-E. dont les principales sont celles de Privas, d'Alais, de la Serrana et de Saint-Pons. Les couches sédimentaires de toute la série des terrains (permien, trias, jurassique, infra-crétacé, éocène, oligocène) y sont profondément faillées et empilées contre le noyau des phyllades archéennes.

On observe, dans les synclinaux du soubassement de ce mur gigantesque, les bassins houillers de Bessèges, Alais, Cabrières, Graissessac (fig. 157).

---

(1) Cf. E. JOURDY : « Esquisse de la tectonique du sol de la France », *Bull. de la Société des Amis des Sciences naturelles de Rouen* (2ᵉ semestre de 1906).
— Voir aussi la planche III à la fin du volume.

β) La *lisière occidentale* du Massif Central, d'orientation N.-O., se présente également sous la forme d'une longue muraille de gneiss et de micaschistes qui, entre le môle allongé du sillon de Bretagne et la région massive de Brive, leur est reliée souterrainement par le seuil du Poitou, recouvert d'une mince couche de terrain jurassique.

On y rencontre la chaîne des petits bassins houillers de Saint-Laurs, Faymoreau, Vouvant et Chantonnay, qui prolongent la longue faille de Grand-Lieu, puis ceux de la région de Brive, ceux des environs de Figeac, ceux du département de l'Aveyron (Decazeville, Saint-Aubin, Gransac).

Cette lisière occidentale est approximativement perpendiculaire à la lisière orientale.

II. — Dans *la région centrale*, les Vosges, aujourd'hui séparées de la Bretagne par l'effondrement du bassin parisien, ne lui sont pas moins tectoniquement unies par un lien ancien d'une traînée linéaire de synclinaux renfermant les bassins houillers de Ronchamps, la Serre, Blanzy, Bert, Commentry, Ancenis; enfin, à l'extrémité du continent, ceux de Quimper et de la Baie des Trépassés.

Ce long sillon, malgré ses dislocations et ses effondrements partiels, est bloqué dans le Massif Central ou ennoyé sous les revêtements plus récents des bassins du Rhône ou de Paris; mais, aux abords des deux massifs terminaux, il est nettement appuyé sur deux môles résistants, ceux de la Serre et de la lande de Lauvaux, orientés orthogonalement.

La Serre est un petit massif gneissique en continuité souterraine avec les Vosges. Il est un des points les plus importants de la tectonique française. Il forme un pli en éventail d'âge hercynien, reste d'un massif plus étendu qui a servi de ligne directrice des plissements jurassiens.

La lande de Lauvaux est un long et mince bourrelet de 50 kilomètres de longueur sur 3 kilomètres en moyenne de largeur, constitué par des gneiss et qui s'accole au prolongement du sillon de Bretagne. Sur ce bourrelet, s'alignent le bassin houiller d'Ancenis et la grande faille qui se dirige par Loudun, en face des houillères de Montluçon et Commentry.

III. — Dans *la région septentrionale*, l'Ardenne est le plus démoli des fragments de la chaîne hercynienne. Il a fortement résisté à la poussée qui a déterminé l'érection de la chaîne hercynienne, car le flanc septentrional de son grand pli s'est cabré et a laissé passer par-dessus sa crête son flanc méridional. Cela prouve que la poussée hercynienne a été, dans cette région, moins forte que la poussée alpine au sud des Vosges. On constate qu'il finit en coin, du côté sud.

Suess a fixé entre Douai et Valenciennes le sommet de l'angle droit formé par les deux branches de la direction des plissements du nord de la France. La branche ouest se relie, de l'autre côté de la Manche, avec le synclinal S.-O. de l'Angleterre, prolongé dans le pays de Galles jusqu'en Irlande, au Land'send, absolument comme le sillon de Bretagne se termine à l'île de Sein.

La branche est est parallèle aux directrices des plis du massif rhénan et du Westerland.

Le point d'appui le plus occidental de l'Ardenne, c'est le petit pointement dévonien du Boulonnais qui est profondément enraciné dans le massif. Il

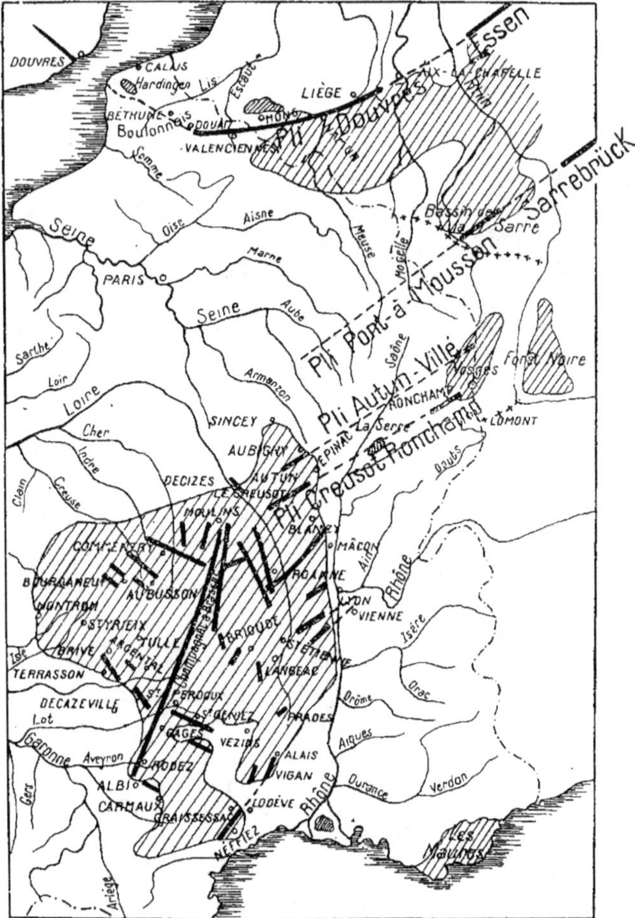

Fig. 157. — PLIS HOUILLERS FRANÇAIS.

borde les bassins houillers français de Lens et Valenciennes sur lesquels le socle dévonien a été partiellement refoulé et quelque peu charrié le long de la « faille du midi ». Par contre, du côté oriental, se développe la robuste crête du Condroz qui a toujours joué le rôle d'une arête solide. Le Condroz est fortement scellé à plusieurs plissements parallèles du silurien et du dévonien qui lui constituent, en avant, une fondation puissante lui permettant d'abriter, en arrière, le grand bassin houiller de Belgique. Sa solidité est renforcée par la présence, en avant des deux ailes, des deux môles avancés de Rocroi et du Stavelot.

Les analogies de tracé et de structure de ces trois lignes directrices à travers la France permettent de concevoir la réunion des trois tronçons hercyniens de l'Ardenne, de la Bretagne et des Vosges, et du Massif Central en une seule masse qui offre l'apparence d'une France d'origine plus ancienne et de conformation différente de celle qui entoure la péninsule du Massif Central.

Le tracé orthogonal des trois lignes directrices hercyniennes, à peu près également inclinées sur les méridiens et les parallèles est assurément le trait le plus considérable de la tectonique française.

Mais ce n'est pas le seul, il en est un autre qui se présente avec un caractère absolument différent : c'est celui qui a déterminé ce qu'on appelle le sillon Rhodanien; ce sillon est constitué par les gneiss et les micaschistes du Vivarais; il est suivi par le fleuve, tout le long d'une falaise orientée N.-S. Cet accident orographique qui constitue une autre directrice tectonique de la France, se poursuit vers le nord où il se révèle par les crêtes du Lyonnais, du Beaujolais, du Charolais et enfin par le Morvan. Cette ligne directrice est très ancienne, mais elle n'a pu opposer une barrière infranchissable à toutes les actions hercyniennes, puisque le bord oriental du Massif Central a été entaillé par le synclinal houiller de Heyrieu au mont Pilat, par celui de Saint-Étienne et surtout par celui de Blanzy et de Ronchamps.

En résumé, les lignes directrices de la France comprennent une triple combinaison de synclinaux hercyniens linéaires au fond et sur le bord desquels s'alignent des séries de bassins houillers.

Elles sont orientées, par moitiés, au N.-E. et au N.-O. avec intersections orthogonales au centre de la France, et elles s'appuient vers leurs extrémités est et ouest, à des amorces orientées suivant un parallèle. De plus, une autre ligne directrice orientée suivant un méridien longe le bord oriental du Massif Central; elle est d'origine préhercynienne et elle a joué un rôle important dans la formation des reliefs du sud-est de la France.

Tous les plissements se modèlent sur ces lignes directrices qui forment le canevas de leurs réseaux.

Les réseaux de plissements se divisent en réseaux orientaux, en réseaux occidentaux et en réseaux du Massif Central.

Réseaux orientaux.

Les réseaux orientaux comprennent : le réseau provençal, le réseau alpin, le réseau jurassien et le réseau du nord-est.

Le réseau du nord-est présente un certain intérêt, par suite de la découverte récente de la houille dans la région d'Eply et de Pont-à-Mousson.

M. Nicklès, l'inventeur de la houille dans cette région a énoncé le principe suivant : « Plus on progresse dans l'étude des dislocations terrestres, plus on voit s'affirmer une loi curieuse et d'une très grande importance au point de vue des conséquences qu'on en peut tirer, savoir que les plis une fois formés continuent à jouer dans des périodes postérieures. Et ce mouvement continue, que les plis soient enfouis ou non; s'ils sont restés saillants, on ne s'en aperçoit pas; mais s'ils sont enfouis sous des sédiments postérieurs, comme le primaire sous le secondaire, on peut très bien le reconnaître. Car par ce jeu ils déterminent à nouveau dans les couches secondaires horizontales, des plis ou des failles : ce sont bien des plis posthumes, manifestation de l'activité des terrains primaires après leur enfouissement ».

En appliquant ce principe au bassin de Sarrebrück et en observant que le prolongement de la direction prédominante des plissements de la région Lorraine était presque N.-E., M. Nicklès a pu prédire que des sondages effectués à Eply et à Pont-à-Mousson, d'aplomb sur les têtes de voûte des anticlinaux primaires enfouis sous la couverture des terrains secondaires, avaient de grandes probabilités d'arriver à la houille exploitable vers la profondeur de 800 mètres. Et l'événement a vérifié très exactement cette prévision.

Cet événement est une vérification éclatante de la « loi de position ».

La région des minerais de fer (Longwy, Briey) corroborent cette théorie.

L'origine de la découverte de ces mines de fer est une application immédiate de ce principe que les reliefs et failles du bathonien et du bajocien (méso-jurassique) à la surface de cette contrée, révèlent les plissements toarciens souterrains (lias supérieur) (fait que les sondages ont vérifié), conformément à la loi tectonique de ce bassin minier, à savoir que « les plis synclinaux et anticlinaux se répètent, les nouveaux se moulant pour ainsi dire sur les anciens ».

Réseaux occidentaux.

Les réseaux occidentaux comprennent :

Le réseau pyrénéen, le réseau du sud-ouest (l'Aquitaine et le Poitou), le réseau breton, le réseau du nord-ouest.

Réseau breton. — La tectonique de la Bretagne a été l'objet d'une étude très approfondie de la part de M. Barrois. D'après ce savant, la structure géologique de la Bretagne est due à deux puissants plis anticlinaux, l'un situé au nord, pli du Léon; l'autre situé au sud, pli de la Cornouaille. Ces deux plis convergent vers un point idéal situé à l'ouest de l'île d'Ouessant, vers le 7e degré de longitude. Les plis du nord se raccordent orthogonalement par de larges courbures avec ceux de la basse Normandie, et ceux du sud, par une légère déviation, prolongent ceux de la Vendée. L'intervalle entre ces deux rides est occupé par la tête aplatie de l'anticlinal précambrien (phyllades de Saint-Lô, briovérien de Ch. Barrois), qui forme la plaine de Rennes et qui sépare les deux géosynclinaux. Celui du sud forme plusieurs bassins séparés dont le principal est celui de Bain; celui du nord, orienté de l'est à l'ouest, s'élargit à ses deux extrémités où il s'étale dans les bassins carbonifères de Châteaulin (Quimper), et de Laval, (Saint-Pierre-Latour, Le Genest), tandis que la partie médiane, comprimée, est réduite à moins d'un kilomètre de largeur. Tous les étages depuis l'ordovicien jusqu'au dinantien y sont empilés et comme enchevêtrés dans un réseau de failles.

Ce trait tectonique est le plus intéressant de ceux de la Bretagne. Ch. Barrois le représente comme moins un synclinal qu'une tranche de terrain découpée dans synclinorum siluro-carbonifère, disparu depuis, et tombée dans une fosse ouverte entre des murailles précambriennes à pendage nord. La forme du solide constitué par ces fragments tassés révèle une torsion.

La moitié occidentale est déversée vers le sud, et la moitié orientale vers le nord; son bord septentrional est relativement régulier et ondulé de festons rayonnants dirigés au nord-ouest et au nord-est. Son bord méridional est tourmenté de cassures et sculpté par une faille d'étirement qui correspond à l'aplatissement de l'angle formé par les axes tectoniques primitivement rectangulaires. De plus, sur sa longueur, il a été également gaufré, au passage d'anticlinaux souterrains de remplissage granitique. Les mouvements qui ont donné naissance à cette forme curieuse, se rapportent à deux accidents orthogonaux : celui de la Cornouaille, le plus ancien et le plus important (axes de Grahard, de Liffré) et celui du Léon (axes de Saint-Malo, de Dinan, de Fougères, de Rennes) postérieur au premier. Les failles d'étirement et de tassement sont dans le sens du premier. Les failles de décrochement qui correspondent au second sont en relation avec la torsion du centre du bassin et sont corrélatives à l'intrusion granitique qui est postérieure au ridement nord-ouest — sud-est de la Cornouaille. Le granite s'est fait place dans les massifs déjà plissés et redressés, soulignant les anticlinaux. On a tout lieu de croire qu'il évoluait souterrainement suivant les lignes anticlinales de la région.

Cette intrusion granitique se joignant à la continuation de la poussée vers le nord, a aplati le réseau orthogonal de la Bretagne, en l'étirant et l'allongeant dans le sens de l'ouest de façon à déterminer sa convergence sur le parallèle de 48° de latitude (fig. 158).

Ch. Barrois pense que cet étirement correspond à un affaissement du bassin paléozoïque accompagné d'un resserrement, c'est-à-dire à la reconstitution d'un synclinal profond, orienté E.-O., sur les ruines superficielles de la région supérieure qui devaient avoir été plissées orthogonalement.

C'est également au voisinage de cette région disloquée que l'attache de la Bretagne au continent s'est rompue et a donné passage aux eaux oligocènes qui communiquaient par Nantes avec le bassin de l'Aquitaine. Le long et mince golfe, ainsi formé à la période tongrienne, s'est prolongé plus tard à l'époque miocène et a achevé la séparation tertiaire de la Bretagne.

Le bassin silurien de la Bretagne a été aussi, pendant la longue durée du

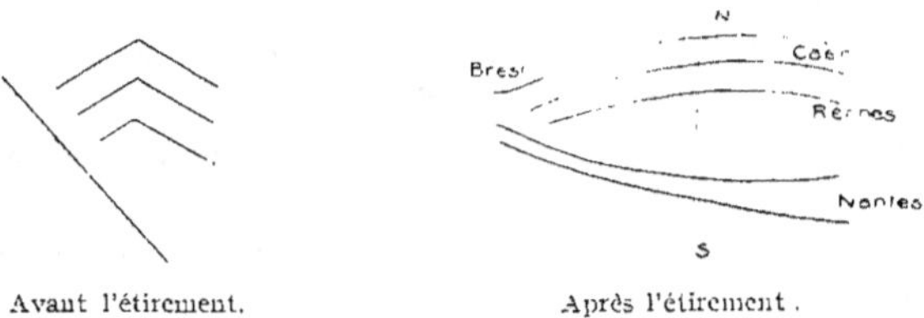

Fig. 158.

refoulement de ses couches vers le nord, le théâtre de phénomènes volcaniques, intenses, caractérisés surtout par des venues de diabases ophitiques à l'époque précambrienne (Saint-Brieuc), lors du cambrien (Tréguier), de l'ordovicien (Finistère), du dévonien (Huelgoat), et surtout du carbonifère dans la région du Menez-Belair. Les volcans siluriens ont été particulièrement actifs à la pointe du Finistère.

Réseau du Massif Central.

La tectonique du Massif Central reproduit identiquement la trace des directrices du reste de la France. Mais le centre du massif se distingue de tous les réseaux précédents par un trait tectonique tout à fait particulier, celui d'une vaste cassure ayant la forme d'un N renversé (fig. 159 et aussi Pl. III).

La branche occidentale de cette figure et celle du centre sont des synclinaux-failles comprimés à refus et contenant dans leurs lèvres des chaînes de petits bassins houillers.

La faille ouest (Argentat) est jalonnée par le chenal houiller (Saint-Chamant, l'Hôpital, Bourganeuf, Bosmoreau, Aubusson).

La faille du centre (Mauriac) est depuis longtemps connue pour aligner la remarquable traînée des petits bassins houillers de l'Auvergne (Saint-Éloi, Pontaumur, Singles, Champagnac, Mauriac); elle se prolonge dans la direction du sud, franchit le Massif Central, pénètre dans le lias de la Rouergue, où elle se flanque de failles parallèles et commande une série d'accidents posthumes.

Ces deux synclinaux-failles se rencontrent aux environs de Figeac, région d'étoilement extrêmement bouleversée, car le lias s'y heurte contre deux fortes masses de granite et de gneiss bordées au nord par les bassins houillers de Figeac et de Decazeville, enfin deux lambeaux oligocènes se sont glissés dans les fosses de l'affaissement radial.

La branche orientale de l'N représente plus simplement comme une falaise de granite traçant le bord oriental du Forez traversant le bassin oligocène de Montbrison et limitant au sud le massif volcanique et la tache oligocène du Velay.

L'agencement de ces trois éléments de directrices tectoniques, isole en forme de coins deux régions volcaniques importantes : celle de l'ouest, la plus ancienne, comprise entre la branche ouest (faille d'Argentat) et la branche médiane (faille de Mauriac) de l'N, finit en pointe vers le sud : c'est le plateau d'Ussel, grand massif de granite d'une forte altitude, sans amphibolite dans ses schistes. La base nord de ce coin occidental a aussi ses bassins lacustres houillers en traînées N.-O. (Ahun, Montluçon, Commentry, Estivareilles, Manent, Chambon, Gouzon), également des petits bassins oligocènes (Chambon, Montluçon), ses énormes masses de granite de Guéret à Pontaumur, et ses paquets de gneiss et de micaschistes tourmentés à l'excès, plusieurs fois courbés, notamment à Montluçon, point d'inflexion d'une des trois lignes directrices de la France.

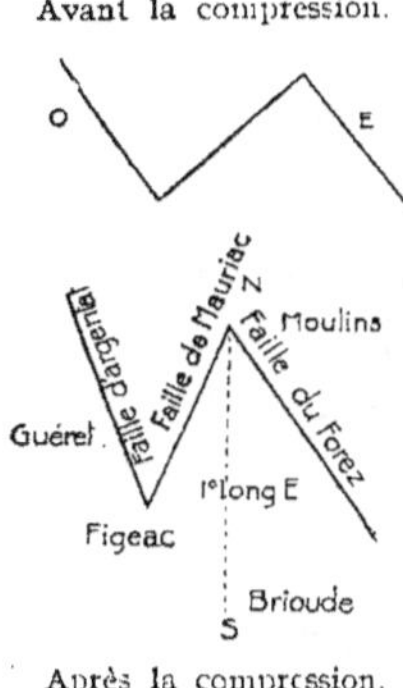

Fig. 159.

Mais le plus grand intérêt de cette région consiste dans ses volcans carbonifères accompagnés de coulées de laves, de tufs, etc.

La venue des roches éruptives a eu lieu entre le dinantien et le stéphanien. Le westphalien a été marqué par l'érection de dykes de microgranulites, et par des émanations métallifères.

Le coin de l'est, compris entre la branche médiane (faille de Mauriac) et la branche orientale de l'N (Forez), a une structure analogue au coin précédent. Cette région est surtout célèbre par les restes bien conservés de l'activité volcanique. Toutes les bouches volcaniques sont localisées dans le coin qui est limité par les failles de Mauriac et du Forez et dont le sommet est près de Moulins. Ces volcans forment deux groupes séparés : l'un à l'ouest, comprend le Cantal, le Mont-Dore et la chaîne des Puys ; l'autre à l'est, est le groupe des bouches du Velay ; ils ont recoupé les gneiss et les micaschistes à l'ouest, et le granite à l'est.

Les bouches volcaniques sont généralement alignées sur les bords des cassures d'origine hercynienne qui ont rejoué à l'époque tertiaire, et se sont déplacées à plusieurs reprises, car la chaîne des Puys, d'âge quaternaire, est encadrée à l'est et à l'ouest par deux chaînes éruptives miocènes et par plusieurs volcans pliocènes, en relation intime avec les filons métallifères (Exemple : Pontgibaud).

Il résulte des faits précédents que les plis hercyniens comprimés plus tard, notamment à l'époque de la crise alpine, ont été fortement retouchés; entre les poussées puissantes venues à la fois de l'ouest et de l'est, les reliefs anciens ont été modifiés, la région de l'N a été comprimée jusqu'à l'écrasement. C'est sans doute cette action dynamique exercée suivant un parallèle, qui a modifié le tracé orthogonal pour la France, deux fois déformé de façon différente : en Bretagne et dans le Massif Central.

Ces deux régions sont également riches en volcans paléozoïques; celle du Massif Central a, sous l'influence de la poussée alpine, redoublé d'activité et rajeuni les éruptions.

Réseau du Sud-Ouest. — Aquitaine.

On a constaté que la lisière sud-ouest du Massif Central n'avait jamais, sous l'influence de la poussée pyrénéenne, joué le rôle d'un horst, mais que le bord de cette région cristalline, malgré l'apparence rigide de sa faille-limite, montre une origine mécanique de nature tangentielle qui a déterminé la grande faille aquitanienne orientée N.-O.-S.-E. entre Brives et Périgueux; cette faille est accompagnée d'accidents tout à fait semblables à celui du pays de Bray (Dômes de Mareuil), sous la forme de plis accentués parallèles.

Les mouvements qui affectèrent les terrains secondaires de l'Aquitaine eurent lieu à la fin du jurassique.

A l'époque du soulèvement des Pyrénées (fin de l'éocène), des phénomènes de refoulement donnèrent naissance à une série d'anticlinaux et de synclinaux, offrant une direction N.-O.-S.-E. qui correspond à celle des plissements hercyniens du sud de la Bretagne ou celle des plis hercyniens du Massif Central. Les failles qui découpent à l'ouest le Massif Central, comme à l'emporte-pièce (faille-limite), sur plus de 200 kilomètres, et font buter les terrains primaires et secondaires contre les roches cristallines sont, en général, parallèles aux plis affectant ces dernières et paraissent résulter de la rupture des plis parallèlement à leur axe.

Affaissements radiaux.

Les fractures des affaissements radiaux ne peuvent pas toutes se prêter à la symétrie des accidents tangentiels, et les failles des régions les plus fréquemment fissurées représentent une véritable rose des vents; ce sont de véritables champs de cassures aberrantes. Mais ce fait d'observation est limité aux petites failles, car celles qui ont un grand développement sont toujours caractérisées par des orientations très nettes rectilignes ou courbes.

Les fractures du sol de la France qui ont joué un rôle tectonique de quelque importance sont orientées suivant les méridiens. On n'en compte· guère que trois, une à l'ouest, une à l'est et la troisième au centre, toutes trois ayant le quadruple caractère commun de grouper sur leurs bords des faisceaux de failles parallèles, d'avoir ouvert le passage aux eaux oligocènes, de traverser le milieu de régions volcaniques et de correspondre à des traits caractéristiques à la fois de la tectonique ancienne et de l'orographie actuelle.

I. Fractures méridiennes de l'ouest à l'est.

La fracture de l'ouest passe par le méridien de Rennes (4° long. ouest). Elle a entaillé une partie de la Bretagne, pour la formation du fiord tongrien qui, depuis Nantes, s'est avancé légèrement sinueux et très étroit jusqu'à Rennes, où la mer s'est étalée dans un cul-de-sac plus large sur l'emplacement duquel la rivière la Seiche se jette dans la Vilaine (voir Pl. III). Pendant le miocène, la fissure s'et prolongée plus au nord, de façon à achever le détroit qui a isolé à cette époque la Bretagne du continent. Ses relations avec les volcans carbonifères n'ont encore pu être observées jusqu'ici; le seul indice qui ait été recueilli à ce sujet consiste dans des paquets touffus de filons de diabase qui sont orientés à peu près suivant le méridien du côté ouest, au sud de la baie du Mont-Saint-Michel, et du côté est, entre Fougères et Mayenne.

Comme faille N.-S. du voisinage, on n'a guère signalé jusqu'ici que celle de la forêt de Perseigne, et le long filon de quartz de Bayeux.

Cette ligne méridienne, qui sert de chenal à l'Ille et à une partie de la Vilaine, prolongée au nord, suit le rivage occidental du Cotentin et du côté opposé trace la corde de la légère courbure que forme le rivage de l'Océan depuis la pointe de l'Aiguille en Bretagne jusqu'à Saint-Jean-de-Luz dans les Pyrénées, où cette fissure se noie dans la courbe occidentale du réseau pyrénéen.

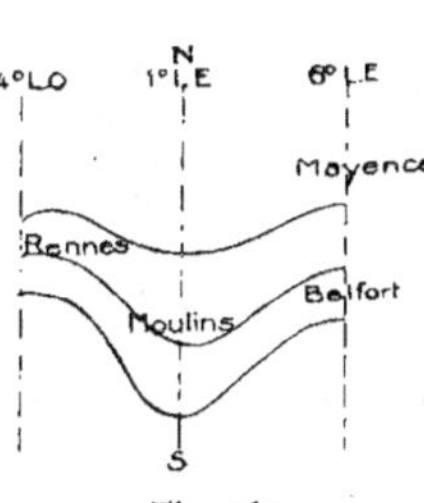

Fig. 160.

La fracture de l'est est alignée par le méridien de Mayence (6° long. est). Elle traverse, au nord du Taunus, une région de dépôts tongriens dont les eaux saumâtres, tantôt marines, tantôt d'eau douce, ont circulé largement, passant ensuite en Alsace, entre les Vosges et la Forêt Noire, puis en Suisse, où elles ont déposé la molasse.

Les failles de cette région sont presque aussi riches en diabases que la Bretagne au nord de Rennes, et plus riches en basaltes et en trachytes que le Westerland, le Siebergebirge et l'Eifel. Si on la prolonge au nord et au sud au-delà des continents à travers les mers actuelles, elle se trouve longer la côte occidentale du Danemark, d'un côté, de la Corse et de la Sardaigne de l'autre.

Mais si on n'observe pas nettement sa trace à travers le continent, on peut la pressentir en considérant comme relais un élément méridien qui, en Alsace, passerait en face du cône basaltique du Kaisersthul; elle se relie ainsi au sillon rhodanien par l'intermédiaire oblique du flanc méridional archi-fissuré du môle vosgien, le long duquel le Rhin a glissé pour venir se jeter dans le Rhône, à l'époque pliocène. De sorte qu'on est tenté d'affecter à cette fracture, à travers l'Allemagne et la France, un tracé en escalier du genre de ceux qu'on observe parfois dans la rupture des plaques fragiles. Il n'y a rien de surprenant du reste à ce que la fissure de Mayence, cherchant à se prolonger, dans le sud, à la recherche de la ligne méridienne de moindre résistance, ait dû décrire des crochets pour se raccorder au sillon rhodanien qui, déjà tracé à la période anté-paléozoïque, a rejoué lors des soulèvements hercynien et alpin. Ce rejet vers l'ouest a peut-être son symétrique du côté de l'est, dans la ligne de séparation entre les Alpes Orientales, les Alpes Occidentales; les fêlures des plaques présentant fréquemment des bifurcations de cette sorte suivant les différences de résistance du milieu ébranlé.

Le prolongement dans la Méditerranée du méridien de Mayence touche la Corse en une région très riche en éruptions volcaniques carbonifériennes (trachytes, tufs, orthophyres, rhyolites) et remarquable par une direction tectonique méridienne sur laquelle s'appuient des éléments de fracture orientés au nord-est.

II. Fracture méridienne centrale.

Cette fracture passe exactement au milieu des deux précédentes, car elle se trouve sur le méridien 1° long. est. Elle accuse les phénomènes tectoniques les plus intéressants du sol de la France (voir Pl. III).

1° Elle aligne les deux pointes méridionales de l'Ardenne et du Massif Central, situées, l'une entre Douai et Valenciennes, l'autre vers Lodève, les deux directrices hercyniennes extrêmes.

2° Elle aligne également la plupart des intersections orthogonales des plissements des réseaux est et ouest de la France.

La Limagne présente un grand nombre de plis hercyniens qui jalonnent de nombreux bassins houillers.

On peut citer encore : un pli du Morvan passant par Decize, un autre du Charolais allant de Guéret par Billom, le pli de Ussel-Brioude. Le pli de Saint-Étienne se raccordant par la faille d'Argentat. Deux ou trois amorces aux environs de Mende.

3° Cette longue fracture a livré passage aux eaux douces oligocènes qui ont envahi non seulement la Limagne et le Velay, mais la zone entière comprise dans les cassures précédemment décrites de Mauriac et du Forez, cherchant ainsi à établir la jonction entre le bassin du Nord et celui du Midi, et remplissant de préférence les régions d'affaissement étoilées par les failles (Montluçon, Chambon, Aurillac, Figeac).

4° A la hauteur du Morvan, cette fracture passe entre deux champs de failles N.-S.; à l'est, celles qui entaillent le Morvan; à l'ouest, celles qui accompagnent la grande faille de Sancerre. Ces failles se distinguent par leur importance de celles des champs de cassures aberrantes qui se multiplient sur leurs bords. Elles se continuent en Limagne, principalement à la hauteur de Clermont et de Gannat.

5° Cette fracture sépare, à égale distance, les deux centres volcaniques du Massif Central : à l'ouest, le Cantal, le Mont-Dore et la chaîne des Puys; à l'est les volcans du Velay.

Les bouches volcaniques sont situées sur des fractures parallèles aux deux grandes cassures qui convergent vers Moulins. La traînée de volcans de la petite chaîne des Puys, qui est située entre la grande chaîne volcanique et la traînée des bassins houillers, est orientée N.-E. comme cette dernière. Ces cassures hercyniennes déformées par un resserrement de façon à former un N renversé, sont à l'est et à l'ouest du méridien médian.

C'est là que l'on rencontre les grandes cheminées par où ont passé d'abord les laves basaltiques, puis les émanations métallifères (le filon de Pontgibaud a plus de 40 kilomètres de longueur).

L'activité volcanique se manifeste encore aujourd'hui par la sortie de nombreuses sources bicarbonatées, chlorurées, bitumineuses, ammoniacales, même par le dégagement de gaz carbonique seul.

De part et d'autre du méridien qui traverse la grande région volcanique du centre de la France, les failles et les manifestations de l'activité interne se sont donc symétriquement groupées, en suivant les cassures anciennes qui n'ont cessé de jouer de nouveau depuis le miocène supérieur jusqu'à nos jours. Ce méridien continue son action plus au sud, puisqu'il groupe, serrés et alignés, les basaltes de l'Hérault et les volcans d'Agde qui sont des plus récents, car l'homme préhistorique les a connus.

6° La prolongation de cette ligne méridienne en dehors des limites de la France en augmente l'importance.

Dans la direction du nord, elle traverse une région qui fut longtemps émergée, large anticlinal à l'époque triasique, puisque les dépôts triasiques de Norvège et d'Écosse se font face de chaque côté de cette ligne, et, actuellement, le méridien 1° long. Est longe le socle de la Norvège.

Du côté du sud, cette ligne tectonique disparaît un instant sous la Méditerranée et sous l'Atlas algérien tertiaire qui recouvre tout le substratum primaire; mais dans le Sahara, elle reparaît avec une netteté étonnante par les plis méridiens du Gourara, du Tadmaït, du Tidikelt, du Mouydir (sur plus de 10° de latitude), et le réseau occidental, dont la ligne directrice est orientée

N.-O., comme dans l'ouest de la France, se prolonge à travers le Touat, le Maroc et la Meseta espagnole.

On connaît peu de chose sur la ligne directrice du réseau oriental, mais on pense qu'elle est due à des plis posthumes commandés par les plis hercyniens.

Les accidents N.-S. alignés sur ce méridien 1° long. Est ont ainsi un développement total de 45° en latitude soit un demi-quadrant.

TECTONIQUE DE LA BRETAGNE

Dans le Devonshire, le dévonien et le culm forment de larges zones, tandis qu'en Bretagne, les zones paléozoïques ont été réduites par l'érosion à l'état de longues bandes étroitement serrées, qui courent aujourd'hui à travers le massif en marquant les directrices des synclinaux disparus. On peut en conclure que les chaînes de la Bretagne étaient autrefois plus hautes que celles du Devonshire.

Il existe en Bretagne trois axes principaux (fig. 161). Ce sont :

1° Une longue voûte de gneiss ancien (orthogneiss) qui, à son extrémité occidentale, s'infléchit un peu vers le sud, et qui court en ligne droite, au sud de Quimper, par Vannes et Nantes, vers le bord oriental du horst de la Bretagne; c'est l'*axe de Cornouaille* ;

2° Un autre anticlinal de gneiss qui longe la côte nord, du voisinage de l'île d'Ouessant vers le nord-est : c'est l'*axe de Léon* ; si on le plongeait dans l'Océan, il rencontrerait la première bande gneissique au S.-O. d'Ouessant;

3° Entre ces deux bandes de gneiss, existe une longue zone pincée de silurien, de dévonien et de carboniférien qui forme dans l'ouest le bassin de Châteaulin, et dans l'est celui de Laval, ces deux bassins étant réunis par une bande encore plus étroitement serrée, le bassin de Belair. Cette zone pincée est visible sur 340 kilomètres. On n'en voit la terminaison ni à l'est ni à l'ouest.

Au nord de l'axe de Cornouaille, se trouve le long synclinal rectiligne de Saint-Julien-de-Vouvantes qui s'étend, dans la direction de l'E.-S.-E. des îles situées au large de la pointe du Raz, par cette pointe elle-même et par Quimper, jusqu'au-delà de Saint-Barthélemy au nord d'Angers. Mais ce synclinal n'est pas parallèle à la bande gneissique; il s'en éloigne de plus en plus vers l'est.

Des synclinaux et des anticlinaux plus courts et notamment le bassin d'Ancenis, s'introduisent dans l'intervalle, et, tout en restant parallèles au synclinal de Saint-Julien-de-Vouvantes, ils sont disposés, par rapport à l'axe de Cornouaille, comme les barbes d'une plume (expression de Ch. Barrois).

D'autres synclinaux viennent ensuite, dans la direction du nord, vers Rennes, et semblent ménager une transition insensible de la direction S.-E. de l'axe de Cornouailles à la direction légèrement arquée de l'E.-O. à l'E.-S.-E. qui est celle de la zone pincée Châteaulin-Belair-Laval.

Au milieu de cette zone, on n'observe pas beaucoup de recoupements d'un système de plis anciens par un système de plis plus récents. Pour prendre une

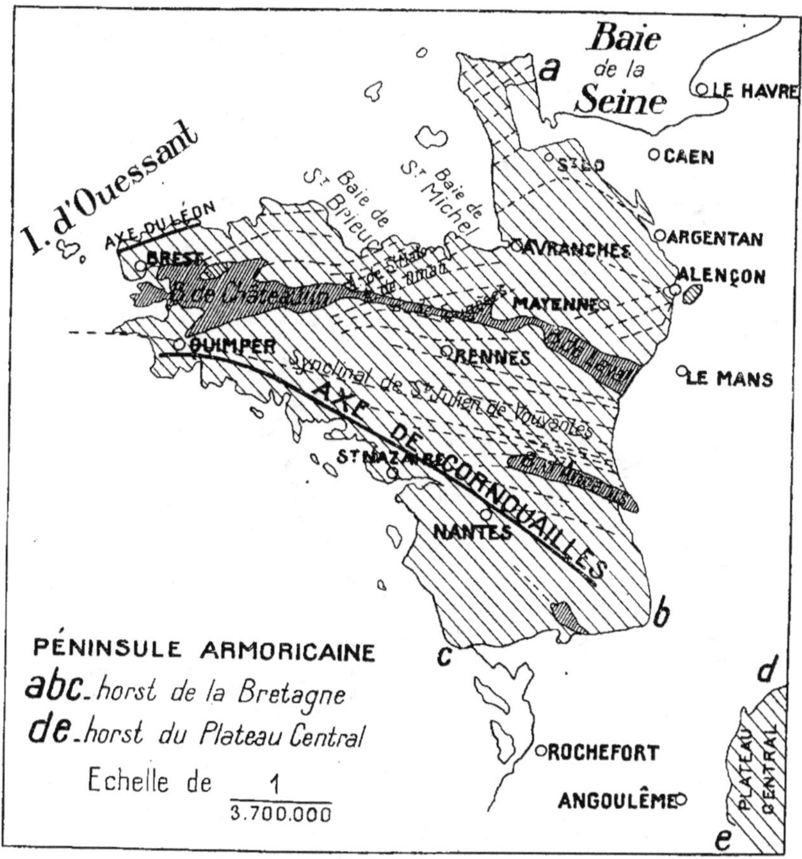

Fig. 161. — PÉNINSULE ARMORICAINE.

vue d'ensemble des faits, il faut partir de la zone gneissique du N.-O. de l'axe du Léon. Cet axe fait place vers l'est à de nouveaux anticlinaux et synclinaux légèrement arqués, qui, courant vers l'est, atteignent la côte sur la baie de Saint-Brieuc ou plus à l'est encore. La lisière du Bassin de Châteaulin empiète, dans certaines parties, sur quelques-uns de ces synclinaux de direction E.-N.-E.

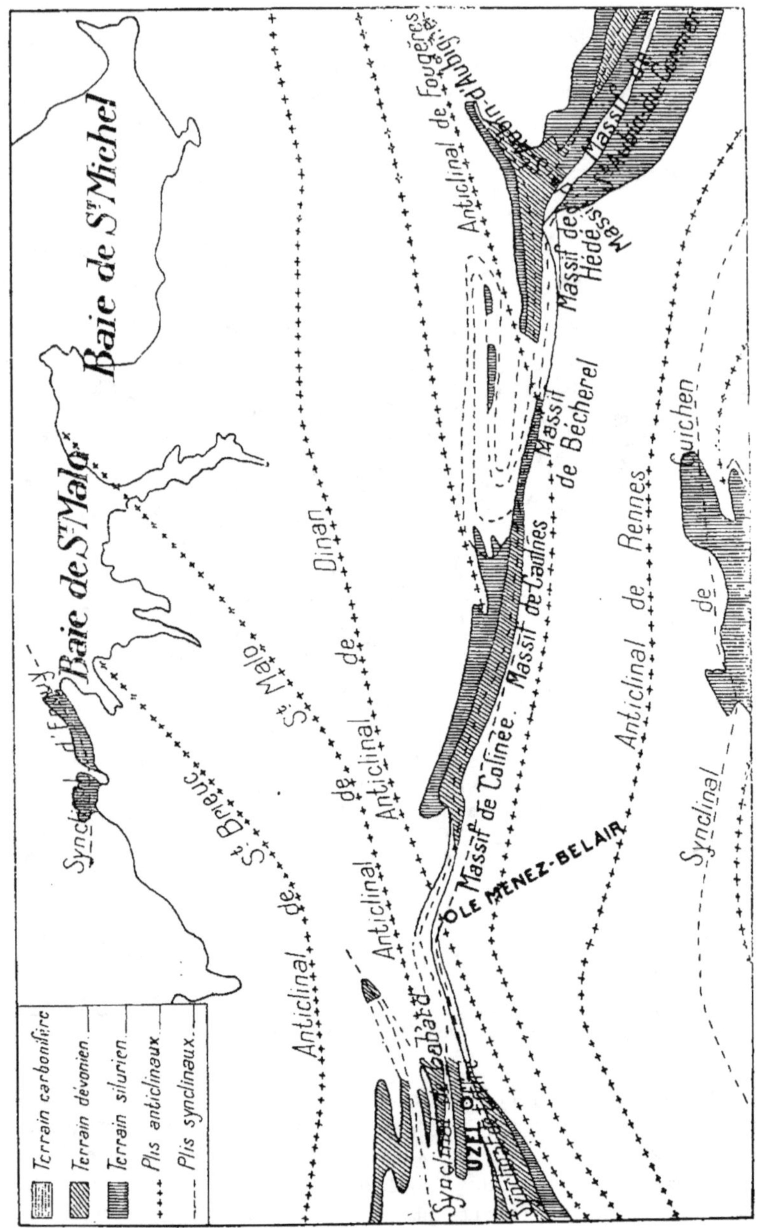

Fig. 162. — CARTE TECTONIQUE DU BASSIN DU MENEZ-BELAIR. (Échelle 1 : 640.000.)

Plus à l'est encore, la zone pincée est effectivement traversée en biais par des anticlinaux de direction E.-N.-E. ou N.-E. C'est ce qui arrive au Ménez-Belair pour l'anticlinal de Dinan (fig. 163) et, plus à l'est, pour celui de Fougères. Il en résulte que la zone pincée est relevée en forme de voûte et tordue obliquement, en même temps qu'elle diminue de largeur.

Ch. Barrois conclut de là que les plis E.-N.-E. et N.-E. sont postérieurs au plissement dans lequel la longue bande Châteaulin-Belair-Laval s'est trouvée pincée et que le plissement de Léon est postérieur à celui de Cornouaille.

La pénétration des couches paléozoïques dans les synclinaux de la direction E.-N.-E. montre que la cuvette paléozoïque avait jadis une largeur plus considérable.

Le tracé de plusieurs de ces accidents récents est indiqué sur la figure (164).

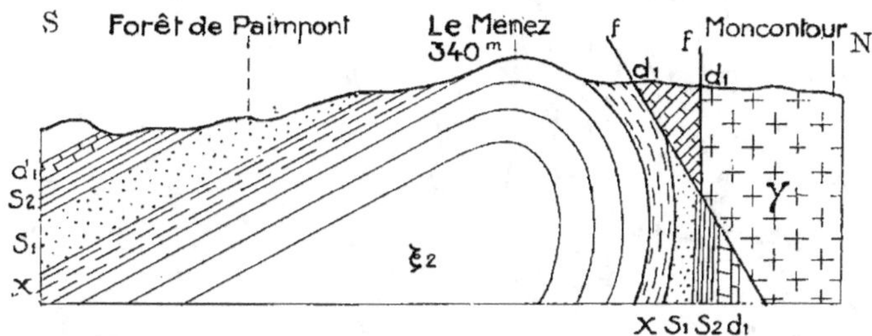

Fig. 163. — Recoupement du synclinal de Menez-Belair par l'anticlinal de Dinan.

ξ₂ Micaschistes   X Phyllades précambriens
S₁ Silurien inférieur   S₂ Silurien moyen
d₁ Dévonien   γ Granite   f Failles

On voit qu'ils tournent un peu au N.-E. en approchant de la baie de Saint-Malo, et qu'ils redescendent graduellement vers l'E.-S.-E. au sud de la baie du Mont-Saint-Michel.

Dans le sud, un synclinal de direction N.-E. passe dans le S.-O. de la baie du Mont-Saint-Michel, reparaît auprès d'Avranches, dessine une légère convexité vers le nord, et tourne à l'E.-S.-E.

Un deuxième arc du même genre a été décrit par M. Lecornu sous le nom de *fosse bocaine;* le sommet s'en trouve au sud de Saint-Lô. Michel Lévy a donné une description d'ensemble des différents alignements qui, par Jersey et Guernesey, atteignent la presqu'île du Cotentin et dont quelques-uns la traversent; ce sont en partie, des synclinaux paléozoïques, se relevant dans la direction du N.-E. L'extrême Nord, près du cap de la Hague, est, d'après M. Bigot, formé de roches pécambriennes et siluriennes, affectées par des fractures et par les roches éruptives voisines.

On aperçoit ici une ordonnance tout à fait particulière. Les plis qui apparaissent dans l'ouest, au sud de l'axe du Léon, présentent jusqu'à la baie de

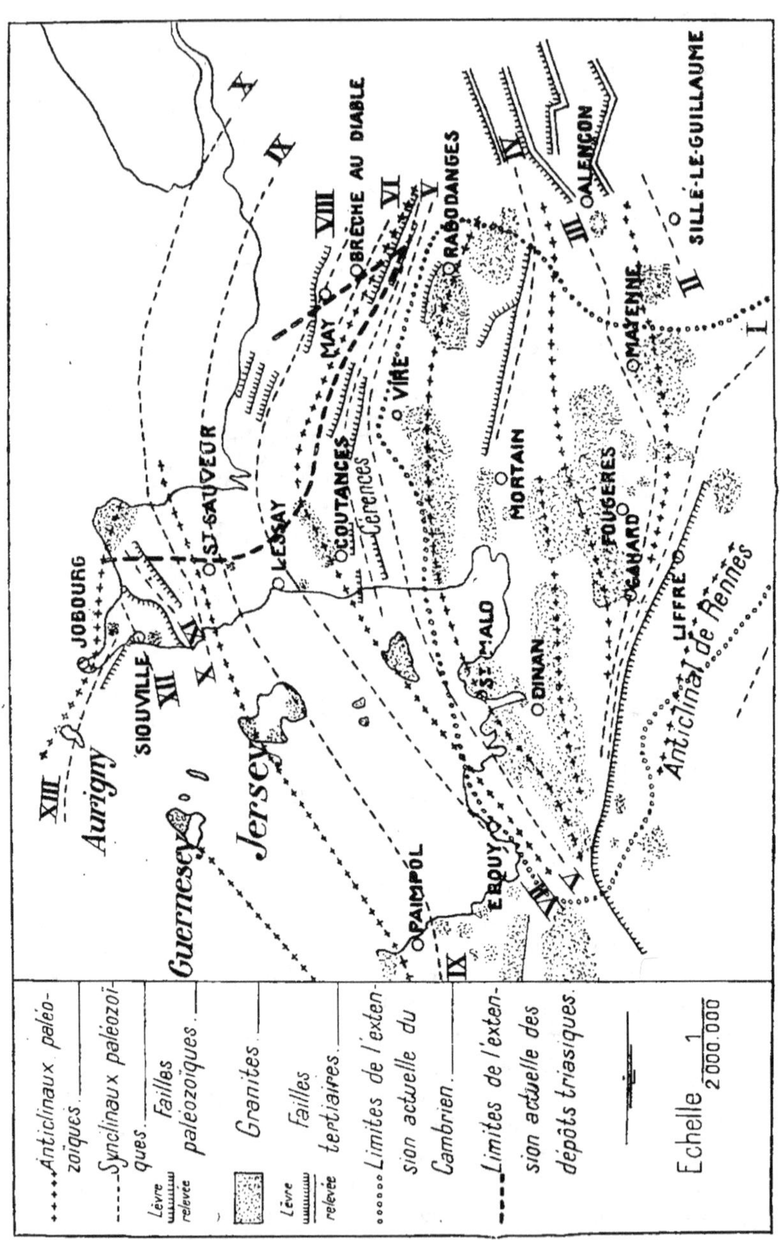

Fig. 164. — ESQUISSE TECTONIQUE DE LA PARTIE NORD-EST DU MASSIF ARMORICAIN.

Saint-Brieuc, une direction arquée convexe vers le nord. Puis le tracé devient concave et les plis tournent au N.-N.-E. et au N.-E., pour former dans le nord du Cotentin les lignes extérieures d'un deuxième arc, plus important que le premier.

Si on rapproche de ce qui précède les observations d'Œhlert et de M. Bigot, près de Mayenne et d'Alençon on voit même apparaître comme les indices de l'amorce d'un troisième arc. Du bord septentrional du bassin de Laval partent d'autres plis dirigés vers l'E.-N.-E. ou le N.-E. tout à fait homologues de l'anticlinal de Dinan, par exemple le synclinal qui, par Mayenne et Vilaines, arrive jusqu'au voisinage d'Alençon.

Dans le coude que fait la Sarthe auprès d'Alençon, un anticlinal venu du S.-O. se partage sur la lisière du massif ancien, en une branche dirigée vers le N.-N.-E., et une branche dirigée vers le N.-E. Le grand synclinal des Coëvrons, qui atteint la bordure plus au sud, auprès de Fresnay, tourne au contraire dans sa partie méridionale vers le S.-E.

C'est l'amorce du troisième arc. On retrouve la même direction dans les petits lambeaux de terrains anciens qui apparaissent sous la couverture jurassique par exemple, au N.-O. du Mans.

Il résulte de ces études que l'opinion très répandue, suivant laquelle les arcs d'un grand système de plissements se seraient formés les uns derrière les autres, dans un ordre régulier en s'accolant pour ainsi dire les uns aux autres, ne se vérifie pas en Bretagne.

Le bassin de Châteaulin qui embrasse encore le culm doit son origine, tout comme les voûtes qui le recoupent, aux grands mouvements intra-carbonifères qui ont donné naissance aux chaînes armoricaines (fig. 164), et il existe à l'intérieur du massif plusieurs arcs distincts. Il semble qu'il faille tenir compte de la présence de noyaux anciens au milieu des plis.

La bande gneissique du Cornouaille est accompagnée à l'est par un filon de quartz de 140 kilomètres de longueur, qui rappelle le Pfahl bavarois, et donne à cette partie de système un caractère de grande continuité.

Dans le synclinal du bassin houiller d'Ancenis, Michel Lévy croit voir une directrice qui se prolongerait dans le Plateau Central (1).

TECTONIQUE DU PLATEAU CENTRAL

M. Mouret a signalé l'existence de failles limitatives du Plateau Central, de Saint-Martin-le-Pin (Dordogne), à Figeac (Lot), failles que prolonge au sud la grande fracture de Villefranche. Il avait conclu que le sud-ouest du Plateau Central remplit, relativement au bassin de l'Aquitaine, le rôle de horst.

(1) *Bull. Soc. Geol.*, 3ᵉ série, 1889-90, page 690.

Quant à la constitution intérieure du Plateau Central, M. Mouret étudie une particularité assez remarquable, la faille d'Argentat, qui traverse une grande partie du Plateau Central du N.-O. au S.-E.

Il a pu tracer cette faille depuis Saint-Cirques (Lot) jusqu'à Lestivaleri près de Domps (Haute-Vienne).

Le Verrier en a tracé sur la feuille de Limoges quelques fragments, et M. Glangeaud a vérifié le prolongement de la faille à Bourganeuf. Il est même probable, d'après Mallard, qu'elle s'étend jusqu'à Bosmoreau, et là, ou bien elle se retournerait vers le S.-E., dans la direction de Felletin, ou bien, elle croiserait ou décrocherait une autre fracture dirigée du Dorat sur Felletin.

La faille d'Argentat s'étend sur 160 kilomètres de longueur environ, depuis Bosmoreau jusque vers Maurs, et, par conséquent, elle doit être considérée comme l'un des plus grands accidents qui aient joué un rôle dans l'histoire géologique du Plateau Central.

La faille d'Argentat, délimite, sur une grande partie de son étendue, deux terrains essentiellement distincts. A l'est, des schistes sériciteux et des micaschistes, dirigés à peu près suivant la faille. A l'ouest, des arkoses, des quartzites et des schistes chloriteux, le tout en bancs obliques sur la faille.

Sur la feuille de Limoges, la faille est plus ou moins marquée par l'extension des granites d'un âge plus récent. Mais là où ces granites n'existent pas, la faille sépare toujours des terrains arénacés de terrains schisteux. La faille d'Argentat est jalonnée par un chenal houiller sur tout son parcours (houiller de Saint-Chamant, de l'Hôpital, de Bourganeuf, de Bosmoreau, d'Aubusson).

Il existe également, dans le Plateau Central, un long chenal houiller très étroit, c'est le chenal de Mauriac qui traverse le Plateau Central sur presque toute son étendue, débute à Saint-Mamet (Cantal) et se termine à Moulins (Allier) après un parcours de plus de 225 kilomètres. Peut-être se prolonge-t-il au sud de Decazeville. On a supposé que, décroché par la faille du Forez, au nord, il se poursuivrait par le bassin de Bert et de Blanzy.

On n'a signalé aucun lien entre ce chenal de Mauriac et la distribution des terrains cristallins qu'il traverse, sauf dans la région au nord du Plateau Central, où il existe, entre les terrains séparés par le chenal sur la feuille de Moulins, une différence d'allure et dans les granites une différence de structure qui dénote l'existence d'une faille. Plus au sud, les contours rectilignes des massifs de granite et les longues et étroites traînées schisteuses qui, comme en Bohême, séparent ces massifs, sont d'autres indices d'une fracture ancienne.

Il y a donc tout lieu de penser que, de même que le chenal d'Argentat jalonne une faille ancienne qui a prédéterminé son creusement, le chenal de Mauriac jalonne une autre faille ancienne, encore plus importante, à laquelle il doit indirectement son origine.

Il est probable que la faille d'Argentat et la faille de Mauriac se soudent vers Maurs.

Ces deux grandes lignes de fracture divisent le Plateau Central en trois secteurs, dont l'origine commune est vers Maurs. Ces trois secteurs diffèrent profondément au point de vue géologique, et délimitent des régions naturelles très distinctes.

Le secteur situé à l'ouest de la faille d'Argentat et qu'on peut appeler le plateau de Limoges, s'étend jusqu'au bassin secondaire de la Charente. Son altitude varie entre 300 et 500 mètres au-dessus du niveau de la mer.

Au point de vue géologique, le plateau de Limoges est caractérisé par l'abondance de vrais gneiss, l'existence de leptynites et le grand développement des amphibolites, dont quelques couches se réunissent pour former des masses granitoïdes puissantes. Les schistes cristallins acides ou basiques ne d'étendent ni à l'ouest du côté de la Charente, ni à l'est du côté de la faille d'Argentat. Mais ils se prolongent dans ces directions par des schistes métamorphiques, arkoses, quartzites et schistes chloriteux à l'est, schistes micacés sériciteux à l'ouest. Au sud-ouest, le Plateau Central est aussi constitué par dés phyllades et des arkoses.

Géologie du Massif Central.

Le Massif Central est le plus important des massifs archéens de la région française. Il a été émergé de bonne heure. Il est constitué par des gneiss et micaschistes et des injections granitiques.

En deux points de sa lisière, dans l'Allier et la Corrèze, on voit affleurer des phyllades.

Les leptynites sont de plusieurs types. Près de Tulle, les leptynites et les amphibolites passent à des roches compactes et grenues où on reconnaît des schistes micacés et des arkoses d'origine détritique. Il est possible que tout l'archéen de cette région soit le produit de métamorphisme. Cette conception pourrait s'étendre à tout le Massif Central. Sur le plateau de Limoges, les gneiss, leptynites et amphibolites dominent; le granite est rare.

Les leptynites sont régulièrement intercalées au milieu des gneiss.

Sur le plateau d'Ussel, le granite domine et paraît s'être formé aux dépens des micaschistes; tandis que le vrai gneiss est absent.

On voit que, sauf au nord, les gneiss sont entourés, de toutes parts, par des roches métamorphiques.

Quant à l'allure des couches, le plateau de Limoges doit être subdivisé en deux régions que délimite une ligne droite tracée de Saint-Jean-de-Côle à Saint-Léonard (Haute-Vienne).

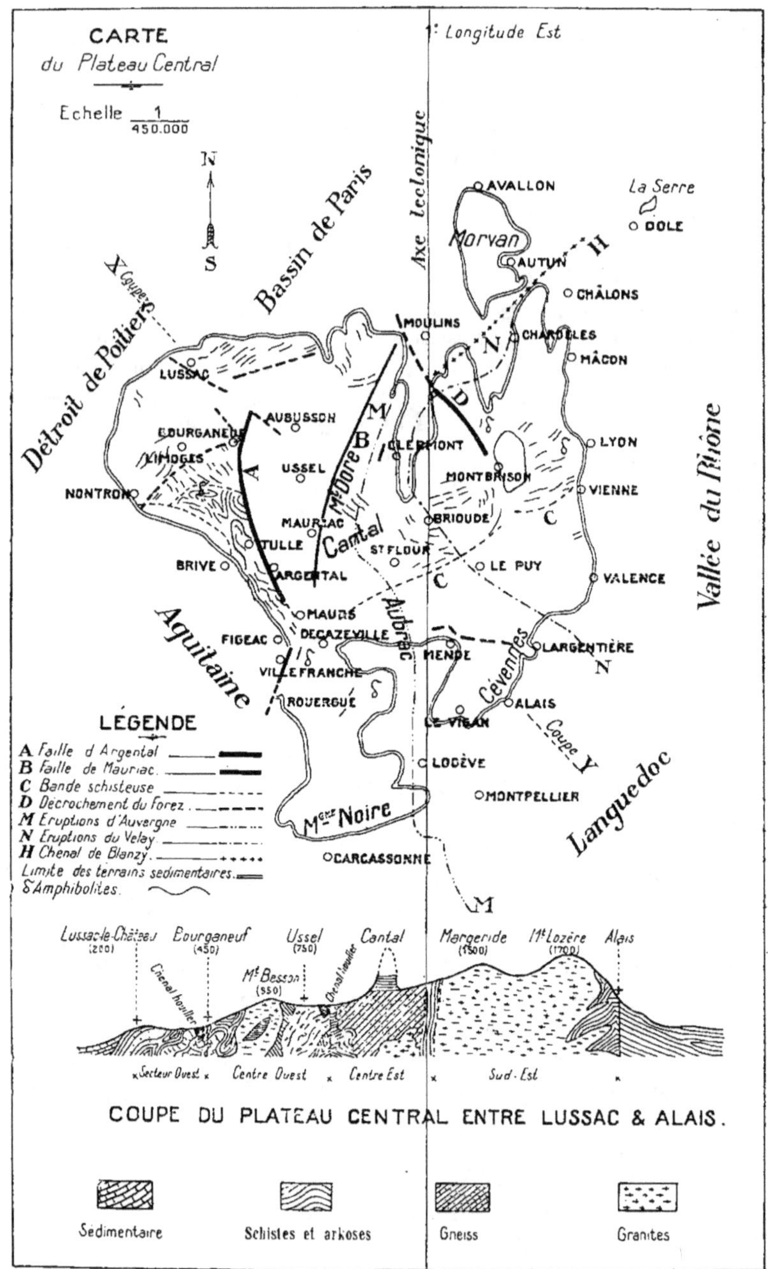

Fig. 165. — Carte du Plateau Central.

Au sud de cette ligne, c'est la région d'Uzerche et de Tulle, où les couches dirigées N.-O. viennent buter contre la faille d'Argentat. Au N.-O., c'est la région de Limoges, où les couches moins riches en amphibolites sont dirigées plutôt normalement aux couches d'Uzerche.

Sur le plateau de Limoges, les granites sont peu développés; ils sont distribués en un certain nombre de massifs dispersés dans les gneiss et dans les phyllades. Les granulites constituent deux bandes dessinant un arc de cercle ouvert vers le sud. La bande septentrionale comprend la chaîne de Blond. La bande méridionale, pauvre en roches massives, débute au N.-O. de Saint-Pardoux-la-Rivière (Dordogne) et se termine vers Lonzac (Corrèze).

Entre ces bandes, de même qu'au sud de la bande méridionale, on n'observe

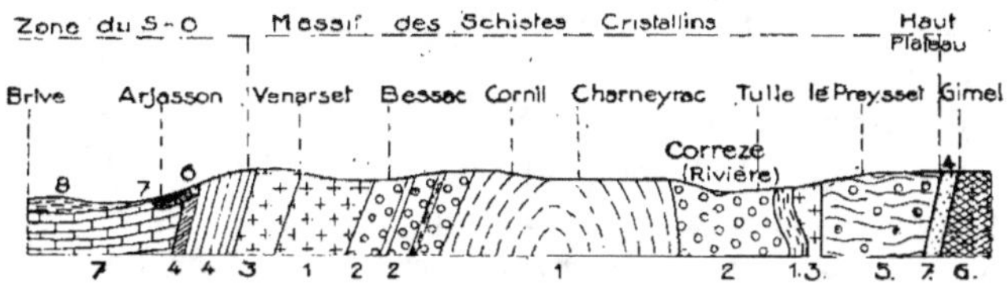

Fig. 166. — Coupe du massif central entre Brive et Gimel (d'après M. Mouret).

1 Gneiss; 2 Leptynites; 3 Amphibolites; 4 Phyllades; 5 Arkoses et quartzites; 6 Terrain houiller; 7 Grès rouge permien; 8 Alluvions; F Faille; G Granite à mica blanc.

généralement que des granites à mica noir. On peut citer la série d'amas développés au milieu des phyllades de Thiviers à Donzenac, et de Saint-Céré, Figeac.

On voit que le plateau de Limoges est caractérisé par sa faible altitude, l'abondance des gneiss, des leptynites, des amphibolites, leur ceinture de phyllades, d'arkoses, de quartzites, et l'allure des couches dirigées obliquement sur la faille d'Argentat.

La région comprise entre la faille d'Argentat et celle de Mauriac est différente sous le rapport de sa constitution : elle peut être appelée le plateau d'Ussel.

Ce plateau est caractérisé par son altitude de beaucoup supérieure à celle du plateau de Limoges, par l'absence de vrais gneiss, de leptynites et d'amphibolites, par l'existence d'une masse fondamentale schisteuse, sans masses importantes de quartzites et d'arkoses, d'une direction voisine de celle du méridien, et par la prédominance d'un granite à mica noir. Il forme comme un coin refoulé au milieu du Plateau Central et interrompant la continuité des couches.

La vaste région qui s'étend à l'est de l'accident de Mauriac constitue la plus grande partie du Plateau Central; elle a été le siège; en Auvergne et dans le Velay, l'Aubrac, etc., d'éruptions volcaniques récentes.

Dans cette vaste région, on peut encore trouver deux secteurs bien différents au point de vue géologique, comme au point de vue topographique, et ayant leur sommet vers Decazeville, l'un qui confine à la faille de Mauriac, l'autre qui forme la partie S.-E. du Plateau Central. La limite entre ces deux secteurs serait marquée par une bande étroite de schistes (que les cartes ne figurent pas) prenant naissance au sud du Cantal, là où les schistes sériciteux couvrent de vastes espaces. Cette bande passerait au sud de Saint-Flour et se terminerait au sud de Montbrison. On pourrait peut-être la prolonger par la bande qui aboutit à Vienne.

Le premier de ces secteurs, le secteur d'Auvergne, compris entre la faille de Mauriac et la bande schisteuse, est occupé au S.-O. par des terrains schisteux et au centre (région de Brioude) par des gneiss (où les amphibolites sont abondantes), dessinant un arc ouvert vers le nord. Les granites du Forez occupent le reste du secteur.

Le second secteur, le secteur des Cévennes, est occupé en grande partie par le granite, du massif de Viadène au Mont Pilate; il y a quelques gneiss, mais les amphibolites y sont rares, sauf au sud.

L'altitude de ce secteur est supérieure à celle du secteur d'Auvergne, et c'est là que se présentent les plus hauts sommets formés de terrains anciens (Mont-Lozère, Margeride).

Quant à la direction des couches, elle paraît varier graduellement d'un secteur à l'autre. Dans la partie orientale du Plateau Central, on sait que les couches sont dirigées vers le N.-E. Du côté de la faille de Mauriac, leur direction serait N.-O., donc normale à la direction des couches du plateau d'Ussel.

Résumé. — Tout le Plateau Central se trouve ainsi divisé en quatre grands compartiments qui ont joué les uns après les autres, à des époques fort anciennes et qui auraient été disloqués à nouveau pendant le carboniférien. Ce sont :

1º Le secteur ouest (plateau de Limoges), région gneissique où le granite n'existe guère qu'en profondeur;

2º Le secteur centre-ouest (plateau d'Ussel), région schisteuse où le granite se trouve actuellement à découvert;

3º Le secteur centre-est (plateau d'Auvergne), région gneissique, avec granite en profondeur au centre, à la surface au nord;

4º Le secteur sud-est (Cévennes, etc.), région granitique et schisteuse.

DEUXIEME PARTIE

———

GITES MÉTALLIFÈRES

DÉFINITION ET CLASSIFICATION DES GITES MÉTALLIFÈRES

On appelle gîtes métallifères les dépôts naturels des minerais qui font partie de la lithosphère.

Un gîte métallifère ne comprend pas seulement des minerais; il renferme également des substances inutiles, nommées gangues. Ces gangues sont éliminées par l'exploitation d'abord puis par le triage à la main (*klaubage*), et le triage au marteau (*scheiddage*), ensuite par la préparation mécanique qui comprend : le *broyage*, le *débourbage*, le *criblage à la cuve*, le lavage sur des tables dormantes ou sur des tables à secousses (Rittinger, Frue-Waner, Witfley, Dallemagne), et enfin par la métallurgie. On peut séparer aussi certains minerais par un appareil électro-magnétique (séparateur Wetherill).

La plupart des ingénieurs, et notamment Von Groddeck, Posepny, Stelzner, Vogt, etc., etc., classent les gîtes métallifères en deux catégories principales d'après leur genèse : Les gîtes primaires et les gîtes secondaires.

Les *gîtes primaires* sont des gîtes constitués dès l'origine sous la forme où nous les trouvons. Ils comprennent :

I. Les gîtes d'inclusions dans les roches éruptives.

II. Les gîtes de ségrégation dans les roches éruptives.

III. Les gîtes de départ immédiat ou de contact.

IV. Les gîtes de dépôt hydrothermal.

Les *gîtes secondaires* sont des gîtes remaniés, déplacés ou altérés ils comprennent :

I. Les gîtes d'altération ou de remise en mouvement.

II. Les gîtes sédimentaires.

CHAPITRE PREMIER

GITES PRIMAIRES

I. — GITES D'INCLUSIONS DANS LES ROCHES ÉRUPTIVES

On sait que toutes les roches éruptives et notamment les roches basiques, en s'élevant des profondeurs, apportent avec elles quelques particules de métaux (fer, nickel, or, platine) et quelques particules de combinaisons métalliques, telles que la magnétite, le fer titané, la pyrite de fer, la pyrite magnétique et le fer chromé. Le minerai fait partie de la roche au même titre que les autres éléments constituants. Il est évident qu'on ne doit pas traiter ces venues comme des gîtes métallifères proprement dits; mais les agents naturels (air, eau) peuvent déterminer une concentration, à la surface de la terre, de toutes ces particules et former des alluvions suffisamment riches pour être exploitées. Elles sont rarement assez riches pour être exploitées, mais il arrive souvent qu'on trouve un enrichissement à leur intersection.

a) *Lentilles allongées interstratifiées.* — Ces lentilles ne sont que des veines, ayant une épaisseur assez mince et très régulière.

b) *Amas lenticulaires.* — Les grands amas de pyrite et de pyrrhotine sont très intéressants. Ces amas forment des chapelets de lentilles, affectant une direction conforme avec celle des schistes encaissants et s'allongeant suivant leur schistosité (fig. 167)

Les amas pyriteux présentent fréquemment des indices de dislocations ultérieures qui peuvent se traduire par de véritables brèches. Nous citerons la lentille pyriteuse Saint-Gobain à Saint-Bel et les nombreuses lentilles de la province de Huelva, celle de Roros, de Vigsnaes, de Rio-Tinto, de Tharsis, Aljustrel, etc., etc.

La minéralisation la plus habituelle de ces gîtes est le pyrite de fer avec traces de cuivre 2 à 3 %.

Comme gîtes en inclusions dans les roches acides, nous citerons :

1º Le gîte aurifère de la Sonora (Mexique), et certains gîtes stannifères de la Saxe et du Cornwall, où on rencontre la cassitérite disséminée en grains dans la granulite.

2º On a constaté que le gneiss de Madagascar contient de l'or libre et que la latérite qui provient de l'altération de ce gneiss renferme quelques pépites. Les minéralisateurs sont abondants dans ces roches. Certains gisements cupri-

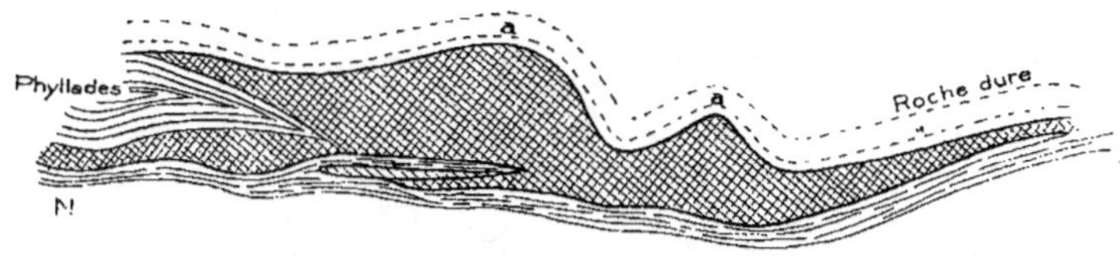

Fig. 167. — Coupe du gisement pyriteux de Killingdal (Norvège) d'après Vogt, accusant la conformité générale avec les plis a du terrain encaissant et des bifurcations en cul de sac.

fères sont à rapprocher des gisements stannifères. On trouve des granulites cuprifères.

Les gîtes d'inclusions proprement dits, à part de rares exceptions, ne sont pas exploitables.

II. — GITES DE SÉGRÉGATION DANS LES ROCHES ÉRUPTIVES

Dans les gîtes de ségrégation ou de sécrétions magmatiques il s'est produit, avant ou pendant la consolidation de la roche, une concentration de minerai dans cette roche. Ces gîtes sont généralement des gîtes de profondeur; on les rencontre principalement dans les roches basiques; ils se présentent sous forme de noyaux d'amas englobés dans la roche; ils proviennent de la différenciation en vase clos d'un magma basique (différenciation magmatique). Ils sont caractérisés par la prédominance des minerais oxydés, de fer, manganèse, chrome, titane, vanadium. On ne les rencontre que dans les régions où se trouvent des roches de profondeur, telles que la Norvège, la Finlande, le Canada.

La ségrégation, c'est-à-dire la concentration locale des éléments chimiques, dans la lithosphère, est une opération métallurgique qui présente les plus grandes analogies avec notre métallurgie ordinaire, c'est-à-dire des fusions tour à tour réductrices et oxydantes. Exemple : la métallurgie du cuivre; c'est presque une réaction par voie ignée, mais avec brassage possible par la vapeur d'eau et intervention locale de certains minéralisateurs, tels que : le chlore, le soufre, le phosphore et le carbone, qui ont eu pour résultat de prêter aux éléments de la mobilité et de faciliter leur concentration, leur localisation.

Le processus de différenciation magmatique n'est pas encore bien connu, bien que plusieurs savants, et notamment Doelter, Tevel, Iddings, Brögger, Vogt et Bucking, se soient occupés de ce problème.

Les théories de chimie-physique étayées sur les lois des dissolutions salines peuvent, d'après Vogt, s'appliquer aux silicates fondus. Ce savant, en partant

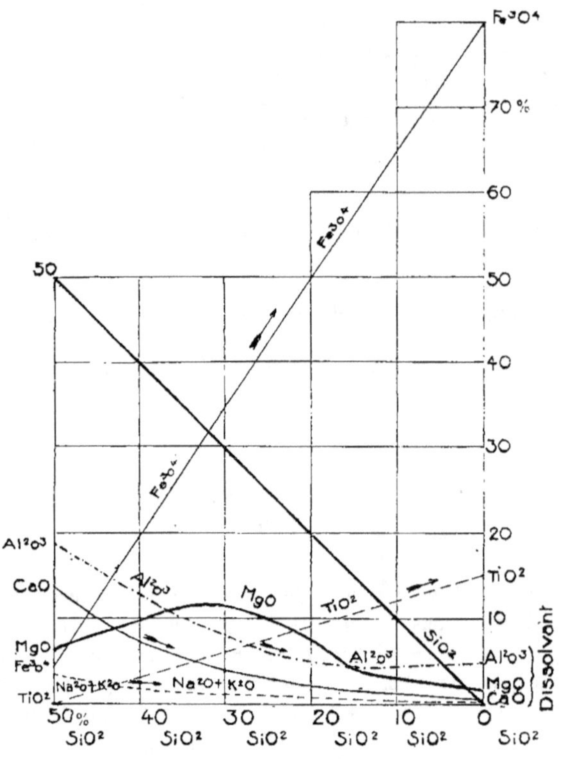

Fig. 168. — REPRÉSENTATION D'UNE DIFFÉRENCIATION NORMALE (VOGT).

Composition centésimale d'un gabbro normal :

SiO²	50,00
Al²O³	17,00
CaO	15,00
MgO	7,00
Fe³O⁴	6,00
K²O+Na²O	3,00
TiO²	2,00
	100,00

des résultats obtenus dans les analyses des gabbros renfermant des sécrétions de magnétite titanifère, a traduit la manière d'être de ces phénomènes de différenciations par des représentations graphiques synoptiques (fig. 168). Les courbes montrent que, dans le passage de la roche normale à la sécrétion du

minerai, les teneurs en silice, alumine, chaux, magnésie, alcalis, diminuent
d'une manière continue, celles en oxydes de fer, acide titanique. croissent
d'une manière constante, tandis que la teneur en magnésie atteint un maximum dans les termes moyens, pour décroître ensuite. Il en conclut que le
dissolvant propre des minerais qui joue dans les magmas le rôle de l'eau-mère
dans les dissolutions salines, doit être un silicate d'aluminium, calcium,
sodium, potassium. Une part,e de SiO^2 a pris part à la différenciation sous
forme de silicate de magnésium et de fer (péridot). Les résultats des études
pétrographiques confirment ces conclusions.

Nous citerons, comme exemple, le gîte de minerai de fer titané de Ekersund-
Soggendal, dans le sud de la Norvège. La coupe ci-contre de la mine Blaafjeld

Fig. 169. — PROFIL DE LA MINE DE BLAAFJELD.
(L, Labradorite *n* norite, *m* minerai.)

montre un massif de labradorite traversé par quelques dykes de norite quartzifère et contenant des nids de minerai de fer titané. Il est possible de comprendre
dans cette catégorie quelques gîtes de fer chromé, car on a rencontré de petits
amas de fer chromé dans des péridotites non altérées.

On voit par là que les minerais de ségrégation, tels que les fers titanés,
les fers chromés, se trouvent généralement au cœur des massifs anciens et
notamment dans les roches basiques; tandis qu'à la périphérie se concentrent
des gîtes de départ immédiat à forme sulfurée.

III. — GITES DE DÉPART IMMÉDIAT OU DE CONTACT

Dans les gîtes de départ immédiat, le soufre a joué un très grand rôle. Les
éléments sulfurés se concentrent à la périphérie des massifs, quelques-uns s'en
écartent ensuite pour former des gîtes de contact; enfin, d'autres arrivent même
à pénétrer dans les terrains schisteux en courants et constituent alors des
imprégnations éparpillées dans tous les sens; cette pénétration est évidemment
contraire à l'idée de sulfures fondus; il est clair qu'il y a eu là intervention de

phénomènes hydrothermaux : cette intervention serait postérieure au métamorphisme régional.

Les gîtes de départ immédiat se rencontrent dans les roches basiques et dans les roches acides.

1. Gîtes de départ dans les roches basiques.

Les gîtes de départ dans les roches basiques sont généralement constitués par des minerais sulfurés.

Ainsi, on connaît en Scandinavie et au Canada un très grand nombre

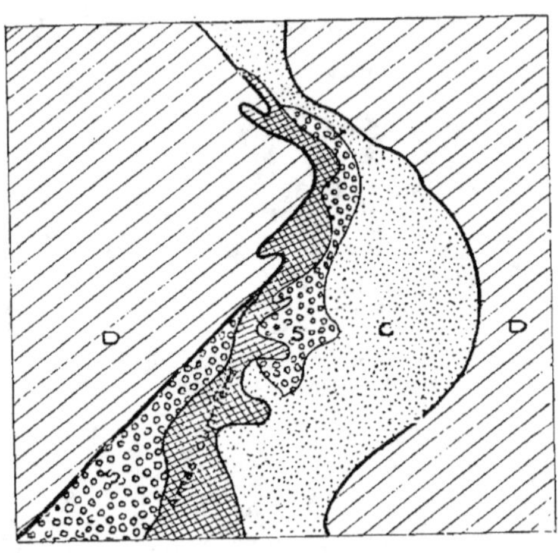

Fig. 170.

d'amas sulfurés qui se trouvent au contact immédiat avec des gabbros dont ils dérivent. Ces amas sont formés de sulfures de cuivre et de nickel.

On trouve dans le Banat une minéralisation complexe de magnétite et des sulfures de fer, cuivre, plomb, zinc au contact d'une diorite. Cette formation est, bien entendu, intermédiaire entre les sécrétions magmatiques et les gîtes de départ.

Les gîtes de départ immédiat, dans les roches basiques, sont ceux où la substance métallique a été amenée par une roche éruptive basique, et s'est ultérieurement concentrée par ségrégation ou départ en amas lenticulaires, près du contact de cette roche éruptive avec le terrain encaissant.

Un grand nombre de gîtes cuprifères proprement dits rentrent dans cette catégorie. Le type le plus caractéristique des gîtes de départ dans les roches basiques est certainement le célèbre gîte cuprifère de Monte Catini (Toscane) représenté en coupe verticale dans la figure ci-dessus (fig. 170).

La direction de ce gîte est approximativement E.-O.

La roche encaissante D est une diabase à olivine.

La cassure dans la diabase est remplie, en partie, par de la serpentine S provenant (bien entendu) de l'altération de l'olivine, et en partie par un conglomérat C formé de diabase altérée et de serpentine cimentées par de la chlorite provenant de l'altération du pyroxène contenu dans la diabase.

Les minerais sont distribués d'une manière tout à fait irrégulière dans la serpentine ou à son contact avec les conglomérats. Ils se présentent généralement en masses sphéroïdales dont le volume varie depuis la plus extrême petitesse jusqu'à plusieurs mètres cubes. Le minerai le plus fréquent est la chalcopyrite, qui forme parfois des masses pures de 6 à 10 mètres cubes, puis le cuivre panaché et enfin la chalcosine et le cuivre natif.

A une profondeur de 110 mètres, l'amas avait une puissance de 30 mètres.

L'ouverture de cette mine remonte aux Étrusques (Toscane), et son exploitation fut continuée par les Romains.

Actuellement, on exploite des minerais riches ayant une teneur de 7 % et des minerais pauvres à teneur de 1,5 %.

On connaît des gisements de cuivre semblables, mais moins importants, en liaison avec des serpentines, dans la Corse (Ponte Alla Leccia, Vezzani), en Serbie (mine de Bor), en Grèce (Épidauros), à La Prugne (Allier) (mine du Charrier).

Ces gisements se sont produits, comme la pénétration d'un magma granitique, en remplissant au fur et à mesure le vide formé par un mouvement tectonique.

Gisements pyriteux.

Les gisements pyriteux ne peuvent être confondus ni avec les gisements de ségrégation, ni avec les gîtes filoniens proprement dits : c'est un cas intermédiaire entre les ségrégations périphériques et les filons hydrothermaux. Ces gisements se trouvent dans les massifs anciens, ou dans des régions influencées par le métamorphisme régional. Ils forment assez souvent des filons-couches.

Nous citerons des gisements de nickel et de cuivre, en relation avec des gabbros ou des diabases et les roches qui en proviennent.

1º *Gisements de Norvège.* — Il existe en Norvège quarante massifs de gabbros uniformément répandus dans tout le pays, et qui renferment des minerais de nickel. Les gabbros sont des gabbros à olivine et en partie des norites pures. Le minerai se trouve dans ces dernières roches.

Les minerais rencontrés dans les norites sont : la pyrrhotine renfermant 2 à 5 % de nickel avec un peu de cobalt; la pyrite de fer avec un peu de nickel et de cobalt; la chalcopyrite avec 0,5 % de nickel et de cobalt, et un minerai de fer titané.

Parmi ces minerais, c'est la pyrrhotine qui prédomine. On trouve encore des
sulfures de fer et de nickel (*nicopyrite* ou *pentlandite* $Fe^2 Ni S^3$, et bérychite
$(Ni, Fe)^5 S^7$). Tous ces minerais sont contenus dans la norite normale en très
petite quantité et à l'état de division extrême. Mais dans les gisements propre-

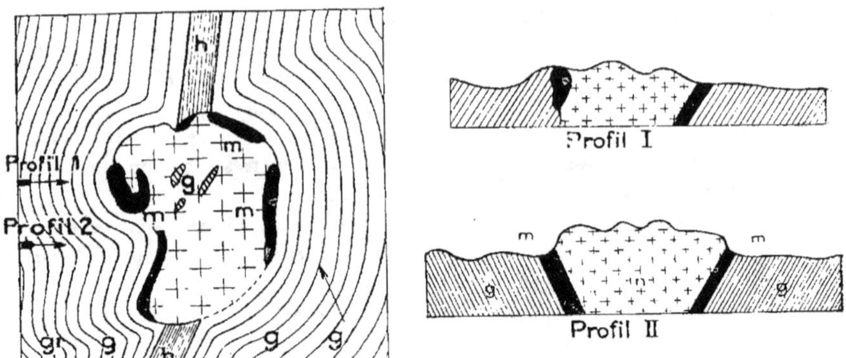

Fig. 171. — ESQUISSE DU CHAMP DE MEINKJÄR.
gr Gneiss rouge, *g* gneiss gris, *h* schiste à hornblende,
n norite, *m* masses de minerai.

Fig. 172.

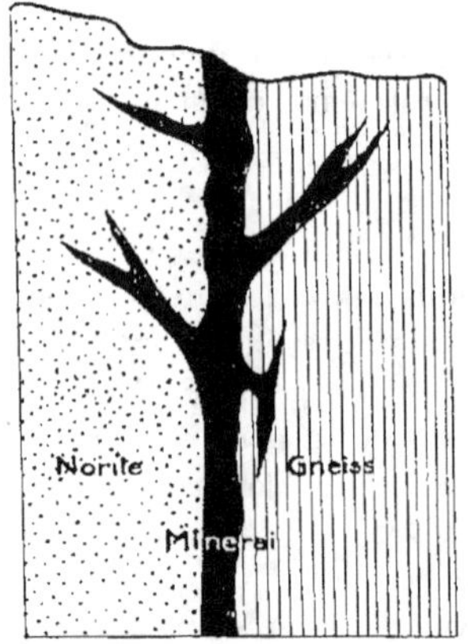

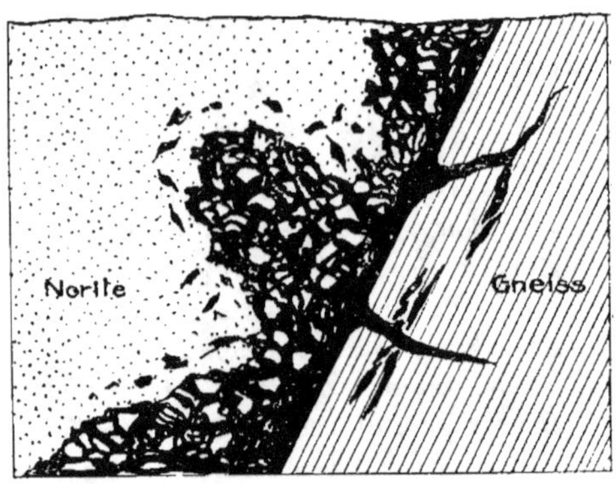

Fig. 173. — COUPE D'UN FILON DE PYRITE
DE LA MINE D'ERTELI.

Fig. 174. — COUPE D'UNE PARTIE DE LA LIMITE
DE LA NORITE DE MEINKJÄR.

ment dits, ils constituent des masses compactes de minerais qui peuvent avoir
jusqu'à 130 mètres de diamètre, ces masses sont reliées à la ligne de contact
du gabbro et de la roche encaissante.

Quelquefois, on les rencontre à la périphérie des morceaux de roche encaissante englobée. Ces deux modes peuvent se voir sur les figures 171, 172, 173, 174,

qui montrent la distribution des masses de minerai dans la mine de Maïnkjär, du district de Ringerike au N.-O. de Drammen, et dans la mine Erteli.

La pyrite de fer forme aussi des veinules et des filons qui divergent de la masse principale du minerai pour aller en partie dans la norite, en partie dans la roche encaissante.

D'après Vogt, le mélange de pyrites est un produit de différenciation directe du magma noritique en un magma partiel dont le point de fusion aurait été un peu inférieur à celui des silicates qui constituent la roche, c'est-à-dire que les pyrites, d'abord en solution dans le magma, se seraient séparées, comme la fonte de fer ou les mattes de plomb se séparent des scories dans nos opérations métallurgiques.

Mais des considérations importantes montrent que ces masses de sulfures, dans l'état où elles se trouvent, ne sont pas des sécrétions magmatiques. Il serait, en effet, difficile d'expliquer, au point de vue physique, comment les sulfures fondus ont pu pénétrer si loin dans la roche voisine qui était évidemment plus froide, comme on le voit dans la figure 174.

L'étude microscopique des roches et des minerais montre clairement que le feldspath plagioclase et le pyroxène diallage qui forment le gabbro sont fortement corrodés; cette corrosion n'a pu s'effectuer que par voie humide par des solutions, et la séparation des minerais est contemporaine ou plus récente que le métamorphisme régional intense qui a agi sur le gabbro. En effet, on observe que les parties du gabbro ou de la norite avec lesquelles les minerais sont directement en contact ou dans lesquelles ils sont inclus, sont plus ou moins transformés en amphibolite ordinaire ou en amphibolite à grenat.

On peut supposer d'après cela que la concentration des sulfures dans les gabbros s'est produite d'abord par le métamorphisme régional, et cela par voie humide. Il est impossible jusqu'à présent de savoir sous quelle forme et sous quelle distribution les combinaisons métalliques en question se trouvaient primitivement dans la roche éruptive?

On peut citer des gisements analogues en Suède, le plus connu est celui de Klefva, dans le Smaland, dont les minerais de nickel renferment parfois une petite quantité de platine, d'iridium et de rhodium.

On trouve également des gisements présentant les plus grandes analogies avec les précédents, dans le district minier de Varallo (Piémont).

2º *Gisements de minerais de nickel de Sudbury (Canada)*. — Le district de Sudbury est situé au nord de l'Ontario; il se compose de quartzites, d'amphibolites, de schistes micacés, de phyllites, de grauwackes et d'une brèche volcanique spéciale. On y a reconnu également des gabbros qui ont été soumis à un métamorphisme régional intense. Les minerais de nickel ne sont pas seulement reliés aux amphibolites, mais encore aux diorites, aux gabbros-diorites qui proviennent de gabbros et de norites proprement dits par suite de ce métamorphisme. A Subdury, les minerais se composent de pyrrhotine à 2,5 % de nickel, avec de la chalcopyrite et un peu de pyrite de fer.

On y rencontre également de la *bérychite* à 43 % de nickel et de la *millérite* à 64 % de nickel. C'est dans ces minerais qu'on a découvert la *sperrylite* (arséniure de platine, de rhodium et de palladium); il y a également un peu de cassitérite. On a reconnu que les minerais les plus riches se trouvent dans les petits massifs de gabbro-diorite. On a constaté que l'or, le platine et autres métaux accessoires ne sont pas contenus dans la pyrrhotine, mais bien dans la chalcopyrite.

L'examen des morceaux de minerai provenant de la mine Murray fournit la preuve que la séparation de la pyrrhotine et de la chalcopyrite dans leur état actuel s'est effectuée pendant ou après le métamorphisme dynamique du gabbro qui se trouve là et que, par suite, ce ne peut pas être un produit direct de différenciation magmatique. Par conséquent, il y a lieu de faire intervenir les phénomènes hydrothermaux.

Les mines du Canada ont produit en 1898, 2.500 tonnes de nickel et 4.000 tonnes de cuivre. Cet amas de pyrrhotine nickelifère est probablement le premier stade d'un départ, représenté au nord, sous la forme filonienne bien caractérisée, par le fameux système filonien à cobalt argentifère de la région de Cobalt.

La mine de nickel (Lancaster Gap) en Pensylvanie, qui est la plus riche du pays, semble appartenir au groupe que l'on vient d'examiner.

Nous citerons également le gisement de pyrrhotine nickelifère de Schweidrich près de Schuluckenau, dans le nord de la Bohême. Puis le gisement de millérite de Malaga qui se trouve dans les serpentines.

On voit, par ce qui précède, que les roches basiques (diorites, diabases, gabbros, norites, péridotites) semblent avoir été les véhicules des minerais de cuivre.

II. Gîtes de départ dans les roches acides.

Les gîtes de départ immédiat dans les roches acides sont généralement constitués par des minerais oxydés : les minéralisateurs, chlore, fluor, ont joué parfois un certain rôle. Ils sont représentés notamment par les gîtes stannifères.

La cassitérite (SnO^2), qui est le principal minerai d'étain peut se trouver à l'état d'inclusions proprement dites, c'est-à-dire en grains disséminés dans la granulite. Exemples : le gîte stannifère du Transvaal; le gîte de Montebras (Creuse); le gîte de Vaulry (Haute-Vienne).

On rencontre également la cassitérite dans la zone périphérique de la masse granulitique, sous un manteau de schistes (Exemple : les gîtes de la Saxe). Elle est parfois localisée dans des fissures de retrait, c'est-à-dire dans des fractures réticulées qu'on désigne sous le nom de *stockwerks*.

Plus rarement, elle s'isole en grands filons proprement dits au voisinage de la granulite. Dans ce dernier cas, elle est souvent accompagnée de chalcopyrite, de mispickel, de bismuthine, de molybdénite, de wolfram; c'est ce qu'on observe dans les principaux gîtes du Cornwall et dans le gîte de Vaulry.

Nous citerons comme exemple les filons du gîte stannifère de la Villeder (Morbihan).

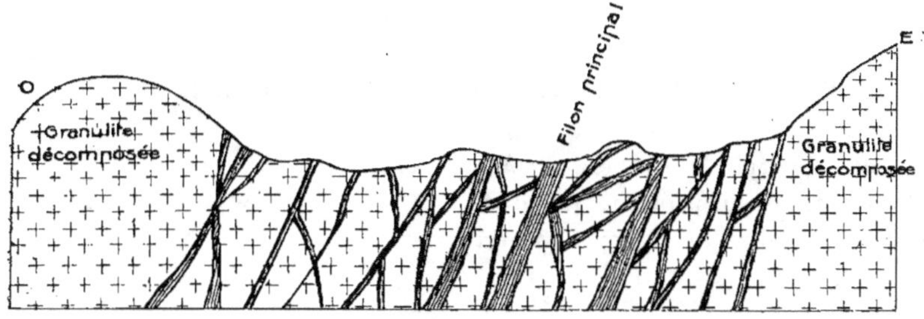

Fig. 175. — GITE STANNIFÈRE DE LA VILLEDER (MORBIHAN).

Le gîte de la Villeder est constitué par des filons quartzeux qui contiennent, outre la cassitérite, les satellites de ce minerai, c'est-à-dire l'apatite, la fluorine, la topaze, la tourmaline, l'émeraude, le zircon, la molybdénite, le mispickel, le wolfram, la pyrite, le bismuth natif, la bismuthine, des traces de hubnérite.

Ces filons sont répandus dans une granulite associée au greisen. Cette granulite est assez fortement kaolinisée à la surface et au voisinage des filons, par les eaux météoriques.

La Villeder a fourni une certaine quantité de minerai. Les travaux sont actuellement abandonnés.

On a longtemps supposé que la cassitérite provenait de la décomposition des chlorures ou fluorures d'étain par la vapeur d'eau.

Les expériences de Daubrée avaient conduit à admettre cette hypothèse. En effet, ce savant a pu reproduire la cassitérite sous toutes ses formes, en faisant agir la vapeur d'eau à une température de 300° sur du chlorure d'étain ou du fluorure d'étain,

$$SnCl^4 + 2H^2O = SnO^2 + 4HCl,$$
$$SnF^4 + 2H^2O = SnO^2 + 4HF.$$

Il a obtenu par le même procédé le rutile, l'anatase, la brookite.

La formation de la plupart des gîtes stannifères correspond à la phase calédonienne, qui est précisément celle où ont eu lieu les venues granulitiques.

On a démontré que certains filons stannifères, et notamment ceux de la Villeder (Morbihan), sont de formation hydrothermale, comme les filons plombozincifères et les filons cuprifères.

Daubrée a constaté la présence de la cassitérite dans les pegmatites tertiaires de l'île d'Elbe, cette cassitérite est accompagnée de tourmaline, de mica muscovite, de mica lépidolite, d'émeraude, etc., etc.

Remarque. — Les gîtes de contact se distinguent des gîtes filoniens proprement dits par leur forme en amas.

IV. — GITES DE DÉPOT HYDROTHERMAL

Les gîtes de dépôt hydrothermal comprennent :

1º Les gîtes filoniens proprement dits;

2º Les gîtes d'imprégnation hydrothermale;

3º Les gîtes de substitution originelle.

I. — GITES FILONIENS PROPREMENT DITS

Les gîtes filoniens proprement dits remplissent les fractures bien caractérisées de la lithosphère. Ces fractures recoupent les roches éruptives, les roches cristallophylliennes ainsi que les roches sédimentaires, et sont le plus souvent indépendantes des terrains encaissants.

L'étude des gîtes filoniens comprend deux parties essentielles :

L'examen de la fracture et celui de son remplissage.

Origine des fractures filoniennes.

Nous avons vu précédemment que les fractures peuvent être de trois ordres principaux.

Ou elles résultent de mouvements horizontaux (fractures de plissement) ou elles se sont produites directement par des mouvements verticaux (fractures d'effondrement), ou enfin elles proviennent du changement du volume d'une roche par suite du refroidissement (fentes de refroidissement) ou par suite du desséchement (fentes de dessiccation); ces deux dernières fentes sont désignées sous le nom de fentes de contraction.

On observe également des fentes de dilatation; ces fentes sont dues à une transformation chimique de la roche. On peut citer comme exemple : la transformation de la péridotite en serpentine sous l'action de l'eau; les minerais de nickel de la Nouvelle-Calédonie se trouvent dans des fentes de dilatation.

Les fractures de plissement ainsi que celles d'effondrement sont, en général, des fractures avec rejets, c'est-à-dire des *paraclases*, tandis que les fentes

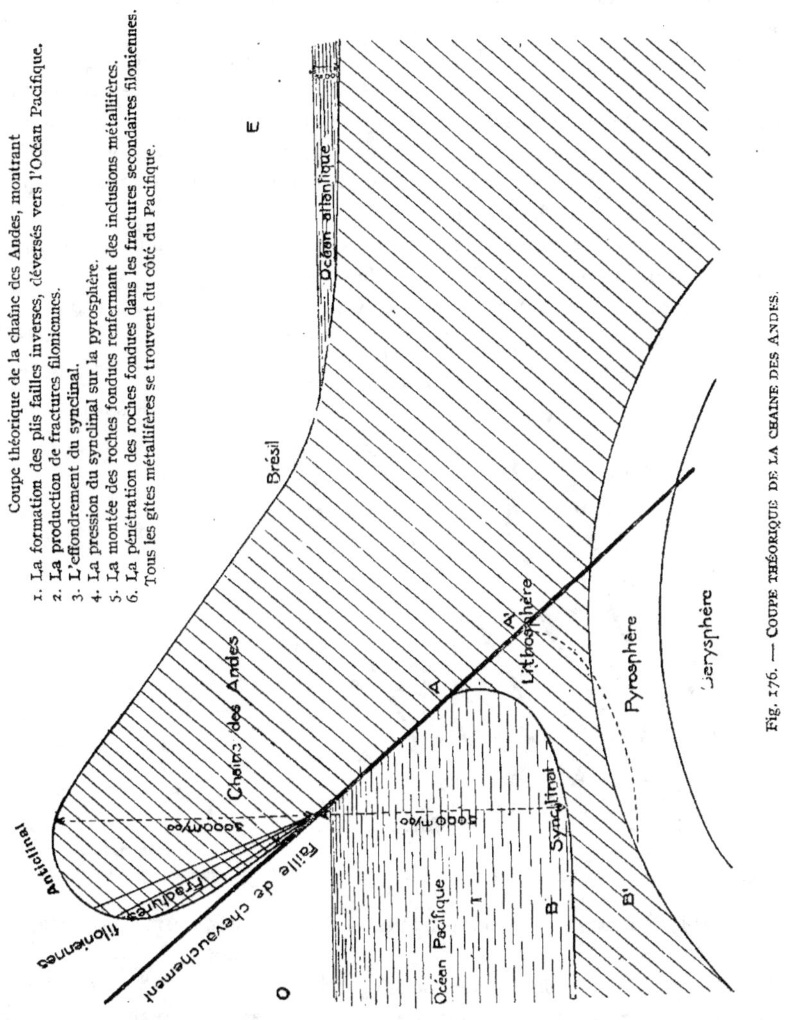

Fig. 176. — Coupe théorique de la chaîne des Andes.

de contraction et de dilatation sont des fractures sans rejet, c'est-à-dire des *diaclases*.

Nous avons vu également qu'une chaîne de montagnes pouvait présenter la structure en éventail; au centre, les plis sont fortement étirés qui ont pu supprimer des assises entières, mais qui n'ont pas laissé de grands vides pour les filons; il y a même des noyaux détachés par étranglement.

Les grandes fractures ayant une direction générale parallèle à celle de la chaîne de montagnes se rencontrent le plus souvent dans les zones extérieures; elles se sont produites de préférence du côté le plus abrupt, c'est-à-dire du côté du déjettement, et cela par suite d'une très forte compression latérale donnant naissance à des plis failles inverses dans lesquels le noyau anticlinal s'est complètement séparé du noyau synclinal qui lui-même a subi parfois un déplacement vertical, c'est-à-dire s'est effondré : c'est le contre-coup des plissements qui a déterminé les fractures verticales.

Ce phénomène s'observe très bien dans la chaîne des Andes, où tous les filons sont tournés du côté du Pacifique (fig. 176).

Mais, c'est en dehors des régions plissées, dans les plaines ou grands plateaux, et sur le bord ou dans le cœur même des massifs anciens que se montrent

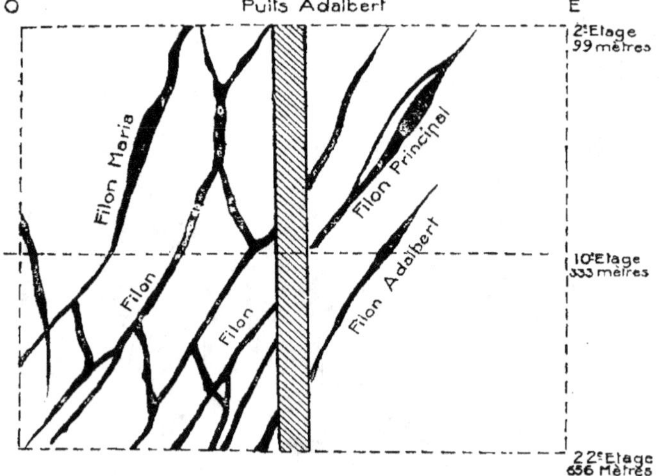

Fig. 177. — COUPE VERTICALE DES FILONS DU DISTRICT MARIA-ADALBERT A PRZIBRAM (BOHÊME).

les véritables fractures filoniennes, c'est-à-dire les déplacements verticaux proprement dits.

On rencontre parfois des décrochements, c'est-à-dire des fractures perpendiculaires à la direction générale de la chaîne : ces fractures sont quelquefois minéralisées.

Dans certaines régions, la présence de horsts constitués par de grands massifs de roches éruptives depuis longtemps consolidées, a été la cause de nombreux changements qui se traduisent tout autour d'eux par des champs de fractures (champs de filons).

Exemple : Dans le Hartz, autour du massif granitique du Brocken.

Un champ de fractures est constitué par un réseau de cassures généralement de plusieurs époques, se recoupant et se rejetant l'une l'autre.

Fig. 178. — PLAQUE DE VERRE DE 7 MILLIMÈTRES D'ÉPAISSEUR SOUMISE A LA TORSION (DAUBRÉE).

Les champs de fractures s'observent, dans la Massif Central français, dans le massif armoricain, dans la Saxe, la Bohême, le Cornwall, etc., etc.

La figure 177 représente la coupe verticale du champ de fractures de la mine de plomb argentifère de Maria-Adalbert à Przibram (Bohême).

Dans ses savantes recherches sur la formation des fractures, Daubrée n'est parvenu à reproduire quelque chose d'analogue, qu'en soumettant à la torsion, une plaque de verre de 7 millimètres d'épaisseur, très solidement encastrée à une extrémité (fig. 178). Les cassures résultant de cette torsion sont constituées par des faisceaux inclinés l'un sur l'autre et quelquefois orthogonaux.

Les cassures d'un même groupe s'étalent souvent en éventail, et beaucoup d'entre elles affectent la forme de surfaces gauches.

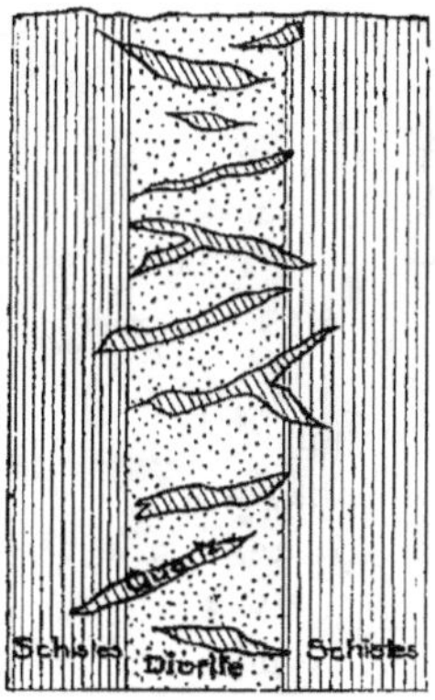

Il y a quelquefois rotation d'une paroi autour d'un axe perpendiculaire au plan de la fracture.

Or, la combinaison d'une rotation avec une translation donne naissance à un mouvement hélicoïdal; dans ce cas la fracture s'ouvre : c'est ce qu'on appelle la réouverture du filon. On voit par là que les mouvements de torsion, de rotation, n'ont pas été étrangers à la formation des champs de fracture.

Les fentes de refroidissement se produisant dans les roches éruptives sont d'une nature toute différente de celles dues au plissement ou à l'effondrement.

Ces fentes sont réticulées (stockwerks), limitées en direction et en profondeur, et se présentent le plus souvent suivant les rayons de la circonférence dessinée par le massif. Leur remplissage s'est fait, dans quelques cas, par exsudation directe de la roche (sécrétion magmatique) ou par sécrétion latérale secondaire.

Fig. 179.
COUPE D'UN FILON DE DIORITE DE LA MINE WAWERLEY, AVEC VEINES DE QUARTZ AURIFÈRE (PROVINCE DE VICTORIA, AUSTRALIE).

Nous citerons les mines d'étain de Zinnwald et d'Altenberg dans l'Erzgebirge saxon : ces gîtes stannifères sont encaissés dans la granulite.

Les mines d'or de la province de Victoria (Australie), où un filon de diorite altérée est traversé par un grand nombre de fentes minéralisées par du quartz aurifère (fig. 179).

Ces fentes sont particulièrement développées dans les trachytes. Les Montagnes Rocheuses abondent en fractures de cette nature. On peut rattacher à cette catégorie les filons de tellurures aurifères de la Transylvanie.

Il y a lieu de remarquer que, lorsque la roche éruptive en train de se contracter, était entourée d'un manteau de terrains schisteux, les effets dus à la contraction ont pu parfois occasionner dans les schistes des ruptures limitées à une faible distance, ruptures qui ont été également minéralisées. Ex. : les mines d'étain de la Villeder.

Remarque. — Les fentes de dessiccation se rencontrent dans les terrains sédimentaires et notamment dans les terrains crétacés.

Les fentes de contraction et celles de dilatation sont quelquefois désignées sous le nom de fentes entokinétiques. Tandis que les fractures de plissements et les fractures d'effondrement sont appelées fractures exokinétiques.

Age des fractures.

La détermination de l'âge d'un gîte filonien comprend deux choses :

1° La connaissance de l'époque à laquelle la fracture s'est produite;

2° Celle du moment de son remplissage.

Ces deux phénomènes sont bien distincts et, si parfois ils ont été simultanés, très souvent le second a suivi de très loin le premier.

L'âge d'une fracture est, en général, assez difficile à déterminer.

L'âge relatif des fractures se calcule à l'aide de leurs rejets mutuels.

Quant à l'âge absolu, on peut dire qu'une fracture est postérieure au dépôt des terrains qu'elle a traversés.

Pour déterminer l'âge d'une fracture, on peut se servir de l'étude du système de dislocations générales de la région, et, en particulier, de la remarque suivante due à Werner :

Les filons du même âge, dans une même région, sont, en général, parallèles, et les filons contenus dans une grande chaîne de plissement ont bien des chances, lorsqu'ils ont la même orientation qu'elle, d'être de l'âge de sa formation.

Par conséquent, quand on entreprend l'étude d'un champ de fractures, il est nécessaire d'y rapporter la direction des principaux systèmes de dislocations.

Positions particulières des filons par rapport aux roches encaissantes.

Les filons sont dits *transversaux* quand ils ont une direction et une inclinaison différente de celles des roches encaissantes : c'est le cas le plus général (fig. 180).

Mais si la fracture se fait dans le sens même de la stratification, on lui donne le nom de *filon-couche* (fig. 181).

Si, dans l'ensemble du parcours, le filon coupe alternativement les couches

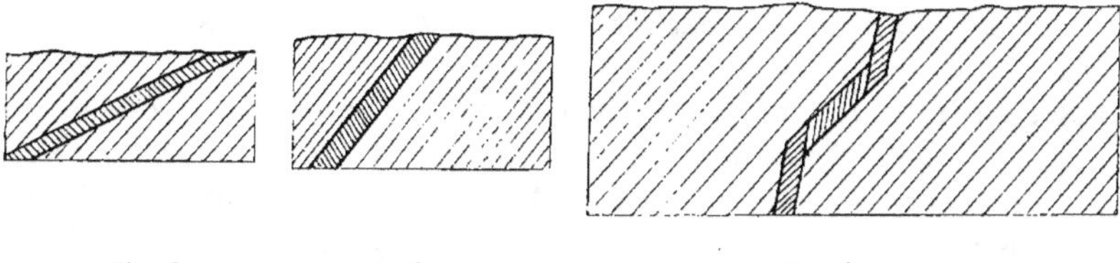

Fig. 180.
FILON TRANSVERSAL.

Fig. 181.
FILON-COUCHE.

Fig. 182.
FILON EN ESCALIER.

et se dévie parallèlement à elles, le filon est dit *filon en escalier* (fig. 182). Le filon en escalier est, comme on le voit, la combinaison d'un filon transversal et d'un filon couche.

On donne le nom de *filon de contact* à un filon situé au contact de deux

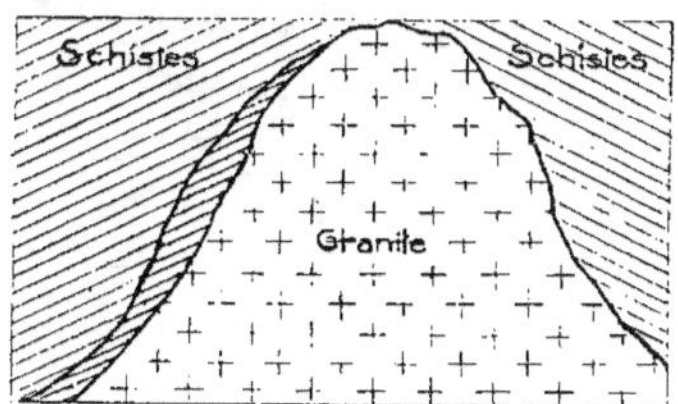

Fig. 183. — FILON DE CONTACT.

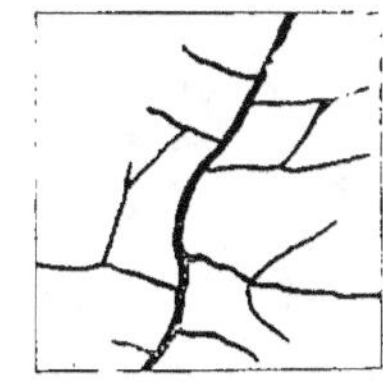

Fig. 184. — FILONS RÉTICULÉS (STOKCWERKS).

roches différentes; par exemple, au contact d'une roche granitique et d'une roche schisteuse (fig. 183).

On donne le nom de *filons réticulés* ou de *stockwerks* à des cassures orientées dans tous les sens et se croisant parfois de manière à former un réseau (fig. 184).

Les *filons parallèles* sont caractérisés par la prédominance d'une direction unique (fig. 185).

Les *filons rayonnants* sont caractérisés par ce fait qu'ils forment des faisceaux divergents d'un même centre (fig. 186).

Les *filons en selle* constituent une variété de filons-couches. On rencontre ce genre de filon dans quelques districts, et notamment aux Champs d'Or de Bendigo (Province de Victoria, Australie).

Ces gîtes aurifères se trouvent dans le terrain silurien, composé de schistes

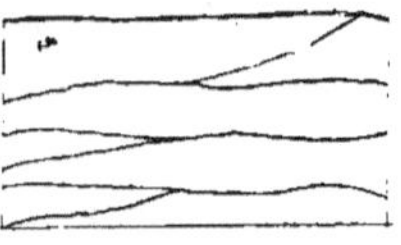

Fig. 185. — FILONS PARALLÈLES.

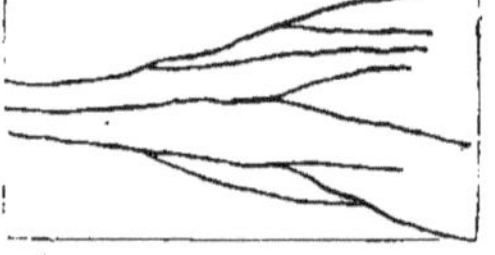

Fig. 186. — FILONS RAYONNANTS.

et de grès. Par suite d'une compression latérale, ces schistes et ces grès se sont plissés, formant des selles et des fonds de bateau; de plus, il s'est produit un décollement des couches sur une grande échelle; les vides ainsi formés ont été remplis par du quartz qui renferme de l'or libre et des pyrites aurifères (fig. 187).

Il n'est pas rare de rencontrer dans les schistes argileux les phyllades, les

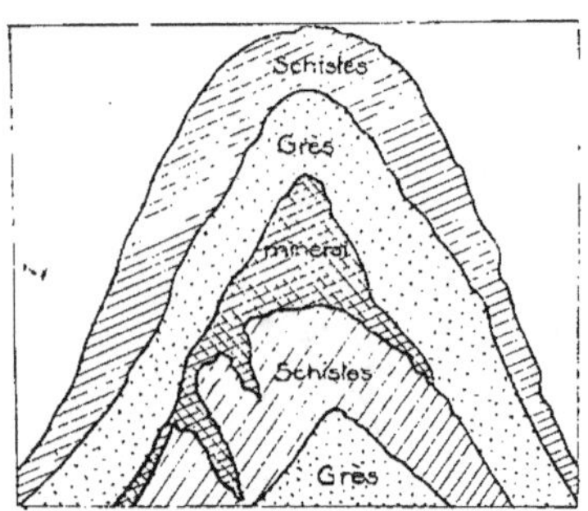

Fig. 187. — FILON EN SELLE.

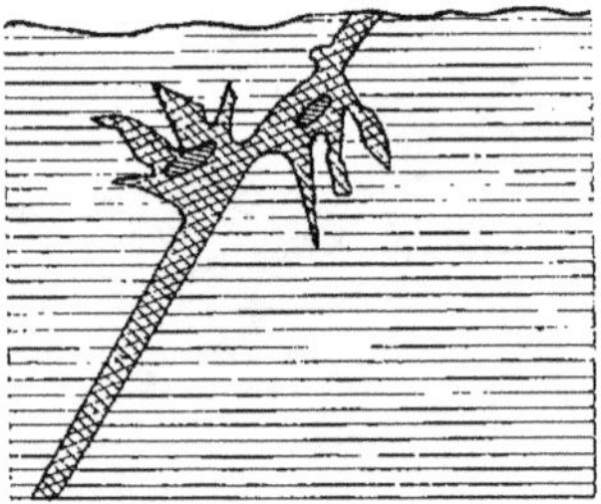

Fig. 188. — FILON CHAMBRÉ.

schistes micacés, des lentilles de quartz qui, parfois, sont minéralisées par de la pyrite aurifère.

Becker a donné le nom de *veines chambrées* à un type de filon qu'on rencontre dans les mines de mercure de Californie. On voit (fig. 188) que ces filons se composent de masses de minerais ayant une forme assez régulière; ces masses pénètrent dans la roche encaissante. On peut expliquer leur formation par une inégalité de cohésion de la roche encaissante et par des effets de torsion à la suite desquels la paroi de la fracture a été soumise à un éclatement et à une rupture intenses.

Les mineurs donnent le nom de *gash-veins* à des joints ou à de petites fractures très limitées en direction et en profondeur et produites par de l'eau ou par des dissolutions acides. Ces joints sont quelquefois minéralisés par de la blende et de la galène. Ils se présentent dans les roches calcaires et font défaut dans les schistes (fig. 189).

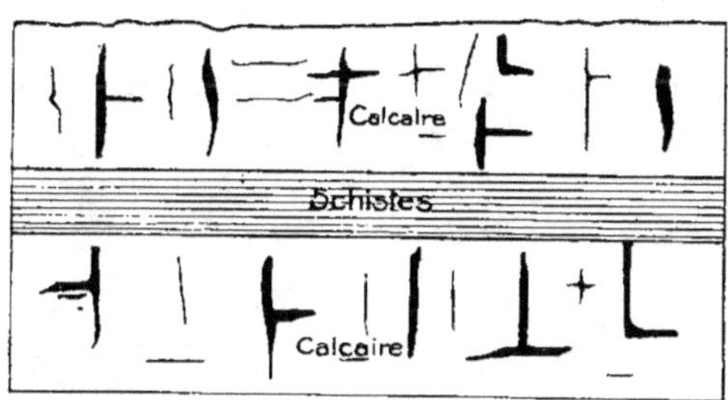

Fig. 189. — GASH-VEINS.

Le type le plus complet de l'espèce est celui des mines de plomb du Mississipi.

Imprégnations. — Les filons à imprégnations sont ceux dont les épontes ont subi, jusqu'à une certaine profondeur, l'action minéralisatrice des agents générateurs; le fait se produit fréquemment d'une façon limitée, mais prend une certaine extension dans les mines d'étain. Dans Cornouailles, à East-Huel-Lowell, le granite est saturé d'étain tantôt d'un côté, tantôt sur les deux côtés du filon, et cela en quantité suffisante pour que l'abatage ait pu y être productif.

Détermination de la position des gîtes filoniens dans l'espace.

Pour déterminer mathématiquement la position d'un filon, il faut faire abstraction des irrégularités accidentelles qu'il peut présenter et le ramener à sa forme idéale, c'est-à-dire à un plan P.

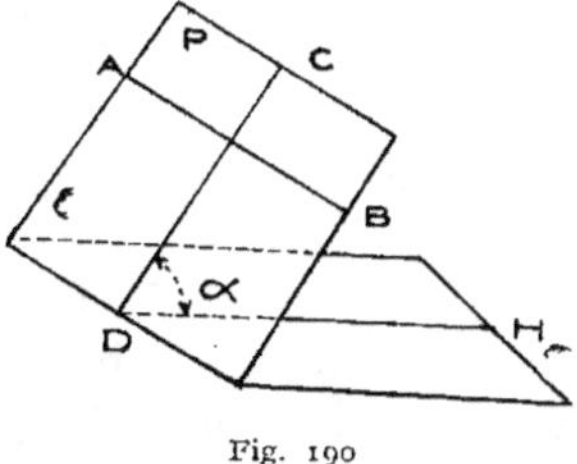
Fig. 190

Dans la pratique, on choisit dans le plan P du filon deux droites, l'une AB horizontale qui est la ligne de direction, l'autre CD perpendiculaire à AB, et qui est la ligne de plus grande pente du plan P. (fig. 190).

La position d'un filon est déterminée par sa *direction* et par son *inclinaison*, pendage ou plongement.

La *direction* est donnée par l'angle que fait l'horizontale AB avec le méridien magnétique.

Cet angle se détermine au moyen de la boussole. On a ainsi la direction apparente ou magnétique. Pour avoir la direction vraie ou astronomique, on retranche de la première la déclinaison, qui est actuellement 14°45' ouest.

La direction s'exprime en heures ou en degrés (fig. 191).

Dans le premier cas, on divise l'horizon en deux fois douze heures : chaque heure correspond à 15 degrés.

Exemple : la direction N.-S. est H12; la direction E.-O. est H6; la direction ab est H3.

Quand la direction est exprimée en degrés, on divise l'horizon en 360° et on compte généralement dans le sens des aiguilles d'une montre, c'est-à-dire du nord au sud en passant par l'est.

. Exemple : La direction ab est H3 ou N 45° E; la direction $a'b'$ est H9 ou N 135° E.

On compte également, en partant du nord et allant vers l'est ou vers l'ouest.

Exemple : ab est N 45° E et a'b' est N 45° O.

Pratiquement, on opère comme suit : on fait coïncider la ligne N.-S. de la boussole avec le direction du filon, et l'on observe la position de l'aiguille qui indique le nord magnétique.

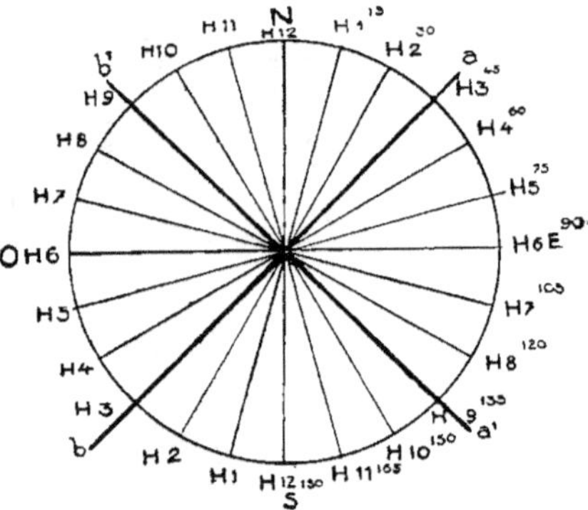

Fig. 191.

Inclinaison. — L'inclinaison, pendage ou plongement du filon, sera donnée par l'angle que fait la ligne de plus grande CD avec plan horizontal.

On définit numériquement la grandeur de l'inclinaison par l'angle aigu que le plan du filon fait avec le plan horizontal; mais, pour définir en outre le sens, on convient de prendre l'inclinaison en descendant; on la représente graphiquement par une flèche perpendiculaire à la direction dont la pointe est dirigée vers le bas et on inscrit à côté de la flèche le nombre de degrés correspondants.

L'inclinaison s'exprime toujours en degrés. On la détermine au moyen d'un appareil appelé *éclimètre* (fig. 192).

Cet appareil se compose d'un demi-cercle métallique gradué. L'origine des divisions est au milieu de la demi-circonférence, et la graduation marche de 0° à 90° dans chaque sens; un perpendicule est fixé au centre E.

Pour mesurer l'inclinaison d'un filon FF', par exemple, on tend un cordeau dans l'alignement à relever et on y suspend l'éclimètre au moyen de deux crochets qui s'agrafent sur le cordeau. L'inclinaison est donnée par l'angle β que fait le perpendicule EP avec la ligne EO, car cet angle est égal à l'angle FEH = α.

que fait la ligne de plus grande pente avec le plan horizontal. A chaque boussole
est joint un éclimètre.

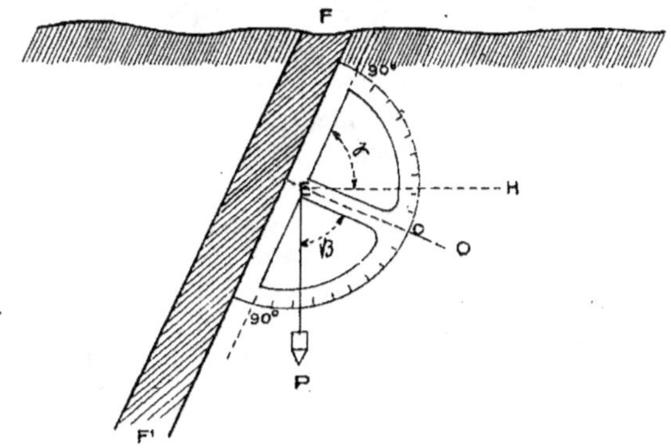

Fig. 192.

On peut se servir de la boussole du général Peigné. Cette boussole permet
de déterminer la direction et l'inclinaison.

Il est possible de définir à la fois la direction et l'inclinaison par une nota-
tion unique, en convenant de mesurer l'angle que fait la flèche, considérée dans
le sens de la pointe avec la ligne N.-S.; cet angle pouvant varier de 0° à 360°.

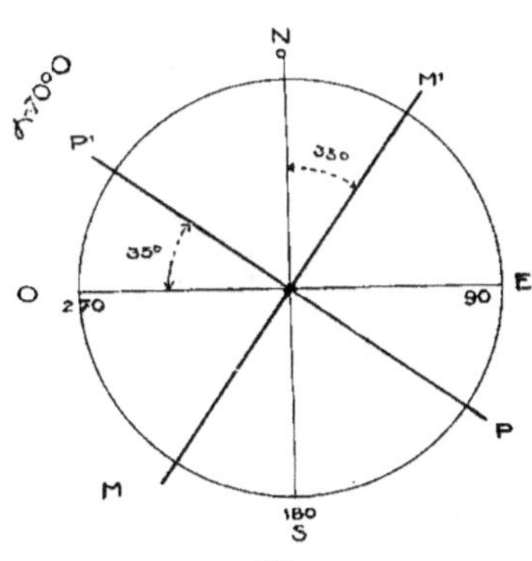

Fig. 193.

Ainsi, un filon dont la direction MM'
ferait, par exemple, un angle de 35° vers
l'est avec la ligne N.-S. et qui plongerait
à l'ouest sous un angle $\alpha = 70°$, pourrait
être défini complètement, quant à son
orientation, en disant qu'il a une inclinaison α orientée sous l'angle de 270°
+ 35° = 305°, ou graphiquement en traçant une ligne PP' perpendiculaire à la
direction MM', marquant par une flèche
le sens de la plongée de cette ligne et indiquant la valeur de son inclinaison
(fig. 193).

Lorsque le filon s'écarte de la forme régulière, sa direction et son inclinaison
ne sont plus constantes. Mais on pourra toujours, des directions et inclinaisons
locales, déduire une direction moyenne et une inclinaison moyenne.

Dans la figure 194, *ab* représente une direction moyenne et *a'b'* une direction locale.

Dand la figure 195, qui est une coupe verticale suivant αβ, la droite *cd* est l'inclinaison moyenne et la droite *c'd'* une inclinaison locale.

Définitions. — On donne le nom d'*épontes* aux deux parois du filon, si le filon est vertical, mais si le filon est incliné, la paroi supérieure *pq* porte le nom de *toit*, et la partie inférieure *p'q'* le nom de *mur*.

Il arrive quelquefois que les épontes présentent des parties polies et striées, on donne à ces parties le nom de *miroirs de filons*. Ces miroirs résultent

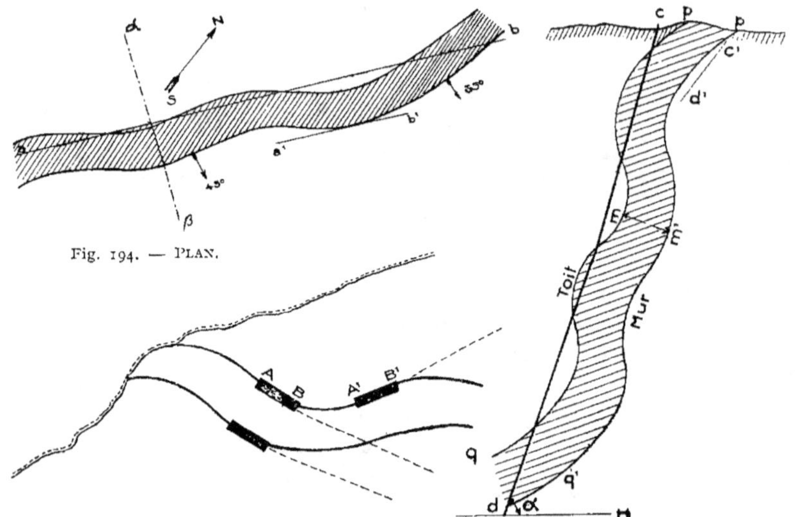

Fig. 194. — PLAN.

Fig. 196. — COUPE VERTICALE. VARIATION
DU PENDAGE DANS UN FILON COUCHÉ.

Fig. 195. — COUPE VERTICALE SUIVANT α β OU
PROFIL TRANSVERSAL.

du frottement mutuel des parois lors de la formation de la fracture et du glissement d'une paroi sur l'autre.

Assez fréquemment, le corps du filon est séparé du toit et du mur, c'est-à-dire des épontes, par une certaine épaisseur de matières argileuses ou détritiques qu'on appelle *salbandes* ou lisières.

Quelques ingénieurs considèrent ces argiles comme des argiles de friction, c'est-à-dire comme provenant du frottement des parois du filon, l'une contre l'autre. Mais, comme elles sont parfois assez riches en minerais, on peut supposer qu'elles sont dues à d'autres causes. Quoi qu'il en soit, la présence des salbandes argileuses facilite beaucoup le travail du mineur, car si le filon est soudé à la roche encaissante, le travail d'extraction est, bien entendu, très pénible.

Remarque. — Les filons provenant d'une fracture de retrait n'ont pas de salbandes.

La *puissance* d'un filon n'est autre que l'épaisseur, c'est-à-dire la distance du toit au mur (*mm'* fig. 195). La puissance se mesure quelquefois par la distance des deux salbandes.

L'*affleurement* d'un filon est l'intersection de ce filon avec la surface du sol. L'affleurement peut être représenté par une ligne sinueuse.

On donne le nom de *chef* ou de bête à un affleurement recouvert postérieurement à la formation du filon par un terrain plus moderne. Cette expression

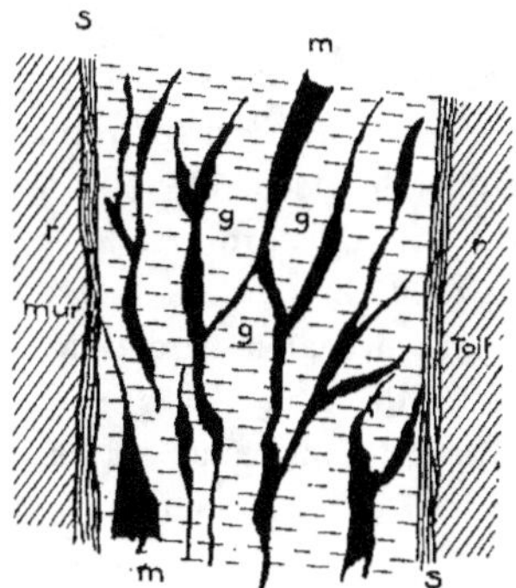

Fig. 197. — COUPE VERTICALE D'UN FILON
MONTRANT LA DISTRIBUTION DU MINERAI.
  r Roche encaissante.
  s Salbandes.
  m Parties minéralisées.
  g Gangue.

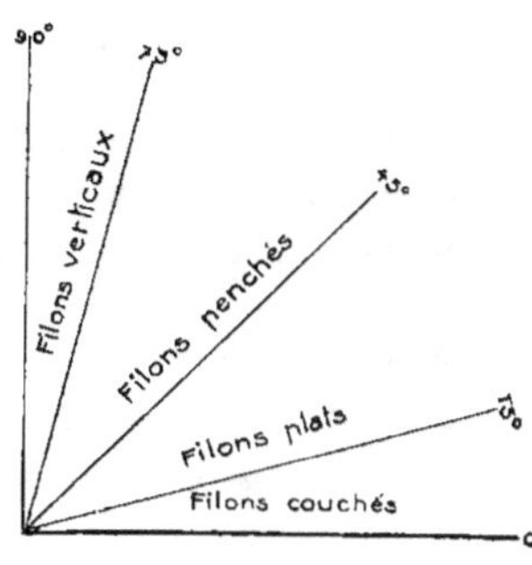

Fig. 198.

est employée surtout dans les charbonnages où le terrain houiller productif est recouvert de terrains stériles (morts terrains).

Les mineurs saxons ont donné aux différents groupes d'inclinaisons des noms spéciaux qui sont indiqués (fig. 198) : filons couchés, filons plats, filons penchés, filons verticaux.

Dimensions des filons. — Les dimensions des filons sont très variables. On connaît des filons qui se présentent sur 100 kilomètres de longueur en direction (Le Mother Lode (Californie) a 112 kilomètres). Le célèbre filon du Comstook (Nevada) aurifère et argentifère n'a que 3 kilomètres. Il n'est pas rare de suivre un filon en direction sur plusieurs kilomètres; la longueur de 1 kilomètre est très commune. Mais, le plus souvent, la longueur des filons ne dépasse pas quelques centaines de mètres en direction.

La puissance est très variable : les filons de 20, 30 mètres et 50 mètres de puissance sont rares. Elle ne dépasse guère, en général, quelques mètres (1 mètre à 4 mètres).

Quant à la profondeur maxima des travaux de mine, on la rencontre aux mines de cuivre du Lac Supérieur, où elle atteint 1.593 mètres.

Représentation graphique des filons.

La représentation d'un filon s'établit au moyen de projections sur des plans, d'élévations et de profils :

Le plan est une coupe horizontale ou une projection du filon sur un plan horizontal. Il suffit d'y tracer la méridienne pour y trouver sa direction par une simple lecture (fig. 194). L'inclinaison est indiquée par une flèche et on inscrit à côté le nombre de degrés correspondants.

Les cartes géologiques qui portent l'indication des filons appartiennent à la catégorie des plans; leur exécution est rigoureusement indispensable pour la connaissance exacte et complète des conditions de gisement.

Il convient habituellement de joindre au plan une projection verticale sur un plan vertical parallèle à la direction.

L'élévation est la projection sur un plan passant par la direction et l'inclinaison moyennes, c'est-à-dire sur le plan moyen du filon.

Les profils sont des coupes verticales; le profil transversal est perpendiculaire à la direction; il fait connaître l'inclinaison et la puissance (fig. 195). Le profil en long est parallèle à la direction.

Les plans et profils doivent, pour donner une représentation parfaitement exacte du filon, être exécutés avec une précision géométrique. Pour les filons réguliers, il suffit habituellement d'un plan et d'un profil; cependant, pour certains filons, il convient d'y ajouter une projection verticale ou une élévation. Pour les filons irréguliers, on emploiera, selon le cas, plusieurs plans à différentes hauteurs, et un nombre variable de profils.

Le tracé, sur les plans et coupes, des détails géologiques contribue notablement à en accroître l'utilité.

Diverses formes des fractures filoniennes.

De la mise en jeu des forces internes il résulte que les gîtes filoniens diffèrent les uns des autres aussi bien par leur nature que par leur aspect.

Le type ordinaire d'un filon recoupant un massif, est une surface plus ou moins gauche dont l'allure générale est celle d'un plan. Quand un filon diminue progressivement d'épaisseur jusqu'à se réduire à une simple fente *ab*, on dit qu'il y a *serrée*, et quand il disparaît, on dit qu'il est *en coin*. Le même phénomène, en sens inverse, *c*, s'appelle un élargissement ou une réouverture (fig. 199).

Lorsque les serrées et les élargissements se succèdent à courte distance, les filons sont dits lenticulaires et leur allure est dite en *chapelet* (fig. 200).

Lorsqu'un filon s'élargit soit brusquement, soit graduellement, de manière à atteindre en un point une puissance exceptionnelle, la partie ainsi élargie porte

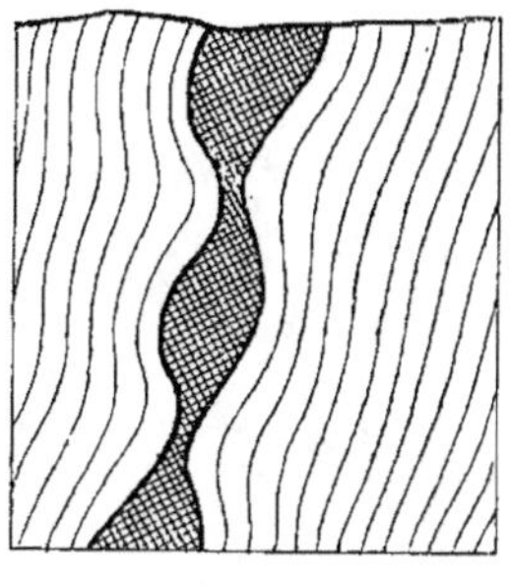

Fig. 199.

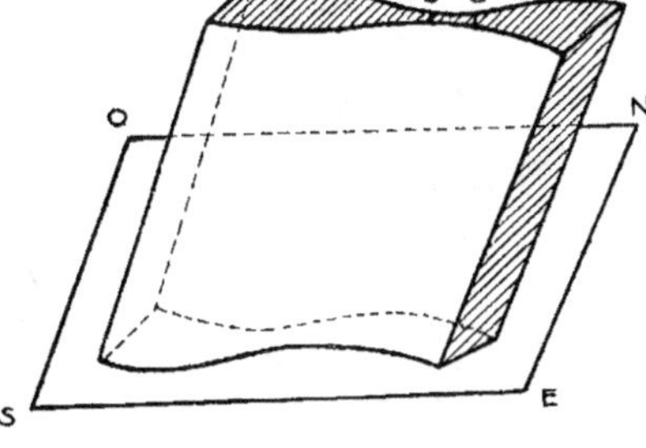

Fig. 200. — ALLURE EN CHAPELET (COUPE).

le nom d'*amas filonien* ou amas droit par rapport aux élargissements des amas stratifiés que l'on nomme amas couchés.

Ramifications des filons.

Lorsqu'une fracture se propage dans un milieu, suivant un plan de moindre résistance, il peut arriver qu'à tel point singulier A (fig. 201) il y ait bifurcation et qu'à une fente unique succèdent une ou plusieurs cassures divergentes qui se poursuivent plus ou moins loin et disparaissent ensuite en se terminant en coin; ce phénomène est appelé *éparpillement*.

Lorsque les ramifications sont très nombreuses, on a ce qu'on appelle un

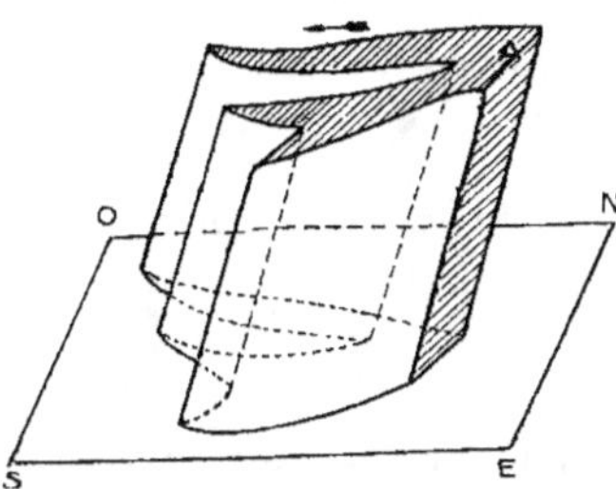

Fig. 201. — RAMIFICATION ÉPARPILLÉE.

étoilement. Ces ramifications se produisent soit en direction soit en profondeur.

On donne le nom de *ramifications diagonales* aux ramifications dans lesquelles une veine *ab* relie deux filons parallèles ou obliques, en faisant avec eux des angles aigus et obtus (fig. 202).

On donne le nom de *ramifications arquées* à celles dans lesquelles une

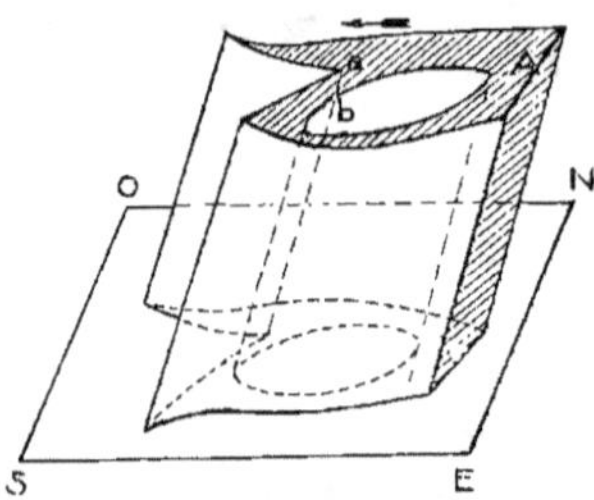

Fig. 202. — RAMIFICATION DIAGONALE
RELIANT DEUX FILONS OBLIQUES.

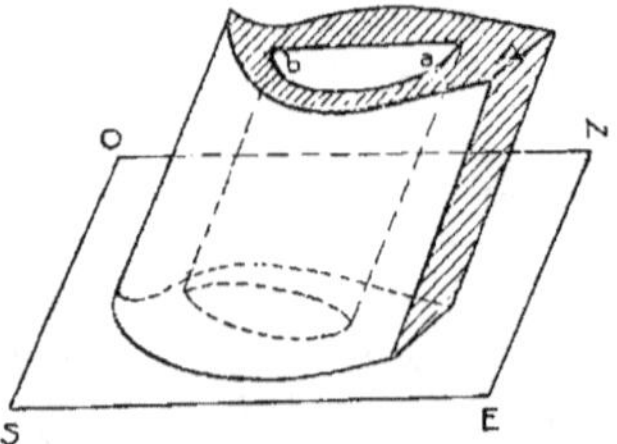

Fig. 203. — RAMIFICATION ARQUÉE.

veine *ab* s'écarte du filon sous un angle aigu, décrit un arc et vient de nouveau se réunir au filon sous un angle aigu (fig. 203).

Les ramifications sont fréquentes au passage des filons, d'une roche

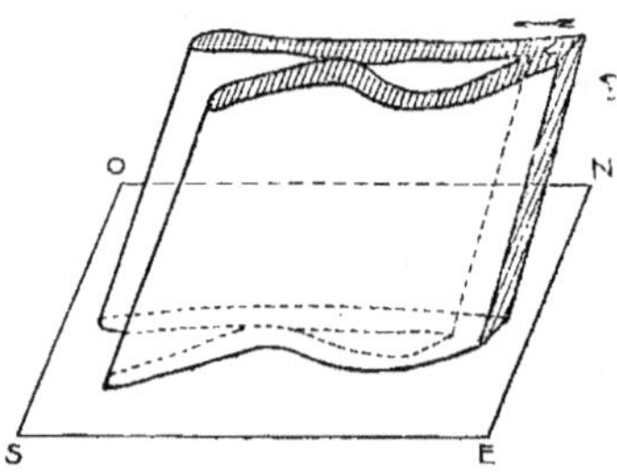

Fig. 204. — RENCONTRE DE DEUX FILONS
QUI SE TRAINENT (RENCONTRE SIMPLE).

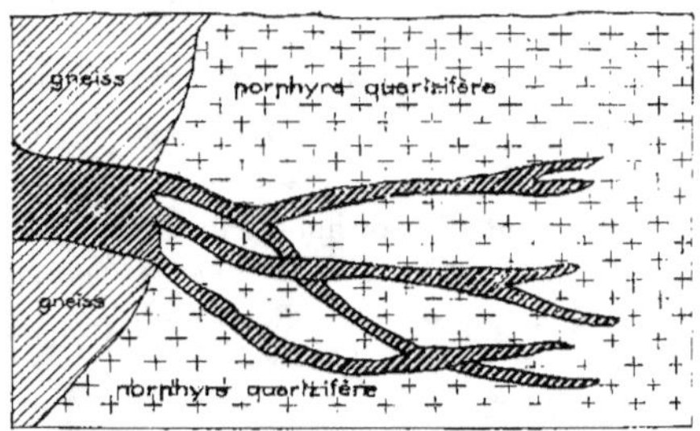

Fig. 205. — ÉPARPILLEMENT DANS LE PORPHYRE
QUARTZIFÈRE (FREIBERG).

dans une autre dont la cohésion n'est pas la même; c'est ce qu'on observe dans les filons de Freiberg quand ils passent du gneiss dans un porphyre quarzifère (fig. 205).

Rencontres des filons.

Les filons peuvent se rencontrer suivant quatre modes différents qu'on désigne sous le nom de rencontres simples, de croisements, de déviations, de rejets.

I. — *Rencontres simples.* — Deux filons se rencontrent lorsqu'ils se réunissent sous un angle aigu *a* et continuent ensuite côte à côte. Si la rencontre est suivie d'une séparation, on a une bifurcation; l'ensemble d'une rencontre et d'une bifurcation forme une ramification arquée (fig. 204).

Lorsque les deux remplissages restent distincts et sont simplement juxtaposés, on dit qu'on a affaire à un filon double.

On dit que les filons se traînent lorsqu'ils ne restent réunis que sur une faible longueur et se séparent ensuite (fig. 206).

Fig. 206. — Un filon *a* se traine sur le filon *b*.

II. — *Croisement des filons.* — Lorsque deux filons se coupent sans que leur direction originelle soit changée, on dit qu'ils se croisent.

Le croisement est orthogonal si les deux directions font entre elles un angle droit (fig. 207).

Le croisement est oblique si l'angle des deux directions est aigu (fig. 206).

Le croisement est isogonal quand les directions des deux filons sont parallèles et leurs pendages différents (fig. 209).

Les croisements sont particulièrement abondants dans les filons réticulés

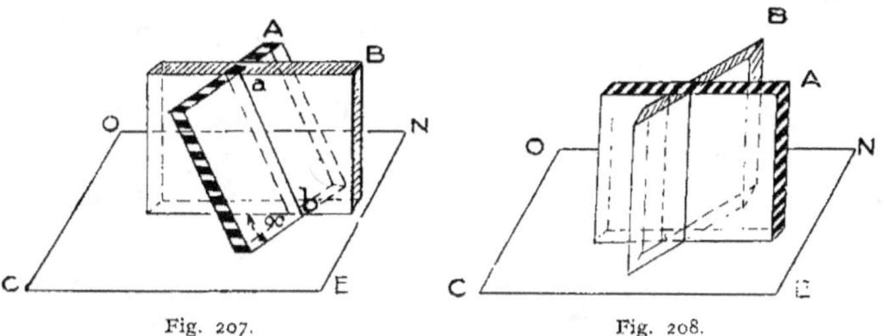

(stockwerks); ils sont plus rares dans les filons parallèles et dans les filons rayonnants.

Lorsque deux filons sont d'âge différent, on donne le nom de *croiseur* au filon récent A et celui de *croisé* au filon ancien B.

En général, quand deux filons se croisent de telle sorte que leurs directions

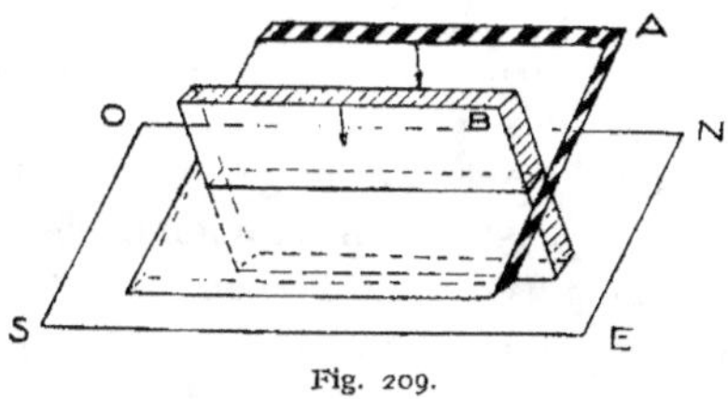

ne se coupent pas sous angle trop aigu, on distingue facilement le filon croiseur du filon croisé.

III. — *Déviations des filons*. — On observe assez souvent une déviation à la traversée d'un filon par un autre ou par une faille; cette déviation consiste en ce que le filon dévié A rencontrant le filon déviant B s'y traîne pendant quelque temps avant de le traverser (fig. 210 et 211); ou en ce que la matière

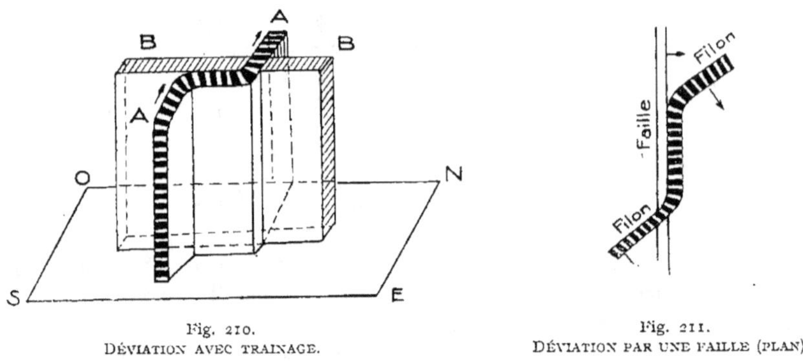

Fig. 210.
DÉVIATION AVEC TRAINAGE.

Fig. 211.
DÉVIATION PAR UNE FAILLE (PLAN).

du filon dévié A remplit des veines à l'intérieur du filon déviant B, et reprend sa direction de l'autre côté du déviant B (fig. 212).

La déviation est souvent accompagnée d'une solution complète de continuité du filon dévié; on croit alors que le filon dévié A est rejeté par le filon B qui l'a dévié; mais on reconnaît qu'il n'en est pas ainsi lorsque les deux par-

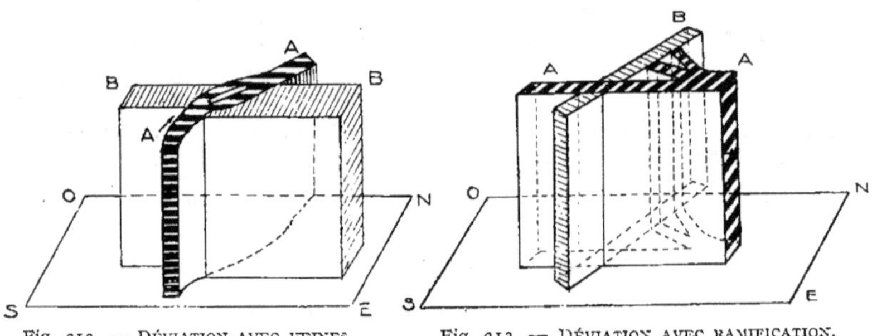

Fig. 212. — DÉVIATION AVEC VEINES.   Fig. 213. — DÉVIATION AVEC RAMIFICATION.

ties séparées (rapprochées l'une de l'autre par la pensée) ne se correspondent pas du tout (fig. 213, 214 et 215), comme cela aurait lieu si l'on avait affaire à un phénomène de rejet. Le plus souvent le filon dévié A n'est ramifié que d'un des côtés du filon déviant B (fig. 213 et 214), circonstance qui exclut l'hypothèse d'un rejet. Si les ramifications se trouvent des deux côtés, les veines ne se correspondent pas.

Creduer a observé à Andreasberg (Hartz) un cas très intéressant, c'est celui où les filons sont tous deux déviés (c'est une déviation double (fig. 215); par conséquent, dans ce cas, il ne peut être question de rejet. Quelquefois un filon en pénétrant dans un autre s'y termine en s'y ramifiant fortement (fig. 216, plan). Les déviations que nous venons de décrire s'observent souvent sur des échantillons de roches traversées par des veinules de quartz ou de calcite.

La déviation ou ploiement d'un filon est le résultat de la formation même

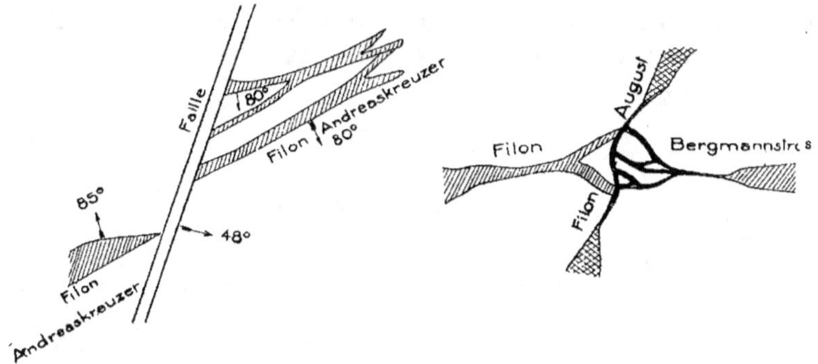

Fig. 214. — Déviation dans une mine d'Andreasberg (d'après Zimmermann) (plan).

Fig. 215. — Déviation double a Andreasberg (d'après Credner) (plan).

de la fente. Le filon déviant B (fig. 210 et 213) est le plus ancien; il existait soit vide, soit avec un remplissage de roches ou de minéraux, lorsque la fente déviée A s'est ouverte. La force qui a produit les fentes, agissant dans une direction déterminée, cherchant constamment les surfaces de moindre résistance, a trouvé un obstacle au moment où la fente qu'elle produisait a atteint le filon préexistant; la fente s'est alors déviée le long de ce filon et n'a repris la direction primitive qu'au point où elle a pu en vaincre la résistance.

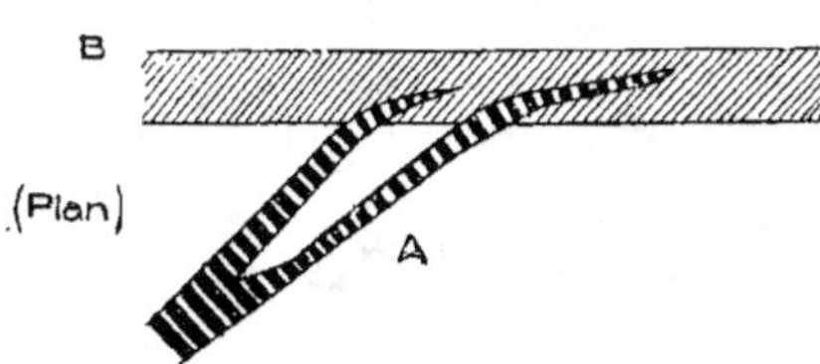

Fig. 216. — Filon se terminant en se ramifiant dans un autre.

La déviation est donc une modification de la direction, causée par un changement de la cohésion dans une roche non fissurée.

On a observé que les surfaces polies des parois (miroirs) montrent fréquumment des stries de frottement qui s'écartent le plus souvent de la ligne de la plus grande pente. Elles sont obliques et quelquefois horizontales, ce qui montre qu'il y a eu, dans certains cas, deux mouvements. C'est un rejet horizontal (décrochement) et un rejet vertical (effondrement). La combinaison des deux donne, naturellement, un rejet oblique.

Les déviations n'offrent pas de solution de continuité. On retrouve facilement la partie déviée; il n'en est pas de même dans les phénomènes de rejet.

On voit clairement, par ce qui précède, qu'il est impossible de tracer une règle pour le passage des déviations, parce que les changements dans les conditions de résistance ne peuvent se déterminer à l'avance. La seule indication est souvent donnée par de petites veines qui courent dans le filon déviant B, ou le long de ce filon, et réunissent les parties déviées (fig. 212).

NOTE (1)

Expériences relatives aux dislocations.

Daubrée a cherché à prouver expérimentalement que, malgré leur apparente rigidité, les couches terrestres obéissent aux efforts de compression comme peuvent le faire

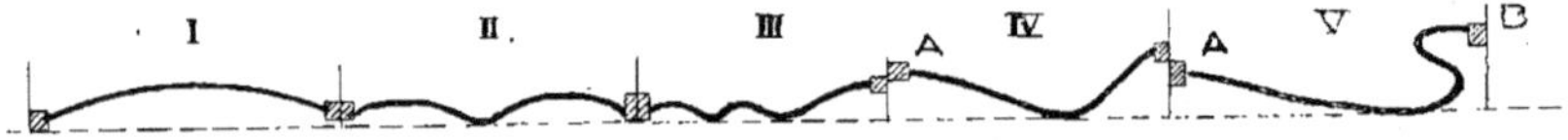

Fig. 217. — EFFET DE LA COMPRESSION LATÉRALE SUR UNE LAME FLEXIBLE D'ÉPAISSEUR UNIFORME.
I, II, III. Effets successifs de la compression sur la lame uniformément chargée.
IV, V. Effets successifs de la compression sur la lame plus chargée en A qu'en B.

les substances plastiques. Il a mis en évidence les changements de structure et les déformations auxquelles la compression latérale donne lieu.

Ce savant a observé que, dans les roches suffisamment plastiques, il se forme des plans de schistosité perpendiculaires à la direction de l'effort.

Par exemple, si on pétrit un grand nombre de lamelles de mica dans de l'argile plastique et que l'on fasse subir à cette masse une forte pression latérale, on voit les lamelles de

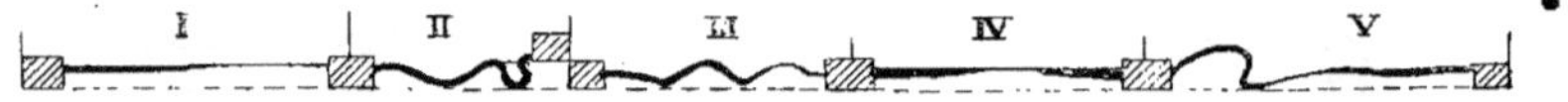

Fig. 218. — EFFETS DE LA COMPRESSION LATÉRALE SUR UNE LAME FLEXIBLE D'ÉPAISSEUR INÉGALE.
I, II, III, Compression d'une lame amincie à une extrémité.
IV, V, Compression d'une lame amincie en son milieu.

mica se disposer parallèlement entre elles, et perpendiculairement à la direction de la pression, il se forme de véritables schistes micacés.

Il est probable que la division en bancs qu'on observe dans les roches éruptives et dans les roches cristallophylliennes est due à ce laminage.

La structure en éventail a pu, dans certains cas, être produite par le laminage d'une

(1) Cette note, placée ici par suite d'une erreur de mise en pages, vient logiquement dans la première partie du chapitre de la tectonique. Nous prions le lecteur d'excuser cet oubli.

masse rocheuse poussée à travers une sorte de boutonnière produisant sur elle l'effet d'un lien sur une gerbe.

Daubrée a également montré comment les nombreuses variétés dont les plis sont susceptibles peuvent dépendre de l'épaisseur des couches, du poids qu'elles supportent et de la manière dont on fait agir la pression.

Fig. 219.

Aussi, une lame flexible d'épaisseur uniforme, suivant qu'elle est également ou inégalement chargée en tous ses points, prend les formes représentées dans la figure 217, tandis que la figure 218 fait connaître les plis que détermine la compression latérale d'une lame amincie soit au centre soit à l'une de ses extrémités. Comme d'ailleurs rien n'est plus variable que l'épaisseur des couches sédimentaires ou le poids qu'elles ont à supporter, en chaque point, on comprend très bien qu'un même massif montagneux puisse offrir tous les modes de plissements imaginables.

M. Daubrée a montré expérimentalement, d'une façon très ingénieuse, la formation des plis-failles inverses.

Ce savant ayant soumis à la compression latérale un prisme composé d'une série de couches de cire différemment colorées, il vit se produire des failles parallèles entre elles; ces failles étaient des failles inverses, comme l'indique la figure 220.

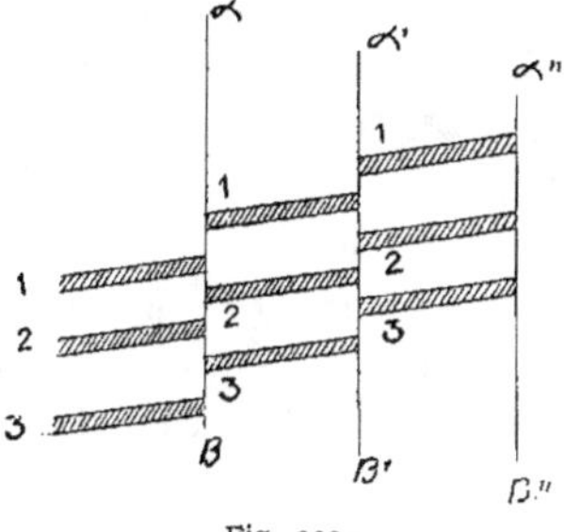

Fig. 220.

Failles. Rejets. Passage des rejets.

1. **Failles**. — Les failles ont la forme de plans, leur allure générale est exactement celle des fractures filoniennes; elles traversent les roches dans les directions les plus variées; leur inclinaison est généralement forte, 50° à 80°, et leur puissance varie beaucoup. Leur remplissage les fait rentrer dans la catégorie des filons pourris ou stériles. Les failles sont ordinairement remplies par des débris de la roche encaissante, brisés et broyés par le frottement. Lorsqu'on y trouve des minerais, elles passent au rang des filons ordinaires (on les appelle filons composés).

Les failles sont généralement accompagnées d'un déplacement relatif des deux parties d'un terrain qu'elles séparent, le déplacement s'appelle un rejet.

2. **Rejets**. — Les rejets sont dus à des mouvements verticaux ou à des mouvements horizontaux et quelquefois à la combinaison des deux.

Les rejets sont variables, non seulement d'une cassure à l'autre, mais encore dans l'étendue d'une même cassure.

On peut classer les rejets :

1° d'après la direction;

2° d'après l'inclinaison;

3° d'après la position des parties rejetées par rapport à la faille.

1. *D'après la direction*, on divise les rejets en rejets isogonaux, rejets orthogonaux et rejets obliques ou diagonaux.

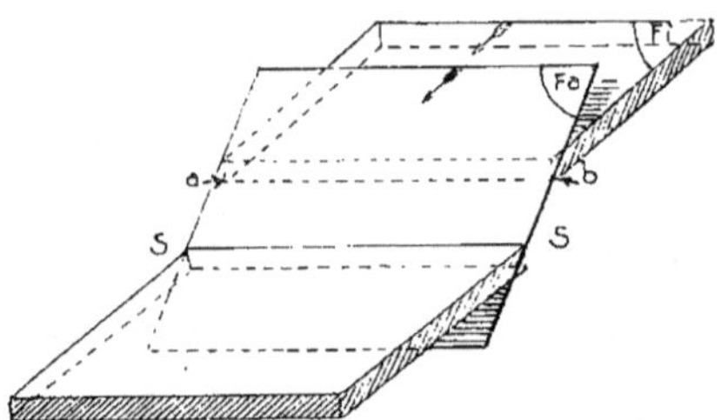
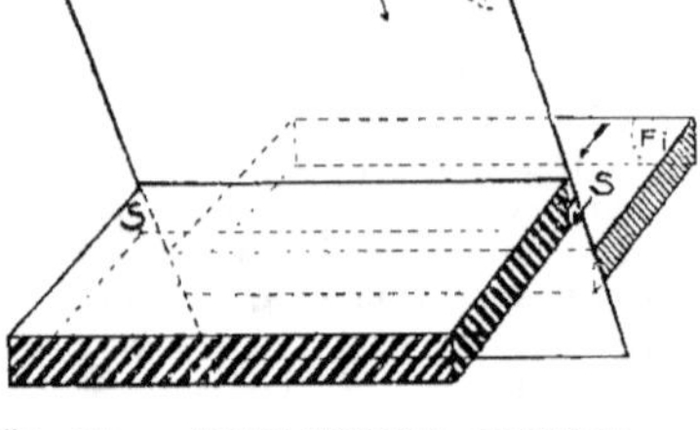

Fig. 221. — Rejet isogonal synclinal.   Fig. 222. — Rejet isogonal anticlinal.

Les rejets isogonaux sont ceux dans lesquels la faille et le filon ont la même direction, cette direction commune est nécessairement aussi celle des intersections SS. Il y a deux cas à considérer.

Le rejet isogonal est dit synclinal quand le pendage du filon est dans le même sens que celui de la faille (fig. 221). Il est dit anticlinal dans le cas où le contraire a lieu (fig. 222).

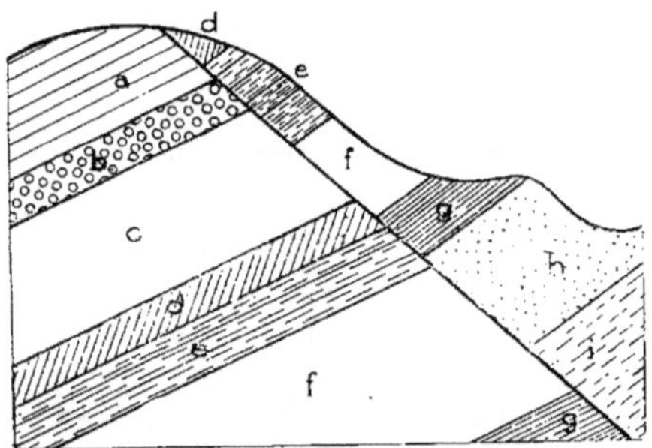

Fig. 223. — Coupe d'un rejet isogonal.

Le rejet isogonal synclinal se rencontre quelquefois dans les fractures d'effondrement, et le rejet isogonal anticlinal dans les fractures de plissement.

Les rejets isogonaux dans des systèmes de couches inclinées se reconnaissent, à la surface de la terre, par les répétitions des affleurements des couches, souvent avec recouvrement de quelques-unes d'entre elles, comme le montre la figure (223).

Dans les rejets orthogonaux, la ligne de direction de la faille est approximativement perpendiculaire à celle du filon. Le déplacement s'est produit suivant la ligne de plus grande pente de la faille (fig. 224 et 225).

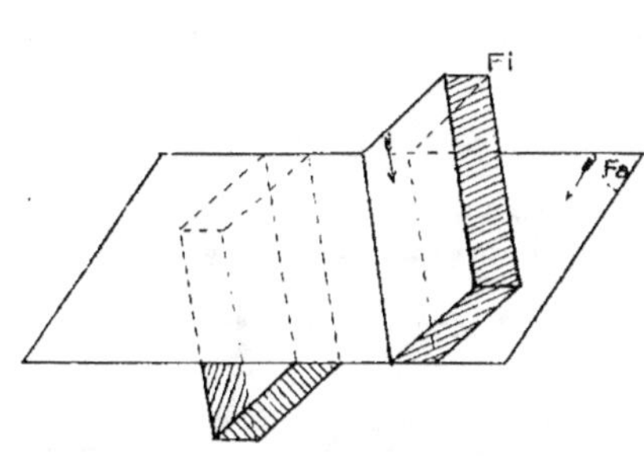

Fig. 224. — Rejet orthogonal.

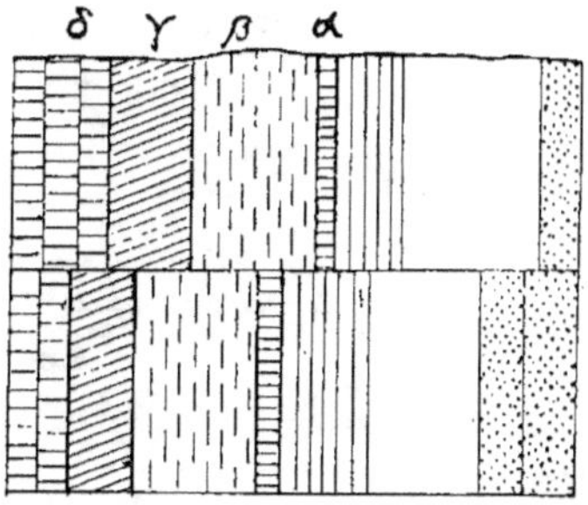

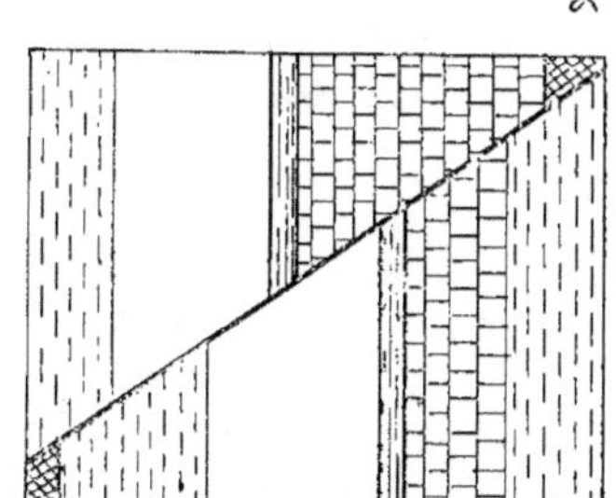

Fig. 225. — Plan d'un rejet orthogonal.

Dans les rejets obliques, la ligne de direction de la faille et la ligne de direction du filon font entre elles deux angles inégaux, l'un aigu, l'autre obtus (fig. 226 et 227).

Angle de faille. — Supposons que la faille et le filon soient ramenés à

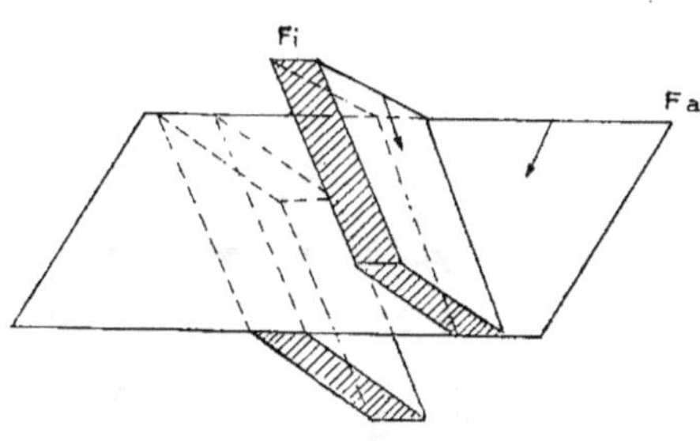

Fig. 226. — Rejet oblique.

Fig. 227. — Plan d'un rejet oblique.

des plans, la droite d'intersection de ces plans forme avec la ligne de direction de la faille un angle qui joue un rôle très important, et auquel on a donné le nom d'angle du rejet ou angle de la faille.

En un mot, l'angle de faille est l'angle que fait la ligne d'intersection du plan du filon et du plan de la faille avec la direction de la faille, et cela, au mur du filon, et au-dessus du plan horizontal qui détermine les lignes de direction (x des figures 230 et 231).

L'angle de faille est toujours nul dans les rejets isogonaux. Il est toujours aigu dans les rejets orthogonaux.

Mais, dans les rejets obliques, il peut être aigu ou obtus.

Ce dernier cas (angle de faille obtus) est assez rare, mais il mérite une attention particulière, parce qu'il donne lieu à une exception aux règles pratiques que nous examinerons plus loin.

La figure 230 représente un rejet orthogonal avec angle de faille aigu.

La figure 231 représente un rejet oblique synclinal avec angle de faille obtus.

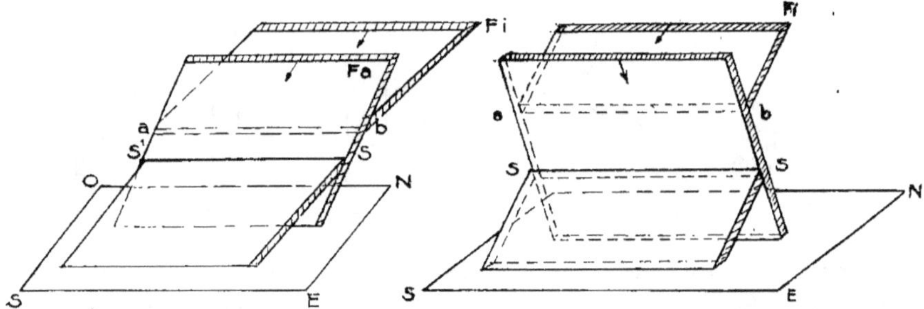

Fig. 228. — Rejet isogonal synclinal.   Fig. 229. — Rejet isogonal anticlinal.

2. *D'après l'inclinaison*, les rejets se classent en rejets synclinaux et en rejets anticlinaux.

Un rejet est synclinal lorsque la faille et le filon montent vers la même

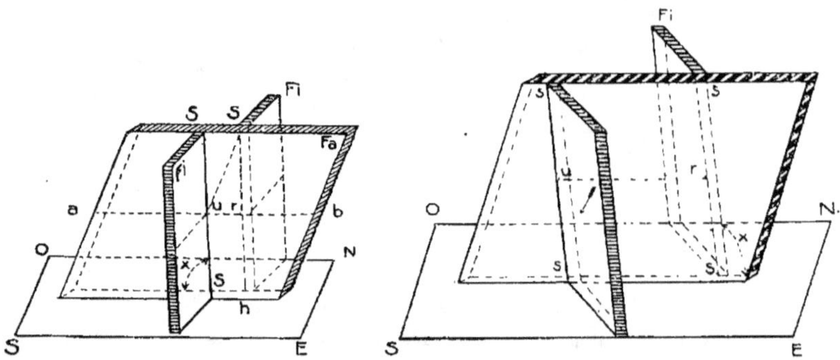

Fig. 230. — Rejet orthogonal a angle
de faille aigu.
Su ligne de pente de la faille.
ur déplacement horizontal.

Fig. 231. — Rejet oblique synclinal a angle
de faille obtus.
ur déplacement horizontal.

région du ciel, c'est-à-dire lorsque les projections horizontales des lignes de pente, prises dans le sens ascendant, font entre elles un angle aigu (fig. 228). Il est anticlinal dans le cas opposé (fig. 229).

La distinction disparaît naturellement pour les rejets orthogonaux pour lesquels les deux projections horizontales, normales aux deux traces, sont perpendiculaires l'une à l'autre.

Tout rejet peut être à la fois d'une part isogonal ou oblique, de l'autre synclinal ou anticlinal.

3. *D'après la position des parties rejetées* par rapport à la faille, on divise les rejets en rejets normaux et rejets anormaux.

Dans ces rejets, l'élément le plus intéressant est certainement le rejet incliné, c'est-à-dire la hauteur de chute inclinée.

Quand on connaît le longueur du rejet incliné R_i et l'inclinaison α de la faille, on peut calculer le rejet vertical R_v et le rejet horizontal R_h.

On a : $R_v = R_i \operatorname{Sin} \alpha$

$\qquad R_h = R_i \operatorname{Cos} \alpha.$

Dans les rejets orthogonaux et dans les rejets obliques, on peut aussi mesurer l'écartement des deux intersections suivant la direction de la faille, c'est-à-dire le déplacement horizontal (fig. 232).

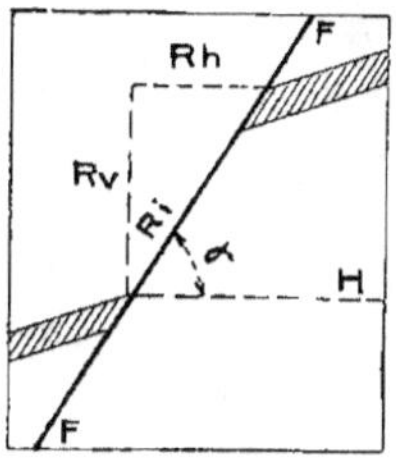

Il ne faudrait pas conclure de l'emploi de cette expression que le mouvement se soit produit suivant la direction de la faille, c'est-à-dire horizontalement.

Rejets normaux et rejets anormaux. — Ceci posé, nous allons examiner les dérangements que les filons métallifères ont pu éprouver après leur formation, en raison des mouvements ultérieurs occasionnés par les failles et qui deviennent assez souvent, pour l'ingénieur, la source des plus grandes difficultés.

Fig. 232.

Considérons un filon simple ABCD, si ce filon est rencontré par une faille FF' et si le toit de la faille est descendu sur le mur, la partie CD du filon primitif occupera la position C'D'.

Dans ce cas, le rejet est dit normal (fig. 233).

Si, au contraire, le toit de la faille est remonté sur le mur, le partie CD du filon primitif occupera la position C'D' (fig. 234). Dans ce cas, le rejet est dit anormal.

Nous voyons par là qu'un filon quelconque qui vient à être rencontré par une faille sera généralement rejeté par cette faille.

Un filon croiseur *A* pouvant être assimilé à une faille, le filon croisé *B* pourra également être rejeté par le filon croiseur (fig. 235). Dans ce cas, il sera facile de distinguer le filon croiseur ou le plus récent, du filon croisé qui est le plus ancien, car si on trace une galerie en direction (allongement) dans le filon croiseur A, cette galerie se continuera en ligne droite. Au contraire dans le filon croisé B, comme les deux parties ne se trouvent plus en regard l'une de l'autre, les galeries d'allongement pratiquées au même niveau ne seront plus en prolongement l'une de l'autre.

3. **Passage des Rejets.** — Lorsqu'un mineur rencontre une faille derrière laquelle le filon disparaît, il doit résoudre la question du passage du rejet, c'est-à-dire la question des travaux à faire pour retrouver le filon.

Deux cas sont à distinguer suivant que le rejet est normal ou anormal.

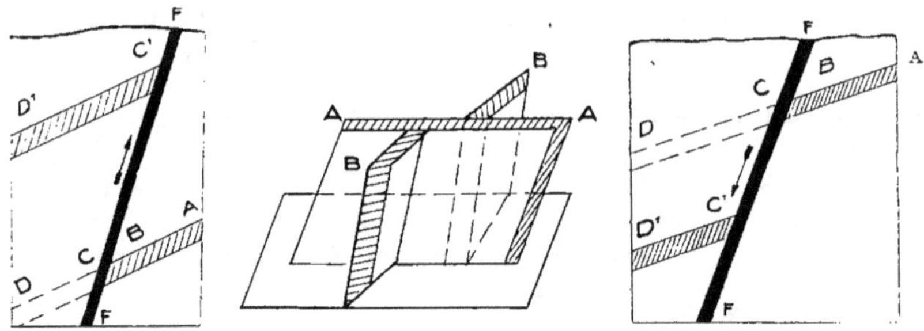

Fig. 233. — Rejet normal. Fig. 234. — Rejet anormal. Fig. 235. — Rencontre de deux filons avec rejet.

Ier *Cas. Rejet normal.* Lorsque le rejet est normal, si le mineur arrive à la faille par la région de son mur, il a la faille sur la tête. On dit qu'il se trouve en présence d'un rejet en bas.

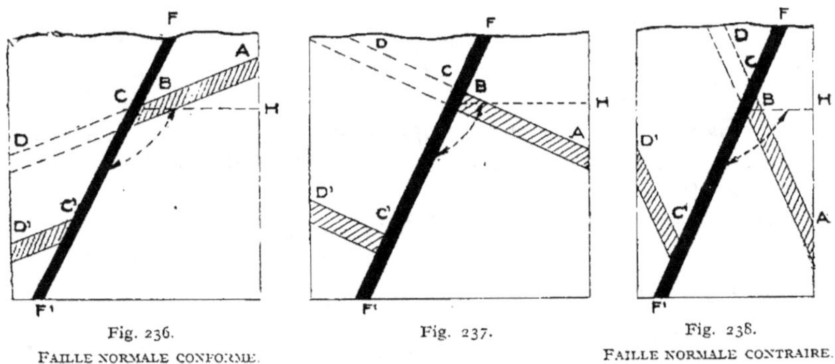

Fig. 236.
Faille normale conforme.

Fig. 237.

Fig. 238.
Faille normale contraire.

Si, au contraire, il arrive à la faille par la région de son toit, il a la faille sous les pieds, on dit qu'il se trouve en présence d'un rejet en haut.

Par conséquent, il faudra, dans le premier cas, descendre et, dans le second monter dans la faille pour retrouver le prolongement du filon.

Règle de l'angle obtus — Si on imagine, dans la région dans laquelle on se trouve, un plan horizontal se prolongeant jusqu'à son intersection avec le plan de la faille, le plan horizontal et le plan de la faille formeront deux angles supplémentaires.

On voit (fig. 236) que pour retrouver le filon, il faut cheminer dans la faille du côté de l'angle obtus, et c'est pour cela qu'on avait donné à cette règle le nom de règle de l'angle obtus.

La règle de l'angle obtus se rapporte exclusivement au rejet vertical, c'est-à-dire au rejet en profondeur, et ne concerne en rien le rejet horizontal, pour lequel il n'existe aucune relation nécessaire.

Cette règle s'applique également dans le cas où le plan de la faille et le plan du filon sont rectangulaires (fig. 237).

Enfin, dans le cas d'une faille normale contraire, il faut également se diriger vers l'angle obtus (fig. 238).

2e *Cas. Rejet anormal.* La règle de l'angle obtus se trouve en défaut, dans

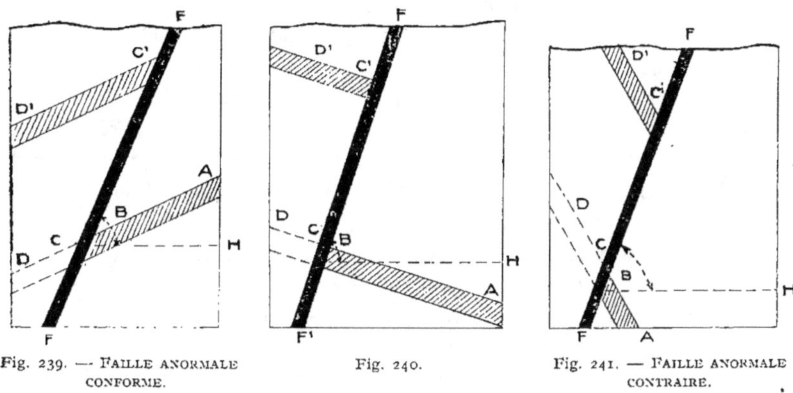

Fig. 239. —- FAILLE ANORMALE CONFORME.　　　Fig. 240.　　　Fig. 241. — FAILLE ANORMALE CONTRAIRE.

le cas d'un rejet anormal, c'est-à-dire dans le cas où le toit est remonté par rapport au mur.

En effet, si nous considérons un filon ABCD (fig. 239) rejeté par une faille anormale conforme, le toit étant remonté sur le mur, c'est bien vers l'angle aigu qu'il faut cheminer dans la faille pour retrouver le filon.

Il en est de même dans le cas où le plan de la faille et le plan du filon sont rectangulaires (fig. 240).

Dans le cas d'une faille anormale contraire, c'est encore vers l'angle aigu qu'il faut se diriger pour retrouver le filon (fig. 241).

RÈGLE DE SCHMIDT. — On appelle quelquefois, mais à tort, la règle de l'angle obtus, règle de Schmidt, ou encore règle de Zimmermann.

La règle de Schmidt était, à l'origine, formulée ainsi :

Dans la plupart des fractures filoniennes dues à la pesanteur, c'est le toit de la fracture qui est descendu sur le mur.

Cette règle a été transformée, postérieurement, dans la règle pratique suivante :

I. Dans le cas de rejets normaux, lorsqu'on atteint le croiseur (ou la faille) par son toit, on doit, après l'avoir traversé, se diriger du côté du toit du filon que l'on vient de perdre.

Si, au contraire, on atteint le croiseur (ou la faille) par son mur, on doit après l'avoir traversé, se diriger du côté du mur du filon que l'on vient de perdre.

Ce que l'on peut exprimer par la formule mnémonique suivante :

Croiseur par toit : filon au toit; croiseur par mur : filon au mur.

Remarque. — Cette règle pratique est en défaut et doit être renversée dans le cas de rejets obliques à angle de faille obtus.

Mais une construction graphique ou un calcul trigonométrique permettra aisément de reconnaître si l'angle de faille est aigu ou obtus, de sorte que l'exception précédente ne présente aucune difficulté.

II. Quant aux rejets anormaux, la règle pratique doit être renversée et formulée ainsi :

Lorsqu'on atteint le croiseur (ou la faille) par son toit, on doit, après l'avoir traversé, se diriger du côté du mur du filon que l'on vient de perdre.

Si, au contraire, on atteint le croiseur (ou la faille) par son mur, on doit, après l'avoir traversé, se diriger du côté du toit du filon que l'on vient de perdre.

La formule mnémonique est alors :

Croiseur par toit, filon au mur; croiseur par mur, filon au toit.

Remarque. — Il est parfois assez difficile de distinguer les rejets anormaux des rejets normaux; par conséquent, la règle pratique perdrait une partie de sa valeur sans les observations suivantes :

Les rejets isogonaux sont généralement anormaux, parce qu'ils résultent de compressions latérales, c'est-à-dire qu'ils appartiennent aux plis failles inverses. Les rejets orthogonaux et les rejets obliques sont généralement normaux, parce qu'ils résultent d'effondrements.

Lorsqu'un filon disparaît à la rencontre d'une faille ou d'un croiseur, on peut être en présence d'une déviation ou d'un rejet.

Schmidt et Zimmermann ont souvent pris les déviations pour des rejets.

Les déviations sont souvent accompagnées de ramifications, c'est-à-dire de petites veines qu'on observe dans le filon déviant. Le filon dévié se traîne sur le filon déviant avant de le traverser. Il n'y a pas solution de continuité.

Dans les rejets, il y a solution de continuité; de plus, on observe sur les épontes des surfaces de frottement, des stries qui indiquent nettement le mouvement d'effondrement.

Les indications que nous venons de signaler permettent seulement de se renseigner sur le sens du rejet en inclinaison sans rien préjuger du rejet horizontal. De plus, nous avons supposé que le mineur n'avait d'autre alternative que de monter ou de descendre suivant la ligne de plus grande pente de la faille, pour faire ses recherches. Mais il n'en est pas toujours ainsi. On peut, sans quitter la faille, y suivre des chemins différents. Il peut y avoir avantage, et même nécessité, à quitter rapidement cette faille si elle est capable de donner des éboulements, de l'eau, etc.

Il est donc nécessaire, avant de commencer les travaux, de discuter sur les directions et longueurs comparatives des divers cheminements que l'on peut faire, afin de choisir le cheminement le plus favorable.

Il y a à cet égard deux procédés distincts : une méthode graphique et une méthode trigonométrique.

MÉTHODE GRAPHIQUE. — Désignons par OM la trace horizontale d'un filon donné ou l'axe d'une galerie d'allongement que l'on suit dans ce filon jusqu'en O, où l'on vient subitement buter contre une faille dont on reconnaît que le tracé horizontal est BS (Les flèches indiquent l'inclinaison du filon et de la faille).

En arrivant en O, on peut mesurer l'inclinaison α du filon, celle β de la faille et l'angle γ de leurs deux directions. On peut alors construire l'intersection du plan du filon avec celui de la faille.

Pour cela, coupons le plan du filon par un plan vertical pp' mené par la ligne de plus grande pente, puis rabattons cette ligne et ce plan autour de pp' comme charnière; elle viendra en pp' sous l'angle $p'pp'' = \alpha$.

Menons, en outre, arbitrairement, une droite $p'p''$ parallèle à OM, cette droite sera la projection horizontale de la trace du filon sur un plan horizontal mené à une profondeur $p'p''$, au-dessous du plan de projection.

Maintenant, coupons le plan de la faille par un plan vertical qq' mené par la ligne de plus grande pente, puis rabattons cette ligne et ce plan autour de qq' comme charnière; enfin, prenons $qq''' = p'p''$, élevons en q''' une perpendiculaire à OS. Cette perpendiculaire rencontre la ligne de plus grande pente rabattue en q'' et l'angle $q'qq'' = \beta$. Menons la droite $q'q''$ parallèle à OS.

Les deux droites $p'p''$ et $q'q''$ qui se coupent en O' appartenant, dans ce même plan horizontal auxiliaire, l'une au filon, l'autre à la faille, nous obtenons en O' un point de l'intersection des deux plans, et OT représente la projection horizontale de cette intersection.

D'après le sens indiqué par la flèche pour l'inclinaison de la faille, la galerie d'allongement MO atteint la faille dans la région de son toit; il faut donc, d'après la règle de Schmidt, monter suivant la ligne de plus grande pente de la faille, c'est-à-dire suivant OX, pour retrouver le point qui, avant le rejet, coïncidait avec le point O, ce point est quelque part, comme en D'.

Menons D'T' parallèle à OT, cette ligne sera la projection horizontale de la trace, sur le plan de la faille, de la portion du gîte qui est dans la région du mur, cette parallèle coupera en S la ligne BO. Menons par le point S la ligne SA parallèle à OM; on aura ainsi la ligne de direction du gîte au-delà de la faille.

La portion du gîte qui est au toit de la faille est limitée à la ligne TO, et la portion du gîte qui est au mur de la faille est limitée à la ligne T'SD'C', et l'intervalle entre ces deux lignes est la projection d'un espace stérile, dans lequel il n'existe aucun point du gîte.

Cheminements. — Les cheminements à faire pour retrouver la portion du filon rejetée par la faille sont de deux sortes. Ou bien on peut se mouvoir dans le plan de la faille; ou bien abandonner la faille pour se mouvoir en plein massif.

I. — Pour retrouver le filon rejeté, sans quitter la faille, on peut opérer de trois manières différentes.

1° On peut se mouvoir dans la faille, en restant dans le plan horizontal

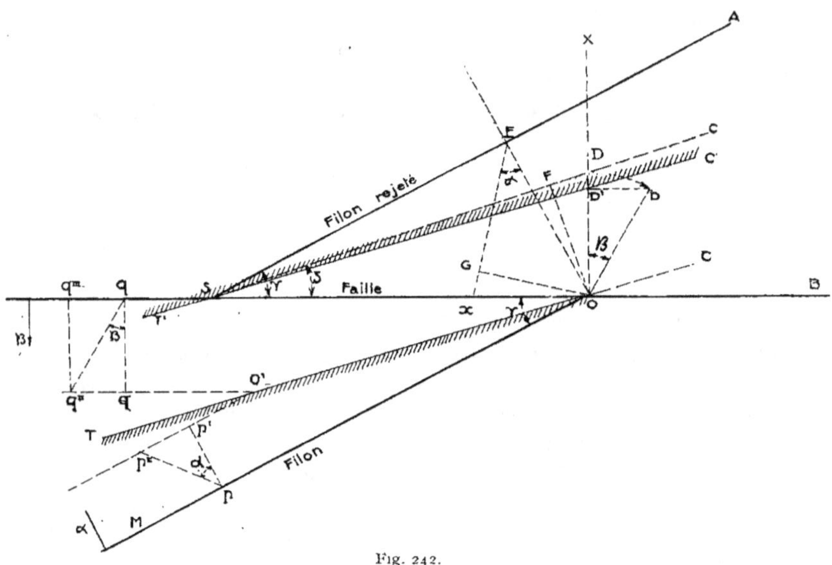

Fig. 242.

de la galerie d'allongement MO. Dans ce cas, la distance à parcourir pour atteindre le filon rejeté est représentée en vraie grandeur par la longueur OS : c'est le rejet horizontal dans le plan de la faille.

2° On peut cheminer dans la faille su.vant sa ligne de plus grande pente.

Prenons XOD = β (angle d'inclinaison de la faille), et élevons la perpendiculaire D'D à OX. La distance à parcourir suivant cette ligne de plus grande pente pour atteindre le filon rejeté est représentée en vraie grandeur par la longueur OD : c'est l'étendue du rejet suivant la pente de la faille. La longueur DD' est l'étendue du rejet dans le sens vertical.

3° On peut enfin chercher à se mouvoir dans la faille par le plus court

chemin. Rabattons D en D_1, puis menons SD_1C_1; cette droite sera le rabatte-
ment de SD'C'. Abaissons du point O la perpendiculaire OF sur SD_1C_1, cette
perpendiculaire représente en vraie grandeur le plus court chemin à parcourir
pour atteindre le filon rejeté, tout en restant dans le plan de la faille : c'est
l'étendue du rejet dans le plan de la faille.

II. Pour retrouver le filon rejeté, en quittant la faille, c'est-à-dire en che-
minant en plein massif, on peut opérer de deux manières différentes :

1° On peut cheminer horizontalement. La distance à parcourir sera évidemment représentée en vraie grandeur par la perpendiculaire OE abaissée
du point O sur la trace S A du filon rejeté : c'est le rejet horizontal.

2° On peut chercher à se mouvoir dans le massif, par le plus court chemin.
Considérons un plan vertical passant par OE, c'est-à-dire perpendiculaire

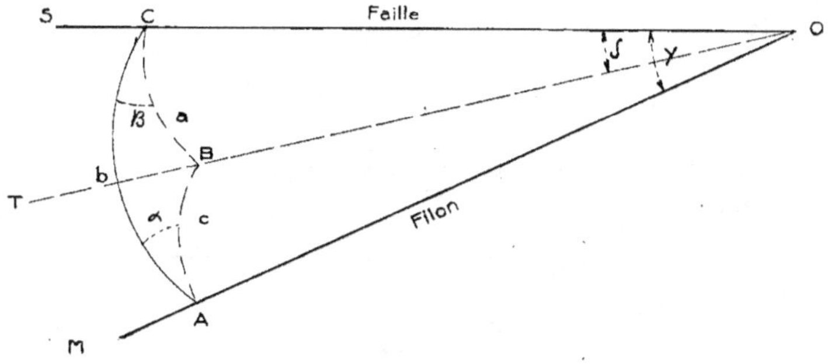

Fig. 243.

à SA, soit OEV la trace de ce plan, ce plan coupera le plan SAC' suivant la
ligne de plus grande pente. Rabattons cette intersection autour de OE comme
charnière, l'angle OEx sera évidemment égal à x (angle d'inclinaison du
filon).

Si on abaisse du point O une perpendiculaire OG sur Ex, cette perpendiculaire représentera en vraie grandeur le plus court chemin à parcourir, en
plein massif, pour atteindre le filon rejeté. C'est le rejet estimé perpendiculairement au plan du gîte.

La construction graphique donne, comme on voit, le rapport entre les
diverses distances, et donnerait leur grandeur absolue, si l'une d'elles était
connue, par exemple, la longueur OD suivant la pente de la faille, ou la distance horizontale OS, dans le plan de la faille.

MÉTHODE TRIGONOMÉTRIQUE. — Considérons le trièdre formé autour du
point O, par le plan horizontal SOM, le plan du filon TOM et le plan de la faille
SOT, et décrivons une sphère autour de son sommet avec l'unité de longueur

comme rayon, cette sphère coupera les faces du trièdre suivant les côtés d'un triangle sphérique ABC dont on connaît trois éléments :

$$\widehat{A} = \alpha \qquad \widehat{C} = \beta \qquad b = \gamma.$$

c'est-à-dire l'angle dièdre α formé par le plan horizontal avec le plan du filon (pendage du filon); l'angle dièdre β formé par le plan horizontal avec le plan de la faille (pendage de la faille), et enfin l'angle plan γ qui est l'angle formé par la direction du filon et par la direction de la faille.

On commencera par en déduire a $= \delta$, qui représente l'angle formé par la ligne d'intersection du plan du filon et du plan de la faille, c'est-à-dire OT avec la ligne de direction de la faille : c'est l'angle de faille.

Nous emploierons la relation connue

$$\text{Cot } a \text{ Sin } b = \text{Cot A Sin C} + \text{Cos} b \text{ Cos C.}$$

c'est-à-dire

$$\text{Cot } \delta \text{ Sin } \gamma = \text{Cot } \alpha \text{ Sin } \beta + \text{Cos } \gamma \text{ Cos } \beta.$$

d'où

$$\text{Cot } \delta = \frac{\text{Cot } \alpha \text{ Sin } \beta + \text{Cos } \gamma \text{ Cos } \beta}{\text{Sin } \gamma}$$

Pour rendre cette formule calculable par logarithmes, on la met sous la forme suivante :

$$\text{Cot } \delta = \frac{\text{Cot } \alpha}{\text{Sin } \gamma} (\text{Sin } \beta + \text{tang } \alpha \text{ Cos } \gamma \text{ Cos } \beta)$$

En prenant comme angle auxiliaire

$$\text{tang } \varphi = \text{tang } \alpha \text{ Cos } \gamma \tag{1}$$

On aura :

$$\text{Cot } \delta = \frac{\text{Cot } \alpha}{\text{Sin } \gamma} (\text{Sin } \beta + \text{tang } \varphi \text{ Cos } \beta)$$

ou

$$\text{Cot } \delta = \frac{\text{Cot } \alpha}{\text{Sin } \gamma \text{ Cos } \varphi} (\text{Sin } \beta \text{ Cos } \varphi + \text{Sin } \varphi \text{ Cos } \beta)$$

ou

$$\text{Cot } \delta = \frac{\text{Sin } (\beta + \varphi)}{\text{Sin } \gamma \text{ Cos } \varphi \text{ tang } \alpha} \tag{2}$$

Les équations (1) et (2) feront ainsi connaître δ, par l'intermédiaire de l'angle, en fonction de α, β, γ.

Ceci posé, si l'on prend comme unité le chemin horizontal parcouru dans la faille.

$$OS = 1$$

On aura :

1° Pour le chemin parcouru suivant la ligne de plus grande pente de la faille :

$$OD = OD_1 = OS \text{ tang. } \delta = \text{tang } \delta$$

2º Pour le chemin minimum parcouru dans la faille :

$$OF = OS \, \text{Sin} \, \delta = \text{Sin} \, \delta$$

3º Pour le chemin horizontal parcouru hors de la faille :

$$OE = OS \, \text{Sin} \, \gamma = \text{Sin} \, \gamma$$

4º Pour le chemin minimum parcouru hors de la faille :

$$OG = OE \, \text{Sin} \, \alpha = \text{Sin} \, \gamma \, \text{Sin} \, \alpha$$

Remplissage des gîtes filoniens proprement dits.

Les fractures filoniennes une fois produites, les épontes ont fréquemment subi l'une par rapport à l'autre des mouvements relatifs qui n'ont pas été sans action sur les roches encaissantes. Par suite de nombreux frottements, la fracture a été partiellement remplie de fragments de roches, et dans certains cas de masses sableuses ou boueuses provenant du broyage des roches encaissantes; ces masses boueuses sont devenues schisteuses sous l'action de la pression; il y a eu une véritable formation de roche dans la fracture filonienne; ces phyllades contiennent souvent quelques éléments charbonneux qui leur donnent une surface noire brillante; elles sont appelées *glamm*.

En dehors de ces causes dynamiques ayant apporté dans la fracture une quantité importante de matières stériles, il en existe d'autres qui sont plus intimement liées avec la minéralisation des fractures filoniennes.

THÉORIES DIVERSES SUR LE REMPLISSAGE DES GITES FILONIENS

Les théories émises pour expliquer le remplissage des gîtes filoniens sont les suivantes :

1º Théorie de la sécrétion latérale;
2º Théorie du remplissage *per descensum*;
3º Théorie du remplissage *per ascensum*.

Théorie de la sécrétion latérale.

Les défenseurs de la théorie de la sécrétion latérale regardent les substances minérales qui entrent dans la constitution des filons comme provenant du lessivage des roches encaissantes. Quelques savants, et notamment Sandberger, Emmons et Becker ont observé que la plupart des roches éruptives contiennent des substances minérales disséminées dans leur masse, et que les filons sont d'autant plus minéralisés que les roches voisines encaissantes sont plus appauvries par le lessivage.

Sandberger voit le siège fondamental des métaux lourds (Zn, Pb, Cu,

Au, etc., etc.) dans les éléments ferro-magnésiens de la roche éruptive encaissante : c'est-à-dire dans les amphiboles, pyroxènes et notamment dans les micas. Nous pensons que de tous les minéraux qui entrent dans la constitution des roches, l'amphibole hornblende semble avoir le plus de rapport avec les gîtes métallifères. On pourrait presque l'appeler « l'ami du mineur », car on constate que les filons encaissés même dans les roches acides, c'est-à-dire dépourvues d'amphibole, sont souvent accompagnées de dykes d'amphibolites.

Les travaux de Stelzner, sur le mode de remplissage des gîtes filoniens (plombifères, cuprifères, argentifères) du district de Freiberg et de Przibram, ainsi que ceux de J. R. Don sur les filons aurifères de l'Australie Occidentale et de la Nouvelle-Zélande, montrent d'une façon indiscutable que la théorie de Sandberger doit être limitée à un très petit nombre de filons; c'est-à-dire qu'elle ne doit pas être généralisée. Quoi qu'il en soit, la théorie de la sécrétion latérale peut être admise pour la formation de certains filonnets de minerais de fer et de manganèse.

La formation des amas de garniérite de la Nouvelle-Calédonie qui se rencontrent dans des fentes de dilatation, au milieu de la serpentine provenant de l'altération de la péridotite, paraît devoir être rapportée à cette théorie.

Les filonnets de calcite qui traversent certaines roches sédimentaires n'ont pas d'autre origine. Il en est de même des veines de quartz qu'on rencontre dans certains grès houillers. Ce quartz provient de l'altération du feldspath qui se trouve en petite quantité dans ces grès. Les sels alcalins provoquent la dissolution de la silice.

Théorie du remplissage « per descensum ».

Les partisans de la théorie du remplissage *per descensum* (théorie de Werner) pensent que les substances minérales ont pénétré dans les fractures par leur affleurement. Ils s'appuient sur ce fait que toutes les substances métalliques se trouvent dans l'eau de mer, et dans les eaux qui ruissellent à la surface des continents.

Or, il est évident que, si ces eaux minéralisées avaient pénétré, de haut en bas, dans les fractures, ces fractures auraient été bien vite obstruées et par suite fort peu minéralisées vers le bas : ce qui est contraire à la réalité. En effet, on constate qu'un grand nombre de filons sont parfois aussi riches en profondeur qu'au voisinage de la surface.

La théorie du remplissage *per descensum* peut être appliquée à la formation de certains gîtes d'imprégnation, et de quelques gîtes de substitution.

Nous citerons comme exemple les veinules de minerais de cuivre qu'on a observées, au-dessous du chapeau de fer, dans le massif de pyrite cuivreuse de la province de Huelva (Espagne) (mines de Rio-Tinto et de Tharsis); ces veinules proviennent de la destruction de la partie supérieure de ce massif et des solutions qui se sont infiltrées en profondeur.

Nous avons eu l'occasion de constater à Waretz, près de Brive (Corrèze), l'existence de minerais de cuivre (malachite, azurite) imprégnant des grès permiens; ils se présentent sous forme de filonnets se coinçant rapidement en profondeur.

Nous citerons également les minerais de fer pisolitiques du Berry, qui forment des colonnes dans les cavités superficielles du calcaire jurassique, cavités creusées par les eaux circulant le long des diaclases et les phosphorites du Lot qu'on rencontre aussi dans les calcaires.

Il est possible d'admettre que des métaux provenant d'un recouvrement, tel qu'une nappe de charriage, aient donné lieu à un remplissage *per descensum*.

Théorie du remplissage « per ascensum ».

Dans la théorie du remplissage *per ascensum*, on admet que les substances minérales du remplissage sont venues de la profondeur, soit à l'état de fusion ignée, soit à l'état gazeux, soit en dissolution dans des sources thermales.

Par conséquent, le remplissage *per ascensum* a pu se faire de trois manières :

1º Par injection directe;

2º Par sublimation;

3º Par circulation des eaux minérales.

I. Le premier cas semble avoir été rarement réalisé. L'injection postérieure à la fracture n'a pas créé des gîtes métallifères ayant conservé la composition et la structure primitives. Car on ne trouve jamais, dans les véritables filons, de roches fondues, ni même traces de fusion.

L'allure concrétionnée qui caractérise beaucoup de filons est incompatible avec une action ignée. De plus, les minerais associés à du quartz, de la barytine, de la calcite et à de la fluorine, c'est-à-dire aux gangues caractéristiques des filons concrétionnés, n'ont jamais été rencontrés ni dans les volcans, ni dans les usines métallurgiques.

Les minerais de fusibilité très différente, comme la chalcopyrite et la pyrite, qui se trouvent associés dans les filons, excluent également l'hypothèse d'une fusion ignée. Par conséquent, il y a tout lieu de supposer que les filons ne se sont pas formés par voie ignée. En tout cas, si quelques filons ont pris naissance dans ces conditions, il est probable que la vapeur d'eau n'a pas été étrangère à leur formation, et, par conséquent, ce mode de remplissage présente de grandes analogies avec celui du troisième cas.

II. *La sublimation* a été probablement plus fréquente. On rencontre dans les usines métallurgiques, dans les volcans (éruptions du Vésuve 1906), des produits de sublimation, par exemple la galène dont la formation peut être expliquée par la réaction

$$PbCl^2 + H^2S = PbS + 2\ HCl$$

cette réaction est évidemment réversible. On rencontre également de la blende, de l'arsenic, de l'orpiment, du réalgar. Mais, dans la plupart des cas, c'est par la vapeur d'eau que les minéraux ont dû être entraînés. On explique ainsi la formation du rutile, de la cassitérite et de l'oligiste :

$$TiCl^4 + 2\ H^2O = TiO^2 + 4\ HCl$$
$$SnCl^4 + 2\ H^2O = SnO^2 + 4\ HCl$$
$$Fe^2Cl^6 + 3\ H^2O = Fe^2O^3 + 6\ HCl.$$

On pense que l'orthose des pegmatites renfermant de la cassitérite est également un produit de sublimation, car on l'a rencontrée dans quelques hauts fourneaux.

M. A. Lacroix a constaté que le quartz s'est formé en présence de la vapeur d'eau surchauffée, dans les laves andésitiques de l'éruption de la montagne Pelée (Martinique) :

$$SiCl^4 + 2\ H^2O = SiO^2 + 4\ HCl.$$

Les minéraux qui accompagnent la cassitérite, tels que la tourmaline, la topaze, l'émeraude, l'apatite, peuvent être considérés comme les produits de réactions de vapeurs : ce sont des formations pneumatolytiques.

Ce phénomène n'est donc encore qu'un cas particulier du troisième cas.

III. *Le mode de remplissage par circulation des eaux minérales* est assez complexe, car les substances ont pu venir du dehors ou seulement de l'intérieur, ou de l'un et l'autre à la fois. Elles peuvent avoir été empruntées en partie à la roche encaissante, ce qui a donné naissance aux gîtes de sécrétion latérale qui sont différents de ceux dont le remplissage est dû surtout à des apports internes et auxquels on a donné le nom de gîtes d'émanation.

Les phénomènes qu'on observe au voisinage des volcans semblent présenter une image très affaiblie de ce qui s'est passé durant les grandes périodes de plissement ou d'effondrement. Lorsqu'on examine les dégagements gazeux, c'est-à-dire les fumerolles qui se produisent sur les flancs des volcans, au milieu des laves, on voit que :

1º Au-dessus de 500º, on a des fumerolles qui ont été désignées, mais à tort, sous le nom de fumerolles sèches, car la plupart renferment une petite quantité de vapeur d'eau, d'acide chlorhydrique et d'acide sulfureux. Ces fumerolles à température élevée sont blanches, elles sont constituées, généralement, par du chlorure de potassium (sylvine), du chlorure de sodium (hyalite), du sulfate de potassium et de sodium (aphthitalite), de la ténorite CuO. Ces substances se déposent quelquefois en cristaux assez volumineux sur des blocs projetés par les volcans.

2º Entre 500 et 300º, les laves émettent des fumerolles dites acides tenant une énorme quantité de vapeur d'eau, avec acide chlorhydrique et acide sulfureux libres; elles déposent de l'oligiste provenant de la décomposition du perchlorure de fer par la vapeur d'eau, de l'érythrosidérite (chlorure de fer et de potassium), de la sassoline (acide borique hydraté) et d'autres oxydes.

Remarque. — Les fumerolles acides présentent avec les précédentes des différences capitales. En effet, les fumerolles acides sont surtout caractérisées par des produits résultant de l'attaque des roches d'où elles sortent, ce qui n'exclut pas, bien entendu, les apports de profondeur, mais ces derniers sont généralement peu importants, tandis que les fumerolles à température élevée proviennent d'une grande profondeur et n'ont pas corrodé les roches d'où elles émergent.

3º Vers 100º, les fumerolles deviennent alcalines, le chlore n'est plus représenté que par du chlorure d'ammonium (salmiac) associé au carbonate d'ammonium qui se décompose en ammoniaque ; elles contiennent une grande quantité de vapeur d'eau et de l'hydrogène sulfuré qui se décompose à l'air :

$$H^2S + O = H^2O + S.$$

C'est la période sulfurée proprement dite. Cette période sulfurée se prolonge au-dessous de 100º, et l'acide carbonique commence à se dégager.

4º Enfin, de la lave presque refroidie, ne se dégagent plus que des mofettes qui sont constituées par CO^2, associé à une plus ou moins grande quantité de carbures d'hydrogène C^2H^2, CH^4. Ces mofettes durent très longtemps et persistent encore dans les régions des volcans éteints de l'Auvergne. Ainsi, les galeries de la mine de plomb argentifère de Pontgibaud (Puy-de-Dôme), qui passent sous une nappe de balsate, sont fréquemment envahies par CO^2. Les sources de Montpensier produisent annuellement 2.000.000 de litres de CO^2 qui est plus pur que CO^2 artificiel; on recueille ce gaz et on le liquéfie.

M. A. Lacroix désigne sous le nom de *fumerolles secondaires* des fumerolles sans racine profonde qui se dégagent des brèches volcaniques, peu de temps après la formation de ces brèches et pendant la durée de leur refroidissement qui est accéléré par les eaux météoriques.

Les solfatares sont des cratères volcaniques fermés qui émettent constamment de grandes quantités d'eau mélangée de H^2S et d'un peu d'hydrogène libre. Exemple : les solfatares de Pouzzoles, de Vulcano, etc.

L'ensemble de ces actions a été généralisé, et on admet qu'aux époques primitives, les dégagements gazeux provenant des roches éruptives, en communauté plus ou moins directe avec la partie centrale, suivaient une marche analogue, quoiqu'avec des intensités différentes : c'est-à-dire que les métaux tout d'abord inclus dans la roche éruptive magmatique s'en sont dégagés en fumerolles et que ces fumerolles ont, en se dispersant, imprégné les eaux produites par la condensation de la vapeur qui les accompagnait.

Ces eaux, à température élevée, ont non seulement dissous les métaux, mais aussi une certaine quantité de silice et de substances analogues. Ces eaux minéralisées sont venues alors, par un circuit artésien, déposer des minéraux dans les diverses fractures de l'écorce terrestre.

On a parfois retrouvé, dans un filon déterminé, l'ordre de succession des minéraux. Ainsi on a constaté dans certains filons métallifères de la Hongrie, que le quartz s'est déposé en premier lieu, puis les sulfures et enfin les carbonates.

Remarque I. — On a expliqué de trois façons principales, la grande quantité de vapeur d'eau contenue dans les laves.

Suivant les uns, elle provient directement de la profondeur où elle aurait été emmagasinée depuis la consolidation du globe.

Suivant d'autres, elle est due à la refusion des roches cristallines qui renferment toujours une certaine quantité d'eau dans leur composition.

M. A. Gautier a montré que la quantité d'eau mise en liberté par le granite porté au rouge s'élève à trente millions de tonnes par kilomètre cube de cette roche, qui est la moins riche en eau; cette eau réduite en vapeur occuperait à 100° un volume de 43 milliards de mètres cubes.

Pour les troisièmes, c'est une simple infiltration superficielle qui remonte au jour.

Remarque II. — Les deux derniers phénomènes doivent probablement jouer un rôle, mais le premier semble prédominant.

Suess estime que les eaux thermales sont généralement constituées par un mélange d'eaux d'infiltrations venues de la surface et d'eaux nouvelles qui arrivent au jour pour la première fois, et qu'il a désignées sous le nom d'eaux juvéniles (sources hypogènes).

Quoi qu'il en soit, il est naturel d'admettre que cette eau, cette vapeur d'eau, a provoqué des explosions internes; de cette façon s'expliquent les venues de roches éruptives et les formations métallifères.

Malgré le lien si vraisemblable des eaux thermales actuelles avec les anciennes eaux filoniennes, il y a lieu de faire remarquer que les sources thermales actuelles n'apportent au jour à peu près aucun métal, à moins qu'elles ne circulent au contact d'un filon métallifère.

Pour chaque métal, la zone de cristallisation s'est trouvée localisée par un ensemble de conditions physico-chimiques qui, en principe, n'ont pas permis aux dépôts filoniens de parvenir jusqu'à la superficie, ni de s'étendre indéfiniment en profondeur.

Les eaux résiduelles filoniennes dont les métaux s'étaient trouvés ainsi séparés ont dû alors continuer à arriver jusqu'au jour sous forme d'eaux volcaniques ou geyseriennes; mais il est probable que, même aux époques anciennes de grande activité filonienne, elles étaient, en atteignant la surface, à peu près stériles en métaux, comme le sont les sources thermales actuelles.

Dans tous ces phénomènes, on ne saurait trop insister sur le rôle essentiel prépondérant qu'ont joué les eaux.

On peut donc dire que la chimie, que la métallurgie du globe, sont constamment faites par les eaux qui, tantôt s'échappant des profondeurs où elles étaient emprisonnées, tantôt en y pénétrant, à la faveur des cassures du sol, jusqu'à la zone où s'élaborent les roches éruptives, ont, par des opérations longues et complexes, rassemblé les substances métalliques dans les gîtes où nous les trouvons.

En résumé, les théories sur le remplissage des gîtes filoniens proprement dits se réduisent à deux :

1º La théorie de la sécrétion latérale;

2º La théorie de l'émanation.

Le point caractéristique qui les différencie est l'origine des éléments métalliques. Les partisans de la théorie de la sécrétion latérale affirment que les éléments métalliques ont été pris aux assises déjà solidifiées. Les défenseurs de l'émanation supposent que les éléments métalliques viennent des magmas fondus qui les émettent à l'état de fumerolles.

Quoi qu'il en soit, les deux théories admettent que le remplissage s'est effectué sous des influences hydrothermales.

Limitation verticale des remplissages filoniens.

Mécaniquement, il est évident qu'un filon ne peut se continuer très loin en profondeur; il est nécessairement limité comme l'effort dont il résulte. A une certaine profondeur, dans un mouvement tectonique quelconque, il ne doit plus se produire de fracture parce que le déplacement tangentiel et radial, dont résultent ces fractures, est un phénomène superficiel, et par conséquent, si une fracture continuait encore à se produire à une certaine profondeur, elle serait fermée par la pression combinée avec la plasticité des roches : Van Hise admet une profondeur maximum de 10 kilomètres. Cette hypothèse est contestable.

Il est possible d'admettre qu'à la forme filonienne succède, en profondeur, une autre forme, résultant d'une pénétration sous pression, dans les interstices des terrains, c'est-à-dire une imprégnation diffuse.

Il doit exister également une limitation chimique, car, si la fracture est indéfinie, le remplissage doit être limité à une hauteur où les conditions nécessaires à la précipitation et à la persistance des précipités se sont trouvées réalisées.

Hypothèses sur le dépôt des substances minérales
dans les gîtes filoniens.

Pour qu'un composé métallifère se précipite de la solution qui le renferme et puisse se déposer dans les fractures, il faut qu'il se produise dans la solution un changement physique ou chimique qui amène l'insolubilité de ce composé et, par suite, sa stabilité dans la même solution. Alors les minéraux se déposeront et formeront une partie du remplissage du gîte. Mais ces minéraux ne resteront pas déposés dans la fracture s'ils ne sont pas stables en présence des eaux qui circuleront postérieurement dans cette fracture.

D'un autre côté, les agents chimiques qui se séparent de l'eau pendant le refroidissement d'un magma varient lentement, comme on a pu l'observer dans les émanations volcaniques. Cette variation lente dans la composition des eaux magmatiques constitue un changement de conditions qui occasionne l'enlèvement de quelques-unes des espèces minérales déposées auparavant sur le trajet que suivent les eaux. Ces enlèvements se produisent surtout dans les endroits où le remplissage métallifère n'a pas obstrué complètement la fracture.

Il pourra donc y avoir enlèvement de quelques-unes des espèces minérales déposées en premier lieu. Ces enlèvements peuvent être dus aux causes suivantes :

Soit à l'appauvrissement des eaux thermominérales, soit à un changement dans la quantité ou la nature des agents chimiques contenus dans les eaux.

Dans le premier cas, les minéraux qui se sont déposés d'une solution saturée du composé cesseront d'être insolubles dans une solution appauvrie en ce composé.

Dans le second cas, les minéraux déjà déposés peuvent n'être pas tous stables dans une solution qui contiendrait des agents chimiques différents de ceux qui existaient dans les premières eaux, et alors ces minéraux seraient dissous et transportés jusqu'à l'endroit où changeront les conditions chimiques ou physiques de cette dissolution. Ou bien, les minéraux déposés en premier lieu se transformeront sur place, sous l'action de nouvelles eaux minéralisantes, en d'autres espèces minérales : c'est le phénomène du métasomatisme (transformation d'une substance minérale en une autre après sa formation).

Quand le refroidissement d'un magma commence, les minéraux les plus basiques cristallisent, parce qu'ils sont plus insolubles dans la partie fluide du magma qui devient de plus en plus acide, à mesure que ces composés basiques se forment. La quantité de silice qui s'en sépare avec l'eau doit être très grande, parce que cette eau étant à une température très élevée agit comme un acide énergique; mais cette température élevée est peu favorable à la cristallisation du quartz proprement dit. Par conséquent, cette solution concentrée de silice, dans laquelle peuvent se trouver des composés métalliques séparés également

du magma, en circulant rapidement dans les fractures, perdra la majeure partie
de sa température et de sa pression et se présentera sous une forme gélatineuse,
colloïdale, prise en masse compacte par sursaturation, dans laquelle seront
emprisonnés les composés métalliques contenus dans la solution. Cette silice
gélatineuse perd peu à peu son eau, et se transforme en opale, en calcédoine
et même en quartz. C'est de cette manière qu'on peut expliquer la formation
du remplissage de plusieurs gîtes aurifères. Exemple : mines d'or du Châtelet
(Creuse). On trouve la pyrite et le mispickel en grains fins disséminés dans
la gangue quartzeuse. Cette masse quartzeuse présente fréquemment de
petites fentes provenant de la contraction qui se produit par suite du passage
de la silice amorphe à la silice cristallisée.

Quand la température du magma baisse de plus en plus, la solution de
silice et des composés métalliques séparée du magma sera une solution aqueuse
normale, moins concentrée en silice que la précédente, à température plus basse,
dans laquelle pourront cristalliser les espèces minérales et la silice sous forme
de quartz proprement dit. Cette solution pourra circuler dans les fentes (leptoclases) produites par la contraction de la masse siliceuse précédente, ou dans
d'autres fractures : c'est ce qu'on observe également dans certains gîtes aurifères du Plateau Central.

On voit par là que les métaux filoniens, comme ceux des inclusions, des
ségrégations, dérivent des roches éruptives et que le remplissage d'un gîte
métallifère dépend de la température et de la composition de la roche éruptive.

Le refroidissement d'un magma étant évidemment beaucoup plus lent en
profondeur qu'à la surface du terrain, la roche pourra déjà être fracturée à la
surface, alors que le magma est encore chaud et qu'il s'en sépare encore des
eaux magmatiques minéralisées. Ces eaux peuvent donc minéraliser les nouvelles
fractures formées à la surface du terrain, de même qu'elles peuvent remplir
les réouvertures des gîtes déjà formés. Ces réouvertures permettent aux eaux
minéralisées de recommencer à suivre le trajet qu'elles parcouraient auparavant.
Mais, comme entre la première phase et la seconde, la température et la composition des eaux minéralisantes ont pu varier, les espèces minérales déposées
dans la seconde phase peuvent être distinctes de celles qui se trouvent dans le
remplissage antérieur.

On admet généralement que les métaux qu'on rencontre dans les gîtes
filoniens ont pris de la mobilité grâce aux substances désignées sous le nom de
minéralisateurs.

Les minéralisateurs les plus importants sont : les eaux alcalines, le fluor,
le chlore, le bore, le phosphore, le soufre, l'arsenic, l'antimoine, le sélénium et
le tellure. Le carbone a dû également jouer un rôle dans la métallurgie interne.

Quand les eaux magmatiques seules ou mélangées avec celles d'origine
météorique contiennent de l'acide sulfhydrique et de l'acide carbonique, elles

attaquent les roches feldspathiques ou calcaires, et de cette attaque résulte une solution dans laquelle se trouvent en équilibre chimique : d'un côté, CO^2, les sulfures alcalins et alcalino-terreux, et d'un autre côté H^2S, les carbonates alcalins et alcalino-terreux.

Mais l'acide sulfhydrique a dû jouer un rôle très important dans la minéralisation, vu que les sulfures métalliques dominent dans les formes primitives des gîtes. Cet acide peut, sous une forte pression et à une température relativement élevée, dissoudre les sulfures de plomb et de zinc. Mais ces sulfures, étant insolubles dans les sulfures et sulfhydrates alcalins, se précipiteront dès que l'acide sulfhydrique se dégagera ou sera neutralisé. Les calcaires peuvent favoriser ce dépôt :

$$H^2S + CO^3Ca = CaS + CO^2 + H^2O.$$

Ce qui explique pourquoi les gisements plombo-zincifères sont plus fréquents dans les roches calcaires que dans les roches éruptives.

Quand la solution minéralisante diminue de température, les sulfures et sulfhydrates alcalins pourront dissoudre les sulfures d'arsenic et d'antimoine et formeront ainsi des sulfosels qui pourront dissoudre des sulfures de cuivre et d'argent, et, de cette solution, pourront se précipiter des sulfoantimoniures et des sulfoarséniures de cuivre et d'argent, c'est-à-dire des cuivres gris, des argents rouges.

Quant aux sulfures de mercure et d'antimoine qui sont solubles dans les sulfhydrates alcalins, même quand la température de la solution est relativement basse, ils auront une tendance à aller de la profondeur vers la surface; c'est ce qui explique pourquoi le cinabre se rencontre dans la zone superficielle associée à la stibine.

Il semble que le fer se sépare du magma pendant toutes les périodes de refroidissement de ce magma. La pyrite peut se déposer au cours de n'importe quelle phase de la formation du remplissage métallifère. En effet, on constate que les eaux thermominérales sont ferrugineuses pendant toute la formation du gisement. Il est évident que si la quantité de H^2S diminue, celle de CO^2 devient prépondérante, cet acide carbonique pourra alors dissoudre les carbonates. La présence de la calcite dans les gîtes filoniens s'explique par l'abondance de l'acide carbonique qui a emprunté de la chaux à tous les terrains rencontrés par lse voies les plus diverses.

Quant à la barytine et à la fluorine, il est probable que ces deux substances proviennent, en partie, de la destruction de roches contenant des feldspaths barytiques (hyalophane, 15 % de BaO) et des éléments fluorés, car on les rencontre dans la partie supérieure des filons. Cependant la fluorine se trouve parfois à une grande profondeur; dans ce cas, on pourrait supposer qu'elle émane des roches éruptives.

On voit par ce qui précède que les diverses phases de la formation d'un gîte métallifère dépendent principalement de la température, de la pression, de la solution thermominérale et des changements dans l'équilibre chimique précité. De plus, il semble que la nature du remplissage dépend de la quantité d'acide sulfhydrique libre et de la composition de la roche éruptive qui se rencontre en union génétique avec le gîte métallifère.

REMARQUE I. — La plupart des remplissages filoniens sont constitués par des sulfures, ce qui est naturel, puisque ces sulfures émanent du milieu interne qui est évidemment réducteur.

On pourrait peut-être se demander si l'apport s'est réellement fait en sulfure, ou si le minéral résulte d'une précipitation opérée par H^2S ou un sulfure alcalin sur un autre composé soluble tel qu'un chlorure ou un fluorure?

Quant aux métaux filoniens oxydés, cassitérite, tungstène, chrome, titane, zirconium, cérium, tantale, quelques auteurs pensent qu'ils proviennent de la décomposition de chlorures ou de fluorures par la vapeur d'eau. Il est prudent de ne pas généraliser cette hypothèse.

REMARQUE II. — C'est J. Le Conte qui a formulé de la manière la plus claire la théorie des gîtes de départ hydrothermal.

Cette théorie est la suivante :

1º Les gîtes métallifères proviennent d'eaux thermales, et en particulier de solutions alcalines, car ces solutions alcalines sont l'agent naturel de dissolution des sulfures métalliques, et les sulfures métalliques dominent habituellement dans les formes primitives de ces gîtes.

2º Les eaux portées à une température et à une pression élevées favorisent les propriétés dissolvantes et par suite les réactions chimiques.

3º Les eaux peuvent se mouvoir suivant des directions différentes, de haut en bas, latéralement ou de bas en haut, mais en général de bas en haut, parce que, dans ce cas, la diminution progressive de la température et de la pression leur permet d'effectuer plus vite leurs dépôts.

4º Ces dépôts peuvent se produire dans toute espèce de voie suivie par les eaux, dans les fentes ouvertes, dans des fentes ou des fissures qui commencent à se former et même dans les grès poreux, mais en particulier dans des fentes largement ouvertes, parce que ces dernières sont les voies principales suivies par les eaux venant de grandes profondeurs.

5º Les gisements peuvent se trouver dans toutes espèces de régions et de roches, mais principalement dans les régions montagneuses et dans les roches éruptives ou métamorphiques, parce que les grandes fractures y dominent et, par suite, fournissent aux eaux minéralisées le moyen d'accès le plus facile, pour venir d'en bas, dans ces régions montagneuses.

Van Hise attache, en général, plus d'importance que Le Conte au rôle qu'ont joué les eaux descendantes dans le dépôt des minerais.

Il est évident que les eaux atmosphériques descendantes ont une grande importance pour le déplacement et la concentration subséquente des minerais dans la région supérieure des filons; mais nous croyons que la formation de la plupart des filons minéralisés doit être attribuée aux eaux thermales venant de grandes profondeurs.

Structure des gîtes filoniens proprement dits.

Les gîtes filoniens proprement dits remplissent des fractures qui présentent parfois *une allure assez régulière*. Les dépôts se développent en *enduits massifs* le long des parois; ils forment une série de couches minces assez sou-

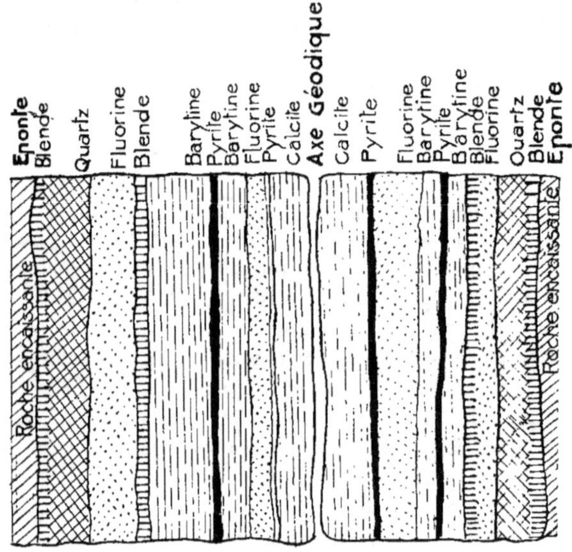

Fig. 244. — COUPE VERTICALE DU FILON DREI PRINZER A FREIBERG.
(STRUCTURE RUBANÉE.)

vent symétriques, allant des épontes au centre. On rencontre quelquefois, suivant l'axe, des vides qu'on appelle *géodes* ou *druses* qui sont tapissées de cristaux implantés normalement aux parois des épontes. Ces filons sont dits : *filons à structure rubanée.*

On rencontre également, dans les filons, des morceaux de la roche encaissante qui sont recouverts de substances minérales. Ces filons sont dits à *structure amygdaloïde.* Les fragments de roches entourés de croûtes régulières de minerais portent le nom de minerais orbiculaires. Dans les minerais orbiculaires, les fragments de la roche encaissante ne se touchent jamais, mais paraissent nager librement dans la substance minérale qui les empâte. Le fait s'explique par cette circonstance que les fragments, qui d'abord s'appuyaient les uns sur les autres, ont été séparés par la force de la cristallisation de la substance minérale; de même que l'eau en se congelant sépare les fragments qui s'y trouvent. Dans les minerais orbiculaires, le quartz affecte souvent une structure radiée dont les rayons sont normaux à la surface du noyau.

On observe parfaitement ce mode de structure dans les minerais plombo-

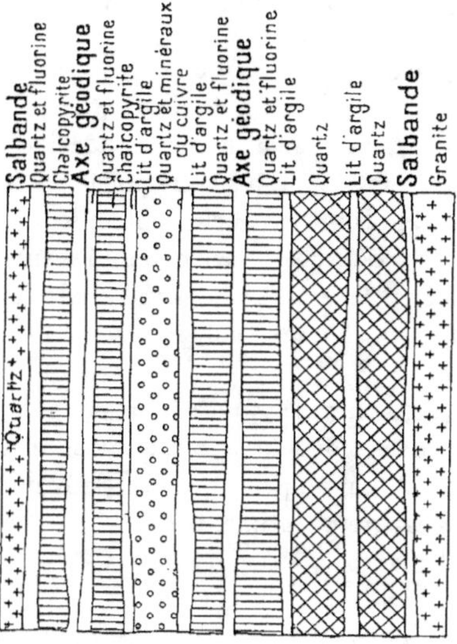

Fig. 245. — COUPE VERTICALE DU FILON A CARN MARTH (CORNWALL).

zincifères du Huelgoat (Finistère). Les galets sont cimentés par de la galène, de la blende et de la pyrite de fer; ces galets sont des fragments de schistes entourés de couches concentriques de calcédoine fibreuse.

Dans les filons à structure rubanée, les eaux minéralisantes ont circulé avec lenteur et ont déposé les matières dont elles étaient chargées jusqu'à ce que la fracture soit remplie. Le type des filons à structure rubanée est parfaitement représenté par les filons plombo-zincifères. Exemple : le filon Drei Prinzer de Freiberg donne une idée de cette disposition (fig. 244).

Mais, en général, les remplissages sont beaucoup moins nets.

On constate assez souvent que les géodes ont été remplies après coup par de nouveaux apports. Exemple : les filons antimonifère et aurifère de la mine de La Lucette (Mayenne) ; la partie centrale est remplie par de la stibine.

D'autres fois, le remplissage déjà consolidé a été fracturé par suite d'une dislocation violente ; la fracture s'est ouverte de nouveau, et des matières minérales quelquefois différentes des premières sont venues s'y déposer.

La figure 245 montre une coupe verticale d'un filon encaissé dans le granite, dépendant de la mine de Carn Marth, près Redruth (Cornwall).

Les réouvertures y sont évidentes.

Imprégnations diffuses en profondeur. Veines interstratifiées. Fahlbandes. Amas pyriteux.

Il existe une catégorie de gisements qui ne peuvent être confondus ni avec les gisements de ségrégation, ni avec les filons proprement dits. Ces gisements se rencontrent dans les massifs d'ancienne consolidation et notamment dans les zones influencées par le métamorphisme régional ; ils sont surtout localisés dans les schistes sous forme de minces couches entre les feuillets, ou imprégnant toute une zone plissée, disloquée, et même remplissant les bâillements des schistes qui se sont ouverts devant eux. Les métaux dominants y sont le fer et surtout le cuivre, rarement le nickel, le zinc et le plomb, parfois des traces d'or, d'étain, de bismuth.

La formation de ces gisements est un départ sulfuré, intimement lié avec les manifestations ignées de profondeur, à forme surtout granitique dont résulte le métamorphisme régional. On ne pense pas que le lien de tels minerais avec une roche ignée soit nécessaire et intime, comme l'ont supposé quelques géologues norvégiens et allemands.

Ces gisements se rencontrent :

1º Dans les plates-formes anciennes de la Scandinavie, du Canada ; c'est dans ces régions que les formations pyriteuses paraissent dériver le plus directement de ségrégations magmatiques et qu'on les trouve le plus intimement liées à des gabbros et des norites. On y trouve du cuivre, du nickel et parfois de l'or.

2º On les rencontre dans les chaînes hercyniennes, d'âge permo-carbonifère ; elles sont situées dans des terrains moins métamorphiques, elles semblent en rapport avec des microgranites, des diabases passant aux porphyrites. Le rapport avec les roches éruptives ne paraît guère y atteindre le caractère de la différenciation magmatique, le nickel y est subordonné.

3º Les chaînes alphimalayennes renferment également des imprégnations pyriteuses.

Ce qui caractérise ces gisements, c'est leur localisation habituelle presque constante, dans les terrains schisteux et cristallophylliens à l'exclusion des calcaires et des grès. Il est probable que des pyritisations analogues se sont produites dans des poudingues du Lac Supérieur et même dans les conglomérats du Transvaal.

a) *Zones de pyritisation diffuse.* — On rencontre en Scandinavie des zones plus ou moins lenticulaires dans lesquelles la pyritisaticn n'est pas localisée en amas ou veines, mais éparpillée dans tous les joints des schistes, ces zones de pyritisation diffuse sont intéressantes, parce qu'elles renferment fréquemment des traces d'or.

b) *Fahlbandes.* — Les fahlbandes sont des cassures qui se sont produites sous l'action des mouvements dynamiques.

Les métaux qui subsistent dans une roche à l'état d'inclusions sont généralement ceux qui n'ont pas pu être entraînés par les éléments volatils tels que le soufre, le chlore, etc.

Nous citerons comme gîtes en inclusions dans les roches basiques :

1º Le gîte de fer natif d'Oviſak, dans l'île de Disko, sur la côte ouest du Groënland. Il se trouve dans une dolérite à labrador, sous forme de grains; il est accompagné de schreibersite, de troïlite, de pyrrhotine, de graphite.

2º Le gîte de fer nickelifère d'Awarna (Nouvelle-Zélande) ;il se trouve dans des péridotites et dans les serpentines provenant de l'altération des péridotites.

3º Le gîte de platine de Nigni-Taguilsh (Oural) qui se rencontre dans un gabbro à olivine et dans la dunite.

Le platine se trouve en grains avec du fer chromé dans une serpentine provenant de l'altération du gabbro et de la dunite. La teneur en platine de ces roches est très faible; ce sont les alluvions qui donnent une exploitation rémunératrice.

4º Le gîte de fer chromé du Pic-Boisé (Nouvelle-Zélande) qui est encaissé dans la dunite.

5º Les labradorites renferment assez souvent des grains de magnétite, et la plupart des diorites contiennent des mouches de pyrite.

6º Les minerais de nickel, cobalt et fer chromé de la Nouvelle-Calédonie qui sont englobés dans une péridotite serpentinisée, et quantités insignifiantes d'autres métaux, or, plomb, zinc.

La pyrrhotine, quoique classée aux ségrégations périphériques, apparaît encore dans les gîtes pyriteux, et entraîne parfois la présence du nickel; le nickel ne dépasse pas 0,2 %, tandis qu'il atteint 2 % dans les pyrrhotines cuprifères (type Sudbury).

Tous les gisements précités n'ont pas de gangue proprement dite, à part quelques enclaves des terrains encaissants, ce qui les distingue bien des filons proprement dits.

Ces gisements présentent des altérations superficielles. Il y a d'abord le chapeau de fer, ne contenant pas traces de cuivre, puis la zone de cémentation, où il y a enrichissement en cuivre.

Théorie de la génèse des gisements pyriteux.

Il est évident qu'il faut d'abord écarter les hypothèses sédimentaires ou filoniennes (il y a encore quelques partisans, Vogt, etc., etc).

La position des amas dans des niveaux et même dans des terrains différents, la pénétration dans le toit comme dans le mur, enfin un système d'amas de 400 millions de tonnes comme ceux du Rio-Tinto, tous ces faits excluent l'hypothèse sédimentaire. Il n'est pas possible de voir non plus, dans ces gisements, des filons hydrothermaux, car ils n'ont pas de racine profonde, et ces gros amas disparaissent au bout d'une centaine de mètres; il n'existe pas de cristallisations concrétionnées, ni de géodes; il est donc bien probable que la masse entière a dû cristalliser d'un seul bloc.

On peut donc comparer les formations pyriteuses à des laccolites de roches éruptives. Ce sont des solutions saturées sous pression, qui, à une certaine profondeur de l'écorce terrestre, ont pénétré dans les bâillements des schistes, à mesure que les effets tectoniques les faisaient s'ouvrir et qui dans ce mouvement ont injecté en se diffusant, tous leurs interstices, joints, cassures, comme l'ont fait les venues feldspathisantes qui ont donné naissance à la gneissification régionale; on peut admettre que l'action de la vapeur d'eau sous pression a donné plus de mobilité et de facilité à ces masses pyriteuses pour pénétrer dans les interstices des schistes encaissants.

Quelques auteurs pensent qu'il y a une simple différenciation magmatique des roches basiques, telles que les gabbros; telle est la thèse soutenue dans l'ouvrage de Beyschlag, Krush et Vogt, et défendue aussi par Stutzer.

II. — GITES D'IMPRÉGNATION HYDROTHERMALE

Les gîtes d'imprégnation sont des gîtes où le minéral arrivé par une voie quelconque incruste les vides d'un terrain poreux, constitué généralement par des grès ou des calcaires. L'imprégnation peut se trouver en relation avec des fractures minéralisées.

Il est possible de considérer comme gîte d'imprégnation le célèbre gîte de mercure d'Almaden (Espagne), où ce phénomène a porté sur trois couches de grès. Puis les schistes cuprifères du Mansfeld (Hartz).

Il existe des filons aurifères qui sont constitués par une zone de roches traversée par un grand nombre de véinules minéralisées, et imprégnée de pyrite aurifère.

Nous citerons également les minerais cuprifères de La Prugne (Allier).

Il ne faut pas confondre l'*imprégnation* avec la *sécrétion*.

Ainsi, un cristal parfaitement développé et formant une inclusion dans une roche (Exemple : la cassitérite dans le quartz de La Villeder) est une sécrétion et non une imprégnation. Il en est de même des cristaux de pyrite et de magnétite qu'on rencontre dans les schistes ou dans les chloritoschistes.

III. — GITES DE SUBSTITUTION ORIGINELLE

On a observé que, dans certains gîtes, la puissance des amas de minerais s'accroissait considérablement à la traversée des massifs calcaires et surtout à la jonction de ces massifs avec une roche inattaquable par les solutions métalliques. Lorsqu'une solution métallique acide rencontre un massif calcaire, il se fait un échange entre les éléments; il n'y a pas remplissage d'une cavité préexistante; cette cavité se forme au fur et à mesure que le dépôt se produit : c'est ce qu'on appelle le phénomène de substitution. Ce remplissage est réalisé dans quelques gîtes de fer, de plomb, et notamment dans certains gîtes calaminaires. Dans ces derniers gîtes, les eaux chargées de sulfate de zinc acide provenant de l'altération de la blende ont attaqué le calcaire

$$SO^4Zn + CO^3Ca = CO^3Zn + SO^4Ca$$

le sulfate de calcium a été entraîné, et il s'est déposé du carbonate de zinc. Nous citerons le gîte calaminaire de Diegenbusch, situé dans le district minier de la

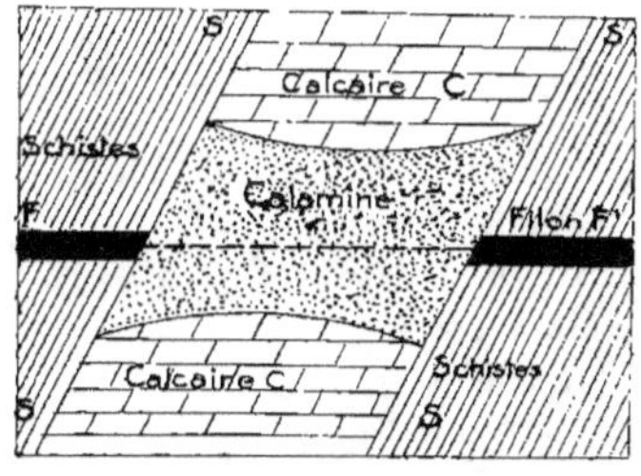

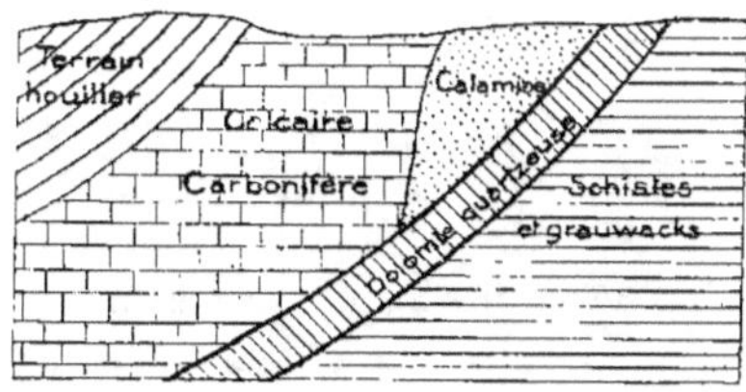

Fig. 246. — GITE DE DIEGENSBUCH (PLAN). Fig. 247 — COUPE VERTICALE DU GITE DE MORESNET.

Vieille-Montagne (fig. 246), FF' représente un filon de blende et de galène, traversant une couche de calcaire C, comprise dans un massif schisteux.

Dans les schistes, le filon est très mince, composé de blende et de galène. Mais, dès que le filon rencontre le calcaire, il disparaît au milieu d'un amas rempli de minerais oxydés, carbonatés et silicatés.

La figure 247 est une coupe verticale théorique du célèbre gîte de Moresnet qui se trouve dans un synclinal formé par le calcaire carbonifère. Ce gîte dépend, comme le précédent, du district de la Vieille-Montagne. Il est épuisé depuis 1882. Il a donné de la calamine très pure. Le minerai était concentré parfois en masses importantes. On a retiré d'un seul amas près de 100.000 tonnes.

Certains auteurs attribuent la formation de certains gîtes calaminaires à la remise en mouvement du minerai sulfuré (blende), et cela sous l'influence d'eaux superficielles. Ils font valoir, à l'appui de cette hypothèse, que les amas calaminaires sont toujours limités à une faible profondeur, et enfin que l'on rencontre toujours de la blende au-dessous des amas calaminaires.

Nous citerons également, comme gîtes de substitution : l'amas de fer de Mokta-el-Hadid, dans le calcaire, et le gîte plombifère de Leadville (Colorado), dans le carbonifèrien.

Remarque. — On a observé, dans le district de la Vieille-Montagne, que le remplissage des filons ou des amas varie suivant que la roche est calcaire ou dolomitique. Ainsi, lorsque la formation est limitée par de la dolomie, le remplissage est constitué par un mélange de carbonate et de silicate de zinc; tandis que, si la formation est constituée par du calcaire, le remplissage est constitué par du sulfure et du carbonate de zinc.

RECHERCHE DES PARTIES RICHES DES FILONS

Les lois qui ont présidé à la répartition de la minéralisation dans les fractures filoniennes dépendent de trois classes différentes d'influences :

1º Influence des roches encaissantes.

2º Influence de l'orientation des filons.

3º Influence de l'orientation de la stratification.

I. — Influence des roches encaissantes.

L'influence des roches encaissantes s'est exercée de deux manières distinctes : d'après leur nature chimique ou d'après leurs qualités physiques.

1º Influences chimiques.

L'action chimique correspond de son côté à deux ordres différents.

1º Les roches encaissantes, en réagissant sur la solution métallifère qui les baigne, provoquent des doubles décompositions de nature à déterminer le dépôt des matières dissoutes.

L'influence des doubles décompositions est manifestée principalement dans les gîtes stannifères. En effet, les eaux thermales stannifères, en attaquant la granulite qui est la roche encaissante, y ont trouvé les éléments nécessaires pour saturer les principes minéralisateurs tels que le fluor qui servait à charrier l'étain. Dès lors, la cassitérite s'est trouvée précipitée, et, en même temps, la roche encaissante, profondément altérée, s'est trouvée imprégnée de minéraux caractéristiques fluorés : tels que la tourmaline, l'apatite, la topaze, etc., etc.

On a trouvé dans les mines d'étain du Cornwall des cristaux de feldspath orthose transformés en un mélange de cassitérite et de quartz. On peut admettre que la roche feldspathique, contenant des particules de cassitérite, a été décomposée par des eaux chargées d'acide carbonique, et que ces eaux chargées alors de carbonates alcalins ont dissous la silice et la cassitérite. La solution ainsi formée, en agissant sur du feldspath non altéré, a attaqué ce feldspath qui a été remplacé par de la cassitérite et du quartz.

La formation de la sidérose, dans les filons, doit provenir de l'action des silicates alcalins contenus dans la roche encaissante sur le bicarbonate de fer

$$2\,CO^3\,H\,Fe + Si\,O^3\,Na^2 \;=\; CO^3\,Fe + CO^3\,Na^2 + SiO^2 + H^2O$$

On trouve en effet du quartz cristallisé avec la sidérose. Exemple : Mines d'Allevard (Isère).

On connaît, dans la Bohême méridionale, un filon qui traverse les gneiss et qui est rempli d'un calcaire siliceux et dolomitique, avec blende, galène et pyrite de fer.

On a montré que les argiles précipitent les solutions métalliques.

Ainsi, une solution bleue de sulfate de cuivre et de sulfate d'ammonium traversant une couche argileuse sort incolore, c'est-à-dire qu'elle n'est plus constituée que par du sulfate d'ammonium.

La force attractive des particules d'argile étant la cause de la destruction des combinaisons chimiques, ce phénomène est d'une grande importance pour la formation des gîtes métallifères et notamment pour ceux qui prennent naissance dans des grès argileux. Il permet également d'expliquer l'existence de parties riches au contact des salbandes argileuses qui se trouvent généralement au mur des filons.

2° L'attaque plus ou moins facile des roches calcaires par des substances corrosives a créé des vides qui ont été remplis par des amas irréguliers : c'est le cas des gîtes calaminaires et de certains gîtes de minerais de fer et de minerais de plomb : ce sont des *gîtes de substitution*.

Remarque. — Les masses gypseuses ne contiennent jamais d'amas de minerais.

Influence des solutions qui circulent dans les filons, sur les roches encaissantes. — L'influence des solutions qui circulent dans les filons, sur les roches encaissantes, présente également un grand intérêt, tant au point de vue théorique qu'au point de vue pratique. Les transformations chimiques de la roche encaissante sont dues, dans la plupart des cas, aux eaux thermales venant de bas en haut; c'est un métamorphisme thermal de la roche encaissante.

Quelques ingénieurs ont démontré que la roche cristallophyllienne et les roches éruptives sont souvent transformées en roches sériciteuses au voisinage immédiat des filons, et que cette transformation est bien plus grande au toit qu'au mur. L'explication de ce phénomène est la suivante :

Lorsque les fractures étaient pleines d'eau non minéralisée, les masses argileuses provenant du frottement d'une paroi contre l'autre et obéissant à la pesanteur doivent s'être déposées de préférence au mur. Ce dépôt partiellement ou entièrement imperméable a empêché les eaux thermales minéralisées de pénétrer dans la roche encaissante située au mur et, par conséquent, d'y opérer des décompositions. D'autre part, on conçoit très bien que, dans le mouvement relatif des parois de la fracture, le toit a dû se fendiller beaucoup

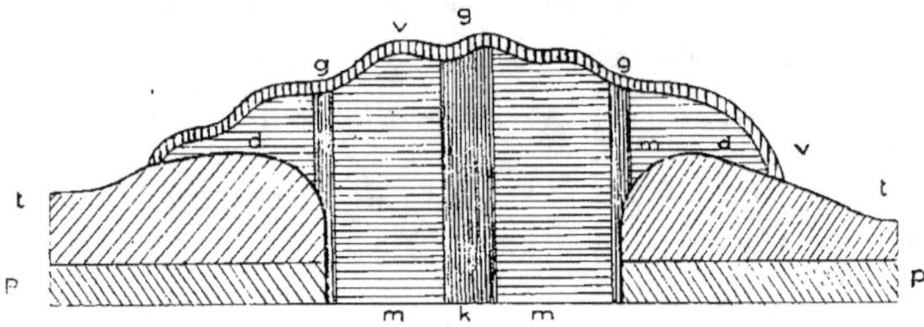

Fig. 248. — COUPE SCHÉMATIQUE A TRAVERS LA RÉGION FILONIENNE DE NAGYAG (TRANSYLVANIE).
p, Phyllade; — *t*, sédiments tertiaires; — *d*, dacite; — *m*, propylite; — *g*, système de filons; — *k*, dacite kaolinisée; — *v*, couverture altérée par les agents atmosphériques.

plus que le mur. Par conséquent, les eaux ont pénétré dans les fissures du toit et, par suite, transformé les feldspaths et le mica en schistes sériciteux.

En un mot, les schistes sériciteux se trouvent généralement au toit et les argiles forment, au mur, une salbande assez puissante.

Le phénomène de la *séricitisation* s'observe très bien dans la granulite qui est la roche encaissante de la plupart des filons aurifères du Massif Central. On constate, en outre, que des grains de pyrite et de mispickel aurifères sont disséminés, au voisinage des épontes, dans cette granulite altérée. Il est vraisemblable qu'il n'y a pas eu un simple dépôt dans des vides préexistants, mais bien une substitution proprement dite.

On peut donc admettre que, pendant le remplissage filonien, des fumerolles sulfurées émanant du magma métallisant ont pu pénétrer dans la roche encaissante devenue pâteuse par suite de sa séricitisation. On connaît un autre mode d'altération des roches encaissantes, c'est la *propylitisation*. Cette altération consiste principalement dans la transformation des éléments ferromagnésiens (pyroxène, amphibole, mica brun) en chlorites.

Nous citerons, comme exemple, les gîtes aurifères de Transylvanie qui sont encaissés dans des andésites et des trachytes. Or ces roches encaissantes ont été transformées en propylites, par métamorphisme thermal, pendant la formation des filons métallifères. La propylite est une roche verdâtre constituée par un feldspath compact (c'est-à-dire n'ayant pas l'habitus vitreux des feldspaths) et par de l'augite, de la hornblende et du mica biotite, transformés en chlorite, avec épidote et calcite.

La transformation propylitique se produit aussi sur les basaltes, les mélaphyres et les dolérites.

La propylitisation doit être considérée comme un phénomène de profondeur qui s'est produit sur la roche déjà solidifiée. Il est probable que ce phénomène est dû principalement à l'eau chargée d'acide carbonique. Les roches propylitilisées sont imprégnées de pyrite et parfois de mispickel, comme les roches séricitisées. Dans certains cas, la transformation de la roche encaissante se traduit par une kaolinisation. La kaolinisation a pu se superposer à la propylitisation, c'est-à-dire que le feldspath qui était resté inaltéré dans la propylitisation s'est transformé en kaolin. La kaolinisation est due, en général, à une action superficielle et non à des fumerolles venant de la profondeur.

Il est évident que la séricitisation se rencontrera de préférence dans les roches acides et la propylitisation dans les roches basiques.

2º Influences physiques.

L'étude des influences physiques a été poussée assez loin en Angleterre, en Allemagne, en Amérique, et a conduit un certain nombre d'ingénieurs, et notamment Charles Thomas, Henwood, Carne, Fox, Muller, Von Gotha, à formuler quelques lois empiriques. Il est évident que les propriétés de la roche encaissante ont pu intervenir par sa porosité, sa plus ou moins grande conductibilité pour la chaleur ou l'électricité. Mais l'influence la plus nette est celle de sa ténacité. Elle peut être résumée ainsi :

1re LOI. — *Les parties riches d'un filon, traversant des terrains différents, sont celles où la fracture est encaissée dans des roches de dureté moyenne.*

On comprend, en effet, que c'est dans des roches de dureté moyenne qu'ont pu s'ouvrir de larges fentes aux parois suffisamment résistantes pour qu'elles n'aient pas été obstruées par les éboulements. Dans les roches tendres et friables, les épontes sont dépourvues de solidité et tendent à s'ébouler et à refermer la fracture.

Remarque. — Il est bon de faire observer que, quand il s'agit d'appliquer cette loi dans les travaux de recherches, il est nécessaire d'apprécier la dureté de la roche encaissante, non sur ses épontes où cette roche est souvent profondément altérée, mais bien sur la masse même, c'est-à-dire à une certaine distance des épontes.

II. — Influence de l'orientation des filons.

La nature et la richesse des minerais peuvent également varier suivant l'inclinaison et suivant la direction du filon.

α) *Influence de l'inclinaison.* — Pour la variation d'inclinaison, on peut énoncer la loi suivante;

2e LOI. — *Les parties les plus riches d'un filon sont celles où l'inclinaison est le plus voisine de la verticale.*

La figure 249 rend bien compte de ces deux lois. En effet, supposons qu'une fracture tende à s'ouvrir suivant une direction FF' dans un terrain composé de schistes S et de grès G. On comprend que cette fracture devra prendre une disposition en escalier. Car la fracture dans les schistes qui sont des roches tendres se produira à peu près suivant FF'; tandis que dans les grès qui sont des roches de dureté moyenne, elle déviera pour se rapprocher de la normale aux strates.

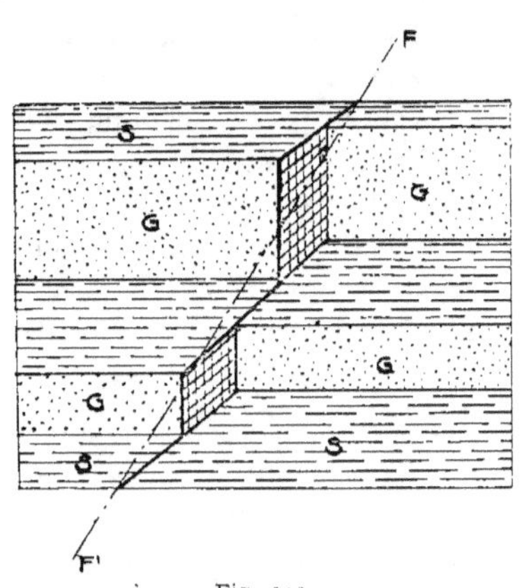

Fig. 249.

Par conséquent, dans les schistes, le toit glissera en restant appliqué sur le mur et ne laissera que très peu de vides. Dans les grès, au contraire, il se produira des espaces béants où les eaux minéralisantes pourront circuler librement et déposer la majeure partie des minéraux qu'elles tiennent en dissolution.

Remarque. — Il est clair que la seconde loi ne doit pas être entendue d'une

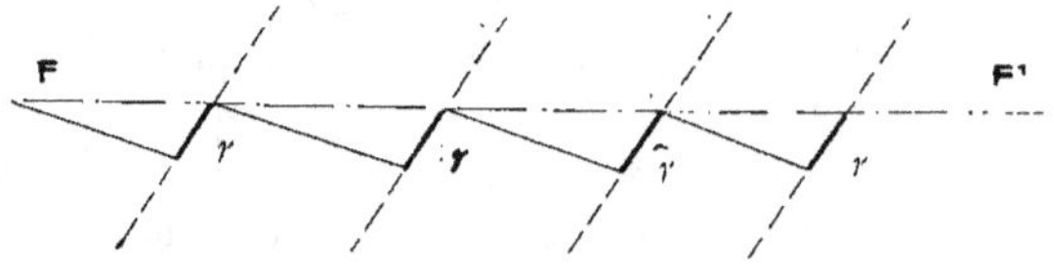

Fig. 250.

manière absolue, en ce sens que tout filon moins incliné qu'un autre doit être, par cela même, moins fructueux. Mais, au contraire, que, dans un même filon, soumis à la même circulation hydrothermale, les parties les plus redressées ont été, en général, mieux minéralisées par ce mode de formation.

3e LOI. — *Dans un même filon qui, en traversant des strates inégalement résistantes, est devenu sinueux, les parties riches formeront des éléments parallèles entre eux d'une orientation définie qu'on peut appeler la bonne orientation* (la bonanza).

C'est, en plan, l'équivalent de ce qu'est, en coupe, la seconde loi. Cela revient, en effet, à dire que les parties riches étant toutes comprises dans des strates de même nature ont l'orientation que prend le filon dans ces strates.

La figure 250 donne une idée de cette disposition. Les parties riches *r* du filon FF' sont parallèles entre elles, et leur orientation diffère sensiblement de la moyenne FF'.

β) *Influence de la direction. — Règle de Moissenet.* — Moissenet a donné à ces règles empiriques un autre caractère en faisant entrer en ligne de compte les phénomènes généraux de la formation et du remplissage des fractures filoniennes. Il a énoncé la règle suivante :

Les parties riches des filons sont souvent orientées selon la direction du système stratigraphique auquel se rapporte la fracture initiale du filon, dans la région soumise à l'observation. Cette règle est un guide précieux pour la conduite des prospections et des aménagements. En effet, les parties les plus riches occupant — comme nous venons de le voir — une position voisine de la verticale, leur type le plus simple sera donc un plan vertical, parallèle à la direction générale du plissement formé par le système de soulèvement auquel on s'efforcera de la rattacher. Les zones les plus riches auront, par suite, une direction très rapprochée de la direction du plissement; les moins riches, une direction plus ou moins différente.

Remarque. — Pour apprécier la direction d'un système de soulèvement à une certaine distance de la chaîne de montagnes à laquelle il a donné naissance, on abaissera du point en question un arc de grand cercle perpendiculaire sur celui de la chaîne et on élèvera à cet arc, par le même point, un autre arc perpendiculaire : ce dernier arc fournit la direction cherchée.

III. — Influence de l'orientation de la stratification.

Maintenant, il nous reste à faire connaître la disposition des parties riches, dans un même filon.

Tregaskis a formulé, à ce sujet, la règle suivante :

Le minerai affecte, en général, dans le filon, la forme de bandes ou colonnes riches, parallèles les unes aux autres, allongées suivant le plan des strates du terrain encaissant, et plongeant dans le même sens que le terrain encaissant.

En effet, on comprend facilement que les eaux thermales minéralisées, circulant dans une fracture ouverte dans des terrains stratifiés, attaqueront ces terrains suivant le plan des couches, qui sont des points de faible résistance, et y formeront des cavités où le minerai viendra se déposer sous forme de colonnes plus ou moins allongées (fig. 251 et 253). Ces colonnes riches inclinées sont désignées par les mineurs anglais sous le nom de *coulées de minerai.*

Remarque. — Les filons encaissés dans les roches éruptives, c'est-à-dire dans les roches massives, présentent la structure rubanée ou la structure

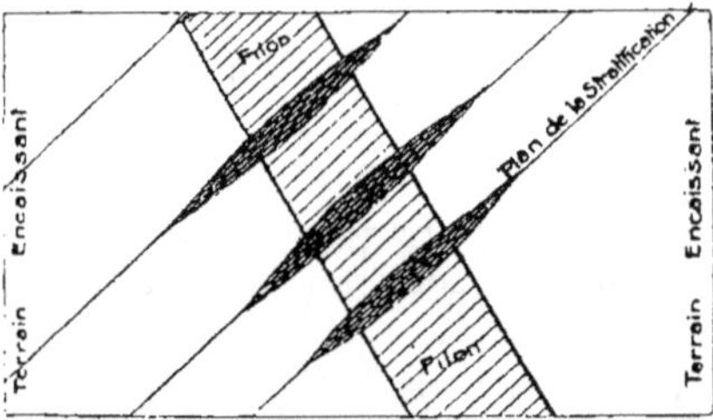

Fig. 251. — COUPE VERTICALE THÉORIQUE D'UN FILON ENCAISSÉ DANS DES TERRAINS STRATIFIÉS.

amygdaloïde. Les parties riches de ces filons sont disposées sous forme d'amas ou de nids (fig. 254).

La figure 252 montre les colonnes inclinées de filons placés les uns derrière les autres; ces colonnes sont elles-mêmes, à leur tour, alignées dans une direction générale AB. On obtient l'axe général AB des colonnes riches en

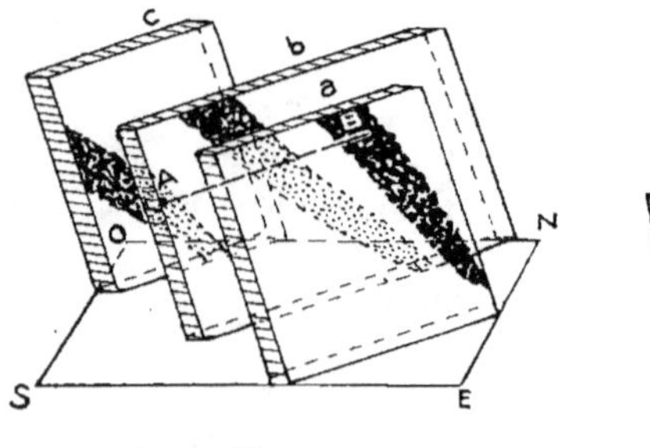

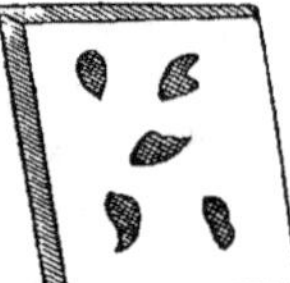

Fig. 252.
AXE GÉNÉRAL DES COLONNES RICHES.

Fig. 253.
COLONNES INCLINÉES.

Fig. 254.
MINERAI DISSÉMINÉ EN NIDS.

joignant les centres des colonnes correspondantes *a b c,* des différents filons.

Les colonnes droites sont des parties riches de faible largeur, allongées suivant la ligne de pente de gîtes voisins de la verticale. Elles sont très répandues dans les filons.

Remarque I. — On a constaté que cette disposition en colonnes riches est indépendante de la rencontre du filon principal par des failles ou des filons croiseurs, bien que, dans certains cas, le croisement de plusieurs filons entraîne l'enrichissement du remplissage. L'enrichissement est d'autant plus grand que l'angle sous lequel les filons se croisent est plus petit puisque, dans ce cas, les surfaces de contact sont en même temps les plus grandes.

L'enrichissement des filons aux points de croisement est assez souvent dû au mélange de deux solutions chimiquement différentes et par suite aux réactions auxquelles elles donnent naissance.

Remarque II. — On a observé, dans les gisements métallifères du Cumberland, que le remplissage est régulier dans les filons et irrégulier dans les croiseurs. Quelques auteurs admettent que les eaux minéralisées sont venues par des filons proprement dits qui descendent à une grande profondeur, tandis que les croiseurs seraient dus aux plissements et auraient alors la direction des

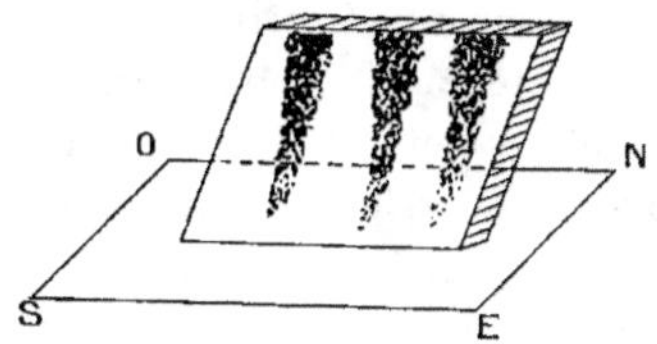

Fig. 255. — COLONNES DROITES.

chaînes de montagne; ce seraient des cassures relativement fermées. Le remplissage des croiseurs a un aspect bréchiforme, bien différent du remplissage des filons. Cette remarque mérite discussion.

On a souvent cherché à expliquer l'influence des croisements de filons par l'intervention d'actions électrolytiques. On dit que les quartzites sont peu minéralisés parce qu'ils sont mauvais conducteurs de l'électricité, tandis que les diabases, qui sont riches en fer, et par suite bonnes conductrices de l'électricité, contiennent des filons bien minéralisés.

La précipitation électrolytique des minerais sous l'influence de courants telluriques est une hypothèse émise pour la formation du cuivre natif du Lac Supérieur et de celui de Corocoro et Cobrizos (Bolivie), et de l'argent natif de Kongsberg (Norvège). Quelques auteurs admettent que les courants telluriques empruntaient volontiers la voie des filons, par conséquent l'intersection de deux filons correspondrait à un renforcement local du courant et par suite à un enrichissement au point de croisement.

L'existence des courants électriques dans les filons métallifères a été prouvée par les travaux de Henwood, de Reich et tout récemment par Erhard. A Freiberg, Reich est arrivé aux résultats suivants :

1° Deux points de minerai qui sont séparés par une roche stérile donnent un courant électrique dans un fil qui les réunit;

2° Deux points d'une roche stérile donnent, en général, un courant quand il y a du minerai dans le voisinage;

3° Deux points de minerai qui sont réunis entre eux métalliquement et sans discontinuité ne donnent aucun courant dans le fil qui les relie.

La force électromotrice que fournissent les courants est toujours plus petite que 1 volt.

Recherche des minerais au moyen de l'électricité.

La méthode pour rechercher les gisements de minerais au moyen de l'électricité repose sur ce fait que les minerais ont une conductibilité électrique plus grande, en général, que celle des roches encaissantes.

Si on fait passer dans le sol, le courant secondaire d'une bobine d'induction, au moyen des deux barres métalliques (électrodes) qui sont reliées aux deux pôles de la bobine, il s'y produit un champ de lignes de courants électriques. Lorsque le sous-sol est de composition homogène, cela ressemble au champ magnétique créé par une barre d'acier aimantée. Par contre, la présence d'un filon ou d'un amas de minerai, ou de roche à conductibilité différente, produit des déformations dans les lignes de courants électriques.

L'appareil est réglé pour donner environ 300 interruptions de courant par minute. Le circuit secondaire comprend un condensateur et un excitateur d'étincelles. Les observations sont faites au moyen d'un téléphone ordinaire que l'on met en communication avec deux tiges métalliques (sondes) enfoncées en différents points dans le sol. En déplaçant les électrodes et les sondes et en observant les variations de son obtenu, on peut reconnaître la présence et l'allure d'un amas de minerai.

EN RÉSUMÉ, il faut dans les gîtes métallifères :

1º Chercher d'abord le terrain qui se recommande par sa dureté moyenne et par une nature chimique bien en rapport avec les réactions qui ont dû donner naissance au gisement;

2º Parmi les diverses déviations que présente la direction, s'attacher à celles qui se rapprochent le plus de l'alignement représentant, dans la localité, le système de plissement auquel on croit pouvoir rattacher la fracture;

3º Parmi les divers plongements, choisir le plus raide;

4º Enfin, une fois dans le filon, suivre les masses minérales autant que possible dans le sens du plongement des strates du terrain encaissant.

CHAPITRE II

GITES SECONDAIRES

Les gîtes secondaires comprennent :
I. Les gîtes d'altération ou de remise en mouvement.
II. Les gîtes sédimentaires.

I. — GITES D'ALTÉRATION OU DE REMISE EN MOUVEMENT

Dans l'industrie des mines, rien ne présente un intérêt plus grand que la connaissance de la loi de minéralisation en profondeur.

Les variations en direction sont généralement assez faciles à suivre en pratique sur les affleurements. Pour les variations en profondeur on est, au contraire, obligé, si l'on ne veut pas s'exposer à des recherches coûteuses, de se fonder plus théoriquement sur ce que l'expérience a appris des gîtes similaires, et sur ce que le raisonnement permet d'en conclure.

1º Variations du remplissage filonien en direction.

Les variations en direction dépendent le plus souvent de l'influence mécanique ou chimique des terrains encaissants. Il existe cependant de nombreux cas où la nature du métal dominant change dans la longueur du filon, indépendamment des épontes. Ainsi, on a rencontré, au Mexique, des filons tenant de la galène à un bout et du cuivre gris à l'autre. Quant à l'action mécanique, nous rappellerons ce que nous avons dit sur les parties riches des filons : c'est que les roches de dureté moyenne constituent généralement des zones favorables et, de plus, que les fractures transversales enrichissent assez souvent un filon à sa rencontre.

L'exemple le plus connu que l'on puisse citer est celui des filons d'argent natif de Kongsberg (Norvège). Ces filons ne se sont enrichis qu'à la rencontre de filons de pyrite de fer appelés fahlbandes (1).

(1) Les Allemands ont employé le nom des fahlbandes pour désigner des couches contenant des sulfures métalliques (pyrite de fer, chalcopyrite), devenues fauves (fahl) par suite de la transformation de la pyrite de fer en limonite.

D'après la théorie la plus admissible, l'argent aurait été en dissolution dans des eaux thermales sous forme de bicarbonate ou même de chlorure, et se serait précipité à l'état de sulfure (Ag^2S) à l'intersection des fahlbandes, par l'action du sulfure de fer. Une réduction simultanée due à la présence de carbures d'hydrogène dans les eaux aurait transformé le sulfure d'argent en argent natif. Mais il n'est pas nécessaire de faire intervenir le carbure d'hydrogène pour expliquer la transformation du sulfure d'argent en argent natif. La vapeur d'eau surchauffée suffit :

$$4\ Ag^2S + 4\ H^2O = Ag^8 + 3\ H^2S + SO^4H^2.$$

Quant à l'influence chimique, elle est surtout marquée par suite des phénomènes d'altération secondaire.

Ainsi, quand un filon sulfuré passe d'une roche inattaquable dans un calcaire, il se produit toujours, en ce point, un élargissement en même temps que la nature du minerai change; c'est précisément ce qu'on observe dans les gîtes calaminaires.

Il arrive parfois qu'un filon s'appauvrisse en passant d'une roche éruptive à un terrain sédimentaire; mais on rencontre également le phénomène inverse, et les deux cas contradictoires se sont présentés dans la mine de plomb de Linares (Espagne).

2° Variations du remplissage filonien en profondeur.

Les variations en profondeur doivent être divisées, au moins théoriquement, en deux catégories :

1° Celles qui sont originelles et datent du remplissage même. Ce sont les variations primitives ou originelles;

2° Celles beaucoup plus fréquentes, qui sont secondaires et localisées à une faible distance de la surface actuelle, en général, au-dessus du niveau hydrostatique de la région, et qui sont postérieures au remplissage.

Ce sont les variations secondaires proprement dites qui ont donné naissance aux gîtes d'altération et de remise en mouvement.

Variations originelles en profondeur.

Tout ce que nous avons dit sur les variations en direction s'applique aux variations originelles en profondeur :

Parties riches des filons; — Rencontre de fractures transversales; — Élargissement à la rencontre des calcaires; — Passage d'une roche à une autre.

Mais, en outre, il semble exister des variations dues à des phénomènes d'un autre genre. Ces variations peuvent provenir de différences dans la température et la pression des eaux métallisantes filoniennes, ou être dues à la conductibilité thermique, ou à un phénomène électrique.

Ainsi, dans les gîtes stannifères du Cornwall, de la Saxe, on trouve, à la partie supérieure, de la cassitérite, plus bas du minerai d'étain et de cuivre, plus bas encore des minerais de cuivre seulement, et parfois au-dessous du cuivre, de l'étain. Dans les Andes boliviennes, les filons contiennent de l'étain à la surface et de l'argent en profondeur.

Dans le Cerro de Pasco (Pérou) les filons sont argentifères à la surface et cuprifères en profondeur.

Dans les gîtes plombifères, les gangues font place à d'autres gangues. On trouve de la barytine à la partie supérieure, et plus bas du quartz.

La blende remplace quelquefois la galène en profondeur.

Toutes ces variations présentent peu de régularité, car il existe des cas du phénomène contraire.

Variations secondaires du remplissage filonien en profondeur.

(GITES D'ALTÉRATION ET DE REMISE EN MOUVEMENT.)

Avant de décrire les variations secondaires du remplissage filonien en profondeur, il est bon de faire connaître la saturation hygrométrique de l'écorce terrestre et les conséquences de cette saturation.

Toutes les roches, même celles qui sont très compactes, sont imprégnées d'une certaine quantité d'eau : on désigne cette eau sous le nom d'eau hygrométrique, d'eau d'imprégnation, d'imbibition ou d'eau de carrière. Les calcaires en contiennent 14 %; les argiles 20 à 30 %; les marnes 40 %; enfin les roches éruptives n'en sont pas dépourvues : 16 à 20 grammes par kilo.

D'après Delesse, Daubrée et quelques autres ingénieurs, l'écorce terrestre serait pénétrée par l'eau jusqu'à une profondeur de 18.000 mètres, point où, d'après Ch. Vogt, la température atteint 600° et où il y a équilibre entre la force élastique de la vapeur d'eau et la pression supérieure supposée réduite au poids des roches. Le volume occupé par l'eau dans les pores de la lithosphère, indépendamment de celui des nappes aquifères, est considérable, bien supérieur à celui des mers.

L'imbibition de l'écorce terrestre entraîne une diminution notable dans la résistance des roches. Ainsi, on a constaté que l'eau absorbée par la craie de Meudon lui fait perdre les trois quarts de sa résistance. Cette diminution dans la résistance des roches a vraisemblablement facilité la production des plissements, des flexions, des torsions, des fissures, des fractures qu'on constate en si grand nombre dans les terrains de toute nature.

L'écorce terrestre est donc saturée d'humidité, cette saturation qui se produit localement, pour toutes les couches de terrains reposant sur un support imperméable, comme une couche d'argile, devient absolument générale au-dessous d'un certain niveau qu'on appelle le *niveau hydrostatique*, et qui est celui où se tient la nappe générale d'imbibition. En un mot, l'eau située au-dessous du niveau hydrostatique est fixe, permanente, sans écoulement naturel dans aucun sens, et n'ayant (tant qu'on ne vient pas la troubler par des travaux de mines) aucune tendance à descendre ni à remonter.

Ce niveau hydrostatique résulte de l'équilibre établi entre l'infiltration des eaux météoriques d'une part, et l'espèce de succion qui attire ces eaux vers les thalwegs pour procurer leur écoulement dans les rivières. Dautre part, cette attraction de l'eau vers les vallées est d'autant plus prononcée que les terrains encaissants sont plus perméables et que les vallées sont plus profondes.

En général, le niveau hydrostatique coïncide avec le thalweg de la vallée avoisinante; mais dans les terrains qui renferment de nombreuses fissures, comme dans les pays calcaires situés en hauteur, où les eaux météoriques peuvent aller se précipiter dans de grandes rivières souterraines, le niveau hydrostatique peut se trouver beaucoup plus bas que le fond de la vallée. Exemple : les Causses du Tarn.

Dans la description des gîtes métallifères, il est urgent que la position du niveau hydrostatique soit fixée aussi exactement que possible ; car sa connaissance a une valeur théorique et pratique de premier ordre. Il est évident qu'il faut tenir compte des déplacements que ce niveau a pu subir dans la suite des temps géologiques.

Quelques ingénieurs, et notamment Poszepny et Van Hise, ont très bien montré que les variations secondaires en profondeur sont régulières et soumises à des lois constantes; ces variations sont dues, d'après eux, aux phénomènes d'altération superficielle et de remise en mouvement des éléments métallifères. Leur importance est capitale en pratique, car elle entraîne, dans la richesse des filons, des modifications essentielles, et, en outre, c'est à la zone d'altération qu'un grand nombre d'exploitations sont limitées.

Il y a, dans la plupart des gîtes métallifères, deux zones bien distinctes, l'une supérieure ou altérée, l'autre plus ou moins profonde et intacte.

Ces deux zones sont séparées, bien entendu, par le niveau hydrostatique. L'altération de la partie supérieure, qui est une zone de libre circulation des eaux météoriques, est produite par ces eaux qui apportent, au contact des minerais, l'oxygène, l'acide carbonique qu'elles contiennent; elles transforment les minerais sulfurés qui constituent la plupart des gîtes filoniens en minerais oxydés, carbonatés, sulfatés. Ces eaux dépouillées ainsi de leurs réactifs chimiques se rendent dans la zone des eaux permanentes, dont le niveau supérieur est le niveau hydrostatique.

Les minerais situés dans cette dernière zone ne sont pas altérés; ils se trouvent dans la position d'un pilotis de bois qui reste constamment plongé dans l'eau.

La zone altérée est donc la seule où se produisent les réactions secondaires; elle varie, bien entendu, avec la profondeur des vallées avoisinantes.

Il en résulte qu'un gîte métallifère situé dans une vallée ou une plaine ne sera que très peu transformé, tandis qu'un filon situé dans les Andes boliviennes, qui dépassent 5.000 mètres d'altitude, sera altéré jusqu'à une profondeur supérieure à celle que peuvent atteindre les travaux de mines.

On a observé que les phénomènes d'altération ne sont pas les mêmes dans toute la hauteur de la zone altérée; ils se modifient à mesure qu'on s'enfonce. On peut les diviser en deux parties d'inégale amplitude.

L'une, superficielle, caractérisée principalement par des phénomènes d'oxydation dus à un excès d'oxygène et à laquelle on a donné le nom de zone d'oxydation.

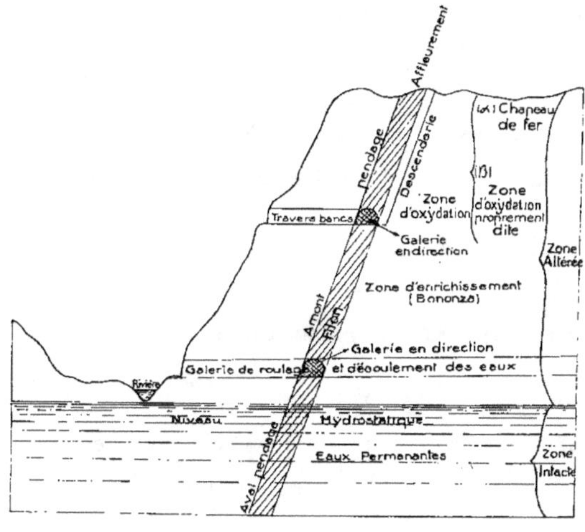

Fig. 256. — Coupe théorique d'un gîte filonien.

Cette zone d'oxydation est constituée à sa partie supérieure par de la limonite : c'est le chapeau de fer; et au dessous par des produits oxydés, carbonatés, sulfatés, phosphatés, silicatés, etc., etc. : c'est la zone d'oxydation proprement dite.

L'autre, profonde et surtout plus importante désignée sous le nom de zone d'enrichissement (1) de bonanza, dans laquelle se sont opérées des réactions

____

(1) On a donné à cette zone le nom de zone de cémentation parce qu'elle présente quelques analogies avec le phénomène qu'on observe dans le grillage des minerais de cuivre. Il y a concentration du cuivre au centre et du fer à la périphérie.

chimiques très complètes, et présentant à la base des substances minérales qui ont été dissoutes à la partie supérieure et entraînées dans la descente des eaux météoriques.

Les sulfates solubles, par exemple, ont subi, après avoir traversé la zone d'oxydation proprement dite, une réduction, par suite de l'existence de matières organiques ou de la vapeur d'eau surchauffée, et ont déterminé une bande de sulfures riches. Cette zone d'enrichissement se prolonge parfois un peu au-dessous du niveau hydrostatique.

Maintenant, nous allons montrer comment certains sulfures pauvres peuvent donner naissance à des sulfures riches dans la zone altérée.

Nous prendrons comme exemple une pyrite de fer contenant à peine 3 % de chalcopyrite (type Rio Tinto). Cette pyrite de fer cuivreuse peut donner naissance à la chalcopyrite pure, à du cuivre panaché ou à de la chalcosine.

L'effet de l'air humide sur cette pyrite cuivreuse est de produire du sulfate ferreux et du soufre. (On trouve parfois du soufre sur les pyrites).

$$FeS^2 + O^4 = SO^4Fe + S$$
$$S + O^3 + H^2O = SO^4H^2$$

ou
$$FeS^2 + H^2O + O^7 = SO^4Fe + SO^4H^2.$$

(l'existence de SO^4H^2 est mise en évidence dans les collections par les étiquettes rongées).

Le sulfate ferreux se transforme en sulfate ferrique sous l'action de l'air

$$2SO^4Fe + SO^4H^2 + O = (SO^4)^3 Fe^2 + H^2O$$

Le sulfate de peroxyde de fer se transforme sous l'action de l'eau en limonite

$$2 \, [(SO^4)^3 \, Fe^2] + 9 \, H^2O = 2 \, Fe^2O^3, \, 3 \, H^2O + 6 \, SO^4H^2$$

Il se forme un dépôt ferrugineux qui est le chapeau de fer.

La *chalcopyrite* ($Cu^2S \, Fe^2S^3 = Cu \, Fe \, S^2$), quoique moins facile à oxyder, produit cependant du sulfate de cuivre

$$Cu \, Fe \, S^2 + O^8 = SO^4Cu + SO^4Fe$$

Ce sulfate de cuivre descend par les fissures qui existent dans la masse et vient au contact de la pyrite de fer cuivreuse non altérée; il se forme alors de la chalcopyrite, du sulfate ferreux et de l'acide sulfureux

$$SO^4Cu + 2 \, FeS^2 + O^4 = Cu \, Fe \, S^2 + SO^4Fe + 2 \, SO^2$$

on voit par là qu'il y a régénération de la chalcopyrite.

Le *cuivre panaché* ($3 \, Cu^2S \, Fe^2S^3 = Cu^3 \, Fe \, S^3$) prend naissance par la réaction du sulfate de cuivre sur la chalcopyrite :

$$SO^4Cu + 2 \, Cu \, Fe \, S^2 + O^2 = Cu^3 \, Fe \, S^3 + SO^4Fe + SO^2$$

La *chalcosine* peut se produire de diverses manières :

1° Par la réaction du sulfate de cuivre sur la pyrite de fer

$$2\ SO^4Cu + Fe\ S^2 = Cu^2S + SO^2Fe + 3\ SO^2$$

2° Par la réaction du sulfate de cuivre sur la chalcopyrite ou sur le cuivre panaché :

$$SO^4Cu + Cu\ Fe\ S^2 + O^2 = Cu^2S + SO^4Fe + SO^2$$
$$SO^4Cu + Cu^3Fe\ S^3 + O^2 = 2\ Cu^2S + SO^4Fe + SO^2$$

Remarque. — On a reproduit, dans les laboratoires, la chalcopyrite, le cuivre panaché et la chalcosine. Ainsi, Brown a obtenu le chalcosine en faisant agir une solution neutre de sulfate de cuivre sur la pyrite de fer finement pulvérisée. D'autres savants ont reproduit la chalcopyrite et le cuivre panaché par le même procédé.

On voit par là que les actions oxydantes ont pour effet d'éliminer progressivement la totalité du fer sous forme de limonite, le soufre sous forme d'acide sulfureux et finalement d'acide sulfurique (1).

Ceci posé, nous allons faire connaître les variations secondaires en profondeur dans les différents types de gîtes métallifères.

1° *Gîtes cuprifères.* — Dans les gîtes cuprifères, on trouve à la partie supérieure une couche de limonite (chapeau de fer) : au Rio-Tinto, cette couche avait une puissance de 80 mètres; puis dans la zone d'oxydation proprement dite, on rencontre des oxydes (cuprite, ténorite), des carbonates (malachite et azurite), des minerais chlorurés (atacamite), silicatés, (chrysocolle), accompagnés d'argile ferrugineuse : c'est exactement la constitution des fameuses mines du Boléo (Mexique).

Les minerais carbonatés prennent de l'importance lorsque le gîte est encaissé dans les calcaires dont l'acide carbonique s'unit au cuivre. Dans ce cas, le calcaire ayant été soumis à la décalcification habituelle, on trouve, dans une argile ferrugineuse, des blocs de malachite et d'azurite.

Quand il y a des matières organiques, ou de la magnétite (Lac Supérieur), on trouve du cuivre natif; mais le cuivre natif peut également prendre naissance par la réaction du sulfate ferreux sur la cuprite, ou par la réaction du sulfate ferreux sur le sulfate de cuivre.

$$2\ SO^4Fe + 3\ Cu^2O = 4\ \overset{\bullet}{Cu} + 2\ SO^4Cu + Fe^2O^3$$
$$2\ SO^4Fe + SO^4Cu = Cu + (SO^4)^3\ Fe^2$$

Au-dessous de cette zone d'oxydation, on entre dans la zone d'enrichissement qui va jusqu'au niveau hydrostatique et même au delà. On trouve,

---

(1) Ces gisements pyriteux ne sont ni sédimentaires, ni filoniens. Leur formation est intermédiaire entre la ségrégation magmatique et le départ filonien.

Vogt les considère comme une simple différenciation magmatique des roches basiques, car on rencontre quelques gisements pyriteux dans le voisinage de ces roches.

dans cette zone, des cuivres gris argentifères, avec de la sidérose, si l'on est en terrain calcaire; on trouve également des blocs de chalcopyrite, dont le noyau intact à 30 % de cuivre est entouré de cuivre panaché à 50 et même 70 % de cuivre; on rencontre de la chalcosine à 80 % de cuivre, et parfois du cuivre natif, qui provient de l'action de la vapeur d'eau surchauffée sur la chalcosine

$$4\ Cu^2S + 4\ H^2O = Cu^8 + 3\ H^2S + SO^4H^2.$$

Exemple : les mines de Monte Catini (Toscane) et les célèbres mines de l'Anaconda (U. S.). Il s'est produit là un enrichissement, une concentration de cuivre par suite du départ du fer et du soufre.

Enfin, dans la zone intacte, on trouve des pyrites de fer plus ou moins cuivreuses inaltérées.

Conclusions. — Comme conclusion pratique, comme renseignement pour l'ingénieur qui se trouve en présence d'une mine de cuivre, nous voyons que, si le niveau étudié est constitué par de la chalcopyrite, de l'érubescite, de la chalcosine et du cuivre natif, il n'y a à espérer, en profondeur, aucune forme de minéralisation plus riche en cuivre.

Si le gîte cuprifère est essentiellement constitué par des cuivres gris argentifères et aurifères, on a toutes les chances pour trouver dans la zone altérée quelque augmentation de richesse en argent et or.

2º *Gîtes de fer.* — Dans les gîtes de fer, on rencontre à la surface de la limonite, puis on passe à l'oligiste. Ces minerais oxydés se transforment fréquemment en sidérose, en profondeur, dans les gisements encaissés au milieu des calcaires. Exemple : mines de Bilbao (Espagne). Quand on arrive au-dessous du niveau hydrostatique, on rencontre de la sidérose et finalement de la pyrite de fer accompagnée quelquefois par la galène et la blende.

3º *Gîtes de manganèse.* — Dans les gîtes de manganèse, les minerais superficiels sont des oxydes très souvent accompagnés de barytine. Il y a quelquefois une combinaison de ces deux substances (psolimélane).

Quand on s'enfonce, on trouve des minerais carbonatés ou silicatés, puis du fer.

4º *Gîtes de plomb et de zinc.* — Dans les gîtes de plomb et de zinc, on constate que la partie supérieure est constituée par des carbonates, des sulfates, des phosphates, des arséniates ou des silicates. Au-dessous du niveau hydrostatique, on trouve de la galène et de la blende. Lorsque la galène est argentifère, son altération en carbonate puis en bicarbonate a souvent amené une dissolution partielle de l'argent inclus, de sorte que les carbonates de plomb superficiels sont plus pauvres en argent que les minerais sous-jacents.

5º *Gîtes d'argent.* — Dans les gîtes d'argent, on trouve quatre zones principales, comme dans les gîtes de cuivre.

1. On trouve à la surface un chapeau de fer, c'est-à-dire de la limonite.

2. Dans la zone d'oxydation proprement dite, on rencontre des chlorures, des bromures et des iodures d'argent,

$$SO^4Ag^2 + 2\,NaCl = SO^4Na^2 + 2\,AgCl$$

dans certains cas, de l'argent natif avec des oxydes de fer et quelquefois de manganèse :

$$2\,SO^4Fe + SO^4Ag^2 = Ag^2 + (SO^4)^3\,Fe^2.$$

3. Puis dans la zone d'enrichissement, de l'argyrose et de l'argent natif, et quand les minerais sont, en même temps, cuprifères, du cuivre natif et de la chalcosine.

L'argyrose provient de la réaction du sulfate d'argent sur la covelline.

$$SO^4Ag^2 + CuS = Ag^2S + SO^4Cu$$
$$Cu^2S + 2\,AgCl = Ag^2S + Cu^2Cl^2$$

et l'argent natif de la réaction de l'eau surchauffée sur l'argyrose

$$4\,Ag^2S + 4\,H^2O = Ag^8 + 3\,H^2S + SO^4H^2.$$

Si le gîte est antimonieux et arsenical, on trouve des argents noirs (polybasite, psaturose) et des argents rouges (pyrargyrite, proustite).

4. Enfin, sous le niveau hydrostatique, on entre dans les espèces cuivreuses, blendeuses, et finalement à une grande profondeur il n'existe qu'un mélange pauvre de blende et de pyrite de fer.

6° *Gîtes aurifères.* — La caractéristique des gîtes aurifères est la présence de l'or natif à la surface avec limonite et quartz qui présente un grand nombre de cavités provenant de la disparition de la pyrite. Puis on rencontre une zone riche en or, dans laquelle cet or semble avoir été déplacé chimiquement et concentré par les eaux acides, de manière à nourrir les cristaux anciens. L'or est alors déposé dans les fissures du quartz. Quand le gîte renferme du manganèse et HCl, il y a production de Cl qui dissout l'or : cette dissolution est précipitée par la pyrite non altérée.

Si on passe au-dessous du niveau hydrostatique, on trouve des zones appauvries, c'est-à-dire des zones constituées par de la pyrite et du mispickel puis du mispickel seul. Les pyrites et les mispickels sont quelquefois accompagnés de galène et de blende. Exemple : mine de la Bellière (Maine-et-Loire). Dans les mines de la Lucette (Mayenne) et dans celles du Massif Central, les pyrites et les mispickels sont accompagnés de galène, blende et stibine.

7° *Gîtes de nickel et de cobalt.* — Les péridotites nickelifères, cobaltifères et manganésifères ont donné naissance, par leur altération, aux gîtes de garniérite et aux gîtes d'asbolane.

Exemple : minerais de la Nouvelle-Calédonie.

8° *Gîtes d'étain.* — La cassitérite, quoique considérée comme insoluble, se dissout cependant dans un certain nombre de cas. On constate, en effet, le déplacement superficiel de ce minéral par voie chimique. On peut citer la cassitérite de néo-formation, qu'on rencontre dans les gisements stannifères boliviens; elle se présente en masses à structure microgrenue. On peut citer également le minerai d'étain dit étain de bois qui se trouve généralement dans les parties hautes des filons

RÉSUMÉ. — On voit clairement, par ce qui précède, que la remise en mouvement des éléments métallifères, dans les fractures filoniennes, a toujours eu lieu par l'intermédiaire des eaux superficielles qui contiennent, presque constamment, les éléments nécessaires à la dissolution des substances les plus insolubles en apparence, et que ces eaux n'ont fait que déplacer, d'un point à un autre du terrain, des métaux d'origine profonde et déjà préexistants, et enfin que les modifications qu'elles ont produites sont bien faibles, comparées aux énormes dimensions des gîtes métallifères.

L'affleurement des filons a généralement une composition différente du reste; il est constitué par un résidu d'altérations riche en limonite, c'est ce qu'on appelle le *chapeau de fer* (eisenhut, gossan). Au-dessous du chapeau de fer, existe la zone d'oxydation proprement dite où abondent les produits oxydés, carbonatés, sulfatés, phosphatés, silicatés; puis la zone d'enrichissement où se rencontrent les sulfures riches, parfois des métaux natifs. Enfin, ce n'est qu'au-dessous du niveau hydrostatique, c'est-à-dire dans la zone intacte, dans la zone des eaux permanentes, que les filons prennent une allure et une composition régulières.

Conditions générales de la métallisation.

Les principaux phénomènes qui ont déterminé les métallisations peuvent se résumer ainsi : retour en profondeur et dislocations disjonctives.

1º Le retour en profondeur d'une série sédimentaire, a, par suite des plissements orogéniques, facilité l'introduction des magmas ignés renfermant des minerais sous forme d'inclusions, de ségrégations, ou en dégageant à leur contact des fumerolles qui ont donné naissance à des imprégnations diffuses.

La métallisation est connexe du métamorphisme régional. Si on trouve aujourd'hui des gisements de profondeur à la surface du sol, c'est que ces gisements ont été mis à jour par l'érosion, ou relevés par un mouvement tectonique.

2º Dans une zone voisine de la surface, les dislocations disjonctives d'un massif qui n'est plus susceptible de se plisser, ont amené la formation de fractures filoniennes et ont provoqué la cristallisation des sels métalliques provenant des eaux thermales qui s'étaient minéralisées en profondeur.

Les métallisations peuvent porter non seulement sur des sédiments, mais aussi sur des roches cristallines déjà solidifiées, du moment qu'elles ont été disjointes.

Ce type filonien correspond en moyenne à une profondeur de cristallisation moindre que les ségrégations ignées ou les imprégnations diffuses.

Les venues de métaux comme celles des roches dont elles sont le corollaire, ont été provoquées par le mouvement relatif, dans le sens vertical, de massifs juxtaposés. Si la production de minerais se rattache à un plissement tangentiel, on voit prédominer les imprégnations de profondeur; si, au contraire, le minerai se rattache à un affaissement vertical, on voit prédominer le remplissage des filons.

Un massif de terrains fracturé, où l'on trouve actuellement des minerais, comporte presque toujours une succession de mouvements ascendants et descendants, de ramenées à la surface et de remises en profondeur.

C'est cette sorte de jeu de bascule qui, puissamment, contribue à déterminer la mobilité des éléments chimiques, et, par suite, leur concentration métallogénique.

Il existe un grand nombre de gîtes reliés aux roches basiques. Ce sont des gîtes de ségrégation ignée ou de départ sulfuré immédiat ayant pris la forme d'amas, de noyaux métalliques, de fahlbandes, d'imprégnations ramifiées diffuses ou disséminées dans les schistes qui souvent eux-mêmes ont été recristallisés par métamorphisme de profondeur.

Genèse des amas de pyrite cuivreuse.

Il est possible d'assimiler les formations pyriteuses à des laccolites de roches éruptives. Ce sont des solutions saturées sous pression, qui, à une profondeur assez grande, ont pénétré dans les bâillements des schistes à mesure que les effets tectoniques les faisaient s'entre-bâiller et qui, dans ce mouvement, ont injecté, en se diffusant, tous les interstices des schistes, comme ont pu le faire les venues feldspathisantes auxquelles est due la gneissification régionale. Il est évident que la vapeur d'eau sous pression, des carbonates alcalins, etc., a dû contribuer puissamment à créer un état interméd iaire entre l'état fondu et l'état liquide et a donné aux sulfures la mobilité nécessaire pour pénétrer dans les interstices très minces.

La relation d'origine manifeste entre les amas pyriteux et les roches éruptives a conduit certains géologues, et notamment Vogt, à voir une simple différenciation magmatique des gabbros, parce qu'on rencontre parfois des gîtes pyriteux dans le voisinage des gabbros.

Il est évident que ces gisements pyriteux ne sont ni sédimentaires ni filoniens. Leur formation est intermédiaire entre la ségrégation magmatique et le départ filonien.

Les célèbres gisements de pyrite cuivreuse de la province de Huelva (Espagne) ont pris naissance dans les conditions précitées. Les principaux amas se présentent dans les schistes primaires; ils ont une forme ellipsoïdale très allongée; leur puissance atteint parfois plusieurs centaines de mètres. Quelques-uns affectent un allongement si marqué, qu'ils ressemblent à de véritables filons. Parfois, on en voit passer à des imprégnations diffuses.

Influence de la profondeur de cristallisation. Radio-activité.

Les minéraux filoniens englobent parfois des parcelles d'autres minéraux.

Une étude récente sur des blendes appartenant à des gisements différents et se trouvant à des profondeurs de cristallisation diverses, a montré que les métaux associés au zinc variaient avec la profondeur.

La blende qui se trouve dans des filons-couches intercalés dans les terrains archéens est accompagnée de cassitérite.

Exemple : mines d'Ammeberg, Roevala (Suède), Pitkranta (Finlande), Sterznig (Tyrol).

A Raevala, la blende contient du bismuth avec l'étain. A Ammeberg, on trouve de l'indium.

Dans les filons blendeux de la chaîne hercynienne correspondant à une profondeur de cristallisation moyenne, on rencontre des traces d'étain, et en même temps du germanium et un peu de gallium. Exemple : mines de Pierrefitte (Pyrénées).

Dans les filons tertiaires, à cristallisation récente et peu profonde, les blendes ne renferment pas d'étain ni de bismuth, mais on rencontre du mercure et de l'antimoine. Au Djebel-Recas on trouve du germanium.

Dans les gisements tertiaires de Pulacayo (Bolivie), on rencontre du cuivre gris, de la chalcopyrite, avec blende, galène, pyrite, stibine, et des proportions notables d'étain et de bismuth.

Il résulte de ces faits qu'il existe, pour la minéralisation effectuée à une époque déterminée, dans une région déterminée, un certain milieu métallique profond, caractéristique de cette région et de cette profondeur de cristallisation.

Il résulte également de certaines observations, que les cristallisations lentes et les cristallisations confuses se différencient par la nature des minéraux secondaires entraînés. Le cadmium va dans les cristaux de blende pure, l'indium dans le mélange confus, à grain fin : c'est pour cela qu'on trouve de l'indium à Ammeberg. On observe dans les calamines provenant des blendes, un accroissement de l'indium.

Dans les altérations, il y a parfois apport d'éléments empruntés aux terrains encaissants, par exemple, le phosphore, le titane, le vanadium.

Quant à la transmutation spontanée analogue à celle des substances radioactives, les résultats ont été négatifs. Si la transmutation du plomb en lithium est encore problématique, il n'en est pas de même de l'uranium en radium et en hélium.

On sait que la radio-activité a été constatée dans un grand nombre d'eaux thermales. Exemple : un des suffioni de Toscane dégage, à lui seul, autant d'émanation qu'en pourrait donner un demi-gramme de radium.

Le grisou est également chargé d'émanation.

On sait que le quartz blanc se change en quartz enfumé sous l'action du radium, et que le radium décolore les gemmes tels que le rubis, le saphir, etc., etc.

II. — GITES SÉDIMENTAIRES

Les gîtes sédimentaires forment ou des dépôts recouvrant la surface du sol ou des dépôts intercalés entre deux terrains sédimentaires différents.

Il ne faut pas confondre les gîtes sédimentaires avec les filons-couches, car les filons couches sont dus au décollement de deux strates d'un même terrain; ils ont pris naissance, comme les fractures filoniennes, dans les périodes de dislocation. Les gîtes sédimentaires se différencient principalement des filons-couches en ce qu'ils n'amènent jamais de rejets, et ne traversent jamais un autre gîte sédimentaire; ils ne constituent jamais de ramifications en forme de filons dans les terrains encaissants. Dans les régions disloquées, ils suivent les ondulations des terrains qui les enveloppent.

On divise les gîtes sédimentaires en *couches* et en *amas stratifiés*.

I. Couches.

Les couches ont une étendue considérable, sans discontinuité essentielle et une puissance à peu près constante. Leur partie supérieure est approximativement plane, tandis que la surface de contact avec l'assise inférieure varie avec la disposition de cette assise (fig. 257-1), Les couches éprouvent, comme les filons, des serrées suivies d'élargissement (fig. 257-2) et par suite présentent une allure en chapelet (fig. 257-3).

Dans l'intérieur d'une couche, la minéralisation est souvent interrompue par des masses rocheuses parallèles à la stratification. Ces masses sont désignées sous le nom de *nerfs* ou de *barres* (fig. 257-4). Ainsi, il n'est pas rare de rencontrer des lits de schiste ou nerfs dans les couches de houille. Les barres sont souvent constituées par des argiles. Si l'un de ces nerfs prend de l'importance au point de faire d'une seule couche deux couches distinctes devant être exploitées séparément, on dit que la couche bifurque ou fait fourchette (fig. 257-5).

Les couches, et notamment celles de houille, affectent parfois des profils plus ou moins brisés dont les divers éléments présentent des inclinaisons variables allant de 0° à 90° et dépassant même la verticale. Les parties forte-

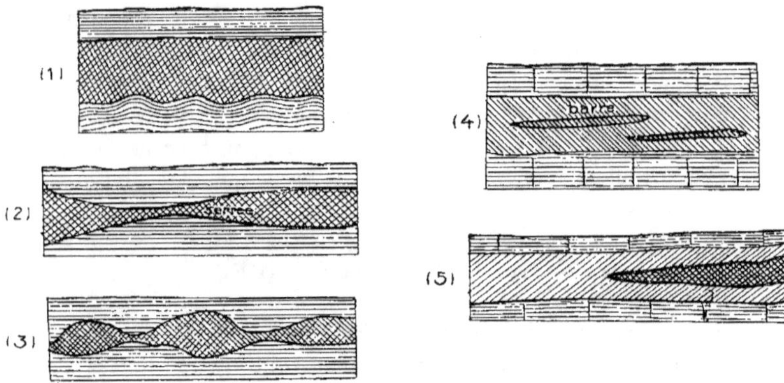

Fig. 257.

ment inclinées ou renversées sont désignées sous le nom de *dressants* celles dans lesquelles le toit et le mur sont à leur place se nomment *plateures*. Le coude C qui raccorde un dressant et une plateure se nomme *crochon*. Les cro-

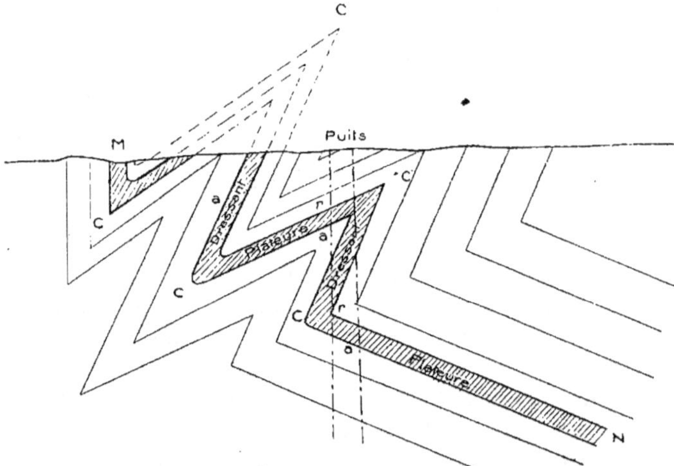

Fig. 258. — COUPE VERTICALE THÉORIQUE DU BASSIN HOUILLER DE LIÉGE.

chons présentent assez souvent un renflement (noyau anticlinal, synclinal), et c'est pour cela qu'une couche d'une épaisseur moyenne de 1 mètre peut atteindre en ces points près de 3 mètres.

Dans certains cas, les couches se trouvent, au contraire, étranglées.

Une même couche peut présenter une série de dressants et de plateures successifs, placés de telle sorte qu'un puits peut les rencontrer en plusieurs

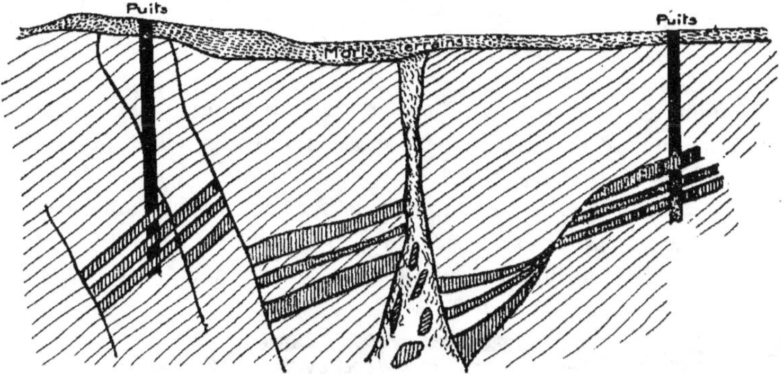

Fig. 259. — Coupe verticale du bassin houiller de Montceau, près Blanzy (Saône-et-Loire) montrant un étranglement et un brouillage.

points. Par suite du renversement des couches, le terrain ancien a se trouve en certains points au-dessus du terrain récent.

Lorsque le toit et le mur d'une couche se rapprochant viennent à se toucher en supprimant momentanément la couche, l'accident porte le nom de *crain*, de *serrée*.

Dans les bassins houillers, l'intensité des failles est très variable, parfois elles interrompent à peine le terrain et apparaissent comme de simples fissures qui ont changé le niveau des deux parties rompues, mais pas assez pour qu'il y ait interruption totale de la couche de houille, qu'il est toujours facile de suivre, lorsque le rejet ne dépasse pas l'épaisseur de la couche ; d'autres fois, au contraire, il y a isolement complet des deux parties rompues, non seulement par l'effet d'un rejet ou dénivellation très con-

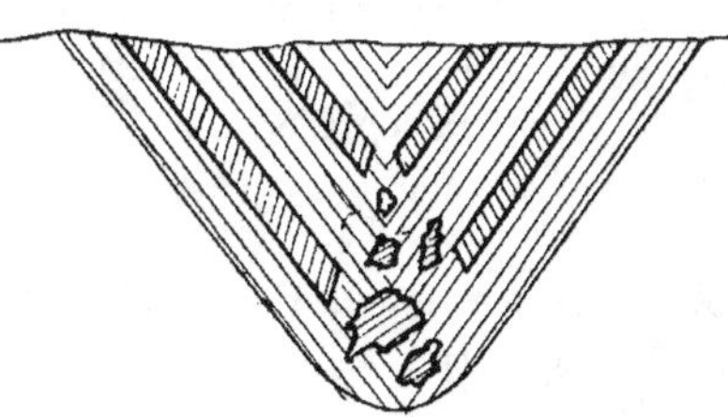

Fig. 260. — Brouillage synclinal.

sidérable, mais par l'interposition et l'épaisseur de la cassure, laquelle est remplie par des roches écroulées ou brouillées qui en formaient les parois : c'est ce qu'on appelle un *brouillage* (fig. 260).

La coupe verticale de la couche de Montceau, près Blanzy (fig. 259), fournit l'exemple d'un étranglement causé par les mouvements postérieurs au dépôt de terrain houiller et d'un brouillage qui interrompent totalement les couches de houille. Les brouillages sont, comme on le voit, des intervalles plus ou moins considérables, compris entre deux plans de fracture et dans lesquels toutes les couches sont brisées et réduites en blocs anguleux mélangés ensemble.

Bassin houiller de Saint-Éloi.

Le bassin houiller de Saint-Éloi, près de Montaigut (Puy-de-Dôme), représente une formation houillère déposée dans un bassin elliptique qui a été très comprimé latéralement. Cette compression latérale a déterminé trois plis en selle et autant en fond de bateau; le pli saillant du milieu ayant amené à la surface les couches droites et repliées sur elles-mêmes.

La compression violente de l'ensemble du bassin a doublé sur elles-mêmes

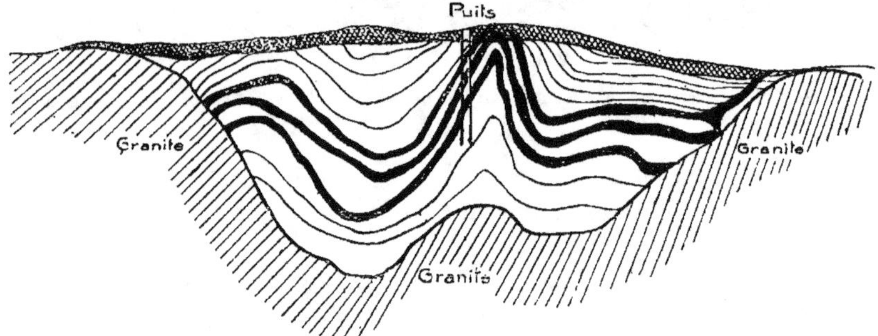

Fig. 261. — COUPE VERTICALE DU BASSIN DE SAINT-ÉLOI.

certaines parties des couches et mis en relief, dans le milieu du bassin, des affleurements puissants et très aparents exploités, à ciel ouvert, à Lavernade. L'ensemble des couches dans la partie centrale du bassin représente une épaisseur totale de 14 à 15 mètres des charbon : les roches encaissantes sont constituées par du granite.

Ce petit bassin est un exemple remarquable des richesses considérables qui peuvent se trouver accumulées dans un espace restreint.

Gisement houiller de Brandusa, bassin de la Dambovita (Roumanie).

Le gisement houiller de Brandusa est situé en Valachie, district de Dambovita, dans un petit contrefort montagneux du versant méridional des Alpes transylvaniennes (Carpathes) qui s'étend sur la rive gauche de la rivière la Yalomita.

Le niveau posttriasique où on observe les gisements de Brandusa existe en contact anormal avec les terrains d'âge tertiaire. Cette anomalie a dû, très probablement, se produire à la faveur des phénomènes de redressements, plissements et glissements dont l'ensemble des terrains a été le siège, sous la poussée mécanique latérale qui les a refoulés contre le massif résistant constitué par l'arc et le horst cristallin des Carpathes.

Cette poussée ou cet effort de refoulement, venu du côté de la plaine de

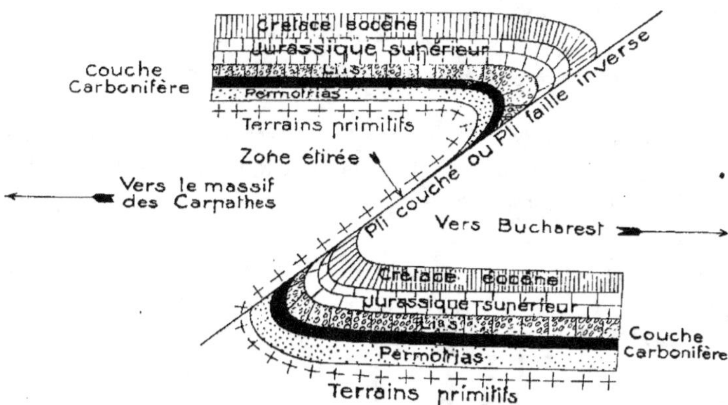

Fig. 262. — Schéma des accidents des gisements de Brandusa.

Bucarest, qui est formée par une vaste et profonde cuvette synclinale dirigée E.-O. et comblée par des dépôts pliocènes et pleistocènes, ou venu de la dépression méditerranéenne, a déterminé dans les stratifications ambiantes la forma-

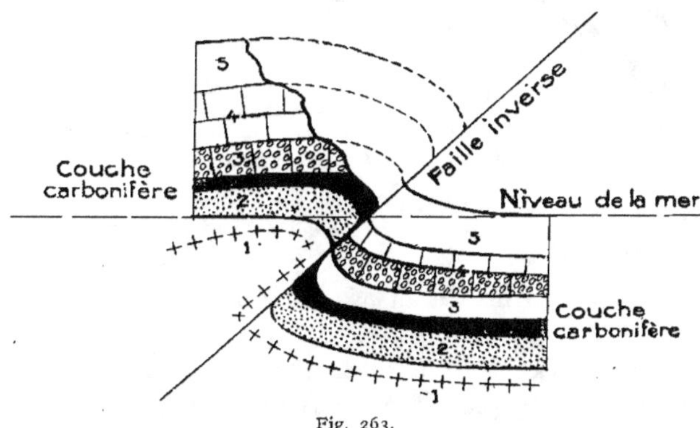

Fig. 263.

tion des plis couchés dans lesquels, en outre du renversement, il y a eu glissement de l'anticlinal sur le synclinal sous-jacent, glissement suivi d'un étirement d'un des flancs de l'anticlinal. Cet étirement ayant provoqué dans le pli couché la disparition par étranglement et striction d'une partie de ses éléments constitutifs, il en résulte que le contact de la zone infléchie avec les couches du synclinal sous-jacent devient anormal, l'interruption des strates donne l'illusion d'une faille (pli faille).

Le plissement avec renversement peut également avoir déterminé une rupture suivie d'un rejet anormal, c'est-à-dire d'un rejet où le toit est remonté sur le mur (fig. 263) (faille inverse).

Charbonnages d'Hongay, près de la baie d'Along (Tonkin).

Le bassin houiller du Tonkin forme une bande presque continue dirigée en moyenne N. 70° E. A Hongay, on voit très nettement le calcaire carbonifère relevé à pic, ce qui a dû se produire en même temps que la dernière éruption

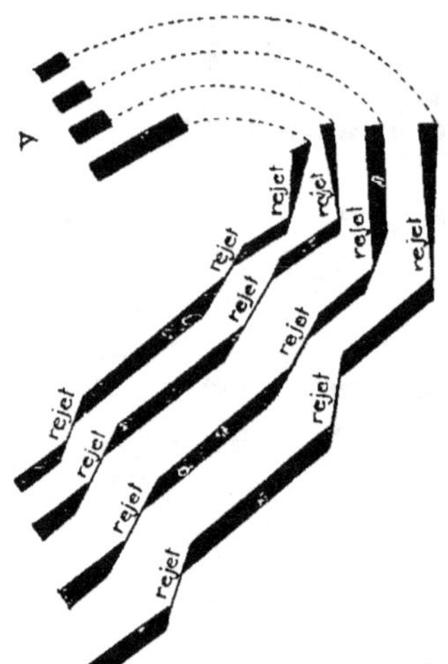

Fig. 264. — PLAN.

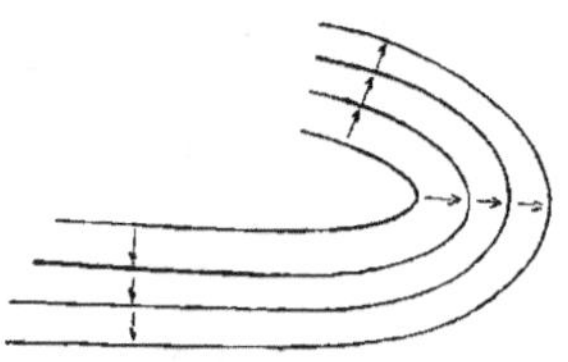

Fig. 265. — CROQUIS SCHÉMATIQUE MONTRANT LE REBROUSSEMENT.

porphyrique de l'époque tertiaire. Ces mouvements ont été la cause de nombreux rejets qui ont été en partie reconnus.

Les quatre principales couches de ce district minier présentent la série de rejets indiqués par le plan ci-dessus (fig. 264) et dont quelques-uns atteignent 90° ; ces quatre couches se retrouvent en A avec la même inclinaison, la même puissance, la même nature de charbon, avec pendage inverse.

Les travaux de reconnaissance ont démontré l'existence de nombreux rejets avec plissements et prouvent le rebroussement de la couche : ce rebroussement ne s'est pas fait sans déchirures, ni ruptures.

2. Amas stratifiés.

Les amas stratifiés ont une étendue assez réduite et une puissance très variable; ils se distinguent des couches par leur allure; ils sont nés à la suite d'actions plus ou moins localisées; ils se rencontrent généralement dans les couches anciennes; ils ont fréquemment subi des actions métamorphiques ultérieures. Dans les couches ayant une allure en chapelet, chaque élément de chapelet est un petit amas stratifié, et par conséquent la couche en chapelets est un système d'amas stratifiés.

Von Groddeck a établi de la manière suivante les caractères des amas stratifiés :

1º Leur remplissage est généralement en stratification concordante avec les couches encaissantes;

2º Les amas stratifiés métallifères sont caractérisés par la constance de l'horizon;

3º La stratification est quelquefois visible;

4º Les faces de stratification présentent quelquefois des traces de vague;

5º Les amas stratifiés ne présentent pas la structure rubanée symétrique.

3. Genèse des gîtes sédimentaires.

Les gîtes sédimentaires peuvent être divisés, d'après leur mode de formation, en deux catégories principales :

A) Les gîtes de dépôt mécanique;

B) Les gîtes de précipitation chimique.

A) Gîtes de dépôt mécanique.

Les gîtes de dépôt mécanique sont le résultat d'une préparation analogue à celle qu'on obtient dans les ateliers de préparation mécanique des minerais, et qui consiste à séparer les minerais de leurs gangues. Cette préparation a été réalisée dans les dépôts d'alluvions.

On donne le nom d'alluvions aux masses plus ou moins arrondies, sans consistance, déposées à la surface du sol, ou à une très faible profondeur; masses qui proviennent de gisements plus anciens et qui renferment des quantités exploitables de minerais ou de pierres précieuses.

Les dépôts alluvionnaires ayant été exposés à toutes les influences des agents atmosphériques et notamment de l'eau qui traverse les différentes couches, on ne pourra donc y rencontrer que des substances métalliques difficilement attaquables, comme, en particulier, les métaux natifs (or, platine); les minerais oxydés (cassitérite, magnétite, oligiste) et les pierres précieuses telles que le diamant, le saphir, le rubis, la topaze, etc., etc. Les métaux facilement oxydables et les combinaisons sulfurées se trouvent très rarement dans les alluvions.

On peut distinguer deux groupes différents d'alluvions d'après leur position par rapport aux gisements primitifs et en partie aussi d'après la manière dont s'est opérée leur préparation mécanique naturelle :

α) Les alluvions produites sur places ou *éluviales ;*

β) Les alluvions produites par transport ou alluvions proprement dites ou *alluviales.* On les divise suivant leur âge géologique en alluvions récentes, diluviales, tertiaires, anciennes.

α) *Les alluvions produites sur place* qui sont d'ailleurs plus rares que les autres, et qui dans tous les cas ont moins d'étendue que celles-ci, se trouvent dans le voisinage immédiat des gisements primitifs, sur les plateaux et quelquefois même sur le sommet des montagnes; elles sont tout à fait indépendantes des eaux courantes. Elles se distinguent des alluvions de transport par une grande uniformité de la matière, et surtout par la grosseur des éléments qui sont à arêtes vives ou peu usées.

On les rencontre dans les régions désertiques tropicales, où la température du jour diffère essentiellement de celle de la nuit. Cette différence dans la température détermine une fragmentation profonde des affleurements des gîtes. Les vents ouvrent alors ces masses fragmentées, les fouillant, balaient les particules fines et laissent en place les plus grosses. Les eaux météoriques les déplacent ensuite de quelques mètres sur des terrains en pente ou les étendent dans toutes les directions sur des fonds plats.

Nous citerons comme provenant d'alluvions sur place :

1º *Les latérites de la Guyane française :* Ces latérites proviennent de la décomposition sur place de roches dioritiques, minéralisées par de la pyrite aurifère. La diorite non altérée contient de 0,2 gr. à 0,6 gr. d'or par tonne; tandis que la latérite, c'est-à-dire la diorite altérée, renferme de 3 à 90 grammes par tonne.

2º *Les latérites de la province de Minas-Geraès* (Brésil). qui sont constituées par un mélange de quartz et d'oligiste (itabirite), dans lesquelles on trouve du diamant, de l'or, de la topaze et autres minéraux rares.

3º *Les latérites de Madagascar* qui sont dues à l'altération de roches cristallophylliennes. Les latérites de la Guinée; de la Côte d'Ivoire, etc., etc.

Remarque.— Lorsqu'on étudie les produits de la décomposition des roches éruptives et des roches cristallophylliennes, on reconnaît que ces produits varient avec les régions.

Dans les régions tropicales, les roches perdent leur chaux, magnésie, potasse, soude, et la silice diminue d'une façon notable; il en résulte que les proportions relatives d'alumine et de fer augmentent : l'ensemble de ces décompositions porte le nom de *latérisation.* La latérite, de couleur rouge brique, est un composé riche en alumine et fer avec titane. Les conséquences de la latéritisation sont la formation de bauxites et de minerais de fer.

Dans les régions tempérées, la décomposition des roches donne naissance à des produits très chargés en silice et alumine, c'est-à-dire à des silicates d'aluminium qui sont des argiles. On voit donc que la latéritisation est un phénomène tout à fait distinct de celui qui donne naissance aux argiles. Les latérites sont rugueuses, celluleuses, tandis que les argiles sont généralement compactes.

Dans ces formations latéritiques, l'or, par exemple, n'est pas uniformément réparti dans la masse; on constate, en effet, que la teneur en métal précieux augmente avec la profondeur, et devient maximum à un certain niveau correspondant au niveau hydrostatique. On comprend fort bien que l'or, provenant de l'altération de la pyrite ou du mispickel, ait été entraîné par l'eau du ruissellement à travers les interstices rocheux jusqu'au niveau hydrostatique qui est, bien entendu, le plan de séparation de la latérite et de la roche non altérée; par conséquent, l'or y a formé un enrichissement maximum.

β) *Les alluvions produite par transport*, c'est-à-dire les dépôts effectués par les eaux courantes, se rencontrent dans les plaines, mais le plus souvent dans les vallées, dans les lits des ruisseaux, des rivières, des torrents, etc., etc.

Les alluvions des vallées sont fréquemment sillonnées par des rivières modernes qui y établissent leur lit, les remanient en donnant naissance à de nouveaux dépôts plus riches que les premiers. Les matières rencontrées dans les alluvions sont fortement arrondies et séparées d'après la grosseur des éléments en galets, gravier, sable, argile; il en est de même pour les minerais qui y sont contenus. Les particules des métaux lourds se trouvent évidemment à la partie inférieure des alluvions, c'est-à-dire sur la roche sous-jacente (*bed-rock*) et souvent dans les crevasses du bed-rock. Quand un dépôt d'alluvions renferme une couche imperméable telle qu'une couche d'argile ferrugineuse, le métal lourd peut se concentrer à sa surface. Le gîte alluvionnaire peut même renfermer deux ou plusieurs couches imperméables, et, par suite, deux ou plusieurs horizons riches. L'enrichissement de la couche inférieure des alluvions est dû le plus souvent à la préparation mécanique naturelle qui s'est faite pendant leur dépôt. Mais, plusieurs ingénieurs et notamment Posepny, pensent que le rassemblement des particules métalliques lourdes sur le fond des masses transportées et sans cohésion, s'est produit postérieurement au dépôt, par suite d'une remise en mouvement de la matière. On sait, en effet, que les plus faibles secousses imprimées, dans une écuelle, à un échantillon de minerai réduit en poudre, suffisent pour faire glisser, vers le bas, des grains métalliques pesants, au travers des parties stériles les plus légères, et pour les concentrer sur le fond.

Dans certaines contrées, le détritus métallique charrié annuellement par les cours d'eau s'en va exclusivement à la mer; c'est ce qui se passe à Wladiwostock (Mandchourie), au cap Nome (Alaska), pour le détritus aurifère; et c'est ce qui a eu lieu à Penestin (Morbihan) à l'embouchure de la Vilaine, pour le détritus stannifère et aurifère. La mer sépare aussi les minerais lourds des roches, par le jeu des marées et des brisants. En règle générale, les grands fleuves ne portent à la mer que les poussières les plus fines, ce ne sont que les torrents courts et puissants, sur des côtes raides, qui peuvent y transporter des grains plus gros.

ALLUVIONS AURIFÈRES PAR ORDRE CHRONOLOGIQUE

Cambrien. — On trouve dans les Black Hills du Dakota une formation de conglomérats aurifères, dans laquelle les pépites sont enveloppées par de l'oxyde de fer.

Dévonien. — Dans le dévonien supérieur, on trouve dans le S.-E. de l'Australie des remaniements de filons aurifères.

Carbonifère. — On peut signaler les conglomérats aurifères du Gard, dans lesquels on n'est pas certain que l'introduction de la pyrite aurifère ne soit pas postérieure. La même objection peut être faite pour les conglomérats aurifères de la Nouvelle-Écosse à Corbetts-Mills.

Permien. — On peut citer les conglomérats cuprifères et plombifères du Cap Garonne près Toulon.

Trias. — Nous citerons le grès aurifère, trouvé à Donon (Vosges).

Jurassique. — On a signalé les couches aurifères de Californie, de la Nouvelle-Zélande, de la Tasmanie. Tous ces cas prêtent à discussion.

Crétacé. — On signale, en Allemagne, au nord de Gerlar, à Salzgitter et Dornten, un sédiment détritique de l'époque néocomienne. On peut rapprocher de ce gisement celui de Ilsede en Hanovre.

Miocène. — La période miocène renferme d'importants dépôts d'or fluviatiles et côtiers en Australie.

A l'époque tertiaire se rapportent aussi des sédiments fluviatiles de Pojana dans le sud de la Hongrie.

Enfin, c'est à la période pliocène et pleistocène que le phénomène a pris une extension capitale. On trouve des alluvions métallifères dans les cours d'eau actuels.

On a beaucoup discuté sur la formation des grosses pépites, des *nuggets* pesant 60, 70 et même 80 kilos. Or, on n'a jamais rencontré dans les filons des pépites de ce poids, mais on trouve dans les alluvions des pépites qui proviennent évidemment d'affleurements filoniens détruits puisqu'elles englobent du quartz; ces pépites se sont développées ensuite. D'autres pépites proviennent d'un enrichissement par dissolution, dans l'alluvion même.

On a émis de nombreuses hypothèses sur la formation des conglomérats du Transvaal. L'idée d'un ancien placer métamorphisé par retour en profondeur est une de celles que l'on a pu soutenir avec le plus de vraisemblance.

Les alluvions de transport sont, en général, de formation récente; cependant, dans bien des cas, elles ont déjà subi des dislocations. On connaît de nombreux exemples de cassures qui traversent les alluvions et qui ont amené des dénivellations. Nous citerons comme alluvions de transport :

1° *Les alluvions de fer magnétique titanifère* du Saint-Laurent : ces alluvions forment, à l'embouchure de ce fleuve, des dépôts étendus résultant de la préparation mécanique des produits de décomposition de norites qui existent sur son cours supérieur;

2° *Les alluvions stannifères* de la presqu'île Malaise, des îles Bangka et Billiton, etc., etc;

3° *Les alluvions aurifères* de la Californie, de l'Alaska, de l'Oural, de l'Australie, etc., etc;

4° *Les alluvions platinifères* de l'Oural, de la Colombie et de Bornéo;

5° *Les alluvions diamantifères* de la province de Minas Geraès et de la province de Bahia (Brésil).

B) Gîtes de précipitation chimique.

Ils comprennent :

1° Des produits de simple évaporation;

2° Des sulfures métalliques précipités;

3° Des minerais de fer carbonatés ou oxydés;

4° Des phosphates de chaux.

1° *Produits d'évaporation.* — Les eaux qui sont en contact avec les terrains de toute nature se chargent de sels métalliques : ces eaux minéralisées se rendent dans un bassin marin ou dans un lac. Puis, par suite de l'évaporation, les sels se déposent; c'est ainsi que l'on explique la formation des puissants dépôts de sel gemme, de gypse, de chlorures, carbonates, sulfates alcalins.

Exemples : le gîte de Stassfurt, et celui de la Haute-Alsace.

2° *Les sulfures métalliques précipités* sont assez rares; il est évident que les sulfures métalliques proviennent généralement de la réduction des sulfates par les matières organiques : ces sulfures se trouvent dans des bassins marins. Exemple : les gîtes cuprifères de Mansfeld, où l'on rencontre de la chalcopyrite, du cuivre panaché, de la chalcosine et de la pyrite de fer. Ces minerais se sont évidemment déposés en même temps que les boues charbonneuses formant le schiste bitumineux qui les contient.

Si on admet que les solutions métallifères ont été amenées par les failles qui rejettent la couche, on ne peut comprendre comment la précipitation des métaux à l'état de sulfure aurait pu se faire uniformément et exclusivement dans une couche unique de $0^m,50$ de puissance, sur une très grande étendue.

Il en est de même du district cuprifère de Perm (Russie), où les minerais sulfurés se rencontrent aux points où les grès contiennent d'énormes troncs d'arbres fossiles.

On se demande si les minerais oxydés (malachite, azurite) proviennent de minerais sulfurés plus anciens, ou s'ils se sont déposés originairement avec leur composition actuelle.

Cette dernière hypothèse paraît assez plausible, vu que l'action lente du sulfate de cuivre peut donner, au contact du carbonate de chaux, de la malachite et de l'azurite.

$$SO^4Cu + CO^3Ca = CO^3Cu + SO^4Ca.$$

Le minerai qui constitue le gîte de Commern (Eifel) (galène argentifère) montre que la formation de ce gîte n'exige pas que le métal soit à l'état de sulfate; il peut très bien être à l'état de chlorure. Il suffit que la dissolution ait renfermé des corps produisant un dégagement lent de H^2S, tels que des sulfates alcalino-terreux réduits par des matières organiques avec formation de H^2S.

3° *Genèse des minerais de fer sédimentaires.* — L'origine des solutions ferrugineuses doit être cherchée dans les silicates de protoxyde de fer des roches basiques (diorites, diabases), c'est-à-dire dans les amphiboles, les pyroxènes, les micas bruns qui entrent dans la constitution de ces roches. Ces roches se sont décomposées sous l'action de l'eau chargée d'acide carbonique. Il se forma tout d'abord du bicarbonate de fer soluble, qui se précipita par suite du dégagement d'une molécule d'acide carbonique. Ce carbonate de fer subsista lorsque l'oxygène de l'air ne put intervenir ou que son action oxydante fut neutralisée par des substances réductrices.

On peut donc affirmer que le carbonate de fer s'est formé partout où le bicarbonate s'est trouvé en présence de corps fortement réducteurs.

En l'absence de corps réducteurs, l'eau qui contient du bicarbonate de fer en dissolution laisse déposer de l'hématite brune (limonite).

Les mêmes minerais se forment également lorsque les roches basiques contiennent des pyrites : il y a production de sulfate ferreux qui, sous l'action de l'oxygène et de l'eau, a donné naissance à de la limonite.

Il est probable que des amas de carbonate de fer se sont formés par l'action du sulfate ferrique sur le calcaire, on a alors des gîtes de substitution analogues aux gîtes calaminaires. Exemple : les gîtes de Mokta-el-Hadid, Algérie.

Quant aux amas d'hématite rouge (oligiste), on suppose qu'ils proviennent d'amas d'hématite brune ($2 Fe^2O^3, 3 H^2O$) qui sont restés longtemps sous l'eau.

Il est évident que l'hématite rouge se transforme en hématite brune en présence de l'eau et de l'air. Ainsi s'explique la réunion fréquente de tous ces minerais dans un même gîte.

La sidérose et l'hématite brune sont certainement les formations originelles, et l'hématite rouge provient, en général, de la transformation de dépôts d'hématite brune.

La formation de ces minerais est extrêmement instructive parce qu'elle montre comment la nature réussit à la longue, tout en employant des dissolutions extrêmement étendues, à concentrer et à déposer sur d'autres points les métaux finement disséminés dans les roches.

Des minerais très particuliers sont les minerais lacustres qu'on rencontre principalement dans les lacs de la Scandinavie. Ces minerais forment des amas de 0^m,15 à 0^m,50 de puissance, ils se renouvellent dans une période de quinze à trente ans. On affirme que ces minerais se forment par l'intervention d'une petite algue (Gallionella ferruginea); ils sont constitués par de la limonite qui est parfois accompagnée de vivianite terreuse.

Maintenant, il s'agit de voir si les minerais se sont séparés sous la forme où nous les trouvons actuellement, avant le dépôt du toit, ou si la séparation a eu lieu avant la consolidation de la couche, mais après le dépôt du toit, par suite de phénomènes de transformation.

Dans ces deux cas, on se trouve en présence de sécrétions métallifères caractéristiques. Mais il peut se faire que des solutions métallifères aient pénétré dans la couche après le dépôt du toit. Cette pénétration a pu se faire pendant le durcissement et la transformation de la couche, ou bien, la formation métallifère a été postérieure à la consolidation de la couche.

Dans ces deux derniers cas, on a affaire à une imprégnation métallifère diffuse tout à fait typique.

Si l'on admet une pénétration ultérieure des solutions métallifères, il faut alors supposer que ces solutions sont arrivées par des fractures, des failles qui traversent ces terrains sédimentaires.

Mais comment expliquer l'imprégnation d'une couche à l'exclusion des couches voisines? On pourrait alors supposer que la couche minéralisée était extrêmement poreuse et que les couches voisines étaient très compactes. On pourrait également invoquer l'influence de la roche sur les solutions métalliques. Or, on n'a pas trouvé jusqu'ici un gîte métallifère permettant de constater que ces deux dernières hypothèses sont vraisemblables.

Par conséquent, l'hypothèse de l'arrivée des solutions minéralisées avant le dépôt du toit mérite la préférence.

Il est évident qu'il existe des imprégnations dans les roches sédimentaires, mais ces imprégnations sont très limitées; on les rencontre au contact d'une roche éruptive et d'une roche sédimentaire.

4º *Gîtes de phosphate de chaux.* — Les gîtes de phosphate de chaux proviennent de l'apatite qui est extrêmement répandue dans toutes les roches et notamment dans les roches acides. Cette apatite a été dissoute par les eaux, et cette solution minéralisée a imprégné certains terrains sédimentaires et tout particulièrement les terrains crétacés.

CHAPITRE III

MÉTALLOGÉNIE

I. — ASSOCIATIONS MINÉRALES

Les substances minérales sont très souvent associées; elles montrent les unes pour les autres des affinités qui sont presque toujours les mêmes : ce qui prouve que certaines lois ont présidé à leur formation. Ces associations peuvent être *originelles* ou dues au métamorphisme immédiat ou secondaire.

I. — Associations originelles.

Les associations originelles les plus fréquentes peuvent se répartir de la manière suivante :

(α) GITES FILONIENS.

Minerais.	*Gangues.*
1. Galène, Blende, pyrite de fer.	Quartz, calcite, fluorine, barytine.
2. Stibine, Mispickel, pyrite de fer.	Quartz, calcite, dolomie, fluorine.
3. Pyrites de cuivre, cuivres gris. Galène, blende, pyrite, sidérose.	Quartz, calcite, barytine.
4. Smaltine, nickéline, pechblende. Argent natif, argents rouges, bismuth natif, pyrite de cuivre, mispickel.	Quartz, calcite, dolomie, barytine.
5. Cassitérite, pyrite de fer, mispickel, wolfram, molybdénite.	Quartz, mica blanc, topaze, tourmaline, apatite, émeraude.
6. Cinabre, cuivres gris, stibine, pyrite de fer.	Quartz, calcite, barytine.
7. Or pyrite de fer, mispickel, pyrites de cuivre, galène, blende.	Quartz, calcite.
8. Or, tellure, cuivres gris, pyrite de fer.	Quartz, calcite.
9. Platine-or, Magnétite, fer chromé.	Serpentine, chlorite, pyroxène, grenat.

(β) GITES STRATIFIÉS.

Minerais.	*Gangues.*
1. Or, pyrite de fer.	Quartz (Transvaal).
2. Diamant, Magnétite, pyrite de fer.	Pyroxène, grenat pyrope, zircon, mica brun, péridot, quartz, calcite (Cap).

(γ) Gîtes alluvionnaires.

Minerais.	*Gangues.*
1. Diamant (or, cassitérite).	Magnétite, oligiste, martite, fer titané, pyrite altérée, rutile, rubis, saphir, cymophane, triphane, quartz, topaze, tourmaline, grenat, spinelle, zircon, sphène. *Ex.* : (Brésil, Inde, Bornéo, Australie).
2. Or, Platine, cassitérite.	id.
3. Platine, or.	id.
4. Cassitérite, or.	id.

II. — Associations par métamorphisme immédiat.

Quant aux associations par métamorphisme immédiat, elles résultent de l'action exercée par certains minéralisateurs sur les épontes des filons. Ainsi, dans les gîtes stannifères, la cassitérite est associée eu *greisen* provenant de la décomposition des granulites, à la topaze, la tourmaline, l'apatite, etc., etc...

Les *eaux ferrugineuses* arrivant sur des bancs de calcaire siliceux ont amené la formation de magnétite, avec grenat, pyroxène.

II. — CLASSEMENT DES MÉTAUX PAR TYPES DE GISEMENTS

La répartition des principaux métaux entre les divers types de gisements est régie par des lois qui se déduisent de quelques propriétés chimiques.

1º Les métaux réfractaires à toute combinaison sont : le platine, le palladium, l'iridium; ces métaux se trouvent en inclusions dans les roches basiques.

2º Les métaux donnant avec l'oxygène, des oxydes neutres ou acides et présentant, pour la plupart, peu d'affinités pour les minéralisateurs ou ayant été scorifiés sans leur intervention, sont : le chrome, l'aluminium, le manganèse, le titane, le vanadium, le nickel, le cobalt et le fer.

3º Les métaux se combinant avec des minéralisateurs tels que le chlore, le fluor, etc., etc., sont : l'étain, le bismuth, le tungstène, le zirconium, l'uranium, l'or, etc. Ils forment des gîtes filoniens localisés au contact d'une roche éruptive acide.

4º Les métaux formant des sulfures doubles ou des persulfures solubles à chaud et sous pression mais facilement reprécipités sont : le cuivre, le plomb, le zinc, le fer, le cobalt, l'argent, le mercure; ils sont souvent associés à l'arsenic ou à l'antimoine; ils forment des ségrégations sulfurées, des filons, des imprégnations, des substitutions, etc.

5º Les métaux faiblement solubles même à la température ordinaire à l'état de combinaisons oxydées basiques sont : le calcium, le strontium, le magnésium, le baryum; ils forment les gangues filoniennes.

6º Les métaux donnant des sels solubles à froid sont : le potassium, le sodium, etc.; ils forment des gîtes sédimentaires d'évaporation (mines de Stassfurt).

III. — AGE DES GITES MÉTALLIFÈRES

L'âge du remplissage métallifère peut être, comme nous le savons, très différent de celui de la fracture.

Les fractures ont été tout d'abord remplies par les éboulis des parois, et souvent ce n'est qu'au bout d'un temps très long qu'elles ont été envahies par les eaux thermales minéralisantes. Par conséquent, l'âge du remplissage est difficile à déterminer.

On a constaté que, dans une région donnée, à chaque période de plissements ou d'effondrements, une série de venues métallifères se sont reproduites dans le même ordre; mais, ce qui existe pour un district minier n'est pas nécessairement vrai pour d'autres régions. Il est évident que, dans les remplissages zonés, on peut, non pas déterminer la date absolue d'arrivée, mais l'âge relatif des diverses venues.

Il est clair que, s'il n'y a pas un âge déterminé pour l'étain ou le mercure, et pour le granite ou le basalte, cela n'empêche pas qu'en pratique on a peu de chances de trouver de l'étain tertiaire ou du mercure primaire, pour la raison bien simple que l'étain est resté en relation intime avec les magmas acides profónds et n'a été mis au jour que par les érosions, tandis que le mercure qui est très volatil est arrivé jusqu'à la surface. On a également peu de chances de rencontrer un granite pliocène ou un basalte cambrien.

IV. — CHRONOLOGIE DES VENUES MÉTALLIFÈRES

Quelques ingénieurs ont établi une distinction fondamentale entre les métaux liés aux roches acides à fumerolles abondantes et les métaux liés aux roches basiques.

Ils admettent que les métaux qui se sont dégagés à l'état de chlorures et de fluorures vers 500º sont l'or et l'étain accompagnés de bismuth, de tungstène et de quelques sulfures de plomb, zinc, cuivre, fer, ou des carbures généralement marqués par la prédominance des chlorures ou des fluorures. Puis à l'état de sulfures, entre 400º et 300º, l'antimoine d'abord, ensuite le plomb et le zinc (avec cuivre, fer, cobalt), l'argent; et, au-dessous de 200º, le mercure : cela avec apparition des carbures qui abondent dans les gîtes de cinabre et se présentent déjà dans ceux d'argent. Enfin, à l'état de carbonates, au-dessous de 100°, le fer, et le manganèse (le manganèse semble être arrivé à l'état de chlorure). Cette dernière formation a été, en général, très prolongée.

Dans les roches basiques, les minéralisateurs étant moins abondants, on retrouve souvent les métaux à l'état d'inclusions ou de ségrégation ignée. Exemple : or, platine, fer, cobalt, nickel, chrome; ou, si le dégagement s'est effectué, il a eu lieu en sulfures, ou en carbures, à une petite distance et souvent même au contact de la roche. Ce cas est réalisé dans quelques gîtes de cuivre, de fer ou de nickel, plus rarement pour d'autres métaux sulfurés.

M. de Launay a groupé les principales venues métallifères de la façon suivante :

I. **Phase huronienne.** — Les venues métallifères qui se sont produites pendant la phase huronienne sont :

1° La *venue de l'or* associé aux amphibolites dans les Black Hills du Dakota (U.-S.). Peut-être l'émission de certaines pyrites aurifères, interstratifiées dans les gneiss du nord de la Norvège;

2° La *venue d'argent* de Kongsberg (Norvège) et celle de Sarrabus (Sardaigne);

3° La *formation des gîtes plombifères et zincifères* d'Ammeberg (Suède);

4° La *venue cuprifère* du Lac Supérieur, peut-être les amas de pyrite cuivreuse de Rőraas (Norvège), de Fahlun (Suède) intercalés dans les gneiss;

5° Les *gîtes sédimentaires d'hématite brune* du Lac Supérieur; les minerais magnétiques de Dannemora (Suède) et de Mokta-el-Hadid.

II. **Phase calédonienne.** — La venue calédonienne comprend :

1° Le *gîte aurifère* de Bőmmelő (Norvège); dans ce gîte, les filons de quartz aurifère se trouvent au milieu du silurien fortement plissé et en relation avec des roches granitiques. Les filons aurifères de Merionethshire (Pays de Galles) encaissés dans le silurien. Les mines de Berezovsk, et la plus grande partie de l'or de Sibérie. Certains mispickels aurifères rencontrés en Europe. Au sud de l'équateur, vers le 25°, se trouve une zone aurifère de même âge : le gîte du Transvaal, les gîtes de l'Australasie, du Brésil;

2° La *plupart des gîtes stannifères*, et notamment ceux de Cornouailles, de la Saxe, de la Bohême, de la Bretagne, du Plateau Central français;

3° Les *filons de cuivre* de Cornouailles et le gîte cuprifère de Rammelsberg;

4° Les *gîtes de fer de Segré* (Maine-et-Loire), de Diélette (Manche), de Saint-Remy (Calvados), de Saint-Léon (Sardaigne), de Krivoï-Rog (Russie) : tous ces gîtes sont dans le silurien.

III. **Phase hercynienne.** — La venue métallifère hercynienne comprend :

1° Les *nombreux filons de stibine* du Plateau Central, encaissés dans le granite ou le gneiss. Ceux de la Forêt-Noire, dans le silurien, de la province de Barcelone, dans le dévonien; et enfin les gîtes d'Arnsberg en Westphalie intercalés dans le carbonifère.

2º *Les célèbres gîtes de zinc* de la Vieille-Montagne. Ceux de Carthagène (Espagne), dans le permien; ceux de Raibl en Carinthie; de Bergame en Lombardie, et ceux de Silésie dans le muschelkalk; enfin, les gîtes de la Lozère et du Gard qui vont du trias à l'oxfordien;

3º *Les gîtes plombifères de Pontgibaud* (Puy-de-Dôme) et du Morvan. On considère également comme étant du même âge, la majeure partie des filons de Przibram dans le silurien, de Freiberg dans le granite, la granulite; de Clausthal dans le culm. Ceux de Linarès (Espagne) traversant le silurien et recouverts par un grès triasique.

D'une façon générale, dans toute l'Europe centrale où s'est élevée la chaîne hercynienne à l'époque carbonifère, on voit, à la suite de ce plissement, se multiplier les venues plombifères, en même temps que viennent au jour les éruptions de microgranulites, de porphyres petrosiliceux, etc., etc.

4º La fin de la période hercynienne est marquée par de très importants *dépôts sédimentaires de cuivre* qui sont :

Les grès cuprifères de Perm (Russie), les gîtes de la Bohême du nord, ceux de Corocoro (Bolivie); tous ces gîtes sont dans le rothliegende. On rencontre, dans le zechstein, les gîtes cuprifères du Mansfeld, de la Westphalie et de la Hesse, dans le silurien, les grands amas de pyrite cuivreuse de la province de Huelva (Espagne) (Rio-Tinto, Tharsis, etc., etc.).

5º *Les gîtes de mercure* d'Almaden, d'Ovideo (Espagne), les premiers encaissés dans le silurien, les seconds dans le carbonifère. Les traces de mercure constatées dans le département de la Manche. Les gîtes de la Bavière rhénane et du Palatinat qui recoupent le permien.

IV. **Phase alphimalayenne.** — La venue alphimalayenne comprend :

1º Les *gîtes aurifères* de la Californie et des Carpathes. Ceux de la chaîne alphimalayenne et enfin ceux de la Nouvelle-Zélande. Dans ces différents gîtes, l'or accompagne toujours des roches trachytiques.

Remarque. — Pour terminer l'histoire complète de l'or, il convient d'ajouter qu'à côté de cette venue acide, il existe dans chaque phase de plissement une venue basique postérieure où l'or associé à des sulfures divers se concentre à la périphérie des massifs de diorite, de serpentine. Exemple : Guyane, Nouvelle-Calédonie, Madagascar, Siam, etc., etc.

2º Les *émissions stannifères de* Campiglia Maritima (Toscane) dans le jurassique. Les cristaux de cassitérite des granulites tertiaires de l'île d'Elbe. Les gîtes complexes de Bolivie. Les gisements qui contiennent de l'étain, renferment également du bismuth, du tungstène, et assez souvent de l'or;

3º Les *gîtes antimonifères* d'Algérie, dans le néocomien. Ceux de Felsobanga (Hongrie); de Pereta (Toscane), etc., etc.;

4º Les *gîtes zincifères* de Santander (Espagne); de Sakamody et de Guerrouma (Algérie); de Blankenrode (Allemagne);

5º Les *gîtes plombifères* de Leadville (Colorado);

6º Les *gîtes argentifères de* Chemnitz dans les Carpathes, et ceux de la longue chaîne des Andes;

7º Les *gîtes de mercure* d'Idria, Potocnig et Littaï en Carniole, ces gîtes sont postcrétacés. Ceux de Vénétie, de Toscane, de Serbie, de Perse, du Yangs-chekiang (Chine), du Kamschatka. Enfin les gisements de la Californie et du Mexique qui sont peut-être postpliocènes;

8º Les *gîtes de fer* des Pyrénées, le dépôt d'épanchement ferrugineux de l'île d'Elbe, de Bilbao (Espagne) de la Tafna (Algérie). Les dépôts de minerais pisolithiques du Berry.

Résumé. — On voit clairement, par ce qui précède, que la distribution des minerais, comme celle des roches, est liée à la distribution des zones de plissement. Avec chacune des quatre grandes chaînes successives, on constate un retour de conditions analogues.

Il est clair que, plus une chaîne de plissement est ancienne, plus ses saillies ont dû être enlevées; plus, en conséquence, on en voit au jour les racines profondes. La conséquence est que, suivant l'âge de son dernier plissement, chaque région comporte des types de gîtes métallifères différents, correspondant à des cristallisations effectuées primitivement à une distance plus ou moins grande de la superficie.

Cette phase de métallisation tertiaire nous apparaît comme terminée; il ne se forme aujourd'hui aucun gisement métallifère important à la surface du sol.

V. — RÉPARTITION GÉOGRAPHIQUE DES GISEMENTS

On peut se demander pourquoi tel pays est-il plus riche en métaux que tel autre, et pourquoi il renferme spécialement tel ou tel métal.

Il y a lieu de considérer des provinces métallogéniques comme on considère des provinces pétrographiques qui sont d'ailleurs connexes.

La métallisation d'une région dépend :

1º De la composition du magma fondamental qui s'est trouvé en former le substratum;

2º Des mouvements tectoniques subis par cette région, mouvements ayant eu pour conséquences principales : l'introduction de magmas différenciés d'une composition et d'une structure déterminées, puis l'ouverture de dislocations d'un certain type, enfin un retour en profondeur ou une remontée au jour plus ou moins accentués;

3º Du temps depuis lequel ces mouvements se sont opérés, temps qui détermine en moyenne l'intensité des érosions et, par suite, la profondeur de la coupe horizontale, arbitrairement placée dans la chaîne primitive, qui forme la superficie actuelle.

Laissant de côté la composition primitive du magma fondamental que nous ne connaissons pas bien, on constate très nettement qu'un type pétrographique entraîne un type métallogénique, quelle que soit d'ailleurs la cause pour laquelle ce type pétrographique se trouve lui-même développé.

Ainsi, si nous ne considérons d'abord que la structure, on trouve l'étain et son groupe, parfois l'or, plus rarement le cuivre, au voisinage des magmas granitiques ou granulitiques. La stibine accompagne souvent les microgranites.

Près des roches ophitiques ou franchement microgrenues on voit le cuivre, puis le plomb et le zinc; ces métaux se trouvent également reliés aux roches microlitiques.

Enfin, les roches nettement microlitiques ou pétrosiliceuses seront surtout accompagnées d'argent ou de mercure.

Cette relation correspond surtout à la distance plus ou moins grande jusqu'à laquelle les sels des métaux ont pu s'écarter de la roche mère, tout en restant en dissolution, tandis que les structures considérées se produisaient elles-mêmes à une distance croissante. Cette distance a pu être réalisée pratiquement de deux manières, en coupe verticale et en coupe horizontale.

En coupe verticale, l'ordre où nous venons d'énumérer les structures rocheuses et les métaux connexes a pu être réalisé par une profondeur plus ou moins grande de cristallisation, profondeur elle-même mise à nu par une érosion plus ou moins forte. Si cette érosion a été profonde, ce qui a lieu dans les chaînes anciennes, on y trouvera des roches à structure granitique et, au voisinage, les métaux tels que l'étain, le tungstène, l'or, etc., énumérés plus haut comme connexes. Si l'érosion a été moins profonde, on trouvera des roches microgrenues avec du cuivre, du plomb et du zinc. Enfin, si l'érosion a à peine commencé, on trouvera du plomb, du zinc, etc., une abondance de minerais argentifères, parfois aurifères, et du mercure.

En coupe horizontale, la loi se traduit de la même manière, c'est-à-dire par une disposition des métaux suivant des auréoles concentriques autour du magma igné qui leur a servi de point de départ, chacun ayant pu s'écarter d'autant plus qu'il donnait des sels plus solubles.

Dans cet ordre d'idées, on doit prévoir toutes les complications et les anomalies que peuvent entraîner la structure très hétérogène du sol, les facilités de pénétration très différentes rencontrées par les roches, fumerolles, ou eaux métallisantes dans un sens ou dans l'autre, la profondeur également différente qu'ont pu atteindre les érosions sur des compartiments voisins ayant rejoué différemment après avoir été inégalement plissés, etc., etc. On trouve cependant quelques districts métallifères où cette règle paraît assez bien établie et où on observe la succession théorique : Étain, cuivre, zinc, plomb, argent, mercure. Exemples : le Cornwall, la Toscane, le Yunnan, l'Algérie.

VI. — RELATION DU TYPE DE GISEMENTS
AVEC LA PROFONDEUR ORIGINELLE

On sait que la zone de cristallisation filonienne avait dû être limitée verticalement dans les deux sens, en bas comme en haut. Le type filonien n'a pu être réalisé que dans une zone où les fractures ne tendaient pas à se fermer

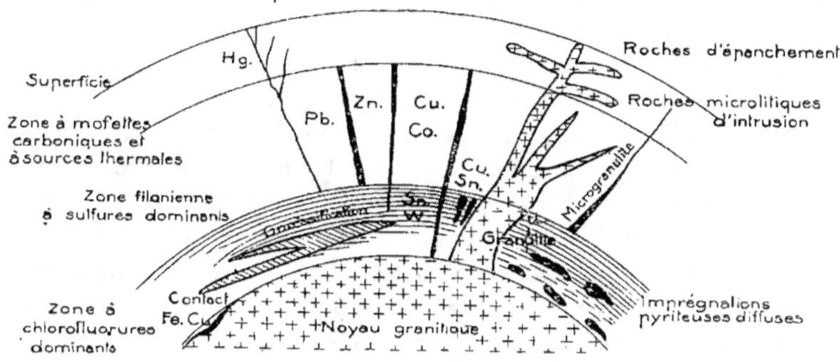

Fig. 266. — Schéma de la pénétration métallifère autour d'un noyau granitique.

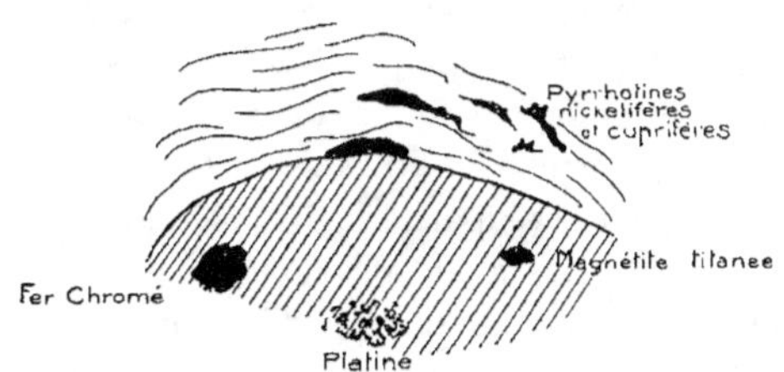

Fig. 267. — Schéma des minerais en relation avec un noyau basique.

Schémas ayant pour but de mettre en évidence les rapports des métaux les plus caractéristiques avec les roches ignées et le type de métallisation en profondeur. Les métaux sont juxtaposés pour plus de clarté et non superposés comme ils le sont en réalité.

et où existaient des circulations hydrothermales. Par conséquent, l'étude de ces gisements est assez limitée.

En profondeur (fig. 266), il y a eu pénétration intime des magmas ignés dans les terrains encaissants. Puis, par suite d'un métamorphisme régional, les terrains ont été gneissifiés et minéralisés par des imprégnations diffuses de pyrite, dans lesquelles on trouve du cuivre ou de l'or, mais peu de plomb ou de zinc. Dans la même zone approximative, on aura des laccolites basiques à structure granitique, à l'intérieur desquels se seront opérées des ségrégations oxydées, et à la périphérie desquels les émanations sulfurées auront donné

naissance à des gîtes de départ immédiat, où domine la pyrite parfois cuprifère ou nickelifère. Voilà les gisements principaux que l'on peut trouver dans
les régions où l'érosion, portant sur des massifs anciens, a atteint une grande
profondeur, comme le Canada, la Scandinavie, la Finlande, le Brésil, etc., etc.
Les filons proprement dits y seront très rares, et on se demandera s'ils ne
résultent pas d'une dislocation ultérieure, comme celle qui a affecté les massifs
hercyniens au moment des mouvements alphimalayiens. Nous citerons,
comme exemples, les filons argentifères du district de Cobalt (Ontario), de
Königsberg (Norvège), et les gîtes cuprifères du Lac Supérieur.

A une profondeur d'érosion moindre, portant sur une zone de consolidation moins ancienne, telle que celle de la chaîne hercynienne, on verra apparaître
au jour les roches acides plus légères que les roches basiques, et autour d'elles,
les minerais qu'elles entraînent habituellement, tels que l'étain et son groupe,
puis le cuivre et parfois l'or. Ces roches peuvent être considérées comme repré-
sentatives de la chaîne hercynienne. On a, comme formes de gisements, des
départs acides immédiats qui donneront naissance à des stockwerks stannifères,
avec association de tungstène, de bismuth et d'or, ou à des masses d'oxyde
de fer associées à des roches acides ou neutres, ou encore à des filons de stibine,
de mispickel, etc., etc. Tous ces gisements n'offrent pas, en général, une grande
continuité.

C'est à une zone plus récente, moins profonde, que se rapportent les filons
tertiaires; ils constituent la très grande majorité des filons sur lesquels portent
nos travaux. Il y a eu, à cette époque, comme dans les précédentes, de grands
plissements, mais ce n'est pas sur les parties subsistantes et non érodées de
ces chaînes plissées que portent la plupart des gîtes métallifères tertiaires.

On trouve ceux-ci ou dans les avant-pays redisloqués dans lesquels les
terrains étaient devenus compacts, par suite d'un retour en profondeur (cette
compacité permettait de donner des cassures prolongées) ou encore dans les
parties latérales de ces chaînes elles-mêmes .

On rencontre ainsi de superbes districts miniers à nombreux filons entassés
dans un champ parfois restreint et pouvant être suivis sur des centaines de
kilomètres de longueur, des fractures larges et continues minéralisées par le
groupe blende, galène, pyrite, cuivre, tandis que l'étain disparaît presque
complètement. L'or argentifère y abonde parfois; on y rencontre le mercure.

Enfin, on peut observer, par endroits, des manifestations plus superficielles
qui se montrent en relation directe et immédiate avec des roches volcaniques
parfois sous la forme de fissures de retrait; ailleurs, sous celle de filons minces
et inconstants. Dans ces conditions, il a pu se former des réseaux localement
très riches en métaux précieux, mais sans continuité, où l'argent prend le
dessus sur le groupe blende, galène, pyrite, cuivre, et où le mercure est
fréquent.

Là où les chaînes·plissées subsistent et où l'érosion a été insuffisante pour en dénuder les parties profondes; il y a fréquemment tendance à la dispersion des gisements dans des terrains encore meubles qui ne se sont pas prêtés à l'ouverture de fractures prolongées.

Ces régions plissées tertiaires sont celles des filons couches, des filons de contact, des veines dispersées dans lesquelles la métallisation blende, galène, pyrite, cuivre a pris une grande intensité, surtout quand l'encaissement s'est effectué dans un terrain calcaire.

VII. — PROVINCES MÉTALLOGÉNIQUES D'EUROPE

En Europe, on admet six groupes principaux de types régionaux, que l'on retrouve avec une importance relative différente sur les autres continents.

1º *Scandinavie*. — On trouve en Scandinavie des gisements de ségrégation oxydée ou de départ sulfuré périphérique. Nous citerons, comme exemples, les minerais de fer de Routivara et de Taberg, dans une hypérite à olivine. Le groupe des sulfures nickelifères d'Erteli, de Meinkjar, cristallisés à la périphérie des gabbros. On trouve également des imprégnations de pyrites diffuses ou concentrées en amas dans des terrains métamorphisés, à Röraas, Fahlun, Foldal, Wigsnaes, etc., etc.

Les types filoniens y sont rares, et presque localisés dans le Sud, où l'influence des mouvements calédoniens s'est fait sentir : fahlbandes de Kongsberg traversées par des filonnets de minerai d'argent.

2º *Chaîne pennine*, etc. — On trouve des groupes métallogéniques tout à fait différents, quand on aborde les zones hercyniennes excentriques où l'influence des mouvements alpins ne s'est pas fait sentir.

Par exemple, dans le Cumberland, dans la chaîne Pennine et le Pays de Galles, on observe des types filoniens contenant parfois de l'or; ailleurs, les filons blende, galène, pyrite, encaissés dans les calcaires, donnent, par métasomatose, des gîtes analogues aux gîtes tertiaires de la zone méditerranéenne.

Le Cornwall offre, autour de massifs granitiques, des auréoles d'étain et de tungstène, auxquels s'ajoute du cuivre qui devient plus abondant et fait place à la forme filonienne du plomb et du zinc.

3º *Plateau Central*, etc. — Sur le continent, on attribue encore à la période hercynienne la zone stannifère et aurifère que nous suivons en Espagne, en Portugal, dans le Plateau Central, en Bretagne, en Saxe, etc. Les filons plombozincifères que l'on rencontre sur cette zone appartiennent à deux groupes indépendants.

Les uns ont été recouverts par les sédiments secondaires et par suite d'âge hercynien; les autres résultent de redislccations tertiaires. On doit séparer des gisements réellement hercyniens la plupart des filons plombo-zincifères du Plateau Central.

Il est possible de rapporter à la fin de la phase hercynienne le type de métallisation qui affecte, à travers toute l'Europe, les terrains permo-triasiques sur toute la longueur de la chaîne plissée hercynienne, avec minéralisation cuprifère, ou accessoirement plombifère.

4° *Pyrénées-Alpes*, etc. — Le type des chaînes plissées tertiaires se présente dans la Sierre Nevada, les Pyrénées, les Alpes et dans les Carpathes. On trouve, dans les Pyrénées, un type de filons-couches disloqués renfermant blende, galène, pyrite, cuivre. La pyrite parfois abondante a donné naissance à des minerais oxydés et carbonatés.

Les Alpes présentent également des filons dispersés ayant pris l'allure des filons-couches; les gîtes fructueux sont assez rares. Il existe, en outre, sur certaines parties de la chaîne, des métallisations différentes en rapport avec un métamorphisme régional par retour en profondeur et pouvant remonter à une phase plus ancienne.

Quand les chaînes tertiaires ont été simplement plissées sans dislocations, ni manifestations éruptives, comme le Jura, par exemple, les minerais y font totalement défaut.

5° *Hongrie*. — Le type ouest-américain des métallisations liées à des manifestations éruptives tertiaires est surtout représenté en Europe à l'intérieur de l'arc carpathique, dans les grands districts métallifères de la Hongrie. On trouve à Schemnitz, Kremnitz, dans l'Erzgebirge hongrois, des groupes de filons riches en argent et en or. Vers l'est, les districts de Nagy Banya et de Zalatna offrent des filons d'or tertiaires associés au tellure. Enfin, la zone du Banat qui se prolonge en Serbie est caractérisée par le groupe des intrusions métallifères sulfurées avec magnétite, associées à une gangue silicatée.

6° *Type méditerranéen*. — Le type méditerranéen que l'on retrouve dans le nord de l'Afrique et en Turquie d'Asie est constitué par des filons blende, galène, pyrite passant à travers des schistes et des calcaires avec formation d'amas calaminaires ou de carbonates et oxydes de fer, à la rencontre des calcaires.

NOTE I

Résumé de métallogénie.

En partant de l'hypothèse fondamentale de la relation entre les minerais et les roches éruptives, on peut établir une relation correspondante entre la nature des gisements et la profondeur à laquelle ils se sont constitués.

Si on considère une roche éruptive contenant des minerais et si elle est en train de cristalliser sous une couche de terrains sédimentaires, il est évident que ces minerais auront une tendance à s'échapper sous forme de fumerolles métalliques. Les métaux commencent à se grouper en grains disséminés dans la roche : c'est ce que l'on appelle les gîtes en inclusions. Exemple : le platine, les diamants du Cap, les oxydes de fer (magnétite, fer chromé), etc., etc.

Après les inclusions, on voit les éléments se grouper et se concentrer dans l'intérieur de la roche éruptive et encore à une grande profondeur. On a alors un gisement de ségrégation métallique. On rencontre des amas minéralisés de 50 mètres de large. Les minerais sont des minerais de profondeur, on ne peut donc les trouver que dans les régions où se trouvent des roches de profondeur; par exemple, en Norvège, en Finlande, au Canada, c'est-à-dire dans les provinces boréales. Les minerais sont constitués par de la magnétite, des fers titanés. Ces minerais n'existent pas dans nos régions. La formation de ces minerais peut être comparée aux phénomènes de liquation en vase clos.

A la suite des ségrégations, il se produit un groupe de phénomènes différents. Des fumerolles métalliques se dégagent de la masse et viennent former des amas localisés au contact de la roche éruptive; c'est ce qu'on appelle des minerais de départ immédiat ou de ségrégation périphérique sulfurée; ces minerais sont formés de sulfures de cuivre, cobalt et nickel. On connaît des gîtes très importants au Canada (Mine de Sudbury).

Il existe encore dans la zone de profondeur des gisements qui ont la forme de lentilles formant des paquets avec des veines transversales. Ce type de gisement est désigné sous le nom d'imprégnation diffuse; il présente un grand intérêt, car il fournit une grande partie des gîtes aurifères; il est assez difficile de les exploiter, parce qu'elles sont irrégulières.

On arrive, enfin, aux types filoniens proprement dits, en commençant d'abord par ceux qui sont reliés aux roches éruptives profondes, c'est-à-dire aux granites, pour passer aux minerais dérivés des types plus superficiels, microgranites, et aux roches microlitiques (rhyolites). Avec la granulite, se développent l'étain et son groupe, qu'accompagne le cuivre. Puis l'étain disparaît et le cuivre se retrouve avec le plomb et le zinc, et plus haut le mercure.

Les minerais ne sont pas les mêmes dans une région que dans une autre. Par exemple, les minerais du Plateau Central sont différents de ceux de l'Algérie. Par contre, dans certaines régions très éloignées l'une de l'autre, on retrouve certaines analogies. Ainsi, on observe les mêmes types dans le Plateau Central, la Bohême ou la Saxe. Les mines de Freiberg représentent des analogies avec celles des Monts Altaï (Asie).

On pense que les gîtes sont groupés par provinces métallogéniques qui sont déterminées par l'âge des zones tectoniques.

En Europe, on peut distinguer du nord au sud : la zone huronienne, calédonienne, hercynienne, alphimalayenne. Chacune de ces zones constitue un groupe de provinces métallogéniques homogènes.

Ainsi, dans les zones huronienne et calédonienne de Scandinavie les types d'inclusions, de segrégations, d'imprégnations diffuses sont bien représentés, et on trouve leur équivalent au Canada, au Brésil, dans l'Inde, en Sibérie, et dans l'Afrique Centrale.

Dans la zone hercynienne, on voit se développer le type pétrographique des porphyres qui correspond à une demi-profondeur, et en même temps se développer le groupe filonien caractérisé par le groupement blende, galène, pyrite.

Plus au sud, on trouve dans les plis tertiaires, des roches volcaniques, et en même temps les minerais auro-argentifères. Exemple, dans les Carpathes. On retrouve également des gîtes aurifères dans les Montagnes Rocheuses et dans les Andes. Au-dessus des minerais d'or, se trouvent les minerais de mercure.

Depuis leur formation, les gîtes ont subi des modifications profondes, et notamment dans les régions très accidentées. Ces modifications proviennent, en grande partie, de l'action des eaux météoriques sur les minerais primitifs qui étaient presque tous à l'état de sulfure.

On voit par ce qui précède, que l'étude des provinces métallogéniques est très instructive. Lorsqu'on prospecte une région nouvelle, on doit tout d'abord étudier la tectonique de cette région, ce qui permet d'avoir une idée des minerais qui peuvent s'y trouver, et savoir dans quel ordre il faut diriger les recherches.

Note sur la genèse des sulfures.

En fondant un mélange en proportions convenables de fer et de soufre on obtient un produit ayant la composition de la pyrite (Rammelsberg).

La pyrrhotine se produit également en chauffant du fer avec un excès de soufre, et c'est là une raison sérieuse de croire que la composition de la pyrrhotine n'est pas constante, ce minerai étant une solution solide de soufre dans le sulfure ferreux.

L'examen des cristaux de pyrrhotine synthétique confirme le dimorphisme de la substance. La forme α stable à haute température est orthorhombique avec des angles de 60° environ dans la zone du prisme. Elle est caractérisée par le développement considérable de la base plane et est habituellement allongée parallèlement à l'axe x. La forme β stable à basse température est hexagonale et forme presque invariablement des macles cruciformes. La troïlite (FeS) est considérée comme une espèce distincte, mais est le terme final de la série pyrrhotine.

On obtient des résultats analogues pour la blende et la wurtzite.

Les formes instables des sulfures se sont déposées en solutions acides et les formes stables en solutions alcalines, bien que dans certaines conditions de température et de concentration elles puissent être ainsi obtenues en solutions acides.

Les cristaux de marcasite peuvent être obtenus par action de H^2S sur les sels ferriques, ou par action de H^2S et du soufre sur les sels ferreux. Les basses températures et la présence d'acide libre favorisent leur formation. La marcasite pure se produisant en solution contenant 1 % de SO^4H^2; des solutions moins acides et des températures plus hautes donnent des mélanges de marcasite et de pyrite. Chauffée à 450°, la marcasite est lentement convertie en pyrite avec dégagement de chaleur.

Ces observations sont en accord avec le fait que la pyrite se présente comme le constituant principal de magmas; la marcasite ne se forme pas ainsi. La pyrite se présente en veines profondes, dans le voisinage des sources thermales, où elle est déposée par de l'eau plus ou moins alcaline. La marcasite, par contre, se présente en veines de surface; elle est déposée par des solutions acides froides.

Chauffée, la pyrite est convertie en pyrrhotine, ce changement étant réversible et se produisant vers 565°; on a constaté en effet que, chauffée à 550° dans H^2S, la pyrrhotine se transformait en pyrite, tandis que le changement inverse se produisait rapidement à 575°.

NOTE II

Recherche de l'origine réelle des minerais à allure sédimentaire, le long de la chaîne hercynienne.

L'origine superficielle par lessivage des roches encaissantes et incrustation de haut en bas (*per descensum*), dans la formation des gîtes filoniens, n'est pas générale; elle comprend quelques gîtes particuliers. Ex. : gisements de nickel, de manganèse, de fer, etc., etc. — On se demande si un gisement à allure filonienne, mais sans racine profonde, ne proviendrait pas d'une nappe de charriage disparue (Termier).

On peut dire que les venues métallifères sont d'origine interne, localisées à chaque époque dans la zone d'action des intrusions ignées. On admet que la métallisation filonienne n'a pas atteint la surface.

Les gisements du Mansfeld, de la Silésie, de la Lorraine, du Transvaal, etc., etc., sont des gisements de sédimentation contemporaine.

L'âge des formations métallifères stratiformes comprend deux groupes :

L'un marqué par une précipitation chimique ayant pu être contemporaine ou postérieure avec rôle prédominant du cuivre, le long de la chaîne hercynienne, dans le permo-trias.

L'autre caractérisé par des précipitations mécaniques, certainement sédimentaires, dont l'or est le principal spécimen, le long de la chaîne alphimalayienne, depuis la Sierra Nevada jusqu'à la Serbie, les Carpathes, les monts Elbourz, le Turkestan et l'Annam.

Remarque. — Les poudingues aurifères du Gard sont une exception, ils sont dans la chaîne hercynienne.

La période permo-triasique est remarquablement caractérisée en Europe et dans l'Amérique du Nord par le développement d'imprégnations métallifères, surtout riches en cuivre, accessoirement plombo-zincifères, qui portent généralement sur des grès et des conglomérats et accessoirement sur des lits schisteux. — On en observe quelques-uns à l'époque tertiaire. Cela porte à supposer qu'il y a une relation entre les terrains propres à cette minéralisation et les traits tectoniques particuliers à cette période.

Or, on constate que, dans les terrains permo-triasiques présentant des couches d'apparence identique, certaines couches sont minéralisées, tandis que d'autres ne le sont pas, et, de plus, que les couches de grès perméables ne sont pas minéralisées, tandis que des couches argileuses peu perméables le sont; par conséquent, il n'est pas possible d'admettre que la minéralisation s'est effectuée par des failles nourricières.

On constate, en outre, que la métallisation des couches permo-triasiques est en rapport avec la proximité des massifs éruptifs qui contiennent des venues filoniennes. Par conséquent, il y a tout lieu de supposer que les gisements sédimentaires, cuprifères et autres, du permo-trias ont pour origine la destruction de filons préexistants dans la chaîne hercynienne; il y a eu ensuite concentration des solutions dans les bassins d'évaporation lagunaires ou désertiques avec dépôt immédiat quand il se formait des sédiments argileux, ou bien au contraire, pénétration des eaux cuprifères ou autres dans le sous-sol de sable et de galets, et, lorsque ces eaux minéralisées ont atteint des bancs calcaires, il y a eu substitution et même formation de sulfures par suite de la réduction des sulfates par les matières organiques. Ex. : Mindouli.

TROISIÈME PARTIE

———

GITES CARACTÉRISTIQUES

CHAPITRE PREMIER

GITES DE DIAMANT

Les principaux centres de production du diamant sont :

Le Cap, le Brésil, l'Inde, Bornéo, l'Australie, le Transvaal, le Sud-Ouest africain allemand, les États-Unis.

Gisements du Cap.

Le diamant a été découvert au Cap, vers 1867. Les principaux districts sont : Kimberley, de Beers, Dutoits Pan, Baltfontein et Jagersfontein.

Les terrains qui constituent cette région appartiennent aux formations permo-triasiques désignées sous le nom de Karoo. Ces terrains se composent de couches de grès, de schistes et de quartzites, avec intercalations de roches éruptives telles que la diabase à olivine et la diabase ophitique.

Les gisements se présentent sous la forme de cheminées verticales de 150 à 300 mètres de diamètre, remplies d'une roche bréchiforme qui est la kimberlite, variété de picrite qui appartient à la famille des péridotites.

Les cheminées recoupent très nettement les couches horizontales du Karoo, légèrement soulevées à leur contact. Le calibre des cheminées se rétrécit en profondeur. Les parois de la cheminée portent des stries analogues aux stries glacières, ce qui montre que la matière contenue dans la cheminée a subi une très forte poussée de bas en haut.

Le remplissage est constitué en profondeur par une kimberlite non altérée (blue ground, terre bleue), et à la surface par la même roche altérée (yellow ground, terre jaune). Le tout est recouvert de latérite. On rencontre dans le blue ground des poches à grisou.

Daubrée pense que la formation de ces cheminées peut être considérée comme le produit d'une explosion de gaz interne (voir p. 332).

Les terrains du Karoo ne renferment pas la moindre trace de diamants. La nature de ces terrains n'a eu aucune influence ni sur la quantité ni sur la qualité des diamants. Les diamants sont évidemment venus de la profondeur avec la roche péridotique.

Les véritables cheminées diamantifères reconnues jusqu'ici se trouvent sur une ligne de 200 kilomètres de longueur, dirigée N. 30° O.

Les diamants rencontrés dans ces gisements sont le plus souvent en cristaux à faces courbes, entourés d'une mince couche de calcite.

On trouve des cristaux brisés sans que jamais on ait rencontré côte à côte deux morceaux du même cristal, ce qui montre qu'ils n'ont pas été formés

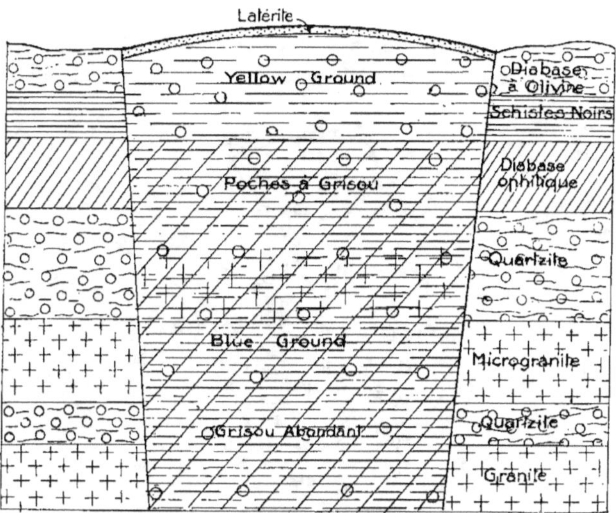

Fig. 268. — COUPE THÉORIQUE DE LA MINE DE KIMBERLEY.

sur place. Ils sont généralement assez gros : le poids de 50 à 500 carats est assez fréquent (le carat est de 200 milligrammes). On a trouvé, dans les mines de Jagersfontein, un diamant de 971 carats. Leur couleur est souvent un peu jaune.

On a constaté que certains diamants éclatent plusieurs jours après leur sortie de la mine, comme s'ils avaient été en tension dans la roche.

Les minéraux associés au diamant sont : la magnétite, le fer titané, la pyrite de fer, le zircon, le grenat pyrope, le péridot, la serpentine.

Le traitement du minerai consiste simplement à le laisser se désagréger à l'air pendant six mois, puis à le débourber et à le trier à la main.

Les deux principales mines en exploitation sont celles de Beers et de Kimberley : elles ont produit de 1888 à 1908, c'est-à-dire en vingt ans, pour 1.437.000.000 de francs de diamants. Ces mines sont exploitées souterrainement avec remblayage progressif, comme pourraient l'être des mines de houille.

A Kimberley, on a atteint 1.050 mètres de profondeur. Le nombre des ouvriers employés est de 8.000 environ.

Gisements du Brésil.

La découverte du diamant au Brésil ne remonte guère qu'au commencement du XVIIIe siècle.

Les gîtes les plus importants sont ceux de Diamantina, Grao-Mogor et Bagagem, dans la province de Minas Geraës, ceux de Cincora et Salabro,

Fig. 269. — RÉGION DIAMANTIFÈRE DU BRÉSIL.
PROVINCES DE MINAS GERAES ET DE BAHIA.

dans la province de Bahia. On peut citer également le gîte de Boa-Vista, sur le Rio San Francisco. Tous ces gîtes sont alluvionnaires.

La région diamantifère de Diamantina et de Grao-Mogor forme un vaste plateau situé à 1.200 mètres d'altitude. Les diamants se rencontrent soit sur le plateau, soit dans les rivières qui en découlent et qui sont, à la fois, diamantifères et aurifères. Il y a donc des *alluvions éluviales* et des *alluvions alluviales*. On a constaté que les alluvions éluviales des plateaux sont en relation avec des quartzites micacés (itacolumites).

Les itacolumites de Grao-Mogor sont souvent, d'après Gorceix, associés à des conglomérats à galets de quartz, et contiennent des diamants intacts sans trace d'usure.

Les itacolumites et les conglomérats ont subi, sous l'action des pluies tropicales, une décomposition superficielle; et des phénomènes d'alluvionnement ont commencé par concentrer les gemmes dans un poudingue formé de gravier grossier et de terre rouge, appelé gorgulho (ce sont les alluvions éluviales). Puis, une partie de ces alluvions a été entraînée par les eaux, dans les parties basses, c'est-à-dire dans les lits des rivières. Une seconde concentration s'est alors produite et a donné naissance à des alluvions (alluvions alluviales par transport) constituées essentiellement par un mélange de gravier quartzeux et d'argile ferrugineux appelé cascajo, bien connu dans tout le Brésil. Le cascajo n'est pas réparti d'une façon uniforme dans le lit de la rivière, il y forme souvent des poches, des criques, des marmites de géants torrentielles appelées caldeiroes (chaudières), qui sont les parties riches en diamants. Certaines chaudières ont donné jusqu'à 10.000 carats de diamants.

Gisements de diamant de Grao-Mogor (province de Minas Geraës).

Le gisement de Grao-Mogor est situé, comme la plupart des terrains diamantifères du nord de Minas, dans le bassin du Iéquitinhonha, à 300 kilomètres au nord de la ville de Diamantina.

C'est dans une série de petites fentes irrégulières, peu profondes et en général ayant la forme de coin (fig. 270), que se trouve le gravier diamantifère. Il est formé de quelques grains de quartz transparent ou laiteux, peu roulés, et de rares cristaux de rutile, de martite, de pyrite, avec paillettes de mica et de disthène.

Au milieu de ces quartz, sur les bords du cirque, tant à l'est qu'à l'ouest, se montre une couche de conglomérats dans laquelle en un point (A de la coupe, fig. 270) le diamant se trouve en place. Ces conglomérats sont formés de galets de quartz fragmenté ou compact au milieu d'une masse granuleuse de même nature que celle qui constitue les quartzites encaissant. Leur consistance est peu considérable, sauf au point A, où ils sont cimentés par de la silice. Il y a également, en ce point, une certaine quantité de pyrite et de martite. Le diamant a été exploité dans cette roche dont la figure 270 *bis* indique l'aspect, et il s'y trouve en cristaux intacts, engagés au milieu du quartz dans les mêmes conditions que la pyrite et la martite. On peut se demander si les dépôts de conglomérats et les quartzites qui les surmontent sont du même âge que les quartzites flexibles sur lesquels ils reposent et quel niveau géologique ils doivent occuper dans les terrains azoïques de Minas. On peut également se demander si le diamant s'est formé au milieu de ces roches ou s'il provient de dépôts plus anciens auxquels il a été enlevé.

Quand on monte (fig. 270 *bis*) de D vers A, point où l'exploitation de la pierre à diamants a été poursuivie, on suit d'abord les quartzites flexibles (itacolumites), avec leur forte inclinaison, puis ils deviennent plus compacts, se chargent d'un ciment siliceux, quelques galets apparaissent et les lits de stratification disparaissent en partie; les mêmes faits se reproduisent à la partie supérieure où ils repassent à des quartzites micacés aussi inclinés que ceux de la base ayant la même direction, mais moins schisteux et dépourvus de flexibilité.

Les minéraux qui accompagnent le diamant au Brésil sont : la magnétite,

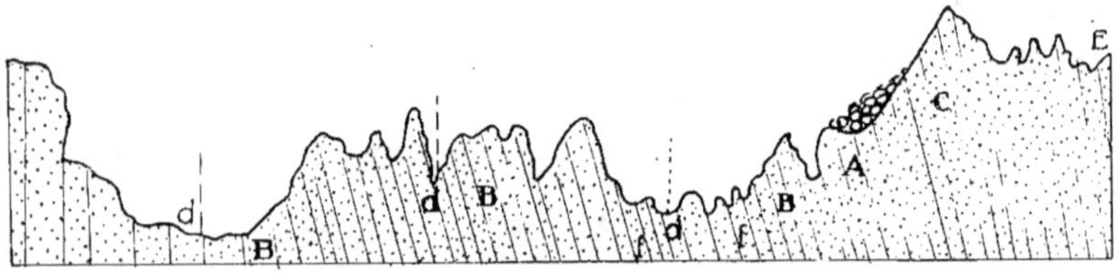

A Coupe de conglomérats avec diamants, pyrites et martites.
B Quartzites micacés flexibles.
C Quartzites moins schisteux que ceux de *B*.
f Fentes qui contiennent du gravier diamantifère.
d Petits cours d'eau dont les graviers sont diamantifères.

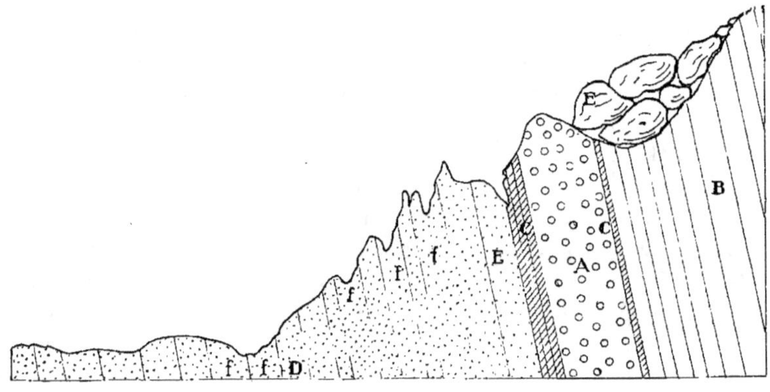

D Quartzites flexibles grenus.
B Quartzite siliceux.
A Conglomérat diamantifère.
C Commencement de galerie.
f Fentes qui contiennent du gravier diamantifère.
E Blocs détachés des quartzites.

Fig. 270 et 270 *bis*. — Coupe E.-O. du bassin diamantifère de Grao-Mogor passant un peu au nord de la ville.

l'oligiste, la martite, le fer titané, la pyrite de fer altérée, le rutile, le saphir, le rubis, la cymophane, le triphane, le quartz, la topaze, la tourmaline, le grenat, le zircon, le sphène, le spinelle, l'or et la cassitérite.

Exploitation. — L'exploitation au Brésil est assez simple. Quand il s'agit d'un gisement dans une rivière, et c'est le cas le plus fréquent, on commence par mettre le lit à sec pendant l'été au moyen de deux barrages et d'un canal de dérivation. On enlève la couche de gravier stérile, puis le cascajo qui est ensuite soumis au lavage. Le traitement du cascajo comprend le débourbage, quand le minerai est argileux, puis un traitement au bac pour le débarrasser de son sable, et enfin un lavage à la batée comme pour l'or.

Le traitement des sables alluvionnaires des plateaux se fait pendant la saison des pluies.

Les diamants du Brésil sont rarement gros, un diamant de 4 carats n'est pas commun, mais ils sont, en général, plus beaux que ceux du Cap. Le diamant noir (carbonado) se trouve généralement au Brésil.

La production du Brésil, depuis l'origine, s'élève à 12.000.000 de carats, représentant 500 millions; en 1890, on a extrait 30.000 carats.

Gisements de l'Inde.

Les gisements de l'Inde ont été exploités trois cents ans avant notre ère; ils ont produit les plus beaux diamants connus et notamment le Régent (France), le Grand Mogol (Bornéo), l'Étoile du Sud (Brésil), le Kohinoor (Angleterre) et le diamant bleu de Hope.

Ces gisements n'ont aujourd'hui qu'une importance très secondaire; ce sont, du nord au sud : Kadapah, Bellary, Karmul, Randapoii, Sambalpur et Panna. La production annuelle ne dépasse pas 2 à 3 millions de francs.

La fameuse Golconde est le centre du marché; à Panna, le diamant se trouve associé au saphir, au rubis et à la topaze. Les gisements de l'Inde présentent les plus grandes analogies avec ceux du Brésil; ils consistent en conglomérats cambriens.

Gisements d'Australie.

Il existe, en Australie, dans la Nouvelle-Galles du Sud, à Boggy-Cany, à 25 kilomètres de Tnigka, des alluvions diamantifères qui présentent un certain intérêt; ces alluvions se trouvent dans le voisinage d'éruptions basaltiques. La teneur est de 13 carats par tonne. Les diamants sont très blancs et de bonne qualité.

Gisements diamantifères de la région S.-E. de l'île de Bornéo.

Aux deux extrémités de la côte méridionale de l'île de Bornéo, il existe des gisements diamantifères connus et exploités par les Malais depuis plusieurs siècles. L'un de ces gisements se trouve à l'ouest près de Landak, non loin de Pontianak, sur l'un des affluents du fleuve Kapoeas. L'autre, à l'est,

dans la région de Martapoera, près de Bandjermasin, sur l'un des affluents du
Barito.

Les districts qui alimentaient autrefois l'activité de Martapoera sont ceux
du Riam Kanan, du Riam Kiwa et du Bandjoe-Irang. Le district de Bandjoe-
Irang est d'ailleurs de beaucoup le plus important des trois et sans doute aussi
plus riche; il s'étend sur 20.000 hectares de superficie. Les centres principaux

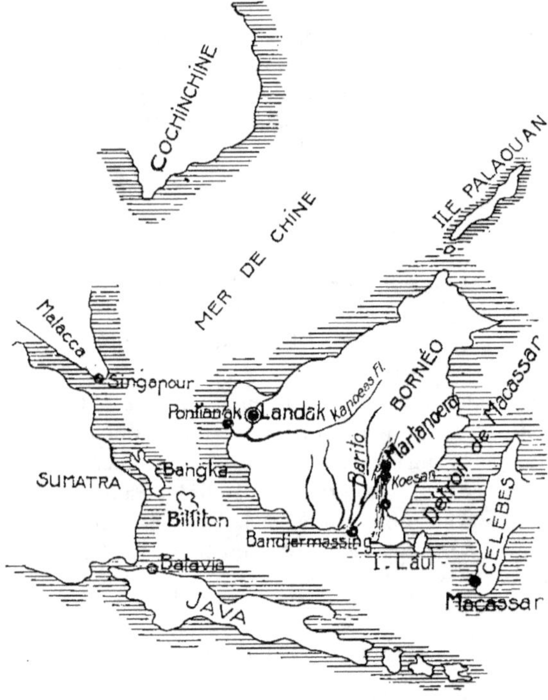

Fig 271. — CARTE DE BORNÉO.

d'exploitation étaient les villages de Tjampaka, Bandjoe-Irang, Bentok,
Liang Anggang.

Ces gisements diamantifères consistent en une couche de graviers située
à une profondeur des plus variables, selon le point considéré : la puissance
de cette couche est de un mètre environ dans les régions basses; la couche de
graviers est composée de quartz, de fragments de porphyre, de quartzite micacé, de morceaux de granulite, de pegmatite, etc. Il n'y a aucun fragment
de roche basique. Ces couches alluvionnaires ont pour bed-rock des conglomérats et des argiles ferrugineuses appartenant aux assises éocènes. En un
mot, la formation diamantifère est alluvionnaire et postérieure à l'éocène.

D'après les caractères généraux des graviers à diamants, les roches qui renfermaient le diamant, en place, étaient des roches acides et notamment des granulites; elles étaient accompagnées de filons puissants de quartz.

Les diamants de Martapoera présentent des formes cristallines, ce qui indique qu'ils n'ont pas été roulés. Ces diamants sont incolores, quelquefois jaunes, roses ou rouges.

Les minéraux qui accompagnent le diamant sont : l'or, le platine, le corindon : ces minéraux sont caractéristiques de la présence du diamant dans la partie de l'alluvion où on les trouve; le rutile est également caractéristique de

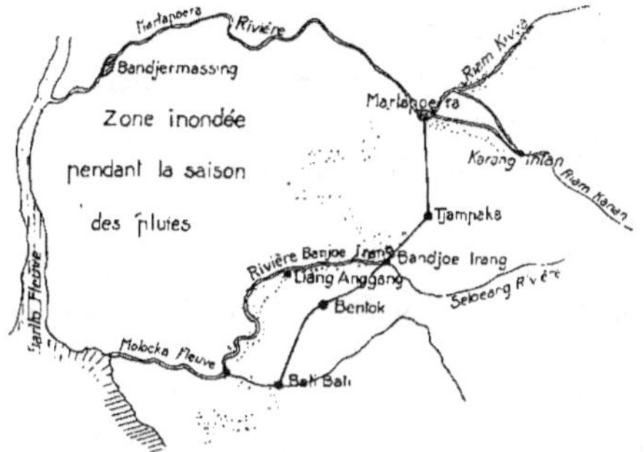

Fig. 272. — CARTE DE LA RÉGION DE MARTAPOERA D'APRÈS HOOZE.

la présence du diamant; il serait peut-être un indice plus certain que les minéraux précédents.

Le lavage des sables diamantifères se fait à la batée.

Les sables noirs ou queues de batée contiennent de la magnétite, du fer titané, du fer chromé, du spinelle, de la topaze, du zircon, etc.

En dehors du district de Martapoera, il existe encore des terrains à diamants dans les vallées voisines débouchant sur la côte, depuis l'embouchure du Barito jusqu'à celle du fleuve Koesan, en face de l'île Laut, à l'est. Ce fait montre que c'est dans la chaîne de montagnes qui sert de ligne de partage des eaux entre la vallée de la rivière de Martapoera et la partie sud du détroit de Pulo-Laut que se trouvent les roches mères du diamant.

Jusqu'ici, l'exploitation n'à porté que sur les rivières qui coulent du flanc occidental de cette chaîne; par conséquent, il y a lieu de faire des recherches dans les rivières qui coulent de son flanc oriental.

Le district de Bornéo produit annuellement 5.000 carats.

Gisements divers.

On a découvert au Transvaal, à Premier, près de Prétoria, un gîte diamantifère fort intéressant. La Société Premier Diamond Mining Cy Ltd a rencontré, dans ce gîte, un diamant pesant près de 3.200 carats (640 grammes). Le Transvaal aurait donné, en 1909, 1.929.492 carats valant 32.372.400 francs.

On a signalé, près du port de Luderitz-Bucht, ancien Angra-Pequena, dans le Sud-Ouest africain allemand, l'existence d'un gisement diamantifère assez important. On a extrait, paraît-il, dans le premier semestre de 1909, 200.297 carats.

On a découvert près de Murfrenboro, dans le comté de Pike (Arkansas, S.-O.), à 100 milles de la ville de Little-Rock, un champ de diamants de 600 acres, sur lequel on aurait déjà ramassé plus de 130 échantillons. Les diamants recueillis pèsent de 1,64 carats à 6,5 carats, et certains sont colorés légèrement en bleu, ce qui en augmente la valeur.

Le Dr G. Kunz et le géologue Washington ont retrouvé dans ce pays le blue ground des mines de Kimberley. C'est la première fois qu'on rencontre le diamant dans sa gangue, aux États-Unis. Mais on avait déjà trouvé des diamants dans les alluvions, en partie dans les moraines glaciaires, dans l'Ohio, l'Indiana, le Michigan et le Wisconsin. On en avait aussi rencontré sur le versant est du Blue Rigde et sur le versant ouest de la Sierra-Nevada.

Le fer natif du Canyon Diablo (Arizona) contient du diamant transparent, du diamant noir. C'est un fer tellurique.

Comme fer météorique contenant du diamant noir, nous citerons le fer de Novo-Urey, Krasnoslobodsk, gouvernement de Penza (Russie).

On a également signalé le diamant dans les météorites d'Arva.

Remarques. — L'Inde présente, avec l'Afrique australe, des analogies tectoniques bien connues.

Au Brésil, la formation est antérieure aux quartzites micacés huroniens; aux Indes, pour la même raison, aux conglomérats siluriens.

Dans l'Afrique australe, le diamant est, au contraire, d'âge au moins triasique. Enfin, les gisements de Bornéo et d'Australie portent à supposer que les premiers sont d'âge éocène et les seconds se rencontrent dans les basaltes d'âge pliocène.

Genèse des diamants du Cap.

Il y a tout lieu de supposer qu'il existait, à une époque non déterminée, sous la portion de l'Afrique du Sud où sont aujourd'hui les mines de diamant, un bain métallique (laccolite), plus ou moins profond, composé essentiellement de fonte surcarburée et de roches basiques (laitiers). Ce laccolite a successivement produit les diverses coulées de roches diabasiques, intercalées dans les terrains du Karoo, et la kimberlite renfermant le diamant.

Puis, de violentes dislocations ont fissuré le sol de cette région, et une masse d'eau superficielle a pu pénétrer par les fissures jusqu'au bain fondu; il s'est produit alors une explosion de gaz hydrocarburés qui a ouvert, le long des fissures, des vides cylindriques où s'est élevée postérieurement la kimberlite diamantifère produite elle-même par la scorification du bain fondu; cette roche a amené au jour des diamants formés par la cristallisation, en profondeur et sous pression, du carbone de la fonte.

Les expériences de Moissan sur la reproduction du diamant semblent confirmer cette hypothèse.

Quant à la genèse des diamants du Brésil, de l'Inde, de Bornéo, qui sont toujours accompagnés d'oligiste, de cassitérite, de rutile, d'anatase, on peut admettre qu'ils proviennent de la décomposition d'un chlorure ou d'un fluorure de carbone par la vapeur d'eau. Quoi qu'il en soit, ils sont certainement d'origine filonienne.

Expériences de Daubrée.

Pour démontrer la formation des gisements du Cap, Daubrée eut recours à l'éprouvette manométrique, ordinairement employée pour les études relatives aux explosifs, mais simplement modifiée pour la circonstance.

Le cylindre d'acier à parois très épaisses dans lequel se produit l'explosion est fermé à ses deux extrémités par des tampons filetés également en acier. L'un de ces tampons est muni d'un dispositif de mise à feu; l'autre, qui est ordinairement destiné à recevoir le manomètre à écrasement, a été transformé pour permettre de remplacer le manomètre par la roche soumise à l'expérience. De plus, un orifice de 10 millimètres de diamètre a été pratiqué au fond de ce logement pour permettre aux gaz intérieurs de se dégager après avoir traversé la roche qui leur barrait le passage.

Comme matière explosive, on a employé du coton-poudre ou de la dynamite-gomme. La pression développée était de 1.100 à 1.700 atmosphères; la température est évaluée à 2.500° pour le coton-poudre et à 3.200° pour la dynamite-gomme. Quant à la durée de l'explosion, elle est de 2/100000 de seconde pour le coton-poudre et de 3/1000 de seconde pour la dynamite-gomme.

I. Ruptures produites. — Dans les schistes et en particulier dans l'ardoise les plans de rupture sont dirigés suivant les plans de schistosité. Le calcaire et le granite se concassent ou se broient.

Par la pression, les mêmes fragments se réagglutinent aussitôt, de manière à simuler une régénération de la roche primitive : ces faits rappellent le phénomène observé par Tyndall, de la plasticité de la glace.

II. Érosions. — Toutes les roches, même les plus tenaces, éprouvent de la part des explosions gazeuses des érosions plus ou moins profondes. Une plaque polie de granite devient rugueuse par suite de l'inégale résistance des trois minéraux qui entrent dans sa constitution.

III. Perforations. — Quand les gaz, au lieu de s'échapper suivant des directions diverses, concentrent leur action suivant certaines parties de fissures, ils y produisent de véritables perforations, c'est-à-dire qu'ils percent des canaux plus ou moins réguliers et à contours arrondis. Le granite lui-même n'échappe pas à la puissance perforatrice des gaz.

IV. Stries de frottement. — Des stries restent le plus souvent comme des témoins des puissants efforts exercés sur les surfaces frottées. Ces stries sont analogues à celles dues aux phénomènes glaciaires.

V. Poussières produites. — Les parties arrachées aux roches soumises à l'expérience sont lancées dans l'atmosphère : la vitesse des gaz est évaluée à 1.300 mètres par seconde.

Les résultats de ces expériences présentent avec les formes, les caractères et la disposition des canaux diamantifères du Cap, des analogies bien remarquables qui paraissent en éclairer l'origine. Si nous ne connaissons pas la nature des fluides élastiques qui ont agi dans ces circonstances, nous savons qu'on rencontre, dans ce gisement, des gaz carburés à forte tension qui sont emprisonnés dans les roches. Il est bien probable que les canaux verticaux, une fois ouverts, ont été élargis par des actions de diverses natures. Des perforations aussi remarquables, tant par leurs formes que par les communications qu'elles ont établies avec la profondeur du sol, constituent parmi les cassures terrestres un type assez nettement caractérisé pour mériter d'être distinguées par une dénomination spéciale. Daubrée leur donne le nom de *diatrèmes* (διάτρημα, perforation), qui rappelle l'origine probable de ces trouées naturelles, véritables tunnels verticaux qui se rattachent, comme un incident particulier, aux cassures linéaires (diaclases, paraclases).

Volcans. — Il est fort probable que ces conditions se reproduisent, trait par trait, dans les caractères les plus généraux du gisement des volcans. La ressemblance avec les résultats de l'expérience est plus frappante encore lorsque les volcans sont disposés en séries linéaires, comme on en a tant d'exemples. De même que les failles ou paraclases ont fréquemment servi de réceptacle aux émanations métallifères constitutives des filons, de même les diatrèmes ont servi de canaux à la plupart des éruptions volcaniques.

On rencontre en France et notamment dans les environs du Puy (Haute-Loire) des dispositions de roche d'origine profonde, qui présentent, avec celles des mines du Cap, des analogies intimes.

Ainsi, les roches Corneille, Polignac, Saint-Michel, constituées par des basaltes et qui s'élèvent d'une façon singulière dans la ville elle-même, ne contiennent pas de diamant; mais les autres gemmes y abondent : telles que les rubis, les saphirs.

En dehors des volcans proprement dits, beaucoup de masses éruptives, qui se présentent en dômes isolés, conduisent à une conclusion semblable. Tels sont, parmi les nombreux exemples qu'on pourrait citer, de nombreux dômes trachytiques, comme le Puy-de-Dôme, les cônes de solfatares de Naples. La roche rouge située près de la ville du Puy est devenue célèbre depuis que Bertrand Roux l'a décrite :

« C'est une masse de basalte boursouflée qui s'élève verticalement au milieu du granite dont sa base est enveloppée et du sein de laquelle on la voit pour ainsi dire sortir. »

Les canaux verticaux désignés sous le nom de diatrèmes sont donc très fréquents dans l'écorce terrestre : c'est par centaines qu'on peut les compter dans bien des contrées.

Quelque énorme que paraisse la puissance réclamée par les gaz pour ouvrir les diatrèmes, elle n'est aucunement en disproportion avec l'énergie que nous voyons fonctionner dans les volcans actuels. Tandis que la plupart des innombrables dislocations de l'écorce terrestre sont des fractures et des plissements paraissant résulter de tensions horizontales et dérivant très probablement de contractions de l'écorce terrestre, au contraire, des cassures d'une tout autre nature se présentent çà et là comme les effets d'un effort concentré sur un point unique et dirigé verticalement de bas en haut, une sorte de coup de canon dont l'âme serait un diatrème qui viserait le zénith.

CHAPITRE II

GITES D'OR

L'or existe, dans la nature, à l'état natif. Il est souvent associé à la pyrite de fer et au mispickel dans une gangue quartzeuse.

Les cuivres gris, la bismuthine sont quelquefois aurifères. Il est parfois combiné au tellure.

Les principaux minerais d'or sont :

1º L'or natif;

2º L'électrum contenant 20 % d'argent:

3º La porpézite (Brésil) contenant 4 % d'argent et 10 % de palladium;

4º La rhodite contenant 43 % de rhodium;

5º La maldonite Au^2Bi, composée de sulfure de bismuth et d'or;

6º L'auramalgame Au^2AgHg^3, amalgame d'or et d'argent;

7º La sylvanite $(Au^4Ag^3)Te^2$, contenant de 20 à 24 % d'or;

8º La mullerine, qui est une variété antimonifère et plombifère de sylvanite;

9º L'élasmose (nagyagite), qui est un tellurure de plomb, d'or et d'argent, contenant de 6 à 12 % d'or;

10º La calavérite $(Au^7Ag)Te^2$, contenant 40 % d'or;

11º La krennérite $(Au^{10}Ag^3)Te^2$, contenant 25 à 29 % d'or;

12º La petzite, tellurure d'argent, contenant 25 % d'or;

13º La coolgardite $(Au,Ag,Hg)^2Te^3$ contenant 23 à 27 % d'or;

14º La kalgoorlite $(Au^2Ag^6Hg)Te^6$ contenant, 23 à 24 % d'or.

Ces deux derniers minéraux renferment de 2 à 3,70 % de mercure.

Les gîtes aurifères peuvent se rapporter à trois types différents :

1º Les gîtes alluvionnaires ou placers;

2º Les gîtes stratifiés;

3º Les gîtes filoniens.

Les placers comprennent les placers découverts et les placers recouverts.

I. — GITES ALLUVIONNAIRES

Placers découverts.

Les placers découverts consistent en couches alluvionnaires généralement minces et souvent recouvertes d'un faible manteau de terre végétale.

L'or que l'on rencontre au milieu des sables est, bien entendu, à l'état natif. Il se présente en fines poussières, en paillettes, en grains, en pépites et quelquefois en assez gros blocs désignés sous le nom de *nuggets*.

Le plus gros nugget connu a été trouvé à Molvague (province de Victoria, Australie) : son poids était de 95 kilogrammes (285.000 francs).

On a rencontré à Ballarat (Australie), dans les deep-leads tertiaires, à une profondeur de 60 mètres, un nugget pesant 69 kilos, et un autre 36 kilos, à une profondeur de 45 mètres. Enfin, nous signalerons la découverte à Miask (Oural) d'un nugget de 43 kilos.

Les ingénieurs ont attribué à diverses causes la formation des nuggets. Les uns estiment que ce sont simplement des morceaux d'or qui préexistaient dans les filons avant leur désagrégation par les agents atmosphériques. Les autres y voient le résultat d'un accroissement de pépites qui se sont nourries sous l'action des eaux minérales, et cela aux dépens de l'or fin.

En fait, on n'a jamais rencontré dans les filons des pépites aussi volumineuses que celles des alluvions; mais, d'un autre côté, on a observé que les nuggets de Ballarat et d'autres localités présentent des arêtes vives analogues à celles de l'or filonien.

L'hypothèse de la préexistence de grosses pépites dans les filons semble plus plausible que celle de l'accroissement par précipitation dans les alluvions. Il est possible, jusqu'à un certain point, d'expliquer pourquoi on ne trouve plus actuellement de si grosses pépites en place. Prenons pour exemple les filons aurifères de la province de Victoria (Australie), filons très anciens. Depuis leur formation, ces filons ont été soumis à de nombreuses et grandes érosions, par conséquent, les affleurements actuels ne sont que des parties de filons qui, à l'origine, se trouvaient à une très grande profondeur. De l'examen de ces affleurements actuels, il n'est pas possible de conclure ce qu'étaient les affleurements réels au moment du remplissage des fractures. Néanmoins, il y a lieu de supposer qu'à leur formation les eaux minérales aurifères se trouvaient à la surface dans des conditions autres que dans la profondeur, aussi bien au point de vue physique qu'au point de vue chimique. Ainsi, au lieu d'une simple fracture régulière comme cela a lieu généralement en profondeur, il y avait probablement une série de fractures irrégulières; de plus, les eaux minérales aurifères rencontraient à la surface des débris organiques qui pouvaient amener leur réduction. Grâce à ces conditions, il a pu se produire, à la surface, des concentrations extraordinaires, c'est-à-dire d'énormes pépites (nuggets) qui n'avaient aucune tendance à se former en profondeur.

La figure 273 est une coupe théorique des placers découverts de l'Oural.

Le bed-rock de ces placers est constitué par des roches gneissiques et

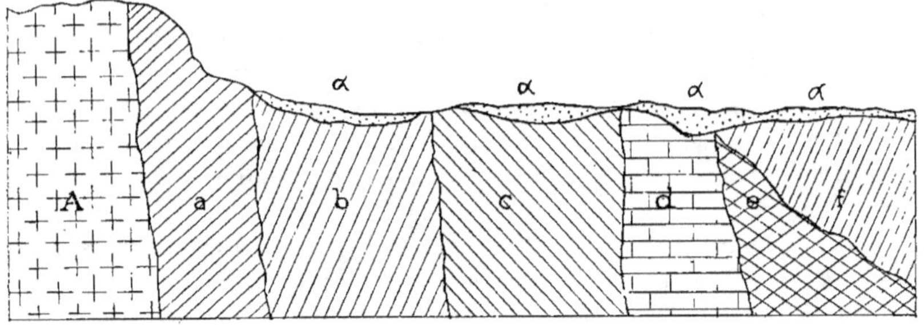

Fig. 273. — Coupe théorique des placers de l'Oural (placers découverts).

granitiques A, par des micaschistes et des chloritoschistes a, puis par des assises siluriennes et dévoniennes b. Les grès et calcaires carbonifériens c et d sont subordonnés au carboniférien productif e, qui est lui-même surmonté par le permien f. La région est sillonnée par un réseau de filons de quartz aurifère.

Les alluvions α dominent l'ensemble de la formation.

Placers recouverts.

L'exemple le plus typique des placers recouverts existe en Californie, où les alluvions ont été protégés contre les érosions par un manteau de laves.

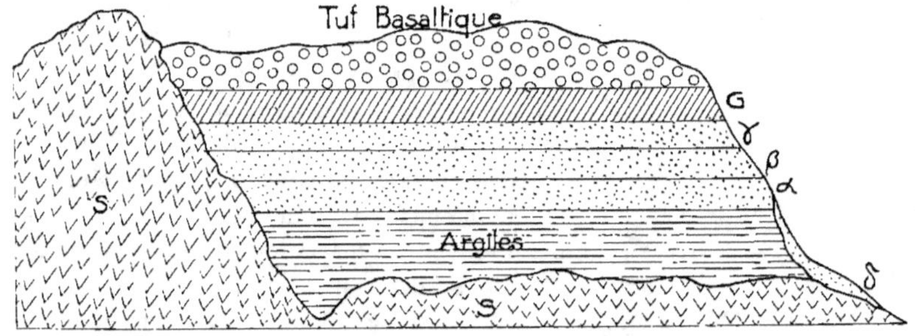

Fig. 274. — Coupe théorique de Spanish Peak (Californie).

Nous citerons les placers de Spanish Peak. Le bed-rock de ces placers est constitué par une syénite S; à la base de la formation, on trouve une couche

argileuse A surmontée par trois couches bien distinctes de graviers aurifères α, β et γ, qui sont eux-mêmes dominés par des sables gréseux G. Le

Fig. 275. — FORMATION DE YUBA VALLEY (CALIFORNIE).

tout est recouvert par une nappe de tuf basaltique. On observe en δ des alluvions découvertes provenant, bien entendu, des alluvions recouvertes (fig, 274).

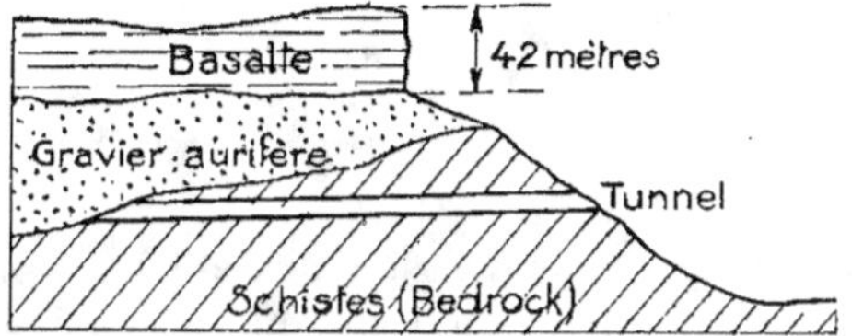

Fig. 276. — COUPE DU TUNNEL DE MAINE BOY, PRÈS DE SONORA (CALIFORNIE).

On rencontre également des placers recouverts très intéressants à Yuba-
Valley, à la Sonora et à Douwville (Californie) (fig. 275 à 277).

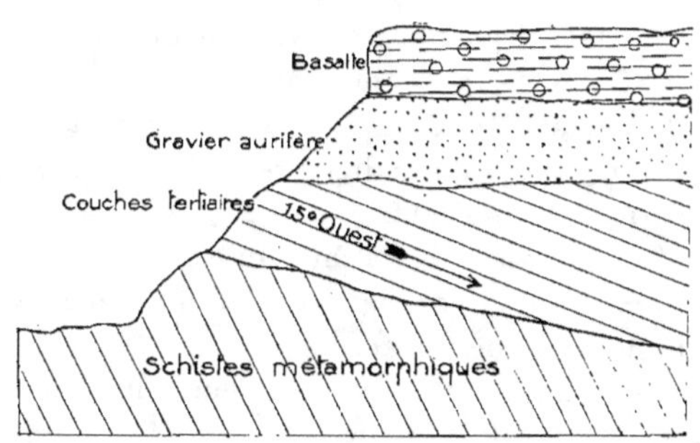

Fig. 277. — COUPE DU GITE AURIFÈRE DE TWO-MILES-BAR PRÈS DOUWVILLE (CALIFORNIE).

On peut faire rentrer, dans la même catégorie, certains gisements alluvionnaires de l'Australie, dont le plus célèbre est celui de Ballarat. Les allu-

vions aurifères de cette région se sont formées depuis la période houillère jusqu'à la période actuelle (fig. 278).

Nous citerons également les placers de la Sibérie (bassin de l'Obi et de l'Iénisseï), de la Chine (Mandchourie), du Siam, de la Boukharie, de l'Inde (province de Madras), de Sumatra, de Bornéo, de la Tunisie (Si-Boussaib, près de Carthage), du Soudan, de la Côte de l'Or, de l'Angola, du Brésil, de la Colombie britannique, de la Guyane anglaise et de la Guyane hollandaise, de la Haute-

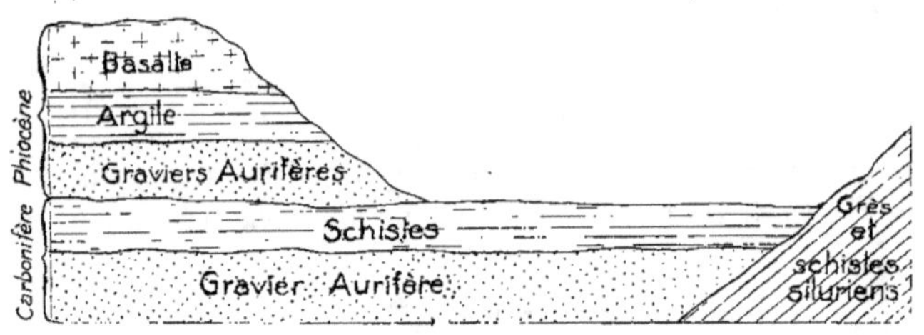

Fig. 278. — Coupe théorique du placer de Ballarat (Province de Victoria).

Italie (Piémont), de l'Espagne (province de Galice et de Léon), de la Transylvanie; enfin, les alluvions aurifères du Rhin, du Rhône, de l'Arve, du Gardon, de l'Ariège, etc., etc.

II. — GITES STRATIFIÉS

La chaîne des Monts Alleghanys renferme, depuis la Nouvelle-Écosse jusqu'à la Caroline du Sud et à la Géorgie, quelques gisements aurifères qui se présentent sous forme d'inclusions pyriteuses, à gangue quartzeuse, au milieu des chloritoschistes et des quartzites précambriens (ce sont des imprégnations diffuses). Parmi ces gisements, nous citerons ceux de Halifax, du Val-Chaudière (Canada), de Randolff (Caroline du Nord), de Dahlonega (Géorgie); dans ce dernier gisement, l'or natif est accompagné de tétradymite (sulfo-tellurure de bismuth) et de pyrite.

Ces gîtes présentent, au point de vue de leur allure, les plus grandes analogies avec ceux de Bendigo (Australie).

On rapporte, au même type, les gîtes de la Sierra Mantequeira (Brésil).

Les Black-Hills de Dakota contiennent de l'or dans des conditions comparables à celles des Alleghanys; on rencontre sur le flanc ouest une série de gneiss, de micaschistes contenant des lentilles de quartz avec de l'or finement disséminé.

En Europe, nous signalerons les amas stratifiés de Heinzenberg (Tyrol) et les quartzites aurifères de la Sierra Iadena (Espagne).

Le gîte stratifié le plus typique est certainement le célèbre gîte du Transvaal.

Mines d'or du Transvaal.

Les champs d'or du Witwatersrand, de Heidelberg et de Klerksdorp sont constitués non par des filons de quartz aurifères analogues à ceux de la Californie et de l'Australie, mais par des conglomérats aurifères (banket) présentant une allure nettement sédimentaire.

Nous allons passer successivement en revue, la géologie de la région, les gisements d'or, la structure des minerais et leur teneur en or, et enfin l'origine et le mode de formation des dépôts et des minerais.

GÉOLOGIE GÉNÉRALE DE LA RÉGION. — On rencontre dans le Transvaal des granites et des gneiss au-dessus desquels se trouvent les terrains siluriens, dévoniens et carbonifères qui sont fortement plissés et érodés, que surmontent,

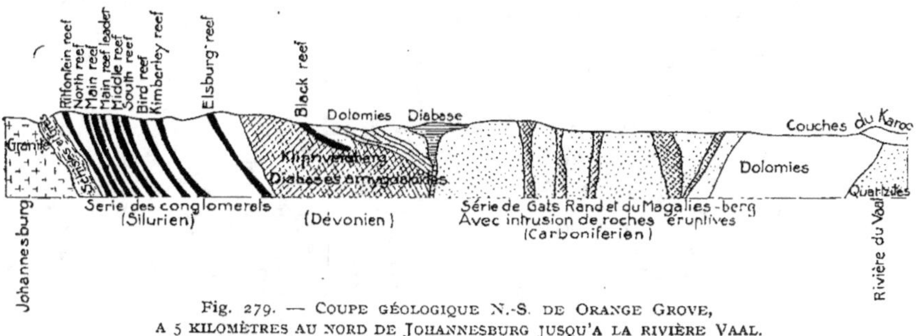

Fig. 279. — COUPE GÉOLOGIQUE N.-S. DE ORANGE GROVE, A 5 KILOMÈTRES AU NORD DE JOHANNESBURG JUSQU'A LA RIVIÈRE VAAL.

à leur tour, en stratification discordante, les grands plateaux horizontaux du Karoo, constitués par des couches de plusieurs milliers de pieds d'épaisseur allant depuis le permien inférieur jusqu'à l'infralias. C'est dans les terrains anciens plissés et notamment dans le dévonien inférieur que se trouvent les conglomérats aurifères, et c'est dans les couches du Karoo qu'on rencontre les importants dépôts de houille à l'aide desquels on les exploite.

Les conglomérats se présentent sous forme de bancs disloqués, discontinus auxquels on a donné le nom de *reefs*.

Ces bancs forment un grand pli synclinal, une sorte de cuvette dont la direction générale est N. 45° E. Ce grand synclinal a bien des chances pour se prolonger soit à l'est, soit à l'ouest. M. Draper a reconnu, en certains endroits, sous les conglomérats aurifères, l'existence de bancs alternés de quartzites et de schistes ardoisiers très ferrugineux.

La série des conglomérats comprend, du nord au sud, c'est-à-dire stratigraphiquement de bas en haut :

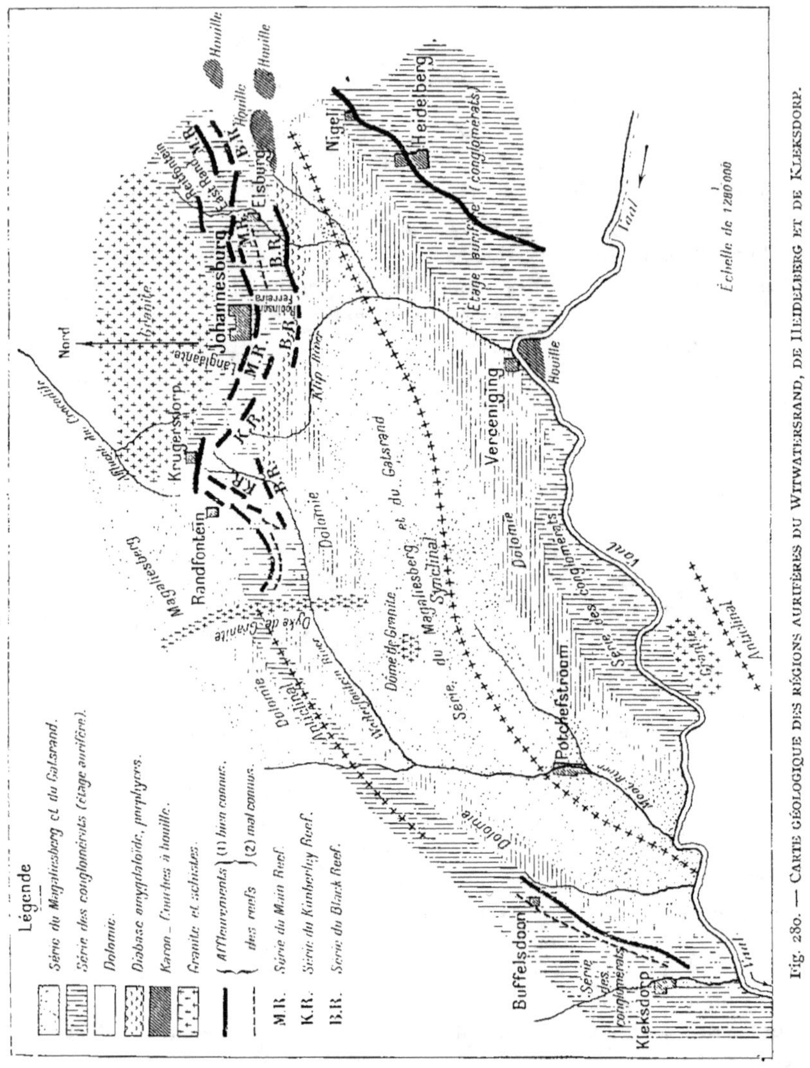

Fig. 280. — CARTE GÉOLOGIQUE DES RÉGIONS AURIFÈRES DU WITWATERSRAND, DE HEIDELBERG ET DE KLERKSDORP.

Le Rietfontein Reef, puis le Main Reef (banc principal) formé de cinq veines qui sont : le North Reef, le Main Reef, le Main Reef leader, le Middle Reef, le South Reef. Plus au sud, le Bird Reef, le Kimberley Reef, l'Elsburg Reef, et enfin le Black-Reef, dont les conditions de dépôt et le mode de formation sont tout à fait différents.

D'après MM. Draper, Goldmann et de Launay (1), ces conglomérats et ces quartzites constituent une formation de grande extension et très probablement marine, ayant dû se déposer d'abord horizontalement, puis subir un plissement.

Ces reefs ou bancs de conglomérats n'ont pas une allure régulière comme on pourrait le supposer; ils changent incessamment de dimensions comme de teneur et cela dans les proportions les plus fortes, passant, sur une longueur de 20 mètres, de quelques centimètres d'épaisseur à plusieurs mètres; on constate également des bifurcations, des dédoublements locaux de reefs en deux veines qui se réunissent un peu plus loin.

On trouve immédiatement au-dessus des conglomérats des dolomies avec intrusion locale de diabases amygdaloïdes.

Les derniers dépôts anciens sont les couches du Gatsrand formées de lits de quartzites qu'on a parfois confondus avec la grande masse de quartzites accompagnant la série des conglomérats. Les couches du Gatsrand sont considérées comme appartenant au carbonifère. On rattache aussi au même niveau les couches très caractéristiques du Magaliesberg, qui consistent en calcaires dolomitiques avec intrusion de roches éruptives.

DESCRIPTION DES MINERAIS. — Les minerais d'or de Witwatersrand ont un facies tout à fait particulier. Ils sont composés de conglomérats (accessoirement de quartzites) à éléments quartzeux plus ou moins roulés et cimentés par une pâte siliceuse englobant de petits grains de quartz et renfermant des veines de pyrite. La dimension des éléments roulés varie d'un banc à l'autre, mais n'indique rien sur la richesse en or. Néanmoins, on observe que l'or se concentre avec les éléments les plus gros. Les conglomérats les plus répandus dans les mines du centre du Rand sont à galets de dimensions variables, entre une noisette et un œuf; ces galets ne contiennent jamais d'or et cela quel que soit leur diamètre; l'or est concentré dans le ciment formé de silice et de pyrite.

Les galets des conglomérats rencontrés dans la série du Main reef sont exclusivement constitués par du quartz et par un quartzite à grain très fin; ils ne sont jamais accompagnés de roches anciennes, granite, granulite, gneiss, ce qui porte à supposer qu'ils ont subi un charriage assez prolongé qui a pu détruire les minéraux les plus friables en ne laissant que le quartz. Ces galets sont assez souvent plats, ce qui donne à penser que ce charriage a eu lieu, non le long d'un cours d'eau, mais sur une plage par l'action des vagues.

Les quartz des conglomérats sont de plusieurs natures, mais ils sont tous

---

(1). L. DE LAUNAY : *Les mines d'or du Transvaal*, Paris, Béranger, édit., 1896, p. 190.

hyalins, les uns d'un blanc bleuté, les autres d'un gris noirâtre; ils sont remplis d'inclusions; le quartz opaque et laiteux fait défaut.

Quand on examine une coupe mince d'un conglomérat, on remarque que les galets sont à angles vifs, à peine émoussés; quelquefois aussi, des morceaux de quartz anguleux paraissent s'emboîter les uns dans les autres, ils sont séparés seulement par des veinules de pyrite. On observe également que ces quartz et notamment ceux du South reef portent des fissures, indiquant qu'ils ont été soumis, après leur dépôt, à une forte pression. Le ciment qui soude ces galets les uns aux autres est constitué par de la pyrite bien visible à l'œil nu, de la silice qui a recristallisé par une action secondaire, des grains de quartz à contours dentelés ou arrondis et enfin de l'or qui n'est pas visible. On y rencontre quelquefois du rutile, du zircon, du mica blanc. On a constaté qu'il existe un peu d'or libre dans le minerai provenant de la zone intacte; il est en lamelles excessivement minces. Quant au minerai situé dans la zone d'oxydation, il ne renferme, bien entendu, que de l'or libre.

L'association intime de l'or et de la pyrite conduit à supposer que ces deux minéraux se sont déposés en même temps.

On a observé que la pyrite est presque toujours en grains roulés; ce fait indique que depuis le commencement où elle a cristallisé jusqu'à celui où elle a pris place

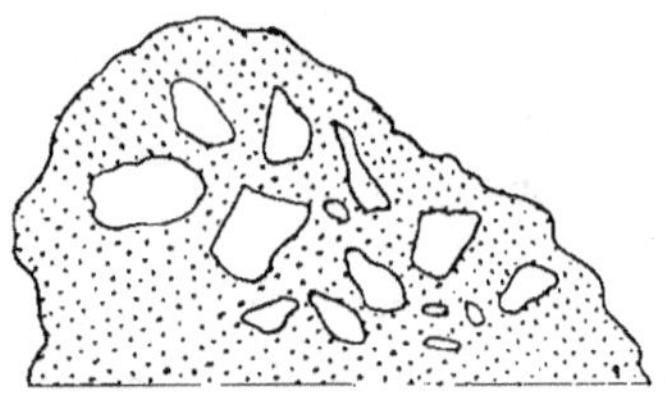

Fig. 261. — Coupe d'un conglomérat de la Wemmer (South reef).

dans le minerai, elle a subi un charriage, et, comme ces grains ont parfois 3 à 4 millimètres de diamètre, il y a tout lieu de penser que ce charriage a dû être très peu prolongé, puisqu'il a laissé subsister des grains relativement volumineux d'une substance aussi friable. Cette pyrite en grains roulés se rencontre en zones parallèles ou obliques à la stratification, comme cela a lieu dans toutes les formations sédimentaires troublées; ces zones sont elles-mêmes formées de grains de pyrite roulés. On peut conclure que le charriage a joué un rôle important dans l'arrivée de l'or au milieu du minerai actuel.

On a également constaté que la pyrite est disséminée en tous sens au milieu de la masse de conglomérats, ce qui n'a pas lieu dans les gisements d'alluvions aurifères; elle forme assez souvent une enveloppe autour des galets; c'est pour cela que, dans la zone oxydée, on trouve parfois sur les galets un enduit aurifère.

Il semble donc que la surface des galets ait exercé sur la pyrite une action précipitante, comme on en constate une dans tous les filtres à galets par lesquels on fait passer une dissolution métallique; et ces divers faits, joints à l'observation fondamentale que les galets ne contiennent pas d'or, portent à supposer qu'il y a eu, dans cette formation, autre chose qu'un simple phénomène de transport et de préparation mécanique de filons de quartz aurifère détruits.

L'or et la pyrite constituent 30 % de la masse du conglomérat.

TENEUR EN OR DES MINERAIS. — Il est absolument impossible de reconnaître à l'œil, même approximativement, d'après leur aspect, la valeur des minerais du Transvaal. Cela tient à ce que l'or n'est pas visible et que la proportion de pyrite n'est pas un indice suffisant; car, s'il n'y a pas d'or sans pyrite, il y a, par contre, très souvent de la pyrite sans or. Un minerai contenant 4 kilos d'or à la tonne peut avoir le même facies qu'un minerai ne renfermant que 10 grammes. La teneur est très variable d'un point à un autre. Ainsi, on a, à quelques mètres de distance, sans indice apparent, des variations de 2 à 100 grammes à la tonne. Malgré cela, si on considère une longueur assez grande, on trouve une moyenne relativement constante et cela dans chaque mine.

Fig. 282.
COUPE DU MAIN REEF LEADER, MONTRANT DE FAUSSES STRATIFICATIONS PYRITEUSES.

M. de Launay a cherché à résoudre la question des variations possibles de la teneur en profondeur, question très importante pour l'avenir du Rand. Ce savant ingénieur a constaté que les variations en inclinaison (deep levels) sont de même ordre que les variations en direction, c'est-à-dire qu'on trouvera des zones pauvres et riches réparties sans aucune loi; mais aucun indice ne fait présumer un appauvrissement progressif des couches.

Quelques directeurs du Rand admettent qu'il existe une certaine relation entre la teneur et l'épaisseur du reef. Un même reef serait d'autant plus riche (à la tonne de minerai, bien entendu) qu'il serait plus mince. Ils admettent que les parties très redressées sont plus riches que les parties plates. La présence des dykes a été de même considérée comme de bon augure.

Les travaux fructueux portent sur tout le Main reef, qui a été mis à jour sur un parcours de plus de 40 kilomètres. On a trouvé dans le South reef qui a 0^m,30 d'épaisseur des teneurs de 10 à 12 onces à la tonne (l'once est de 31 gr. 1034; elle vaut 107 francs environ). Mais la teneur moyenne peut être évaluée à une once par tonne.

Origine et mode de formation des dépôts aurifères du Witwatersrand.

Le problème de l'origine et du mode de formation des dépôts aurifères du Witwatersrand est des plus difficiles. Nous avons vu précédemment :

1º Que le minerai d'or est un conglomérat formé de galets et de grains de quartz et dont le ciment est un mélange de silice et de pyrite de fer;

2º Que les couches aurifères sont réparties sur plusieurs milliers de mètres d'épaisseur;

3º Que les phénomènes mécaniques postérieurs à la formation des conglomérats sont nombreux et très nets;

4º Que l'or dans le minerai est souvent à l'état libre, mais toujours invisible à l'œil nu; il est constamment associé à la pyrite sans lui être, ce semble, combiné, et souvent on peut le voir au microscope en cristaux englobés dans la pyrite même;

5º Que l'or et la pyrite sont exclusivement dans le ciment des galets quartzeux qui, eux-mêmes, quelle que soit leur taille, n'en contiennent jamais, sauf très rarement dans les fissures.

6º La pyrite aurifère enveloppe constamment les galets de quartz sur la surface desquels elle semble s'être précipitée;

7º Dans un même banc de conglomérats, la richesse en or n'est nullement, comme dans les placers aurifères, concentrée toujours à la base; elle est, en général, répartie uniformément dans la masse.

En parlant de ces faits, M. de Launay a émis la théorie suivante :

La formation de l'or est contemporaine de la formation des sédiments. Il y aurait eu, d'après ce savant, dans un bassin marin, où des fragments de quartz d'une origine quelconque étaient triturés et roulés par les vagues, de l'or, du sulfure de fer et de la silice en dissolution dans l'eau de mer, substances qui se seraient précipitées chimiquement, comme les nodules de grès de Meckernich (Prusse rhénane). Il n'est pas difficile d'expliquer dans cette théorie la présence de la pyrite cristalline à côté de la pyrite roulée, soit par une recristallisation dont on connaît nombre d'exemples, soit par le cas de grains pyriteux ayant échappé à l'action des vagues. La précipitation de l'or en dissolution n'est pas non plus difficile à expliquer.

Enfin, l'origine première de l'or peut être attribuée soit à des sources thermales tenant de l'or et de la silice en dissolution, comme celles auxquelles on attribue la formation des quartz aurifères filoniens, soit même à la destruction des filons de ce genre, mais destruction suivie d'une dissolution chimique au lieu d'être limitée à une simple préparation mécanique.

Les mines d'or du Transvaal ne sont exploitées que depuis 1886, mais elles ont pris immédiatement une importance considérable. En 1892, on a exporté pour 129 millions d'or. La production, en 1911, était de 780 millions de francs.

NOTE SUR LA GENÈSE DES DÉPOTS AURIFÈRES DU TRANSVAAL

On a émis trois hypothèses.

1º On a tout d'abord supposé que les conglomérats provenaient de la destruction de filons de quartz minéralisés par de la pyrite aurifère. Les produits de cette destruction auraient été charriés et seraient venus se déposer dans un bassin marin. Les solutions métallifères auraient été réduites par les matières organiques ; le sulfate de fer se serait transformé en pyrite et l'or aurait été emprisonné dans cette pyrite.

L'étude des galets de quartz ayant montré que ces galets ne contiennent aucune trace de minéralisation, cette hypothèse est inadmissible.

2º D'après la seconde hypothèse, des galets de quartz non minéralisés auraient été amenés dans le bassin par la mer, et l'or proviendrait de sources thermales. Or, les bancs minéralisés (reefs) sont séparés par des couches de grès non minéralisées. Par conséquent, il est difficile d'admettre que les sources thermales aurifères se soient taries pendant le dépôt des grès, pour se remettre à couler quand les masses de galets arrivaient. Cette seconde hypothèse est donc invraisemblable.

3º On a également admis que le bassin marin aurait été tout d'abord rempli par des alluvions alluviales, c'est-à-dire par des alluvions constituées par des galets de quartz et de l'or libre. Puis des eaux chargées de sulfate de fer seraient arrivées dans le bassin; le sulfate de fer aurait été transformé en pyrite sous l'action des matières organiques, et l'or aurait été emprisonné dans la pyrite. Or, cette hypothèse est contredite par les caractères de l'or inclus dans la pyrite du Transvaal; cet or n'a pas du tout le facies de celui des alluvions.

Remarque. — Cette hypothèse peut être appliquée à la formation des conglomérats aurifères de la Côte de l'Or (Afrique occidentale). Ces conglomérats proviennent d'alluvions meubles (galets de quartz et or libre) cimentées par de la limonite et non par de la pyrite.

4º La théorie la plus plausible est la suivante :

Les galets de quartz proviennent de filons de quartz non minéralisés ou des lentilles de quartz qui entrent dans la constitution des schistes précambriens (phyllades de Saint-Lô). L'or est arrivé postérieurement au dépôt de ces galets, son véhicule a été certainement la diabase, qui, comme on le sait, contient souvent de la pyrite aurifère.

L'inégale répartition de l'or dans les conglomérats et l'enrichissement dans le voisinage des diabases, militent en faveur de cette hypothèse. Cette théorie permet également d'expliquer la minéralisation des quartzites qui accompagnent la diabase.

III. — GITES FILONIENS

Les filons de quartz aurifère sont généralement à structure massive. Les particules de minerais y sont réparties sans aucune règle.

Dans les filons riches en sulfures (pyrite, mispickel), on rencontre quelquefois une structure en couches dans laquelle les minerais se sont concentrés le long de surfaces parallèles aux salbandes.

Si on examine au microscope une plaque mince de la gangue quartzeuse de ces filons, on voit, au milieu d'une masse de quartz stérile, plusieurs petites fentes déterminées, sans doute, par la contraction qui se produit quand la silice gélatineuse passe à l'état d'opale puis à l'état d'une masse cristalline de quartz. L'or et la pyrite se sont concentrés dans ces fentes.

Le quartz aurifère est riche en inclusions liquides; ces inclusions liquides sont, d'après Steiger (1), du sulfate de calcium et d'alcalis avec des chlorures. On remarque que ces inclusions sont souvent groupées en passant parfois au travers de plusieurs individus de quartz voisins, tout à fait indépendamment de leurs contours.

La plupart des filons aurifères sont à gangue quartzeuse; l'or s'y rencontre soit à l'état libre, soit associé à la pyrite et au mispickel.

IV. — DESCRIPTION
DES PRINCIPAUX GISEMENTS AURIFÈRES

I. — AMÉRIQUE DU NORD

Gîtes filoniens du Nevada.

Le filon le plus extraordinaire que l'on ait encore rencontré est certainement celui du Comstock, près de Virginia City, dans le district de Washoe, État de Nevada (États-Unis). Son orientation est sensiblement N.-S. avec

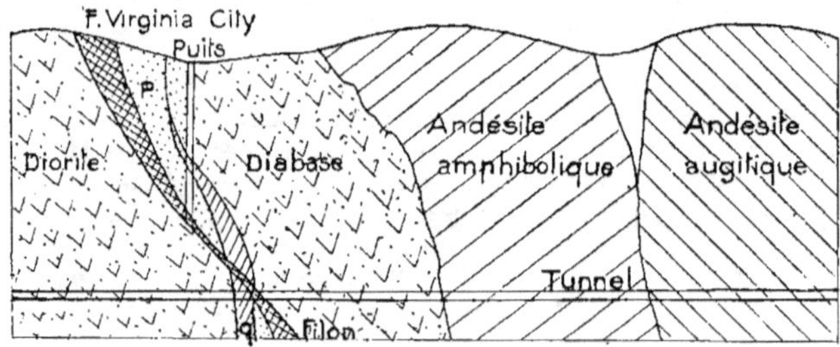

Fig. 283. — Coupe théorique du Comstock lode (Nevada).

plongement de 35° vers l'est. Sa puissance varie de 9 à 20 mètres; il a été reconnu sur une longueur de 7 kilomètres.

A la partie supérieure, les roches avoisinantes, très altérées, ont été confondues avec le filon; elles étaient imprégnées de métaux précieux sur une épaisseur qui, près de la surface, a atteint 300 mètres.

Le Comstock lode est une fente irrégulière F (fig. 283) ayant pour mur la

(1) Lindgren, Gold quartz Veins of Nevada City, Ann. rep. of the U. S. Geol. Survey, 1896, p. 130.

diorite et pour toit la diabase. P représente la partie altérée et Q une veine de quartz. Sur la diabase se trouve une andésite amphibolique, puis une andésite augitique.

Le filon s'est maintenu en profondeur, mais l'augmentation de chaleur a été telle que l'exploitation est devenue impossible à une profondeur de 900 mètres. La température était de 60° (ce qui donne 1° par 15 mètres).

Le remplissage de ce filon se compose de fragments des roches encais-

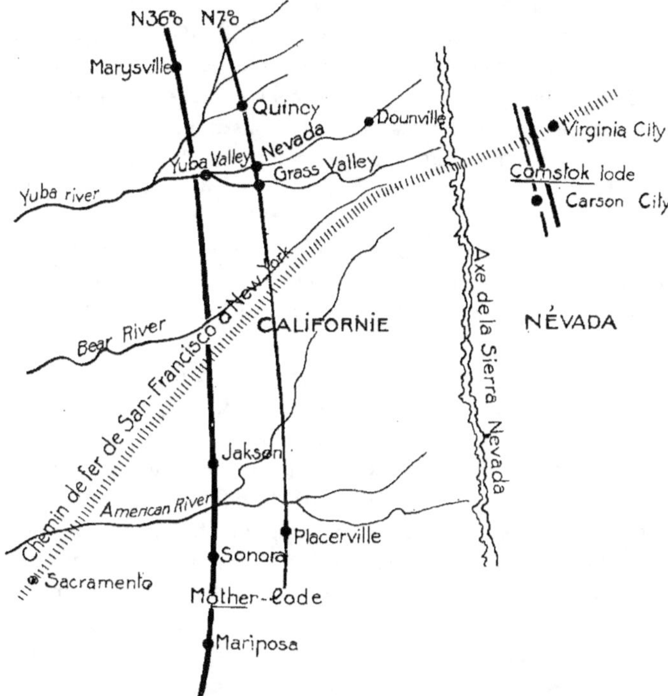

Fig. 284. — FILONS MOTHER LODE ET COMSTOCK LODE.

santes cimentés par du quartz qui contient de l'or et de l'argent (argents noirs, argyrose, or libre et pyrite aurifère). Outre ces métaux précieux, on rencontre de la galène, de la blende, de la chalcopyrite. Ce filon peut passer aussi bien pour un gîte d'argent que pour un gîte d'or.

L'exploitation a commencé en 1859, et, depuis cette époque, jusqu'en 1889, on a extrait pendant ces trente années :

875.000.000 de francs d'argent;

700.000.000 ― d'or.

Les dividendes distribués ont été de 600.000.000 de francs.

Suess dit, en parlant de cette mine : c'est le plus gros amas de métaux précieux sur lequel l'homme ait jamais mis la main.

Actuellement, la principale mine d'or de l'État de Nevada est la mine de Lamar, comté de Lincoln : elle a donné 8.592.000 francs d'or en 1897.

Description des anciens chenaux de la Californie (1).

La Californie a produit, de 1848 à 1900, 7 milliards d'or. Cet or provient de trois sources. Les filons de quartz, les alluvions des rivières actuelles et les alluvions des anciennes rivières ensevelies sous les coulées de laves (trachytes, andésites, basaltes). Les alluvions anciennes constituent ce qu'on appelle les anciens chenaux de la Californie; elles sont formées de conglomérats analogues comme facies à ceux du Transvaal. Leur formation est de l'époque pliocène.

Les érosions plus récentes ont creusé des rivières plus profondes, il en résulte que les anciennes rivières se trouvent actuellement très haut au-dessus des thalwegs modernes et sont, par conséquent, exploitables à flanc de coteau, comme des filons.

L'existence, en Californie, d'une aussi grande quantité d'or est due à la présence dans cette région de la grande fracture qu'on appelle le Mother Lode te qui se ramifie en un grand nombre de veines, dans la région des anciens chenaux. Cette région aurifère s'étend principalement dans la Sierra Nevada, à l'est du lac Tahoe, dans les comtés d'Eldorado, Placer et Nevada. Les roches volcaniques ont recouvert les anciens chenaux sur plus de 200 kilomètres.

Nous citerons encore les chenaux de la Feather River, exploités dans les comtés de Yuba, Butte et surtout à Plumas. Plus au nord, on trouve d'anciens chenaux dans l'État d'Orégon et jusque dans la Colombie britannique où les exploitations principales ont lieu à Cariboo et sur la Fraser River; ce district est en pleine activité depuis quelques années.

Hypothèses sur la formation des graviers aurifères. — Plusieurs hypothèses ont été émises sur la formation des graviers aurifères souterrains. On a supposé, tout d'abord, que c'était une mer qui aurait recouvert tout le pays et qui aurait disparu à mesure du soulèvement graduel de la Sierra Nevada; mais on n'a jamais découvert dans ces conglomérats de fossiles marins; de plus, le fond est toujours relevé de chaque côté, comme un chenal; cela ne ressemble nullement à une longue berge marine comme les conglomérats du Transvaal.

(1) A. BORDEAUX : « Les anciens chenaux aurifères de la Californie », *Ann. des Mines*, 10ᵉ sér,. T. II, 1902, 9ᵉ liv. p. 217.

Ensuite, on a émis l'hypothèse glaciaire, mais on n'a pas découvert de roches moutonnées, ni stries, ni boulder clay (boules d'argile).

On peut cependant admettre comme agent primaire de désagrégation des roches, l'érosion glaciaire antérieure à la formation des chenaux, cause peut-être des masses énormes de galets charriés par ces anciennes rivières, bien plus considérables que celles des rivières modernes quoique celles-ci se soient creusé un lit plus profond. On est arrivé enfin à l'hypothèse fluviale. On a pu tracer le véritable régime des eaux des anciennes rivières et de leurs affluents plus ou moins parallèles aux rivières modernes et l'on a même reconnu plusieurs périodes de ces anciens chenaux; les eaux ont passé par plusieurs régimes, à cause des épanchements de lave successifs, avant d'arriver à la période et au régime modernes. Les plus anciens chenaux seraient, d'après Whitney, d'âge pliocène.

D'après Le Conte, ces chenaux seraient quaternaires. Ils sont constitués par du quartz blanc : on leur a donné le nom de chenaux blancs.

Remplissage des chenaux. — La partie supérieure des chenaux est généralement recouverte par une lave en lits homogènes de couleur claire, finement granulée, due à la consolidation de cendres et de terres volcaniques; la lave qui surmonte le gravier a reçu le nom de *cement* ; elle passe à un conglomérat constitué par des galets de quartz cimentés par de l'oxyde de fer.

Le sommet du gravier est plutôt sableux et mêlé d'une sorte d'argile très fine appelée *pipe-clay*. A la surface, les graviers ont une teinte rougeâtre due à l'oxyde de fer. En profondeur, où dominent les pyrites, la teinte est bleuâtre; de plus, certains chenaux ont une teinte nettement bleue. Les chenaux bleus sont certainement postérieurs aux chenaux blancs, car on peut suivre leur passage à travers ces derniers; aussi, leur richesse est très grande en aval de ces croisements ; mais elle est irrégulière, tandis que celle des chenaux blancs est assez régulière.

Les chenaux blancs, remplis surtout de galets de quartz, ont dû creuser leur lit dans ou le long de filons de quartz qu'ils ont désagrégés, et l'or qui en a été enlevé s'est réparti régulièrement dans le chenal, tandis que les chenaux bleus ont coupé à travers ces filons de quartz et, par suite, à travers les chenaux blancs, s'enrichissant seulement après ces croisements.

On a trouvé de nombreux galets de quartz remplis d'or dans l'intérieur. Un gros bloc de quartz trouvé dans le gravier de Dutch Flat contenait pour 30.000 francs d'or. On a observé que les nuggets ne sont que des pépites de filon dont les angles ont été émoussés par roulement.

Le plus gros nugget pesait 195 livres et valait 220.000 francs. Cet or se trouve toujours près du bed-rock; dans les graviers supérieurs, il est plus fin et parfois se recouvre de rouille et devient rebelle à l'amalgamation. On trouve avec l'or, du platine, de l'iridium, de l'osmium, mais toujours en

petite quantité; les satellites de l'or sont : le zircon, le grenat, le rutile, l'épidote, la cassitérite, la topaze, le fer chromé et même le diamant.

Répartition de l'or dans les chenaux.

Les fonds en forte pente sont plus favorables à un dépôt de gravier riche
en or. Les gros galets sont plus riches que les petits galets et le sable : ces
derniers forment obstacle au passage de l'or. Le bed-rock ou fond de schistes
est le plus favorable à l'arrêt de l'or. Il opère comme les règles d'un sluice,
retenant l'or dans ses fentes jusqu'à plusieurs pieds de profondeur. Le granite,
la serpentine, les quartzites forment un fond beaucoup moins favorable. Le
courant parallèle à la stratification est plus riche sans doute parce qu'il
entraîne plus d'or des veines parallèles à cette stratification.

Parfois il se forme, à plusieurs mètres, à 15 et 20 mètres même, comme à
Paragon, près de Forest Hill, un faux bed-rock de fond sableux où l'or s'accumule sur un vrai fond et ne peut le traverser.

Nous citerons un exemple du remplissage des chenaux, en allant de haut
en bas.

Placer county.

1. Ciment volcanique . . . .   60 mètres
2. Pipe-clay   5   —
3. Sable fin et gravier quartzeux   50   —
4. Gravier bleu   7   —
5. Bed-rock d'ardoises.

Les chenaux des comtés de Placer et d'Eldorado sont les plus riches de
a Californie. Ils formaient les rivières dont le bassin a été remplacé par celui
des rivières Yuba et Américaine et par leurs affluents. Les montagnes qui renferment ces anciens chenaux sont : le Forest Hill Divide, le Georgetown
Divide; le Placerville Divide (on donne le nom de *divides* à toutes les collines
parallèles séparant les rivières, et dont la ligne de faîte est si uniforme qu'elle
est une image démonstrative de l'ancienne existence d'une vaste plaine doucement ondulée, descendant de l'axe de la Sierra Nevada à la vallée de Sacra-
mento et dans laquelle les ravins actuels sont dus à l'érosion subséquente, à la
disparition des anciens chenaux sous la lave).

La base de ces divides est formée de roches métamorphiques anciennes,
de schistes veinés de quartz aurifère; ces schistes sont recoupés par des dykes
de diabases. Au-dessus des schistes sont les graviers des anciennes rivières,
atteignant 100 mètres de hauteur. Tout le sommet du divide est formé de lits
massifs, constitués par des laves, des conglomérats volcaniques, mais sans or.

On compte trois systèmes de chenaux successifs, avant, pendant et après les éruptions volcaniques.

Avant les éruptions, la grande plaine ondulée présentait un système de dépressions dans le bed-rock larges de 4 à 5 kilomètres et profondes de 50 à 200 mètres; les graviers atteignaient 100 mètres d'épaisseur.

Pendant la période des éruptions, un cement, une boue volcanique recouvre les anciens lits, et les eaux se frayent un passage ailleurs, évitant les plus grandes épaisseurs de ce cement qui est assez résistant. Donc, ces chenaux de seconde période croisent souvent les premiers, tantôt plus haut, tantôt et le plus souvent plus bas que leur niveau. Le gravier de ces nouveaux chenaux est formé partie de roches du bed-rock, partie de cement éruptif. Les dernières éruptions sont formées de cement grossier et de conglomérat volcanique charriant des roches de bed-rock. Après les éruptions et avant le régime actuel des eaux, on a constaté encore l'existence de chenaux dont le gravier est formé en majeure partie de galets de cement ; ces chenaux sont très pauvres en or.

Enfin, les rivières modernes se sont creusé des lits beaucoup plus profonds encaissés jusqu'à plus de 1.000 mètres de profondeur, au travers des laves et du bed-rock; elles ont suivi d'abord les lignes marginales des boues volcaniques devenues très dures et ont surtout coupé les anciens chenaux à leurs confluents.

Les chenaux des différentes périodes se différencient donc par la nature de leurs galets, par leur direction, par l'escarpement des bords, très faible lors de la première période, par l'épaisseur de la lave, plus forte à la dernière période, par le croisement et par le niveau. Le chenal croiseur de période postérieure est le plus profond, il s'enrichit de l'or de celui qu'il a traversé, d'où son irrégularité de teneur, mais sa grande richesse en certains points.

Les plages riches sont généralement aux endroits où le courant était rapide. Lorsqu'il est peu chargé de détritus, le courant empêche l'accumulation de gravier. Dans un courant lent, le dépôt se fait trop vite pour permettre à l'or de se concentrer. En outre, l'or s'accumule dans les parties planes des bords surtout au bord intérieur. C'est là et au sommet des pentes rapides que l'or se concentre comme dans des sluices. Dans les parties basses, le gravier riche devient parfois cimenté et très dur; il faut un certain broyage pour le désintégrer. De même, il se produit des plages riches sur de faux fonds d'argile imperméable ; mais, pour les trouver, il faut tomber sur un affleurement. Il existe un fond de ce genre à la mine Paragon, à 45 mètres au-dessus du bed-rock.

Nous dirons en terminant que les graviers aurifères californiens sont très différents de ceux du Klondyke. Ces derniers ne sont pas le produit d'un courant de rivière; les galets y sont anguleux et non roulés, ou beaucoup moins roulés qu'en Californie. L'or est également peu roulé, en gros nuggets et mêlé de quartz. L'agent principal d'érosion a été l'action glaciaire; cependant, de même qu'en Californie, le principal gisement est un fond ou chenal, mais très mince, de quelques mètres à peine.

Ce sont ensuite des dépôts latéraux à une certaine hauteur qui proviennent ou de moraines latérales ou d'anciennes berges de la rivière. L'origine de l'or, comme en Californie, doit être cherchée dans les veines de quartz ; d'ailleurs, les galets, bien qu'ils soient souvent des schistes et des quartzites, sont très souvent aussi des galets de quartz comme en Californie.

Les chenaux aurifères peuvent s'exploiter soit souterrainement, soit hydrauliquement, suivant qu'ils sont ou non accessibles à la surface du sol.

Prospection. — La prospection des gisements aurifères californiens est relativement assez facile, et cela grâce à la monotonie du pays. Dans les mines des Alpes et de tout l'Europe où les dislocations et l'irrégularité sont la loi, la prospection et l'exploitation sont parfois assez difficiles.

Gîtes filoniens du Colorado.

Des tellurures aurifères ont été rencontrés au Colorado dans le comté de Boulder (Magnolia), dans le massif de Front Range.

Plus récemment, on a découvert des tellurures d'or au sud-ouest du Colorado et notamment à Telluride et à Ouray.

Gîtes filoniens du Dakota-Sud.

Le Dakota-Sud, près de Deadwood, dans les Black-Hills, comprend également des gisements importants de tellurures d'or. Nous citerons la mine de Homestake, où l'on exploite un filon très puissant.

Gîtes de la Colombie britannique.

La Colombie britannique renferme des placers très riches et des filons. On a trouvé dans les placers des pépites pesant près de un kilo sur la Fraser River et sur les affluents de ce grand fleuve.

Gisement aurifère de Porcupine (province d'Ontario), Canada.

Le Canada comprend un assez grand nombre de placers ; mais leur teneur en or est assez faible. Le gisement le plus riche est celui de Porcupine ; il a été découvert en 1909 par le prospecteur Wilson.

Porcupine se trouve à 720 kilomètres au nord de Toronto, latitude, 48° 27'; longitude, 81° 5'.

L'aspect du district de Porcupine est le même que celui de tout le pays qui entoure la baie d'Hudson. C'est un pays ondulé sans grand relief; dans les dépressions se logent un grand nombre de lacs. C'est le bouclier canadien.

GÉOLOGIE. — Les terrains qui forment le sous-sol compact de ce pays appartiennent aux séries les plus anciennes du monde. Ce sont des terrains précambriens. Entre le précambrien et les dépôts glaciaires et post-glaciaires, il existe une immense lacune portant sur toutes les aires primaires, secondaires et tertiaires. Voici la classification de ces terrains de haut en bas :

Glaciaire et post-glaciaire : argile à blocaux, sables, argiles stratifiées.

$$
\begin{array}{l}
\text{Lacune.} \\[4pt]
\text{Précambrien}
\begin{cases}
\text{Algonkien}
\begin{cases}
\text{Diabase et gabbros post-huronien.} \\
\text{Lacune.} \\
\text{Huronien.}
\end{cases} \\[12pt]
\text{Archéen}
\begin{cases}
\text{Lacune.} \\
\text{Laurentien.} \\
\qquad\qquad \text{Contact igné.} \\
\text{Keewatin.}
\end{cases}
\end{cases}
\end{array}
$$

La majorité des roches du Keewatin est d'origine ignée; il est probable que certaines d'entre elles ont une origine sédimentaire. Parmi les roches massives, on peut citer les basaltes à structure amygdaloïde et les porphyres quartzifères (rhyolites). Ces roches sont fortement altérées; les minéraux constituants (feldspaths, pyroxènes, amphiboles) sont transformés en épidote, séricite, serpentine, chlorite, carbonates, ferro-magnésiens.

Dans le district de Porcupine, le Keewatin est représenté par des roches massives et des roches schisteuses qui sont fortement imprégnées de carbonate de calcium et de magnésium. L'origine de ces carbonates est facile à expliquer :

$$3\,[(SiO^2)^2\,CaO,MgO] + 2\,H^2O + 3\,CO^2 = 3\,CO^3Ca + 2\,SiO^2, 3\,MgO\,2, H^2O + 4\,SiO^2.$$
(pyroxène)   (calcaire)   (serpentine)

$$2\,[SiO^2, 2\,MgO] + 2\,H^2O + CO^2 = 2\,SiO^2, 3\,MgO, 2\,H^2O + CO^3Mg.$$
(péridot)   (serpentine)   (giobertite)

$$2\,SiO^2, 3\,MgO, 2\,H^2O + 3\,CO^2 = 2\,SiO^2 + 3\,CO^3Mg + 2\,H^2O.$$
(serpentine)   giobertite

Il semble qu'il y ait eu une migration de solutions carbonatées à travers les roches fissurées du Keewatin; ces carbonates forment quelquefois des veines.

Les roches du Keewatin ont été soumises postérieurement à leur consolidation à des phénomènes intenses de métamorphisme, aussi bien chimiques que dynamiques, ce qui explique le développement si général de la schistosité et la fissilité de ces roches anciennes qui, de toutes les roches de la région, sont celles qui sont le plus abondamment envahies par les veines minéralisées. C'est dans les roches du Keewatin que l'on rencontre la plupart des gîtes aurifères de Porcupine.

Les roches du laurentien consistent en granite, syénite, gneiss, qui apparaissent sous forme de batholites intrusifs dans le Keewatin. Le laurentien est assez pauvre en minerais métalliques.

Le huronien forme une série sédimentaire très nette. Une lacune considérable existe entre la période huronienne et la période keevatine. Les sédiments du huronien sont tous de formation détritique. Ce sont des conglomérats, des

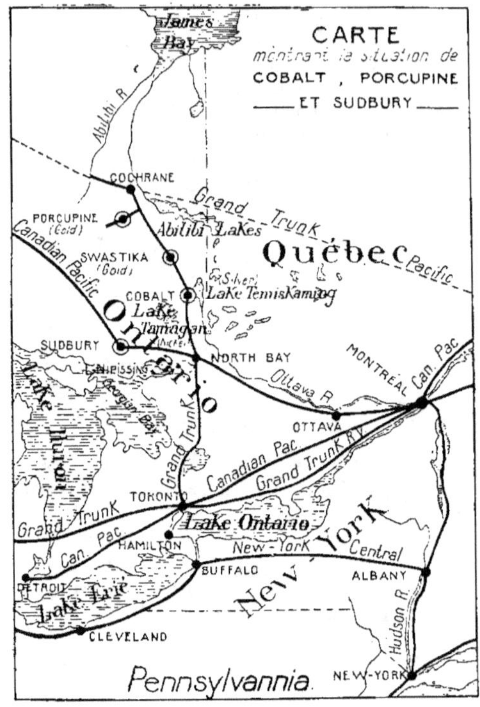

Fig. 285.

grauwackes, des arkoses, des quartzites; les conglomérats sont assez intéressants. Les assises huroniennes ne sont pas épaisses : 100 à 200 mètres dans la région de Cobalt. Les terrains huroniens sont presque horizontaux dans la région de Cobalt. Au contraire, ils sont fortement redressés dans la région de Porcupine.

Le keewatin, le laurentien et le huronien sont recoupés par des filons couches de diabases et de gabbros. Ces roches sont à structure ophitique.

On suppose que ce sont les diabases qui ont été le véhicule des arséniosulfures de nickel et de cobalt et de l'argent natif, dans les régions de Cobalt et de Gowganda, bien que les grosses veines d'argent natif se rencontrent presque toujours dans les conglomérats huroniens. Par contre, ces diabases post-huroniennes ne jouent aucun rôle vis-à-vis des gîtes aurifères de Porcupine.

GISEMENTS. — L'or se trouve associé, dans le district de Porcupine, avec le quartz qui s'est frayé un chemin dans les roches fissurées aussi bien d'âge keewatin que d'âge huronien. Le quartz forme des veines à épontes bien nettes (veine n° I de la Hollinger); tantôt il se distribue en veines irrégulières qui s'épanouissent en lentilles pour disparaître par éparpillement, quelquefois il s'infiltre en veinules parallèles dans le schiste; tantôt enfin, il apparaît en gros massifs de 30 à 40 mètres de diamètre, comme à la mine Dome. C'est autour du lac Pearl que se trouve le plus grand nombre de mines riches, et toutes ces mines s'alignent le long d'une zone de dislocation extrêmement nette. Toutes ces veines se trouvent dans un massif, qui a dû être un porphyre quartzifère, probablement une rhyolite; mais son caractère primitif a complètement disparu. Actuellement, ce massif apparaît sous forme de talcschistes riches en carbonates. Le tout est injecté de veines, veinules, lentilles de quartz secondaire et imprégné de sulfures : c'est dans ces veines de quartz, à l'éponte de ces veines ou encore dans les schistes, là où ils renferment des sulfures, que l'or se rencontre.

On suppose que les veines quartzeuses sont postérieures à l'injection des carbonates, que les pyrites sont venues bien après le quartz. Quant à l'or, il s'est déposé soit en même temps que la pyrite, soit peut-être après la pyrite.

Dans l'ensemble, on doit considérer les minerais de Porcupine comme des minerais de teneur moyenne et de basse teneur. L'état actuel des travaux qui ne sont pas descendus à plus de 100 mètres ne permet pas de dire ce qu'il adviendra de la richesse en profondeur.

Il n'existe à Porcupine ni zone d'oxydation, ni zone de cémentation; l'érosion glaciaire a raboté toutes ces régions du Nord-Est américain, et les parties supérieures oxydées des filons et des dômes ont disparu.

On pratique l'échantillonnage de la façon suivante :

Tous les 1^m,50, on trace au toit de la galerie et sur toute sa largeur un sillon de 2 centimètres de profondeur sur 8 de largeur; ce sillon est creusé, soit au ciseau et marteau, soit au marteau pneumatique. Sur le sol, on étend une toile où on recueille les morceaux détachés du toit. Une autre pratique consiste à prélever sur tous les wagonnets qui remontent à la surface une pelle de tout venant.

Les mines de Porcupine peuvent être groupées autour de trois centres : celui du lac Pearl, celui de la mine Dome, celui du lac Three Nations.

Centre du lac Pearl. — C'est autour du lac Pearl que se trouvent actuellement les propriétés minières les plus importantes.

La plus anciennement découverte, la mieux reconnue, celle qui passe pour être la plus riche, est la mine Hollinger. Les veines sont dirigées N.-E.

La veine n° 1 ou grande veine a été suivie à la surface et au niveau 30 mètres, sur une longueur de 300 mètres; sa puissance moyenne est de $2^m,40$, et la teneur de 50 grammes à la tonne. Au niveau 200, le filon aurait $2^m,75$ de puissance, et la teneur serait de 70 grammes.

On suppose qu'entre la surface et les niveaux 100 et 200, toutes les veines

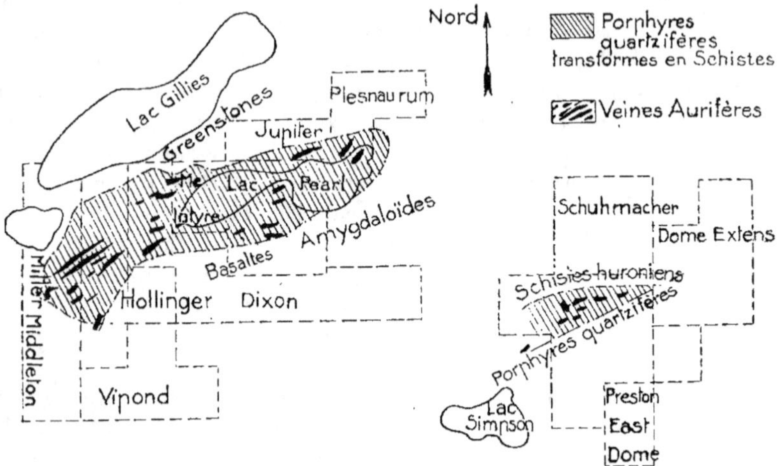

Fig. 286. — LE CENTRE DE PEARL LAKE ET LE CENTRE DE LA MINE DOME PORCUPINE
ÉCHELLE DE 1/50.000.

peuvent produire près de 10 millions de francs d'or. A droite et à gauche de la mine Hollinger, se trouvent deux autres propriétés encore très peu développées : Miller Middleton et Dixon.

La mine Mac Intyre n'a qu'une petite étendue en bordure du lac Pearl.

Nous citerons également les mines Vipon, Jupiter, et Plenaurum.

Centre de la mine Dome. — La mine Dome doit son nom à la présence d'un grand massif de diabase altérée (greenstone) qui renferme des lentilles énormes de quartz. L'ensemble est assez fortement minéralisé par des pyrites aurifères. Les quartz aurifères suivent parfois la ligne de contact entre les porphyres quartzifères et les schistes huroniens.

EXPLOITATION. — L'exploitation de cette énorme masse minéralisée se fait par une méthode très employée dans la Colombie britannique, la méthode par « glorg hole ». On trace au niveau de 30 mètres une ou plusieurs galeries parallèles aboutissant à un puits vertical ou incliné. De ces galeries partent tous les 20 ou 30 mètres des cheminées verticales qui remontent jusqu'à la surface.

Ces travaux achevés, on commence l'exploitation par la surface. A ciel ouvert, on abat la roche au voisinage des trous. Au bout de peu de temps, on a ainsi pratiqué à la surface une série d'entonnoirs à demi remplis de minerai. L'enlèvement se fait dans les galeries souterraines au pied des cheminées.

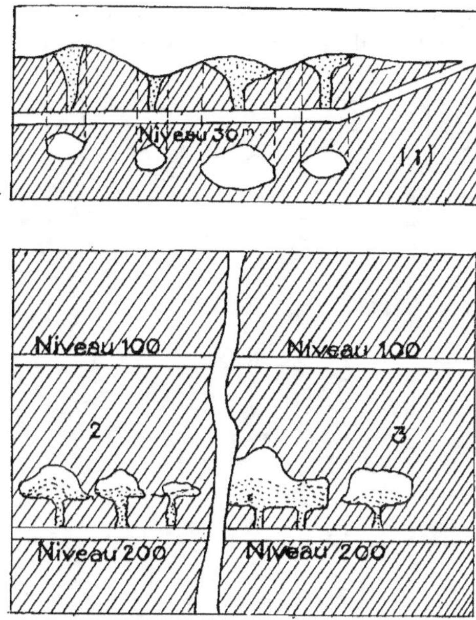

Fig. 287. — (1) Méthode par Glorg holes. (2) et (3) Méthode par stopes and pillards.

On reçoit le minerai dans des wagonnets. Cette méthode ne s'applique qu'à l'étage supérieur. En profondeur, on emploie la méthode par Stopes and pillards (chambres et piliers, fig. 287).

Autour de la mine Dome se trouvent d'autres mines : West Dome, qui comprend les anciens Claims Foster, où on rencontre, au milieu des schistes keewatins très imprégnés de carbonates, un filon d'ankérite de 7 mètres de puissance; cette ankérite est recoupée par des veinules de quartz aurifère. Ce gisement présente de grandes analogies avec celui du Mother lode.

Centre de Three Nations. — Dans le voisinage du lac Three Nations, à 5 kilomètres au nord-est du lac Porcupine, se trouve un certain nombre de gisements qui ne sont encore qu'à l'état de prospection.

Mines d'or de la région du Yukon et autres endroits de l'Alaska.

La présence de l'or avait été reconnue il y a vingt-cinq ans environ dans les alluvions de diverses rivières tributaires du Yukon, le grand fleuve qui traverse l'Alaska de l'est à l'ouest et atteint la mer de Behring au sud de Norton; mais les exploitations qui y avaient été tentées n'avaient pas donné de résultats bien remarquables et s'étaient peu à peu ralenties. D'autres gisements avaient été découverts en 1885 dans la vallée du Stewart, important affluent de rive droite du Yukon, situé à 190 kilomètres en amont du Forty

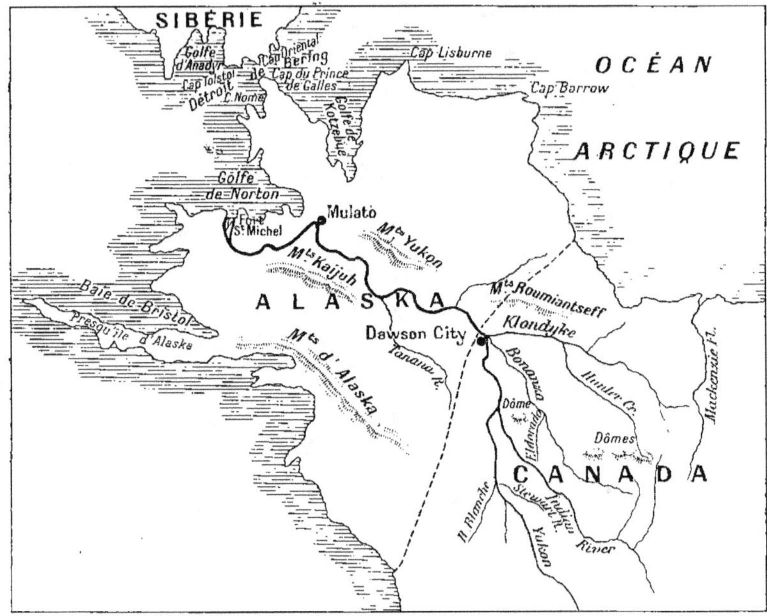

Fig. 288. — GISEMENTS AURIFÈRES DE L'ALASKA.

Mile Creek. La production a été estimée par M. Dawson à 2.500.000 francs pour les années 1885 et 1886; la production de 1893 a été de 4 millions de francs.

La région la plus riche est située entre les rivières Klondyke et Indian; cette région est constituée par des micaschistes, qui forment le bed-rock des gîtes alluvionnaires. Les dépôts aurifères consistent en alluvions éluviales et en alluvions de transport. Les alluvions éluviales sont constituées par une couche supérieure brune d'argile, recouverte de mousse, et par une couche inférieure blanchâtre riche en quartz et en or.

Les micaschistes sont fortement décomposés et forment des crevasses où l'or s'est déposé.

Les alluvions de transport les plus riches sont celles de la vallée Eldorado et de la Bonanza.

Comme dans ces régions les couches d'alluvions se trouvent à l'état gelé, il faut commencer par les faire dégeler pour les extraire et le travail de lavage se trouve limité à la courte saison d'été (quatre mois environ).

La production de l'or du district du Yukon s'est élevée en 1900 à environ 18.000.000 de dollars (90 millions de francs). La valeur totale de l'or alluvionnaire exploitable déposé ici a été estimée par M. Mac Connel à 95 millions de dollars.

On a rencontré, dans cette région quelques filons de quartz aurifère ayant une puissance de 3 à 8 pieds.

On a également rencontré dans la partie supérieure de la vallée du Klondyke des gîtes de charbon.

Les principaux satellites de l'or sont :

La pyrite altérée, le fer titané, la magnétite, l'oligiste, le rutile, le grenat et la cassitérite concrétionnée (étain de bois). L'or est quelquefois recouvert d'oxyde de fer et par conséquent non amalgamable.

Alluvions aurifères de la région du Cap Nome.

On a découvert, dans l'Alaska, pendant l'automne de 1898, au cap Nome, situé à 800 kilomètres nord-ouest de Saint-Michael et à environ 150 kilomètres de la Sibérie, à travers le détroit de Behring, des gisements aurifères qui sont d'une grande richesse. Aussi, deux mois après cette découverte, les prospecteurs se trouvaient déjà en possession de 3.625.000 francs.

En juillet 1899, un mineur malade, campé sur la grève, trouva de l'or dans le sable. Dans l'été de 1899, trois hommes travaillant sur la grève du 19 au 25 août ont recueilli environ pour 540 dollars d'or par homme. Près de 5.000 mineurs accoururent aussitôt de Dawson et de Saint-Michael et fondèrent la ville de Nome-City.

L'or se trouve dans les vallées des petites rivières Snake et Nome, les sables alluvionnaires de ces vallées sont recouverts par la mousse de la toundra.

Les sables aurifères de la mer ont une teinte rougeâtre; la puissance est de 10 centimètres environ; ils sont recouverts d'une mince couche de galets et s'étendent le long du rivage sur une largeur de 22 mètres.

Les alluvions des vallées contiennent beaucoup de grenat, de magnétite, de fer titané, de rutile. On y a rencontré du platine et de la stibine contenant du cinabre.

D'autres gisements aurifères ont été découverts au cap York, à 25 kilomètres au sud-ouest du cap du Prince de Galles, par le Reverend Hultberry. Les prospecteurs ont traversé le détroit de Behring pour se rendre au cap

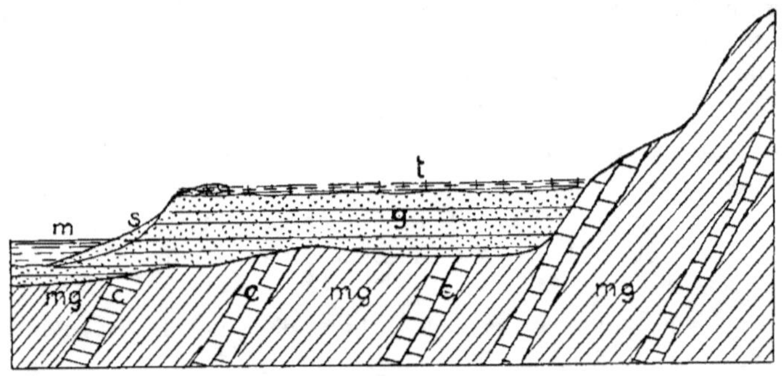

Fig. 289. — COUPE DES ALLUVIONS AURIFÈRES DU RIVAGE DU CAP NOME.

mg Micaschistes et gneiss. — *c* Calcaire. — *t* Tourbe et marais de la toundra. — *g* Gravier ancien, sable et argile. — *s* Sables et gravier aurifères. — *m* Niveau de la mer.

Tolstoï et dans la baie d'Anadyr (Sibérie) où ils ont rencontré la zone aurifère du cap Nome.

La région de l'Alaska est montagneuse, boisée en certains endroits de conifères chétifs. On y rencontre parfois des arbustes donnant de petits fruits comestibles.

Pour prendre un claim en Alaska, il faut être citoyen américain ou canadien.

II. — AMÉRIQUE DU SUD

Gîtes filoniens du Vénézuéla.

On a découvert, au Vénézuéla, vers 1850, une région aurifère extrêmement importante. La principale mine de cette région est le Callao. Ce gîte est constitué par des filons de quartz minéralisés par de l'or libre et par une très petite quantité de pyrite aurifère, ce qui montre qu'il a été altéré sur une grande profondeur. La partie riche des filons avait une teneur de 250 grammes par tonne. Les actions, au nombre de trente-deux, émises en 1870 à 10.000 fr. l'une, valaient en 1884 un million. Les travaux ont été partiellement arrêtés en 1887 par suite de l'appauvrissement en profondeur; ils ont été repris, il y a quelques années, mais sans succès.

Gîtes filoniens de la Colombie équatoriale.

On a exploité, en Colombie, à Canca, Antioquia, Bucaramanga, à Sardanilla, des filons aurifères et des gîtes alluvionnaires.

Nous signalerons également les gîtes aurifères de Guarisamey et San Juan de Rayas (Mexique), Las dos Estrellas (très riche); les gîtes de Santa Cruz (Honduras); les gîtes de Coquimbo (Chili), de Tacuarembo (Uruguay); de Costa (Pérou), de Minas Geraës (Brésil); les Guyanes.

III. — ASIE

L'Asie possède un grand nombre de districts aurifères.

La Sibérie, la Chine, le Siam, l'Annam, le Laos renferment des filons de quartz aurifères et de nombreuses alluvions. L'exploitation dans ces diverses régions ne porte actuellement que sur les alluvions.

IV. — MINES D'OR DE L'AUSTRALIE

I. — Gîtes d'or de l'Australie orientale, de la Nouvelle-Zélande et de la Tasmanie.

La découverte de l'or, en Australie, fut faite en 1851 dans la Nouvelle-Galles du Sud. On a ensuite rencontré ce métal dans la province de Victoria, puis dans le Queensland, dans la Nouvelle-Zélande et en Tasmanie.

Les principaux centres miniers de la province de Victoria sont Ballarat, Bendigo, Castlemaine, Maryborough, Ararat, Bechworth. La production en 1896 a été de 25.041 kilos d'or valant 80.503.750 francs.

Dans la Nouvelle-Galles du Sud, les principaux centres miniers sont Mudgee, Southern, Tumut et Adelong.

Production en 1896 : 9.221 kilos; valeur : 26.834.000 francs.

Nous signalerons dans le Queensland la fameuse mine de Mount Morgan, dont le rendement a été en 1892 de 3.770 kilos et la teneur de 51 grammes par tonne de minerai; puis celle de Gympie.

Production en 1896 : 19.917 kilos; valeur : 53.033.685 francs.

Les principaux districts de la Nouvelle-Zélande sont :

Coromandel et Thames. Production, 1897 : 24 millions de francs.

La Tasmanie a donné en 1896, 6.000.000 de francs d'or.

On estime à 2.900 tonnes d'or la production totale de ces régions de 1851 à 1894. Ce qui représente 9 milliards de francs. En 1896, la production a été de 200 millions.

La région de Ballarat et celle de Bendigo renferment des placers et des filons.

I. — Placers.

Les placers se rencontrent dans les terrains tertiaires et notamment dans le miocène, dans le pliocène inférieur, dans le pliocène supérieur et dans le quaternaire.

Dans la province de Victoria, le bedrock est constitué par des schistes

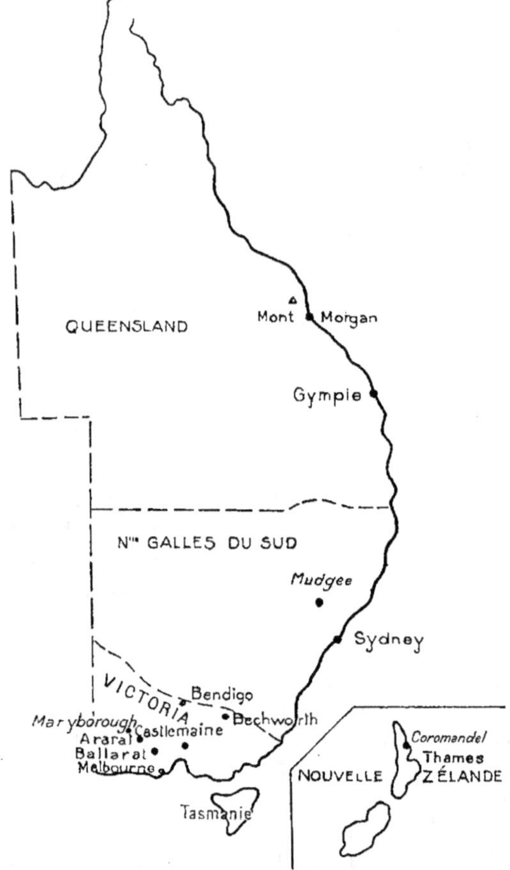

Fig. 290. — AUSTRALIE ORIENTALE.

siluriens dont le pendage est presque vertical; les aspérités qui résultent de ce redressement ont retenu l'or au voisinage des filons mères; les placers de cette région sont peu étendus et à richesse très inégale; ce sont des alluvions de transport.

1º PLACERS MIOCÈNES. — Nous signalerons comme placers miocènes ceux de Tangil, dans la région du Gippsland; ce sont des placers recouverts (*deep leads*). On a reconnu dans cette région une ancienne vallée miocène dont la ligne de thalweg est assez voisine du cours actuel de la rivière; cette vallée est à un niveau supérieur à celui de la vallée actuelle (fig. 291). On voit sur la

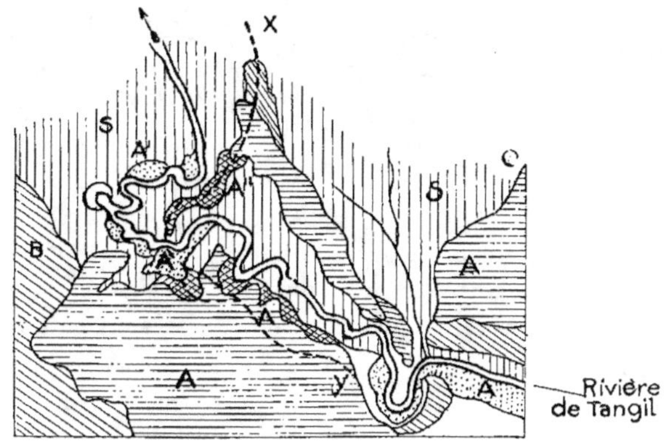

S Silurien.
B Basaltes.
A Alluvions pliocènes.
A′ Alluvions quaternaires.
A″ Alluvions miocènes.
xy Cours de l'ancienne vallée miocène.

Fig. 291. — PLAN DES PLACERS MIOCÈNES DE TANGIL (GIPPSLAND).

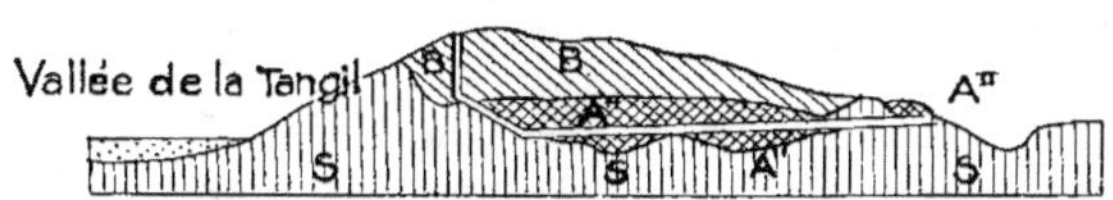

Fig. 292. — COUPE VERTICALE DANS LES TRAVAUX DE LA TANGIL GOLD COMPANY.

coupe (fig. 292) faite suivant *xy* que les alluvions reposent sur le silurien; elles sont recouvertes par une nappe de basalte très altéré; ces alluvions ont été exploitées par une galerie partant d'une vallée voisine.

2º PLACERS PLIOCÈNES. — Les plus célèbres placers pliocènes sont ceux de Ballarat. Ce sont des alluvions recouvertes. Les alluvions de cette région se sont formées aux dépens de schistes siluriens qui sont recoupés par un grand nombre de veines de quartz aurifère; elles sont constituées par des sables, des graviers et des conglomérats; elles reposent sur le silurien et sont généralement recouvertes par des coulées de laves. La plupart des puits foncés jusqu'au bedrock à travers les laves ont une profondeur de 50 à 150 mètres.

On a reconnu l'existence de quatre coulées de laves séparées par de minces couches d'alluvions (fig. 293) dont la puissance varie de 0ᵐ,50 à 1ᵐ,50 : le bedrock est assez souvent aurifère sur une épaisseur de 2 mètres environ.

Les conglomérats sont plus riches que les sables et les graviers, mais leur

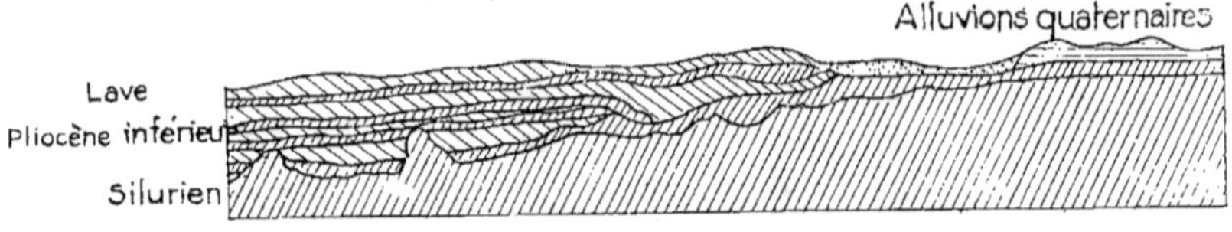

Fig. 293. — Coupe des placers de Ballarat.

proportion est très faible : elle est à peine de 1,5 % des alluvions traitées; ces placers ont été trouvés autrefois très riches.

En 1887, les teneurs moyennes des alluvions traitées étaient, à Ballarat :

    Sables et graviers. . . . .   2 gr. 3 à la tonne
    Conglomérats . . . .   33 gr. 66   —

En 1890 :

    Sables et graviers. . . . .   2 gr. 15 à la tonne
    Conglomérats . . . .   3 gr. 73   —

En 1893, les teneurs moyennes des alluvions traitées dans la province de Victoria ont été :

    Sables et graviers. . . . .   2 gr. 33 à la tonne
    Conglomérats . . . .   9 gr. 00   —

Le district de Creswick possède encore un grand nombre de placers en pleine exploitation : on a extrait, en 1893, de ce district, 2.200 kilos d'or.

On estime que dans les régions pourvues d'eau, à Ballarat, par exemple, on peut traiter avantageusement des alluvions recouvertes dont la teneur est de 1 gr. 5, pour les sables et graviers et de 3 grammes pour les conglomérats.

3° Placers quaternaires. — Les placers quaternaires se rencontrent dans tous les districts aurifères de la région; ils sont formés de sables et de graviers plus récents que les laves et résultant du remaniement des dépôts antérieurs ou des érosions directes des schistes siluriens contenant les veines de quartz aurifère.

4° Placers de Bendigo. — Les placers de Bendigo sont des placers découverts (shallow placers); le bedrock de ces placers est le silurien qui est recoupé par un grand nombre de filons parallèles, les uns aurifères, les autres stériles; l'épaisseur des alluvions est de 2 mètres en moyenne; la richesse est très variable.

5° Nouvelle-Zélande. — On exploite à la Nouvelle-Zélande des alluvions aurifères analogues à celles de la province de Victoria; les principaux districts sont : Otago, Westland et Nelson.

II. — Gîtes filoniens.

Le nombre des gîtes filoniens aurifères de la province de Victoria est considérable : on y a reconnu plus de 3.000 filons; ces filons sont encaissés dans les terrains siluriens; ils se présentent parfois sous la forme de filons couches.

Dans *le silurien inférieur*, les filons sont recoupés par des dykes de diorite et la distribution de l'or dans ces filons semble indépendante de la présence des diorites.

Dans *le silurien supérieur*, les filons recoupent les dykes de diorite et on observe qu'il y a une certaine relation entre la distribution de l'or et la présence de ces roches.

Le remplissage de ces gîtes se compose de quartz qui est tantôt blanc, tantôt vitreux : l'or est souvent visible; il est en grains, en mousse dans les cavités et le plus souvent en couches très fines; cet or libre est accompagné de pyrite, de mispickel, de chalcopyrite, de galène, de blende.

Les filons du silurien supérieur sont surtout riches en pyrite; la teneur moyenne des quartz traités est de 23 grammes par tonne. Dans le silurien inférieur, la teneur moyenne n'est que de 13 grammes par tonne.

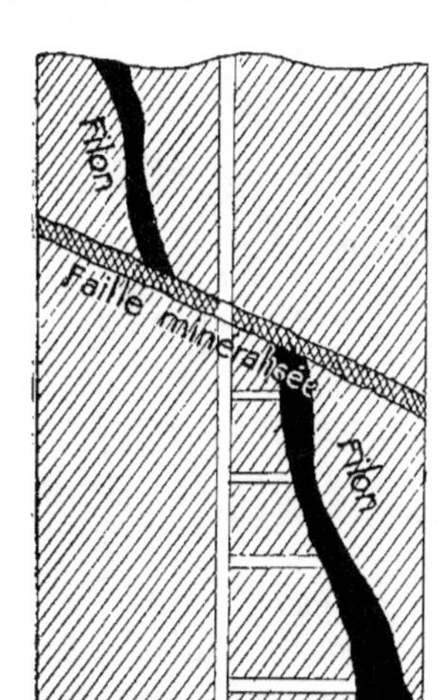

Fig. 294. — Coupe verticale du grand filon de Eaglehawk.

Distribution de l'or. — L'or est quelquefois distribué uniformément dans le quartz; le plus souvent, il est concentré dans une zone spéciale, soit au toit, soit au mur, mais très rarement au centre du filon.

1° Gites filoniens de Ballarat. — Dans les gîtes de Ballarat, la plupart des filons sont assez réguliers ; nous citerons le grand filon d'Eaglehawk, dont l'exploitation a commencé vers 1857, et qui a donné, dans certaines parties, plus de 4 kilos d'or à la tonne. Ce filon est recoupé par une faille qui le rejette et qui est minéralisée en certains points. La puissance du filon varie de 2 à 10 mètres (fig. 294).

Nous citerons également le filon de la Star of the East Company, à Ballarat. Le pendage de ce filon varie de 45° à 80°; sa puissance moyenne est 1^m,25. On a extrait, en 1894, 25.000 tonnes de quartz dont la teneur moyenne était de 10 grammes par tonne; la profondeur des travaux atteint 700 mètres.

2° GITES FILONIENS DE BENDIGO. — Le district de Bendigo est essentiellement formé par le terrain silurien inférieur qui se compose de schistes et de grès; les couches siluriennes ont été fortement plissées, ce qui a donné naissance à une série de plis anticlinaux et synclinaux.

On rencontre, dans ce district, des filons réguliers, mais les gîtes les plus importants sont des gîtes interstrafiés qui affectent plusieurs allures.

1 *Filons couches* (*leaders*, filons-guides). — On rencontre des gîtes plans stratifiés au contact de deux couches : ce sont des filons couches.

2. *Gîtes anticlinaux* (*saddle reefs*, couches en selle). — Lorsque le décollement des strates au, lieu de se faire dans une région à peu près plane,

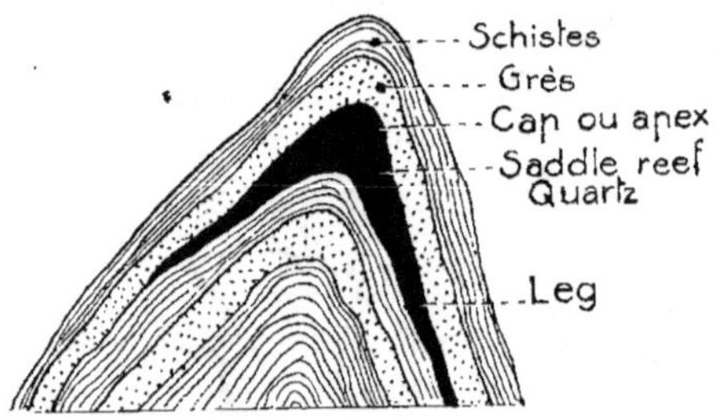

Fig. 295. — GITE ANTICLINAL : COUPE VERTICALE NORMALE A LA DIRECTION DU PLI.

s'est produit au sommet de plis anticlinaux ou synclinaux, le gîte prend la forme d'une selle droite ou renversée. On donne le nom de saddle reefs aux gîtes qui se trouvent au sommet des plis anticlinaux : la partie supérieure de la selle se nomme *cap* ou *apex* (sommet); les deux côtés de la selle sont les *legs* (côtés) (fig. 295).

Un filon est défini, comme on sait, par sa direction et son pendage, mais un gîte anticlinal n'est défini que si l'on donne : 1° la direction du sommet; 2° l'angle formé par la ligne de faîte avec le plan horizontal; 3° le pendage des côtés.

Quand le gîte est au contact de deux couches différentes comme dans le cas ci-contre, on voit immédiatement qu'il est interstratifié; mais cette constatation n'est pas facile quand le toit et le mur sont formés par un même terrain, par des schistes, par exemple.

3. *Gîtes synclinaux* (*inverted saddle*, selle renversée). — Quand le gîte se trouve à la base d'un synclinal, on a ce qu'on appelle une selle renversée

Les gîtes synclinaux sont beaucoup moins importants que les gîtes anticlinaux. On a exploité un gîte de cette nature à la mine Great Britain, à l'ouest du grand pli anticlinal de New-Chum. La coupe perpendiculaire à la direction des couches (fig. 296) montre qu'à côté d'un gîte anticlinal et à peu près au même niveau, deux gîtes synclinaux ont été exploités.

Les gîtes anticlinaux et synclinaux sont très répandus dans le district de Bendigo.

L'allure des gîtes de Bendigo n'a pas été reconnue au premier abord,

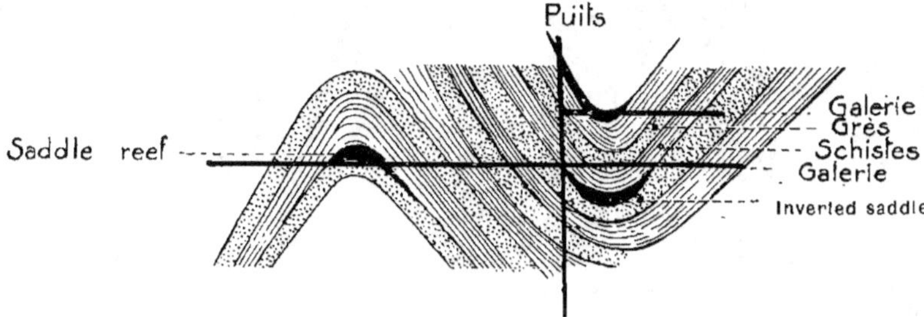

Fig. 296. — Gîtes synclinaux et anticlinaux de la mine Great Britain.
(Coupe verticale normale a la direction des plis.)

on pensait que la forme en selles était due à la rencontre de deux filons. La solution de ce problème a été donnée par j'éminent géologue américain, M. A. Rickard (1). Les gîtes en selles présentent un certain développement suivant l'axe des plis, mais la puissance diminue rapidement en profondeur; il est donc nécessaire de continuer le fonçage des puits : quelques-uns d'entre eux ont atteint actuellement la profondeur de 1.000 mètres; les puits sont, bien entendu, placés sur les axes des plis.

Réseau de veinules (make of spurs). — On a rencontré au voisinage de certains filons stratifiés d'autres gîtes provenant de cassures secondaires : ces fractures sont généralement normales aux strates dans les grès, et ont dans les schistes une direction voisine de la stratification. Le remplissage de ces fractures est constitué par du quartz.

Couches imprégnées (lodes). — Il arrive parfois que les couches de grès et de schistes contiennent un très grand nombre de cassures provoquées par des mouvements et qui ont été ultérieurement minéralisées. On donne à ce genre de gîtes le nom de lodes.

(1) RICKARD : « The Bendigo Gold-field », (*Transact. of Am. Inst. of Mining Eng.*) ; oct. 1891, oct. 1892, août 1893, avec bibl. — Cf. aussi : L. BABU, « Les mines d'or de l'Australie (Victoria) et le gîte d'argent de Broken Hill (*Ann. d. Min.*, 9e sér., 1896, t. IX, p. 315 à 396).

Nous citerons la mine Hercules and Energitic, à Long Gully. Ce gîte est constitué par une couche de grès recoupée par une multitude de fissures remplies de quartz.

Cette couche est au contact d'une fissure interstratifiée ayant amené un

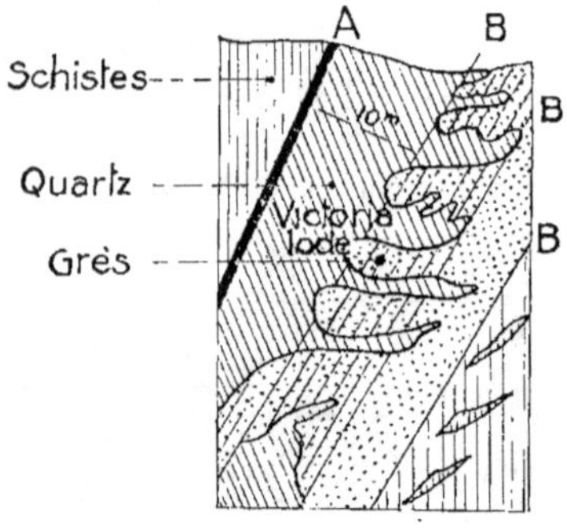

Fig. 297. — MINE HERCULES AND ENERGITIC. RÉSEAU DE VEINULES AU VOISINAGE DE VICTORIA LODE. COUPE VERTICALE.

A Mainback.

B Plans de glissement interstratifiés à remplissage argileux (backs).

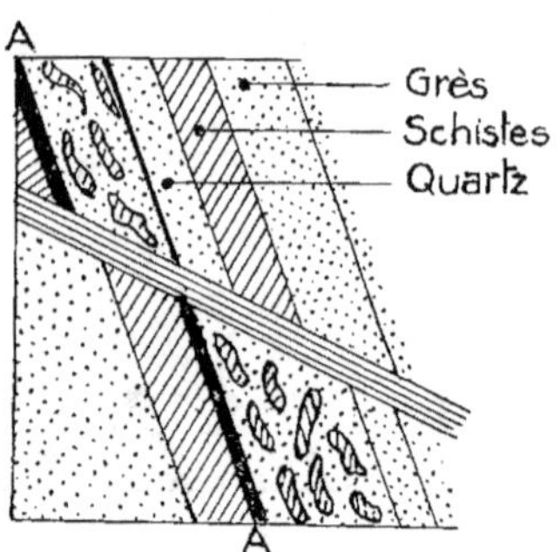

Fig. 298. — COUPE DE VICTORIA LODE AU NIVEAU DE 1.060 PIEDS (320^m).

glissement, d'où résulte une véritable éponte bien définie, qui sert de guide dans les travaux (fig. 297). La puissance de la couche exploitable est quelquefois supérieure à 10 mètres. On a rencontré, à une profondeur de 320 mètres, au-dessous d'une faille qui rejette le gîte (fig. 298), une région

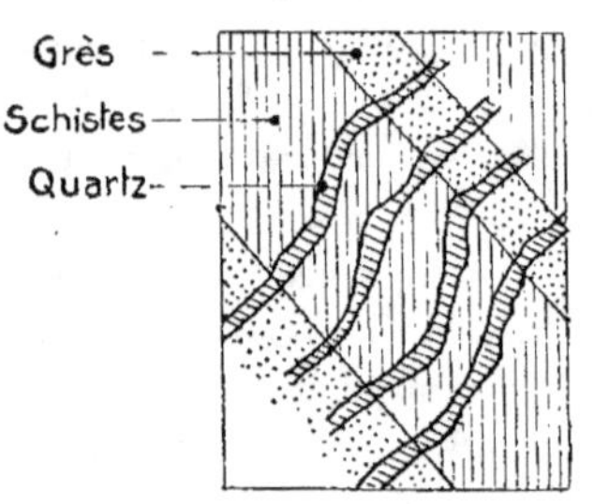

Fig. 299. — MINE CATHERINE REEF UNITED. VEINULES DANS LES GRÈS ET DANS LES SCHISTES. COUPE VERTICALE.

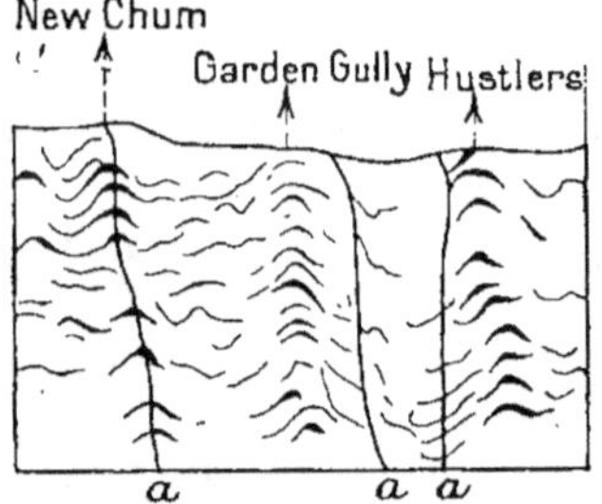

Fig. 300. — COUPE VERTICALE IDÉALE DES REEFS DE BENDIGO, NORMALE A LA DIRECTION DES PLIS.

a Filons de lave.

extrêmement riche d'où on a retiré 50 tonnes de minerai, dont la teneur était de 1.400 grammes par tonne.

Nous citerons encore la mine Catherine reef United, à Eaglehawk, qui peut être assimilée à un lode. On observe dans cette mine un réseau de fractures irrégulières recoupant toute une série de couches de grès et de schistes; on constate que les veines minéralisées recoupent les grès normalement à la stratification et les schistes suivant le plan de schistosité : c'est une loi générale dans tout le district de Bendigo (fig. 299).

La zone aurifère de Bendigo comprend un assez grand nombre de gîtes tous parallèles en direction. On compte onze lignes de reefs correspondant chacune à un pli anticlinal; les plus importantes sont New Chum, Garden Gully, Fortuna Hustler's. La première a été suivie sur une longueur de 22 kilomètres, la seconde sur 14 kilomètres et la troisième sur 10 kilomètres.

On a constaté qu'au voisinage des trois plis principaux existent des dykes de laves (fig. 300) ; ces dykes sont postérieurs à la formation des gîtes et n'ont pas d'influence sur la distribution de l'or.

Le nombre des couches exploitables situées sur une même verticale varie d'une région à l'autre. A la mine New Chum and Victoria, on a recoupé plus de trente selles jusqu'à la profondeur de 750 mètres. Certaines selles consti-

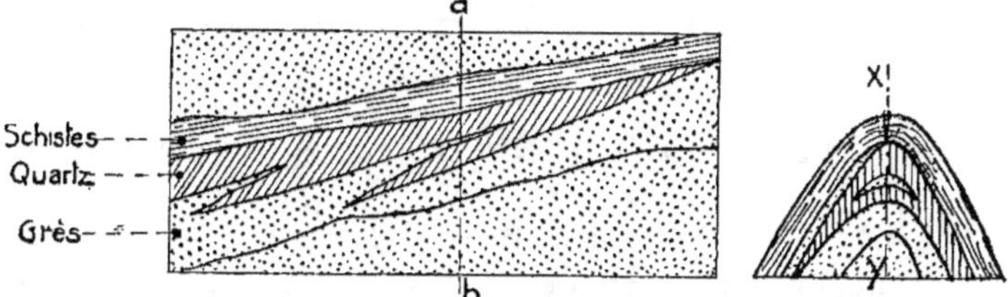

Fig. 301. — MINE GREAT EXTENDED HUSTLERS A LA PROFONDEUR DE 1.700 PIEDS (510ᵐ). COUPES VERTICALES EN LONG PAR xy ET EN TRAVERS PAR ab.

tuent, à elles seules, des gîtes importants. Ainsi, à la mine Garden Gully, une seule selle qui a été exploitée sur une longueur de 600 mètres a donné en quatorze ans 13 tonnes d'or, soit 39 millions de francs.

PARTICULARITÉS PRÉSENTÉES PAR LES GITES EN SELLES. — Les gîtes en selles présentent fréquemment des particularités fort intéressantes. Ainsi, le décollement s'est quelquefois effectué d'un seul côté du pli anticlinal, et, en même temps que le décollement, il peut y avoir eu glissement des strates l'une sur l'autre. Le gîte se réduit alors à une portion de couche, on lui donne le nom de back ou de leader. On a observé un pareil gîte à la mine Johnson, sur le pli anticlinal de Garden Gully, à la profondeur de 300 mètres; le glissement a produit au toit une salbande d'argile noire de 5 centimètres d'épaisseur (voir fig. 297).

On peut encore signaler le cas de selles secondaires produites par des décollements de faible étendue dans les strates du mur, au sommet de la selle principale. C'est ce que l'on voit à la mine Great Extended Hustlers, sur le pli anticlinal Hustlers, à une profondeur de 510 mètres (fig. 301).

Les gîtes en selles n'occupent pas toujours le sommet des plis anticlinaux. On rencontre à côté des selles véritables des fausses selles (false saddles) dont un côté seulement est interstratifié. Pour qu'un tel gîte ait pu se produire, il a fallu qu'une cassure dans les couches soit venue recouper un gîte stratifié, un versant d'un gîte anticlinal, par exemple (fig. 302).

Il arrive que le décollement a passé d'un côté à l'autre d'une strate,

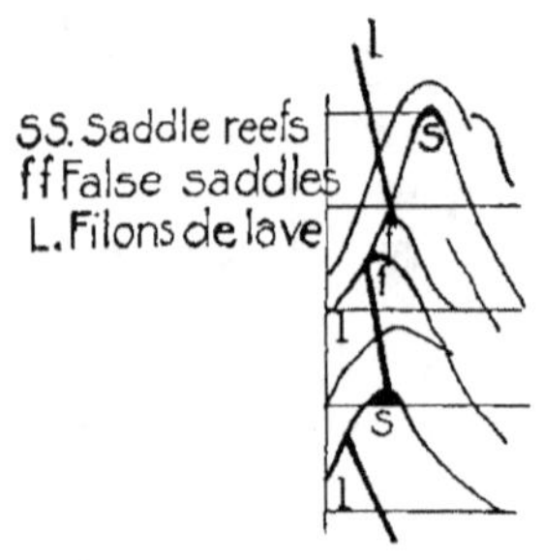

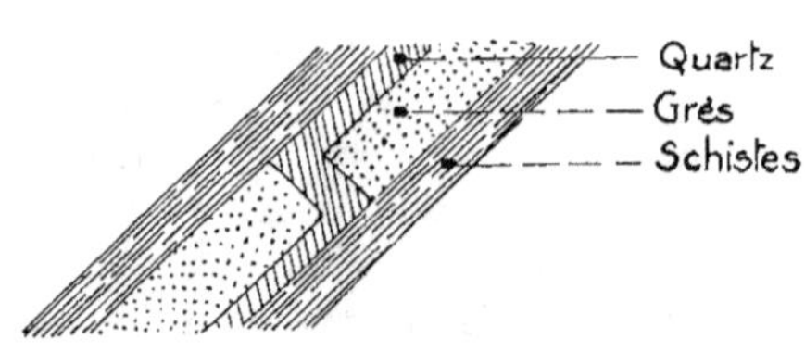

Fig. 302. — Mine New Chum.
(Coupe verticale.)

Fig. 303. — Mine Johnson a la profondeur
de 1.260 pieds (378^m).
(Coupe verticale.)

par suite d'une cassure dans cette strate; ce cas se rencontre à la mine Johnson (fig. 303).

Distribution de l'or. — La distribution de l'or est très irrégulière ; l'or est généralement gros : on a trouvé des pépites de 30 et même 100 grammes sur le pli anticlinal de New Chum.

Mode de formation et de remplissage des gites en selles. — La formation des vides s'explique très bien, il suffit d'observer ce qui se passe quand on soumet un ensemble de feuillets fortement serrés à une pression. Il se forme des ondulations, puis des plis qui sont accompagnés de glissements des feuillets l'un sur l'autre, d'où résultent des décollements et des vides qui reproduisent assez bien la forme et l'allure des gîtes anticlinaux et des gîtes synclinaux. Parfois le décollement des strates s'est effectué d'un seul côté du plan bissecteur passant par l'axe de l'anticlinal ou du synclinal.

Quant au remplissage, les géologues Murray et Rickard pensent que la minéralisation est due à un phénomène de sécrétion latérale ; ils estiment que l'or était primitivement réparti dans la masse des schistes et grès siluriens et que cet or a été dissous par les eaux thermales qui sont venues le déposer dans les vides produits par le décollement des strates.

On peut également admettre que les fractures ont servi de passage à des eaux minérales contenant de l'or, des sulfures et venant de la profondeur (1).

---

(1) C'était l'hypothèse faite par M. Michel ; il réfutait la théorie de la sécrétion car la puissance du minerai atteint parfois 40 mètres au sommet des anticlinaux et des synclinaux.

II. — Gîtes d'or de l'Australie occidentale.

Peu de temps après la grande découverte des gîtes aurifères de Ballarat et Bendigo, on fit de très sérieuses recherches dans l'Australie occidentale, mais on ne trouva rien. C'est seulement vers 1884 que certains prospecteurs rencontrèrent dans le nord de l'Australie occidentale, dans la province de Kimberley, quelques gisements aurifères présentant un certain intérêt. Cette découverte fut bientôt suivie de celle des champs d'or de Pilbarra, West Pilbarra, Ashburton, Gascoyne, Peak Hill, East Murchison, Murchison et Yalgoo. Enfin, en 1892, le prospecteur Bailey découvrit les fameux champs d'or de Coolgardie.

Les mines d'or de l'Australie occidentale sont réparties administrativement en 18 goldfields (champs d'or), dont la surface totale atteint 830.000 kilomètres carrés. On peut géographiquement les diviser en trois groupes. Le groupe du Nord, celui du Centre et celui de l'Est. En réalité, le bassin aurifère s'étend, sans interruption, de Port Espérance, sur la côte sud, à Pilbarra, sur la côte nord-ouest.

Le groupe du Nord comprend les champs d'or de Kimberley, Pilbarra, West Pilbarra, Ashburton et Gascoyne. Ce groupe n'a donné jusqu'ici que des résultats insignifiants. Cependant, il est bon de signaler la découverte, en 1899, dans le district de Pilbarra, d'un certain nombre de grosses pépites; l'une d'elles pesait 12.400 grammes, une autre, 11.625 grammes.

Le groupe du Centre comprend les champs d'or de Peak Hill, East Murchison, Murchison et Yalgoo. Ce groupe a une certaine importance : quelques mines sont en voie de développement.

Le groupe de l'Est comprend les champs d'or de Coolgardie; le territoire désigné sous ce nom a près de 170.000 kilomètres carrés de superficie. Plusieurs parties de ce vaste territoire n'ont pas été prospectées jusqu'ici. Les principaux districts miniers actuellement connus sont ceux de :

1º Mount Margaret; les principales mines sont celles de Sons of Gwalia, à Léonora, de Mount Malcom et de Westralia Mount Morgant;

2º Coolgardie Nord; les deux principales mines sont celles de Menzies et de Niagara;

3º Broard-Arrow;

4º Coolgardie Nord-Est, comprenant les mines de Kanowna, Bulong, Kurnalpi;

5º Coolgardie Est ou Kalgoorlie;

6º Coolgardie proprement dite;

7º Yilgarn;

8º Dundas; les principales mines sont : Lady Mary Leases, Norseman, Princess Royal.

La capitale de ce territoire est Coolgardie; cette ville, fondée en 1893, est actuellement la plus importante de l'Australie occidentale; elle est située à 600 kilomètres de Perth, sur le 31° de latitude sud.

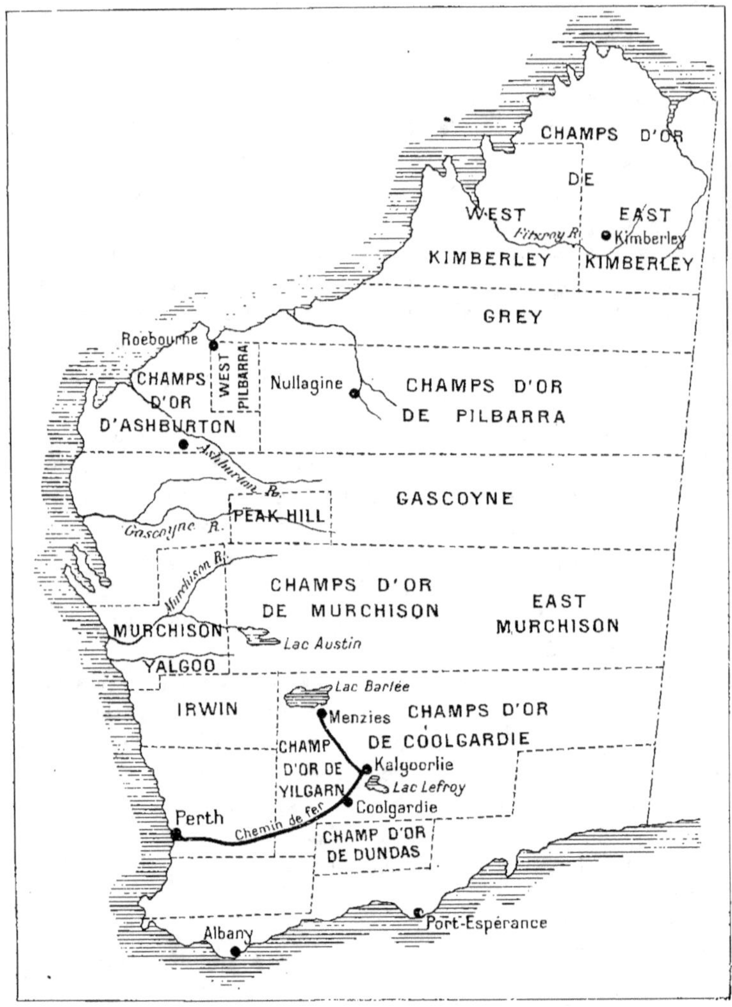

Fig. 304. — MINES D'OR DE L'AUSTRALIE OCCIDENTALE.

Les champs d'or sont situés à une altitude de 350 mètres au-dessus du niveau de la mer; le climat est très sec et assez salubre. La pluie y tombe deux ou trois fois par an, dans le courant du mois de juillet.

Le sol de cette région est formé d'une terre sablonneuse rouge, avec de nombreux débris de quartz et de conglomérats cimentés par de l'oxyde de fer (cascajo); l'épaisseur est de $1^m,75$ en moyenne.

District de Coolgardie.

Le district aurifère de Coolgardie est constitué par un grand nombre de filons de quartz recoupant, les uns le granite, les autres la diorite. Leur direction est N.-N.-O., leur pendage est voisin de 90° ; leur puissance moyenne de 1 mètre. Ils présentent l'allure en chapelets.

Les filons de Coolgardie se divisent en deux catégories, au point de vue de la dissémination de l'or dans le quartz.

Les uns sont formés de quartz laiteux opaque; la masse quartzeuse est à peu près stérile; l'or y est concentré dans des zones très réduites, mais très riches. Nous citerons le filon de Bailey's Reward, qui a donné en quelques mois 1 tonne et demie d'or, soit 4.500.000 francs, et le filon de Londonderry, d'où on a retiré près de 250 kilos d'or d'un trou ayant $1^m,50$ de largeur, $1^m,80$ de longueur et $1^m,75$ de profondeur.

Ces deux filons sont assez puissants et très réguliers, mais leur teneur moyenne ne dépasse pas 4 à 5 grammes par tonne.

Les autres filons sont constitués par du quartz translucide à éclat gras.

L'or y est distribué assez régulièrement, et leur teneur moyenne est de 30 grammes par tonne. Ils appartiennent à la formation aurifère quartzeuse pyriteuse.

La roche encaissante de ces deux catégories de filons est une diorite à grain fin, de couleur verte, minéralisée par de la pyrite aurifère et contenant, en outre, du mispickel et quelquefois de la blende, de la galène et de la chalcopyrite.

Dans la zone d'oxydation et au voisinage du filon, cette roche encaissante s'est transformée, sous l'action des eaux minéralisées, en une masse schisteuse, très tendre, d'un brun noirâtre et ayant jusqu'à $1^m,50$ d'épaisseur; cette masse est presque aussi riche que le filon; elle est exploitée en même temps que lui.

District de Kalgoorlie.

Le district de Kalgoorlie a été découvert en 1893, par Hannan; il est situé à 60 kilomètres au nord-est de Coolgardie et a pour centre la ville de même nom. On commença par exploiter les placers découverts qui étaient très riches, mais d'une faible étendue, puis on chercha les filons de quartz aurifère, on en trouva quelques-uns mais tellement pauvres, qu'on les abandonna.

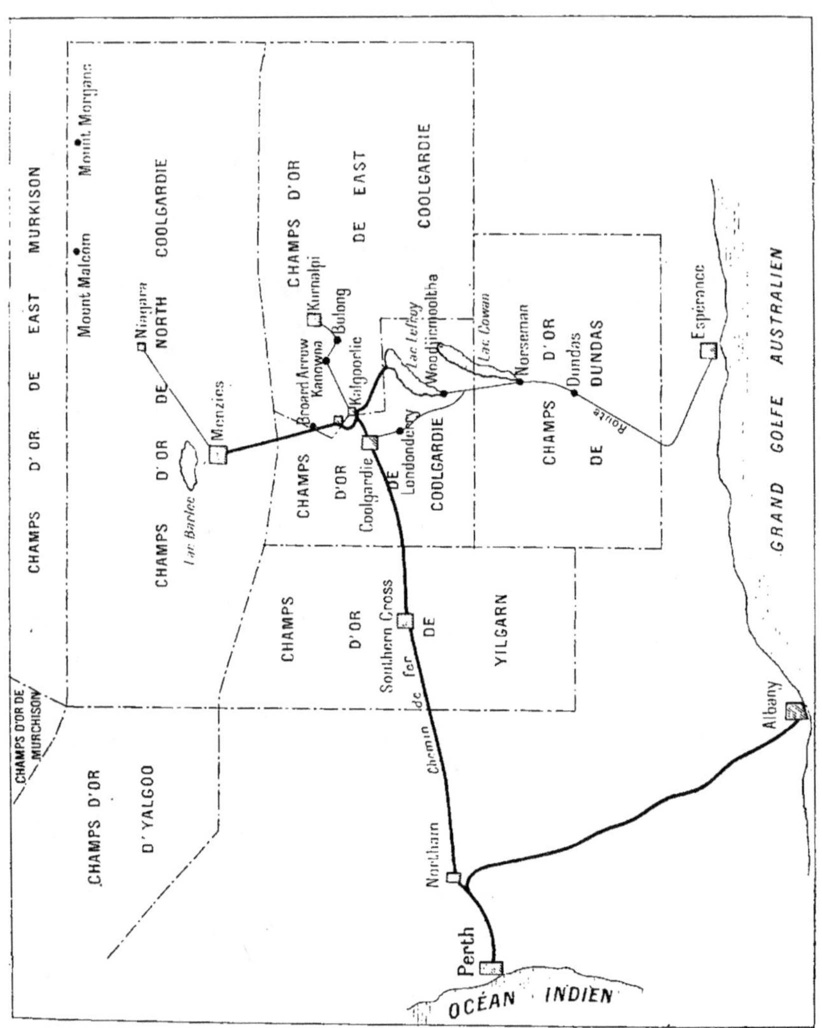

Fig. 305. — Champs d'or de Coualgardie, Yilgarn et Dundus.

Quelques années plus tard, vers 1897, on reprit les travaux abandonnés et on trouva de l'or en abondance, mais non dans le quartz. Le minerai aurifère de ce district se trouve dans de très longues bandes parallèles de roches dioritiques contenant des filonnets de quartz; ces bandes sont complètement altérées, à structure schisteuse, de couleur rougeâtre et intercalées dans le granite. La direction de ces bandes est N.-N.-O. ; pendage voisin de 90°; la puissance varie de 1 à 20 mètres; quelques-unes atteignent 3 kilomètres de longueur.

Dans la zone d'oxydation, ces bandes présentent des concentrations métallifères produites par les eaux minéralisées qui ont pénétré à la longue dans le granite et la diorite et tout particulièrement dans leurs parties pyriteuses; la richesse, dans ces bandes, est répartie en colonnes allongées et inclinées vers le sud.

Quand on arrive au niveau hydrostatique, la richesse diminue, les bandes contiennent une assez grande quantité de filonnets quartzeux. La profondeur de la zone supérieure oxydée varie suivant les localités. Ainsi, à la mine Brown Hill, la zone altérée est de 120 mètres; à Lake Wiew, de 50 mètres. On trouve parfois des blocs non oxydés au milieu de la zone d'oxydation, de même qu'on rencontre quelquefois le niveau hydrostatique avant la fin de la zone oxydée.

Les filons du district de Kalgoorlie sont recoupés et rejetés par des filons de quartz blanc laiteux, à peu près stériles, orientés E.-O. (mines d'Ivanhoë) et quelquefois par des bandes d'une roche schisteuse.

Le district de Kalgoorlie est surtout caractérisé par la nature et l'aspect du minerai qu'on rencontre dans la zone d'oxydation et par la nature des minéraux qui se trouvent dans la zone intacte.

Dans la zone d'oxydation, le minerai se distingue difficilement de la roche encaissante; l'or se trouve à l'état libre, soit en grains, soit en poudre.

Dans la zone intacte, les minerais les plus répandus sont les tellurures; ils sont accompagnés de pyrite de fer et de mispickel. La teneur en or des filons de Kalgoorlie est assez élevée : elle est en moyenne de 93 grammes par tonne, dans les parties supérieures exploitées actuellement.

La profondeur des mines est encore assez faible, elle atteint à peine 150 mètres, mais l'une d'elles, la Great Boulder Proprietary a déjà reconnu ses filons à 1.000 pieds (300 mètres de profondeur).

Les tellurures rencontrés en profondeur sont : la calavérite, la sylvanite, la petzite et un tellurure contenant 35 % de l'argent et une certaine quantité de mercure (2 à 3 %); on a donné à ce dernier tellurure le nom de *kalgoorlite*.

L'or natif qui accompagne les tellurures se présente quelquefois en poudre très fine; il forme des masses analogues à la mousse. On donne à ces masses le nom de moutarde d'or. La genèse de cet or en mousse est fort difficile à expliquer.

Le district le plus important est celui de Kalgoorlie.

Le tableau suivant indique la production des principales mines de ce district en 1897 et 1899 :

	1897	1899
	kg.	kg.
Lake View Consolidat	1.442,800	7.308,960
Associated	857,050	3.356,370
Ivanhoë	787,600	3.224,279
Hannan's Brown Hill	672,760	2.818,954
Great Boulder Perseverance	703,480	1.270,876
Great Boulder Proprietary	2.590,380	2.595,568
Great Boulder Main Reef	—	393,948
Golden Horse Shoe Estates	—	3.210,763
		24.179,718

District de Menzies.

Le district de Menzies (Coolgardie Nord) a été découvert en 1894 par le prospecteur de même nom. Il est situé à 150 kilomètres au nord de Coolgardie, près du lac Barlée. Il renferme un assez grand nombre de filons parallèles, orientés N.-O. : leur inclinaison est de 40-45° vers le S.-O. La roche encaissante est la diorite qui est très schistifiée dans la zone supérieure oxydée qui s'étend jusqu'à 30 mètres. Les filons sont constitués par du quartz de couleur grise à éclat gras ; la zone supérieure oxydée contient de l'or libre finement disséminé dans la masse quartzeuse; cet or est accompagné d'une assez forte proportion de magnétite qui gêne l'amalgamation : l'amalgame est léger, bulleux, impur et se détache facilement des plaques, ce qui cause des pertes assez sérieuses.

La zone intacte est fortement minéralisée, les principaux minerais sont : la galène, la pyrite de fer, la blende, le mispickel.

Les parties riches des filons forment des colonnes assez longues et inclinées vers le sud.

La puissance moyenne des filons est de 0^m,80, leur teneur est de 45 gr. à la tonne.

District de Norseman et Dundas.

Le district de Norseman est situé à 220 kilomètres au sud de Coolgardie, sur la rive sud du grand lac Cowan. On a rencontré dans ce district deux sortes de filons recoupant les diorites :

1° Des filons assez puissants, orientés N.-E. et plongeant vers le S.-E. sous un angle de 45°.

2° Des filons assez minces dirigés perpendiculairement aux précédents et à peu près verticaux.

Les premiers filons sont réguliers et continus, mais d'une teneur peu élevée; les seconds sont discontinus, mais assez riches.

Le filon le plus connu, appartenant à la première espèce est celui de Norseman; il a été reconnu sur 3 kilomètres de longueur; sa puissance est de 2 mètres; il est constitué par du quartz blanc laiteux et opaque, peu minéralisé; sa teneur moyenne est de 30 grammes à la tonne.

Dans un filon parallèle appartenant au même système, on y a observé en quelques points de la calcite; la richesse en ces points était assez forte.

Les filons minces sont formés de quartz à éclat gras; ils contiennent une assez forte proportion d'or visible : leur teneur est évaluée à 124 grammes par tonne.

Données statistiques.

Jusqu'à la fin de l'année 1896, il avait été fondé 538 Compagnies pour exploiter les mines d'or en Australie occidentale; sur ce nombre, 35 avaient disparu à cette date. Sur les 503 restantes, 50 avaient subi une réorganisation.

Le capital engagé dans ces entreprises s'élevait à 1.500 millions de francs, dont 11 à 1.200 millions réellement versés; 20 millions de dividendes ont été distribués.

Les dividendes distribués, en 1899, aux actionnaires des Compagnies minières de Kalgoorlie sont de 45.007.317 francs.

La production totale de l'Australie occidentale en or fin a été :

En 1895	6.441 kilos valant	22.185.667 de francs
— 1896	7.825 —	— 26.952.778 —
— 1897	18.785 —	— 64.703.889 —
— 1898	29.219 —	— 100.643.222 —
— 1899	45.734 —	— 157.528.223 —
Premier semestre 1900	21.106 —	— 72.698.44 —

On voit que la production du premier semestre 1900 n'atteint que les 46 centièmes de la production de l'année 1899 : cela tient à ce que la production du deuxième semestre 1899 a bénéficié des énormes rendements temporaires de quelques mines de Kalgoorlie, qui ont vendu, l'année suivante, des quantités importantes de tellurures.

Outre l'or, qui constitue son produit minéral essentiel, l'Australie occidentale exploite de l'étain (Pilbarra), du cuivre, du plomb et de la houille.

Détail de la production en kilos d'or fin, année 1899.

GROUPE DU NORD	Kimberley	31	kilos
	Pilbarra	571	—
	West Pilbarra	55	—
	Ashburton	15	—
	Gascoyne	12	—
GROUPE DU CENTRE	Peak Hill	891	—
	East Murchison	1.157	—
	Murchison	2.603	—
	Yalgoo	303	—

	Mount Margaret	2.276 kilos	(Sons of Gwalia à Leonora; Mount Malcom, Westralia Mount Morgans).
	Coolgardie Nord	2.941 —	(Menzies, Niagara)
	Broard-Arrow	1.239 —	
GROUPE DE L'EST	Coolgardie Nord-Est	2.258 —	(Kanowna, Bulong, Kurnalpi).
	Coolgardie Est ou Kal-goorlie	25.700 —	
	Coolgardie proprement dite	3.929 —	
	Yilgarn	468 —	
	Dundas	1.258 —	(Lady Mary Leases, Norseman, Princess royal).
	Donnybrook	14 —	
	Divers	25 —	

V. — AFRIQUE

Les principaux districts aurifères de l'Afrique se trouvent dans le Sénégal, la Guinée, la Côte de l'Or, la Côte d'Ivoire, le Congo, le Transvaal.

Les recherches faites dans la Guinée et la Côte d'Ivoire n'ont pas été couronnées de succès.

Quant aux conglomérats aurifères de la Côte de l'Or, exploités par des sociétés anglaises, on n'a aucun renseignement sur leur teneur en or.

Gîtes du Katanga.

On a reconnu, au Katanga (Congo belge), une zone de gisements stannifères très importants, qui s'étendent sur plus de 140 kilomètres de longueur, parallèlement au graben (canal) d'Upemba. Ces gisements d'étain ne se distinguent pas géologiquement de ceux des autres régions.

On a également découvert, dans ce district minier, des gîtes aurifères qui semblent présenter un grand intérêt. Ces gîtes sont situés près de Ruwe. Quelques-uns proviennent de la destruction de gîtes cuprifères, d'autres de la désagrégation de filons de quartz.

Le gîte de Ruwe est, avant tout, un dépôt éluvial renfermant des pépites d'or formées aux dépens de particules aurifères disséminées dans les roches sous-jacentes. Ce gîte contient également du platine.

La coupe verticale ci-après donne une idée de ce gisement.

Le poids habituel des pépites d'or varie de 10 à 60 grammes; elles sont accompagnées de quartz, d'oligiste et de limonite.

M. Buttgenbach qui a visité ce gîte, attribue la formation de ces pépites à

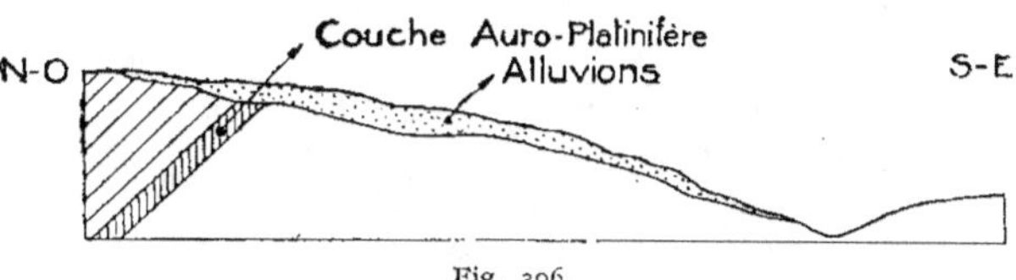

Fig. 306.

la remise en mouvement des couches auro-platinifères(1). Il pense que les dépôts meubles provenant de cette remise en mouvement ont été, tout d'abord, imprégnées d'eaux sursaturées d'or, puis que cet or a été précipité par le sulfate de protoxyde de fer produit par l'altération de la pyrite.

$$2 \ Au^2Cl^3 + 6 \ SO^4Fe = 4 \ Au + Fe^2Cl^6 + 2 \ [(SO^4)^3Fe^2].$$

Les arguments à l'appui de cette hypothèse sont les suivants :

1º La couche auro-platinifère ne contient l'or qu'en particules tandis que le dépôt superficiel renferme d'assez grosses pépites;

2º Ce dépôt ne renferme pas de platine. En effet, l'analyse des pépites a donné :

Or.	99,53
Argent.	0,47

Les travaux pratiqués jusqu'à 30 mètres de profondeur ont montré que les métaux précieux s'y trouvent, au contraire, dans les proportions suivantes :

Or.	32,77
Argent.	25,05
Platine.	36,11
Palladium.	6,06

Cette constatation serait donc la preuve d'actions chimiques qui ont agi sur l'or et l'argent et non sur le platine et le palladium.

(1) BUTTGENBACH : Le gîte auro-platinifère de Ruwe (*Publ. Cong. int. des Mines de Liège*), 1905.

M. Buttgenbach se demande si la formation des conglomérats du Transvaal ne pourrait pas être expliquée de la même façon.

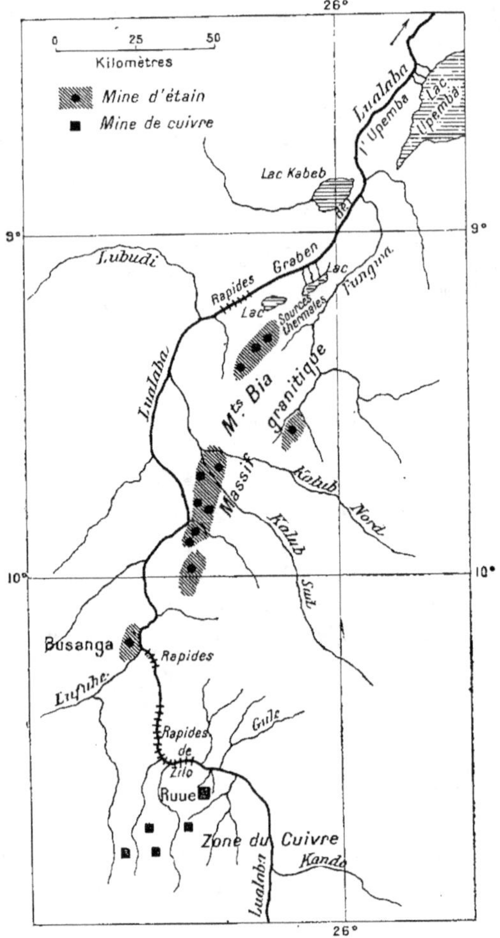

Fig. 307. — Carte d'une partie du Katanga. Échelle de 1/2.000.000.

Gisements de l'Abyssinie et de l'Erythrée.

L'or était déjà connu au temps des Pharaons, dans les hautes montagnes éthiopiennes qui se prolongent dans la Haute-Égypte et l'Érythrée. Les Grecs, puis les Romains, y ouvrirent des mines.

Depuis quelques années, quelques explorations ont été faites en Abyssinie et dans l'Érythrée.

I. GISEMENTS DE L'ABYSSINIE. — La région de Sennaar, dans la basse vallée du Nil bleu, est étudiée depuis quelques années par une société anglaise.

La région du Tacazze, au Tigré, a été prospectée par une société italienne, de 1903 à 1906. La région est constituée par des phyllades avec filons de quartz interstratifiés; à Adi-Heza, les filons sont riches. La troisième région

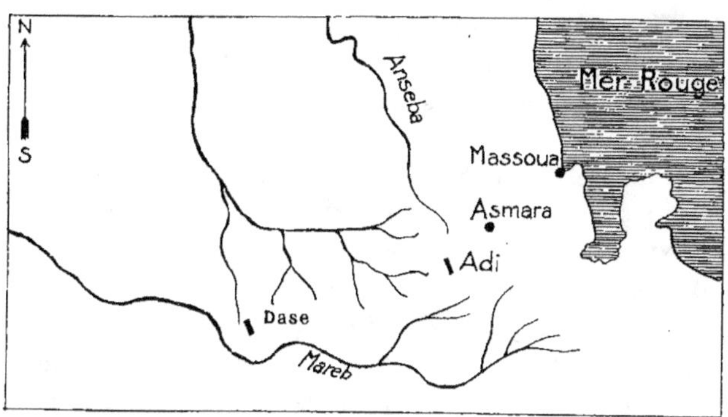

Fig. 308.

est celle du Wallaga, sur le haut plateau éthiopien (2.000 mètres) dans la vallée du Didessa, affluent du Nil bleu. Les filons de quartz aurifère recoupent les granites. On a installé à Negio une batterie de pilons et des cuves de cyanuration.

II. GISEMENTS AURIFÈRES DE L'ÉRYTHRÉE. — L'or a été découvert dans la colonie italienne en 1897. Il y a trois régions aurifères qui sont du nord au sud, le bassin de l'Anseba, le plateau d'Asmara et le bassin du Mareb.

District de l'Anseba. — Les filons de quartz aurifère sont dans le granite. La direction est E.-O. La teneur dans les colonnes riches est de 60 à 100 grammes à la tonne.

District d'Asmara. — Les filons recoupent également le granite. Direction N.-S. Le filon Martini est minéralisé par de la pyrite et des mouches de chalcopyrite; teneur, 15 grammes. La mine la plus importante est celle de Médrizien.

District de Mareb. — Le filon important est celui de Dase

VI. — EUROPE

Gîtes filoniens de la Russie.

On rencontre dans l'Oural, à Berezoff, à 12 kilomètres d'Ekaterinenbourg, des filons de quartz aurifère recoupant la granulite qui elle-même recoupe les chloritoschistes. Le remplissage de ces filons est essentiellement constitué par de l'or libre et de la patrinite (sulfure de bismuth, plomb et cuivre).

C'est une formation aurifère quartzeuse cuprifère.

Nous signalerons les mines très anciennement connues de Kach-Kar qui comprennent quatre-vingt filons. Les travaux ont été repris, il y a une vingtaine d'années, puis abandonnés.

Gîtes filoniens de la Transylvanie.

Les filons aurifères de la Transylvanie sont encaissés dans des trachytes, des dacites. Leur puissance varie de 1 centimètre à 2 mètres; ils sont formés d'or libre, de pyrite aurifère et de tellurures d'or (élasmose, sylvanite, petzite). C'est une formation auro-argentifère.

Nous signalerons encore en Europe les gîtes aurifères de Bommelo-Eiswald et Bleka (Norvège), de Merionetshire (Pays de Galles), de Gerivo, du Mont-Rose, de Pestaren (Piémont), de Goldberg (Tyrol), de Tolède (Espagne), de Eule-Jilova (Bohême), de Majurka, de Schemnitz et Kremnitz (Hongrie).

MINES D'OR DE LA FRANCE

La présence de l'or a été signalée en France, dans divers filons du Massif central, du Massif armoricain, des Pyrénées, des Cévennes, des Alpes et des Vosges.

La plupart des gisements de pyrite et de mispickel aurifères du Massif armoricain et du Massif central ont été exploités anciennement par les Gaulois, puis par les Romains et d'autres encore.

I. — MINES D'OR DU MASSIF ARMORICAIN

Les principales mines d'or du massif armoricain sont : la *Lucette* (Mayenne), la *Bellière* (Maine-et-Loire), le *Semnon* (Ille-et-Vilaine). Ces trois mines sont actuellement en exploitation.

Le Ry, près Douarnenez (Finistère), *Saint-Aubin-du-Cormier* (Ille-et-Vilaine). Enfin, les *mines de la Villeder* (Morbihan), de *Penestin* et *Piriac* (Loire-Inférieure), qui ont été reconnues stannifères et aurifères.

Nous citerons également la présence de l'or dans les mines de *Locronan* (Morbihan) et de *Louargat* (Côtes-du-Nord).

Mine de la Lucette.

La mine de la Lucette est située dans la Mayenne, sur le territoire du Genest, à 11 kilomètres de Laval. Elle a été concédée pour antimoine, en 1899. La découverte de l'or date de 1903. La superficie est de 841 hectares.

Le gîte de la Lucette est constitué par plusieurs filons de quartz recoupant des schistes et des grès micacés qui appartiennent au silurien supérieur (gothlandien). La direction des filons varie entre 15° et 40° N.-E. Leur pendage est voisin de la verticale; ils affectent l'allure en chapelet. La puissance est de 0^m,15 à 0^m,20 dans les serrées et de 0^m,80 dans les plus grandes dimensions des amas droits. Le remplissage est formé de stibine qui occupe la partie centrale des filons et par de la pyrite et du mispickel qui se présentent en petits cristaux assez nets, d'un gris d'acier, disséminés dans une gangue quartzeuse. On y observe quelques mouches de blende et parfois des grains d'or libre. La teneur est de 11 gr. 5 à la tonne. La stibine n'est pas aurifère, par contre, le mispickel et la pyrite contiennent une notable proportion d'or.

Ce gîte appartient donc à une formation aurifère quartzeuse antimonieuse.

Mine de la Bellière.

La mine de la Bellière est située en Maine-et-Loire, au hameau de Saint-Pierre-Montlimart, commune de Montrevault. Elle a été concédée en 1905. La superficie est de 508 hectares.

Cette mine a été exploitée par les Gallo-Romains. Le gîte de la Bellière comprend trois filons (E.-O.), encaissés dans les phyllades de Saint-Lô (précambrien). L'un de ces filons a une puissance exceptionnelle de 10 mètres. Le remplissage consiste en quartz minéralisé par du mispickel, de la pyrite avec une petite quantité de galène; il n'y a pas de stibine. La teneur en or est de 14 grammes à la tonne. Le minerai est traité sur place dans une usine de premier ordre.

Mine du Semmon.

La mine du Semnon est située à 2 kilomètres de Martigné-Ferchaud (Ille-et-Vilaine). Le gîte est constitué par un filon recoupant la diabase. Le remplissage est formé de quartz minéralisé par de la stibine. On observe au toit et au mur des salbandes schisteuses dans lesquelles on trouve des cristaux de pyrite et de mispickel aurifères. Ce gîte est, avant tout, un gîte d'antimoine. La minéralisation est assez faible.

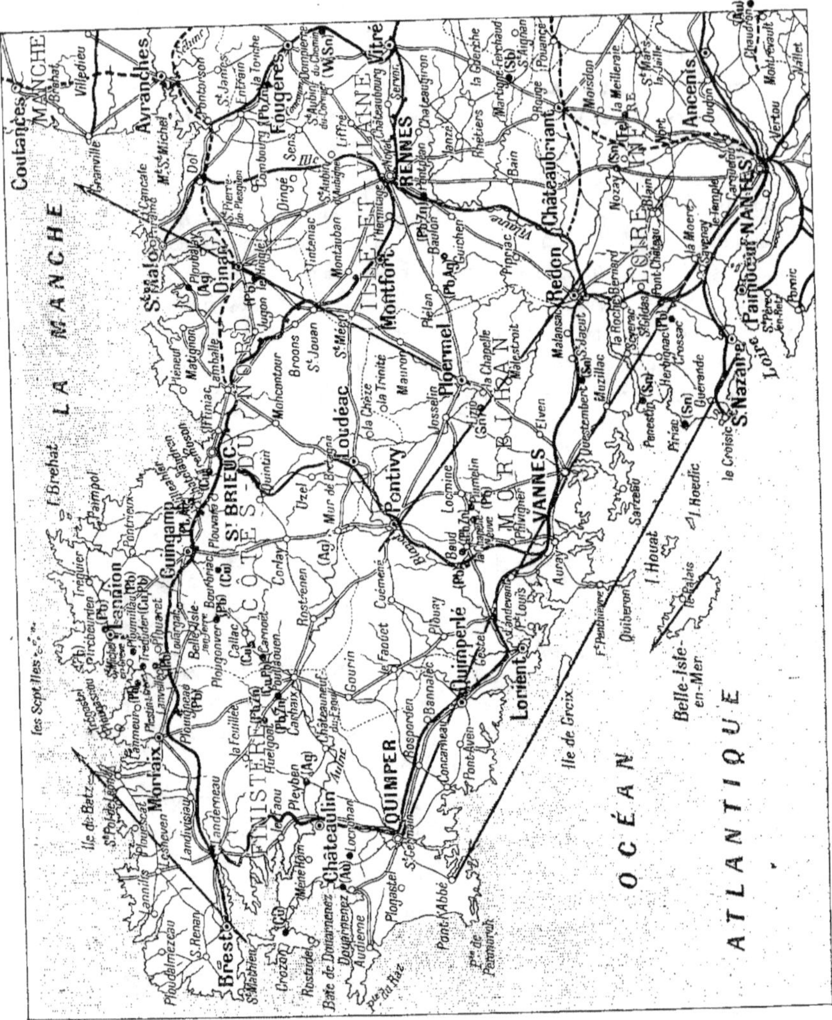

Fig. 309. — CARTE DES PRINCIPAUX GITES DU MASSIF ARMORICAIN.
Les lignes droites en noir et les flèches indiquent la direction des principales lignes de fractures.

Autres gisements.

On a signalé l'existence d'un gisement aurifère dans l'Anjou. Ce gisement consiste en un filon de quartz, d'une grande étendue, minéralisé par du mispickel et de la pyrite aurifères. La direction est N.-O. : c'est précisément celle des plis armoricains. Il commence près du village de Pouëze (Maine-et-Loire), passe à La Boulmaie et à Angrie, traverse ensuite la limite des deux départements, pour passer par Vritz, le Pin, Petit-Auverné, et se terminer au N.-E. du village de Moisdron (Loire-Inférieure). Ce gisement a été exploité par les Gaulois; plusieurs travaux anciens sont facilement reconnaissables et notamment à Angrie.

J'ai trouvé au Ry des morceaux de quartz minéralisé par de la pyrite aurifère; ce quartz provient de filons encaissés dans les gneiss qui dominent dans cette région; il me semble que le centre de l'exploitation ancienne était à l'ouest du hameau du Ry, près de Morgat.

Les anciens ont exploité de l'or et de l'étain à La Villeder (Morbihan).

On a traité, il y a cinq ans, au sluice, les sables marins de la plage de Penestin, à l'embouchure de la Vilaine, on y a reconnu l'existence de l'étain et de l'or.

Les sables de Piriac sont également stannifères et aurifères.

II. — MINES D'OR DU MASSIF CENTRAL

L'or et l'étain semblent avoir été, dans les départements de la Haute-Vienne, la Creuse, la Corrèze, le Puy-de-Dôme, le Cantal, la Dordogne, l'objet d'exploitations très développées, remontant aux époques les plus reculées et sans doute au temps des Gaulois et des Gallo-Romains.

Les nombreuses fosses creusées çà et là dans cette région, les haldes qui les bordent et dans lesquelles on trouve du quartz minéralisé par du mispickel et de la pyrite aurifères ne laissent aucun doute sur les travaux considérables exécutés par les anciens (1).

L'ensemble des quatre premiers départements est particulièrement formé par des granites, des granulites, gneiss et micaschistes qui constituent l'extrémité occidentale du Massif central. Les nombreux filons de quartz qu'on y rencontre dressent leurs crêtes au-dessus du terrain granitique qui les enveloppe. Leur puissance et leur étendue sont considérables. A Bourganeuf (Creuse), un de ces filons composé de quartz d'un blanc laiteux a 30 mètres

---

(1) M. Mallard a publié en 1867 dans les *Annales des Mines* une note très intéressante et très instructive sur les gisements stannifères et aurifères du Limousin et de la Manche.

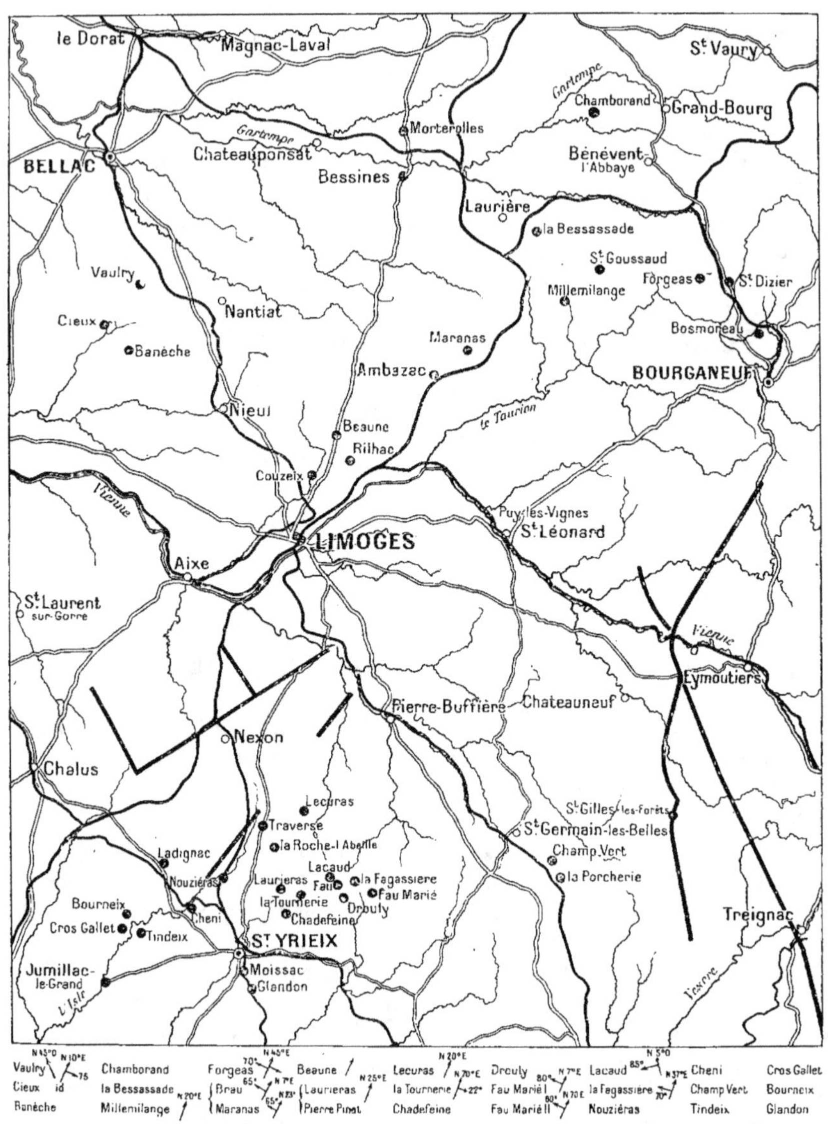

Fig. 310. — CARTE DES GITES D'OR DU PLATEAU CENTRAL.

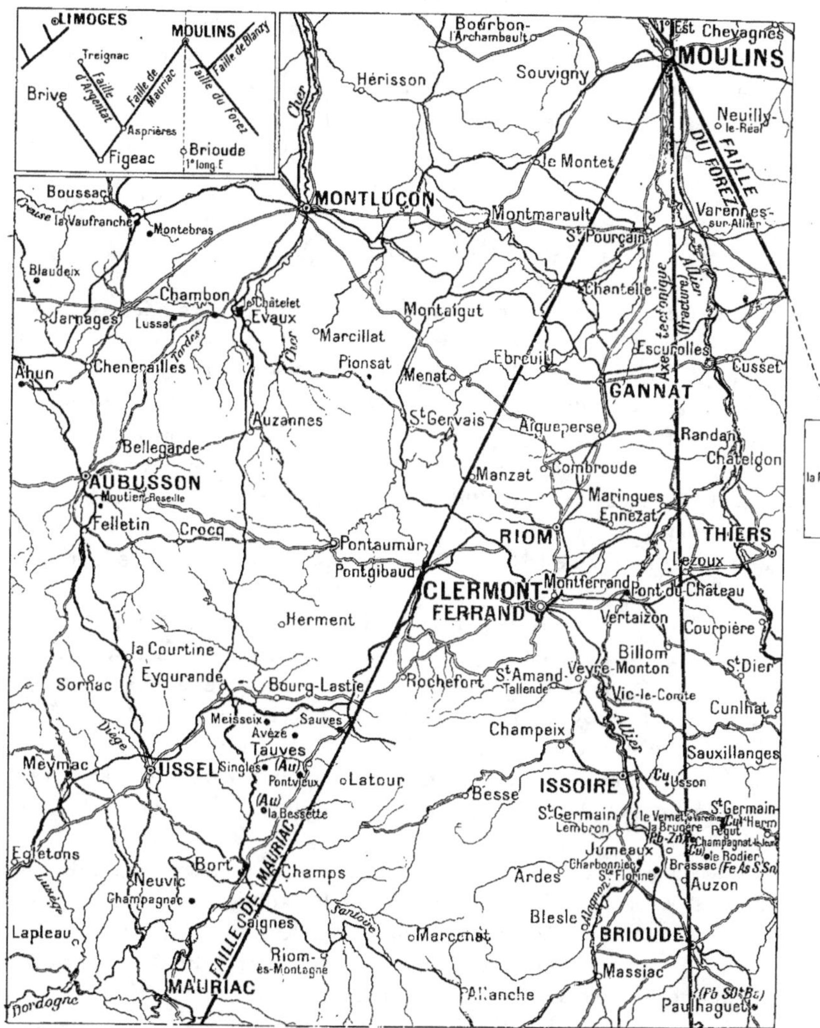

Fig. 311. — Carte des gites du Plateau central.

de puissance et plusieurs kilomètres de longueur. On en trouve un grand
nombre qui n'ont pas moins de 5 à 20 mètres de puissance. Ces filons ne sont
pas minéralisés, mais ils se relient probablement à des productions métallifères; par conséquent, ce sont de précieux guides dans les recherches minières.

Le Massif central présente des décrochements simplement quartzeux
dont les dimensions sont presque comparables. Exemple : mines du Châtelet (Creuse).

1° MINES DE LA HAUTE-VIENNE

Mines de Vaulry et de Cieux.

Les mines de Vaulry et Cieux ont été exploitées par les anciens pour
étain et or; elles se trouvent à 30 kilomètres N.-O. de Limoges.

A Vaulry, dans la vallée de la Glayeule, on observe des fosses alignées
et se croisant dans deux directions N.-E. et N.-O. On y a rencontré des scories
qui renfermaient jusqu'à 21 % d'étain. La concession de Vaulry et Cieux
date de 1867; elle comprend 7.412 hectares. Les filons qui se trouvent sur les
deux versants de la montagne de Blond recoupent la granulite qui est bordée
sur tout son pourtour par des gneiss.

La direction générale est N. 10° E. Le pendage est de 75° E. Ces filons se
prolongent dans les gneiss. Leur puissance est très variable.

Le remplissage est constitué par de la cassitérite, de la stannine, du wolfram, de la scheelite, de la chalcopyrite, de l'érubescite, du mispickel, de la
blende, de l'uranite, de la molybdénite, du cuivre natif, de la cuprite, de la
lœllingite, de la leucopyrite, de la scorodite, de la pharmacosidérite. Les
gangues sont le quartz, qui prédomine, l'apatite et la fluorine.

Remarque. — L'or était plus abondant à Cieux qu'à Vaulry. On a trouvé,
dans les vallées des alluvions très intéressantes, contenant de l'or et de la cassitérite.

On a découvert, à Vaulry, de nouveaux filons qui semblent présenter un
certain intérêt. Ce sont les filons de Jouhe et de Lagarde (1).

Ces filons, au nombre de trois, sont parallèles; leur direction est N. 45° O.
et leur pendage 70° O. Le filon de Jouhe est à 900 mètres des deux filons de
Lagarde qui ne sont distants que de 10 mètres l'un de l'autre.

Le filon de Jouhe a été suivi, en profondeur, par une descenderie, jusqu'à
17 mètres, et en direction par deux galeries au niveau de 12 et 17 mètres (fig. 312).
Enfin, on a pratiqué un travers-bancs, à flanc de coteau, de 158 mètres, qui a

---

(1) Cf. J. HURÉ : *Les mines de Wolfram, de Vaulry et Cieux.* — *Bull. de la Soc. de l'Ind. Min.,*
Janvier-mars 1916.

recoupé le filon au niveau de 34 mètres, où on a constaté qu'il était tout à fait stérile. Les recherches furent alors arrêtées. Le wolfram domine, il est en petits cristaux dans le quartz. On peut suivre ce filon en affleurement sur 250 mètres. Il présente une puissance de 1^m,80, mais il n'est minéralisé qu'en son milieu et sur une épaisseur de 20 centimètres.

Filons de Lagarde. — Les deux filons de Lagarde ont la même orientation et le même pendage que le filon de Jouhe, c'est-à-dire orientation N. 45° O. et pendage 70° O.

Filon n° 1 (niveau de 10 mètres). — Ce filon a été reconnu au niveau de 10 mètres par une galerie en direction de 82 mètres à laquelle on accède par

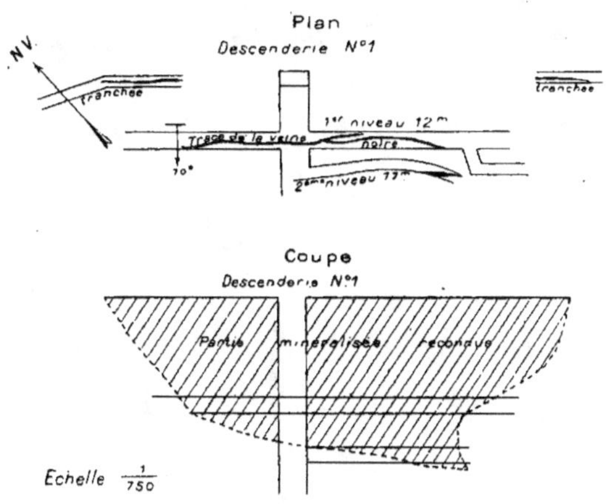

Fig. 312. — FILON DE JOUHE (D'APRÈS M. J. HURÉ).

le puits n° 4 (voir la fig. 313). L'allure est assez régulière, et la minéralisation en wolfram est abondante.

Filon n° 2 (niveau de 10 mètres). — A 45 mètres du puits n° 4 vers le S.-E., la galerie quitte le filon, sans pourtant le perdre, et se détache de lui pour aller recouper à 25 mètres plus loin, un second filon de wolfram qui est le filon n° 2. L'allure de ce filon est également régulière et la minéralisation assez forte. Un croiseur //, minéralisé par de la cassitérite, le borne juste au point où le travers-bancs venant du filon n° 1 le rencontre. Ce croiseur le rejette sans doute sur le filon n° 1. La galerie le quitte à nouveau, un peu plus loin, près du puits n° 8, auquel elle accède par un travers-bancs E.-O. Ce travers-bancs va couper à 10 mètres du puits n° 8 le filon n° 1 qui a été trouvé là avec sa même allure et son même pendage; ce même travers-bancs a recoupé le filon n° 2 dans son prolongement présumé.

On retrouve au niveau de 30 mètres les deux filons.

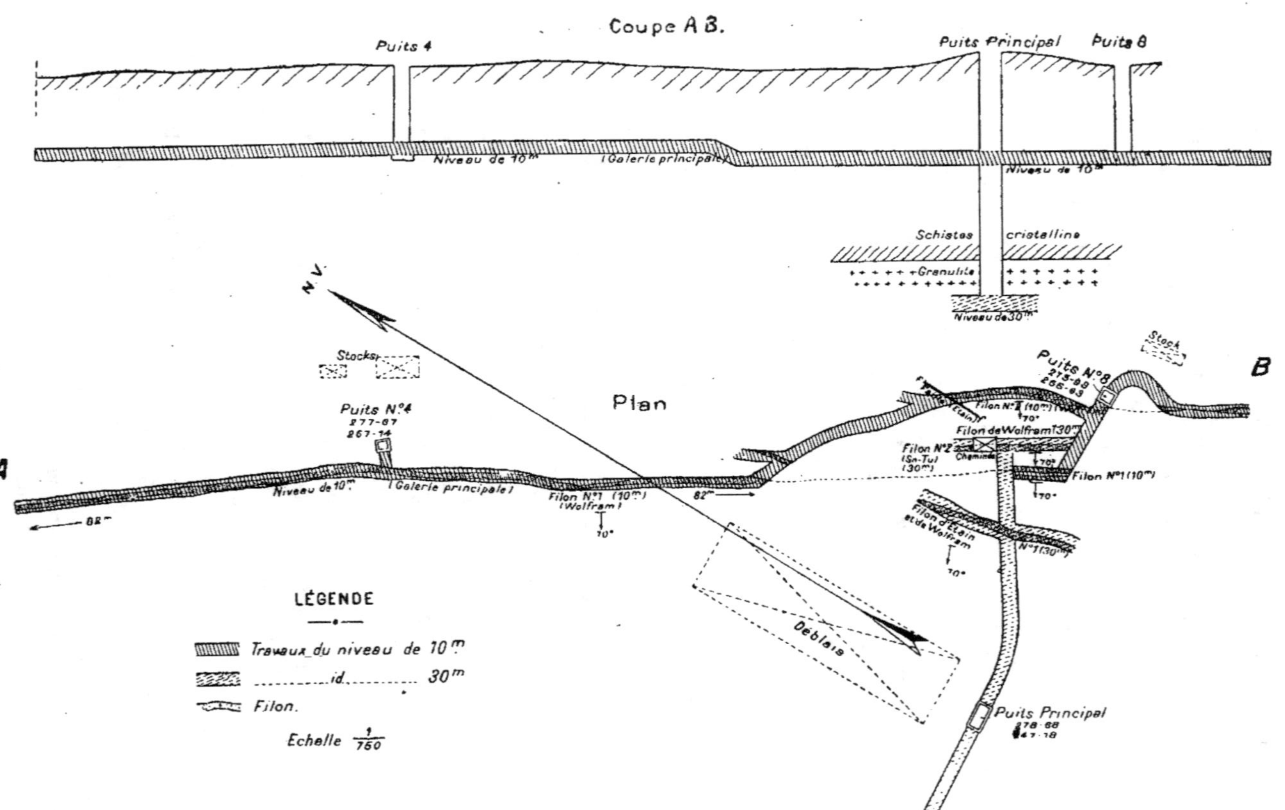

Fig. 313. — FILON DE LAGARDE-VAULRY (D'APRÈS M. J. HURÉ).

Filon n° 1 (niveau de 30 mètres). — Le filon n° 1 est encaissé dans les gneiss jusqu'au niveau de 20 mètres, il n'entre donc dans la granulite qu'à partir de ce niveau. Il a été recoupé, tout récemment, au niveau de 30 mètres, par un travers-bancs, auquel on accède par le puits principal. A 20 mètres de ce point, le filon a été suivi en direction sur quelques mètres dans les deux sens. Il n'a plus le facies qu'il avait au niveau de 10 mètres. Au lieu d'un filon unique d'une puissance régulière, on ne trouve plus que deux veinules de 10 centimètres de puissance. Cet accident peut être local. Quant à la minéralisation, elle est différente : au lieu de wolfram, on rencontre un mélange de wolfram et de cassitérite.

Filon n° 2 (niveau de 30 mètres). — Le travers-bancs auquel on accède par le puits principal qui avait recoupé le filon n° 1 recoupe également le filon n° 2. Sa puissance varie de 50 à 80 centimètres.

La minéralisation est assez intense, notamment en wolfram. Au niveau de 30 mètres, les filons n° 1 et n° 2 sont distants de 10 mètres.

Puits n° 6. — Ce puits, d'une profondeur de 10 mètres, se trouve sur le prolongement soit du filon n° 1, soit du filon n° 2 de Lagarde, et à 260 mètres du puits n° 8.

Dans le petit stock de minerai qui a été extrait de ce puits, on trouve de la cassitérite et surtout de la granulite fortement imprégnée de cassitérite.

Au niveau de 60 mètres, on rencontre de la stannine, de la cassitérite, du wolfram, de la scheelite, de la pyrite, de la chalcopyrite, de l'érubescite, du mispickel, du cuivre natif, de la blende, de la galène, de la cuprite, de la lœllingite, leucopyrite, scorodite, pharmacosidérite, de l'uranite.

Les gangues sont : le quartz, la fluorine, l'apatite, la barytine, la dolomie.

Mine de Banèche.

On a découvert à Banèche, au sud de Cieux, des filons de quartz minéralisés par de la pyrite et du mispickel aurifères.

Morterolle et Bessines.

Les anciens ont fait des recherches pour or et étain dans la région comprise entre Morterolles et Bessines.

Mine de Saint-Léonard.

Il existe à Saint-Léonard (mine de Puy-les-Vignes) des filons de quartz encaissés dans le granite et minéralisés par du wolfram, de la pyrite aurifère, de la cassitérite, du bismuth natif, de la scorodite et de la pharmacosidérite. Direction N.-E. Il en est de même à Mondelisse.

Mines de la Bessassade et de Millemilange.

On trouve à la Bessasade, près Laurière, et à Millemilange, près Jabreilles, une série de fosses alignées suivant une direction N. 20° E. et dont la profondeur est encore actuellement (1) de 10 mètres. Ces fosses ont été pratiquées dans des gneiss très altérés et s'arrêtent à la ligne de contact de ces gneiss et de la granulite. Les travaux des anciens, à Millemilange, ont été considérables; ils viennent d'être repris.

On a découvert à la Bessassade un filon de 0^m,30 de puissance, minéralisé par de l'or libre, de la pyrite et du mispickel.

Mines de Maranas et de Brau.

La *mine de Maranas* consiste en un filon encaissé dans les gneiss granulitiques; on y observe un dyke de microdiorite.

La direction moyenne est de N. 23° E. Le pendage de 65° O. Le remplissage est formé de débris des roches encaissantes. La minéralisation consiste en mispickel, pyrite, galène (assez abondante par places), un peu de blende, le tout dans une roche quartzeuse. On a rencontré à une profondeur de 45 mètres une certaine quantité de fluorine en très beaux cristaux. Le filon présente l'allure en chapelet.

Mine de Brau. — On a foncé un puits dans le même district, sur l'emplacement d'une ancienne fosse désignée sous le nom de fosse Brau. On a recoupé un filon encaissé également dans les gneiss granulitiques. La direction est N. 17° E. et le pendage de 65° O. Il dépend, comme on le voit, du champ de fractures de Maranas. La minéralisation consiste en mispickel, pyrite et quelques mouches de chalcopyrite; le tout dans une gangue quartzeuse. Les minerais sont accompagnés de *pyrrhotine* qui forme parfois le tiers de la masse totale du minerai. L'existence de la pyrrhotine dans un filon minéralisé par du mispickel et de la pyrite aurifères est un phénomène assez curieux. Le remplacement de la pyrite par la pyrrhotine est très rare.

Mine de Beaune.

La mine de Beaune est à 7 kilomètres N.-O. de Limoges. Les anciennes fosses sont alignées suivant une direction N.-E. Leur profondeur est de

(1) Tous les renseignements donnés par M. Michel dans ce Chapitre des Mines d'or de la France, et relatifs à l'état des travaux de recherches, sont antérieurs à 1914.

12 mètres. Des travaux réguliers y furent ouverts On rencontra un filon de quarz bien minéralisé (on a signalé des teneurs de 200 à 300 grammes à la tonne). La minéralisation consiste principalement en mispickel à grains très fins disséminés dans une masse quartzeuse. On a rencontré également de la galène, de la blende, de la fluorine, de l'or libre. Cette mine a été concédée au mois d'avril 1912. A cette époque on fonçait un puits de 150 mètres.

Mine de Lecuras.

La mine de Lecuras est située entre Janaillac et la Roche-l'Abeille. On y observe des fosses très profondes alignées suivant la direction N. 20° E., et sur une longueur de 800 mètres. Les recherches récentes ont montré qu'il existe un filon encaissé dans les gneiss granulitiques qui passent, en certains points, aux micaschistes. Ce filon est minéralisé par de la pyrite grenue et du mispickel. La gangue est du quartz, de la séricite et de la dolomie. La minéralisation laisse à désirer.

Mine de l'Auriéras.

La mine de L'Auriéras est située au sud de La Roche-l'Abeille. Les anciennes fosses ont été ouvertes sur un même filon de quartz très puissant qui a 10 kilomètres de longueur. La direction est N. 25° E. Il est perpendiculaire à un autre filon saillant qui traverse La Roche-l'Abeille et longe le massif de serpentine.

Dans le même gisement, à Pierre-Pinet, on a rencontré un filon de quartz minéralisé par de la pyrite, du mispickel, avec galène, blende, cérusite et or libre. Les résultats des dernières recherches sont satisfaisants.

Ces mines ont été concédées en avril 1912, sous le nom de mines de L'Auriéras.

Mine de la Tournerie.

Les travaux de recherches entrepris à la Tournerie sont assez récents. On a rencontré un filon de quartz encaissé dans une granulite qui passe en certains points à la pegmatite. Le filon est orienté N. 70° E. Le pendage est de 80° E. à la surface et de 70° à 30 mètres de profondeur.

Le remplissage consiste en quartz fortement minéralisé par du mispickel, de la pyrite, avec galène, blende et stibine.

Le mispickel et la pyrite se présentent en grains très fins disséminés dans une masse quartzeuse, comme à La Fagassière, mais la minéralisation est supérieure à celle de La Fagassière; on peut la comparer à celle de Beaune et à celle des meilleurs filons du Châtelet. La structure de la masse quartzeuse présente une particularité assez intéressante. En effet, on constate qu'elle est traversée par des fentes minéralisées par du quartz de néoformation. Ces fentes proviennent évidemment de la contraction qui s'est produite lors de la transformation de la silice gélatineuse en calcédoine. Cette particularité s'observe également dans les filons du Châtelet.

Mine de Chadefeine.

Les filons rencontrés à Chadefeine ont une très faible puissance; ils sont encaissés dans la granulite. On se trouve très probablement en présence des ramifications d'un filon principal qu'on recherche en ce moment. La minéralisation de ces filonnets se compose de quartz, de mispickel, de pyrite, avec or libre.

Mine de Drouly.

On rencontre également à Drouly des filonnets de quartz minéralisés par du mispickel et de la pyrite. Ces filonnets sont encaissés dans la granulite, qui a été recoupée par des dykes de kersantite.

Mine de Lacaud.

On a trouvé à Lacaud un filon orienté N. 5° O. Le pendage est de 85° O. La puissance moyenne est de $1^m,20$. Ce filon est encaissé dans une roche très fortement altérée (en séricite), qui n'est autre qu'une granulite gneissique. Il présente l'allure en chapelet. Il est réduit à quelques centimètres dans les serrées, et atteint 2 mètres dans les amas droits. Le remplissage est formé de mispickel, de pyrite et d'un peu de blende. On y a trouvé de l'or libre jusqu'à 30 mètres de profondeur. La gangue est quartzeuse. Cette mine a été concédée le 20 février 1913.

Mine de Fau-Marié n° 1.

Il existe à Fau-Marié n° 1 un filon orienté N. 7° E. Le pendage est de 80° O. Ce filon est encaissé dans des granulites gneissiques. Les travaux exécutés jusqu'ici sont peu importants.

Mine de Fau-Marié n° 2.

A Fau-Marié n° 2, les travaux sont assez importants. Le filon est orienté N. 70° E. Le pendage est de 80° O. La puissance moyenne de $1^m,80$. Il est également encaissé dans les granulites gneissiques. Le remplissage est formé de quartz minéralisé par du mispickel, de la pyrite et quelques mouches de galène.

Mais, malgré les travaux exécutés avec soin, on a constaté que la minéralisation est bien faible. Les recherches faites jusqu'ici n'ont pas dépassé la zone d'oxydation.

Mine de La Fagassière.

La mine de La Fagassière est certainement l'une des plus intéressantes de cette région ; elle a été concédée le 4 février 1914. Elle comprend un filon orienté N. 37° E. Pendage 70° O. Puissance moyenne, 2^m,50. Il est encaissé dans une amphibolite. La roche du toit est fraîche, tandis que celle du mur est fortement altérée. On rencontre, dit-on, au toit, un dyke de pegmatite.

Remarque. — On sait que la pegmatite provient parfois de la transformation de la granulite sous l'action des fumerolles qui se dégagent de celle-ci ; par conséquent, il y a lieu de supposer que le filon est encaissé non pas dans une amphibolite, mais bien dans une granulite, ou bien que l'on se trouve en présence d'un filon de contact.

Cette pegmatite est traversée par de nombreuses veines de quartz contenant de la calcite et de l'or libre.

Le remplissage est constitué par du mispickel, de la pyrite, de la galène, de la blende. On y observe quelques cristaux de campylite. La gangue est essentiellement formée de quartz.

Le mispickel et la pyrite, qui sont, bien entendu, les éléments dominants, se présentent généralement en grains très fins disséminés dans la masse quartzeuse. Ce mode de formation s'observe également à Beaune, à Maranas, à la Tournerie, comme nous l'avons vu précédemment.

Voici, je crois, comment on peut expliquer cette formation assez curieuse et fort intéressante :

On sait que tout magma métallifère (roches et minéraux), provenant de la profondeur, subit une différenciation en se refroidissant, et que, par suite de ce refroidissement, les éléments les plus basiques cristallisent en premier lieu. Il en résulte que la partie fluide du magma devient de plus en plus acide à mesure que ces éléments basiques se forment.

Par conséquent, la quantité de silice qui s'en sépare avec l'eau doit être très grande, parce que cette eau étant à une température très élevée agit comme un dissolvant énergique de la silice. Mais cette température élevée est peu favorable à la cristallisation du quartz proprement dit. Cette solution concentrée de silice dans laquelle peuvent se trouver des composés métalliques séparés également du magma primitif, en circulant dans les fractures, perd la majeure partie de sa température et de sa pression et se présente alors sous une forme gélatineuse, dans laquelle sont emprisonnés les composés métalliques contenus dans ladite solution. Cette silice gélatineuse se transforme peu à peu en opale, puis en calcédoine et finalement en quartz.

L'examen optique d'une plaque mince taillée dans la masse quartzeuse montre très bien que les composés métalliques (mispickel, pyrite) imprègnent la masse, et que cette masse quartzeuse est formée d'un mélange de calcédoine et de quartz.

La présence de la calcite dans les veines de quartz qui traversent la pegmatite m'a quelque peu intrigué. L'examen d'une plaque mince m'a permis de constater que cette pegmatite contenait de l'oligoclase (feldspath calcosodique) et qu'elle était fortement altérée de part et d'autre de ces veines : les feldspaths sont partiellement transformés en séricite et en calcite; on observe dans la séricite des cristaux de mispickel et de pyrite; ces deux minéraux proviennent des fumerolles sulfurées qui ont pénétré dans l'intérieur de la pegmatite altérée, devenue pâteuse par suite de la transformation de ses feldspaths en séricite. Ces veines de quartz sont donc postérieures à la consolidation de la pegmatite.

Entre Lacaud et la Fagassière, on a repéré sur le terrain une série de fosses alignées suivant une direction N.-E.; elles correspondent à un filon d'une continuité remarquable. L'étendue est considérable (plusieurs kilomètres).

Mines de Champvert.

On a découvert, entre Saint-Germain-les-Belles et la Porcherie, sur le territoire de Champvert, des filons de quartz minéralisé par de la pyrite, du mispickel et de l'or libre.

Cette mine a été concédée en octobre 1913.

Mine de Nouzilleras.

On rencontre à Nouzilleras des fosses importantes dont la profondeur atteint encore 17 mètres. Le gîte est formé par un filon de quartz recoupant la granulite et le gneiss est minéralisé par du mispickel et de la pyrite avec or libre.

Cette mine a été concédée le 29 février 1913.

Je signalerai, pour mémoire, les fosses qui se trouvent près du hameau de Moissac, à 4 kilomètres de Saint-Yrieix, ainsi que celles de Glaudon, au sud de Moissac.

Mines de Cheni et de Douillac.

Les recherches faites au Cheni ont conduit à la découverte d'un filon recoupant la granulite et les gneiss. Ce filon est minéralisé par du mispickel, de la pyrite avec or libre. La gangue est quartzeuse.

Cette mine a été concédée le 21 février 1913.

2º MINES DE LA CREUSE

Mine de Forgeas.

Il existe, entre Forgeas et Saint-Chartier, à 3 kilomètres de Ceyroux, un grand nombre de fosses. On a découvert à Forgeas un filon orienté N. 45º E. Le pendage est de 70º O. La puissance moyenne est de $2^m,50$. Il est encaissé dans la granulite.

Le remplissage est extrêmement complexe; il consiste en de nombreux fragments de la roche encaissante, qui ont été broyés, puis fortement attaqués par les eaux thermales minéralisées principalement par de la pyrite et du mispickel; on y rencontre également des enduits de stibine. La gangue est quartzeuse. Les fragments de la roche encaissante sont parfois enveloppés d'une couche d'argile de 5 à 6 centimètres. La minéralisation laisse jusqu'ici à désirer. On espère trouver en profondeur un certain enrichissement. Les travaux sont poursuivis avec une grande activité.

On a découvert dans le même gisement, au lieu dit Le Cluzeaux, un filon également encaissé dans la granulite, et minéralisé par du mispickel et de la pyrite avec or libre. Ce filon a une faible puissance.

Nous signalerons également les fosses situées à Moutier-Roseille, entre Aubusson et Felletin. Ces fosses ont été creusées dans le granite; elles sont alignées N. 15º E. sur une longueur de 500 mètres. On rencontre dans les haldes du quartz minéralisé par du mispickel aurifère.

Il n'y a pas de travaux de recherches pour le moment.

Mines du Châtelet.

TECTONIQUE. — Les gisements du Châtelet sont caractérisés par des champs de fractures très complexes, formant des réseaux veineux enchevêtrés.

Il existe, dans la région de Chambon, Evaux, Château-sur-Cher, Saint-Maurice, des accidents hercyniens qui suivent une traînée de terrains dinantiens traversée par des venues de microgranites et de rhyolites. Le long de ces accidents on observe des venues antimonieuses d'âge westphalien et des venues de pyrite et de mispickel, d'âge mal défini, mais probablement intermédiaires entre le dinantien et le westphalien.

Le principal de ces accidents est marqué par un grand décrochement quartzeux, connu sous le nom de filon Saint-Maurice-Evaux, lequel recoupe le dinantien et semble être un dernier terme siliceux de la venue microgranitique (fig. 314). La longueur totale est de 60 kilomètres environ, avec des puissances atteignant 25 à 30 mètres. Sa direction, à l'extrémité sud, est

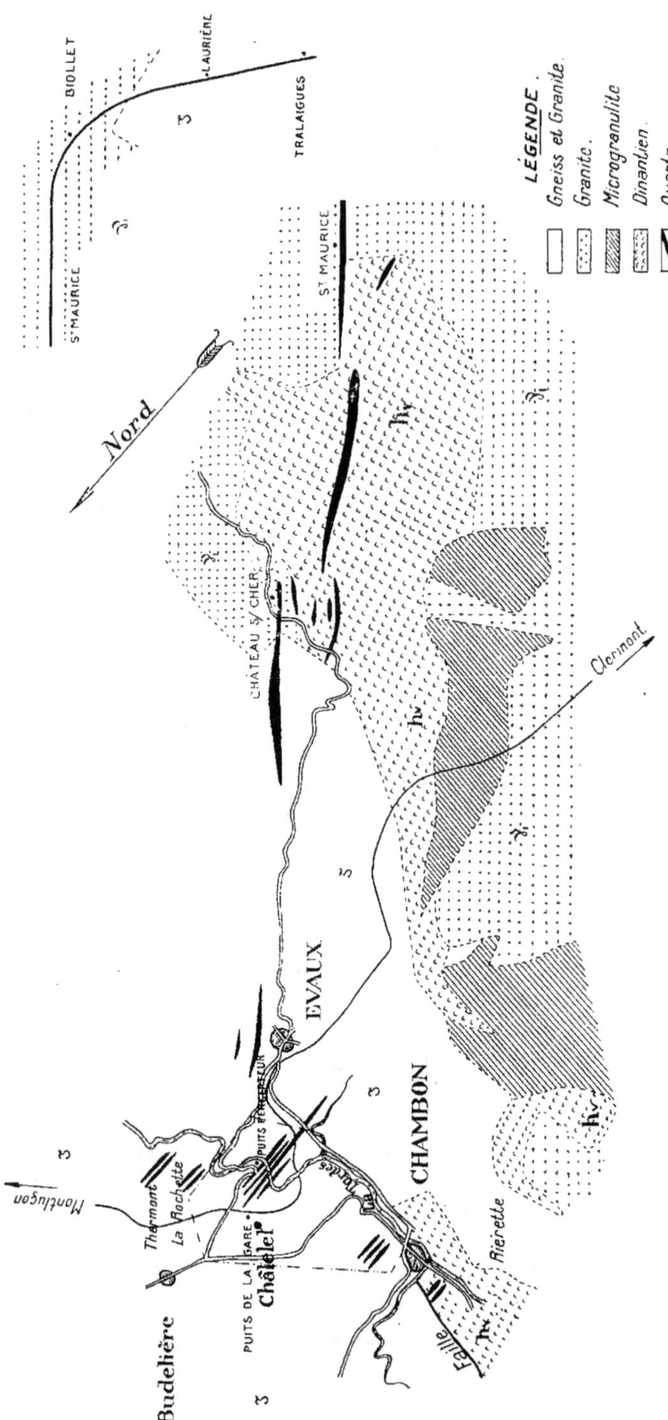

Fig. 314. — FILON D'ÉVAUX A SAINT-MAURICE. ÉCHELLE DE 1/120.000.

N. 30° E, sur 12 kilomètres environ; puis il se courbe presque à angle droit, N. 138° E., et ensuite demeure presque invariable jusqu'à l'extrémité nord.

Dans la partie sud jusqu'à Saint-Maurice, le remplissage est formé d'un quartz blanc laiteux, non minéralisé. A partir de Saint-Maurice, le filon, qui disparaît pour se retrouver ensuite vers Château-sur-Cher, se divise en plusieurs branches et prend un remarquable développement avec abondance de pyrite, de barytine, de fluorine et traces de mispickel aurifère. Le filon, régulier et puissant, continue sur 4 kilomètres environ, puis disparaît pour se retrouver à 5 kilomètres plus loin aux environs d'Évaux, où il donne naissance aux sources thermominérales. Mais à partir de ce point, le filon, influencé probablement par la grande faille qui limite le dinantien de Chambon, s'éparpille en un réseau de cassures très nombreuses sensiblement parallèles et dont la direction se redresse vers le nord. Toutes ces fractures sont actuellement connues : les unes se montrent stériles, les autres contiennent des traces aurifères, enfin, quelques-unes qui semblent se grouper dans la partie centrale de ce grand réseau accusent des teneurs en or, assez intéressantes. C'est sur ces dernières que porte l'exploitation du Châtelet.

HISTORIQUE. — Les premiers gisements pyriteux furent découverts en 1898, dans la tranchée de la gare de chemin de fer, à Budelière.

Le groupe central de filons fut repéré sur 1.500 mètres. La concession est de 730 hectares; elle porte sur les communes d'Évaux, de Chambon et de Budelière; elle fut instituée en juillet 1907.

DESCRIPTION DU GISEMENT. — L'exploitation porte sur un groupe de neuf filons, occupant en largeur 500 mètres environ et une longueur de 1.600 mètres entre la ferme d'Ayen, au sud de la Tardes, et la gare de Budelière, au nord. Ces filons constituent un stockwerk très étendu et très complexe. Toutefois, la direction générale est sensiblement N.-S. Il n'existe pas de filons croiseurs proprement dits. Les quelques fractions divergentes observées ne sont pas minéralisées. Le plongement est de 70° est.

Le remplissage des filons affecte l'allure en chapelet, il consiste en colonnes riches, tantôt descendant verticalement en profondeur, tantôt se déplaçant suivant le sens du filon, vers le nord ou vers le sud.

Les filons sont encaissés dans la granulite qui passe, au voisinage des salbandes, à la pegmatite. Les filons et les roches encaissantes sont recoupés en certains endroits par des dykes de kersantite.

NATURE DU MINERAI. — Le remplissage est constitué par des blocs de la roche encaissante qui ont été broyés et attaqués par les eaux thermales minéralisées : on y rencontre, en effet, de la séricite et de l'argile noirâtre provenant évidemment de l'altération de ces blocs; puis par du quartz fortement minéralisé par du mispickel et de la pyrite qui se présentent en grains très fins disséminés dans la masse quartzeuse. Ce quartz, d'un gris noirâtre, est traversé par plusieurs veinules du même minéral d'un blanc laiteux, qui est du quartz de néoformation non minéralisé.

Le mispickel est le seul véhicule de l'or; la pyrite est stérile. Les minéraux qui accompagnent le mispickel et la pyrite sont la calcite et la barytine. On y observe également de la chlorite en boules verdâtres; cette chlorite est souvent assez riche en or. Puis, à partir d'un certain niveau, on rencontre de la stibine en mouches ou en paillettes.

Remarque. — La chlorite ne provient-elle pas de l'altération du mica brun de la kersantite?

ALLURE DES FILONS. — L'exploitation, qui s'étend sur 1.600 mètres de

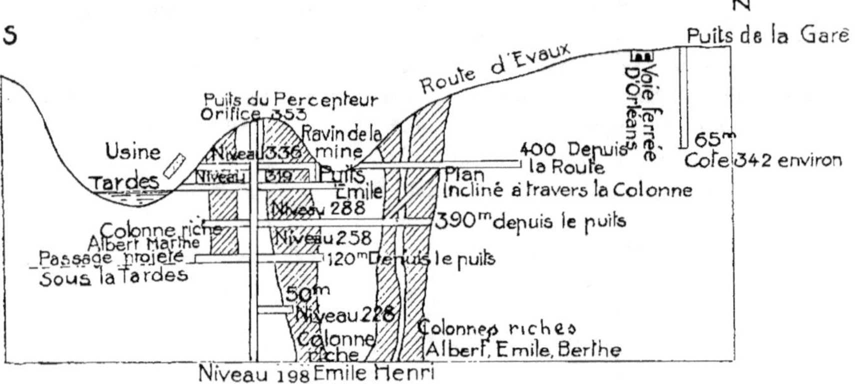

Fig. 315. — MINES DU CHATELET. COUPE NORD-SUD.

longueur, comprend deux zones : celle du Puits-de-la-Gare et celle du puits du Percepteur.

L'exploitation est divisée en étages verticaux de 30 à 40 mètres, à chacun correspond une recette.

Les chantiers actuellement en dépilage vont depuis la surface jusqu'à une profondeur de 127 mètres.

Les recherches et les traçages continuent jusqu'à une profondeur de 263 mètres.

L'extraction journalière a été de 135 tonnes en 1912.

Le niveau moyen d'extraction est à la profondeur de 143 mètres.

Parmi les neuf filons précités, cinq surtout sont importants; ce sont les filons : Berthe, Émile, Henri, Albert et Marthe.

I. Émile, puissance : 0^m,80 à 1 mètre, riche.

II. Henri, puissance : 0^m,60 à 0^m,80, riche.

La réunion de ces deux filons a donné 2^m,90 de puissance avec teneur en or assez élevée.

III. Albert, puissance : 1^m,40, très régulier.

IV. Marthe, puissance : 1^m,30.

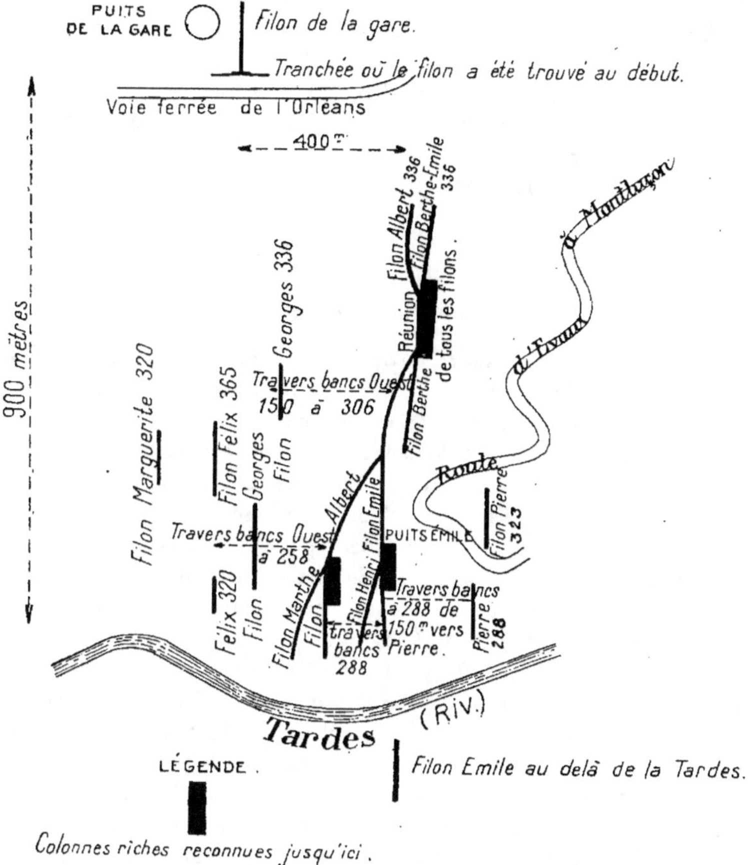

Fig. 316. — MINES DU CHATELET. VUE EN PLAN DES FILONS RECONNUS.

La réunion d'Albert et Marthe a donné 6 mètres de puissance.

   V. Georges, puissance : 1^m,10, teneur faible.

  VI. Félix, puissance irrégulière.

 VII. Marguerite, puissance : 0^m,30 à 2 mètres.

VIII. Pierre, puissance : 0^m,80 à 1 mètre.

  IX. Filon de la Gare

Mine de Montebras.

La mine de Montebras est située sur la commune de Soumans, près Lavaufranche. Elle a été concédée en 1868, pour étain. La superficie est de 4.154 hectares.

Le gîte de Montebras a été exploité par les Romains pour étain et or.

On y rencontre des filons N.-S. et des filons E.-O., au contact des granulites et des porphyres.

Les travaux ont été repris en 1868, puis abandonnés en 1872.

3° MINES DE LA DORDOGNE

Mine du Tindeix.

Les fosses qui existent sur le territoire du Tindeix montrent clairement que des travaux très importants y ont été exécutés par les Anciens.

En effet, ces fosses s'étendent sur 400 mètres; elles ont 30 mètres de largeur à la partie supérieure et 20 mètres de profondeur. La mine du Tindeix est située au sud du Chalard, sur les bords de l'Isle. La région est formée de gneiss granulitiques recoupés par un dôme de granulite.

Les travaux, repris il y a deux ans, consistent dans l'ouverture d'un travers-bancs qui a recoupé un filon à 80 mètres de l'entrée et d'une galerie en direction. La longueur totale du travers-bancs et de la galerie en direction est actuellement de 290 mètres. La granulite contient plusieurs dykes de pegmatite de faible épaisseur. On a foncé un puits, sur le plateau, à l'extrémité de la plus grande fosse, qui a recoupé le principal filon à une profondeur de 30 mètres. Ce filon est encaissé dans la granulite, il présente l'allure en chapelet. La minéralisation est assez variable. Ainsi, on trouve dans quelques amas droits du quartz minéralisé par de la pyrite, du mispickel, de la chalcopyrite, du cuivre gris, de la galène et de la blende, et dans d'autres des fragments de la roche encaissante, fortement altérée, et faiblement minéralisée par de la pyrite et du mispickel.

Ce filon a été rejeté par deux décrochements et par un effondrement qui a suivi le deuxième décrochement, ce qui complique beaucoup les travaux de recherches.

Mine de Cros-Gallet.

La mine de Cros-Gallet est située de l'autre côté de l'Isle, en face de celle du Tindeix. On y observe également des fosses creusées par les Anciens. On a ouvert un travers-bancs, à flanc de coteau, à 40 mètres au-dessus du niveau de l'Isle. Ce travers-bancs a recoupé un filon, approximativement parallèle à celui du Tindeix, à 40 mètres de l'entrée. Dans une galerie en direction pratiquée dans ce filon, on a rencontré, sur une longueur de plusieurs mètres, un remplissage assez curieux qui consiste en blocs énormes de quartz minéralisé par de la pyrite et du mispickel, disséminés dans une boue argileuse ; ceci rappelle les glamm qui existent dans les filons aurifères de Transylvanie. La minéralisation est, en général, la même qu'au Tindeix.

Mine de Bourneix.

On rencontre à Bourneix un filon de quartz minéralisé comme les précédents. Ce filon est, à mon avis, le prolongement de celui de Cros-Gallet. Il est bien probable que les fractures du Tindeix, de Cros-Gallet et de Bourneix se sont produites lors de l'effondrement qui a donné naissance à la vallée de l'Isle, et, par conséquent, les filons appartiennent au même champ de fractures.

Remarque. — Les filons aurifères de la Haute-Vienne, de la Creuse et de la Dordogne, que nous venons de décrire, présentent de grandes analogies tant au point de vue de leur direction que de leur remplissage. En effet, la plupart sont encaissés dans des roches granulitiques et sont orientés N.-E. Leur minéralisation consiste principalement en mispickel et pyrite, à grains fins, disséminés dans une gangue quartzeuse; quelques-uns contiennent de la stibine. Il serait bon de connaître si la stibine a eu ou non une certaine influence sur la teneur en or.

4º MINES DU PUY-DE-DOME

Les anciens ont exploité à la Bessette et à Pontvieux, au sud de Tauves, des filons minéralisés par de la pyrite et du mispickel aurifères. Les travaux ont été repris il y a cinq ans. On compte dix-sept filons à Pontvieux, direction N.-E.; pendage, 65º S.-E; puissance de $0^m,15$ à $0^m,70$ et parfois 2 mètres. Les minerais de Pontvieux renferment de la jamesonite et de la bournonite.

On peut signaler également la mine de Beaubertie, située à la limite du Cantal. On y rencontre quatre filons, minéralisés par du mispickel aurifère.

5º MINES DU CANTAL

Mine de Bonnac.

Le filon de Bonnac appartient à la grande zone des filons d'antimoine qui s'étend dans le Puy-de-Dôme et la Haute-Loire. Il renferme, outre l'antimoine, de la pyrite et du mispickel. On fait des travaux de recherches en ce moment.

On rencontre sur les pentes abruptes de la chaîne du Cézalier un grand nombre de filons de direction N.-S., encaissés dans les gneiss et les micaschistes, et minéralisés par du mispickel aurifère. Les filons les plus puissants et les plus réguliers se trouvent dans les communes de Molèdes et de Vèze. Les principaux points sont près de Molèdes, aux abords du village de Fontvialle, près des villages de Genesclade et de Conches; enfin, dans la commune de Vèze, un filon sur le chemin de Mondet à Genesclade, et deux autres dans le bois de Vèze et dans le bois de la Tour.

On a extrait de l'or des sables de la Jordane, qui coule sur des terrains volcaniques.

Les pyrites des trachytes du Cantal renferment également de l'or.

III. — MINES DES AUTRES DÉPARTEMENTS

Gard. — On a étudié, dans le courant de l'été de 1910, les conglomérats houillers du Gard et de l'Ardèche, et on y a rencontré de l'or. On admet que la pyrite aurifère n'est pas postérieure à leur formation.

On a reconnu à Chamborigaud, au N.-O. du département du Gard, un certain nombre de filons qui présentent, dit-on, un certain intérêt. *Mine de Saumane,* mispickel, 4 grammes d'or à la tonne.

Ariège. — Le département de l'Ariège est célèbre au point de vue de l'industrie minérale. Les anciens ont exploité des mines de fer, de plomb, de zinc, de cuivre, d'argent et d'or.

Les mines se trouvent généralement dans les parties du département les plus rapprochées de la crête des Pyrénées, parce que c'est là que se trouve la zone des terrains anciens qui en renferment le plus.

L'or se trouve dans les alluvions des ruisseaux et rivières suivants : ruisseau de la Béouze, près la Bastide de Sérou, ruisseau de Taliol et de Pitrou, ruisseau d'Ordas près de Durban, l'Arize à Durban, le Salat près de Soueix, le Nert à son embouchure, le Salat entre Bonrepaux et Roquefort.

Nous citerons également les mines d'or de Irazein et Saint-Lary-d'Escanarades.

Mines de Verdun. — Pyrite et marcasite; un demi-gramme d'or à la tonne.

Isère. — La principale mine d'or de l'Isère est celle de la Gardette. Elle a été concédée en 1831. Superficie, 49 hectares. Le gîte de la Gardette consiste dans un filon de quartz encaissé dans les gneiss; direction E.-O, ; pendage, 65° à 70° ; puissance, 1 mètre. Il a été reconnu sur une longueur de

500 mètres. La minéralisation est formée de pyrite, mispickel, tellurures et or libre; on y rencontre de la galène, de la chalcopyrite, de la barytine et de la sidérose. On a repris les travaux, il y a une dizaine d'années, sans succès.

Nous citerons également la mine du Molard, située dans le vallon de l'Eau-d'Olle; c'est une mine de plomb argentifère contenant un peu d'or; la mine d'Oriz (bourg d'Oisans), contenant des pyrites auro-argentifères, et la mine de Pontraut, près Vaujany.

Haute-Saône. — On a signalé, dans le district minier de Plancher-aux-Mines, la mine du Loury, exploitée par les Anciens, pour cuivre et pour or. On aurait également trouvé de l'or dans les gîtes cuprifères de Château-Lambert.

Basses-Pyrénées. — On rencontre à Isturitz d'immenses travaux romains. Plusieurs auteurs pensent que les anciens ont exploité de l'or et de l'argent dans cette région.

Haute-Garonne. — Il existe sur le territoire de Melles des gisements importants qui furent l'objet de travaux très étendus. Ce sont des gîtes de cuivre, de zinc et de plomb auro-argentifère; les principaux sont à la Combe-de-Ger, Atcoulassau, Moredetz, Daouran, le plateau de Paleraze.

Le bismuth a été rencontré sur la commune de Melles.

Aude. — On trouve à Salverines plusieurs filons de cuivre et au-dessus de Salverines, en face du Mas-de-la-Connils, une mine d'or.

Mine de la Messette (commune de Salsigne), près Villardonnet.

Or, 25 gr. Ag, 336 gr. Cu, 0,55 %. Ag, 12 %. Pyrite et mispickel.

Mine de Salsigne. Pyrite et mispickel. Concession de Malabau (9 octobre 1913).

Mine de l'Aude, à Lastours. Pyrite et mispickel (1).

Hérault. — A Saint-Bausile, village situé à peu de distance de Ganges, sur les bords de l'Hérault qui, comme on le sait, roule des paillettes d'or dans cette partie de son parcours, au-dessus du Rioutort, venant du côté de Sumène, dans le Gard. L'or doit exister dans les fêlures d'un calcaire ocreux régnant dans toute la plaine de Saint-Bausile, au niveau de la rivière. Il serait bon de sonder l'épaisseur de ce banc. Genssane dit que la teneur en or des boues ferrifères serait de plusieurs grammes à la tonne.

---

(1) *Bull. Soc. ind. min.*, juin 1915.

Hautes-Alpes. — *Lamotte-les-Bains.* La présence de l'or fut constatée dans les roches calcaires formant la rive droite du torrent qui passe au-dessous de l'établissement de bains de Lamotte. Ce gisement consiste en veines irrégulières terreuses traversant les couches calcaires du lias.

Lozère. — On a reconnu à Cassagnas la présence de la stibine et du mispickel aurifère. La direction des filons est N.-N.-E., l'inclinaison de 30 à 40°. La puissance de 0^m,60 à 0^m,80. La gangue de ces filons est quartzeuse.

Ardèche. — On connaît à Malbosc, canton de Vans, une mine désignée sous le nom de mine de la Gaguière. Cette mine est constituée par plusieurs filons encaissés dans les micaschistes. Ces filons sont minéralisés par de la stibine et du mispickel aurifère. La gangue est formée de quartz, de calcite et de barytine. La direction est E.-O.

VII. — MINES D'OR DES COLONIES FRANÇAISES

Gisements aurifères de Madagascar.

Au point de vue géologique et surtout tectonique; on peut diviser Madagascar en trois zones parallèles, orientées N.-S., suivant le grand axe de l'île.

Une bande médiane, constituée par des gneiss, micaschistes, est flanquée à l'est et à l'ouest d'une bande sédimentaire. La bande sédimentaire à l'est est formée de terrains allant du lias au crétacé. Celle de l'ouest est plus large et comprend des terrains allant du trias à l'éocène (calcaire à nummulites). Le mont Ibity, près d'Antsirabe, au pied duquel se trouvent les gisements de pierres précieuses, est essentiellement formé de quartzites. Presque partout, l'érosion a fait disparaître les roches sédimentaires, mettant à nu les gneiss et les micaschistes qui sont recoupés par des filons de quartz et des dykes de pegmatites.

On rencontre une aire synclinale comprise entre deux aires anticlinales qui se rejoignent au nord (fig. 317).

Trois zones principales de fractures recoupent transversalement les plis longitudinaux et affectent également les bandes sédimentaires de l'Est et de l'Ouest. Elles sont jalonnées par des venues de roches éruptives de la série moderne : basaltes, trachytes, phonolites.

Ces cassures transversales ont une importance capitale, car c'est non loin de ces grandes lignes d'effondrement que sont situés tous les gisements aurifères de Madagascar.

La fracture méridionale est la moins importante; elle traverse une région habitée par les Baras, peuple à demi sauvage.

La fracture centrale de l'Ankaratra permet de se rendre compte du mode

de formation des gisements aurifères que l'on rencontre partout, excepté dans
le Nord.

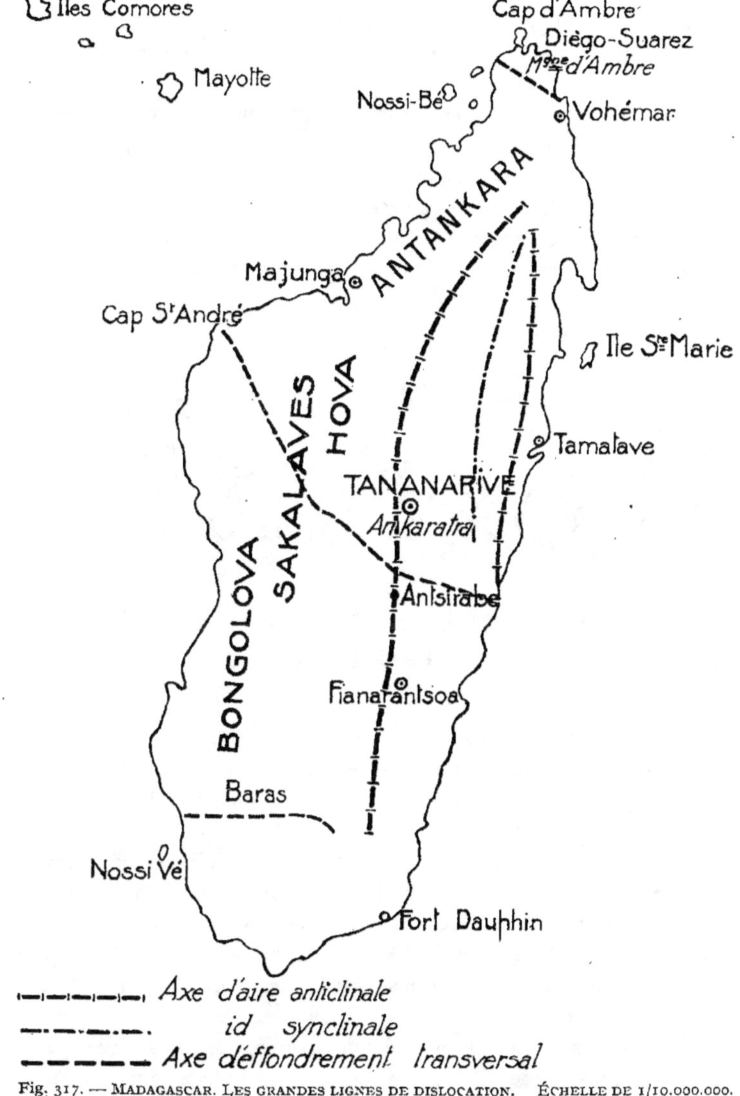

Fig. 317. — MADAGASCAR. LES GRANDES LIGNES DE DISLOCATION.   ÉCHELLE DE 1/10.000.000.

L'axe de la zone effondrée est occupé par des basaltes qui se sont épanchés sur les schistes cristallins. De chaque côté de cette cassure principale se

sont formées de nombreuses fissures qui sont remplies par du quartz souvent aurifère, contemporain des basaltes (fig. 318). On constate, à la limite des épanchements basaltiques, des venues de roches phonolitiques et trachytiques.

La cheminée principale a servi de voie aux roches basiques, et l'acidité des substances éruptives augmente au fur et à mesure qu'on s'éloigne de l'axe de la zone effondrée.

Les fissures de quartz sont très nombreuses; les unes atteignent une puissance de 0^m,50 à 2 mètres et même plus. Ce sont des filons proprement dits recoupant les assises préexistantes, ou des filons couches interstratifiés; quelques-unes forment un véritable stockwerk.

Les roches encaissantes sont, le plus souvent, des gneiss et des micaschistes, mais ce peut être aussi des roches quelconques : quartzites, granites,

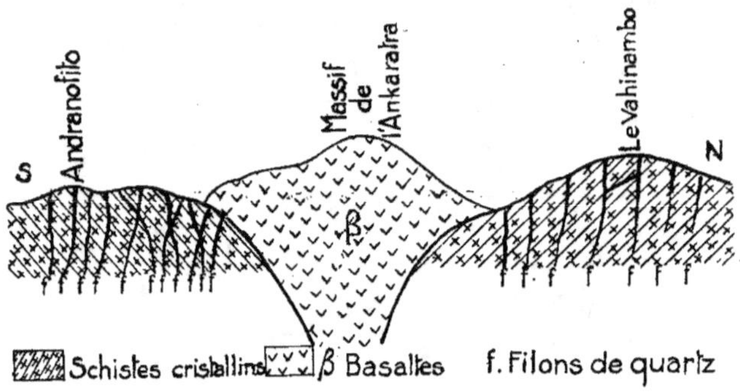

Fig. 318. — COUPE A TRAVERS L'ANKARATRA.

granulites, syénites, diorites. Toutes ces roches ne sont pas aurifères : elles sont tout simplement sillonnées par des veinules de quartz aurifère. On remarque que les gros filons quartzeux sont ordinairement stériles, tandis que les veinules montrent des grains d'or libre.

L'or paraît avoir été amené par des fumerolles, le soufre étant le minéralisateur. On trouve de la pyrite de fer, de la chalcopyrite, de la blende et de la galène. On rencontre, à la surface, de l'or libre provenant de l'altération de la pyrite de fer. Il semble que les fumerolles, par suite de leur faible densité, aient gagné l'extrémité des ramifications quartzeuses et que les centres d'émissions ou filons générateurs en soient dépourvus.

Partout où l'érosion s'est profondément exercée, on ne trouve que des vestiges filoniens sous forme d'alluvions. Les filons en place sont stériles ou à faible teneur. Dans la zone du Bongolava, au contraire, il existe de nombreux épanouissements superficiels filoniens, à peine entamés par l'érosion; c'est dans cette région que se trouvent les plus riches gisements de Madagascar :

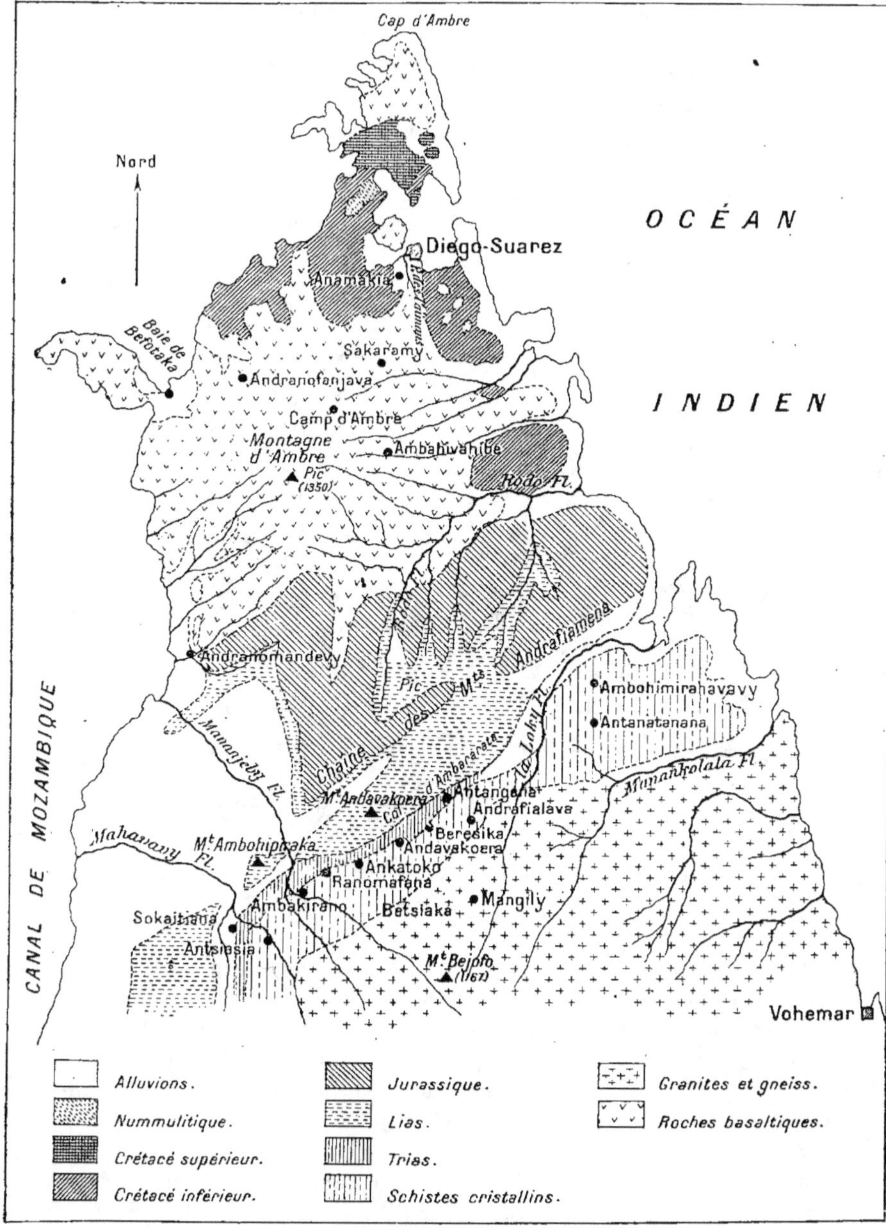

Fig. 319. — CARTE GÉOLOGIQUE DU NORD DE MADAGASCAR (D'APRÈS M. P. LEMOINE).   ÉCHELLE 1/1.000.000.

Andranofito, le Dabolava, au sud de l'axe de l'Ankaratra, le Vahinambo, Antanifotsy, Tsimbolovolo, Rafiatokana, au nord du même axe.

Le métal précieux contient une forte proportion d'or, jusqu'à 998/1000; le reste est composé d'argent, de platine et d'iridium.

On voit par ce qui précède que le remplissage des filons est bien un remplissage *per ascensum.*

Nous allons faire voir que les gisements du Nord présentent, au point de vue de la genèse, de très grandes différences avec ceux des autres régions de l'île.

Les gisements aurifères de Madagascar-Nord ont été découverts en 1905;

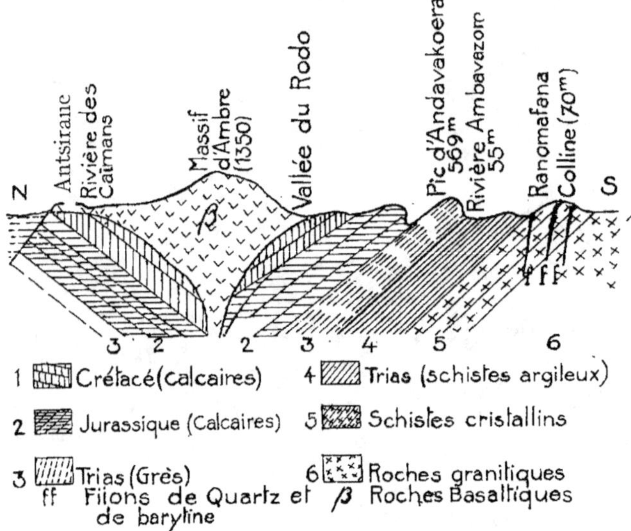

Fig. 320. — Coupe entre la ville d'Antsirane (Diégo-Suarez) et les placers de Madagascar-Nord (120 kilomètres de longueur). Échelle de 1/1.500.000.

ils sont situés à 120 kilomètres environ au sud de la ville d'Antsirane (Diégo-Suarez), au pied de la falaise gréseuse de l'Andavakoera.

Un système de cassures transversales a été, dans la région du Nord, la conséquence de l'effondrement qui a provoqué la surrection du massif volcanique d'Ambre. C'est au sud de l'axe d'effondrement que les cassures à remplissage de quartz aurifère se sont produites; les basaltes s'étendent au nord jusqu'à la mer.

Au pied de la falaise de l'Andavakoera et parallèlement à elle, s'étend une bande gréso-schisteuse qui passe insensiblement, vers le sud, aux gneiss et aux micaschistes : c'est la région aurifère.

L. Michel. — *Géologie appliquée.*   26

La bande aurifère qui s'étend au pied de la falaise gréseuse est littéralement hachée par une série de filons de quartz et de barytine, et c'est dans le quartz que se trouve l'or.

Les filons de Madagascar-Nord se différencient de ceux du reste de l'île :

1º Par la coexistence du quartz et de la barytine;

2º Par le mode de remplissage des fissures;

3º Par la teneur en or du métal natif.

Les filons de quartz et de barytine se trouvent dans le même système de fractures et semblent contemporains : les uns et les autres renferment de la pyrite de fer, de la chalcopyrite, de la galène et de la blende, et aussi de l'or natif.

Le remplissage des filons s'est opéré, dans les autres contrées aurifères de Madagascar, *per ascensum*, c'est-à-dire par voie hydrothermale; tandis que le remplissage des fissures formées à la suite de l'effondrement de la région occupée actuellement par le massif d'Ambre s'est opéré *per descensum*.

Les eaux chargées de silice et de sulfures divers ont circulé dans les fissures et déposé sur leurs parois du quartz, des sulfures métalliques et de la barytine.

Les filons ont une structure géodique, dans laquelle les cristaux de quartz sont implantés normalement aux parois. On trouve dans l'axe géodique de la silice non cristallisée et pétrie de grains d'or. Mais les cristaux de quartz ne renferment jamais d'or. La teneur en or de ces filons est tout à fait irrégulière.

Ainsi, un filon qui a donné 100 kilos d'or pour un mètre cube de quartz est complètement stérile en dehors de cette poche.

La teneur en or de ces filons est beaucoup plus faible que celle des autres districts aurifères : elle est de 750/1000 d'or pour 250/1000 d'argent. Il est probable que cette forte teneur en argent est due à la présence de la galène.

La bande aurifère de Madagascar-Nord va de l'embouchure de la Loky jusqu'au delà d'Ambakirano, sur la rive droite de la Mahavavy, à partir de laquelle elle s'infléchit vers le sud; elle s'étend sur plus de 100 kilomètres de longueur et 5 à 6 de largeur en moyenne.

Au point de vue industriel, on peut la diviser en trois tronçons d'importance très inégale.

1º Le tronçon oriental, qui va du col d'Ambararata à la mer et comprend la vallée de la Loky;

2º Le tronçon central, d'Andavakoera, compris entre le col d'Ambararata et Ranomafana inclusivement;

3º Le tronçon occidental, à l'ouest de Ranomafana.

C'est le tronçon central qui renferme tous les gisements actuellement exploités et compris sous la désignation générale de mines d'or de l'Andavakoera.

La concession de MM. Mortages et Grignon est de 8.449 h. 60 a. 26.

Quelque temps avant la conquête (1895), des recherches assez sérieuses avaient été faites dans la région de Suberbieville. On avait rencontré, dans cette région, trois filons de quartz aurifère, dont l'un d'eux, d'une puissance de 0^m,25, avait donné jusqu'à 1.200 grammes d'or à la tonne.

On rencontre de l'or natif dans les gneiss, micaschistes, quartzites, dans les latérites et dans les alluvions anciennes et modernes.

Les alluvions sont très répandues à Madagascar, mais elles ont généralement une faible puissance.

Le traitement des alluvions se fait dans des sluices et à la batée.

Gisements d'or de Madagascar, dans les schistes cristallins.

M. A. Lacroix a montré que le gisement originel de l'or du Massif central malgache se trouve dans des schistes cristallins.

Il a découvert dans les gneiss et les quartzites à magnétite de l'or libre ne provenant pas de l'altération d'une pyrite ou d'un mispickel aurifère; de Launay a donné à ce type de gisement le nom d'imprégnations diffuses de profondeur.

Cet or se trouve dans les gneiss micacés, à pyroxène, les amphibolites, les quartzites à magnétite. L'or se trouve aussi dans des veines et veinules de quartz interstratifiées dans les roches. Lorsque les veines de quartz sont épaisses et qu'elles ont plusieurs mètres de puissance, elles sont généralement pauvres ou stériles. Aux affleurements, ces petites veines sont bien visibles et se distinguent parce que leur quartz est teinté de jaune, carié, par suite de l'altération de la pyrite. L'or est quelquefois accompagné de pyrite, de mispickel, parfois de cuivre (chalcopyrite, chalcosine), de galène; on a même trouvé de la sylvanite. Les recherches doivent donc être faites par des tranchées normales à la direction des strates des schistes.

L'or de Madagascar est à un titre élevé, de 950 à 980 millièmes.

Les véritables gîtes filoniens sont localisés dans le nord de l'île à la limite des schistes cristallins et de la formation triasique.

Gisements aurifères de la Guyane française.

La découverte de l'or dans la Guyane française date du xvie siècle, mais les premières recherches sérieuses ne furent faites qu'en 1856.

La formation aurifère de la Guyane appartient au type classique des gîtes aurifères interstratifiés dans les roches gneissiques ou dans les latérites dépendant de ces roches.

Dans une région déterminée, suffisamment vaste pour que les phénomènes d'enrichissement ne puissent pas être le résultat d'un accident local, on constate que les placers se sont formés par l'érosion de gneiss et de micaschistes reposant sur le granite, que notamment les placers ne dépendent pas de la destruction locale d'un ou de plusieurs filons visibles, mais qu'ils sont placés suivant une disposition rayonnante; enfin, on peut constater l'existence de placers à cheval : quand un placer riche sur un versant correspond à un placer situé sur le versant immédiatement opposé, on peut être sûr que leur existence ne dépend pas de la destruction lente d'une venue filonienne proprement dite, mais que leur origine doit être cherchée dans le terrain même qui les renferme.

Les travaux de Rickard sur la formation aurifère de Bendigo (Australie), ceux de MM. Brögger et de Launay ont montré que la formation de certains gîtes aurifères est due à d'autres causes qu'à la présence de filons aurifères proprement dits, par suite de l'existence bien constatée de couches interstratifiées de terrains aurifères en corrélation avec la formation infragranitique. Ces gîtes aurifères sont répartis sur les zones de contact entre le granite fondamental et les roches gneissiques. Ces zones de contact peuvent suivre la direction d'ensemble des alignements granitiques. Il résulte de là que la recherche des placers doit se faire en s'attachant à suivre les lignes de contact du granite ou des roches gneissiques de préférence à celle des plissements montagneux.

Les placers formés par la destruction de roches exclusivement granitiques sont, on le comprend, absolument stériles.

Dans tous les pays présentant les caractères généraux d'enrichissement par zones de contact entre le granite et les roches cristallophylliennes, on constate que la venue de l'or est accompagnée constamment de roches éruptives dont le caractère varie beaucoup d'un pays à l'autre, mais qui ont pour résultat d'accompagner l'or dans ses gisements, tant primitifs que secondaires. En Guyane, ce rôle a été joué par les diorites et les diabases qui contiennent une certaine quantité de pyrite aurifère, 5 % environ, et qui forment des dykes dont quelques-uns se sont épanchés sur le sol. Il est clair que les zones d'enrichissement se trouvent aux points où les roches granitiques sont recoupées par les diorites ou par les diabases.

Remarque. — Le groupe de Saint-Élie montre la disposition rayonnante des placers.

Les roches dioritiques et diabasiques ont donné, par leur décomposition, naissance à la formation d'un dépôt de roches ferrugineuses ayant l'aspect de la limonite et parfois de la bauxite, dépôt qui recouvre, d'un grand manteau superficiel, presque continu, les gneiss et les micaschistes sur lesquels ils reposent en stratification discordante. On les désigne sous le nom de *latérites* ou de *roches à ravets* dont les cavités sinueuses (vestiges d'anciennes racines) sont habitées par les insectes (cancrelats) qui portent ce nom. L'or existe, à l'état libre, dans ces roches.

On rencontre également, dans cette région, des conglomérats ferrugineux (cascajo) qui se distinguent nettement de la roche à ravets, par la présence de nombreux galets de quartz. De plus, les conglomérats ferrugineux forment des niveaux réguliers et horizontaux, sur le flanc ou dans le fond des vallées actuelles, tandis que les roches à ravets qui constituent le revêtement superficiel des collines et des montagnes ne forment pas de niveaux horizontaux et se présentent à des altitudes très variables, ce qui indique que leur dépôt n'est pas dû à un phénomène alluvionnaire purement mécanique. Ces conglomérats sont de formation récente; ils sont eux-mêmes exploités lorsque leur dureté n'est pas trop grande.

La coupe transversale ci-jointe (fig. 321) du placer de Maripa donne une idée de la constitution de ces gîtes.

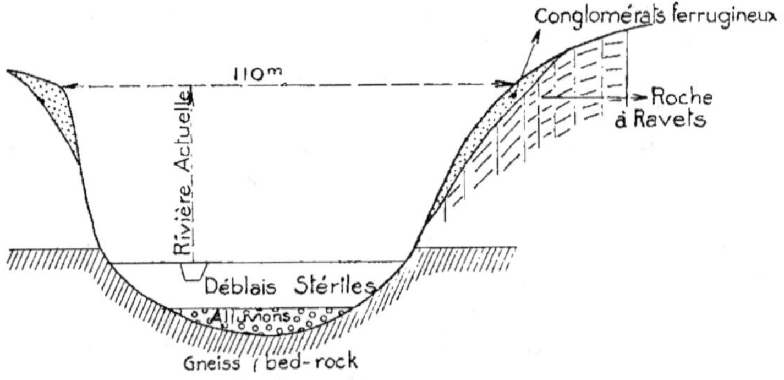

Fig. 321. — PLACER DE MARIPA.

On y constate la présence d'un conglomérat ferrugineux dont il reste çà et là des lambeaux au-dessus du niveau actuel de la vallée : ces conglomérats reposent directement, en discordance sur la roche à ravets.

Le traitement de la roche à ravets consiste en un simple broyage suivi d'une amalgamation directe.

PLACERS. — Les érosions qui ont produit les placers actuels de la Guyane sont postérieures, bien entendu, à la formation de la roche à ravets. Il y a lieu de penser que la désagrégation de la roche à ravets, dont on trouve fréquemment des morceaux dans les alluvions aurifères elles-mêmes, constitue, au moins en partie, la matière première dont les agents d'érosion ont extrait, à la longue, le métal précieux qui enrichit les placers.

On peut baser la recherche des placers sur les trois ordres suivants :

1º Les placers se répartissent sur les lignes de contact entre le granite et les roches schisteuses micacées ou gneissiques;

2° Sur les lignes de contact, le maximum d'enrichissement se rencontre dans le voisinage des pointements de diorite et de diabase;

3° La prospection doit porter sur toutes les rivières qui sortent d'un même massif.

Les principales rivières aurifères de la Guyane française sont :

Le Maroni, la Mana, le Sinnamary, le Mahuri, l'Approuage.

Les Guyanes ont produit, en 1897, 6.122 kilos d'or, valant 1.800.000 francs. L'ex-contesté brésilien a fourni, en deux ans, 25 millions d'or.

CHAPITRE III

TRAITEMENT DES MINERAIS D'OR

Il y a vingt ans, les minerais d'or étaient presque exclusivement traités par amalgamation. Beaucoup de riches gisements dans lesquels le métal précieux n'est pas amalgamable restaient inexploités. Mais depuis les progrès faits dans la chloruration et depuis les beaux résultats obtenus par la cyanuration au Transvaal, d'anciennes exploitations abandonnées ont été reprises avec succès, de nouveaux gîtes ont été découverts, et l'industrie de l'or a pris un essor inattendu.

L'or libre est quelquefois réfractaire à l'amalgamation, parce qu'il est recouvert d'une pellicule de silice ou d'oxyde de fer qui empêche tout contact avec le mercure; il en est de même des particules d'or recouvertes de cristaux microscopiques de pyrite. Enfin, la présence de certains métaux comme l'arsenic, l'antimoine, le bismuth et leurs composés sulfurés peut enlever au mercure sa propriété de dissoudre l'or.

L'amalgamation est le procédé le plus simple et le plus économique. Mais il est rare que les minerais soient assez fins pour que l'on puisse obtenir un rendement élevé.

Presque toujours la gangue contient des pyrites aurifères qu'il est nécessaire de recueillir par concentration. Dans beaucoup de cas, les résidus du traitement sont suffisamment pauvres pour être rejetés, mais dans d'autres, ils sont assez riches pour nécessiter de nouvelles opérations métallurgiques.

Enfin, l'or se trouve dans quelques minerais à un état tel qu'il est, en pratique, complètement réfractaire à l'amalgamation.

Les minerais d'or, d'origine filonienne (quartz aurifères, minerais tellurés), ainsi que les minerais stratifiés (exemple : Transvaal), peuvent se diviser, au point de vue du traitement, en trois catégories distinctes :

1º Les minerais aurifères normaux et minerais ordinaires (*free milling ores*), dont la presque totalité de l'or est amalgamable;

2º Les minerais aurifères demi-réfractaires, dont une proportion assez grande de l'or est amalgamable et les résidus soumis à la cyanuration;

3º Les minerais aurifères dits rebelles (*refractory ores*), qui sont traités par la chloruration, la cyanuration ou par fusion.

I. — Traitement des minerais aurifères normaux.

Le traitement des minerais aurifères normaux comprend trois opérations distinctes :

1° *Un broyage assez fin* pour rendre effective la séparation des parcelles d'or et des parcelles de sulfures d'avec la gangue quartzeuse, et permettre à chacun de ces éléments d'être soumis au traitement qui lui convient, sans que l'interposition du quartz puisse gêner les réactions;

2° *La mise en contact avec le mercure* des parcelles d'or libre, de façon à réaliser leur amalgamation, puis le traitement de l'amalgame;

3° *La concentration par voie mécanique* de la pyrite aurifère qui échappe à l'amalgamation et son traitement métallurgique.

Le minerai arrivant de la mine tombe sur des grilles inclinées de 38 à 40° dont les barreaux sont écartés de 2,5 à 3 centimètres. Les menus vont directement aux trémies de bocards (moulins à or) et les gros dans des magasins situés au-dessus de concasseurs Blake-Marsden, ou de concasseurs Comet ou Gates (ces deux derniers diffèrent très peu l'un de l'autre).

Le minerai concassé tombe, à son tour, dans les trémies de bocards.

Nous ne décrirons pas ces appareils. Leur description détaillée figure en effet dans tous les traités spéciaux de métallurgie.

Le broyage des minerais normaux a lieu le plus souvent en présence de l'eau et du mercure : le mercure doit être mesuré avec soin; théoriquement, il devrait s'emparer d'une quantité égale d'or; mais dans la pratique, on ajoute une quantité cinq fois plus considérable. En sortant des mortiers, la pulpe tombe sur une série de plaques d'amalgamation.

PLAQUES D'AMALGAMATION. — Les plaques d'amalgamation sont en cuivre. La préparation de ces plaques est une opération délicate et très difficile à exécuter. Une plaque n'est vraiment bonne que lorsqu'elle est recouverte d'une couche d'amalgame d'or : ce qui exige plusieurs jours. On choisit de préférence des plaques de cuivre recuites au sortir du laminoir. Quand on ne peut pas se procurer de telles feuilles, on en prend qu'on recuit, de manière à les rendre perméables au mercure. Ces plaques sont ensuite bien décapées, puis brossées avec un mélange de sable et de sel ammoniac et d'un peu de mercure, jusqu'à ce que la surface soit parfaitement amalgamée.

Si on veut gagner du temps, il est préférable de les recouvrir artificiellement d'un peu d'amalgame d'or, qu'on prépare en dissolvant de l'or dans le mercure.

On emploie quelquefois des plaques d'amalgamation argentées par galvanoplastie : ces plaques, quoique plus chères comme dépense première, sont sans contredit les meilleures. Elles sont recouvertes d'une couche d'argent de 35 à 40 grammes par centimètre carré. Elles ne demandent aucune préparation, sauf une légère couche de mercure qui y adhère très rapidement.

On dispose également à l'intérieur du mortier des plaques d'amalgamation sur lesquelles se fixe l'or.

Au moulin d'Alaska-Treadwelle et dans quelques-uns du Transvaal, on fait usage d'un mortier ne contenant pas de plaques d'amalgamation; les garnitures de protection portent des rainures dans lesquelles se loge l'amalgame.

Les plaques extérieures sont placées les unes à la suite des autres sur une surface continue ou en gradins; cette dernière disposition est préférable.

RÉCOLTE DE L'AMALGAME. — La récolte de l'amalgame déposé sur les plaques intérieures des mortiers se fait suivant la richesse des minerais, toutes

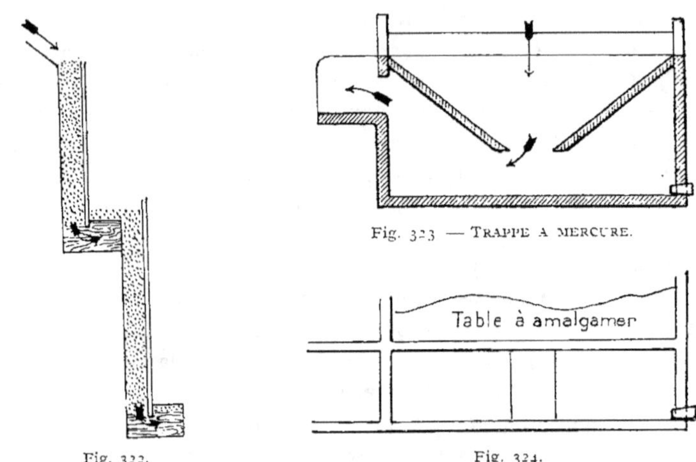

Fig. 323 — TRAPPE A MERCURE.

Fig. 322.
PUITS A MERCURE (MERCURY WELLS).

Fig. 324.

les semaines, tous les quinze jours ou tous les mois, lorsqu'on nettoie complètement le mortier.

Tous les deux ou trois jours ou une fois par semaine, on récolte l'amalgame des plaques extérieures.

PUITS A MERCURE (*Mercury wells*). — Dans un certain nombre de moulins australiens, l'amalgamation ne se fait ni dans des mortiers ni sur des plaques amalgamées. La pulpe, en sortant de la batterie, passe directement dans des puits à mercure consistant en des caisses étagées d'une longueur égale à celle des mortiers et contenant une assez grande épaisseur de mercure (fig. 322). La pulpe passe en bouillonnant à travers le mercure; en sortant des puits, la pulpe passe sur des couvertures en laine afin de recueillir les pyrites, ou sur des appareils mécaniques de concentration.

Enfin, il existe quelques rares usines où le minerai est simplement broyé, puis grossièrement concentré sur des couvertures.

TRAPPE A MERCURE. — La pulpe, en s'échappant des tables d'amalgamation, contient toujours un peu d'amalgame et des globules de mercure. On a imaginé plusieurs appareils pour le retenir, mais le meilleur de tous est la trappe à mercure. Cette trappe se compose d'une caisse en bois placée à l'extrémité inférieure de la plaque d'amalgamation.

La pulpe tombe dans la caisse, passe sous une des planchettes et sort par un déversoir en abandonnant les matières les plus lourdes : amalgame, mercure, gros grains de pyrite ainsi que le sable pesant. Une ouverture fermée par un bouchon permet d'évacuer le métal (fig. 324). Toutes les semaines, on vide complètement la trappe.

Dans certaines usines, on emploie des trappes à mercure après les plaques d'amalgamation et une autre trappe à la sortie de l'usine.

Pour une usine de quatre-vingts pilons on retire chaque mois 2 kil. 200 d'amalgame, 4 kilos de mercure provenant des trappes intérieures; 310 à 372 grammes d'amalgame et 1 kil. 200 de mercure retenu par les trappes extérieures.

Dans les moulins plus modernes où l'amalgamation seule est pratiquée, la pulpe à la sortie des trappes à mercure va à l'atelier de concentration où les pyrites sont recueillies.

DÉTERMINATION DE LA FINESSE DE BROYAGE. — L'un des facteurs les plus importants du rendement en or d'un moulin est la grosseur à laquelle le minerai est pulvérisé. Il est clair que le broyage ne doit pas être poussé plus loin qu'il n'est nécessaire pour libérer les particules d'or.

INFLUENCE DE QUELQUES CORPS SUR L'AMALGAMATION. — Le *sulfure d'antimoine* est très nuisible à l'amalgamation : il se produit parfois une combinaison chimique.

Arsenic. Mispickel. — L'arsenic rend l'or difficilement amalgamable; il forme avec le mercure un alliage pulvérulent qui entoure les globules de mercure et les empêche de se réunir et d'arriver en contact avec l'or.

Les pyrites arsenicales paraissent agir comme la stibine.

Bismuthine. — Le bismuth sulfuré paraît se décomposer en présence du mercure; le métal s'amalgame facilement et détruit en grande partie l'affinité du mercure pour l'or.

Calcite. — Le carbonate de calcium n'a aucune influence sur l'amalgamation.

Cuivre et pyrite de cuivre. — Le cuivre s'amalgame et forme un produit pâteux léger qui favorise l'entraînement de l'amalgame. La pyrite de cuivre a une influence beaucoup moins nuisible que la pyrite arsenicale.

Fer. Pyrite. — Le fer n'a aucun effet sur l'amalgame. La pyrite divise le mercure, mais est bien moins nuisible que la pyrite arsenicale.

Corps gras. — Les corps gras ont une influence très nuisible sur l'amalgamation; ils empêchent le mouillage des particules d'or, une mince couche d'air les entoure et les fait flotter.

Plomb. Galène. — Le plomb produit un amalgame écumeux qui entraîne une certaine quantité d'amalgame d'or. La galène entrave l'amalgamation quand elle est en quantité notable.

Silice. Silicates. — La silice à l'état de quartz n'a aucune action sur l'amalgamation. Mais, dans des cas très rares, comme à Mount-Morgan (Australie), la silice hydratée recouvre les particules d'or d'une pellicule isolante qui empêche tout contact avec le mercure.

L'argile gêne l'amalgamation. Pendant le bocardage, il se produit une quantité considérable de schlamms très fins qui s'attachent aux pellicules d'or. L'eau devient écumeuse et entraîne facilement l'or.

Soufre. — L'or recouvert d'une pellicule de soufre n'est pas amalgamable, il faut le griller à l'air avant de le soumettre à l'amalgamation : le cyanure de potassium, les acides oxydants : chromique, nitrique, produisent le même effet que le grillage.

Tellurures. — Les tellurures aurifères ne sont pas amalgamables; ils agissent comme la galène sur l'amalgamation.

Zinc. Blende. — Le zinc ne paraît pas nuisible à l'amalgamation. La blende paraît exercer sur l'amalgamation un effet analogue à celui de la pyrite.

Récolte générale de l'amalgame. — La récolte complète de l'amalgame se fait généralement tous les mois : les plaques d'amalgamation sont placées sur la table d'amalgamation (fig. 324), puis on enlève l'amalgame qui y est attaché au moyen de grattoirs en acier ou en bois. Le contenu des mortiers est traité de diverses manières. Dans les usines importantes, le contenu est traité dans divers appareils : le berceau, le pan ou le tonneau.

Nettoyage de l'amalgame. — Dans les grandes usines où l'on a à manier des quantités importantes d'amalgame, on emploie un pan spécial (*clean-uppan*) pour son nettoyage. L'amalgame liquide provenant du pan est porté sur une table spéciale de lavage « placée dans un local fermé ». On promène la lance donnant de l'eau sous pression à travers le métal liquide; les matières étrangères montent à la surface, l'eau est siphonnée, et on enlève ces matières après des lavages répétés avec une éponge ou un morceau de flanelle, jusqu'à ce que la surface du métal soit bien brillante.

Les écumes sont mises de côté pour être traitées ultérieurement et repassées au pan dans une nouvelle opération. Le mercure est comprimé sous l'eau, dans une peau d'agneau mégissée préalablement bien mouillée. On ne cherche à obtenir que des boules d'amalgame ne dépassant pas 1 kilo, car, au-dessus de ce poids, il est impossible d'exprimer la presque totalité du mercure. Il est très rare que cette opération se fasse à la presse hydraulique.

Le mercure résultant de la compression de l'amalgame renferme toujours une petite quantité d'or qui n'est pas perdue, puisqu'elle reste dans le mercure en circulation; cependant, il est bon d'en laisser le moins possible; pour cela, la compression doit s'effectuer dans l'eau froide.

La quantité d'amalgame retirée des mortiers est très variable, elle est comprise entre de très larges limites : depuis 10 jusqu'à 90 %.

TRAITEMENT DE L'AMALGAME. — Pour retirer l'or de l'amalgame, on emploie des creusets en fonte hermétiquement fermés : ces creusets sont appelés *retortes*; la durée de l'opération varie avec le poids de charge; elle est généralement comprise entre deux et quatre heures. Une retorte peut durer trois ans.

Les écumes provenant du nettoyage de l'amalgame renferment toujours une certaine quantité d'or, si on ne les repasse pas au pan, elles sont distillées très lentement dans la retorte, mais la température ne doit pas dépasser le rouge sombre, parce qu'elles sont parfois très fusibles.

Perte en mercure. — La perte totale de mercure dans le traitement par amalgamation ne descend jamais au-dessous de 5 grammes; mais elle atteint quelquefois 22 grammes par tonne de minerai broyé. Elle dépasse 200 grammes lorsqu'on traite au pan des minerais demi-réfractaires.

Fusion. — L'éponge aurifère qu'on obtient dans la retorte est fondue dans un fourneau à vent. Quand cette éponge est d'un rouge brillant, elle est fondue sans flux dans un creuset en plombagine : un creuset de $0^m,25$ de haut peut contenir 30 kilos de métal. Si, au contraire, l'éponge aurifère est grisâtre ou noirâtre, on la fond dans un creuset ordinaire avec un flux composé par parties égales de nitre, carbonate de sodium et un peu de borax. Le métal fondu est coulé dans des lingotières.

CONCENTRATION. — En sortant des trappes à mercure, la pulpe passe dans un canal incliné, blanket-sluice, sur le fond duquel sont étendues des couvertures en laine; la pente des canaux est généralement plus faible que celle des plaques d'amalgamation : elle est comprise entre 6 et 12 %.

A la suite des blankets-sluices, on place ordinairement des canaux dont le fond est garni de riffles destinés à retenir les pyrites s'échappant des couvertures. Ces blankets-sluices ne donnent de bons résultats qu'avec des matières pas trop grosses.

Le produit des couvertures contient ordinairement 75 % de sables; il est enrichi au caisson allemand.

CONCENTRATION MÉCANIQUE. — Entre les grains les plus gros et les schlamms impalpables, il y a une différence tellement grande, qu'il est nécessaire de faire un classement par équivalence et de traiter chaque grosseur sur des appareils séparés. Bien peu d'usines sont disposées pour ce classement.

Dans le plus grand nombre d'usines, la pulpe est distribuée sans classement sur des concentrateurs au grand détriment du rendement. Les résultats obtenus par un classement préalable sont si avantageux que tous les moulins devraient être organisés pour cette opération.

Il existe plusieurs appareils de classement et de concentration, les spitz-kasten de Rittinger et les spitz-lutten, dont la description figure dans les ouvrages spéciaux et sur lesquels nous n'insisterons pas ici.

II. — Traitement des minerais aurifères demi-réfractaires.

Le traitement des minerais demi-réfractaires comprend trois parties :
1º Le broyage des minerais;
2º L'amalgamation;
3º La cyanuration des résidus.

Les minerais du Transvaal appartiennent à cette catégorie. Les appareils employés pour le broyage, l'amalgamation, la concentration, etc., etc., sont les mêmes que ceux qui servent dans le traitement des minerais aurifères normaux.

III. — Traitement des minerais aurifères réfractaires (1).

Les minerais réfractaires sont beaucoup plus communs qu'on ne se le figurait il y a quelques années.

Dans les minerais rebelles, on doit évidemment comprendre les pyrites aurifères provenant des résidus de l'amalgamation ou les schlichs obtenus par la préparation mécanique directe.

Les minerais réfractaires sont traités par la chloruration ou la cyanuration.

1º Chloruration.

Les minerais broyés à une finesse plus ou moins grande suivant leur nature sont grillés, puis chlorurés de deux manières différentes.

Dans l'une, le chlore est produit dans des vases spéciaux et mis en contact sous pression avec le minerai, dans des cuves fixes. Dans l'autre, le chlore

---

(1) A propos du traitement des minerais aurifères dits réfractaires, rappelons les expériences de H. Babinski. Cet ingénieur, opérant par porphyrisation à mort au mortier d'agate avec addition de mercure sur douze échantillons de minerais réfractaires de provenances diverses ne renfermant pas de tellurure d'or et n'ayant rendu au traitement industriel que 40 à 50 % de leur teneur, en a extrait tout l'or contenu.

Ces expériences, intéressantes tant au point de vue théorique, géogénique, qu'au point de vue pratique, montrent que, dans ces minerais, l'or, que l'on croyait généralement à l'état de combinaisons chimiques plus ou moins complexes avec le soufre, l'arsenic et l'antimoine, se trouve en réalité à l'état libre, mais particulièrement ténu. Elles font voir l'importance qu'il y a à pousser dans le traitement le broyage jusqu'à sa limite pratique qui est atteinte lorsque la valeur de l'or récupéré en surcroît équivaut au supplément du prix de revient du broyage.

est dégagé dans la masse minérale, en vases clos, c'est-à-dire sous pression dans des tonneaux tournants.

Les principaux procédés sont les suivants :

PROCÉDÉ PLATTNER. — Sauf de rares exceptions, le procédé Plattner n'est employé que pour le traitement des schlichs aurifères purs. Il a l'avantage de ne nécessiter que des installations relativement peu coûteuses, et cela convient surtout aux petites usines.

Les produits sont placés dans des cuves en bois (A) munies d'un faux fond (B), percé de trous de 12 millimètres et distants de 0^m,30 les uns des

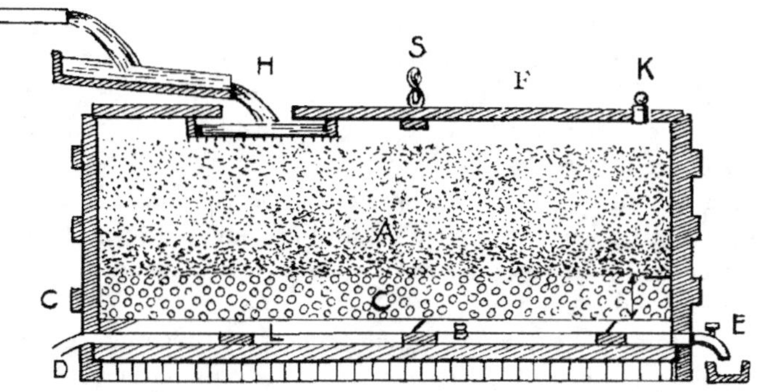

Fig. 325. — CUVE DE CHLORURATION. PROCÉDÉ PLATTNER.

A Cuve en bois.
B Faux fond.
C Filtre.
L Liteaux.
D Ouverture servant à l'introduction du chlore.
E Ouverture servant à l'écoulement de la liqueur aurifère.
F Couvercle fermant la cuve.
S Chaîne servant à soulever le couvercle.
H Ouverture permettant l'introduction de l'eau de lavage.
K Ouverture permettant de constater la présence du chlore.

autres; sur ce faux fond est un filtre constitué par des couches successives de galets de quartz bien propres, de gravier, de sable grossier et enfin par dessus de sable fin : le tout ayant une épaisseur de 0^m,15.

Dans l'espace libre existant au-dessous du faux fond B, sont trois ouvertures dont deux (D) — une seule est indiquée sur la figure 325 — sont situées aux extrémités d'un même diamètre et portent un tuyau en plomb pour l'adduction du chlore, tandis que le troisième E, vers laquelle le fond de la cuve incline, est munie d'un robinet également en plomb.

La cuve peut être fermée par un couvercle F, ayant au centre une chaîne à crochet qui permet de la soulever et de la déplacer au moyen d'un chariot roulant. Ce couvercle a deux ouvertures ordinairement fermées : l'une, H, sert à l'introduction de l'eau de lavage; l'autre, K, de 2 centimètres de diamètre, est destinée à s'assurer de la présence du chlore dans le bac. Les cuves peuvent contenir 3 tonnes de minerai grillé. A l'usine Robinson (Transvaal), on a des cuves de 63 tonnes. Une cuve de chloruration d'une contenance de 4 tonnes de minerai grillé, non doublée de plomb, coûte en Californie 250 francs environ, elle peut durer trois ans sans réparation.

Le minerai est soumis à une attaque par le chlore gazeux pendant une durée de cinq à huit heures; de plus, il reste en digestion dans l'eau chlorurée pendant un jour ou deux.

La liqueur aurifère s'écoule dans un canal garni de plomb et se rend dans un bac de clarification.

Puis on procède à la lixiviation, c'est-à-dire que l'on fait passer par l'ouverture H un courant d'eau pure; ce lavage est continué jusqu'à ce que les sulfate ferreux ne donne plus trace de précipité : la durée de lixiviation varie de quatre à douze heures.

Lorsque la liqueur aurifère n'est pas claire, on verse dans le bac de clarification une certaine quantité d'acide sulfurique qui transforme les chlorures de calcium et de plomb en sulfates insolubles; on siphonne le liquide clair dans des cuves de précipitation.

La précipitation de l'or se fait au moyen de divers réactifs : le charbon, le sulfure de cuivre, l'acide sulfhydrique et surtout le sulfate ferreux.

L'or est retiré avec une grande cuillère; le fond de la cuve est lavé à la lance, afin d'enlever les dernières traces de précipité.

L'eau et l'or sont versés sur un filtre en papier, on lave à l'eau jusqu'à ce que les sels et l'acide sulfurique aient complètement disparu, puis le filtre et son contenu sont séchés, et fondus avec un peu de nitre et de borax. La perte en or varie de 9 à 10 %.

Procédé Mears. — Le minerai grillé et mouillé est placé dans un tonneau doublé de plomb, où l'on fait arriver le chlore sous pression et qu'on soumet à une rotation; les résidus sont lessivés et les liqueurs claires sont précipitées pour or métallique.

Procédé Thies. — Ce procédé est basé sur le même principe que le précédent; ici, le chlore se produit directement dans le tonneau où l'on introduit les proportions nécessaires de chlorure de chaux et d'acide sulfurique.

Procédé Pollak. — Dans ce procédé, le chlore est produit par la décomposition de l'hypochlorite de chaux par le bisulfite de sodium : l'eau est forcée dans l'appareil au moyen d'un accumulateur hydraulique.

Procédé Munkteli. — On fait arriver sur le minerai grillé une dissolution d'hypochlorite de chaux en même temps qu'une solution étendue d'acide chlorhydrique.

Procédé Newbery et Vautin. — Ce procédé est également basé sur l'utilisation du chlore sous pression. Le gaz est produit par la réaction de l'acide sulfurique sur le chlorure de chaux dans le tonneau lui-même; de plus, on y comprime de l'air jusqu'à une pression de 4 atmosphères environ. Le lavage et la filtration se font à l'aide d'une pompe aspirante et le chlorure d'or est précipité par le sulfate ferreux.

2⁰ Bromuration.

L'eau bromée dissout l'or aussi facilement que le chlore. Le grand avantage de ce procédé consiste en ce que le poids de réactif à employer est beaucoup moins grand que celui des matières servant à la production du chlore, ce qui est très précieux dans un pays où les transports sont difficiles et, par suite, très coûteux. Malgré cela, on a été obligé d'y renoncer pour des raisons hygiéniques : les vapeurs de brome incommodent les ouvriers.

3⁰ Cyanuration.

C'est en 1888 que remonte la première tentative d'application du cyanure de potassium à la récupération du métal précieux dans les résidus de l'amalgamation au moulin en se basant sur la propriété que possède ce réactif de dissoudre l'or.

La cyanuration se fait par plusieurs procédés dont les principaux sont : le procédé Mac Arthur Forrest, le procédé Siemens et Halske, le procédé Pelatan.

PROCÉDÉ MAC ARTHUR FORREST. — Dans ce procédé, le minerai est mis en digestion dans une solution de cyanure de potassium (8 parties de cyanure, 1.000 parties d'eau). Les cuves de cyanuration sont en bois, en tôle d'acier ou en maçonnerie.

L'or est précipité des solutions cyanurées au moyen de copeaux de zinc.

On a reconnu que la réaction se fait plus facilement et surtout que le précipité est plus pur, lorsque les solutions sont préalablement clarifiées. Pour cela, à la sortie des bacs de cyanuration, elles se rendent dans des cuves munies de filtres, puis dans des extracteurs, c'est-à-dire dans des caisses en planches remplies de copeaux de zinc.

La consommation totale de cyanure de potassium varie de 250 à 280 gr. par tonne de minerai et celle du zinc d'environ 100 grammes.

RÉACTIONS CHIMIQUES. — Les réactions produites sur le cyanure de potassium par certains corps contenus dans les minerais et par les agents atmosphériques ainsi que celles résultant de la précipitation du métal précieux sont complexes et incomplètement connues. Nous n'examinerons que les principales.

En présence de l'eau et de l'oxygène, le cyanure de potassium dissout l'or en formant un cyanure double et de la potasse.

$$2\,Au + 4\,KCy + O + H^2O = 2\,KAuCy^2 + 2\,KOH$$

théoriquement, 2 parties de cyanure suffiraient pour dissoudre 3 parties d'or, mais, en pratique, il en faut près de 40 pour une, à cause de la grande facilité de décomposition du cyanure en présence de certains corps.

Comme le cyanure de potassium entre pour une part très importante dans le prix de revient du traitement, il est nécessaire de connaître les causes des pertes qui se produisent afin qu'on puisse y porter remède autant que possible. Ces causes sont :

1° L'oxydation et la présence de l'acide carbonique de l'air;

2° L'action des acides et des sels contenus dans le minerai et dans l'eau de lavage;

3° L'existence de métaux et de leurs composés dans la matière à traiter;

4° La précipitation par le zinc et les réactions qui en résultent.

1. *Pertes par exposition à l'air.* — Le cyanure de potassium est très instable, il est déliquescent et s'oxyde facilement à l'air en donnant du cyanate de potassium :

$$KCy + O = KCyO$$

qui peut se transformer en carbonate de potasse, en acide carbonique et en azote.

$$2\,KCyO + 3O = K^2CO^3 + CO^2 + Az.$$

D'autre part, l'acide carbonique de l'air décompose le cyanure à la température ordinaire

$$2\,KCy + CO^2 + H^2O = K^2CO^3 + 2\,HCy.$$

L'acide cyanhydrique produit reste en partie dans le liquide et sert à la dissolution de l'or, tandis que le reste se répand dans l'air. C'est à cette réaction qu'est due l'odeur d'acide cyanhydrique que l'on constate au-dessus des réservoirs des solutions cyanurées.

2. *Pertes dues à l'acidité et aux sels métalliques.* — Les minerais pyriteux exposés à l'air et à l'humidité donnent lieu à la production de sulfate de fer et d'acide sulfurique.

$$FeS^2 + H^2O + 7O = FeSO^4 + H^2SO^4.$$

Le sulfate de fer produit à l'air des sulfates basiques insolubles ainsi que le sulfate de peroxyde qui perd graduellement une partie de son acide, pour donner un sulfate basique $Fe^2O^3, 2\,SO^3$, ainsi que d'autres sels basiques complexes. De sorte que dans un minerai oxydé contenant de la pyrite, on trouve de l'acide sulfurique, du sulfate ferreux, des sels basiques ferreux, des sulfates et des sels basiques ferriques qui décomposent tous, et rendent inertes le cyanure de potassium.

L'acide sulfurique donne

$$2 \text{ KCy} + \text{H}^2\text{SO}^4 = \text{K}^2\text{SO}^4 + 2 \text{ HCy}.$$

Le sulfate de protoxyde de fer forme un précipité floconneux rouge jaunâtre de cyanure ferreux

$$\text{FeSO}^4 + 2 \text{ KCy} = \text{FeCy}^2 + \text{K}^2\text{SO}^4$$

qui, en présence d'un excès de cyanure de potassium, produit du ferrocyanure de potassium,

$$\text{FeCy}^2 + 4 \text{ KCy} = \text{K}^4\text{FeCy}^6$$

c'est-à-dire qu'une molécule de sulfate de fer décompose ou rend inerte 6 molécules de cyanure de potassium. En d'autres termes, un minerai contenant 1 % de sulfate ferreux consommera environ 25 kilos de cyanure de potassium par tonne, ce qui représente 94 fr. 75 (en 1897, le prix du kilo de cyanure était de 3 fr. 79, au Transvaal). Il est donc indispensable, dans le cas de minerai de cette nature, de faire précéder l'attaque de l'or d'un lavage à l'eau, et de neutraliser l'acide par de la soude ou de la chaux.

Si, après formation du ferrocyanure de potassium, une quantité additionnelle de sulfate ferreux produit suffisamment d'acide sulfurique, le cyanure donne un bleu de Prusse.

$$3 \text{ K}^4\text{FeCy}^6 + 6 \text{ FeSO}^4 + 3\text{O} = \text{Fe}^2\text{O}^3 + 6 \text{ K}^2\text{SO}^4 + \text{Fe}^7 \text{ Cy}^{18}.$$

Ce corps, quand il se forme, colore en bleu la surface du minerai dans les cuves de cyanuration, et prouve que le lavage et la neutralisation préliminaires n'ont pas été suffisants; une perte considérable de réactif en résulte.

Dans le cas du sulfate de peroxyde de fer, les réactions suivantes se produisent :

$$\text{Fe}^2(\text{SO}^4)^3 + 6 \text{ KCy} = \text{Fe}^2\text{Cy}^6 + 3 \text{ K}^2\text{SO}^4$$
$$\text{Fe}^2\text{Cy}^6 + 6 \text{ H}^2\text{O} = \text{Fe}^2 (\text{OH})^6 + 6 \text{ HCy}.$$

C'est-à-dire qu'une molécule de sulfate ferrique détruit 6 molécules de cyanure de potassium, et qu'un minerai contenant 1 % de sulfate ferrique consommera inutilement à peu près le même poids de cyanure. La neutralisation se fait avec la soude ou la chaux caustiques. Ces deux bases qui sont toujours en excès agissent sur les sels basiques insolubles et produisent les réactions suivantes :

$$\text{Fe}^2\text{O}^3 \text{ SO}^3 + 2 \text{ NaOH} + 2 \text{ H}^2\text{O} = \text{Fe}^2 (\text{OH})^6 + \text{Na}^2\text{SO}^4$$
$$\text{Fe}^2\text{O}^3 \text{ 2 SO}^3 + 4 \text{ NaOH} + \text{H}^2\text{O} = \text{Fe}^2 (\text{OH})^6 + 2 \text{ Na}^2\text{SO}^4.$$

Il se forme ainsi de l'hydrate de peroxyde de fer et du sulfate de sodium et de calcium : le sulfate de sodium est entraîné par l'eau de lavage, tandis que le sulfate de calcium reste dans le minerai. L'hydrate de peroxyde de fer est insoluble dans l'eau et ne paraît pas être attaqué par le cyanure de potassium, mais l'hydrate de protoxyde de fer forme du ferrocyanure de potassium

$$Fe\,(OH)^2 + 6\,KCy = K^4FeCy^6 + 2\,KOH.$$

Ce qui montre qu'un lavage préliminaire à l'eau est nécessaire pour dissoudre la majeure partie du sulfate ferreux.

3. *Pertes produites par divers métaux.* — D'après Gmelin, le cuivre, le fer, le zinc et le nickel sont dissous par le cyanure de potassium avec dégagement d'hydrogène. Le cadmium, l'argent, sont aussi dissous en présence de l'oxygène. L'étain et le mercure ne sont pas attaqués. L'argent métallique suffisamment fin se dissout immédiatement, tandis que l'argent natif n'est attaqué que s'il est en lamelles très minces. L'arséniate et l'antimoniate d'argent sont rapidement solubles.

Le cuivre et le sulfate de ce métal consomment une grande quantité de cyanure de potassium, aussi éprouve-t-on beaucoup de difficultés dans le traitement des minerais d'or contenant plus de 2 à 3 % de cuivre : dans ce cas, on est obligé de n'employer que des solutions cyanurées très étendues, parce que le cyanure de potassium se porte de préférence sur l'or.

Le fer est très lentement attaqué.

Dans le mispickel, il arrive fréquemment que l'or n'est pas dissous; il en est de même pour beaucoup de minerais tellurés. mais l'attaque a lieu si la cyanuration est précédée d'un grillage.

L'hématite rouge et la limonite agissent très peu sur le cyanure; il en est de même des pyrites de fer lorsqu'elles n'ont pas subi un commencement d'oxydation.

4. *Pertes dans la précipitation.* — Le zinc précipite l'or des solutions cyanurées :

$$2\,KAuCy^2 + Zn = 2\,Au + K^2ZnCy^4$$

C'est-à-dire que, théoriquement, une partie de zinc précipite 6 parties d'or en poids; mais, dans la pratique, une quantité considérable de métal passe dans le liquide désaurifié.

Les réactions qui se passent dans les bacs de précipitation sont imparfaitement connues. On sait cependant qu'il se dégage de l'hydrogène, mais seulement lorsque l'or a commencé à se déposer sur le zinc. Une action galvanique se produit aussitôt entre l'or électro-négatif et le zinc électro-positif; de l'hydrogène se dégage et le zinc passe à l'état d'hydrate qui est attaqué par le cyanure, pour former un cyanure double de zinc et de potassium. La même chose se produit en présence du fer.

$$Zn + 2\,H^2O = 2\,H + Zn\,(OH)^2$$
$$Zn\,(OH)^2 + 4\,KCy = Zn\,K^2Cy^4 + 2\,KOH.$$

Comme cette réaction est continue, la production de potasse explique l'augmentation progressive de l'alcalinité du liquide, elle occasionne une consommation correspondante de réactif, mais, par contre, la présence de l'alcali paraît devoir diminuer la perte de cyanure dans le réservoir de solutions, car l'acide carbonique de l'air se porte de préférence sur la potasse libre.

On sait aussi qu'il se forme de l'ammoniaque. Ce corps est probablement produit par la décomposition du cyanogène en présence de l'hydrogène et par la décomposition du cyanate de potasse :

$$KCN^3O + 2\ H^2O = KHCO^3 + NH^3.$$

En dehors des métaux précieux (or et argent) le précipité formé dans les caisses à zinc contient quelques autres métaux : tels que le cuivre, l'arsenic, l'antimoine. Dans une solution forte de cyanure de potassium contenant du cuivre, ce métal peut être précipité de préférence à l'or : mais, dans une solution faible, le cuivre reste dissous jusqu'à ce que l'or soit complètement précipité.

Il semblerait que la grande quantité de zinc dissoute devrait en peu de temps rendre zincifère le liquide désaurifié; mais il n'en est pas ainsi. M. Feldtmann explique ce fait par la formation d'un sulfure alcalin, produit par la réaction du cyanure sur le sulfure de fer contenu dans les minerais pyriteux partiellement décomposés :

$$ZnK^2Cy^4 + K^2S = ZnS + 4\ KCy$$
$$6\ KCy + FeS = K^4\ FeCy^6 + K^2S.$$

En résumé, les pertes les plus importantes de cyanure de potassium sont dues, comme nous venons de le voir, à la présence de l'acide sulfurique, de sulfates de fer solubles ou non, contenus dans les minerais oxydés ou pyriteux partiellement décomposés, et à celle de divers métaux, principalement du cuivre.

Quelques inventeurs se sont donné pour but de modifier la dissolution de façon à rendre celle-ci plus efficace et plus rapide. On peut citer, dans le nombre :

Edward Kendall qui, en 1882, a recommandé l'emploi d'une solution contenant du cyanure de potassium avec un corps oxydant tel que le ferricyanure de potassium ou un autre ferricyanure soluble.

Puis le même inventeur a signalé l'emploi d'une solution contenant à la fois du cyanure de potassium et du bioxyde de sodium.

Carl Moldenhauer a préconisé, en 1893, le traitement des minerais par une solution comprenant d'abord un acide et ensuite un mélange de cyanure avec un corps oxydant tel qu'un ferricyanure soluble.

Sulman et Teed ont employé un mélange de cyanure de potassium et de bromure de cyanogène.

Enfin Diehl a tout récemment introduit dans l'Australie occidentale un procédé qui consiste à substituer à la solution de cyanure simple une solution composée de cyanure de potassium et de brome : le poids du brome ajouté devant être équivalent au poids de cyanogène contenu dans le cyanure.

Remarque. — Le procédé Kendall et le procédé Diehl ont été employés avec succès : le premier, dans les grandes mines d'or de l'État de Nevada, le second dans les mines d'or de l'Australie occidentale.

Traitement direct du minerai cru par le procédé Diehl.

Le traitement direct du minerai sulfotelluré cru contenant ou non de l'or libre a été particulièrement préconisé à Kalgoorlie sous le nom de procédé Diehl.

Ce procédé comporte :

1º Un broyage très fin ou plutôt une porphyrisation, avec ou sans amalgamation suivant la nature des minerais;

2º L'extraction d'une partie de l'or sous forme de concentrés pyriteux que l'on grille puis repasse en traitement et la transformation de la totalité du minerai restant en slimes;

3º La bromocyanuration des slimes.

Le broyage se fait à sec à Hannan's Brownhill et à Hannan's Star au moyen des moulins à boulets; à l'eau, à Lakeview, au moyen de pilons. Il est suivi d'une ou plusieurs classifications et d'une ou plusieurs concentrations, puis d'une porphyrisation ou transformation en slimes des sables séparés à la classification, ainsi que des concentrés préalablement séchés et grillés. La totalité des slimes est traitée par agitation avec une ou plusieurs solutions de cyanure de potassium additionné de bromure de cyanogène, suivant le procédé proposé d'abord par Sulman.

On sait que le cyanure de potassium ne dissout l'or qu'à la faveur de l'oxygène de l'air suivant la réaction

$$4 \text{ KCy} + 2 \text{ Au} + \text{H}^2\text{O} + \text{O} = 2 \text{ KAuCy}^2 + 2 \text{ KOH} .$$

L'adjonction de bromure de cyanogène qui se décompose en présence du cyanure de potassium en donnant du cyanogène à l'état naissant et du bromure de potassium, rend inutile l'intervention de l'oxygène.

La réaction est la suivante :

$$3 \text{ KCy} + \text{BrCy} + 2 \text{ Au} = 2 \text{ KCy} + 2 \text{ Cy} + 2 \text{ Au} + \text{KBr}$$
$$= 2 \text{ KAuCy}^2 + \text{KBr}.$$

Le cyanogène à l'état naissant agit énergiquement sur l'or, de manière à former, avec le cyanure de potassium en excès, le cyanure double d'or et de potassium qui se produit plus lentement dans la cyanuration simple. Le bromure de cyanogène agit comme accélérateur de la dissolution d'or.

Les inventeurs du procédé garantissent par contrat une extraction minima de 90 % de l'or total avec une dépense minima de 30 shillings par tonne.

Remarque. — On peut se demander si l'efficacité du procédé tient surtout à la porphyrisation du minerai ou surtout à l'emploi du bromure de cyanogène.

Procédé Siemens et Halske.

Dans le procédé Siemens et Halske, la précipitation de l'or se fait par l'électrolyse. Un courant électrique, en passant dans une liqueur contenant du cyanure double d'or et de potassium, décompose ce sel, le métal précieux se dépose au pôle négatif et le cyanogène au pôle positif. La cathode est composée de feuilles de plomb découpées en rubans et l'anode est en fer.

Pour précipiter l'or des solutions cyanurées, un courant de 0,66 ampère par mètre carré est nécessaire; une différence de potentiel de 7 volts est suffisante. L'or adhère bien au plomb.

Les boues zincifères (Mac Arthur Forrest) et les feuilles de plomb (Siemens et Halske) sont traitées comme suit :

BOUES ZINCIFÈRES. — Le précipité obtenu par le procédé Mac Arthur Forrest est traité par l'un des trois moyens suivants :

1° Fusion directe;

2° Grillage et fusion;

3° Dissolution du zinc et fusion : le zinc est dissous par SO^4H^2.

PLOMB AURIFÈRE. — Les feuilles de plomb sur lesquelles l'or s'est déposé sont fondues et traitées par coupellation.

Procédé Pelatan.

Le procédé Pelatan est un procédé d'électro-amalgamation directe de l'or sans filtration aucune.

Il consiste dans la dissolution de l'or par agitation des matières traitées avec la solution de cyanure et par la précipitation subséquente du métal précieux, au sein de la pulpe même par un courant électrique sans séparation du minerai.

Les deux opérations se font dans une seule et même cuve construite pour cet objet. Cette cuve est entièrement en bois; son fond est recouvert d'une plaque de cuivre amalgamée qui elle-même est recouverte sur toute son étendue d'une faible épaisseur de mercure liquide. Elle est munie à l'intérieur d'un agitateur monté sur un arbre vertical occupant le centre de l'appareil.

Cet agitateur est armé de doigts en bois et porte des plaques d'acier fixées horizontalement à une distance convenable au-dessus du fond de cuivre amalgamé de la cuve.

Lorsqu'on veut traiter des matières aurifères quelconques (slimes ou tailings), on les charge dans l'appareil en même temps qu'une solution renfermant du cyanure de potassium, du sel marin et, au besoin, une matière oxydante accessoire, le tout dans des proportions qui dépendent de la nature du minerai traité.

Le mélange est mis en mouvement par l'agitateur et on fait passer à travers la charge un courant électrique allant de l'agitateur qui porte l'anode au fond mercuriel de l'appareil qui sert de cathode.

Grâce à l'action simultanée du dissolvant et du courant électrique, l'or et l'argent sont promptement dissous par le cyanure avec lequel ils sont partout en contact intime, puis ensuite électrolysés dans le fond de mercure où ils se déposent à l'état d'amalgame.

Les grains d'or fin se trouvent pendant toute l'opération en présence de quantités de cyanure plus que suffisantes pour les dissoudre.

Les grains d'or plus gros descendent graduellement à travers le mélange où ils se trouvent en suspension pour venir s'amalgamer directement sur le mercure du fond de la cuve que le courant électrique maintient pur et brillant.

Ce procédé donne des résultats très satisfaisants.

Le matériel complet et mis en place d'une usine capable de traiter 100 tonnes par vingt-quatre heures ne coûte pas plus de 60.000 francs : les appareils de broyage ne sont pas, bien entendu, compris dans ce prix.

Cyanuration au Transvaal.

Dans les premiers temps de l'exploitation, la pulpe quittant les plaques amalgamées était concentrée sur des couvertures ou sur des Frue-vanners et les résidus de traitement (tailings) étaient conduits dans de grands réservoirs, non pas dans le but de les traiter à nouveau, mais pour clarifier l'eau qui retournait au bocardage. C'est sur les résidus sableux (tailings) accumulés pendant plusieurs années que se firent les premiers essais de cyanuration qui donnèrent de si brillants résultats. L'importance des installations fut telle que les vieux tailings disparurent peu à peu.

Remarque. — Avant la réussite du traitement des slimes, ces matières étaient très gênantes pour permettre la filtration des solutions et étaient éliminées sans traitement. On chercha à diminuer autant que possible leur production, et pour cela, on eut recours au broyage à sec que l'on fit suivre de la cyanuration sans passer par l'amalgamation. Mais la découverte de la méthode de cyanuration des slimes par agitations et décantations successives fit suspendre ces essais. Cette méthode est appliquée dans les districts aurifères privés complètement d'eau (Australie occidentale, par exemple).

4º Traitement des minerais complexes.

Les minerais complexes comprennent la chalcopyrite, les cuivres gris, la galène, la blende, la stibine, la bismuthine, etc., etc. Ces minerais sont soumis à la fusion dans un four à manche, comme les minerais de plomb et de cuivre proprement dits. Le four qu'on emploie généralement est le four à water-jacket, four à manchon d'eau. On obtient ainsi une masse dont on peut retirer les métaux précieux par l'électrolyse, par exemple.

Quand les minerais tellurés contiennent du sulfure de manganèse, on les grille, puis on les traite par l'acide chlorhydrique dans des bacs garnis intérieurement de lames de plomb.

Extraction de l'or par volatilisation.

La méthode employée pour l'extraction de l'or des minerais réfractaires de la Gwalia Consolidated Mines consiste à calciner le minerai avec une petite quantité de sel (NaCl). L'or est volatilisé et entraîné avec les fumées. Ces fumées sont reçues dans une chambre où elles barbotent dans de l'eau acidulée qui dissout CaO et les autres impuretés métalliques. L'or reste en suspension dans la dissolution sous forme de poudre noire. Le liquide passe à un filtre pour être, après addition de SO^4H^2 d'un peu de HCl, utilisé de nouveau. Le résidu restant sur le filtre est fondu.

La calcination chlorurante exige que les éléments passent par le tamis de vingt mailles. La volatilisation est néanmoins d'autant plus rapide que le broyage est plus fin. Ainsi, une même quantité de minerai, passée au tamis de cent mailles, serait volatilisée en dix minutes; de quarante mailles en trente minutes.

Le sel peut être mélangé à sec au minerai, ou bien le minerai peut être broyé en eau salée et desséché ensuite. La teneur en sel doit être de 3 à 4 %. On emploie un four rotatif, type ordinaire, avec revêtement de briques réfractaires; température 1.000º. Il est indispensable d'éviter la fusion du mélange. On peut appliquer le procédé aux minerais contenant de petites quantités d'arsenic et de calcite, ainsi qu'aux minerais antimonieux et tellureux.

CHAPITRE IV

GITES DE PLATINE

Le platine existe dans la nature à l'état natif. On a découvert, il y a
quelques années, dans la mine de quartz aurifère de Vermillion, près Sudbury,
province d'Ontario (Canada), un arséniure de platine PtAs^2, auquel on a
donné le nom de *sperrylite*.

Les gisements exploités sont des alluvions renfermant le platine, associé
à d'autres minéraux tels que le palladium, l'iridium, le rhodium, le ruthenium,
l'osmium, etc., etc.

Lorsqu'on remonte à la roche primitive qui a fourni le minerai, on trouve
des péridotites plus ou moins transformées en serpentine. Les principaux
gisements platinifères sont : l'Oural, la Colombie du Sud, Bornéo, l'Australie,
la Nouvelle-Zélande.

Gisements de [l'Oural.

Les deux principaux gisements de l'Oural sont Nijni-Taguilsk et Isa,
tous deux sur le versant oriental.

Dans le district de Nijni-Taguilsk, le platine se trouve dans la dunite
(péridot et fer chromé); le centre d'exploitation est à Avrorinski, sur la
Martiane; toutes les rivières platinifères descendent du massif de Solowskaïa
(fig. 326). Le platine se présente en petits grains ou en pépites.

La plus grosse pépite rencontrée dans ce district pesait 10 kilos.

La couche platinifère a 5 mètres de puissance; elle est recouverte par
25 mètres de stérile. Le lavage des sables se fait à l'auge sibérienne. On trouve
un peu d'or avec le platine.

Les gisements d'Isa se trouvent sur les bords de la Toura; ils contiennent
à la fois du platine et de l'or.

Remarque. — Ces régions platinifères sont essentiellement constituées
par des dunites qui sont circonscrites par des pyroxénites, et ces pyroxénites
sont à leur tour encerclées par des gabbros et des diorites : la concentration du
platine s'est faite dans la dunite, qui, par sa décomposition, a donné naissance
aux alluvions précitées.

On a trouvé, en place, dans l'Oural, une petite veine de péridotite serpentinisée tenant 23 grammes de platine à la tonne.

On rencontre aux sources de la Miass, près des monts Narali, constitués

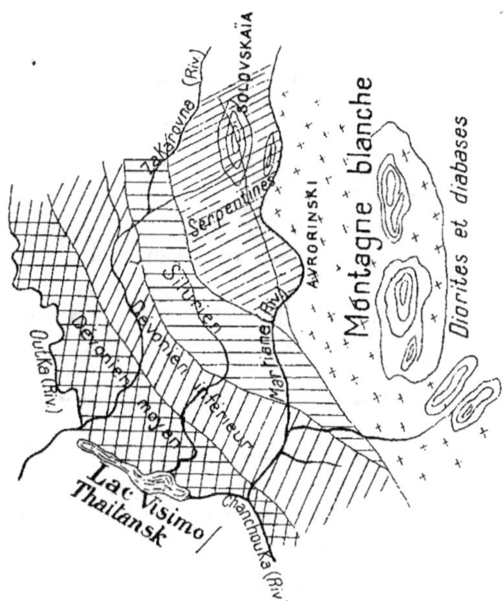

Fig. 326. — CARTE DE LA RÉGION PLATINIFÈRE D'AVRORINSKI (DISTRICT DE NIJNI-TAGUILSK), D'APRÈS M. LAURENT.

par des serpentines, des sables platinifères et aurifères. Il en est de même dans le district de Miask.

On trouve des parcelles de platine dans le quartz aurifère de Berezoff.

L'extraction du platine était, en Russie, en 1890, de 2.834 kilos. Elle a atteint, en 1894, 5.209 kilos, et, en 1902, 6.500 kilos.

Gisements de Colombie.

Le platine a été découvert en Colombie, par les Espagnols, en 1735, dans les provinces de Choco et de Barbacoas (sur le Pacifique). On l'a trouvé tout récemment aux sources de la rivière Atrato, qui se jette dans le golfe Darien.

D'après Boussingault, il proviendrait là de filons de quartz aurifère recoupant des syénites. Il est accompagné d'or, de fer chromé, de fer titané et de magnétite; il contient du rhodium, du palladium et de l'iridium. Il est fort probable que la roche mère est encore une serpentine. Il y a des recherches à faire dans ce pays.

La production du platine en Colombie a atteint, en 1897, 380 kilos; en 1910, elle est tombée à 50 kilos.

Gisements de Bornéo.

Le platine a été découvert à Bornéo en 1831. Les mines les plus importantes sont celles de Riam Kivu et de Riam Kanan (on rencontre également, dans cette région, du diamant).

Le platine se trouve dans des alluvions recouvertes par un manteau d'argile de 4 à 5 mètres de puissance; il est accompagné d'or et d'osmiure d'iridium (iridosmine).

La production a atteint 250 kilos par an; elle était à peu près nulle en 1912.

Gisements de la Nouvelle-Zélande.

Les gisements de la Nouvelle-Zélande présentent les plus grandes analogies avec ceux de l'Oural. On a trouvé dans la rivière de Tayaka, au voisinage des péridotites, du platine et l'osmiure d'iridium (iridosmine).

Gisements divers.

On a trouvé aussi du platine au Canada; dans la Guyane, à Aïcoupaï; en Arménie, dans la région de Batoum; à San Domingo (Brésil); au Congo (rivière d'Uelle); dans la Nouvelle-Galles du Sud (Fifield); en Nouvelle-Calédonie et à Butte City (Montana, U. S., mine de l'Anaconda); à Madagascar, dans l'Isinjo, affluent de la Manambia (1); mais les exploitations ont toujours été assez réduites dans ces dernières localités (2).

D'après M. Daubrée, les roches platinifères représentent de grandes analogies avec les roches météoriques à base de péridot. Il est donc probable que la roche mère du platine est une scorification des masses profondes du globe.

Les mines de l'Oural fournissent 95 % de la production mondiale.

Le rendement a été, en 1906, de 2 gr. 8 par tonne de minerai.

(1) A. LACROIX. — *Bull. Soc. franç. Min.,*, T. XLI, 1918, p. 98.
(2) On dit avoir rencontré du platine dans la région andalouse, comprise entre Malaga et Gibraltar. Ce précieux métal aurait été drainé par une dunite, analogue à celle des gisements platinifères de l'Oural.

CHAPITRE V

GITES D'ÉTAIN

Le principal minerai d'étain est la *cassitérite*, qu'on exploite en alluvions ou en filons. La *stannine* (sulfure d'étain) est assez rare. Les filons contiennent, en général, une certaine proportion de wolfram et de mispickel qui est très gênante dans la métallurgie; on se débarrassait, autrefois, de ces deux substances par le grillage et le traitement au four à réverbère. On fait actuellement la séparation par un procédé électromagnétique.

Gîtes alluvionnaires.

Les principaux gîtes alluvionnaires sont ceux des Détroits, d'Australasie, et d'Indochine.

Dans les Détroits, les principaux gisements sont ceux de Bangka, Billiton

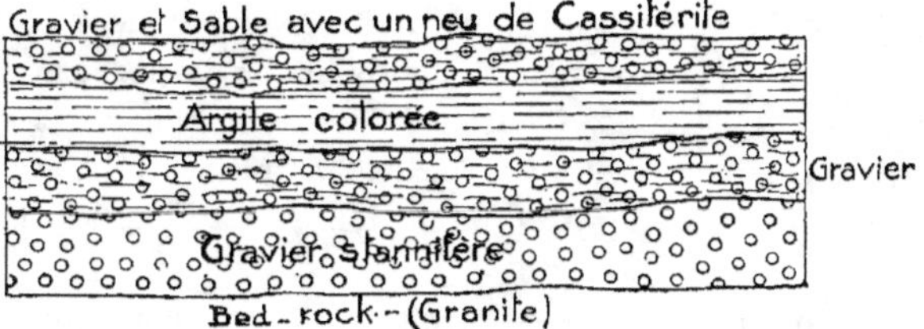

Fig. 327. — Coupe verticale du gisement de Bangka (alluvions meubles; puissance, 1 mètre).

et de Perak. On a signalé la présence de l'étain sur la côte ouest de Sumatra, à Bornéo, Java, dans les îles Florès et Timor.

La production de Bangka a été, en 1897, de 140.000 tonnes de minerai.

A Perak, la couche stannifère est recouverte de terre végétale et d'alluvions pauvres (3 à 7 mètres) : la puissance est de 2 à 3 mètres. La teneur varie de 1 à 6 %. La production a été de 10.000 tonnes par an. Ces gisements se poursuivent dans la péninsule malaise jusqu'à la latitude de Bangkok.

Australie. — Les principaux gîtes alluvionnaires d'Australie sont ceux de Vegetable Creek (Nouvelle-Galles du Sud) et de Levern River, dans le Queensland : les alluvions sont assez riches, recouvertes par un manteau de basalte, comme les placers de Ballarat; le bed-rock est un porphyre.

Gîtes filoniens.

Les gîtes filoniens sont des gîtes d'inclusions, ou de départ immédiat dans les roches acides. La plupart rentrent dans la catégorie des gîtes de dépôt hydrothermal. Ils se présentent généralement en amas enchevêtrés (stockwercks).

Les principaux gîtes filoniens sont ceux des Détroits, Bolivie, Australasie, Cornwall, Saxe, Bohême, Transvaal, Chine, Indochine, Indes, Japon, Espagne, Portugal, États-Unis, France, Congo français, Congo belge (Katanga), Alaska.

GISEMENT D'ALTENBERG (Saxe). — Ce gisement est constitué par un stockwerck résultant d'un métamorphisme exercé sur un massif granulitique et l'ayant transformé, en partie, en une roche spéciale appelée zwitter (mélange de granulite et de greisen, qui forme le minerai d'étain.

GISEMENT DE SCHLAGGENWALD (Bohême). — Les filons stannifères de Schlaggenwald se trouvent au contact des granulites et des gneiss; il y a également des stockwercks de greisen stannifère.

GISEMENTS D'ANGLETERRE. — Les grands districts stannifères de l'Angleterre sont ceux du Cornwall et du Devonshire.

Ces régions sont constituées par des schistes dévoniens (killas) traversés par cinq massifs considérables de granulite. Les schistes et les granulites sont recoupés par des dykes de porphyre quartzifère (elvan) de 120 mètres de puissance. Les filons se trouvent dans ces dykes où ils forment des stockwercks. Leur direction est E.-O. Un des caractères les plus remarquables de ces gîtes, c'est que l'étain et le cuivre y coexistent, tantôt isolés, tantôt réunis; le changement de minéralisation se produit dans le passage des schistes à la granulite.

GISEMENTS D'AUSTRALASIE. — Les gîtes sont encaissés dans le greisen (Nouvelle-Galles du Sud). La cassitérite est associée au greisen; elle est accompagnée de pyrite, de mispickel, il y a également du wolfram.

Le Queensland renferme également des gîtes stannifères encaissés dans la granulite.

En Tasmanie, on exploite des filons stannifères intercalés dans une eurite porphyrique. Les principales mines sont celles de Mount-Bischoff et l'Anchor Mining C°. Le remplissage des filons est formé de cassitérite et de stannine, avec une petite quantité de chalcopyrite.

Le Mount-Bischoff a produit, dans le premier semestre de 1897, 1.205 tonnés d'étain.

La production totale de l'Australasie a été, en 1896, de 7.230 tonnes d'étain, dont 3.867 tonnes pour la Tasmanie.

GISEMENTS DES DÉTROITS. — On a découvert, en 1890, plusieurs gîtes filoniens, dans l'État de Perak; les filons recoupent une granulite très chargée en tourmaline.

GISEMENTS D'ESPAGNE ET DE PORTUGAL. — Il existe dans la province de Galice, à l'est d'Orense, des gîtes stannifères qui se rapprochent du type saxon.

On exploite dans le N.-E. du Portugal, près de Zamora, des gîtes stannifères et des gîtes de wolfram.

Des recherches ont été faites au S.-E. de Caceres, dans les schistes siluriens. On y rencontre de l'amblygonite, comme à Montebras.

TRANSVAAL. — Il existe deux régions stannifères au Transvaal. L'une au N.-O. (Waterberg); l'autre à Est, dans le Swaziland.

Les principaux gisements du Waterberg sont situés à 36 kilomètres N.-O. de Potgietersrust. La mine la plus intéressante, au point de vue du remplissage, est celle de Vlaklaagte, à 100 kilomètres de Prétoria. La cassitérite se trouve disséminée très régulièrement dans la granulite; elle est substituée dans cette roche à l'orthose.

Dans le Zwaziland, la principale exploitation de ce district est la Ryan Tin Works.

LA CHINE renferme de nombreux gisements d'étain. Le centre stannifère le plus important est celui de Ko-Tiou, dans le Yunnan, non loin de la frontière française. Ce sont des filons encaissés dans des terrains permo-triasiques. Il paraît y avoir relation entre l'étain et le cuivre, comme en Cornwall.

On exploite, depuis trois ans, au Tonkin, dans la région de Cao-Bang, des gisements de cassitérite qui sont le prolongement de ceux du Yunnan. Il y a également du wolfram. La mine de Tinh-Tuc ne renferme pas de wolfram.

MEXIQUE ET AMÉRIQUE DU NORD. — On rencontre à Durango l'étain associé au bismuth, dans des rhyolites.

Nous signalerons encore les mines d'étain de Temescal (Californie), qui ont pris un certain développement. On a également trouvé de l'étain en Virginie, et dans les Black-Hills du Dakota du Sud.

BOLIVIE. — La Bolivie est actuellement un des principaux centres de production de l'étain.

Les mines portent sur des alluvions ou sur des filons tertiaires d'où ces alluvions dérivent. Ces mines se trouvent dans les départements de Potosi et d'Oruro. Les principales sont celles de Huayna Potosi, de Milluni, d'Oruro.

Les fractures filoniennes ont lieu dans les schistes (siluriens, dévoniens) ou dans les quartzites; elles sont généralement parallèles à la direction des plissements; elles occupent le versant ouest de la Cordillère.

Gîte de Huayna-Potosi. — Ce gîte ne comprend pas que des filons stannifères. La venue métallifère est en relation avec un dyke de pegmatite et de microgranulite et s'est répandue entre les couches de schistes et quartzites métamorphisés au contact, il y a un grand nombre de lentilles minéralisées. Ce gîte est, en même temps, bismuthifère : il renferme du bismuth natif et de la bismuthine.

Les filons stannifères sont recoupés par des filons argentifères.

Gîte de Milluni. — Le gîte de Milluni comprend onze filons qui recoupent à angle droit le silurien supérieur et le dévonien inférieur au voisinage de granulites.

Les filons renferment du quartz imprégné de cassitérite associé à la pyrite. (fig, 328). Le mur est recouvert de dolomie renfermant de la blende et de la galène. On trouve ensuite un dépôt de cassitérite à grains fins, puis de la pyrite stannifère.

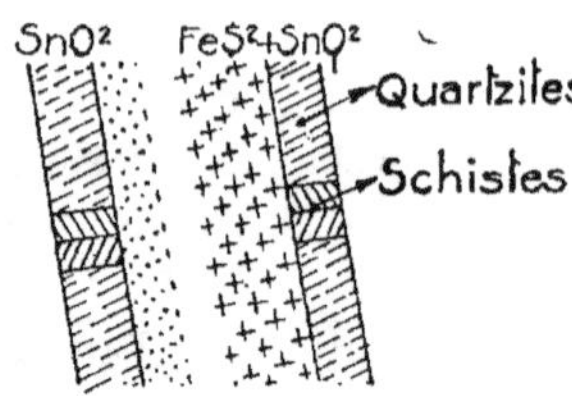

Fig. 328.

Gîte d'Oruro et de Chorolque. — Les filons d'Oruro sont exclusivement dans les rhyolites ou dans les quartzites; ces filons sont minéralisés soit par de l'étain, soit par de l'argent.

La gangue est quartzeuse avec barytine et gypse. Le minerai est constitué par de la pyrite compacte contenant quelques grains de cassitérite (fig. 329). L'argent se trouve sous forme de sulfures.

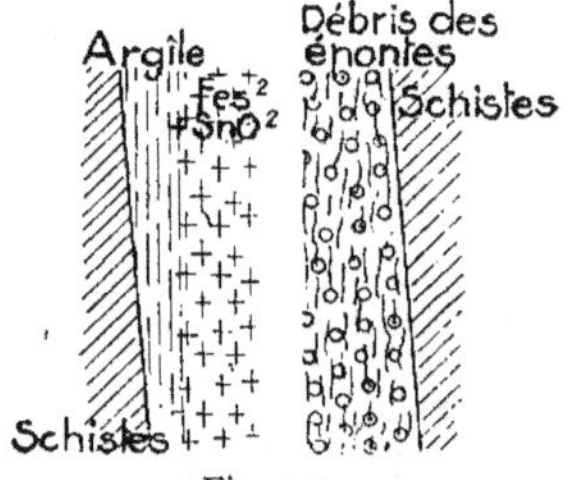

Fig. 329.

GISEMENTS DE LA FRANCE. — La cassitérite a été rencontrée en France dans plusieurs localités et notamment à La Villeder-Penestin (Morbihan), à Nozay et Piriac (Loire-Inférieure), à Montbelleux (Ille-et-Vilaine), Vaulry-Cieux (Haute-Vienne), Montebras (Creuse), Meymac (Corrèze).

On a attribué la formation de la cassitérite à la décomposition des chlorures ou fluorures d'étain par la vapeur d'eau. Il est probable que quelques gîtes ont pris naissance dans ces conditions, mais j'estime que la plupart des gîtes stannifères sont de formation hydrothermale, attendu que la cassitérite se trouve le plus souvent enveloppée par le mispickel et la pyrite de fer (1). Or, il est évident que ces deux derniers minéraux sont arrivés de la profondeur, véhiculés par des eaux thermales alcalines; par conséquent la cassitérite qui les accompagne devait se trouver, à l'origine, à l'état de sulfure ou de sulfostannate alcalin.

(1) Cette hypothèse a été reprise et développée par R. TRONQUOY, *Contribution à l'étude des gîtes d'étain* (thèse de doctorat), *Bull. Soc. franç. des Mines*, T. XXXV, 1912, p. 454.

Dans le premier cas, on conçoit que le sulfure a été décomposé par la vapeur d'eau :

$$SnS^2 + 2\ H^2O = SnO^2 + 2\ H^2S.$$

Dans le deuxième cas, le sulfostannate a été décomposé par les eaux chargées d'acide carbonique

$$Na^2SnS^3 + 4\ H^2O + 2\ CO^2 = 2\ CO^3HNa + 3\ H^2S + SnO^2.$$

PRODUCTION MONDIALE DE L'ÉTAIN EN 1910 (TONNES MÉTRIQUES)

Détroits	72.110
Bolivie	18.520
Australie	4.640
Cornwall	5.900
Yunnan	4.500
Swaziland	328

CHAPITRE VI

GITES D'ARGENT

Les principaux minerais d'argent sont :

L'argent natif, l'argyrose (Ag²S), l'acanthite (Ag²S), la stromeyérite et la jalpaïte ([Cu,Ag]²S), la sternbergite (Fe²S³Ag), l'argentopyrite (Fe³S⁵Ag), la hessite (Ag³Te), la petzite (variété aurifère de hessite), la dyscrase (Ag²Sb), la freieslebenite (Sb⁴S¹¹[Pb,Ag²]⁵).

Les *argents noirs*, dont les principaux sont : la polybasite (SbS⁶[Ag,Cu]⁹) 74 % d'Ag., la psaturose (stéphanite) (Sb²S⁶Ag¹⁰), à 68 % d'Ag.

Les *argents rouges* : l'argyrythrose (pyrargyrite) (SbS³Ag³), 60 % d'Ag, la proustite (AsS³Ag³), 65 % d'Ag; et la miargyrite (SbS²Ag), 36 % d'Ag.

Les *argents chlorurés, bromurés, iodurés*, qui sont : la cérargyrite, la bromargyrite, l'embolite, l'iodargyrite.

Les minerais complexes qui sont : la galène, le cuivre gris, la blende, etc.

Les gîtes d'argent sont, pour la plupart, filoniens. Ils peuvent être divisés en deux catégories principales :

1⁰ Filons avec minerais d'argent seuls dominants;

2⁰ Filons avec minerais d'argent et renfermant d'autres minerais.

Les filons avec minerais d'argent seuls dominants peuvent être divisés en deux groupes :

1⁰ Filons où le quartz domine comme gangue;

2⁰ Filons où la calcite est la gangue dominante.

Les filons avec minerais d'argent et renfermant d'autres minerais peuvent être également divisés en deux groupes :

1⁰ Filons renfermant beaucoup de minerais de cuivre, et ayant comme gangue : la barytine, la sidérose et le quartz;

2⁰ Filons renfermant beaucoup de minerais de cobalt, avec des minerais de nickel, de bismuth, d'uranium, et ayant comme gangue : la sidérose, la barytine et le quartz.

On pourrait y adjoindre une autre catégorie formée des filons auro-argentifères. Ces derniers filons ont été décrits en même temps que les filons aurifères proprement dits. Exemple : le Comstock lode de l'État de Névada et les filons de Transylvanie.

I. — FILONS D'ARGENT A GANGUE DE QUARTZ

Les filons d'argent à gangue de quartz ont bien souvent une structure bréchiforme. Les minerais se trouvent généralement à l'état d'imprégnations assez fines : ceux qui dominent sont l'argent natif, l'argyrose, et les argents rouges. On y rencontre aussi du mispickel, de la pyrite de fer, de la blende et de la galène.

Gîtes de Freiberg.

Le district minier de Freiberg (Saxe) a été un centre de production considérable. Ce district fut ouvert vers la fin du xiie siècle. On y a reconnu plus de neuf cents filons. La principale mine est celle de Himmelfahrt.

Ces filons sont encaissés dans des gneiss à biotite. Leur puissance varie de $0^m,1$ à 1 mètre. Quelques-uns ont été reconnus sur une longueur de 1.600 mètres et jusqu'à une profondeur de 500 mètres. Les principaux minerais sont : l'argent natif, l'argyrose et les argents rouges; la gangue quartzeuse est quelquefois accompagnée de calcite, de sidérose et de dialogite.

Ce district a fourni, en 1891, 34.499 kilos d'argent.

Gîtes de Schemnitz.

Les filons argentifères de Schemnitz (Hongrie) appartiennent à deux groupes distincts :

1o Des filons très importants, encaissés dans les propylites (andésites à amphibole). Direction N.-E.;

2o Des filons encaissés dans la syénite. Direction N.-S. et E.-O.

Les filons encaissés dans la propylite sont très ramifiés. Le remplissage comprend de l'argent natif, de l'argyrose et des argents rouges; la gangue est essentiellement quartzeuse.

Les filons encaissés dans la syénite sont constitués, chacun, par une fente unique. Le remplissage est constitué par des argents noirs et par des argents rouges. La gangue est formée de quartz, avec une petite quantité de calcite.

Les filons sont postérieurs au miocène; ils sont tous situés au S.-O. du massif du Tatra.

Les mines de Schemnitz constituent une forme de transition entre la formation quartzeuse proprement dite et la forme auro-argentifère.

Gîtes du Mexique.

Les principaux districts miniers argentifères du Mexique sont, en allant du Nord au Sud :

Carmen (Sonora), Chihuahua, Catorce, Fresnillo, Zacatecas, Guanajuato, Real del Monte, Pachuca, Malacate, San Francisco de Morelos.

Les filons d'argent du Mexique sont tous d'âge récent, postérieurs au suprajurassique; ils sont en relation avec des diorites qu'ils recoupent et antérieurs aux trachytes qui les traversent. C'est ce qu'on observe très nettement dans les mines de Real del Monte, de Pachuca, de Guanajuato, etc., etc., tandis qu'à San Francisco de Morelos et dans la Sonora, on les trouve concentrés dans les roches trachytiques.

Le remplissage de ces filons d'argent obéit à une loi très constante qu'on retrouve dans l'Arizona et l'Amérique du Sud.

Près de la surface, on rencontre de l'argent natif disséminé dans de la limonite et de la polianite, avec quartz carié.

Au-dessus, se trouvent des bromures et chlorures d'argent, avec argent natif, limonite et polianite.

Plus bas, on rencontre de l'argyrose qui forme la zone la plus riche (bonanza), enfin, à une profondeur plus grande, des argents noirs et des argents rouges. Finalement, vers 400 mètres, on trouve des minerais cuprifères et à 500 mètres, un mélange de blende, de pyrite de fer et de quartz. Nous allons passer rapidement en revue quelques-uns de ces districts.

GUANAJUATO. — Le principal filon du district de Guanajuato est celui de Veta Madre, exploité depuis 1558, ce filon recoupe d'abord un conglomérat syénitique rouge de 20 mètres, à partir du jour; puis 400 mètres de séricito-schistes, et au-dessous un schiste alumineux noir très pyriteux dans lequel il devient stérile. Sa direction est N. 135° E. Son pendage est 45° S.-O. Sa puissance a atteint 150 mètres avec des zones minéralisées continues de 30 à 40 mètres. On estime qu'il a fourni, depuis 1558 jusqu'en 1832, 14.000 tonnes d'argent. La production actuelle est assez faible.

ZACATECAS. FRESNILLO. — Les filons de Zacatecas et de Fresnillo traversent des conglomérats semblables aux précédents, et, en outre, des tufs porphyritiques, des schistes argileux et des schistes calcaires qui alternent avec des quartzites.

A Zacatecas, les filons sont généralement sinueux et bifurqués.

La Veta Grande de ce district était aussi riche que la Veta Madre.

CATORCE. — A Catorce, les filons d'argent sont très continus et très prolongés. L'un d'eux a plus de 3 kilomètres de long, avec une puissance de 12 mètres.

PACHUCA ET REAL DEL MONTE. — Ces deux districts sont encore célèbres par leur richesse extraordinaire.

Les filons de Pachuca sont encaissés généralement dans des andésites à pyroxène. Leur direction est E.-O, leur pendage très fort et vers le Sud. Leur puissance varie entre $0^m,3$ et 6 mètres.

La gangue se compose principalement de calcédoine, accompagnée quelquefois de calcite, de rhodonite et de dialogite. Le remplissage en minerais comprend, en allant de haut en bas, trois zones.

Dans la première zone, des minerais colorés ou pourris (metales colorados, podridos), où les oxydes de fer et de manganèse dominent; on y trouve des chlorures et des bromures d'argent, de l'argent natif et quelquefois de l'or natif.

Dans la deuxième zone (metales negros, metales de pirita), se montrent la galène, l'argyrose, la pyrite et plus rarement la chalcopyrite.

Dans la troisième zone (metales negros, metales de fuego), on trouve de la galène, de la blende, de la pyrite et des argents noirs. On y a observé aussi un peu de cuivre natif.

Les masses riches ne commencent à se montrer qu'à une profondeur de 150 mètres. Elles ont, en général, une direction normale à celle du filon. A Pachuca, on compte plus de cent cinquante mines, dont la plus riche est certainement celle de Sainte-Gertrude.

Les mines de Real del Monte se présentent dans des conditions tout à fait semblables à celles de Pachuca.

Remarque. — L'âge tertiaire des filons de Pachuca et de Real del Monte est hors de doute. Dans cette région, l'activité volcanique a commencé dans le miocène moyen, elle a été accompagnée d'un très fort plissement des couches mésozoïques et a fourni des andésites à pyroxène. Après sont venus des coulées et des filons de rhyolite à la suite desquels sont montées les eaux thermales qui apportaient les minerais. La fin a été marquée par des éruptions basaltiques pendant lesquelles les filons ont probablement subi de nouveaux déplacements.

Les mines mexicaines ne sont pas, à proprement parler, des mines à gangue quartzeuse, car elles renferment de la calcite, de la rhodonite, de la dialogite. Leur teneur en or les rapproche de celles de Schemnitz.

Gîtes du Pérou, du Chili, de la Bolivie et de la République Argentine.

Les gîtes du Pérou, du Chili, et de la Bolivie peuvent être rattachés aux gîtes cupro-argentifères.

Dans la République Argentine, le centre minier argentifère est le Cerro de Famatina. Là, on rencontre, au milieu des schistes siluriens, des filons à gangue quartzeuse, riches en argent natif, en argents rouges et en argents noirs.

Gîte d'Austin (Nevada).

Les filons consistent dans un système de veines quartzeuses recoupant le granite. La minéralisation consiste en argents rouges, tétraédrite, galène, blende.

II. — FILONS D'ARGENT A GANGUE DE CALCITE

Les filons d'argent à gangue de calcite sont généralement minéralisés par de l'argyrose, de l'argent natif et des argents rouges. Ils sont le plus souvent ramifiés et présentent une faible puissance.

Gîte d'Andreasberg (Hartz).

Le district minier d'Andreasberg se compose de schistes appartenant au dévonien inférieur, et de nombreuses couches de calcaire recoupées par des dykes de diabase. Les filons se divisent en deux groupes d'après leur direction. Les uns sont dirigés vers le N.-O., avec un pendage très raide vers le N.-E. Les autres ont une direction E.-O. et ont un pendage de 75° vers le Nord. Le remplissage se compose de calcaire compact, dans lequel on rencontre de l'argent natif, des argents noirs et des argents rouges, de la galène et de la blende.

Gîtes de Kongsberg (Norvège).

Les mines d'argent de Kongsberg sont certainement les plus célèbres. Elles sont exploitées depuis deux cent soixante ans et présentent encore aujourd'hui une assez grande importance; elles constituent un type des plus curieux dits des fahlbandes.

On donne, en général, le nom de fahlbandes à des zones d'imprégnation dans une roche quelconque. Les mineurs allemands ont employé cette expression pour désigner des couches contenant des sulfures métalliques (pyrite de fer, chalcopyrite) et devenues fauves par suite de la transformation des sulfures en oxydes.

Le district de Kongsberg comprend, à l'Est, un gneiss très feuilleté qui passe graduellement vers l'Ouest à un gneiss granitoïde et contient des assises subordonnées de roches grenues ou schisteuses, de micaschistes, de chloritoschistes, de quartzites, dans lesquelles sont intercalées les fahlbandes. Au centre, se trouve un peu de gabbro et au sud des schistes siluriens (fig. 328).

La direction générale des roches encaissantes est N.-S. Les filons au nombre de cinq cents, ont une puissance qui varie de 5 millimètres à 30 centimètres et sont orientés E.-O., c'est-à-dire normalement à la direction des roches encaissantes. Leur inclinaison est voisine de 90°, c'est-à-dire qu'ils sont presque verticaux.

A Kongsberg même, l'imprégnation porte exclusivement sur les schistes et le gabbro, jamais sur les gneiss; elle est maximum dans les schistes micacés, moyenne dans les schistes amphiboliques et minimum dans les quartzites.

Les sulfures qui constituent l'imprégnation sont : la pyrite de fer, la chalcopyrite, le cuivre panaché, la galène et la blende.

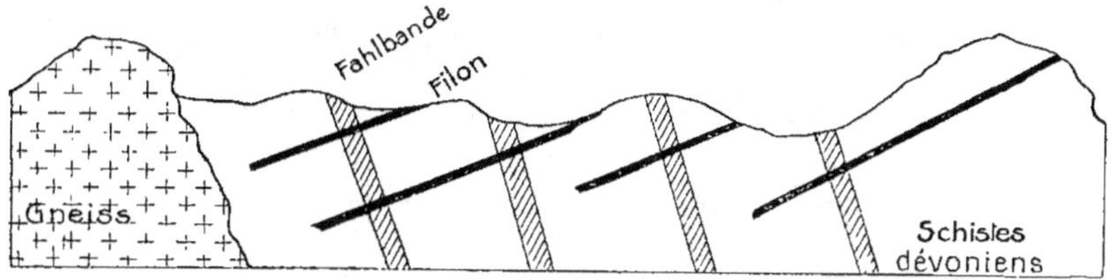

Fig. 330. — COUPE THÉORIQUE DES FAHLBANDES DE KONGSBERG (NORVÈGE).

On distingue à Kongsberg, sur une longueur de 25 kilomètres et une largeur de 12, huit de ces fahlbandes, dont la principale a 300 mètres de puissance. Les fahlbandes ont exercé sur le remplissage des filons qui les croisent une action enrichissante en argent bien marquée et très caractéristique, aux points de croisement.

Le remplissage des filons de Kongsberg est constitué par de l'argent natif, de l'argyrose et quelquefois des argents rouges. Les gangues sont la calcite, et quelquefois la barytine, la fluorine et rarement le quartz. L'argent natif forme les quatre cinquièmes de la production des mines de Kongsberg. Cet argent natif contient souvent d'autres métaux qui y sont mélangés, notamment du mercure, 1 %, de l'antimoine (jusqu'à 6 %) On y a reconnu aussi de l'amalgame d'argent, du chlorure d'argent.

D'après quelques ingénieurs, l'origine des fahlbandes de Kongsberg serait la suivante : lors des soulèvements du granite et du gabbro, les roches de Kongsberg ont été comprimées et plissées, les schistes moins résistants ont été étirés et ont donné lieu à des zones de plissement encaissées dans les gneiss. Lorsque les émanations sulfureuses sont arrivées, elles ont trouvé, dans ces zones de plissements, des fractures et les ont pyritisées : la roche y étant spongieuse; tandis que le gneiss s'opposait à l'imprégnation par sa nature physique.

La théorie généralement admise pour la genèse des filons de Kongsberg est la suivante : les filons doivent leur remplissage à des sources venues d'en bas, la calcite a été le véhicule de l'argent comme le quartz est le véhicule de l'or.

Il y a lieu de distinguer deux sortes d'émanations. En premier lieu, l'érup- du gabbro aurait ouvert l'ère des émanations de pyrites et autres sulfures auxquels sont dues les fahlbandes. Les éruptions auraient cessé; puis, après un laps de temps, aurait eu lieu le mouvement auquel serait dû le système de filons. Ce mouvement aurait inauguré une nouvelle ère d'émanations de calcite argentifère, avec barytine, fluorine, puis du quartz aurifère, tandis que la calcite et les autres gangues se distribuaient indifféremment sur toutes l'étendue des fentes. Dans les gneiss comme dans les schistes, l'argent et quelque autres sulfures métalliques ne se sont déposés qu'à la rencontre des fahlbandes, comme si les parties métalliques avaient été attirées vers les roches métallifères par une réaction chimique ou une attraction électrique, ce fait s'est confirmé, de plus en plus, au fur et à mesure des progrès de l'exploitation.

Gîte de Broken Hill (Australie).

Le gîte de Broken Hill est situé dans la Nouvelle-Galles du Sud. Il est constitué par des minerais de plomb argentifère et par des minerais d'argent proprement dits. Il est encaissé dans des gneiss et des micaschistes et présente tous les caractères des gîtes anticlinaux de Bendigo (fig. 329).

Les travaux qui, jusqu'à ces derniers temps, s'étaient maintenus dans les régions oxydées particulièrement riches en carbonate et sulfate de plomb, en argent natif, en chlorures, bromures et iodures d'argent, ont rencontré, en profondeur, des sulfures de plomb, de zinc, de cuivre et de fer, qui se sont complètement substitués aux minerais oxydés.

L'affleurement du gîte principal est à peu près exclusivement

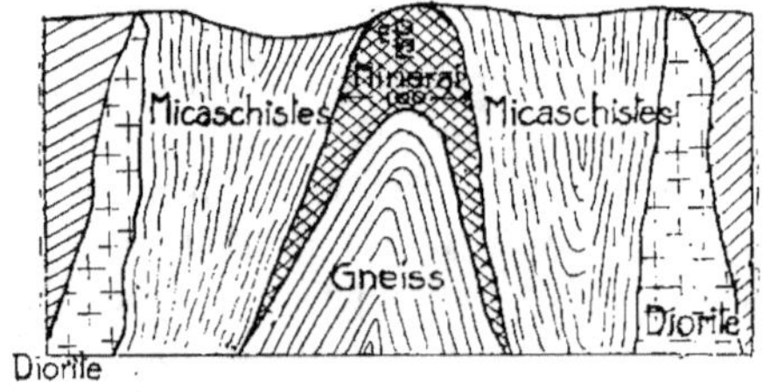

Fig. 331.

composé d'oxydes de fer et de manganèse. On le suit sur une longueur de 2.500 mètres, sa puissance varie de 6 à 38 mètres. Dans l'anticlinal, la largeur est de 80 mètres et la hauteur de 150 mètres. Ce gîte est extrêmement riche. Ainsi, en cinq ans, on a extrait plus de 400.000 tonnes de tout venant, avec un bénéfice moyen de plus de 100 francs par tonne, soit un bénéfice de 40 millions environ.

III. — GITES CUPRO-ARGENTIFÈRES

Les gîtes cupro-argentifères sont constitués par un mélange souvent très varié de minerais d'argent proprement dits et de minerais de cuivre, auxquels viennent s'adjoindre, principalement en profondeur, des cuivres gris, de la pyrite de fer, et accessoirement quelques minerais de cobalt et de nickel. La gangue est formée de barytine, à la surface, et, en profondeur, de quartz et plus rarement de calcite et de zéolites. Les filons se rencontrent souvent dans des roches basiques et notamment dans des porphyrites augitiques.

Gîtes du Chili.

Les deux principales mines du Chili sont : Charnacillo et Caracolès.

1. CHARNACILLO. — Le gisement de Charnacillo est situé à 80 kilomètres au sud de Copiapo. La région est formée d'un calcaire superjurassique d'un bleu grisâtre qui est recoupé par des dykes de roches diabasiques et qui renferme également des couches de cette roche basique. Les filons sont en assez grand nombre, leur direction est généralement N.-E. Le principal filon (Colorado) a été suivi sur 1.800 mètres de longueur, et a présenté une très grande richesse jusqu'à 600 mètres de profondeur; la puissance de ces filons était de 10 mètres à la partie supérieure et de 1 mètre dans les parties inférieures.

Le remplissage est constitué de haut en bas, de la manière suivante : argent natif, chlorures, bromures, iodures d'argent, malachite, le tout disséminé dans une gangue formée de limonite, calcite, barytine; plus bas, de l'argent natif, des argents noirs et des argents rouges, et plus bas encore, des cuivres gris, de la blende et de la galène. Les filons se sont enrichis dans leur passage à travers certains bancs de calcaire, ces calcaires ont même été imprégnés de minerais d'argent jusqu'à une distance qui peut aller à 10 mètres de part et d'autre. Ces couches riches sont désignées sous le nom de *mantos pintadores*. Les couches rebelles à l'imprégnation sont désignées sous le nom de *mantos broccadores*. Les zones les plus riches sont à la rencontre des mantos pintadores avec des dykes de diabase (*chorros*); on a trouvé des poches remplies de minerais dont la teneur en argent s'est élevée jusqu'à 360 kilos à la tonne. La mine de Charnacillo a produit de 1832 à 1879 un milliard et demi d'argent. L'extraction annuelle du district de Copiapo est encore de 30 millions environ.

2. CARACOLÈS. — Le district minier de Caracolès est situé au nord du Chili, dans le désert d'Atacama. Les filons ont une structure et une composition analogues à ceux de Charnacillo; la richesse est généralement plus grande dans la traversée des porphyrites que dans celle des calcaires.

On trouve également des filons cupro-argentifères à Arqueros, dans la province de Coquimbo, c'est-à-dire dans le sud du Chili.

Gîtes de Bolivie.

Les gîtes de Bolivie diffèrent de ceux du Chili par la prédominance, dans le remplissage, du cuivre gris argentifère. Les principales mines sont celles de Potosi, d'Oruro et de Huanchaca.

1. POTOSI. — La mine de Potosi est située à 4.000 mètres d'altitude; elle forme un dôme qui s'élève de 1.000 mètres au-dessus du haut plateau de la Cordillère; ce dôme est constitué principalement par un porphyre quartzifère formant un dyke au milieu des schistes siluriens que les filons ont recoupé au dessous. Ce porphyre est traversé par une soixantaine de filons.

2. ORURO. — On rencontre, à Oruro, entre La Paz et Potosi, au milieu de phyllades, un dyke de porphyre traversé par une infinité de filons. Le remplissage est formé d'argents rouges, de cuivre gris argentifère, de stibine. On a rencontré, à une certaine profondeur, des minerais d'étain qui donnent 1.000 à 1.500 tonnes de ce métal par an. Le gîte précédent renferme également de la cassitérite.

3. HUANCHACA. — Les mines de Huanchaca sont situées à 4.000 mètres d'altitude au-dessus du niveau de la mer.

La région est essentiellement constituée par des andésites à mica noir. Les filons sont situés dans un trachyte altéré.

Nous citerons également les gîtes de Cobrizos et de Toldos, qui se trouvent, le premier au nord, et le second au sud du massif de San Cristobal.

Le gîte de Cobrizos est un gîte de cuivre et d'argent; il est constitué par douze couches intercalées dans des grès rouges très vraisemblablement permiens. Ce minerai est du cuivre natif, associé, près de la surface, à de la cuprite, de la chrysocolle, de la malachite, de l'azurite, et à de l'argent natif qui s'est déposé à la surface du cuivre. Indépendamment de l'argent déposé sur le cuivre, on rencontre de l'argent natif dans une roche altérée; la teneur en argent de cette roche est de 104 kilos à la tonne. On observe, dans ce gîte, un dégagement considérable d'acide carbonique, ce dégagement gêne beaucoup les travaux. Il serait important de déterminer si les exhalaisons de CO^2 sont en relation génétique avec la venue des minerais.

Le gîte de Toldos est un gîte d'argent comprenant une dizaine de filons parallèles qui recoupent un pointement de trachytes. Le remplissage est constitué par de l'argent natif, de l'argyrose; la gangue est formée de quartz et de barytine.

La richesse en argent est très variable, et passe, sur l'espace de 50 mètres, de quelques grammes à plusieurs kilogrammes.

Le filon principal, celui de Pulacayo, est dirigé E.-O. Sa puissance varie entre 1 et 3 mètres, son pendage est tourné vers le sud à partir des affleurements, et se renverse en profondeur, c'est-à-dire pend vers le nord. Il a été rejeté par trois failles et reconnu sur 1.100 mètres de longueur et 500 mètres de hauteur.

Jusqu'à 116 mètres, il était pauvre, et plus bas, il s'est élargi et enrichi. Son remplissage jusqu'à 116 mètres était constitué par des minerais oxydés et de la barytine. Au dessous, la barytine disparaît et la gangue devient quartzeuse.

Le minerai principal d'Huanchaca est le cuivre gris argentifère à 10 kilos par tonne, puis la galène à 2 kilos par tonne et la blende à 1 kilo. Il y a également ment de la chalcopyrite et de la pyrite de fer. En 1890, cette mine a produit 22 millions d'argent.

On estime à plus de 8 milliards de francs les métaux précieux sortis des mines de la Bolivie.

Gîtes du Pérou.

Les principales mines argentifères du Pérou se trouvent dans le district du Cerro de Pasco. Les filons cupro-argentifères exploités au Pérou sont ceux de Recuay; ces filons sont minéralisés par des cuivres gris argentifères, de la chalcopyrite, de la bournonite et des argents rouges. Ils recoupent les terrains jurassiques et les mélaphyres qui y sont intercalés. Les minerais contiennent 6 kilos d'argent à la tonne.

IV. — GITES COBALTO-ARGENTIFÈRES

Dans les gîtes cobalto-argentifères, le remplissage est presque toujours le même, il consiste en minerais de cobalt, de nickel, de bismuth et d'uranium qui forment la partie la plus ancienne du remplissage et en minerais d'argent qui représentent généralement une génération plus jeune. Quant aux gangues, elles varient. Ainsi, dans les mines de Joachimsthal (Bohême), on trouve du quartz, de la calcite, de la dolomie; tandis que dans celles d'Annaberg (Saxe), on rencontre ces mêmes minéraux et, de plus, de la barytine et de la fluorine.

Gîtes de Joachimsthal.

Les filons cobalto-argentifères de Joachimsthal se divisent en deux groupes d'après leur direction :

1° Filons dirigés N. 105° E. avec pendage vers le Nord;

2° Filons dirigés, pour la plupart, N.-S. avec pendage vers l'E. ou vers l'Ouest.

On rencontre, dans ce district minier, des schistes micacés de diverses natures, des gneiss, du granite à tourmaline, des dykes de porphyre quartzifères, des basaltes, des phonolites.

Les filons sont encaissés dans les micaschistes (fig. 330). Ceux du premier groupe étaient très riches dans les parties supérieures, mais ils s'appauvrissaient en profondeur; tandis que ceux du second groupe ont été exploités, en profondeur, avec avantage, depuis une dizaine d'années.

On connaît trente-six filons principaux. La puissance de ces filons varie entre 15 et 60 centimètres; elle atteint exceptionnellement 1 à 2 mètres.

Les filons minéralisés traversent les dykes de porphyre, mais ils sont recoupés par des dykes de basalte et de wacke d'âge tertiaire. Les dykes de wackes

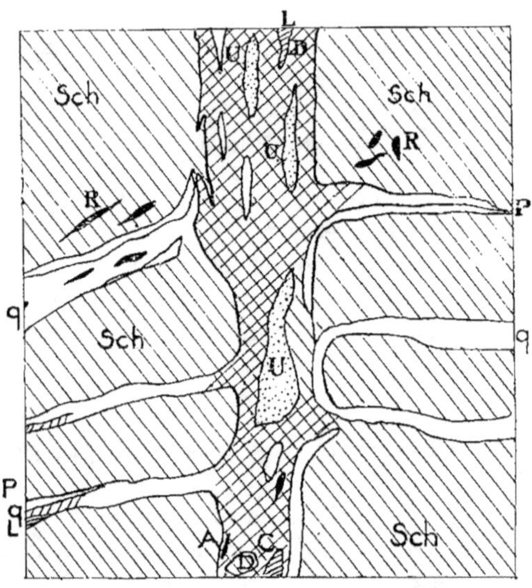

Fig. 332. — Coupe du filon Hildebrand a Joachimsthal.

Sch Schistes. — *D* Dolomie. — *C* Calcite. — *Q* Quartz. — *L* Glaise de filon. — *R* Argent rouge. — *U* Pechblende. — *A* Minerai d'arsenic argentifère. — *P* Pyrite. — (Le filon recoupe trois veines anciennes avec remplissage quartzeux.)

renferment un peu d'argyrose aux croisements, ce qui porte à supposer que la fracture filonienne n'était pas complètement remplie avant l'éruption des roches volcaniques tertiaires.

On pense que la venue de l'uranium est en relation avec le massif granitique voisin qui indique des conditions de venues telles que les métaux à fort poids atomique qui sont probablement localisés dans les couches profondes du globe, ont pu parvenir à la surface.

On estime que la pechblende étant légèrement soluble dans l'eau chargée d'acide carbonique, cet acide carbonique a accompagné la venue du minerai d'uranium et a réagi sur la magnésie de la biotite pour former la dolomie qui accompagne toujours la pechblende; cette remarque est intéressante, car elle peut guider dans la recherche de la pechblende. On a observé qu'il y a enrichissement d'uranium, en profondeur.

Gîtes d'Annaberg.

Les filons cobalto-argentifères d'Annaberg (Saxe) présentent des caractères semblables à ceux de Joachimsthal.

Le district minier d'Annaberg est constitué essentiellement par des gneiss gris, on y rencontre quelques massifs instrusifs de granite, des dykes de diorite micacée et de basalte (fig. 331).

Ces différents terrains sont recoupés par plus de trois cents filons métallifères qui se divisent en deux groupes :

Le premier groupe comprend des filons stannifères et des filons plombo-zincifères qui sont les plus anciens.

Le second groupe se compose des filons cobalto-argentifères et qui sont de formation relativement récente.

Les filons cobalto-argentifères ont deux directions qui se coupent sensi-

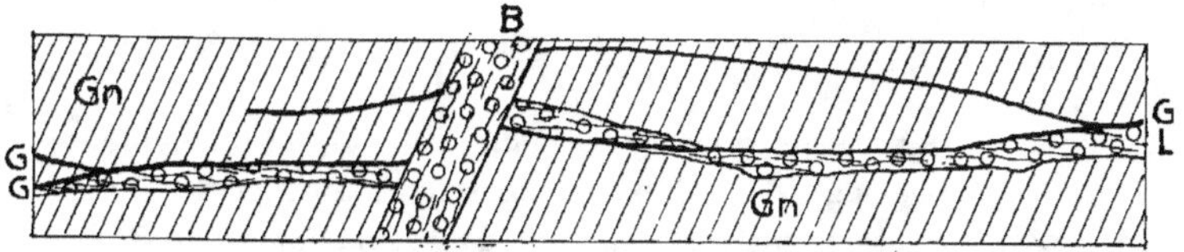

Fig. 333. — PLAN D'UNE EXPLOITATION AU LUXBACH (ANNABERG).
Gn Gneiss. — *L* Diorite micacée. — *GG* Filons cobalto-argentifères. — *B* Basalte.

blement à angle droit. La plupart ont une direction N. 30° O. et les autres sont dirigés N. 60° E. Leur pendage est généralement assez fort. La puissance est le plus souvent comprise entre 10 et 20 centimètres, mais elle va exceptionnellement à 2 mètres.

Le remplissage consiste en différents minerais de cobalt, nickel et bismuth, en minerais d'argent (argents rouges, argyrose, argent natif, chlorure d'argent) et en pyrite de fer. Les éléments subordonnés sont : la chalcopyrite, la galène, la blende, le cuivre gris, la pechblende, la zippéite (sulfate hydraté d'urane), la gummite, l'arsenic natif. Les gangues sont : la barytine, la fluorine, le quartz, la calcite.

La structure des filons est la structure massive irrégulière.

La loi de succession relative à l'âge des minéraux est la suivante :

V. Produits d'altération : annabergite, érythrine.

IV. Minerais d'argent et arsenic natif.

III. Calcite et pechblende.

II. Minerais de nickel, cobalt, bismuth.

I. Barytine, fluorine, quartz.

I et II forment le remplissage dominant.

On rencontre des filons cobalto-argentifères à Schneeberg, à Marienberg et à Johanngeorgenstadt et sur divers autres points de l'Erzgebirge saxon.

Gîtes des Chalanches.

La mine de Chalanches est située sur la commune d'Allemont, à 20 kilomètres au sud-est de Grenoble (Isère). Les filons sont encaissés dans des gneiss et des schistes; ils forment deux groupes principaux :

1º Des filons N.-S. plongeant vers l'Est et l'Ouest, à peu près parallèles aux couches des schistes encaissants;

2º Des filons E.-O., plongeant presque toujours vers le Nord. Ces deux groupes de filons présentent de nombreuses ramifications ou filons branches qui donnent lieu à un étoilement.

La puissance varie de 0^m,02 à 0^m,80.

Le remplissage est constitué par des minerais de cobalt, de nickel, des argents rouges, de l'argyrose, de l'argent natif et des cuivres gris très riches en argent.

La gangue est formée de quartz, de calcite et d'argile ferrugineuse. On rencontre, dans ce gisement, des fahlbandes analogues à celles de Kongsberg, et qui ont été, comme ces dernières, la cause de l'enrichissement qu'on observe aux points d'intersection de ces fahlbandes avec les filons proprement dits.

Gîtes « de la station de Cobalt », près du lac Temiskaming, province d'Ontario (Canada).

Le centre et l'est du Canada sont constitués par l'archéen. Les géologues canadiens avaient d'abord établi, dans l'archéen de cette région, deux étages. L'étage inférieur ou laurentien, qui est essentiellement formé de gneiss et de micaschistes fortement plissés, et l'étage supérieur ou huronien qui se compose de schistes amphiboliques avec chlorite, serpentine, etc., etc.

Le laurentien du Canada renferme des couches très puissantes de minerais de fer (oligiste ou magnétite). On y rencontre également de grands gisements d'apatite dans le calcaire cipolin.

La partie supérieure de ce laurentien est constituée par plus de 1.500 mètres de phyllades, schistes micacés, quartzites, conglomérats et tufs éruptifs dont on a fait la série de Keewatin; cette série a subi les mêmes plissements que la partie inférieure.

Le huronien peut être divisé, à son tour, en trois étages :

1° Le huronien inférieur, composé des conglomérats, brèches, quartzites et de grauwackes schisteux. Les filons d'argent, de cobalt et de nickel se trouvent à cet étage (fig. 333);

2° Le huronien moyen, composé d'arkoses, de quartzites et de conglomérats;

3° Le huronien supérieur et précambrien composé de diabases et de gab-

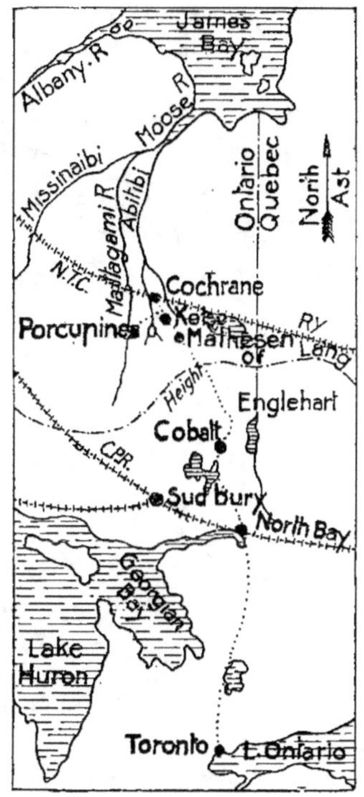

Fig. 334. — Carte montrant la position de Cobalt.

bros. Ces roches éruptives traversent, dans ce district, toutes les autres roches précambriennes. Leur âge n'est pas exactement connu; elles doivent appartenir ou à l'époque de l'*animikie* ou à l'époque *keweenawienne* (on sait que le keweenawien ou série cuprifère du Lac Supérieur se trouve au-dessus du huronien).

Les filons cobalto-argentifères ont très probablement pris naissance à la suite de l'éruption de la diabase et du gabbro.

Une grande partie du terrain de ce district est recouverte par des dépôts glaciaires, et les affleurements sont souvent masqués par la mousse.

Les filons recoupent la série des conglomérats schisteux du huronien inférieur. Leur direction varie entre N.-S. et N. 45° E. Leur pendage est voisin de la verticale.

Le remplissage est formé d'argent natif, de smaltine, de nickeline, de chloantite; ces minéraux sont associés à l'argyrose, à la pyrargyrite, à la dyscrase, à la millérite, au bismuth natif, à l'érythrine, à l'annabergite, à la tétraédrite, au mispickel et quelquefois à du graphite. On rencontre également de l'asbolane et d'autres minéraux. On dit que la chalcopyrite, la pyrite de

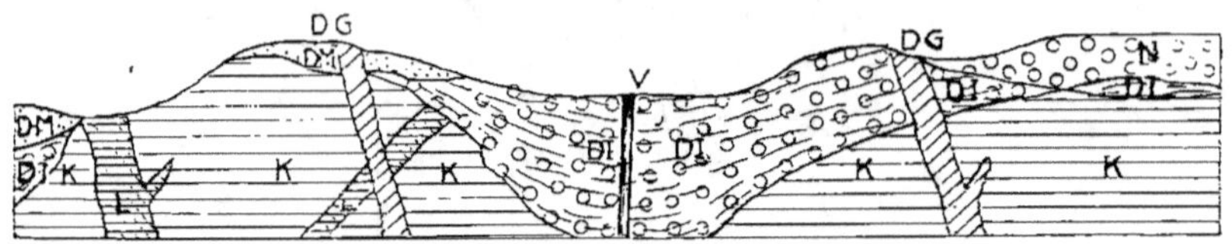

Fig. 335 — COUPE VERTICALE SCHÉMATIQUE, MONTRANT LES RELATIONS DES ROCHES, EN MÊME TEMPS QUE LE FILON COBALTO-ARGENTIFÈRE V DANS LE HURONIEN INFÉRIEUR.

DG Diabase et gabbro.
L   Laurentien.
K   Keewatin.
DI Huronien inférieur.
DM Huronien moyen.
N   Niagara. Le Niagara est un calcaire avec un peu de grès et de conglomérat à la base; il appartient au Gothlandien moyen.

fer, la galène, la blende et quelques oxydes de manganèse se trouvent dans la roche encaissante.

Enfin, il existe encore d'autres minéraux qui n'ont pas été reconnus.

La gangue dominante est la calcite, quelques filons contiennent du quartz et des débris de la roche encaissante.

Les affleurements sont généralement constitués par de l'argent natif et de l'érythrine.

Cinq filons ont été ouverts, en 1905, dans ce district qui compte 1.600 mètres du Nord au Sud, et environ 800 mètres de l'Est à l'Ouest.

On a extrait, dans une année, une quantité de minerai dont la valeur représentait 2.000.000 de francs.

On a rencontré de l'argent natif et de l'érythrite dans la diabase et dans le gabbro.

C'est dans le keewatin qu'on rencontre les mines de fer de Tamagaming, de Boston, à 75 milles au nord. Le minerai de fer se trouve également près de la rive du lac Temiskaming et dans une chaîne qui court au N.-O. dans la commune d'Hudson, où de gros blocs de ce minerai ont été trouvés dans les conglomérats du huronien inférieur, et très probablement au delà, etc., etc.

On a découvert, dans l'une des concessions, sur la rivière de Montréal, un dépôt de pyrite de fer, dans le keewatin. Puis, près de Tamagaming, deux gisements de mispickel aurifère.

On remarque que l'arsenic est combiné au fer, dans le keewatin, tandis que ce métalloïde est combiné au cobalt et au nickel dans le huronien inférieur.

La station de Cobalt est à 500 kilomètres de Toronto, et à 125 kilomètres de Sudbury. Les claims sont de 16 hectares.

Traitement des minerais d'argent par cyanuration (Mexique).

Les réactions qui se passent dans la cyanuration sont les suivantes :

$$4 \text{ NaCy} + 4 \text{ O} + \text{Ag}^2\text{S} = \text{SO}^4\text{Na}^2 + 2 \text{ NaAgCy}^2.$$

La précipitation donne

$$2 \text{ NaAgCy}^2 + \text{Zn} = 2 \text{ Ag} + \text{Na}^2\text{ZnCy}^4.$$

Le traitement généralement adopté comprend dans ses grandes lignes :

1º Un broyage à la batterie au tamis 30, puis aux Huntingtons ou aux moulins chiliens, pour réduire à la grosseur du tamis 60 ou 80;

2º Une concentration sur des tables à secousses;

3º Une séparation des sables et des slimes par spitzkasten ou par cônes séparateurs qui ont plus de rendement;

4º Un broyage au tube-mill, au tamis 100 ou 120, puis renvoi à de nouveaux cônes, soit pour isoler les sables, soit pour les repasser au tube-mill, afin de tout réduire en slimes.

La consommation de cyanure est de 1 kil. 10 par tonne traitée. La dépense en zinc de 500 grammes par tonne.

CHAPITRE VII

GITES DE MERCURE

Le minerai de mercure, de beaucoup le plus répandu dans la nature, est le *cinabre* HgS. Il existe une variété de sulfure de mercure, ayant la même composition, mais généralement amorphe et noir, auquel on a donné le nom de métacinabre ou métacinabarite.

Le mercure natif se rencontre parfois au voisinage des affleurements dans les mines de cinabre.

On connaît, en outre, la tiemannite, séléniure de mercure (Hg^6Se^5) ;

L'onofrite, qui est un sulfoséléniure de mercure ;

La coloradoïte, tellurure de mercure ($HgTe$) ;

Le calomel et la cocciuite, qui sont des chlorures de mercure ;

La guadalcazarite, sulfoséléniure de mercure et de zinc ;

La culébrite, sulfoséléniure de mercure ;

La livingstonite, sulfoantimoniure de mercure ;

La lehrbachite, séléniure de plomb et de mercure ;

La schwatzite, panabase mercurifère.

Les gisements de mercure se présentent généralement sous une forme qui diffère un peu de celle des autres métaux sulfurés, quoique leur origine semble être la même, c'est-à-dire une venue hydrothermale ayant apporté le cinabre à l'état de sulfure double de mercure et de sodium.

Les fractures minéralisées par le cinabre ont une faible puissance, le cinabre remplit généralement un réseau de petites veinules constituant des sortes de stockwerks et formant le long d'une direction filonienne des amas lenticulaires plus ou moins développés.

Le cinabre se rencontre dans la plupart des terrains : silurien, carbonifère, permien, trias, tertiaire. La gangue des filons cinabrifères est constituée essentiellement par de la silice hydratée (opale), du bitume, de la pyrite de fer, on rencontre quelquefois de la calcite, de la dolomie, très rarement de la barytine.

Gîte de mercure d'Almaden (Espagne).

La plus grande mine de mercure du monde est celle d'Almaden, qui a été exploitée au moins quatre cents ans avant l'ère chrétienne; cette mine passe pour s'enrichir en profondeur; quoi qu'il en soit, elle a des réserves qui lui permettent, dit-on, de maintenir sa production actuelle pendant un siècle.

La région d'Almaden (province de Ciudad Real, sur le versant nord de la Sierra Morena) est constituée par des terrains schisteux au milieu desquels se trouvent des dykes de quartzite qui forment saillie : ces terrains appartiennent au silurien.

On y rencontre également des grès et une roche appelée frailesca : cette roche est composée d'une brèche de fragments de schistes et de serpentine cimentés par une pâte feldspathique; elle est regardée comme un tuf de diabase.

Le cinabre imprègne trois couches de quartzite qui ont une puissance

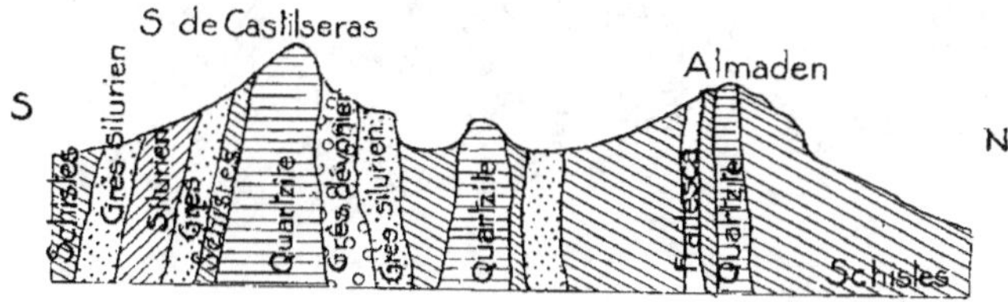

Fig. 336. — Coupe géologique N.-S. de la région d'Almaden.

moyenne de 8 à 10 mètres : ces filons couches ont été reconnus sur 4 kilomètres de longueur et sur 300 mètres de profondeur. Les épontes du quartzite cinabrifère sont, soit le schiste, soit des grès non imprégnés (fig. 336).

Le cinabre n'est pas venu par volatilisation, comme on l'a quelquefois supposé, mais bien à l'état de dissolution hydrothermale, car, dans certaines brèches à éléments quartzeux ou schisteux qu'il cimente, il est associé à de la dolomie ou à de la barytine, corps qui ne sont pas volatils.

Le cinabre a pénétré dans le grès par porosité et non par substitution. L'âge du gisement est postérieur au dévonien (imprégné par endroits) et même aux diabases. La teneur moyenne est de 15 %.

Il y a d'autres mines exploitées dans le même pays. Nous citerons celle de Mieres, au sud d'Almaden. Le gîte de Mieres se présente sous la forme d'un réseau de veinules irrégulières, au milieu des grès et des quartzites carbonifères et tout particulièrement dans une brèche formée de fragments de ces roches. Le gisement de Mieres se distingue de celui d'Almaden par la présence de composés arsenicaux tels que le réalgar, l'orpiment, le mispickel.

Nous citerons également le gisement de Purchena, dans la province de Grenade, celui de Culvas de Vera, dans la province d'Almeria, et celui de La Creu, dans la province de Valence.

Gîte de mercure d'Idria (Carniole).

La mine de mercure d'Idria a été découverte en 1490 : elle est exploitée par le Gouvernement autrichien.

Les gisements d'Idria sont encaissés dans le trias. L'arrivée du minerai

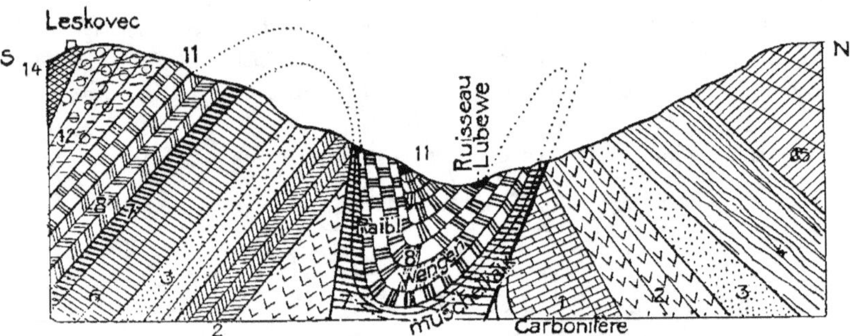

Fig. 337. — COUPE DE LA RÉGION D'IDRIA (D'APRÈS M. LIPOLD) (1).

1. Calcaire carbonifère.
2. Grès quartzeux.
3. Schistes sableux et dolomie.
4. Schistes calcaires (Werfen) (trias inférieur) ou grès bigarré.
5. Calcaires de Guttenstein (trias moyen ou muschelkalk).
6. Dolomies et brèches de Guttenstein.
7. Calcaire noduleux (Muschelkalk).
8. Tufs et marnes de Wengen (Keuper).
11. Calcaire (Saint-Cassian) (trias supérieur).
12. Dolomie (Saint-Cassian).
14. Schistes calcaires (couches de Raibl) (rhétien) (lias).

de mercure s'est produite à la suite d'un plissement postcrétacé dû à une compression latérale énorme, et par des fractures résultant de ce plissement : le carbonifère a chevauché sur le trias (fig. 337 et fig. 338). Le sulfure de mercure est monté à l'état de dissolution et s'est répandu dans les grès et les schistes poreux : la dislocation a apporté, en outre, des carbures d'hydrogène, de la silice, du sulfure de fer.

Le gisement comprend deux districts, celui du Nord-Ouest et celui du Sud-Est. Dans le district du Nord-Ouest, le cinabre imprègne des couches schisteuses triasiques appelées couches de Skonza. Ces couches plongent (42°)

<hr>

(1) LIPOLD, Das Quecksilbergwerk zu Idria, 1881 ; voir aussi : Geolg. Karte der Umgebung von Idria in Krain (*J. d. Geol. R. Wien*) 1874.

entre les marnes irisées de Wengen et les calcaires dolomitiques de Guttenstein, jusqu'à une profondeur de 280 mètres, puis se divisent en deux branches, l'une remontant et l'autre descendant, comme l'indique la figure 339.

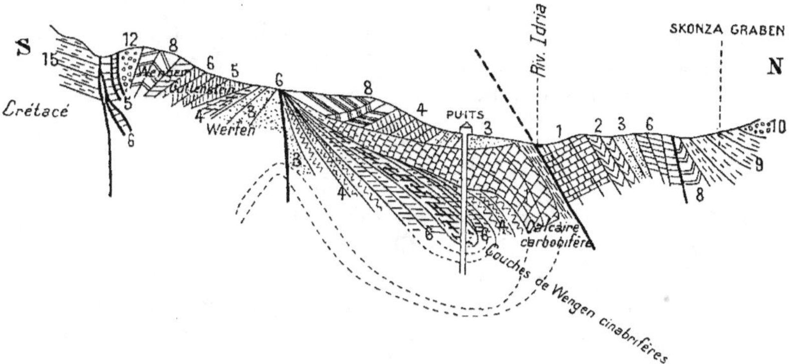

Fig. 338. — Coupe de la région d'Idria (d'après M. Lipold).

1. Calcaire carbonifère.
2. Grès quartzeux.
3. Schistes sableux et dolomie.
4. Schistes calcaires (Werfen), trias inférieur ou grès bigarré.
5. Calcaires de Guttenstein, trias moyen ou Muschelkalk.
6. Dolomies et brèches de Guttenstein.
8. Tufs et marnes du Wengen (Keuper), trias supérieur.
9. Couches de Skonza (niveau du cinabre).
10. Conglomérats du Wengen.
12. Dolomie de Saint-Cassian, trias supérieur.
15. Calcaire à rudistes crétacé.

Le minerai le plus riche est le stahlerz, ainsi nommé à cause de sa couleur d'acier : il contient 75 % de mercure.

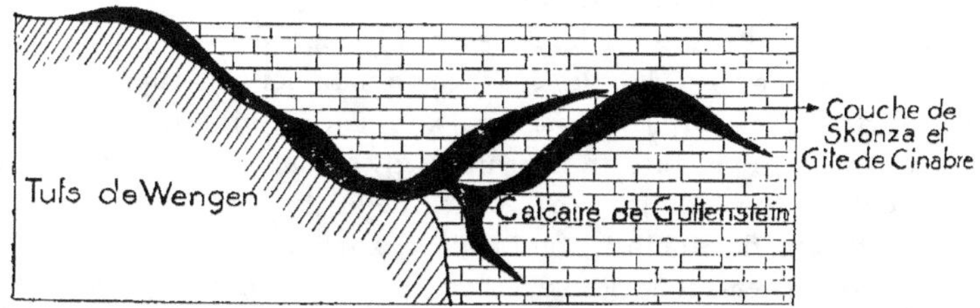

Fig. 339. — Coupe théorique du gîte d'Idria (district nord-ouest).

Nous signalerons également, en Carniole, d'autres gisements de cinabre :

1° Le gîte de Sainte-Anna ou Potocnig (Neumarkt) appartient à un plissement contemporain du précédent. Le cinabre forme des veinules et des mouches dans le calcaire du muschelkak;

2° Le gîte de Littai (près Marburg). Le cinabre rencontré dans ce gîte enveloppe des noyaux de galène; la venue du mercure est postérieure à celle du plomb : elle est probablement due à une réouverture;

3° Nous signalerons, pour mémoire, les mines de mercure de Bosnie;

4° Une Compagnie anglaise exploite, depuis 1897, à Trystin (Croatie), une mine de mercure qui semble présenter un certain intérêt.

La production totale du mercure en Autriche a atteint, en 1896, 564 tonnes valant 2.874.237 francs et provenant de 83.305 tonnes de minerai.

Gîtes de Hongrie.

En Hongrie, le mercure est associé à l'antimoine ; on y trouve la tétraédrite mercurifère (schwatzite) et la stibine.

Nous citerons les filons-couches de Dobschau, de Szlana, de Kotterbach et de Metzenseifen; les filons de Dobschau et de Metzenseifen sont exploités seulement pour mercure. On rencontre également à Zalatna (Transylvanie) des grès carpathiques imprégnés de cinabre.

Serbie, Albanie.

On rencontre, en Serbie, au mont Avala, près de Belgrade, un minerai de mercure constitué par du mercure natif, du cinabre et du calomel; il est disséminé dans une serpentine.

On a signalé des dépôts de cinabre et de mercure natif à Prisren, en Albanie.

Gîtes de mercure d'Allemagne.

La Bavière rhénane (ancien Palatinat) et le pays des deux Ponts renferment des gisements de cinabre : les mines sont fermées depuis quelques années. Ces gisements se trouvent dans les conglomérats du permien supérieur et dans les mélaphyres et les porphyres qui ont traversé ces terrains. Le remplissage est constitué par du cinabre, du mercure natif, de l'amalgame, du calomel et de l'hermésite (variété de panabase mercurifère), les principales mines sont celles de Potzberg, de Stahlberg, de Landsberg, de Mörsfeld.

Nous citerons encore le Rammelsberg, dans le Hartz, où l'on rencontre de la chalcopyrite, de la pyrite de fer, de la galène et un peu de mercure.

Gisements de la Russie.

Le mercure a été signalé, en 1879, dans le sud de la Russie, près de Nikitovka, au centre du bassin houiller du Donetz, dans la mine de Bakmouth.

Dans ce gisement, le cinabre imprègne un banc de grès houiller, il est accompagné de stibine.

La production s'est élevée, en 1895, à 434 tonnes de mercure.

On fait actuellement des prospections dans le district de Daghestan (Caucase).

Gîtes de mercure d'Italie (Vénétie, Toscane).

On rencontre en Italie dans la Toscane, un gisement de mercure assez étendu, dans le massif de Monte-Amiata (Apennins), à la limite des provinces de Sienne et de Grosseto et un autre district à Jano, près de Florence.

Les principales mines en exploitation sont : la mine de Siele, celle de Cornacchino, la mine d'Abbadia di San-Salvatore et enfin celle de Santa-

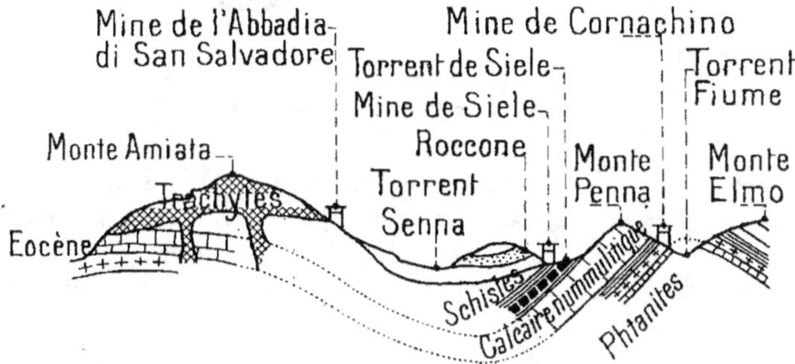

Fig. 340. — Coupe N.-S. du district cinabrifère du Monte Amiata.

Fiora. On signale également un petit district à Vallalta, dans la Vénétie, non loin des frontières du Tyrol.

Le district du Monte-Amiata est situé sur les versants ouest et sud de la montagne Amiata, dans l'Apennin occidental. Le massif de l'Amiata a 173 mètres d'altitude. Cette région est traversée du Nord au Sud par le cours de la Fiora; elle est constituée par les terrains tertiaires (éocène, miocéne, pliocène); l'ensemble de ces terrains sédimentaires est recouvert vers le Nord par un manteau de trachytes qui constituent toute la partie haute du Monte-Amiata (fig. 340).

Les divers gîtes du Monte-Amiata peuvent être classés en plusieurs catégories différentes suivant la nature des terrains encaissants.

1º Les gîtes rencontrés dans le grès miocène paraissent provenir de la remise en mouvement de gîtes primitifs formés dans les calcaires de l'éocène (ex. : gîtes de Monte-Buono, Monte-Reto; ces mines n'ont donné jusqu'ici que des résultats insignifiants);

2° Les principales mines du Monte-Amiata se rencontrent dans la formation éocène : la mine la plus importante est celle de Siele. Le minerai est ren-

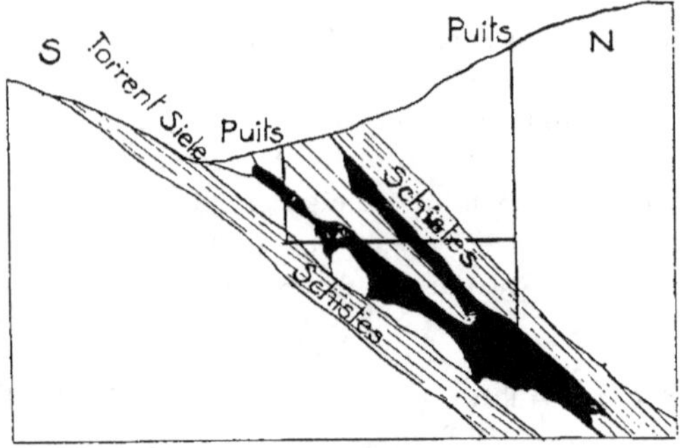

Fig. 341. — COUPE DE LA MINE SIELE.

fermé dans le calcaire marneux de l'éocène, entre des bancs de schistes reposant eux-mêmes sur le calcaire nummulitique; le minerai s'y trouve sous forme d'amas et de filons au contact du calcaire marneux et des schistes; il est associé à de la pyrite de fer dans une gangue argileuse provenant de la

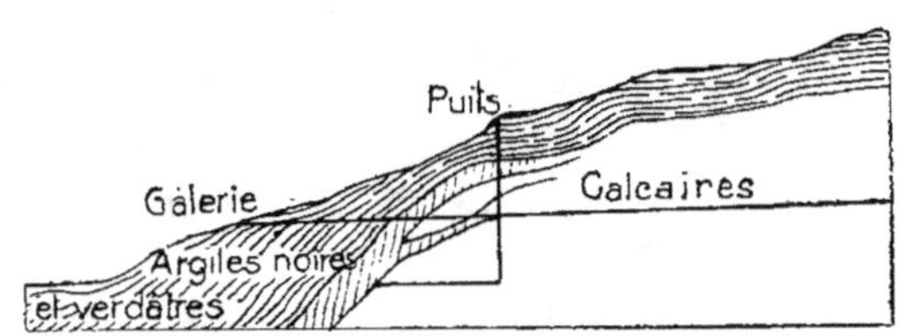

Fig. 342 — MINES DE SANTA FIORA (COUPE DE L'AMAS DE GROSSETELLO).

décalcification du calcaire. Les couches ont un pendage de 45° vers le nord (fig. 341); la teneur moyenne de minerai a été, de 1865 à 1890, de 10 %; elle est actuellement de 2 %. La diminution de la richesse du minerai s'explique par l'allure même des veines qui, en profondeur, se réduisent à un simple chenal minéralisé.

Les mines de Santa-Fiora présentent également un certain intérêt (fig. 342).

3° Les mines de Cornacchino sont exploitées depuis 1875. Le minerai se présente sous forme de filons et d'amas argileux dans les calcaires et les phtanites du crétacé (fig. 343).

4° Dans la mine de l'Abbadia di San Salvatore, le cinabre se rencontre au sein de vastes éboulements trachytiques sur le bord de l'épanchement

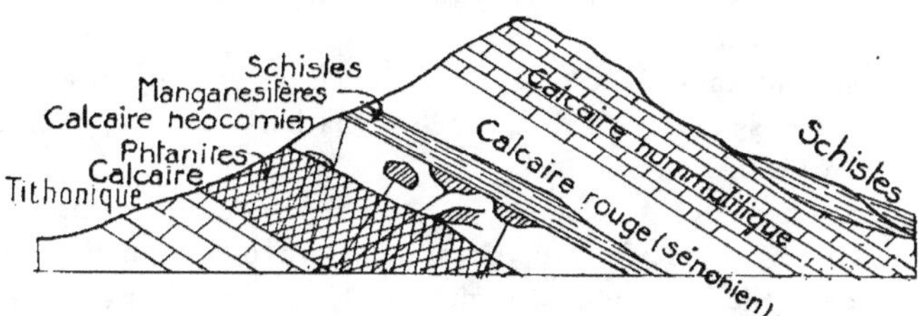

Fig. 343. — COUPE DU GISEMENT DE LA MINE CORNACCHINO.

éruptif du Monte-Amiata; des travaux assez sérieux ont été entrepris en 1897 par une société allemande (fig. 344).

5° La mine de Vallalta est abandonnée depuis 1880. Ces dépôts de cinabre se trouvaient au contact d'un porphyre quartzifère (microgranulite)

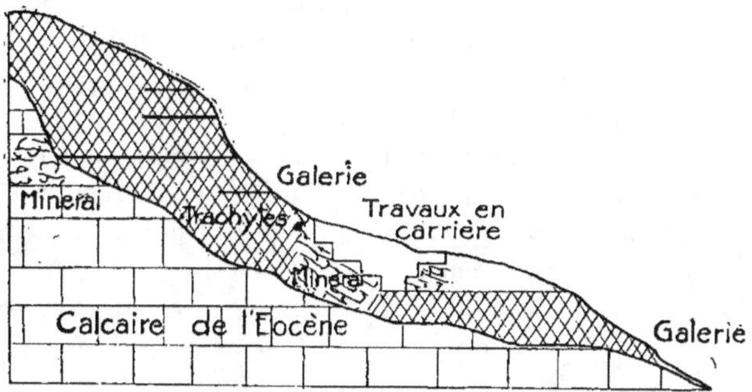

Fig. 344. — COUPE DE LA MINE DE L'ABBADIA DI SAN SALVADORE.

et de roches triasiques formées de grès, de schistes, de calcaires et de conglomérats. Le genèse du gîte semble pouvoir s'expliquer par une venue de sources chaudes ayant suivi une fissure le long de la granulite.

Gîtes de mercure de l'Amérique.

Le plus grand centre de production du mercure, après l'Europe, est celui de l'Amérique.

CALIFORNIE. — Les gisements de mercure de la Californie offrent un exemple fort intéressant de formation de cinabre *post-miocène*, en relation très nette avec des phénomènes volcaniques et particulièrement avec des sources 'chaudes geysériennes qui ont exercé sur les terrains voisins un métamorphisme profond.

Ces gisements se présentent sous une forme nettement filonienne au milieu des terrains les plus divers, depuis le trias, dans la Sierra Nevada jusqu'au tertiaire, dans les Coast Range.

Ces mines sont caractérisées par la présence, assez fréquente, de méta-cinnabarite accompagnant le cinabre, par l'association de l'opale, du bitume, et de la pyrite avec le mercure.

Les principaux gîtes de cinabre sont, du nord au sud : Sulphur Bank, Redington, California, Manhattan, Great Western et Great Eastern, New Almaden, New Idria, etc., etc. Ces gîtes se trouvent le long de la chaîne côtière de la Californie qui court le long du littoral de l'Océan Pacifique, au sud de San-Francisco.

Le Sulphur Bank, près du lac Clear, est une colline qui, avant le début des exploitations de cinabre, était recouverte d'une couche épaisse de soufre; on reconnut, vers 1873, que ce soufre recouvrait un gisement cinabrifère : le terrain encaissant est néocomien; il a été bouleversé par des phénomènes volcaniques : coulées de basalte, sources chaudes, lacs de borax, etc., etc. Le minerai est pauvre, 1 %, mais assez abondant. Les sources chaudes contiennent des sulfures alcalins.

Il est donc fort possible que le mercure soit arrivé à l'état de sulfure sous pression et que le cinabre se soit précipité par une diminution de pression.

Les mines de Redington, California, Manhattan (district de Knoxville), se trouvent également dans le terrain néocomien; elles présentent les plus grandes analogies avec la précédente.

Les gîtes de Great Eastern et de Great Western, district de Oathill, appartiennent aussi à la série néocomienne. Le cinabre se présente dans une serpentine chargée d'opale.

La mine de New Almaden est la plus ancienne de la Californie. Le cinabre imprègne, sous forme de stockwerks, le terrain néocomien profondément métamorphisé. Cette mine a donné, en 1865, jusqu'à 1.637 tonnes de mercure; en 1874, elle passait pour épuisée, quand on y a retrouvé de nouvelles zones cinabrifères, moins riches, mais plus régulières que celles exploitées précédemment. La production était encore, en 1897, de 4.700 bouteilles, c'est-à-dire 162 tonnes (la bouteille est de 34 kil. 65).

La mine de New Idria est située au sud du Mont Diablo. Le minerai s'y trouve à l'état de stockwerks, de veines et d'imprégnations complexes dans les couches néocomiennes. Cette mine est à peu près épuisée.

On a signalé un nouveau district à Marfa, dans le Texas, on le dit très riche.

Gîtes de mercure du Mexique.

On a découvert, au Mexique, en 1894, des gisements de mercure très importants. Les principales mines sont celles de Dulces-Nombres et de Guadalupana, dans le district de Moctezuma, à 115 kilomètres au nord-ouest de San Luis de Potosi.

Les autres mines sont celles de Nuevo Potosi et de Huitzuco (État de Guerrero). Une nouvelle mine a été ouverte dans l'État de Durango, en 1898.

Les gîtes de mercure de San Onofrio et de Guadalcazar, qui se trouvent dans des calcaires crétacés, sont à peu près abandonnés.

Gîtes de mercure de l'Amérique du Sud.

Colombie. — On a rencontré le mercure, en Colombie, dans le district de Kamloops. On connaît aussi des gîtes de mercure près de Cruces, dans l'isthme de Panama et dans la vallée de Santa Rosa (province d'Antioquia).

Équateur. — On a trouvé le cinabre près de la vallée d'Azogue : il est dans les grès anciens. Des gisements analogues à ceux d'Azogue se trouvent près de la ville de Loja.

Pérou. — Le Pérou a été autrefois un des centres principaux de production du mercure dans le monde.

Nous citerons la mine de Santa-Cruz, dans la province d'Ancachs, celle de Cajamarca, dans les montagnes de Santa-Apolonia, où le mercure natif se trouve dans un trachyte, et enfin, la mine de Santa Barbara, dans le fameux district d'Huancavelica.

Bolivie. — On rencontre le mercure dans les minerais d'argent.

Chili. — On connaît, au Chili, la mine de mercure de Punita et celle d'Arqueros, dans le désert d'Atacama, le minerai est un amalgame d'argent.

République argentine. — On a découvert, dans la région de la Rinconada, des quartz aurifères contenant un peu de cinabre dans les schistes siluriens.

Brésil. — On a signalé le mercure dans les mines d'or de la province d'Ouro Preto.

Gîtes de mercure de l'Asie.

L'Asie comprend un district cinabrifère d'une étendue considérable, auquel on prédit un grand avenir; les principales mines se trouvent dans la province chinoise de Kouei-Tchéou.

Sibérie. — Le cinabre a été trouvé, à diverses reprises, dans les districts aurifères des monts Ourals, par exemple, près de Beresovsk, de Miask et de Bogoslovsk.

CORÉE. — Le mercure a été signalé, en Corée, dans la province de Hoang-Hai. On exploite le mercure en allumant des feux dans des trous creusés au milieu des roches imprégnées de cinabre et en recueillant le mercure qui distille et se condense à la surface de la roche.

JAPON. — On rencontre à Shizu, dans la province d'Hirado, quelques veines de cinabre, au milieu des roches volcaniques. La production de mercure au Japon a été de 2.141 tonnes en 1893. En 1895, elle est tombée à 481 tonnes.

Gîtes de mercure de l'Australie.

On a rencontré des affleurements mercuriels à Cudgegong, dans la Nouvelle-Galles du Sud, et à Kilkivan, près de Maryborough, dans le Queensland. On a signalé également la présence du cinabre dans la Nouvelle-Zélande, près de la baie d'Island; à Thames, dans la mine de Mangakirikiri-Creeck.

Gîtes de mercure de l'Afrique.

On rencontre en Algérie et dans le sud de la Tunisie quelques gîtes de mercure complexes, où le cinabre se trouve associé à la galène et à la blende.

Gîtes de mercure de la France.

On a trouvé, à Chalanches, dans l'Isère, du cinabre dans des veines de galène et de blende. On a rencontré également le cinabre à Peyrat (Haute-Vienne), dans du granite.

En Corse, au cap Corse, le cinabre est associé à de la stibine surtout dans le gîte de Méria. Ces filons de stibine se trouvent dans les schistes sériciteux de la base de la formation schisteuse constituant tout le nord-est de l'île.

De 1895 à 1899, la production moyenne annuelle de mercure pour le monde entier a été de 4.056 tonnes.

CHAPITRE VIII

GITES DE CUIVRE

Les principaux minerais de cuivre sont : le cuivre natif, la *cuprite* (Cu^2O), la *malachite*, l'*azurite* (hydrocarbonates de cuivre), la *chalcopyrite*, l'*érubescite* (sulfures de cuivre et de fer), la *chalcosine* (Cu^2S), les *cuivres gris* (antimoniosulfures et arséniosulfures de cuivre).

Les gîtes de cuivre sont filoniens ou sédimentaires.

Quelques ingénieurs admettent l'existence de gîtes en inclusions. Nous citerons, comme exemple, le gîte de Sudbury (Canada) situé au S.-O. du gîte cobalto-argentifère de Temiskaming. Les minerais sont constitués par de la chalcopyrite, de la pyrrhotine nickélifère, de la pyrite de fer et des traces de sperrylite, arséniure de platine Pt As².

Ces minerais se trouvent dans des quartzites et des amphibolites qui sont recoupés par des dykes de diorite et de gabbro ; ils forment des amas au contact des diorites et des quartzites, ou bien ils sont à l'état de fines imprégnations dans les amphibolites. L'examen optique des roches a montré que la séparation de la pyrrhotine et de la chalcopyrite, dans leur état actuel s'est effectuée pendant ou après le métamorphisme du gabbro, par conséquent ce ne peut pas être un produit de différenciation magmatique, c'est donc un gîte de dépôt hydrothermal, comme la plupart des gîtes cuprifères.

I. — GITES FILONIENS

1º Filons de minerais avec tourmaline et quartz.

On rencontre dans le Cornwall et en Saxe des filons qui contiennent à la fois des minerais de cuivre et des minerais d'étain.

Nous ne nous occuperons que des filons de minerais de cuivre ne contenant pas de cassitérite.

Les principaux minerais rencontrés dans ces filons sont : la chalcopyrite, le cuivre panaché et la chalcosine ; les minerais accessoires sont représentés par l'oligiste, la molybdénite, la bismuthine, la galène et la blende, les cuivres gris, certains minerais d'arsenic, de bismuth et d'uranium.

Les gangues sont : la tourmaline, le quartz, la muscovite, la calcite, la dolomie, la sidérose, la fluorine, l'apatite et l'émeraude.

Le granite formant la roche encaissante est transformé, au voisinage des salbandes, en greisen, comme dans les gîtes stannifères ; mais on ne rencontre dans ce greisen ni topaze ni zinnwaldite.

Ce type de filons est tout particulièrement répandu dans la région de Télémark (Norvège), et notamment à Bleka où les minerais sont constitués par de la chalcopyrite, du cuivre panaché, de la chalcosine, de la bismuthine et de l'or ; la gangue est une tourmaline aciculaire (luxulianite). Les filons de Bleka et de Svartdal présentent les plus grandes analogies avec ceux du Chili et de la Bolivie.

Les gîtes du Chili appartiennent à deux classes distinctes.

Les premiers sont situés dans le nord du Chili, entre Antofagasta et Valparaiso, dans la cordillère de la côte ; ils sont encaissés dans des diorites, des labradorites. Le remplissage est caractérisé par de la chalcopyrite et de la pyrite de fer, avec une certaine quantité d'or. La principale mine est celle de Tamaya.

La deuxième classe se trouve plus au sud, à de très grandes hauteurs, dans les terrains secondaires stratifiés en relation avec des porphyres augitiques. Les principales mines sont celles de Cerro-Blanco (Copiapo), Porotos (Coquimbo). Le minerai consiste en chalcopyrite, galène, blende, argent et or.

On a découvert, il y a quelques années, à Copaquire, près Huatacondo, province de Taracapa (Chili), une mine de cuivre présentant des particularités très intéressantes. Le gisement est formé d'une roche très friable qui se désagrège immédiatement après son immersion dans l'eau ; le minerai est du sulfate de cuivre soluble dans l'eau et qui peut facilement être régénéré en cristaux dont le cuivre est extrait.

On suppose que le gisement continue à s'augmenter par un phénomène physique d'ascension ; il est donc probable que sous le dépôt de sulfate de cuivre existe une masse énorme de chalcosine qui, sous l'influence de l'humidité et de la chaleur, se transforme peu à peu en sulfate de cuivre que les eaux dissolvent et amènent dans les roches perméables des collines où il cristallise. Le Chili est le pays du monde où le cuivre est le plus répandu. On peut rattacher aux gisements du Chili ceux de la baie d'Algodon, en Bolivie, sur la lisière du désert d'Atacama.

2° Filons de minerais de cuivre avec quartz dominant.

(Formation cuprifère quartzeuse.)

Les minerais qu'on rencontre dans ces filons sont : la chalcopyrite, le cuivre panaché, la chalcosine et le cuivre gris. Le quartz est la gangue dominante.

EUROPE. — Nous citerons comme appartenant à ce type les filons de Kupferberg (Silésie). Cette région se compose de schistes à hornblende et autres roches cristallophylliennes qui forment une zone entre les schistes paléozoïques appelés schistes verts et un massif de granite ; il .est fort probable que ces schistes à hornblende proviennent du métamorphisme de contact exercé par le granite ; ils sont recoupés par des dykes de porphyre quartzifère.

Krusch a divisé ce gisement en trois classes :

1º Filons anciens avec chalcopyrite et galène, quartz, calcite, dolomie, fluorine; ils renferment beaucoup de la roche encaissante transformée en chlorite;

2º Filons plus jeunes, purement quartzeux, avec chalcopyrite disséminée dans le quartz ;

3º Couches de minerais qui renferment dans un substratum d'actinote et de chlorite beaucoup de pyrite et, en outre, de la pyrrhotine, de la chalcopyrite, du cuivre panaché et par places de l'ilvaïte et de la magnétite.

A la formation cuprifère quartzeuse appartiennent beaucoup de filons du district minier de Massa-Marittima (Toscane). Les gisements de cette région diffèrent également par la forme; car, en dehors des filons proprement dits, il existe aussi des masses de minerais de forme irrégulière provenant du remplacement de roches calcaires. Le filon le plus important est celui de Boccheggiano, au N.-E. de Massa-Marittima ; sa direction est N.-N.-O., le pendage est de 40 à 50º N.-E. et sa puissance de 30 à 33 mètres; il représente une faille entre les schistes micacés du permien (au toit) et les bancs de calcaire et de schistes argileux (au mur). La gangue est presque exclusivement du quartz. Ces minerais se composent de chalcopyrite et de pyrite ; on y rencontre parfois de la marcasite, de la bismuthine et de l'oligiste.

AUSTRALIE. — Il existe à Burra-Burra (Australie méridionale) des filons de cuivre d'une très grande richesse, à gangue quartzeuse, encaissés dans un calcaire métamorphique.

On exploite à Cobar (Nouvelle-Galles du Sud) des minerais de cuivre, encaissés dans des schistes siluriens.

Il existe dans l'Australie du Sud, à 200 kilomètres environ au N.-O. d'Adélaïde, sur la côte est du golfe de Spencer, un district cuprifère connu et exploité depuis 1861, dont la production annuelle dépasse 6.000 tonnes de métal. Il comprend deux centres d'exploitation correspondant à deux gisements distincts, Wallaroo et Moonta, éloignés l'un de l'autre de 15 kilomètres (fig. 345).

Moonta. — A Moonta, le climat est sec et chaud, parfaitement sain. Le sous-sol de cette région est constitué par un porphyre pétrosiliceux fort dur, contenant de gros cristaux d'orthose ; ce porphyre n'affleure pas, il est recouvert d'un manteau de calcaires d'une épaisseur de 2 mètres, il est décomposé en argile rouge (décalcification).

Le cuivre se trouve à l'état de chalcopyrite et accessoirement de cuivre panaché dans des filons quartzeux recoupant le porphyre mais ne pénétrant pas dans les calcaires. La découverte de ces filons est due à un animal fouisseur, le wombat, qui, en creusant ses terriers sous les calcaires, a ramené au jour des morceaux de malachite. La partie supérieure est constituée par des oxydes et des carbonates. La puissance des filons est de 2 mètres, la direc-

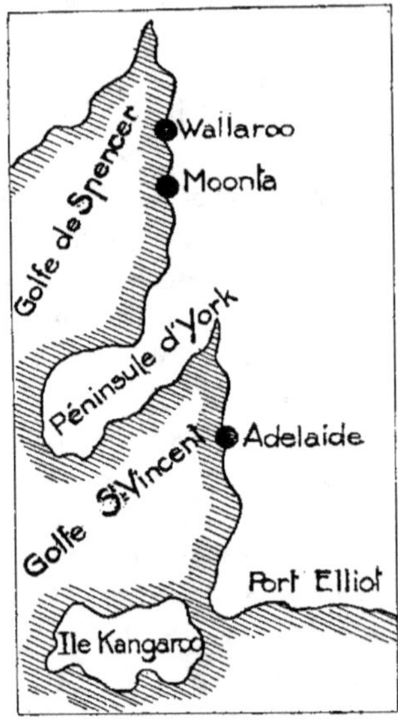

Fig. 345.

tion générale est S.-O. N.-E. ; le pendage est de 60° N.-O. Le gisement consiste en colonnes minéralisées, chacune des colonnes est constituée par un nombre plus ou moins grand d'amas de dimensions variables, isolés, mais voisins les uns des autres. En un mot, le district consiste en un ensemble de colonnes, bien plutôt que de filons métallifères.

Une particularité remarquable des filons de Moonta, c'est la présence sur leurs épontes, dans la roche encaissante, de dépôts de minerais. Ces dépôts que l'on désigne [sous le [nom de *wallows* sont de deux sortes : les branchements et les amas (fig. 346 et 347).

Les branchements se présentent aussi bien au toit qu'au mur et y pénètrent assez avant. Ils ont la forme irrégulière incertaine d'une infiltration et se terminent en pointe. Les amas se trouvent à peu près uniquement au mur. Le minerai de ces wallows est, en général, meilleur que celui de la partie correspondante du filon, parfois même il est très riche On y rencontre assez souvent du cuivre panaché, alors qu'il n'y en a pas dans les épontes, et le tonnage peut s'élever à plusieurs centaines de tonnes. On a constaté que les roches porphyriques et les filons cuprifères sont recoupés par des dykes de diorite qui sont fortement altérés. On constate des enrichissements aux points d'intersection de ces dykes avec les filons de quartz.

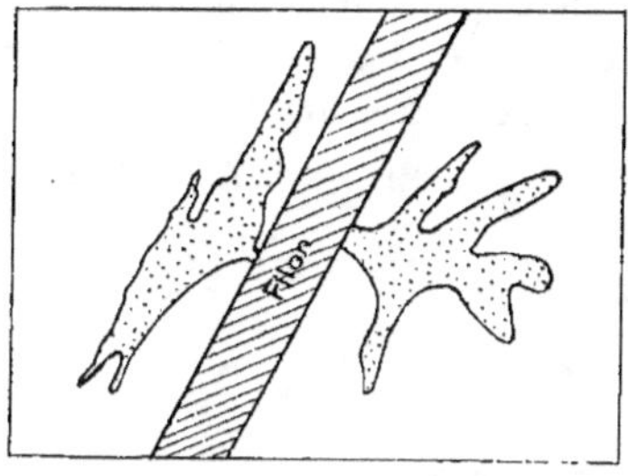

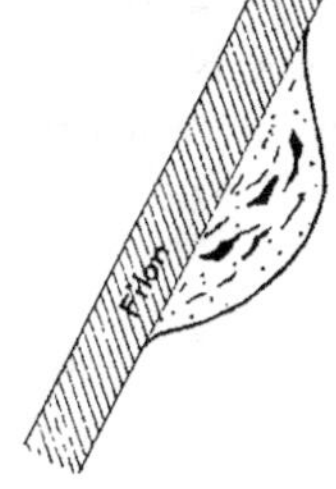

Fig. 346. — BRANCHEMENT.   Fig. 347. — AMAS.

Wallaroo. — On ne connaît à Wallaroo qu'un grand filon quartzeux, de direction E.-O., qui recoupe les schistes ; il a une grande puissance et son pendage se rapproche de la verticale. Le minerai consiste en chalcopyrite, pyrite de fer avec mispickel et cobaltine.

Nous signalerons encore les mines de cuivre de Chillagoe (Queensland) ; c'est dans cette région que se trouve la Mount Chalmers, mine de cuivre et d'or.

Enfin nous indiquerons la mine de Champion dans la Nouvelle-Zélande dont les minerais consistent en chrysocolle à la surface et en cuivre natif en profondeur; et la Mount Lycel Mining and Railway and C°, en Tasmanie.

AMÉRIQUE. — On a découvert dans l'Arizona (U. S.), il y a une qua-

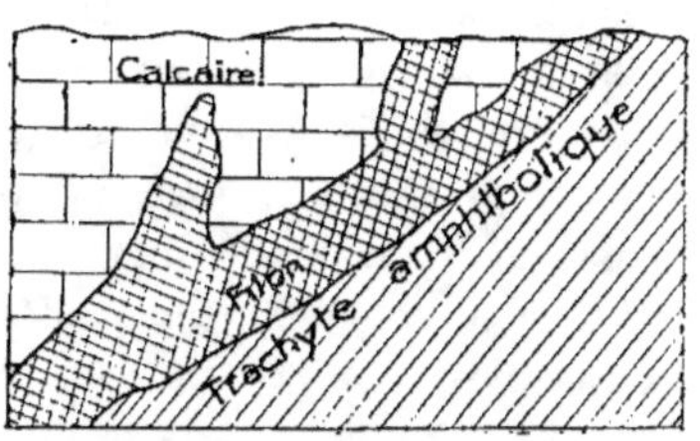

Fig. 348.

rantaine d'années, des filons de chalcopyrite à gangue quartzeuse ; ces filons se trouvent au contact de calcaires cambriens et de trachytes amphiboliques (fig. 348) ; les ramifications des filons traversent nettement le calcaire. On trouve à la partie supérieure des oxydes et des carbonates. Les filons ont jusqu'à 5 mètres de puissance. Les principales mines de ce district sont : Old Dominion, Copper Queen, Arizona, Détroit. Le cuivre de l'Arizona est très recherché à cause de sa pureté. On trouve également des grès cuprifères dans la région d'Yavapai.

Montana. — Le territoire de Montana (U. S.) renferme des filons de cuivre, d'argent et d'or d'une richesse considérable. Le centre de ce district minier est la ville de Butte (Butte City). Cette ville, qui date de 1877, avait déjà, en 1890, 35.000 habitants. Elle se trouve dans une dépression drainée par le Silver Bow Creek, entre des massifs de granite au nord et au sud et des rhyolites à l'ouest. Au

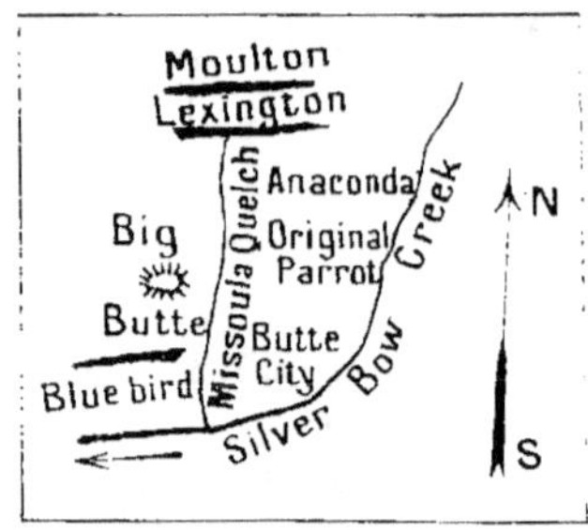

Fig. 349.

milieu de cette dépression se trouve Butte qui a donné son nom à la ville ; c'est un monticule constitué par des rhyolites et ayant une trentaine de mètres de hauteur. Tous les filons ont été rencontrés dans un granite dioritique (d'après Emmons), jamais dans les rhyolites, mais souvent au voisinage de dykes d'une variété de rhyolite qui ont recoupé le granite; leur gangue est quartzeuse; ils sont très réguliers, presque verticaux et orientés généralement E.-O. On distingue dans ces filons 3 zones différentes : la première au-dessus du niveau hydrostatique, puissante de 60 à 120 mètres, contient des minerais de cuivre oxydés pauvres (1 °/₀ de cuivre), mais assez riches en argent. La seconde immédiatement au niveau hydrostatique, avec une puissance de 60 mètres, renferme du cuivre panaché, de la chalcosine et de la covelline ; elle renferme trois fois autant de cuivre que la zone inférieure qui est constituée par de la chalcopyrite, de la pyrite, de l'*énargite* (Cu^3AsS^4) et du quartz. Les 3 principales mines sont : pour le cuivre, Anaconda ; pour l'argent, Granite Moutain ; pour l'or, Drun Lummon.

Le filon de l'Anaconda a été reconnu sur 600 mètres à direction et 350 mètres en profondeur; sa puissance est de 13 mètres en moyenne. Cette mine, achetée en 1883 150.000 francs, vaut actuellement 200 millions ; elle occupe 6.000 ouvriers. On y a découvert il y a quatre ans des filons de chalcopyrite transformés partiellement à la surface en covelline ; cette covelline contient jusqu'à 24 grammes de platine à la tonne.

On rencontre dans la Virginie (Virginia-District) des filons analogues aux précédents, mais beaucoup moins importants.

Colombie britannique. — On exploite, depuis 1898, des filons de cuivre situés sur la côte de la Colombie britannique. Les gisements connus sont ceux de l'île Texada, du Mont-Sicker et du Howe-Sound. Ils se trouvent au contact des granites de la côte et de la série de Vancouver. Le gisement du Mont-Sicker se trouve à 10 kilomètres de la côte orientale de l'île de Vancouver, entre Victoria et Panaïmo, dans la vallée de Chemainus ; ce gisement est enfermé dans une bande de schistes chloriteux qui coupe la vallée. Le long de cette bande est un dyke de diorite et c'est près de ce contact qu'on rencontre le minerai.

Les schistes et le dyke ont glissé l'un sur l'autre, c'est probablement dans ce glissement que les terrains ont pris une structure feuilletée. Les solutions métallifères se sont infiltrées dans l'intervalle des feuillets, et, comme ils sont d'autant plus entrebâillés que l'altitude est plus élevée, c'est dans les parties hautes seulement qu'on trouve des lentilles de quelque importance.

On n'a pas trouvé de minerais ayant une valeur commerciale à plus de 60 mètres de profondeur. Au contraire, on peut espérer rencontrer de nouvelles lentilles en remontant les schistes vers le sommet du Mont-Sicker. Actuellement, on connaît une série de lentilles alignées parallèlement à la surface de contact des schistes et de la diorite et qui s'étend sur une longueur de 3 à 400 mètres à travers les deux concessions de Lenora et de Tyee; ces lentilles sont d'assez vastes dimensions, les plus grandes ayant 100 à 155 mètres de longueur sur 30 mètres de profondeur et 10 mètres de largeur. Tyee possède trois de ces lentilles qu'on estime renfermer 60.000 tonnes de minerais. Les schistes eux-mêmes sont imprégnés de minerais de cuivre, ils en contiennent par places jusqu'à 2 %. Quant au minerai proprement dit, il contient le cuivre sous forme de chalcopyrite aurifère ; la gangue est composée de quartz, d'un peu de calcite et de plus de 25 % de barytine. On y trouve en même temps de la pyrite et jusqu'à 15 % de blende.

Asie. — On exploite à Kedabek (arrondissement d'Elisabethpol) (Transcaucasie) une série d'amas répartis dans une montagne isolée, le Mis Dagh (Montagne de cuivre). Ces amas, quelquefois ramifiés au milieu de la roche encaissante, sont situés au milieu des porphyres quartzifères, près du contact de cette roche avec des diorites. L'âge de ces roches a été longtemps discuté, on peut leur attribuer une origine jurassique. Quant aux gîtes métallifères, ils seraient postérieurs aux dernières venues éruptives qui sont constituées par des andésites. Les amas semblent résulter de la circulation dans les géodes et les fentes de la roche volcanique d'eaux cuprifères qui ont déposé des sulfures de cuivre, de fer, de plomb et de zinc. On connaît actuellement dix-sept amas. C'est au contact des diorites que se rencontrent les poches; il n'y a rien au contact des porphyres et des andésites. Les parties minéralisées reconnues jusqu'ici ont des longueurs variant de 100 à 250 mètres et des hauteurs de 2 à 50 mètres; elles contiennent de la chalcopyrite, de la pyrite, de la galène et de la blende. La teneur en cuivre diminue du toit au mur où on ne trouve plus que de la pyrite de fer.

AFRIQUE. — On a exploité à Kef-Oum-Théboul (Algérie), à 5 kilomètres de la mer, à 12 kilomètres de la Calle, des filons assez complexes, contenant

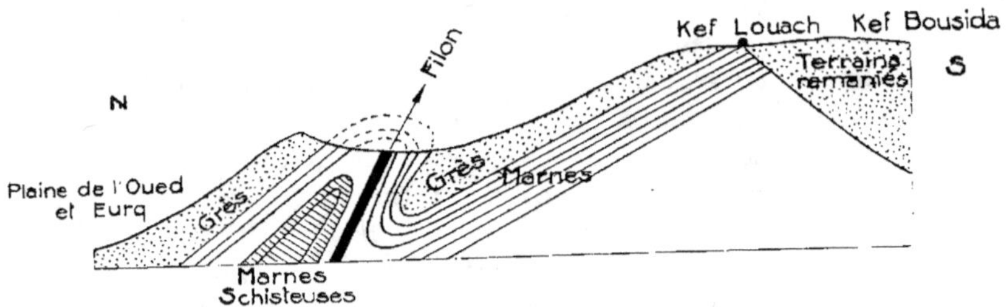

Fig. 350. — COUPE GÉOLOGIQUE DE LA RÉGION DE KEF-OUM-THÉBOUL.

de la chalcopyrite, de la blende et de la galène, et comme gangue du quartz et de la barytine. La montagne du Kef est constituée par des marnes schisteuses et des grès tertiaires, et traversée par un filon très ramifié dirigé E.-O., avec pendage de 65° nord.

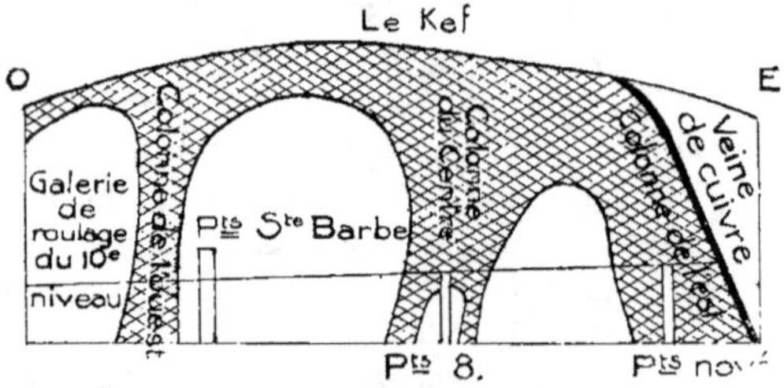

Fig. 351. — COUPE VERTICALE THÉORIQUE DE LA RÉGION DE KEF-OUM-THÉBOUL.

On distingue dans ce filon trois principales veines : veine du toit connue seulement à l'est, veine principale et veine du mur. Le filon vient buter et s'arrêter contre une veine N.-O. dite la veine du cuivre.

Les parties riches du filon présentent la forme de colonnes plongeant légèrement de l'ouest vers l'est, comme le montre la coupe théorique est-ouest dans le plan du filon (fig. 351).

Ces colonnes au nombre de trois se rejoignent près des affleurements, formant là une zone riche.

La colonne de l'ouest se prolonge jusqu'à 80 mètres au-dessous du dixième niveau. La colonne du centre se bifurque assez vite. Celle de l'est est formée de la veine principale avec la veine du mur et la veine de cuivre.

Parmi les gisements africains nous citerons encore les filons de Klein Namaqualand et de Damara Land (côté ouest de l'Afrique du Sud). Ces filons sont constitués par de la chalcopyrite, de l'érubescite, de la chalcosine avec gangue quartzeuse; ils recoupent les granites et schistes anciens; ils sont assez souvent aurifères.

Nous citerons également les filons de l'Albert Silver Mine, à 50 milles N.-E. de Prétoria (Transvaal), qui se rencontrent dans un granite traversé par des dykes de diabase et d'olivine.

On peut mentionner en appendice les six remarquables groupes de filons de minerais de cuivre manganésifère qui surmontent les filons de manganèse dans les environs de Muleye, dans la Basse-Californie; ils se trouvent dans des tufs trachytiques du terrain tertiaire et renferment de la chalcosine avec du manganèse et du cobalt et pour gangue de la calcédoine.

3° Filons de minerais de cuivre avec gangue de carbonates, de quartz, de barytine et de fluorine.

(Formation cuprifère spathique.)

Les minerais rencontrés dans ces filons sont représentés par la chalcopyrite, le cuivre panaché, la chalcosine et le cuivre gris, avec une certaine quantité de pyrite. Les gangues sont la sidérose, la calcite, la dolomie, le quartz, la barytine et quelquefois la fluorine.

Les filons le plus caractéristiques de ce groupe sont certainement ceux de Kamsdorf, près de Saalfeld en Thuringe (fig. 353) ; ces filons sont encaissés dans le zechstein et minéralisés par du cuivre gris argentifère, de la chalcopyrite argentifère et, comme minerais accessoires, des minerais de cobalt et de nickel (smaltine et nickeline).

On rencontre dans le Tyrol, à Kupferplatten et à Mitterberg, des filons cuprifères encaissés dans les schistes siluriens, minéralisés par de la chalcopyrite accompagnée parfois de cinabre et ayant pour gangue de la sidérose.

On a exploité à Kotterbach, en Hongrie, des filons cuprifères contenant aussi un peu de cinabre.

Ce type ne fait pas non plus défaut dans les régions cuprifères du Japon. Nous citerons les mines d'Ossar-Sawa dans la province de Rikurshu, d'Arakawa et d'Ani dans la province d'Ugo, de Kusakura dans la province d'Etschigo et d'Ogoya dans la province de Kaga.

On a rencontré à Kresevo et à Prozors (Bosnie) des filons de cuivre gris à gangue de sidérose et de barytine; ils sont accompagnés de cinabre.

Il existe dans la Sierra Nevada (Espagne) des filons de cuivre gris recoupant les micaschistes et les schistes primaires. La gangue est formée de sidérose. Les principales mines sont celles de Santa Felicia et de Saint-André. Cette dernière mine donne 7 % de cuivre.

Gîtes de l'Algérie.

On exploite au Djebel-Ouenza, à 25 kilomètres de la station de Claire-fontaine, sur la ligne de Tebessa, un gîte cuprifère d'origine sulfurée, terminé par un immense chapeau de fer qui contient de la malachite, de l'azurite, de la cuprite. Ce chapeau de fer est encaissé et parfois recouvert par des calcaires liasiques ou crétacés traversant les marnes du trias. Ce gîte est en relation avec une éruption de diabases tertiaires au N.-E. et des schistes siluriens au S.-O. On trouve en profondeur des filonnets de cuivre gris qui sont à gangue de dolomie, de barytine et de fluorine. La mine de cuivre du Djebel-Ouenza est la plus importante de l'Algérie et de la Tunisie. Le minerai tout-venant a donné 5 % de cuivre métallique. Le Djebel-Ouenza a été exploité par les Romains, comme en témoignent 5 à 6 kilomètres de galeries souterraines.

Il existe à Mouzaïa, sur la Chiffa, dans la partie du massif de l'Atlas qui court de Blida à Médéa, un gisement cuprifère, constitué par de la chalcopyrite et du cuivre gris argentifère. La gangue est formée de calcaire, de dolomie ferrugineuse (ankérite) et de sidérose.

Ces minerais sont en relation, au N.-E., avec des diabases tertiaires traversant des marnes et des gypses du lias. Le chapeau de fer passe rapidement à la sidérose.

Nous citerons également la mine de Tadergount, située à 36 kilomètres de Collo (département de Constantine). On y rencontre des veines de pyrite cuivreuse dans les schistes anciens et quelques filons de chalcopyrite en relation avec des roches diabasiques, des péridotites et des serpentines.

Le gisement de Bou-Kadra, qui appartient à la Compagnie des Mines de Mokta-el-Hadid. Il est situé à peu de distance au nord de l'Ouenza avec lequel il présente certaines ressemblances au point de vue minéralogique et géologique. Il est constitué par des filons de chalcopyrite avec barytine qui recoupent un massif d'hématite cuivreuse.

Le gisement de Hassi-ben-Hendjer, situé à 14 kilomètres à l'ouest de Aïn-Sefra (département d'Oran). Il est constitué par des grès cuprifères.

Enfin, le gisement de Aïn-Barbar, où on exploite des filons formés de chalcopyrite, de blende et de galène avec de la calcite.

4° **Filons de minerais de cuivre avec carbonates prédominants et zéolites, avec cuivre natif.**

(Formation cuprifère zéolitique.)

Ce type de filons se rencontre au Lac Supérieur (U. S.). Les principaux minerais sont le cuivre natif et l'argent natif. Les gangues consistent en calcite, fluorine, chlorite et un grand nombre de zéolites.

Les célèbres gisements du Lac Supérieur contiennent, outre le cuivre, de très riches mines de fer; ils consistent en filons et en couches.

La coupe ci-après montre la disposition des différents minerais.

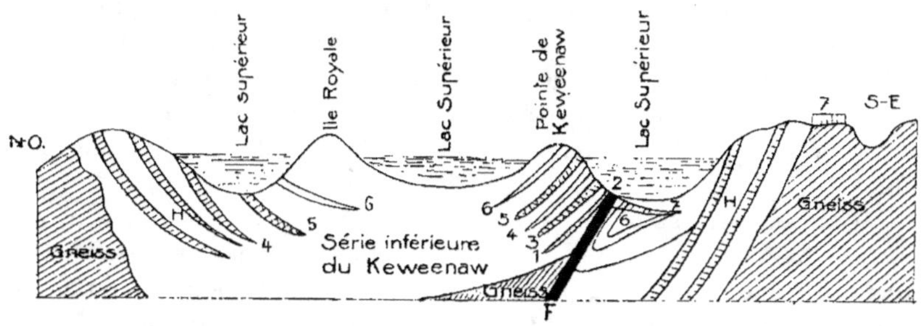

Fig. 352.

H. Quartzites et minerais de fer (huronien).

F, faille.

1. Diabases, gabbros et mélaphyres.

2. Porphyres quartzifères.

3. Diabases et mélaphyres amygdaloïdes (très riches en cuivre).

4. Grès et conglomérats intercalés.

5. Mélaphyres et diabases amygdaloïdes (riches en cuivre).

6. Schistes et grès rouges.

7. Grès de Postdam (cambrien discordant).

On voit à la base des minerais de fer interstratifiés dans les couches huroniennes (quartzites, micaschistes); au-dessus se trouvent les minerais de cuivre dans des roches éruptives (diabases, gabbros, mélaphyres) intercalées dans des schistes précambriens. Ces roches, poreuses et facilement attaquables, ont été imprégnées jusqu'à une grande distance par des eaux thermales chargées de cuivre qui circulaient dans les fentes.

Les principaux gîtes cuprifères sont :

1° La pointe de Keweenaw. On rencontre là les mines de Portage, Calumet et Hecla, la plus importante, Quincy, Osceola, Central Mine où l'on trouve les plus grandes masses de cuivre natif. Les puits de la mine Calumet et Hecla, appelés Red-Jackets, ont été approfondis en 1899 jusqu'à 1493 mètres.

2° La région d'Otonagon comprenant les mines Minnesota et du Wisconsin.

3° L'Ile Royale.

Credner, Groddeck, qui ont étudié la région du Lac Supérieur, estiment qu'il y a quatre gisements différents de cuivre. Irving n'en considère que deux :

1° *Des filons de fracture.* — Ces filons de fracture ont été seulement exploités pour cuivre dans la pointe de Keweenaw; leur puissance est de 2 à 10 mètres.

Les parties riches se rencontrent uniquement dans les diabases amygdaloïdes très altérées; le remplissage consiste en quartz, calcite et prehnite. Irving pense que ces filons sont en grande partie des filons de substitution et non d'incrustation et qu'ils ont été produits par la même circulation d'eaux qui a déposé le cuivre dans les couches stratifiées.

2° *Dépôts stratiformes.* — Le cuivre se présente à Calumet et Hécla dans des conglomérats composés de porphyre quartzifère et de mélaphyre, où il forme un ciment, il semble avoir remplacé des éléments préexistants. Dans la mine Copper Falls, les amygdales de diabases ne sont pas complètement remplies par du cuivre natif; on y trouve de l'argent natif; les gangues sont constituées par de la calcite, du quartz, de la chlorite, de l'épidote et des zéolites.

GENÈSE DES GISEMENTS. — Le cuivre provient, très probablement, d'un magma basique, et résulte d'une activité hydrothermale filonienne ayant pris une allure spéciale. La précipitation cuivreuse est une cémentation produite par la magnétite contenue dans la pâte augitique de la diabase. La peroxydation de cette magnétite est, en effet, en relation avec le dépôt de cuivre.

On rencontre à Madagascar du cuivre natif avec zéolites, dans des basaltes altérés, dans les régions de l'Ambongo et du Boeni, notamment près du lac Kinkony.

Il existe aux îles Feroë des amas de cuivre natif disséminés dans des zéolites et notamment dans la prehnite.

II. GITES ÉPIGÉNÉTIQUES NON FILONIENS, DANS LES ROCHES STRATIFORMES CRISTALLOPHYLLIENNES ET SÉDIMENTAIRES

1° Gîtes en couches.

Le type classique des couches cuprifères est celui du Mansfeld. Ce gisement traverse toute la partie de l'Allemagne, depuis le cours de la Saale jusqu'au bord est de la région schisteuse du Rhin. Les affleurements s'étendent sur les versants sud et sud-est du Hartz. Dans cette étendue qui mesure environ 200 kilomètres de l'est à l'ouest et de 100 à 150 kilomètres du nord au sud, la constitution du gîte n'est pas uniforme. La partie la plus intéressante est celle du district du Mansfeld (fig. 353).

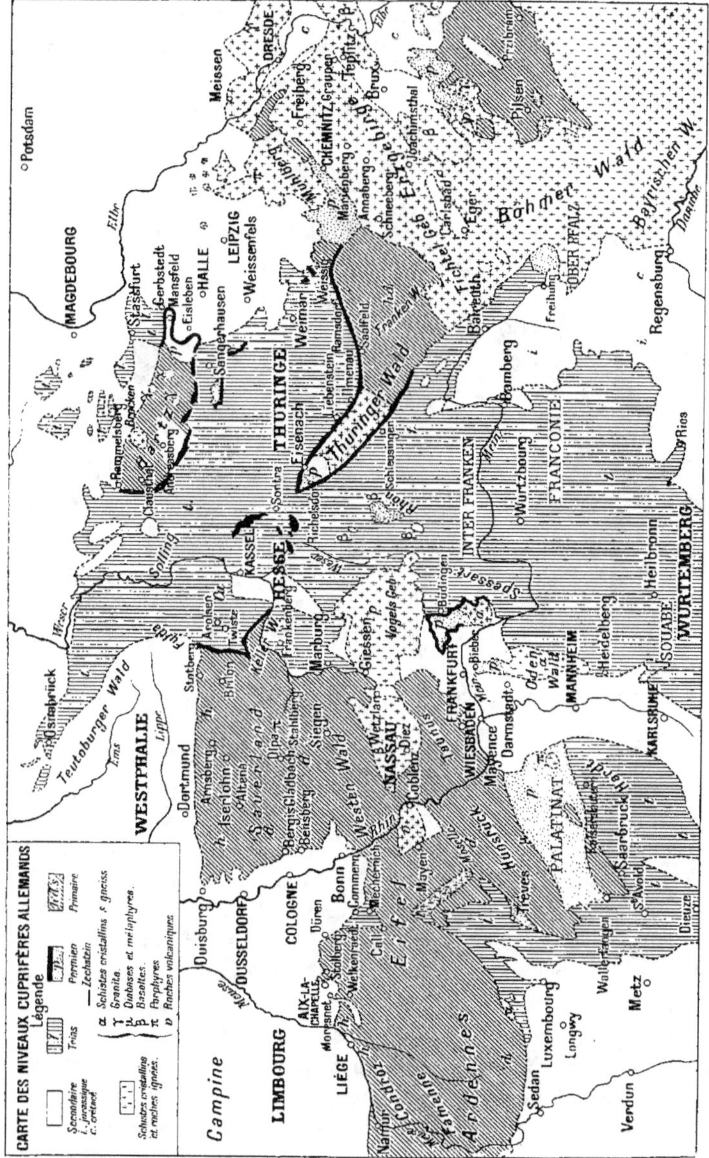

Fig. 353. — d'après L. de Launay.

Les couches cuprifères sont intercalées dans le zechstein qui occupe la partie supérieure du permien; elles reposent en discordance sur des formations gréseuses (rothliegende, grès rouge permien), et sont recouvertes par le trias.

Le schiste cuprifère est un schiste marneux bitumineux noirâtre avec une teneur en métal extrêmement variable.

La coupe de la figure 354 donne une idée des dislocations qui se manifestent très souvent dans le district cuprifère du Mansfeld. L'exploitation a commencé en 1199, et le 12 juin 1900 on a célébré le 700e anniversaire. La production du cuivre a été en 1898 de 18.344 tonnes.

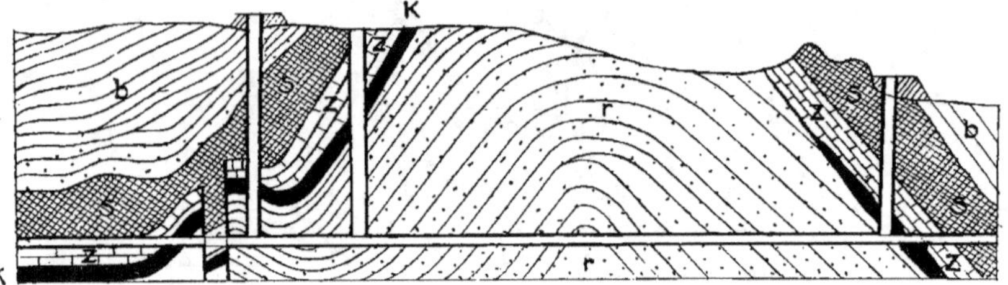

Fig. 354. — Coupe schématique de l'anticlinal du district de Tiefthal dans le Mansfeld. *b*. Grès bigarré. — *s*. Calcaire fétide. — *z*. Calcaire du Zechstein. — *r*. Rothliegende. — κ. Couches cuprifères.

La puissance des couches est de $0^m,30$ environ, la teneur moyenne est de 2,5 %.

Le minerai consiste en chalcopyrite, chalcosine, cuivre panaché, pyrite de fer; on rencontre en outre de l'argent natif. L'exploitation est rémunératrice, grâce à la proportion d'argent.

ORIGINE DES SCHISTES CUPRIFÈRES ET FORMATIONS SEMBLABLES. — Quelques ingénieurs supposent que le schiste cuprifère est un dépôt chimique de minerai provenant de solutions métalliques et effectué en même temps que les formations sédimentaires mécaniques dans un grand bassin marin. Ces solutions auraient été décomposées par les matières organiques, avec formation d'hydrogène sulfuré qui aurait précipité les métaux sous la forme de sulfures.

Mais il est plus probable que les schistes ont été imprégnés postérieurement, car on observe dans ces schistes l'existence d'un grand nombre de fentes qui ont en partie le caractère de filons minéralisés.

On rencontre en Russie, dans les districts de Perm, d'Ekaterinenbourg, d'Ufa et d'Orenbourg, des couches cuprifères répandues dans les grès appartenant également au niveau supérieur de l'étage permien. Les mines les plus riches sont celles de Kargalinski à 40 kilomètres d'Orenbourg. La répartition du minerai est extrêmement irrégulière et limitée à des couches de 6 à 70 centimètres de puissance; la teneur en cuivre est de 3 %.

La formation permienne du Donetz, à l'est de Backmut, renferme aussi des gisements de ce genre, mais plus pauvres.

Le célèbre gîte de Coro-Coro (Bolivie) semble être d'origine et d'allure identique à celui de Perm. Le cuivre natif s'y trouve au milieu des argiles et des grès gypseux. Il se présente en masses dendritiques, en feuilles et quelquefois en gros nodules constitués par du gypse ou du gypse mélangé de calcite et de barytine. Il est probable que les actions électriques ont joué un certain rôle dans la formation de ce cuivre natif.

On a rencontré à Saint-Avold et à Wallerfangen, près de Saarlouis (Lorraine), des grès bigarrés imprégnés de malachite et d'azurite.

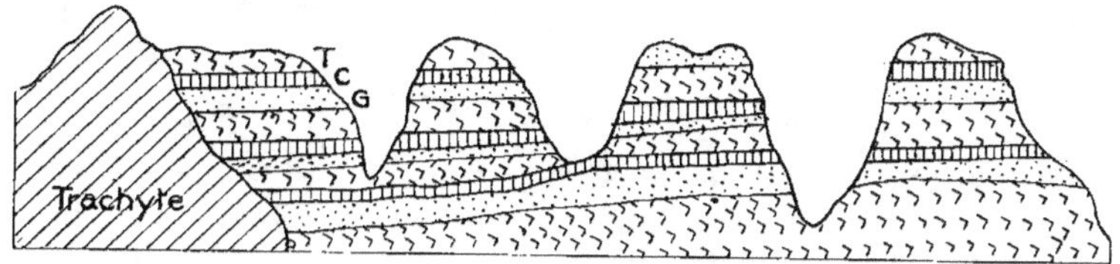

Fig. 355. — COUPE SCHÉMATIQUE DE LA RÉGION DU BOLÉO.

Des gisements analogues se rencontrent à Waretz, près Brive (Corrèze).

Il existe en Corse des couches de chalcosine intercalées dans le grès permien; ce gisement présente un grand intérêt.

On a reconnu, tout récemment, à Senze do Itombe, dans la province d'Angola, Afrique Occidentale, des conglomérats très fortement imprégnés de minerais de cuivre ; ces conglomérats sont intercalés dans la craie.

On a découvert, il y a une vingtaine. d'années, sur la côte est de la Basse-Californie, au Boléo, un gîte sédimentaire cuprifère très riche. Ce gîte est formé de trois couches appartenant au terrain tertiaire; l'ensemble de cette région est subordonné aux épanchements trachytiques.

Les couches cuprifères C alternent avec des conglomérats G et des bancs de tufs argileux T (fig. 355). La puissance de la couche supérieure est au maximum de 1 mètre, l'épaisseur de la seconde varie de $0^m,80$ à $2^m,80$. La puissance de la couche inférieure reste comprise entre $0^m,60$ et 3 mètres.

Les minerais sont constitués par des oxydes, des carbonates, des oxychlorures, des sulfates divers et par un hydrosilicate de cuivre (chrysocolle). Il faut y joindre deux minéraux nouveaux : la *boléite* (oxychlorure de cuivre, de plomb et d'argent) et la *cumengéite* (oxychlorure de cuivre et de plomb). Quant à la teneur du minerai tout venant, elle est en moyenne de 8 %. Le Boléo a donné en 1897, 172.000 tonnes de minerai.

Des couches cuprifères intercalées dans les roches cristallophylliennes se rencontrent à Schwarzenberg (Saxe), à Pitkäranta (Finlande) et à Graslitz

(Bohême). Les couches de ce dernier district sont intercalées dans des phyllites quartzeuses; elles ont de 1 à 3 mètres de puissance. Les minerais sont constitués par de la chalcopyrite, de la pyrite de fer, de l'érubescite.

Les gisements de Chessy, près de Lyon, et ceux de Saint-Bel, situés à 10 kilomètres au sud des premiers, ont été l'objet d'une exploitation très active, mais sont actuellement épuisés.

Le minerai consistait en une pyrite cuprifère située au milieu des schistes précambriens; on y rencontrait de la cuprite, de la malachite, de l'azurite, du cuivre natif. Les gisements de Saint-Bel sont actuellement exploités pour pyrite de fer pure. Il y a là plusieurs lentilles d'une très grande étendue et d'une grande puissance; c'est peut-être le gîte de pyrite de fer le plus puissant du monde.

2° Gîtes en amas.

Les principaux gîtes en amas sont ceux de la Russie, du Nassau, du Banat, de la Serbie, de New-Jersey, du Chili et de la Bolivie. Le célèbre gîte de cuivre de Monte-Catini (Toscane), peut être également considéré comme un gîte en amas.

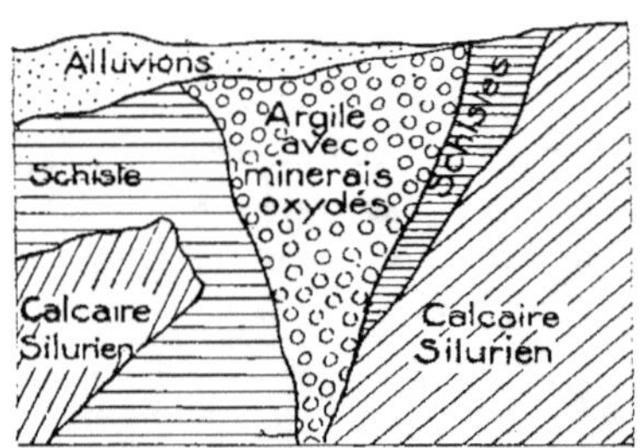

Fig. 356. — Coupe verticale de la mine de Mednoroudiansk.

GITES DE RUSSIE. — Les principaux districts de la Russie sont ceux de Bogoslowsk, Nijni-Taguilsk (Mednoroudiansk).

A Tourinsk (district de Bogoslovsk), le minerai se trouve dans les calcaires du silurien supérieur, à leur contact avec des filons de diorite, recoupés eux-mêmes par des porphyrites. Le calcaire contient des veines d'éclogite. Le minerai est assez complexe, il est formé de pyrite de cuivre, de cuivre panaché, de chalcosine, de cuivre gris et de minerais oxydés et carbonatés.

On exploite à Mednoroudiansk (district de Nijni-Taguilsk), près du fameux gîte de fer de la Vissokaya-Gora, des argiles rouges riches en minerais de cuivre oxydés, carbonatés, emplissant une sorte de poche de 120 mètres de large, au contact de lambeaux très disloqués de calcaire silurien.

Les minerais sont de la malachite, de l'azurite, de la cuprite, du phosphate et du silicate de cuivre; on y rencontre également du cuivre natif et de la covelline. On a trouvé, dans cette mine, d'énormes blocs de malachite qui ont été utilisés comme pierres d'ornement; l'un de ces blocs, découvert en 1836, pesait 330 tonnes. Il y a également quelques minéraux rares : brochantite, libéthénite, tagilite (variété de lunnite), etc., etc. Ces minerais oxydés résultent de l'action des eaux météoriques sur la pyrite de cuivre contenue dans le fer magnétique des environs.

On comprend facilement que les eaux chargées de sulfate de cuivre et de sulfate de fer arrivant sur le calcaire, l'ont attaqué, et le résidu de leur action a été les argiles rouges que l'on rencontre dans les poches. Quant à la formation des phosphates, elle provient de l'action des eaux cuprifères sur l'apatite contenue dans la magnétite. De même l'attaque des silicates a donné naissance à des silicates de cuivre. La teneur moyenne du minerai est de 2 à 3 % de cuivre. L'extraction annuelle atteint 1.200 tonnes de cuivre. L'exploitation est parvenue à une profondeur de 200 mètres sans que la composition du minerai ait changé.

GITES DU NASSAU. — On rencontre dans le Nassau (à Fortunatus, Gnade Gottes et Goldgrube) des amas de chalcopyrite avec galène et blende au milieu des diabases; les eaux thermales ont fortement altéré la diabase qui est imprégnée de minerais.

GITES DU BANAT ET DE LA SERBIE. — Il existe dans le Banat et la Serbie, une bande de 300 kilomètres de long, dirigée nord-sud, constituée par des diorites (*banatites* de v. Cotta). On rencontre dans ces roches des amas métallifères de contact ; le minerai est constitué par de la chalcopyrite, de la pyrite de fer, de la blende et de la magnétite. Les districts miniers les plus connus de cette zone sont : Rezbanya, Moravicza, Dognaczka, Orawickza et Cziklova.

Les gîtes de Rezbanya sont essentiellement constitués par de la chalcopyrite, de la blende, du cuivre natif, de l'or, de l'argent et de la bismuthine.

Les gîtes de Rodna et d'Offenbanya, situés dans le Siebenburgen, contiennent de la chalcopyrite, de la pyrite de fer, de la blende et de la galène.

GITES DE NEW-JERSEY. — On rencontre, à New-Jersey, dans les grès du Trias, au contact des diorites, des minerais de cuivre constitués par du cuivre panaché, de la cuprite, de la chrysocolle, du cuivre natif. La gangue est de la barytine. Ces gisements présentent une certaine analogie avec les gisements du Lac Supérieur.

On peut rattacher aux gisements en amas le gîte cuprifère du Rammelsberg, près de Goslar, dans le Hartz. Ce gîte consiste en une accumulation de lentilles de minerais intercalées dans les schistes de Weissenbach qui dépendent du dévonien. La plus grande puissance est de 15 à 20 mètres, s'élevant exceptionnellement à 30 mètres au point où l'amas se bifurque. Bien que l'exploi-

tation remonte à 10 siècles, on n'a pas encore dépassé la profondeur de 300
mètres.

La formation du Rammelsberg est renversée, c'est-à-dire que le toit
primitif est devenu le mur. Les schistes de Weissenbach qui encaissent le

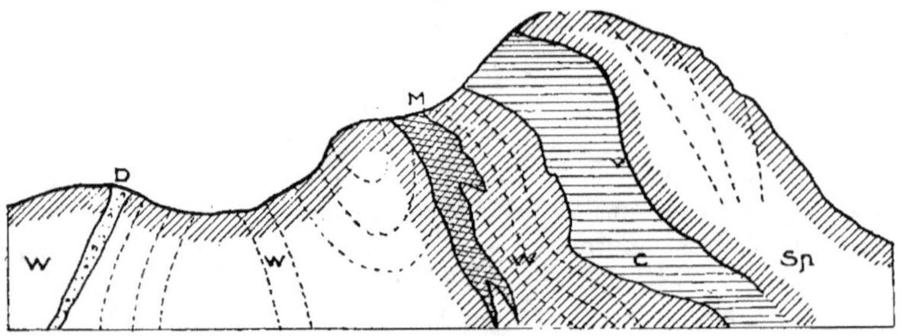

Fig. 357. — COUPE VERTICALE DU GITE DE RAMMELSBERG.
Légende :

M. Minerai.
W. Schistes de Weissenbach.
C. Schistes à calcéoles.

Sp. Grès à spirifères.
D. Dyke de diorite.

gisement sont situés au-dessous des schistes à calcéoles. Au mur se trouvent les
zones riches en cuivre, et au toit ce sont les minerais de plomb qui dominent.

On remarque une concordance parfaite entre la stratification de la pyrite
et celle des schistes encaissants ; ceci montre clairement qu'on a affaire à
un dépôt sédimentaire analogue à celui du Mansfeld et postérieurement plissé.

MINE DE CUIVRE D'INGUARAN, ÉTAT DE MICHOACAN (MEXIQUE). —
Le gîte de cuivre d'Inguaran, découvert il y a quelques siècles, a été,
tout récemment, l'objet de recherches sérieuses faites par les soins de M. Cu-
menge. Cet ingénieur a montré que ce gîte présente quelques particularités
intéressantes tant au point de vue de sa constitution que de sa richesse. Il a
montré qu'il appartient à la catégorie des gîtes de contact et qu'il est compris
entre une roche andésitique et un granite qui forme l'ossature des montagnes
environnantes. Une bande de microgranulite sépare l'andésite du granite, et
c'est dans cette bande que sont alignés, dans une zone de fractures, les amas
de minerais connus, dans le pays, sous le nom de *guedales*. Le minerai est
essentiellement constitué par du cuivre panaché et de la chalcosine. Ces amas
sont des amas bréchiformes composés de fragments plus ou moins volumineux
de microgranulite un peu altérée et cimentée par le minerai cuprifère.

On peut dire que le minerai cuivreux a, ici, une gangue porphyrique, au
lieu d'une gangue quartzeuse qui se rencontre dans la plupart des gîtes filoniens, ou de la gangue de pyrite de fer qui caractérise les grands gisements de
la province de Huelva (Espagne) et notamment le gîte de Rio-Tinto.

La teneur du minerai est de 3 à 4 % de cuivre. La préparation mécanique de ce minerai est des plus simples, ce qui permet d'obtenir des concentrés à 32 % de cuivre, à très bas prix.

A Inguaran, on trouve la chalcopyrite, le cuivre panaché et la chalcosine aussi bien dans les amas du bas de la montagne qu'à une altitude supérieure à 1.000 mètres.

Les guédales d'Inguaran paraissent appelés à jouer un grand rôle dans la production du cuivre dans le monde.

Gîte cuprifère de Monte-Catini (Toscane).

Le gisement de Monte-Catini a dû être un amas ou un système de veines de pyrite cuivreuse, associé à une diabase et dérivé de celle-ci par ségrégation directe (1). Ce gisement, suivant toute probabilité, n'a pas dû se former à la place où nous l'observons; un déplacement mécanique, ou charriage, important a dû précéder et peut-être faciliter les phénomènes d'altération superficielle qu'on y observe; les roches vertes, qui accompagnent le minerai, ont dû être, elles aussi, mécaniquement transportées après leur consolidation, comme une écaille de charriage, à une certaine distance de leur origine. On est donc conduit à supposer qu'il y a eu d'abord une ségrégation au contact de la diabase, puis un charriage dans lequel toute la masse de la diabase avec ses minerais connexes aurait été déplacée, disloquée et morcelée, au-dessus des couches éocènes qui en forment le substratum.

Ce charriage a dû avoir lieu sous le poids d'autres terrains superposés (aujourd'hui disparus par érosion) dans des conditions analogues à celles qui se réalisent à la base des glaciers. Il faudrait attribuer à un laminage mécanique la production, aux dépens de la diabase, d'une énorme salbande argileuse, passant à un véritable conglomérat, qui forme, sous la roche verte et sur l'éocène, la principale zone métallifère, ce qu'on appelle le filon blanc (fig. 358), il faudrait également expliquer par la même cause le morcellement du minerai en une quantité de boules arrondies et striées à la surface, disséminées au hasard dans cette argile et pouvant avoir toutes les grosseurs, depuis de simples grains jusqu'à des masses énormes de plusieurs centaines de tonnes, comme on a eu la chance d'en trouver quelquefois.

Enfin, une altération secondaire a dû agir sur ces « galets » de pyrite cuivreuse ou de chalcopyrite pour les transformer plus ou moins complètement en cuprite, chalcosine, cuivre panaché et chalcopyrite; ces minerais forment des couches concentriques avec un noyau de chalcopyrite au centre.

L'idée de charriage n'est qu'une hypothèse, appuyée sur un certain nombre de faits, mais, ce qui est hors de doute, c'est que la roche verte (avec

---

(1) Cf. DE LAUNAY. *Métallogénie de l'Italie*, Congrès de Mexico, 1901, p. 49 à 67.

les minerais connexes) est aujourd'hui une formation superficielle, reposant sur le terrain éocène dans lequel elle remplit des poches sans racine profonde. Si l'on n'admet pas le charriage proprement dit, il faut alors supposer une intrusion latérale, c'est-à-dire un phénomène igné au lieu d'un phénomène mécanique.

Les roches vertes sont très nombreuses dans toute la Toscane et intimement reliées aux gîtes métallifères; elles présentent plusieurs types pétrographiques, où l'on a cru voir l'indice de venues éruptives successives et qui paraissent plutôt les résultats d'une différenciation plus ou moins avancée exercée en profondeur sur le même magma. D'après Lotti (1), les trois types principaux sont la péridotite (ou lherzolite), le gabbro à olivine et la diabase à olivine (appelée parfois mélaphyre). Il y a sous la diabase un peu d'euphotide et de la serpentine non minéralisée. Toutes ces roches ont pu être très fortement serpentinisées; mais l'altération superficielle ne semble avoir eu aucune influence sur la première concentration des minerais par veines ou amas; on ne peut lui rattacher que les concentrations secondaires du cuivre dans la masse des minerais mêmes dont il sera question plus loin.

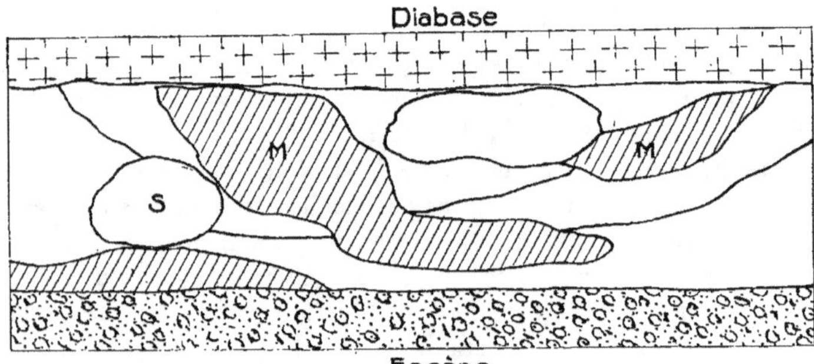

Fig. 358. COUPE THÉORIQUE DU FILON BLANC A MONTE-CATINI SITUÉ A LA BASE DE LA DIABASE QUI ELLE-MÊME N'A GUÈRE QUE 150 A 200 MÈTRES D'ÉPAISSEUR.

Quoi qu'il en soit, la relation des minerais de cuivre avec ces roches et notamment avec la diabase n'est pas douteuse.

A Monte-Catini, on rencontre des fentes minéralisées qui sont comparables à de véritables filons; c'est ce qu'on appelle les filons rouges, englobés dans la diabase altérée (gabbro rosso). Ces fentes partent du filon blanc et se coincent à une certaine distance. Il semble qu'il faille voir, dans ces veines, des ségrégations primitives de la diabase, ayant gardé leur allure dans la roche, tandis que les minerais du filon blanc ont dû être mécaniquement dispersés et assi-

(1) B. LOTTI. La Miniera cuprifera di Monte Catini. *Boll. R. Com. Geol. d. It.*, t. XV, p. 359 à 394. — La génèse des gisements cuprifères des dépôts ophiolitiques tertiaires (*Bull. Soc. Géol. Belgique*, Mémoires, 1889).

milables par conséquent à des stockwerks subsistant dans les blocs de diabase au milieu du filon blanc.

Ce filon blanc constitue le véritable gisement industriel ; il forme une masse de 20 à 50 mètres d'épaisseur. Il est constitué par une grande masse argileuse verdâtre formée de lentilles indépendantes, chevauchant irrégulièrement les unes sur les autres et contenant 1,10 % de cuivre; il y a également des lentilles stériles qui sont assez dures, tandis que les lentilles minéralisées sont plus pâteuses.

A la base, cette argile verdâtre qui forme le filon blanc prend un aspect brèchiforme et devient schisteuse. Au sommet du filon blanc, son contact avec la diabase est d'une allure très variable. Mais rien dans la disposition d'ensemble ne contredit l'idée que la diabase et le filon blanc soient deux parties d'une même formation, différemment influencées par le même charriage mécanique.

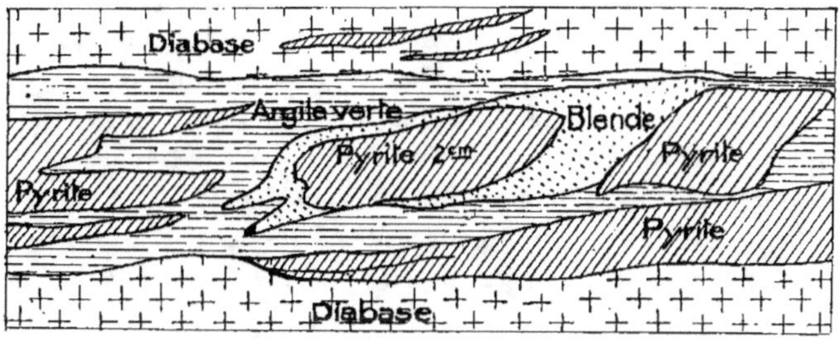

Fig. 359. — DIABASE, VEINE DE PYRITE ET DE BLENDE A MONTE-CATINI.

Les minerais sont des débris disloqués et roulés d'une formation métallifère sulfureuse, produite par ségrégation sulfureuse au contact de la diabase.

Les boules de minerais présentent, comme nous l'avons dit, une minéralisation par zones concentriques et portent à la surface des stries analogues à celles des blocs glaciaires. On a trouvé en avril 1904 une boule de 120 tonnes de cuivre panaché. Ces boules diminuent en profondeur et se réduisent à des glanages.

Il y a lieu de remarquer, comme un fait important pour la genèse du gîte, que l'on a autrefois rencontré des veines de chalcopyrite pénétrant dans le calcaire éocène sous-jacent; on pourrait en conclure que le gîte primitif aurait été un gîte de contact entre la diabase et l'éocène, gîte ensuite disloqué par le déplacement, dans cette hypothèse assez restreint, des deux parties en contact.

Mais il peut se faire que cette chalcopyrite soit le produit d'une remise en mouvement aqueuse tout à fait secondaire. Outre les éléments primitifs qui ont dû être (comme nous l'avons dit plus haut), on rencontre quelques autres sulfures ; ainsi on trouve de la blende brune cupro-ferrifère à l'est.

Mais cette nature n'est pas restée aussi simple que le ferait supposer cet énoncé, et elle a été complètement transformée par les phénomènes d'altération superficielle.

La circulation des eaux météoriques a altéré la diabase en peroxydant les éléments ferro-magnésiens (gabbro rosso). On peut expliquer de même la formation de cette argile métallifère que l'on appelle le « filon blanc » quoique le phénomène paraisse beaucoup plutôt d'ordre mécanique que chimique.

Quand on observe, dans un pays quelconque, l'altération d'une roche analogue à la diabase de Monte-Catini, on voit que cette altération a une tendance à se réaliser par la division de la roche en sphères concentriques.

Enfin, c'est surtout pour les minerais que le processus de l'altération prend un intérêt particulier.

Lorsqu'on part des affleurements, nous avons vu que l'on trouvait d'abord les « filons rouges », incrustant des fissures de la diabase. On y rencontre le cuivre natif associé aux zéolites, la chalcosine et le cuivre panaché; la chalcopyrite, au contraire, fait à peu près défaut. C'est dans ces conditions que l'on a eu des plaques de cuivre de 20 centimètres, ou ailleurs des arborescences analogues à celles du Lac Supérieur. Plus bas, dans le filon blanc, la chalcosine, comme le cuivre natif et les minerais plus riches en cuivre, disparaissent; on ne trouve que du cuivre panaché et de la chalcopyrite.

Quand les boules de minerai sont petites, elles sont entièrement formées de cuivre panaché; quand elles sont un peu plus grosses, on a fréquemment un nodule central de chalcopyrite avec une enveloppe de cuivre panaché. Enfin, quand les amas deviennent assez volumineux, comme la boule de 120 tonnes, les deux sulfures se trouvent quelque peu mélangés, suivant les fissurations intérieures qui ont dû diriger l'introduction des eaux, mais la chalcopyrite tend toujours à dominer dans l'intérieur et le cuivre panaché à la surface.

Par un phénomène tout à fait équivalent, on a trouvé à Kongsberg, au Sarrabus, au Comstock, des masses d'argent sulfuré recouvertes d'une croûte d'argent natif qui est le produit de la réduction du sulfure et s'accompagne parfois de chlorure d'argent.

Pour expliquer ces réactions, on admet que l'oxygène pénétrant à travers la croûte poreuse oxydée, incessamment refermée, vient brûler la pyrite FeS^2 en donnant $FeS + S$. Le soufre rencontrant un peu plus loin Cu^2O superficiel, donne du sous-sulfure de cuivre Cu^2S qui se dissout dans FeS et donne une véritable matte. Le cuivre de la superficie est donc sans cesse ramené dans cette zone relativement plus profonde jusqu'à laquelle l'altération vient pénétrer, tandis qu'à la surface la croûte d'oxyde de fer s'accroît peu à peu et que le centre reste intact. Une fois la pyrite de fer changée en chalcopyrite, une concentration analogue, qui part de la surface pour gagner le centre, accentue peu à peu la teneur en cuivre jusqu'à celle du cuivre panaché, puis de la chalcosine.

Les phénomènes peuvent devenir plus complexes si les eaux altérantes, au lieu d'apporter simplement de l'oxygène, sont elles-mêmes chargées d'éléments sulfureux comme dans une source thermale, renferment du cuivre en dissolution, comme cela doit nécessairement se produire quand un gisemen formé de nombreux amas cuprifères est soumis à l'action des eaux superficielles. On peut alors observer des réactions succes sives en sens contraire, dont les gîtes d'argent donnent de très beaux exemples, avec des masses d'argent sulfuré transformées en argent natif, qui lui-même s'est resulfuré là où il ne s'est pas trouvé protégé par le dépôt immédiat d'une gangue de calcite autour de lui (Sarrabus, Kongsberg).

Peut-être y a-t-il lieu de faire intervenir ces réactions en sens inverse dans le cas singulier qui se présente exceptionnellement à Monte-Catini, de boules formées au centre par du cuivre panaché et à la périphérie par la chalcopyrite; mais on conçoit aussi que la suite normale des réactions de cémentation, ayant toujours pour effet de transporter le cuivre de la circonférence au centre, doit, si elle est poussée assez loin, donner un effet de ce genre.

Les nodules habituels sont ceux où le centre est en chalcopyrite et l'enveloppe en cuivre panaché; c'est-à-dire ceux où la transformation de la chalcopyrite en cuivre panaché (qui avait pu déjà être précédée par celle de la pyrite cuivreuse en chalcopyrite) n'a pas encore gagné le centre. Puis toute la boule atteint la teneur du cuivre panaché; mais, si l'opération continue encore, n'arriverait-il pas que le cuivre panaché extérieur revienne à la teneur en cuivre de la chalcopyrite?

Quoi qu'il en soit de cette explication, le phénomène de boules inverses est rare mais incontestable et, sur un échantillon de ce genre, on voit, dans une enveloppe de chalcopyrite avec pyrite mélangée de gangue, deux noyaux de cuivre panaché séparés par un filet de chalcopyrite de 2 à 3 millimètres, sans qu'on n'aperçoive aucune fissure ayant pu faciliter particulièrement vers ce centre l'accès des eaux. Le noyau à une teneur normale de cuivre panaché.

3º Gîtes en amas de pyrite cuivreuse.

Le cuivre se trouve fréquemment en imprégnation dans la pyrite de fer. Lorsque cette pyrite cuprifère forme de grands amas, elle peut être exploitée pour cuivre. Une teneur de 2 à 3 % est suffisante. Ces amas sont toujours au milieu des schistes. Ils affectent une forme lenticulaire ; leur mode de formation n'a pas été jusqu'ici nettement expliqué. Il est possible d'admettre que ces amas de pyrite cuivreuse ont une origine hydrothermale profonde.

Les principaux gisements de pyrite cuivreuse sont les suivants : Röraas, Vigsnaes et Foldal (Norvège) ; Rio-Tinto, Tharsis (Espagne) ; San-Domingos (Portugal); Agordo (Vénétie).

GITE DE RORAAS. — Le gîte de Röraas est situé entre Throndhjem et

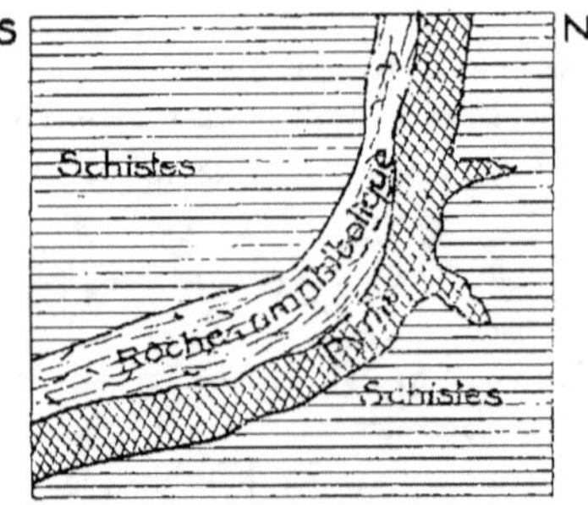

Fig. 360. — COUPE DU GITE DE PYRITE CUIVREUSE DE KONGENS-GRUFVA (RÖRAAS).

Christiania. Le minerai est intercalé au milieu des schistes huroniens. Dans la mine de Kongens-Grufva, le gîte est redressé, il recoupe les schistes voisins; il offre plusieurs ramifications. Le minerai est composé de pyrite de fer et de pyrite de cuivre associés à la pyrite magnétique et à la blende.

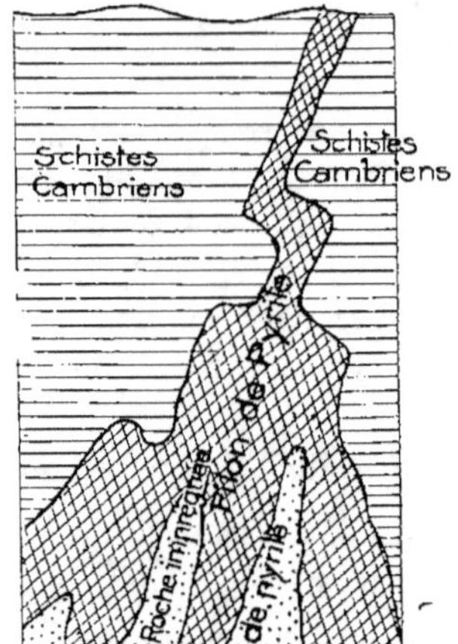

Fig. 361. — COUPE VERTICALE DU GITE DE VIGSNAES.

La formation du gîte de Röraas est due, sans doute, à des veines sulfureuses sous-marines correspondant au dépôt des schistes ; mais cette action s'étant continuée après leur solidification, l'amas est devenu nettement filonien.

GITE DE VIGSNAES. — Le gîte de Vigsnaes est situé dans l'île de Karmö, sur la côte ouest, entre Bergen et Stavanger; il a été découvert en 1863 et exploité avec activité jusqu'en 1890. Ce gîte consiste en un filon ramifié dans les schistes cambriens au contact de gabbros à saussurite. Le minerai dominant est de la pyrite saccharoïde plus ou moins finement imprégnée de chalcopyrite et de blende. La gangue est constituée par du quartz et de la calcite. La teneur en cuivre est de 4 %. Au milieu de la masse, on trouve des blocs de schistes isolés imprégnés de minerai.

GITE DE FOLDAL. — On a exploité à Foldal, au S.-O de Röraas des amas de pyrite cuivreuse intercalés dans les schistes et les leptynites.

GITES DE RIO-TINTO, DE THARSIS, ETC., ETC. (ESPAGNE). — La province de Huelva en Espagne et la partie contigüe du Portugal renferment des gisements de pyrite cuivreuse, exploités depuis la plus haute antiquité et repris depuis quarante.ans. Ces gisements sont compris dans une longue bande métallifère E.-O., allant de San-Domingos à Séville et large de 20 kilomètres. Les terrains traversés par ces gisements sont le silurien et le carboniférien. L'alignement de ces gisements est parallèle à la grande direction de plissement des terrains anciens du sud de l'Espagne et comprend, en même temps que les amas de pyrites, une série de pointements de roches éruptives (microgranulite), ce qui montre que leur origine est filonienne.

Le *gîte de Rio-Tinto* est situé au milieu des schistes appartenant au carboniférien et au contact des porphyres dioritiques. Les deux principaux

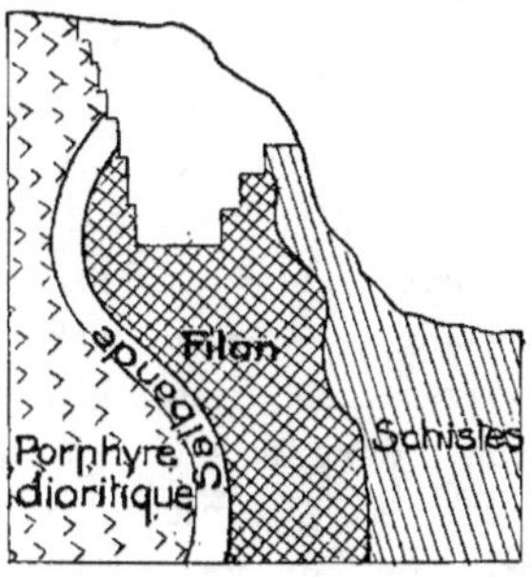

Fig. 362. — COUPE VERTICALE N.-S. DU FILON SUD A RIO-TINTO.

amas sont le filon Norte (Nord) et le filon San-Dionisio, prolongé par l'amas du sud qui est la partie la plus importante du gisement.

Cet amas du sud est exploité à ciel ouvert, comme l'indique la figure 362.

En plan ses dimensions sont de 550 mètres sur 120 ; il est reconnu sur 160 mètres en profondeur. Le minerai est formé de pyrite de fer contenant 2,5 % de cuivre en moyenne. Le Rio-Tinto a produit en 1897, 34.000 tonnes de cuivre. Le bénéfice de la Compagnie a été de 24.000.000 de francs. On estime que la Compagnie a soixante-dix ans de production devant elle (au taux d'extraction de 1897).

Le *gîte de Tharsis* se compose de quatre amas dont un inexploité. Ce gîte a produit en 1877, 8.900 tonnes de cuivre. Le bénéfice a été de 9.500.000 francs.

En dehors de ces grands amas, on trouve en Espagne des imprégnations pyriteuses plus ou moins étendues. Nous citerons les mines d'Aguas Tenidas où les filons ont une puissance de 8 à 10 mètres et dont la teneur en cuivre est de 5 % en moyenne.

GITE DE SAN-DOMINGOS (PORTUGAL). — Le gîte de San-Domingos consiste en un amas de 500 mètres de long et 60 mètres de large, dirigé 110° E. ; il est vertical. Sa constitution est la même que celle du gîte de Rio-Tinto.

GITE D'ALJUSTREL (PORTUGAL). — Le gîte cuprifère d'Aljustrel présente les plus grandes analogies de forme et de composition avec ceux de Rio-Tinto, de Tharsis et de San-Domingos; il est constitué, comme ces derniers, d'amas de pyrite cuivreuse encaissés dans les schistes du carboniférien inférieur, et allongés parallèlement à la direction des feuillets de schistes, quelquefois légèrement obliques sur elle.

A la mine St-Jean, on rencontre une masse de pyrite de fer très compacte, pauvre en cuivre, 1 % au maximum, et formant un gisement de 200 mètres de longueur et d'une puissance de 12 à 15 mètres. Au milieu de cette masse, se trouve une lentille de minerai, riche en cuivre, 3 à 7 %. Cette partie est coupée en deux par une faille; toute la partie à l'est de cette faille est chalcopyriteuse, tandis que toute la partie située à l'ouest est presque dépourvue de chalcopyrite. Les minerais de pyrite de fer sont parfois fragmentés et cimentés par de la chalcopyrite. On rencontre également, dans ce gîte, des morceaux de pyrite de fer très compacts contenant des veinules de chalcopyrite.

GITE D'AGORDO (VÉNÉTIE). — Le célèbre gîte en amas de pyrite de fer cuivreuse d'Agordo est encaissé dans les schistes argileux qu'entourent complètement des roches triasiques. Ce gîte présente beaucoup d'analogie avec ceux de Rio-Tinto, de Tharsis, de San-Domingos et d'Aljustrel.

PRODUCTION DU CUIVRE BRUT EN 1903 (EN TONNES).

Allemagne	30,578
Angleterre	65,900
France	6,300
Autriche-Hongrie	1,200
Italie	3,863

Russie	8,800
Autres États d'Europe.	10,000
Asie	23,368
Afrique.	7,590
Amérique.	193,500
Australasie	18,491
Japon	16,300

L'extraction du cuivre est tellement importante qu'elle représente à la fois la valeur de l'argent, de l'étain et du zinc.

Note sur les mines de pyrite de la région de Huelva (Espagne).

Les gisements de pyrite cuprifère se trouvent dans une zone de schistes siluriens et carbonifériens, qui s'étend du S.-E. au N.-O., au sud de la Sierra d'Aracena (Sierra Morena), sur 200 kil. de longueur et 25 kil. de largeur.

La région semble avoir été soumise à plusieurs mouvements :

1° Entre le cambrien et le silurien, comme dans le Plateau central français ;

2° Entre le silurien et le culm qui sont partout discordants ;

3° A la fin du carbonifférien.

Ce dernier plissement est probablement antérieur à la formation du bassin houiller de Séville. Les porphyres et les diabases de la province de Huelva apparurent vraisemblablement à la fin du mouvement, en amenant les sources hydrothermales métallifères au milieu des sédiments siluriens et carbonifériens, en partie métamorphisés par des compressions de la période de refoulement.

Les gisements de pyrite se présentent en amas plus ou moins allongés généralement parallèles à la stratification des schistes. Quelques-uns paraissent recouper la stratification sous un angle très faible. Ils se trouvent, soit au milieu des schistes, soit au contact des schistes et d'une roche éruptive (porphyre, diabase ou porphyrite pyroxénique). C'est ainsi que les grandes masses métalliques de Rio-Tinto reposent sur un massif de porphyres en partie décomposés en roches quartzeuses et kaolinisées chargées de pyrite et d'oxyde de fer.

La plupart des géologues attribuent leur formation à des venues métallifères hydrothermales postérieures à l'apparition des roches éruptives, entre les schistes déjà plissés. Ils admettent que : 1° le plissement des schistes siluriens et carbonifériens, 2° les éruptions porphyriques, 3° la formation métallifère, sont en relation les uns avec les autres et représentent probablement les phases d'une même action. Cependant on n'explique pas facilement comment ont pu se former ces amas de pyrite homogène et sans stratification dont quelques-unes ont de 500 à 1.000 mètres de longueur et de 50 à 150 mètres de puissance, sur 200 à 500 mètres de hauteur. On peut supposer qu'elles sont dues à une simple précipitation chimique à l'abri de l'air (et en partie à une substitution progressive aux schistes encaissants) des sulfures métalliques amenés par les eaux venant de la profondeur dans les cavités provenant des mouvements de plissements de la région.

Remplissage. — Le remplissage est formé de pyrite de fer mélangée à des sulfures de cuivre (chalcopyrite, chalcosine, covelline), à des sulfures de plomb, de zinc, d'arsenic, etc., etc., et à une petite quantité de gangue généralement siliceuse.

Elles contiennent
$\begin{cases} 52 \text{ à } 43\,\% \text{ de soufre;} \\ 45 \text{ à } 37\,\% \text{ de fer;} \\ 0,20 \text{ à } 5\,\% \text{ de cuivre.} \end{cases}$

A côté de ces minerais purs, exploités pour cuivre et soufre, on rencontre, dans certains gisements, des pyrites plus ou moins schisteuses qui ne sont pas utilisables.

En général, la teneur en cuivre des amas de pyrite diminue rapidement de haut en bas. Ainsi, à San-Domingos, cette teneur était de 4 à 5 % en moyenne près du chapeau de fer et de 2 % environ à 80 mètres, de 1,50 à 100 mètres, et de 1 % à 250 mètres de profondeur.

On peut expliquer cette répartition irrégulière en admettant que l'enrichissement de la partie supérieure est dû au cuivre contenu à l'origine dans le chapeau de fer et entraîné à l'état de sulfate de cuivre. Ce sulfate détermine, au contact de la pyrite non altérée la régénération de la chalcopyrite et la production de covelline.

Remarque. — Les chapeaux de fer contiennent généralement trop de silice pour fournir un minerai de fer marchand.

On distingue dans la province de Huelva deux sortes de gisements : les uns sont des amas nettement lenticulaires ; les autres des amas allongés à allure filonienne. L'amas Salomon du Rio-Tinto a, comme section, à la partie supérieure 25.000^{m2} et la contenance de 14 millions de tonnes de pyrite. A 125 mètres ou à 150 mètres au-dessous de la surface, cette masse est très fortement étranglée.

Par contre, les amas allongés dont les principaux ont de 400 à 1.000 mètres de longueur et des puissances en quelques points supérieures à 100 mètres, s'enfoncent plus profondément ; on n'a que peu de renseignements sur leur hauteur réelle et notamment dans celles de Tharsis.

Au point de vue du cuivre, les massifs de pyrite contenant plus de 1,50 de cuivre sont déjà fortement entamés, à l'exception de Rio-Tinto.

On exploite des pyrites à Saint-Bel (Rhône) et à Chizeuil (Saône-et-Loire). Nous signalerons également les mines de Schmöllnitz (Haute-Hongrie), de Kassandra (Turquie), d'Hermione (Grèce), de la Virginie (U. S.), de la Tasmanie.

PRODUCTION MONDIALE DE LA PYRITE DE FER ET DE LA PYRITE CUIVREUSE
(ANNÉE 1910).

Allemagne	215.708	tonnes
Angleterre	9.500	—
Hongrie-Bosnie	99.000	—
Belgique	213	—
France	250.000	—
Grèce	27.557	—
Italie	135.628	—
Norvège	346.000	—
Russie	57.500	—
Suède	25.000	—
Turquie	110.000	—
Espagne	2.795.000	—
Portugal	400.000	—
États-Unis	203.000	—
Canada	50.735	—
Japon	30.000	—

En 1911, la province de Huelva a produit 4.037.000 tonnes de pyrite.

CHAPITRE IX

GÎTES DE PLOMB

Les principaux minerais de plomb sont : la *galène* (PbS), les carbonates (cérusite) et accessoirement les sulfates (anglésite), les phosphates (pyromorphite) et les arséniates (mimétite).

Les gîtes plombifères sont variés. Les uns appartiennent au type sédimentaire, sous forme de couches ou d'amas stratifiés. Les autres, les plus nombreux, relèvent de la formation filonienne et se trouvent soit dans des cassures nettes, soit dans des filons-couches.

Les minerais qui accompagnent la galène sont : la blende et quelquefois la pyrite et la chalcopyrite.

Les gangues sont : la calcite, la barytine, la fluorine et le quartz.

1° Gîtes sédimentaires.

Le gîte sédimentaire le plus caractéristique est certainement celui de Commern, entre Aix-la-Chapelle et Bonn, au nord de l'Eifel; il se trouve dans les grès bigarrés ; il est constitué par des bancs de conglomérats bien minéralisés.

On rencontre au Bleiberg, à 4 kilomètres du célèbre gîte zincifère de Moresnet, des couches de galène, dans les grès bigarrés. Ces couches ont un mètre de puissance. La galène est associée à la calcite.

En Virginie, à Austin, on rencontre des couches plombifères au milieu du silurien. La galène s'y présente en rognons de la grosseur du poing.

Amas stratifiés. — Les amas stratifiés sont peu répandus; nous citerons celui de Monte-Poni, en Sardaigne, qui appartient au silurien.

2° Gîtes filoniens.

Les gîtes filoniens se présentent le plus souvent sous forme de filons concrétionnés comme ceux de Freiberg que nous avons décrits plus haut. La distribution des minerais plombifères dans les filons est des plus variables. Les produits oxydés occupent, bien entendu, la partie supérieure, mais disparaissent au fur et à mesure que l'on descend. Il arrive parfois que le carbonate de plomb persiste ; il existe un exemple frappant de ce fait en Espagne à El Horcajo; la cérusite forme des masses importantes à une profondeur de 200 mètres; il est juste d'ajouter que dans cette région le terrain est très fissuré et par conséquent favorable à la circulation des eaux.

La région classique des gîtes plombifères concrétionnés est, sans contredit, celle du Hartz. Là se trouve un ensemble de formations appartenant aux périodes carbonifère, dévonienne et silurienne. Les localités les plus productives sont :

1º *Clausthal.* — Le champ de Clausthal est absolument typique comme formation de filons quartzeux et plombifères. Ces filons traversent, en les rejetant, les couches du dévonien et du culm, tandis qu'on ne les voit pas pénétrer dans le permien; en sorte que leur âge est assez bien déterminé.

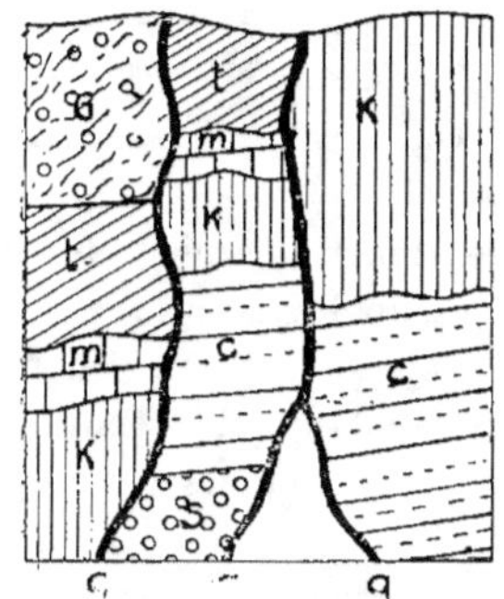

Fig. 363. -- COUPE VERTICALE A BOCKSWIESE (DISTRICT DE CLAUSTHAL).

G.   Grauwacke du culm.
g. g. g. Filons.
l.   Phyllades du culm.
m.   Schistes à calcéoles.
K.   Schistes siliceux.
S.   Grès à spirifères.

2º *Rammelsberg.* — Le champ de Rammelsberg est dans le dévonien.

3º *Saint-Andreasberg.* — Le champ d'Andreasberg est dans le silurien.

En Bohême, dans le district de Pzribram, on exploite depuis plus de trois cents ans des filons de galène argentifère recoupant les assises siluriennes ; les puits Maria et Adalbert ont atteint la profondeur de 1.200 mètres : ce sont les plus profonds du monde.

En France, les principaux gîtes plombifères sont ceux : de Pontgibaud (Puy-de-Dôme), d'Aurouze (Haute-Loire), de la Baume (Aveyron), de Vialas (Lozère), de Chabrignac (Corrèze), du Huelgoat et Poullaouen (Finistère), de Pontpéan (Ille-et-Vilaine). De toutes ces mines, la plus productive était celle de Pontpéan où l'on trouve un filon H12 qui est presque vertical ; le remplissage est formé de galène, de blende et de pyrite ; les gangues sont le quartz, la barytine et la calcite.

En Angleterre, les districts miniers contenant du plomb sont très nombreux : le pays de Galles, le Cornwall, l'Irlande sont des centres importants.

A Alston Moor, (Cumberland) la majorité des filons est orientée H6.

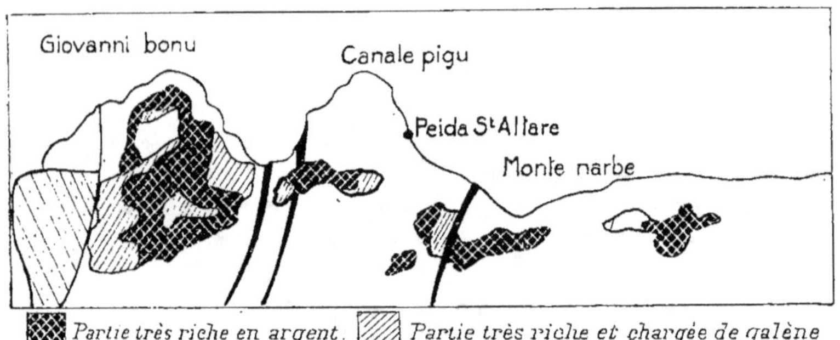

Fig. 364. — COUPE O.-E. DES MINES DE SARRABUS.

En SARDAIGNE, dans les mines d'argent de Sarrabus, près de Campidano, qui présentent quelques analogies avec celles de Freiberg, on exploite des filons très irréguliers qui comportent une venue plombeuse et une venue argentifère plus récente correspondant à des réouvertures de filons. Les filons récents, dont l'épaisseur varie de quelques centimètres à près de 2 mètres, renferment de la barytine, de la calcite, de la fluorine, de la galène riche avec argent natif, de l'argyrose, des argents rouges.

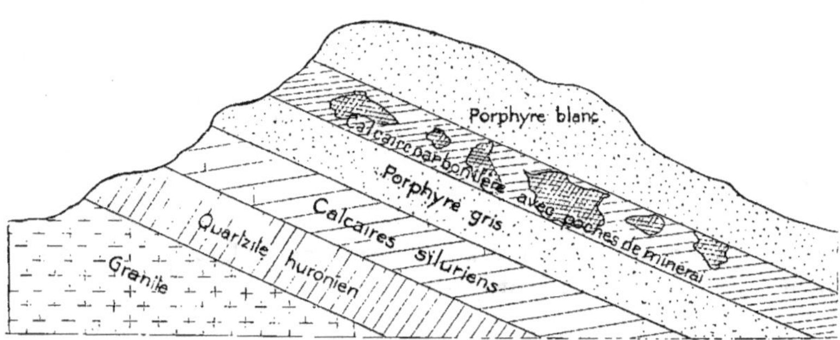

Fig. 365. — COUPE VERTICALE DU GITE DE LEADVILLE (COLORADO).

Nous signalerons également ici les mines d'argent d'Eureka et de Leadville (États-Unis). Ces mines peuvent être classées parmi les gîtes plombifères car elles contiennent une assez forte proportion de galène et de cérusite.

La mine d'Eureka (Nevada) a produit de 1869 à 1883 plus de 300 millions d'argent et d'or ; les filons sont encaissés dans les calcaires siluriens.

Le gîte de Leadville (Colorado) (gîte de substitution) est tout particulièrement intéressant; le minerai se trouve en poches dans le calcaire carbonifère inférieur. Il comprend de la galène argentifère avec une forte proportion de cérusite et, en outre, du chlorure d'argent : la teneur en métaux précieux est très élevée.

Leadville a produit en 1890, 45.500 tonnes de plomb, 270 tonnes d'argent et 495 kilos d'or.

CHAPITRE X

GITES DE ZINC

Les minerais de zinc se réduisent à trois espèces : le sulfure de zinc (*blende*), le carbonate (*smithsonite*) et le silicate (*calamine*)

Les gîtes de zinc appartiennent à la catégorie des gîtes de substitution. Nous avons décrit plus haut le célèbre gîte de Moresnet (p. 262) qui se trouve dans le district de la Vieille-Montagne ; ce gîte est épuisé.

Le gisement zincifère du Laurium, en Grèce, offre un très grand intérêt.

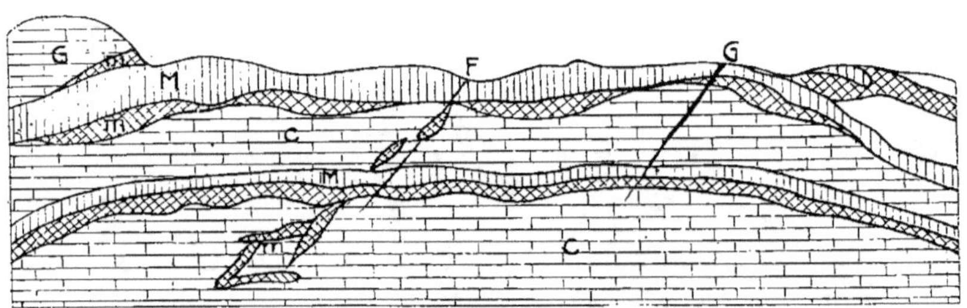

Fig. 366. — COUPE THÉORIQUE DU LAURIUM.

Là coupe ci-dessus en donne une idée approximative. Les schistes cristallins M alternent avec des calcaires lithographiques. Le minerai *m* se trouve soit dans des veinules sillonnant les schistes soit en amas et en poches dans le calcaire. Le remplissage dominant est une matière ferrifère et zincifère, avec imprégnations de blende, de galène et de calamine.

Les anciens ont exploité ces mines pour plomb et argent et n'ont pas touché aux minéraux du zinc (parce qu'ils ne connaissaient aucun procédé métallurgique pour l'extraction de ce métal). On estime qu'ils ont produit 2.100.000 tonnes de plomb et 8.400.000 kilos d'argent.

On rencontre en Silésie, dans un banc dolomitique de Muschelkalk des dépôts zincifères abondants et qui consistent en blende compacte et en calamine. Les mines de Silésie sont importantes.

En Espagne, dans la Guipuzcoa et la province de Santander, on exploite des gîtes zincifères appartenant aux calcaires dolomitiques.

En Sardaigne, à Malfidano, le gîte zincifère est entièrement contenu dans des calcaires appartenant à l'étage silurien ; le remplissage est à la fois plombifère et zincifère.

En France, la blende a été trouvée dans le Gard, dans un calcaire dépendant du lias. On a découvert, il y a quelques années, dans le district de Saint-Laurent-le-Minier, un gîte très puissant et très riche, celui des Malines, qui donne en ce moment de très beaux résultats. — Les actions émises à 500 francs en 1882 valaient il y a quelques années 120.000 francs. — Il y a encore des recherches à faire dans ce district.

On a découvert également, en Tunisie, des gîtes zincifères d'une assez grande richesse : le Kanguet.

Nous citerons encore les gîtes zincifères de Sparta (New-Jersey) qui est composé de vastes dépôts de calamines encaissés dans le calcaire silurien et reposant sur des schistes huroniens.

Mines de Sentein et du Val d'Aran.

Les mines de Sentein et du Val d'Aran sont situées de chaque côté de la chaîne des Pyrénées.

D'un côté et de l'autre de la chaîne, ce sont des gisements de blende et de galène. Ces gisements sont enclavés dans les schistes du silurien inférieur (cambrien) ; ils ont l'allure de filons-couches ; le pendage est celui des terrains encaissants.

Sur le territoire français, les gisements sont en relation avec des couches calcaires.

MINES DE SENTEIN. — Ces mines sont situées dans le département de l'Ariège ; elles comprennent deux centres d'exploitation : celui de Bentaillon et celui de Bulard. On a découvert récemment un filon de 6 à 10 mètres de puissance au May-de-Bulard dans la vallée du Lez. Il existe un quatrième filon, celui de Saint-Lary, très peu exploré :

1º *Mine de Bentaillon*. — Cette mine se trouve au fond de la vallée du Ley, à 1.900 mètres d'altitude. Cette mine est exploitée depuis 1848 ; elle s'est développée vers 1867. On y travaille neuf mois de l'année. La production de 1912 a été de 3.600 tonnes.

Le gisement de Bentaillon est un gisement de contact, schiste au toit, calcaire au mur, direction E.-O., pendage 30º nord, reconnu sur plus de 1 kilomètre ; quatre niveaux, le quatrième non exploité. Le calcaire est imprégné de calamine et même de blende. Ce gisement présente l'allure en chapelet.

Entre la galerie Narbonne et les travaux Espeletta, il y a une différence de
niveau de 118 mètres. Il existe 10.000 mètres carrés de filons vierges de

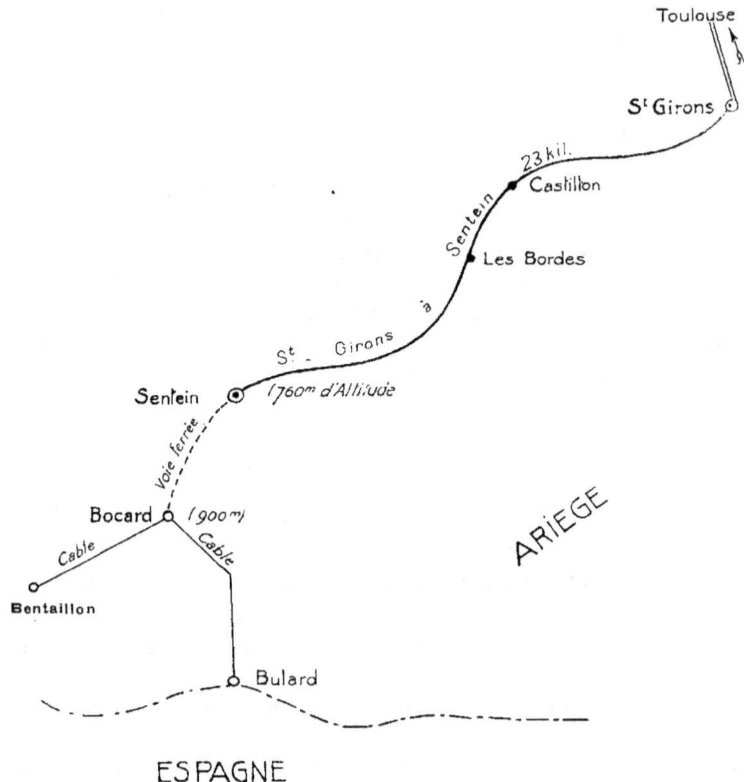

Fig. 367.

tous travaux. L'épaisseur réduite est de 0ᵐ,40. Ce gisement est important et
très intéressant (fig. 368 et 369).

2º *Mines de Bulard*. — La concession de Bulard date d'une vingtaine
d'années. La production a été de 3.132 tonnes en 1912, pour cinq mois de travail.

Ce gisement de Bulard est enclavé entre les quartzites au mur et les schistes
au toit ; direction E.-O., pendage vers le sud (fig. 370). Il a été exploité à
5 niveaux différents, sur une hauteur de 89 mètres environ qui est porté à
104 mètres si on lui ajoute la hauteur de 15 mètres des chantiers nº 5. La cote

de départ est de 2.500 mètres d'altitude, les exploitations supérieures arrivent donc à plus de 2.600 mètres. On travaille cinq mois de l'année.

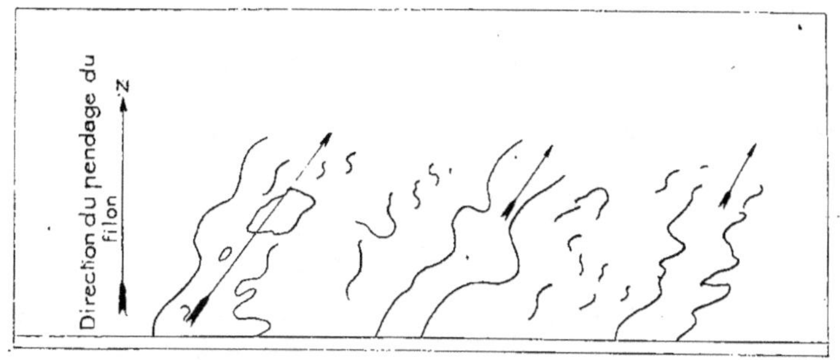

Fig. 368. — ESPELETTA. — SCHÉMA DES DISPOSITIONS DES LENTILLES DANS LE FILON-COUCHE.

Il resterait actuellement dans la mine 10.000 tonnes de minerais marchands. L'épaisseur réduite est de 1 mètre. La minéralisation est puissante, le remplissage quartzeux, les épontes argileuses. Il est reconnu sur une longueur

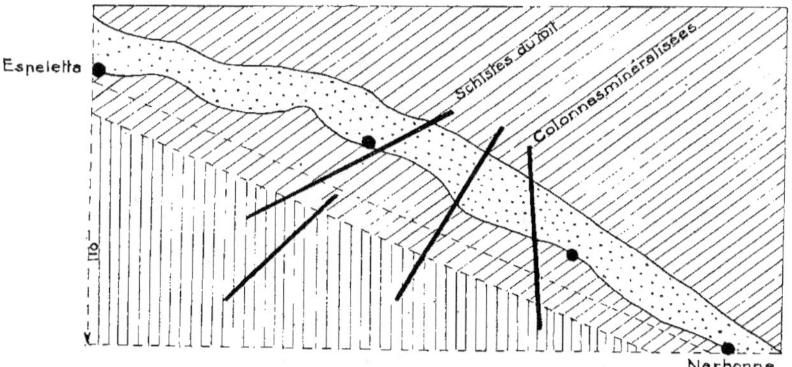

Fig. 369. — COUPE VERTICALE SCHÉMATIQUE SUIVANT LA DIRECTION DU FILON, MONTRANT LES DISPOSI-TIONS DES ATTAQUES SOUS L'AFFLEUREMENT.

de plus de 500 mètres. L'exploitation se fait par gradins. Sentein est à 760 mètres d'altitude. Le Bocard à 900 mètres.

Rendement des mines.

A Bentaillon, il a été extrait, en 1912 :

        14.428 tonnes de minerais qui ont donné :
        3.128   —   de blende;

430 tonnes de galène;
49   —   de calamine.

Soit un rendement de 25 %. Neuf mois de travail.

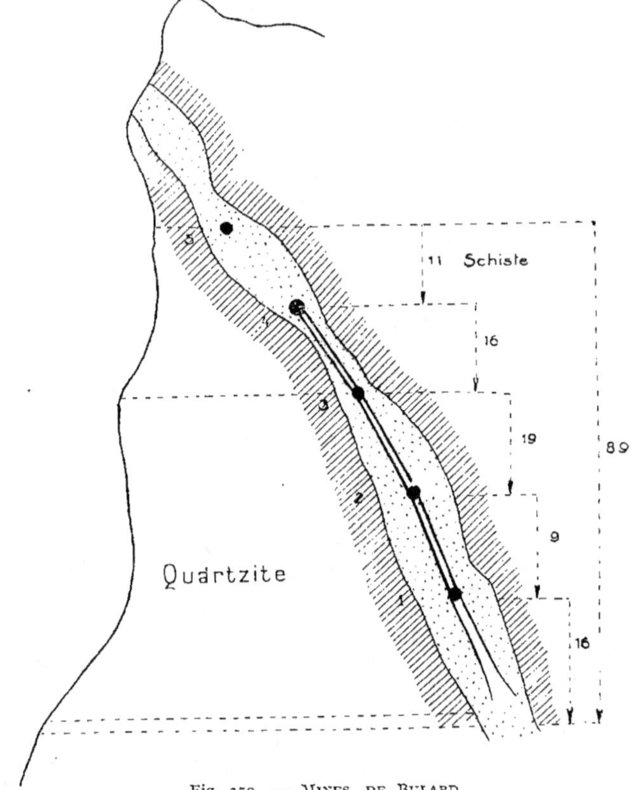

Fig. 370. — MINES DE BULARD.
COUPE SCHÉMATIQUE VERTICALE MONTRANT LES DIFFÉRENTS NIVEAUX D'ATTAQUE.

A Bulard, il a été extrait en 1912 :

10.292 tonnes de minerais qui ont donné :
3.132   —   de blende et pas de galène.

Soit un rendement de 30 %. Cinq mois 1/2 de travail.

Prix de revient.

En 1912, production totale des deux mines : 6.738 tonnes.

dont :   6.260 tonnes de blende;
430   —   de galène;
49   —   de calamine.

L. MICHEL. — *Géologie appliquée.*   32

Dépenses totales : 471.649 fr. 20.
Prix de revient : 69 fr. 95.

Prix de vente en bénéfices.

La tonne de blende. . . . 125 francs.
— de la galène. . 300 — (La galène contient 4 à 500 grammes d'argent à la tonne de minerai).

Les bénéfices sont donc, avec un prix de revient moyen de 75 francs, de :

50 francs par tonne de blende.
225 — — de galène.

Au 30 octobre 1912, le bilan du syndicat minier indiquait pour les mines de Sentein un bénéfice d'exploitation de 447.765 francs.

On peut augmenter la production, et aller jusqu'à 10 ou 12.000 tonnes.

Mines du Val d'Aran.

Parmi les mines du Liat et du Val d'Aran, il y en a deux qui méritent une mention spéciale : ce sont celles de Reparadora et celle de Pla de Tor.

REPARADORA. — Cette mine se trouve sur le versant sud du Val d'Aran ; elle est constituée par un filon de blende, analogue au filon de Bulard, entre schistes et quartzites (fig. 371).

Il a été reconnu à quatre niveaux sur une hauteur de plus de 100 mètres. Direction N. 20° E.; pendage vers l'est; l'épaisseur de 1 mètre de blende.

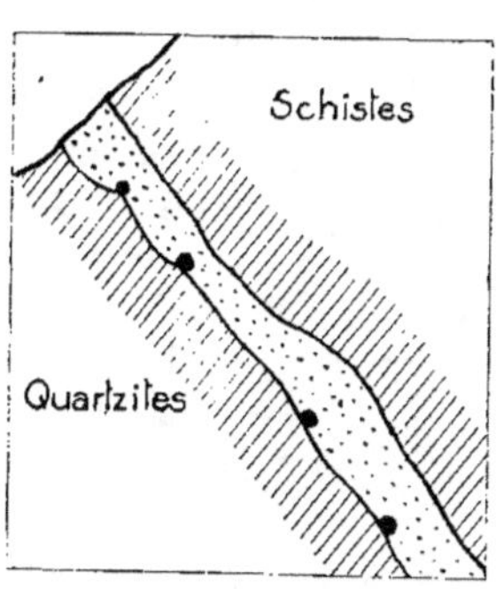

Fig. 371.

On a sorti 2 à 3.000 tonnes de minerai tout-venant, pouvant donner après scheidage 5 ou 600 tonnes de minerai marchand.

On n'a fait jusqu'ici que des travaux d'approche.

PLA DE TOR. — Cette mine est située sur le versant nord du Val d'Aran, au N.-O. de la précédente; elle est formée d'un filon-couche entre quartzites et schistes noirs, feuilleté, de la nature de ceux de Bentaillon.

Direction E.-O., parallèle à la direction générale des Pyrénées ; pendage vers le nord.

On a rencontré une poche de blende massive d'épaisseur moyenne de 4 mètres, sur une longueur de 50 mètres. Il reste dans cette mine 10.000 tonnes de minerai visible. Cette mine est reliée par câble aérien avec la mine Suzanna qui appartient à la Compagnie des Mines de Bosost.

Mine de Suzanna. — Cette mine a été longtemps sous le contrôle de la Vieille-Montagne qui en a extrait de fortes quantités de minerais. C'est la Compagnie de Bosost qui l'exploite aujourd'hui.

Cette mine se trouve sur le plateau du Liat, située sur le versant sud du Val d'Aran qu'il domine de 60 mètres environ.

Le gisement est constitué par un filon-couche entre quartzites et schistes. Direction E.-O., pendage 20° nord. Le minerai consiste en une blende peu plombifère ; la puissance varie de 1^m,50 à 2 mètres.

On sort 80 tonnes par jour.

Elle ne donne pas l'impression d'une grande mine; elle sera limitée en largeur d'un côté par la grande cassure du Val d'Aran, et de l'autre par une autre cassure secondaire.

Les mines françaises et les mines espagnoles peuvent produire annuellement 18.000 tonnes : chiffre assez respectable.

Gisements de zinc de Trèves (Gard).

Dans les départements de la Lozère, du Gard, de l'Aveyron, de l'Hérault, la chaîne des Cévennes est constituée par un massif de roches paléozoïques, archéennes et granitiques. De grandes failles rectilignes encadrent complètement ce horst isolé au milieu de terrains secondaires effondrés. Toutes ces failles sont des failles normales ayant souvent de grands rejets.

En relation directe avec ces failles, il existe dans toute la région, tant à l'intérieur qu'à l'extérieur du horst, de nombreuses fractures ou accidents secondaires, lesquels ont donné naissance à des dépôts métallifères.

Les gîtes métallifères que l'on rencontre dans cet immense champ de fractures présentent de grandes dissemblances dans leur mode de gisement, suivant qu'ils se trouvent encaissés dans des terrains anciens ou bien dans des terrains secondaires ou tertiaires.

Les principaux gisements qui font partie de la région sont les suivants, en allant de l'est à l'ouest, en passant par le sud : groupe d'Alais, d'Anduze, de Durfort, de Sumène, de Saint-Laurent-le-Minier avec les Malines et les Avinières, de Mandesse, d'Arre et de Bez, du haut de Saint-Jean-de-Brunel, de Trèves et de Saint-Sauveur.

Trèves est situé à l'ouest de la chaîne des Cévennes, dans le Gard, sur le Trevesel, un des affluents du Tarn. La région de Trèves est traversée par une grande faille de direction N.-N.-E. formant la limite entre les terrains paléozoïques et granitiques du Mont Aigoual, et les assises secondaires restées horizontales. Cette faille accuse à Trèves une dénivellation d'au moins 700 mètres ; elle peut être suivie des causses du Larzac, dans l'Hérault, aux montagnes de la Lozère, soit sur 80 kilomètres de longueur.

La mine de Trèves présente un certain intérêt au point de vue de la répartition du minerai dans le gisement. Au milieu du dépôt, là où la minéralisation est la plus intense, il existe à chacun des trois niveaux reconnus un certain nombre d'excavations, de cheminées garnies de minerais encroûtés, de cristaux de calcite et de dolomie. Ces excavations sont tortueuses et se bifurquent souvent; elles communiquent d'un étage à l'autre, et la minéralisation riche est concentrée dans leurs environs : ces cheminées ne sont autre chose que des conduits souterrains des sources hydrothermales, véhicules des matières métallifères. La minéralisation de la région de Trèves est donc incontestablement d'origine hydrothermale et, de plus, en relation génétique évidente avec la grande faille à proximité de laquelle se trouvent concentrés les gisements. Cette faille doit être regardée non seulement comme une cassure directrice d'une zone de faible résistance de l'écorce terrestre, mais comme la fracture ayant donné passage aux venues hydrothermales minéralisatrices du gisement de Trèves.

Les eaux filoniennes n'ont pu se répandre dans cette faille à cause de sa nature, et ce n'est qu'à la rencontre des couches poreuses ou fracturées des terrains secondaires (lias moyen) qu'elles ont pu trouver une issue et circuler librement dans certains niveaux calcaires pour y produire les phénomènes d'imprégnation, de substitution ou de remplissage.

Lodin explique la genèse de ces gisements par la concentration des particules de zinc et de plomb disséminées dans certains niveaux d'où ils auraient été repris et redéposés dans leur gisement actuel par les eaux météoriques.

Gîtes plombo-zincifères tunisiens.

On peut estimer à 20.000 au moins les affleurements bien distincts de minerais de zinc et de plomb, sur le sol tunisien.

Tous ces affleurements sont répartis sur les montagnes du nord et de l'ouest de la Tunisie.

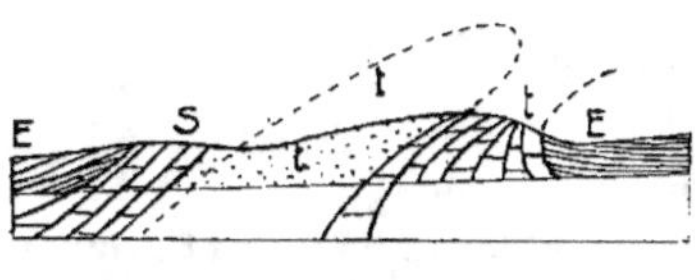

Fig. 372.
E. Masses éocènes.
S. Calcaires sénoniens.
T. Trias.

Le terrain le plus ancien connu en Tunisie est le trias, puis viennent le jurassique, le crétacé et le tertiaire. Depuis le trias jusqu'au miocène, tous les terrains contiennent des gîtes métallifères. Le trias est essentiellement argileux, avec bancs de calcaires cariés, dolomies, etc., etc. Il est le substratum de tous les terrains de la Tunisie sauf pour l'Ouenza.

Les terrains crétacés et éocènes reposent assez souvent et normalement sur le trias plus ou moins cahotique.

Le trias repose parfois sur des terrains plus récents. Dans ce cas, on a sans doute affaire à un pli couché. Le trias est toujours minéralisé par du gypse, du sel, du fer, de la pyrite, du cuivre, du zinc, du plomb; le zinc et le plomb sont les plus fréquents.

Les principales mines de plomb et de zinc situées dans le trias sont : les mines de Béchateur et d'Aïn-Allega, de Fedj-el-Adoum, El-Grefa-Bazina, Sidi-Amor-Ben Salem, Kebbouch, Sidi-Bou-Aouan, etc.

La concentration du minerai se remarque dans les parties calcaires (Béchateur), et surtout au contact avec les terrains voisins. Cette concentration s'explique naturellement parce que ces parties calcaires sont des voies plus faciles pour la circulation des eaux minéralisées.

M. Dussert (1) classe les gîtes algériens en quatre catégories :

Les filons ;

Les imprégnations dans les marnes et les grès ;

Les imprégnations dans les calcaires ;

Les amas calaminaires.

En Tunisie, ces filons proprement dits sont très rares. Les imprégnations dans les couches sont également assez rares. La très grande majorité comprend des amas calaminaires et plombeux. On peut diviser ces amas en deux classes :

1º Les gîtes dans les cassures ;

2º Les gîtes de contact.

GITES DANS LES CASSURES. — Ces gîtes se rencontrent dans toutes les montagnes calcaires, et notamment dans le sénonien; beaucoup de ces cassures n'ont aucune valeur ; le minerai disparaît rapidement en profondeur où il est remplacé par de la calcite. Lorsque les cassures ont une certaine puissance (Kanguet-Kef-Tout, Sidi-Ahmed-Tabouna, etc.) elles ne sont, le plus souvent, que des apophyses, des ramifications de gîtes de contact, aujourd'hui disparus.

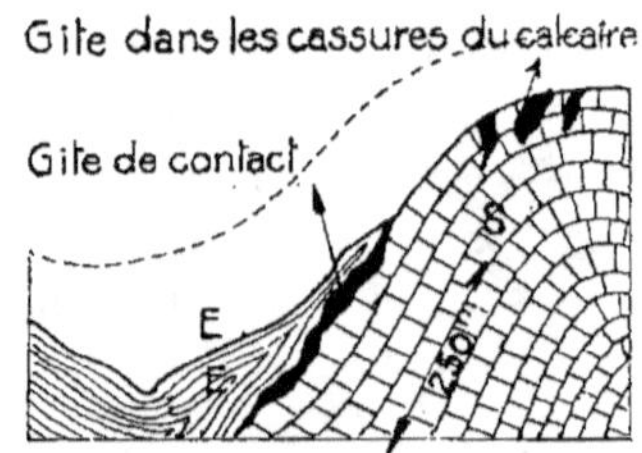

Fig. 373. — GÎTE DE SIDI-AHMED.
E. Marnes de l'éocène.
S. Calcaire sénonien.

Le gîte de Sidi-Ahmed montre fort bien cette formation.

GITES DE CONTACT. — Ces gîtes sont les plus importants, ils sont généralement au contact des calcaires sénoniens et des marnes de l'éocène, ou le plus souvent encore, au contact du trias avec les terrains récents.

Deux théories sont en présence pour expliquer la formation de tous les gisements métallifères :

____

(1) DUSSERT. — *Et sur les gisements métallifères de l'Algérie* (*Ann. d. Mines*, janv. 1910 ; 180 p. et 2 pl. dont 2 cartes des gisements algériens).

1° Métaux empruntés par les eaux à des terrains plus anciens qui les contenaient souvent à très faibles doses ;

2° Métaux fournis aux eaux minérales par les fumerolles de certaines roches éruptives qui les contenaient.

Cette dernière théorie est celle admise pour les véritables filons et pour les amas sulfurés des terrains anciens.

MINÉRALISATION DU TRIAS. — Il est bien probable que la minéralisation du trias s'est faite à l'époque de son dépôt, car il semble difficile d'expliquer autrement cette généralité de minéralisation et cette faiblesse de teneur (on sait que le trias contient assez souvent des dykes de roches éruptives telles que les ophites).

La concentration des minerais du trias au contact des terrains voisins est un fait indéniable. Ces concentrations sont certainement récentes. post-miocènes probablement, car on ne connaît dans ces gîtes aucun écrasement, laminage, broyage, indiquant qu'ils étaient formés avant les derniers plissements.

Si la venue des eaux minéralisantes du trias avait eu lieu après la formation de ce terrain, par exemple, à l'époque des plissements post-miocènes, on ne trouverait le trias minéralisé que suivant certaines fractures, vu que le trias est essentiellement argileux et par suite imperméable.

MINÉRALISATION DES GITES SITUÉS DANS LES TERRAINS AUTRES QUE LE TRIAS. — Les gîtes que l'on trouve dans tous les terrains, du jurassique au miocène, paraissent avoir la même formation que celle du trias.

Puisque nous considérons ces gisements comme provenant du trias, ils peuvent avoir été formés à toutes les époques post-triasiques naturellement. Cependant, la plupart des gîtes qu'on connaît paraissent assez récents, quelques-uns même sont remaniés et d'autres encore en formation. Comme exemple de gîte en formation, on peut citer la mine de Sidi-Mabrouk.

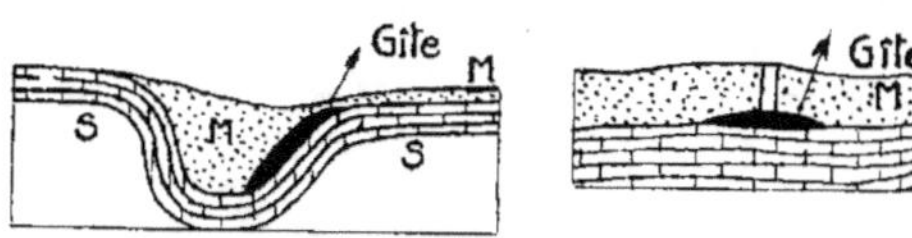

Fig. 374. — MINE DE SIDI-MABROUK.
S. Calcaire sénonien.
M. Grès miocène.

C'est un petit synclinal de 40 à 50 mètres de profondeur et de 1 kilomètre de longueur dans lequel sont venus se concentrer les minerais de zinc et de fer contenus dans les grès miocènes qui recouvrent le sénonien.

CONCLUSIONS. — Il résulte de ce qui précède :

1° Que le trias du nord et de l'ouest de la Tunisie, ainsi que celui de beaucoup de points de l'Algérie, est minéralisé par du zinc et du plomb. Ainsi au Djhamama (province d'Oran), il y a une lentille assez riche écrasée entre les schistes siluriens et le lias.

2° Que tous les gîtes qui n'ont pas une allure nettement filonienne doivent probablement appartenir au trias, avec parfois redissolutions et précipitations secondaires.

3° Que la minéralisation du trias s'est faite à l'état de sulfure à l'époque de sa formation et, par conséquent, que les minerais oxydés que l'on y rencontre actuellement sont dus à une oxydation postérieure.

4° Que les eaux minéralisées, chargées de métaux pris au trias, ont parfois donné lieu, par double décomposition des calcaires et des sulfures dissous, à des dépôts calaminaires, mais que très souvent les dépôts se sont faits par simple transport des sulfures (dans des eaux chargées de sulfures alcalins) et que l'oxydation des minerais a eu lieu ultérieurement et très récemment par les eaux météoriques.

Les mines du Khanguet, Sidi-Admed, etc., ont vu leurs gîtes calaminaires à la surface devenir assez rapidement blendeux en profondeur, et cela près du niveau hydrostatique.

5° Que les eaux minéralisées par le trias sont arrivées aux terrains supérieurs parfois par le dessous et le côté, mais assez souvent aussi par la partie supérieure, ce qui indiquerait qu'il a existé en Tunisie de nombreux plis couchés où le trias recouvrait des terrains plus récents.

6° Que les eaux minérales que l'on rencontre en Tunisie n'ont aucun rapport avec la venue primitive des métaux. Que les eaux chlorurées sodiques ressemblent absolument aux eaux de surface, et que ce ne sont pas des eaux minéralisantes, mais de simples eaux thermales dont la température indique que les plissements géologiques ont une assez grande amplitude en profondeur.

CHAPITRE XI

GITES D'ANTIMOINE

Le principal minerai d'antimoine est la *stibine* Sb^2S^3. L'antimoine est associé avec une série de métaux sulfurés et notamment au plomb.

La volatilisation de l'antimoine s'est prolongée pendant toute la durée des fumerolles sulfurées; mais le dépôt n'a pas dû commencer quand les fumerolles chlorurées dominaient (origine des groupements stannifères, dans lesquels on trouve des sulfures et des arséniures, mais peu ou pas d'antimoniures).

On peut adopter la classification suivante :

1° Filons de stibine à gangue quartzeuse, avec pyrite et mispickel ;

2° Stibines particulièrement aurifères ;

3° Association de l'antimoine et du cuivre, cuivre gris ;

4° Association de l'antimoine avec le plomb et l'argent ;

5° Association de l'antimoine avec le mercure ;

6° Association de l'antimoine, de l'arsenic et du soufre ;

7° Filons-couches et filons au contact des calcaires avec les schistes.

Les groupes 1 et 2 appartiennent au primaire. Les groupes 4 et 5 sont plus récents ; le groupe 5 est presque localisé dans la phase tertiaire (portion westphalienne).

1° Filons de stibine à gangue quartzeuse.

Ces gisements sont bien développés le long des chaînes hercyniennes. On trouve souvent, et notamment dans le Plateau Central, des gisements de stibine, au contact de la microgranulite qui est le véhicule de l'étain.

L'âge de ces gisements est rapporté aux terrains dinantiens du culm ; ils les recoupent par des veines peu postérieures, mais ils ne traversent jamais le stéphanien.

En suivant la chaîne hercynienne de l'ouest à l'est, on rencontre les gisements suivants :

PORTUGAL (BASSIN DE DOURO). — La région située entre Porto et Penafiel présente un long synclinal siluro-carboniférien, renfermant une très importante

zone de minerais d'antimoine de direction N.-O. allant sur 20 kilomètres de
longueur de S. Lourenço-d'Armes à Vallongo, Gondomar, Sarnades et Gondarem.

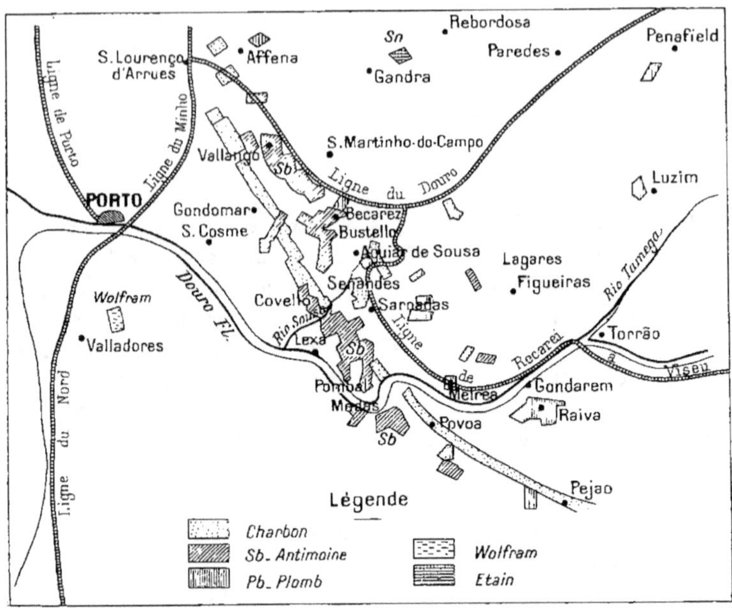

Fig. 375. — MINES DE LA RÉGION DU DOURO (ANTIMOINE, PLOMB, ÉTAIN, WOLFRAM).

Échelle de $\frac{1}{400.000}$

La même zone renferme un peu d'étain, de wolfram et de plomb. Les
stibines du Portugal sont un peu aurifères.

ESPAGNE. — Les gisements du Portugal se prolongent de l'Alemtejo dans
l'Estramadure sous forme de filonnets.

CORNWALL. — On a constaté l'existence de l'antimoine à Trevatham, à
Padstow, dans le nord du Cornwall.

MASSIF ARMORICAIN. — Les principaux gisements d'antimoine du massif armoricain sont : celui de La Lucette (Mayenne) et celui du Semnon, près
Martigné-Ferchaud (Ille-et-Vilaine) (voir la carte 309, p. 375). Le gisement
du Semnon forme un filon de 7 mètres de puissance de direction N. 70°. La
minéralisation se compose de stibine avec de la pyrite et du mispickel aurifères ; la gangue est quartzeuse.

PLATEAU CENTRAL. — Le Plateau Central comprend un grand nombre
de filons de stibine.

Il existe dans le Bourbonnais quelques gisements de peu d'importance. On a fait des recherches à l'est de l'Allier, à Bresnay. Plus au sud, les gise-

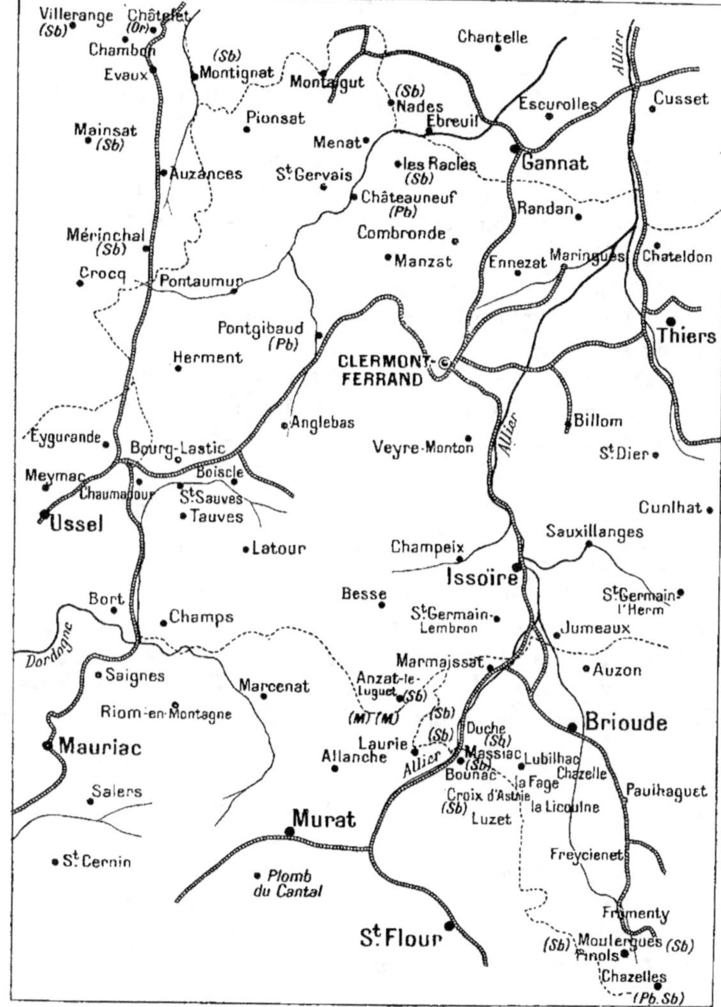

Fig. 376. — MINES D'ANTIMOINE, DE PLOMB ET D'OR D'UNE PARTIE DU PLATEAU CENTRAL.

Échelle au $\frac{1}{100.000}$

ments se multiplient autour de la grande nappe intrusive de microgranulite de Servant, Pouzol, Racles, etc.

La mine de Nades est intercalée entre les microgranulites et le massif de granulite des Colettes, dans les micaschistes. Il existe deux filons orientés N.-O.

A l'ouest, une importante zone antimonieuse suit les traînées de microgranulite si nombreuses que l'on trouve autour d'Evaux, Chambon, etc. (Creuse). Ces gisements sont en rapport avec le dinantien. Ils s'associent avec des filons de pyrite aurifère et de mispickel aurifère (mine du Châtelet) (voir p. 388).

Les couches de stibine du Châtelet ne sont pas aurifères. On trouve dans cette région des traces de minerais d'uranium et de tungstène. On a exploité l'antimoine à Montignat (Allier) et plus au sud à Mérinchal (Creuse) (voir la carte 506).

A Montignat, on observe un stockwerk de quartz à stibine, dans un dyke de granulite. A Mérinchal, la stibine est localisée dans un granulite passant à la microgranulite.

On rencontre au sud de Saint-Yrieix (Haute-Vienne), entre Glandon et le pont de la Rouchouse, des schistes micacés ou amphiboliques recoupés par des filons de granulite N. 45° E., de 1 mètre de puissance, dans l'axe desquels on trouve une veine de quartz chargée d'antimoine sulfuré. Une exploitation a eu lieu à Coussac-Bonneval, et une autre à l'est de la forêt de Biaz, commune de Glandon.

A Chanac, 10 kilomètres sud de Tulle (Corrèze), A. Carnot a signalé la présence de veines de stibine de 0^m,40 à 0^m,70 de puissance.

Les gisements les plus importants du Plateau Central sont ceux que l'on exploite dans le groupe de Massiac, Brioude, etc. (Haute-Loire, Cantal).

Tous ces gisements sont encaissés dans les gneiss, des micaschistes, des granites. Ils se présentent sous forme de filons quartzeux verticaux contenant des lentilles de stibine. Les deux gisements les plus intéressants sont ceux de Freycenet et de la Licoulne.

Il existe deux gisements dans l'Ardèche: ce sont ceux de Malbosc et de Charmes.

Nous citerons également les gisements d'antimoine de la Westphalie, du Hartz, de la Bohême, des Indes, du Tonkin, de la Chine, du Japon (les gisements du Japon sont analogues aux gîtes hercyniens du Plateau Central), de Bornéo, de l'Australie, et du Mexique.

2° Stibines aurifères.

Les gisements de stibine aurifère les plus intéressants sont les suivants :
Portugal. — Stibines du bassin du Douro.
La Lucette (Mayenne).

Goldkronach (Fichtelgebirge).
Krasnahora et Milsschau (Bohême).
Magurka, Kremnitz (Hongrie).
Swaziland (Transvaal).
Australie. — Idaho. — Bolivie. — Pérou.

3º Association de l'antimoine et du cuivre.

L'association de l'antimoine et du cuivre est représentée principalement par les cuivres gris.

4º Association de l'antimoine avec le plomb et avec l'argent.

Cette association se rencontre dans la jamesonite, la boulangérite, la bournonite, la nadorite.

Nous citerons également les polybasites, les psaturoses, les pyrargyrites.

La concentration de l'antimoine et du cuivre et celle de l'antimoine et de l'argent, se trouvent dans la zone de cémentation superficielle, et tend à disparaître en profondeur.

5º Association de l'antimoine avec le mercure.

Cette association se rencontre dans la Sierra Nevada (province de Grenade), où le cinabre accompagne le cuivre gris.

Également dans le Palatinat.

En Toscane, l'antimoine et le mercure formant des gîtes assez importants, étudiés par Lotti qui les rapporte aux éruptions trachytiques et andésitiques du pays.

En Corse, à Méria.

En Hongrie, Bosnie, etc.

En Algérie : gisement du Djebel Taya. Le Djebel Hamimat où se trouve le sénarmontite.

Les gisements de l'Alaska.

6º Association d'antimoine, d'arsenic et de soufre.

Gisements des Transylvanie, de la Macédoine, de la Corse et la Nouvelle-Calédonie.

7º Filons antimonieux formant filons-couches.

1º IMPRÉGNATIONS DANS LES GRÈS. — On rencontre ce genre de gisements à Villerange dans la Creuse, aux États-Unis dans l'Utah.

2º SUBSTITUTIONS AUX CALCAIRES. — Les gisements de Charmes (Ardèche), les gisements tertiaires de Kostaïnik (Serbie, etc.) forment des couches entre des calcaires triasiques et des schistes argileux. Il paraît y avoir eu substitution du quartz antimonieux au calcaire.

CHAPITRE XII

GITES DE BISMUTH

Les principaux minerais de bismuth sont : le bismuth natif, la bismuthine (Bi^2S^3), la bismuthite (carbonate de bismuth hydraté) et l'eulytine ($(SiO^4)^3Bi^4$).

Les gisements de bismuth peuvent être divisés en trois groupes :

1° Association du bismuth avec l'étain et le cuivre ;

2° Association du bismuth avec le cobalt et l'uranium ;

3° Association du bismuth avec l'or.

1° Association du bismuth avec l'étain.

AMÉRIQUE DU SUD. — Les principales mines de bismuth de l'Amérique du Sud sont celles de la Bolivie. Ces gisements sont situés au sommet des Andes.

Au Cerro de Chorolque (5.600 mètres), une brèche stannifère à gangue quartzeuse suit le contact des rhyolites avec des schistes silicifiés. Elle renferme de la cassitérite, de la bismuthine, du bismuth natif, un peu de galène, du mispickel, de la barytine, de la sidérose et même de la tourmaline.

A Tazna (40 kil. S.-E. de Chorolque), se rencontrent des filons minéralisés par du bismuth natif, de la bismuthine, des sulfures de cuivre, un peu d'or natif, dans une gangue de quartz et de sidérose.

Ce sont les deux principales mines de l'Amérique du Sud.

Au Chili, on cite les mines de San Antonio del Potrero Grande, où l'on trouve du bismuth natif et la *chilénite* (bismuth argentifère).

Au Pérou, se trouve la mine Mathilde, près de Morococa.

Dans la République Argentine, près de Tome, on rencontre, dans un filon de quartz encaissé dans les gneiss, de la bismuthite avec de la columbite et du cérium.

Au Mexique, on trouve des minerais de bismuth (*frenzélite*, séléniure de bismuth et la *silacnite*, variété de frenzélite), dans les mines de Guanajuato.

Australie. — On rencontre le bismuth dans le New South Wales, soit dans les alluvions stannifères, soit en filons, à Silent-Grove, The Gulf, Glen-Innes, Elsmore, Tenterfield et Adelong ; le principal minerai est le bismuth natif. La production a été, en 1910, de 7 tonnes.

En Tasmanie, dans la région stannifère du Mont Ramsay, il existe de grands et riches filons de 6 à 12 mètres contenant du bismuth associé au wolfram.

France. — On a rencontré à Meymac (Corrèze) un gisement de bismuth. Il consiste en un filon quartzeux encaissé dans un granite porphyroïde et minéralisé par du bismuth natif, de la bismuthine, de la bismuthite, du mispickel, du wolfram, de la molybdénite, de la cassitérite.

On a trouvé également du bismuth natif dans le gisement de wolfram de Puy-les-Vignes, à Framont (Vosges) et enfin à Montbelleux (Ille-et-Vilaine).

2° Association du bismuth et du cobalt à gangue quartzeuse.

On a rencontré à Schneeberg (Saxe), Annaberg, Joachimsthal, dans les schistes superposés au granite, des filons de cobalt et argent à gangue quartzeuse avec bismuth natif, pechblende, chalcopyrite, galène, blende.

Nous citerons également les gisements de Wittichen (Forêt Noire) de Schutzbach (pays de Siegen).

3° Association du bismuth avec l'cr.

Transylvanie. — On rencontre à Rezbanaya des tellurures d'or ou d'argent associés à des tellurures d'or et de bismuth.

Bleka. — Il existe à Bleka (Norvège) un gisement très intéressant, consistant en filons minéralisés par de la bismuthine et de l'or natif, avec pyrite de cuivre, quartz, etc., recoupant des schistes anciens imprégnés de pyrite. Il y aurait enrichissement en or au point de croisement ; c'est donc un phénomène analogue aux fahlbandes de Kongsberg.

États-Unis. — On rencontre, dans la Virginie (Monroe, Tellurium, etc.), dans la Géorgie, dans la Caroline du Nord des tellurures de bismuth et des tellurures d'or.

Au Colorado, les calcaires siluriens contiennent de puissants filons de bismuth.

Remarque. — Les filons de bismuth sont très anciens ; ils sont contemporains des filons stannifères et des filons aurifères, et c'est précisément pour cela qu'on rencontre fréquemment de l'or et de l'étain dans les mines de bismuth.

CHAPITRE XIII

GITES DE FER

OBSERVATIONS GÉOLOGIQUES. — L'origine première de tout le fer entrant dans la constitution de l'écorce terrestre doit être recherchée dans le noyau très dense situé au centre de la terre.

On peut assimiler la terre à un bain de fonte et d'autres métaux en fusion dont les silicates divers, qui constituent les roches, seraient la scorie.

Les roches éruptives sont le produit plus ou moins direct de la solidification, de la scorification du noyau métallique fondu. C'est donc dans ces roches qu'on doit chercher le premier terme, accessible à notre investigation, de gisements quelconques métallifères et, en particulier, de gisements de fer.

CLASSIFICATION. — Les gîtes de fer peuvent être classés de la façon suivante :

1º Gîtes en inclusions dans les roches ;

2º Gîtes de contact ;

3º Gîtes filoniens ;

4º Gîtes sédimentaires.

I. — GITES EN INCLUSIONS DANS LES ROCHES

Les gîtes en inclusions dans les roches se composent presque exclusivement de magnétite (Fe^3O^4). A ce groupe appartiennent les célèbres mines de l'Oural et de la Laponie.

1º GITE DE WISSOHAJA GORA. — Ce gîte est situé à l'ouest du grand district de Nijni-Taguilsk. La masse principale de ce gîte se compose de syénite augitique qui alterne plusieurs fois, sous forme de bandes, avec un porphyre à orthose sans quartz. La magnétite se montre en grains; elle peut constituer jusqu'à 20 % de la roche. On y observe également de gros morceaux de ce minéral au contact des calcaires cristallins, qui se sont chargés de grenat et d'épidote. La magnétite est très pure, sa teneur en fer est de 63 %; elle ne renferme que des traces de phosphore. La production annuelle est de 100.000 tonnes environ.

2º GITES DE GOROBLAGODAT. — La mine de Goroblagodat se trouve près de Kusewa; elle est également constituée par de la magnétite. Les couches de mine-rais ainsi que les deux dérange-ments principaux sont représentés par la figure ci-contre.

La teneur en silice et en phos-phore est excessivement faible.

3º GITES DE KIRUNAVARA ET LUOSSAVARA. — Ces deux gîtes se trouvent dans la province suédoise de Norrbotten (Laponie). Les mi-nerais de Kirunavara constituent des masses puissantes ; ils sont à

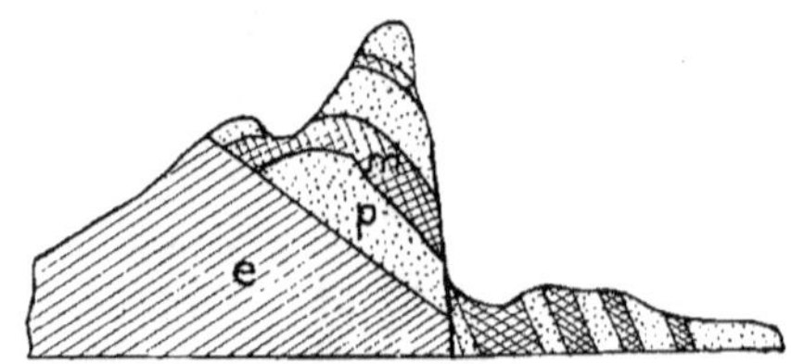

Fig. 377. — PROFIL DE GOROBLAGODAT.
p. Porphyre à orthose.
m Minerai.
e. Roche à grenat et à épidote.

l'intérieur d'un massif de porphyre à orthose sans quartz.

La montagne de Kirunavara, sur laquelle se trouvent les affleurements les plus élevés de minerai, s'élève à la cote 249 au-dessus du lac voisin (Luossa-järvi), qui lui-même est à la cote 500, soit 750 mètres au-dessus du niveau de la mer. La longueur totale des masses de minerais est de 3 km. 5. Le cube reconnu et explorable sans travaux profonds est estimé à 233 millions de tonnes; chaque mètre d'approfondissement peut donner de 1.500.000 à 1.900.000 tonnes.

Remarque. — Si l'on tient compte de la partie de la montagne qui a été enlevée par les érosions, et si on évalue la hauteur primitive à 1.000 mètres, on trouve qu'il a dû se rassembler là primitivement 2 milliards de tonnes de minerais à 65 % d'oxyde de fer, c'est-à-dire 1 milliard de tonnes environ de fer pur. On peut donc dire que c'est la plus grosse masse d'oxyde de fer que l'on connaisse sur le globe. Le gisement de fer de Meurthe-et-Moselle, du Luxembourg et de la Lorraine, qui donne actuellement, par an, 18 millions de tonnes de minerai à 30 et 35 %, est considéré, d'après les dernières recherches, comme devant renfermer 5 milliards de tonnes de minerai, soit 1.800 millions de fer pur, mais dispersés sur 100.000 hectares et non concentrés en un seul amas.

Le gîte de Kirunavara renferme trois types de minerais : de la magnétite pauvre en phosphore, de la magnétite et de l'oligiste et de la magnétite avec apatite.

Le gîte de Luossavara constitue une masse en forme de couche qui a 1300 mètres de longueur et 55 mètres de puissance. Le minerai est formé par de la magnétite avec une certaine quantité d'hématite brune due à une alté-ration superficielle. La réserve de minerai est évaluée à 5 millions de tonnes.

Théorie du gisement. — Les gîtes de Kirunavara et de Luossavara présentent un caractère exceptionnel et différent de celui que l'on rencontre dans les autres gîtes suédois.

Les diverses théories émises pour expliquer la genèse de ce gisement
sont les suivantes :

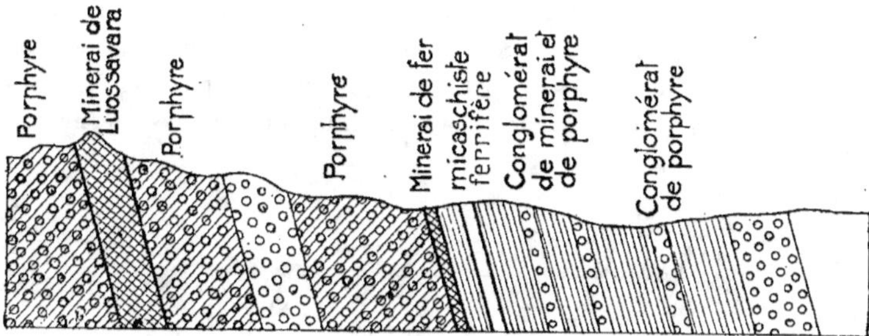

Fig. 378. — Coupe théorique du gite de Luossavara (Vogt).

Quelques auteurs admettent que le fer a dû avoir une relation d'origine
avec les porphyres dans lesquels il est intercalé et qui en contiennent une proportion assez notable; ce qui est très logique. Par conséquent, on peut supposer que le fer s'est séparé de la roche en présence de minéralisateurs, soit sous la
forme de chlorure (l'apatite contenue dans le minerai est un chlorophosphate
et non un fluophosphate de calcium), soit sous la forme de sulfure. On aurait
donc eu, entre deux coulées porphyriques, des dégagements de chlorure ou de
sulfure de fer qui se seraient oxydés au contact de l'eau dissociée par la chaleur.

D'autres admettent qu'il y avait eu là un simple départ profond, c'est-à-
dire une liquation en vase clos et en profondeur. On peut encore supposer que
l'amas de Kirunavara est un ancien amas pyriteux comparable à celui du Rio-
Tinto. Un tel amas soumis à un métamorphisme d'abord désulfurant et peroxydant, puis réducteur a dû se transformer en magnétite.

4° GITE DE TABERG. — Le gîte de Taberg, dans le Smaland, au S.-O. du
lac Wettern, et non loin de Iŏnŏkping (Suède), est constitué par un amas de
titanomagnétite et de péridot, enclavé dans une hypérite à olivine. Cet amas
forme le type de la ségrégation directe. Le minerai de Taberg contient une
certaine quantité d'acide vanadique, de 0,25 à 0,40 %.

II. — GITES DE FER PRODUITS PAR MÉTAMORPHISME DE CONTACT

GÉNÉRALITÉS. — Les gîtes de métamorphisme de contact consistent en
amas stratifiés en massifs de minerais qui se sont produits sous l'influence du
métamorphisme de contact, à la séparation des roches éruptives et des roches
sédimentaires, et dans l'intérieur de ces dernières.

Au point de vue de la genèse, il existe une liaison très étroite entre les gîtes de métamorphisme de contact et les gîtes en inclusions. Dans les deux types, la teneur en métaux provient du magma. Le minerai le plus important est la magnétite. Nous allons citer quelques exemples :

1° GITE DE BERGGIESHUBEL (Saxe). — Ce gîte se trouve au contact du granite et de roches sédimentaires appartenant au silurien inférieur. Par suite du métamorphisme, les schistes argileux ont été transformés en cornéennes, et les

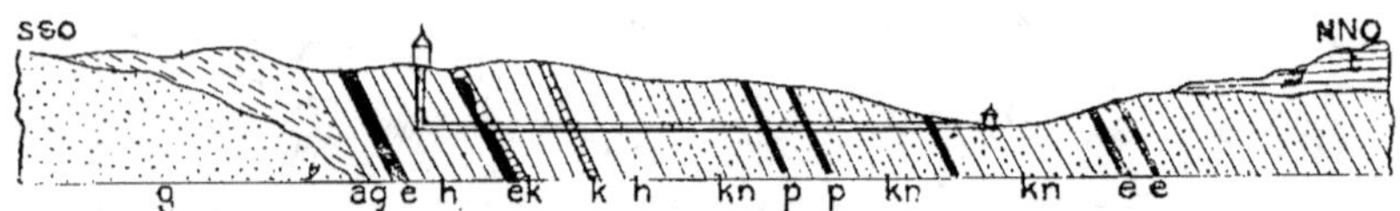

Fig. 379. — COUPE DE LA RÉGION DE CONTACT DE BERGGIESHUBEL.

g. Granite. — ag. Micaschiste à andalousite. — e. Minerai. — h. Schiste à hornblende. — ek. Minerai et calcaire. — kn. Schiste noduleux. — k. Calcaire. — p. Porphyre quartzeux. — t. Turonien inférieur et cénomanien.

tufs diabasiques en schistes à hornblende. Les couches de calcaire intercalées dans les schistes argileux ont donné naissance à des couches de marbre et à des couches de magnétite.

Le minerai se tient particulièrement à la limite du mur du marbre ; il traverse obliquement les couches de marbre et le remplace complètement sur de longues étendues, et atteint parfois une puissance de 5 mètres (fig. 380). En dehors de la magnétite, on trouve dans ce gîte quelques minerais de cuivre, plomb et zinc. Quant à l'origine des solutions métalliques, il est fort probable qu'elles ont été apportées de la profondeur par le granite et se sont infiltrées dans la roche encaissante.

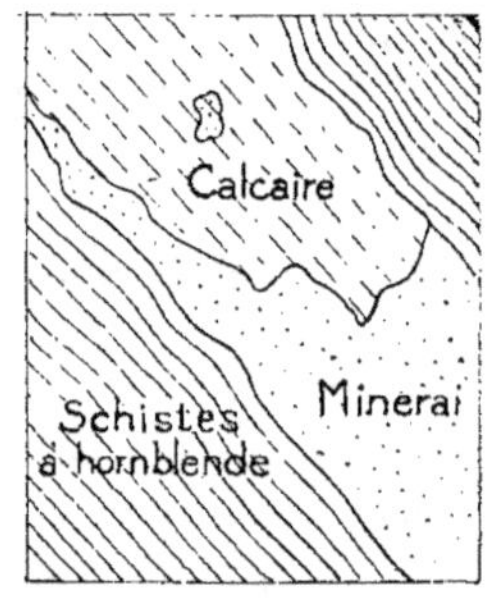

Fig. 380.

2° GITES DU BANAT, DE LA HONGRIE ET DE LA SERBIE. — Il existe dans le Banat, la Hongrie et la Serbie une chaîne de montagnes, haute de 800 mètres environ, ayant une direction N.-E.-S.-O., et composée de micaschistes, de gneiss, de granite, de quartzites, de couches carbonifériennes renfermant du charbon, de grès permien et de calcaires jurassiques.

De plus, une fente de dislocation qu'on peut reconnaître jusqu'en Serbie, avec direction N.-S., recoupe nettement les couches mésozoïques et a été la voie d'accès des roches éruptives plus jeunes ; ces dernières peuvent se reconnaître sur une étendue de 76 kilomètres ; ces masses éruptives se trouvent en liaison génétique intime avec tous les gîtes qu'on rencontre dans le Banat.

On avait primitivement désigné toutes ces roches sous le nom de syénites.

Von Cotta les nommait *banatites*. Plus tard Von Rath donnait au type le plus répandu le nom de diorite quartzifère et Szabo celui de trachyte andésitique quartzeux. Actuellement ces roches sont classées parmi les trachytes andésitiques quartzeux et dacites.

Au contact de ces roches, les calcaires traversés par elles sont devenus saccharoïdes et se sont transformés en marbres; il s'est produit en même temps des minéraux typiques de contact, tels que grenat, idocrase, wollastonite, trémolite.

Les principales mines sont : Milovar Rezbanya (Hongrie), Moravicza, Dognacska, Oravicka-Csiklova, Szaszka (Banat), Kuczaina, Rudnik et Magdanpeck (Serbie).

Les minerais sont, suivant les points, de la magnétite, de l'oligiste, avec des sulfures divers : pyrite, chalcopyrite, galène, blende. Comme type de minerais de fer proprement dits nous citerons la mine Paulus dans la région de Moravicza. Ce gîte se compose d'un amas considérable de gangue grenatifère enveloppant quelques gros lambeaux calcaires détachés du massif principal. Les amas de minerais se trouvent dans la gangue, au contact des calcaires. Dans le reste

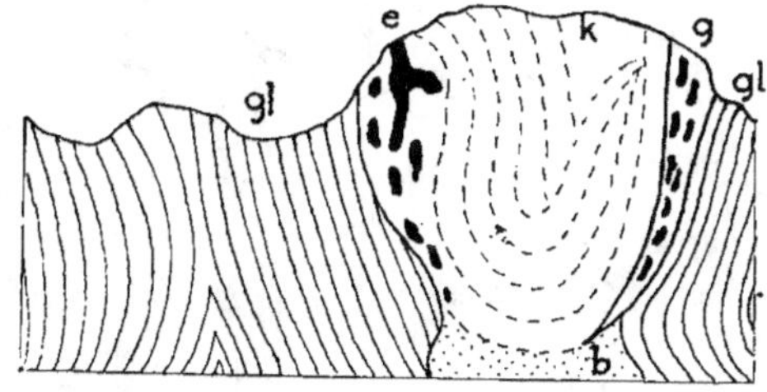

Fig. 381. — COUPE EN TRAVERS DU FOND DE BATEAU CALCAIRE DE MORAVICZA A LA MINE PAULUS.
gl. Micaschiste. — *k.* Calcaire. — *b.* Banatite. — *c.* Minerai. — *g.* Roche à grenat.

de la masse, le minerai est distribué irrégulièrement et constitue parfois la moitié du volume total.

3° GITE DE L'ILE D'ELBE. — Les minerais de fer de l'île d'Elbe se trouvent exclusivement le long de la côte est. Les principaux gîtes sont Rio-Albano, Rio-Vigneria, Terra-Nera et Calamita. Ces gîtes se composent d'oligiste, d'hématite rouge et d'hématite brune. La magnétite est assez rare.

Les gîtes de l'île d'Elbe ressemblent beaucoup à ceux du Banat et c'est pour cela qu'on peut admettre pour les premiers une origine par métamorphisme de contact. Il y a tout lieu de supposer que la plupart des roches granitiques auxquelles on peut attribuer la minéralisation sont cachées à une faible profondeur et qu'elles ont constitué les points d'émission proprement dits de solutions minéralisées montantes qui ont minéralisé les calcaires et pénétré aussi dans l'ensemble des couches non calcaires.

Comme on peut fixer l'âge du granite à tourmaline de l'île d'Elbe entre l'éocène et le miocène, les minerais aussi doivent être de cet âge.

III. — GITES DE FER FILONIENS

Le minerai de fer filonien est relativement rare. On peut distinguer les filons de magnétite, les filons d'oligiste, les filons d'hématite et les filons de sidérose.

1º FILONS DE MAGNÉTITE. — Il existe à Traverselle (Piémont) des amas de fer magnétique, considérés comme filoniens; ces amas se trouvent dans le micaschiste et au contact de l'éclogite et de la syénite. La gangue est formée de quartz et de calcite.

2º FILONS D'OLIGISTE. — Le gîte de Iron Mountain (Missouri) se compose de veines d'oligiste intercalées dans une roche porphyrique R surmontée par un dépôt détritique D (fig. 382). Les veines de minerais O sont recoupées par une faille F. Le fer oligiste contient beaucoup de cristaux d'apatite.

3º FILONS D'HÉMATITE. — Il existe dans les Pyrénées-Orientales et dans l'Ariège quelques minerais de fer présentant un certain intérêt.

Les principaux gîtes des Pyrénées-Orientales se trouvent autour du mont Canigou : ce sont les Fillols (qui est le plus important), Olette, Py, Saint-Étienne du Pomers, Patère, etc., etc.

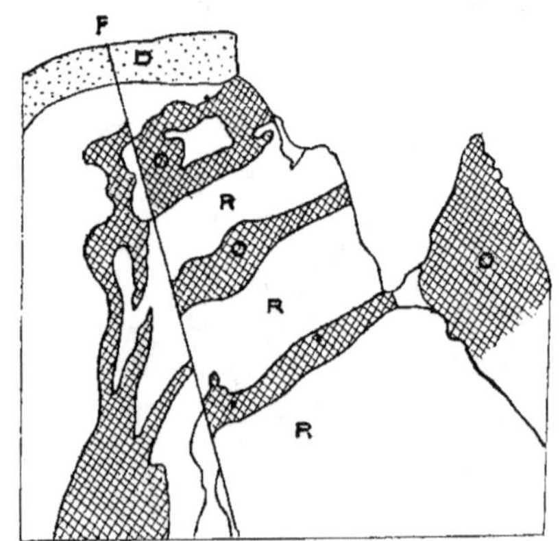

Fig. 382.
COUPE THÉORIQUE D'IRON-MONTAIN (U. S.).

Les mines de l'Ariège comprennent cinq concessions dont la principale est le Rancié.

Ces gîtes sont constitués par des filons recoupant les schistes et le calcaire, avec interstratification et éparpillement en veines dans le silurien, et formation de gros amas dans le calcaire.

1. *Le minerai du Canigou* est formé soit de fer carbonaté, moucheté de pyrite de fer, soit d'hématite rouge, d'hématite brune et d'un peu de magnétite. Le fer carbonaté renferme du carbonate de manganèse et tend à dominer en

profondeur. Les hématites ne sont probablement que le résultat de l'oxydation du carbonate. Les mines du Canigou sont divisées en deux groupes principaux: le groupe de Batère et le groupe de Prades.

2. *Le minerai de Rancié* (Vicdessos) comprend :

1º Un mélange d'hématite rouge et d'hématite brune ;

2º Un minerai carbonaté noir décomposé et transformé en hématite rouge ;

3º Un mélange de fer carbonaté d'hématite et de quartz.

Tous ces minerais se rencontrent dans les calcaires siluriens et dans les calcaires liasiques.

4º FILONS DE SIDÉROSE. — Comme types de filons de sidérose, nous citerons la mine de Stahlberg, près Musen (Siegen), et celle d'Allevard (Isère).

On exploite au Stahlberg un filon composé de nombreuses veines qui traversent les couches du dévonien inférieur et qui a, par place, 16, 24 et même

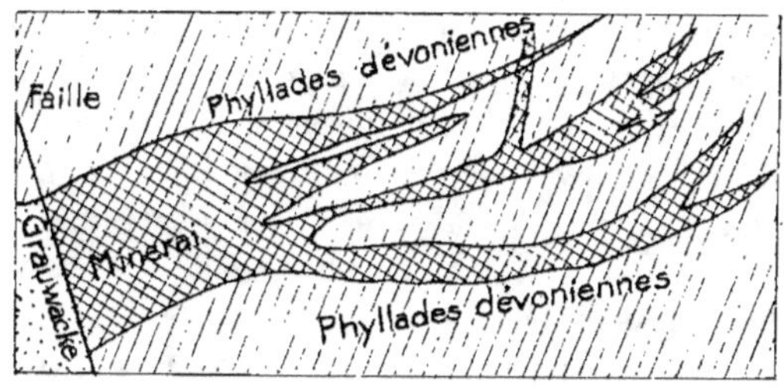

Fig. 383. — PLAN DU GITE DE STAHLBERG PRÈS MUSEN.

30 mètres de puissance. Ce filon est recoupé vers le S.-E. par une faille (fig. 383).

Le remplissage consiste en sidérose manganésifère contenant de nombreuses mouches de pyrite de fer et quelquefois de la pyrite de cuivre, du cuivre gris et de la galène.

Le pays de Siegen a produit en 1902, 854.000 tonnes de minerai.

Le district minier d'Allevard (Isère) est constitué par des filons de sidérose extrêmement nets, avec gangue de quartz et de dolomie. Les filons recoupent des roches cristallophylliennes (micaschistes, chloritoschistes); ils pénètrent localement dans le terrain houiller et dans les grès du trias. Leur puissance atteint parfois 10 mètres. Leur allure générale est régulière bien qu'ils soient coupés par des failles nombreuses. La sidérose est quelquefois accompagnée d'un peu de chalcopyrite et de blende. La production annuelle est de 15.000 tonnes environ.

IV. — GITES SÉDIMENTAIRES DE MINERAIS DE FER

1. Gîtes sédimentaires dans les roches cristallophylliennes.

La magnétite et l'oligiste se trouvent comme éléments accessoires disséminés dans la plupart des roches cristallophylliennes ; mais ils jouent quelquefois le rôle d'élément principal, dans les schistes micacés, dans les quartzites ou autres roches semblables.

Les schistes micacés ferrugineux sont des mélanges schisteux grenus de fer oligiste lamellaire et de quartz. On les connaît dans plusieurs régions de la Norvège, particulièrement à Itabira (Brésil) où ils forment des couches assez puissantes désignées sous le nom d'*itabirites ;* ces itabirites renferment assez souvent de l'or et du cinabre. On rencontre également cette roche dans la Caroline du Sud.

Les gisements de Norvège ont une importance pratique beaucoup plus grande que ceux du Brésil et de la Caroline du Sud. Ainsi, on rencontre sur la côte ouest, à Naeverhangen, à 40 kilomètres de la ville de Bodö, des schistes micacés et des schistes quartzeux qui renferment une très grande quantité de petites feuilles aplaties d'oligiste et de petits noyaux de magnétite ; ces couches de minerais finement rubanées atteignent une puissance de 5 à 7 mètres. Ce n'est que par suite de plissements que se sont produites des puissances plus considérables allant jusqu'à 16 mètres. Il existe des gisements semblables dans les îles de Tomö, et de Donnessö.

2. Gîtes en amas stratifiés compacts dans les roches cristallophylliennes.

α) Minerais oxydés.

I. GITES DE SUÈDE. — Les gîtes de Suède forment généralement des zones de lentilles alignées parallèlement à la stratification et disposées à peu près verticalement suivant le pendage même des couches gneissiques encaissantes. L'épaisseur de ces niveaux ferrifères qui atteignent facilement 100 mètres d'oxyde de fer, est un fait dont nous n'avons pas l'analogue dans les couches ferrugineuses des terrains sédimentaires proprement dits, c'est-à-dire dans les terrains récents, comme ceux de Meurthe-et-Moselle. La puissance des gîtes suédois est due en partie aux nombreux plissements qu'on rencontre dans cette région, les plus gros amas s'étant souvent accumulés à des coudes ; elle est due aussi à des phénomènes de substitution; enfin il est probable que la sédimentation s'est opérée à une époque où les matières ferrugineuses étaient abondantes dans les magmas moins silicatés.

Les minerais sont composés tantôt d'oligiste, tantôt de magnétite, tantôt par le mélange de ces deux oxydes.

Les principaux districts miniers sont :

Au nord : Svappavara et Gellivara.

Au centre : Grängesberg, Norberg, Persberg, Dannemora, etc., etc.

1º *District de Gellivara*. — Le district minier de Gellivara, situé dans la province de Norrbotten, renferme les plus grandes mines de fer de la Scandinavie.

Les roches encaissantes sont, à l'ouest, des gneiss à hornblende, au nord-est des hälleflints (leptynites), et au sud-est des gneiss granulitiques.

Le minerai exploité à Gellivara est principalement de la magnétite, et accessoirement de l'oligiste.

La magnétite est en grains bien individualisés de 1 millimètre de diamètre. L'oligiste est en masses brillantes, souvent schisteuses. Ces minerais sont très riches en phosphore 5 à 6 %. L'apatite est souvent distincte du minerai de fer ; elle est en relation directe avec des filons de granulite qui recoupent nettement les minerais et les roches encaissantes. La production annuelle du district est de 800.000 tonnes.

2º *District de Grängesberg*. — Le district de Grängesberg est situé entre Falun et Kopparberg. La plupart des gîtes de ce district sont nettement interstratifiés dans les gneiss et les hälleflints, sur une longueur de 5 kilomètres, sous la forme de nombreuses petites lentilles constituées par de la magnétite et de l'oligiste avec une petite quantité de phosphore. On a rencontré à la mine de Sjustjernsberg une lentille de 400 mètres de longueur et de 90 mètres de puissance. Le toit de cette lentille est formé de magnétite qui renferme de l'apatite ; la teneur en phosphore est de 2,8 %. On trouve parfois de petites couches d'apatite de 3 à 4 centimètres d'épaisseur intercalées dans le minerai ; la région du mur est constituée par de l'oligiste à 2 % de phosphore. Les masses de minerais sont quelquefois recoupées par des dykes de pegmatite; cette roche renferme de l'apatite, du béryl et du bitume dans les druses; ce bitume se trouve également en inclusions dans le feldspath et le quartz de cette roche. Dans les endroits où ces dykes de pegmatite ont traversé le fer oligiste, ce dernier a été transformé en magnétite.

La mine de Norra-Hammargrufva renferme de la magnétite extrêmement riche en apatite; la teneur en phosphore est de 8 %. La roche encaissante immédiate est un gneiss à hornblende avec des couches de mica; le minerai est accompagné de rutile, de scheelite, de zéolites et de bitume.

Remarque. — Le district de Grängesberg montre assez bien les conditions génétiques de la plupart des minerais de Suède. En effet, on rencontre dans ce district, à la mine Mor, par exemple, entre la granulite normale et les amas stratifiés riches en magnétite, une alternance de couches extrêmement minces, répétées plusieurs fois; par conséquent, il est fort probable que la magnétite et l'oligiste ont cristallisé en même temps que les éléments de la roche encaissante.

Le district de Grängesberg est le plus riche des districts du centre; sa production annuelle est de 650.000 tonnes.

3° *District de Norberg*. — Le district de Norberg est situé dans la province de Westmanland; il comprend une centaine de mines de fer; elles se rencontrent également dans des roches constituées par des gneiss et des hälleflints, renfermant des intercalations de schistes micacés ainsi que de calcaires et de dolomies. On y rencontre trois sortes de minerais ; 1° de l'oligiste et de l'hématite rouge; 2° de la magnétite; 3° de la magnétite très manganésifère.

4° *District de Persberg*. — Le district de Persberg est situé dans le Waermland. La région est constituée par des gneiss et des hälleflints. Les

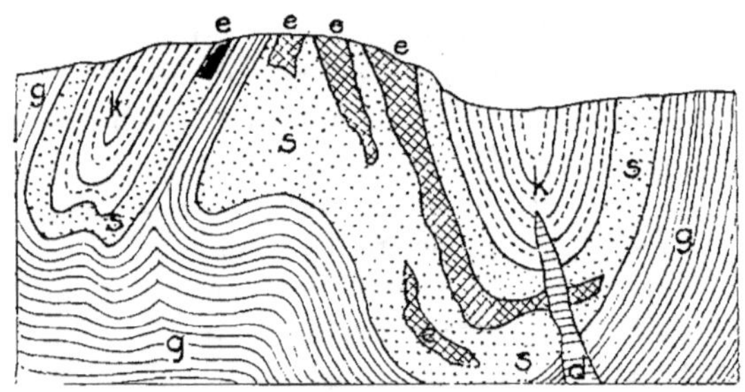

Fig. 384. — COUPE DE LA MINE STORGRUFVA A PERSBERG.
g. Gneiss. — *k*. Calcaire et dolomie. — *s*. Skarn et minerai. — *d*. Diorite.

masses de minerais ayant la forme de lentilles, sont enclavées dans une roche pyroxénique contenant grenat et épidote (skarn) et dans les amas de calcaire et de dolomie.

Le principal minerai est la magnétite avec une petite quantité d'hématite. La teneur en manganèse est de 0,35 %, celle en phosphore ne dépasse pas 0,0135 %. La coupe ci-contre met bien en évidence les plissements subis par les couches. Les amas se trouvent comme à Gellivara, aux points d'inflexion des couches.

5° *District de Dannemora*. — Le district de Dannemora est situé sur les bords du lac Gruben. La région est constituée par des granites et des granites gneissiques. La zone ferrifère proprement dite, intercalée au milieu des halleflints dans des calcaires qui alternent avec des minerais et en contact sur sa paroi sud avec des hälleflints mêmes, est formée de lentilles de magnétite à peu près verticales, avec léger plongement ouest. Cette zone occupe une longueur d'environ 2 kilomètres sur une largeur de 200 mètres. La plus grosse lentille a été exploitée à ciel ouvert sur une largeur de 50 mètres et une profondeur de 145 mètres.

Le minerai y est toujours formé de magnétite fine et compacte, encaissée soit directement dans le calcaire, soit dans une brèche constituée d'amphibole, pyroxène, actinote manganésifère (dannemorite) et grenat. L'hématite fait défaut. Il n'y a pas de phosphore. Ce district se distingue assez nettement des précédents par l'abondance de divers filons éruptifs qui l'ont recoupé; on peut également signaler, comme un phénomène remarquable, une abondante venue de sulfures métalliques (pyrite, blende, galène, avec un peu de cobalt, de pyrrhotine, de mispickel), et enfin la venue de bitume, sur de petits filons de calcite qui traversent les amas minéralisés. Quelquefois de petites sphères d'asphalte y sont enfermées dans des scalénoèdres de calcite.

2. GITES DE NORVÈGE. — Il existe dans le sud de la Norvège, à Arendal, des masses minérales ayant la forme de lentilles et composées de magnétite. Ces masses sont encaissées dans un gneiss à biotite avec intercalations de schistes micacés, de quartzites et de calcaire. Les filons de pegmatite qui recoupent ces masses minérales sont souvent riches en minéraux, parmi lesquels des minéraux rares.

3. GITES DE RUSSIE. — Nous citerons le célèbre gîte de Krivoï-Rog qui est situé dans le sud de la Russie, dans le voisinage du grand bassin houiller du Donetz.

Fig. 385. — COUPE TRANSVERSALE DE LA CONCESSION FRANÇAISE DE SAXAGAN (KRIVOÏ-ROG).
G. Granite. — q. Quartzite. — S. Schistes. — m. Minerai.

Ce gîte forme une grande cuvette de 31 kilomètres de longueur sur 8 kilomètres de largeur. Les couches de minerais sont intercalées dans des schistes cristallins qui reposent sur le granite.

Le minerai est formé d'oligiste, de magnétite, d'hématite rouge et d'hématite brune. Il y a quatre couches, dont trois principales : la plus puissante a 60 mètres et les deux autres 20 mètres.

La production annuelle est 2.800.000 tonnes. Il y a encore 73 millions de tonnes à exploiter.

4. GITES D'ESPAGNE. — L'Espagne possède aussi dans la région des schistes cristallins, des gisements de minerais de fer. On a découvert, tout récemment, à El Pedroso, sur le versant sud de la Sierra Morena, un amas stratifié d'oligiste de 5 mètres de puissance, et à Navalazaro, au milieu des gneiss, un amas de magnétite de 7 mètres de puissance.

5. GITES DE L'AMÉRIQUE DU NORD. — Il existe un grand nombre de gîtes de magnétite dans l'Amérique du Nord, au milieu des gneiss archéens (laurentiens). Les plus importants se trouvent dans les Monts Adirondack, au sud de Montréal, et ceux de New-Jersey dans la Caroline Ouest.

Nous examinerons tout particulièrement les gîtes de minerais de fer précambriens (algonkiens) : le plus remarquable de ces gîtes est celui de la Marquette dans l'état de Michigan. La région a environ 65 kilomètres de long sur

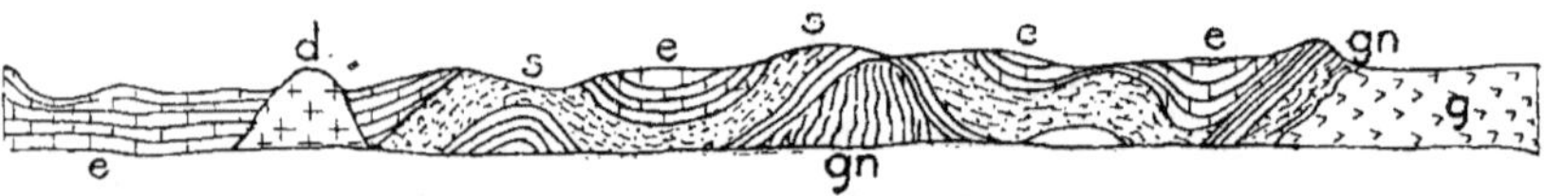

Fig. 387. — COUPE A TRAVERS LA RÉGION AU SUD DE NEGAUNEE (VAN HISE).

gn. Gneiss. — g. Granite. — S. Schiste argileux. — c. Couches de Negaunee renfermant du fer. — d. Diorite et diabase.

2 à 5 kilomètres de large; elle s'étend sur la rive sud du Lac Supérieur entre Marquette et Michigamme. Le terrain inférieur se compose de schistes micacés, de schistes à hornblende, de gneiss et de masses de granite intrusives, puis vient la formation algonkienne avec ses deux subdivisions. La première se compose de quartzites, de dolomies et de l'ensemble des couches de Negaunee qui renferment le minerai de fer. La seconde est formée de quartzites à sidérose, de schistes, de grauwackes, en partie transformés par métamorphisme régional, de conglomérats et de nappes de roches basiques.

Le groupe de Negaunee qui renferme le minerai de fer a une puissance de 300 à 450 mètres dans son niveau inférieur. Il est principalement formé de quartzites à sidérose, constitués par des fines lamelles alternant de minerai de fer carbonaté et de quartz. Mais ces quartzites sont habituellement transformés

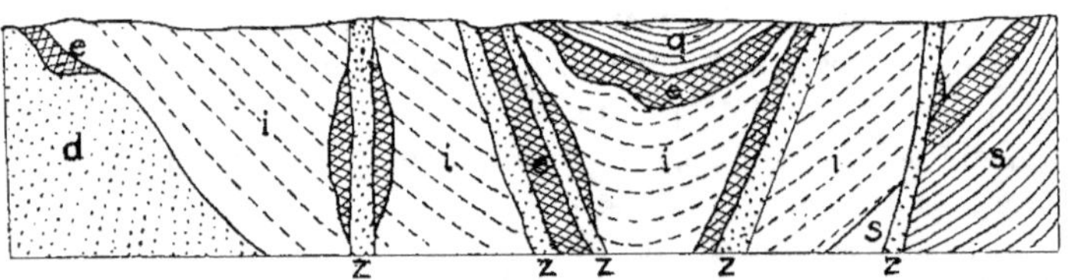

Fig. 386. — SCHÉMA DE LA VENUE DES MASSES DE MINERAI DE FER DANS LE DISTRICT DE MARQUETTE (VAN HISE).

S. Schiste. — i. Schiste-jaspe. — q. Quartzite. — d. Diabase et diorite. — z. Diorite et diabase décomposée. — c. Masses de minerai.

par suite de phénomènes métasomatiques, ils passent aux quartzites à grünérite et magnétite. Van Hise pense que ces changements métasomatiques sont en relation avec l'intrusion des diabases qui traversent les couches minéralisées. Il y a donc lieu de supposer que des eaux thermales auraient lessivé les quartzites à sidérose et amené une double décomposition entre le carbonate de fer et les silicates alcalins; ces silicates alcalins proviennent, bien entendu, de la décomposition des roches diabasiques. Les masses de minerai se trouvent toujours dans les synclinaux des roches plissées. Leur situation dépend donc des conditions tectoniques de la région; elles sont constituées par de la magnétite grenue, de l'oligiste, de l'hématite rouge et de l'hématite brune.

Les gîtes de Menominee au sud du Lac Supérieur, de Penokee (État de Wisconsin) et celui de Vermillon au nord (Minnesota) appartiennent à la même formation.

La production annuelle de toutes les régions ferrifères qui se trouvent autour du Lac Supérieur s'est élevée à 10 millions de tonnes.

6. GITES D'ALGÉRIE. — Le plus important des gîtes algériens est celui de Mokta-el-Hadid (province de Constantine). Les minerais se composent de magnétite et d'hématite; ils sont en liaison intime avec des calcaires et

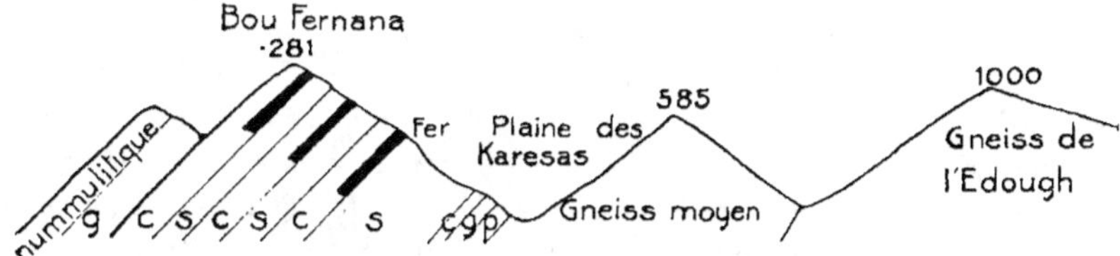

Fig. 388. — COUPE DE LA RÉGION DE MOKTA-EL-HADID, D'APRÈS PARRAN.

g. Gneiss feuilleté supérieur. — s. Schistes micacés grenatifères alternant avec des cipolins (c) et des minerais de fer. — p. Pyroxénite.

forment des couches interstratifiées dans des micaschistes à grenat qui sont eux-mêmes intercalés au milieu de gneiss (1). Le minerai se comporte comme produit de substitution. L'amas principal a une puissance de 40 mètres. La production annuelle s'est élevée à 430.000 tonnes.

β) Gîtes de fer carbonaté dans la région des roches cristallophylliennes.

1. GITE DE HÜTTENBERG (CARINTHIE). — Les amas stratifiés de fer carbonaté de Hüttenberg sont en liaison avec des calcaires grenus. Le minerai et le calcaire sont interstratifiés dans des schistes micacés et des gneiss. Les conditions de dépôt semblent indiquer que le minerai s'est produit par une métamorphose progressive du calcaire; la sidérose a été partiellement transformée en limonite. La production annuelle s'est élevée à 100.000 tonnes de sidérose et d'hématite brune.

(1) PARRAN, sur les terrains de gneiss des environs de Bône (Algérie), *Bull. Soc. Géol. de France* 3°, t. II, p. 583, 1883.

2. Gite de Gyalar (Siebenburgen). — Le gîte de Gyalar est assez important; il se trouve dans le Siebenburgen, au sud de Maros. Il présente de grandes analogies avec le précédent. En effet, il se rencontre dans la région des schistes micacés et des calcaires avec de puissantes intercalations de fer carbonaté qui est transformé superficiellement en limonite. La production annuelle s'est élevée à 180.000 tonnes.

Genèse des minerais de fer des roches cristallophylliennes.

La genèse des minerais de fer des roches cristallophylliennes a été l'objet de nombreux travaux de la part de quelques géologues et notamment de Sjögren et de Vogt. D'après ces savants, les faits suivants montrent assez clairement l'origine sédimentaire de la magnétite et de l'oligiste :

1º Leur entière concordance avec la roche encaissante ;

2º Leur disposition en couches ;

3º Leur liaison avec des niveaux stratigraphiques déterminés ;

4º Leur liaison locale fréquente avec des calcaires ;

5º La venue de formations semblables au point de vue chimique dans des formations plus jeunes et n'ayant pas subi de métamorphisme.

Sjögren considère les amas stratifiés de minerais de fer de la Suède comme des minerais lacustres, des minerais de marais. Leur forme attribuée au dépôt sur un fond inégal, la présence de bitume, anthracite ou graphite, causée par des plantes auxquelles serait également dû le phosphore, la teneur en soufre, tenant à la réduction de sulfates en présence de ces mêmes matières organiques, plaident en faveur de cette hypothèse.

Quoi qu'il en soit, on peut toujours admettre que les minerais se sont d'abord déposés en solutions très diluées au fond des eaux. La formation de ces solutions doit s'expliquer par la dissolution de particules d'oxyde de fer et de silicates ferrugineux contenus dans un grand nombre de roches anciennes, et cela sous l'influence d'eaux terrestres renfermant de l'acide carbonique, de l'acide sulfurique ou des acides organiques. Le dépôt s'est souvent produit primitivement sous la forme de carbonate de fer. Dans un grand nombre de cas, ce carbonate de fer s'est transformé en limonite; ce n'est qu'en présence des matières organiques réductrices que le carbonate de fer reste intact.

La silice des minerais de fer quartzeux peut aussi provenir en partie des solutions ferrugineuses qui pouvaient renfermer en même temps des silicates alcalins. La silice d'une pareille solution se précipite simultanément quand l'oxyde de fer hydraté (limonite) s'en sépare. Les minerais de fer oligiste sont généralement riches en silice, ceux de magnétite sont pauvres en cet élément; ces derniers renferment souvent des minerais sulfurés à l'état d'imprégnations, ce qui indique que la magnétite a suivi un processus réducteur par suite duquel le fer s'est vraisemblablement précipité sous forme de carbonate, des solutions renfermant des acides humiques, tandis que dans la formation de l'oligiste cette réduction n'a pas eu lieu.

La teneur en acide phosphorique, provient probablement de l'apatite contenue dans les roches (granulites) ; il s'est concentré dans les plantes et, par suite de la pourriture de ces dernières, il est entré en solution comme phosphate d'ammoniaque. Pendant la sédimentation des minerais de fer, l'acide phosphorique s'est précipité sous forme de phosphate de fer (vivianite) ou de phosphate de chaux.

Le manganèse se précipite de ses solutions de la même manière que le fer; mais, comme ce dernier s'oxyde plus vite, il en résulte que les minerais de manganèse sont toujours superposés aux minerais de fer.

Le métamorphisme régional a opéré, dans la plupart des cas, la transformation du carbonate de fer et de la limonite en magnétite et en oligiste. Les roches encaissantes ont également éprouvé une recristallisation complète sous l'action du métamorphisme.

Remarque. — Nous avons vu plus haut que lorsqu'on passe des districts de la Laponie suédoise aux districts de la Suède centrale, le phosphore, si abondant dans les minerais du nord, disparaît presque complètement dans ceux du centre. Dans les mines du centre (Dannemora, Norberg, etc.), les minerais se trouvent au contact de bancs calcaires. On peut donc supposer qu'il se serait produit là, dans le métamorphisme, au contact des calcaires, une opération épurante, analogue à celle qu'on réalise en métallurgie par les garnisseurs basiques (procédé Thomas);les minerais phosphoreux se trouvent, au contraire, dans les roches siliceuses.

La ségrégation du fer dans les roches basiques du type des gabbros est souvent accompagnée par celle du titane sous forme d'ilménites, etc. Ainsi se forment des minerais à haute teneur en titane, comme ceux de Routivara (Suède).

3. Gîtes de minerais de fer, dans les terrains sédimentaires proprement dits.

Minerais de fer siluriens.

GITES DE FER DE BOHÊME. — Les minerais de fer de Bohême sont interstratifiés dans l'ordovicien inférieur qui est formé de quartzites, de schistes, de grauwackes, de conglomérats et de dykes de diabase. Les minerais forment plusieurs couches régulières dont la puissance varie de 5 à 20 mètres.

La mine la plus importante est celle de Nucic, à l'ouest de Prague. Le minerai de Nucic est une chamoisite grise à structure oolithique qui contient une certaine quantité de phosphore. Les gîtes de la Bohême ont subi, en même

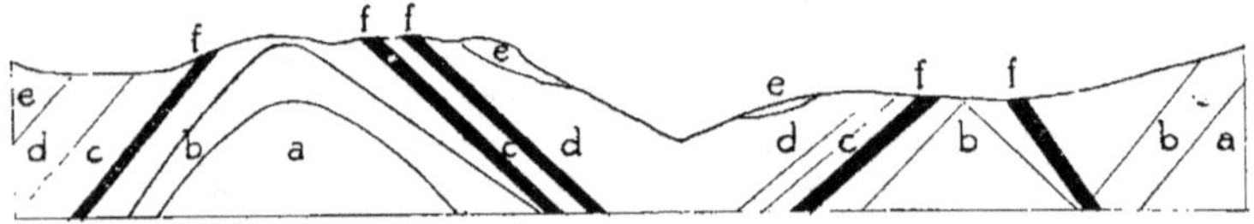

Fig. 389. — COUPE DES GISEMENTS DE FER DE BOHÊME

a. Grauwacke. — *b.* Couches de Krusznahora. — *c.* Couches de schistes. — *d.* Couches de Rokyca. — *e.* Couches de Brda. — *f.* Couches de minerai.

temps que les roches siluriennes qui les renferment, des plissements et des rejets nombreux. La production annuelle est de 633.000 tonnes de minerai à 32 % de fer.

GÎTES DU THURINGERWALD, DU FRANKENWALD. — Ces gîtes sont également dans le silurien inférieur; ils contiennent des minerais oolithiques tout à fait semblables à ceux de Bohême. Le principal gîte est celui de Schmiedefeld (Saxe-Meinigen), non loin de Gräfersthal (Thuringe). Les minerais se composent du thuringite et de chamoisite. La production s'est élevée à 140.000 tonnes par an.

GÎTE DE SAN LEONE (SARDAIGNE). — Le gîte de San Leone consiste en une couche de magnétite. Cette couche est constamment recouverte par un

Fig. 000. — COUPE DU GITE DE SAN-LEONE (SARDAIGNE).

banc d'une roche grenatifère. La gangue consiste en certains filonnets de quartz.

Gîtes de fer de la Bretagne, de l'Anjou et de la Normandie.

GÎTE DE SEGRÉ (MAINE-ET-LOIRE). — La région de Segré est constituée par quelques bandes de terrains siluriens composés, de haut en bas, de schistes ardoisiers, de quartzites à bilobites (grès armoricains) et de schistes appartenant au cambrien (silurien inférieur).

C'est dans le niveau des grès armoricains que se trouvent les lits de minerai de fer; ils forment entre Château-Gontier et Angers six bandes bien distinctes dont la principale va de Lion-d'Angers à Segré et à Pouancé (fig. 392).

Le minerai se compose de magnétite et d'oligiste disséminés dans une roche verte chloriteuse.

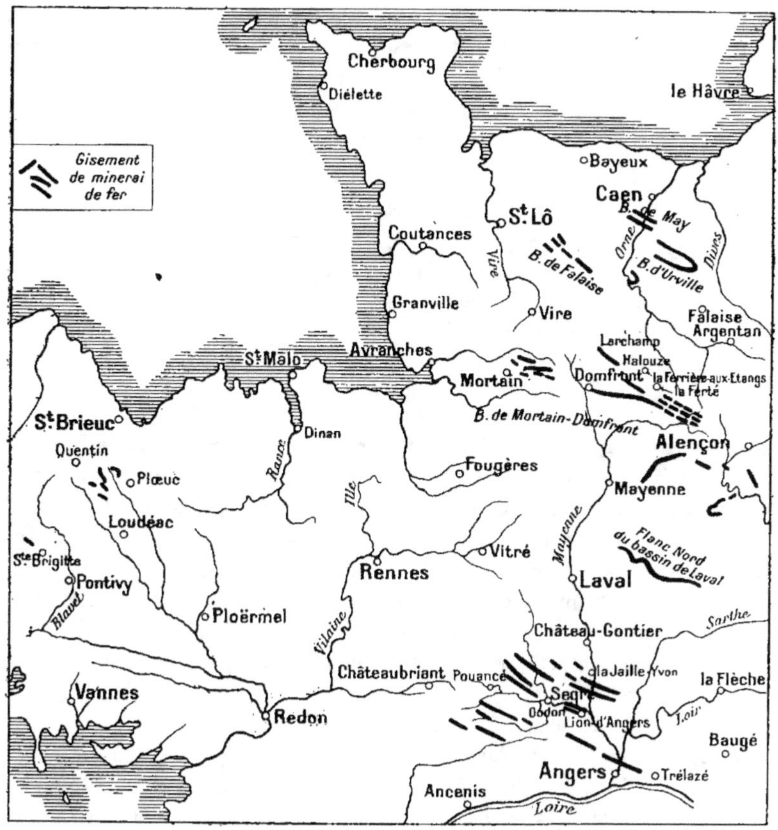

Fig. 391. — Carte des gisements de minerais de fer, reconnus dans le paléozoïque de la presqu'île armoricaine.

Ces gîtes forment, à la surface du sol, dans les dépressions du terrain silurien, des dépôts de limonite; le plus important de ces dépôts est situé à Rougé (Loire-Inférieure), à 10 kilomètres de Châteaubriant. On rencontre là des poches de un ou plusieurs hectares de superficie et de 6 à 7 mètres de puissance; ces poches sont recouvertes de sables miocènes. Le minerai est envoyé aux forges de Trignac.

Gîtes du Calvados et de l'Orne (1).

Les gîtes de fer du Calvados et de l'Orne se rencontrent dans les terrains siluriens qui sont, en général, orientés suivant des bandes parallèles dirigées

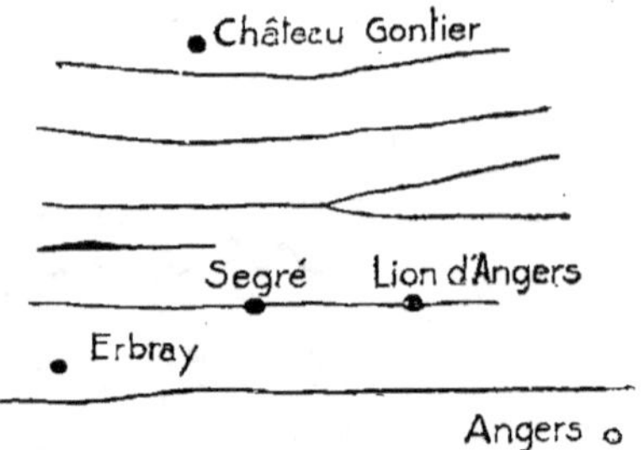

Fig. 392.

à peu près N. 115° E. Ces terrains forment des synclinaux plus ou moins réguliers) qui sont masqués à l'est par un recouvrement jurassique, tandis qu'à l'ouest ils apparaissent au milieu des phyllades précambriens.

Les minerais sont situés entre les schistes à calymènes (ordovicien supérieur, et les grès armoricains (ordovicien inférieur). Ils sont constitués tantôt par de l'hématite, tantôt par du carbonate de fer, tantôt par un mélange des deux. En général, les parties les plus profondes sont carbonatées.

Ces minerais ont été trouvés et exploités le long de quatre synclinaux qui sont du nord au sud :

1° Le synclinal de Saint-André et May-sur-Orne;

2° Le synclinal de Perrières à Barbery, par la Brèche au Diable;

3° Le synclinal de Falaise qui va passer à Saint-Rémy et à Jurques;

4° Le synclinal de la Forêt de la Motte à Mortain, qui envoie une branche importante au nord sur La Ferrière-aux-Étangs et Halouze.

I. SYNCLINAL DE SAINT-ANDRÉ ET MAY-SUR-ORNE (fig. 393 et 396). — Ce synclinal, qui est plutôt un isoclinal, a été indiqué par Le Cornu (2). La coupe ci-contre montre la disposition des terrains et du minerai (fig. 394). Le bord nord de l'isoclinal a été coupé par une faille. Le silurien inférieur (cambrien) a disparu. La couche de minerai est à la base même des schistes à calymènes. Elle présente une puissance de 6 mètres, mais on ne peut exploiter que 2 mètres, le reste est trop siliceux. Le minerai se compose d'héma-

---

(1) Cf. HEURTEAU. — Note sur le minerai de fer silurien de Basse-Normandie. *Ann. des Mines,* 10ᵉ série, 1907, p. 613.

(2) *Bull. Soc. Linéenne de Normandie,* 1887.

L. MICHEL. — *Géologie appliquée.*   34

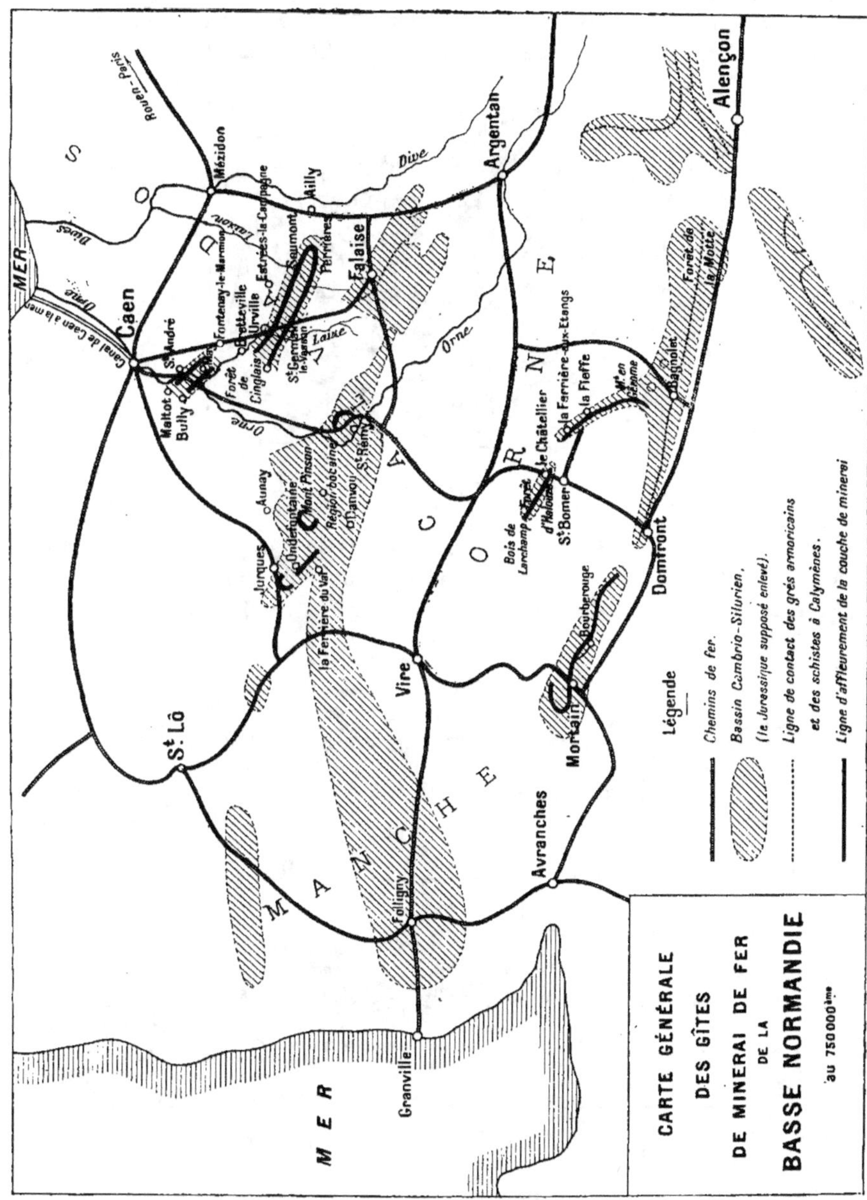

Fig. 393. — Carte générale des gîtes de minerais de fer de la Basse-Normandie.
(d'après Heurteau).

tite. Sur le bord nord de l'isoclinal et toujours sur la rive droite de l'Orne, la couche reconnue par les travaux de Saint-André est à peu près verticale ; sa puissance est de 5 à 6 mètres comme à May. Les deux affleurements des

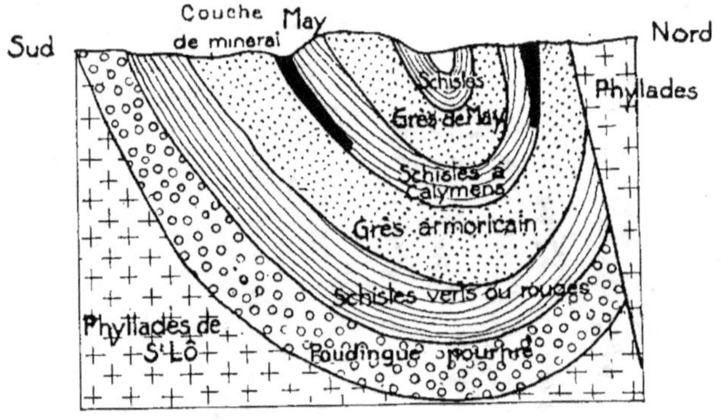

Fig. 394.

couches de May et de Saint-André sont distants de 1.300 mètres. La couche de May a été reconnue par les travaux des mines de Bully. La couche de Saint-André se prolonge par celle de Maltot qui est également verticale.

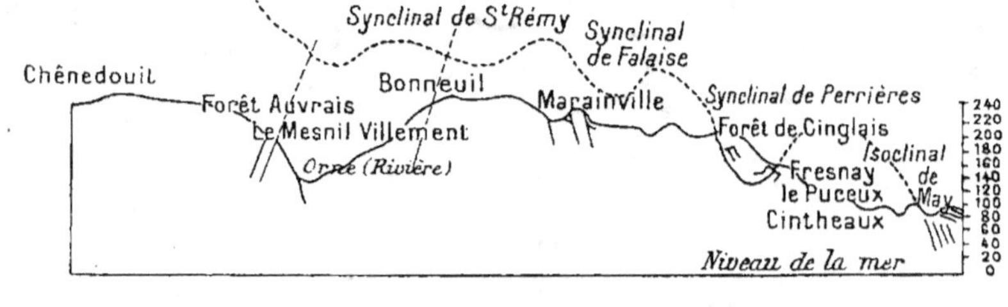

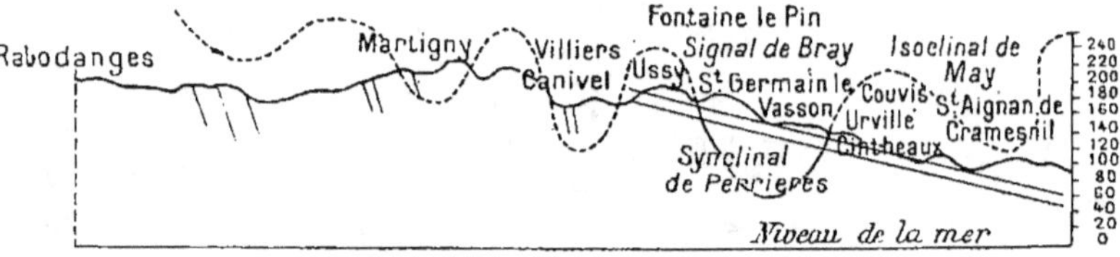

Fig. 395. — COUPE NORD-SUD PAR 2°90' LONGITUDE OUEST.

2. SYNCLINAL DE PERRIÈRES A BARBERY (fig. 393 et 396). — Ce synclinal diffère du précédent en ce que sa coupe est normale, sans faille sur les versants nord

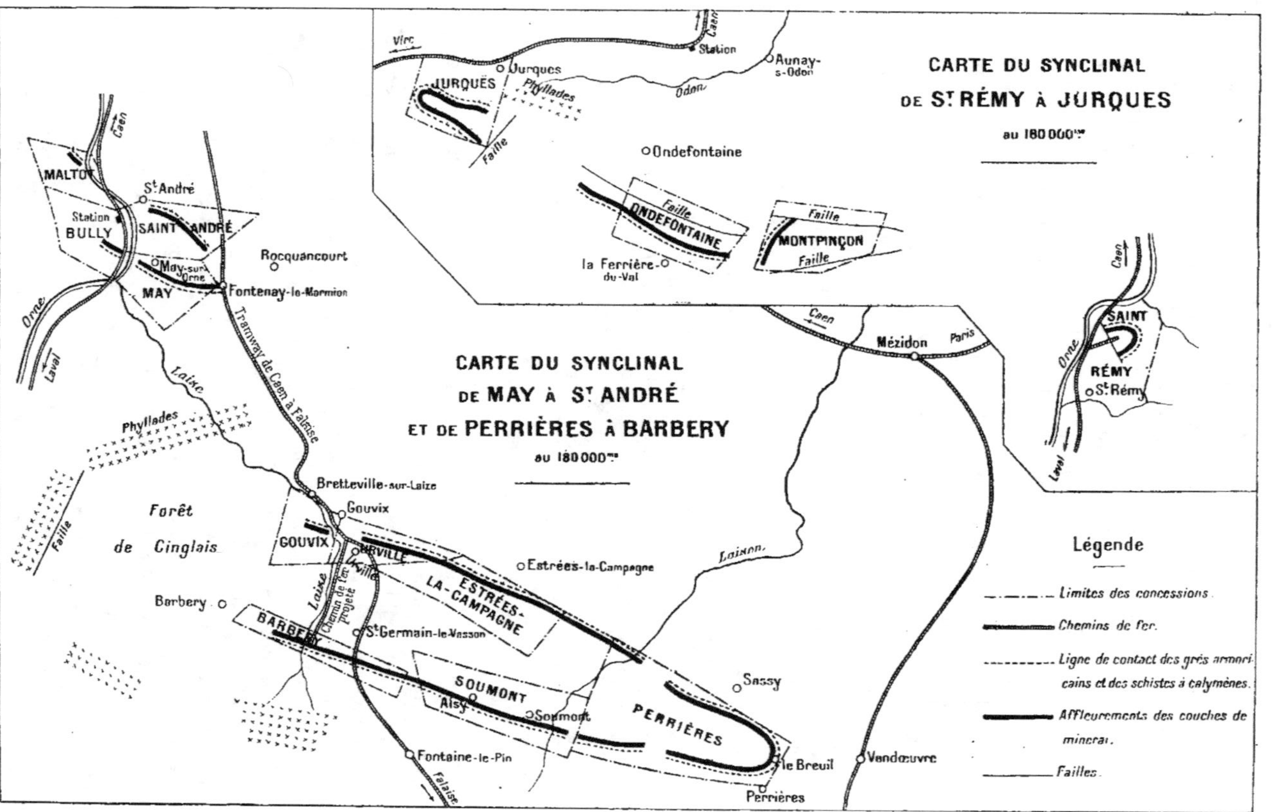

Fig. 396. — Carte du synclinal de Saint-Rémy a Jurques (d'après Heurteau).

ou sud. L'extrémité est du bassin se termine au Breuil, près Perrières; mais l'extrémité ouest est, par contre, fort mal connue; ce bassin disparaît dans la forêt de Cinglais, sous des argiles à silex. La largeur du synclinal entre les deux bords de la couche de fer, qui en son milieu atteint 3.500 mètres, se réduit brusquement, vers l'extrémité est, à 1.600 mètres environ. Les travaux exécutés à Gouvix, à Urville, à Estrées-la-Campagne, à Perrières, à Aisy, à Soumont, à Barbery, etc., ont donné des résultats concordants : la couche de minerai se trouve dans les schistes à calymènes, à 40 mètres au-dessus du grès armoricain ; la puissance minéralisée est de 5 à 6 mètres. Le minerai est formé par de l'hématite qui est remplacée en profondeur par du carbonate de fer.

3. Synclinal de Falaise, Saint-Rémy et Jurques (fig. 393 et 396). — Ce troisième synclinal forme un ensemble assez complexe. C'est un pli

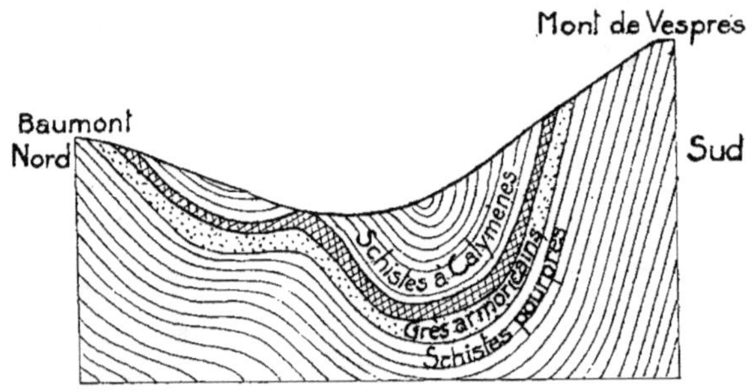

Fig. 397.

double en forme de W à angles adoucis. A l'ouest, en sortant du Calvados, les deux synclinaux élémentaires bifurquent.

Des oscillations des arêtes des synclinaux et du jeu de nombreuses failles longitudinales et transversales, il en est résulté pour les couches siluriennes un sectionnement de bassin en îlots isolés. A Falaise même, à l'est, se trouve le premier de ces îlots. Un bombement des arêtes synclinales fait reparaître, à l'ouest de cet îlot, les phyllades précambriens. La continuation de la forme silurienne n'est attestée que par une bande de poudingue qui subsiste seule au bord sud et relie l'îlot de Falaise à celui beaucoup plus étendu de la région bocaine. On n'y retrouve les couches siluriennes que par petites cuvettes isolées. La première est celle de Saint-Rémy (fig. 393 et 398); elle plonge vers l'ouest; une faille la limite de ce côté. Sa coupe transversale N.-S. est bien en W, comme la coupe générale du pli (fig. 397).

La couche de minerai se trouve au contact des schistes à calymènes et du grès armoricain. Le minerai est une hématite de couleur violacée, très pure.

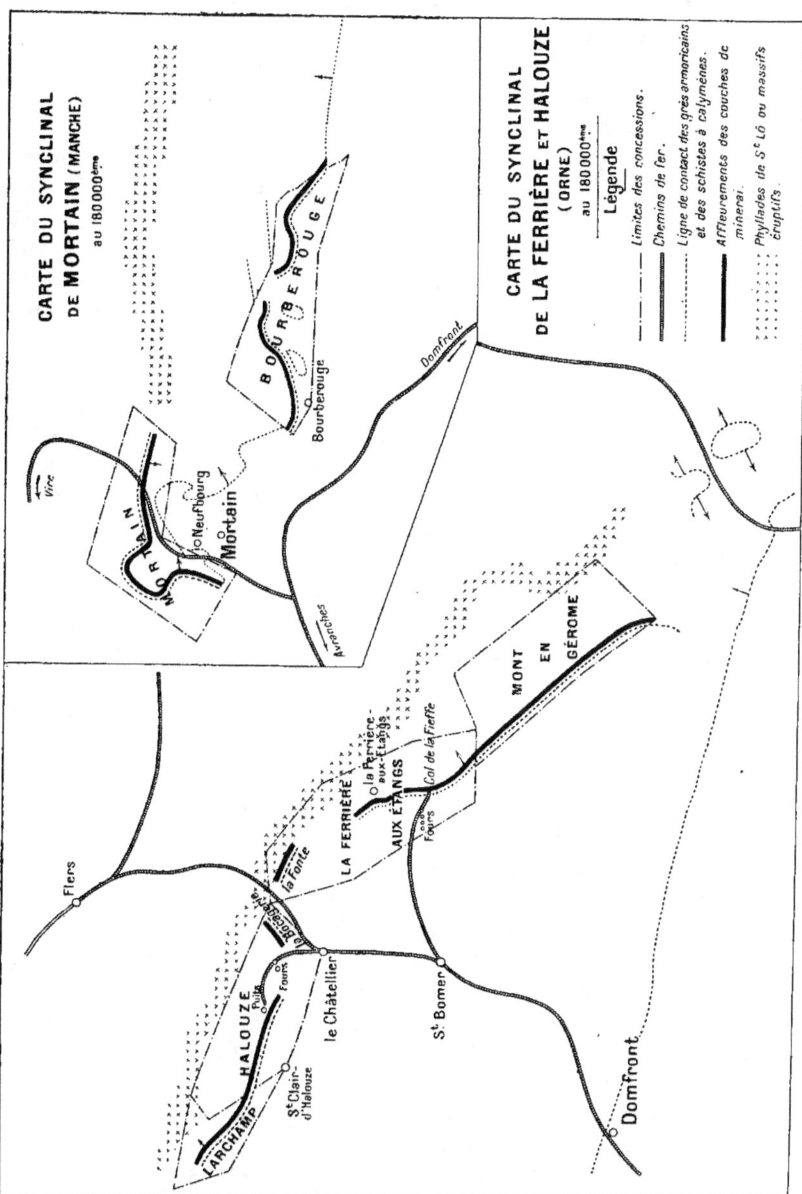

Fig. 398. — Carte des synclinaux de Mortain (Manche), de La Ferrière et Halouze (Orne)
(d'après Heurteau).

La mine de Saint-Rémy a été régulièrement exploitée depuis 1876. Sa production en 1906 a été de 102.500 tonnes.

A l'ouest de la cuvette de Saint-Rémy, on retrouve la couche de minerai au Montpinçon; de nombreux accidents, failles et torsions, semblent avoir disloqué cette couche en ce point. Une faille isole les schistes siluriens de l'affleurement de grès armoricain d'Ondefontaine. La couche de minerai présente une puissance de $0^m,50$ à $1^m,50$; elle est formée d'un mélange d'hématite et de carbonate.

Plus loin et toujours sur le même alignement N. 115°E., le grès armoricain se retrouve dans le pli de Jurques où il est surmonté par le grès de May avec une intercalation d'une zone noirâtre qui doit représenter les schistes d'Angers. La couche de minerai y est en place au-dessus du grès armoricain; sa puissance varie de $0^m,90$ à $1^m,20$; elle est constituée par du carbonate de fer.

4. Synclinal de Bagnoles et Mortain, de La Ferrière et de Halouze (fig. 398). — Ce synclinal se trouve dans le département de l'Orne ; il se sépare lui aussi en deux branches divergentes aux environs du Mont-Gerôme. Les couches cambriennes manquent; le grès armoricain repose directement sur les phyllades de Saint-Lô ou le granite, surmonté par le grès de May et, par endroits, par les schistes ampéliteux. La couche de minerai se trouve généralement au contact de grès armoricain; elle a été reconnue dans la branche de La Ferrière et Halouze d'une extrémité à l'autre et dans l'autre branche aux environs de Mortain et de Bourberouge. Sa puissance augmente du sud au nord; à La Ferrière-aux-Étangs l'épaisseur est de $2^m,50$. Dans la forêt d'Halouze, la couche est presque verticale ; sa puissance est de 4 mètres. Le minerai est formé d'hématite à la surface et de carbonate en profondeur. Dans la forêt de Bourberouge, la couche a 2 mètres de puissance. Il en est de même dans la concession de Mortain.

5. Gites d'Urville, de Saint-Germain-le-Vasson, Soumont, Perrières, etc., etc. (Calvados). — Le Cornu a constaté l'existence de minerais de fer à Urville, Saint-Germain-le-Vasson, Jurques, Bény-le-Bocage ; il a reconnu l'isoclinal de Saint-May, le synclinal de Perrières, les deux synclinaux et l'anticlinal de Falaise.

Vers 1900, des travaux de recherches furent entrepris dans le but de retrouver les couches de minerai d'Urville et de Saint-Germain-le-Vasson. Ces recherches portèrent sur six points :

1° Au Hameau d'Assy (commune d'Ouilly-le-Tesson);

2° Aux Feugles (commune de Sassy);

3° A la Brèche au Diable (commune de Soumont-Saint-Quentin);

4° Près du village d'Olendon;

5° Au hameau du Breuil (commune de Perrières).

On a pratiqué au hameau d'Assy un travers-bancs de 57 mètres (fig. 399).

On a tout d'abord reconnu un petit dépôt de minerais d'alluvions, puis du calcaire bathonien moyen (médio-jurassique) et ensuite les terrains pri-

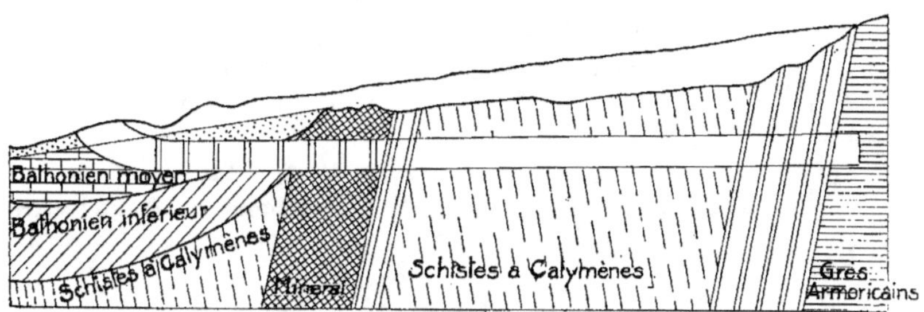

Fig. 399. — TRAVERS-BANCS D'ASSY.

maires dans lesquels se trouve une couche de minerai (hématite rouge) dont le pendage est de 80° et la puissance de 6 mètres.

Aux Feugles, on a creusé un puits de 18 mètres qui a traversé le bathonien moyen, le bathonien inférieur et un banc sableux du bajocien, puis on atteint, par un travers-bancs, la couche de 6 mètres de puissance formée d'hématite rouge et d'un peu de limonite.

A la Brèche du Diable, les travaux ont consisté dans une descenderie sur la rive gauche du Laizon, puis dans un puits traversant la couche de minerai et la recoupant à 12 mètres de profondeur. Le minerai est de l'hématite rouge et de l'hématite brune et de la limonite.

A Olendon, un puits de 25 mètres a rencontré les calcaires du bathonien moyen et du bathonien inférieur; à cette profondeur on trouve le niveau hydrostatique.

Au hameau du Breuil, les travaux exécutés comprenaient une descenderie et divers puits qui ont donné la position exacte du toit des grès armoricains.

Ces différents travaux ont défini une couche de minerais composée principalement d'hématite rouge avec un peu d'hématite brune et de limonite; ces deux derniers minerais proviennent d'une transformation de l'hématite rouge sous l'action des eaux météoriques. Cette couche s'étendrait dans le synclinal de Perrières et formerait une cuvette de 20 kilomètres de longueur et de 4 kilomètres de largeur, dont le fond pourrait atteindre une profondeur de 1.200 mètres environ. Cette couche est intercalée dans les schistes à calymènes ; elle se trouve à environ 40 mètres des grès armoricains.

Genèse des bassins siluriens normands.

Les travaux que nous venons de signaler permettent de nous rendre compte de la formation des bassins siluriens normands.

On a constaté qu'à May et à Saint-Rémy la couche de minerai, d'une puissance de 2^m,50, se trouve au contact des grès armoricains, et que parfois on rencontre entre ce minerai et les grès du mur quelques mètres d'argile schisteuse.

De plus, on a remarqué que dans le synclinal de Perrières le minerai, dont la puissance est de 6 mètres, est séparé des grès armoricains par 40 mètres d'argile.

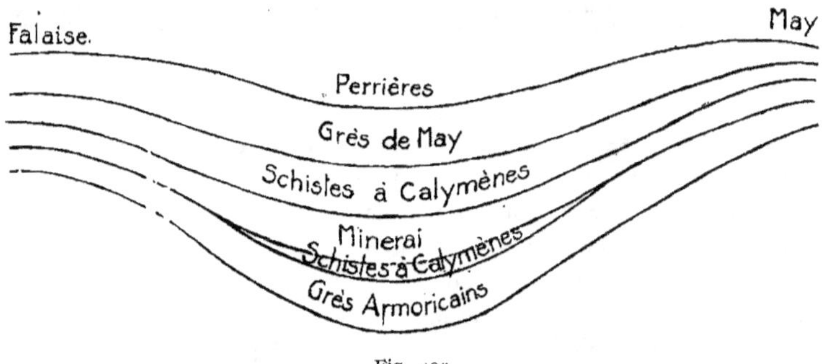

Fig. 400.

Enfin, on a observé que la puissance absolue des schistes à calymènes, qui varie de 50 à 100 mètres à May, à Saint-Rémy, atteint 180 mètres dans le synclinal de Perrières.

On peut en conclure que le sous-sol précambrien s'est affaissé lentement pendant les dépôts siluriens, formant un fond de bateau dont la partie basse aurait occupé l'emplacement actuel du synclinal de Perrières.

On peut donc admettre l'explication suivante :

Les formations primitives et précambriennes, déjà légèrement plissées par les plis calédoniens qui ont surtout affecté l'Écosse et la Scandinavie, ont émergé et ont été plus ou moins érodées. Après quoi, un affaissement a amené les eaux siluriennes sur ces terrains, et, cet affaissement s'étant continué, tout en s'atténuant pendant les premiers dépôts siluriens, ceux-ci ont pris l'allure que nous constatons aujourd'hui. A cet affaissement a succédé le plissement hercynien qui fit émerger les anticlinaux actuels, qui — par la suite — s'érodèrent plus ou moins pendant que les synclinaux se comblaient, grâce aux apports dévoniens, puis carbonifériens. Un soulèvement postérieur permit enfin à une érosion active de donner au silurien l'aspect qu'il a aujourd'hui.

Un nouvel affaissement du silurien a permis les dépôts secondaires qui forment l'extrémité S.-O. du bassin parisien et vont en digressant sur le primaire vers le N.-E. ; ces couches secondaires ont été ensuite légèrement plissées par un resserrement des plis hercyniens.

Il existe vraisemblablement au nord et à l'est de Perrières d'autres synclinaux siluriens. Ces synclinaux doivent contenir aussi du minerai de fer contemporain des schistes à calymènes; il est possible enfin que, dans certains d'entre eux, le carboniférien ait été plus ou moins respecté par les érosions.

Remarque. — Les schistes argileux primaires (silurien) provenant de boues riches en sulfure de fer et de manganèse, ont donné naissance aux mines de fer du Calvados et de l'Anjou. Il y a formation de minerais au contact des calcaires.

NOTE

L'analyse des minerais oolithiques siluriens de notre pays accuse une proportion souvent élevée de silice dont une partie figure à l'état de grains d'origine secondaire.

Ce quartz secondaire a son gisement favori au centre des corps oolithiques sur l'emplacement des noyaux. Le même gîte renferme une série d'oolithes à inclusions de quartz et les autres à noyau de sidérose.

Le quartz qui envahit toute la roche est d'origine tardive. On constate facilement qu'une grande quantité de quartz secondaire s'est substitué à de la sidérose.

Ainsi, à La Ferrière-aux-Étangs (Orne), on voit près de la surface de nombreux grains de quartz, puis en descendant on les voit se charger de sidérose, enfin, plus bas, les grains de quartz cèdent la place à des éléments de sidérose.

Comme conclusion, la disposition du quartz secondaire en profondeur sera compensée par un enrichissement en fer carbonaté. Il est probable qu'il en sera de même pour les minerais siluriens non métamorphiques de l'Armorique.

Gîtes de fer dévoniens.

Les gîtes de fer dévoniens sont peu importants. Nous citerons les gîtes de Styrie et de Carinthie qui sont constitués par de la sidérose incluse dans des masses calcaires, intercalées elles-mêmes au milieu des schistes.

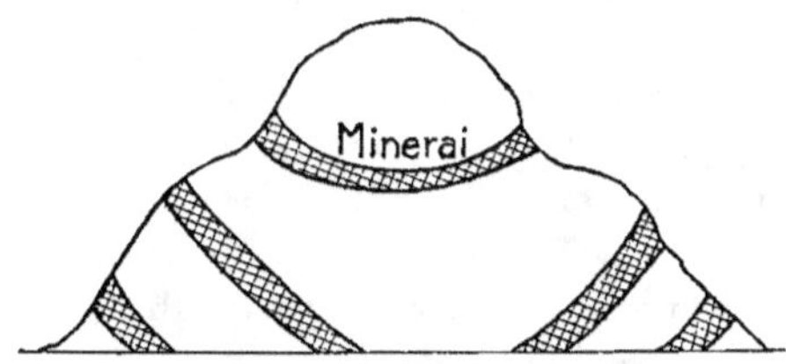

Fig. 401. — Montagne de Kaujamullay.

Les gîtes ferrifères du Nassau, du Hartz, du bassin de la Meuse aux nvirons de Liège et de Namur appartiennent à l'étage dévonien.

Aux Indes, le terrain dévonien contient de grandes mines de fer. La montagne de Kaujamullay, haute de 300 mètres, contient trois couches principales ayant chacune une puissance de 15 mètres. Le minerai est de très bonne qualité.

GITE DE DIÉLETTE (MANCHE). — Les couches de minerais de fer de Diéette ont subi le métamorphisme du massif de granite de Flamanville (1), ce massif recoupe les terrains allant du cambrien au coblentzien (dévonien

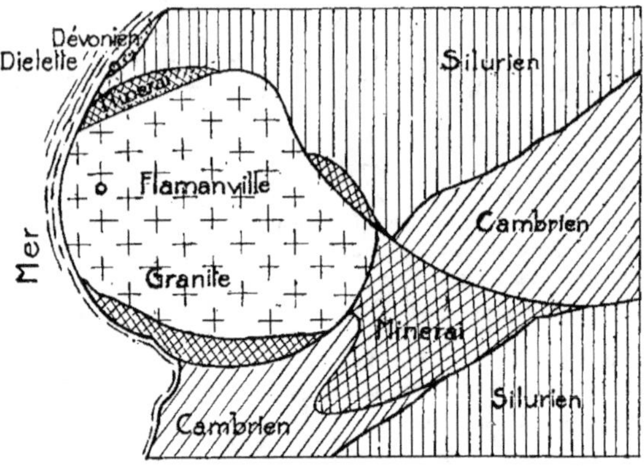

Fig. 402. — CARTE GÉOLOGIQUE DE LA RÉGION DE DIÉLETTE.

inférieur). Le minerai de fer se présente sous la forme de six couches interstratifiées, verticales, dont trois affleurent sur la plage à marée basse. Ce minerai est un mélange cristallin de magnétite et d'oligiste ayant tout à fait le faciès des minerais de Suède. La gangue est formée de chlorite et de calcite. Les strates sont recoupées par des filons de porphyre.

Gîtes de fer carbonifériens.

On rencontre dans les terrains carbonifériens des minerais de fer qui ont une plus ou moins grande valeur au point de vue économique. Ces minerais se présentent sous plusieurs formes bien distinctes, soit en amas dans le calcaire carboniférien attribuables à des phénomènes de substitution (Cumberland), soit sous forme de bancs interstratifiés (Westphalie), soit, et ce qui est le plus fréquent, en lentilles isolées de sphérolites couchées dans le plan de la stratification des schistes (Silésie, Gard, Aveyron). Tous ces dépôts contiennent assez souvent une certaine proportion de carbonate de fer ils sont

(1) Cf. Michel LÉVY. — Contribution à l'étude du granite de Flamanville et des granites français en général. *Bull. serv. cart. géol.*, t. V, n° 36.

toujours mélangés de houille qui leur donne une couleur noire et sont appelés, de ce fait, *blackbands*.

GITES DU CUMBERLAND. — Les principaux gîtes sont dans le district de Whitehaven. Nous citerons ceux de Parkside, de New-Parkside et de Hod Barrow.

1. Le *gîte de Parkside* se trouve dans le calcaire; la principale couche de

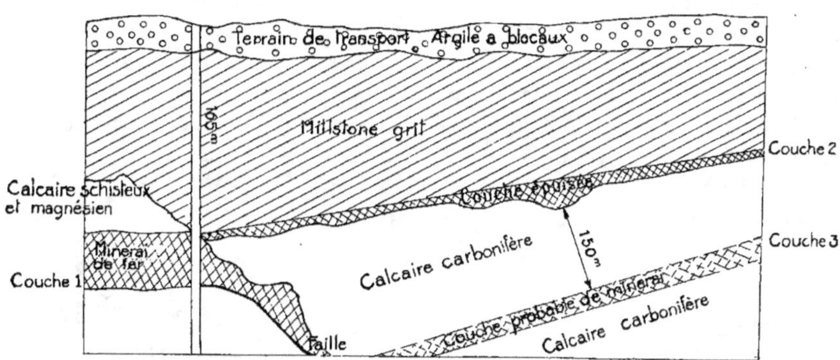

Fig. 403 — COUPE DE LA MINE DE PARKSIDE, PRÈS FRIZINGTON (CUMBERLAND).

minerai a 36 mètres de puissance. Le minerai est une hématite rouge à structure concrétionnée.

2. Le *gîte de New-Parkside* présente les plus grandes analogies avec le précédent. La couche de minerai a été recoupée à 190 mètres, elle se trouve dans le calcaire carbonifère.

3. Le *gîte de Hod Barrow* consiste en un très gros amas situé entièrement dans le calcaire carbonifère. La puissance de cet amas est de 22 mètres.

GITES DE WESTPHALIE. — Il existe en Westphalie, dans le bassin de la Ruhr, des dépôts de minerais de fer formés d'un mélange intime de carbonate de fer, de houille et d'argile (Kohleneisenstein) analogues aux blackbands. La puissance des couches varie de 0ᵐ,25 à 0ᵐ,60.

Dans le bassin de Saarbrück, les minerais de fer se présentent en lentille de sphérosidérite brunâtre.

GITES DE SILÉSIE. — Les minerais de fer de la Silésie consistent principalement en sphérosidérite. Il existe également des bancs d'hématite rouge, d'hématite brune et de limonite.

GITES DE FRANCE. — On rencontre, en France, le fer carbonaté dans les charbonnages suivants :

1º A la mine du Treuil, dans le bassin de la Loire, où il forme trois couches comprises entre deux couches de houille ;

2° A Tramont (Aveyron), la couche a une puissance de 3 mètres ;

3° A Palmesalade (Gard). Le fer carbonaté forme neuf couches qui ne sont, à proprement parler, que des amas stratifiés d'une épaisseur totale de 14 mètres.

Gîtes de fer permiens.

Les gîtes de fer sont peu abondants dans le permien. Nous ne citerons que le gîte de fer spathique de l'Erzberg, près Eisenerz, en Styrie, qui est l'un des plus puissants et des plus productifs du monde entier. Ce gîte est assez mal connu; des opinions contradictoires ont été émises à son sujet.

L'Erzberg est une montagne isolée de trois côtés par des vallées profondes. La formation métallifère consiste en calcaire, minerais et schistes. Le minerai originel est le carbonate de fer, il est fréquemment accompagné de limonite qui provient de l'altération du carbonate.

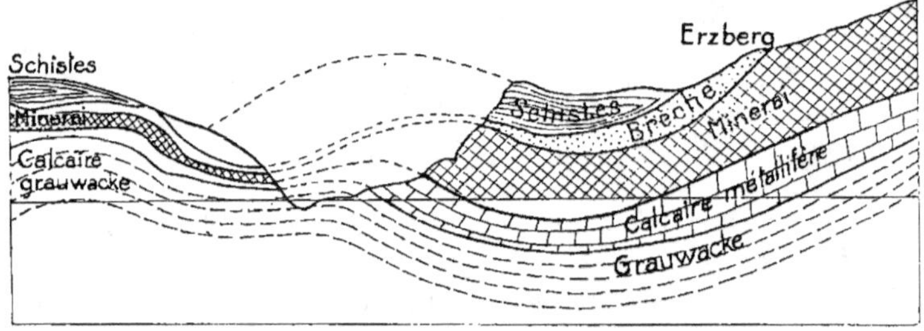

Fig. 404. — COUPE GÉOLOGIQUE DE LA RÉGION DE EISENERZ.

D'après Vacek, géologue autrichien, cette région serait constituée de la façon suivante : le sous-sol général serait formé de grauwackes d'âge non déterminé; sur les grauwackes reposent des schistes siluriens, puis vient le dévonien, et le gîte principal de fer se serait déposé probablement à l'époque permienne.

Gîtes de fer du trias.

Le trias renferme quelques gîtes de fer, notamment ceux de la Haute-Silésie, de l'Ardèche et du Gard.

GITES DE HAUTE-SILÉSIE. — Le bassin de la Haute-Silésie s'étend sur la Prusse, la Pologne et l'Autriche. Il renferme des gîtes de fer, de plomb, de zinc, de houille.

Les principaux minerais de fer exploités sont dans le Muschelkalk inférieur.

Les minerais de Tarnowitz, Beuthen, Gross-Strelitz, se présentent à l'état d'amas irréguliers d'hématite brune impure, dans les calcaires et les dolomies. Les gîtes présentent deux types, les poches et les nids, comme on peut le voir sur la figure ci-contre.

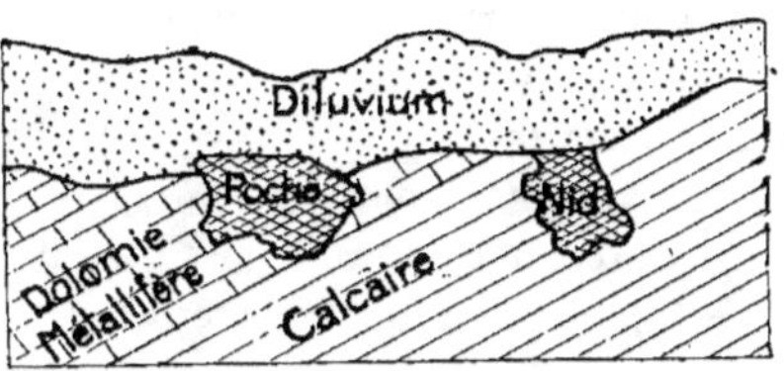

Fig. 405. — COUPE DES GITES DE TARNOWITZ.

GITES DE L'ARDÈCHE ET DU GARD. — On rencontre dans l'Ardèche et dans le Gard une zone minéralisée importante, située dans la dolomie. Le minerai se compose tantôt de carbonate, tantôt de limonite qui résulte, bien entendu, de l'altération du premier.

Gîtes de fer du lias.

L'hettangien inférieur renferme à Thostes et Beauregard (Côte-d'Or) une couche de minerai de fer de $1^m,25$ d'épaisseur à 35% de fer.

On a exploité à Mazenay et Changes (Saône-et-Loire) des minerais de fer appartenant à la partie supérieure de l'hettangien. Le gîte forme une lentille de 8 kilomètres de long sur 1 kilomètre de large.

Le minerai de fer du Cleveland appartient également au lias moyen; il contient 30% de fer.

On exploite à Harzbourg, sur le versant nord du Hartz, un gîte d'hématite brune finement oolithique appartenant au sinémurien; l'épaisseur totale est de 12 mètres.

Gîtes de fer de Meurthe-et-Moselle, du Luxembourg et de la Lorraine.

Les minerais de fer de Meurthe-et-Moselle appartiennent essentiellement à l'étage toarcien, c'est-à-dire à la partie supérieure du lias et aux assises inférieures du bajocien.

Les deux districts miniers sont connus sous les noms de bassin de Nancy et bassin de Briey.

Le bassin de Nancy renferme 18.000 hectares déjà exploités en grande partie; les couches y sont moins puissantes qu'à Briey. Entre le bassin de Nancy et celui de Briey, il existe une lacune de 30 à 40 kilomètres, dans laquelle il n'y a pas de mines.

Le bassin de Briey comprend dans la partie française 43.000 hectares. Les Allemands possédaient, de l'autre côté de la frontière, une superficie à peu près égale. Enfin, dans la partie nord, c'est-à-dire dans le Grand-Duché de Luxembourg, il y a 3.600 hectares environ.

On rencontre jusqu'à 8 couches de minerais dans les régions où la formation ferrugineuse est la plus abondante.

La formation ferrugineuse est constituée par une alternance de couches riches et de bancs intermédiaires pauvres ou stériles. Cette formation a une puissance de 10 mètres dans le bassin de Nancy, tandis que dans le bassin de Briey elle atteint 30 mètres et dépasse quelquefois 50 mètres.

Dans le bassin de Briey, c'est la partie moyenne de cette formation qui est la plus régulièrement minéralisée, on la désigne sous le nom de couche grise; cette couche pourra être exploitée sur des épaisseurs variant de 1 à

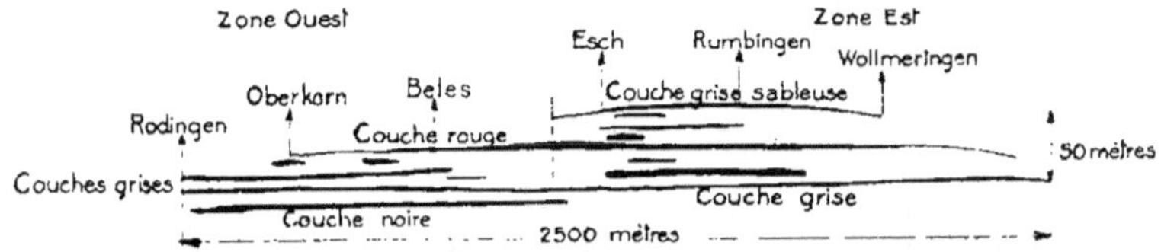

Fig. 406. — COUPE VERTICALE SCHÉMATIQUE DES GITES DE MINERAI DE FER DU LUXEMBOURG
(VAN WERVEKE)

8 mètres; elle renferme des minerais (self smelting), c'est-à-dire pouvant passer au haut fourneau sans addition de fondant en produisant d'excellentes fontes pour acier.

Les couches ont une allure régulière et une disposition lenticulaire, mais loin d'être planes, elles offrent des alternances fort intéressantes de ploiements, synclinaux et anticlinaux à faible courbure. La couche grise est comprise entre des couches vertes noires ou brunes, généralement très siliceuses et pyriteuses, qui occupent la partie inférieure, et des couches rouges principalement calcaires qui se trouvent à la partie supérieure.

Les bancs intermédiaires plus ou moins stériles qui séparent les couches de minerais sont de natures diverses; ils sont calcaires dans la partie supérieure, marneux dans la partie moyenne et gréseux à la base.

Le toit de cette formation ferrugineuse est formé d'un banc très régulier de marnes dites micacées qui ont jusqu'à 35 mètres de puissance et jouent un rôle très important dans le régime des eaux souterraines.

Au-dessus de ces marnes se trouvent les formations bajociennes et bathoniennes dont l'épaisseur atteint et dépasse même quelquefois 200 mètres.

Le minerai a une texture oolithique. Quand les oolithes sont fines (3 dizièmes de millimètre), aplaties et régulières, le minerai est de bonne qualité ; tandis que les oolithes très grosses et irrégulières sont assez pauvres.

La formation de ces oolithes est très probablement le résultat de la décomposition du bicarbonate de fer; le protoxyde de fer se transforme rapidement en sesquioxyde qui vient se déposer sur des corpuscules tenus en suspension dans l'eau de la mer. Le minerai est donc essentiellement constitué par du sesquioxyde de fer hydraté, mais il existe, en outre, du protoxyde de fer combiné à la silice et à l'acide phosphorique (le protoxyde de fer n'est discernable que dans les couches profondes). Les minerais des affleurements sont formés de limonite, de couche ocreuse plus ou moins chargée en chaux. La distribution du calcaire dans le minerai de la couche grise offre une particularité très intéressante : ce calcaire se présente en petits rognons irrégulièrement disséminés dans la masse de la couche et sans séparation nette de la partie riche. Ces rognons ne sont pas uniformément répartis dans l'étendue du gisement. On observe qu'ils sont en relation avec certains centres d'émissions, dont il sera question plus loin.

Près du centre d'émission, ces rognons sont à peine discernables et en très petite quantité; ils commencent à apparaître à une certaine distance et atteignent leur maximum sur la lisière de la zone où la couche cesse d'être exploitable. On peut expliquer cette particularité de la manière suivante : des émissions hydrothermales ont amené en même temps le bicarbonate de fer et le bicarbonate de calcium dans les eaux marines ; mais le bicarbonate de fer, moins stable que le bicarbonate de calcium, s'est déposé près des centres d'émissions, tandis que le dépôt de carbonate de calcium ne s'est produit qu'à une certaine distance du centre d'émission. Après cette précipitation, les sources thermales ferrugineuses se sont, sans doute, épanchées dans les sédiments ordinaires du fond de la mer qui sont essentiellement siliceux, d'où la formation de minerais pauvres très siliceux. Cette hypothèse permet d'expliquer les faits suivants : une même couche donne, dans l'intervalle de quelques kilomètres, par modifications progressives les trois qualités de minerais suivantes :

1re zone : minerai très riche, moyennement calcaire ;

2e zone : minerai moyennement riche, très calcaire ;

3e zone : minerai pauvre, très siliceux.

C'est dans la deuxième zone que l'épaisseur de la couche est la plus grande, par suite de l'accumulation insolite du carbonate de calcium. Un exemple bien net de ce phénomène se trouve dans le bassin de Landres.

On suppose que c'est la chlorite qui donne à la pâte qui englobe les oolithes de la couche grise la teinte verte caractéristique. La combinaison de cette teinte verte avec la teinte bronzée des oolithes, donne aux minerais une couleur grisâtre. Dans les parties où les eaux ont circulé à travers les couches, les minerais ont perdu cette teinte grise; ils sont devenus ocreux.

Dans le bassin de Briey, les couches sont parfois traversées par des failles importantes dont la direction oscille de N. 29° E. à N. 50° E. Les failles principales sont accompagnées d'un système de failles secondaires et de lignes de cassures. En outre, les terrains sont traversés par un système de cassures sensiblement perpendiculaires : ce bassin se trouve ainsi divisé en compartiments plus ou moins grands.

Quelques ingénieurs pensent que le gîte doit être considéré comme dévonien. Quant à son origine, il y a deux hypothèses plausibles : la sédimentation et la substitution; elles rencontrent toutes deux des partisans et des adversaires.

Nous estimons que la seconde hypothèse est plus conforme aux faits observés dans des gîtes analogues. En effet, le gîte est encaissé dans des calcaires, or c'est un fait d'observation que les gîtes de fer sédimentaires sont généralement des formations littorales qui sont accompagnées par des schistes. Les gîtes de fer carbonaté, à l'exception de ceux qu'on rencontre dans le houiller, sont généralement formés de grands amas provenant, comme les gîtes calaminaires, de phénomènes de substitution. Enfin quelques faits secondaires viennent à l'appui de l'hypothèse de la substitution : on rencontre parfois des druses dans le gîte, indiquant une dissolution chimique. Vacek et Beck sont partisans de la sédimentation.

On observe que le minerai situé de part et d'autre de la faille a une couleur rougeâtre, ce fait conduit à supposer que ce minerai a été soumis à une température relativement élevée. Or, on sait que la décomposition du carbonate de fer est accompagnée d'un dégagement de chaleur considérable (63 calories par kilo). Le minerai grillé de Bilbao a tout à fait l'aspect du minerai rencontré à proximité des failles.

On a cru pendant longtemps que le phosphore avait une provenance organique et qu'il était dû à la présence de débris fossiles dans les couches : cette explication est contredite par les faits; ainsi, dans le bassin de Landres, il existe une couche de 6 mètres de puissance dans laquelle il n'y a aucun fossile, et cependant la teneur en phosphore du minerai est de 0,80 %. D'une façon générale, plus le minerai est riche en fer, plus il est chargé en phosphore.

GENÈSE DES MINERAIS. — Villain pense que le fer a été apporté par des sources thermales qui débouchaient dans le fond de la mer, en différents points de certaines failles qu'il appelle failles nourricières. Ces failles n'étaient que des diaclases à l'époque toarcienne; elles se sont formées par des mouvements de l'écorce terrestre qui ont communiqué, au fond de la mer contemporaine, des plissements peu énergiques mais suffisamment prononcés cependant pour qu'il en soit résulté des régions synclinales et anticlinales nettement distinctes.

Les émissions ferrugineuses provenant d'une faille nourricière se concentraient dans la région synclinale. C'est auprès des émergences que le minerai est le plus pur, parce que la sédimentation ordinaire y cédait le pas à l'apport des sources. Il finit, au contraire, par ne plus constituer qu'un élément accessoire des sédiments, quand le lieu de dépôt est très éloigné de l'émergence. De là vient la dispositon sédimentaire des couches.

Il est probable qu'il y a eu une succession d'émissions geysériennes et que dans les intervalles des injections se sont formés des dépôts sédimentaires séparant ainsi les dépôts de minerai formés par la précipitation du carbonate de fer au contact des eaux de la mer. Il est également probable qu'il y a eu réouverture des failles.

M. G. Rolland dit que cette théorie peut paraître séduisante, mais qu'elle ne cadre guère avec les idées régnantes en géologie, où le mode de formation geysérienne est peu en faveur pour de semblables gisements ferrugineux. D'une manière générale, dit ce savant, les minerais de fer oolithiques sont considérés comme sédimentaires et contemporains des couches qui les renferment comme les formations littorales dont les divers matériaux étaient apportés par des eaux continentales dans des estuaires maritimes : leurs oolithes ferrugineuses ont dû être formées (à la manière des oolithes calcaires) par précipitation de carbonate de fer se trouvant en dissolution dans les eaux marines; les sels qui leur ont donné naissance provenaient de continents voisins et résultaient soit de la décomposition de pyrites de fer, soit de la décalcification de calcaires ferrugineux. Les plissements synclinaux et anticlinaux sont évidemment dus à des pressions latérales dont les failles ont pu être les corollaires.

L. Van Werveke considère les minerais de fer comme s'étant déposés sur le fond d'une mer peu profonde. Le fer a été apporté de la terre ferme à la mer par les ruisseaux et les fleuves et s'y est déposé sous diverses formes, comme silicate ressemblant à la glauconie, comme carbonate, comme sulfure et oxyde et peut être aussi dans les couches supérieures sous forme de limonite. On peut encore citer dans le toarcien la couche de minerai de Nogent (Haute-Marne).

Les minerais de Saint-Priest, Ferrières (Ardèche), ceux de Villebois (Ain), de la Verpillière (Isère) appartiennent aussi au lias supérieur.

Gîtes de fer médio-jurassiques.

On rencontre à Ougney (Jura), à Idenay, Vandenesse, Gimouille (Nièvre), à Mondalazac (Aveyron), à Privas (Ardèche), des minerais de fer oolitiques qui appartiennent au bajocien. Le minerai passe quelquefois à des variétés siliceuses, dites agatisées, qui finissent par n'être plus qu'un silicate de fer.

A Wasseralfinzen (Wurtemberg), on exploite également des couches d'hématite brune situées à la base du bajocien.

Gîtes de fer du supra-jurassique.

Le gîte de fer de la Voulte (Ardèche) est interstratifié dans le callovien, il est formé d'une série de bancs ferrugineux séparés par des marnes schisteuses. Le minerai est constitué par des oxydes de fer renfermant une certaine quantité de silice et d'alumine.

On rencontre à Pierre-Morte et à la Coste-de-Comeiras (Gard) de l'hématite rouge dans l'oxfordien.

Le gîte de Châtillon-sur-Seine appartient également à l'oxfordien.

Gîtes de fer du crétacé.

Il existe des minerais de fer dans le néocomien à Matabief (Doubs) et dans le Bas-Boulonnais.

On rencontre dans le barrémien les couches dites de Wassy (Haute-Marne) et la plupart des minerais de Champagne. Le minerai consiste en limonite.

En outre, il existe à la base des argiles aptiennes des minerais en grains très fins. On trouve encore, dans la même région et notamment dans les anfractuosités des calcaires portlandiens, des minerais de fer géodiques. Il existe des amas d'hématite brune, dans l'aptien, au bois des Loges (Ardennes) et à Blangy (Aisne).

Gîtes de fer tertiaires.

Gîte de Bilbao (Espagne). — Le célèbre gîte de Bilbao, qui est, comme on sait, un des plus importants du monde, a été rapporté par certains géologues

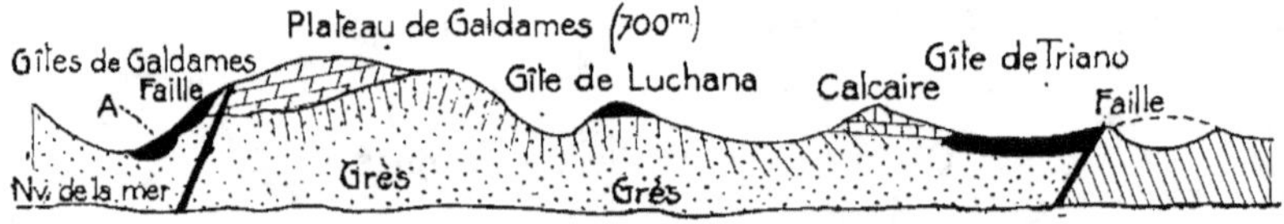

Fig. 407. — Coupe verticale du gîte de Bilbao.

au turonien (crétacé) et par d'autres au tertiaire (oligocène). C'est cette dernière opinion qui prévaut aujourd'hui.

Le minerai comprend trois variétés :

1º Le *campanil* (cloche), appelé ainsi à cause de sa sonorité. C'est une hématite rouge qui renferme de beaux rhomboèdres de calcite ;

2º La *vena* est un minerai de surface; il est tendre, de couleur rouge et d'une grande pureté ;

3º Le *rubio*, de couleur brune et jaunâtre, est un minerai généralement souillé d'argile.

Enfin, il existe de la sidérose et un certain nombre de points.

On peut supposer que ce gîte est un gîte de substitution produit par des épanchements éocènes.

V. — GITES DE FER
CONSTITUÉS PAR LE REMPLISSAGE DE CAVITÉS

Il existe, en diverses régions de l'Europe, des gîtes de fer d'un type spécial consistant en cavités creusées généralement dans les roches calcaires ou

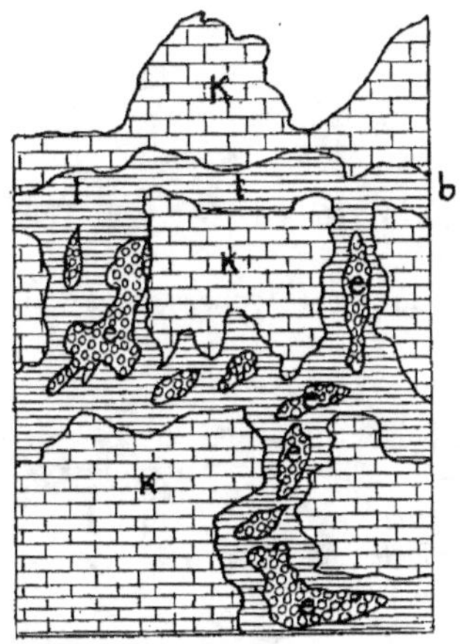

Fig. 408. — COUPE DE LA MINE DE MINERAI PISOLITIQUE DE SILBERLOCH.

k calcaire jurassique	*c* minerai.
t argile	*b* brèches calcaires.

dolomitiques et remplies d'hématite brune. Le minerai se présente en grains pisiformes.

Les dépôts de minerais pisolithiques ont une très grande étendue dans le jurassique suisse et français.

GITE DE SILBERLOCH A ROESCHENTZ (SUISSE). — Les grains et les rognons sont disséminés dans une argile bigarrée, le plus souvent rouge ou jaune, et dans des cheminées très ramifiées.

Gites du Berry. — Le meilleur type de ce genre de gîtes est celui du
Berry qui a une grande importance industrielle. Ce district comprend trois

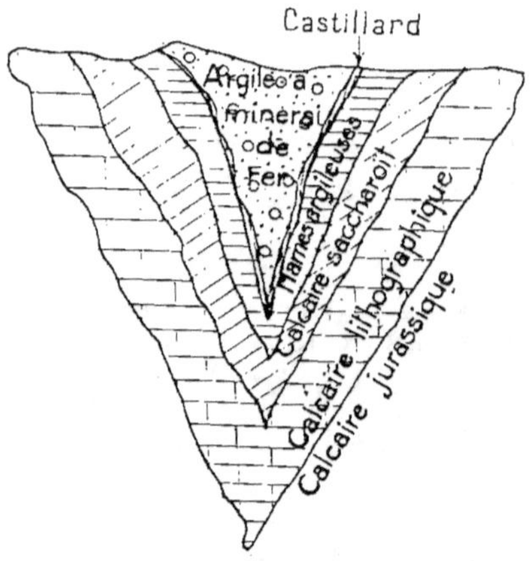

Fig. 409. — Coupe d'une poche de minerai de Berry.

classes de gîtes : poches à la surface, gîtes souterrains calcaires, et gîtes souterrains argileux.

Les gîtes superficiels ou poches consistent en amas logés dans les cavités

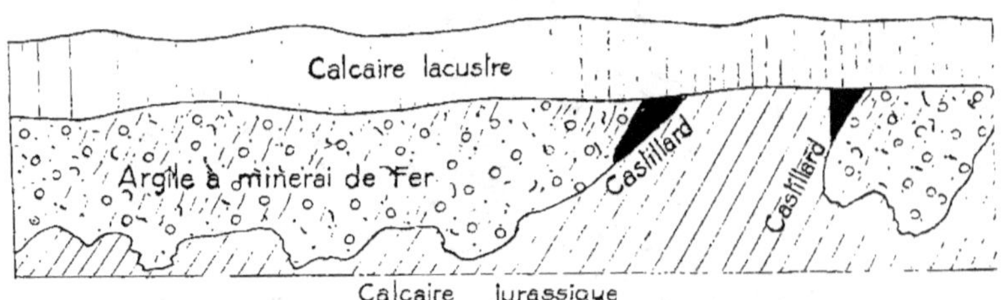

Fig. 410. — Coupe d'une nappe d'argile sidérolitique a Dun-le-Roi.

superficielles du calcaire jurassique, affleurant au jour. Les cavités sont toujours évasées par la partie supérieure. Leur remplissage est formé d'une argile
plastique dite *terrage,* dans laquelle sont les grains de minerais.

Autour de l'argile à minerai, se trouvent des marnes dures dites *castillards*
et passant à des marnes argileuses cristallines, puis viennent les calcaires saccharoïdes et les calcaires lithographiques, et enfin les calcaires jurassiques.
Ces poches ont des dimensions très variables avec des profondeurs de 15 à
20 mètres.

Il existe des gîtes en profondeur complètement encaisssés dans des roches calcaires.

On peut rapprocher des gîtes du Berry les poches de minerais de fer en grains de Meurthe-et-Moselle et notamment le gîte de Ville-Hondlemont, ainsi que les poches superficielles de la Haute-Marne. Ces deux derniers gîtes sont d'un âge plus récent que celui du Berry : ils sont peut-être pliocènes et même quaternaires.

GENÈSE DES GITES. — Van der Brock attribue ces dépôts sidérolitiques, ainsi que l'argile à silex, à l'action des eaux météoriques chargées d'acide carbonique sur la craie.

De Grossouvre est partisan de la théorie hydrothermale.

Stelzner a constaté que les minerais pisiformes des Alpes de Villach ne présentent aucune indication de structure en couches concentriques, comme c'est habituellement le cas; ce sont plutôt des fragments d'hématite provenant d'autre part, qui auraient été apportés et roulés par l'eau ; on trouve à côté des boules de minerai des grains de quartz du rutile, du zircon, du grenat, de la tourmaline, des éclats d'épidote, de hornblende. Par conséquent, le minerai de fer ainsi que ses satellites doivent provenir de roches cristallines décomposées.

VI. — GITES DE FER DÉTRITIQUES.

On rencontre des gîtes de fer détritiques dans le néocomien à Salzgitter et à Dörnten, au nord de Goslar. Ces gîtes sont constitués de fragments d'hématite brune arrondis ou anguleux et de nodules de phosphate de calcium, qui sont cimentés par une substance ferrugineuse et un peu siliceuse.

Il existe également des gîtes détritiques dans le sénonien à Ilsede (Hanovre). Le minerai se compose de fragments d'hématite de la grosseur d'une noix à celle du poing, à arêtes vives, qui sont cimentés par une marne brune. La production annuelle est de 516.225 tonnes.

Enfin, on connaît des gîtes détritiques de fer magnétique et d'hématite rouge, dans le sarmatien (Eogène), à Pojana Wertop (Hongrie).

VII. — GITES DE FER DES MARAIS ET DES LACS

Le groupe des gîtes de fer des marais présente un grand intérêt au point de vue géologique, parce qu'il nous permet de voir se former les dépôts et, par suite, de tirer quelques conclusions sur la genèse des formations plus anciennes.

Les minerais des marais sont généralement poreux ou caverneux, ils consistent en limonite, vivianite et chamosite. On rencontre ces minerais dans les dépressions des pays plats où l'eau du sol est stagnante, en particulier, dans les marécages et les prairies des terrains bas du nord de l'Europe, de l'Asie et de l'Amérique. On trouve également ces minerais sur les hauts plateaux du milieu de l'Allemagne.

La puissance de ces dépôts ne dépasse guère 1 mètre.

Les minerais des lacs ont généralement un facies un peu différent. On les rencontre en Norvège, Suède, Finlande et au Canada ; ils se trouvent le plus souvent sur un sous-sol sableux, à environ 10 mètres du rivage, et dans des profondeurs qui peuvent aller jusqu'à 10 mètres. Le minerai se présente en petits grains arrondis.

La formation des minerais des lacs embrasse plusieurs stades qui abandonnent aussi des matières d'espèces différentes. Dans le premier stade, ce minerai est une boue ocreuse; cette boue, riche en silice gélatineuse et en algues, se durcit et prend l'éclat, la couleur et la consistance du minerai proprement dit, qui est d'un blanc jaunâtre, à aspect résineux. Les minerais renferment quelquefois de la vivianite.

Genèse des minerais de marais et de lacs.

Il est évident que le dépôt de tous ces minerais provient de solutions ferrugineuses très étendues qui ont été amenées soit dans les eaux de surface, soit dans les lacs et les cours d'eau. Il est également évident que toutes les roches contiennent des combinaisons ferrugineuses qui sont solubles suivant les circonstances. Il s'agit de savoir de quelle manière les solutions se sont produites. Les principaux solvants sont les suivants :

1º L'acide sulfurique, qui prend naissance dans la décomposition des pyrites ;

2º L'acide carbonique, qui est fourni par l'air et les matières végétales en décomposition et qui attaque les silicates ;

3º Les acides organiques, qui se convertissent en acide carbonique par oxydation. L'oxyde de fer forme avec les acides humiques et l'ammoniaque des sels doubles solubles.

La précipitation du fer des eaux qui renferment ces solutions à un état de dilution extrême peut se faire de diverses manières. Dans les solutions de sulfate de fer, l'ammoniaque combinée avec des acides humiques provoque une précipitation de limonite. Dans les solutions carbonatées, le fer se dépose sous forme de limonite. Ce n'est que quand l'accès d'air n'existe pas, que le dépôt sous forme de carbonate est possible; ceci paraît s'accorder avec la formation des blackbands.

Dans les solutions renfermant des acides humiques et des combinaisons organiques semblables, la limonite se sépare par suite de l'oxydation des acides humiques et de leur décomposition en acide carbonique et en eau. Ici, les cellules des plantes accélèrent cette opération en lui fournissant de l'oxygène. Enfin, le mélange de combinaisons ferrugineuses avec les acides humique et sulfurique, l'union de ce dernier avec l'ammoniaque qui pouvait retenir l'oxyde de fer en solution, provoquent la précipitation du fer sous forme de limonite.

On sait que les plantes interviennent dans ce processus pendant leur vie, indépendamment des effets que peut produire la décomposition. L'algue ferrugineuse, *galionella ferruginea*, charge les enveloppes de ses cellules d'oxyde de fer hydraté et de silice amorphe (opale). (Ces prétendues algues sont des bactéries filiformes de diverse sortes, notamment leptothrix ochracea).

La silice contenue dans ces minerais peut avoir été primitivement sous la forme de silicates alcalins dissous dans l'eau, qui ont peut-être été décomposés par l'acide carbonique. Elle se sépare en même temps que l'oxyde de fer.

L'acide phosphorique était sous forme de phosphate de fer et, dans les eaux riches en chaux, sous celle de phosphate de calcium.

VIII. — MINERAIS DE FER RÉCENTS D'ORIGINE MARINE

On ne connaît actuellement, aucun minerai de fer proprement dit sur le fond des mers. On a constaté l'existence, sur de très grandes étendues, d'un sédiment très riche en fer, la boue à glauconie. A la glauconie se sont souvent associées des concrétions de phosphate de calcium. On a reconnu l'existence fréquence de concrétions ferro-manganésées sur le fond de la mer, par des profondeurs de 1.800 à 3.000 mètres. Dans la région du Gulf-Stream, l'*Albatros* a trouvé le fond de la mer couvert de ces concrétions. Le *Challenger* a observé des recouvrements semblables sur les ptéropodes et les tests de globigérines, par 2.500 mètres de profondeur.

NOTE I
Mines de fer de l'ouest de la France (Normandie, Bretagne, Anjou).

Cette région comprend trois plissements principaux dirigés E.-O. et dus à une poussée sud-nord qui a affecté les terrains primaires du cambrien au carbonifère.

Les trois anticlinaux de ces plissements sont les trois lignes :

Brest-cap de la Hague; Châteaulin-Pontivy-Rennes-Château-Gontier; pointe de Penmarch-Nantes.

Entre les deux premiers s'intercale la ligne de crêtes des monts d'Arrhée, monts Meny-Dinan, qu'on peut considérer comme un quatrième anticlinal.

Du nord au sud, on aura au-dessous de ces anticlinaux des synclinaux qu'on a désignés sous le nom de fosse bocaine, fosse médiane, fosse bas-bretonne, fosse vendéenne.

Les minerais se trouvent généralement dans le silurien (ordovicien ou gothlandien); les moins riches se rencontrent dans le dévonien.

Les minerais qui se trouvent actuellement sous forme de limonite, d'oligiste, magnétite et sidérose étaient à l'origine à l'état de carbonates; le fer s'est substitué à la chaux par métasomatisme. Le métamorphisme a probablement transformé les carbonates en oxydes. On suppose même que ces dépôts ont été plus métamorphisés à l'ouest qu'à l'est et que vers l'est on doit retrouver en profondeur les carbonates primitifs.

1. *Fosse bocaine.* — Il y a actuellement 24 concessions données, vingt et une en activité, onze en instance. Nicou évalue la richesse à 700 millions de tonnes. Mines de Soumont, d'Halouze, de Diélette (magnétite et oligiste). On grille la sidérose.

2. *Fosse médiane.* — Sans intérêt pour l'instant.

3. *Fosse bas-bretonne.* — Les principales mines en activité sont celles de La Ferrière, près Châteauneuf, et d'Oudan, près de Segré. La richesse totale de ce synclinal serait de plus de 1 milliard de tonnes.

4. *Fosse vendéenne.* — Sans importance.

GENÈSE DES MINERAIS

Le quartz, qui se trouve actuellement dans les minerais en abondance et à divers états, a été introduit après coup et à une époque géologique relativement tardive. Il n'existait pas dans les gisements originels, tels qu'ils se sont déposés dans la mer.

La calcite qui y est extrêmement rare actuellement formait au contraire une grande partie des sédiments originels.

On peut reconstituer la nature primitive du dépôt qui a donné naissance aux minerais de fer. C'étaient des calcaires oolithiques; et l'on peut par diverses considérations démontrer qu'ils se sont déposés dans une mer agitée. Il est curieux aussi de constater que les

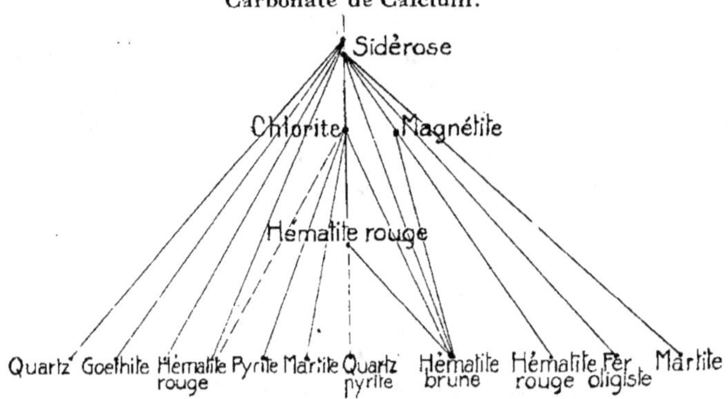

Fig. 411. — ÉVOLUTION MINÉRALOGIQUE DES OOLITHES DES MINERAIS DE FER PALÉOZOIQUES DE LA FRANCE.

matériaux détritiques sont restés presque totalement étrangers à leur genèse, alors que tout le silurien est d'origine clastique. Cette différence tient à des conditions de dépôts un peu différents sur lesquels on reviendra plus loin.

Ce fait acquis, l'examen des minerais tirés de gîtes différents permet de reconstituer tous les états successifs de développement.

Les oolithes ont été d'abord à l'état de carbonate de calcium.

Cette phase initiale a été suivie par l'introduction et la concentration du carbonate de fer (sidérose) dans le dépôt.

Un troisième temps fait apparaître, aux dépens de la sidérose, le silicate de fer (bavalite), c'est-à-dire la chlorite.

Cette chlorite, en se décomposant, a mis en liberté de l'oxyde de fer et donné naissance à de l'hématite rouge. Enfin, l'histoire se complique presque toujours par la quartzification de la plupart des matériaux; on ne peut pas toujours dater cette phase par rapport aux précédentes; il paraît certain cependant que la chlorite était déjà formée quand le dépôt a été envahi par la silice.

De plus, quand le métamorphisme, c'est-à-dire l'influence de roches comme le granite, intervient, il se développe de la magnétite.

Il est souvent difficile d'établir dans quelle mesure l'intervention du métamorphisme s'est faite et à quel moment de leur évolution il a marqué son empreinte sur la transformation des minerais de fer.

Le ciment suit la même évolution minéralogique que les oolithes et que les organismes; mais cette évolution est généralement plus lente; il s'ensuit que les deux parties en présence peuvent n'avoir pas, à un moment donné, la même composition; ainsi des oolites en hématite peuvent être noyées dans une gangue de sidérose à peine maculée d'un peu d'oxyde de fer, etc.

Enfin, il est curieux de noter que les actions dynamiques qui ont donné naissance à la chaîne hercynienne se sont enregistrées non seulement dans les synclinaux, les bancs de minerais, etc., mais jusque dans les éléments de la roche. L'analyse microscopique apprend que le détail même de la structure a été profondément modifié par ces actions; elles fournissent aussi un précieux repère chronologique en permettant d'assigner une limite d'âge précise à certaines transformations minéralogiques. Il semble donc que l'on puisse résumer les diverses phases de l'évolution du minerai de fer de la façon suivante :

Époque actuelle — *Époque cénozoïque* ou *néozoïque* (tertiaire).

Époque mésozoïque (secondaire).

Oxydation et hydratation des minerais de surface.
Deuxième et plus importante phase de quartzification.

Époque paléozoïque.

Carbonifère et permien. — Formation de la chaîne hercynienne venue du granite en action métamorphique. Développement de la magnétite par métamorphisme et dislocation des gîtes.

Silurien et dévonien. — Première phase de quartzification. Disparition de la calcite. Substitution de la sidérose à la calcite.

Silurien. — Dépôts d'oolithes calcaires dans une mer agitée où vivaient divers organismes.

La carte (fig. 391) montre que tous les gîtes siluriens sont groupés à la lisière orientale de la presqu'île armoricaine en bordure du bassin de Paris; ce fait est à rapprocher de cet autre, établi par des considérations géologiques, que la mer qui s'étendait alors sur le territoire français était limitée à l'ouest, du côté de l'Atlantique, par un continent. Les dépôts siluriens s'enfoncent sous le bassin de Paris. On se demande alors si les minerais de fer s'y prolongent avec eux et à quelle distance ils s'arrêtent dans la direction de l'est ?

NOTE II

Gisements de fer de la Savoie (1)

Les Préalpes, région de charriages, ne renferment aucun gîte de fer intéressant.

Les chaînes jurassiennes et subalpines, comprenant les régions d'Annecy et de Chambéry, renferment quelques dépôts de limonite; ces minerais ont été traités dans les forges et fonderies de Crau : ils sont épuisés. Il reste la zone des terrains anciens à partir de l'Isère et de la ligne qui rejoint Albertville au Mont-Blanc. Cette zone présente un grand intérêt.

La tectonique consiste dans une série de plissements du N.-N.-E. au S.-S.-O. dont le premier est le pli extérieur de Belledonne; ce pli renferme une série de fissures minéralisées surtout en fer dans les schistes cristallins.

Plus loin, se trouve un pli important que forme l'axe anticlinal houiller. On trouve des fissures dans le houiller et le trias. L'étude de M. Bordeaux a trois parties :

Gisement de fer du pli extérieur de Belledonne ;

     —   du bord extérieur de l'axe houiller ;

     —   au sud de l'axe houiller.

1. La chaîne de Belledonne renferme un gîte important, celui d'Allevard. Ce gîte se trouve dans les schistes cristallins, il est recouvert par le houiller et le trias; dix-sept fissures minéralisées, deux sont exploitées et sont loin d'être épuisées. La principale, celle de la Taillat, est reconnue sur 600 mètres en hauteur et plus de 1000 mètres de longueur. Elle est constituée par de la sidérose avec quartz et barytine ; on trouve en certains endroits de la chalcopyrite et de la galène.

La direction varie du N.-S. au N.-E.-S.-O. ; il y a des croiseurs. Le pendage est de 80° aux affleurements et diminue jusqu'à 50°.

En pénétrant en Savoie avec la chaîne de Belledonne, la première localité où reparaît le fer est Arvillard, avec la mine du Molliet à 600 mètres d'altitude, puis les mines de La Perrière. Ces minerais étaient traités par les Chartreux dans les forges de Saint-Hugon. Puis, le filon du Laurensaint ou Prodin, commune de Presle, le gîte de Villard, celui d'Abaritan, celui de Montgilbert, le filon de Saint-Georges d'Hurtières.

2. Ces gisements forment un alignement, faisant suite à celui des Grandes Rousses, dans lequel on trouve plusieurs mines aurifères célèbres du Dauphiné : Brandes, Auris, La Gardette. On peut citer le gisement de Montpascal et de Montaymont; c'est un filon de fer oligiste, encaissé dans les grès du trias. On trouve dans ces mines du minerai très pyriteux. L'oligiste forme le chapeau de fer d'un filon sulfuré en profondeur, tandis que la sidérose est un minerai de profondeur.

3. Il existe sur la commune d'Orelle (près Modane), un filon de sidérose encaissé dans les schistes houillers. A Frenay se trouve la mine du Grand-Filon. Les fours de grillage à la Praz. On trouve à Bonneval du fer oligiste. L'avenir de ces mines de fer manganésé est la fabrication des aciers spéciaux.

(1) A. BORDEAUX, *Bull. Soc. Ind. Min.* 5e Série. Tome XIV. 1918.

CHAPITRE XIV

GITES DE MANGANÈSE

Le manganèse est très répandu dans la nature. Sa proportion moyenne dans les roches est de 0,70, c'est-à-dire 70 fois moindre que celle du fer. D'autre part, il passe dans les organismes vivants. Quelques auteurs lui attribuent une influence sur le bouquet des vins.

Les principaux minerais de manganèse sont : l'alabandine (MnS), la hauérite (MnS^2), la haussmannite (Mn^{3}O^4), la braunite (Mn^{2}O^3), l'*arcedèse* (Mn^{2}O^3,H^{2}O), la *polianite* et la *pyrolusite* (MnO^2), la *psilomélane* (oxyde barytifère et potassique), la *dialogite* (CO^{3}Mn), la rhodonite (SiO^2,MnO), la friedélite.

La genèse des minerais de manganèse n'est pas facile à expliquer. On peut admettre que le manganèse est arrivé à l'état de chloro-fluorure et que la dialogite résulte de l'action du chlorure sur les carbonates. Quant aux oxydes, ils proviennent de l'altération de la dialogite.

Les gîtes de manganèse peuvent être rapportés à deux types principaux : les *gîtes filoniens* et les *gîtes sédimentaires*.

I. — GITES FILONIENS

Saxe. — On rencontre en Saxe, dans les environs de Schneeberg, de nombreux filons encaissés dans le granite et dans les micaschistes. Les principaux minerais sont : la psilomélane et la polianite.

On trouve à Ilfeld, dans le Hartz, des gîtes de manganèse intercalés dans les porphyrites à hornblende. Le remplissage se compose d'acerdèse, de pyrolusite, de psilomélane, de wad. La gangue est constituée par de la barytine et de la dolomie.

Romanèche (Saone-et-Loire). — Les gisements de Romanèche comprennent des filons et un amas de substitution formant filon-couche.

Les filons de Romanèche ont une direction N. 45° E.; ils sont encaissés dans le granite. Le grand filon, dit filon faille oblique, a 20 mètres de puissance.

Le filon n° 1 a 2 mètres de puissance; il est formé de psilomélane barytique avec calcédoine, fluorine, barytine.

L'amas interstratifié forme un gîte de contact remanié entre les grès rhétiens et le calcaire à gryphées très altéré qui lui est superposé. On voit une intrusion peut-être contemporaine de la minéralisation filonienne.

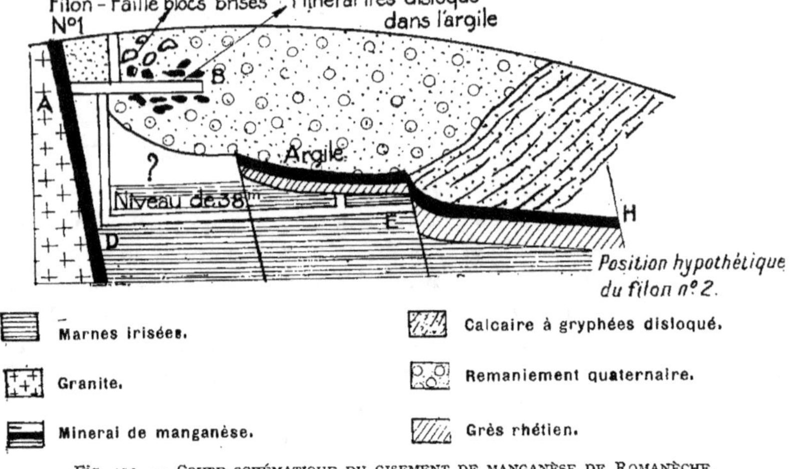

Fig. 412. — COUPE SCHÉMATIQUE DU GISEMENT DE MANGANÈSE DE ROMANÈCHE.

On rencontre à la surface le passage des oxydes manganésifères pauvres en fer à des hématites pauvres en manganèse ; dans cette première zone on trouve de la psilomélane avec quartz et fluorine. Cette psilomélane est concrétionnée, géodique ce qui indique un minerai secondaire de remaniement. Quand on s'enfonce, tout en restant dans la zone altérée, on trouve la barytine côte à côte avec les oxydes de fer, et même de l'arséniosidérite. Quand le filon est dans le granite, ce granite est kaolinisé et on y observe des imprégnations de fluorine.

Près de l'amas où le minerai s'est substitué au calcaire, on peut suivre la transformation du calcaire en psilomélane.

Quelle est la forme profonde du gisement ? Il est difficile de se prononcer, mais il pourrait se faire qu'on rencontrât en descendant un filon sulfuré complexe.

PLATEAU CENTRAL ET MORVAN. — On peut rattacher au gîte de Romanèche un grand nombre de filons de quartz et polianite qu'on rencontre dans le Plateau Central. Nous citerons le gisement des Gouttes-Pommiers, près Saligny (Allier), celui de Luzy (Nièvre). Ces gîtes sont peu importants.

Gîte filonien de manganèse en Ardennes.

Les nombreux gîtes de manganèse qu'on rencontre en Ardennes, se présentent sous trois aspects bien distincts : en couches sédimentaires, en filons, en amas.

On a découvert, il y a quelques années, dans cette région, un gîte filonien de manganèse, qui présente quelques particularités intéressantes. Ce filon est situé dans le village même de Malempré, à 2 kilomètres de Mantray. Cette localité est formée, au point de vue géologique, de phyllades violets du salmien supérieur (étage du postdamien, du cambrien). La direction des couches de phyllades est N. 105° E. La direction du filon est N. 45° E., il recoupe donc les couches sous un angle de 60°; le pendage est de 45° S., tandis que celui des couches encaissantes est de 30° S.

Ce filon a été reconnu par une galerie en direction, située à 9 mètres de profondeur, sur une longueur de 55 mètres. Vers le milieu, le filon s'infléchit brusquement et présente en ce point un maximum de richesse et de puissance qui atteint jusqu'à deux mètres de minerai massif sur une longueur de 12 mètres nviron (fig. 414). Dans les parties régulières la puissance moyenne est de 1 mètre et la richesse en minerai diminue au fur et à mesure qu'on s'éloigne de l'inflexion, à tel point que dans la partie extrême, à l'est le remplissage du filon n'est plus constitué que par du quartz.

En profondeur, le filon a été exploré jusqu'à 17 mètres par une descenderie faite à l'ouest de la partie riche. On y constate le même fait d'appauvrissement en s'éloignant du point d'inflexion. La paroi ouest de la descenderie est moins bien minéralisée que la paroi est; de plus, il y a appauvrissement en profondeur. Au point d'inflexion. le phyllade situé au mur est complètement minéralisé et forme un amas qui atteint en cet endroit 10 mètres de puissance ; cet amas suit le filon en s'en écartant ; vers l'est il se termine en pointe, tandis qu'à l'ouest il cesse assez brusquement. De même son épaisseur, qui atteint 5 à 7 mètres à l'endroit de plus grande puissance, va en diminuant vers l'est où elle se réduit à 1^m,50 environ. L'amas se termine dans les phyllades par une série de veinules de minerais allant progressivement en s'amincissant. Ce fait est surtout marqué à la partie supérieure du gîte. Lorsqu'on fait une tranchée dans le terrain on trouve la succession suivante :

Terre végétale ;

Débris de phyllade altéré avec cailloux d'arkose gédinniens et nodules de minerai ;

Phyllade avec gros nodules de minerai ;

Phyllade avec veinules de minerai ;

Phyllade minéralisé et minerai massif.

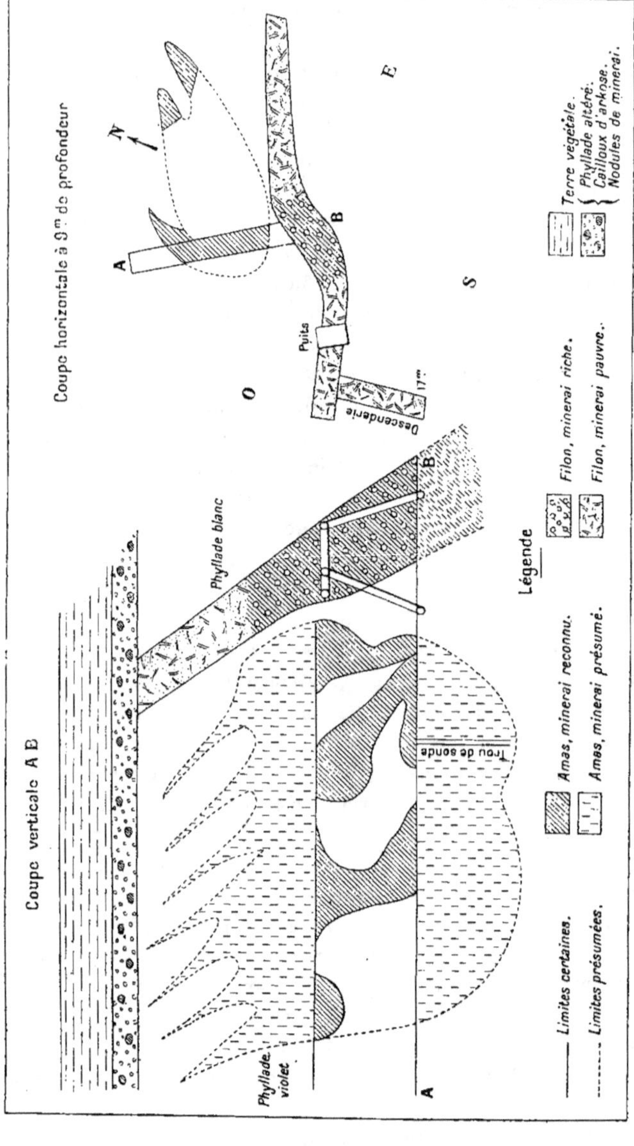

Fig. 414. — Gîte filonien de manganèse en Ardennes.

Cette succession montre bien le passage progressif du phyllade au minerai.

On voit par ce qui précède que le point d'inflexion correspond à un enrichissement considérable, tant pour le filon que pour l'amas.

Examinons maintenant la nature du minerai et des terrains encaissants du gîte.

Le remplissage du filon est constitué par du quartz blanc et de l'oxyde de manganèse à l'état de psilomélane.

Dans la région incurvée où le minerai est riche et très compact, le quartz est disséminé en petits noyaux anguleux au sein de la psilomélane qui se présente en beaux échantillons mamelonnés. Dans les deux portions régulières du filon où le minerai est pauvre, ce dernier est formé d'une brèche quartzeuse à éléments cimentés par la psilomélane.

On remarque que vers l'extrémité est de la partie régulière du filon, le quartz affecte nettement la forme de plusieurs veines massives ; ce quartz n'est ni brisé ni même fissuré comme celui que l'on rencontre près du point d'inflexion, aussi n'est-il pas minéralisé.

Le minerai de l'amas diffère assez bien de celui du filon. Il constitue, comme le montre le profil de la paroi d'une galerie faite dans cet amas, des blocs importants de psilomélane d'une grande dureté, mais à texture moins massive que celle du filon, ou de phyllade minéralisé.

La composition du minerai du filon et du minerai de l'amas est la suivante :

Minerai du filon	Mn	42,00
	Fe	7,3
	SiO^2	13,1
	P	0,1
	H^2O combiné	1,00
Minerai de l'amas	Mn	31,7
	Fe	16,3
	SiO^2	15,5
	P	0,36
	H^2O combiné	1,1

A une diminution de la teneur en manganèse correspond pour l'amas une augmentation de la teneur en fer et en impuretés, silice et phosphore.

La teneur moyenne de ces minerais est de 27 %.

Le contact du filon et du mur est entièrement recouvert d'un enduit blanc phylliteux et sériciteux.

Le toit est différent; le phyllade violet est entièrement décoloré sur une grande épaisseur et ramené au blanc jaunâtre; il est également devenu plus phylliteux et au contact du filon il est traversé par de minces veinules de quartz.

Le terrain encaissant l'amas est au contraire devenu foncé, souvent noir, friable, surtout au contact des blocs de minerai. On a remarqué que ces blocs, qui ont fréquemment plus de 1 mètre cube, sont le plus souvent recouverts d'une couche d'argile jaune rougeâtre ou violette, très plastique. Cette argile est de bon augure.

Voyons maintenant le parti qu'on peut tirer de ces observations pour établir la genèse du gisement.

La manière dont se présente le gîte montre clairement que l'on se trouve en présence d'une cassure minéralisée.

Reste à savoir comment s'est faite cette minéralisation: si elle est due à la circulation d'eaux venant de la profondeur ou d'eaux superficielles.

On admet généralement que lorsqu'un filon de manganèse s'est formé *per ascensum*, le manganèse a été amené par des eaux acides chargées de silice et qu'il ne s'est précipité à l'état de carbonate et d'oxyde que par la réaction avec un calcaire voisin ou une base.

Or, dans le cas présent, les carbonates et les bases font complètement défaut dans le terrain encaissant.

Néanmoins, dans certains cas, le manganèse a pu être amené à l'état de carbonate par des sources hydrothermales chargées de CO_2.

D'autre part, on sait que l'action d'une base sur une liqueur acide de manganèse et de fer amène la précipitation du fer et, assez longtemps après, celle du manganèse. On peut en conclure que le manganèse doit se trouver à la partie supérieure et que le fer doit dominer en profondeur, ce qui se vérifie assez fréquemment en pratique.

Or les Ardennes sont une ancienne chaîne de montagnes fortement érodée, on n'y rencontre que les racines des filons qui ont pu y exister. Par conséquent, si on avait affaire à un filon produit *per ascensum*, on devrait trouver une proportion de fer plus considérable que celle qu'on y rencontre, soit 7 % en moyenne.

Cette considération contre l'origine interne du manganèse ne doit évidemment être interprétée qu'avec une extrême réserve ; mais il y a d'autres faits qui militent en faveur de l'origine superficielle. En effet, le phyllade situé au toit du filon est entièrement décoloré et ne contient plus que des traces de manganèse et de fer, alors que la roche non altérée contient une forte proportion de ces métaux.

Il semble donc que, sous l'influence des eaux météoriques contenant CO_2, tout le manganèse et le fer du terrain situé au toit du filon, ont été dissous et reprécipités dans la cassure à l'état d'oxydes par perte de CO_2. L'enrichissement du filon en un point pouvait d'abord faire croire à l'existence d'un filon croiseur, mais les travaux ont nettement montré qu'il n'en est rien.

La présence du quartz anguleux cimenté par le minerai semble prouver qu'il s'est d'abord formé un filon de quartz, que ce filon, par suite de phénomènes tectoniques, a subi un plissement qui a broyé le quartz et réouvert la cassure en produisant un décollement dans la partie incurvée et que, postérieurement les eaux chargées de manganèse et de fer empruntés au toit du filon sont venues déposer ces métaux entre les débris broyés du filon primitif.

L'enrichissement au point d'inflexion n'a rien qui doive étonner; la cassure y étant plus largement ouverte a permis une circulation plus active des eaux minéralisatrices. Cet enrichissement est d'ailleurs un fait souvent constaté dans les filons.

Cet endroit étant une zone de moindre résistance des roches encaissantes, il est aussi tout naturel que les eaux se soient cherché un passage dans les fissures du terrain et aient donné lieu, par la minéralisation des phyllades, à un amas. Cette minéralisation a été favorisée par les joints de clivage des roches, ce qui fait que les blocs de minerai ont sensiblement la même pente que le terrain qui les encaisse.

On peut signaler encore, en faveur de cette manière de voir, l'existence, en certains points de la vallée, de conglomérats dans lesquels les débris roulés de phyllade et d'arkose sont cimentés par de l'oxyde de manganèse.

Cette formation actuelle montre bien que dans certaines conditions le manganèse du terrain est dissous par les eaux météoriques et ensuite reprécipité.

Il n'est pas sans intérêt de faire remarquer l'analogie qui existe entre ce gîte et ceux de calamine qui se présentent souvent comme les épanchements d'un filon directeur dans le terrain encaissant. Le mode de formation de ce gîte de manganèse ne milite guère en faveur de sa continuité en profondeur.

En ce qui concerne la continuité du filon en direction, le fait que quelques mètres seulement ont fourni du minerai exploitable et la déminéralisation presque complète constatée aux deux extrémités du filon constituent des indices défavorables, mais insuffisants pour conclure d'une façon absolue à sa non-continuité et à l'inexistence d'autres points minéralisés.

. — AMAS DE SUBSTITUTION DANS LES CALCAIRES.

Las Cabesses (Ariège). — Le gisement de Las Cabesses est un très beau type d'amas manganésifères substitués à des calcaires. Il est exclusivement subordonné à une bande E.-O. de calcaires griottes dévoniens, enclavés entre les schistes et calschistes au mur et d'autres schistes plus gréseux carbonifériens au toit. La griotte est devenue manganésifère seulement là où elle était poreuse et tendre.

Deux amas manganésifères principaux ont été rencontrés : celui de Crabious à l'ouest qui a été rapidement épuisé et celui de Las Cabesses à l'est, tous deux sont situés sur une même fracture. La minéralisation de Las Cabesses est localisée dans une zone ou colonne de broyage comprise entre deux fractures principales; l'une au sud bien nette, : l'autre au nord plus hypothétique. Quelques traces d'or et d'argent ont été rencontrées dans le minerai, sur le prolongement d'un filon de quartz contenant de la pyrite.

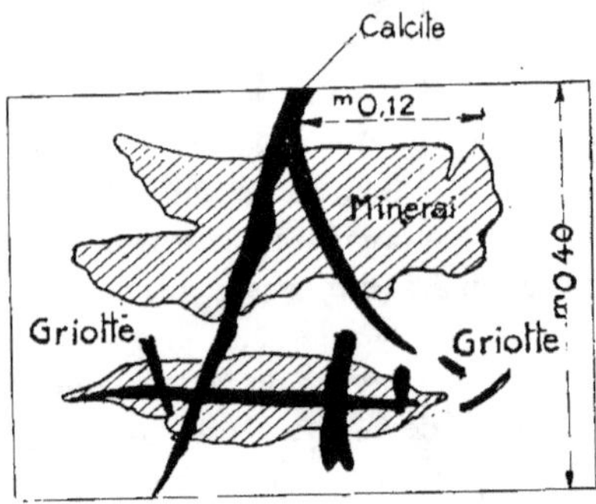

Fig. 413.

PROJECTION VERTICALE D'UNE PAROI DE GALERIE A NIVEAU 67 DE LA MINE DE LAS-CABESSES.

On connaît dans les Pyrénées deux autres gisements de dialogite : celui de Caunes, près Carcassonne, et celui d'Argut, près Saint-Béat, qui sont également dans le calcaire griotte; tandis qu'ailleurs où l'infiltration a porté sur des schistes, comme au Louron et dans la vallée d'Aure, les minerais sont silicatés.

III. — GITES STRATIFORMES.

1. — Lentilles intercalées dans les schistes gneiss, etc...

INDES. — Les gisements de manganèse indous ont pris une place importante dans la production mondiale. Ces gisements peuvent être divisés en deux groupes. Le premier comprend les gîtes les plus riches interstratifiés dans des schistes métamorphiques. La minéralisation consiste en rhodonite et braunite (gîte de Chindwara au N.-E. de Nagpur, provinces centrales). La production a été en 1905 de 248.000 tonnes.

Le second comprend des concentrations nodulaires dans les latérites.

BRÉSIL. — La principale région manganésifère du Brésil est dans la chaîne montagneuse située au sud d'Ouro-Preto.

SAINT-MARCEL (PIÉMONT). — Le gisement de Saint-Marcel, dans le Val d'Aoste, est situé dans un massif de gneiss. On y rencontre de la braunite (Val Marceline), de la polianite, de la haussmannite. C'est un gîte en amas, il est exploité depuis plus d'un siècle. Nous citerons également les gisements de Transylvanie.

2. Gîtes dans les terrains primaires métamorphiques.

HAUTES-PYRÉNÉES. — On rencontre dans les Hautes-Pyrénées des gisements de manganèse sous la forme de silicates. Les principales concessions sont Loudervielle et Adervielle, puis Germ et la Serre d'Azet. Ces gisements sont dans le dévonien.

OURAL. — Jaspes manganésifères dans le dévonien.

NOUVELLE-ZÉLANDE. — On rencontre dans la province d'Auckland des lits de minerais de manganèse.

HARTZ (ELBINGERODE ET LAUTENTHAL). — Couches de psilomélane et polianite.

PROVINCE DE HUELVA. — Minerais dans des schistes argileux.

3. Gîtes dans les terrains secondaires et tertiaires.

BOSNIE (CEVLJANOVIE). — Minerais de psilomélane barytique dans les couches jurassiques.

CHILI. — Silicates et oxydes de manganèse dans les districts de Coquimbo et de Carrizal.

GÎTES DU CAUCASE. — Les gîtes du Caucase (Tchiatoura sur la Kvirila, affluent du Riom) ont une très grande importance. Ils forment une série de

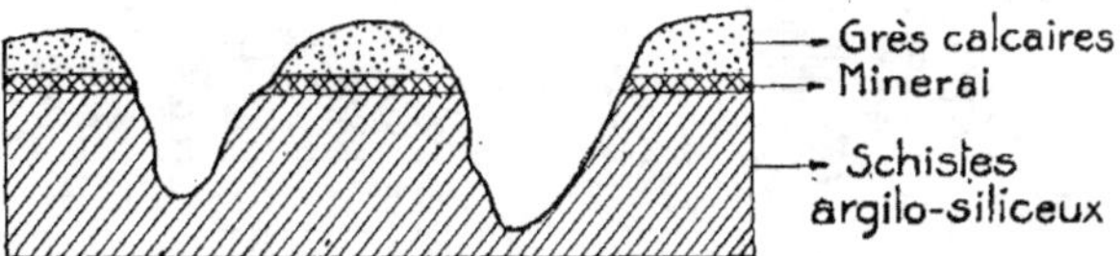

Fig. 415. — COUPE N.-E-S.-O. DES GISEMENTS DE MANGANÈSE DE TCHIATOURA.

couches appartenant à l'éocène supérieur et à l'oligocène, et ont $1^m,50$ à 2 mètres d'épaisseur, 10 kilomètres dans un sens, 6 kilomètres dans l'autre. Le cube du minerai peut être évalué à 150 MT. Les strates ont été attaquées par une érosion qui les a découpées en mamelons séparés par des vallons où apparaît la craie (fig. 415).

Le remplissage est formé d'acerdèse et de pyrolusite. La production en 1908 a été de 110.000 tonnes.

NIKOPOL. — L'autre grand district russe pour le manganèse est celui de Nikopol (gouvernement d'Ekaterinoslav). La production en 1909 a été de 366.000 tonnes.

Remarque. — On suppose que les couches de Tchiatoura et Nikopol sont des dépôts littoraux formés dans des baies peu profondes.

PROVINCE DE CIUDAD REAL (ESPAGNE). — Les couches de minerais de manganèse se rencontrent dans le miocène qui est recoupé par des dykes de basalte. Les minerais consistent en oxydes de manganèse.

On rencontre en Serbie (Kragobasch). à San-Pietro (Sardaigne) des gîtes de manganèse. Il en existe également au Pérou, au nord de Santiago.

4. Dépôts marins actuels de manganèse.

On a constaté le dépôt actuel du manganèse sous forme de grains, dans des boues à globigérines et à radiolaires, à des profondeurs de 1.000, 2.000 et même 3.000 mètres dans les océans.

5. Gîtes d'altération continentale.

GISEMENTS DU NASSAU ET DE LA HESSE. — Les gîtes du Nassau sont en relation avec des gîtes de phosphorite, et comme eux dans la vallée de la rivière la Lahn. Les minerais consistent en pyrolusite, psilomélane, acerdèse et wad. L'épaisseur des couches varie de $0^m,15$ à $0^m,30$ (fig. 416).

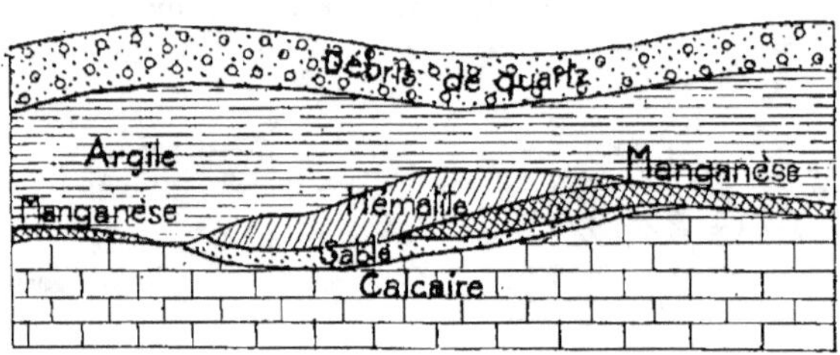

Fig. 416. — COUPE E.-O. DE LA MINE DE STEETERWASEN.

DORDOGNE. — Il existe dans la Dordogne, au sud de Nontron, des gisements de manganèse en relation avec les minerais de fer en grains (Saint-Martin-de-Fressingeas-Excideuil).

ÉTATS-UNIS. — Gisements semblables à ceux du Nassau : Cartersville, en Géorgie; Mont-Athos, en Virginie.

INDES. — Latérites.

NOUVELLE-CALÉDONIE. — Le manganèse se trouve avec le cobalt dans l'asbolane.

DÉPOTS ACTUELS DES MARAIS. — Le manganèse se dépose dans les marais en même temps que la limonite.

CHAPITRE XV

GITES DE FER CHROMÉ

Le principal minerai de fer chromé est la *chromite* [(Fe,Mg) O, $(Cr.Al)^2O^3$].

Les gisements de fer chromé forment généralement des grains ou des amas dans les serpentines qui, comme nous le savons, proviennent des péridotites. On rencontre fréquemment, au contact des amas de fer chromé, une grande abondance de silice calcédonieuse et de chrysotile, qui est due, sans doute, à une altération récente.

GISEMENTS DE LA NOUVELLE-CALÉDONIE (1). — Les gisements de la Nouvelle-Calédonie consistent principalement en minerais détritiques.

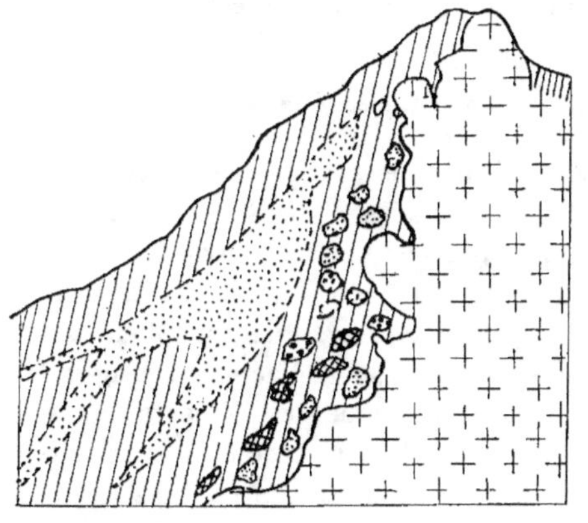

Fig. 417.

COUPE SCHÉMATIQUE DU GISEMENT DE FER CHROMÉ DE LA MINE GEORGES PILE. (d'après GLASSER).

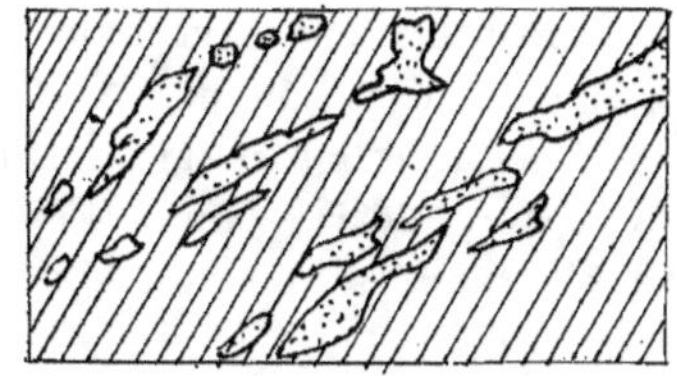

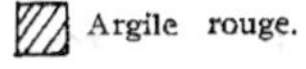

Fig. 418. — FRONT DE TAILLE DE LA MINE DE FER CHROMÉ ALICE-LOUISE (d'après GLASSER).

(1) Cf. GLASSER. — *Rapport sur les Richesses minérales de la Nouvelle-Calédonie* (1 vol. de 560 p. et 6 pl. extr. des *Ann. des Mines*, 1904).

Le gisement important de la mine Alice-Louise, sur la rivière des Pirogues, a pu être exploité en carrière jusqu'à 22 mètres de profondeur et à donné 30.000 tonnes de minerai à 50 %.

GISEMENT DU CANADA. — Le gisement chromifère connu sous le nom de Serpentine Belt est à l'est de Québec, près de Coleraine, autour de Black Lake. Le fer chromé se trouve également là en relation avec une péridotite serpentinisée.

ÉTATS-UNIS. — On a découvert du fer chromé en Californie.

STYRIE. BANAT-BOSNIE. — Minerais peu importants.

TURQUIE D'ASIE. — Les principaux gisements se trouvent dans des serpentines tertiaires, sur le versant sud de l'Olympe de Bithynie, près de Brousse. Le principal est celui de Daghhardi

OURAL. — On rencontre dans l'Oural des amas de fer chromé dans la serpentine; le principal district est situé près de Nijni-Taguilsk.

NORVÈGE. — Gisements peu importants.

Il existe quelques gisements peu importants dans les Pyrénées.

Gisements de minerais de fer chromé en Grèce (1).

Les gisements de fer chromés sont situés dans la partie N.-E. de la Grèce et dans les îles qui s'y rattachent (Eubée, Sporades, Skyros). Le sol de ces régions est formé de calcaires crétacés au milieu desquels se trouvent de nombreux pointements de serpentine provenant elle-même de l'altération de péridotites. Le minerai paraît en relation étroite avec la serpentine; il en contient tous les éléments métalliques, et il semble que, sous l'action des agents minéralisateurs, vapeur d'eau ou anhydride carbonique, les éléments métalliques aient acquis une mobilité suffisante pour leur permettre une concentration plus grande en des points favorables. Il s'est ainsi formé des gisements du type filonien qui se sont déposés dans les fissures préexistantes, tantôt dans la serpentine même, tantôt au contact de cette roche et des terrains encaissants ou dans les points de stratification et les diaclases de ces dernières. On peut vérifier toutes les phases de ces transformations aux environs de Skimatari et en de nombreux points de la plaine du lac Paralimni.

Les calcaires crétacés se présentent sous deux aspects : les calcaires dolomitiques ou calcaires blancs, les calcaires siliceux ou calcaires jaunes. Les gîtes de minerai de fer chromé se présentent tantôt dans les calcaires, tantôt au contact des calcaires et de la serpentine.

L'exploitation la plus importante est celle de la Société hellénique des Mines (185.000 tonnes en 1907). Cette société, exploite concurremment avec

(1) Cf. PIGEOT, *Bull. Soc. Ind. Min.*, 4ᵉ Sér. T. VIII, 1908, pp. 773 à 775.

la Société Locris, une longue bande de limonite insterstratifiée entre les calcaires jaunes et blancs. Le calcaire blanc constitue le mur et le calcaire jaune le toit. Les concessions sont situées non loin de Larymna, port sur le canal d'Atalante. Le filon mesure de 10 à 18 mètres de puissance. Le minerai semble déposé dans un joint de stratification élargi. La serpentine a presque complètement disparu; on la voit encore sous forme de veinules traversant le filon.

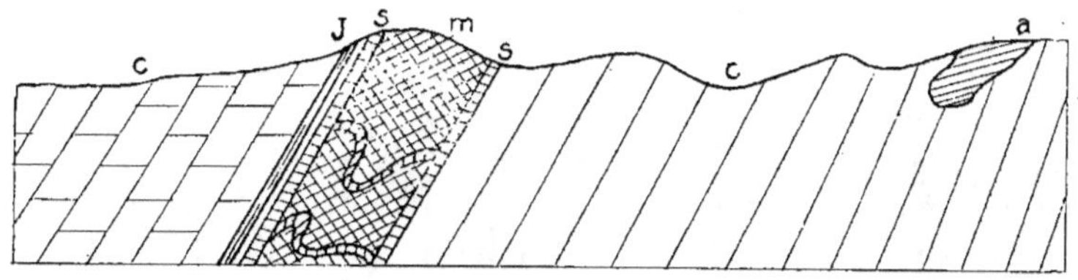

Fig. 419. — *c* Calcaire blanc.   *J* calcaire jaune.   *s* schiste métamorphique ou serpentine. *m* minerai de fer chromé.   *a* amas isolé de minerai de fer.

L'exploitation s'effectue par gradins, à ciel ouvert.

L'analyse du minerai donne les résultats suivants :

Fer.	49,10
Cuivre.	0,017
Arsenic.	0,029
Chrome.	2,49
Nickel, cobalt.	0,56
Manganèse	0,05
Chaux	0,32
Magnésie.	0,70
Phosphore.	0,024
Silice.	5,59
Acide titanique	0,45
Alumine.	non dosée

Les principaux centres de production du fer chromé fournissent appro\ximativement.

La Turquie d'Asie (Caucase).	7.000	tonnes.
États-Unis (Californie)	3.000	—
Oural.	500	—
Russie	20.000	—
Nouvelle-Calédonie.	3.000	—
Grèce (Eubée).	1.500	—
Banat.	1.500	—
Canada.	500	—
Styrie.	1.000	—
France (Pyrénées)	500	—
Rhodesia (Afrique du Sud).	60.000	—

CHAPITRE XVI

GITES DE NICKEL

Les principaux minerais de nickel sont :

La *nickeline*, NiAs, la *chloanthite* ($NiAs^2$), la rammelsbergite, la millérite NiS, la beyrichite $(NiFe)^5S^7$, la pentlandite ou nicopyrite Fe^2NiS^3, la grünauite (sulfure de fer et de nickel), la disomose ou gersdorffite NiAsS, la breithauptite NiSb, l'ullmanite (NiSb)S, la bunsénite (NiO), l'annabergite (arséniate hydraté de nickel), la texasite ou zaratite (hydro-carbonate de nickel), la morénosite (sulfate hydraté de nickel), la genthite (silicate hydraté de magnésie et de nickel) et la pimélite (silicate hydraté d'aluminium et de nickel), la *garniérite*, (silicate hydraté de nickel et de magnésium), la *nouméite*, variété de garniérite, la noupéite.

Le nickel est un métal de profondeur, que l'on rencontre en inclusions, et parfois en produits de départ immédiat, dans les roches ultrabasiques : il est quelquefois associé au platine. Dans les gîtes filoniens, on voit le nickel s'associer au cuivre et au cobalt. Lorsque le cobalt augmente, le nickel diminue.

Gîte de la Nouvelle-Calédonie.

La Nouvelle-Calédonie a 400 kilomètres de longueur sur 50 kilomètres de largeur moyenne. Elle a dû rester longtemps liée à l'Australie et à la Nouvelle-Zélande; elle s'est séparée de l'Australie à la fin du secondaire et de la Nouvelle-Zélande au début du crétacé.

On peut supposer que la mise en place du gisement de nickel serait due à un charriage ayant fait passer les péridotites à enstatite plus ou moins serpentinisées par-dessus le crétacé. Ces roches ultrabasiques contiennent des traces de nickel, cobalt et manganèse et des inclusions de fer chromé (ce sont des harzburgites passant parfois à des dunites).

L'altération superficielle a porté ensuite sur ces péridotites ou serpentines, ce qui a donné naissance à des veinules nickélifères. Il s'est formé une terre rouge, empâtant les débris de la roche primitive et s'accumulant dans les dépressions de la surface : elle est constituée par des oxydes de nickel, cobalt, manganèse, chrome. La formation de cette terre rouge s'explique par le simple entraînement de la magnésie à l'état de sels solubles.

Une partie de cette magnésie a formé avec le nickel, la garniérite; il se produisait en même temps de l'asbolane (oxydes de cobalt et de manganèse) et enfin des grains insolubles de fer chromé s'isolaient.

A la mine de Thio, on rencontre des minerais compacts verts ou bruns, en filons et filonnets, dans les cassures tantôt larges, tantôt minces, des péridotites (fig. 421.)

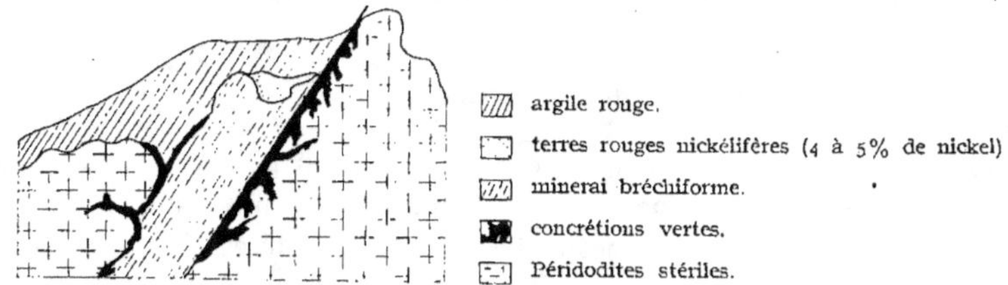

Fig. 420. — Coupe d'un chantier de la mine de prise de Rivoa.

Les exploitations de nickel sont nombreuses et pourraient l'être plus encore, puisque le nickel existe partout dans la formation serpentineuse qui couvre un tiers de l'île.

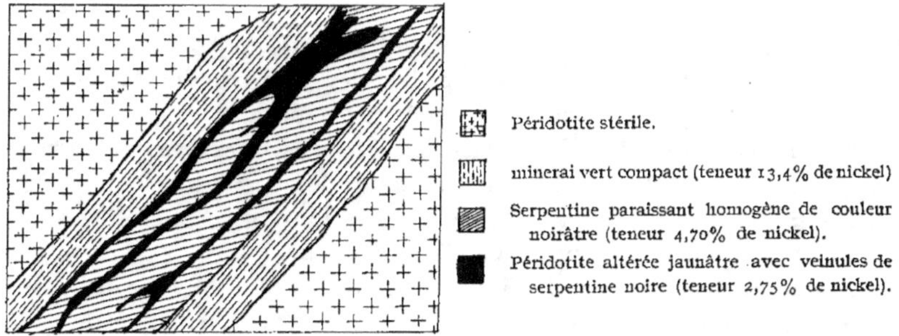

Fig. 421. — Mines de Thio.

Des gisements analogues à ceux de la Nouvelle-Calédonie ont été signalé dans d'autres régions et notamment dans les localités suivantes :

Silésie. — Le minerai est constitué par de la pimélite (hydrosilicate d'alumine et de nickel). La principale mine est à Frankenstein.

MALAGA (ESPAGNE). — On rencontre des garniérites contenant 9 % de nickel.

REWDINSK (OURAL). — La garniérite contient 12 % de nickel.

DOUGLAS (ORÉGON). — Il existe à Douglas des garniérites très riches, au milieu des péridotites et serpentines.

CALIFORNIE. — En Californie, la garniérite est associée au cinabre dans les mines de New-Almaden.

NOUVELLE-ZÉLANDE. — On a constaté la présence du nickel dans des roches vertes du district des Auklands.

MADAGASCAR. — La garniérite existe également à Madagascar.

Gîtes du Canada.

On a découvert, vers 1889, au Canada, dans le district d'Ontario, près de Sudbury, un gisement de cuivre et de nickel très considérable, évalué à 650 MT. Le minerai consiste en pyrrhotines nickélifères et cuprifères. Ces pyrrhotines, associées à des norites, constituent, très probablement, un type de départ immédiat effectué en profondeur. On a rencontré [dans ce gisement une petite quantité de platine et d'iridium à l'état d'arséniure, il y a même des traces d'étain. Les grandes masses de minerais se trouvent au contact de la norite avec les schistes sous-jacents, dans des poches.

Le district de Sudbury a produit, en 1910, 18.000 tonnes de nickel, avec 9.600 tonnes de cuivre.

On rencontre dans la partie est des États-Unis, à Lowell (Massachusets), Chatham et Torrington (Connecticut), des lentilles de pyrrhotine nickélifère, intercalées dans les gneiss et analogues à celles du Canada.

On trouve également des pyrrhotines nickélifères en Scandinavie. L'étude de ces gisements a été faite précédemment (gîtes de départ, p. 210).

Nous signalerons également les gisements de pyrrhotines nickélifères de la Haute-Italie, dans le Piémont, à Varallo, à Scopello.

Ceux de Schluckenau en Lauzitz, sur la frontière de la Saxe et de la Bohême. La minéralisation consiste en imprégnations de pyrrhotine nickélifère, chalcopyrite et pyrite dans une diabase qui recoupe le granite.

Dans les mines de, Horbach et Todtmoos (Forêt-Noire) on rencontre les minerais de nickel bien connus et quelques variétés, comme la *wolfachite* ou corynite [$2 NiS^2 + 3 Ni (AsSb)$] et l'*horbachite* (Fe^3, Ni) S.

Dillenburg (Nassau).

Les autres gîtes de nickel consistent en *imprégnations, filons-couches, filons*.

I. LE GITE DE SCHLADMING (Styrie) contient de l'argent, du cobalt et du nickel. Il présente le phénomène déjà signalé dans les mines d'argent de Kongsberg (Norvège), c'est-à-dire la rencontre de filons avec des schistes métamorphiques imprégnés de sulfures divers (fahlbandes). La gangue est carbonatée.

On peut rapprocher du type précédent les minerais du *Val d'Anniviers*, près de Sierre (Valais), dont la minéralisation consiste en nickel, cobalt, cuivre, bismuth avec sidérose; on y rencontre également des fahlbandes pyriteuses.

THURINGERWALD ET MANSFELD. — A Schweina on a exploité des filons de nickel, cobalt et cuivre qui recoupent la formation cuprifère du zechstein; la gangue est formée de sidérose, calcite, barytine.

2. DOBSINA OU DOBSCHAU (HAUTE-HONGRIE). — Il existe dans cette localité un système de filons carbonatés spathiques contenant quelques remplissages nickélo-cobaltifères associés au cuivre.

CHALANCHES (DAUPHINÉ), — Une formation de sidérose et chalcopyrite, présente des minerais de nickel et de cobalt.

PAYS DE SIEGEN. — On trouve à Müsen des minerais de nickel associés à ceux de cobalt, plomb, cuivre et bismuth. Ce sont des filons qui recoupent le dévonien.

Au Pas de Paschietto et à Cruvin (Piémont), il existe dans la diorite des filons contenant smaltine, arséniates de cobalt et de nickel.

SIERRA CABRERA (ESPAGNE). — Filons cobaltifères, avec nickéline recoupant le calcaire carbonifère.

3. L'association du nickel et du cobalt, dans une gangue de calcite, se trouve dans les gisements de Cobalt (Canada) et de Gistain (Pyrénées).

4. Les filons de nickel et cobalt à gangue quartzeuse montrent une genèse différente.

SCHNEEBERG (SAXE). — A Schneeberg, le nickel est en faible quantité; les minerais dominants sont : le cobalt, l'argent, le bismuth et l'uranium dans une gangue de dialogite. La gangue est quartzeuse, avec fluorine et calcite. On y trouve des traces d'étain. Ce sont des stockwerks.

OURAL. — On a trouvé à Rewdinsk, près d'Ékaterinenbourg, des filons de quartz avec minerais de cobalt et de nickel.

VOSGES. FORÊT-NOIRE. — A Sainte-Marie-aux-Mines, filons de nickel, cobalt et argent.

LEOGANG (SALZBOURG). — A Leogang, on a exploité des arséniures de nickel, associés à des pyrrhotines nickelifères.

SARDAIGNE, mine de Fenegusibiri.

RÉPUBLIQUE ARGENTINE. — Filons de nickéline, de chalcopyrite.

RAPI (PÉROU). — Filons quartzeux à nickéline et cobaltine avec cuivres gris.

LA MOTTE (MISSOURI). — Filons de plomb, nickel, cobalt, cuivre. Un minerai rare : la *siégénite* $(CoNi)^3S^4$.

CHAPITRE XVII

GITES DE COBALT

Les principaux minerais de cobalt sont :

La linnéite (Co,Ni)^{5}S^4, la *smaltine* (CoAs^2), la *cobaltine* (CoAsS), la skuberudite (CoAs^3), l'*asbolane* (oxyde de cobalt et de manganèse), la biebérite (SO^{4}Co, 7H^{2}O), l'*érythrine* (As^{2}O^5, 3 CoO,8H^{2}O), l'hétérogénite (oxyde hydraté de cobalt), la pateraïte (molybdate impur de cobalt).

On sait que le cobalt, malgré ses analogies avec le nickel qui tendent à le rapprocher du cuivre, s'en sépare dans quelques gisements pour s'associer avec le bismuth, l'argent, l'uranium, et plus rarement l'or, c'est-à-dire pour passer à des groupements caractéristiques des roches acides.

Le cobalt se rencontre en inclusions dans les pyrrhotines; il affecte le caractère filonien et présente des affinités avec les filons d'étain.

La plupart des filons à gangue carbonatée ont été étudiés à propos du nickel. Ce sont ceux de Dobsina, des Chalanches, de Schladming, du Val d'Anniviers, du Mansfeld, du Piémont, où la gangue est de la sidérose.

MINE DE GISTAIN (ESPAGNE). — Les gisements de Gistain, dans la province d'Huesca (Haut-Aragon) à 15 kilomètres de la frontière française, semblent faire partie d'une très importante formation filonienne qui traverse au voisinage les terrains permiens du Suelza, par des fractures très nettes, avec une minéralisation ordinaire de blende, galène et pyrite à gangue de calcite, dans laquelle se seraient développés localement des minerais de cobalt et de nickel.

Divers indices semblent indiquer un rapport de ces minerais avec des roches de profondeur. On a exploité là de petits filons de puissance variable, au contact de schistes et de calcaires primaires : filons qui, paraît-il, étaient en relation avec des porphyres et qui contenaient des minerais sulfurés et arséniés de cobalt et de nickel à gangue de calcite. Ces mines ouvertes au XVIIIe siècle ont été reprises en 1872, puis abandonnées. Le minerai, envoyé en Saxe, contenait, après triage, 12 % de cobalt, 7 % de nickel. A l'état brut la teneur était de 1/2 à 3 %, avec maximum 5 %.

GOTHIC (ÉTATS-UNIS). — On a signalé à Gothic une veine de calcite, encaissée dans un granite et contenant de la smaltine.

JAIPUR (INDES). — On rencontre dans l'État de Jaipur, en Rajputana, de la cobaltine.

Filons de cobalt argentifère à gangue de calcite.

GÎTE DE COBALT (CANADA). — Le gîte de Cobalt est avant tout un gîte d'argent, quoique ce district produise actuellement la totalité du cobalt consommé dans le monde (Il est décrit dans l'étude des gîtes argentifères) (p.445).

Filons de cobalt à gangue quartzeuse.

Ce type, riche généralement en cuivre, se distingue des précédents par la rareté du nickel. Mais on y rencontre du molybdène, du bismuth, de l'étain. Les gisements semblent liés à un métamorphisme régional en relation avec les magmas granitisants.

Nous citerons les gîtes de Skuterud et Snarum (Norvège). Ils consistent en fahlbandes cobaltifères de 100 à 200 mètres de puissance, qui s'intercalent dans des roches cristallophylliennes.

Les gîtes cobaltifères de Suède : Gladhammar, Tunaberg, Vehna, etc. A Gladhammar, les filons sont minéralisés par du cobalt et du cuivre au milieu des leptynites; à Tunaberg, le principal minerai est la cobaltine.

MINES DE QUERBACH ET GIEHREN (RIESENGEBIRGE). Cobaltine, minerais de cuivre dans le cristallophyllien.

DACHKESSAN (CAUCASE). — Imprégnations lenticulaires de minerais cobaltifères et cuprifères associés à la magnétite.

BALMORAL (TRANSVAAL). — Imprégnations cobaltifères.

SAN-JUAN (CHILI). — Association du cobalt et du cuivre dans la province d'Atacama.

Filons à gangue quartzeuse de cobalt argentifère avec bismuth et uranium.

Le type caractéristique de ce genre de formation est le gîte de Schneeberg. Cette formation se rencontre également à Sainte-Marie-aux-Mines.

On rencontre au Transvaal, à Laatsedrif, district de Middelburg, une association fort intéressante de cobalt, or et cuivre.

Associations superficielles.

En Nouvelle-Calédonie, l'asbolane (Co et Mn)O.
New South Wales, asbolanes.
Vœl Hiraddog (Angleterre), asbolanes.
La Motte (États-Unis), asbolanes.

CHAPITRE XVIII

MINERAIS D'URANIUM ET DE RADIUM

URANIUM

Les minerais d'uranium se trouvent, soit en inclusions dans les magmas granitiques, soit dans les filons du type stannifère.

Les principaux minerais d'uranium sont : la *pechblende* U^3O^8 et ses variétés (gummite, éliasite, pillinite); puis les phosphates : *chalcolite, uranite*, et le vanadate : *carnotite*. L'uranium se trouve également dans un grand nombre de terres rares.

Le principal gisement d'uranium est celui de Joachimsthal (Bohême), dans l'Erzgebirge, à l'extrémité S.-O. de la grande zone métallifère qui commence à Freiberg. On touche, sur ce point, à l'effondrement tertiaire jalonné par des manifestations éruptives récentes et des sources thermales. On rencontre dans le champ de filons de Joachimsthal des dykes de basalte à néphéline, de phonolite, qui sont mêlés aux filons métallifères qui ont subi des réouvertures d'âge tertiaire. Carslbad est à 16 kilomètres; les eaux thermales sont radioactives.

Le champ de fractures occupe environ 5 kilomètres dans le sens E.-O. (qui est la direction des terrains encaissants) et 2 ou 3 kilomètres dans le sens N.-S. On se trouve là au milieu des schistes micacés, et des schistes amphiboliques. La puissance des filons varie de $0^m,15$ à $0^m,60$; ces filons présentent deux directions orthogonales : l'une E.-O. et l'autre N.-S. Les filons E.-O. sont pauvres, tandis que les filons N.-S. qui recoupent les micaschistes sont assez riches. La minéralisation consiste principalement en pechblende. On y rencontre quelques phosphates (chalcolite, uranite). La genèse doit être rapportée aux manifestations hydrothermales d'origine profonde; mais il y a eu une remise en mouvement relativement récente. La pechblende est accompagnée de minerais sulfurés d'argent, de cuivre, de cobalt, de nickel, de bismuth, etc. La gangue est de la calcite et de la dolomie, et non du quartz comme cela a lieu dans les gîtes stannifères.

Les coupes suivantes montrent comment les minerais d'uranium s'y présentent. Les veinules de pechblende dépassent rarement 3 ou 4 centimètres; dans la plupart, la pechblende est associée à des débris des terrains encaissants à des argiles provenant des schistes broyés, à de la dolomie et à de la calcite.

Très souvent la veine de dolomie et pechblende renferme des mouches postérieures d'argent rouge et d'argent natif. Dans la figure 424 on voit comment une veine de dolomie avec pechblende recoupe, en les rejetant, des veines antérieures où se trouve la chalcopyrite. On voit également la pechblende et la dolomie qui traversent un filon de quartz. Dans un autre point, la pechblende se trouve au milieu de la galène, avec minerais complexes de nickel, cobalt, bismuth, etc.

On a constaté le développement simultané de la wernérite et de la pechblende dans des schistes à scapolite où la pechblende se trouve à l'état

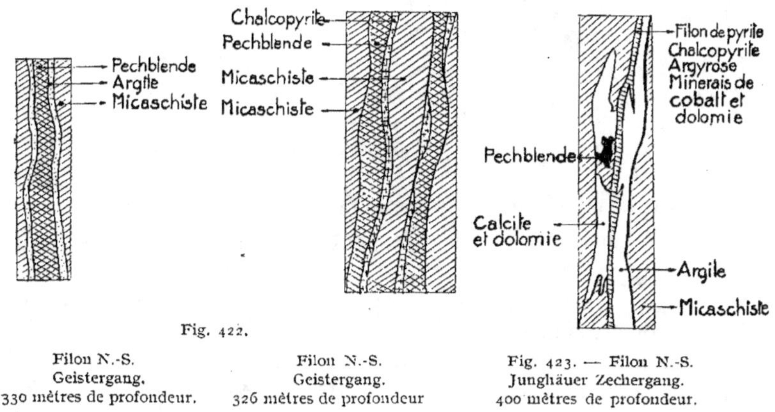

Fig. 422.

Filon N.-S.
Geistergang.
330 mètres de profondeur.

Filon N.-S.
Geistergang.
326 mètres de profondeur

Fig. 423. — Filon N.-S.
Junghäuer Zechergang.
400 mètres de profondeur.

microscopique. La wernérite s'est produite aux dépens de feldspath plagioclase par l'action de chlorures. Il y a donc lieu d'admettre que des fumerolles chlorofluorées contenant de l'uranium ont été amenées de la profondeur par un magma granulitique. Il s'est formé des filons primitifs uranifères analogues aux filons stannifères. Cette formation uranifère a subi postérieurement une remise en mouvement avec concentration de l'uranium dans une gangue de calcite et de dolomie empruntée aux calcschistes encaissants.

On rencontre dans le nord du Portugal, c'est-à-dire dans les provinces de Beira, Minho et Traz-os-Montès qui sont constituées par un grand massif de granulite, de gneiss et de terrains primaires, des dépôts d'uranite, et notamment entre Guarda et Sabugal. Cette région renferme également des gisements de cassitérite, de wolfram, de pyrite et de mispickel aurifères. L'uranite accompagnée de chalcolite et d'*uranocircite* $(BaO,2U^2O^3,P^2O^5,8H^2O)$ se trouve dans des dykes de pegmatite qui recoupent les granulites.

Les minerais forment des enduits minces qui tapissent les fissures

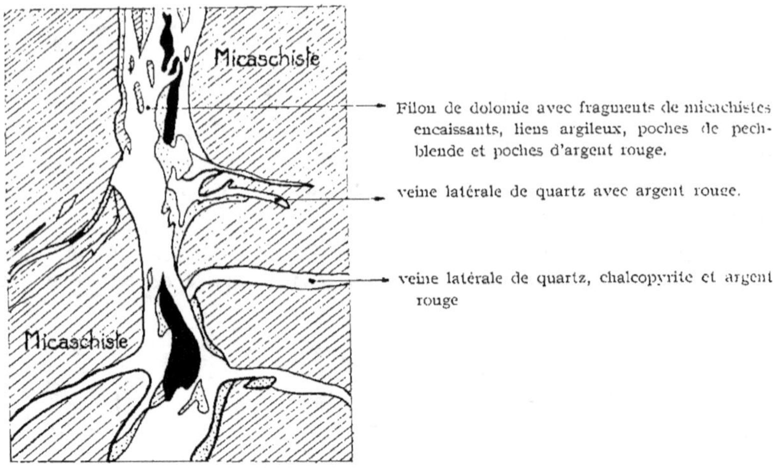

Fig. 424. — Filon N.-S. Hildebrandgang (214 mètres de profondeur).

de la pegmatite. L'uranite provient évidemment de la réaction de sels d'uranium sur l'apatite des roches. L'exploitation la plus importante est celle de la Société l'Urane.

On rencontre également dans le Cornwall, à Grampond Road, une veine uranifère particulièrement riche, 12 % d'urane.

L'uranium se trouve en Suède dans les roches contenant des terres rares.

On a découvert en France, près d'Autun, à Saint-Symphorien, des minerais uranifères (uranite, chalcolite, uranocircite). Ces minerais se trouvent en enduits dans les granulites altérées. On peut citer également les gisements de Montebras (Creuse), de Chanteloube (Haute-Vienne), de Douriaux (Puy-de-Dôme), d'Argentelle près de Roure.

Madagascar contient aussi des minerais uranifères. Nous citerons l'existence de veines d'uranite à 10 kilomètres d'Antsirabe; ces veines traversent la tourbe.

On a rencontré au Colorado des minerais uranifères. On trouve à Cedaz, comté de San Miguel, des carnotites renfermant au maximum 2 % d'urane.

Aux mines de Kirk, Wood et Germain, dans le comté de Gilpur, on exploite de la pechblende. Il y a également de l'uranite dans les blackhills.

Au Tonkin, on a rencontré l'uranite dans les granulites à étain de Tinh-Tuc (district de Cao-Bang).

La production mondiale de l'uranium est de 12 tonnes. Le prix du kilo varie de 1.000 à 1.500 francs.

· RADIUM

Le radium se rencontre dans le commerce sous forme de chlorure ou de bromure de radium.

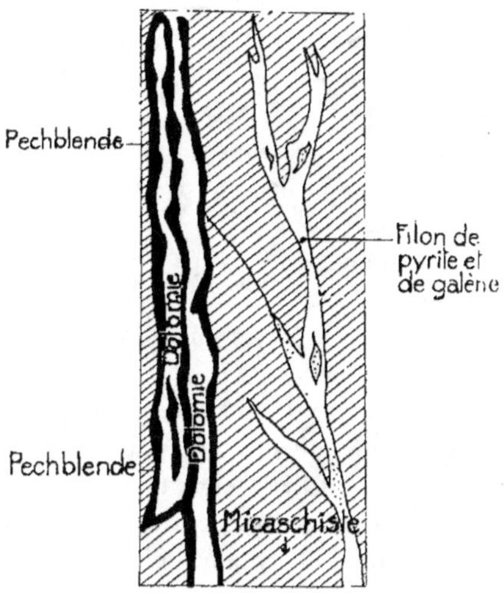

Fig. 425. — Filon N.-S Bergkittlergang. — 375 mètres de profondeur.

Le prix d'achat des minerais est calculé d'après la formule $n = 17,39\ h$. h étant la teneur en oxyde d'uranium et n le prix d'un quintal du minerai sec.

Ce métal offre deux associations principales : l'une avec l'uranium, l'autre avec le thorium. La proportion du radium à l'uranium est approximativement de $\dfrac{1}{3.000.000}$. La pechblende de Joachimsthal renferme 0,1 de radium par 2 T³. Pour avoir 1 gramme de bromure de radium, il faut, en moyenne, 10 à 20 tonnes de pechblende, 5.000 kilos de produits chimiques et 50.000 kilos d'eau.

Le radium se rencontre fréquemment dans les produits d'altération superficiels et de remaniements filoniens; on admet que les eaux souterraines ont (grâce à une circulation très lente) amené sur certains points de concentration les matières radioactives antérieurement disséminées dans un champ assez vaste; le sulfate de baryum facilite tout spécialement cette concentration radioactive.

La radioactivité n'est pas une exception, dans la nature, c'est une propriété très répandue, peut-être même universelle de la matière. La matière est un réservoir d'énergie, l'énergie intra-atomique.

De toutes les hypothèses émises pour expliquer les propriétés du radium, une seule semble admissible : c'est celle de la désintégration atomique. — Cette théorie suppose que l'atome radioactif est un système complexe et en équilibre instable. Sous l'action de forces inconnues, mais qui sont probablement intérieures au corps lui-même, l'atome se brise, fait explosion en quelque sorte, laissant comme résidu, soit un nouveau corps radioactif qui évolue à son tour et se désintègre, soit un élément inactif, c'est-à-dire un atome stable, auquel la transformation s'arrête.

Cette révolution atomique est accompagnée d'une émission de chaleur, parfois même de lumière, et d'une projection des radiations α, β et γ qui sont les agents actifs de la radioactivité :

Les rayons α sont des atomes d'un corps simple, l'hélium, porteur de charges électriques positives.

Les rayons β consistent en une projection d'électrons ou atomes d'électricité négative.

Les rayons γ sont analogues aux rayons X; ils consistent probablement, comme eux, en pulsations communiquées à l'éther.

Ces divers facteurs caractérisent l'élément radioactif. mais ce qui le caractérise avec plus de précision encore, c'est la période de désintégration.

Considérons, par exemple, un milligramme de radium pur qui renferme un milliard et demi de milliards d'atomes. Or, toutes les secondes, quinze millions de ces atomes font explosion en donnant une autre substance radioactive qui est (l'émanation) du radium. La vitesse de cette transformation est immuable. La masse du radium ira donc en diminuant peu à peu, si bien qu'après deux mille ans environ, elle sera réduite de moitié. Chaque élément radioactif est ainsi caractérisé par sa période c'est-à-dire par le temps pendant lequel sa masse diminue de moitié.

Rien n'est plus variable que cette durée; elle se compte en millions de siècles pour les corps relativement stables et en secondes pour certains corps qui ne font qu'apparaître pour se transformer.

Les rayons α sont animés d'une faible vitesse et arrêtés par le moindre obstacle. Au contraire les rayons β sont projetés avec une violence inouïe, leur vitesse dépasse 250.000 kilomètres par seconde; ils traversent les obstacles les plus résistants, des lames de métal de plusieurs centimètres d'épaisseur.

Chaque gramme de radium dégage deux calories par minute; il est probable que cette chaleur provient des rayons α qui parcourent un faible trajet à partir de leur point d'émission et dont la force vive, brusquement annulée, est convertie en une quantité équivalente de chaleur. On peut traduire par une relation analogue aux équations chimiques la transformation subie par l'atome de radium :

$$\text{Radium} = \text{matière} + \text{hélium (rayons } \alpha)$$
$$+ \text{ énergie} : \text{rayons } \beta + \text{rayons } \gamma + \text{chaleur} + \text{lumière}.$$

Le bromure de radium décompose l'eau. Ramsay ayant fait passer les gaz provenant de cette décomposition dans un tube entouré d'air liquide, a obtenu une goutte microscopique d'un liquide qui, ramené à la température ordinaire, se vaporisait et se transformait en un gaz spontanément lumineux dans l'obscurité qui est l'émanation. Cette émanation se rapproche des gaz inertes de l'atmosphère, comme l'argon, le néon et l'hélium. Mais cette émanation a la vie courte. Une heure après qu'elle a été isolée du radium, elle subit une contraction brusque qui réduit son volume de moitié. Au bout d'un mois, la transformation en hélium inactif est presque intégrale.

Nous arrivons donc à conclure que l'émanation du radium ne se transforme pas directement en hélium, mais qu'elle donne des produits intermédiaires. Le premier de ces produits est le radium A dont la période est de trois minutes, il abandonne de l'hélium et se transforme presque instantanément en radium B dont la période est voisine d'une demi-heure et émet exclusivement des rayons β et se mue en radium C qui évolue à son tour en émettant des rayons α, β et γ.

Là ne s'arrêtent pas les transformations :

Lorsqu'un corps a été exposé plusieurs mois à l'émanation du radium, il conserve, après disparition successive des modifications A, B et C, une activité résiduelle qui, loin de s'évanouir, va en augmentant. Il s'est, en effet, produit, sans doute, aux dépens du radium C, un corps faiblement actif, c'est-à-dire à transformation lente, c'est le radium D qui se détruit à son tour en donnant des corps d'activité plus grande, c'est-à-dire de vie plus courte, le radium E, puis le radium F. Ce radium F dont la période est de 140 jours, s'est trouvé identique au polonium découvert par Curie. Le polonium se transforme à son tour par une abondante émission de rayons α en hélium pur, laissant peut-être un résidu inactif qui serait du plomb. Ainsi se termine la série de ces évolutions.

Remarque. — Il n'y a aucun doute sur l'existence individuelle du radium et de l'émanation et sur la transformation finale en hélium; mais il est prudent de faire des réserves sur la réalité des termes intermédiaires.

Comme la dégradation du radium semble suivre une loi inéluctable, elle a dû se produire depuis les origines des temps géologiques. On se demande alors comment il a pu subsister même de faibles traces de radium dans l'écorce terrestre. L'hypothèse la plus plausible est la suivante : on peut supposer que le radium n'est pas un produit primitif, ni le premier anneau de la chaîne qui se termine à l'hélium, mais qu'il provient de substances dont la période évolutive est infiniment plus lente que la sienne et qui le forment à mesure qu'il se détruit. Le radium ne peut provenir que de corps dont l'atome est plus lourd que le sien, par exemple : le thorium et l'uranium.

Soddy et Mackensie ont cherché à se rendre compte de la transformation de l'uranium en radium. Une solution d'azotate de radium a été observée pendant plusieurs années; au bout de quatre ans on a déjà constaté la formation d'une petite quantité de radium, de cinq cents millionièmes de milligramme pour 1 kilo d'uranium; on a vérifié que l'uranium engendre le radium, non pas directement, mais par l'intermédiaire de plusieurs produits de transition. Le plus stable de ces éléments intermédiaires est connu, grâce à Rutherford et Boltwood : c'est l'ionium; il présente des propriétés chimiques voisines du thorium.

Le propriété caractéristique de l'ionium, c'est sa transformation continue en radium; elle se fait avec lenteur (la période de l'ionium est voisine de trente mille ans); en même temps, il y a émission d'hélium sous formes de particules α.

On trouve qu'un gramme d'uranium dégage 1 millimètre cube d'hélium tous les dix mille ans. Or, chose singulière, l'hélium ne se dégage pas, il reste emprisonné dans la masse même du minerai : il ne s'en dégage qu'à température élevée.

Si on prend 14 g, 3 de fergusonite qui contient du niobium, du tantale, du thorium et de l'uranium, etc., et que l'on rencontre dans les syénites, en Norvège, ce poids de minerai renferme un gramme d'uranium et dégage quand on le chauffe 25 centimètres cubes d'hélium; par conséquent, à raison d'un millimètre cube produit par cent siècles, ce corps doit se trouver dans la roche primitive depuis deux millions et demi de siècles. On voit par là le recul formidable où nous devons placer l'origine des roches éruptives de notre planète (soit 250.000.000 d'années). La radioactivité a été découverte dans d'autres éléments, par conséquent, on peut conclure qu'il n'y a pas d'atomes immuables, mais que tous se transforment avec des vitesses variables, les uns dans les autres. La nature, comme on le voit, procède par désintégration, par rupture d'atomes; par conséquent, le principe universel de la dégradation de l'énergie entraînerait le monde vers sa fin; il est donc fort probable que la nature procède également aux réintégrations atomiques.

Cherchons, maintenant, le rôle que jouent les corps radioactifs dans l'univers.

Une étude approfondie a montré que si les minerais radioactifs exploitables sont rares; en revanche, il n'existe pas de propriété plus générale, plus diffusée que la radioactivité En effet, les roches primitives, qui forment les assises profondes de l'écorce, renferment 1,7 millièmes de milligramme de radium par tonne, par conséquent la terre contiendrait, à ce taux, dans sa masse, 110 millions de tonnes de radium.

Les roches sédimentaires et notamment les argiles en contiennent beaucoup. La radioactivité du sol se retrouve dans les eaux minérales, surtout dans celles qui traversent des roches éruptives anciennes. L'existence de l'hélium dans les gaz dégagés par ces sources prouve qu'elles ont rencontré des terrains radioactifs. Du sol, la radioactivité se répand dans l'atmosphère; elle est particulièrement sensible dans les caves, les puits, les grottes. A une certaine altitude l'émanation du thorium disparaît puisque sa période est très courte; tandis que l'émanation du radium paraît diffusée dans la totalité de notre atmosphère.

La dissémination aussi grande des agents radioactifs doit agir sur l'équilibre de notre univers; elle doit jouer un rôle important dans la distribution de l'électricité atmosphérique. Carl Barrus a montré qu'elle favorisait la condensation de la vapeur d'eau et la formation des nuages.

Nous savons que la température de la croûte terrestre augmente de 1 degré quand on s'enfonce de 30 mètres dans le sol. Jusqu'ici on explique ce fait par l'existence au centre du globe d'un noyau incandescent. Rutherford et Soddy se demandent si cet apport de chaleur ne pouvait pas s'expliquer aussi bien par l'existence des éléments radioactifs contenus dans le sol. Le calcul montre qu'une teneur en radium de trois cents millièmes de milligramme par tonne serait suffisante pour produire l'effet thermique observé. Nous venons de voir que la proportion effective de radium dans la croûte terrestre est environ vingt fois plus grande. Donc, si la teneur en radium est la même en profondeur qu'en surface, il faudrait en conclure que la terre ne doit pas se refroidir, mais qu'elle est en train de se réchauffer progressivement. Cette conséquence est en opposition flagrante avec les données géologiques et avec les plus logiques de nos hypothèses cosmogoniques. Il est fort probable que notre planète n'est pas le seul astre contenant des matériaux radioactifs. On a découvert, par l'analyse spectrale, la présence de l'hélium dans le soleil. On s'est même demandé si l'entretien de la radiation solaire ne se fait pas aux dépens des corps radioactifs.

On rencontre des carnotites pauvres en Australie et dans le Turkestan.

En 1912, les États-Unis ont exporté, en Europe, plus de 1.000 tonnes de carnotite correspondant à 6,70 grammes de radium. Cette quantité représente le triple de la quantité de radium provenant des autres minerais.

La production mondiale du radium s'élèvait avant 1914 à 8,5 grammes. Le cours du radium était a cette époque de 625.000 francs le gramme (radium élément).

Le radium est obtenu sous forme de bromure anhydre $RaBr^2$ (58,5 de radium) et de bromure hydraté, cristallisé $RaBr^2\ 2H^2O$ (53,5 de radium).

Parmi les éléments radioactifs, on peut citer le mésothorium I, premier terme de la destruction du thorium découvert par Hahn. Mais, tandis que le radium se détruit de moitié en 1730 ans, le mésothorium se détruit de moitié en 5 ans et demi. A masses égales, le mésothorium est plusieurs centaines de fois plus radioactif que le radium, mais il disparaît trois cents fois plus vite. Le mésothorium était un sous-produit de l'industrie du manchon à incandescence qui consomme des quantités énormes de thorine.

CHAPITRE XIX

GITES DE TUNGSTÈNE

Les principaux minerais de tungstène sont :

Le *wolfram* [WO^4(Fe,Mn)], la *hubnérite* (WO^{4}Mn), la *ferbérite* (WO^{4}Fe), la *scheelite* (WO^{4}Ca).

Le tungstène peut être rattaché au groupe de la cassitérite, il se trouve donc avec le cuivre, le molybdène, quelquefois avec le bismuth ou l'uranium.

GITE DU CORNWALL. — Le wolfram se rencontre dans la région de Camborne, de Redruth et dans le district de Bodmin. On a extrait 480 tonnes en 1909.

BRETAGNE. — On a découvert, en 1902, à Montbelleux (Ille-et-Vilaine) un gisement de wolfram assez intéressant. Les filons se trouvent au contact de la granulite et des schistes : ils sont constitués par du wolfram, de la cassitérite, de la molybdénite, du mispickel, un peu de blende et de fluorine. A Villeroy, les filons contiennent, en outre, du bismuth et de la bismuthine.

PLATEAU CENTRAL. — Le wolfram accompagne la cassitérite et l'or dans les mines de Cieux et Vaulry, dans la chaîne de Blond, près Limoges.

On le rencontre également à Chanteloube, à Puy-les-Vignes, Mandelesse, Saint-Gousaud.

Mines de wolfram en Portugal.

La région nord du Portugal, limitée au sud par le Tage, au S.-O. par une ligne sensiblement droite joignant le confluent du Rio Ocreza et de Tage à Porto, en passant par Coïmbra, est occupée par un massif granulito-schisteux. C'est dans cette région, et dans cette région seulement que l'on rencontre en Portugal la cassitérite et le wolfram. Elle peut être subdivisée en trois zones distinctes.

I. ZONE DU SUD DU DOURO. — Cette zone est constituée par un massif granulitique, entouré de schistes cambriens. Elle renferme quelques gisements de cassitérite et de wolfram. L'un des gîtes de wolfram, celui de Panasqueira est situé dans des schistes et grauwackes à une assez grande distance des granulites.

2. ZONE N.-O. DU DOURO. — Cette zone est également constituée par de la granulite; c'est la plus riche des trois en gîtes wolframifères. Ceux-ci se

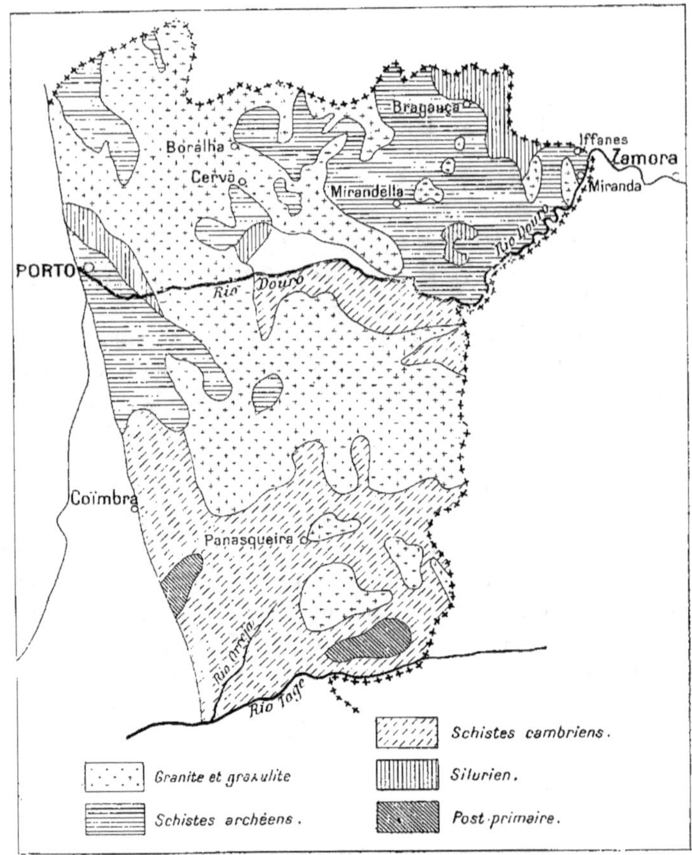

Fig. 426. — CARTE GÉOLOGIQUE DU NORD DU PORTUGAL.

rencontrent surtout au contact des schistes et des granulites : la minéralisation semble plus abondante dans les granulites que dans les schistes. On y trouve relativement peu de cassitérite. Les gisements de la Borralha sont les plus riches connus à ce jour. On peut citer ceux de Cerva.

3. ZONE N.-E. DU DOURO. — Cette zone est formée de schistes archéens qui recouvrent presque partout la granulite.

On rencontre dans les environs de Bragance, de Mirandella et de Miranda do Douro des gîtes stannifères avec ou sans wolfram (contact des granulites et des schistes). Ceux de Miranda do Douro sont connus sous le nom de gîtes stannifères de Zamora.

Il existe du wolfram au gîte d'Iffanès.

On rencontre au Portugal le wolfram et la cassitérite associés parfois à la pyrite, au mispickel et à la chalcopyrite. On rencontre aussi de la scheelite qui provient très probablement de l'altération du wolfram.

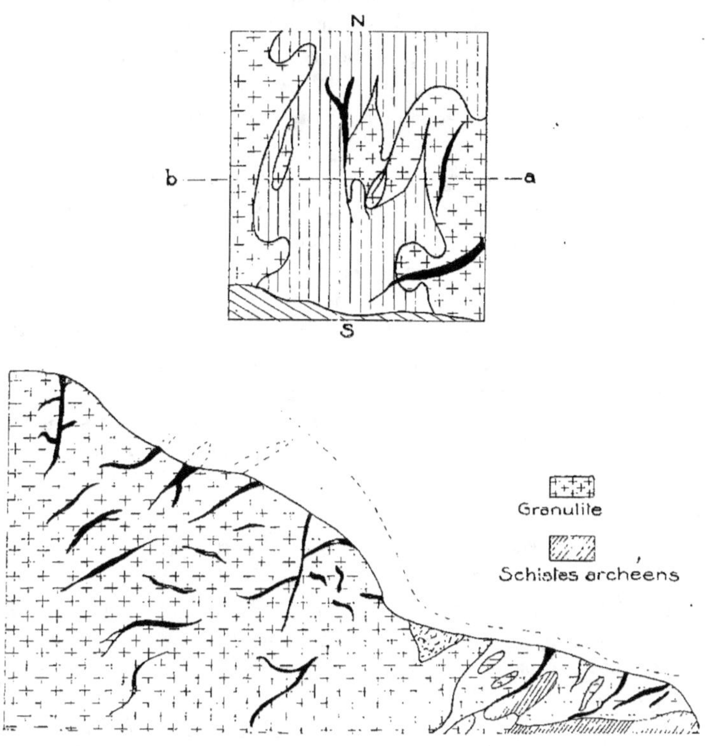

Fig. 427. — Coupe idéale d'un massif granito-schisteux avec filons verticaux et cassures de retrait.
Au-dessus, vue en plan de la zone de contact granito-schiste.

Le wolfram a cristallisé, tantôt dans des stockwerks, tantôt dans des filons verticaux (fracture d'effondrement), tantôt enfin dans des cassures sensiblement horizontales, nommées fentes entokinétiques et produites par la contraction due au refroidissement de la masse granulitique; ces fentes sont des cassures de retrait dans la granulite et des cassures de dessiccation dans les schistes.

Le wolfram se montre soit en mouches; dans ce cas la minéralisation est continue; soit sous forme bacillaire et, dans ce cas, il est concentré dans des colonnes ou dans des poches.

On ne peut rien prédire quant à l'allure des fentes entokinétiques, ni quant à la minéralisation du wolfram qu'elles contiennent. Ce sont cependant les cassures de retrait qui offrent les plus belles minéralisations.

1. Les filons verticaux sont plus récents que les cassures entokinétiques qu'ils rejettent partout où ils les rencontrent : ces cassures entokinétiques sont plus récentes que les schistes archéens dans lesquels elles se prolongent parfois.

2. Les filons verticaux sont moins bien minéralisés que les cassures entokinétiques.

3. Les cassures entokinétiques qui se prolongent dans les schistes y semblent moins bien minéralisées que dans la granulite; la puissance de ces cassures est de $0^m,30$ en moyenne. L'inclinaison moyenne est de 30°.

De la connaissance des affleurements a, b, c, d, e, f, on avait conclu que les affleurements d, e, étaient le prolongement de a, b, c (fig. 428).

Les recherches montrèrent que les cassures a, b, c, d, e avaient partout la même puissance et que le wolfram, absolument dépourvu de pyrite, chalcopyrite, etc., y avait cristallisé en colonnes riches.

Au contraire, la cassure f suivie sur une centaine de mètres montra une allure en chapelet, où le wolfram très riche en pyrite et chalcopyrite avait cristallisé en poches riches.

Tout semblait confirmer que d, e constituait le prolongement de a, b, c, et que f était une autre fente n'ayant aucun rapport avec les précédentes. Une tranchée faite suivant NN″, de $1^m,50$ de profondeur, ne révéla le passage d'aucune veine quartzeuse. Qu'était devenu ce filon? On fit un travers-bancs à une profondeur un peu plus grande, ayant une direction N.-S. On rencontre alors deux petites veines quartzeuses minéralisées en wolfram et ayant une direction E.-O.

Suivies à l'E., comme à l'O., ces veines ne tardaient pas à se rejoindre.

On observa bientôt un changement dans la direction de la cassure, par conséquent cette cassure se raccordait avec celle affleurant en a, b, c. A l'ouest ce filon ne tardait pas à s'infléchir vers le nord et à disparaître doucement en s'amincissant.

En montant dans les tailles d'exploitation, le filon disparaissait subitement cette fois, se prolongeant pourtant par par deux petites veinules plus redressées que le filon et n'affleurant pas à la surface (coupe NN″). Convaincu que f était le prolongement de la cassure suivie, ce qui ne pouvait avoir lieu que si la faille normale le rejetait vers le bas, on fit une petite descenderie et l'on rencontra le rejet du filon suivi (coupe NN″).

On fit ultérieurement des recherches en q qui montrèrent que la cassure c, d s'infléchissait en ce point de façon à prendre l'allure du filon a, b, c, f.

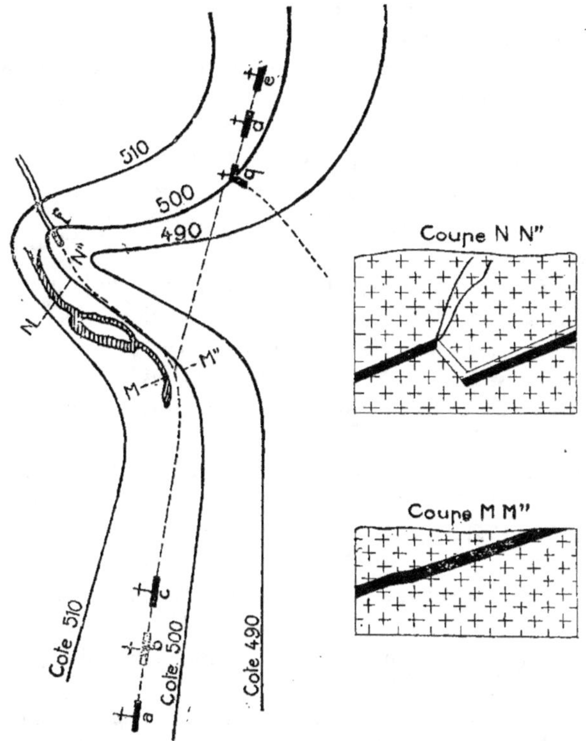

Fig. 428.

▬▬▬ Affleurements de filons reconnus à la surface.
▨▨▨ Filons reconnus en profondeur et n'affleurant pas à la surface.
▪▪▪▪ Lignes d'affleurements théoriques des filons.

Une cheminée faite suivant MM″ montra que le filon mourait avant d'arriver à la surface. Ce fait montre clairement l'allure si capricieuse des gîtes de wolfram.

On dit souvent que les gîtes de wolfram ne se continuent pas en profondeur, parce qu'ils sont constitués par des cassures de retrait.

Or, puisque le wolfram provient du magma granulitique, pourquoi ne le rencontre-t-on pas en tout autre point du massif granulitique?

Il est clair que les cassures de retrait que nous voyons affleurer, sont celles que l'érosion a mises à nu. Par conséquent, on doit en rencontrer d'autres en profondeur.

Les gîtes stannifères étant des gîtes de départ immédiat dans les roches acides, il est évident que, dans le cas présent, la minéralisation du wolfram s'est faite au contact des schistes sur une zone plus ou moins épaisse; c'est-à-dire que les gîtes ne se prolongent pas dans les granulites à une grande distance du contact des schistes.

Mais, ce n'est pas une raison pour dire que les gîtes wolframifères sont des gîtes purement superficiels.

ESPAGNE. — Les principales mines cont celles de Tyre and Sideon, Angelita et San Finx, près Santiago de Compostella, qui ont produit 250 tonnes en 1908. Il existe également une mine dans les monts Las Cabezas (province de Cordoue) : 120 tonnes de wolfram et de scheelite.

SAXE. — Gîtes situés dans le Vogtland Saxon à Tripesdorf, au contact du granite à tourmaline avec les schistes cambriens. Le gîte de Sadisdorf, près Altenberg, est riche en molybdénite et renferme de l'étain.

ASIE. — On trouve le wolfram avec cassitérite près de Tenasserim (Birmanie), et au Tonkin, dans le district de Pia-Ouac, puis dans les îles de Bangka, à Malacca.

AUSTRALIE. — Le Queesland comprend les mines de Herberton : 610 tonnes en 1909.

En New South Wales, on exploite à Hillgrove du wolfram et de la scheelite.

Le territoire du Nord produit du wolfram, à Pine Creck, à 300 kilomètres de Palmerston.

Au sud de la Nouvelle-Zélande, à l'extrémité du lac Wakatipu, on rencontre une mine de scheelite.

OUEST AMÉRICAIN. — On rencontre, dans le Montana, l'Idaho, le Colorado, le Nevada, la Californie, l'Arizona, des gisements de wolfram.

En Montana, on a trouvé de la hubnérite, à la mine Birdie, à l'est de Butte.

En Idaho, on a exploité de la scheelite, à Murrag.

Au Colorado, dans le comté de Boulder, un ancien district aurifère et argentifère produit actuellement plus de 80 % de la production du tungstène des États-Unis. Le centre du district minier est la ville de Nederland. On a extrait 1.500 tonnes en 1910. Le minerai principal est la ferbérite.

Au Nevada, wolfram et hubnérite.

En Californie, wolfram.

Dans l'Arizona, on trouve à Cohiri, du wolfram et de la hubnérite.

LOS CONDORES (ARGENTINE). — Le wolfram de la République Argentine se trouve dans des filons continus qui recoupent les gneiss et micaschistes.

Le filon de Los Condores se trouve dans la province de San-Luis, près celle de Cordoba; il est encaissé dans des schistes métamorphiques; le wolfram contient du tantale et du niobium. On a produit en 1908, 535 tonnes.

PÉROU. — On rencontre à Lircay, province de Angaraes; des filons de wolfram avec quartz et pyrite de fer; ces filons contiendraient, paraît-il, 180 grammes d'or par tonne de minerai; ils sont encaissés dans une diorite pyriteuse.

FRANCE. — Une concession de mine de wolfram, située à Leucamp (Cantal), a été accordée à la Société des forges et aciéries d'Homécourt, le 17 mars 1917.

On signale la présence du wolfram à Lalizolle (Nades) (Allier), à 8 kilomètres de la gare de Louroux.

CHAPITRE XX

GITES DE MOLYBDÈNE

Le principal minerai de molybdène est la *molybdénite* MoS^2). La molybdénite est presque toujours en rapport avec les granulites et les quartz stannifères, et quelquefois avec les syénites zirconiennes. On connaît également
un assez grand nombre de gisements où la molybdénite est associée avec la
chalcopyrite.

1. Granulites et quartz à molybdénite.

(Avec étain, tungstène et bismuth).

L'AUSTRALIE est le pays qui produit le plus de molybdène. On le rencontre
notamment dans le Queensland et la Nouvelle-Galles du Sud, associé à la
cassitérite. Les principales mines sont : les mines d'or d'Hodgkinson (Nord
du Queensland), les mines de Sach à Kingsgate, près Gleen Innes (Nouvelle-
Galles du Sud). Ce sont des colonnes quartzeuses, qui contiennent des masses
de minerai atteignant 250 kilogrammes.

En CALIFORNIE, on trouve au N.-E. de Corona (Comté de Riverside)
des filons de pegmatite à molybdénite recoupant les granites.

Dans le MAINE (États-Unis), on exploite la molybdénite dans les comtés
de Washington et Hancock.

Au CANADA, la molybdénite se rencontre dans des dykes de pegmatite
recoupant des gneiss et des cipolins (Lynedoch, et Ross dans l'est de l'Ontario,
Cardiff et Scheffield dans l'Ontario central). A la Giant-Mine, en Colombie
britannique, la molybdénite est associée à l'or.

En FRANCE, on a rencontré la molybdénite à Meymac, à Montbelleux.

En AUTRICHE ET EN HONGRIE, la molybdénite accompagne les gîtes
stannifères. Il en est de même en Saxe, dans le Cornwall, etc.

2. Gisements de molybdénite avec chalcopyrite et pyrite.

Le type le plus fréquent est en Scandinavie. Les principales mines de
molybdène de Suède se trouvent dans l'île d'Ekholmen (Oak Island), dans
l'archipel de Westerwik au S.-E. de la Suède.

Les filons recoupent des gneiss amphiboliques; ils sont minéralisés par de la molybdénite et de la chalcopyrite dans une gangue de quartz et de feldspath. La molybdénite très pure se trouve parfois en amas pesant 1.600 grammes.

La molybdénite se trouve également dans le Telemark.

Il existe dans le S.-O. de la Norvège quelques mines de molybdénite, au N.-E. du Flekkefjord. La principale est la mine Kvine. On a rencontré ce minéral dans les Lofoten.

En FRANCE, ce type est représenté à Château-Lambert (Haute-Saône). La molybdénite se trouve dans des filons de quartz cuprifères.

La wulfénite est assez fréquente sur les filons de plomb, où elle accompagne les phosphates, carbonates et sulfates de plomb.

CHAPITRE XXI

GITES DE VANADIUM

Les principaux minerais de vanadium sont :

La *vanadinite*, (chlorovanadate de Plomb), la *descloizite*, la déchénite, *l'eusynchite*, (vanadates de plomb et de zinc), la *mottramite* (ou chiléite, ou psittacinite), (vanadate de plomb et de cuivre), la *volborthite*, (vanadate de cuivre, calcium, et baryum), la *puchérite*, (vanadate de bismuth), la *roscoélite*, mica vanadique), la *carnotite*, (K²O.2U²O², V²O⁵,3H²O) la *patronite*, (sulfure de vanadium).

Gisements du vanadium.

1. Inclusions. Ségrégations vanadiques.

Le vanadium existe dans les météorites asidères. On le trouve dans les sécrétions des magmas basiques, c'est-à-dire dans les magnétites, titato-magnétiques et dans les fers chromés.

2. Filons sulfurés et hydrocarburés de vanadium.

On a découvert, il y a quelque temps, à Minasragra, à 46 kilomètres du Cerro de Pasco (Pérou), un gisement très intéressant de sulfure de vanadium (patronite). Ce minéral affecte la formation filonienne et est associé à des substances hydrocarburées. La patronite contient de 25 à 30 % d'acide vanadique; elle est mélangée à de la pyrrhotine nickélifère et à de la molybdénite. On a déjà exporté plus de 1.000 tonnes de minerai.

Il existe à Paradox Valley (Colorado) un filon de sulfate de vanadium (*kentsmithite*) d'un bleu noirâtre; il est accompagné de vanadate de calcium hydraté.

La pechblende de Joachimstal (Bohême) contient du vanadium.

3. Affleurements vanadiés de bons filons métallifères.

Ces gisements ont fourni des minerais très riches. Les plus importants sont dans l'Amérique du Sud, mais les États-Unis en renferment également.

Dans l'ARIZONA, aux mines de plomb de Castle Dome et Grand Central (Comté de Yuma), on rencontre de la vanadinite, associée à la wulfénite.

NEW-MEXICO, près de Magdalena, renferme du vanadate à 7 % d'oxyde de vanadium. Les principales mines sont celles des Monts Caballos.

MEXIQUE. — On a rencontré à Zimapan et à Charcas (San Luis Potosi) de la vanadinite.

Nous citerons également la mine de Cruz del Eje, province de Cordoba (R. Argentine) qui a fourni des vanadates. Ces minerais traités au Creusot auraient pu fournir 60 tonnes de vanadium.

On rencontre des vanadates à Talcuna (Chili).

Nous citerons la mine de Santa-Marta (Espagne). Le minerai est une vanadinite argentifère. Le gisement est à 40 kilomètres de Safra (province de Séville).

4. Sédiments vanadiés.

I. *Grès à micas vanadiés et à carnotite.*

TELLURIDE (COLORADO). — On exploite depuis 1906 à Big Bear Creek, à 22 kilomètres O. de Telluride, des grès blancs micacés de 3 mètres de puissance imprégnés de minerais de vanadium. Le minerai vanadifère est un mica vert olive nommé roscoélite. Dans les dépôts de Placerville, on rencontre un peu de carnotite où l'uranium vient s'associer au vanadium. La carnotite devient prédominante dans l'ouest du comté de Montrose. La production du Colorado a été, en 1908, de 1.500 tonnes tenant 29 tonnes de vanadium.

A Placerville (Colorado), il existe des gisements importants de roscoélite et de carnotite dans les grès jurassiques.

2. *Minerais de fer et bauxites.*

Les minerais de fer de Mazenay (Saône-et-Loire) ont été traités pour vanadium. On peut admettre que le vanadium existait à l'origine dans les gneiss granulitiques de la région. Dans le traitement métallurgique de ces minerais de fer, le vanadium passe dans les scories; ce sont ces scories qui sont traitées ensuite pour l'extraction du vanadium. Le Creusot a extrait 60 tonnes de vanadium de ces scories.

3. *Association du vanadium avec le cuivre et le cobalt.*

On a rencontré dans le permien de l'Oural des grès imprégnés de minerais de vanadium : la teneur est de 4 %.

On a trouvé également dans les schistes cuprifères du Mansfeld des traces de vanadium.

Les cuivres natifs du Lac Supérieur présentent parfois un enduit terreux d'acide vanadique.

Les grès cuprifères triasiques du Cheshire, près d'Alderley-Edge, contiennent du cobalt et du vanadium.

4. *Houilles et asphaltites vanadiés.*

Un grand nombre de végétaux et une certaine quantité de houilles renferment dans leurs cendres des quantités appréciables de vanadium.

Il existe un gisement intéressant à Yauli, province de Tarma (Pérou), à 4.200 mètres d'altitudes entre Lima et Oroya. Ce gisement est formé de houille anthraciteuse; les cendres contiennent de 5 à 30 % d'acide vanadique.

Aux États-Unis, dans l'Oklahoma (Monts Washita), on rencontre une substance charbonneuse dite *asphaltite* dont les cendres contiennent 14 % d'acide vanadique. Il existe également des gisements analogues à Mena (Arkansas).

CHAPITRE XXII

GISEMENTS DE PÉTROLE

Le pétrole se trouve dans presque toute l'échelle des terrains géologiques. Les gisements pétrolifères suivent généralement une chaîne de montagnes, de préférence sur la courbure extérieure et se présentent indifféremment dans les divers terrains qui viennent affleurer le long de cette chaîne à la condition qu'ils renferment des niveaux de grès ou de sables perméables. Les gisements se trouvent presque uniquement dans les régions plissées, ce qui porte à supposer que le plissement même a dû jouer un certain rôle dans leur formation.

Ainsi les pétroles de Pensylvanie et du Canada ont dû se concentrer aux points où on les rencontre, postérieurement au carbonifère au moment du plissement des Monts Alleghany (Appalaches), plissement qui a produit des failles avec rejets ayant atteint 6.000 mètres.

Les pétroles de la Californie, du Colorado, du Mexique, du Pérou ont fait leur apparition au moment de la formation des Montagnes Rocheuses et des Andes. Ceux de Bakou et de Taman, au moment de la formation du Caucase. Ceux de Galicie et de Roumanie au moment de la formation des Carpathes. Ceux de l'Italie au moment de celle des Apennins, c'est-à-dire que tous ces derniers ont fait leur apparition à une période récente de l'époque tertiaire, caractérisée par la formation de la chaîne des Alpes. (Dans l'intervalle, les schistes bitumineux si abondants dans le permien pourraient bien marquer une formation hydrocarburée hercynienne.)

Le pétrole existe dans l'intérieur du sol, sous pression, fait constaté par les puits jaillissants analogues aux puits artésiens avec une tendance marquée à profiter de toutes les fractures qui peuvent s'ouvrir au-dessus de lui pour s'élever.

Il est clair que tout plissement du sol postérieur à son dépôt, par la compression qu'il a exercée sur lui en même temps que par les gaz qu'il a dû dégager en développant de la chaleur a dû contribuer à rendre son équilibre encore plus instable.

Par suite il peut arriver qu'au-dessus d'un gisement de pétrole plus ou moins ancien, des couches postérieurement déposées se trouvent imprégnées de carbures.

Recherche. — Pour qu'une région renferme des gisements pétrolifères importants, il faudra que cette région ait subi des plissements énergiques ayant donné naissance à des fractures nettes et simples amenant des quantités notables d'hydrocarbures et qu'il se soit trouvé [des couches perméables homogènes et continues pour les emmagasiner. Par conséquent, si l'on veut chercher du pétrole dans une région, on devra d'abord se rapprocher de la bordure des zones plissées et étudier l'allure des dislocations, puis chercher les affleurements de couches perméables et examiner s'il s'y produit quelques suintements. Ensuite, il y aura à choisir, pour placer les sondages, entre les sommets des anticlinaux et les fonds des synclinaux. Par suite de la force ascensionnelle du pétrole, on doit prévoir que les anticlinaux seront généralement plus riches, et c'est en effet ce qui arrive pour les couches régulières à réservoirs pétrolifères anciens où l'équilibre hydrostatique s'est depuis longtemps établi. Dans le cas où le pétrole est encore en mouvement, et monte jusqu'à la couche ou la rencontre, par une fracture encore ouverte, (il y a lieu de faire remarquer que certaines fractures ont pu se refermer après la première émanation de pétrole), il y a au contraire, intérêt à chercher une fracture située à la base d'un synclinal : cette fracture aura pour épancher son huile toute la hauteur des flancs du pli situé au-dessus.

Dans certains cas, le pétrole a pu se frayer un chemin au-dessus des terrains plissés, dans des formations modernes souvent très irrégulières (comme c'est le cas dans le Caucase) : les recherches peuvent alors être difficilement raisonnées.

Origine du pétrole. — Diverses théories ont été émises relativement à l'origine du pétrole.

Quelques géologues pensent qu'il provient de la distillation de combustibles fossiles (houille, etc., etc.), d'autres estiment qu'il provient de la décomposition d'organismes contemporains des couches encaissantes. Enfin, la plupart supposent que le pétrole s'est formé et se forme, peut-être encore, sans l'intervention de la vie, c'est-à-dire par une simple synthèse minérale. Mendéleef, admet, qu'à la suite des phénomènes du plissement du globe, l'eau de la surface s'est introduite jusqu'aux métaux carburés du noyau central : ce qui à haute température et à haute pression donnerait, d'après ce savant, naissance à des carbures saturés analogues à ceux du pétrole (Daubrée, Berthelot, de Launay sont également de cet avis.) Quoiqu'il en soit il y a là un problème complexe et non résolu : il est donc prudent de ne pas émettre d'opinions trop absolues.

M. L. C. Tassart a étudié, tout récemment, les mines de pétrole des États-Unis, des Carpathes et de la Russie. Les observations qu'il a faites, dans ces différents districts, l'ont amené à penser qu'il devait y avoir une relation entre les gisements pétrolifères et les zones sismiques. Il a formulé les résultats des comparaisons qu'il a faites, de la façon suivante :

1° Tous les gîtes pétrolifères qui se trouvent dans les terrains relativement récents sont situés dans des zones à séisme maximum ou dans leur voisinage immédiat,

2° Il peut y avoir, dans les zones sismiques, des gisements pétrolifères, dans les terrains relativement anciens, mais cela est l'exception.

3° Les gisements pétrolifères qui sont en dehors des zones sismiques sont situés dans les terrains anciens, et, qui plus est, ils sont dans des régions qui ont été autrefois soumises à des séismes importants (géosynclinaux primaires) par exemple. Si l'on suit la zone sismique qui côtoie l'Asie à l'est, on y trouve les régions pétrolifères exploitées du Japon, ainsi que celles qui sont connues à Formose, puis vient la zone sismique des îles Philippines, où se trouvent les régions pétrolifères des environs de Manille, des îles Cébu, Panay, Mindanao, etc... La coïncidence existe aussi pour les îles Timor, Moluques, Célèbes, les îles Java et Sumatra. A Sumatra, il y a même une extension notable de la zone sismique vers le sud, où se trouvent justement les exploitations pétrolifères de la province de Palembang.

En remontant au nord, vers la région sismique de Burmah, se trouvent les exploitations pétrolifères de la vallée de l'Irawady. (Yenang-Young, Yenang-Yat, etc.), et celles moins importantes des îles Arakan (Ramri, Cheduba, etc.,) puis plus au nord celles de l'Assam, et, enfin, dans un éperon qui s'étend vers l'est pour la région sismique, les exploitations chinoises du Sé-Tchouen. Vient ensuite, vers l'ouest, la région sismique de l'Himalaya et du Haut-Indus, où des indications pétrolifères nombreuses sont connues; puis, chose qui semble très remarquable, la zone sismique se ramifie, comme la zone pétrolifère elle-même pour passer au sud de la Perse, avec les régions pétrolifères des bords du golfe Persique, du Tigre et de l'Euphrate, et au nord de la Perse avec les régions pétrolifères qui avoisinent le sud de la mer Caspienne; de plus, dans la direction même où s'étend le rameau sismique qui aboutit au Haut-Obi, se trouve la zone pétrolifère qui part de la Caspienne pour passer par Merv, s'étendre sur le Ferghana (où il y a maintenant des établissements prospères) et arrivés également au Haut-Obi. La coïncidence continue avec la presqu'île d'Apscheron, le Caucase, la presqu'île de Taman, celle de Kertch (Bakou, Grosny, Bérékey, Ilsky, etc...), la ramification vers la mer Morte existant aussi bien au point de vue pétrolifère qu'au point de vue séismique.

On atteint alors la mer de Marmara, les côtes de Dalmatie, l'Italie et la

Sicile, et le gisement des Carpathes se trouverait en bordure (les gisements des Carpathes sont très bien connus).

En Amérique, la concordance n'est pas moins frappante; elle existe pour les gisements de la région des côtes de la Bolivie, du Pérou, de l'Équateur, de la Colombie, du Vénézuéla, des Antilles; et dans l'Amérique du Nord, en zones également isolées, pour les séismes et pour le pétrole, dans la Californie et dans l'Alaska. Si on fait un retour vers l'Eurasie, la coïncidence des zones isolées n'est pas moins frappante pour les environs de Lisbonne, du sud de l'Espagne, du nord de l'Algérie, du sud du Baïkal et du coude de l'Hohan-Ho.

Restent maintenant les zones pétrolifères de l'Amérique du Nord, qui sont en dehors des zones sismiques; l'important gisement des Appalaches et ses extensions. Ils se trouvent dans des terrains relativement anciens (carbonifère, dévonien, silurien) et sur le parcours d'un ancien géosynclinal primaire qui devait autrefois être le siège de séismes accentués. De même pour les gisements situés dans l'ancien géosynclinal de l'Oural (gisements de la Petchora, etc.), et le géosynclinal de l'Oural viendrait se raccorder avec le géosynclinal plus récent (Méditerranéen), justement vers Bakou, expliquant ainsi la richesse pétrolifère exceptionnelle de la région Caspienne. A l'ancienne zone des plissements hercyniens et analogues devraient être rattachées les indications pétrolifères des îles Britanniques et peut-être celles de la vallée de l'Elbe.

Il y a lieu de chercher la raison définitive et rationnelle de ces coïncidences qui semblent ne pas être dues au hasard.

CHAPITRE XXIII

GITES DE SELS ALCALINS

GISEMENT DE STASSFURT (SAXE)

La formation saline de Stassfurt-Anhalt est située à la base d'un vaste dépôt triasique qui entoure Magdebourg.

Ce grand bassin salifère est partagé, par la chaîne du Hartz, en deux autres : celui de Thuringe et celui de Magdebourg-Halberstadt, dont les axes ont une direction S.-O.

Le bassin de Thuringe est constitué par un puissant étage de grès bigarré supportant le muschelkalk et les marnes irisées.

Le bassin de Magdebourg-Halberstadt est essentiellement constitué par des grès à grain fin, des calcaires et des schistes bitumineux. On rattache ce gisement au permien.

Le bassin de Stassfurt, proprement dit, est limité au sud par le Zechstein (Thuringien) qui affleure aux environs de Walbeck. Au nord, il s'arrête à la vallée de l'Elbe, entre Magdebourg et Schönheim.

Les dépôts salifères les plus importants sont ceux du versant nord.

Une coupe perpendiculaire à la direction des couches montre l'existence d'un grand bombement.

La minéralisation est, du haut en bas, la suivante (fig. 429) :

1º Sel gemme (récent).

2º Schistes bitumineux avec rogenstein.

3º Gypse et anhydrite.

4º *Zone salifère* : Zone de carnallite (avec kaïnite et sylvine). 40 mètres.

— Zone de kiesérite . . . . 60 —

— Zone de sel impur et de polyhalite. . . . 60 —

— Zone de sel gemme pur (ancien) . . . . . 900 —

Nous allons décrire ces diverses zones dans l'ordre où elles se sont déposées.

1° La zone de sel gemme pur, dite première zone, forme le mur du gisement proprement dit; elle a été reconnue à Stassfurt et à Anhalt. Ce sel gemme est mélangé de 5 % d'anhydrite déposée en filets minces et réguliers dont la puissance est de 7 millimètres environ. Le toit de cette couche renferme déjà quelques sulfates et de la *boracite* ($8B^2O^3$, $6MgO$, $MgCl^2$). Le sel est compact, fibreux ou grenu ; il est incolore, gris, rouge, et quelquefois bleu ; cette coloration est due, très probablement, à des matières organiques.

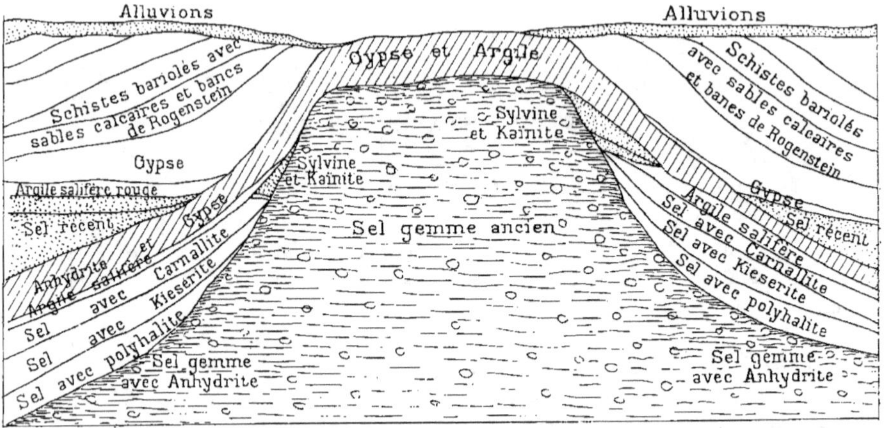

Fig. 429. — Coupe transversale N.-E.-S.-O du bassin de Stassfurt.

La puissance de la couche peut être évaluée à plusieurs centaines de mètres.

L'anhydrite empêche l'emploi de ce sel pour les usages domestiques.

2° A sa partie supérieure, le sel gemme de la première zone commence à se charger de chlorure de magnésium, et on passe successivement à la seconde zone qui est constituée par du sel gemme et de la *polyhalite*, dont la composition répond à la formule $2 (SO^4Ca) + SO^4 K^2 + SO^4 Mg + 2HO^2$.

Dans ce groupe, comme on le voit, l'anhydrite fait place à la polyhalite, qui est colorée en gris bleuâtre. La puissance de la couche est de 60 mètres. La proportion d'anhydrite et de polyhalite est, à peu près, de 7,5 % de la masse totale de sel impur. Ce sel impur n'a pas d'usage. On n'a pas réussi, jusqu'ici, à retirer le sulfate de potassium de la polyhalite.

3° La troisième zone a une constitution assez complexe. On trouve, à la base, quelques sels de magnésium, puis de la *kiesérite*, qui est un sulfate hydraté de magnésium (SO^4Mg, H^2O) (monoclinique). La puissance moyenne de la couche est de 60 mètres environ. La kiesérite est d'un blanc grisâtre;

elle se transforme à l'air en *epsomite* (SO^4 Mg, $7H^2O$). Les veinules de kiesérite intercalées dans le sel gemme ont de 3 à 60 centimètres de puissance.

4° La quatrième zone renferme un très grand nombre de sels, principalement la *carnallite* ($KCl + MgCl^2 + 6H^2O$) (orthorhombique), la kiesérite et la *kaïnite* ($SO^4Mg + KCl + 3H^2O$) (monoclinique).

La carnallite forme, à la partie supérieure du gisement salin, des assises dont la puissance maximum est de 2 mètres environ; sa couleur varie du blanc au rouge pâle.

La kaïnite se dédouble, à l'air humide, en chlorure de magnésium et sulfate double de potassium et de magnésium; elle est jaune. On pense que la kaïnite est postérieure au dépôt du gisement salin.

Les autres produits accessoires de cette zone supérieure sont la *sylvine* (KCl) (cubique), la *stassfurtite* et la *tachydrite*. La sylvine est vraisemblablement un minerai de seconde formation. La stassfurtite est une variété terreuse de boracite; elle se présente sous deux formes : soit en petits cristaux appartenant au système cubique, soit en masses concrétionnées; sa couleur varie du jaune très clair au brun.

La tachydrite est un chlorure double de calcium et de magnésium hydraté $CaCl^2 + 2MgCl^2 + 6H^2O$ (hexagonale).

C'est donc une carnallite où le calcium a remplacé le potassium. Il se forme des dépôts secondaires à la voûte anticlinale; cela est dû, sans doute, à des cassures qui facilitent l'entrée des eaux météoriques; ces produits secondaires sont la *sylvine*, la *sylvinite* (sel gemme et sylvine), la *schœnite* ou *picromérite* (SO^4K^2, $SO^4Mg + 6H^2O$), et surtout la kaïnite.

Hammerbacher a signalé, dans la carnallite de Stassfurt, la présence du cæsium, du rubidium et du thallium.

Le toit de ce grand gisement est formé d'argiles salifères, puis d'anhydrite et de gypse. Au-dessus se trouve une couche de sel gemme (récent). Cette couche de sel gemme est elle-même surmontée d'argiles salifères; cette argile est également surmontée, par places, d'une couche de gypse et d'une couche importante de *glaubérite* ($SO^4Na^2 + SO^4Ca$) (monoclinique).

Mode de formation du bassin de Stassfurt.

La formation du bassin salifère de Stassfurt peut être attribuée aux produits de l'évaporation d'un bassin marin fermé, alimenté plus ou moins longtemps, par un afflux d'eau de mer.

Quand l'eau de mer s'évapore à la température ordinaire, il se produit successivement une série de dépôts comparables à ceux de Stassfurt. En effet, il se précipite, en premier lieu, un produit constitué par du carbonate de calcium, avec traces de strontium, de limonite et d'oxyde de manganèse. Après ce premier dépôt, une couche d'eau de mer de 1 mètre est réduite à 0^m,20. A ce moment, elle abandonne une certaine quantité de gypse, et cela jusqu'à ce que l'épaisseur de cette couche d'eau soit réduite à 0^m,12. Puis il y a un arrêt dans le dépôt, jusqu'à ce que l'épaisseur de la couche d'eau ne soit plus que de 0^m,10, et, cette fois, c'est du sel gemme qui se précipite.

Lorsque l'eau de mer n'a plus qu'une épaisseur de 0^m,05, le sel devient amer; il s'y joint du sulfate de magnésium : c'est le sel mixte. Enfin, quand l'eau de mer est réduite à 0^m,02, il se dépose de la carnallite. Après quoi, il reste encore une eau mère, riche en chlorure de magnésium, et contenant une certaine quantité d'acide borique qui, dans les conditions ordinaires, ne se dessèche pas. On voit par là que l'évaporation complète d'une lagune à la température ordinaire, laisserait la succession de dépôts suivants qui rappelle la coupe de Stassfurt. (Les dépôts sont indiqués de haut en bas.)

1° Sels déliquescents renfermant surtout du chlorure de magnésium avec carnallite.

2° Carnallite.

3° Sel mixte (chlorure de potassium, sulfate de magnésie).

4° Sel marin mélangé de sulfate de magnésie.

5° Sel marin pur.

6° Gypse pur.

7° Faible dépôt de calcaire avec du sesquioxyde de fer.

Il existe cependant, entre cette série, et celle de Stassfurt, des différences assez notables qui sont les suivantes :

1° Substitution de l'anhydrite au gypse à Stassfurt, ainsi que de la kiesérite à l'epsomite.

2° Alternances régulières d'anhydrite et de sel gemme.

3° Présence des composés du bore (hydroboracite et stassfurtite à la partie inférieure du gisement); alors que le peu d'acide borique constaté dans la mer, semble se concentrer avec les derniers sels déliquescents.

4° Existence de l'oligiste dans tous les résidus.

5° Existence de la tachydrite au-dessus des dépôts sulfatés.

Le point le plus extraordinaire, c'est la formation, dans toute une région étendue, de couches de sels atteignant 1.500 mètres d'épaisseur à Sperenberg, 500 mètres au moins à Stassfurt. Cette quantité de sel exigerait, d'après le calcul précédent, une énorme épaisseur primitive d'eau de mer, épaisseur sans laquelle on ne conçoit pas bien comment l'évaporation aurait commencé, d'autant plus qu'elle correspondait à un bassin très développé (toute l'Allemagne du Nord).

Cette difficulté a été levée, très judicieusement, par Bischof et Ochsénius, en se fondant principalement sur les observations de Baer dans ses études sur la mer Caspienne, et que Dieulafait a résolue, d'une façon très nette, par l'observation des étangs du delta du Rhône.

L'examen du delta du Rhône nous fait comprendre la possibilité de dépôts salins très épais. En effet, le dépôt des substances apportées par ce fleuve se fait surtout aux embouchures; il en résulte de véritables digues enfermant une série de bassins salés fermés qui conservent généralement une communication avec la mer par un canal peu profond. Dès lors, dans chacun de ces bassins, à mesure que l'évaporation se produit et abaisse le niveau de l'eau, la mer comble le vide résultant par de nouvelle eau salée, sans que jamais les couches de salure plus intense, tombées au fond, puissent s'échapper. Ceci permet, sans faire intervenir de grands mouvements de l'écorce terrestre, d'expliquer des alternances de couches gypseuses sur les marnes, soit marines, soit d'eau douce.

Pour expliquer les alternances d'anhydrite et de gypse, dans la zone inférieure de Stassfurt, Ochsénius suppose que ces alternances sont dues à des variations alternatives de conditions climatériques, ayant leur contrecoup dans l'évaporation du bassin; mais cela n'explique pas suffisamment la régularité des alternances d'anhydrite.

L'objection opposée à la théorie de l'évaporation est tirée de la présence de certains sels anhydres.

Reichardt suppose que l'anhydrite et la kieşérite se sont déposées hydratées à l'état de gypse, d'epsomite, et que leur déshydratation est postérieure et due à l'action absorbante des sels déliquescents.

Cette hypothèse ne paraît pas admissible pour deux raisons :

1º Les sels déliquescents se déposant au sein d'un liquide ont dû entraîner leur eau de constitution.

2º Ils sont généralement placés au-dessus des bancs |d'anhydrite, ou, tout au moins, en sont séparés par du sel gemme, substance, elle, dépourvue d'eau, et sur laquelle leur action absorbante aurait dû s'exercer.

Bischof suppose que les sels se sont déposés dans une mer qui pouvait être à 50º, et que leur déshydratation résulte d'échauffements accidentels à 100º.

Ochsénius a montré, expérimentalement, que la déshydratation du gypse peut commencer à une température inférieure à 100º. Il a montré, en outre, qu'en présence des chlorures alcalins, les sulfates alcalins et alcalino-terreux peuvent donner des composés moins solubles. Ex. : Polyhalite $(2\,(SO^4Ca) + SO^4K^2 + SO^4Mg + 2H^2O)$. Les travaux de Bischof et d'Ochsénius sont fort intéressants, mais ils n'expliquent pas l'alternance répétée des filonnets d'anhydrite au milieu de sel gemme.

De plus, ils n'indiquent ni le mode de formation de la tachydrite, ni celui du fer oligiste.

Il est possible que la chaleur développée par les réactions chimiques diverses qui se sont produites au milieu de ces masses de sels divers, a dû être l'élément principal de la déshydratation de certains d'entre eux.

Ochsénius, à l'inverse de Bischof, suppose que les bancs de gypse se sont formés par l'hydratation de l'anhydrite.

Quant aux sels déliquescents des troisième et quatrième zones, Ochsénius suppose que, après le dépôt du sel gemme, de l'anhydrite et de la polyhalite, le canal de communication qui reliait vers le nord-ouest, le bassin de Stassfurt à la mer, a été fermé par une cause quelconque, facile à imaginer Les eaux se sont alors peu à peu évaporées en se concentrant dans les parties basses. Sous l'influence d'une température élevée, elles ont déposé la kiésérite, puis la carnallite. Après le dépôt de la carnallite, les eaux sont restées chargées de chlorure de magnésium, mais les érosions des falaises ont rapidement recouvert la couche des sels potassiques d'un toit protecteur d'argile. Le chlorure de magnésium s'est infiltré dans l'ensemble de la masse, ainsi que ce qui restait de sel marin. De cette façon, on aurait la formation des argiles salifères de Douglas Hall.

Plus tard, la mer aurait fait irruption de nouveau pour créer les couches supérieures de gypse, d'anhydrite, de sel gemme et de glaubérite trouvées à Weiteregeln, à Neustassfurt, etc. Il y aurait eu donc là [un double jeu de bascule.

Ochsénius pense que les borates sont également d'origine sédimentaire. Dieulafait admet que les nodules de boracite pesant jusqu'à 1.400 kilos, rencontrés dans certains lacs, ont été formés par la concentration successive de l'acide borique contenu dans l'eau de mer. Mais la présence de l'hydroboracite, dans les parties inférieures du gisement, reste inexpliquée dans cette théorie.

En résumé, on voit, par ce qui précède, qu'il reste encore des points obscurs; dans la théorie de la genèse du bassin de Stassfurt, et tout particulièrement, l'origine de la température de 100°, que beaucoup de faits conduisent à supposer, au moins pendant certaines périodes de l'évaporation.

De Lapparent et Fuchs avaient proposé d'admettre, au fond du bassin, l'existence d'eaux thermales ayant apporté, à la façon des suffioni de Toscane, des bouffées d'acide borique.

Quoi qu'il en soit, on peut supposer avec Ochsénius qu'il s'est formé, à la fin de l'époque permienne, au N.-E. des gisements salins actuels, un barrage, allant d'Helgoland à la porte de la Westphalie, qui a déterminé, dans toute l'Allemagne du Nord, la formation de grandes lagunes salées comparables aux étangs des Bouches-du-Rhône, alimentées de sel par un afflux constant de la mer, et ayant bientôt commencé à s'évaporer. Alors se seraient déposées, d'abord une couche de gypse inconnu jusqu'ici, qu'on suppose devoir occuper le fond du bassin, puis une couche de sel gemme couvrant, avec plus ou moins de lacunes, toute l'Allemagne du Nord. Mais, autour de Stassfurt, on a vu, peut-être par un mouvement de plissement du sol, le bassin se fermer complètement, et, dès lors, les sels déliquescents, la polyhalite, puis la kiesérite et la carnallite se déposer.

Enfin, une nouvelle irruption de la mer par le N.-O. a produit la couche ·e sel (récente) de Douglas Hall.

Produits industriels de Stassfurt.

Les principaux produits industriels rencontrés dans le bassin de Stassfurt sont les suivants : sel gemme, carnallite, kaïnite, kiesérite et stassfurtite.

Sel gemme. — Le sel le plus pur provient des assises les plus profondes de la mine. On a essayé sans succès, de le débarrasser de l'anhydrite, qui diminue sa valeur, en le soumettant à l'action d'un courant d'air ascendant. Il sert surtout pour les usages industriels, comme engrais et un peu comme sel de cuisine.

Carnallite (kalisalz). — On retire de la carnallite le chlorure de potassium. Les mélanges impurs constitués par de la carnallite et d'autres sels sont employés dans l'agriculture ou pour mélanges réfrigérants.

Kaïnite. — La kaïnite sert à l'agriculture comme engrais, par la potasse qu'elle contient. Elle contient, en général, 24 % de sulfate de potassium. On peut en retirer du sulfate de potassium pur.

Kiesérite. — La kiesérite contient, en général, 55 à 60 % de sulfate de magnésium.

Stassfurtite. — La stassfurtite a une assez grande valeur.

Les principaux dérivés industriels sont :

Le chlorure de potassium, extrait de la carnallite.

La kiesérite artificielle, qu'on extrait de la carnallite, et qui sert pour la préparation du sulfate de magnésium, de potassium, de baryum (blanc fixe).

L'epsomite, extraite de la kiesérite.

Le sulfate de sodium, extrait de résidus de la carnallite. On l'utilise dans les verreries, dans la fabrication du carbonate de sodium, etc., etc.

Le chlorure de magnésium, qui est utilisé dans l'industrie des tissus et dans celle du sucre de betterave. Il sert à la préparation du baryum, du calcium et du manganèse.

Le brome, extrait des eaux mères par le chlore.

Le sulfate de potassium, extrait de la kaïnite. On s'en sert pour la fabrication des aluns; il entre également dans la composition de certains verres.

Le carbonate de potassium, employé dans la cristallerie et les savons mous.

L'acide borique et le borax, extraits de la stassfurtite.

Engrais potassiques.

Parmi les produits les plus importants sont les engrais potassiques. La constitution de ces mélanges de sels de potassium et de magnésium appelle deux observations : la première est leur teneur assez forte en sel marin. Introduits dans le sol, à la dose de 200 à 300 kilos, les sels de Stassfurt y amènent une quantité de sel marin qui ne peut présenter que des avantages, d'après les résultats de nombreuses expériences culturales, et notamment de celles du D^r Wœlcher, en Angleterre. La seconde observation est relative au danger du chlorure de magnésium pour la végétation. Il a fallu, pour pouvoir utiliser les sels de Stassfurt comme fumure, détruire le chlorure par la chaleur ou par épuration chimique. Le bassin de Stassfurt est le régulateur du marché de la potasse. Stassfurt a produit, en 1899, 29 millions de quintaux de sel, dont 13 millions de quintaux de carnallite, 11 millions de quintaux de kaïnite, schœnite et hartsalz (kiésérite et sel gemme), 1 million de quintaux de sylvinite, 3 millions de quintaux de sel gemme, 1.600 quintaux de boracite.

CHAPITRE XXIV

GISEMENTS DE PHOSPHATE DE CHAUX

Les gisements de phosphate de chaux peuvent être divisés en trois catégories.

Dans les roches éruptives, le phosphate est essentiellement cristallisé sous forme d'*apatite* (chlorfluophosphate de chaux).

Dans les filons, ainsi que dans les amas, dans les poches, le phosphate de chaux affecte une texture cristalline; on lui donne le nom de *phosphorite*.

Dans les terrains sédimentaires, le phosphate de chaux est amorphe et s'y présente en masses concrétionnées ou en rognons à structure concentrique auxquels on a donné le nom de nodules.

Gisements dans les roches.

Les principaux gisements d'apatite sont ceux d'Oddegärden (Norvège) et du Canada (province de Québec et d'Ontario).

Les filons d'apatite d'Oddegärden (1) se trouvent principalement dans le gabbro; la puissance de ces filons est très variable, elle peut aller de quelques millimètres à 3 mètres. Le remplissage des filons consiste en apatite, 40 %; en mica noir, 50 %, et le reste en enstatite et en hornblende; on trouve exceptionnellement des masses d'apatite pure.

L'apatite se trouve au Canada, en masses très importantes, dans le comté d'Ottawa, province de Québec, et au N.-E. du lac Ontario : l'extraction a atteint 28.000 tonnes en 1889; c'est une des richesses du pays.

Les gisements existent dans les terrains métamorphiques dits laurentiens inférieurs; les apatites semblent se trouver là, en lentilles, au milieu de pyroxénites associés à des cipolins. Le minerai se présente habituellement en masses cristallines ou sous forme de sable, ou encore en cristaux hexagonaux pyramidés, dont quelques-uns atteignent des dimensions remarquables (il y a au musée d'Ottawa un cristal de 400 kilos).

(1) A. LACROIX, Contribution à l'étude des gneiss à pyroxène et des roches à wernérite, *Bull. Soc. Min*, T.. II, 1889, p. 182.

Gîtes filoniens et amas de phosphorite.

Les gîtes filoniens de phosphate de chaux sont assez abondants : ils se divisent nettement en deux classes distinctes, suivant que les roches encaissantes, traversées par ces filons, sont ou non perméables et susceptibles d'être attaquées par les eaux thermales chargées d'un excès d'acide carbonique qui favorise la dissolution des phosphates et provoque, au contraire, leur précipitation par son dégagement et son action sur les carbonates calcaires

Les deux types de filons ont un caractère commun, la présence simultanée de quartz et de phosphate de chaux dans le remplissage, le quartz allant toujours en augmentant avec la profondeur, si bien que les filons présentent leur maximum de richesse dans le voisinage des affleurements.

GISEMENTS DE L'ESTRAMADURE. — Il existe, dans le sud de l'Espagne, une grande zone de filons phosphatés qui se poursuit en Portugal. Nous signalerons ceux de Logrosan et de Cacères.

PHOSPHORITES DU QUERCY. — Le type le plus important des gîtes de phosphates en poches ou en amas se trouve dans la région du Quercy et qui est située aux confins des départements du Lot, du Tarn-et-Garonne et du Lot-et-Garonne.

Le phosphate se rencontre en vastes poches ou en longues veines dans des calcaires compacts appartenant à l'étage oxfordien et à celui de l'oolithe bathonienne. Le remplissage consiste en une roche phosphatée d'apparence compacte, à surface mamelonnée, d'un blanc grisâtre et assez souvent mêlée de parties colorées par de l'oxyde de fer. Il est fort probable que le phosphate s'est déposé dans des cavités préalablement creusées par des eaux acides, chargées, par exemple, d'acide carbonique, qui auraient corrodé chimiquement le calcaire en profitant de toutes les fissures préexistantes.

Gîtes sédimentaires.

Le phosphate de chaux existe dans un grand nombre de terrains sédimentaires.

Le silurien comprend, dans le North Wales anglais, un dépôt de phosphate intéressant. Nous ne mentionnerons que pour mémoire les concrétions phosphatées noduleuses, intercalées dans les schistes ardoisiers d'Angers.

Le terrain dévonien comprend un gîte assez important; c'est celui du Nassau, qui est exploité dans les environs de Weilbourg et Limbourg.

Le phosphate de chaux se présente dans un terrain houiller, sous forme de nodules ou de rognons terreux, comme dans les schistes argileux de Fins (Allier).

On a signalé dans les environs de Fréjus (Var), des nodules phosphatés qui se trouvent dans le permien supérieur et dans le trias inférieur.

On rapporte au terrain liasique les phosphates de l'Auxois, de la Haute-Saône, de la Haute-Marne (Chalindrey), du Cher et de l'Indre.

Les différents étages du terrain jurassique renferment presque tous des phosphates de chaux en quantité assez considérable; par exemple, dans le Calvados, dans l'Anjou.

Le phosphate de chaux est particulièrement abondant dans le terrain crétacé. L'étage le plus riche est l'*albien*, qui comprend à sa partie inférieure les sables verts et, au sommet, le gault et le gaize. Les sables verts sont exploités principalement, dans les Ardennes (Grand-Pré), et dans la Drôme (Clarsayes).

L'argile du Gault renferme des phosphates, en particulier dans le Boulonnais.

En Russie, la craie inférieure forme une bande immense qui passe par Khartow et Saratow. Elle est couverte de limons noirs d'une extrême fertilité et renferme plusieurs niveaux de nodules de phosphate de chaux. Ces gisements sont encore assez mal déterminés, mais ils paraissent appelés à jouer un rôle important dans l'avenir.

PHOSPHATES SÉNONIENS DE BEAUVAL (SOMME) ET D'ORVILLE (PAS-DE-CALAIS). — On a découvert en 1886 à Beauval (Somme), un gisement de phosphate assez riche et, vers la fin de la même année, un gisement non moins riche à Orville (Pas-de-Calais), puis, tout récemment, ceux des environs de Liège.

Les phosphates de Beauval et d'Orville se trouvent à l'état de sable dans des poches plus ou moins régulières pratiquées dans les assises supérieures de la craie. Dès 1887, on a extrait, à Beauval et à Orville, plus de 60.000 tonnes de phosphate.

PHOSPHATES TERTIAIRES. — Il existe, entre la Méditerranée et le Sahara, deux bandes phosphatées très étendues; l'une traverse le sud du Tell et quelques hauts-plateaux; l'autre se trouve dans la région de l'Aurès, de Tebessa et de Gafsa; ces deux bandes qui se relient d'ailleurs entre elles, marquent les rivages de la mer Suessonienne (éocène inférieur). — Les principaux gisements tunisiens sont ceux de Gafsa, qui s'étendent sur 50 kilomètres de longueur, avec une puissance de 50 à 60 mètres; la teneur du minerai brut en phosphate tribasique est de 57 % environ.

Les principaux gisements algériens sont ceux de Tebessa (province de Constantine). La production de l'Algérie a été en 1897 de 270.000 tonnes.

On rencontre, aux États-Unis, trois grands centres d'exploitation de phosphates appartenant au tertiaire. Ce sont : la Coline du Sud, la Floride et la Tennessée. — Les nodules phosphatés miocènes de la Caroline du Sud proviennent de l'action des eaux météoriques sur des calcaires très phosphatés. La production a été de 389.000 tonnes en 1897.

Les gisements de phosphate de la Floride sont exploités depuis 1890. Les minerais consistent en masses régulières qui se trouvent dans les calcaires éocènes fissurés par la compression latérale. La production a été, en 1897, de 450.000 tonnes.

Les gisements de Tennessée sont moins importants. Les États-Unis ont produit, en 1897, 920.000 tonnes de phosphate, valant 14.000.000 de francs.

QUATRIÈME PARTIE

———

ÉTUDES MINIÈRES

CHAPITRE PREMIER

PROSPECTION

La prospection des mines a pour but, non seulement la découverte de nouveaux gîtes, mais aussi leur examen sommaire.

I. — RECHERCHE DES FILONS

Le prospecteur, en parcourant une région inexplorée, doit en étudier tous les points. Il doit examiner avec la plus grand soin la tectonique (plissements, cassures), les portions dénudées des assises, le fond des vallées et le cours des ruisseaux. Il doit porter son attention sur la nature des eaux; si elles sont chargées de substances métalliques, il en cherchera l'origine, soit dans la vallée principale, soit dans les vallées secondaires, d'où, peut-être, de petits affluents apportent ces principes métalliques.

Par exemple, des eaux ocreuses indiquent le voisinage de gîtes de fer. De même, certaines eaux verdâtres renseignent sur la présence de filons de cuivre. Il doit également examiner les tranchées des carrières, des routes, des chemins de fer, etc., etc.

L'examen des pierres qu'on trouve çà et là aux thalwegs des vallées, a une grande importance. Si, par exemple, dans le lit d'un torrent, on trouve des cailloux, on devra les étudier et tout d'abord les casser, pour voir si leur intérieur n'accuse pas une minéralisation disparue de la surface. Il est urgent de rechercher, non seulement les pierres minéralisées provenant des filons, mais aussi les gangues des filons telles que le quartz, la barytine, la fluorine, la calcite (filons plombo-zincifères), et, de plus, les satellites de certains minerais (or, cassitérite, diamant), tels que le rutile, la topaze, la tourmaline, l'apatite, l'émeraude, le zircon, le fer titané, l'oligiste, les spinelles, etc., etc.

La forme extérieure des gangues fournira quelques indications sur la longueur du transport subi. Il est évident que les arêtes anguleuses accusent un lieu d'origine voisin, tandis que des contours arrondis annoncent un transport assez long. On remontera alors le cours du torrent, tant que ces constatations pourront se faire.

Si la présence de ces éléments vient à disparaître subitement, c'est peut-être dans une vallée tributaire qu'il faudra poursuivre l'inspection. On examinera avec soin le fond même du torrent sur lequel les filons se détachent parfois avec une grande netteté. Dans une rivière où le fond peut être recouvert de vase, on examinera les berges.

Dans les parties dénudées par les eaux ou sur les parois fraîchement mises à nu par les éboulements, si l'on aperçoit des traces de fracture, on les attaquera pour voir si elles présentent des veines minéralisées.

Dans bien des cas, le filon recoupe une colline à pente douce, dont les flancs altérés par les agents atmosphériques ne permettent plus d'observations bien nettes. Au milieu des blocs qui parsèment les rampes, on peut, si les conditions sont favorables, distinguer des alignements qu'il y a lieu d'examiner de plus près; ces blocs, s'ils sont quartzeux, peuvent provenir de la désagrégation de la tête d'un filon; ils représentent les parties les plus résistantes, tandis que les zones les plus altérables, lentement emportées, ont, par leur disparition, déterminé des rainures sillonnant la masse primitive et provoquant son démembrement.

Très souvent, des filonnets altérables constituaient précisément les plages minéralisées et les blocs restés en place sont souvent les résidus des parties pauvres.

Enfin, il ne faut pas oublier que cette désagrégation en se produisant sur une pente, a pu, sous l'influence des eaux déterminer une inflexion ou une chute, et que les véritables affleurements se trouvent peut-être un peu à droite ou un peu à gauche de l'alignement superficiel en remontant l'inclinaison du terrain.

Si le pays est bien connu, s'il y a, ou s'il y a eu des exploitations anciennes ou récentes, le prospecteur devra prendre connaissance de ces exploitations. Ainsi, des bouches de galeries éboulées ou obstruées, des haldes de matières stériles imprégnées de minerai, des excavations (fosses) comme celles qu'on rencontre dans le Massif central, indiquent clairement l'emplacement d'anciens travaux, en même temps que la nature des substances qui en faisaient l'objet. On examinera les cavaliers qui renferment toujours des fragments du filon exploré. Les haldes de scories sont également en relation nécessaire avec des gisements exploités dans la région. Il est bon de casser ces scories pour voir si leur intérieur ne contient pas des grenailles de cuivre, d'étain, etc., etc. Il faut sonder les amas de stérile, provenant du lavage des minerais. Enfin, les noms des régions doivent être examinés au point de vue de leur étymologie. Ainsi, les noms tels que la *Minière*, l'*Argentière*, l'*Aurière* peuvent indiquer d'anciennes exploitations; il conviendra cependant d'apporter, à cet égard, une grande circonspection, car cette similitude pourrait conduire à des erreurs.

Dans le cas particulier des recherches d'oxyde de fer magnétique (Fe^3O^1) et de pyrrhotine nickelifère, c'est-à-dire de minerais agissant sur l'aiguille aimantée, on se sert du magnétomètre de de Thalen. Le principe sur lequel repose la méthode réside en ce fait que la présence d'une masse de minerai magnétique doit apporter une perturbation dans la distribution du magnétisme terrestre.

Le magnétomètre consiste en une boussole de déclinaison qui permet, au moyen d'un aimant mobile qui est placé par rapport à la boussole dans une situation toujours identique, et de repères placés sur le sol, de mesurer en chaque point la composante horizontale de l'intensité magnétique. On observe la déviation apportée par cet aimant à la déclinaison naturelle qui est fournie par l'aiguille quand on éloigne le barreau. On trace généralement un alignement de préférence perpendiculaire au méridien du lieu. On transporte la boussole en différents points de cet alignement, puis on lit l'angle de déclinaison que fait l'aiguille avec l'alignement.

Si la région ne contient pas de masses magnétiques, la déclinaison reste la même. Si, au contraire, il se trouve un gisement de magnétite, le magnétisme terrestre et le magnétisme du gisement donneront une résultante horizontale qui varie, et les angles de déclinaison sont différents.

Pour connaître l'emplacement et l'importance du gisement, on commence par couvrir la surface du sol d'un réseau à mailles carrées de 10 mètres de côté, puis on transporte la boussole successivement en chacun des nœuds de ce réseau, On y mesure la déclinaison et également l'inclinaison magnétique au moyen d'une boussole.

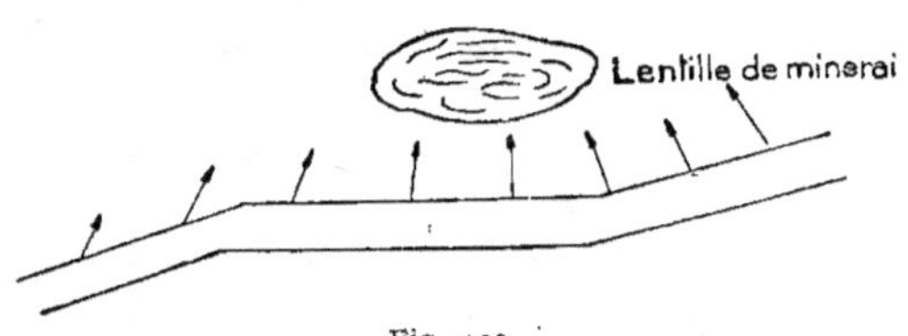

Fig. 430.

L'amas de fer magnétique étant généralement incliné, on trace sur une carte les courbes d'égale intensité, c'est-à-dire les courbes isodynamiques, ces courbes enveloppent deux foyers, dont l'un comprend un maximum d'intensité magnétique et l'autre un minimum; la droite, qui réunit ces deux foyers, donne l'axe du gisement profond.

La chute de la foudre, sur un même point, indique la présence de gisements de fer. Le prospecteur constate cette chute par la fulguration du sol.

La prospection des filons devient parfois très difficile, parce que le sol est recouvert d'épaisses broussailles, souvent impénétrables. Si le débroussaillement à la main est trop coûteux, on peut recourir à l'incendie, surtout quand la végétation couvre de longs espaces et qu'on se trouve dans des régions désertiques.

On doit observer avec soin la forme que décèlent les affleurements. Quand les filons se composent essentiellement d'une gangue difficilement altérable, comme le quartz, les affleurements se manifestent sous forme de saillies, et les filons sont bien marqués par une bande de quartz plus ou moins large. Exemple : les filons de quartz aurifère. Si, au contraire, les gangues des filons sont constituées par des substances facilement décomposables, telles que la calcite, la barytine, la fluorine, les affleurements formeront des dépressions, et, dans ce cas, les filons encaissés dans des roches peu altérables, et recoupant le versant des montagnes, coïncident souvent avec des rigoles ou des ravins, car les eaux ont pu se creuser un lit dans leurs masses décomposées. Exemple : les filons plombo-zincifères.

La structure et la couleur des affleurements présentent un grand intérêt. Ainsi, l'affleurement des filons constitués par des gangues très altérables présente une structure poreuse, celluleuse, semblable à une scorie. Cette structure se reconnaît très bien, dans les régions cultivées, même dans la terre fraîchement labourée. L'affleurement des filons se distingue également des terrains encaissants par la coloration des substances minérales qu'il contient. Les teintes ferrugineuses sont des plus fréquentes, même dans des gisements d'espèces différentes.

Ainsi, les affleurements des gîtes de fer, d'étain, d'argent, d'or, de cuivre, prennent la teinte ferrugineuse, c'est-à-dire rouge jaunâtre. Cependant, quelques gîtes cuprifères présentent des affleurements constitués par des substances argileuses verdâtres ou bleuâtres. Les gîtes de plomb donnent aux argiles des teintes jaunes. Les gîtes de zinc, des teintes blanches.

Parfois, les plantes qui croissent sur le terrain peuvent donner certaines indications.

On a constaté que les violettes poussent admirablement bien sur les affleurements des gîtes calaminaires (Haute-Silésie). Dans le Michigan, l'Illinois (V.-S.), on trouve une papillonée (amorpha Canenceus) semblable à l'indigo sur des terrains calcaires avec couches de galène.

Dans le Quensland, la polycarpea spirosvylis indique le terrain qui renferme du cuivre. La différence des plantes qui poussent sur chaque roche différente pourra quelquefois être mise à profit. Ainsi, dans l'Arizona, on trouve des filons de quartz aurifère ayant pour toit le granite et pour mur des schistes très calcaires. Le yucca pousse sur le granite et le cactus sur les schistes.

En Californie, les limites en largeur des lits de graviers aurifères, le long des versants des montagnes, se reconnaissent très bien à certains buissons à fleurs blanches; ces buissons aiment l'eau qui se trouve habituellement à la limite des galets et des terrains du fond.

On voit clairement, par ces quelques exemples, que c'est la manière d'être de l'affleurement et un faciès particulier, ou la nature des substances qui le composent, qui révèlent au praticien la richesse souterraine d'un gîte.

Travaux à pratiquer.

Lorsqu'un gîte filonien est mis en évidence, la première chose à faire est de pratiquer quelques *travaux rudimentaires*. Convenablement disposés, permettant de reconnaître la direction, le plongement, l'allure, la puissance et la nature du remplissage de ce gîte. Après l'exécution de ces travaux, la prospection proprement dite est terminée. On soumettra à l'analyse chimique les échantillons prélevés, et on verra si la teneur en métaux est payante ou non. Si non! on abandonnera le gîte. Si oui! on passera à une seconde prospection, c'est-à-dire au développement de la mine; cette seconde prospection consiste en travaux importants et, par suite, assez coûteux (puits, galeries, travers-bancs). Ces travaux permettent, en général, de connaître approximativement le tonnage. Enfin, si le tonnage est satisfaisant, on pourra ouvrir la mine, c'est-à-dire commencer l'exploitation.

Les premiers travaux consistent en tranchées plus ou moins profondes et plus ou moins longues, de $1^{m},50$ de largeur, et dirigées le plus souvent perpendiculairement aux affleurements.

Les travaux à pratiquer varient, bien entendu, avec la position du filon par rapport aux terrains encaissants. Nous examinerons trois cas.

Premier cas. — Supposons que le filon recoupe une vallée et qu'il soit discernable à flanc de coteau.

Dans ce cas, on pratique dans le filon une galerie en direction, en ayant soin de placer l'ouverture au-dessus du niveau des crues affectant la vallée; cette galerie doit avoir une certaine pente de façon à faciliter la sortie des déblais et l'écoulement des eaux vers l'extérieur.

Dans une simple prospection, on se borne à pratiquer une semblable galerie aussi loin que le permettent les conditions locales ou les ressources pécuniaires, et à répartir sur les affleurements, des travaux moins importants, de façon à mettre hors de doute la continuité du gîte en direction.

Pour qu'une semblable recherche ait une valeur, il faut que le massif situé au-dessus de la galerie soit suffisamment épais pour qu'on puisse se former une idée du régime de la zone.

Si l'exploration porte sur une formation puissante, on aura toujours intérêt à tenir la recherche au mur du filon, en pratiquant de distance en distance des recoupes vers le toit, afin de s'assurer de l'épaisseur totale.

Deuxième cas. — Supposons que le filon ait une direction approximativement parallèle à l'axe de la vallée, et qu'il soit discernable par son affleurement.

On détermine, tout d'abord, sa direction et son pendage. Ces déterminations permettront de décider si l'on doit s'enfoncer suivant la ligne de plus grande pente, par un puits incliné, c'est-à-dire par une descenderie, ou pratiquer un puits vertical, ou encore établir un travers-bancs, puis atteindre le filon. On devra choisir entre ces trois solutions, en tenant compte, bien entendu, du coût des travaux et du temps que prendra l'exécution.

Troisième cas. — Quand un gîte minier n'existe qu'au dessous du niveau d'une vallée, ou bien qu'il se présente à la fois au-dessus et au-dessous de ce niveau, mais que, par suite d'éboulements anciens, l'amont pendage est devenu inabordable, on est alors réduit à s'enfoncer directement dans le sol, soit au moyen d'une descenderie, suivant la ligne de plus grande pente, soit au moyen d'un puits vertical, dont le fond est relié par un court travers-bancs à la partie productive. Dans le premier cas, on reconnaît le gîte sur toute la longueur du travail; mais, dans le second, les services d'extraction et d'épuisement sont plus faciles à organiser.

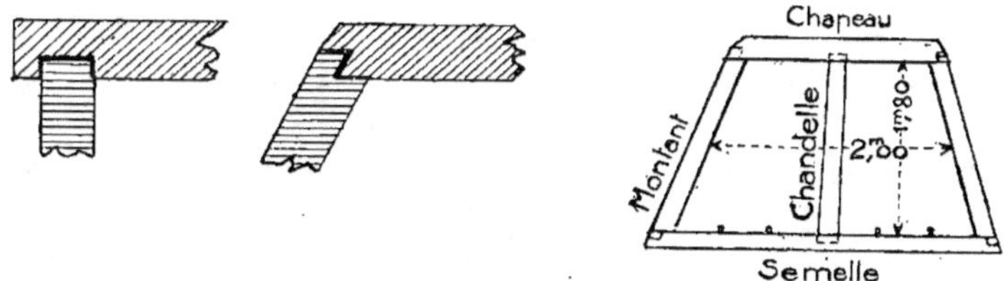

Fig. 431.

Galeries. — Le creusement des galeries de recherches est analogue à celui des galeries de mines; le boisage doit être soigné et la pente de la voie doit être observée pour se débarrasser des eaux.

Descenderies. — Lorsqu'on opère par descenderie, il suffit d'un treuil à bras ou d'un manège pour extraire à la fois les eaux et les déblais. Il est bon d'employer des échelles pour circuler, et non pas des pieux fichés tant bien que mal dans les interstices des roches. La descenderie peut être employée avec avantage dans des terrains secs, tandis qu'elle présente des inconvénients dans les terrains aquifères.

Travers-bancs. — La dépense d'un travers-bancs est certainement plus élevée, mais il est beaucoup plus sûr et plus commode sous tous les rapports;

il devra donc être choisi dans tous les cas où il sera possible. Lorsqu'un travers-bancs aura frappé le filon, on devra s'étendre en direction à droite et à gauche, en ayant soin de ménager toujours la rampe douce qui doit permettre l'écoulement des eaux et l'évacuation des déblais.

Ce qui est important à bien déterminer, c'est le point d'attaque du travers-bancs, afin de réduire au minimum la dépense de percement.

Pour cela, sur un plan topographique où sont dessinées préalablement les courbes de niveau de 5 en 5 mètres ou de 10 en 10 mètres, suivant la grandeur de l'échelle du plan, en marque, aux points où ils sont connus, les affleurements de la surface, puis on réunit ces affleurements entre eux. On obtient ainsi une courbe bien distincte des courbes de niveau. Si l'on veut, à une côte déterminée, entreprendre un travers-bancs de longueur minimum normal à la direction du gîte, il suffira de choisir le point de la courbe du niveau où la tangente à cette courbe sera parallèle à la tangente à la courbe d'affleurement.

Si l'on prenait tout autre point, on s'exposerait à ne pas cheminer normalement à la sédimentation et à commencer un travers-bancs plus long et plus coûteux.

L'avancement mensuel est de 15 à 25 mètres dans des terrains de dureté moyenne, et de 60 mètres dans des terrains tendres. Mais, quand on dispose de moyens mécaniques et d'ouvriers expérimentés, l'avancement est, bien entendu, plus rapide.

Les travers-bancs doivent avoir 2 mètres de largeur et $1^m,80$ de hauteur.

Puits. — Quand on veut parvenir à une grande profondeur, il faut avoir recours aux puits de recherche. Les puits doivent avoir $1^m,50$ à 2 mètres de diamètre. Si on ne descend pas au-delà de 25 mètres, et si les charges à remonter ne sont pas considérables (100 à 150 kilos), on emploie un treuil simple. Au-delà de 25 mètres, et pour remonter des charges lourdes, il faut employer le treuil à engrenage.

Choix de l'emplacement d'un puits. — La solution à adopter dépend, dans une certaine mesure, de la nature du terrain et aussi de plusieurs autres considérations; mais, d'une façon générale, on peut suivre les règles suivantes :

Si le filon plonge dans la même direction que le flanc de la montagne et présente l'aspect de la figure 432, il faut creuser le puits en A.

Si, au contraire, le filon a une inclinaison inverse de celle de la montagne, on creusera le puits soit au-dessus du filon, en B, en amont de l'affleurement, soit en C, en aval, de façon à pouvoir mener des galeries d'accès (fig. 433).

Dans certains cas, si le filon est vertical, il vaut mieux creuser le puits le long du filon lui-même; c'est-à-dire pratiquer une descenderie.

Sondages.

Lorsque les recherches par descenderies, travers-bancs, puits ne sont pas pratiques, on a recours au sondage. Par exemple, dans le cas de la recherche d'une couche de houille, située à une grande profondeur; dans la recherche

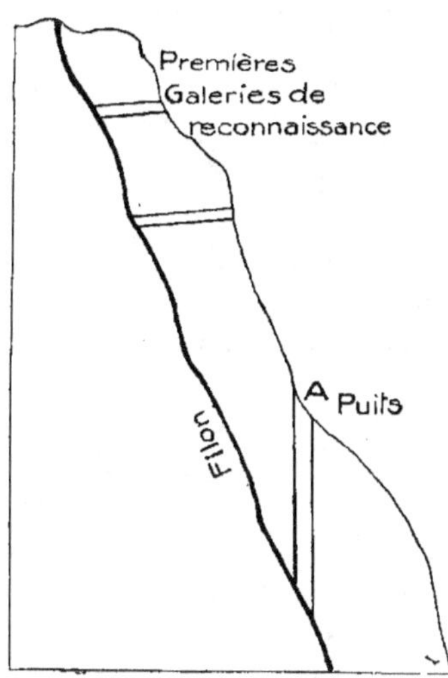

Fig. 432.

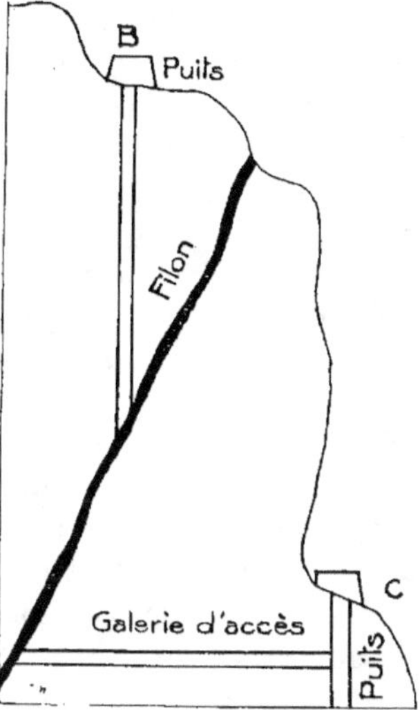

Fig. 433.

des minerais de fer, de phosphate de calcium, et lorsqu'on a à traverser des terrains nettement aquifères, etc., etc. Il y a certaines substances, telles que le pétrole, les eaux minérales qui ne peuvent être recherchées que par sondage.

Les systèmes de sondage sont au nombre de six :

1º Le sondage à la corde ou sondage chinois.

2º Le sondage canadien, avec tiges en bois de frêne (5 centimètres carrés).

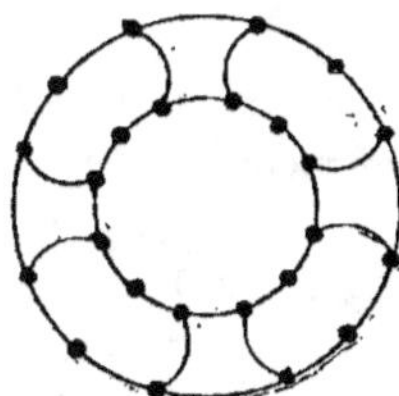

Fig. 434.

3ᵉ Le sondage avec tiges pleines en fer.

4º Le sondage avec tiges creuses en fer et circulation d'eau dans les tiges.

5º Le sondage au diamant.

6º Le sondage à la grenaille d'acier.

Le sondage à la corde s'installe à peu de frais. Il consiste dans un câble en chanvre portant un trépan à l'une de ses extrémités.

Le sondage au diamant se pratique dans les roches dures. On emploie le carbonado. On fixe les diamants sur une pièce métallique appelée *bit*, de telle façon qu'ils occupent divers points sur la circonférence (fig. 434).

On peut les y adapter soit par sertissage, comme le font les bijoutiers, soit par le procédé Taverdon, qui consiste à les enrober dans du métal déposé par la galvanoplastie. Ce métal s'use rapidement et met à découvert les pointes de diamant. Le bit peut être plein, il use alors la roche sur toute sa superficie et ne donne que des matières pulvérisées. Le bit creux, au contraire, ne porte de diamants que sur une surface annulaire. Le forage se fait alors en laissant, suivant l'axe, un cylindre de la roche qu'on nomme *carotte* ou *témoin*, et qui se loge dans le centre du bit au fur et à mesure que celui-ci s'abaisse. Cette carotte permet donc de reconnaître les terrains traversés.

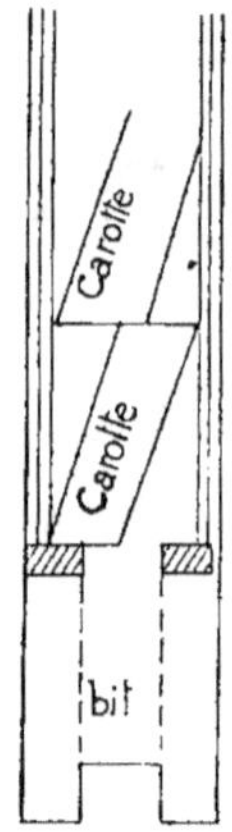

Fig. 435.

Afin d'éviter le remontage fréquent de la carotte, on visse le bit à l'extrémité d'un tube creux, dit tube carottier, d'une section presque égale à celle du trou et d'une longueur qui peut atteindre 8 mètres. Le sondage au diamant se fait par une rotation très rapide de l'outil. Aussi, est-on obligé d'envoyer de l'eau sous pression pour refroidir l'outil et pour remonter les poussières. Cette eau passe à travers les tiges de sonde qui sont creuses et revient par le vide existant entre le terrain et la tige.

L'eau est mise sous pression, à la surface, au moyen de pompes foulantes. Elle est distribuée à l'aide d'un joint souple qui s'allonge pendant la descente : c'est le système Fauvel.

Vers la fin, on laisse déposer les poussières, en arrêtant le cours d'eau. On imprime alors une rotation rapide qui coïnce ces poussières et brise la carotte à sa base. Le cran qui se trouve à la partie inférieure retient cette carotte et permet de la remonter à la surface.

On peut également obtenir des carottes par le sondage ordinaire avec tiges en fer et trépan excentrique en acier.

Pour cela, après avoir fait fonctionner le trépan pendant un certain temps, on le retire, puis on descend un découpeur, destiné à isoler du massif une colonnette centrale, analogue à la

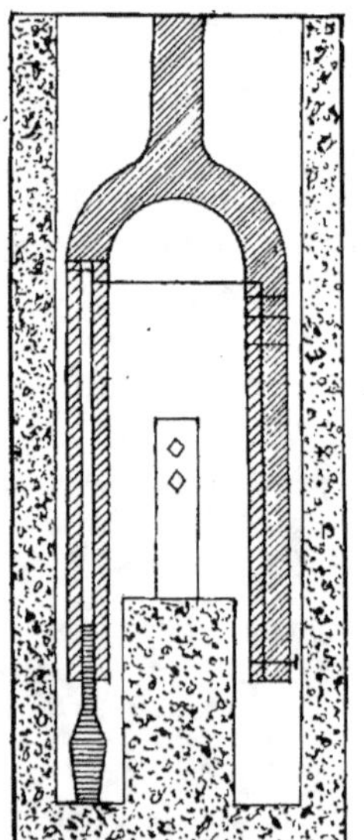

Fig. 436.

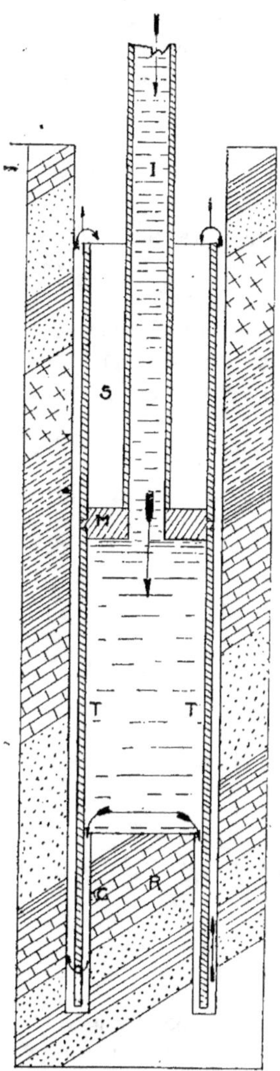

Fig. 437. — Coupe schématique.

carotte qui est resserrée par le bit creux.

Le battage se fait, comme à l'ordinaire. Le curage se fait au moyen d'une couronne munie d'une cloche à soupapes.

On engage enfin l'emporte-pièce (fig. 436). Il est formé d'un cylindre muni d'un coin latéral maintenu entre deux parties qui forment ressort. En laissant tomber lourdement le poids, on force le coin dans son logement, ce qui fait éclater la base du témoin et comprimer le cylindre, de manière à permettre de le retirer.

Le sondage a l'avantage de pouvoir être installé facilement, rapidement et transporté, sans grands frais, d'un point à un autre.

Sondage à la grenaille d'acier. — La méthode de sondage à la grenaille d'acier consiste à découper, à travers le massif exploré, un cylindre de terrain (témoin ou carotte) ayant de 9 à 14 centimètres de diamètre.

Le rodage du terrain s'obtient par des grains d'acier, de diamètre variable, mais dont le plus habituel est de 2 millimètres. Ces grains sont, bien entendu, les agents de désagrégation.

La grenaille est amenée directement au fond du trou avec l'eau d'injection. Quant à la couronne d'acier C, elle présente à sa base une surface absolument lisse. La couronne est vissée à un tube T, dans lequel se logera la carotte et qui est relié lui-même par un manchon M à la tige I. Cette tige se vissant à la tige de sonde proprement dite, la rotation de cette dernière détermine celle du tube carottier. Les grains d'acier entraînés dans ce mouvement et pressés contre la roche par la couronne C, produisent le rodage qui découpe la carotte R. Ces grains s'usent progressivement et doivent être remplacés ; à cet effet, on introduit par intervalles, dans le courant d'eau, de petites quantités de grenaille neuve qui est ainsi emportée jusqu'au fond du sondage.

L'injection d'eau est directe; le courant descend par la tige (sous une pression de 1 à 2 kilos) et remonte par l'espace annulaire qui reste, soit entre le tube carottier et la paroi du trou de sonde, soit entre la tige et cette paroi.

Dans la première partie, l'espace est très étroit; il en résulte un courant rapide qui entraîne facilement les particules rocheuses provenant de la couronne circulaire du terrain dans laquelle le carottier fait sa place. Dans la seconde partie du trajet, au-dessus du tube T, l'espace annulaire s'élargit beaucoup, la vitesse du courant diminue et devient insuffisante pour produire l'entraînement des particules désagrégées : celles-ci retombent alors dans l'espace tranquille S (tube à sédiments), d'où elles sont extraites quand on amènera le tube carottier au jour pour recueillir la carotte.

Pour détacher la carotte et la maintenir dans le tube carottier pendant son ascension, on arrête la rotation et l'on soulève le tube pour qu'il ne repose plus sur le fond. On augmente alors la pression d'injection jusqu'à 5 à 6 kilos, et l'on introduit dans la tige de sonde de petits grains de quartz qui viennent se coïncer entre la carotte et le tube carottier. Si l'on vient à tourner le tube, la carotte se brise vers sa base et reste adhérente au tube carottier qu'on remonte au jour.

Le diamètre de la carotte est inférieur de 6 à 7 millimètres à celui que présente le tube intérieurement.

Dans les terrains tendres, les marnes, par exemple, ce procédé n'est plus applicable, parce que les grains d'acier s'empâtent.

La couronne qu'on emploie avec la grenaille d'acier est représentée par la figure 438 et la couronne dentée qu'on emploie dans les terrains tendres et

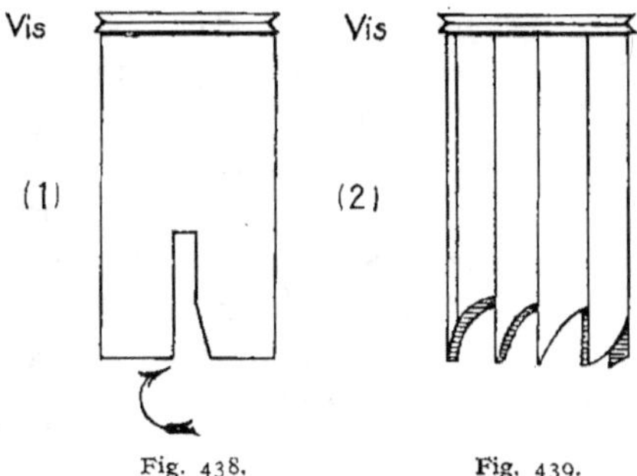

Fig. 438.   Fig. 439.

qui découpe directement le terrain est représentée par la figure 439. Par conséquent, on visse à la partie inférieure du tube carottier la couronne à grenaille ou la couronne dentée selon la dureté des terrains.

Remarque. — Il est nécessaire de multiplier les sondages, car ils peuvent tomber sur des parties riches d'une faible étendue ou bien passer dans le stérile, juste à côté d'une lentille bien minéralisée. En outre, le sondage peut donner des indications erronées. Ainsi, dans une couche plissée, il est possible que le sondage soit mal placé et ne donne aucun résultat (fig. 440).

Au contraire, si le sondage rencontre un pli, on concluera à deux couches, tandis qu'il n'y en a qu'une (fig. 441).

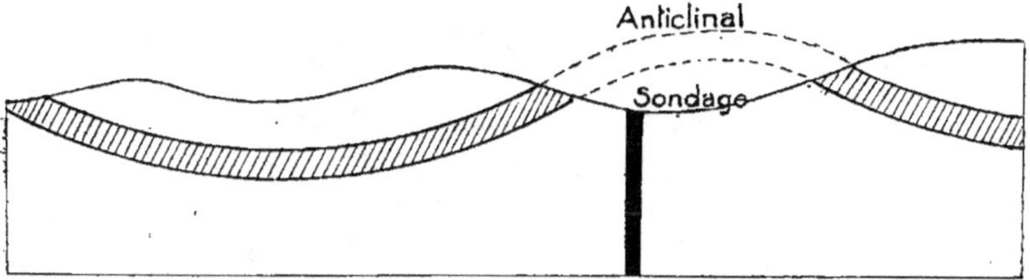

Fig. 440. — SONDAGE PLACÉ ENTRE DEUX SYNCLINAUX.

Il arrive parfois que le pendage d'un gîte, au voisinage de l'affleurement, diffère beaucoup du pendage en profondeur. Ce phénomène peut donner lieu à bien des mécomptes dans l'exploitation, mais principalement dans le fonçage du puits.

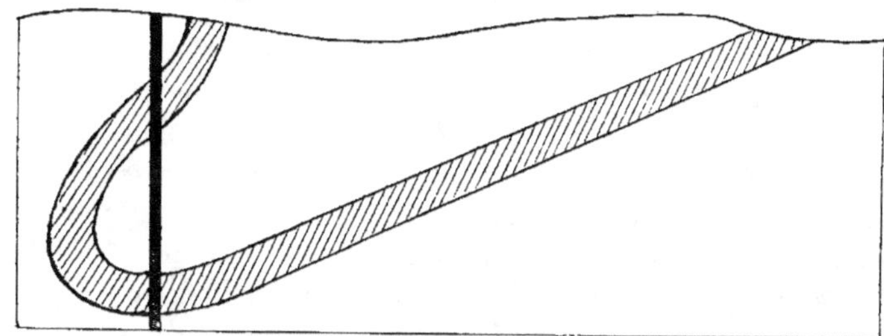

Fig. 441. — SONDAGE DANS UN PLI.

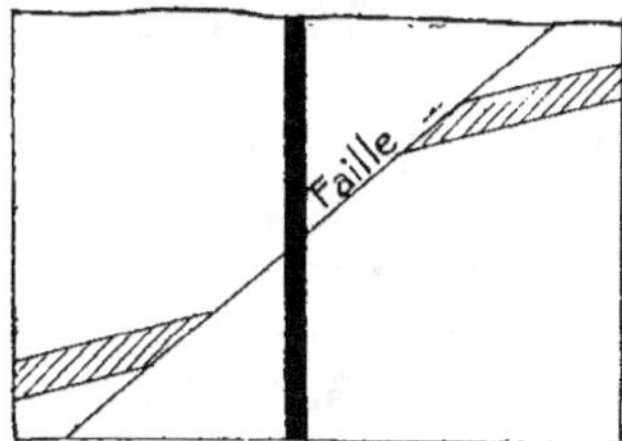

Fig. 442. — FAILLE ANORMALE.

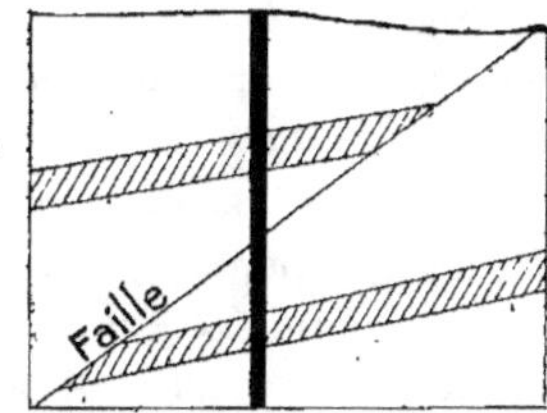

Fig. 443. — FAILLE NORMALE.

Un puits creusé en A et qui devrait recontrer le filon en B ne le rencontre réellement qu'en C (fig. 444). On peut donc, si on ne continue pas le fonçage, supposer le filon perdu.

Remarques. — En pratiquant les travaux de recherches, il faut noter avec soin la nature des terrains encaissants prendre la direction, le pendage des terrains encaissants dans le cas, bien entendu, de terrains sédimentaires.

On devra également rechercher la nature et l'allure des roches ayant fait naître les mouvements auxquels a été soumise la contrée explorée.

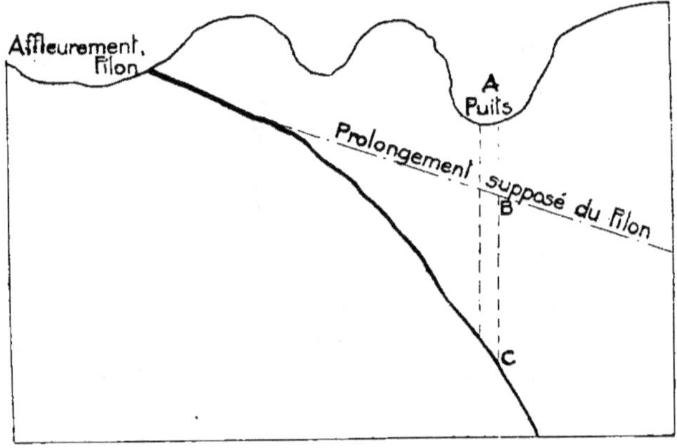

Fig. 444.

On doit regarder avec soin les épontes et tâcher de savoir si l'on est en présence de fractures limitées ou d'une véritable fracture. Dans le cas où le filon recoupe une roche éruptive, on peut avoir affaire à une cassure profonde ou à un simple fendillement de retrait.

L'examen des épontes permettra d'établir s'il y a eu rejet d'une paroi par rapport à l'autre ou si l'on se trouve devant un filon de contact.

L'existence d'un miroir ou surface de glissement doit être considérée comme un indice favorable, puisqu'elle conduit à conclure à un déplacement d'une paroi par rapport à l'autre et, par suite, à la formation d'une fraction ayant de grandes dimensions.

Les explorations ne doivent pas se restreindre au plan de la fracture principale; il est bon de suivre attentivement les dérivations qui s'en détachent dans les épontes. Souvent, ces dérivations s'arrêtent à une faible distance. Mais, parfois, elles prennent une certaine importance; enfin, quelques-unes vont se rattacher à un autre filon d'une valeur comparable à celle du premier.

Si, au lieu de quelques ramifications bien caractérisées, on rencontre un véritable éparpillement, il est fort probable que ce filon est terminé en direction et en profondeur.

II. — RECHERCHE DES COUCHES

Dans le cas d'une couche, les mêmes précautions sont à prendre, et c'est d'une manière analogue qu'on en recherchera les traces.

Affleurements des couches.

La forme de l'affleurement d'une couche est importante pour le mineur et pour le géologue parce qu'elle indique la voie pour les travaux à pratiquer.

La figure qu'affecte l'affleurement sur le terrain dépend d'abord du pendage de la couche et ensuite du relief du terrain. D'après la figure de l'affleurement, sur une carte géologique relevée exactement, le praticien pourra tirer des conclusions certaines sur la direction du pendage et sur son angle, et, réciproquement, il faut connaître ces relations pour pouvoir reporter exactement une couche sur une carte. Les principaux cas qui peuvent se produire sont les suivants :

I. — Les couches horizontales donneront des lignes de limites qui courent parallèlement aux courbes de niveau d'une bonne carte. Sur le flanc d'un coteau, une couche qui se développe horizontalement donnera une figure d'affleurement ressemblant à une demi-lune.

Dans la gorge d'une vallée, ce sera une figure à deux côtés qu'on distingue en veine principale et veine en retour. Sur l'un et sur l'autre côté de la vallée, sur les flancs d'une vallée sillonnée de rides, une pareille couche horizontale aura pour affleurement une forme tortueuse (fig. 445, 446, 447).

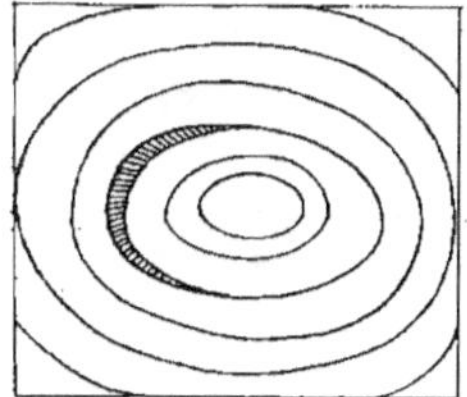 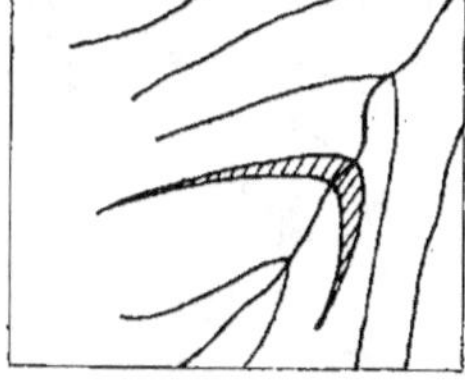 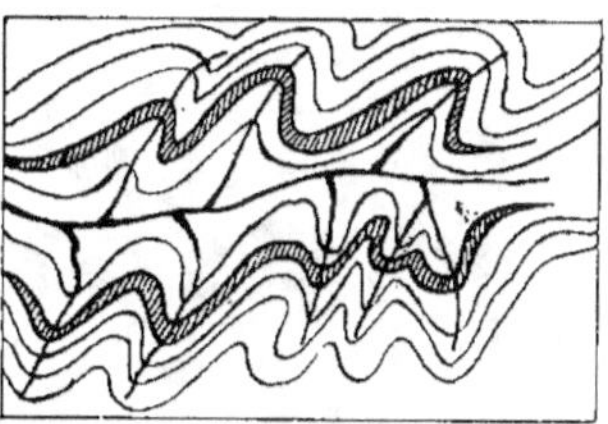

Fig. 445.   .Fig. 446.   Fig. 447.

MANIÈRE DONT SE PRÉSENTE L'AFFLEUREMENT D'UNE COUCHE HORIZONTALE DANS DIVERSES RÉGIONS.

II. — Les couches verticales donnent, dans tous les cas, sur les terrains qu'elles recoupent, des lignes limites rectilignes qui courent, sans changement, au travers des collines et des vallées, et qui en indiquent en même temps la direction (fig. 448).

III. — Par contre, les figures d'affleurement de couches en pente ont des formes beaucoup plus compliquées. D'une manière tout à fait générale, il arrive ici que les limites de la couche ne sont parallèles aux courbes de niveau que quand la direction des deux coïncide.

Quand, au contraire, les limites ont une pente transversale par rapport à la vallée, elles y forment un arc de courbe avec un sommet; l'eau coule à l'intérieur de l'arc quand le pendage est dans le sens de la vallée et est plus grand que l'inclinaison du thalweg. Dans tous les autres cas, au contraire, elle coule en dehors de cet arc (fig. 449).

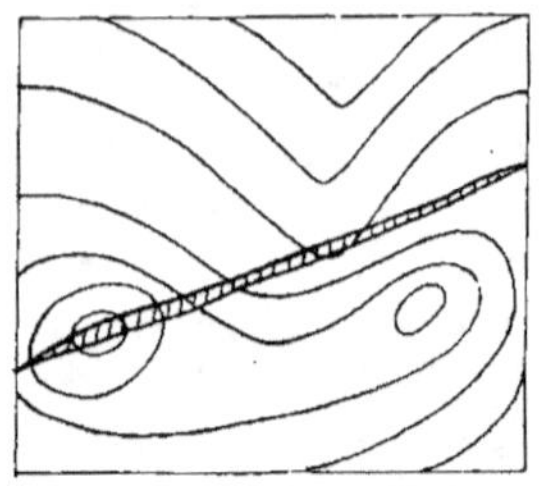

Fig. 448. — AFFLEUREMENTS DE DIVERSES COUCHES EN PENTE DANS UNE VALLÉE.

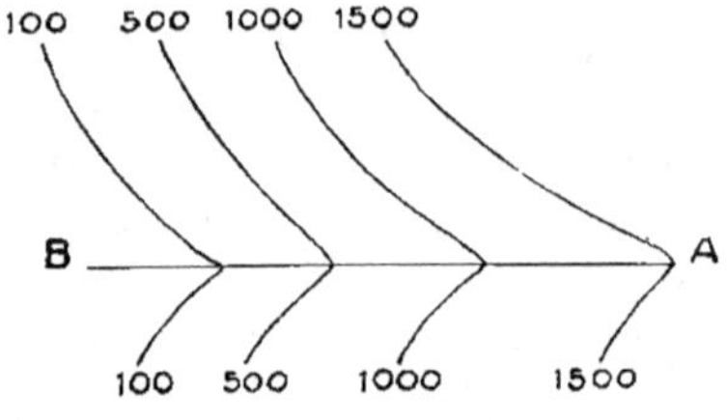

Fig. 449. — AFFLEUREMENTS D'UNE COUCHE VERTICALE DANS DIVERSES RÉGIONS.

Mais, si les limites inclinées courent transversalement à un contrefort de colline, elles constituent des arcs qui s'ouvrent à partir du pied de la colline, quand la pente est dirigée dans le même sens et est plus accentuée que celle du versant.

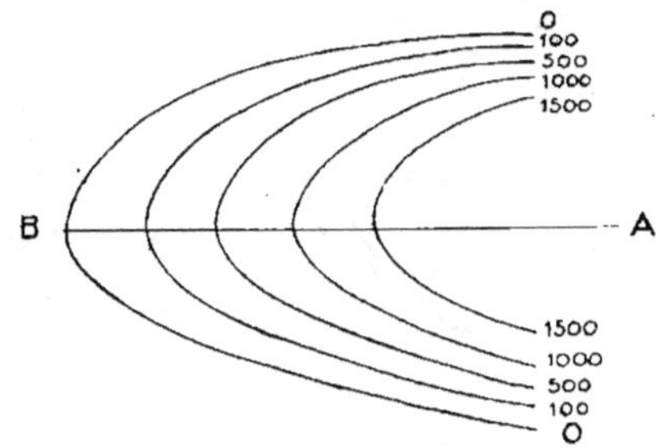

Fig. 450. — AFFLEUREMENTS DE DIVERSES COUCHES INCLINÉES SUR LA CROUPE D'UNE COLLINE.

Dans les cas contraires, les arcs s'ouvrent vers le sommet de la colline ou bien encore ils constituent des figures fermées (fig. 450).

Dans la recherche des couches de minerais, on devra, pour l'établissement des tranchées, sondages, galeries et puits, se diriger, autant que possible, perpendiculairement à la direction générale du système des couches du pays en question. Si l'on a trouvé la couche et si on l'a d'abord ouverte en un point isolé, on doit commencer par établir un profil exact de tout le système de couches assez restreint, auquel elle appartient, en ayant égard suivant les circonstances aux fossiles caractéristiques ou à certaines couches tout particulièrement caractéristiques au point de vue pétrographique. Ce profil pourra, en particulier, être, plus tard, d'une grande utilité pratique quand, dans l'exploitation ultérieure du gîte trouvé, le mineur rencontrera des perturbations.

Les perturbations ou dislocations se manifestent :

1° Par des contournements et des plissements;

2° Par rupture complète de la couche;

3° Par les rejets.

NOTE

Étude de l'intérieur de la terre par la radio-télégraphie.

M. Lōwy a fait remarquer, que les couches bonnes conductrices de l'électricité sont presque imperméables par rapport aux ondes hertziennes et inversement. Puisque ces ondes se réfléchissent sur les couches plus ou moins imperméables, à l'égal des rayons lumineux; elles permettent d'établir la position exacte de ces couches, par interférence des ondes réfléchies avec les ondes directes, par un procédé comparable aux méthodes optiques. On sait que les roches à l'état sec sont perméables aux ondes hertziennes, tandis que les couches de métal et de minerai aussi bien que l'eau et le sol humide sont imperméables. Dans nos régions, le sol étant toujours humide, voilà pourquoi les ondes ne pénètrent pas à l'intérieur de la Terre. M. Lōwy, dans ses dernières expériences, disposa ses appareils au-dessous de la couche imperméable, dans une mine très sèche (de potassium); dans ce cas, les ondes électriques pénétrèrent à une profondeur de 1.300 mètres et permirent de déterminer par leur réflexion la position de la couche humide (imperméable) située immédiatement en-dessus.

Il est vrai que la similitude des phénomènes présentés par l'eau et les minerais pourra opposer des difficultés à l'adoption pratique de cette méthode.

III. — RECHERCHE DES ALLUVIONS

Lorsqu'on cherche du diamant, de l'or, du platine ou de l'étain, dans les alluvions, la manière de procéder est un peu différente.

S'il s'agit de placers découverts, par exemple, il est clair que c'est aux environs des filons qui ont donné naissance à ces placers qu'on trouvera les pépites les plus grosses, tandis que, plus loin, les grains métalliques diminuent de volume pour faire place à de simples poussières.

Quoi qu'il en soit, c'est toujours la partie inférieure du placer qui doit attirer l'attention et tout particulièrement la couche en contact avec le bedrock de la contrée.

Dans la prospection des ruisseaux, la présence des eaux devient parfois gênante; dans ce cas, si le débit est faible, on s'en débarrassera au moyen de barrages et de conduites en planches qui permettront de verser, en aval, le contenu du petit bief ainsi créé.

Essai sommaire des alluvions.

L'essai sommaire des alluvions ne s'effectue jamais au laboratoire à cause de l'impossibilité que présente le fractionnement des échantillons pris sur place et leur réduction à un petit volume permettant d'effectuer pratiquement leur transport; ces essais doivent être faits au lieu d'extraction. La présence de l'or dans les alluvions se constate en lavant une certaine quantité de matières dans l'eau, de façon à entraîner les parties légères et à isoler les matières lourdes au milieu desquelles se trouve le métal précieux. L'appareil usité est la batée, dont la forme varie avec le pays.

Dans l'Oural, elle consiste en une casserole à fond bombé.

Aux États-Unis, le pan ressemble à une poële sans manche; il a 30 à 40 centimètres de diamètre à sa partie supérieure et de 8 à 10 centimètres de hauteur (fig. 451).

La batée sud-américaine a 60 centimètres de diamètre.

L'auge sibérienne a 40 centimètres de longueur et 25 centimètres de largeur à une extrémité (fig. 452).

La batée nègre a une forme conique (fig. 453).

La poruna est constituée par un lambeau de corne de bœuf (fig. 453)

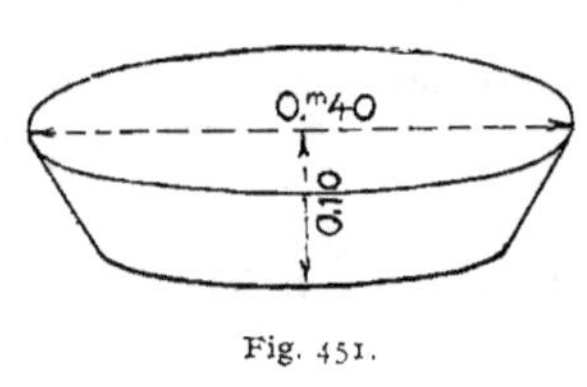

Fig. 451.

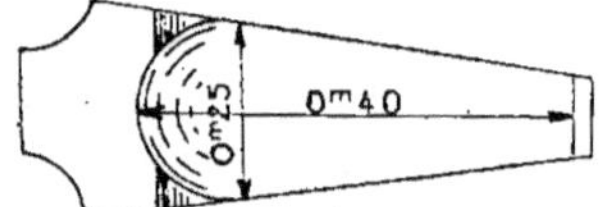

Fig. 452. — AUGETTE SIBÉRIENNE.   Fig. 453. — BATÉE NÈGRE. — PORUNA.

Quoi qu'il en soit, le travail est à peu près le même dans tous les cas. Voici en quoi il consiste :

On charge l'instrument avec les sables à traiter et on se place sur le bord d'un ruisseau possédant un léger courant, de façon à entraîner les eaux troubles et à recevoir d'amont les eaux claires; ce qui permet d'observer la concentration de plus près. Il ne faut pas trop de profondeur afin qu'on puisse reposer l'appareil sur le sol et qu'on ne coure pas le risque de le voir échapper durant l'opération. On procède d'abord à l'immersion et au débourbage des terres, en inclinant la batée, et en y faisant pénétrer peu à peu l'eau; en pétrissant le contenu avec les mains, en écrasant les boules d'argile (boulders) et en s'assurant que la masse est extrêmement pénétrée.

Cette partie du travail est assez longue. On doit s'y reprendre à plusieurs fois pour se débarrasser des matières terreuses. On y arrive en inclinant l'instrument et procédant à des immersions successives.

En multipliant ces opérations et en continuant le brassage à la main, il arrive un moment où le débourbage est fini ou tout au moins suffisamment avancé.

Alors, commence une nouvelle phase. On fait alterner des brassages, des secousses et des rotations, de façon à compléter le débourbage et à isoler les fragments les plus gros (galets et graviers) que l'on retire à la main et que l'on rejette après examen. Il est bon de casser quelques-uns des gros galets pour voir s'ils ne sont pas minéralisés à l'intérieur.

Ensuite vient l'enrichissement proprement dit, qui consiste dans l'élimination des sables, sous l'influence de la rotation, des secousses et sous l'action de l'eau.

Un laveur habile plonge sa batée dans l'eau et l'incline de façon à ce que le niveau liquide passe au-dessus du bord inférieur, mais qu'une partie de l'appareil ne soit pas immergée. Puis il la fait tourner autour d'un axe vertical, en même temps qu'il détermine une rotation autour de l'axe de figure. Ce mouvement s'obtient, au moyen d'un changement brusque de main qui produit une secousse et qui doit se faire au moment où la lentille de matières passe devant le laveur, c'est-à-dire entre lui et l'axe vertical de la batée; la secousse détermine une petite chute de matières vers le centre. (Ce mouvement est assez difficile à obtenir).

Les terres sont alors réduites à un faible volume de matières lourdes constituant ce qu'on appelle les *sables noirs*.

On retire la batée du ruisseau où elle plongeait et on y introduit une petite quantité d'eau claire. Puis, au moyen d'un coup de poignet, on fait glisser l'eau à la surface du récipient de façon à ce qu'elle vienne périodiquement, dans sa course, recouvrir les sables.

Par ces actions successives, aidées de secousses au moment où le liquide touche ces sables, on détermine leur déplacement lent, et l'or reste en arrière faisant queue.

Les pépites s'isolent facilement; mais l'or fin doit se recueillir au moyen du mercure. L'or fin flotte quelquefois sur l'eau. Il faut alors verser quelques gouttes d'eau sur les parcelles flottantes de façon à les faire tomber au fond de la batée.

On se débarrasse de la tête des sables noirs en inclinant la batée et en versant quelques gouttes d'eau qui les entraînent.

Les sables noirs ou queues de batée contiennent généralement de la magnétite, de l'oligiste, du fer titané, de la pyrite altérée, du quartz, de la topaze, de la tourmaline, du rutile, du zircon, des spinelles, etc., etc.

Un laveur habile arrive non seulement à séparer du gravier et des sables noirs les grains d'or à peine visibles, connus sous le nom de couleurs, mais aussi il juge à l'œil la valeur de sa batée et en multipliant par 100, il connaît la teneur en or par mètre cube. Chaque batée contient 10 litres de matières.

Pour les débutants, il est prudent de s'arrêter dès qu'on a atteint les sables noirs et d'en faire un essai au laboratoire ou de recueillir l'or au moyen d'un peu de mercure.

Un laveur qui doit piocher, charger la matière et laver à la batée ne peut guère faire plus de vingt batées par jour, si les substances sont argileuses; par conséquent, la quantité traitée est 1/5 de mètre cube.

IV. — ÉCHANTILLONNAGE

1. Échantillonnage des placers.

Le premier soin du prospecteur dans une prospection de placers découverts doit être de dresser une carte approximative de la vallée ou du plateau à prospecter et du cours d'eau s'il y a lieu. Puis il faut faire des tranchées et des trous de manière à traverser : 1° la couche de terre végétale stérile qui recouvre généralement l'alluvion aurifère; 2° l'alluvion aurifère elle-même, jusqu'au bed-rock. Ces tranchées et ces trous doivent être pratiqués d'une façon systématique et en aussi grand nombre que possible. L'écartement des tranchées est de 100 à 150 mètres; les trous sont pratiqués en quinconce et distancés de 50 mètres. La section de ces trous est ordinairement de un mètre carré.

Il est clair que, dans les régions accidentées, ces tranchées doivent être pratiquées parallèlement au plissement général du pays, de façon à recouper successivement le réseau des rivières descendant d'un même côté du plissement principal, ce qui multiplie les chances de recouper des alluvions bien minéralisées.

Il serait imprudent de prospecter les alluvions par leur tête ou par leur extrémité inférieure. Dans le premier cas, en effet, on se trouverait dans une région encombrée d'énormes cailloux roulés se présentant mal à la prospection. Dans le second cas, la couche de stérile est généralement trop épaisse, et exige souvent le creusement de trous profonds pour atteindre le bed-rock.

C'est à mi-côte, dans les parties où la pente moyenne du fond ne dépasse pas 1 1/2 à 2 %, que se trouvent réunies les conditions les plus favorables à la rencontre d'un enrichissement maximum. C'est donc dans cette zone qu'il convient d'établir le point de départ de l'échantillonnage.

La *constatation de la richesse* se fera dans chaque *tranchée* et dans chaque *trou* par un certain nombre de batées. On notera avec soin, dans chaque endroit, l'épaisseur du déblai stérile, la nature et l'épaisseur des couches traversées. Il est urgent de gratter fortement le bed-rock, car c'est dans ses sinuosités que se trouvent généralement les parties riches On comprend facilement que si ce bed-rock est constitué par des schistes disposés transversalement au cours d'une vallée, ces schistes ont formé une série de riffles naturels. Les calcaires sont attaqués et forment des surfaces rugueuses, tandis que l'eau rend les roches éruptives lisses.

Dans les placers découverts et aquifères, on peut employer une tarière pour faire des prises, non seulement sur les bords de la rivière, mais aussi à travers toute la vallée.

L'échantillonnage des placers recouverts se fait de la même façon, mais il est, bien entendu, beaucoup plus long, et, par suite, plus coûteux. Les puits peuvent avoir jusqu'à 8 mètres de profondeur.

Lorsque les terrains sont aquifères, on fait des puits assez larges pour y installer deux ouvriers et y placer une petite pompe. On maintient les terrains avec des planches et quelques cadres.

Dans les pays marécageux, on remplace les puits par de petits sondages tubés.

Dans les placers recouverts d'un manteau de laves, comme ceux de la Californie (Spanisk Peak), il faut creuser des puits assez profonds ayant 50 et même 100 mètres. On peut alors pratiquer une large galerie, comme aux mines d'or de la Sonora (Mexique).

Remarque. — La batée donne généralement des rendements supérieurs à ceux d'une exploitation industrielle. Pour déterminer la richesse réellement utilisable, il est préférable de se servir d'un canal en bois portatif de 2 à 3 mètres de longueur, disposé avec une pente de 3 à 5 %, qu'on dalle avec des galets un peu aplatis, et on les pose de champ, avec une légère inclinaison vers la tête du canal; le dallage est à trois ou quatre compartiments séparés par des tasseaux de bois transversaux (riffles). Le compartiment de tête n'est pas dallé; il reçoit le courant d'eau et les matières à laver qui y sont d'abord débourbées. C'est, en somme, un élément de *sluice*.

2. Échantillonnage des filons.

Une mine ne peut s'échantillonner comme une roche. Il ne suffit pas d'en détacher par ci par là quelques petits fragments. Il importe de se procurer une représentation exacte de la minéralisation. Comme il est assez difficile, même en procédant par coups de mines, d'arriver à une moyenne exacte, on doit remédier à cet inconvénient par la multiplicité des attaques. Il ne faut pas perdre de vue que l'échantillonnage d'une mine est rarement faible. Dans l'abatage, les parties minéralisées par les sulfures *s'effritent* plus facilement que la roche compacte, et on estime que le produit abattu contient une proportion plus forte de parties minéralisées que la moyenne du gîte en cet endroit.

Lorsque la roche n'est pas trop dure, il est préférable d'échantillonner avec le pic. Pour cela, on enlève la roche minéralisée par petites tranches transversales assez rapprochées et on reçoit le tout venant dans un panier.

Prise d'essai. — Le minerai recueilli est concassé en petits morceaux, au marteau, sur un plateau en bois; le tout est intimement mélangé et étalé en nappe d'épaisseur uniforme sur le plateau. On pratique deux tranchées en croix dans la masse. Deux quelconques de ces quatre parties sont rejetées. Les deux tas restants sont mélangés à nouveau et soumis à une nouvelle division en quatre comme la première; deux parties sont encore rejetées, et les deux autres peuvent être considérées comme représentant une bonne moyenne. Les échantillons sont placés dans des sacs en toile très serrée et plombés avec soin; ces sacs sont alors transportés, sans les perdre de vue un instant, dans la chambre du prospecteur et tenus sous clefs en attendant qu'ils puissent être mis dans des caisses cachetées; ce qui doit être fait le plus tôt possible. Les échantillons sont remis à deux essayeurs. On prend la moyenne des deux résultats d'essais.

On doit toujours se tenir en garde lorsqu'on étudie un gîte pour le compte d'acheteurs éventuels, contre les pratiques inconscientes ou déloyales des propriétaires. La mine a pu être préparée par les soins de ces derniers, c'est-à-dire qu'ils ont fait abattre une certaine quantité de matière, de manière à présenter un front de taille bien minéralisé. Si on a quelque doute sur la loyauté de ces propriétaires, il ne faut pas hésiter à faire exécuter, devant soi, un peu d'avancement dans le filon à l'aide d'une série de coups de mine, afin de préparer un front entièrement nouveau sur lequel portera l'échantillonnage.

En matière de métaux précieux, l'attention doit être encore plus grande. Il est facile de « saler » une mine ou un placer en jetant des pépites ou en répandant de la poussière d'or. On est allé jusqu'à injecter du chlorure d'or dans les sacs scellés, avec une seringue hypodermique. On met quelquefois de l'or dans la poudre ou la dynamite destinée à abattre la roche minéralisée. On tire quelques coups de revolver, sur le front de taille bien fissuré, avec des cartouches contenant de la poudre d'or, etc., etc.

CHAPITRE II

RAPPORT DE MISSION

Situation. — Cartes. — Plans. — Le rapport doit indiquer, en premier
lieu, la situation géographique de la mine et mentionner, en détail, les moyens
de communication et les facilités plus ou moins grandes pour s'y rendre, les
moyens de transport et leur durée, l'état des routes, etc., etc. Il sera bon de
l'accompagner d'une carte géographique à petite échelle pour indiquer l'ensemble de la région, puis d'une autre à grande échelle pour indiquer l'ensemble
du gisement et de ses abords. Il est également utile de faire un exposé de la
situation topographique du pays.

Concession ou permis de recherches. — Dans le cas d'une mine déjà concédée, on examinera les conditions dans lesquelles a été donnée la concession, sa durée, ses charges. Il en sera de même pour les permis de recherches
obtenus, demandés ou à demander. L'ingénieur devra noter le prix des terrains à acquérir en vue d'une exploitation éventuelle.

Dépenses faites. — Dans le cas d'une mine déjà exploitée, mais abandonnée, il sera très utile de connaître le montant approximatif des dépenses
qui y ont été faites, la quantité de minerai extrait et la teneur moyenne de
ce minerai. Ces renseignements sont difficiles à obtenir, et ceux qu'on obtient
sont généralement entachés d'erreurs grossières.

Description géologique. — L'étude géologique comprendra l'examen appro-
fondi des terrains de toute nature, la description détaillée de la tectonique
de la région, des nombreuses cassures qu'on y rencontre.

On mentionnera avec le plus grand soin tout ce qui peut être intéressant
au point de vue de l'étude purement minière, c'est-à-dire la description très
claire et très détaillée des filons ou des gisements, leur nombre, leur direction, leur plongement, leur puissance et la manière dont se présentent les
affleurements. Si des travaux importants ont été exécutés antérieurement
il est nécessaire d'en donner une description avec croquis à l'appui et
d'indiquer leur utilité, leur exécution plus ou moins soignée et leur état
de conservation.

Évaluation de tonnage du gisement.

Il est assez difficile, en général, de fixer, même approximativement, la quantité de minerai qu'un gîte peut contenir.

Il y a plusieurs moyens de calculer le tonnage. Nous citerons celui qui nous semble le plus pratique.

Il y a deux cas à examiner :

1º Celui d'une couche à teneur constante (houille, minerai de fer, etc.).

2º Celui d'un filon dont la richesse est essentiellement variable.

Dans ce cas, une évaluation précise ne pourra pas toujours être donnée.

I. — MINERAI A TENEUR CONSTANTE. — Pour une couche de houille ou de minerai de fer, on procèdera de la manière suivante :

a) On mesurera la longueur des affleurements. S'ils se trouvent en terrain horizontal, la longueur prise sur le terrain et rapportée sur le plan topographique sera la longueur exacte. Dans les pays montagneux, il faudra faire des corrections et ramener à un même plan horizontal moyen les différences de niveau. On y arrivera facilement par la résolution de quelques triangles. Dès que la ligne d'affleurement sera déterminée, on calculera la *profondeur*. Si le gîte forme un synclinal (une cuvette), cette profondeur est limitée et sera indiquée par la droite d'intersection des pendages. S'il n'y a pas de cuvette, les couches doivent descendre théoriquement d'une manière indéfinie à l'intérieur du sol. Pratiquement, il faut adopter une limite dont le chiffre sera variable : 200, 300 ou 500 mètres. Connaissant le pendage de la couche, on en déduira sa cote en profondeur par la résolution d'un triangle.

Le troisième élément de cubage de la substance exploitable est la détermination de la puissance de la couche.

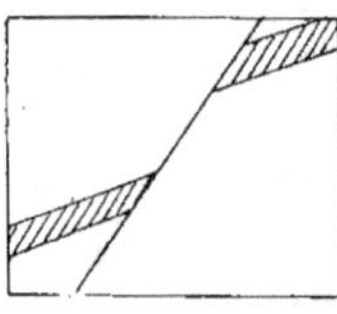 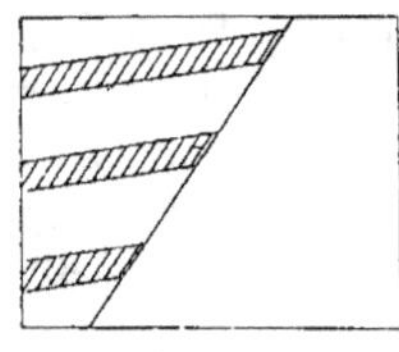 

Fig. 454.   Fig. 455.   Fig. 456.

Cette puissance ne peut être évaluée exactement; on choisira un chiffre moyen en tenant compte des amincissements et des élargissements possibles.

Quant aux autres facteurs, ils varieront également : ce sera une serrée qui supprimera la couche pendant quelques mètres; ce sera une faille qui jettera cette couche en profondeur ou qui la relèvera. Une fracture d'affaissement déplacera seulement les couches, sans agir sérieusement sur la richesse, tandis qu'une faille de plissement peut, ou bien supprimer toute la richesse,

ou bien la doubler en certains points, par suite du chevauchement de l'anticlinal sur le synclinal.

Après avoir tenu compte de tous ces éléments, on déterminera le cube
de la substance à exploiter et le produit du cube par la densité donnera le tonnage probable.

II. — MINERAI A TENEUR VARIABLE. — Pour un filon, l'évaluation n'est
pas aussi simple, car la teneur en métal varie, ainsi que l'épaisseur de l'imprégnation. De plus, les filons sont toujours irréguliers. Certains croiseurs.
donneront quelquefois un enrichissement au point de croisement avec le filon
principal. Il peut y avoir aussi réouverture du filon principal, et, par suite,
une minéralisation différente de la première (filons d'étain contenant du
cuivre, Cornwall).

Pour déterminer le *cœfficient de puissance*, il faut entreprendre des
galeries de recherches longitudinales, des recoupes transversales, des montages
dans les parties riches. On pourra alors se faire une idée de l'*épaisseur réduite*
du filon.

L'épaisseur réduite est obtenue en additionnant les diverses veines de
minerais supposées séparées idéalement de leur gangue.

Un mineur expérimenté arrive à l'apprécier empiriquement. On peut
l'évaluer par la quantité de minerai au mètre carré de surface du filon.

Considérons, par exemple, un filon plombo-zincifère de $1^m,30$ de puissance et supposons que l'épaisseur réduite soit de 8 centimètres, dont 2 centimètres pour la galène pure et 6 centimètres pour la blende pure. Il contien-
dra par mètre carré : $2 \times 10.000 \times 7,5 = 150$ kilos de galène à 86,6 % de
plomb, et $6 \times 10.000 \times 4 = 240$ kilos de blende à 67 % de zinc.

Chaque centimètre d'épaisseur de galène correspondrait, en particulier,
dans cette évaluation à 75 kilos.

Lorsque le filon est très complexe, on constituera une épaisseur pour
chacune des substances minérales qu'il peut contenir.

Il faut, ensuite, déterminer la teneur en métaux de diverses natures.
Pour cela, on prélèvera le long du puits ou des galeries, des échantillons de
minerais, aussi souvent que possible, et on les fera analyser. Il faut également
prélever quelques tonnes de minerais « tout venant », qu'on enverra au traitement métallurgique. On obtiendra ainsi une indication précieuse sur la
valeur industrielle future du filon.

La teneur et la puissance du gîte filonien étant déterminées aussi exactement que possible, il reste à faire les mêmes calculs que précédemment
pour la détermination du tonnage. On mesure la longueur des affleurements,
on estime la profondeur où descendra le filon. Pour ce chiffre, il faut se montrer aussi réservé que possible et ne pas supposer un développement de plusieurs centaines de mètres, comme pour les couches régulières. En un mot :

l'évaluation du tonnage d'un filon est délicate et difficile même, sinon impossible.

Enfin, on distinguera nettement le *tonnage réel* du *tonnage probable*. Le tonnage réel comprendra le cube déterminé par une longueur de galeries, un développement de montages ou de descenderies et une puissance bien connue d'une couche.

Le tonnage probable se basera, au contraire, sur des évaluations où un doute existe sur l'un des trois facteurs de calcul du tonnage, soit que les galeries qui l'ont recoupé ne se soient pas montrées toujours bien régulières soit enfin qu'on ne puisse pas définir nettement la profondeur à laquelle le gîte doit descendre.

Coefficient de restriction. — Les tonnages trouvés soit dans une couche, soit dans un filon, doivent être soumis à certaines réductions, quand bien même ils ont été calculés avec prudence. Pour la houille, par exemple, il est bon de ne pas faire le produit du mètre cube par la densité. En convertissant directement le mètre cube en tonnes, on supposera que 1 mètre cube pèse 1.000 kilos au lieu de 1.200 kilos.

Les restrictions porteront sur les épaisseurs des gisements, épaisseurs qu'on estimera au minimum ; elles tiendront compte dans une large mesure des parties stériles qui peuvent exister dans la mine.

Il peut arriver que le filon disparaisse brusquement au milieu de terrains durs. Il peut arriver aussi qu'on se trouve en présence d'amas droits, soit en présence d'une allure en chapelet. Les coefficients de restriction doivent être du tiers et même de la moitié de ce qu'on suppose être la réalité.

Analyses. — On mentionnera dans le rapport les analyses faites sur les échantillons recueillis dans chaque filon et à l'occasion les analyses antérieurement faites et qu'on aura pu se procurer.

Étude économique d'un gîte.

PRIX DE REVIENT. — Le prix de revient se détaille de la façon suivante :

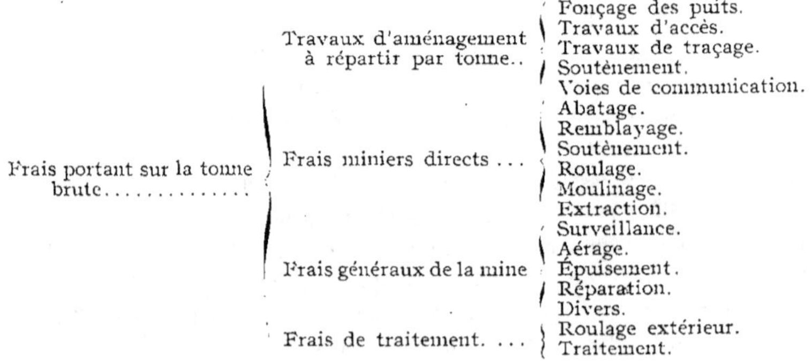

Frais portant sur la tonne nette	Transport pour l'exportation Déduction de l'acheteur. Impôts.
Frais généraux.	Administration. Direction et personnel. Entretien général. Surveillance générale. Magasins. Divers (impôts généraux)
Charges financières.	Amortissement. Redevances financières. Charges spéciales.

Examen du gîte. — *Productivité.* — M. Saladin a établi, dans une étude sur les célèbres mines du Boleo, quelques principes fort intéressants.

1º En extrayant tout le terrain métallifère, on n'obtient qu'un minerai très pauvre, donnant des produits marchands d'un prix de revient excessif.

2º En laissant dans la mine les minerais pauvres, on arrive à abaisser le prix de revient des produits marchands jusqu'à payer tous les frais, pour faire un bénéfice, s'il y a lieu.

3º En adoptant une teneur moyenne d'extraction exagérée, on n'obtient plus qu'un tonnage insignifiant et des prix de revient de plus en plus démesurés à mesure que cette teneur augmente.

4º Les prix de revient des produits marchands varient d'une manière continue avec les teneurs moyennes d'extraction. M. Saladin construit la courbe qu'il appelle caractéristique industrielle.

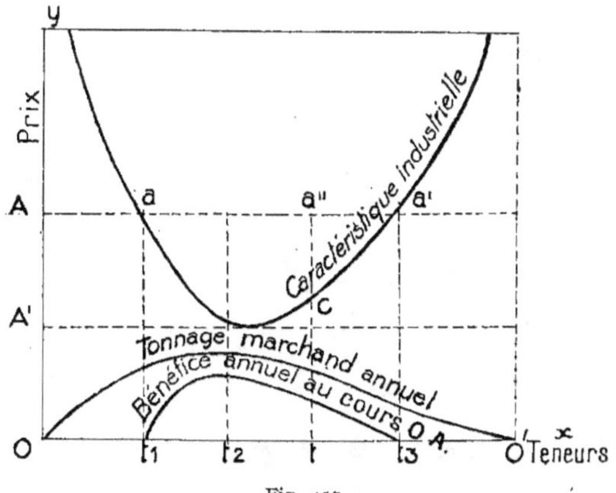

Fig. 457.

En prenant pour ordonnées les prix de revient totaux de la tonne vendue sur le marché, et pour abscisses les diverses teneurs moyennes d'extraction de o à 100. Cette courbe est asymptote à l'axe des y et à la parallèle à cet axe menée par le point $x = $ 100. Car, pour ces deux teneurs, l'extraction sera nulle comme le montre la courbe des tonnages construite en prenant les teneurs pour abscisses et les extractions pour ordonnées. Par le point A, tel que OA = prix de vente de l'année, on trace une parallèle à Ox.

Une tonne de teneur Ot représente un bénéfice Ca″.

Aux points d'intersection a' et a correspondent des teneurs t_2 et t_1 pour lesquelles le bénéfice est nul. On aura donc une courbe des profits passant par t_1 et t_2 et présentant un maximum entre les deux valeurs.

On voit que, par cette méthode, on arrive à déterminer la teneur la plus avantageuse de l'extraction annuelle et qu'on doit évaluer ensuite la teneur minima correspondante. Toutefois, cette valeur ne sera pas celle qui correspond à l'utilisation maxima d'un étage.

M. Burthe a établi autrement la caractéristique industrielle. Cette étude peut se résumer ainsi :

Il désigne par :

B le bénéfice total annuel.

P la valeur de production.

D l'ensemble des dépenses.

T le tonnage produit.

V la valeur de la tonne.

f les frais spéciaux par tonne.

F l'ensemble des dépenses indépendantes du tonnage.

Puis il pose :

$$\frac{P}{D} = \pi \qquad \frac{V}{f} = r \qquad \frac{D}{F} = d.$$

On a évidemment B = P — D et comme $\frac{P}{D} = \pi$, on déduit :

$$B = P\left(1 - \frac{1}{\pi}\right) \text{ ou } B = D\,(\pi - 1).$$

De même, on établit que :

$$P = TV \text{ et } D = Tf + F.$$

Par suite, il vient B = TV — (Tf + F).

Et

$$\frac{TV}{Tf + F} = \pi$$

Puis, introduisant les coefficients r et d, on obtient :

(E) $$\pi = r\left(1 - \frac{1}{d}\right).$$

Or, pour que l'exploitation ne soit pas en perte, il faut que π soit supérieur à l'unité, c'est-à-dire que l'on ait :

$$\frac{1}{r} < 1 - \frac{1}{d}$$

C'est la relation (E) que M. Burthe appelle la véritable caractéristique du gîte. De plus, il estime que π mesure la force de production du gîte, que $\frac{V}{f}$ établit sa productivité élémentaire et que $\frac{1}{d}$ représente les difficultés naturelles de l'exploitation. Il termine ainsi son étude : « En général, on constatera que les valeurs de r sont comprises entre 2 et 5 (parfois 7) : celles de $\frac{1}{d}$ entre 0,10 et 0,35. Les valeurs de π varient donc entre 1,20 et 6; pour les bonnes et grandes mines et pour une assez longue période de temps, elles oscillent autour de 2; elles atteignent quelquefois 3, mais dans des cas particulièrement favorables.

Ceci ne s'applique qu'aux entreprises prospères; car il y a malheureusement trop de mines pour lesquelles le rapport π tombe fréquemment au-dessous de l'unité. »

<h3 style="text-align:center">Loi du 21 avril 1810, modifiée par les lois du 9 mai 1866
et du 27 juillet 1880.</h3>

Les masses de substances minérales sont classées sous les trois qualifications de mines — minières — carrières.

1. Sont considérées comme mines, celles connues pour contenir en filons, en couches ou en amas, de l'or, argent, platine, mercure, plomb, fer (filons ou couches), cuivre, étain, zinc, bismuth, cobalt, nickel, arsenic, manganèse, antimoine, molybdène, tungstène, plombagine, soufre, houille, bitumes, aluns.

2. Les minières comprennent les minerais de fer dits d'alluvions, les terres pyriteuses, les terres alumineuses et la tourbe.

3. Les carrières comprennent les ardoises, grès, pierres à bâtir, marbre, granite, argiles, gypse, barytine, fluorine.

Les mines ne peuvent être exploitées qu'en vertu d'un acte de concession délibéré en Conseil d'État. Cet acte donne la propriété perpétuelle de la mine. Les mines sont des immeubles.

Nul ne peut faire des recherches sur un terrain qui ne lui appartient pas, que du consentement du propriétaire de la surface, ou avec l'autorisation du Gouvernement. Les puits et les galeries ne peuvent être ouverts dans un rayon de 50 mètres des habitations.

Les mines appartiennent à l'État; elles sont concessibles. Les minières et carrières appartiennent aux propriétaires du sol.

Formalités à remplir pour l'obtention d'un permis de recherches.

Toute demande doit indiquer :

1° L'objet de la recherche;

2º La désignation précise du terrain, avec plan à l'échelle de $\frac{1}{10.000}$.

3º Le nom et le domicile du propriétaire du terrain.

Cette demande, rédigée sur papier timbré, est adressée au préfet qui la soumet à l'examen de l'ingénieur en chef des mines et en communique officiellement le contenu au propriétaire superficiaire.

Le préfet joint son avis à celui de l'ingénieur et transmet le dossier au ministre qui le soumet au Conseil général des mines et demande au chef de l'État un décret accordant, s'il y a lieu, un permis de demande.

La durée du permis de recherches est ordinairement de deux ans.

Le prospecteur a tout intérêt à s'entendre avec le propriétaire superficiaire pour les travaux à exécuter. Le Gouvernement peut autoriser des recherches, malgré le propriétaire superficiaire.

Les indemnités à payer au propriétaire sont évaluées au double de la valeur du terrain.

CHAPITRE III

NOTES SUR LES GITES MÉTALLIFÈRES DU MAROC, DE L'ALGÉRIE ET DE LA TUNISIE

GÉOLOGIE DE L'AFRIQUE

L'Afrique comprend deux régions principales :

L'une, dont les derniers plissements remontent à l'époque carbonifé-rienne et qui est recouverte par un manteau horizontal de permo-trias; l'autre, à plissements tertiaires encore saillants. Ces régions présentent des lignes de fracture et d'effondrement très récentes, notamment sur le long des rivages ou du côté des grands lacs.

On distingue trois séries géologiques, et, par suite, trois types de gîtes métallifères.

1. Dans la grande masse ancienne du continent, qui comprend à peu près toute l'Afrique, on rencontre des terrains primaires, des roches cristallophyl-liennes et des roches éruptives, telles que granites, granulites, diorites, etc., qui ont été amenées au jour par l'érosion : c'est donc un faciès comparable à celui de la Scandinavie ou du Canada.

2. Dans la zone plissée méditerranéenne, on rencontre des terrains juras-siques, crétacés et tertiaires jusqu'à l'helvétien (miocène).

Ces terrains sédimentaires ont été disloqués, faillés, avec épanchements de roches éruptives et gîtes métallifères à faciès superficiel, comme dans la Sierra-Nevada, les Apennins.

3. On observe, suivant les lignes de dislocation et d'effondrement, les phénomènes volcaniques proprement dits, les sources thermales et peut-être des gisements métallifères analogues à ceux des zones éruptives tertiaires, le long des montagnes Rocheuses ou au Mexique.

Remarque. — On connaît peu de gîtes métallifères, dans le monde, qui puissent être rattachés à des phénomènes volcaniques proprement dits. On peut laisser de côté cette troisième catégorie de gîtes.

I. MASSIF ANCIEN. — On ne connaît rien de précis jusqu'au dévonien. Le dévonien a couvert le plateau désertique du Sahara, l'est de l'Égypte, la colonie du Cap. A la fin du carboniférien, des chaînes de montagnes ont surgi, avec glaciers et lacs marginaux.

Les premiers remplissages des lacs ont été plissés par les derniers mouvements de la chaîne. Ensuite, l'Afrique n'a plus été jusqu'à notre temps qu'un immense plateau où se sont produits des mouvements de tassement; c'est à partir de ce moment que l'érosion a dû s'exercer sur ce grand massif ancien; cette érosion aidée sans doute par les pluies tropicales qui altéraient rapidement les roches a donné, dès l'époque permienne, à l'Afrique, un aspect assez semblable à celui de la Finlande, de la Laponie et, vers l'époque jurassique, l'Afrique a dû être très analogue à ce qu'elle est aujourd'hui. Il a dû exister de grandes étendues de produits latéritiques qu'on retrouve à Madagascar et dans les Guyanes.

C'est à l'époque du lias qu'ont eu lieu, en Afrique, les premières grandes fractures, dont l'effet s'est surtout fait sentir sur la direction des côtes. A l'époque crétacée, les mouvements de cassures littoraux, commencés avec le lias, s'accentuent sur toute la périphérie de l'Afrique. En dernier lieu, les mouvements tertiaires se localisent suivant les sillons d'effondrement bien connus et les lignes d'éruptions volcaniques.

On peut signaler le sillon linéaire de la mer Rouge et de Suez, celui de la mer Morte et du Jourdain. La faille limite du massif abyssin à l'est, enfin la fosse des lacs Albert et Tanganyka. L'existence de ces filons linéaires d'effondrement dans la région des grands lacs, avec le massif archéen du lac Victoria dans l'intervalle, est un fait très remarquable.

II. Chaine tertiaire méditerranéenne. — Cette chaîne est surtout marquée en Algérie et en Tunisie. Quand on examine une carte d'ensemble, on voit que les plissements des terrains dessinent une courbe continue, suivant les rivages de l'Afrique et de l'Espagne, en traversant la coupure du détroit de Gibraltar. Cela est marqué :

1º. Par une ligne de roches éruptives récentes qui jalonne, suivant leur direction, une fracture;

2º Un peu plus loin, par une zone archéenne et primaire qui reparaît à l'état de tronçons discontinus à Bône, à Philippeville, en Kabylie, autour d'Alger, à Mouzaïa, Miliana, Oran, la Tafna, au Maroc et à l'est de Grenade.

3º Par la série des ondulations jurassiques, crétacées et tertiaires au milieu desquels, le trias et peut-être le permien ou rarement les schistes primaires se montrent à l'état d'îlots. Au sud, cette zone plissée se termine par des escarpements au-dessus du Sahara.

Il semble y avoir là une chaîne montagneuse formée par une poussée de terrains vers le sud, avec une ligne d'effondrement volcanique en arrière, du côté du nord ou de la mer, chaîne qui se rapproche, par tous ses caractères généraux, de ce que l'on peut observer dans la Cordillère bétique et les Apennins, et dont les gisements métallifères doivent, par suite, être analogues à ceux de ces régions. Le surgissement de cette chaîne semble avoir commencé vers l'éocène, en même temps que les manifestations éruptives, pour se prolonger pendant les périodes suivantes. Son bord externe plissé est au sud, décrivant presque une ellipse entière. Son bord interne effondré est partout marqué par des roches volcaniques. La dépression centrale forme la mer Tyrrhénienne.

Au sud des chaînes algériennes, se trouve une large zone de formations détritiques moderres, l'avant pays saharien aux massifs tabulaires horizontaux.

Cet avant pays, encore inexploré, contre lequel les chaînes de l'Atlas sont venues buter et s'écraser en le disloquant, comme l'ont fait la Cordillère bétique contre la Meseta espagnole, les Alpes contre le Plateau Central ou la Bohême, les Carpathes contre la plateforme russe, nous réserve, peut-être, des surprises heureuses pour les filons métallifères, s'il s'est fracturé lors de cet écrasement, comme dans les grands massifs anciens européens.

Les gisements métallifères que nous connaissons jusqu'en Algérie et en Tunisie sont, au contraire, ceux de la chaîne plissée elle-même et de la zone effondrée centrale, où les filons paraissent généralement présenter moins d'ampleur ou de continuité.

Les fractures minéralisées d'Algérie forment d'abord une première zone, en relation souvent très directe avec la chaîne volcanique, c'est-à-dire localisée au voisinage de la côte et comprenant surtout du cuivre et du fer. En s'éloignant vers le sud, on trouve une multitude de filons déterminés dans les calcaires; les filons de cuivre et de fer existent encore, mais le zinc et le plomb prédominent, et souvent avec présence du mercure et de l'antimoine.

Il existe, d'autre part, des tronçons anciens répandus sur le bord interne de la chaîne, dans lesquels se trouvent quelques gisements de fer oxydé qu'il[1] est permis de rattacher à une formation primitive ou primaire analogue à celle que l'on trouve dans le massif ancien africain.

GISEMENTS DE LA ZONE MÉDITERRANÉENNE.

(Maroc, Algérie, Tunisie.)

GÉNÉRALITÉS GÉOLOGIQUES. — *Tectonique.* — Toute la zone méditerranéenne forme un ensemble tectonique homogène. On y observe presque uniquement des gîtes métallifères filoniens et tertiaires, au lieu d'avoir des gîtes remontant aux plissements hercyniens et souvent à un âge antérieur.

Les gisements métallifères sont situés dans les parties hautes d'une chaîne récemment plissée; ils semblent représenter des formations déposées par incrustation au voisinage de la superficie où les terrains sont toujours irrégulièrement disloqués, et où les fractures manquent de continuité. Tantôt, l'on a des calcaires trop compacts dans lesquels les fissures se sont mal ouvertes, tantôt des schistes et des marnes où les fractures sont éparpillées en une multitude de petites veinules sans continuité.

Par contre, certains gîtes situés sur des zones nettes de dislocation présentent des concentrations de minerais oxydés, relativement notables : ces concentrations sont dues à l'action des eaux météoriques qui ont pu pénétrer facilement dans les terrains très déchiquetés.

Leur âge est assez bien déterminé; ils sont généralement contemporains des divers niveaux éocènes. Ils sont en relation directe avec les roches éruptives tertiaires qui sont des roches d'intrusion superficielle ou d'épanchement tels que les microgranulites, rhyolites, dacites, etc.

Les minéraux attribuables à des émanations fluorées ou chlorurées font défaut. On rencontre des minerais sulfurés plus ou moins complexes.

Les minerais sulfurés complexes peuvent renfermer, à la fois, du sulfure de plomb, zinc, fer, cuivre, antimoine, mercure avec une gangue souvent quartzeuse, souvent aussi barytique ou calcaire, ces deux dernières substances semblent disparaître en profondeur. Lè plomb et le zinc vont ensemble; il en est de même du cuivre et du fer.

Dans les calcaires, se rencontrent de nombreux gîtes de substitution.

I. — Richesses minérales du Maroc.

Les richesses minérales du Maroc sont, en réalité, à peu près inconnues, et c'est par comparaison avec les deux régions auquelles le Maroc se rattache directement, l'Algérie d'un côté, l'Espagne de l'autre, que l'on peut faire quelques hypothèses très vagues sur leur valeur.

On sait que le Maroc a produit de l'antimoine, du fer, du cuivre, du plomb; il est bien probable qu'il renferme du zinc et des phosphates.

Or. — L'or doit être peu abondant au Maroc; il en est de même en Algérie et en Tunisie.

Gatell dit avoir trouvé un peu d'or et de cuivre dans le Sous.

A Sajil-Masah, d'après Graberg, l'or serait en grains dans du quartz. Suivant Leared, on en trouverait dans le voisinage de Mzoudia, sur la route de Mogador à Marakech, dans trois petites collines, dites Koudiats el Ardous. Il est probable que l'or que l'on trouve au Maroc est venu du Soudan par Tombouctou.

Plomb. — On exploite des mines de plomb argentifère à Tadla et dans le Sous.

Cuivre. — On dit que l'on trouve également du cuivre dans la région de Tadla, Marrakech. On cite encore comme cuprifère la chaîne des Dzebilets, près Marakech, et dans le S.-E. du Maroc, près de la frontière algérienne; toute la chaîne du Djebel-Maïz, près Aïn-Sefra, et Figuig, est réputée pour fournir leur cuivre aux chaudronniers marocains. Enfin, au S.-O. du Maroc, près de Taroudan, capitale du Sous, on exploitait en 1860, d'après Rohlts, des veines cuivreuses ayant donné naissance à une importante industrie de chaudronnerie.

Fer. — Fischer cite d'anciennes mines de fer au Djebel-Hadid, à 22 kilomètres N.-E. de Mogador.

De plus, le fer existe avec beaucoup d'autres métaux, plomb, cuivre, etc., dans la région qui se trouve au S.-O. du Maroc, c'est-à-dire dans le Sous. On a également exploité du fer aux environs de Fez.

Antimoine. — Les gisements d'antimoine sont assez nombreux. Nous citerons celui d'Anjerah, non loin de Tanger, et celui de Ziaidah, entre Rabat et Casablanca. On trouve l'antimoine associé au plomb, au S.-E. du Maroc, contre la frontière algérienne, près l'oasis de Tafilet, et entre celle-ci et Figuig, un peu à l'ouest de Kenatsa, sur la route de l'oasis de Boanam, où travaillaient les Kabyles Beni-Sithé. Les Marocains emploient l'antimoine pour la fabrication des couleurs et des fards.

On peut citer, parmi les richesses minérales du Maroc, de vastes carrières de sel gemme, au nord de Fez, de l'autre côté de la vallée du Sebou, dans le tertiaire moyen. Il en existe d'autres près Hajar-el-Wacsif et des collines de sel à Laalooah, près Casablanca (sur le côté ouest) ainsi qu'à Demnat, dans l'Atlas (80 kilomètres de Marrakech). On signale, de plus, de nombreuses eaux salées dans la plaine de Marrakech et à Abda; des sources salées à Wazzan, sur le chemin d'El-Kasar; un lac salé de 10 à 12 kilomètres de diamètre, à Zeemah, province d'Ahman, à 78 kilomètres S.-E. du port de Safi, dans la direction de Mogador.

Le gypse, est exploité en divers points pour fournir le plâtre.

On trouve du salpêtre à Taroudant et près Marakech. Il existe des carrières de granite, entre Marakech et Mogador; des carrières de marbre romain près de Marakech, au Koudiat el Ardous; des calcédoines, dans la même région, du soufre, en face Taroudant, dans l'Atlas, des meulières exploitées depuis des siècles sur la côte, à 6 kilomètres du cap Spartel, au Raz (1) Aschakkar, dans un conglomérat tertiaire.

Les sources thermales sont peu nombreuses. On cite les eaux chlorurées et sulfureuses de Monley-Yakoub dans la montagne entre Fez et Meknès; celles de Sidi-Harazem et de Djebel-Zalagh dans la même région, celles de Kabeelah Gidiah dans la province Ez-Reef, les sources carbonatées de l'oasis de Tasanakht, les sources de Figuig, etc., etc.

---

(1) Les mots Gar, Raz, Rhar, signifient grotte.

II. — Gîtes métallifères complexes de l'Algérie.

Région à l'ouest d'Oran.

Cette région, si l'on excepte les minerais de fer de la Tafna, est la moins riche en minerais de toute l'Algérie. Cependant, sur la frontière marocaine, il existe des terres métallifères d'une certaine valeur, dirigées suivant les grands plissements N.-E., et qui forment sans doute la continuation des minerais que l'on suppose exister au Maroc.

Du nord au sud, il semble y avoir trois zones métallifères principales, en relation avec des anticlinaux sur lesquels apparaissent des terrains anciens, ainsi que du trias accompagné de pointements ophitiques et des roches éruptives tertiaires.

Le premier anticlinal, le plus développé, sur lequel se trouvent les grands gisements de fer de la Tafna, suit la côte de Nemours à Beni-Saf, Oran et Arzeu, avec de nombreux volcans tertiaires. On trouve également là les concessions de zinc de Mazis et de Djebel-Masser, repris en 1899, ainsi que celle de Fillaoucen abandonnée.

Le second anticlinal, plus au sud, est celui de Gar Rouban, ancienne mine romaine abandonnée, et Tleta, entre Oudjda et Sebdou.

Enfin, le troisième anticlinal, dans le sud oranais, tout à fait délaissé, est celui du Djebel-Mazis, au Maroc, et des environs d'Aïn-Sefra.

En commençant par le nord, on trouve sur une même zone N.-E., au nord de Lalla-Marnia, entre cette ville et Nemours, les trois concessions de Mazis, Djebel-Masser et Fillaoucen.

On est là au contact des schistes anciens, dans un calcaire compact bien stratifié, passant à la dolomie, et qui doit appartenir à l'oxfordien. Les conditions de gisement rappellent celles de quelques gisements du Gard. Les minerais sont très disséminés au voisinage de ce contact, mais, malheureusement, ils ne forment pas d'amas. Ces minerais comprennent un mélange de calamine, de galène, avec gypse abondant.

Une société minière belge exploite les gisements de Mazis et du Djebel Masser. Cette société a extrait 8.000 tonnes de minerais marchands en 1905. On a installé une laverie à Mazis.

Puis, en décrivant un coude vers le nord, comme le fait la chaîne ancienne elle-même, on trouve la mine de Bar-el-Maden. Cette mine, située à 21 kilomètres N.-E. de Nemours; on y exploite à Bab-M'Teurba des hématites très manganésifères (7 % de Mn) qui, en profondeur, passent à la sidérose. Les gisements sont au contact des schistes anciens et des calcaires liasiques ou jurassiques.

La région paraît être assez bien minéralisée. Des recherches ont été faites à Ouled-Malek, Oued-el-Kebir, Djebel bou Kérou.

On trouve également des hématites à la Tafna, à Dar-Rih, à Tenikrent, à Camerata, etc. Puis quelques gîtes de fer, cuivre et barytine à Haouïssi, dans les communaux de Bou-Tléfis (34 kilomètres d'Oran); enfin, à l'ouest d'Arzeu, des indices de cuivre et de plomb à Guessiba, avec un peu d'oligiste au cap Ferrah.

Une seconde zone minéralisée commence à la frontière marocaine, par l'ancienne mine de Gar-Rouban, près de laquelle se trouve le petit gîte de Sidi-Aramon, à 30 kilomètres au sud. Le minerai comprend de la galène, avec un peu de chalcopyrite et localement de la blende. Les gisements principaux sont intercalés dans des schistes anciens. On a exploité également des gîtes à Abla, Tleta, Condiat-Reçar. Ces mines ont été l'objet d'une exploitation romaine très active. Depuis la conquête, elles ont été reprises par les Espagnols et les Français; elles étaient, il y a quelques années, actuellement entre les mains d'un groupe allemand; elles présentent, comme celles de Mazis, quelques analogies avec celles du Gard.

Beaucoup plus au sud, on trouve à Aïn-Sefra, à 100 kilomètres de Figuig, une troisième zone métallique qui se rattache probablement à celle du Djebel Mazis.

On trouve là, sur les flancs E. et O. du Djebel Aïssa, une légère imprégnation cuivreuse (carbonates aux affleurements), dans les grès du néocomien. Ce gisement est donc analogue à ceux de Perm et de Mansfeld. On a trouvé, dans la même zone, des grès imprégnés de chalcosine qui seraient permo-triasiques comme dans le type d'Europe.

En se dirigeant vers l'est, on trouve, entre les deux zones précédentes, à 30 kilomètres de Saïda, quelques gîtes métallifères plus ou moins en rapport avec les roches éruptives et notamment sous forme d'imprégnations dans les dolomies bathoniennes. On a signalé de la galène à Embarka et à Kselna.

Région centrale de l'Algérie.

Après une assez vaste région stérile en gisements métallifères, on retrouve à l'est de Renault, dans une zone côtière, deux anticlinaux anciens principaux :

L'un, sur la côte, allant de Ténès à Gouraya, Cherchel, et Alger. L'autre, qui lui est à peu près parallèle, à une distance de 30 à 40 kilomètres, allant d'Orléansville à Miliana, Blida, Froundouck et Menerville : c'est suivant ces axes que sont concentrés les minerais.

La zone qui suit immédiatement la côte commence autour de Ténès, par de nombreux gisements de chalcopyrite, galène, pyrite et barytine, et parfois du cuivre gris argentifère.

Ces gîtes sont en filons irréguliers : soit à l'ouest, dans le tortonien, soit à l'est dans le sénonien. On cite les concessions : d'Oued Allelah, près de Mentcrotte, Beni-Aquil, à 24 kilomètres de Ténès; les concessions de l'Oued Taffilès et du cap Ténès n'ont jamais été exploitées. On a exploré des filons à Oued-bou-Hallou (11 kilomètres de Ténès) à Sidi-bou-Aïssi (neuf kilomètres de Ténès) et à Oued-Dhamous (à 34 kilomètres de Ténès).

Entre le cap Ténès, S.-O. Dhamous, commence une zone d'éruptions andésitiques qui se continue, presque en ligne droite, jusqu'à l'extrémité ouest du Sahel, et, là, se divise en deux branches, l'une vers Desaix, l'autre vers Mouzaïaville; entre les deux existe une zone déprimée.

Sur toute cette côte, se trouvent de nombreux gîtes de fer dispersés dans les marnes; on rencontre de l'hématite à la surface et de la sidérose en profondeur. Le tonnage est faible. Plus loin, sur la côte, on rencontre les gisements concédés, mais inexploités de Gouraya, Aïn-Sadouna, Messelmoun; ils forment la suite des précédents.

Une autre zone métallifère qui suit les terrains anciens et le lias entre Orléansville et Blida, commence par le Djebel Temoulga (25 kilomètres d'Orléansville). Il y a là quelques imprégnations cuivreuses. Nous citerons les gisements de fer de Rouïna, de Sidi-Sliman.

Enfin, les environs de Miliana sont riches en minerais. On y fait des recherches. On cite le gisement de Zaccar-R'harbi, où l'on rencontre des veinules de galène avec cérusite et des amas très importants d'hématite, dans les calcaires liasiques ou triasiques. On extrait près de 100.000 tonnes par an. Nous citerons les veines de cuivre pyriteux d'Aïn-Kerma, Aïn-Soltan, Oued-Adelia, d'Hammam-Rhira, encaissées dans le crétacé ou le miocène.

Puis, après une lacune de 30 kilomètres, on rencontre les fameuses mines de Mouzaïa qui ont eu leur heure de célébrité.

Cette zone minéralisée se continue vers Blida, Soumah, Rovigo. Il existe sur le versant sud de Djebel-Mouzaïa, soit dans les schistes de la Chiffa, soit surtout dans les calcaires et marnes du crétacé inférieur, de nombreux filons irréguliers de cuivre gris argentifère, avec sidérose et barytine et passant en profondeur à des chalcopyrites. A la surface se trouvent des dépôts d'hématite. La concession de Mouzaïa se prolonge vers le sud-est et l'est par celles de l'Oued Merdja, Oued Kebir. On a rencontré dans ces concessions des filons de chalcopyrite avec dolomie ferrugineuse, dans le néocomien. Plus au nord, à l'Oued Beni-Aza, on a rencontré des filons complexes de galène, blende, chalcopyrite, éparpillés dans les marnes sénoniennes.

Enfin, à 9 kilomètres de Blidah, on a trouvé la mine de fer de Soumah. On peut encore citer dans la même région, mais plus au sud, en plein massif crétacé, le gîte de cuivre de l'Oued Abed : cuivre gris, galène et calamine.

On a cherché, pour ces divers gîtes, une relation avec des diorites.

Plus au nord, on trouve l'Oued Bouman et l'Oued Ouradzgea : veinules de chalcopyrite, cuivre gris, avec hématite dans le cénomanien.

Enfin, on a signalé à Tarareouïne et à Azrou, toujours dans le cénomanien, des filons de cuivre avec galène et blende.

Au sud de cette zone métallisée se trouvent quatre gîtes importants de minerais de zinc.

1° *Ouarsenis*. — Les mines d'Ouarsenis se composent, en profondeur, de filons complexes (galène, blende, pyrite). Au milieu d'un îlot liasique, on trouve, à la surface, des amas calaminaires. Ces mines donnent actuellement plus de 6.000 tonnes de minerais marchands. Les gangues sont la barytine, l'hématite et la sidérose (Société de la Vieille-Montagne). Nous mentionnerons, à l'est, la concession de cuivre d'Oued Kébir.

2° *Sakamody*. — Le gisement de Sakamody se compose de filons et de veines de blende argentifère, éparpillés dans des schistes crétacés; il existe un peu de galène. Aux affleurements, on trouve des masses calaminaires et de la cérusite. On a extrait, jusqu'en 1903, 3.000 tonnes de minerais de zinc. Ces mines sont actuellement abandonnées (Société : groupe allemand).

3° *Guerrouma*. — Les mines de Guerrouma sont analogues aux précédentes (15 kilomètres de Palestro).

4° *Nador-Chaïr*. — Il en est de même des mines de Nador-Chaïr (10 kilomètres de Palestro).

Il existe encore deux mines très rapprochées de Palestro; ce sont : l'Oued Arkoub et Coudiat-Rhiran.

Est de l'Algérie.

Zone côtière à gisements complexes (cuivre, plomb, zinc, fer), en relation fréquente avec des roches éruptives tertiaires.

Dans les environs de Bougie, les minerais métalliques sont nombreux.

On cite le gisement de fer de El-Matine. Il se compose d'hématite en amas de substitution dans le lias.

Au sud et au sud-est, dans la petite Kabylie, on a trouvé du plomb, puis des filons complexes, pouvant contenir de la chalcopyrite, du cuivre gris, avec sidérose et hématite, et parfois de la galène, de la blende, de la pyrite. Nous citerons les deux gisements de Djebel Téliouïne (26 kilomètres de Bougie) et Tadergount; ce dernier consiste en un filon bien caractérisé dans des schistes liasiques. La minéralisation consiste en cuivre gris. Dans cette région, les filons sont en relation avec des roches granitiques tertiaires recoupant le sénonien et probablement l'éocène; il existe également des trachy-andésites et des liparites. Vers l'est, on trouve une région métallifère intéressante où deux gisements, l'un contenant du cuivre Djebel-Hadid, l'autre de la pyrite de fer, El-Auzouar.

Le gisement du Djebel-Hadid se trouve dans les schistes bitumineux du sénonien au voisinage de leur contact avec les calcaires liasiques. Le filon reconnu sur 200 mètres de longueur et 56 mètres de profondeur donne des minerais à 3 ou 4 % de cuivre.

Le gisement pyriteux d'El-Auzouar se trouve au fond d'un ravin encaissé dans les terrains calcaires friables du trias. La lentille de pyrite n'est en contact avec aucune roche éruptive; elle est seulement recouverte d'un chapeau de fer (hématite) de 4 mètres de puissance. Il existe, au toit du filon, 10 mètres d'oxyde de fer, au-dessus de 10 mètres de pyrite. Au mur, la pyrite n'est pas altérée. Cette formation, qui semble anormale, peut s'expliquer par une érosion rapide. Le cube de ce gisement est de 40.000 tonnes.

La concession de Cavallo porte sur des lentilles de minerai complexes (galène, blende, pyrite de cuivre et de fer), dans les roches éruptives tertiaires. Ce gisement se rapproche un peu de celui de Kef-Oum-Theboul.

Puis, on trouve l'important massif éruptif qui s'étend de Collo au cap Bou Garoun et comprend trois catégories de roches : des serpentines dérivant des lherzolites, des microgranulites à pinite tertiaires, passant à des liparites avec rhyolites, probablement de l'âge ludien, enfin des liparites à quartz globulaire, des dacites, des diorites quartzifères, des dolorites andésitiques, etc.

Les serpentines renferment les seuls petits gîtes de fer chromé reconnus en Algérie, ceux de Taffercha et d'Euch-el-Bez, puis le gîte complexe (chalcopyrite, galène et blende, de Ouïchaoua-Riffia (4 kilomètres de Collo).

Au contact des microgranulites et du nummulitique se trouvent Cheraïa (5 kilomètres de Collo) et Oued-bou-Assès (9 kilomètres de Collo), où l'on observa des fissures incrustées de chalcopyrite, blende, galène et calcite. Enfin on connaît, en divers points du massif éruptif lui-même, des associations de pyrite de fer, de magnétite et d'oligiste : à la concession d'Aïn-Sedma, reprise en 1898, à Sidi-Driss, Sidi-Ouaret et Bou-Jersoun (11 kilomètres de Collo).

On trouve en rapport avec la même série éruptive tertiaire un beau filon complexe récemment découvert et concédé à Aïn-Kechera (blende, galène, chalcopyrite et pyrite de fer). On a là une épaisseur de 0^m,40 en minerais massifs et presque sans gangue.

Au cap Takouch, on connaît un peu de plomb avec les mêmes roches. Puis, en se rapprochant de Bône, la concession d'Aïn-Barbar.

Celle de Méthala, ainsi que les recherches de Voile-Noire portant sur des filons complexes de pyrite, chalcopyrite et blende à gangue quartzeuse, au contact de trachytes avec des schistes éocènes (Ludien) ou de terrains cristallophylliens.

C'est encore dans le même groupe de filons complexes rattachés à des roches éruptives tertiaires qu'il faut faire rentrer le gisement très important de Kef-Oum-Theboul, près du port de La Calle. La description de ce gîte peut servir de type pour tous ceux du même genre (voir p. 467).

La montagne du Kef, composée de marnes schisteuses et grès tertiaires, est traversée par un filon ramifié de direction E.-O., avec pendage 65° nord, et recoupant les schistes sous un angle assez faible. On distingue, dans ce filon, trois veines principales :

Veine du toit, connue seulement à l'est; veine principale et veine du mur. A l'est, le filon vient buter et s'arrêter contre une autre veine N.-O., dite la veine de cuivre.

Le remplissage est constitué par de la pyrite de fer, de la chalcopyrite, blende, galène argentifère avec quartz dominant, barytine accidentelle et argile blanche. — Ces minerais sont toujours mêlés intimement (ce qui rend la préparation mécanique difficile) et semblent faire partie d'une même veine métallifère; cependant, on trouve isolément de la pyrite de fer ou de la galène; mais le minerai cuivreux est toujours complexe. On a cru remarquer que la pyrite de fer avait cristallisé avant la pyrite de cuivre et celle-ci avant la blende. La teneur en argent diminue rapidement en profondeur.

Les parties riches du filon présentent la forme de colonnes plongeant légèrement de l'ouest vers l'est. Ces colonnes, au nombre de trois, se rejoignent près des affleurements formant là une zone riche continue depuis longtemps épuisée. La colonne de l'ouest se prolonge sans accident jusqu'à 80 mètres au-dessous du dixième niveau. La colonne du centre se bifurque assez vite : celle de l'est ou Grand-Laige est formée de la réunion de la veine principale avec la veine du mur et la veine de cuivre : cette dernière résultant d'une cassure un peu oblique sur le filon E.-O. principal, paraît avoir été remplie en même temps.

En 1888, l'extraction était de 14.400 tonnes de minerais; quelques années après, l'exploitation a été arrêtée. On l'a reprise en 1901 sans grande activité.

Zone archéenne de Djidjelli à Bône.

La zone archéenne, qui va de Djidjelli à Philippeville et Bône, est surtout remarquable par quelques grands amas d'oligiste et magnétite, analogues à ceux de la Scandinavie, dont les principaux sont ceux de Mokta-el-Hadid. Il existe, en outre, quelques filons de métaux divers qui semblent appartenir encore à la zone éruptive précédemment décrite.

Ainsi, on a exploité à Bir-Beni-Salah (17 kilomètres de Collo) une association de cinabre et de galène tout à fait analogue à celle que l'on rencontre dans d'autres gisements tertiaires de l'Algérie et de la Tunisie.

On a exploré, entre Collo et Philippeville, au milieu des hneiss et des micaschistes, divers filons de galène, blende, chalcopyrite, cuivre gris; ce sont des filons complexes de type ordinaire. Nous citerons : Sidi-Hambès, Chabet-Terrisen, Oued-el-Hadj, Oued-Bibi, Oued-Oudina. A Chaïchs, dans ce dernier gisement, se trouve un filon de cuivre pyriteux qui semble présenter un certain intérêt.

A Oued-Begra, on trouve, dans les micaschistes, un filon d'antimoine, exploré en 1894.

Chaîne crétacée et tertiaire au nord de la première ligne de chotts entre Beni-Mausour, Constantine et Souk-Arrhas (O. Zitouna, Kef-Semmah Anini, régions de Milah, Guelma et Souk-Arrhas).

Cette région comprend les chaînes du Biban et du Babor, les monts de Ouled-bou-Kebbah et ceux de la Medjerda que prolonge en Tunisie, le pays des Kroumirs (chaîne de Sétif).

Là, le cuivre n'apparaît plus comme dans la chaîne côtière (plus voisine des centres des massifs éruptifs), ou ne joue qu'un rôle insignifiant ; le zinc, au contraire, domine. Ces gisements de zinc ont, sous l'action des eaux météoriques, donné naissance à des amas calaminaires généralement dans des calcaires massifs cénomaniens, souvent au voisinage de leur contact avec des terrains imperméables schisteux ou marneux généralement sénoniens : c'est ce qu'on observe au Laurium et en Sardaigne.

Une zone de minerais de zinc assez intéressante commence à 40 kilomètres O. de Sétif, par l'Oued Zitouna, se continue par le Kef Semmah (gisement important), par le Djebel-Anini.

La zone de Kef-Semmah présente quelques caractères assez intéressants. Il semble y avoir là, outre les plissements généraux de direction E.-O., que l'on retrouve dans toute l'Algérie, une série d'accidents transversaux qui viennent récupérer les dômes et les isoler en un certain nombre de tronçons. C'est ainsi que de l'ouest à l'est, le Djebel Guergour, le Djebel Tafat et le Djebel Anini forment trois dômes de calcaires cénomaniens ou crétacés inférieurs, séparés par des zones effondrées remplies de marnes sénoniennes. Il en résulte, le long des contacts des calcaires et des marnes sénoniennes, un premier système de gisements métallifères de contact, amas calaminaires accompagnés de masses ferrugineuses (type des gîtes calaminaires de Silésie), Nous citerons les concessions de Rouachel et d'Alfoural.

Entre Sétif et Constantine, des gisements de zinc se rencontrent dans des conditions analogues, soit dans la Ferdjoua, soit dans l'Ouled-bou-Kebbah.

A Bou-Cherf et à Ronached, on trouve des amas calaminaires au contact du calcaire cénomanien et des schistes sénoniens. Le gîte de Rouached renferme de la blende, de la galène et de la pyrite. A Msid-Aïcha, on rencontre des cassures calaminaires dans les calcaires du lias et du crétacé inférieur.

On trouve autour de Guelma une zone très métallisée, comprenant la plupart des gisements d'antimoine et de mercure du pays.

Les stibines algériennes ou tunisiennes, de formation tertiaire, sont contrairement à ce qu'on observe dans les chaînes hercyniennes de l'Europe centrale, assez fréquemment associées aux sulfures de plomb, de zinc, etc., et, en même temps, on les trouve dans des filons proprement dits, toujours éloignés des roches éruptives, tandis que, dans le plateau Central, où la stibine à gangue quartzeuse n'est guère accompagnée que de mispickel, sa relation avec certaines granulites ou microgranulites est très intime. Cela doit tenir au caractère plus superficiel des gîtes métallifères algériens; et l'antimoine, outre son incrustation profonde (suivant le type du plateau Central) aura continué à cristalliser, dans la zone haute des fractures, avec des métaux tels que le plomb et le zinc, maintenus plus facilement en dissolution, et, par suite, susceptibles de s'éloigner davantage des roches mères. L'association stibine et cuivre gris (parfois avec cinabre), est, de même, une de celles qui caractérisent d'autres chaînes récentes et superficielles de la zone méditerranéenne.

De même, le cinabre est associé avec la stibine ou avec de la galène, ainsi que cela a lieu en Carniole, tandis que le cinabre plus profond d'Almaden ou d'Idria n'a comme gangue que la silice et rarement de la pyrite. Quand le cinabre accompagne la stibine, il forme souvent une gaine autour de baguettes de stibine.

On trouve, aux environs de Jemmapes, deux gisements de mercure : Ras-el-Ma et Oued-Nou Khal. Dans ces gisements, le cinabre est associé à la barytine.

Plus au sud, à Djebel-Taya, se trouve le plus beau gîte d'antimoine algérien. Ce gisement de stibine avec galène et cinabre accessoires, remplit des fissures minces verticales dans les calcaires jurassiques. Au lieu d'avoir une gangue exclusivement quartzeuse, comme dans le plateau Central, cette stibine est accompagnée de quartz, de calcite et de barytine.

Le gisement inexploré de Djebel-Bebar est curieux par l'association de stibine, cinabre et calamine, avec quartz et barytine dans des poches du calcaire néocomien.

A Oued-Ali, on rencontre également de la stibine et du cinabre.

A Bou-Zitoun (6 kilomètres de Guelma), on a exploré des poches de calamine, avec stibine et barytine.

Puis à l'est de Guelma et au sud de Duvivier, vient le curieux ensemble de Djebel-Nador et de Hammam-N'Bails. La concession de Hammam N'Bails, activement exploitée pour le zinc, est surtout connue par la présence d'une espèce minérale très rare; la *nadorite* (chloro-antimoniate de plomb) qui est associé à la calamine et à la mimetèse.

L'amas de calamine présente 20 mètres de puissance, 110 mètres de long et 50 mètres en inclinaison : son cube est de 300.000 tonnes.

Le gisement de Djebel Hamimat contient beaucoup de sénarmontite; il se trouve dans des alternances de calcaires et de marnes schisteuses appartenant au Gault. Il se compose d'une association de sénarmontite, d'un peu de stibine, de calamine et de cinabre. Les cristaux des énarmontites ont parfois colorés en noir par des cristaux capillaires de stibine.

On trouve à Senza de la valentinite qui, parfois, est transformée en *cumengite* (hydrate d'oxyde d'antimoine).

La région de Souk-Arrhas est assez riche en gisements complexes de plomb et de zinc.

On a exploré dans cette région, sans succès, diverses veinules de galène dans les calcaires sénoniens : à Maden-el-Hamra, où se trouve un peu de cuivre, à Kef-el-End, Kef-Kaïmen, Ras-el-Arous, Chabet-el-Frah, El-Guellala.

On retrouve des veinules analogues à Medjerda, Djebel Sidi-Nasser.

On a signalé, au sud de la Medjerda, des gisements, encore non explorés composés de chalcopyrite, pyrite et galène. C'est : Chabet-Baloute, Sidi-el-Amici, Oued-Ghoult, Djebel-Frina, Oufed-Dhia, Oued Darrou.

Dans la même région se trouvent des gisements plutôt zincifères : Ouef-Souf, Fedj-el-Kebèche, Chabet-Debal, Chabet-Drida, Oued Mougras, Oued Ghanen et Khanga, Djebel-Ouaska, Fedj-Assène, Sidi-Youssef, El-Akhouah, Fedj-el-Adoum, Djebba, etc.

Zone de Bord-Bou Arreridj.

Batna et Tébessa (gisements d'Oued Soubella, Bou Thaleb, El-Mahder, Tarerbit, Djebel-Ouenza, Djebel-bou Yabei). Les gisements de cette zone sont tout à fait analogues à ceux de la précédente avec laquelle ils vont se confondre dans l'est.

La chaîne du Bou-Thaleb comprend, du sud au nord, les trois massifs de Djebel-Soubella, du Bou-Thaleb et de Sidi-Afgham.

Cette région présente un dôme liasique au milieu de terrains contournés et fracturés.

La concession de Djebel-Soubella comprend trois filons pouvant contenir 60.000 tonnes de calamine. On y rencontre également des filons complexes minéralisés par de la galène, blende, cuivre gris et cinabre, comme ceux qui existent autour de Guelma.

Les environs de Batna sont riches en affleurements du même genre, plomb, zinc, cuivre et accessoirement mercure, au milieu de calcaires urgo-aptiens très fissurés.

Nous citerons Djebel-Keravia, Oued Bouilef, Djebel-Tougourt, Aïn-Negouch, Kef-Kebir, Tarerbit, Djendeli, Fores. Cette zone se continue au nord-est par Ank-el-Djemel, Aïn-Arko, Djebel-Guelif, Sidi-Ryheïss.

Enfin, toute la région voisine de la frontière tunisienne entre Tébessa, Aïn-Beida et El-Kef est très riche en gisements complexes du même genre. Nous citerons les plus importants :

Le Djebel-Ouenza. — Ce gisement a été récemment concédé pour cuivre; il comprend du *cuivre gris* et de la barytine dans l'urgo-aptien; mais il est surtout caractérisé à la surface, par d'énormes amas d'hématite, constituant un chapeau de fer évalué à 100 millions de tonnes. Les Romains ont exploité ce gîte.

Le gisement de Bou-Jaber porte sur un dôme de calcaire urgo-aptien, où se trouvent des indices plombeux, calaminaires et cuivreux.

Du côté tunisien, on trouve aussi, sur la même zone, le gîte de Djebel-Zrissa, où se présente un important amas d'hématite manganésifère.

On peut citer également quelques gisements appartenant au même type, c'est : le Chabet-el-Melah, le Djebel-Mkeriga, Mesloula, gisement assez important concédé en 1891, Aïn-Tolba, Djebel-bou-Kadra, El-Meridj, Mezouzia, Djebel Belkfif, Bekkaria, Djebel-bou-Rouman et Khanguet-Temoukh.

Région de Biskra à Khenchela.

Au sud de la ligne Batna-Tébessa, les affleurements reconnus sont rares. Nous citerons la concession de mercure, inexploitée de Taghit (42° S.-O. de Batna), dans le néocomien. Puis, autour de Kenchela, divers gîtes caractérisés par du cuivre gris, à Aïn-Tagga. La zone la plus développée est celle de Djebel-Pharaoun, entre Khenchela et Tamza, où on trouve du cuivre gris, de la chalcopyrite, de la galène, de la calamine, etc., etc.

III. — Gites métallifères de Tunisie.

Les gisements de Tunisie présentent les plus grandes analogies avec les gîtes algériens, c'est-à-dire qu'ils correspondent à des affleurements plus ou moins remaniés et métamorphisés de filons complexes dans lesquels le zinc et le plomb dominent et où l'on trouve également un peu de cuivre, en certains points du fer. Plusieurs théories ont été émises sur la formation de ces gîtes. Il semble que ce sont purement et simplement des gîtes de substitution.

1° *Gisements au nord de Beja* (Djebel-ben-Amar, Aïn-Roumi, Kanguet-Kef-Tout, Sidi-Ahmed, etc., etc.).

Au nord de Béja, on observe une ride topographique, constituée par un anticlinal de crétacé supérieur; elle comprend les concessions de Djebel-ben-Amar, Aïn-Roumi, Kanguet Kef-Tout, Sidi-Ahmed et les gisements de Ghouffa, El-Grefa et Béchateur.

A Djebel-ben-Amar, le gisement, concédé en 1900, se présente au milieu des calcaires sénoniens sous la forme d'un amas calaminaire dirigé N. 70° E. plongement S.-E. faisant avec la verticale un angle de 20°. Cet amas se bifurque en deux à une extrémité et est accompagné de deux petits amas secondaires.

Il existe au voisinage une veine pyriteuse. La production, en 1901, a été de 2.600 tonnes de calamine calcinée.

Ain-Roumi a été seulement attaqué en 1897.

Le gîte de Kanguet-Kef-Tout, très important, a produit, de 1888 à 1902, 37.000 tonnes de calamine calcinée, 17.000 tonnes de terres calaminaires et un millier de tonnes de galène. Les Romains avaient enlevé des amas de galène.

Le gîte de Sidi-Ahmed a été concédé, en 1892, à la Compagnie Asturienne. On trouve là un anticlinal de calcaire sénonien N. 30° E. qui, perpendiculairement à son axe de plissement, offre une série de petits froncements secondaires, les marnes noires sénoniennes qui surmontent le calcaire et ont été plissées avec lui, ayant offert une élasticité différente, il s'est produit, suivant ces froncements, des baillements, au contact des marnes et des calcaires, et c'est dans ces baillements constituant, par suite, des vides d'une nature spéciale, que les eaux métallisantes ont déposé la galène et la calamine.

Le gîte de Djebel-Cheriffa remplit une série de cassures N. 35° O. dans les calcaires sénoniens. A la surface, on a des amas calaminaires et en profondeur de la galène et de la cérusite.

Au Djebel-El-Grefa, on a reconnu un amas de galène et de cérusite, au milieu d'argiles et de calcaires métamorphiques.

Le petit gîte de Béchateur consiste en un amas calaminaire dans les calcaires sénoniens imprégnés de pyrite; d'autres cassures contiennent de la galène et de la cérusite.

C'est à peu près sur la même zone minéralisée que l'on a fait des recherches pour le cuivre : au Djebel Chouïchia.

C'est probablement un gîte analogue à celui du Djebel Ouenza. On trouve à la surface, de la malachite et de l'azurite.

2° *Gisements au sud de la ligne Constantine-Tunis* : Sidi-Youssef, Fedj-Assène, Touireuf, El-Akhouat, Fredj-el-Adoum, Djebba.

Sidi-Youssef a été concédé en 1898. Le gîte se compose de deux filons parallèles de direction N.-S. ouverts dans les calcaires sénoniens. Ce gîte renferme, en profondeur, de la galène et de la blende, et à la surface, de la calamine et de la cassitérite.

Feldj-Assène. — Concédé en 1899, est analogue au précédent.

Touireuf. — Ce gîte comprend des cassures minéralisées par de la calamine et de la galène dans des calcaires sénoniens.

FEDJ-EL-ADOUM est constitué par un amas calaminaire, des terres calaminaires et de la galène.

DJEBBA, concédé à la Vieille-Montagne. Il existe des poches calaminaires dans le nummulitique à phosphates.

3º *Gisements à l'est de Tébessa* (Bou-Jaber, Djebel-Zrissa, Djebel-Hamera et Djebel-el-Azered).

DJEBEL-BOU-JABER. — Le massif du Bou-Jaber est formé de terrains urgo-aptiens redressés, comprenant des alternances de calcaires et de marnes avec filonnets de calamine au contact, parallèles à la stratification N.-S., avec des diaclases transversales E.-O. La calamine est accompagnée de galène et de barytine.

DJEBEL-ZRISSA. — Ce gîte offre un intérêt particulier par suite du rapprochement des hématites manganésifères avec la calamine, la galène et un peu de cuivre dans des conditions rappelant les gîtes algériens. On trouve là, comme au Djebel-Ouenza, une lentille d'hématite de 2 millions de tonnes.

Au sud du Thala, on a fait des recherches aux : Djebel-Chambès, Semmama, Azered, etc.

DJEBEL-HAMERA. — Concédé à la Vieille-Montagne, ce gîte est formé d'un dôme de calcaires urgo-aptiens qui plongent, à leur périphérie, sous des marnes noires albiennes. On a trouvé de petits amas de calamine ferrugineuse, avec des couches de galène et de blende.

DJEBEL-AZEREL. — Ce gîte a été exploré par la Cie Asturienne. La calamine se trouve en filons couches au contact des calcaires urgo-aptiens et d'un banc de quartzite. Ce minéral a dû jouer le rôle de banc imperméable.

4º *Zaghouan, Djebel-Recas, Djebel-el-Kohl.*.

ZAGHOUAN. — On a exploité deux amas calaminaires : l'un, dans une faille qui limite au S.-E. les calcaires jurassiques; l'autre, dans une cassure N.-O. La galène et la cérusite étaient accompagnées de fluorine.

DJEBEL-REÇAS. — Le gîte de Djebel-Reças est important. Les minerais semblent remplir une série de cassures perpendiculaires à la grande faille de Zaghouan qui coupe là, sur sa face ouest, un dôme de calcaires jurassiques (Bull. Soc. Ind. Min., novembre 1913).

On a trouvé, dans ce gîte, les minéraux suivants : blende, galène, voltzite, smithsomite, calamine, willemite, kapnite, zincite, hydrozincite.

On a produit, en 1901, 4.400 tonnes de galène, 1.500 tonnes de calamine calcinée, 2.200 tonnes de terres calaminaires, 430 tonnes de mixte.

DJEBEL-EL-KAHOL. — Ce gîte présente des minéralisations en rapport avec deux failles, qui limitent, à 400 mètres de distance l'une de l'autre, un pointement de calcaires jurassiques. On y rencontre des poches calaminaires et un peu de galène.

TABLE DES MATIÈRES

PREMIÈRE PARTIE

CHAPITRE PREMIER

GÉNÉRALITÉS

Page .

I. — *Notions sur la forme, la densité et la température interne de la terre. — Hypothèses sur la formation de l'écorce terrestre.* 2

    Examen de quelques objections relatives à la formation du noyau interne 6

II. — *Distribution des éléments chimiques dans la terre.* 10

  1. Relations entre le rôle géologique des éléments chimiques, leur place originelle dans la terre encore fluide, et leur poids atomique. 10

  2. Proportions relatives des éléments chimiques dans les parties superficielles de la terre 19

  Notes. — Production de métaux en 1908 et 1912. 25

  Tableau de la classification métallogénique des corps simples. 26

CHAPITRE II

TECTONIQUE

I. — *Dislocations résultant de mouvements horizontaux.* 28

Plis. — Des différents types de plis. 28, 31

Formes résultant du resserrement croissant des plis. 33

Plis repliés, plis-failles, charriages. 35, 36

II. — *Dislocations résultant de mouvements verticaux.* 47

  1. Failles proprement dites. 47

    Rejets 49

    Différents types de failles. 51

  2. Flexures. 53

  3. Mode de groupement des failles et des flexures. 54

  4. Décrochements horizontaux. 58

  5. Dimensions et rapports mutuels des plis et plis-failles. 59

  6. Combinaison d'un mouvement tangentiel d'ensemble avec un mouvement vertical localisé 61

  7. Dislocations diverses 64

    Note. — Sur les causes des phénomènes d'autoclase. 65

III. — *Déformations intimes des roches.* 67

    Notes. — Groupement des plis. — Origine des failles. 69

CHAPITRE III

PÉTROGRAPHIE

Divisions fondamentales des roches.   71
I. — Roches endogènes   72
    1. Minéraux de roches endogènes. 72, 74
    2. Constitution physique des roches endogènes.   75
    3. Classification des roches endogènes. . . . . ·80
        Modes fondamentaux de consolidation.   82
        Signification des stades de consolidation.   84
Tableau de la classification générale des roches éruptives. 87, 89
1°. — *Roches à feldspaths*   90
1. — Roches à feldspaths sans feldspathides.   90
        A. — Roches à feldspaths alcalins avec quartz libre (famille des granites).   90
        B. — Roches à feldspaths alcalins sans quartz (famille des syénites). . .   97
        C. — Roches à feldspaths calcosodiques (famille des gabbros).   99
2. — Roches à feldspaths avec feldspathides. 104
        A. — Roches à feldspaths alcalins (famille des syénites néphéliniques). . 104
        B. — Roches à feldspaths calcosodiques et feldspathides (famille des gab-
            bros néphéliniques) . . . .·. 104
2°. — *Roches sans feldspaths.* 105
1. Roches sans feldspaths, mais contenant des feldspathides. 105
    A) Roches à néphéline. 105
    B) Roches à leucite 105
    CD) Roches à sodalite et à mélilite. 106
2. Roches sans feldspaths sans feldspathides et sans éléments blancs (famille
    des péridotites). 106
Formation des roches éruptives proprement dites. 107
        Ordre de consolidation des éléments. 111
Paramètres magmatiques 113
        Nomenclature américaine. 113
        Classification de M. Michel Lévy. 113
Représentation graphique des roches éruptives. 115
        Procédé Michel Lévy. 115
        Procédé Becke. 118
        ·Diagrammes de composition globale. 120
        Méthode de Brögger 120
Procédé d'examen des roches (examens macroscopique et microscopique) . . . 124
        1. Séparation mécanique des éléments des roches. 125
        2. Séparation des éléments par les réactifs chimiques. 126
        3. Essais chimiques restreints. 127
        4. Analyse 128
Tableau des températures de fusion de silicates. 129
II. — Roches métamorphiques. 129
III. — Roches sédimentaires ou exogènes. 133
    1. Roches protogènes 133
    2. Roches deutogènes ou détritiques 134
Généralités sur les formations sédimentaires 135
Notes. — 1. Action des agents atmosphériques sur les schistes 138
        2. Altération des calcaires. 139

Pages.

CHAPITRE IV

NOTIONS DE MORPHOLOGIE TERRESTRE

Répartition des continents et des océans. 141

CHAPITRE V

MÉTAMORPHISME

I. — Métamorphisme de contact 147
II. — Métamorphisme régional. 150
III. — Dynamométamorphisme. 151
Enclaves 152
Sur le dynamométamorphisme et la piézocristallisation 153
Genèse des terrains cristallophylliens. 155
Géochimie. 158

CHAPITRE VI

OROGÉNIE

I. — *Lois générales des déformations terrestres.* 161
II. — *Zones de plissements.* 164
Massifs primitifs. Chaîne huronienne. 165
Chaîne calédonienne 165
Chaîne hercynienne 166
Chaîne alphymalayenne. 170
Plis tertiaires à travers l'Asie. 172
Plis tertiaires de l'Amérique 173
Notes. — 1. Théorie orogénique. 175
2. Chaînes de montagnes du Canada et de l'Amérique du Nord. 176

CHAPITRE VII

TECTONIQUE DU SOL DE LA FRANCE

I. — *Généralités.* 177
Réseaux orientaux 180
Réseaux occidentaux. 181
Réseau du Massif central. 183
Réseau du Sud-Ouest. — Aquitaine. 185
Affaissements radiaux. 185
1. Fractures méridiennes de l'ouest à l'est. 186
2. Fracture méridienne centrale. 187
II. — *Tectonique de la Bretagne.* 189
III. — *Tectonique du Plateau Central* 194
Géologie du Massif central 196

Page.

DEUXIÈME PARTIE

GITES MÉTALLIFÈRES

Définition et classification des gîtes métallifères   203

CHAPITRE PREMIER

GITES PRIMAIRES

I. — *Gîtes d'inclusion dans les roches éruptives*   205
II. — *Gîtes de ségrégation dans les roches éruptives*   206
III. — *Gîtes de départ immédiat ou de contact*   208
   1. Gîtes de départ dans les roches basiques   209
   Gisements pyriteux   210
   2. Gîtes de départ dans les roches acides   213
IV. — GITES DE DÉPOT HYDROTHERMAL   215
   I. — *Gîtes filoniens proprement dits*   215
     1. Origine des fractures filoniennes   215
     2. Age des fractures   219
     3. Positions particulières des filons par rapport aux roches encaissantes.   220
     4. Détermination de la position des gîtes filoniens dans l'espace. . .   222
     5. Représentation graphique des filons   227
     6. Diverses formes des fractures filoniennes   227
     7. Ramifications des filons   228
     8. Rencontres des filons   229
       Note. — Expériences relatives aux dislocations.   233
     9. Failles-rejets   234
     10. Passage des rejets   239
     11. Remplissage des gîtes filoniens proprements dits   000
       Théorie de la sécrétion latérale   246
       Théorie du remplissage « per descensum »   247
       Théorie du remplissage « per ascensum »   248
       Limitation verticale des remplissages filoniens   252
       Hypothèses sur le dépôt des substances minérales dans les gîtes filo-
       niens.   253
     12. Structure des gîtes filoniens proprement dits   257
     13. Imprégnations diffuses en profondeur, veines interstratifiées. Fahl-
       bandes. Amas pyriteux.   259
       Théorie de la genèse des gisements pyriteux   261
   II. — *Gîtes d'imprégnation hydrothermale*   261
   III. — *Gîtes de substitution originelle*   262
V. — RECHERCHE DES PARTIES RICHES DES FILONS   263
   I. — Influence des roches encaissantes   000
     1. Influences chimiques   263
     2. Influences physiques   266
   II. — Influence de l'orientation des filons   267
   III. — Influence de l'orientation de la stratification   268
       Note. — Recherche des minerais au moyen de l'électricité.   271

Pages.

CHAPITRE II

GITES SECONDAIRES

I. — *Gîtes d'altération ou de remise en mouvement* 272
   1º Variations du remplissage filonien en direction. 272
   2º Variations du remplissage filonien en profondeur. 273
     Variations originelles en profondeur. 273
     Variations secondaires du remplissage filonien en profondeur (gîtes d'altération et de remise en mouvement). 274
   3º Conditions générales de la métallisation. 281
   4º Genèse des amas de pyrite cuivreuse. 282
   5º Influence de la profondeur de cristallisation. Radioactivité 283
II. — *Gîtes sédimentaires*. 284
   1. Couches 284
     Bassin houiller de Saint-Éloi 287
     Gisement houiller de Brandusa, bassin de la Dambovita (Roumanie). . 287
  Charbonnage d'Hongay, près de la baie d'Along (Tonkin). 289
   2. Amas stratifiés. 290
   3. Genèse des gîtes sédimentaires. 290
    A) Gîtes de dépôt mécanique. 290
     Alluvions aurifères par ordre chronologique. 293
    B) Gîtes de précipitation chimique. 294

CHAPITRE III

MÉTALLOGÉNIE

  I. — *Associations minérales* 297
    1º Associations originelles. 297
    2º Associations par métamorphisme immédiat. 298
  II. — Classement des métaux par types de gisements 298
 III. — Age des gîtes métallifères. 299
 IV. — Chronologie des venues métallifères 299
  V. — Répartition géographique des gisements 302
 VI. — Relation du type de gisements avec la profondeur originelle. 304
VII. — Provinces métallogéniques d'Europe. 306
 Note I. — Résumé de métallogénie. 307
  Note sur la genèse des sulfures. 309
 Note II. — Recherche de l'origine réelle des minerais à allure sédimentaire le long de la chaîne hercynienne. 309

TROISIÈME PARTIE

GITES CARACTÉRISTIQUES

CHAPITRE PREMIER

GITES DE DIAMANT

1º Gisements du Cap. 314
2º   —   du Brésil. 315

Pages.

Gisements de Grao-Mogor (province de Minas Gcraes).   316
3°   —   de l'Inde.   318
4°   —   de l'Australie.   318
5°   —   diamantifères de la région sud-est de Bornéo.   318
6°   —   divers   321
7°   —   Genèse des diamants du Cap   321
    Expériences de Daubrée.   322

CHAPITRE II

GITES D'OR

Principaux minerais   325
I. — *Gîtes alluvionnaires*.   326
Placers découverts.   326
Placers recouverts   327
II — *Gîtes stratifiés*   329
Mines d'or du Transvaal.   330
Origine et mode de formation des dépôts aurifères du Witwatersrand. . . .   335
Note sur la genèse des dépôts aurifères du Transvaal.   336
III. — *Gîtes filoniens*   337
IV. — DESCRIPTION DES PRINCIPAUX GISEMENTS AURIFÈRES.   337
    I. — *Amérique du Nord*.   338
    Gîtes filoniens du Nevada   338
        Description des ancicns chenaux de la Californie.   339
        Répartition d·· l'or dans les chenaux.   343
        Gîtes filoniens du Colorado.   343
        Gîtes filoniens du Dakota-Sud   343
        Gîtes de la Colombie Britannique.   343
        Gisement aurifère de Porcupine (province d'Ontario), Canada. . .   344
        Mines d'or de la région du Yukon et autres endroits de l'Alaska. .   349
        Alluvions aurifères de la région du cap Nome.   350
    II. — *Amérique du Sud*.   351
        Gîtes filoniens du Vénézuela   351
        Gîtes filoniens de la Colombie Britannique.   352
    III. — *Asie*.   352
    IV. — *Mines d'or de l'Australie*   352
        I. Gîtes d'or de l'Australie orientale, de la Nouvelle-Zélande et de la
        Tasmanie   352
            1° Placers.   353
            2° Gîtes filoniens, Ballarat, Bendigo.   357
                Mode de formation et de remplissage des gîtes en selle . .   361
        II. — Gîtes d'or de l'Australie occidentale.   362
            District de Coolgardie   364
                —   Kalgoorlie   364
                —   Menzies   367
                —   Norseman et Dundas   367
        Données statistiques   368
    V. — *Afrique*.   369
        Gîtes du Katanga.   370
        Gisements de l'Abyssinie et de l'Erythrée   371
    VI. — *Europe*.   372

Pages.

Gîtes filoniens de la Russie.   373
Gîtes filoniens de la Transylvanie.   373
    MINES D'OR DE LA FRANCE.   373
I. — *Mines du massif armoricain*   373
Mine de la Lucette.   374
    — de la Bellière.   374
    — du Semnon.   374
Autres gisements.   376
II. — *Mines d'or du Massif central*.   376
    1º Mines de la Haute-Vienne.   379
        Mines de Vaulry et Cieux   379
        Mine de Banèche.   382
            —   Morterolle et Bessines   382
            —   Saint-Léonard.   382
            —   la Bessassade et Millemilange.   383
            —   Maranas et de Brau   383
            —   Beaune   383
            —   Lecuras.   383
            —   l'Auriéras.   383
            —   la Tournerie.   384
            —   Chadefeine   384
            —   Drouly   384
            —   Lacaud.   384
            —   Fau-Marié nº 1 et Fau-Marié nº 2   385
            —   la Fagassière   386
            —   Champvert, Nouzilleras.   387
            —   Cheni et de Douillac.   387
    2º Mines de la Creuse.   388
        Mine de Forgeas.   388
            — du Châtelet   388
            — de Montebras.   393
    3º Mines de la Dordogne.   393
        Mine du Tindeix, du Cros-Gallet   393
            — de Bourneix   394
    4º Mines du Puy-de-Dôme   394
        — du Cantal.   394
        Mine de Bonnac.   394
III. — *Mines des autres départements*   395
    Mines du Gard, de l'Ariège, de l'Isère.   395
        — de la Haute-Saône, des Basses-Pyrénées, de la Haute-Garonne,
    de l'Aude et de l'Hérault   396
        — des Hautes-Alpes, de la Lozère, de l'Ardèche.   397
VII. — MINES D'OR DES COLONIES FRANÇAISES.   397
    Gisements aurifères de Madagascar   397
        —   d'or de Madagascar, dans les schistes cristallins. . . .   403
        —   aurifères de la Guyane française.   403

CHAPITRE III

TRAITEMENT DES MINERAIS D'OR

I. — *Traitement des minerais aurifères normaux*.   408
    Récolte de l'amalgame; puits à mercure.   409

Pages.

Trappe à mercure, détermination de la finesse de broyage; influence de
    quelques corps sur l'amalgamation   410
Récolte générale de l'amalgame; nettoyage de l'amalgame.   411
    Traitement de l'amalgame; concentration.   412
II. — *Traitement des minerais aurifères demi-réfractaires.*   413
III. — *Traitement des minerais aurifères réfractaires.*   413
    1º Chloruration   413
        Procédé Plattner; procédés Mears, Thies, Pollak, Munktell, Newbery et
            Vautin   415
    2º Bromuration. — 3º Cyanuration   416
        Traitement direct du minerai cru par le procédé Diehl.   421
        Procédé Siemens et Halske.   422
        Procédé Pelatan.   422
        Cyanuration au Transvaal   423
    4º Traitement des minerais complexes.   424
        Extraction de l'or par volatilisation.   424

CHAPITRE IV

GITES DE PLATINE

Gisements de l'Oural.   425
    —   de Colombie.   426
    —   de Bornéo, de la Nouvelle-Zélande, gisements divers.   427

CHAPITRE V

GITES D'ÉTAIN

1º *Gîtes alluvionnaires* (Détroits, Australie, Indochine).   428
2º *Gîtes filoniens.*   429
    (Altenberg, Schlaggenwald, Cornwall et Devonshire, Australasie).   429
    Gisements des Détroits, de l'Espagne et du Portugal, du Transvaal, de la
        Chine, du Mexique, de l'Amérique du Nord, de la Bolivie   430

CHAPITRE VI

GITES D'ARGENT

Minerais d'argent   432
    I. — *Filons d'argent à gangue de quartz.*   434
        Gîtes de Freiberg et de Schemnitz.   434
        — du Mexique   435
        — du Pérou, du Chili, de la Bolivie et de la République argentine   436
        — d'Austin (Nevada)   437
    II. — *Filons d'argent à gangue de calcite.*   437
        Audreasberg, Kongsberg (Norvège).   437
        Gîte de Broken Hill (Australie).   439
    III. — *Gîtes cupro-argentifères*   440
        Gîtes du Chili   440

Pages.

Gîtes de Bolivie (Potosi, Huanchaca, Oruro) 441
— du Pérou 442
IV. — *Gîtes cobalto-argentifères* 442
Gîtes de Joachimsthal 442
— d'Annaberg 444
— des Chalanches (Isère) 445
— de la station de Cobalt (province d'Ontario) 445
Traitement des minerais d'argent par cyanuration (Mexique) 448

CHAPITRE VII

GITES DE MERCURE

Minerais de mercure 449
Gîtes de mercure d'Almaden (Espagne) 450
— d'Idria (Carniole) 451
— de Hongrie, de Serbie, d'Albanie 453
— d'Allemagne, de Russie 453
— d'Italie (Vénétie, Toscane) 453
(Mine du Monte Amiata, Siele, Santa Fiora, Cornacchino, l'Abbadia di San Salvatore) 454
Gîtes de mercure de l'Amérique 456
— du Mexique, de l'Amérique du Sud 458
— de l'Asie 459
— de l'Australie, de l'Afrique 459
— de la France 459

CHAPITRE VIII

GITES DE CUIVRE

Minerais de cuivre 460
I. — GITES FILONIENS 460
1° *Filons de minerais avec tourmaline et quartz* 460
2° *Filons de minerais de cuivre avec quartz dominant* 461
(Kupferberg, Massa Marittima 462
Australie (Moonta, Wallaroo) 463
Amérique (Montana, Colombie britannique) 465, 466
Asie (Kedabek, Transcaucasie) 466
Afrique (Kef-oum-Théboul, Algérie) 467
3° *Filons de minerais de cuivre avec gangue de carbonates, de quartz, de barytine et de fluorine* 468
Gîtes de l'Algérie 469
4° *Filons de minerais de cuivre avec carbonates prédominants et zéolites avec cuivre natif* 470
Gisements du Lac Supérieur 470
II. — GITES ÉPIGÉNÉTIQUES NON FILONIENS, DANS LES ROCHES STRATIFORMES CRISTALLOPHYLLIENNES ET SÉDIMENTAIRES 471
1° *Gîtes en couches* (Mansfeld) (Perm, Corocoro, Bolivie) . . . . . 471 à 474
2° — *en amas* (Russie, Nassau, Banat et Serbie, New-Jersey) . . . 475 à 477
Mines de cuivre d'Inguaran (Mexique) 477

Pages.

Gîte de Gîte cuprifère de Monte Catini (Toscane) 478
    3° *Gîtes en amas de pyrite cuivreuse.* 482
       Gîtes de Röraas, Vigsnaes, Foldal, Rio-Tinto, Tharsis, San Domingos,
       Alpestrel (Portugal), Agordo (Vénétie). . . . . 483 à 485
       Note sur les mines de pyrite de la région de Huelva (Espagne). 486

CHAPITRE IX

GITES DE PLOMB

1° *Gîtes sédimentaires* (Commern, Bleiberg). 489
2°   —   *filoniens* (Clausthal, Rammelsberg, Saint-Andreasberg, France, Sar-
    daigne, Leadville (Colorado). . . . . 489 à 491

CHAPITRE X

GITES DE ZINC

Gîtes du Laurium 494
Mines de Sentein et du Val d'Aran. 495
   — du Val d'Aran (Reparadora, Pla de Tor et Suzanna). 498
Gisements de zinc de Trèves (Gard). 499
Gîtes plombo-zincifères tunisiens 500

CHAPITRE XI

GITES D'ANTIMOINE

1° Filons de stibine à gangue quartzeuse. 504
    (Portugal, Espagne, Cornwall, Massif armoricain, Massif central).
2° Stibines aurifères. 507
3° Association de l'antimoine et du cuivre. 508
4°   —   avec plomb et argent. 508
5°   —   avec le mercure 508
6° Association de l'antimoine, de l'arsenic et du soufre. 508
7° Filon antimonieux formant filon-couches. 509

CHAPITRE XII

GITES DE BISMUTH

1° Association du bismuth avec l'étain 510
2° Association du bismuth et du cobalt, à gangue quartzeuse. 511
3° Association du bismuth avec l'or. 511

CHAPITRE XIII

GITES DE FER

I. — GITES EN INCLUSIONS DANS LES ROCHES 512
   1° Gîte de Wissohaya Gora. 513

Pages.

2º Gîtes de Goroblagodat. 513

3º — Kirunavara et Luossavara 513

4º — Taberg 514

II. — GITES DE FER PRODUITS PAR MÉTAMORPHISME DE CONTACT 000

1º Gîte de Berggieshubel (Saxe). 515

2º — du Banat de la Hongrie et de la Serbie 515

3º — de l'île d'Elbe. 516

III. — GITES DE FER FILONIENS 517

Filons de magnétite, d'oligiste, d'hématite (Canigou, Rancié) 517

Filons de sidérose (Stahlberg, Allevard) 518

IV. — GITES SÉDIMENTAIRES DE MINERAIS DE FER. 519

1º Gîtes sédimentaires dans les roches cristallophylliennes 519

2º Gîtes en amas stratifiés compacts dans les roches cristallophylliennes 519

    liennes 519

    α) Minerais oxydés. 519

1º Gîtes de Suède (District de Gellivara, Grängesberg, Norberg, Persberg,

Dannemora). 519 à 521

2) Gîtes de Norvège 3) Gîtes de Russie. 4) Gîtes d'Espagne. 522

5) Gîtes de l'Amérique du Nord 523

6) — d'Algérie. 524

β) Gîtes de fer carbonaté dans la région des roches cristallophyl- 524

1) Gîte de Hüttenberg (Carinthie). 524

2) — Gyalar (Siebenburgen) 525

Genèse des minerais de fer des roches cristallophylliennes. 525

3º Gîtes de minerais de fer dans les terrains sédimentaires proprement dits. . . 526

1. Minerais de fer siluriens 526

Gîtes de fer de Bohême, du Thuringer Wald, du Frankenwald, de San

Leone, (Sardaigne). 527

Gîtes de fer de la Bretagne de l'Anjou et de la Normandie . . . 527

Gîte de Segré (Maine-et-Loire) 528

Gîtes du Calvados et de l'Orne 000

1. Synclinal de Saint-André et May-sur-Orne. 529

2. — Perrières à Barbery. 532

3. — Falaise, Saint-Rémy et Jurques 533

4. —. de Bagnoles et Mortain, de la Ferrière et de Halouze. 535

5. Gîtes d'Urville, de Saint-Germain-le-Vasson, Soumont, Per-

rières, etc. 535

Genèse des bassins siluriens normands. 537

2. Gîtes de fer dévoniens : Gîte de Diélette (Manche). 539

3. Gîtes de fer carbonifériens. 539

Gîtes du Cumberland (Parkside, New-Parkside, Hod Barrow). 540

— de Westphalie, de Silésie, de France. 540

4. Gîtes de fer permiens 541

5. Gîtes de fer du trias. Gîtes de Haute-Silésie. — Gîtes de l'Ar-

dèche et du Gard. 542

6. Gîtes de fer du lias : Gîtes de Meurthe-et-Moselle, du Luxembourg 542

et de la Lorraine. 000

7. Gîtes de fer médio-jurassiques. 546

8. — supra-jurassiques 547

9. — du crétacé 547

10. — tertiaires (Gîte de Bilbao, Espagne) 547

V. — GITES DE FER CONSTITUÉS PAR LE REMPLISSAGE DE CAVITÉS. 548

Pages.

Gîtes de Silberlock à Rœschentz (Suisse). 548
  — du Berry 549
VI. — Gites de fer détritiques. 550
VII. — Gites de fer des marais et des lacs. 550
  Genèse des minerais de marais et des lacs. 551
VIII. — Minerais de fer récents d'origine marine 553
  Note I. — Mines de fer de l'ouest de la France. Genèse des minerais. . 553
  Note II. — Gisements de fer de la Savoie. 555

CHAPITRE XIV

GITES DE MANGANÈSE

Minerais de manganèse. 556
I. — *Gîtes filoniens* 556
  (Saxe, Romanèche, Plateau central et Morvan) 557
  Gîte filonien de manganèse en Ardennes. 558
II. — *Amas de substitution dans les calcaires.* 562
  Las Cabesses (Ariège) 562
III. — *Gîtes stratiformes* 563
  1º Lentilles intercalées dans les schistes, gneiss, etc. 563
   Indes, Brésil, Saint-Marcel (Piémont) 563
  2º Gîtes dans les terrains primaires métamorphiques 564
  3º Gîtes dans les terrains secondaires et tertiaires (Bosnie, Chili, Caucase,
   Nikopol, Ciudad Real (Espagne) 564
  4º Dépôts marins actuels de manganèse. 565
  5º Gîtes d'altération continentale : Gisement du Nassau, de la Hesse, de la
   Dordogne, des États-Unis, de la Nouvelle-Calédonie 565

CHAPITRE XV

GITES DE FER CHROMÉ

Gisements de la Nouvelle-Calédonie 566
  — de minerais de fer chromé en Grèce. 567

CHAPITRE XVI

GITES DE NICKEL

Minerais de nickel. 569
Gîtes de la Nouvelle-Calédonie 569
Gîtes du Canada. 571
Imprégnations, filons couches, filons : Gîte de Schladming (Syrie), Thuringer Wald
  et Mansfeld, Dobsina, Chalanches, Pays de Siegen, Schneeberg, Oural,
  Vosges, Leogang, etc. 572

Pages.

CHAPITRE XVII

GITES DE COBALT

Minerais de cobalt. 573
1. Mine de Gistain (Espagne), de Gothic (États-Unis). 573
2. *Filons de cobalt argentifère à gangue de calcite* Gîte de Cobalt (Canada) . . . 574
3. *Filons de cobalt à gangue quartzeuse.* 574
4. *Filons à gangue quartzeuse de cobalt argentifère avec bismuth et uranium.* 574
   Associations superficielles. 574

CHAPITRE XVIII

MINERAIS D'URANIUM ET DE RADIUM

Uranium (Gîte de Joachimsthal). 575
Radium. 579

CHAPITRE XIX

GITES DE TUNGSTÈNE

Gites du Cornwall, de Bretagne, du Plateau central. 584
Mines de Wolfram en Portugal. 584
Gisements divers (Espagne, Saxe, Asie, Australie, Amérique). 589

CHAPITRE XX

GITES DE MOLYBDÈNE

1. Granulites et quartz à molybdénite 591
2. Gisements de molybdénite avec chalcopyrite et pyrite. 591

CHAPITRE XXI

GITES DE VANADIUM

Minerais de vanadium 593
1. Inclusions. Ségrégations vanadiques. 593
2. Filons sulfurés et hydrocarburés du vanadium 593
3. Affleurements vanadié de filons métallifères. 593
4. Sédiments vanadiés. 594
   a) Grès à micas vanadiés et carnotite 594
   b) Minerais de fer et bauxites. 594
   c) Association du vanadium avec le cuivre et le cobalt. 595
   d) Houilles et asphaltes vanadiés. 595

Page

CHAPITRE XXII

GISEMENTS DE PÉTROLE

Recherche du pétrole. — Origine 596-598

CHAPITRE XXIII

GÎTES DE SELS ALCALINS

Gisements de Stassfurt (Saxe) 600
Mode de formation du bassin de Stassfurt 602
Produits industriels de Stassfurt 606
Engrais potassiques 607

CHAPITRE XXIV

GISEMENTS DE PHOSPHATE DE CHAUX

Gisements dans les roches 608
Gîtes filoniens et amas de phosphorite 609
Gîtes sédimentaires 609
    Phosphates sénoniens de Beauval (Somme) et d'Orville (Pas-de-Calais) . . . 610
    Phosphates tertiaires 610

QUATRIÈME PARTIE

ÉTUDES MINIÈRES

CHAPITRE PREMIER

PROSPECTION

I. — *Recherche des filons* 615
  Travaux à pratiquer 619
    Galeries, descenderies, travers-bancs, puits, choix de l'emplacement d'un
      puits . . . . 620 à 621
    Sondages 622
II. — *Recherche des couches* 627
  Affleurements des couches 628
  Note. — Étude de l'intérieur de la terre par la radiotélégraphie 630
III. — *Recherche des alluvions* 630
  Essai sommaire des alluvions (*Lavage à la batée*) 631
IV. — *Échantillonnage* 633
  1º Échantillonnage des placers 633
  2º Échantillonnage des filons 634

Pages.

CHAPITRE II

RAPPORT DE MISSION

Situation, cartes, concession, dépenses faites, description géologique.   636
Évaluation du tonnage du gisement.   637
    1. Minerai à teneur constante   637
    2. Minerai à teneur variable   638
      Coefficient de restriction, analyses.   639
Étude économique d'un gîte.   639
  Examen du gîte. — Productivité.   640
  Caractéristique industrielle   641
Loi du 21 avril 1810 modifiée par les lois du 9 mai 1866 et du 27 juillet 1880. . .   642
Formalités à remplir pour l'obtention d'un permis de recherches   643

CHAPITRE III

NOTES SUR LES GÎTES MÉTALLIFÈRES DU MAROC, DE L'ALGÉRIE
ET DE LA TUNISIE

Géologie de l'Afrique   644
    Gisements de la zone Méditerranéenne.   646
1. *Richesses minérales du Maroc.*   647
2. *Gîtes métallifères complexes de l'Algérie.*   649
    1° Région à l'ouest d'Oran.   649
    2°   — centrale de l'Algérie.   650
    3°   — est de l'Algérie   650
    4° Zone archéenne de Djidjelli à Bône.   654
    5° Chaîne crétacée et tertiaire au nord de la première ligne de chotts entre
        Beni-Mansour, Constantine et Souk-Arhas (O-Zitouna, Kef Sem-
        mah, Anini, région de Milah, Guelma, et Souk Arrhas).   655
    6° Zone de Bord-Bou Arreridj   657
    7° Région de Biskra à Kenchela   658
3. *Gîtes métalliques de Tunisie.*   659
    1° Gisements au nord de Béja (Djebel ben Amar, Aïn Roumi, Kanguet-
        Kef-Tout, Sidi Ahmed, Béchateur, etc.).   659
    2° Gisements au sud de la ligne Constantine-Tunis (Sidi-Joussef, Fedj-
        Assène, Touireuf, El-Akhouat, Fredj el Adoum, Djebba).   659
    3° Gisements à l'est de Tébessa (Bou-Jaber, Djebel-Zrissa, Djebel-Ha-
        mera et Djebel-el-Azered).   660
    4° Zaghouan, Djebel Reças, Djebel-el-Kohl.   660

TABLE ALPHABÉTIQUE DES MATIÈRES

A

Acanthite 433
Acerdèse.......................... 556
Actinote 74
Action des agents atmosphériques sur les schistes............... 138
Adinoles 131
Ægyrine 73, 74
Affaissements radiaux............. 185
Affleurement des filons........... 226
Age des gîtes métallifères........ 299
Alabandine 556
Albite......................... 74
Alluvions....................... 290
Alluvions aurifères par ordre chronologique..................... 293
Alluvions (essais sommaires)....... 631
Altération des calcaires.......... 139
Amalgamation................... 408
Amas lenticulaires............... 205
Amas pyriteux.................. 259
Amas stratifiés................ 290
Amphiboles..................... 74
Amphibolites 106
Amphiboloschites............... 131
Amphigène..................... 74
Analcime 74
Andalousite..................... 74
Andésine 74
Andésite 102
Anglésite 489
Annabergite..................... 569
Animikie...................... 446
Anorthite 74
Anorthose 74
Anthophyllite 74
Antimoine (Gîtes d').............. 504
Antimoine (Filons-couches)....... 509
Apatite 74, 608

Apex 357
Aplite.......................... 9:, 94
Arfvedsonite..................... 74
Argent (Gîtes d').............. 433
Argent natif 433
Argentopyrite.................. 433
Argiles 75
Argon........................ 24
Argyrose..................... 280, 433
Argyrythrose (ou pyrargyrite)..... 433
Ariégite 107
Arkoses....................... 137
Arsenic 24
Asbolane 573
Asphalte..................... 595
Associations minérales............ 297
Atmosphère 10
Augitite 74
Augite 107
Auramalgame 325
Autoclase (Phénomènes d')........ 65
Azote 24
Azurite 460
Axinite 74

B

Banatite 476, 516
Bande 55
Barysphère..................... 10
Baryum 24
Basaltes 103
Bassin houiller franco-belge....... 38
Batée 631
Berychite..................... 211, 569
Bieberite..................... 573
Biotite 74
Bismuth..................... 510
Bismuthine 510

Bismuthite 510
Bit......................... 623
Blackbands 540
Blaviérite 132
Blende 493
Boléite 744
Boracite...................... 601
Borolanite 104
Braunite 556
Brèches de friction........... 68
Brèches...................... 134
Breithauptite................. 569
Brochantite.................. 476
Bromargyrite................. 433
Brome........................ 24
Bromuration 416
Brouillage................... 286
Bunsénite 569
Butoir 55
Bytownite 74

C

Calamine 493
Calavérite................... 325
Calédonienne (Chaîne).......... 165
Calomel 449
Cap (ou apex)................ 357
Carbonado.................... 318
Carbone 12
Carnallite 602
Carnotite 575, 593
Carotte 623
Cascajo 364
Cassitérite 428
Castillard................... 549
Cement 340
Cérargyrite.................. 433
Cérusite 489
Chabasie..................... 75
Chalcolite 575
Chalcopyrite 277, 460
Chalcosine 278, 460
Chapeau de fer............... 281
Charriages, Chevauchements...... 38
Cheminements................. 243
Chenaux 339
Chilénite.................... 510
Chloantite 569
Chlore 24
Chlorites.................... 75
Chloritoschistes 131

Chloruration 413
Chrome....................... 24
Chromosphère................. 12
Chronologie des venues métallifères. 299
Cinabre 449
Cipolin 133
Classification des roches endogènes. 80, 87
Clévéite 24
Cobalt (Gîtes de)............. 573
Cobalt....................... 24
Cobaltine.................... 573
Cobalto-argentifères (Gîtes)....... 442
Coccinite 449
Colonnes filtrantes.......... 157
Coloradoïte 449
Conglomérats................. 134
Conglomérats aurifères (Transvaal). 332
Coolgardite 325
Cordiérite 74
Corindon 74
Cornes....................... 131
Corsite 99
Couches 384
Cristallites................. 75
Cristobalite 74
Crochons 285
Crocidolite.................. 74
Croiseur 230
Cuivre (Gîtes de)............. 460
Cuivres gris................. 460
Cuivre panaché (érubescite) 277
Culébrite 449
Cumengéite................... 474
Cumengite.................... 657
Cuprite 460
Cupro-argentifères (Gîtes)........ 440
Cyanuration.................. 416

D

Dacite....................... 103
Déchénite.................... 593
Décrochements................ 58
Déformations intimes des roches... 67
Degré géothermique........... 3
Descenderie.................. 620
Descloizite.................. 593
Déviation des filons 231
Diabases..................... 100
Diaclases 64, 67
Diagrammes de composition des
   roches 201

Dialogite 556
Diamant (Gîtes de)............. 313
Diamants du Cap (Genèse)....... 321
Diastrophisme 27
Diatrème 323
Dimensions des filons............ 226
Diorite 99
Discordances.................... 136
Dislocations résultant de mouve-
  ments horizontaux......... 28 à 47
Dislocations résultant de mouve-
  ments verticaux............ 47 à 66
Disomose........................ 669
Disthène........................ 75
Ditroïte 104
Divides 341
Dolérite 102
Domite.......................... 98
Dressants 285
Dunite 107
Dynamométamorphisme.......... 151
Dyscrase........................ 433

E

Échantillonnage 633
Éclimètre 223
Éclogites 133
Élasmose (ou nagyagite).......... 325
Électrum 325
Éléolite.................... 74, 104
Elvan........................... 94
Embolite 433
Émeraude 73, 74
Énargite 465
Enclaves........................ 152
Ennoyage........................ 29
Éparpillement 228
Épidiorites 100
Épidote 73, 75
Épidotite....................... 133
Epsomite........................ 602
Érubescite...................... 460
Érythrine 573
Esterelite 74
Étain 74
Étain (Gîtes alluvionnaires et gîtes
  filoniens) 428, 429
Eulytine 510
Euphotide 101
Eurite 95
Europium........................ 12
Eusynchite...................... 593

F

Fahlbandes 259
Failles..................... 47, 51, 234
Faille eifélienne............... 41
Faille limite................... 56
Faisceau 69
Feldspaths 74
Fenêtres 44
Fer (Gîtes de).................. 512
Ferbérite 584
Fer chromé (Gîtes de).......... 563
Filons (Différents types)....... 220
  — (Rencontre des)........... 229
  — (Déviation des)........... 231
  — (Croisement des).......... 230
  — (Recherche des parties riches) 263
Flancs.......................... 29
Flexures .... 53 à 66
Flexurhorst, Flexurgraben........ 56
Fluor........................... 24
Foliation 68
Formation des roches éruptives.... 107
Foyaïte......................... 104
Fractures filoniennes (Diverses for-
  mes) 227
Freislebénite 433
Frenzélite...................... 510
Friedélite...................... 556

G

Gabbros......................... 101
Gabbros néphéliniques et leuci-
  tiques.................... 104, 105
Galène 489
Galerie 620
Garniérite...................... 569
Gash-veins 222
Gédrite 74
Genèse des dépôts aurifères du
  Transvaal.............. 535 et 536
Genèse des amas de pyrite cui-
  vreuse 282
Genèse des gisements pyriteux... 261
Genèse des gîtes sédimentaires.... 290
Genèse des minerais de fer sédi-
  mentaires 295
Genthite 569
Géoïde 2
Géochimie 158
Géode........................... 257

Géosynclinaux.................... 161
Gersdorffite.................... 569
Gisements aurifères (Description des principaux gisements).......... 337
Gisements (répartition géographique).................... 302
Gisements pyriteux............. 210
Gîtes d'inclusions 205
— de ségrégation............ 206
— de départ dans les roches basiques................ 209
— de départ dans les roches acides.................. 213
— filoniens............... 16, 215
— (leur structure)............ 257
— d'imprégnation hydrothermale 261
— de substitution........... 262
— d'altération 272
— sédimentaires............. 284
— de dépôt mécanique........ 290
— de précipitation chimique... 294
Glaubérite 602
Glaucophane 73, 74
Globulites.................... 75
Gneiss 130
Granites.................... 90
Granulites 91
Grauwackes 134
Greisen 92
Grenats.................... 75
Grenatite.................... 133
Grès 134
Grès psammite.............. 134
Grunauite.................... 569
Guadalcazarite 449
Guedales.................... 477
Gummite.................... 444

H

Hälleflinta.................... 131
Harmotome 75
Hartzburgite................ 106
Hauérite.................... 556
Haussmannite 556
Haüyne 74
Hedenbergite................ 74
Hercynienne (Chaîne) 165
Hermésite 453
Hessite.................... 433
Hétérogénite.................... 573

Heulandite.................... 75
Horbachite.................... 571
Hornblendite 107
Horst 55
Hübnérite 584
Huronienne (Chaîne)........... 165
Hyalophonolites.............. 104
Hyalotrachytes 98
Hydrogène 24
Hydrosphère.................... 10
Hypérite.................... 101

I

Idocrase.................... 75
Ijolites 105
Ilménite 74
Inclusions.................... 77
Iodargyrite 433
Iode 24
Itabirites 130, 519
Itacolumites 131

J

Jalpaïte 433

K

Kaïnite 602
Kalgoorlite................ 325 et 366
Kaolins.................... 75
Karoo 313
Kentsmithite 593
Kersantite.................... 99
Keweenavien 446
Kiesérite.................... 601
Kimberlite 313, 106
Krennérite 325

L

Labrador 73, 74
Labradorite.................... 102
Laccolites.................... 7
Lambeau de poussée............ 37
Lamprophyres 97
Latérites.................... 291, 404
Latéritisation 291

Laurentien 345
Laurvikite........................ 97
Leg.............................. 357
Lehrbachite 449
Lépidolite........................ 73, 74
Lépidomélane 73, 74
Leptoclases 65
Leptynites 130
Leucitite......................... 105
Leucophonolite................... 104
Leucotéphrite 105
Lherzolite........................ 107
Libéthénite 476
Limburgite....................... 107
Linnéite......................... 573
Liparite 95
Lithium 24
Lithoïdite........................ 96
Lithosphère...................... 10, 13
Lithoclases 64
Livingstonite 449
Longulites 75
Luxulianites 92
Lydite (phtanite)................. 134
Lois générales des déformations
    terrestres 161

M

Magnésite........................ 74
Magnétite........................ 74, 512
Malachite 460
Maldonite........................ 325
Manganèse (Gîtes de)............ 556
Manganèse 24
Massif 55
Massif tabulaire, massif penché 57
Mélaphyres 103
Mélilite 74, 105
Mercure (Gîtes de)............... 449
Méroxène........................ 73, 74
Mésotype........................ 73, 74
Métacinnabarite 449
Métallosphère 10, 14
Métamorphisme 147
Miargyrite 433
Miascite 104
Micas 74
Micaschistes..................... 130
Microcline 73, 74
Microdiorite..................... 102
Microdiabase.................... 102

Microgabbros néphéliniques....... 105
    —   leucitiques.......... 105
Microgranite 94
Microsyénites.................... 97
Millérite........................ 569
Mimétite........................ 489
Minéraux des roches............. 74
Minette......................... 97
Miroir de faille.................. 47
Miroir de filon.................. 225
Missourite 105
Môle 55
Molydène (Gîtes de)............. 591
Molybdénite..................... 591
Monzonite 97
Morénosite 569
Morphologie terrestre........... 141
Mottramite (Chiléite ou psittacinite). 593
Mullérine 325
Muscovite....................... 73, 74
Mylonites 151

N

Nadorite........................ 657
Nagyagite (Élasmose)............ 325
Néphéline....................... 73, 74
Néphélinites..................... 105
Nevadite 96
Nickel (Gîtes de)............... 569
Nickel 24
Nickeline 569
Nicopyrite (pentlandite)....... 211, 569
Norites......................... 101
Noséane........................ 74
Nouméite 569
Noupéite 569
Noyau (anticlinal et synclinal)..... 30
Nugget......................... 326

O

Oligoclase...................... 73, 74
Onofrite........................ 449
Opale 75
Ophite 102
Or natif........................ 325
Or, gîtes alluvionnaires 325
    —   stratifiés 329
    —   filoniens............. 336

(Description des principaux gise-
ments) 337
Orogénie.................... 160
Ortholites (ou minettes).......... 97
Orthophyres 97
Orthose.................... 73, 74
Ouralite 74, 100

P

Paquet.................... 55
Paraclases 64, 67
Paramètres magmatiques 43
Passage des rejets.............. 239
Patronite.................... 593
Patéraïte 573
Pechblende 575
Pechstein.................... 96
Pegmatite 91
Pendage.................... 29
Pentlandite (ou nicopyrite).... 211, 569
Péridot 74
Péridotite.................... 106
Perlite.................... 96
Pétrographie.................... 71
Pétrole (Gîtes de).......... 596
Petzite 325, 433
Phonolite.................... 104
Phosphate de chaux (Gîtes de).... 608
Phosphore 24
Phosphorite 608
Photosphère.................... 12
Phyllade.................... 131
Picrite.................... 106
Picromérite 602
Piézoclase.................... 64
Piézocristallisation.............. 152
Pimélite.................... 569
Pipe clay.................... 340
Placers découverts.............. 326
    —   recouverts 327
    —   australiens.............. 353
Plateures 285
Platine (Gîtes de).............. 425
Plis (Différents types de)....... 28 à 32
    —   houillers français.......... 179
    —   tertiaires de l'Asie.......... 172
    —   tertiaires de l'Amérique..... 173
    —   failles 36
Plissements (Zône de).......... 164
Plomb (Gîtes de).............. 489
Polianite.................... 556

Polybasite 433
Polyhalite 601
Ponce.................... 97
Porpézite 325
Porphyre 132
Porphyroïdes 96
Poudingue.................... 134
Prehnite 75
Procédés d'examen des roches..... 124
Prospection.................... 615
Protogyne 92
Protubérances 12
Proustite 433
Provinces métallogéniques d'Eu-
rope.................... 306
Psammites.................... 134
Psaturose (ou stéphanite)......... 433
Psilomélane 556
Puchérite 593
Puissance d'un filon.............. 226
Puits 621
Pyrargyrite (ou argyrythrose) 433
Pyrite cuivreuse (Genèse des amas). 282
Pyrolusite 556
Pyroméride 95
Pyromorphite.................... 489
Pyrosphère.................... 10, 13
Pyroxènes.................... 74
Pyroxénolite 106

Q

Quartz 73, 74
Quartzites 131
Queuvées.................... 43

R

Radium 578
Rammelsbergite 569
Rapport de mission.............. 636
Recherches des parties riches des
filons.................... 263
Recherche des filons 615
    —   des couches 628
    —   des alluvions 630
    —   des minerais au moyen
        de l'électricité....... 271
Reefs.................... 330
Règles de Schmidt.............. 240
    —   de l'angle obtus 239

Règles de Moissenet............ 268
Rejet....................... 49, 235
Relation du type de gisement avec
    la profondeur originelle........ 304
Remplissage des gîtes filoniens.... 246
    — (Variations du)...... 272
Représentation graphique des roches
    éruptives 115
Répartition géographique des gise-
    ments.................... 302
Réseaux orientaux............. 180
    — occidentaux 181
    — du Massif Central........ 183
    — du S.-O................. 185
Rhodite. 325
Rhodonite 556
Rhyolites.................... 94
Roches métamorphiques 129
    — endogènes.............. 72
    — sédimentaires........... 133
Roscoélite 593
Rutile 74

S

Saddle reef.................. 357
Salbandes 225
Sanidine 74
Saussurite 101
Scheelite.................... 584
Schistes paragonitiques 131
Schistosité.................. 67
Schœnite 602
Schwatzite 449
Sédimentation 5
Ségrégations basiques........... 15
Serpentine................... 107
Sels alcalins (Gîtes de).......... 600
Serpentine................... 75
Serrée...................... 227
Siégénite.................... 572
Silaonite 510
Sillimanite.:............... 75
Skubérudite 573
Smaltine 573
Smaragdite 101
Smithsonite.................. 493
Sodalite 74
Sondages 623
Soufre 24
Sperrylite 425, 213
Sphène..................... 74

Spilites..................... 100
Stannine 428
Stassfurtite 602
Staurotide 75
Stephanite (ou psaturose)........ 433
Sternbergite................. 433
Stibine 504
Stibines aurifères............. 507
Stilbite..................... 75
Stockwerks 214, 220
Stromeyerite................. 433
Structure imbriquée, structure iso-
    clinale, structure en éventail.... 60, 61
Structure cataclastique.......... 68
Structure des gîtes filoniens....... 257
    — des roches endogènes..... 82
    — rubanée (Filons à)....... 257
    — amygdaloïde 257
Syénites.................... 97
    — néphéliniques.......... 104
Syénite zirconienne............ 104
Sylvine 602
Sylvinite.................... 602
Synclase 64

T

Tachydrite 602
Tagilite.................... 476
Talc....................... 75
Talcschistes................. 131
Tawite 106
Tectonique.................. 28
    — du sol de la France..... 177
    — de la Bretagne........ 189
    — du Plateau central..... 194
Températures de fusion de silicates. 129
Téphrite 105
Teschénites 105
Texasite.................... 569
Théories du remplissage des gîtes
    filoniens................ 246
    — de la sécrétion latérale.... 246
    — du remplissage per ascen-
        sum 247
    — du remplissage per descen-
        sum 248
Théralites.................... 105
Tiemannite.................. 449
Titane..................... 23
Topaze..................... 73, 74
Tourmaline 73, 74

684 TABLE ALPHABÉTIQUE DES MATIÈRES

Tourmalinite................... 92

Trachytes..................... 98

Trachytes quartzifères........... 95

Traitement des minerais d'or...... 407

Transgression 136

Trapps 101

Travers bancs................. 620

Trémolite 73, 74

Trichites.................... 75

Tridymite.................... 74

Troctolites.................. 101

Tungstène (Gîtes de)........... 584

U

Ullmanite 569

Uranite...................... 575

Uranium (Minerais de).......... 575

Uranocircite.................. 577

V

Vanadinite 593

Vanadium (Gîtes de) 593

Variation du remplissage filonien.. 273

Variolites.................... 100

Vaugnérite 91

Veines chambrées 221

— interstratifiées 259

Virgation..................... 69

Vitrophyres 96

Volborthite 593

Voûte........................ 29

W

Wacke 103

Wallows..................... 463

Wehrlite 106

Wernérites 73, 75

Wolfachite (ou Corynite).......... 571

Wolfram..................... 584

Wombat 463

Z

Zaratite (texasite).............. 569

Zéolites.................... 73, 75

Zinc (Gîtes de)................ 493

Zippéite 444

Zircon 73, 74

Zirconium 24

Zones de plissements........... 164

Zwitter 429

TABLE ALPHABÉTIQUE
DES LOCALITÉS ET DES MINES CITÉES

A

Abaritan 555
Abbadia San Salvatore 455, 456
Abda 648
Abla 650
Abyssinie (gîtes d'or) 372
Adélaïde 462
Adelong 352, 511
Adervielle 564
Adi-Heza 372
Adirondack (Monts) 523
Afrique du nord 459
Agordo (Vénétie) 485, 483
Aguas Tenidas 485
Aïcoupaï 427
Aigoual (Mont) 499
Aïn-Allega 501
Aïn-Arko 658
Aïn-Barbar 469, 653
Aïn-Beida 658
Aïn-Kechera 653
Aïn-Kerma 651
Aïn-Negouch 658
Aïn-Roumi 658, 659
Aïn-Sadouna 651
Aïn-Sedma 653
Aïn-Sefra 469, 648, 649, 650
Aïn-Soltan 651
Aïn-Tagga 658
Aïn-Tolba 658
Aiol (Val d'), Vosges 95
Aisy 583
Aix-la-Chapelle 38
Alaska 349
Albanie 453
Albert Silver mine (Prétoria, Transwaal) 468

Alderley-Edge 595
Alemtejo 505
Alfoural 655
Alger 650
Algérie (gîtes d') 649
Algodon (baie d') 461
Alice-Louise 566
Aljustrel (Portugal) 485, 149, 205
Alleghanys (Monts) 329
Allemont 445
Allevard (Isère) 264, 518
Almaden 261, 301, 450
Almeria 451
Along (baie d') 289
Alpes 397
Alpes himalayennes 170
Alston moor 491
Altenberg 219, 429, 589
Ambakirano 402
Ambararata (Col d') 402
Ambongo 471
Amiata (Monte) 454
Ammeberg (Mines d') 283, 300
Anaconda 279, 427, 465
Anadyr (Baie) 351
Ancacho 458
Anchor Mining Cie 429
Andavakoera (Or) 401
Andranofito 401
Andreasberg 400, 437
Anduze 499
Angaraes 590
Angelita 589
Angola 474
Angra-Pequena 321, 231
Angrie 376
Ani (Japon) 468
Anjerah 648

Ankaratra 397, 401
Ank-el-Djemel................... 658
Annaberg 442, 444, 511
Anseba.......................... 372
Antanifotsy..................... 401
Antioquia 352, 458
Antofagasta 461
Antsirane 401
Antsirabe 397, 577
Anzin 42, 62
Apscheron (Presqu'île).......... 598
Arakan 598
Arakawa (Japon)................ 468
Araral 352
Arcueros....................... 458
Ardennes 558
Arendal (Norvège) 522
Argentelle 577
Argentine (République)....... 436, 458
Argut 563
Ariège 395, 517
Arize (L')..................... 395
Arizona.............. 464, 465, 594
Arnsberg 300
Arqueros 440, 458
Arre 499
Arva........................... 321
Arvillard 555
Arzeu 649, 650
Ashburton...................... 362
Asmara 372
Assam 598
Assy 535, 536
Atacama........................ 458
Atalante (Canal)............... 568
Atcoulassou 396
Athos (Mont) 565
Atrato......................... 426
Aubusson 388
Auckland....................... 564
Aucklands 571
Aure (Vallée d')............... 563
Aurès 610
Aurouze (Haute-Loire).......... 490
Austin (Virginie) 489
Australie (Gîtes de diamant)...... 318
   —   (Or) 300, 352, 362
   —   (Mercure)............. 459
   —   (Étain)............... 428
   —   (Bismuth) 511
   —   (Molybdène) 591
Avala (Mont) 453
Avinières (les) 499

Avrorinski..................... 425
Awarua......................... 260
Azogue......................... 458
Azrou.......................... 652

B

Bab M' Teurba.................. 649
Babor (Chaînes du)............. 655
Bagagem 315
Bagnoles (Orne)................ 535
Bahia 315
Bailey's Reward (Filon)........ 364
Bakmouth 453
Bakou 596
Ballarat (Placers)........ 326, 329, 354
Ballarat (Gîtes filoniens)......... 356
Balmoral 574
Baltfontein.................... 313
Banat............... 209, 476, 515
Bandjoe-Irang.................. 319
Bandjermassin.................. 319
Banèche........................ 382
Bangka 428, 589
Bangkok........................ 428
Barbery 529, 532, 533
Bar-el-Madeu................... 649
Barbacoas 426
Barito (Fleuve)............. 319, 320
Barlée (Lac)................... 367
Bastide de Sérou............... 395
Batère 518
Batna...................... 657, 658
Batoum 427
Baume (La)..................... 490
Baubertie 394
Beaune..................... 383, 386
Beauregard 542
Beauval 610
Béchateur.............. 501, 658, 659
Bechworth...................... 352
Beers (de) 313, 314
Beira 576
Béja 658
Bekkaria 658
Bellary........................ 318
Bellière (la) 280, 373, 374
Bendigo (Placers)........... 329, 355
Bendigo (Gîtes filoniens)....... 221, 357
Beni-Aquil..................... 651
Beni-Mansour 655
Beni-Saf....................... 649

Bentaillon	494
Bentok	319
Beny-le-Bocage	535
Béouze (Ruisseau de la)	395
Bérékey	598
Beresovsk	300, 372, 459
Bergame	301
Bergen	484
Berggieshübel (Saxe)	315
Berry	548, 549
Bessassade (La)	383
Bessette (La)	394
Bessines	382
Beuthen	541
Bez (le)	499
Biaz (Forêt de)	507
Biban (Chaîne de)	655
Biella	97
Big-Bear-Creek	594
Bilbao	279, 302, 547
Billiton	428
Bir-Beni-Salah	654
Birdie	589
Bischoff (Mont)	429
Biskra	658
Blaafjeld	208
Black-Hills	293, 300, 329, 430
Black-Lake	567
Blangy	547
Blanzy	286
Blankenrod	301
Bleiberg	489
Bléka	92, 373, 461, 511
Blidah	469, 650, 651
Blond (Chaîne de)	584
Blue-Rigde	321
Boa-Vista	315
Bocard (le)	496
Boccheggiano	462
Bodmin	584
Bodö	519
Boéni	471
Boggy-Cany	318
Bogoslovsk	458, 475
Bohême	526
Boléo	278, 474
Bolivie	430, 436, 441, 458
Bömmelö	300
Bömmelö-Eiswald	373
Bouanza (Yukon)	350
Bône	654
Bonn	489
Bonnac	394
Bonneval	507, 555
Bonrepaux	395
Bor	210
Bornéo	319, 427, 428
Borralha	585
Boston	447
Bou-Areridji	657
Bou-Cherf	655
Bou-Garoun	653
Bou-Jersoun	653
Bou-Jaber	658, 660
Bou-Kadra	469
Bou-Teflis	650
Bou-Thaleb	657
Bou-Zitoun	656
Bougie	652
Boulder (Comté de)	343
Boulogne	38
Bourberouge	535
Bourganeuf	95, 376
Bourneix	394
Brabant (Plateau du)	40
Bragance	585
Brandusa	287
Brau	383
Brèche-au-Diable	535, 536
Brésil	315, 458
Bresnay	506
Breuil	533, 535, 536
Brevig	104
Briey (Bassin de)	542, 543
Brioude	507
Brive	248, 474
Broard-Arrow	362
Brocken (Harz)	218
Broken-Hill	430
Bromont	98
Brousse	567
Brown-Hill	366
Budelière	390
Buearamanga	352
Bulard (le)	494, 495, 497
Bully	532
Bulong	362
Burmah	598
Burra-burra	462
Butte-City	427, 465, 589
Butte	339

C

Caballos (Monts)	594
Cabesses (Las) (Ariège)	562

Caceres	430, 609
Cajamarca	458
Calamita	516
Calgoorlie	364
Californie	188, 301, 456
California (Mines)	457
Callao (Le)	351
Calle (La)	467
Calumet and Hecla	470
Calvados (Gîtes de fer)	529
Camborne	584
Camerata	650
Campidano	491
Campiglia maritima	301
Canada	571, 591
Canca	352
Canigou	517
Cantal	394
Canyon-Diablo	321
Cao-Bang	430, 577
Cap	313
Cap-Garonne	293
Caracoles	440
Cardiff	591
Cariboo	339
Carnmarth (Cornwall)	259
Carmen	435
Caroline du Sud	610, 411
Carrare	64
Carrizal	564
Carthagène	301
Cartersville	565
Cassagnas	397
Castle-Dome	594
Castlemaine	352
Catherine-reef (United-Mine)	359
Catorce	435
Caunes, près Carcassonne	563
Causses (les)	275
Cavallo	653
Cedar	577
Central-Mine	470
Cerro-Blanco	461
Cerro-de-Chorolque	510
Cerro-de-Famatina	437
Cerro-de-Pasco	274, 593, 442
Cerva	585
Cevljanovic	564
Ceyroux	388
Cézalier (Chaîne du)	395
Chabet-el-Frah	657
— Balonte	657
— Debal	657

Chabet Drida	657
— el-Melah	658
Chabet-Terrissen	655
Chabrignac	490
Chaïchs	655
Chadefeine	385
Chalard	390
Chalindrey	610
Challanches (les)	445, 459, 571, 572, 573
Chalmers (Mont)	464
Chambon	388, 390, 507
Chamborigaud	395
Champion	464
Champvert	387
Changes	542
Chanteloube	577, 584
Charcas	594
Charmes	507, 509, 594
Charnacillo	400
Charrac (Corrèze)	507
Charrier (le)	210
Châteaubriant	528
Château-Gontier	527, 552
Château-Lambert	396, 592
Châteaulin	93, 552
Châteauneuf	98, 553
Château-sur-Cher	388, 390
Châtelet (Le)	254, 379, 388
Chatham	571
Châtillon-sur-Seine	547
Chausey (Iles)	93
Cheduba	598
Chemainus (Vallée de)	466
Chemnitz	302
Cheni	317, 387
Cherchel	650
Cheraïa	653
Cheshire	595
Chessy	475
Chiffa (La)	469, 651
Chihuahua	435
Chillagoe	464
Chindwara	563
Chili	436, 440, 458
Chine (Étain)	430
Chizeuil	487
Choco	426
Chorolque	431
Christiania	483
Cieux	94, 379, 431, 584
Cincora	315
Ciudad-Real	450, 565
Cinglais (Forêt de)	533

Clairefontaine 469
Clarsayes 610
Clausthal 490
Clear (Lac) 457
Cluzeaux (le)................. 466
Cobalt........... 213, 305, 445, 448, 572
Cobar 462
Cobrizos................. 270, 441
Cohiri.................... 589
Coïmbra................... 584
Coleraine 567
Colettes. 507
Collo............. 469, 653, 654, 655
Colombie 426, 458, 466
Colombie britannique..... 339, 343, 466
Colombie équatoriale (Gîtes d'or).. 352
Colorado................. 343, 594
Combe-de-Ger (La) 396
Commern................... 489
Comstock 226, 337, 338
Conches 395
Condroz (Crête du)........... 39, 41
Constantine................. 655
Coolgardie 362, 364
Copaquire.................. 461
Copiapo 440, 461
Copper-Queen............. 465
Coquimbo........... 352, 440, 461, 564
Corbetts-Mills 293
Cordoba................. 590, 594
Cornacchino................. 455
Cornwall (Gîtes d'étain)... 264, 300, 429
—   (Gîtes de cuivre)........ 460
—   (Gîtes d'antimoine)..... 505
—   (Gîtes tungstène)....... 584
Coro-Coro............. 270, 301, 474
Coromandel................... 352
Corona 591
Corse.................... 459, 508
Costa.................... 352
Coste-de-Comeiras 547
Côte-de-l'Or 336
Coudiat-Reçar 650
Coudiat-Rhiran 652
Coussac 507
Cowan (Lac)................. 367
Crabious 562
Creswick................. 355
Cros-Gallet................ 393, 394
Cruces................. 458
Cruvin 572
Cruz-del-Eje 594
Cudegong 459

Culvas-de-Vera.................. 451
Cumberland 270
Cziklowa 476, 516

D

Dabolava................. 401
Dachkessan................. 574
Daghestan................. 454
Daghardy.................. 567
Dahlonega................. 329
Dakota (Sud) 343
Damaraland................. 468
Dambovitza................. 287
Dannemora 300, 250, 520, 521
Daouran 396
Dar-Rih................. 650
Deadwood 343
Demnat 648
Desaix 651
Détroit 465
Devonshire................. 429
Diablo (Mont)................. 457
Diamantina. 315
Diegenbusch (Vieille Montagne)... 262
Diégo-Suarez 401
Dielette (Manche) 300, 539
Dinant 39
Disko (Ile de)................. 260
Ditro................. 104
Dixon (Canada) 347
Djebba................. 657, 659. 660
Djebel Adir 653
—   Aïssa 650
—   Anini................. 655
—   Azered 660
—   Bebar 656
—   Belkfif................. 658
—   Ben-Amar 658, 659
—   Bou-Kadra................. 658
—   Bou-Kérou 650
—   Bou-Rouman 658
—   Bou-Yaber 657, 658, 660
—   Chambès................. 660
—   Chérife 659
—   Chouïchia 659
—   el-Grefa 659
—   el-Kahol 660
—   Frina................. 657
—   Guélif................. 658
—   Guergour 655
—   Hadid 648

Djebel Hamera 660
— Hamimat................ 657
— Kéraria................. 658
— Masser 650
— Mazis 650
— Mouzaïa............... 651
— Keravia 658
— Nador 656
— Ouaska 657
— Ouenza 469, 657, 658, 659
— Pharaoun 658
— Reças 283, 660
— Semmama 660
— Sidi-Nasser.......... 657
— Soubella............. 657
— Taïa 656
— Tafat............... 655
— Téliouine 652
— Temoulga 651
— Tougourt 658
— Zalagh 648
— Zrissa 658, 660
Djendeli.................... 658
Djhamama 503
Djidjelli 654
Dobschau 453, 572, 573
Dognaczka 476, 516
Dome (Mines de) 347
Donnessö (îles) 519
Donon.................... 293
Dörnten................. 293, 550
Douglas 571
Douglas-Hall 605
Douillac.................. 387
Douriaux................. 577
Douro (Région du) 504, 584
Douwville................. 328
Drammen................. 212
Drouly 383, 385
Drun-Lummon 465
Dulces-Nombres............ 458
Dun-le-Roi............... 549
Dundas................. 362, 367
Durango 430
Durban.................. 395
Durfort................. 499
Dutoits Pan 313
Duvivier................. 656

E

Eaglehawk 356, 359
East-Huel-Lowell............. 222

East-Murchison.............. 362
Eifel 489
Eisenerz................... 541
Ekatérinenbourg........... 372, 572
Ekersund-Soggendal.......... 208, 473
Ekholmen (Ile d') 591
El-Akhouah 657, 659
El-Auzouar 653
Elbe (Ile d')............. 302, 516
Elbingerode 564
Eldorado 339, 350
El-Grefa Bazina........... 501
El-Guellela.............. 657
El-Horcajo.............. 490
Elisabethpol 466
El-Kef 658
El-Mahder.............. 657
El-Matine.............. 652
El-Meridj 658
El-Pedroso 522
Elsmore 511
Embarka 650
Epidauros 210
Équateur............... 458
Erteli 211, 212, 306
Erythrée (Gîtes d'or)........ 372
Erzberg 541
Erzgebirg 106
Espeletta.............. 495
Estramadure........... 505, 609
Estrécs-la-Campagne......... 533
Etschigo 468
Euch-El-Bez 653
Euganéens (Monts) 97
Eule-Jilova (Bohême)......... 373
Eureka.............. 491, 492
Evaux............. 388, 390, 507
Excideuil.............. 565

F

Fagassière (La)............. 384
Fahlun.................. 300, 306
Falaise 529, 533
Falun 520
Fau-Marié 385, 386
Feather-river 339
Fedj-el-Adoum 501, 657, 659, 660
Fedj-Assène 657, 659
Fedj-el-Kebèche.......... 657
Felletin.............. 388
Felsöbanya 301

Fenegusibiri 572
Ferghana...................... 598
Feroë (Iles)................... 471
Ferrah (Cap).................. 650
Ferrière 546
Ferrière-aux-Étangs (La)...... 529, 535
Feugles 535, 536
Fichtelgebirge................ 106
Fifield 427
Figuig 648, 650
Fillaoucen 649
Fillols....................... 517
Fins......................... 609
Flamanville.................. 93
Flekkefjord 592
Florès (Iles)................. 428
Floride.................. 610, 671
Foldal 306, 483, 484
Fontvialle 395
Fores........................ 658
Forest-Hill 341
Forgeas...................... 388
Fortuna-Hustler's............ 369
Fortunatus................... 476
Forty-Mile-Creek 349
Framont...................... 516
Frankenstein 570
Frankenwald 527
Fraser-River 339, 343
Freiberg........... 229, 258, 434, 489
Fréjus 610
Frenay....................... 555
Fresnillo 435
Freycenet.................... 507
Front-Range (Massif) 343
Froundouck 650

G

Gaguière (La)................. 397
Gatsrand 332
Galice....................... 430
Ganges...................... 396
Garden-Gully................. 360
Gardette (La)................. 395
Gar-Rouban.............. 649, 650
Gascoyne 362
Gafsa 610
Gellivara 520
Genesclade 395
Georges-Pile................. 566
George Town (Divides) 341

Gerivo....................... 373
Gerlar 293
Germ........................ 564
Germain 577
Ghouffa 658
Giant Mine.................. 591
Giehren..................... 574
Gilpur 577
Gimouille................... 546
Gippsland................... 354
Giromagny................... 98
Gistain.................. 572, 573
Gladhammar.................. 574
Glandon............... 387, 507
Glen-Innes............. 511, 591
Gnade 476
Goldberg (Tyrol)............. 373
Goldgrube 476
Goldkronach 508
Gondarem 505
Gondomar 505
Goroblagodat................ 513
Goslar 476, 550
Gothic (États-Unis).......... 573
Gouraya 650, 681
Gouttes-Pommiers 557
Gouvix...................... 533
Gräfersthal................. 527
Grampound-Road 577
Grand-Central............... 594
Grand-Laige 654
Grand-Pré 610
Grängesberg................. 520
Grao-Mogor............. 315, 316
Graslitz.................... 474
Great-Boulder-Proprietary 366
Great-Britain 358
Great-Eastern............... 457
Great-Extended-Hustler's 360
Great-Western............... 457
Grosny...................... 598
Grosseto 454
Gross-Strelitz.............. 541
Gruben (Lac) 521
Guadalcazar................. 458
Guadalupana 458
Guanajuato............. 435, 510
Guarisamey................. 352
Guarda 576
Guelma............. 655, 656, 657
Guerrouma............. 301, 652
Guessiba.................... 650
Guipuzcoa 494

Gulf...................... 511
Guttenstein.................. 451
Gyalar (Siebenburgen).......... 525
Gympie................... 352

H

Hajar-el-Wacsif 648
Halberstadt 600
Halifax 329
Halouze 529, 535
Hammam-N'Bails 656
Hammam-Rhira.............. 651
Haoüssi 650
Harzbourg................. 542
Hassi-ben-Hendjer........... 469
Hécla 470
Heidelberg 330
Heinzenberg 330
Hendaye.................. 149
Herberton 589
Hercule and Energetic (Mine)..... 359
Hermione 488
Hesse 301, 565
Hillgrove 589
Himmelfahrt............... 434
Hirado 459
Hod-barrow 540
Hodgkinson 591
Hollinger 347
Homestake................. 343
Hongay 289
Horbach 571
Howe-Sound 466
Huancavelica.............. 458
Huanchaca............ 441, 442
Huatacondo............... 461
Huayna Potosi............. 431
Huelgoat (Le) 258, 490
Huelva..... 248, 283, 301, 486, 477, 564
Huitzuco 458
Hüttenberg 524

I

Ibitz (Mont) 397
Idenay................... 546
Idria.............. 302, 451
Iénisseï (Bassin de l').......... 329
Iequitinhonha.............. 316
Iffanès 586

Illfeld..................... 556
Ilsede 293, 550
Ilsky 598
Indian (Rivière) 349
Indiana.................. 321
Inguaran 477
Iönököping 514
Irawady (Vallée de l')......... 598
Irazein 395
Iron-Mountain............. 517
Isa..................... 425
Isinjo 427
Isturitz 396
Itabira 519
Ivanhoë (Mines d')........... 366

J

Jagersfontein.............. 314
Jaipur................... 574
Janaillac................. 384
Jano.................... 454
Java.................... 428
Jemmapes 656
Joachimsthal 442, 511, 575, 593
Johanngeorgenstadt 445
Johnson (Mine)............. 361
Jouhe................... 372
Jurques 529, 533, 535

K

Kabeelah Gidiah............. 648
Kabylie 652
Kach-Kar................. 373
Kadapah 318
Kaga................... 468
Kaibab 56
Kalgoorlie 362, 364
Kamloops 458
Kamsdorf 468
Kanowna................. 362
Kapoeas (Fleuve)........... 318
Kargalniski 473
Karmö (Ile de)............. 484
Karmul.................. 318
Kassandra............... 488
Katanga 369
Kaujamullay............ 522, 539
Kebbouch 501
Kédabek................. 466

Keewatin.................... 344, 445
Kef (Montagne du).............. 654
Kef-el-End..................... 657
Kef-Kaïmen..................... 657
Kef-Kebir 658
Kefoum-Théboul......... 467, 653, 654
Kef-Semmah.................... 655
Kermovan...................... 99
Kersanton 99
Kertch 598
Keweenaw..................... 470
Khanga 657
Khanguet 494, 503
Khanguet-Kef-Tout...... 501, 658, 659
Khanguet-Temoukh 658
Khenchela.................... 658
Killingdal................... 206
Kilkovan 459
Kimberley.............. 314, 362
Kingsgate.................... 591
Kinkony..................... 471
Kirk 577
Kirunavara 513
Klefva 212
Klein-Namaqualand........... 468
Klerksdorp.................. 330
Klondyke (Rivière)........... 349
Knoxville 457
Kœsan (Fleuve).............. 320
Kongens-Grufva.............. 483
Kongsberg....... 270, 272, 300, 437, 482
Kœnigsberg 305
Kopparberg 520
Kostaïnik 509
Ko-Tiou..................... 430
Kotterbach 453, 468
Kouei-Tchéou................ 458
Kragobasch.................. 565
Krasnahora.................. 508
Krasnoslobodsk.............. 321
Kremnitz............. 307, 373, 508
Kresevo 469
Krivoï-Rog 300, 522
Kselna 650
Kuczaina.................... 516
Kupferberg 462
Kupferplatten 468
Kurnalpi.................... 362
Kusakura 468
Kusewa 513
Kvine....................... 592
Kvirila (Rivière) 564

L

Laalooah 648
Laatsedrift 574
La Boulmaie 376
La Calle.................... 654
Lacaud 385
La Creu..................... 451
Lac Supérieur........... 300, 470
La Fagassière............... 386
La Ferrière................. 535
Lagarde 379, 380
La Gardette 395
Lahn (Rivière de la)......... 565
Laizon 536
Lalizolle................... 590
La Lucette 259, 280, 373, 374, 505
Lamar....................... 339
Lamotte-les-Bains........... 397
La Motte (Missouri) 572, 574
Lancaster-Gap 213
Landak 318
Landelies................... 41
Landsberg 453
Laroche-l'Abeille........... 384
Larymna 568
Las-Cabesses................ 562
Las-Cabezas................. 589
Las-dos-Estrellas 352
Lastours 396
La Tournerie................ 384
Laurensaint 555
Laurieras................... 384
Laurium 493
Laut (Ile) 320
Lautenthal 564
Lauzitz 571
Lavaufranche 393
Lavernade................... 287
Leadville 263, 302, 491, 492
Le Bocard................... 496
Le Charrier................. 210
Le Cluzeaux 388
Lecuras..................... 384
Lenora 466
Leogang..................... 572
Leucamp 590
Levern-River................ 429
Lez (Vallée du)............. 494
Lherz 107
Liang-Anggang............... 319
Liat........................ 498, 499
Licoulne (La) 507

Lima 595
Limbourg 609
Linarès 273, 301
Lion-d'Angers............... 527
Lipari...................... 96
Lircay...................... 590
Littai 302, 453
Little-Rock 321
Locronan.................... 373
Lofoten..................... 592
Loges (Bois des)............. 547
Logrosan 609
Loja 458
Loky (Rivière)............... 402
Londonderry................. 364
Long-Gully.................. 359
Lorraine 542
Los-Conderes 589
Louargat 373
Loudervielle................ 564
Lourenço-d'Armes 505
Louron..................... 563
Louroux 590
Loury...................... 396
Lowell..................... 571
Lowenburg.................. 102
Lozère..................... 397
Luderitz-Bucht............. 321
Luossajarvi 513
Luossavara 513
Lure 98
Luxbach.................... 444
Luxembourg 542
Luxullion 92
Luzy 557
Lynedoch 591

M

Mac-Intyre (Mine)............ 347
Madagascar.................. 397, 571
Maden-el-Hamra.............. 657
Magaliesberg................ 332
Magdebourg 600
Magdalena................... 594
Magdanpeck 516
Magurka..................... 373, 508
Mahavavy 402
Maïnkjär 212, 306
Malabau 396
Malacate.................... 435
Malacca 589

Malaga...................... 213, 571
Malbosc 397
Malcom (Mont)............... 362
Malempré 558
Malfidano................... 494
Malines (Les) 494, 499
Maltot...................... 532
Manambia 427
Mandelesse.................. 578
Mandesse.................... 499
Mangakirikiri-Creeck........ 459
Manhattan 457
Mansfeld. 261, 271, 300, 310, 471, 573, 595
Mautray 558
Maranas..................... 383, 386
Marburg 453
Mareb 372
Marfa 457
Margaret (Mont)............. 362
Maria-Adalberg (Mine)....... 218
Marienberg.................. 445
Maripa 405
Maros....................... 525
Marquette (La).............. 523
Marrakech................... 647
Martapœra 319
Martiane.................... 425
Martigné-Ferchaud.......... 374, 505
Maryborough................. 459
Mas-de-la-Connils........... 396
Massa-Marittima............. 462
Massiac..................... 507
Matabief.................... 547
Mayenne..................... 505
May-de-Bulard 494
May-sur-Orne 529, 532, 537
Mazenay..................... 542, 594
Meckernich 335
Médéa 469
Medjerdah................... 657
Mednoroudiansk.............. 475
Meissen..................... 96
Melles...................... 396
Mena........................ 595
Menerville 650
Menominee................... 524
Menez-Hom 100
Menzies..................... 362, 367
Mentenotte 651
Meny-Dinan................. 552
Meria 459, 508
Mérinchal 507
Merionethshire 300, 373

Merv 598
Mesloula 658
Messette (La) 396
Messelmoun 651
Méthala 653
Metzenseifen 453
Mexique (Gîte d'étain).   430, 435, 477, 594
Meymac................... 431, 511, 591
Mezouzia 658
Miask (ou Miass) 326, 426, 459
Michigamme 523
Michigan 321
Michoacan..................... 477
Middelburg 574
Miérès 450
Milah 655
Mileschau 508
Miliana 650, 651
Millemilange 383
Mille-Middleton 347
Milluni 431
Milovar-Rezbanya 516
Minas-Gerães 130, 315, 352
Minasragra.................... 593
Mindouli...................... 310
Minho 576
Minnesota 470
Miranda-do-Douro 585
Mirandella.................... 585
Mitterberg.................... 468
Moctezuma 458
Moisdron 376
Moissac....................... 387
Mokta-El-Hadid .. 263, 295, 300, 524, 654
Molard (Le) 395
Molèdes 394, 395
Molliet 555
Molvague..................... 326
Mondalazac................... 546
Moudet 395
Monley-Yakoub 648
Monroë 511
Montaigut 287
Montana...................... 465
Montbelleux......... 431, 511, 578, 591
Montceau 286
Mont-Dore 97
Montebras-en-Soumans. 213, 393, 431, 577
Montgilbert.................. 555
Montignat 507
Montpensier.................. 250
Montpinçon.................. 535
Montréal..................... 523

Montrevault.................. 374
Monzoni..................... 97
Moonta 462
Moravicza 476, 516
Moredetz 396
Moresnet 262, 489, 493
Morgan (Mont)............... 352
Morgat...................... 376
Morococa.................... 510
Mortain 529, 535
Morterolles 382
Mörsfeld 453
Motherlode.................. 226
Motte (Forêt de la)......... 529
Mount-Lycel Mining 464
Moutiez-Roseille............ 388
Mouzaïa.................. 469, 651
Msid-Aïcha.................. 656
Mudgee..................... 352
Muleye..................... 468
Murchison 326, 362
Murfrenboro 321
Murray.................. 213, 589
Musen 518, 572

N

Nades........................ 507
Nador-Chaïr................. 652
Naeverhangen 519
Nagpur 563
Nagyag.................. 103, 265
Nagybanya 307
Namur 39
Nancy 542, 543
Nantes 552
Narali (Monts) 426
Nassau.................. 476, 565
Navalazaro 522
Nederland 589
Nelson 356
Nemours.................... 649
Nert (Le) 395
Neustassfurt 605
Nevada.................. 337, 339
New-Almaden............. 457, 571
New-Chum............... 358, 360
New-Idria 457
New-Jersey 476, 523
New-Mexico.................. 594
New-Parkside 540

Niagara 362
Nijni-Taguilsk 260, 425, 475, 567
Nikitovka........................ 453
Nikopol 564, 565
Nogent.......................... 546
Nome (Cap).................. 292, 350
Nontron........................ 565
Norberg 520, 521
Norra-Hammargrufva............ 520
Norrbotten...................... 513
Norseman............. 362, 367, 368
Nouvelle-Calédonie........... 566, 569
Nouvelle-Zélande 427
Nouzilleras..................... 387
Novo-Urey...................... 321
Nucic 526, 527
Nuevo-Potosi................... 458

O

Oathill 457
Obi (Bassin de l').............. 329
Ocreza (Rio)................... 584
Oddegården 608
Offenbanya 103, 476
Ogoya 468
Ohio 321
Oklahoma 595
Old-Dominion.................. 465
Olendon........................ 536
Olette......................... 517
Oran.......................... 649
Oravickza 476, 516
Ordas (Ruisseau) 395
Orégon........................ 339
Orelle 555
Orembourg.................... 473
Orense 430
Oriz.......................... 396
Orléansville................ 650, 651
Ormont........................ 46
Oroya........................ 595
Oruro 431, 441
Orville 610
Osceola 470
Ossar-Sawa 468
Otago......................... 356
Otonagon 470
Ouarsenis 652
Oudan........................ 553
Oued-Abed.................... 651
  — Adelia................... 651

Oued-Ali........................ 656
  — Allelah.................. 651
  — Arkoub.................. 652
  — Begra 655
  — Beni-Aza 651
  — Bibi.................... 655
  — Bouilef................. 658
  — bou-Assès.............. 653
  — bou-Hallou 651
  — Bouman................ 652
  — Chaneu 657
  — Darrou................. 657
  — Dhamous............... 651
  — el-Hadj................ 655
  — el-Kébir........... 650, 651, 652
  — Ghoult 657
  — Merdja................. 651
  — Mougras 657
  — Nou-Khal.............. 656
  — Oudina 655
  — Ouradzgea............. 652
  — Taffilès 651
  — Zitouna 655
Ouef-Souf...................... 657
Ouenza 469
Oufed-Dhia 657
Ouguey (Jura) 546
Ouïchaoua-Riffia 653
Ouled-bou-Kebbah 655
Ouled-Malek 650
Oural 425
Ouray 343
Ouro-Preto................... 563
Ovideo 301
Ovifak 301

P

Pachuca.................... 435, 436
Paleraze (Plateau de)........... 396
Palestro 652
Palmerston 589
Palmesalade.................. 541
Panaïmo..................... 466
Panasqueira.................. 584
Panna 318
Paradox-Valley............... 593
Paralimni (Lac) 567
Parkside 540
Paschietto (Pas de) 572
Patère....................... 517
Peak-Hill.................... 362

Pearl (Lac) 347
Pénestin 293, 373, 376
Penmarch..................... 552
Penokee 524
Penza (Gouvernement de)........ 321
Perak 428, 430
Pereta..................... 301
Perm.............. 301, 472, 474
Pérou 436, 442, 458
Perrières......... 529, 532, 533, 535, 537
Persberg 520, 521
Perth 363
Pestaren 373
Petchora.................... 599
Petit-Auverné................ 376
Peyrat 459
Philippeville 654
Pia-ouac 589
Pic-Boisé 260
Pierrefitte 283
Pierre-Morte 547
Pierre-Pinet 384
Pilbarra 362, 368
Pike 321
Pin (Le) 376
Pine-Creck 589
Piriac 373, 376, 431
Pitkáranta 283, 474
Pitrou (Ruisseau) 395
Placerville............. 341, 594
Pla-de-Tor.................. 498
Plancher-aux-Mines............ 396
Plauen 97
Plenaurum (Mine)............. 347
Ploumanach................. 93
Plumas 339
Pojana 293, 550
Ponte-alla-Leccia 210
Pontgibaud 250, 301, 490
Pontianac 318, 490
Pontivy 552
Pontpéan.................. 490
Pontraut 396
Pontvieux 394
Porcherie (La) 387
Porcupine 343
Porotos................... 461
Portage................... 470
Portugal 430, 504, 576
Potocnig............... 302, 452
Potosi 441
Potzberg.................. 453
Pouancé................... 527

Pouëze (la) 376
Poullaouen 490
Pouzol 506
Pouzzoles 250
Prades 518
Premier 321
Presle.................... 555
Pretoria 321, 468
Privas 546
Prodin 555
Prozors 469
Prugne (La) 149, 210, 261
Przibram 218, 301, 490
Pulacayo 283, 441
Punita 458
Purchena.................. 451
Puy-de-Dôme 394
Puy-les-Vignes 511, 584
Py 517
Pyrénées (Basses-) 396

Q

Queensland 429
Querbach.................. 574
Quercy (Phosphorite)........... 609
Quincy.................... 470

R

Racles.................... 506
Rafiatokana................ 401
Raibl (Palatinat)........... 59, 301
Rajputana................. 574
Rammelsberg 300, 453, 476, 490
Ramri 598
Ramsay (Mont)............... 511
Rancié 518
Randapoli 318
Randolff 329
Ranomafana 402
Rapi (Pérou)............... 572
Ras-el-Ma................. 656
Ras-el-Arous............... 657
Raz-Aschkkar............... 648
Real-del-Monte.......... 435, 436
Recuay 442
Redington 457
Redruth............... 259, 584
Renault 650
Rennes................... 552

Reparadora...................... 498
Rewdinsk 571, 572
Rezbanya...................... 476, 511
Riam-Kanan 319, 427
Riamkiwa 319, 427
Rikurshu...................... 468
Rinconada 458
Ringerike 212
Rio-Albano 516
Rio-Tinto 205, 248, 476, 483, 484
Rio-Vigneria 516
Rioutort 396
Rivoa........................ 570
Rodna........................ 476
Röraas 205, 300, 306, 483
Roeschentz 548
Roevala 283
Romanèche 556
Roquefort 395
Ross 591
Rostrenen 93
Rouachel 655
Rouchouse (La)............... 507
Rougé 528
Rouïna...................... 651
Roure....................... 577
Routivara 306, 526
Rovigo...................... 651
Rudnik 516
Ruhr 540
Ruwe 369, 370
Ry (Le)................. 373, 376
Ryan-Tin-Works.............. 430

S

Saarlouis 474
Sabugal 576
Sach 591
Salisdorf 589
Sahel 651
Saïda 650
Saint-André 469, 529, 532
Saint-Aubin-du-Cormier 373
Saint-Avold 474
Saint-Bausile 396
Saint-Béat.................. 563
Saint-Bel 205, 475, 487
Saint-Chartier............... 388
Saint-Éloi.................. 287
Saint-Étienne-du-Pomers 517
Saint-Georges-d'Hurtières 555

Saint-Germain-les-Belles........... 387
Saint-Germain-le-Vasson 535
Saint-Gobain 205
Saint-Gousaud................. 584
Saint-Jean-de-Brunel 499
Saint-Jean (Mine) 485
Saint-Lary-d'Escanarades 395
Saint-Laurent-le-Minier 494, 499
Saint-Léonard 382
Saint-Marcel 563
Saint-Martin-de-Fressingeas....... 565
Saint-Maurice 388, 390
Saint-Michaël................ 350
Saint-Pierre-Montlimart 374
Saint-Priest................. 546
Saint-Rémy 300, 529, 533, 537
Saint-Symphorien 577
Saint-Yrieix................. 507
Sainte-Anna................. 452
Sainte-Marie-aux-Mines 572, 574
Sajil-Masah 647
Sakamody 301, 652
Sakéo 92
Salabro 315
Salat 395
Saligny 557
Salsigne 396
Salzgitter................ 293, 550
Sambalpur 318
San-Antonio-del-Potrero-Grande... 510
San-Dionisio................. 484
San-Domingos......... 427, 483, 485
San-Finx 589
San-Francisco-de-Morelos 435
San-Juan (Chili) 574
San-Juan-de-Rayas 352
San-Leone 300, 527
San-Luis (République argentine)... 589
San-Luis-de-Potosi 458, 594
San-Miguel (Comté de)........... 577
San-Onofrio (Mexique) 458
San-Pietro.................. 565
Santa-Apolonia 458
Santa-Barbara............... 458
Santa-Cruz (Pérou).......... 352, 458
Santa-Felicia 469
Santa-Fiora................. 455
Santa-Marta 594
Santa-Rosa 458
Santander (Province de)....... 301, 494
Santiago 565
Santiago-de-Compostella 589
Saône (Haute-) (Mines d'or)...... 396

Sardanilla.................... 352
Sarnades..................... 505
Sarrabus............ 300, 482, 491
Saumane 395
Savoie...................... 555
Saxe 460
Scheffield 591
Schemnitz 307, 373, 434
Schladming 571, 573
Schlaggenwald.............. 429
Schluckenau 213, 571
Schmiedefeld 527
Schmöllnitz 487
Schneeberg...... 445, 511, 556, 572, 574
Schönheim 600
Schutzbach 511
Schwarzemberg 474
Schweidrich 213
Schweina 572
Scopello 571
Segré............. 300, 527, 553
Selle (La)................... 95
Semnon 373, 374, 505
Sennaar 372
Sentein 494
Senza 657
Senze-do-Itombe............. 474
Serre-d'Azet (La)............ 564
Serbie............. 453, 476, 515
Servance.................... 97
Servant.................... 506
Sétif 655
Sé-Tchouen 598
Séville.................... 484
Shizu.................... 459
Si-Boussaib 329
Sicker (Mont) 466
Sidéon.................... 589
Sidi-Afghan................. 657
Sidi-Ahmed............ 502, 658, 659
Sidi-Ahmed-Tabouna 501
Sidi-Amor-Ben-Salem........... 501
Sidi-Aramon 650
Sidi-Bou-Aouan............. 501
Sidi-Bou-Aïssi.............. 651
Sidi-Driss 653
Sidi-el-Amici................ 657
Sidi-Harazem 648
Sidi-Kambès 655
Sidi-Mabrouck.............. 502
Sidi-Ouaret 653
Sidi-Rgheiss................ 658
Sidi-Sliman 651

Sidi-Youssef.............. 657, 659
Siebenburgen................ 476
Siele 454, 455
Sienne.................... 454
Sierra-Cabrera 572
Sierra-d'Aracena 486
Sierra-Iadena.............. 330
Sierra-Morena.............. 522
Sierra-Nevada 321, 469
Sierre 572
Silberloch 548
Silent-Grove 511
Silésie.................... 540
Silver-Bow-Creek 465
Skimatari 567
Skonza.................... 451
Skuterud 574
Snake (Rivière) 350
Snarum.................... 574
Solowskaïa 425
Sonora (La) 205, 328, 435
Soueix.................... 395
Souk-Arrhas 655, 657
Soumah 651
Soumont.............. 533, 535
Sous 647
Southern 352
Spanish-Peak............... 327
Sparta.................... 494
Spencer (Golfe de)............ 462
Stahlberg.............. 453, 518
Stassfurt.............. 434, 600
Stavanger.................. 484
Stewart (Rivière) 349
Sterzing 283
Sudbury 212, 571
Sulphur-Bank 457
Sumatra 428
Sumène.................. 396, 499
Suzanna.................... 499
Svappavara.................. 520
Svartdal 461
Swaziland............. 430, 508
Szarvasko.................. 106
Szaszka.................... 516
Szlana.................... 453

T

Taberg 306, 514
Tacazze 372
Tacuarembo.................. 352

Tadergount 469, 652
Tadla 647
Taffercha.................... 653
Tafilet...................... 648
Tafna 302, 649
Taghit...................... 658
Tahoe (Lac) 339
Takouch 653
Talcuna (Chili)............. 594
Taliol (Ruisseau de)........... 395
Tamagaming.................. 447, 448
Taman 596
Tamza 658
Tangil (Placers)............. 354
Taracapa (Chili)............. 461
Tarerbit.................. 657, 658
Tarareouïne 652
Tarma....................... 595
Tarnowitz 541
Taroudant................... 648
Tasanakht................... 648
Tasmanie.................... 429
Tauves...................... 394
Tayaka (Rivière)............. 427
Tazna....................... 510
Tchiatoura 564, 565
Tebessa........ 469, 610, 657, 658, 660
Télémark................. 461, 592
Tell........................ 610
Telluride................. 343, 594
Tellurium 511
Temescal 430
Temiskaming (Lac)........... 445, 447
Tenasserim.................. 589
Ténès 650, 651
Tenikrent 650
Tennessée................. 610, 611
Tenterfield 511
Terra-Nera.................. 516
Texada (île) 466
Thala 660
Thames.................. 352, 459
Tharsis........... 205, 483, 484, 485
Thio (Mine de) 570
Thostes (Côte d'or)............ 542
Three Nations................ 348
Throndhjem.................. 483
Thuringe.................... 600
Thuringerwald................ 527
Tigré 372
Timor...................... 428
Tindeix 393, 394
Tinh-Tuc 430, 577

Tjampaka.................... 319
Tleta 649, 650
Tnigka 318
Todtmos..................... 571
Toldos...................... 441
Tolède (Espagne) 373
Tolstoï (Cap)................ 351
Tome 510
Tomö (Ile de)............... 519
Toni-Euf 659
Torrington 571
Tour (Bois de la)............. 395
Toura....................... 425
Tourinsk.................... 475
Tournerie (La) 384, 386
Tramont..................... 541
Transvaal.......... 321, 330, 430
Transylvanie.......... 300, 373, 511
Traverselle 517
Traz-os-Montès 576
Tremeven.................... 99
Treuil (Mines du)............ 540
Trevatham................... 505
Trèves (Gard) 499
Tripesdorf 589
Tristin 453
Tsimbolovolo................ 401
Tumut 352
Tunaberg.................... 574
Tunisie.................. 500, 658
Tyee........................ 466
Tyre 589

U

Uelle (Rivière)................. 427
Ugo 468
Upemba (Canal) 369
Urville 533, 535

V

Vallalta 454, 456
Val-Chaudière............... 329
Val-d'Anniviers............ 572, 573
Val-d'Aoste................. 563
Val-d'Aran............... 494, 498
Vahinambo (Rivière)............ 401
Valence..................... 451
Val-Marceline 563

Vallongo...... 505
Valparaiso...... 461
Vancouver...... 466
Vandenesse 546
Vans...... 397
Varallo...... 571
Vaujany...... 396
Vaulry 94, 213, 214, 379, 431, 584
Vegetable-Creck 429
Vehna 574
Vénézuela...... 351
Verdun 395
Vermillon 524
Verpillière (De la)...... 546
Veta-Grande 435
Veta-Madre...... 435
Vezzani...... 210
Vialas...... 490
Victoria 218, 326, 355
Vieille-Montagne...... 262, 301, 493
Vigsnaes 205, 306, 483, 484
Villach (Alpes de) 550
Villard 555
Villardonnet 396
Villebois (Ain)...... 546
Villeder (La) (Morbihan) 214, 219, 293,
373, 376, 430, 431
Ville-Hondlemont 550
Villeroy 584
Vipon...... 347
Vire...... 90
Virginia-City...... 337
Vladivostock...... 292
Vlaklaagte...... 430
Vœl-Hiraddog...... 574
Voile-Noire...... 653
Voulte (La) 547
Vritz 376
Vulcano 250

W

Wakatipu (Lac)...... 589
Walbeck 600
Wallaroo 464
Wallerfangen 474
Waretz...... 248, 474
Waermland 251

Washoe (District)...... 337
Wasseralfringen...... 547
Wassy...... 547
Waterberg...... 330, 430
Wawerley...... 218
Wazzan 648
Weilburg 609
Weiteregeln...... 605
Wengen 451
Werfen...... 451
Wertop...... 550
Westerwik...... 591
Westland...... 356
Westmanland 521
West-Pilbarra...... 362
Westphalie...... 301, 540
Westralia-Mount (Morgant)...... 362
Wettern (Lac) 514
Whitehaven 540
Wisconsin...... 321, 470
Wissohaja-Gora...... 475, 512
Wittichen...... 511
Witwatersrand 330
Wood 577

Y

Yauli...... 595
Yalgoo...... 362
Yavapai...... 465
Yenang-Yat...... 598
Yenang-Young...... 598
Yilgarn 362
York (Cap)...... 350
Yuba-Valley 328, 339
Yukon 349

Z

Zacatecas 435
Zaccar-R'harbi...... 651
Zalatna...... 453
Zamora 430, 586
Zeemah 648
Ziaidah 648
Zimapan...... 594
Zinnwald 219

IMPR. DE MONTLIGEON. — LA CHAPELLE-MONTLIGEON. (ORNE). — 11090-11-22.

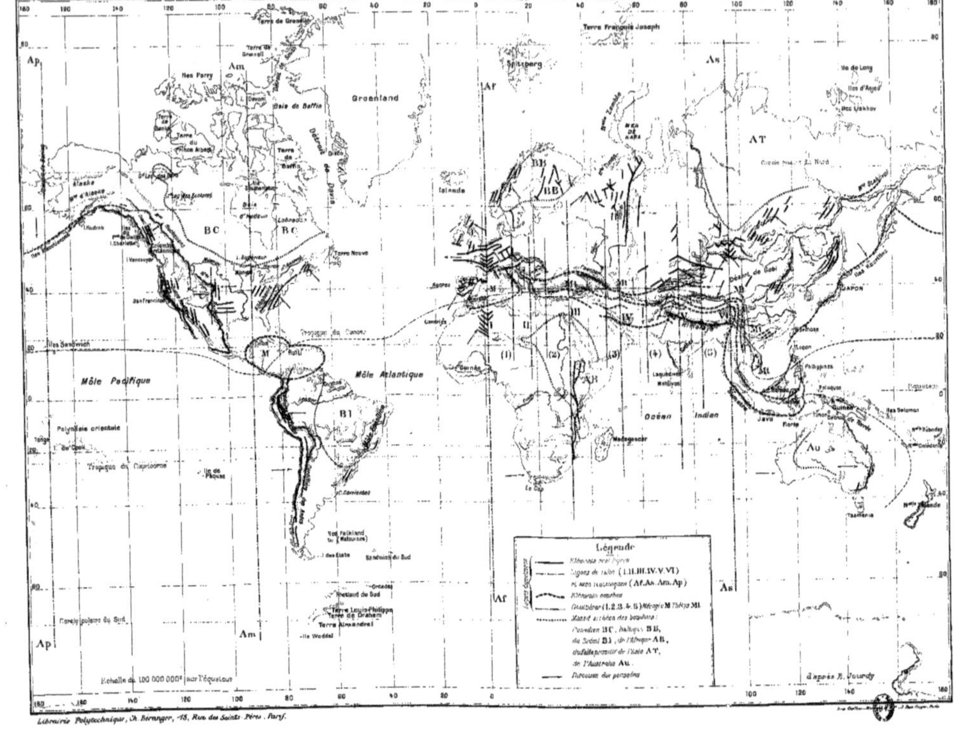
Terre de Grinnell
Terre François Joseph
Spitzberg
Île de Long
Îles d'Anjou
Îles Liakhov
Am
Ap
As
Terre de Grinnell
Îles Parry
Groenland
Baie de Baffin
Terre du Prince Albert
Détroit de Davis
Terre de Baffin
AT
Mer Blanche
Islande
Grande presqu'île du Nord
BB
BB
Alaska
Îles d'Aléou
B C
B C
Terre Neuve
Mer d'Okotsk
Désert de Gobi
San Francisco
Açores
M
JAPON
Prolongé du Canon
II
I
III
IV
V
Pékin
Cambodge
Îles Sandwich
Môle Pacifique
M
Môle Atlantique
(1)
(2)
(3)
(4)
(5)
Philippines
Guinée
AB
Luçon
Mindanao
M
Polynésie orientale
B I
Océan   Indien
Îles Solomon
Tonga
Îles d'Opou
Java
Flores
Au
N[lle] Guinée
Tropique du Capricorne
Île de Pâques
Madagascar
N[lle] Hébrides
J. Fernandes
Le Cap
Tasmanie
N[lle] Zélande
Île Falkland
(Malouines)
Île des États
Sandwich du Sud
Orcades
Shetland du Sud
Terre Louis-Philippe
Terre de Graham
Terre Alexandre I
Île Weddel
Terre polaire du Sud
Am
Ap
As
Échelle de 100 000 000e sur l'équateur
d'après E. Jourdy
Légende
Rhombes des Alpes
Lignes de faîte (I.II.III.IV.V.VI)
Axes tectoniques (Af. As. Am. Ap)
Minerais courbes
Gouttières (1.2.3.4.5) Môle M. Môle M I
Massif central des boucliers
Canadien B C, baltique B B,
du Soleil B I, de l'Afrique A B,
du faîte premier de l'Asie A T,
de l'Australie Au.
Poussées des poussées

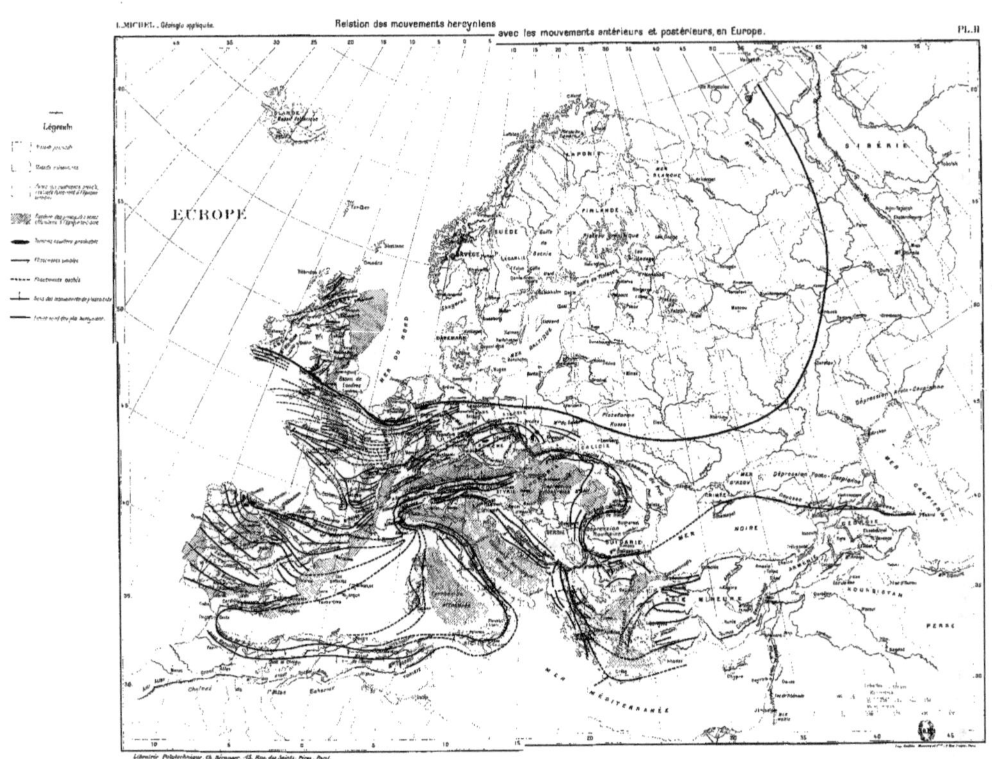

Légende:
EUROPE
MER DU NORD
MER BALTIQUE
MÉDITERRANÉE
MER NOIRE
MER CASPIENNE
SIBÉRIE
FINLANDE
SUÈDE
NORVÈGE
DANEMARK
BULGARIE
PERSE
KOURDISTAN

www.ingramcontent.com/pod-product-compliance
Lightning Source LLC
LaVergne TN
LVHW020932050726
842519LV00001B/18